〔德〕阿尔方斯·肯珀　安德烈·艾克勒　著

# 数据库系统

*Datenbanksysteme*

原书更新扩充　第10版

江剑琴 / 译

DB　全新通用教程

重庆出版集团　重庆出版社

版贸核渝字（2024）第070号

**图书在版编目（CIP）数据**

数据库系统 /（德）阿尔方斯·肯珀，（德）安德烈·艾克勒著 ；江剑琴译. -- 重庆 ： 重庆出版社，2025. 1. -- ISBN 978-7-229-18957-0

Ⅰ. TP311.13

中国国家版本馆CIP数据核字第2024R9Z923号

**数据库系统**
**SHUJUKU XITONG**
**〔德〕阿尔方斯·肯珀　安德烈·艾克勒 著　江剑琴 译**

---

策 划 人：刘太亨
责任编辑：陈渝生
责任校对：刘　刚
特邀编辑：王道应
封面设计：日日新
版式设计：冯晨宇

---

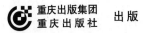

**重庆出版集团**
**重庆出版社** **出版**

重庆市南岸区南滨路162号1幢　邮编：400061　http://www.cqph.com
重庆博优印务有限公司印刷
重庆出版集团图书发行有限公司发行
全国新华书店经销

---

开本：720mm×1000mm　1/16　印张：54　字数：1016千
2025年1月第1版　2025年1月第1次印刷
ISBN 978-7-229-18957-0
**定价：98.00元**

---

如有印装质量问题，请向本集团图书发行有限公司调换：023-61520678

---

# 前　言

目前我们正在走向信息社会，但也面临信息泛滥的威胁（所谓的“大数据”）。无论是在企业、政府机关，还是在其他组织机构中，数据库系统都扮演着越来越重要的角色。随着因特网和万维网的普及，世界上各个国家和地区越来越紧密地联系在一起，未来数据库系统的重要性也会进一步凸显。与此同时，虽然数据库系统相关产品不断更新，但是信息数量也在不断增加，而且都分散在数据库服务器网络的各个部分；因此，即使数据库系统产品在不断发展，数据库系统的使用也变得越来越困难。

在本书中，我们将最根本、最重要的教学内容整合到了一起，我们认为，这样的一本书对大学或技术学院的所有与计算机科学相关的学位课程，如计算机科学、软件工程、商业信息学、生物信息学等都必不可少。

与其他数据库教材相比，我们的不同点主要体现在对以下重点的强调：

1. 全书我们将以高校部门作为例子，来说明数据库的使用。我们有意选取了一个较为简单的例子，以便于大家理解和记忆起来较为轻松。为了方便大家完成SQL部分的习题，本书还将我们在慕尼黑工业大学开发的数据库系统HyPer的Web界面提供给大家使用，网址是www.hyper-db.de。
2. 本书也适合自学，因为所有的概念我们都尽量用易于理解的例子加以说明。另外，由肯珀和维默尔联合编写的《数据库系统练习册》（2012年）也可以用作本书很好的补充。练习册中包含所有习题的参考答案，还有一些其他资料（包括部分多媒体资料）。
3. 本书仅讨论“现代”数据库系统。对关系模型，我们尤其详细地加以讲解，因为关系模型现在占据主导地位，使用最为广泛。但是，本书也涉及一些新的发展趋势，例如主存数据库、大数据技术及应用、XML和云数据库的多租户管理。较老的数据模型（所谓的“面向记录的模型”，包括网状模型和层次模型）我们在本书中就不再讲了，因为这些数据库系统大概在不久的将来就会成为历史。

4. 本书也包括数据库实现方面的内容，例如DBMS的物理结构、多用户同步的实现以及查询评估的恢复和优化方法等。虽然只有很少一部分计算机科学专业的同学在毕业后会真正参与到数据库系统的“建造”中去，但我们认为对数据库系统有一个深入的了解是必不可少的。只有掌握这些知识，才能在“硬核”的工业实践中系统地使用和优化数据库。
5. 本书强调数据库的实用性，但也不会忽视理论的重要性。我们介绍基础的理论，但理论的相关证明过程就不再赘述。
6. 本书介绍的UML是一种面向对象的数据建模语言，它可以替代ER模型。另外，本书也详细讨论了面向对象型和对象关系型的数据库。
7. 本书介绍如何利用数据库技术建立数据仓库，以用于决策支持及数据挖掘。
8. 书中详细介绍XML数据库技术，包括XML数据模型、查询语言XPath和XQuery以及基于XML的网络服务；此外，还详细讨论了商业关系型数据库对XML的支持问题。
9. 在第十版中，我们根据最新的发展趋势对本书的内容作了更新，深化了几个章节的内容（尤其是和关系型数据库的查询语言SQL及其逻辑优化相关的几章）。在第17章我们特别对SQL的窗口函数（也称作“OLAP函数”）以及数据挖掘作了更加深入的讲解。
10. 在第18章我们详细介绍了SAP大力宣传的主存数据库。与传统的二级存储数据库相比，主存数据库系统利用最新的硬件技术（包括多核并行及TB级的主存容量），采用最新的数据库模式，实现了性能的大幅提升。
11. 在大数据一章中，我们对于如何处理网络上的大量信息也作了更新和深化，详细介绍了NoSQL键值存储，语义网的基础技术RDF/SPARQL，一般的图形数据表示以及图挖掘，信息检索及搜索引擎的基础知识（包括PageRank），高度分布式数据处理（MapReduce），数据流，云数据库和多租户数据库。
12. 本书的其他补充材料可以通过我们的网络服务器来下载（网址是http://www-db.in.tum.de）。

我们尽量保持各章节内容的相互独立，所以读者抽取其中的部分内容加以学习也没有问题。例如在一、二年级的数据库系统导论课程中，读者可以学习数据库的概念建模、数据的物理组织、关系型数据模型、查询语言SQL、数据库理论和事务管理方面的基础知识，然后在高年级再学习其他章节，逐渐完善数据库的相关知识（我们在慕尼黑工业大学也是这么做的）。当然，也可以参考书中的相应章节，做关于数据库实施或者面向项目的数据库应用的专题讲座。

**致谢**

感谢 Reinhard Braumandl 博士、Christian Wiesner 博士、Jens Claußen 博士、Carsten Gerlhof 博士、Donald Kossmann 教授、Natalija Krivokapić 博士、Klaus Peithner 博士和 Michael Steinbrunn 博士在本书前几版撰写过程中提供的帮助。感谢 Stefan Seltzsam 博士、Richard Kuntschke 博士和 Martin Wimmer 博士对我们数据库Web界面的开发和完善所作出的巨大贡献。感谢 Martina Cezara Albutiu 博士和 Stefan Kinauer 先生对本书进行审校。感谢我的同事 Thomas Neumann 教授，我的学生（Martina-Cezara Albutiu 博士，Stefan Aulbach 博士，Robert Brunel，Jan Finis，Florian Funke 博士，Harald Lang，Viktor Leis，Henrik Mühe 博士，Tobias Mühlbauer， Angelika Reiser 博士，Wolf Rödiger，Michael Seibold 博士，Manuel Then）在HyPer项目中的共同合作。本书第十版新增的几个章节正是基于他们的研究成果完成的。我们还受到了其他不少读者的启发。Stefan Brass教授、Sven Helmer教授、Volker Linnemann 教授、Guido Moerkotte 教授、Reinhard Pichler 教授、Erhard Rahm 教授、Stefanie Scherzinger 教授、Katrin Seyr 女士、Bernhard Thalheim 教授和 Rainer Weber 教授的建议都使我们获益良多。另外还要感谢 Michael Ley 博士，他的网站（https: //dblp.uni-trier.de/）为我们检索文献提供了很大的便利。

2015年8月于慕尼黑

阿尔方斯·肯珀

# 目录 CONTENTS

# 3 关系模型

## 4 关系查询语言

## 8 查询处理

## 11 多用户同步

## 12 安全问题

# 13　面向对象数据库

## 14 可扩展的对象关系型数据库



## 15 演绎数据库

## 16 分布式数据库

## 19 互联网数据库连接

## 20 XML 数据建模和 Web 服务

## 22 性能评估

# 1 导言及概述

无论是对于企业家、政治家、科学家还是管理者而言，在当今社会，信息的获取和管理都发挥着越来越重要的作用。据估计，“信息的总量”每5年就会翻一番——至少根据美国国会图书馆所统计的书本中信息的数量是如此。以前，大部分信息都储存在纸页上，而现在，我们逐渐被大量的电子信息所淹没。因此，数据库管理系统[1]（Data Base Management Systems，DBMS）也就变得越来越重要。如今，几乎没有大的组织或企业不使用DBMS进行信息管理的。银行、保险公司、航空公司以及大学的管理部门都需要DBMS（本书所举例子就来自大学管理部门）。

一个DBMS是由一定数量的数据和处理数据所需的程序组成的：

1. 所储存的数据通常被称为“数据集”。数据集包含某一领域（也可能是整个公司）的控制和管理所需的信息，并且这些信息单元都相互关联。

2. 用于访问数据库、控制数据的一致性以及修改数据的程序被称为“DBMS”。

3. 通常对于这两部分没有严格的区分，DBMS（或者可以简称为“数据库系统”）既指数据集本身，也指数据集的管理程序。

## 1.1 为什么要使用DBMS

现今大多数公司和机构都需要使用DBMS来处理信息。为了方便理解它的作用，我们可以设想一下，如果没有一个统一的DBMS会出现哪些问题。如果没有DBMS，那么各种各样相互关联的数据要么储存在纸页上（以卡片盒、文件夹等形式），要么就只能储存在电脑中相互独立的文件里，这就会导致以下这些严重的问题：

**数据冗余和不一致** 如果数据储存在多个相互独立的文件里（无论是电子形式还是

〔1〕数据库管理系统，一种操作和管理数据库的大型软件，用于建立、使用和维护数据库，简称DBMS。它对数据库进行统一的管理和控制，以保证数据库的安全性和完整性。

纸页形式），那么同一个应用对象的数据就常常需要多次储存，也即出现数据冗余的情况。以一所大学在校生的地址为例[1]，校级管理部门需要这一信息，各院系也需要这一信息。如果学生的地址发生变动，而只更改了其中一处，那么校级和院系的数据就可能出现不一致的情况。如果全校统一使用一个 DBMS，就可以避免这类不必要的冗余和不一致的问题。

**数据访问受限** 不同文件中的数据有时是有逻辑关联性的。如果数据储存在独立的文件里，就很难甚至不可能将一个文件里的数据同另一个文件里的数据关联起来。在同质、集成的 DBMS 中，一个组织的所有信息都被统一建模（我们将其称作“一个统一的数据模型”），数据之间都可以灵活地关联起来。

**多用户操作问题 / 并发访问异常** 现在的很多数据系统，在多用户操作的情况下，都无法对数据进行控制，或者没有很完善的控制机制。但是，通常组织内部和外部的许多不同人员都需要使用数据，航班预订系统就是一个很好的例子。如果所有人都可以不受控制地访问和更改数据，就很容易出现问题。比如，两个用户同时编辑一个数据，一个人改好的数据可能又被另一个人覆盖掉了，这种现象在英语里称作“lost update（丢失更新）”。而 DBMS 提供了多用户控制机制，可以避免在多用户操作过程中出现异常。

**数据丢失** 如果数据储存在独立的文件里，那么在发生错误的情况下，就很难将全部信息一致恢复到和实际情况相符的状态。通常，数据系统顶多能够定期对文件进行备份。所以，在编辑时生成的以及上一次备份以后丢失的数据就无法恢复。而 DBMS 拥有精细的恢复组件，在所有可预见的故障发生时，都可以保护用户的数据不丢失。

**完整性问题** 根据应用领域的不同，多个信息单元可能存在各种各样的完整性约束[2]条件。例如大学中，学生必须先上完必修课程才能被允许参加考试，或者同一门考试最多能补考两次。如果信息都储存在相互独立的不同文件里，那么要保证满足这些约束条件就很难；因为不仅要去检查不同文件里的数据，而且还要将它们联系起来。另外，在很多情况下，我们不仅需要检查数据是否符合约束条件，还必须遵守这些约束条件，也即，如果某些操作违反了约束条件，就会被系统“拒绝”。在 DBMS 中，“事务”（事务是指用户对单个逻辑单元进行的操作）只有在不破坏数据的一致性和完整性的前提下才

〔1〕德国大学生不统一在校园住宿，学校需要统计学生的住址，以便邮寄成绩单等文件。——译者注
〔2〕为确保数据库中的数据正确有效而对数据应满足的条件所做的限制。

会被执行。

**安全性问题** 并非所有的用户都对全部数据拥有相同的访问权限，只有特定的用户有权限更改数据。以大学教授的信息为例，可以设想，很多用户都有权限查阅教授的职称、办公室房间编号、电话号码、开设的课程等信息。但是，教授的薪资还有学生的考试成绩，大多数用户就没有访问权限。DBMS 则可以灵活地设置不同用户或不同用户群体的访问权限，也可以隐藏某些对象（例如教授）的部分信息（例如薪资），而其他信息（例如电话号码）仍然保持可见。

**高昂的开发费用** 很多情况下，开发一个新应用程序需要从头开始。程序员每次除了要解决数据管理的问题之外，还面临上述种种问题。而 DBMS 可以提供一个更方便的界面[1]，缩短开发时间（同时降低开发成本），并且减少错误的发生。

## 1.2 数据抽象

在数据库系统中，我们要区分三个不同的抽象层次（图 1–1）：

1. 物理层：这一层确定了数据是如何储存的。通常数据是储存在后台（多以磁盘存储的方式）。

2. 逻辑层：在逻辑层面上，所谓的“数据库模式”定义了哪些数据会被储存。

3. 视图层：逻辑层的数据库模式代表的是某应用领域（例如整个公司）全部信息的综合模型，而视图[2]所呈现的则是部分信息。视图是根据不同用户或用户群体的需求而定制的。例如大学中可能的用户群体有学生、教授、楼管等。

---

〔1〕呈现在用户面前，显示器屏幕上的图形状态。

〔2〕计算机数据库中的视图，是一个虚拟表，其内容由查询定义。同真实的表一样，视图包含一系列带有名称的列和行的数据。但是，视图并不在数据库中以存储的数据值集形式存在。

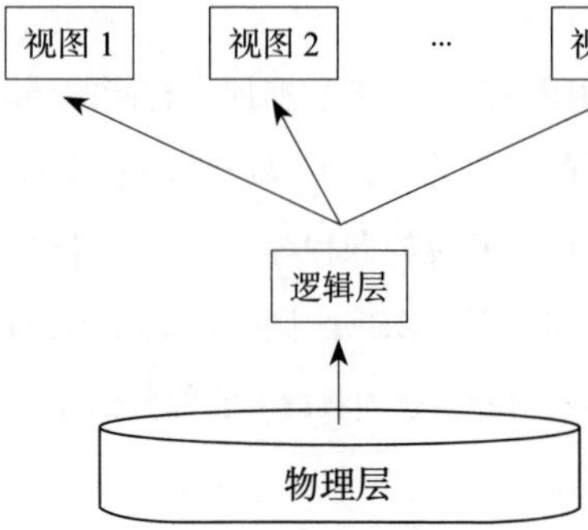


图 1-1　数据库系统的三个抽象层次

物理层对于数据库系统的“普通”用户来说，是不重要的。这一层定义了数据的存储结构和用于快速检索数据的索引结构[1]。数据库系统物理层的维护是由系统程序员负责的，他们在数据库专业术语中被称作“数据库管理员”（DataBase Administrator，DBA）。只有在需要提高数据库性能的时候，才会更改物理存储结构。如果想要更改信息模型，例如添加数据或者在数据之间建立新的联系，那么就需要在逻辑层更改数据库模式。数据库模式可以理解为一组类型定义，就像 Pascal 中的记录类型。这些类型定义决定了数据单元的逻辑结构。在视图层面，数据库模式（也就是数据库系统的逻辑层）中定义的结构可以根据某些用户（群体）的特定需求加以调整。一方面，用户通常只想看到整个信息模型的一部分；另一方面，也可以将某些关键信息隐藏起来，不在视图中显示，以确保数据的安全性。

## 1.3　数据的独立性

DBMS 的三个抽象层级在一定程度上保证了数据的独立性。这类似于计算机编程语言[2]中抽象数据类型（ADT）的概念。底层实现过程被一个定义良好的接口隐藏了起来，

〔1〕为引导用户查检特定信息而设计的检索系统，包括宏观结构编排和索引表两个部分，索引又包括外索引和内索引两个体系。

〔2〕计算机编程语言是程序设计的重要工具，在计算机中存储与处理及执行，具有特定的语法结构，也是人机之间通信的桥梁。

只要保留接口，哪怕变化视图，也不会影响界面用户的使用。基于三个抽象层次，数据库系统中“数据的独立性”有两个等级：

1. 物理数据独立性：对数据库的物理存储结构加以修改不会影响到逻辑层，也即数据库模式保持不变。例如，几乎所有的数据库系统都允许后续创建索引，以便更快地找到数据对象，而逻辑层现有的应用不会受到任何影响（当然，效率方面的影响除外）。

2. 逻辑数据独立性：应用中涉及的是数据库的逻辑结构。例如数据对象有“被命名”的属性，可以根据命名来查找一组数据。我们可以假设要查找所有“C2”级别的教授。要做这样的查询，前提是有一个教授合集存在，并且教授所代表的数据对象有命名为“职称等级”的特征（属性、字段）。我们可以在逻辑层（也就是对数据库模式）更改，例如将这一属性更名为“薪资等级”。在视图定义中，可以对用户隐藏这种微小的变化，这就在一定程度上实现了逻辑上的数据独立。

现在的数据库系统大多能够达到物理数据独立性，而逻辑数据独立性只有在对数据库模式做很简单的修改时才能保证。

## 1.4 数据模型

DBMS 的基础是一个数据模型，数据模型为现实世界建模提供基本的框架。数据模型定义了建模结构，通过这些结构，人们可以生成现实世界（或相关部分）的计算机化信息与图像。借助数据模型可以对数据对象进行描述，确定可以使用的运算符及运算符所要达到的效果。

数据模型就类似于一门编程语言。编程语言定义了类型构造函数和语言结构，运用它们可以实现具体的应用程序。而数据模型则定义了通用的结构和运算符，用于特定应用的建模。

所以，数据模型由两部分语言组成：数据定义语言（Data Definition Language，DDL）和数据操作语言（Data Manipulation Language，DML）。

DDL 用于描述要储存的数据对象的结构。同一类型的数据对象用一个共同的模式（类似编程语言中的一种数据类型）来描述。对某一应用领域中所有数据对象的结构描述被称作“数据库模式”（Databank Schema，也可理解为“数据库架构”）。

数据操作语言（DML）由查询语言（Query Language）和“真正的”数据库操作语言

组成。这里“真正的”数据库操作语言是指用来修改数据库中所储存的信息、向数据库中插入新的信息以及从数据库中删除信息所使用的语言。

DML（包括查询语言）有两种不同使用方式：

1. 通过在工作站（或终端）上直接输入 DML 命令，进行交互式操作；

2. 在一个包含 “嵌入式”DML 命令的高级编程语言的程序中操作。

## 1.5 数据库模式和实例

数据库模式和实例的概念需要明确区分。数据库模式定义了可以存储的数据对象的结构[1]，但并不能说明单个数据对象的具体内容。数据库模式也可以被理解为元数据，即关于数据的“数据”。

数据库实例则指的是某特定时刻数据库的状态，即某特定时刻储存在数据库中的信息的合集。数据库实例必须“服从”模式中所定义的结构。有时候模式和实例也被称作“数据库的内涵和外延”。

一般来说，确定好的数据库模式很少发生改变，而数据库实例则会不断地被修改。我们可以想想看，以一个航班预订系统为例，每出现一个新订单就意味着数据库实例发生一次改变。模式的改变经常被称为“模式演化”。要注意的是，模式的改变可能会产生严重的后果。已经存储的数据对象在新的数据库模式下可能出现结构不一致的情况。

## 1.6 数据模型的分类

图 1–2 显示了数据建模的基本阶段，我们将在第 2 章中详细地一一介绍。

### 1.6.1 概念设计模型

在设计数据库时，首先要划定现实世界中需要描述的部分，即需要在数据库中建模

[1] 在面向对象的数据模型中，模式还定义了数据对象的行为（即操作）。

的部分，也就是所谓的“迷你世界”，然后对这个“迷你世界”做概念化的建模。概念化的建模有几种可能的数据模型：

1. “实体 – 联系”模型，也称“对象 – 关系”模型；

2. 语义数据模型；

3. 面向对象的设计模型，如 UML（见第 2 章和第 13 章）。

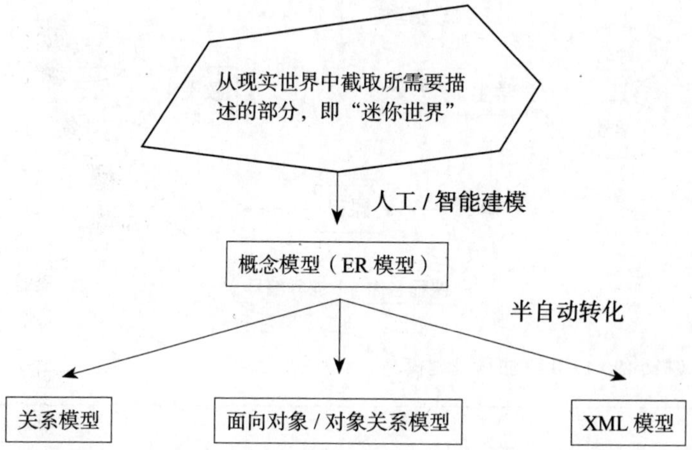


图 1–2 数据建模过程概览

目前使用最广泛的概念设计模型是实体 – 联系模型。在下一章我们会详细讨论它。在概念设计阶段，现实世界中的概念会被构建成对象的集合，以及对象集合之间的联系。

图 1–3 展示了大学机构中一小部分的任务。首先确定学生 Students、教授 Professors 和课程 Lectures 这几个对象集合。然后确定对象集合之间的联系，学 attend（课程和学生之间），教 teach（课程和教授之间）。图的下半部分用实体 – 联系模型的图形描述语言表示出了这个设计的概念模型（当然这是极简版本）。

概念设计模型一般只有一个 DDL，并且没有数据操作语言。因为它们仅描述数据的结构，而不包括单个的数据对象，也就不会产生数据库实例，自然也就不需要 DML。

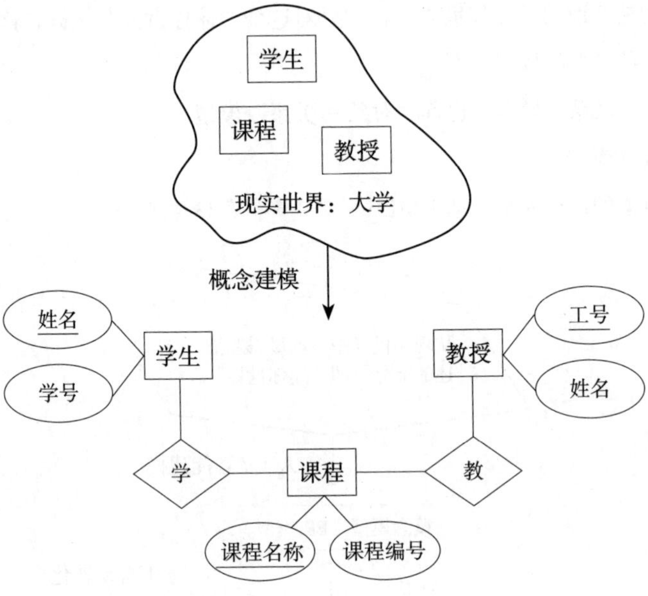


图 1–3 一个（极小的）应用实例的概念建模

## 1.6.2 逻辑（实现）数据模型

然而，上面这种形式的概念设计模型通常不适合直接作为实现模式，因为它只是纯描述模型，用图形符号和非常丰富的建模结构，来尽可能生动地描述现实世界的规律。

而 DBMS 的逻辑数据模型有以下几种类型：

1. 网状数据模型或层次数据模型；
2. 关系型数据模型（第 3 章）；
3. 面向对象、对象 – 关系型数据模型（第 13 章和第 14 章）；
4. 演绎型数据模型（第 15 章）；
5. XML（第 20 章）。

网状和层次数据模型经常被称为“面向记录的数据模型”。它们如今已基本过时，但是仍然有一些旧的数据库系统是基于这两种数据模型而建立的。旧的数据库系统想要过渡到“现代的”数据模型会消耗相当高的成本，因为这些数据库经过多年的使用之后通常都拥有巨大的体量。Brodie 和 Stonebraker（1995）研究的就是“legacy systems（遗留系统）”的问题。目前常见的基于面向记录的数据模型的 DBMS 有 IBM 的 IMS（层次数据模型）和西门子的 UDS（网状数据模型）。

当今，关系型数据库系统在市场上占主导地位，本书也将其作为重点内容。不过，我们也会分别用一章讲解演绎型数据库和面向对象数据库。演绎型数据模型其实是在关系型数据模型的基础上增加了一套规则和演绎推理能力，也可以说是关系型数据模型的一种延伸。从形式上来看，演绎型数据模型是基于一阶逻辑的，所以有时也被称为“逻辑数据模型”。面向对象数据库系统现在经常被认为是下一代数据库技术。为了迎接新挑战，关系型数据库系统的制造商已经试图将面向对象的一些概念引入关系模型。所以可以想见，下一代数据库系统都应该包含面向对象的建模结构。

如今，越来越多的数据以 XML 格式建模。XML 作为异构分布式[1]应用之间的数据交换格式，受到广泛欢迎。现在商用的关系型数据库系统已经可以对基于 XML 的数据提供广泛的支持。

在这里，我们想简要地展示一下“大学机构”概念设计模式（图 1-3）中的一些联系。以下是学生、学和课程三者之间的联系：

关系可以被想象成“平面”表（英语 table）。行对应的是现实世界中的数据对象，例如这里的“学生”和“课程”；列给出的是数据对象的特征属性，例如“课程编号”和“学生姓名”。“学”的地位是很特殊的，它代表了“学生”和“课程”之间的关联。比如［25403，5022］这一栏就代表着名叫 Jonas、学号为 25403 的学生，学习了名为“信仰与知识”、编号为 5022 的课程。

| 学生 Students | |
|---|---|
| 学号 StudNr | 姓名 Name |
| 26120 | Fichte |
| 25403 | Jonas |
| … | … |

| 学 attend | |
|---|---|
| 学号 StudNr | 课程编号 LectureNr |
| 25403 | 5022 |
| 26120 | 5001 |
| … | … |

| 课程 Lectures | |
|---|---|
| 课程编号 LectureNr | 课程名称 Title |
| 5001 | 基础 |
| 5022 | 信仰与知识 |
| … | … |

这些表格代表数据库用户的逻辑视图。对这些表格进行操作和查询有一个标准化的 DML，即 SQL。在此，我们想用两个例子来让大家对这种语言有一个初步了解。在第

〔1〕异构分布式计算机系统是指由多个不同种类的计算平台或应用子系统通过网络连接而成的计算机系统。计算平台是指计算机的硬件系统和操作系统的组合。

一个例子中，我们想要知道学习“基础”这门课的学生的姓名：

```
select Name
from Students, attend, Lectures
where Students.StudNr = attend.StudNr and
        attend.LectureNr = Lectures.LectureNr and
        Lectures.Title = 'Fundamentals';
```

在这个查询中，为了提取所需信息，需要将“学生”Students、“学”attend和“课程”Lectures这些内容组合（联系）起来。更详细的解释，请参考第4章。

在下一个例子中，我们想要将编号为5001的课程名称改为“Basic principles of logic（逻辑学基础）”：

```
update Lectures
  set Titel = 'Basic principles of logic'
  where LectureNr = 5001;
```

where子句选出了需要更改的行，set子句给出了Title课程名称这一列的新值。在SQL中也可以同时对几个不同的行和列加以更改。

在这里，我们还想再次强调数据库模式和数据库实例之间的联系。关系表中的每一行代表的就是数据库实例，是和数据库目前的状态相吻合的。而表的结构，也就是列的数量、列的命名、列所允许的值集等，对应的就是数据库模式。数据库模式基本上是不会更改的。

## 1.7 DBMS的结构

图1-4展示的是高度简化的DBMS的结构图。上半部分是用户界面，不同的用户群体根据经验和责任不同访问不同的界面。

1. 对于经常出现的相似的任务，可以使用专门定制的应用程序。这些程序比完整的查询语言更简单易学，而且方便高效。通常这些应用系统可以通过一个菜单[1]驱动的用户界面来实现。例如旅行社职员使用的航班预订系统就是这样一个应用程序。

[1] 指计算机程序运行中出现在显示屏上的选项列表。

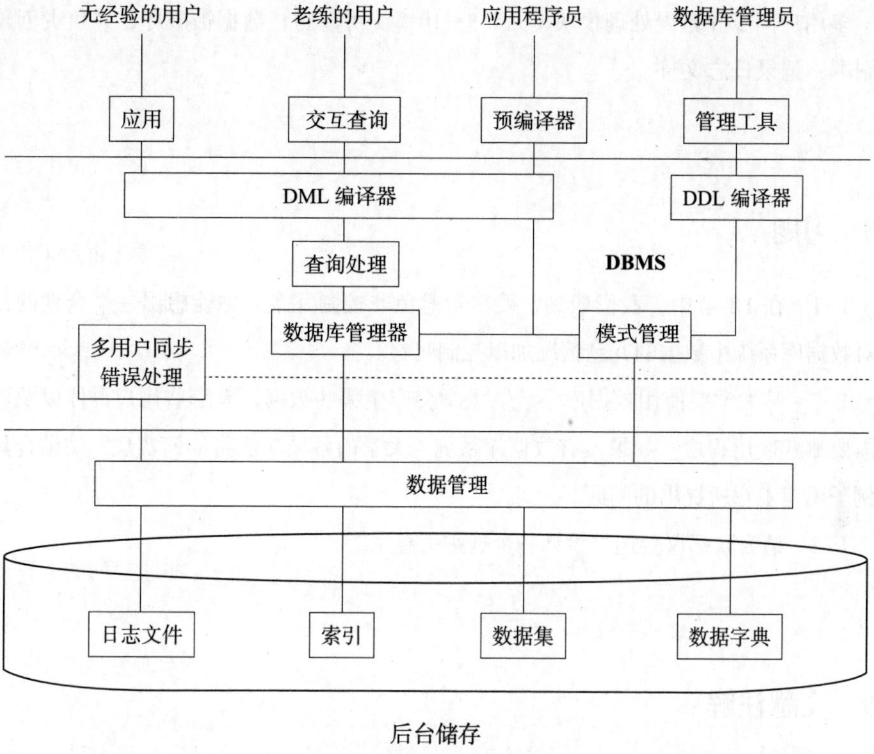


图 1–4 DBMS 的结构图

2. 不断面临不同任务的高级用户可以使用灵活的查询语言（如 SQL）交互地输入查询。

3. 通过在编程语言中“嵌入”查询语言的指令，应用程序员可以完成特别复杂的数据处理操作，或为不太熟练的用户提供易于使用的应用程序。这种机制将在第 4 章中讨论。

4. 在数据库管理界面可以操作数据库模式，以及创建用户 ID。

用户的数据请求首先通过 DML 编译器转化为查询处理所能理解的形式。在查询处理过程中，系统还会分析应如何有效地实现请求，并将请求转换为低级指令。数据库管理器是 DBMS 的核心，它会对查询做最终的执行，并构成文件管理的接口。

数据库管理员对数据库模式的操作会通过 DDL 编译器翻译为元数据，并储存在数据字典中。

多用户同步和错误处理模块（见第 9—10 章）可以防止数据被破坏，并负责创建存档副本，记录日志文件。

## 1.8 习题

1-1 在 1.1 节中，我们谈到，要尽量避免非控制冗余。你能想出一个合理的方法来对数据库系统中数据的冗余情况加以控制吗？

1-2 某大学要使用数据库系统。大学会产生哪些数据，有哪些用户群体以及可能会需要哪些应用程序？如果没有数据库系统，大学的各项功能将如何实现？请结合具体的例子思考本章所提出的问题。

1-3 请为联邦议会选举设计一个选举信息系统。

## 1.9 文献注解

大多数数据库系统导论书籍都是英文的。Vossen（2008）的书是一个例外，它是德文的，而且非常全面。另一本德文书是 Schlageter 和 Stucky（1983）写的，但是现在已经有点“过时”了。Neumann（1996），Kleinschmidt 和 Rank （2002）出版的是两本关于关系型数据库应用的书，非常贴近实践。Lockemann， Krüger 和 Krumm（1993）在书中试图将数据库和电信领域的基本概念结合起来讲解。Biskup（1995）的书理论性比较强。Saake，Sattler 和 Heuer（2013）的书更强调数据建模方面。Lausen（2005）在书中介绍了关系型数据库和 XML 数据库技术的基础知识。Silberschatz，Korth 和 Sudarshan（2010）所讲的和本书的内容最为接近。Ullman 的两本书［Ullman（1988），Ullman（1989）］都是理论性更为突出，尤其非常详细地介绍了演绎型数据模型。Date（2003）的书非常实用，可以算得上是经典之作，现在已经出了第六版。Elmasri 和 Navathe（2010）的书也非常全面、详细。想要更深入地了解数据库方面研究进展的读者，我推荐特里尔大学 M. Ley 的文献检索服务器（http：//dblp.uni_trier.de/），另外还建议成为 ACM SIGMOD（美国计算机协会数据管理专业委员会，http：//www.acm.org）的会员。

# 2　数据库设计

概念上“干净”的设计是所有数据库应用的前提条件。在这里，有必要提醒大家，在设计数据库时，务必保证完整性，并遵从必要的系统性。概念设计阶段的遗漏会在后期使用时造成更大的困扰，而且真正进入使用阶段之后，设计中的问题往往就无法修正了，因为很多其他的东西（例如应用程序的设计）是建立在概念设计的基础之上的。有这样一个大致的规律：同样一个问题，在需求分析阶段去解决如果花费的成本是 1 欧元，那么到了设计阶段去解决就需要花费 10 欧元，到实现阶段去解决就需要花费 100 欧元了。如果投入使用之后才发现这个问题，那么解决它就需要付出更高昂的代价。

## 2.1　数据库设计的抽象层面

数据库的设计可以分为三个抽象层面：概念层面、逻辑层面和物理层面。

概念层面用来构建映射应用领域的结构。这一层次的建模是独立于所要使用的数据库系统的，只需对用户视图（相对于实现视图）进行建模。在本章后面，我们将学习概念设计中用到的实体 - 联系模型。在这个模型中，对象被抽象为对象的集合，对象之间的联系被抽象为联系型。然后对象集合和联系型会被赋予属性。

逻辑层面即根据概念（也就是数据模型）对数据进行建模。在关系型数据模型中，这一层面需要确定关系、元组和属性。

设计中抽象程度“最低”的就是物理层面。这个层面的设计主要是为了提高数据库应用的性能（performance）。在物理层面设计中要考虑的结构有数据块（页）、指针和索引结构等。物理层面的设计需要对所使用的数据库系统、底层操作系统，甚至硬件有深入了解。

## 2.2 一般设计方法

这一节我们会介绍一种普遍可行的设计方法。这种方法适用于对各种不同领域的数据库作系统的设计。为了让过程不会过于复杂，我们将设计分为几个步骤进行，每一步都以前面的步骤为基础。因此，它是一种 top-down（自上而下）的方法。

这个过程如图 2-1 所示。在第一步，也就是需求分析中，需要拟定数据库的需求规格说明书。所有后面的步骤都是以此为基础的。重要的是，整个设计过程要保持一致。这意味着，如果由于边界条件的改变或新知识的加入，需要在后面几个设计步骤中更改，那么也需要在此前的步骤中（即在这些步骤所创建的文件中）做出相对应的改变。这一过程在图中用向上回指的箭头标注了出来。

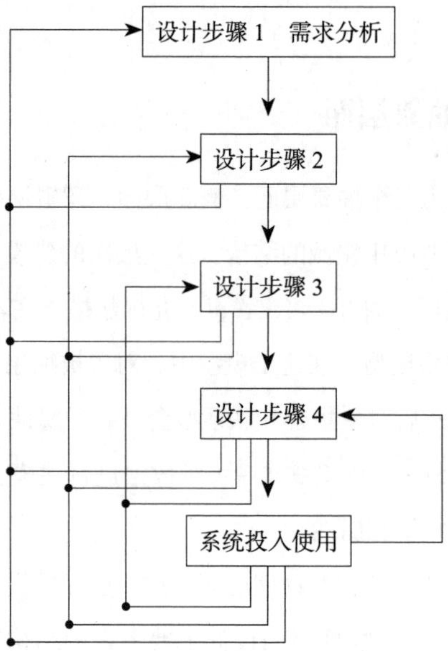


图 2-1 一般的“top-down”设计方法

图中最后一步“系统投入使用”需要对系统运行加以监测（Monitoring），以便发现可能需要做出的改变（调整、修改）。

## 2.3 数据库设计的阶段

上面介绍的抽象的“自上而下”的设计方法，应用于数据库设计的整个生命周期，具体步骤需根据各个数据库的情况作相应的调整。数据库的设计是根据 2.1 节中介绍的数据库的抽象层次进行的。科学、系统地设计任何东西都需要先作需求分析，设计数据库也不例外。需求分析得出的文件被称作“需求说明”或“功能说明”。在作需求分析时，一方面要考虑建模世界（现实世界中与需求相关的那一部分，也被称为“迷你世界”）的信息需求，另一方面也要考虑数据处理的过程。与数据库的预期用户共同进行细致的需求分析，是设计好一个数据库应用的基本前提。

在完成需求说明之后，就需要进行概念设计。这一步需要在概念上，也就是在面向用户的层面上确定信息的结构。在概念设计中，最常用的是实体 - 联系模型（简称 ER 模型[1]）。

概念设计输出的是一个以实体 - 联系模型的形式描述的信息结构。需要强调的是，这一设计步骤是完全独立的，与使用的数据库系统无关。在实现设计层面才会开始用到数据模型。实现设计这一步是将 ER 模型转换成一个相应的实现模式——通常也被称为“数据库的逻辑结构”。但是在实现设计中也必须考虑数据处理的要求，这样才能创建一个合适的数据库模式。

数据库设计的最后一步是物理设计，这一步的目的是在不改变数据的逻辑结构的条件下提高效率。物理层面设计需要设计人员对底层数据库系统以及安装 DBMS 的硬件和软件（如操作系统）有详细的了解。

这些设计步骤的顺序和相互关系如图 2-2 所示。

---

〔1〕ER 模型，全称为“实体 - 联系模型”“实体 - 关系模型”或“实体 - 联系模型图”，由美籍华裔计算机科学家陈品山发明，是概念数据模型的高层描述所使用的数据模型或模式图。

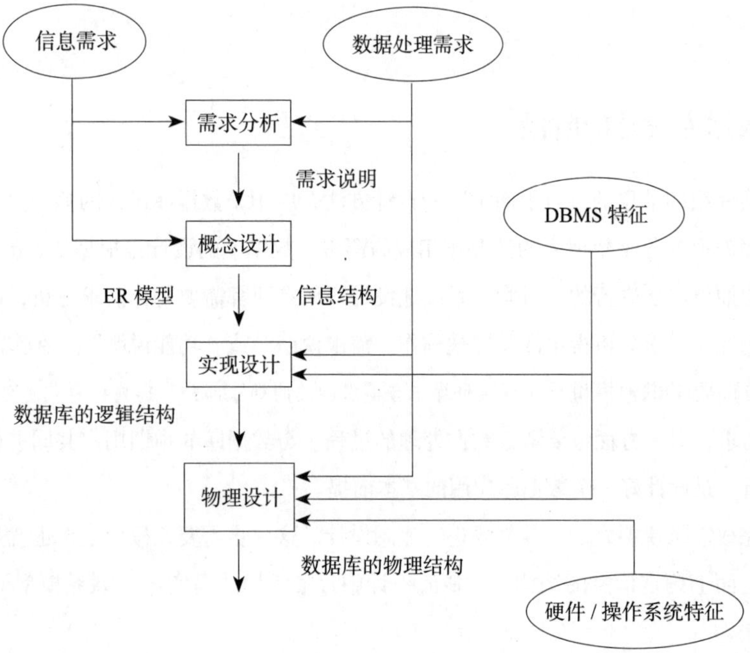


图 2–2 数据库设计的步骤

## 2.4 需求分析

本节介绍如何编写需求说明。分析需求时，必须与数据库系统的预期用户深入交流。只有这样才能尽可能地避免在数据库应用安装时出现意想不到的问题。

需求分析的任务是，将从未来用户身上获取的信息记录在一个结构化的文件中。下面列出了可行的步骤：

1. 确定应用该数据库的组织机构；
2. 确定数据库所需要完成的任务；
3. 确定需要询问的人；
4. 收集他们的需求；
5. 过滤和筛选收集到的信息，检查信息是否清楚明确；
6. 信息分类：将信息分为对象、对象之间的联系、操作和事件；

7. 形式化或系统化：将信息转移到目录中，即形成完整的需求说明手册。

第 1 步和第 2 步是为了确定数据库的应用范围。第 3 步到第 6 步需要数据库设计者系统地收集在划定范围内的信息。最终第 7 步会得到需求功能说明手册，它的内容应该分为信息结构需求和数据处理需求。

### 2.4.1 信息结构需求

在实践中，事实证明使用类似表格的形式描述信息结构需求是较好的。当然，为了方便，表格应该以机器可读的形式保存在电脑上。信息结构需求描述应包含以下几个部分:

1. 对象，抽象为对象类型；
2. 用于描述或识别这些对象的属性；
3. 对象之间的联系，也应该抽象为联系型。

对象和属性描述可以汇总成一个“表格”，以大学员工为例可以写成如下这样：

**对象描述：大学员工 University employees**

- 数量：1 000
- 属性
  - A 工号 PersNr
    1. 类型：char
    2. 长度：9
    3. 取值范围：0 … 99 999 999
    4. 重复次数：0
    5. 确定性：100%
    6. 标识性：是
  - B 薪资 Salary
    1. 类型：decimal
    2. 长度：（8.2）[1]
    3. 重复次数：0
    4. 确定性：90%

[1] 八位数的十进制数字，小数点后两位。

5. 标识性：否

C 职称等级 Rank

1. …

2. …

3. …

在需求分析中，对对象的数量、大小和所包含的属性有一个大致了解，有助于在早期阶段估计后期的数据量。在属性描述中，需要确定数据的取值范围、内存要求（长度）、重复次数（比如很多人有 2 个不同的地址）、该属性将被赋予一个值的概率（确定性）以及该属性是否能够唯一地标识该对象。

对象之间存在的联系也应该以类似的方式记录下来。我们还是以大学为例。在大学里，教授、学生和课程之间存在着考试关系：

**关系描述：考试 test**

- 参与对象：

A 教授作为考官

B 学生作为考生

C 课程作为考试科目

- 关系的属性

A 日期

B 时间

C 分数

- 数量：100 000（每年）

需要强调的是，这里的对象和关系描述表格只是一个模板，需要根据具体的情况加以调整。其重点是：结构要清晰，并保持一致。

### 2.4.2 数据处理需求

需求分析中除了要确定信息结构，还必须解决操作方面的问题，也即要考虑数据处理的需求。我们建议，按照各个数据处理过程单独描述。和信息结构描述一样，在实际操作中，数据处理需求也需要用一个结构清晰的文件记录下来。我们以发放成绩单为例来说明：

**过程描述：发放成绩单**

- 频率：每半年
- 所需数据
  A 考试信息
  B 培养计划
  C 学生信息
  D …
- 优先级：高
- 待处理的数据量
  A 500 名学生
  B 3 000 场考试
  C 10 份培养计划

当然，你也可以根据具体的情况设计其他的“表格”。但是无论如何，表格应该一目了然。

## 2.5 实体 - 联系模型的基本概念

实体 - 联系模型，顾名思义，其最基本的组成部分是实体和实体之间的联系。另外，实体 - 联系模型中还包括属性和角色。

对象（或实体）是指要建模的世界中可明确区分的物理或心理概念。相似的对象被抽象为对象类型（实体型或实体集），在 ER 图中用矩形框表示，实体型的名称写在矩形框内。

不同实体型之间的联系也被抽象为联系型，在 ER 图中用菱形表示，菱形框内写明联系名称，并通过无指向线段与有关实体型联系起来。

在接下来的内容中，我们常常直接忽略实体与实体型、联系与联系型之间的区别，因为在实际情况中通常很清楚指的是具体的实体、联系，还是实体型、联系型。

大学里的实体型有学生、课程、教授和助理[1]。实体型之间的联系型有学（学生

〔1〕这里的助理指科研助理。在德国大学中，在读博士生通常担任教授的科研助理，并带本科生和硕士生。——译者注

和课程之间）、考试（教授、课程和学生之间）等。

属性用来描述实体或联系的特征。属性用圆形或椭圆形框表示，通过线段与矩形框（代表实体型）和菱形框（代表联系型）连接起来。

图 2-3 的 ER 图中有四种实体型（学生、课程、教授、助理），五种联系型（学、考试、前提、为……工作、教）。每种实体型有一种关键的识别属性，和其他进一步的描述属性。例如学生由学号作为唯一标识，姓名和学期为进一步的描述属性。描述属性通常不能一对一地识别某名学生，但可以对其加以（更为细致的）描述。

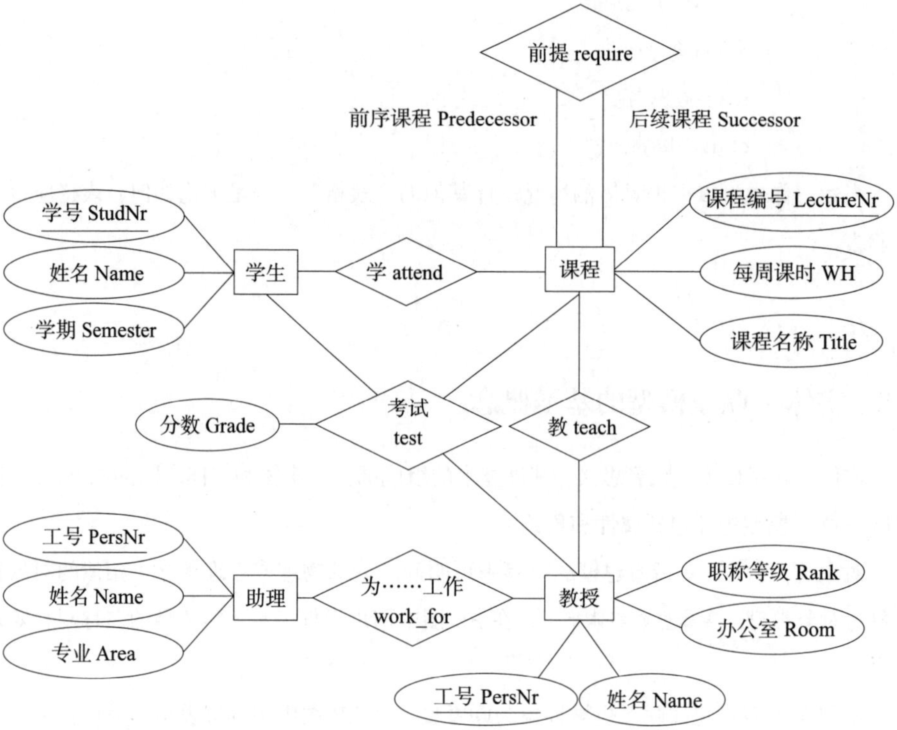


图 2-3　大学的概念模型图

“学”“教”和“为……工作”都是两种不同的实体型之间的二元关系。“前提”也是一种二元关系，不过只涉及一种实体型。这种关系被称为“自环关系”。“前提”是这一关系中包含不同的角色，即前序课程和后续课程。它们用来指明实体是如何联系的，在我们的例子中，角色决定了某一门课程是建立在另一门课程的基础之上，还是相反。在 ER 图中，角色直接以文字的形式写在与菱形框相邻的矩形框内。

## 2.6 键

可以将某一实体与其他同类型的实体明确地区分开的属性，称为“码”或“键”。很多情况下，可以“人为地”设置唯一的键，例如“工号”“课程编号”等。在ER图中，键属性通过下画线表示（有时也会用双层的圆形或椭圆形框）。

有时会有两个不同的键，在这种情况下会选其中一个键作为主键，也可以叫作“主码”。

## 2.7 联系型的特征描述

实体型 $E_1$，$E_2$，…，$E_n$ 之间的联系 $R$ 可以看作一种数学意义上的联系。联系 $R$ 的表达式也就是和该联系有关的所有实体型的笛卡儿积[1]的子集。那么也就有：

$$R \subseteq E_1 \times E_2 \times \cdots \times E_n$$

$n$ 表示联系 $R$ 的度。在实际应用中最常见的联系型是二元的。

一个元素（$e_1$，$e_2$，…，$e_n$）$\in R$ 被称作一个联系型的实例，其中 $e_i \in E_i$ 必须对所有的 $1 \leqslant i \leqslant n$ 都成立。这样的一个实例也就是笛卡儿积 $E_1 \times E_2 \times \cdots \times E_n$ 中的一个元组。

现在可以对角色的概念加以形式化的表达。以我们例子中的“前提”关系为例（见图 2-3），根据上述形式就有：

$$前提 \subseteq 课程 \times 课程$$

为了更准确地表述各个实例（$c_1$，$c_2$）$\in$ 前提的特征，就需要指出各自的角色，即前序课程：$c_1$，后续课程：$c_2$。这样就可以清楚地表明课程 $c_1$ 是 $c_2$ 的前提条件。

[1] 设 $A$ 与 $B$ 是两个集合，$a$ 与 $b$ 分别是 $A$ 与 $B$ 的任意元素，由所有序偶（$a$，$b$）组成的集合，称为 $A$ 与 $B$ 的笛卡儿积，又称“直积”。笛卡儿（1596—1650），法国哲学家、数学家、物理学家，欧陆理性主义的先驱，因将几何坐标体系公式化而被誉为“解析几何之父”。

### 2.7.1 二元联系的函数表达

联系型可以用函数关系表示。实体型 $E_1$ 和 $E_2$ 之间的二元联系型 $R$ 可能是以下情况：

1. 一对一（1 ∶ 1）。$E_1$ 中的每个实体 $e_1$ 最多与 $E_2$ 中的一个实体 $e_2$ 相关联，相反，$E_2$ 中的每个实体 $e_2$ 也最多与 $E_1$ 中的一个实体 $e_1$ 相关联。需要注意，$E_1$（或 $E_2$）中也可能存在在 $E_2$（$E_1$）中找不到相对应的实体。

一对一联系的一个例子是实体型男人和女人之间的婚姻关系——至少在欧洲的法律体系里它是一种一对一的关系。

2. 一对多（1 ∶ $N$）。$E_1$ 中的每个实体 $e_1$ 与 $E_2$ 中任意数目（零个或多个）的实体相关联，而 $E_2$ 中的每个实体 $e_2$ 最多与 $E_1$ 中的一个实体相关联。

一对多关系的一个很直观例子是个人和公司之间的雇佣关系。通常情况下一个公司有多名员工，而每个人只能就职于一家公司（或者不就职于任何公司）。

3. 多对一（$N$ ∶ 1）。和上述情况相反。

4. 多对多（$N$ ∶ $M$）。没有任何限制，也即 $E_1$ 中的每个实体可以与 $E_2$ 中任意数目的实体相关联，而 $E_2$ 中的每个实体也可以与 $E_1$ 中任意数目的实体相关联。

注意：建模世界中必须始终遵守这些映射关系。也即，这些条件不应该只适用于“迷你世界”某一刻的随机状态，而是应该始终强制遵守。

一对一、一对多和多对一的二元关系也可以视为部分函数。$E_1$ 和 $E_2$ 之间一对一的关系 $R$ 既可以视为函数 $R$: $E_1 \rightarrow E_2$，也可以视为 $R^{-1}$: $E_2 \rightarrow E_1$。

对于我们上面举的一对一关系的例子也就有：

丈夫：女人→男人

妻子：男人→女人

在一对多关系中，函数的“方向”是固定的，比如说雇佣关系就是从个人到公司的一个部分函数，就有：

雇佣：个人→公司

也即，函数的方向是从“多”的实体型指向“一”的实体型。这一点很重要，后面在讲到 ER 模型转换为关系模型时，我们还会再提及。当然多对一的关系也是类似的，也需要注意函数的“方向”。

一对一和一对多的关系函数是部分函数，因为定义域中可能存在实体与另一实体型中的实体没有对应关系。对于这些实体而言，函数是没有定义的。

图 2-4 是上述映射关系的图示。椭圆代表实体型，左边的椭圆代表实体型 $E_1$，右边的椭圆代表实体型 $E_2$。椭圆内部的小方块代表每种类型中的实体，连接左右实体的每个线条代表联系 $R$ 的一个实例。

后文的图 2-7 画出了大学概念模型下的映射关系。

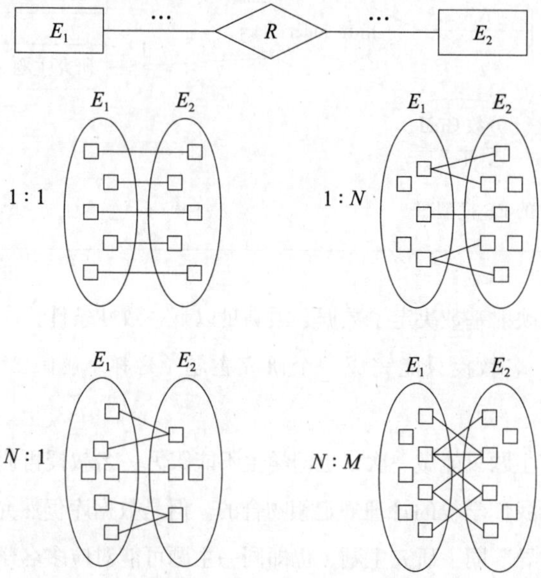


图 2-4　$E_1$ 和 $E_2$ 之间二元联系 $R$ 的映射关系

## 2.7.2　$n$ 元联系的函数表达

前面我们只定义了二元联系型的函数，但它也可以扩展到 $n$ 元联系中。如果 $R$ 是实体集 $E_1$，…，$E_n$ 之间的联系，实体集 $E_k$（$1 \leq k \leq n$）的映射基数为“1”，其他实体集的映射基数也为 1，或者用联系型中的某个字母表示，代表“多”，那么就需要满足以下部分函数：

$$R : E_1 \times \cdots \times E_{k-1} \times E_{k+1} \times \cdots \times E_n \to E_k$$

当然所有的实体集都需要满足这样的函数关系，映射基数也同样用“1”表示。在 2.7.1 节中介绍的二元联系是以上函数定义的特殊情况。

为了更直观，图 2-5 画出了实体型学生、教授和研究主题之间的三元联系“指导”的图示，映射基数是 $N$ : 1 : 1。根据上述定义，可以将“指导”这一联系写成部分函数，如下所示：

指导：教授 × 学生 → 研究主题

指导：研究主题 × 学生 →教授

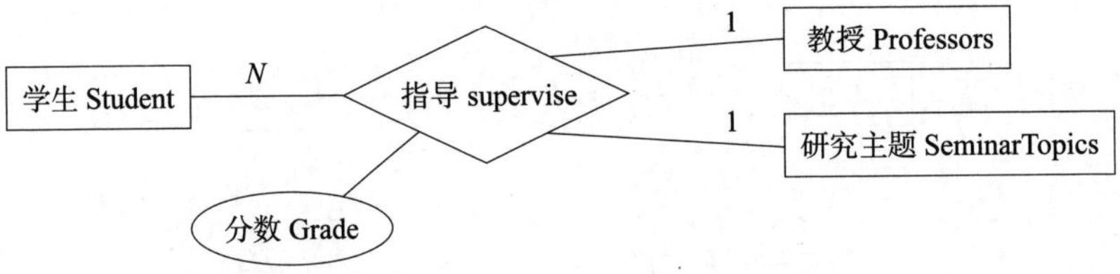


图 2–5 指导研讨主题的 ER 模型图

这个例子中的映射基数决定了数据必须满足以下一致性条件：

1. 学生跟同一名教授只能完成一个研究主题（这样才能保证学生的研究主题的广泛性）。

2. 同一个研究主题只能做一次，也即学生不能跟另一名教授再研究同一主题。

这些条件是和我们学校的管理规定相吻合的。但是数据库仍然允许出现以下状态：教授可以“重复指导”同一研究主题，也即同一主题可能对应多名学生；多名教授可以都指导同一主题，但对象必须是不同的学生。

图 2–6 列出了“指导”这一联系的 4 个合法表达式，用 $b_1$，$b_2$，$b_3$，$b_4$ 表示，以及两个不合法的表达式 $b_5$ 和 $b_6$。表达式 $b_5$ 不合法，是因为学生 $s_1$ 在教授 $p_1$ 处学习两个主题；表达式 $b_6$ 不合法，是因为学生 $s_3$ 想要跟两个不同的教授 $p_3$ 和 $p_4$ 学习同一主题 $t_1$。

我们还想讨论一下，在图 2–7 大学这个例子中，“考试”这一三元联系的函数表达。我们要阻止学生同一门课找多名不同的教授考试。换言之，每一组学生和课程的组合最多只能有一名教授作为考官。“考试”这一联系必须满足以下部分函数：

考试：学生 × 课程→教授

在图 2–7 中 $N$ ： $M$ ： 1 的映射关系就对此作了强制规定。除了标出的地方之外，不存在其他限制，如学生可以在同一名教授那里参加不同课程的考试，教授当然也可以在同一门课程中对不同的学生进行考试。

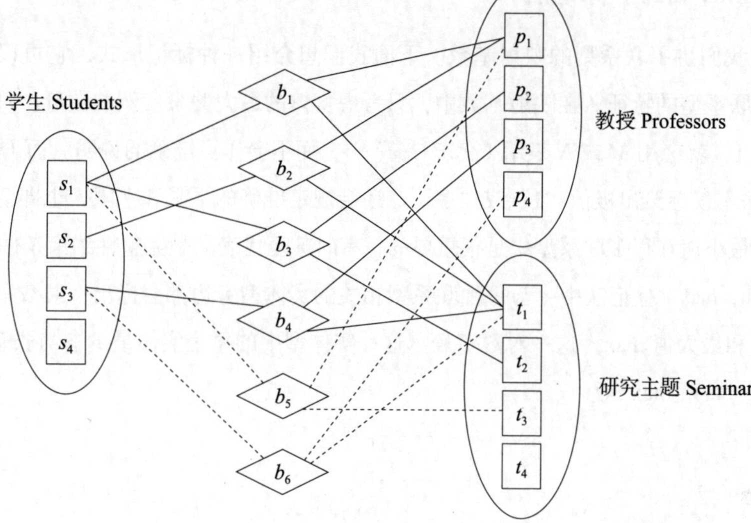


图 2–6 "指导"关系的表达式（虚线为不合法表达式）

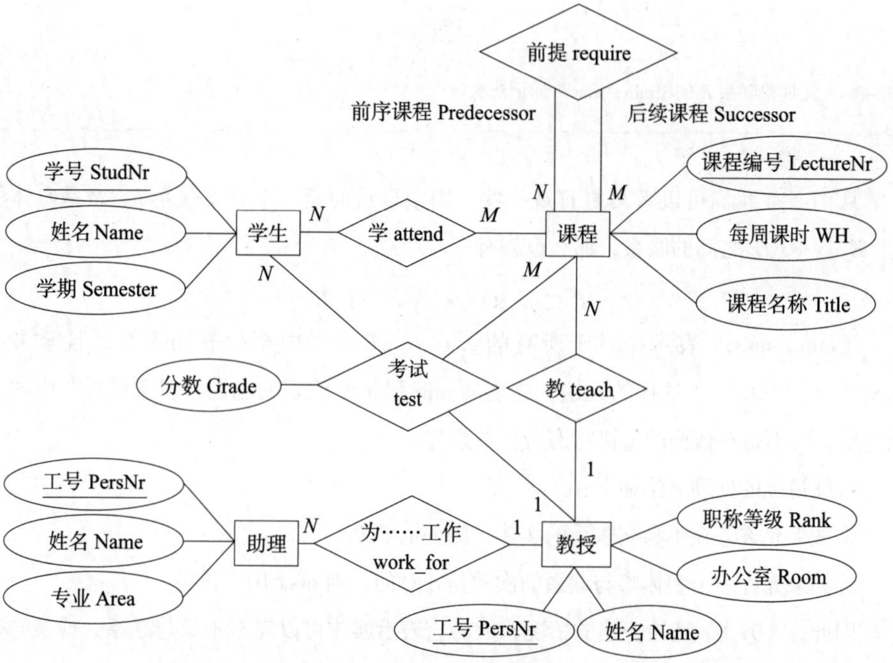


图 2–7 大学概念模型图中的映射关系标记

### 2.7.3 （min，max）标记法

上一节我们讲了联系型的映射基数。下面我们想介绍一种标记形式，它可以更加精确地描述联系型的特征。在映射基数中，只考虑实体的最大关系实例的数量。只要这个数字大于 1，就会用 $M$ 或 $N$ 表示（代表“多”），而不会作更准确的说明。而（min，max）标记法不仅会给出极值“1”或“多”，还会规定准确的下限和上限，也即会给出最小值。而最小值在很多联系型中是很重要的，有时甚至代表的是完整性约束条件。

在（min，max）标记法中，与每种联系型相关的实体型旁边都会标出一对数字，即最小值 min 和最大值 max。这一对数字表示这一实体型中的每个实体最少参与联系 min 次，最多参与联系 max 次。

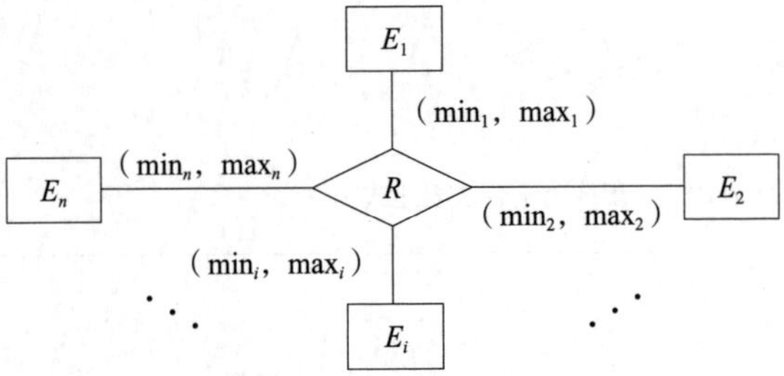


图 2-8　$n$ 元抽象联系 $R$ 的（min，max）标记法

从图 2-8 我们可以看得更直观一些。图中显示的是一个 $n$ 元联系 $R$。$R$ 是实体集 $E_1$，$E_2$，…，$E_n$ 之间的联系，那么也就有：

$$R \subseteq E_1 \times \cdots \times E_i \times \cdots \times E_n$$

（$\min_i$，$\max_i$）表示：对于所有的 $e_i \in E_i$，$R$ 联系中至少有 $\min_i$ 个，且至多有 $\max_i$ 个（…，$e_i$，…）这样的元组。这里的 min 和 max 代表的也是“现实世界”中的各项规定，而不是对数据的随机状态所作的描述。

特殊情况的处理方法如下：

1. 如果允许存在不参与联系的实体，则 min 填 0。

2. 如果允许一个实体参与联系的次数是任意的，则 max 用 * 代替。

因此，（0，*）是最普遍的情况，因为它表示实体可以完全不参与联系，或参与任意次数。

接下来我们看一个（min，max）标记法的图示例子。这里我们（暂时）离开大学世界，

来看一看多面体的表面建模。多面体由面构成，面又由边构成。每条边在三维空间中有一个起点和一个终点。图 2-9 用 ER 图画出了多面体表面的建模过程，并且分别用映射基数和（min，max）标记法标注，方便大家比较。

我们先看映射基数。一个多面体由多个面包围，但每个面只能属于一个多面体。“包围”是一个一对多（1 ：*N*）的联系。每个面由多条边作为边界，而每条边同时属于多个面。“边界”是一个多对多（*N* ：*M*）的联系。“起止”也是一个多对多的联系，因为每条边有 2 个（即多个）起止点，而每个起止点可以属于多面体的多条（甚至是任意多条）边。

以上这种描述是很粗略的，用（min，max）标记法可以将联系的特征描述得更精确。为了在图 2-9 中标出最小值，我们需要回忆一下多面体最少有几个面、几条边、几个顶点。图 2-10 是一个四面体的示意图。

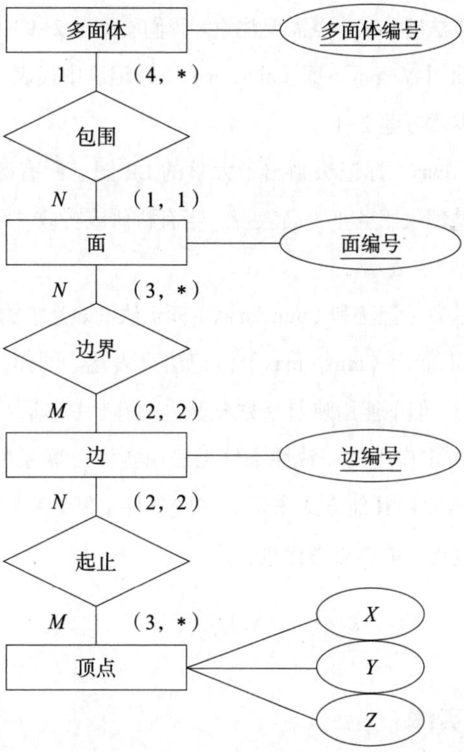


图 2-9 多面体表面的建模概念图示

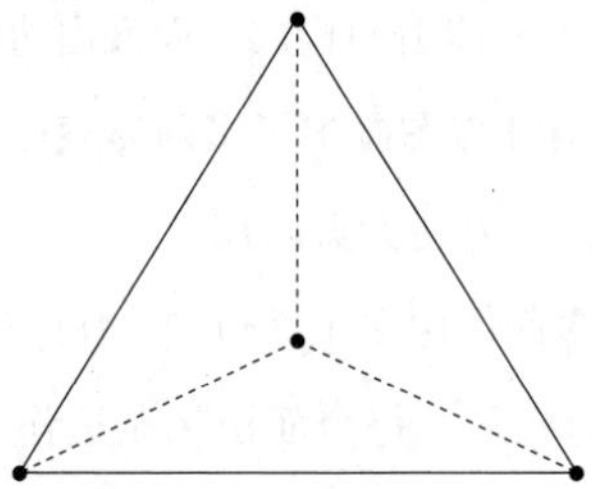

图 2-10　四面体示意图

从图 2-9 中可以看出，一个多面体至少要有 4 个面，而至多可以有任意多个面，用 * 表示。每个面至少有 3 条边，同样，边的最大值也可以是任意的。在多面体中，每条边属于两个面，并且有且仅有 2 个顶点。多面体的每个顶点至少属于 3 条边（见图 2-10），而从一个顶点延伸出来的边的数量可以是无限多的。

在比较两种表示方法时，有一点需要注意。我们看到图 2-9 中“包围”是一个 1 ：$N$ 的联系，这里实体型面用 $N$ 表示。而（min，max）标记法中代表“多”的跑到实体型多面体那里去了。参考本章习题 2-1。

图 2-14 用（min，max）标记法画出了大学的 ER 图。所有课程至少有 3 名学生，否则不能开课。所有助理仅服务于 1 名教授。当有科研或行政“事务”时，教授可以暂时不教课，所以用（0，*）表示。

需要注意，映射基数标记法和（min，max）标记法的表达能力是不同的。有些条件，可以用映射基数，但不能用（min，max）标记法来表达。同样，也存在一些情况可以用（min，max）标记法，但不能用映射基数来表达。请参考本章习题 2-2。

当然，也有很多特定应用的一致性条件无法用实体 - 联系模型来表示。在作需求分析和概念设计时，需要用其他方式来定义这些条件（例如利用自然语言），以便在后面的设计步骤和实现过程中能够被考虑进去。

## 2.8　存在依赖型实体

到这里为止，我们一直默认实体是自主、独立存在的，并且实体集中的实体可以通过关键属性唯一地识别。但是，实际上有很多所谓的“弱实体”是不满足这一条件的，也即这些实体：

1. 依赖于另一个上级实体而存在；

2. 而且往往要结合上级实体的关键属性才能唯一地识别。

我们来看图 2–11 中房间的这个例子。房间这个实体集中实体的存在依赖于房间所处的建筑物。这当然很好理解，当某栋建筑被拆掉时，建筑物内的所有房间也会随之消失。

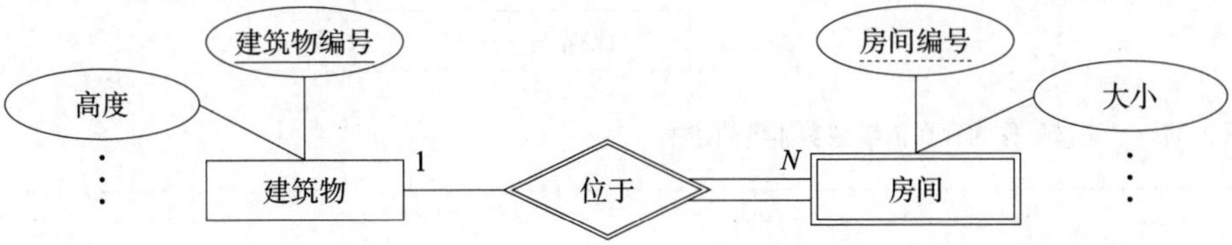


图 2–11　存在依赖（弱）实体型

弱实体用双边框的矩形表示。弱实体和上级实体型之间的联系也用双层的菱形表示，二者之间用双线条连接。弱实体同它的上级实体型之间通常是“一对多”的关系，在少数情况下是“一对一”的关系。读者可以思考一下：它们之间为什么不能是“多对多”的关系？（习题 2–9）

前面已经提及，存在依赖型实体集没有自己的键，没有可以唯一标识集合中所有实体的属性，而是有某个属性（或者一组属性）可以区分属主实体集下的所有弱实体。这些属性在图示中用虚下画线表示（见图 2–11）。图中例子里的“房间编号”就是这样一个属性。同一栋建筑物内的所有房间都拥有唯一的“房间编号”，但是不同建筑物内的房间可以有一样的“房间编号”。房间通过属主实体集的主键“建筑物编号”再加上“房间编号”这一属性才可以获得唯一的标识。

我们还想讨论另一个弱实体集的例子。在图 2–7 的大学图示中，“考试”不仅可以作为一种联系，也可以作为一个实体集。如图 2–12 所示，“考试”这个实体集可以作为“学生”这个实体集的下属集合。这样“考试”就可以通过考生的“学号”以及“考试科目”（例如信息学 I，信息学 II 等）获得唯一标识。在这个例子中，我们有意将“考试”和“课程”、“考试”和“教授”之间标注为“多对多”关系，因为一门考试可能包括多门课程，并且也可能由多名教授作为考官。需注意，这里的建模和图 2–7 中“考试”作为“学生”“教授”和“课程”之间的“1 : $N$ : $M$”的三元联系有所不同。

读者可以自行分析讨论，哪种建模更能够真实反映你所在学校的实际情况。

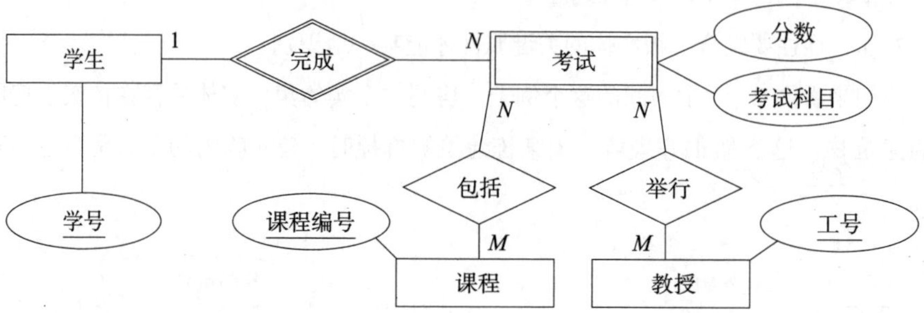


图 2-12 “考试”作为存在依赖型实体集的建模

## 2.9 概化

概念设计中会进行概化，以便让实体型的结构更加自然和清晰。概化是类型层面的抽象。实例层面的抽象，即将相似的实体归为一个实体型的过程其实也是类似的。

概化是指对拥有相似特征的实体型作“因式分解”，将相似的特征提取出来，归为一个“高层实体型”。这里的特征主要是指属性和联系特征，因为在 ER 设计中不考虑操作特征。这些拥有相似特征的实体型被称作“低层实体型”。

那些不为所有低层实体型所共有的，无法通过“因式分解”提取出来的特征，则保留在各自的低层实体型中。因此，低层实体型也是高层实体型的一种特化。概化和特化过程中的核心概念是继承，即低层实体型会继承高层实体型的所有特征。

所以说，高层实体型是低层实体型的一种概括，并且这种概化是类型层面的。那么，实例层面的概化又是怎么样的呢？低层实体型的实体也会被默认为属于高层实体型，因此概化在画图时会用 is-a 来表示（见图 2-13）。概化其实是一种特殊的联系，因此人们常常用一种特别的形状来表示，即六边形，而不是菱形。

低层实体型的实体集是高层实体型实体集的一个子集。在概化和特化过程中，有两种情况特别值得注意：

1. 不相交特化：指一个高层实体型的所有低层实体集之间两两均不相交。

2. 完全特化：指高层实体集完全由低层实体集构成，不拥有直接元素。

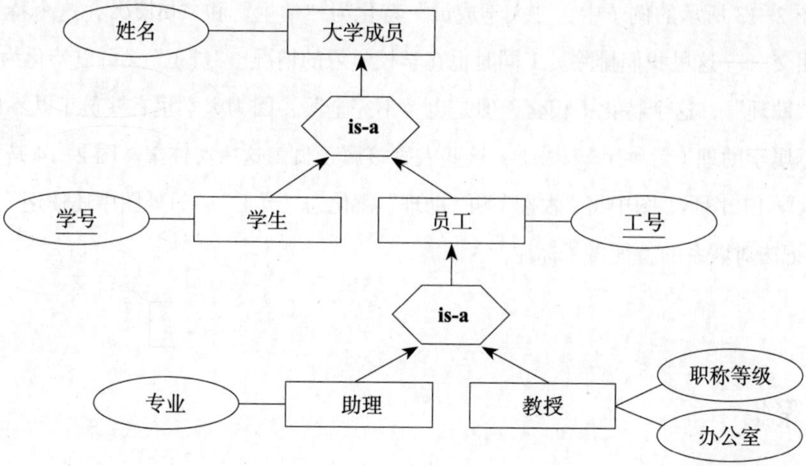


图 2-13 大学成员的概化

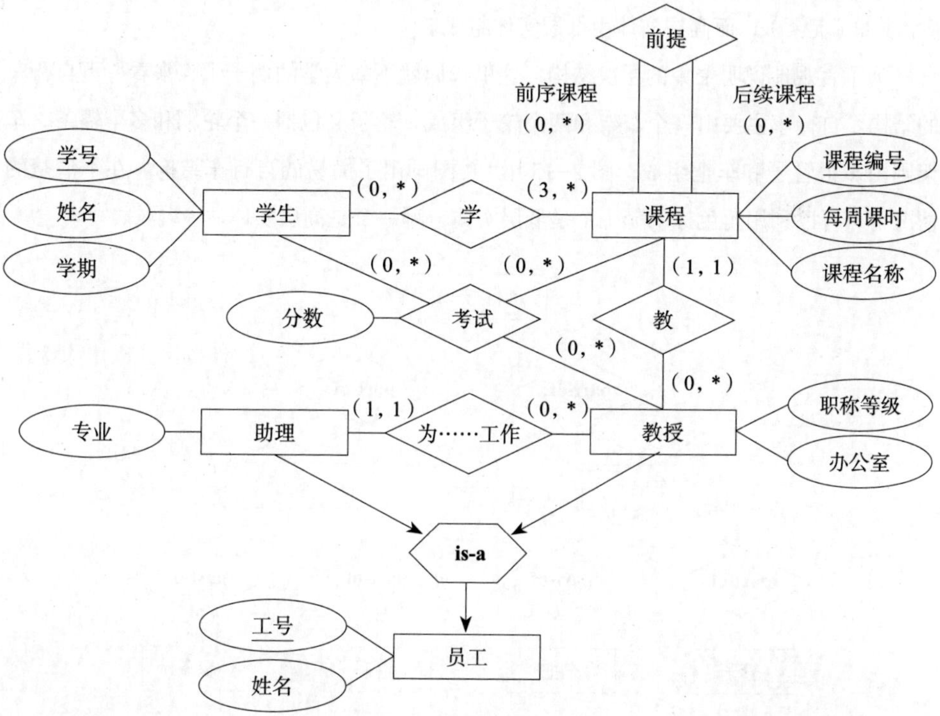


图 2-14 包括概化和（min, max）标记法的大学建模的图示

在图 2-13 所示的例子中，“大学成员”特化为“学生”和“员工”，这个特化完全且不相交——这里我们排除员工同时也在学校学习的情况。“员工”又可以特化为“教授”和“助理”，这个特化不相交，但是也“不完全”，因为大学里有些员工既不属于教授也不属于助理（例如行政秘书），这些人直接属于员工这一实体集。图 2-14 是更加完整的大学 ER 图示，图中将“教授”和“助理”概化为“员工”。另外图中还使用（min，max）标记法对联系的特征做了标注。

## 2.10 聚集

概化是对同类实体型的概括，而聚集是指将不同类型的实体集归为一个高层实体型。聚集也可以看作一种特殊的联系型，即多种低层实体型与某一高层实体型之间的联系。这种联系被称为“部分关系”（part-of），强调低层实体是高层实体的一部分（是高层实体其中的元素），而高层实体由低层实体组成。

为了直观地说明聚集的层次结构，这里我们就不举大学的例子了，来看一下自行车的结构。自行车主要由一个车架和两个轮子组成。轮子又包括一个轮辋和多个辐条。车架则由多根管子和车把组成。图 2-15 用 ER 图画出了简易的自行车结构。在不清楚的情况下，可以利用角色标明哪一个是低层实体，哪一个是高层实体。

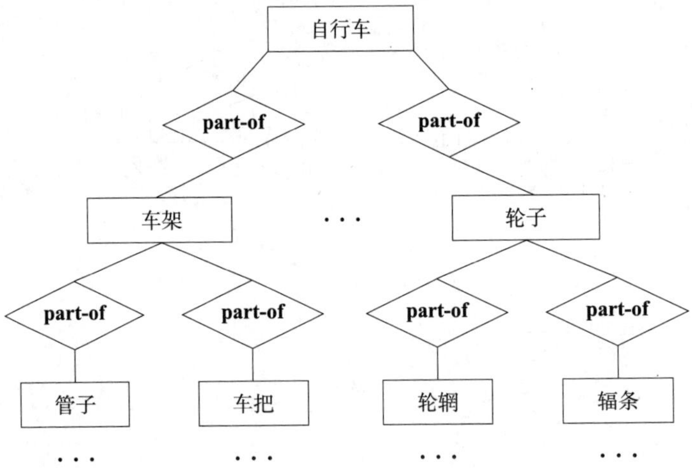


图 2-15 自行车结构的 ER 建模

## 2.11 概化和聚集的组合

在 ER 图中，为了更清晰地展示实体型之间的结构，概化和聚集这两个抽象概念当然也可以同时出现。图 2–16 就是这样的一个例子。图中将不同类型的交通工具概化为了高层实体型——“交通工具”。同时在交通工具的其中一个低层类型——“自行车”中又使用了聚集结构。类似地，也可以画出其他交通工具的聚集结构，这里因为版面空间有限，我们就省略掉了。

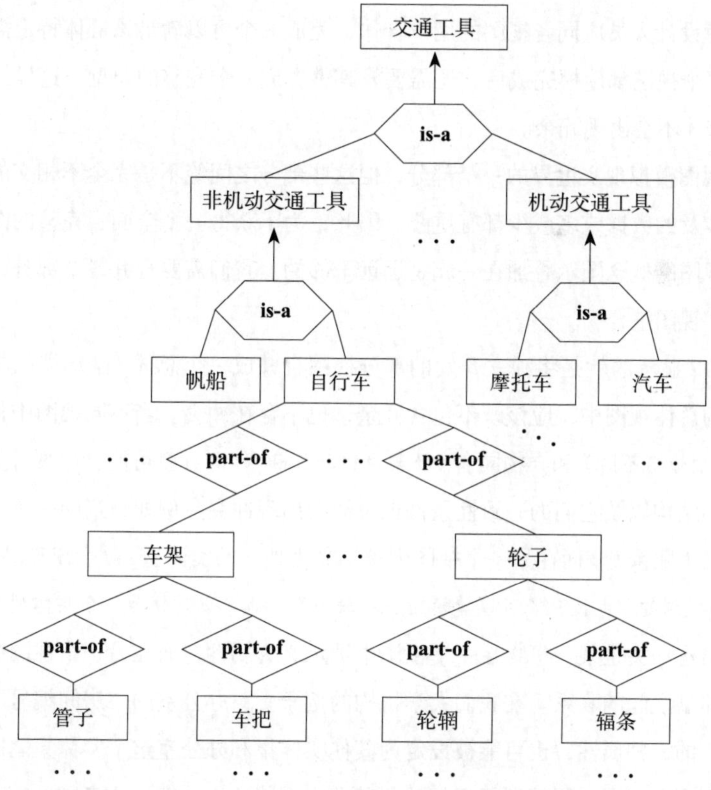


图 2–16 概化和聚集的组合

## 2.12 视图的合并与集成

在设计较大型的应用时，概念设计是不可能“一股脑”完成的。最好是根据所建模型的组织中的不同用户群体，将概念设计（以及此前的需求分析）分为不同的视图。例如在我们大学部门的例子中就可能出现以下这些视图：

1. “教授”视图；
2. “学生”视图；
3. “大学管理者”视图；
4. “楼管”视图；
5. “学生服务中心”视图。

数据库设计人员应同各视图的用户合作，完成一个可以满足该群体特定需求的概念设计。当每个视图都建模完成后，还需要将其整合成一个完整的模型，这样最后得出的数据库模型才不会出现冗余。

每个视图模拟现实世界的一个部分，但这些部分之间绝不是完全不相交的。相反，这些视图涉及的数据或多或少都有重叠。因此，为了获得一个全面、完整的图示，简单地将各个视图的概念图示叠加在一起是远远不够的。我们需要合并各个部分，这个过程也被称为“视图整合”。

图 2-17 显示的就是将独立开发的部分视图合并成一个总体 / 全局视图的过程。在最后得出的总体视图中，应该既不包含冗余，也不存在冲突。当不同视图中包含同物异名（同一事物命名不同）和异物同名（不同事物命名相同）时，就可能会出现冲突。另外，视图之间的结构以及它们的一致性条件也可能会出现冲突。例如，当同一事物在一个视图中被定义为联系型，而在另一个视图中被定义为独立的实体型，就会出现结构冲突（就像我们前面提到的“考试”既可以建模为一种联系型，也可以建模为一个实体型）。还有一种常见的结构冲突是某一事物在一个视图中被定义为属性，而在另一个视图中被定义为与某一实体型之间的联系。在我们大学机构的例子中，办公室的“房间编号”作为实体型“教授”的一种属性，也可能被设定为其他实体集和办公室这个实体集之间的联系。另外，不同视图中同一属性所规定的映射基数也可能产生冲突，或者同一实体型也可能在不同视图中设定了不同的关键属性。当然，所有这些冲突都必须与数据库用户协商解

决，这样才能最终得出一个一致的总体视图。

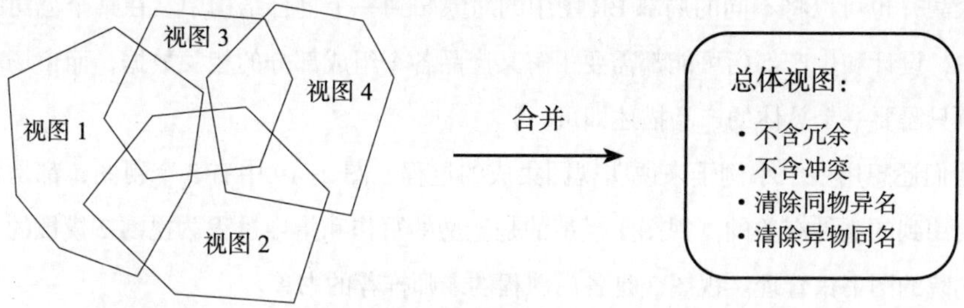


图 2–17 合并重叠视图

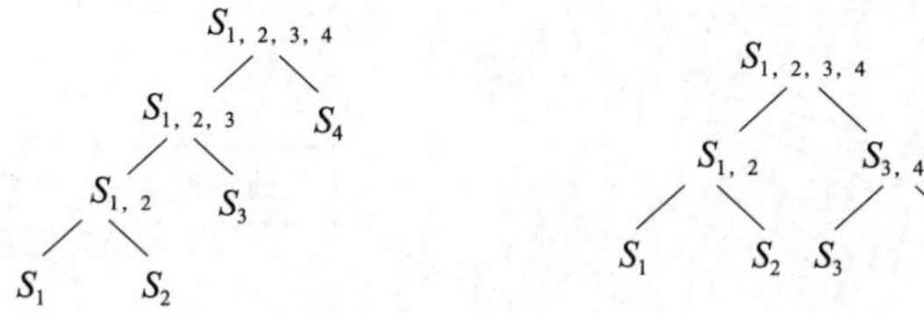


图 2–18 将 $S_1$，$S_2$，$S_3$ 和 $S_4$ 4 个局部视图合并成总体视图 $S_{1,2,3,4}$ 的树状图示。左边为层数最多的合并树状图，右边为层数最少的合并树状图

在设计较大型的应用时，合并过程需一步一步地进行，每次只合并两个部分视图。这样就会得到一个二进制的合并树，最上方就是最后得到的整合的总体视图。图 2–18 展示了 4 个局部 ER 图的两种不同的整合方式：左边的树状图中，每次合并时加入一个局部 ER 图，这样的树状图层级数是最多的；另外一种方式是两两合并，这样得到的树状图的层级数是最少的，也就是图中右边所示的情况。在实际情况中，哪种方法更为合适，很大程度上取决于应用场景、局部 ER 图的数量，以及局部视图之间重叠程度的高低，另外也可能会将两种方法结合起来。

前面已经提到，在将两个（或多个）局部 ER 图合并成一个 ER 图时，需要清除合并过程中产生的冗余和冲突。另外，还要注意保持实体型结构的“干净”和清晰。前面几节讲到的概化和聚集在这里就很有用处。

概化可以将不同局部视图中类似的实体型归为一个超类型（Supertype），同时也不会丢失子类型的特征。这里的超类型可以是本来就存在于某个局部 ER 图里的概念，也可以是视图整合过程中新引入的类别。在总体视图整合过程中，尤其要注意属性继承的问题，也即超类型中已经包含的属性和联系，就不需要再出现在子类型中了。

聚集，也可以将不同的局部 ER 图中的对象归到一个复合结构中。在某个公司的数据库中，设计和生产部门可能都需要了解某产品各个组成部分的相关数据，而市场部门可能就只需要一个总体的产品描述即可。

我们还想用一个小例子来说明视图集成的过程。图 2-19 中有 3 个视图，都是和大学中要用到的文件有关的。视图 1 模拟的是论文的写作和指导过程。视图 2 模拟的是大学某学院的图书馆管理。视图 3 是各门课程的老师推荐的书单。

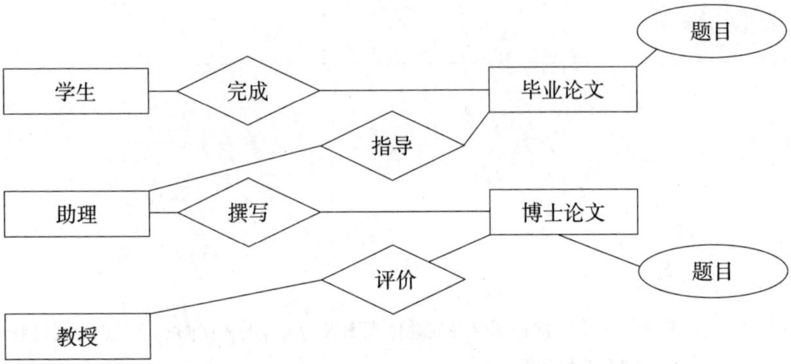


视图 1：论文撰写过程

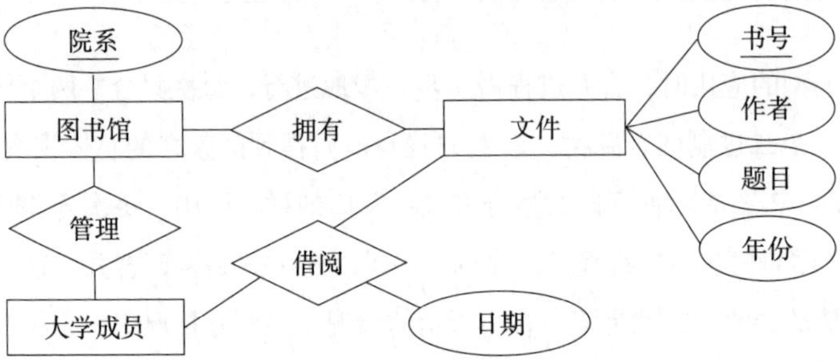


视图 2：图书馆管理

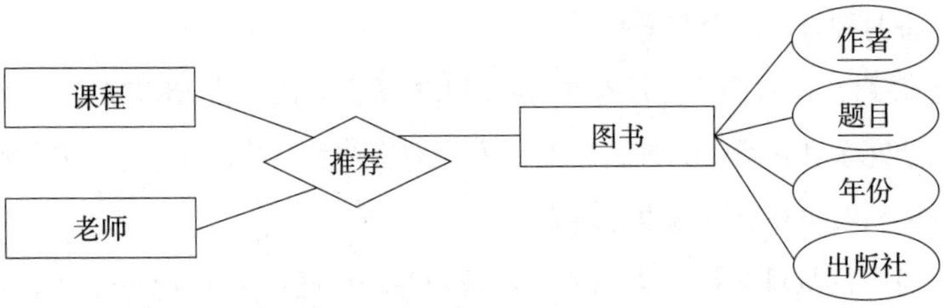


视图 3：课程的推荐书单

图 2-19　大学数据库的三个视图

在合并这三个局部 ER 图时，下面几点非常重要：

1. “老师”和“教授”是同一个事物使用了不同的名称，即同物异名。

2. 实体型“大学成员”是“学生”“教授”和“助理”的概化。

3. 院系图书馆肯定是由员工（而不是学生）管理的。我们在全局图中肯定会将“大学成员”特化为“学生”和“员工”，因此需要对视图 2 中的管理这一联系作相应的修改。

4. “毕业论文”“博士论文”和“图书”都是图书馆管理中的“文件”的特化。

5. 可以默认所有“毕业论文”和“博士论文”都由图书馆管理。

6. 视图 1 中的完成和撰写和视图 3 中图书的属性——“作者”指的是同一个概念。

7. 图书馆管理中的所有“文件”都通过“书号”来识别。

图 2-20 是三个视图集成之后的总体 ER 图。为了方便起见，概化用加粗的箭头表示，由特化的实体型指向概化的实体型。我们引入了两个概化，一个概化的最高超类型是“人员”，另一个概化的最高超类型是“文件”。

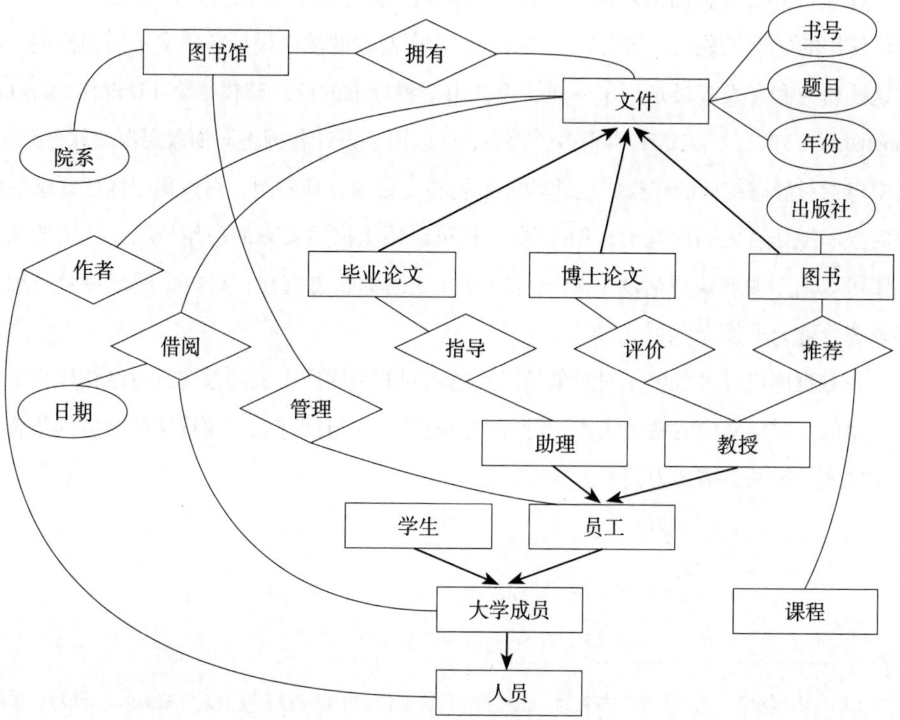


图 2-20 大学数据库的集成图示

我们还想简要地讨论一下“完成”和“撰写”这两种联系和“作者”属性的冗余问题，并提出我们的解决方案。我们决定将“作者”建模作为“文件”和“人员”之间的联系。为了达到这一目的，需要引入实体型人员作为大学成员的概化。这样，“学生”与“毕业论文”之间的“完成”联系，“助理”与“博士论文”之间的“撰写”联系就形成了冗余，因为“学生”和“助理”已经从“人员”那里继承了“作者”这一联系。但是我们也需要清楚地认识到，在这个建模过程中，丢失了一些语义。在集成的 ER 图中已经看不出来“毕业论文”是由“学生”完成的了，但只要注意将“毕业论文”保留在图书馆管理，并登记论文作者的学号，集成的模型就还是更胜一筹。博士论文的作者也是类似情形。

## 2.13 使用 UML 进行概念建模

在软件开发中，面向对象的建模方式得到了大家的普遍认可，目前也出现了很多可供使用的建模工具。以前很长一段时间，面向对象的软件设计有很多不同的模型。好在这些研究和开发人员走到了一起，设计出一种标准的统一建模语言（Unified Modeling Language，UML）[1]。UML 有很多子模型，可以用于设计各种不同抽象层次的软件系统。其中包括对静态结构的建模，也即软件系统的类结构。顺序图，可以用于描述复杂应用中对象和操作者之间的互动；用况图[2]还可以用于描述实际的应用情况；活动图和状态图可以用于说明执行活动（操作、用户互动）后的状态变化；另外，图形符号可用于将系统分解为子系统（组件、包）。

在数据库设计过程中，对对象类以及类之间的关联所组成的系统进行结构建模是最为重要的。对象对应的就是实体，对象类指的是由一组同样的对象或实体组成的集合，对象之间的联系被描述为关联。

〔1〕UML 提出了一套标准的建模符号，这些符号可以方便使用者阅读和交流系统架构和设计规划。UML 支持面向对象的技术，能够准确且方便地表达面向对象的概念，体现面向对象的分析和设计风格。

〔2〕用况图，是对一项系统功能使用情况的刻画。其内容描述了系统的参与者在使用该项功能时与系统所进行的交互过程，以及系统对外界所呈现的行为。——译者注

### 2.13.1 UML 中的类

和实体 - 联系模型不同，UML 中的类不仅仅描述对象的结构表示（即属性），还描述对象的行为，即操作。我们可以直接看一下图 2-21 的例子。学生这个类中的对象的状态通过学号、姓名和学期这几个属性表示出来。另外，学生这个类还被分配了两个操作，即平均分和每周课时。第一项操作是从学生完成的考试（见下文）中计算出平均分，第二项操作是从学生参加的课程中计算出每周课时。

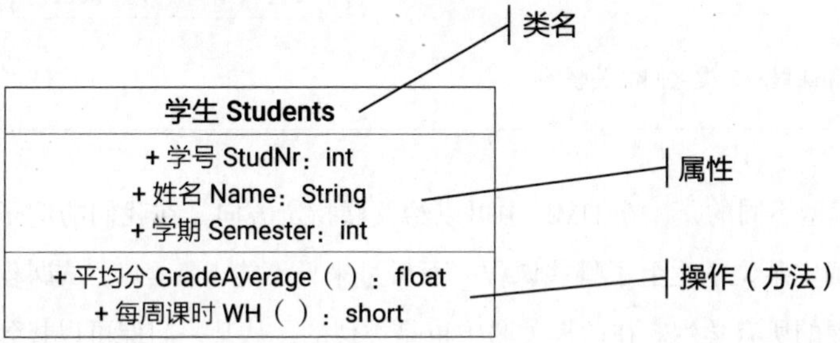


图 2-21 类示例——学生

UML 中的属性和操作可区分为公开可见的（用 + 表示）、私有的（用 - 表示）以及在子类型中可见的（用 # 表示）。在数据库设计期间，通常所有属性都是可见的，因为要通过数据库系统的授权在更详细的层次上控制用户对属性的访问。

UML 中没有键的概念，因为对象总是被分配一个全系统唯一的对象标识符。这个标识符在对象的整个生命周期中保持不变，因此可用于识别，也可用于创建对该对象的引用。

### 2.13.2 类之间的关联

UML 中类之间的关联对应 ER 模型中的联系型。我们在图 2-22 中列出了二元关联“学”和“前提”。除了关联的名称之外，我们还指出了角色，在关联“学”中的角色是学生。在像前提这样的自环关联中，说明角色就更加重要了。在前提关联中，有一门课是作为后续课程，另外一门就自然是前序课程（不需要再额外明确说明）。

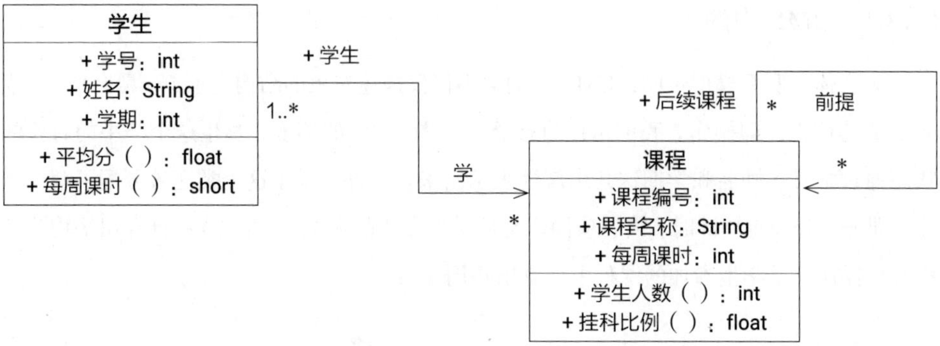


图 2–22　学生和课程两个类之间的关联

和 ER 模型不同的是，在 UML 中可以给关联指定方向。在我们的例子里，可以从学生出发，确定某位学生上了哪些课程。而反过来，不能（简单地）从课程出发，找出上过某一门课的所有学生。在前提关联中也是类似的，从某一门课可以找到上这门课的前提（也就是前序课程）。不过，我们想在这里指出，在数据库中，这个方向是次要的，因为在查询时始终可以往关联的两个方向进行遍历[1]。在面向对象的编程过程中则有所不同，因为关联在建模时就是作为关联对象的外链。这些外链会根据遍历方向储存在关联出发的那个对象中。

和 ER 模型一样，在 UML 中也可以更加细致地描述关联。这在 UML 术语中，被称为“关联的重复度”（multiplicity）。在“学”的例子里，学生这边标记 1..*，课程这边标记 *。1..* 表示一门课程至少有一名学生，至多可以有任意多名学生。而学生可以学习任意多门课程，所以在课程一边标出的是 *。

我们来看一下图 2–23 这个抽象的例子。在 UML 中，如果我们在二元关联的一边给出基数约束 $i..j$，就表示另一边的类中每个对象和这一边的类中至少 $i$ 个，至多 $j$ 个对象有关联。具体到我们的例子中就是 A 类中的每个对象，必须或可以和 B 类中至少 $i$ 个，至多 $j$ 个对象有关联。如果最小值和最大值相同，也就是当 $m..m$ 成立时，则简化直接写 $m$。0.. * 通常直接简化成 *。

〔1〕遍历（Traversal），是指沿着某条搜索路线，依次对树（或图）中每个节点均做一次访问。

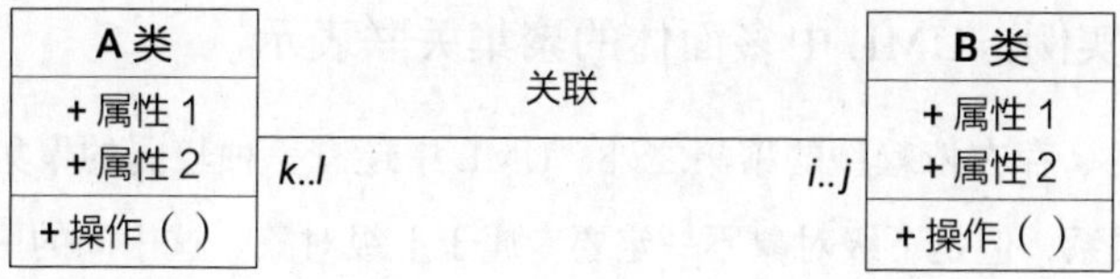


图 2–23　抽象关联的重复度

注意，UML 中的重复度和 ER 模型中的映射基数是对应的，而不是和（min，max）标记法对应。和 UML 中的重复度不同，（min，max）标记法是指“这边”的每个实体必须或可以参与几次联系。习题 2–12 就是详细讨论这个问题的。

### 2.13.3　UML 中的聚集

我们在 ER 模型中已经提到过一种特殊的联系，即聚集。在 UML 中要区分两种不同的聚集。一种是“普通的”部分 – 整体的关系，还有一种是构成关系。当存在依赖型的部分对象仅属于一个上级对象，则为构成关系。图 2–24 展示的就是考试和一名学生（即考生）之间的关系。在 UML 中，在上级类一旁用实心的菱形表示下级对象仅属于它，并且下级对象的存在依赖上级类。由于具有这种存在依赖性和专属性，所以上级对象类的重复度总是“1”（对应 1..1 的区间）。每一个下级对象必须至少对应一个上级对象（存在依赖性），且至多只能对应一个上级对象（专属性）。

专属的、存在依赖型的聚集对应实体 – 联系模型中弱实体型和上级实体型之间的关系。我们在 2.8 节中也一样以考试为例讨论过了。

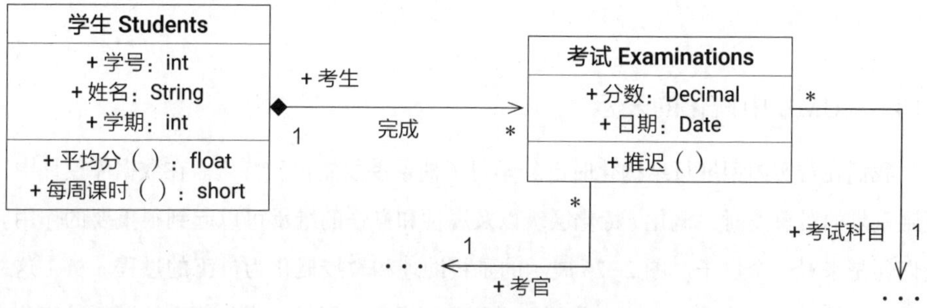


图 2–24　学生和考试之间的聚集

## 2.13.4 应用实例：UML 中多面体的聚集关联表示

除了专属的、存在依赖型的聚集之外，UML 中还有一种较弱的聚集形式。它虽然也是一种构成关系，但是下级对象不一定要专属于上级对象。这中间的区别从一个例子中就能看得很清楚。图 2–25 用 UML 类图表示出了多面体的概念建模。聚集关联“包围”是面对于多面体的专属关系。而边对于面的关联“边界”就不是专属性的了，因为一条边总是同时属于两个面。从关联的另一个方向来看，1 个面至少要有 3 条边。聚集关联“起止”和“边界”类似，点也不专属于某条边，因为 1 个多面体中至少有 3 条边共用 1 个顶点。而每条边有且仅有 2 个顶点。

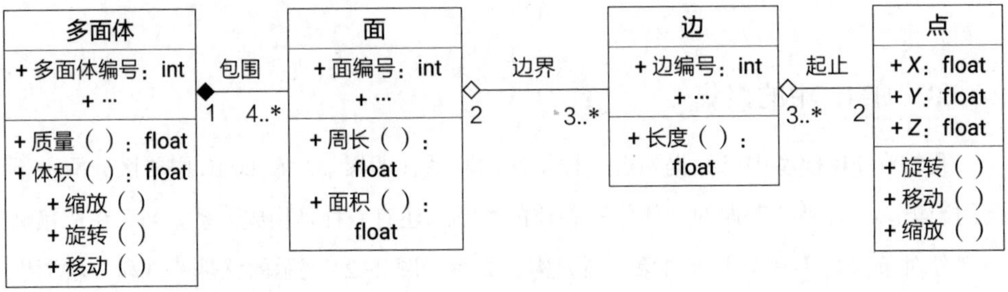


图 2–25 多面体的聚集关联表示

在这个示例中，我们还给每个对象类都分配了几种操作。可以看到，多面体这个对象类可以缩放，旋转和移动。当然这里不是指操作的继承，只是操作的语义相似而已，是简单的重载（命名相同）。事实上，上级对象类的操作要在下级对象类的操作的基础上完成。例如，移动一个多面体就是通过移动每个边界上的点来完成的，这一过程也叫作“委托”（delegation）。

## 2.13.5 UML 中概化的表示

我们在对实体型进行结构化时已经学习了抽象手段概化和特化。在数据库设计中，碰到重复的对象类时，概化 / 特化层级以及属性和操作的继承可以起到很重要的作用。我们还是来看一个例子。图 2–26 展示的是将助理和教授概化为员工的过程。员工这一概化类有姓名和工号两个属性，薪酬和税收两个操作。属性和操作都会被下级的特化类所继承。还有一点比较特殊，薪酬这个操作在下级类中被重新定义了。我们称它被细化了，因为要根据各个对象类对薪酬加以专门的计算。在税收这个操作中就不需要细化了，因为对于所有的员工来说，税收的计算公式都是一样的。

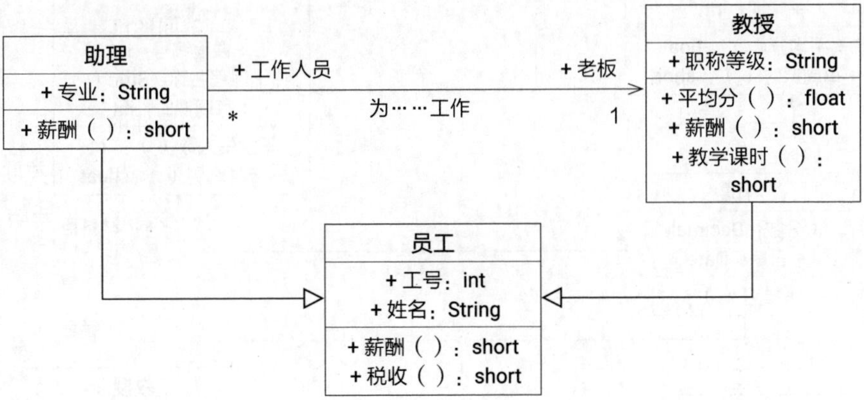


图 2-26 UML 中概化 / 特化的表示方法

### 2.13.6 用 UML 对大学机构建模

图 2-27 是用 UML 类图画出的大学数据库应用的概念建模图。除了（ER 模型中没有的）操作和键的说明之外，这个图和图 2-14 中的实体 - 联系模型图是很相似的。在设计数据库时，究竟是选"纯粹"的 ER 模型，还是用表达能力更强的 UML 模型，其实是一个"个人喜好"的问题。如果在后续应用程序的开发中反正都会用到基于 UML 的设计工具，那么还是建议对所有的设计任务（数据库设计和软件设计）都统一使用 UML 方法去完成。

### 2.13.7 UML 中的行为建模

最后，我们还想简单介绍一下如何利用 UML 对更复杂的应用场景和对象交互进行建模。前面介绍的对象类的结构建模是实现更复杂的功能和流程的基础，因为在更复杂的功能和流程中，通常需要不同类型的多个对象相互合作。

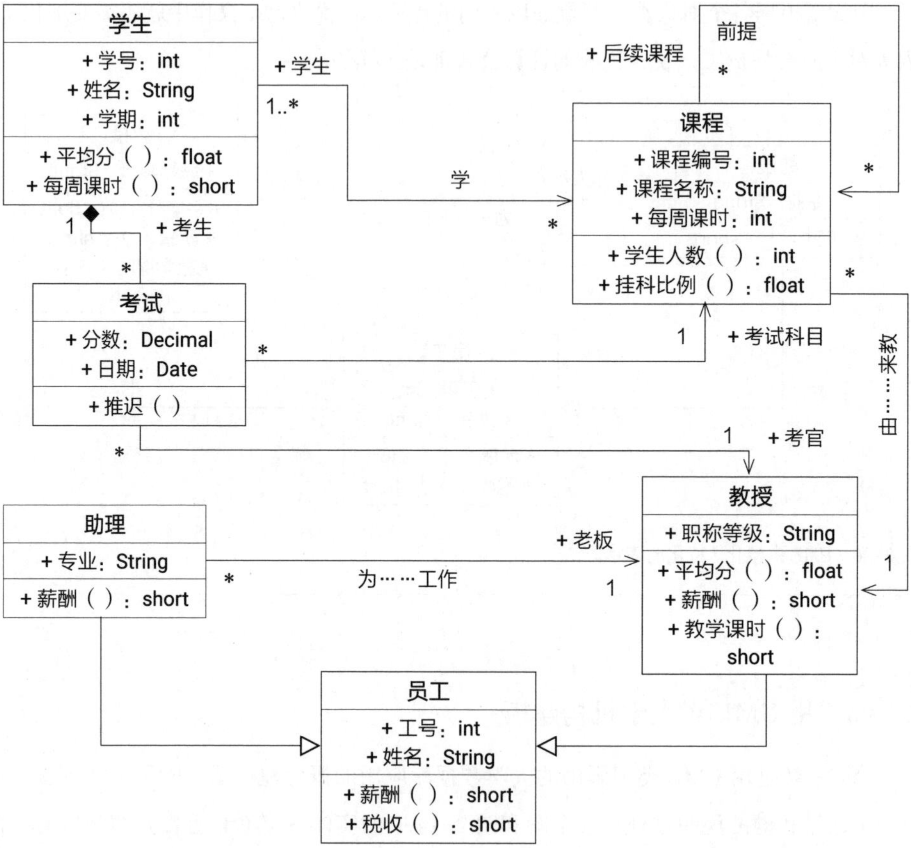


图 2-27 用 UML 建立大学模型

## 2.13.8 用例建模

UML 还为软件设计之前的需求分析阶段“用例”（use cases）的定义提供了一种图形建模方法。在这个建模过程中，开发者可以用非常抽象的方式对要创建的信息系统的基本组件加以标识。“用例”应记录典型的应用场景，这些场景将一路伴随软件的开发过程。用图示的形式来展示用例，有利于与系统的后期用户（客户）沟通，并且可以加深开发者对具体应用的理解。开始的几个步骤用具体的例子比抽象的一般情况更便于描述。在建模和软件开发的过程中，用例可充当测试案例，以检测系统的适用性。

在对用例进行建模时，重点在于确定用例中的参与者。参与者之间可以互动，参与者也可以和系统互动。我们以图 2-28 中的大学信息系统为例。这是一个高度抽象的例子。

图中我们标出了在课程和考试过程中参与互动的参与者，他们包括学生、教授和助理。

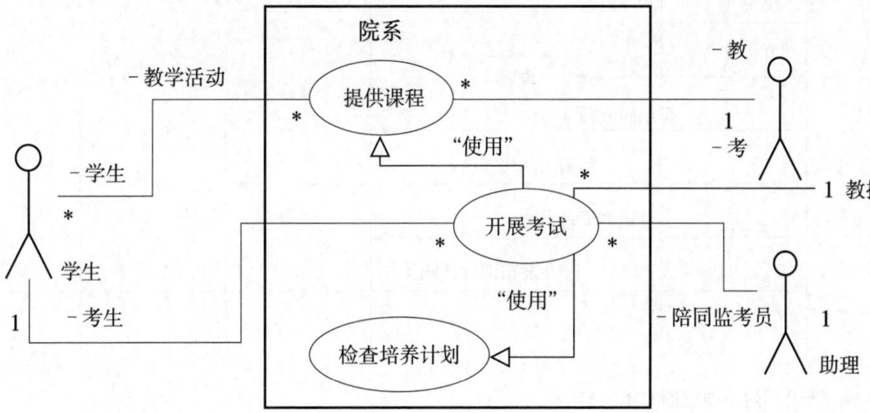


图 2-28　确定用例和参与者

当然，用例除了用图形画出来之外，还需要配上解释性的文字，这样才可以清楚地描述出软件系统的预期功能。

### 2.13.9　UML 交互图

用例建模的抽象程度很高，其强调的是对信息系统的利用。在后面的设计阶段中对象类及它们之间的关联确定之后，可以对非正式指定的用例作更详细的建模。这里就会用到 UML 中的对象交互图。交互图用于说明对象之间的相互作用。我们从上一节的用例中截取了一小部分内容，在图 2-29 中把开设一门新课程的过程用交互图画了出来。两个对象之间的连接表示一个互动过程，箭头表示互动方向。这个图强调了流程的顺序。参与流程的对象在水平方向上列出；操作在垂直方向上，根据顺序从上到下列出，也即，时间轴是垂直从上往下的。

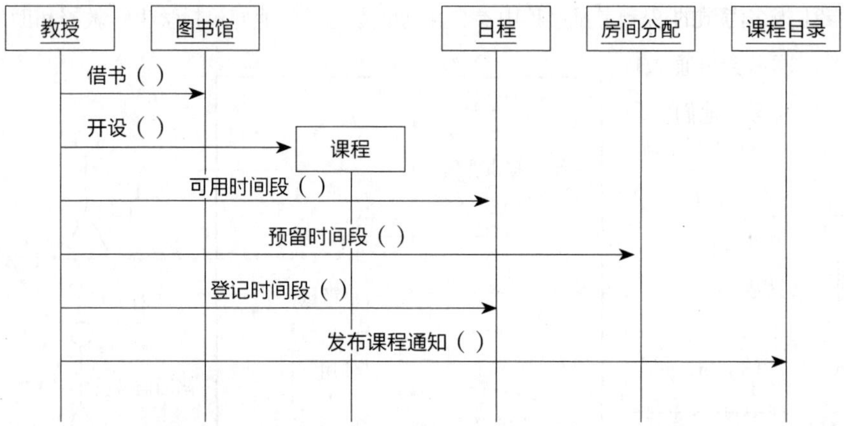


图 2-29　开设一门新课程的 UML 交互图

## 2.13.10　开展考试的交互图

我们还想以图 2-28 的用例中的第二部分，即开展考试为例[1]，来说明如何借助交互图对更复杂的流程进行建模（图 2-30）。这个互动由学生报名考试开始。考试处要“查

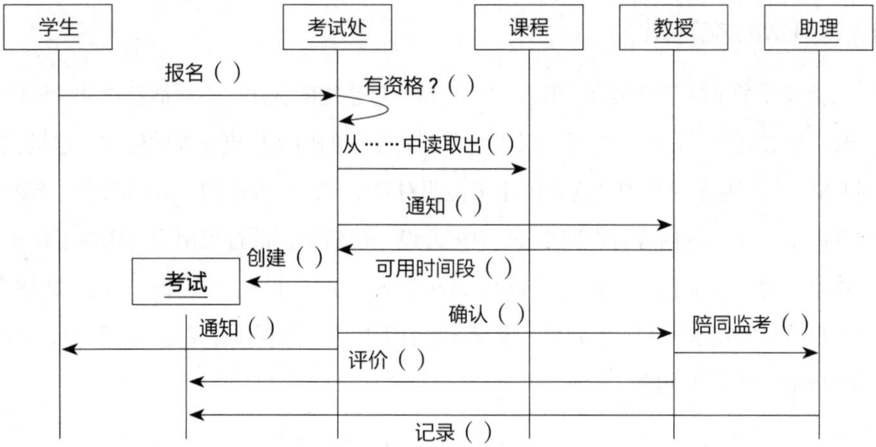


图 2-30　开展一门考试的 UML 交互图

[1] 这里的考试应该是指一对一的口试。——译者注

询”学生报名考试的这门课程，并通知授课的教授。教授会登记他有空的时间段，考试处确认时间后会再通知考生。考试处会在考试类型下创建一个新的对象。教授选择助理参加陪同监考。他们负责考试过程的记录工作。

## 2.14 习题

2-1 用（min，max）标记法表示出“一对一”“一对多”“多对一”和“多对多”的关系。对于两个实体型 $E_1$ 和 $E_2$ 之间的抽象二元联系 $R$，要根据映射基数分别推出（$min_1$，$max_1$）和（$min_2$，$max_2$）。

2-2 请说明，在 $n > 2$ 的 $n$ 元关联中，映射基数和（min，max）标记法表达能力的不同。请思考：实际例子中有哪些一致性条件可以用映射基数表示，但不能用（min，max）标记法表示；又有哪些一致性条件可以用（min，max）标记法表示，但不能用映射基数表示。

2-3 在概念设计中，设计师在对现实世界进行建模时有一定自由度，可以从不同选项中选择。以我们的大学模式图为例：

（1）可以将三元联系转化为二元联系。请观察“考试”这一联系，思考将三元联系转化为二元联系有什么优缺点。

（2）现实世界中的某些概念有时既可以建模成一种联系，也可以建模成一种实体型。请说明将考试作为一种联系和单独作为一种实体型有什么区别。

（3）现实世界中的某些概念有时既可以建模成有某种联系的实体，也可以建模成一种属性。

2-4 图2-31是实体型“毕业论文”、作为第一考官的“教授”和作为第二考官的“教授”之间的三元联系——“评价”。根据我们本章的内容，可以将“评价”这一联系理解为以下部分函数：

评价：毕业论文 × 第一考官→第二考官

评价：毕业论文 × 第二考官→第一考官

请讨论，是否可以用（多个）二元联系将这个三元联系模拟出来，而不丢失语义。

2-5 在大学机构中，找一个“1∶1∶1”的联系的例子。它必须是一个无法用（多个）二元联系表示出来的三元联系。什么条件下会出现这种情况？

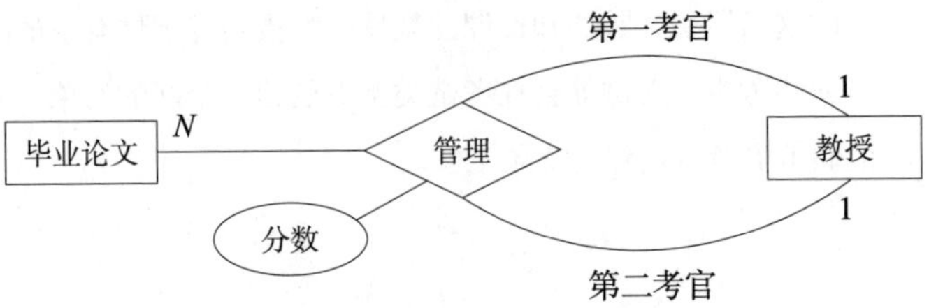


图 2-31 三元联系“评价”的 ER 图示

2-6 为火车信息系统建模，列出重要的车次（例如高铁、动车）。系统中需要能看到列车的始发站、终点站、经停站，以及每一站的到达和出发时间。标出映射基数。

2-7 扩展习题 2-6 中的模型，增加人员的部署安排。要包括列车驾驶员、副驾驶员、列车长、列车员、厨师和服务员。要能够为各辆列车安排列车组成员。在建模过程中注意概化 / 特化。

2-8 对医院管理系统作基本的建模。要包括病人、所属科室、病房、主治医生和主管护士的信息。并对实体型的结构进行概化。

2-9 在本章中，我们强调了弱实体型和它所依赖的强实体型之间不可能是“多对多”的关系，请说明为什么需要考虑弱实体的存在依赖性以及识别问题。举出几个弱实体型的例子，并说明它们和强实体型之间的联系有何特点。

2-10 在建模时，弱实体型也可以被定义为强实体型（正常的实体型）。这个过程中需要注意什么？请以图 2-11 为例予以说明。

2-11 请对一辆汽车进行建模，注意聚集关系（part-of 的关系）。弱实体的概念和聚集层次之间有什么关联？

2-12 要注意，UML 中的重复度是和 ER 模型中的映射基数相对应的，而不是和（min，max）标记法相对应。请仔细研究这中间的联系，指出“一对一”“一对多”和“多对多”联系的重复度。

2-13 请为一个田径锦标赛的管理系统建模。

2-14 请为习题 1-3 中的选举信息系统建模。

## 2.15 文献注解

Chen（1976）发表了一篇开创性的论文，介绍了ER模型以及图形表示法[1]。Smith（1977）首先在数据库领域提出了概化和聚集的概念，其论文也是关于这两个概念最重要的文献之一。Batory 和 Buchmann（1984）在此基础上对复杂的实体型作了类别的划分。

有很多人对ER模型作了延伸。例如 Teorey，Yang 和 Fry（1986）就提出了增加概化和聚集。对于数据库的概念设计，也有几个其他的数据模型，但是它们在实践中没有ER模型那么重要。这些模型经常被称作"语义数据模型"，因为它们允许通过自然的方式对应用对象的含义（语义）进行建模。Hammer 和 McLeod（1981）提出的 SDM（Semantic Data Model）就是这样的一个模型。Hull 和 King（1987）在论文中综述了其他语义数据模型。Abiteboul 和 Hull（1987）设计出了形式语义数据模型 IFO。Karl 和 Lockemann（1988）介绍了一个可以根据具体应用作扩展的语义数据模型。Hohenstein 和 Engels（1992）在实体－联系模型的基础上提出了一种查询语言。

Liddle，Embley 和 Woodfield（1993）在论文中对多种语义数据模型对关系型的映射基数加以表达的能力做了研究，并讨论了将ER模型中的映射基数扩展到多元联系中的问题。Lockemann 等人（1992）提出了一个可以自由定义建模概念的设计模型。

Tjoa 和 Berger（1993）讨论了在扩展的ER模型中使用自然语言进行功能说明的问题。

还有几本教材是专门讲数据库的概念设计的，比如 Teorey（1994），又如 Batini，Ceri 和 Navathe（1992）的著作。在 Lockemann 和 Schmidt（1987）的数据库手册中也有一章是 Mayr，Dittrich 和 Lockemann（1987）写的，这一章专门讲数据的概念建模。另外，Dürr 和 Radermacher（1990）以及 Lang 和 Lockemann（1995）在书中也有章节从实践的角度讲解数据库。

视图集成的问题我们在本书中只是一笔带过。上面提到的关于数据库设计的教材中

[1] Chen，指华裔计算机科学家陈品山。1976年3月，陈品山在 *ACM Transactions on Database Systems* 上发表了 *The Entity-Relationship Model—Toward a Unified View of Data* 一文。该文已成为计算机科学38篇被广泛引用的论文之一。

有更详细的讲解。Biskup 和 Convent（1986）更为正式地介绍了视图集成。

在面向对象的数据建模领域，很多人提出应该扩展实体 – 联系模型。其中较著名的方法有 Rumbaugh 等人（1991）提出的 OMT 法以及 Booch（1991）提出的模型。Booch，Rumbaugh 和 Jacobson（1998）基于这些方法，发展出了标准建模语言 UML。Oestereich 和 Bremer（2009）出版了一本关于用 UML 进行面向对象的建模的德语教材。Buch 和 Muller（1999）说明了如何在数据库设计中利用 UML 建模。Kappel 和 Schrefl（1988）以及 Eder 等人（1987）提出在 ER 模型中增加面向对象的概念。Hartel 等人（1997）介绍了自己在数据库设计过程中使用形式化的规范说明方法的经验。Richters 和 Gogolla（2000）以及 Stumptner 和 Schrefl（2000）研究了 UML 建模的形式化验证。Preuner，Conrad 和 Schrefl（2001）讨论了面向对象数据库的视图集成问题。Artale 和 Franconi（1999）使用基于逻辑的形式对时间关系作了概念建模。Thalheim（2000）的书非常全面地介绍了实体 – 联系模型。Kemper 和 Wallrath（1987）研究了计算机几何应用程序的数据库概念设计。Oberweis 和 Sander（1996）基于佩特里网模拟了信息系统的行为。

在商业上可用的计算机辅助数据库设计产品中，比较著名的是 Logic–Works 公司的 ERwin（1997）和 Powersoft 公司的 PowerDesigner（以前叫 S–Designor）（1997）。微软的 Visio 也支持 ER 建模。此外，许多数据库产品都有相应的模块来支持数据库设计。在面向对象的 UML 设计中，比较成功的有 Rational Software Corporation（现 IBM）的产品 Rose（1997）。Brügge 和 Dutoit（2004）非常详细地阐述了面向对象的设计方法。

# 3 关系模型

关系型数据模型的概念是于20世纪70年代初提出来的。和之前的数据模型（网状模型和层次模型）不同的是，它是以集合论为基础来处理数据的。在网状模型和层次模型中，信息被映射到通过引用相互连接的数据记录上。数据的处理就是通过这些引用从一个数据记录被“导航”到下一个数据记录。

和面向数据记录的模型相比，关系型数据模型的结构非常简单。它仅由二维表（关系）构成，表中的行对应数据对象。可能正是因为关系型数据模型的结构非常简单，所以这项技术今天才能在市场上占据主导地位。

储存在表（关系）中的数据只能通过相应的操作以集合的形式进行连接或处理。

## 3.1 关系模型的定义

### 3.1.1 数学形式

给定 $n$ 个取值的集合（也称为“域”）$D_1$，$D_2$，…，$D_n$，它们不需要是完全不同的，也即对于 $i \neq j$，可以允许 $D_i = D_j$。域中只包含非结构化的原子值。有效的域可以是数字、字符串等，而不能是记录或集合，因为记录或集合有（内部）结构。

关系 $R$ 被并定义为 $n$ 个域的笛卡儿积的子集：

$$R \subseteq D_1 \times \cdots \times D_n$$

照理说，还需要区分一个关系的模式和它的实例。模式是由 $n$ 个域决定的，而实例是由笛卡儿积的子集决定的。但是我们经常不会明确区分元层次（模式）和实例层次（表达），因为根据上下文应该很容易看出我们所指的是数据库的哪个层次。

集合 $R$ 中的一个元素叫作“元组”。元组的度（arity，元数）是由关系模型决定的。在抽象的例子中，元数设为 $n$。

### 3.1.2 模式定义

上面给出的是数学中的表示形式。在数据库领域，人们还会给元组的各个组成部分命名。我们用一个简单的例子来直观地说明。电话簿这个“关系”简单来说就是以下这个笛卡儿积的子集：

$$\text{电话簿} \subseteq \text{string} \times \text{string} \times \text{integer}$$

第一个 string 值代表的是人的姓名，第二个 string 值代表的是地址，integer 值代表的是电话号码。在很多商用系统中，关系也被称为“表”（table），因为表的形式可以把关系直观地表达出来。

| 电话簿 Phone book | | |
|---|---|---|
| 姓名 Name | 地址 Address | 电话号码 Phone number |
| Micky Mouse | Main Street | 4711 |
| Minnie Mouse | Broadway | 94725 |
| Donald Duck | Highway | 95672 |
| … | … | … |

表中的列被称为“属性”。关系中的属性必须有唯一且清楚的命名。但两个不同的关系可以有命名一样的属性。表的行对应关系中的元组。在上面的例子中，这个关系（表）包括三个三元组。元组的属性是从值域 string，string 和 integer 中取值的。

关系模型我们可以如下方式表示出来：

电话簿 Phone book：{[ 姓名 Name：string，地址 Address：string，
电话号码 Phone number：integer ]}

中括号 [⋯] 指明了每个元组的构成，有哪些属性以及属性的类型（取值范围）是什么。大括号 {⋯} 表示的是，关系是由多个元组组成的合集。这里强调了数据类型的观点。中括号 [⋯] 代表的是元组构造函数（类似记录类型的定义），大括号 {⋯} 代表的是集合构造函数。关系实例就是一个元组的合集 {[⋯ ]} 。

前面我们已经说过，在本书中我们不会教条式地区分模式和实例层面。模式和实例通常都会用一样的名称（这个例子中是“电话簿”）。但是书中有几个地方需要精确地区分。在这些地方我们会用 sch（$R$）或 $\mathcal{R}$ 来表示一个关系的属性的集合，而用 $R$ 来表示当前的实例。我们用 dom（$A$）来表示属性 $A$ 的域。于是对于关系模型（也就是属性的集合）来说就有 $\mathcal{R} = \{A_1, \cdots, A_n\}$，而关系的实例 $R$ 是 $n$ 个域 dom（$A_1$），dom（$A_2$），⋯，dom（$A_n$）的笛卡儿积的子集：

$$R \subseteq \text{dom}(A_1) \times \text{dom}(A_2) \times \cdots \times \text{dom}(A_n)$$

关系的主键用下画线标出。在电话簿的例子中主键是电话号码，我们默认每个电话号码只能存在一个条目。[1]

## 3.2 从概念模型到关系模型的转换

实体－联系模型有两个基本的结构概念：实体型和联系型。

而在关系模型中与之相对应的只有一个结构概念，就是“关系”。所以，实体型和联系型会分别用一个关系来表示。

### 3.2.1 实体型的转换

我们先来看一下大学模式图中的四种实体型（图 3-1 再次给出了 ER 图）：

学生：{[学号 : integer，姓名 : string，学期 : integer]}

课程：{[课程编号 : integer，课程名称 : string，每周课时 : integer]}

教授：{[工号：integer，姓名 : string，职称等级 : string，办公室 : integer]}

助理：{[工号：integer，姓名 : string，专业 : string]}

我们在这里有意没有将教授和助理概化为员工，因为关系模型不直接支持概化，不过可以通过现有的结构来“模仿”概化过程。在 3.3.4 节我们会讲得更详细。

### 3.2.2 联系型的转换

现在我们需要思考一下怎样将联系型转换到关系模型当中。在最初的设计中，我们会为每种联系型定义一个单独的关系，后面在完善模式（3.3 节）时，一些关系可能会和其他关系合并到一起。

〔1〕需要注意，实际情况并非如此，因为（在德国）电话簿中一个电话号码也可以添加额外的条目。

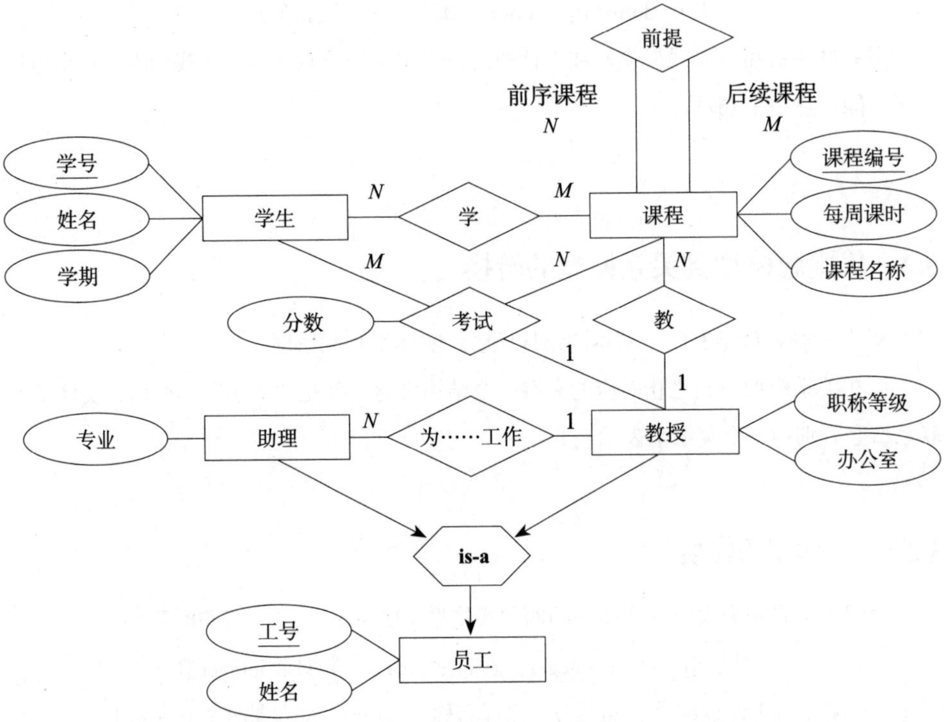


图 3-1　大学的概念模型图（重复）

我们想先介绍一些联系型转换的基本原则。我们以图 3-2 中抽象的 $n$ 元关系 $R$ 为例。$R$ 是 $n$ 种实体型之间的一种关系，与之对应的关系模型的形式如下：

$$R:\{[\underbrace{A_{11},\cdots,A_{1k_1}}_{E_1\text{的主键}},\underbrace{A_{21},\cdots,A_{2k_2}}_{E_2\text{的主键}},\cdots,\underbrace{A_{n1},\cdots,A_{nk_n}}_{E_n\text{的主键}},\underbrace{A_1^R,\cdots,A_{k_R}^R}_{R\text{的属性}}]\}$$

也即，关系 $R$ 包含实体型 $E_1$，…，$E_n$ 的所有关键属性，另外还包含关系自己的属性 $A_1^R$，…，$A_{k_R}^R$。实体型的关键属性称为“外码”或“外键”，它们的作用是识别其他关系（实体型）中的元组（实体），从而对关系 $R$ 内部的从属关系进行建模。

在转换时，有可能需要对一些实体型的属性重新命名。例如，当不同实体型的属性名称一样时，就必须重新命名；或者有时候为了强调外键，也会重新命名。

根据上面抽象的例子中介绍的方法，大学概念模型图中的联系型建模如下：

学：{[ 学号 ：integer，课程编号：integer]}

教：{[ 工号 : integer，课程编号：integer]}

为……工作：{[ 助理工号：integer，教授工号 : integer]}

前提：{[ 前序课程 : integer，后续课程：integer]}

考试：{[ 学号：integer，课程编号：integer，工号：integer，分数：decimal ]}

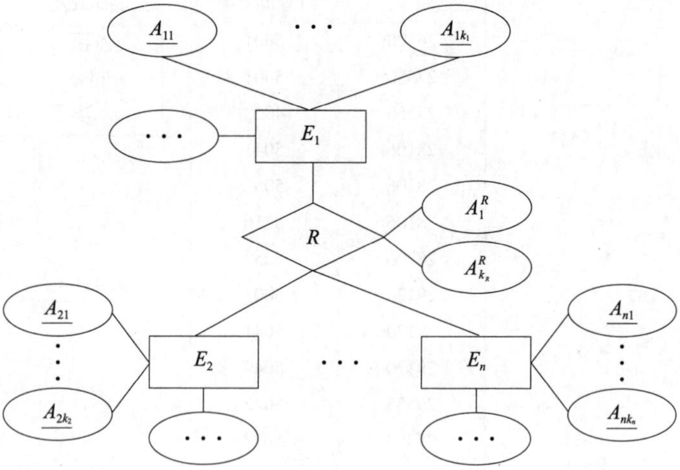


图 3-2　一般 $n$ 元关系的示例

在图 3-3 所示的关系模型图中，键用下画线表示。键的概念在 ER 模型中已经提及，这里再解释一下。一个关系的键是一个最小属性集，其值可以唯一地识别该关系中的元组。换言之，不可能存在多个元组，键的所有属性取值都一样；如果有多个候选键，通常会选择一个作为主键。我们在第 6 章会更正式、更详细地介绍键的概念。

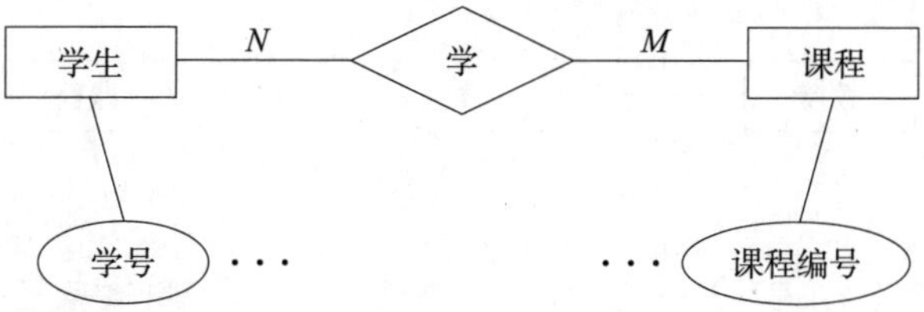


图 3-3　$N$ : $M$ 关系的示例：学

现在我们再来看一看图 3-3 中“学”这个关系。关系“学”有 { 学号，课程编号 } 两个键，因为学生通常可以上多门课程，一门课程也可以有多名学生。在转换 $N$ : $M$

的关系时，一般来说，关系的键由所有外键属性的合集组成。我们用“学”这个关系的一个实例来直观地加以说明：

| 学生 Students | |
|---|---|
| 学号 StudNr | … |
| 26120 | … |
| 27550 | … |
| … | … |

| 学 attend | |
|---|---|
| 学号 StudNr | 课程编号 LectureNr |
| 26120 | 5001 |
| 27550 | 5001 |
| 27550 | 4052 |
| 28106 | 5041 |
| 28106 | 5052 |
| 28106 | 5216 |
| 28106 | 5259 |
| 29120 | 5001 |
| 29120 | 5041 |
| 29120 | 5049 |
| 29555 | 5022 |
| 25403 | 5022 |
| 29555 | 5001 |

| 课程 Lectures | |
|---|---|
| 课程编号 LectureNr | … |
| 5001 | … |
| 4052 | … |
| … | … |

可以看到，“学”的属性之一学号就是一个外键，它的取值来自关系中的学生元组。类似地，“学”的另一个属性课程编号也来自课程关系中的元组。对于一个特定的学号，例如 27550，在学的关系表中有多个条目。同样地，同一个课程编号在学的关系表中也有多个条目。

1 ：*N* 关系的转换就不同了。教就是这样的一种关系（联系型），它将教授和他们所教的课程联系起来（见图 3–4）。

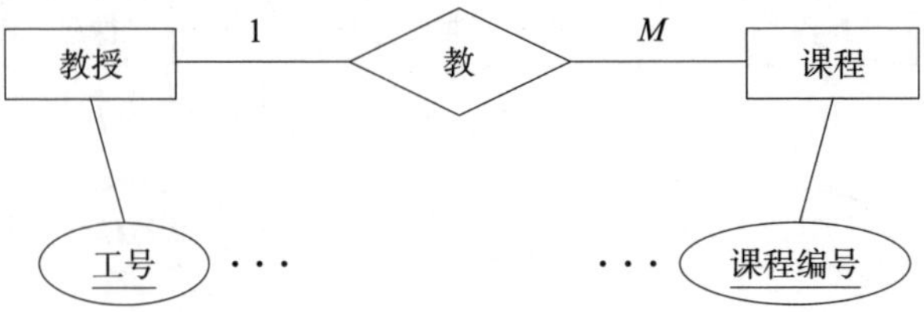


图 3–4　1：*N* 关系示例：教

因为每门课都是由一名教授教的，所以关系“教”的键就是 { 课程编号 }。从第 2 章介绍的函数的角度来看，得到的结果也是一样的。关系“教”可以看作如下形式的

（部分）函数：

$$教：课程 \rightarrow 教授$$

需要特别强调的是，1：$N$关系的方向是确定的，另一个方向不成立。也即，教不是从教授到课程的函数，因为一名教授通常教多门课程。

大学ER图中的另外两个二元关系型建模如下：

1.“为……工作”是教授和助理之间的1：$N$关系，可以看作从助理到教授的函数。“为……工作”这个关系的键是{助理工号}。

2. 前提是一种$N$：$M$的递归关系。在关系建模时，会将ER模型中的角色名，也即前序课程和后续课程拿来作为属性名。因为前提是一个$N$：$M$关系，所以键由{前序课程，后续课程}两个属性构成。

考试是一个三元关系。根据将ER模型中联系型转换为关系模型中的关系的一般方法，我们将学生的键——学号、课程编号，以及教授的键——工号拿来作为属性。另外，考试这个关系还有一个属性，就是分数。在ER模型中，考试的映射基数是$N$：$M$：1，也即考试需要满足以下部分函数的特征：

$$考试：学生 \times 课程 \rightarrow 教授$$

换言之，每一对学生和课程的组合只可能有一个教授。因此可以得出，学号和课程编号是关系“考试”的键。

2.7.2节中提到的三元关系“指导”，就留给读者自己当作业（习题3-2），请同学们将它转换成关系模型。

## 3.3　关系模型的完善

刚开始设计出来的关系模型通常还需要进一步完善。在这个过程中，由联系型建模得到的一些关系可能会被消除。但是只有1：1，1：$N$或$N$：1的关系可能被消除。消除$N$：$M$的关系没有意义，因为通常会导致“异常”。

在消除关系时必须注意以下规则：

**只能合并键相同的关系！**

### 3.3.1 1∶N关系的合并

我们还是再来看一下图 3-4 中“由……教”这个联系型。在初步设计中有以下三个关系：

课程：{[课程编号，课程名称，每周课时]}

教授：{[工号，姓名，职称等级，办公室]}

教：{[课程编号，工号]}

根据上面提到的合并规则，可以将“课程”和“由……教”合并：

课程：{[课程编号，课程名称，每周课时，由……教]}

教授：{[工号，姓名，职称等级，办公室]}

“由……教”这个属性就是一个外键，它指向教授的关系模型。也即，“由……教”的取值和教授的关系模型中工号的取值是对应的。因为每门课程只由一名教授来教，所以课程关系模型中的每个元组在教授关系模型中只有一个对应的元组，并且是通过“由……教”这个属性被引用的。课程和教授这两个关系可能出现以下情况：

| 课程 Lectures | | | |
|---|---|---|---|
| 课程编号 LectureNr | 课程名称 Title | 每周课时 WH | 由……教 Given_by |
| 5001 | 基础 Fundamentals | 4 | 2137 |
| 5041 | 伦理学 Ethics | 4 | 2125 |
| 5043 | 认识论 Epistemology | 3 | 2126 |
| 5049 | 苏格拉底反诘法 Maieutics | 2 | 2125 |
| 4052 | 逻辑学 Logic | 4 | 2125 |
| 5052 | 科学哲学 Philosophy of Science | 3 | 2126 |
| 5216 | 生物伦理学 Bioethics | 2 | 2126 |
| 5259 | 维也纳学派 The Vienna Circle | 2 | 2133 |
| 5022 | 信仰与知识 Belief and Knowledge | 2 | 2134 |
| 4630 | 三大批判 The 3 Critiques | 4 | 2137 |

| 教授 Professor | | | |
|---|---|---|---|
| 工号 PersNr | 姓名 Name | 职称等级 Rank | 办公室 Room |
| 2125 | 苏格拉底 Socrates | C4 | 226 |
| 2126 | 罗素 Russell | C4 | 232 |
| 2127 | 哥白尼 Kopernik | C3 | 310 |
| 2133 | 波普尔 Popper | C3 | 52 |
| 2134 | 奥古斯丁 Augustine | C3 | 309 |
| 2136 | 居里 Curie | C4 | 36 |
| 2137 | 康德 Kant | C4 | 7 |

课程关系模型表中第一行的属性“由……教”的取值“2137”就指向教授关系模型表中最后一行的“康德”。

键不同的关系，是不能合并的！经常出现的一个错误就是把教的关系模型整合到教授的关系模型中去。下面是错误的示范：

教授'：{[工号，教……课，姓名，职称等级，办公室]}

教授的键发生了变化，从工号变成了教……课。这就会导致部分储存的信息出现冗余。例如在下面这个例子中：

| 教授 Professors′ | | | | |
|---|---|---|---|---|
| 工号 PersNr | 教……课 teach | 姓名 Name | 职称等级 Rank | 办公室 Room |
| 2125 | 5041 | 苏格拉底 | C4 | 226 |
| 2125 | 5049 | 苏格拉底 | C4 | 226 |
| 2125 | 4052 | 苏格拉底 | C4 | 226 |
| 2126 | 5043 | 罗素 | C4 | 232 |
| 2126 | 5052 | 罗素 | C4 | 232 |
| 2126 | 5216 | 罗素 | C4 | 232 |
| … | … | … | … | … |

在这个模型中，“苏格拉底”和“罗素”的名字、职称等级和办公室都储存了三遍。冗余一方面会对内存有更高的需求，另一方面则更为严重，可能会导致“更新异常”的问题[1]。比如说，如果“罗素”的办公室从232搬到278房间，就需要在三个元组都加以修改，才能保证数据的一致。

“为……工作”的关系模型也和“由……教”类似。因为它是一个1：$N$的关系，所以可以合并到助理的关系模型里面，这样就可以得出以下关系模型：

助理：{[工号，姓名，专业，老板]}

### 3.3.2 1∶1关系的合并

对1：1的关系进行建模比对1：$N$的关系建模更加自由。我们来看图3-5中“办公室”这个关系。这里是将教授和他所使用的办公室的房间编号对应起来，形成一种联系。我们在图3-1的概念模型中是把办公室作为一个属性来简化处理的。

---

〔1〕第6章会系统讲到。

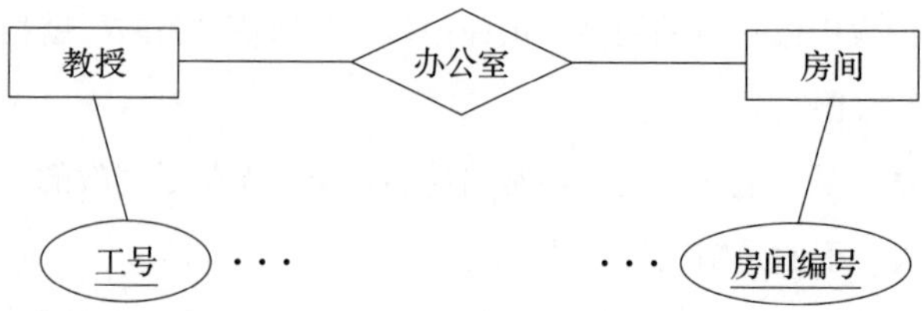


图 3-5　1：1 关系示例

那么我们在关系模型中可以先将这一部分展示如下：

教授：{[ 工号，姓名，职称等级 ]}

房间：{[ 房间编号，大小，位置 ]}

办公室：{[ 工号，房间编号 ]}

上面我们将工号定义为办公室的主键。其实同样也可以把房间编号选为主键，因为房间编号和办公室之间也是 1 ： 1 的关系，因此也可以作为候选键。

因为教授和办公室的键一样，所以可以根据我们前面所提到的规则合并。对教授和办公室加以合并之后，得到的关系模型如下：

教授：{[ 工号，姓名，职称等级，房间 ]}

房间：{[ 房间编号，大小，位置 ]}

这里教授的关系模型和我们最开始的设计是吻合的，房间属性代表的是办公室的房间编号。

同样地，我们也可以合并办公室和房间的关系模型，因为房间编号也是办公室的键。

教授：{[ 工号，姓名，职称等级 ]}

房间：{[ 房间编号，大小，位置，教授工号 ]}

这里教授工号这一属性指向教授关系模型中的元组。不过，这样建模有一个缺点，就是会导致教授工号这一属性有很多元组都是空值[1]，因为大学里并不是所有的房间都是教授的办公室。“空值”是一个“未知的”或者“不可用的”值。因为空值的问题，所以还是第一种合并方式更好。

〔1〕计算机技术领域术语，表示值“未知”。空值不同于空白或零值。没有两个相等的空值。比较两个空值或将空值与任何其他值相比均返回“未知”，这是因为每个空值均为“未知”。

### 3.3.3 避免空值

在 1 ∶ 1 和 1 ∶ *N* 关系中还需要注意，可能有一些，甚至很多实体不参与联系。在对参与联系的实体型进行建模时，如果把联系作为关系模型中的外键，那么这些元组中的外键属性将没有定义，也即外键属性会包含空值。而我们要尽量避免空值出现。我们用图 3–6 中实体 – 联系模型的例子来说明这一点。某个人可以成为一个联邦州的州长，他也可以是一个联邦州的州议会成员，他会在一个联邦州居住（主要居住地）。每个联邦州有一个州长。

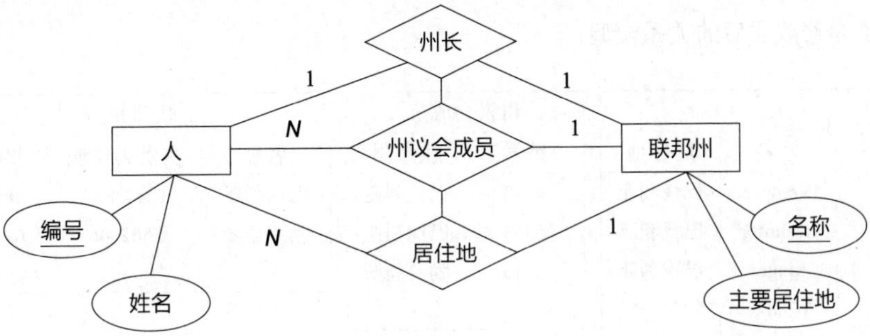


图 3–6 人和联邦州之间的关系

根据前面讲到的规则，可以将二元关系表示在 1 “对面的” 那个实体型的关系模型中。这里留给读者朋友自己去证明一下，这并不违背我们所说的 “只能合并键相同的关系” 的规则。在我们的例子中，州长、州议会成员和居住地这三个关系都可以放到人的关系模型中，这样我们就可以得到以下模型：

| 人 | | | | |
|---|---|---|---|---|
| 编号 | 姓名 | 居住地 | 是……的州长 | 是……州议会成员 |
| 4711 | Kemper | 巴伐利亚 | _ | _ |
| 4813 | Seehofer | 巴伐利亚 | 巴伐利亚 | 巴伐利亚 |
| 5833 | Maget | 巴伐利亚 | _ | 巴伐利亚 |
| 6745 | Woidke | 勃兰登堡 | 勃兰登堡 | 勃兰登堡 |
| 8978 | Schröder | 下萨克森 | _ | _ |
| … | … | … | … | … |

这样建模有一个明显的缺点，那就是很多元组都包含空值。德国约 8 000 万人口中，只有很少人是州议会成员（大概几千个），联邦州州长的人数就更少了。所以几乎所有

元组的外键属性“是……的州长”和“是……州议会成员”都会是空值。但是“居住地”这个外键就不一样了。只要我们储存的是在德国生活的人的信息，那么所有人的居住地都是有定义的。

从这些思考中我们可以得出：

1. 可以保留居住地作为人的外键；

2. 州长最好放到联邦州的关系模型中去，因为每个联邦州有一个州长；

3. 州议会成员最好单独列一个关系模型，包含外键“编号”指向人，外键“联邦州”指向联邦州。

下面是修改之后的关系模型：

| 人 | | |
|---|---|---|
| 编号 | 姓名 | 居住地 |
| 4711 | Kemper | 巴伐利亚 |
| 4813 | Seehofer | 巴伐利亚 |
| 5833 | Maget | 巴伐利亚 |
| 6745 | Woidke | 勃兰登堡 |
| 8978 | Schröder | 下萨克森 |
| … | … | … |

| 州议会成员 | |
|---|---|
| 编号 | 联邦州 |
| 4813 | 巴伐利亚 |
| 5833 | 巴伐利亚 |
| 6745 | 勃兰登堡 |
| … | … |

| 联邦州 | | |
|---|---|---|
| 名称 | 主要居住地 | 州长 |
| 巴伐利亚 | 12443893 | 4813 |
| 勃兰登堡 | 2562946 | 6745 |
| … | … | … |

### 3.3.4 关系模型中概化的建模

我们再来看一下图 3-7 中将助理和教授概化为员工的过程。用关系模型可以很简单地表示成如下形式：

员工：{[工号，姓名]}

教授：{[工号，职称等级，办公室]}

助理：{[工号，专业]}

一个教授的信息例如是：

[2136，Curie，C4，36]

分成两个元组就是：

[2136，Curie] 和 [2136，C4，36]

第一个元组是员工的关系模型中的元组，第二个元组是教授的关系模型中的元组。要找到 Curie 这名教授的完整信息就必须连接两个元组。

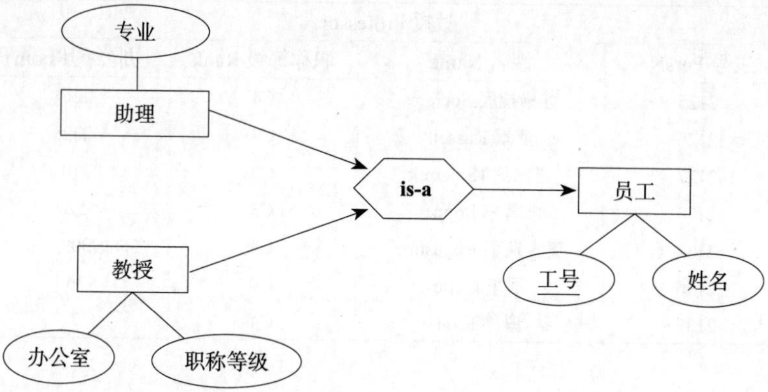


图 3-7　教授和助理概化为员工的过程

因此，这种表示方法的缺点就是，各个专门的关系模型中都没有完整的信息。换言之，就是没有实现继承。

不幸的是，关系模型中没有继承结构。在 4.19 节我们会讨论，关系型 DBMS 的视图概念如何能够支持概化 / 特化的建模，并解决与之相关的继承问题。

### 3.3.5　大学数据库实例

以下关系表给出了大学数据库的一个实例情况。模型中包含如下这些关系：

学生：{[ 学号：integer，姓名：string，学期：integer ]}

课程：{[ 课程编号：integer，课程名称：string，每周课时：integer，由……教：integer ]}

教授：{[ 工号：integer，姓名：string，职称等级：string，办公室：integer ]}

助理：{[ 工号：integer，姓名：string，专业：string，老板：integer ]}

学：{[ 学号：integer，课程编号：integer ]}

前提：{[ 前序课程：integer，后续课程：integer ]}

考试：{[ 学号：integer，课程编号：integer，工号：integer，分数：decimal ]}

| 教授 Professor | | | |
|---|---|---|---|
| 工号 PersNr | 姓名 Name | 职称等级 Rank | 办公室 Room |
| 2125 | 苏格拉底 Socrates | C4 | 226 |
| 2126 | 罗素 Russell | C4 | 232 |
| 2127 | 哥白尼 Kopernik | C3 | 310 |
| 2133 | 波普尔 Popper | C3 | 52 |
| 2134 | 奥古斯丁 Augustine | C3 | 309 |
| 2136 | 居里 Curie | C4 | 36 |
| 2137 | 康德 Kant | C4 | 7 |

| 学生 Students | | |
|---|---|---|
| 学号 StudNr | 姓名 Name | 学期 Semester |
| 24002 | 色诺克拉底 Xenokrates | 18 |
| 25403 | 约纳斯 Jonas | 12 |
| 26120 | 费希特 Fichte | 10 |
| 26830 | 亚里士多塞诺斯 Aristoxenos | 8 |
| 27550 | 叔本华 Schopenhauer | 6 |
| 28106 | 卡尔纳普 Carnap | 3 |
| 29120 | 泰奥弗拉斯托斯 Theophrastos | 2 |
| 29555 | 费尔巴哈 Feuerbach | 2 |

| 课程 Lectures | | | |
|---|---|---|---|
| 课程编号 LectureNr | 课程名称 Title | 每周课时 WH | 由……教 Given_by |
| 5001 | 基础 Fundamentals | 4 | 2137 |
| 5041 | 伦理学 Ethics | 4 | 2125 |
| 5043 | 认识论 Epistemology | 3 | 2126 |
| 5049 | 苏格拉底反诘法 Maieutics | 2 | 2125 |
| 4052 | 逻辑学 Logic | 4 | 2125 |
| 5052 | 科学哲学 Philosophy of Science | 3 | 2126 |
| 5216 | 生物伦理学 Bioethics | 2 | 2126 |
| 5259 | 维也纳学派 The Vienna Circle | 2 | 2133 |
| 5022 | 信仰与知识 Belief and Knowledge | 2 | 2134 |
| 4630 | 三大批判 The 3 critiques | 4 | 2137 |

| 前提 require | |
|---|---|
| 前序课程 Predecessor | 后续课程 Successor |
| 5001 | 5041 |
| 5001 | 5043 |
| 5001 | 5049 |
| 5041 | 5216 |
| 5043 | 5052 |
| 5041 | 5052 |
| 5052 | 5259 |

| 学 attend | |
|---|---|
| 学号 StudNr | 课程编号 LectureNr |
| 26120 | 5001 |
| 27550 | 5001 |
| 27550 | 4052 |
| 28106 | 5041 |
| 28106 | 5052 |
| 28106 | 5216 |
| 28106 | 5259 |
| 29120 | 5001 |
| 29120 | 5041 |
| 29120 | 5049 |
| 29555 | 5022 |
| 25403 | 5022 |
| 29555 | 5001 |

| 助理 Assistants | | | |
|---|---|---|---|
| 工号 PersNr | 姓名 Name | 专业 Area | 老板 Boss |
| 3002 | 柏拉图 Plato | 理型论 Theory of forms | 2125 |
| 3003 | 亚里士多德 Aritoteles | 三段论 Syllogistics | 2125 |
| 3004 | 维特根斯坦 Wittgenstein | 语言理论 Theory of Language | 2126 |
| 3005 | 雷蒂库斯 Rhetikus | 天体运行论 Planetary Motion | 2127 |
| 3006 | 牛顿 Newton | 开普勒定律 Kepler's Laws | 2127 |
| 3007 | 斯宾诺莎 Spinoza | 上帝和自然 God and Nature | 2134 |

| 考试 test | | | |
|---|---|---|---|
| 学号 StudNr | 课程编号 LectureNr | 工号 PersNr | 分数 Grade |
| 28106 | 5001 | 2126 | 1 |
| 25403 | 5041 | 2125 | 2 |
| 27550 | 4630 | 2137 | 2 |

### 3.3.6 弱实体型的关系建模

虽然大学模型里面不包含弱实体型，但是我们还是想讲一下弱实体型在关系模型中如何表示。我们来看一下图 2-12 中的例子。在这个例子中，“考试”是一个弱实体型，它的存在依赖于强实体型“学生”。“考试”这个弱实体型在关系模型中可以表示成如下形式：

考试：{[学号：integer，考试科目：string，分数：decimal]}

考试这个关系的键是由学生的学号和考试科目共同组成的。考试科目可以明确地标识一名学生所参加的所有考试。

实体型考试的二元关系“包括”和“举行”就可以表示如下：

包括：{[学号：integer，考试科目：string，课程编号：integer]}

举行：{[学号：integer，考试科目：string， 工号：integer]}

注意，这里考试的键——学号和考试科目必须纳入“包括”和“举行”中作为外键。因为“包括”和“举行”这两个关系是$N:M$的关系，所以所有的外键共同构成键。而且这两个关系也不能和“考试”合并。读者朋友可以思考一下，如果我们限制一门考试只能有一名考官，会对这个模型有什么影响。

## 3.4 关系代数

当然，除了描述数据的结构（例如运用各种数据模型）之外，我们还需要一种能从数据库中提取信息的语言[1]。关系型数据库有两种形式化的查询语言，它们是关系代数和关系演算。

关系演算是一种纯粹声明性的语言，用于指定要获取哪些数据，以及这些数据需要满足哪些条件，但不指明查询结果是如何得出的。而第一种语言——关系代数更偏向于过程化，也即关系代数表达式里隐含着如何处理查询结果的一个求值方案。因此关系代数在数据库系统的实现中，尤其是对查询优化会发挥更大的作用（见第 8 章）。两种语言都是封闭的，也即得到的查询结果仍然是关系。

我们先介绍关系代数的运算，然后在 3.5 节中再介绍关系演算的两种形式。

### 3.4.1 选择 selection

选择运算是指从关系中挑选出满足给定选择谓词的元组。选择运算用$\sigma$表示，并将

〔1〕还需要一种数据操作语言（DML），用于插入、修改和删除信息。数据操作语言在第 4 章才会讲到。

谓词写作 $\sigma$ 的下标。下面就是一个选择查询的例子：

$$\sigma_{\text{Semester}>10}(\text{Students})$$

这个查询可以从数据库中提取出超期的学生，在我们的实例中，查询结果就可能是：

| $\sigma_{\text{Semester}>10}$ (Students) | | |
|---|---|---|
| 学号 StudNr | 姓名 Name | 学期 Semester |
| 24002 | Xenokrates | 18 |
| 25403 | Jonas | 12 |

我们可以想象，选择的求值过程是这样的：它会逐一检查关系（这里是“学生”）中的每一个元组，评估它们是否满足谓词（这里是“Semester>10”）。如果满足谓词条件，就将元组复制到结果中。

一般来说，选择谓词是一个公式 $F$，由以下几部分组成：

1. 关系 $R$ 的属性名或常量作为运算数；
2. 比较运算符 $=$，$<$，$\leqslant$，$>$，$\geqslant$，$\neq$；
3. 逻辑运算符 $\wedge$（and），$\vee$（or）和 $\neg$（not）。

那么，选择的结果

$$\sigma_F(R)$$

就由满足公式 $F$ 的所有元组 $t \in R$ 组成。

### 3.4.2 投影 projection

选择是挑选出关系表中单独的行（元组），而投影是提取出关系表中的列（属性）。投影用 $\Pi$ 表示，属性名的集合作为 $\Pi$ 的下标。我们可以来看下面这个例子：

$$\Pi_{\text{Rank}}(\text{Professor})$$

属性集其实是一个比较宽松的概念，通常并不写成集合的形式，而是直接将希望查询的属性都写出来，用逗号隔开，集合的括号就省略不写了。在上面的例子中，如果我们要查询关系“教授”中“职称等级”这一属性中出现的所有取值，那么，查询结果应该如下：

| $\Pi_{\text{Rank}}$ (Professor) |
|---|
| 职称等级 Rank |
| C4 |
| C3 |

需要注意，可能会出现重复的元组，在输出结果之前应去除这些重复的元组（简称“去重”）。

如果投影所查找到的属性包含关系（完整）的键，则不需要去重。因为这种情况下不可能出现两个元组属性的取值完全一样，去重起不到任何效果（而且还会消耗运行时间）。

### 3.4.3 并运算

如果两个关系有一样的模式，即属性名和属性类型（域）都一样，就可以合并成一个关系。可以看下面这个例子：

$$\Pi_{工号, 姓名}（助理）\cup \Pi_{工号, 姓名}（教授）$$

在这个查询中，“助理”和“教授”两个关系先通过投影“强制”进入了一样的模式。然后就可以在此基础上，合并这两个模式相同的、临时的参数关系，也即 $\Pi_{工号, 姓名}$（助理）和 $\Pi_{工号, 姓名}$（教授）。在这个例子中，我们会得到一个总共有 13 个元组的关系。在进行并运算时，也需要去重，因为两个关系中的元组可能会出现重复的情况。[1]

### 3.4.4 差运算

模式相同的两个关系 $R$ 和 $S$，差为：

$$R - S$$ [2]

它表示属于 $R$ 而不属于 $S$ 的所有元组组成的集合。

例如，我们可以查找还没有完成考试的学生的集合，更准确地说，是他们的学号的集合。

$$\Pi_{学号}（学生）- \Pi_{学号}（考试）$$

[1] 每次进行并运算时，都应该去重，哪怕提取的是两个关系的键属性，也必须去重。为什么呢？

[2] 按 GB 3102.11—1993，集合 $A$ 与 $B$ 之差应表示为“$A \setminus B$”，但因为“\”在计算机语言中有特殊含义，故保留原版中所使用的符号“-”。——编者注

### 3.4.5 笛卡儿积运算

两个关系 $R$ 和 $S$ 的笛卡儿积记作：

$$R \times S$$

它包含 $R$ 和 $S$ 元组的所有可能的 $|R| \times |S|$ 组合。结果的模式 sch（$R \times S$）是 $R$ 和 $S$ 的属性的并集。

$$\text{sch}(R \times S) = \text{sch}(R) \cup \text{sch}(S) = \mathcal{R} \cup \mathcal{S}$$

当然也可能会出现这种情况：$R$ 和 $S$ 两个关系中可能包含两个（或多个）命名相同的属性。在这种情况下就需要强制执行唯一命名，把关系的名称加到属性名前面，用点隔开。例如 $R$ 的属性 $A$ 就记作 $R.A$，$S$ 中同名的属性 $A$ 就记作 $S.A$。这种加了关系名称前缀的属性名又叫作“限定属性名”。

我们以教授 × 学为例来进行笛卡儿积运算：

| **教授 × 学** | | | | | |
|---|---|---|---|---|---|
| 教授 | | | | 学 | |
| 工号 | 姓名 | 职称等级 | 办公室 | 学号 | 课程编号 |
| 2125 | 苏格拉底 | C4 | 226 | 26120 | 5001 |
| … | … | … | … | … | … |
| 2125 | 苏格拉底 | C4 | 226 | 29555 | 5001 |
| … | … | … | … | … | … |
| 2137 | 康德 | C4 | 7 | 29555 | 5001 |

我们的实例里“教授”有 7 个元组，“学”有 13 个元组，2 个属性。因此，得出的关系有 6 个属性，总共包括 91（$7 \times 13$）个元组。在这个例子中，不需要限定属性，因为两个关系中的属性名都是不同的。

### 3.4.6 关系和属性的更名运算

有时候需要在查询中多次使用同一个关系，那么就会生成一个这个关系的完整副本。在这种情况下就需要至少对其中一个副本更名。更名运算用 $\rho$ 表示，关系的新名称写在下标中。例如我们可以把“前提”更名为“C1”：

$$\rho_{C1}(\text{prerequire})$$

我们来看一个必须更名的情况。我们想要找出编号为 5216 的课程的二级前序课程

（前序课程的前序课程），那么就可以通过以下代数运算来实现：

$$\Pi_{C1.前序课程}(\sigma_{C2.后续课程=5216 \wedge C1.后续课程=C2.前序课程}(\rho_{C1}(前提) \times \rho_{C2}(前提)))$$

处理这个查询，首先会算出前提关系的副本，即 C1 和 C2 两个关系的笛卡儿积：

| C1 | | C2 | |
|---|---|---|---|
| 前序课程 | 后续课程 | 前序课程 | 后续课程 |
| 5001 | 5041 | 5001 | 5041 |
| … | … | … | … |
| 5001 | 5041 | 5041 | 5216 |
| … | … | … | … |
| 5052 | 5259 | 5052 | 5259 |

然后在笛卡儿积中会选出（“选择”运算）满足以下两个条件的元组：

1. C2. 后续课程 = 5216；

2. C1. 后续课程 = C2. 前序课程。

在选出的元组中，会再对属性“C1. 前序课程”进行“投影”。在 3.3.5 节的实例中，查询的结果应该是一个一目元组 [ 5001 ]。上面列出了得到结果的过程：课程 5001 是课程 5041 的前序课程，而课程 5041 又是课程 5216 的前序课程。

$\rho$运算也可以用来对关系的属性进行更名。我们以关系“前提”的属性“前序课程”为例来进行更名：

$$\rho_{前提 \leftarrow 前序课程}(前提)$$

这里“前序课程”这个属性被更名了。因为一个关系通常有多个属性，所以在更名时要把原来的名称（写在箭头的右边）和新的名称（箭头左边）都写出来。我们在 3.4.8 节讲到连接运算时会再次探讨更名的必要性。

### 3.4.7 关系代数的定义

利用前面介绍的运算，我们可以对关系代数作一个形式化的定义。关系代数中的基本表达式是如下二者之一：

1. 数据库中的一个关系；

2. 一个常数关系。

关系代数中的一般表达式是由“更小的”子表达式构成的。设 $E_1$ 和 $E_2$ 是关系代数表达式，它们可以是基本的表达式，也可以是复杂的表达式。那么以下表达式也是有效的代数表达式：

1. $E_1 \cup E_2$，其中 $E_1$ 和 $E_2$ 必须是一样的模式，即 $\mathrm{sch}(E_1) = \mathrm{sch}(E_2)$；

2. $E_1 - E_2$，同样需要模式相同；

3. $E_1 \times E_2$；

4. $\sigma_P(E_1)$，其中 $P$ 是 $E_1$ 属性上的谓词；

5. $\Pi_S(E_1)$，其中 $S$ 是 $E_1$ 中某些属性的列表；

6. $\rho_V(E_1)$ 和 $\rho_{A \leftarrow B}(E_1)$，其中 B 是关系 $E_1$ 的一个属性名，而 A 不是 $E_1$ 的属性名。

下面会介绍另外几个关系代数的运算。严格来说，这些额外的运算是所谓的“语法糖”（syntactic sugar）[1]，因为使用它们并不会增强表达能力。它们都可以和前面提到的运算组合使用。

### 3.4.8 关系的连接（join）

我们前面已经介绍了将两个（或多个）关系联系起来的笛卡儿积运算。笛卡儿积运算的缺点是，需要处理的元组数量会剧烈“膨胀”，因为当两个关系的元组数分别为 $n$ 和 $m$ 时，笛卡儿积运算的结果会包含 $n \cdot m$ 个元组。一般来说，笛卡儿积中产生的元组大部分都不是我们所需要的，读者朋友可以比较 3.4.5 节中的查询示例。因此在连接运算（join）中，会对连接的元组进行过滤（预选）。

#### 自然连接运算

两个关系 $R$ 和 $S$ 的自然连接用 $R \bowtie S$ 来表示。当 $R$ 总共有 $m+k$ 个属性 $A_1$，…，$A_m$，$B_1$，…，$B_k$，$S$ 有 $n+k$ 个属性 $B_1$，…，$B_k$，$C_1$，…，$C_n$，那么 $R \bowtie S$ 就有 $m+n+k$ 个目。假设属性 $A_i$ 和 $C_j$（$1 \leqslant i \leqslant m$，$1 \leqslant j \leqslant n$）是两两不相同的，也即 $R$ 和 $S$ 只有

[1] 也译为“糖衣语法”，是由英国计算机科学家彼得·约翰·兰达（Peter J. Landin）发明的一个术语，指计算机语言中添加的某种语法，这种语法对语言的功能没有影响，但是更方便程序员使用。通常来说，使用“语法糖”能够增加程序的可读性，从而减少程序代码出错的机会。——译者注

$B_1$，…，$B_k$ 这些同名的属性。那么 $R \bowtie S$ 的结果定义如下：

$$R \bowtie S = \Pi_{A_1,\cdots,A_m,R.B_1,\cdots,R.B_k,C_1,\cdots,C_n}\left(\sigma_{R.B_1=S.B_1\wedge\cdots\wedge R.B_k=S.B_k}\left(R\times S\right)\right)$$

在其中只选择出了两个关系中同名的属性进行笛卡儿积运算。而且通过后续的投影运算，同名的属性在结果中只会出现一次。结果可以用表的形式直观地展示如下：

| $R \bowtie S$ | | | | | | | | | | | |
|---|---|---|---|---|---|---|---|---|---|---|---|
| $\mathcal{R}-\mathcal{S}$ | | | | $\mathcal{R}\cap\mathcal{S}$ | | | | $\mathcal{S}-\mathcal{R}$ | | | |
| $A_1$ | $A_2$ | … | $A_m$ | $B_1$ | $B_2$ | … | $B_k$ | $C_1$ | $C_2$ | … | $C_n$ |
| ⋮ | ⋮ | ⋮ | ⋮ | ⋮ | ⋮ | ⋮ | ⋮ | ⋮ | ⋮ | ⋮ | ⋮ |

我们来看一个自然连接的例子。假设我们想在数据库进行一项查询，将学生和他学过的课程联系起来，那么就可以表示为：

（学生⋈学）⋈课程

在这个查询中，首先对学生和学这两个关系进行连接运算，然后再将得到的结果和课程进行连接。这个三向连接的结果如下：

| （学生⋈学）⋈课程 | | | | | | |
|---|---|---|---|---|---|---|
| 学号 | 姓名 | 学期 | 课程编号 | 课程名称 | 每周课时 | 由……教 |
| 26120 | 费希特 | 10 | 5001 | 基础 | 4 | 2137 |
| 25403 | 约纳斯 | 12 | 5022 | 信仰和知识 | 2 | 2134 |
| 28106 | 卡尔纳普 | 3 | 4052 | 科学哲学 | 3 | 2126 |
| … | … | … | … | … | … | … |

注意，自然连接运算中，不需要对属性加以限定，也即不需要把关系名称放到属性名称前面，因为同名的属性在结果中只会出现一次。第一个连接运算“学生⋈学”会得到一个四目的关系，因为学生（有 3 个属性）和学（有 2 个属性）只有 1 个同名的属性，也即学号。这个属性被称为“连接属性”。第二个连接运算是通过“学生⋈学”和“课程”唯一一个同名的属性“课程编号”连接起来的。

另外，在进行“三向连接”时，也可以把括号去掉，也即写成：

学生⋈学⋈课程

那么这个连接就可能根据两种不同的顺序来处理：

1.（学生⋈学）⋈课程；

2. 学生 ⋈ ( 学 ⋈ 课程 )。

但是连接运算满足结合律，所以二者的结果是相等的。连接运算也满足交换律，参见习题 3-13。

有时候会出现这种情况，我们想把两个关系通过一个属性“连接”起来，这个属性虽然在两个关系中有同样的含义，但是命名不同。课程和教授的连接运算就是这样的一个例子，它们是通过“课程 . 由……教”和“教授 . 工号”这两个属性连接起来的。在这种情况下，就需要至少对其中一个属性进行更名。使用更名运算时，既可以对关系也可以对属性进行更名。在我们的例子中就会得到如下查询：

$$\text{课程} \bowtie \rho_{\text{由……教} \leftarrow \text{工号}}(\text{教授})$$

得出的结果就会是如下的形式：

{[ 课程编号，课程名称，每周课时，由……教，姓名，职称等级，办公室 ]}

## 一般连接运算

在自然连接运算中，要关注两个关系所有同名的属性。当元组所有这些属性的取值都一样时，才会出现在结果当中。“一般连接”（也叫 theta-join，“theta 连接”），它允许指定任何连接谓词。我们来看一个抽象的例子，假设关系 $R$ 和 $S$ 有属性 $A_1$，…，$A_n$ 和 $B_1$，…，$B_m$，那么 $R$ 和 $S$ 的“theta 连接”如下：

$$R \bowtie_{\theta} S$$

这里 $\theta$ 是属性 $A_1$，…，$A_n$，$B_1$，…，$B_m$ 的任意一个谓词。例如：

$$R \bowtie_{A_1 > B_1 \wedge A_2 = B_2 \wedge A_3 < B_5} S$$

无论两个关系中有多少属性是同名的，这个连接运算的结果都有 $n + m$ 个属性。当 $R$ 和 $S$ 中出现同名的属性时，会在属性名前面加上关系名作为限定，例如 $R.A_1$ 或 $S.B_1$。

| $R \bowtie_{\theta} S$ | | | | | | | |
|---|---|---|---|---|---|---|---|
| $\mathcal{R}$ | | | | $\mathcal{S}$ | | | |
| $A_1$ | $A_2$ | … | $A_n$ | $B_1$ | $B_2$ | … | $B_m$ |
| ⋮ | ⋮ | ⋮ | ⋮ | ⋮ | ⋮ | ⋮ | ⋮ |

“theta 连接”只是先进行笛卡儿积运算再进行选择运算的简化公式：

$$R \bowtie_{\theta} S = \sigma_{\theta}(R \times S)$$

它们之间主要的区别在于：连接运算的处理过程通常会更高效，因为可以将两个关系的笛卡儿积中不符合要求的元组很早就剔除掉。

$R \bowtie_{R.A_i = S.B_j} S$ 形式的 theta 连接称为“等值连接”（equi-join，“equi 连接”）。“equi 连接”中也可以出现多个“=”。“equi 连接”和“自然连接”的区别在于：属性不需要具有相同的名称，而且两个属性 $A_i$ 和 $B_j$ 就算同名也均会被纳入结果当中。

我们来看一个例子。假设要在教授和助理的关系中都增加一个薪资属性，那么你可能会想查询下面这样的教授和助理的组合：

$$教授 \bowtie_{教授.薪资<助理.薪资 \wedge 老板=教授.工号} 助理$$

这里会计算出助理为某名教授工作，而薪资却高于后者的情况。结果会包含这些属性：教授.工号，教授.姓名，教授.职称等级，教授.办公室，教授.薪资，助理.工号，助理.姓名，助理.老板，助理.专业，助理.薪资。

### 其他连接运算

上面讲到的这些连接运算有时也叫作“内连接”。在这些运算中，没有“连接伙伴”的元组就不会进入结果当中。而在“外连接”（outer join）运算中，左、右或两个关系中没有“伙伴”的元组也会被“救回来”。

1. 左外连接（left outer join）（⟕），保留左边关系中的元组。
2. 右外连接（right outer join）（⟖），保留右边关系中的元组。
3. 全外连接 [（full）outer join]（⟗），保留两边关系中的元组。

自然连接

| **L** | | |
|---|---|---|
| $A$ | $B$ | $C$ |
| $a_1$ | $b_1$ | $c_1$ |
| $a_2$ | $b_2$ | $c_2$ |

⋈

| **R** | | |
|---|---|---|
| $C$ | $D$ | $E$ |
| $c_1$ | $d_1$ | $e_1$ |
| $c_3$ | $d_2$ | $e_2$ |

=

| 结果 | | | | |
|---|---|---|---|---|
| $A$ | $B$ | $C$ | $D$ | $E$ |
| $a_1$ | $b_1$ | $c_1$ | $d_1$ | $e_1$ |

左外连接

| **L** | | |
|---|---|---|
| $A$ | $B$ | $C$ |
| $a_1$ | $b_1$ | $c_1$ |
| $a_2$ | $b_2$ | $c_2$ |

⟕

| **R** | | |
|---|---|---|
| $C$ | $D$ | $E$ |
| $c_1$ | $d_1$ | $e_1$ |
| $c_3$ | $d_2$ | $e_2$ |

=

| 结果 | | | | |
|---|---|---|---|---|
| $A$ | $B$ | $C$ | $D$ | $E$ |
| $a_1$ | $b_1$ | $c_1$ | $d_1$ | $e_1$ |
| $a_2$ | $b_2$ | $c_2$ | – | – |

右外连接

| L | | |
|---|---|---|
| $A$ | $B$ | $C$ |
| $a_1$ | $b_1$ | $c_1$ |
| $a_2$ | $b_2$ | $c_2$ |

⟖

| R | | |
|---|---|---|
| $C$ | $D$ | $E$ |
| $c_1$ | $d_1$ | $e_1$ |
| $c_3$ | $d_2$ | $e_2$ |

=

| 结果 | | | | |
|---|---|---|---|---|
| $A$ | $B$ | $C$ | $D$ | $E$ |
| $a_1$ | $b_1$ | $c_1$ | $d_1$ | $e_1$ |
| – | – | $c_3$ | $d_2$ | $e_2$ |

全外连接

| L | | |
|---|---|---|
| $A$ | $B$ | $C$ |
| $a_1$ | $b_1$ | $c_1$ |
| $a_2$ | $b_2$ | $c_2$ |

⟗

| R | | |
|---|---|---|
| $C$ | $D$ | $E$ |
| $c_1$ | $d_1$ | $e_1$ |
| $c_3$ | $d_2$ | $e_2$ |

=

| 结果 | | | | |
|---|---|---|---|---|
| $A$ | $B$ | $C$ | $D$ | $E$ |
| $a_1$ | $b_1$ | $c_1$ | $d_1$ | $e_1$ |
| $a_2$ | $b_2$ | $c_2$ | – | – |
| – | – | $c_3$ | $d_2$ | $e_2$ |

$L$ 和 $R$ 的左半连接

| L | | |
|---|---|---|
| $A$ | $B$ | $C$ |
| $a_1$ | $b_1$ | $c_1$ |
| $a_2$ | $b_2$ | $c_2$ |

⋉

| R | | |
|---|---|---|
| $C$ | $D$ | $E$ |
| $c_1$ | $d_1$ | $e_1$ |
| $c_3$ | $d_2$ | $e_2$ |

=

| 结果 | | |
|---|---|---|
| $A$ | $B$ | $C$ |
| $a_1$ | $b_1$ | $c_1$ |

$R$ 和 $L$ 的右半连接

| L | | |
|---|---|---|
| $A$ | $B$ | $C$ |
| $a_1$ | $b_1$ | $c_1$ |
| $a_2$ | $b_2$ | $c_2$ |

⋊

| R | | |
|---|---|---|
| $C$ | $D$ | $E$ |
| $c_1$ | $d_1$ | $e_1$ |
| $c_3$ | $d_2$ | $e_2$ |

=

| 结果 | | |
|---|---|---|
| $A$ | $B$ | $C$ |
| $c_1$ | $d_1$ | $e_1$ |

$L$ 和 $R$ 的反半连接

| L | | |
|---|---|---|
| $A$ | $B$ | $C$ |
| $a_1$ | $b_1$ | $c_1$ |
| $a_2$ | $b_2$ | $c_2$ |

▷

| R | | |
|---|---|---|
| $C$ | $D$ | $E$ |
| $c_1$ | $d_1$ | $e_1$ |
| $c_3$ | $d_2$ | $e_2$ |

=

| 结果 | | |
|---|---|---|
| $A$ | $B$ | $C$ |
| $a_2$ | $b_2$ | $c_2$ |

以上关系表中列出了 $L$ 和 $R$ 两个关系三种不同的外连接运算。左外连接运算的结果是：关系 $L$ 和关系 $R$ 中相互匹配的元组 [$a_1$，$b_1$，$c_1$] 和 [$c_1$，$d_1$，$e_1$] 组成了结果中的元组 [$a_1$，$b_1$，$c_1$，$d_1$，$e_1$]；左边的元组 [$a_2$，$b_2$，$c_2$] 因为在右边的关系 $R$ 中没有“连接伙伴”，所以在结果中填上了空值，空值用“–”表示。

在右外连接运算中，$R$ 中的元组 $[c_3,\ d_2,\ e_2]$ 因为在 $L$ 中没有匹配，所以用空值填充所有来自左侧关系的属性。

在全外连接运算中，用空值既填充左侧关系中与右侧关系的任一元组都不匹配的元组，又填充右侧关系中与左侧关系的任一元组都不匹配的元组，并把结果都加到连接的结果中。

当然，外连接运算也可以用其他关系代数运算的组合来表示（习题 3–7）。

上述关系表中还列出了半连接运算 $\ltimes$ 和 $\rtimes$。$L$ 和 $R$ 的半连接，表示为 $L \ltimes R$，定义如下（其中 $\mathcal{L}$ 是 $L$ 属性的集合）：

$$L \ltimes R = \Pi_{\mathcal{L}}\ (L \bowtie R)$$

所以结果中包含 $L$ 中所有可能在 $R$ 中找到“连接伙伴”的元组，并原封不动地写进结果里。

$R$ 和 $L$ 的半连接表示为 $L \rtimes R$，定义也是类似的。很显然，有下列等式：

$$L \rtimes R = R \ltimes L$$

另外，左、右外连接，左、右半连接都不符合交换律。半连接的补称为反半连接，符号是 $L \lhd R$ 和 $L \rhd R$。它是在半连接的基础上再进行差运算。

$$L \rhd R = L - (L \ltimes R)$$

后面我们会看到，在进行诸如“请在 $L$ 中找出在 $R$ 中没有匹配搭档的元素”的查询时，会用到反半连接运算。

### 3.4.9 交运算

交运算的符号是 $\cap$。我们来看下面这个查询实例：找出所有 C4 等级，至少教一门课程的教授的工号。

$$\Pi_{\text{工号}}\ (\rho_{\text{工号}\leftarrow\text{由……教}}\ (\text{课程}))\ \cap\ \Pi_{\text{工号}}\ (\sigma_{\text{职称等级}=\text{C4}}\ (\text{教授}))$$

注意，交运算只能运用于两个模式相同的关系，所以在此例中，必须将课程关系中的属性“由……教”更名为“工号”。

两个关系的交运算也可以通过差运算表达：

$$R \cap S = R - (R - S)$$

### 3.4.10 关系的除运算

除运算 ÷ 用于查询中有“全量子”的情况。例如我们要查询学完所有 4 课时课程的学生的学号。首先，我们要确定“每周课时”为 4 的课程的课程编号：

$$L := \Pi_{\text{课程编号}}(\sigma_{\text{每周课时}=4}(\text{课程}))$$

然后，我们可以从“学”的关系中确定学完所有 $L$ 中所包含的课程的学生的学号。这时我们就需要用到除运算：

$$\text{听} \div \overbrace{\Pi_{\text{课程编号}}\left(\sigma_{\text{每周课时}=4}(\text{课程})\right)}^{L}$$

得到的结果中只包含一个属性，就是学号。

就形式而言，关系 $R$ 和 $S$ 的除运算定义如下：要进行 $R \div S$ 运算，必须满足 $\mathcal{S}$ 是 $\mathcal{R}$ 的一个子集，也就是 $\mathcal{S} \subseteq \mathcal{R}$；除运算的结果所包含的属性就是集合的差 $\mathcal{R}-\mathcal{S}$。因此结果里只包含 $R$ 中有，而 $S$ 中没有的属性。

如果对于每个 $S$ 中的元组 $t_s$ 都存在一个 $R$ 中的元组 $t_r$，那么 $t$ 就在 $R \div S$ 的结果当中。也即，要满足以下两个条件：

$$t_r.\mathcal{S} = t_s.\mathcal{S}$$

$$t_r.(\mathcal{R} - \mathcal{S}) = t$$

这里的 $t_r.\mathcal{S} = t_s.\mathcal{S}$ 是以下形式的简写：

$$\forall A \in \mathcal{S} : t_r.A = t_s.A$$

我们用关系 $H$ 和 $L$ 来抽象地演示一下除运算：

| $H$ | |
|---|---|
| $M$ | $V$ |
| $m_1$ | $v_1$ |
| $m_1$ | $v_2$ |
| $m_1$ | $v_3$ |
| $m_2$ | $v_2$ |
| $m_2$ | $v_3$ |

÷

| $L$ |
|---|
| $V$ |
| $v_1$ |
| $v_2$ |

=

| $H \div L$ |
|---|
| $M$ |
| $m_1$ |

在这个例子中，除运算的结果是一个只有一个元组的一目关系，就是 $[m_1]$。也即，对于关系 $L$ 中的每一个元组 $[v_i]$，在关系 $H$ 中都存在 $[m_1, v_i]$ 形式的元组，$i \in \{1, 2\}$。

除法运算也可以用其他的运算来表示，如下：

$$R \div S = \Pi_{(\mathcal{R}-\mathcal{S})}(R) - \Pi_{(\mathcal{R}-\mathcal{S})}\left(\left(\Pi_{(\mathcal{R}-\mathcal{S})}(R) \times S\right) - R\right)$$

等式留给读者自己去证明（习题 3-6）。

### 3.4.11 分组和聚集

分组是指将属性取值一样的元组汇集到一起，然后将聚集函数运用于每个分组，为整个分组算出一个单一的值。典型的聚集函数有 count，它计算的是分组中元素的数量；sum，计算的是某个属性所有取值的和；还有 max，min 和 avg，计算的分别是分组中的最大值、最小值和平均值。

分组和聚集不属于关系代数中的标准运算，是额外的运算，用 Γ 表示。例如我们可以计算每个学期数的学生的数量：

$$\Gamma_{\text{Semester; count}(*)}(\text{Students})$$

那么就会得到如下结果（以我们简化的大学数据库为例）：

| $\Gamma_{\text{Semester; count}(*)}(\text{Students})$ | |
|---|---|
| 学期 Semester | **count**（*） |
| 18 | 1 |
| 12 | 1 |
| 10 | 1 |
| 8 | 1 |
| 6 | 1 |
| 3 | 1 |
| 2 | 2 |

结果中，元组的顺序不是给定的。一般来说，你可以指定对属性列表和函数列表的分组。重要的是，一个分组的结果只包括一个元组。结果关系的目数是由分组属性的数量加上聚集函数的数量。下面这个查询：

$$\Gamma_{\text{Given\_by; count}(*),\ \text{sum}(\text{WH})}(\text{Lectures})$$

就会得出一个三目的结果。

| $\Gamma_{\text{Given\_by; count}(*),\ \text{sum}(\text{WH})}(\text{Lectures})$ | | |
|---|---|---|
| Given_by | **count**（*） | **sum**（**WH**） |
| 2125 | 3 | 10 |
| 2126 | 3 | 8 |
| 2133 | 1 | 2 |
| 2134 | 1 | 2 |
| 2137 | 2 | 8 |

### 3.4.12 运算树状图

前面我们一直是以“线性”的形式介绍关系代数运算的。但是在复杂的查询中，用运算的树状图可能会看得更加清楚。

我们以这个查询为例来说明：找出“苏格拉底”的超期学生，也即至少上过一门“苏格拉底”的课，并且已经是第 12 学期或者更高学期的学生。

图 3–8 画出了这个查询的树状图。读者也可以自己写出其“线性”的表达式，并比较一下。

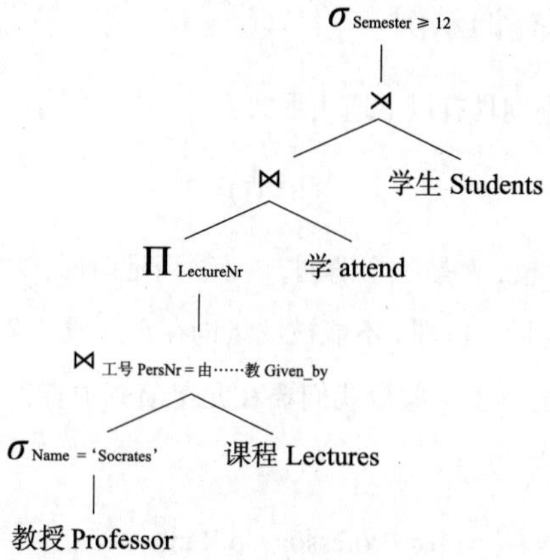


图 3–8 代数表达式的树状图

## 3.5 关系演算

关系代数中的表达式指定了如何计算出查询的结果。这种过程化的运算规则是从代数运算符中产生出来的。在运算树状图中可以尤其直观地看到，中间结果元组从下往上一层一层地进行计算。

相比之下，关系演算更强调声明性。它只描述结果元组，而不给出获得该信息的具体过程。不过，从另外一个角度来看，关系演算和关系代数是密切相关的，它们具有同样的能力。也即，关系代数中的查询，也可以用关系演算表达出来，反之亦然。

关系演算基于一阶数学的谓词演算，允许量化的变量和取值。关系演算有两种不同的，但有同等效力的表达式：

1. 元组关系演算；

2. 域关系演算。

二者的区别在于：在元组关系演算中，演算的变量是和关系的元组相关联的；而在域关系演算中，演算的变量是和域——属性的取值集合相关联的。两种演算的表达能力是一样的，所以任何一个元组的关系演算查询都可以改写为域关系演算查询，反之亦然。

### 3.5.1 元组关系演算查询示例

元组关系演算中的查询具有以下通用形式：

$$\{t \mid P(t)\}$$

其中 $t$ 是一个元组变量，$P$ 是一个谓词，$t$ 必须满足谓词，才会被纳入查询结果当中。变量 $t$ 是谓词 $P$ 的自由变量，也即 $t$ 不能被“量词存在”或“全称量词”量化。

我们来看一个具体的例子。假设我们要在元组演算中查询所有 C4 等级的教授，那么查询的表达式如下：

$$\{\mathrm{p} \mid \mathrm{p} \in \mathrm{Professor} \wedge \mathrm{p.Rank} = '\mathrm{C4}'\}$$

在这个查询中，$p$ 需要满足两个条件：

1. $p$ 必须是“教授”关系中的元组；

2. $p$ 的“职称等级”属性的取值是 C4。

这个查询的求值过程可以想象成是这样的：根据条件 1，先将 $p$ 逐一连接教授关系中的元组，然后再得出条件 2 的结果。

也可以创建数据库中尚不存在的新元组。这时候需要在演算查询的表达式中“|”符号的左边使用元组构造函数 [⋯]。因此这样的查询结构如下：

$$\{[t_1.A_1, \cdots, t_n.A_n] \mid P(t_1, \cdots, t_n)\}$$

其中，$t_1$，⋯，$t_n$ 是元组变量，$A_1$，⋯，$A_n$ 是属性名称。这样得到的结果就是一个 $n$ 目关系。当然，$A_1$，⋯，$A_n$ 这些属性必须包含在 $t_1$，⋯，$t_n$ 的关系的模式当中。元组变量完全可以多次出现（也即对于 $i \neq j$，允许 $t_i = t_j$），这样从一个关系中就可以输出多个属性。

具体举例来说，假设我们要查询教授（姓名）和他手下的助理（工号）这样的信息时，就需要对两个关系进行连接运算：

$$\{[\text{p.Name}, \text{a.PersNr}] \mid \text{p} \in \text{Professor} \wedge \text{a} \in \text{Assistants} \wedge \text{p.PersNr} = \text{a.Boss}\}$$

在这个查询中，$p$ 是教授关系的元组变量，$a$ 是助理关系的元组变量，$a$ 和 $p$ 组成所有可能的组合，然后再去看这些组合是否满足 $p$.PersNr = $a$.Boss 的条件。这个条件就是一个连接谓词，因为它和两个元组变量都相关。然后会在符合条件的 $a$ 和 $p$ 中对两个相关属性进行投影，投影所得到的新的二目元组被纳入结果当中。

### 3.5.2 元组变量的量化

元组演算允许元组变量的存在量化和全称量化。存在量化用日常语言来说就是“存在一个……”。全称量化用日常语言表达就是“对所有的……来说”。对于谓词 $Q(t)$，量化过程可以记为：

$$\exists t \in R(Q(t)), \quad \forall t \in R(Q(t))$$

左边是存在量化[1]，右边是全称量化[2]。这里我们简单地默认，$Q(t)$ 中的元组变量 $t$ 没有经过其他的量化，也即 $Q(t)$ 中的 $t$ 是自由的。

同时，量化过程还会将元组变量 $t$ 绑定到关系 $R$ 上。因此，上面左边的形式就意味着，关系 $R$ 中存在一个元组 $t$，满足 $Q(t)$ ［使 $Q(t)$ 为真］；而右边的形式则要求 $R$ 中的所有元组 $t$ 都满足 $Q(t)$。

我们以具体例子来说明。假设要查找至少上过 Curie 教授一门课的学生：

{ s|s ∈ Students

∧ ∃a ∈ attend ( s.StudNr = a.StudNr

∧ ∃l ∈ Lectures ( a.LectureNr = l.LectureNr

∧ ∃p ∈ Professor ( p.PersNr = l.Given_by

∧ p.Name = 'Curie') ) ) }

在这个查询中，元组变量 $a$，$l$ 和 $p$ 都经过了存在量化，并且分别和学、课程和教授三个关系绑定。结果变量——和学生绑定的元组变量 $s$ 在谓词中是自由的。

为了举例说明全称量化，我们想把 3.4.10 节中的查询写成元组关系演算的形式。这

[1] 在谓词逻辑中，存在量化是对一个域内至少一个成员的性质或关系的论断结果的陈述。
[2] 在谓词逻辑中，全称量化是对论域内所有成员的性质或关系的论断结果的陈述。

个查询是要找出学过所有 4 课时课程的学生。

$\{s \mid s \in \text{Students} \wedge \forall l \in \text{Lectures}\ (l.\text{WH} = 4 \Rightarrow$

$\exists a \in \text{attend}\ (a.\text{LectureNr} = l.\text{LectureNr} \wedge a.\text{StudNr} = s.\text{StudNr}))\}$

这里要求对于课程关系中“每周课时”取值为 4 的所有的元素（元组）$l$，都存在关系“学”中的元组 $a$，$a$ 中的 $s$ 上过这门 4 课时的课程。

### 3.5.3 关系演算的形式化定义

元组关系演算的表达形式是：[1]

$$\{v \mid F(v)\}$$

它由“|”左边的结果说明和公式 $F(v)$（谓词）组成，其中 $v$ 为自由元组变量。在公式 $F$ 中，可以出现其他的元组变量，但是它们不能是自由变量。前面已经提到过，当一个变量没有通过 ∃ 或 ∀ 进行量化时，我们就称它为“自由的”。

公式的基本组成部分是“原子”，原子具有如下形式：

1. $s \in R$，其中 $s$ 是一个元组变量，$R$ 是一个关系名称。

2. $s.A\ \phi\ t.B$，其中 $s$ 和 $t$ 是元组变量，$A$ 和 $B$ 是属性名称，$\phi$ 是一个比较运算符。比较运算符可以是 $=$，$\neq$，$<$，$\leq$，$>$ 和 $\geq$。$s.A$ 和 $t.B$ 的值域定义必须允许比较。（例如布尔数据类型中就只能使用 $=$ 和 $\neq$。）

3. $s.A\ \phi\ c$，其中 $s.A$ 的含义和上面一样，$c$ 是一个常量，且 $c$ 必须是 $s.A$ 所属域中的元素。

然后根据如下规则，用原子构造公式：

1. 所有的原子都是公式；

2. 如果 $P$ 是公式，那么 $\neg P$ 和 $(P)$ 也是公式；

3. 如果 $P_1$ 和 $P_2$ 是公式，那么 $P_1 \wedge P_2$，$P_1 \vee P_2$ 和 $P_1 \Rightarrow P_2$ 也是公式；

4. 如果 $P(t)$ 是一个带有自由变量 $t$ 的公式，那么 $\forall t \in R(P(t))$ 和 $\exists t \in R(P(t))$ 也是公式。

其实，只要使用存在量词和全称量词就足够了，因为以下等式是成立的：

---

[1] 这里我们做了简化处理，默认结果中只出现一个元组变量。不过这个定义很容易扩展到多变量的情况。

$$\forall t \in R(P(t)) = \neg(\exists t \in R(\neg P(t)))$$
$$\exists t \in R(P(t)) = \neg(\forall t \in R(\neg P(t)))$$

### 3.5.4 元组关系演算的安全表达式

元组关系演算的表达式在有些情况下会得出无尽的结果。我们来看下面这个例子：

$$\{n \mid \neg(n \in \text{Professor})\}$$

当然，你可以想象出无数个不属于教授关系的元组，而它们当中大部分也压根就不包含在数据库里（数据库是有限的）。

为了避免这种情况，就需要加以约束，也即在元组关系演算中使用安全的查询表达式，简称“安全表达式”。对于这个约束的定义，我们需要引入一个新概念，即“公式的域”。域中包括公式中出现的所有常量，以及公式中提到的关系的所有取值（元组中属性的取值）。例如下面这项查询：

$$\{n \mid n \in \text{Professor} \land n.\text{Rank} = 'C4'\}$$

公式中包括 C4 这个值以及教授关系所有属性的取值，例如 2125，Curie，C4 等。

当表达式的结果是域的一个子集，就说这个元组关系演算的表达式是安全的。安全表达式可以保证结果是有限的，为什么呢？

除了 $\{n \mid \neg(n \in \text{Professor})\}$ 之外，本节所有的查询表达式都是安全的。因为这个表达式的域只包括教授关系中的元组，而结果却包含其他的值（元组），所以是不安全的。

### 3.5.5 域关系演算

和元组关系演算不同的是，在域关系演算中，变量是和域——属性取值的集合绑定的。域关系演算中的查询具有以下通用形式：

$$\{[v_1, v_2, \cdots, v_n] \mid P(v_1, \cdots, v_n)\}$$

其中：$v_i$（$1 \leq i \leq n$））是变量，更准确地说是域变量，它代表属性的某个取值；$P$ 是一个带有自由变量 $v_1$，…，$v_n$ 的谓词（或者说一个公式）。

域关系演算的公式和元组关系演算一样，也是由原子构成的。但是前者的原子不再是单一变量与一个关系绑定，而是一系列的域变量与一个关系绑定。

1. $[w_1, w_2, \cdots, w_m] \in R$ 是一个原子，其中 $R$ 是一个 $m$ 元关系。$m$ 个域变量 $w_1$，…，$w_m$ 和关系 $R$ 中的属性依次对应。

2. $x \phi y$ 是一个原子，其中 $x$ 和 $y$ 是域变量，$\phi$ 是可以运用到域上面的比较运算符（=，≠，<，≤，> 或 ≥）。

3. $x \phi c$ 是一个原子，其中 $x$ 是域变量，$c$ 是常量，$\phi$ 是比较运算符。$c$ 必须包含在域中，$\phi$ 是可以运用到域上面的比较运算符。

公式以上述原子为“基本构件”，并根据以下规则构造而成：

1. 原子是公式；

2. 如果 $P$ 是公式，那么 $\neg P$ 和（$P$）也是公式；

3. 如果 $P_1$ 和 $P_2$ 是公式，那么 $P_1 \wedge P_2$，$P_1 \vee P_2$ 和 $P_1 \Rightarrow P_2$ 也是公式；

4. 如果 $P(v)$ 是一个带有自由变量 $v$ 的公式，那么 $\exists v(P(v))$ 和 $\forall v(P(v))$ 也是公式。

为了简便，$\exists v_1(\exists v_2(\exists v_3(P(v_1, v_2, v_3))))$ 会缩写成 $\exists v_1, v_2, v_3(P(v_1, v_2, v_3))$。

### 3.5.6 域关系演算的查询示例

假设我们想查询在 Curie 那至少完成过一场考试的学生的学号和姓名，那么查询的表达式就可以写成：

{[m，n] | ∃s（[m，n，s] ∈ Students ∧ ∃v，p，g（[m，v，p，g] ∈ test ∧
∃a，r，b（[p，a，r，b] ∈ Professor ∧ a = 'Curie'）））}

在域关系演算中，连接条件通常通过使用相同的域变量间接地指定。例如在上述查询中，使用变量 $m$ 来完成学生和考试之间的连接。因为查询表达式间接地要求，$m$ 代表的学号在 $[m, n, s] \in$ Students 和 $[m, v, p, g] \in$ test 这两个元组中是一致的。

当然，你也可以把这个连接条件明确地写出来。这样就会得到如下等值的查询：

{[m，n] | ∃ s（[m，n，s] ∈ Students ∧ ∃ m′，v，p，g（[m′，v，p，g] ∈ test ∧ m = m′ ∧
∃ p′，a，r，b（[p′，a，r，b] ∈ Professor ∧ p=p' ∧ a ='Curie'）））}

### 3.5.7 域关系演算的安全表达式

和元组关系演算类似，域关系演算的查询也可能得出无尽的结果。例如：

{[p，n，r，o] | ¬（[p，n，r，o] ∈ Professor）}

这里查找的是所有不包含在“教授”关系中的元组。这样的元组当然有无数个。

这里需要再一次用到公式的域的概念，域的定义和元组演算中类似。一个公式的域由公式中出现的所有常量的集合，以及公式中提到的关系的所有属性取值构成。一个域关系演算的表达式 $\{[x_1, x_2, \cdots, x_n] \mid P(x_1, x_2, \cdots, x_n)\}$ 如果满足以下三个条件，就是安全的：

1. 如果结果中包含带有常量 $c_i$ 的元组 $[c_1, c_2, \cdots, c_n]$，那么 $c_i$ 必须是 $P$ 的域中的值。

2. 对于每个形如 $\exists x\,(P_1(x))$ 的"存在量化"子公式而言，子公式为真当且仅当在 $P_1$ 的域中有某个值使 $P_1$ 为真。换言之，如果一个常量 $c$ 满足 $P_1(c)$，那么 $c$ 必须是 $P_1$ 域中的值。

3. 对于每个形如 $\forall x\,(P_1(x))$ 的"全称量化"子公式而言，子公式为真当且仅当 $P_1$ 对 $P_1$ 的域中所有值为真。换言之，所有不在 $P_1$ 域中的 $d$，必须满足 $P_1(d)$。

对比 3.5.4 节，在元组关系演算的安全表达式的定义中，第 2 个和第 3 个条件可以省略，因为所有存在量化或全称量化的元组变量总是已经和一个存在的（即数据库中储存的）关系绑定的。因此这些元组变量总是自动和有限的集合绑定的。在域关系演算中就不同了，因为域关系演算中的变量是和域（即属性的取值范围）绑定的。域通常可以包含无数多个元素，例如 integer（整数域）。上面第 2 个和第 3 个条件是用来避免对无限多个值进行"尝试"——看它们是否满足 $\exists x\,(P_1(x))$ 和 $\forall x\,(P_1(x))$。有了这两个条件之后，就可以把结果限制在 $P_1(x)$ 的域中有限数量的值中，因为其他不在域中的值对于一个安全的域关系演算表达式的结果没有影响。为什么呢？见习题 3–14。

## 3.6 查询语言的表达能力

Codd（1972）对关系查询语言的表达能力作了定义。用他的术语来说，查询语言的表达能力至少要和关系代数和关系演算一样，它才是关系完整的。这里不需要区分关系代数和关系演算的表达能力，因为以下三种语言的表达能力都是一样的，是等价的：

1. 关系代数；

2. 限制在安全表达式范围内的元组关系演算；

3. 限制在安全表达式范围内的域关系演算。

要想证明三者是等价的，首先要说明，所有关系代数的表达式都可以通过六个基本的运算符 $\sigma$，$\Pi$，$\times$，$\cup$，$-$，$\rho$，转换成一个等价的元组关系演算表达式。然后要说明，所有的元组关系演算表达式都可以转化为域关系演算表达式。最后还需要证明域关系演算表达式可以改写成等价的关系代数表达式。完整的证明过程见习题 3–8。

## 3.7 习题

3–1 已知有图 3–9 中火车线路的 ER 模型。

（1）请用（min，max）标记法标出关系的映射基数。

（2）请把 ER 模型转化为关系模型。

（3）请利用关系的消除对关系模型进行优化。

3–2 请根据图 2–5 中教授、学生和课程主题之间的指导关系的概念设计图画出关系模型。假设课程主题的题目是唯一标识。

请讨论，示例中的关系有哪些键。2.7.2 节中讲到一致性条件可用函数的映射基数表示出来，在关系模型中又如何体现呢？

3–3 请将习题 2–14 中画的联邦议会选举信息系统的 ER 模型转换成关系模型，并优化之。

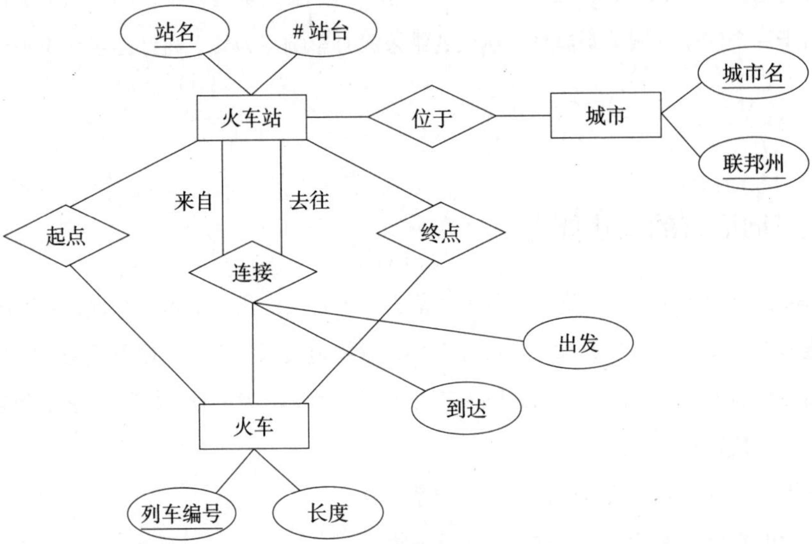


图 3–9 火车线路的 ER 模型

3-4　就习题 3-1 中开发的关系模型，写出如下查询的表达式：[1]

（1）找出从帕绍到卡尔斯鲁厄的直达列车。

（2）找出从帕绍到亚琛，中转一次的列车，中转站可以自由选择，但是换乘列车必须当天出发。

（3）从帕绍到韦斯特兰是否有最多换乘三次的线路？

请分别用以下语言写出查询表达式：

（1）关系代数；

（2）元组关系演算；

（3）域关系演算。

3-5　对于下面这种 1∶1 的关系：

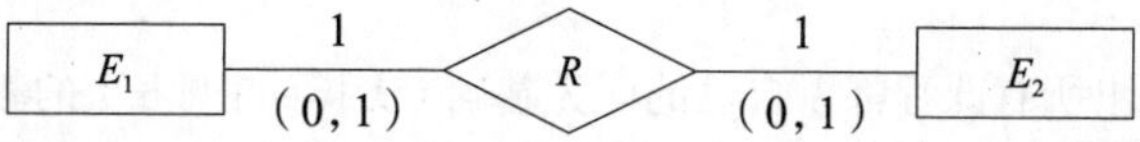


在建模时，既可以把 $E_2$ 的主键（作为外键）纳入 $E_1$，也可以反过来。但是如果关系只对 $E_1$ 中少数几个元素有定义，那么关系中很多元组这个外键属性会是空值，因此最好是将关系列入 $E_2$ 中。

请举出一个现实世界中这样的例子。

请举例说明，在哪些情况下，$E_1$ 和 $E_2$ 中都有很多元素不"参加"关系 $R$。并讨论在这种情况下，在关系模型中将这个关系单独列出来有什么优缺点。

3-6　假设有 $S \subseteq R$。请证明下列等式：

$$R \div S = \Pi_{(\mathcal{R}-\mathcal{S})}(R) - \Pi_{(\mathcal{R}-\mathcal{S})}((\Pi_{(\mathcal{R}-\mathcal{S})}(R) \times S) - R)$$

这里证明的其实是除运算不会提高关系代数的表达能力，而只是能够简化查询的写法。

3-7　3.4.8 节的关系表抽象地表示出了 $\bowtie$，$\ltimes$ 和 $\rtimes$ 这几种连接运算。请写出其他能达到同样效果的关系代数表达式（不用这三个运算符）。

提示：{[ —，—，— ]} 表示某个常数关系中仅由三个空值构成的元组。

3-8　请证明以下三种语言具有相同的表达能力：

（1）关系代数；

[1] 帕绍、卡尔斯鲁厄、亚琛和韦斯特兰均为德国城市名。

（2）元组关系演算；

（3）域关系演算。

3–9 请找出没有学过某门课的直接前序课程，却正在学（或学过）这门课程的学生。请用以下三种语言写出查询表达式：

（1）关系代数；

（2）元组关系演算；

（3）域关系演算。

请在找到的学生基础上再加上学过某门课，却没有学过这门课程的二级前序课程（前序课程的前序课程）的学生。结果有什么不同吗？

请以大学数据库为例（见 3.3.5 节），说明求值过程，并用运算树状图画出关系代数的求值过程。

3–10 请找出所有课程都以自己的课为基础（直接前序课程）的教授，用以下三种语言写出查询表达式：

（1）关系代数；

（2）元组关系演算；

（3）域关系演算。

3–11 全称量词可以用存在量词表达出来；存在量词也可以用全称量词表达出来。请对 3.5.2 节中的查询加以改写，在查询谓词中只出现存在量词。这个查询任务是要找出学过所有 4 课时课程的学生。请说明为什么这两种查询表达式是等价的。

3–12 请找出教过“费希特”这名学生的教授的助理，他们可能可以指导他的毕业论文。

3–13 请证明，自然连接运算 $\bowtie$ 满足结合律。

左、右外连接，左、右半连接是否也满足结合律？

3–14 请证明，遵循三个安全条件的域关系演算查询，得到的结果一定是有限的。

请证明，这个（有限的）结果可以通过限制有限多个值得到。

3–15 请在田径锦标赛管理系统的 ER 模型基础上完成以下任务：

（1）把 ER 模型转换成关系模型。可以不用考虑概化，只需要将实体型“助手”加以转化，并对关系作相应的调整即可。

（2）通过消除关系，尽可能地优化关系模型。

3–16 在我们的大学管理信息系统中，我们主要对教授“教”、学生“学”进行建模。但是我们没有考虑到，同一门课程在不同的学期可能由不同的教授来教。

请在我们已有的设计中增加这种情况。新的设计要尽可能地避免数据储存冗余。然后再将模型转化为关系模型，尤其要注意外键的关系。

## 3.8 文献注解

Codd（1970）的论文开创性地提出了关系模型[1]。他也因此得到了图灵奖（计算机学科的最高奖项）。这篇论文已经包含了关系代数的基本内容，后来 Codd （1972）又补充了元组关系演算的相关内容。将关系演算分为基于元组的形式和基于域的形式是 Pirotte （1978）提出来的。

首批实现关系型数据库的科研项目有：

IBM 科研实验室 San Jose（现在叫 Almaden）开发的 System R。Astrahan 等人（1976）对该项目作了概括。

加利福尼亚大学伯克利分校 M. Stonebraker 和 E. Wong 带领下开发的 INGRES。Stonebraker 等人（1976）对该项目作了总结。Stonebraker （1985）整理了和 INGRES 相关的重要科研文献。

很多商业产品都以这两个项目为原型。SQL/DS 是 IBM 1982 年在 System R 的基础上开发的一个产品。DB2 是 IBM 后来发布的产品，虽然也借鉴了 System R 的经验，但是是一个全新的产品。在 McJones （1995）的报告中可以读到 IBM 公司关系型数据库系统的开发历程。

一家由大学的项目负责人创立的，名叫 RTI （Relational Technology，Inc.）的公司将 INGRES 带向市场。

有意思的是，第一个商用的关系型数据库系统是 Oracle。它的开发完全独立于前面提到的 System R 和 INGRES 两个科研项目。Wilson （2003）的书中以简单易读的方式介绍了 Oracle 的开发背景，以及它成为当今领先的数据库系统制造商的成功经验。

---

〔1〕1970 年，IBM 的研究员 E. F. Codd 博士发表《大型共享数据银行的关系模型》，他提出了关系模型的概念，论述了范式理论和衡量关系型数据系统的 12 条标准，如定义了某些关系代数运算，研究了数据的相关函数，定义了关系的第三范式，从而开创了数据库的关系方法和数据规范化理论的研究。

其他关系型数据库产品还有 Software AG（现在属于 SAP 旗下，改名为 MaxDB）的 Adabas，Informix（被 IBM 收购），微软的 SQL Server，NonStop SQL，西门子的 Sesam，Sybase。这里只是列举几个有代表性的。

Maier（1983）的书是专门讲关系型数据库理论的，可以很好地用来加深对基础知识的理解。可惜这本书已经不再出版了，不过在大学图书馆里也许还能找到。Abiteboul，Hull 和 Vianu（1995）更加详细地介绍了关系型数据库的理论。

Kandzia 和 Klein（1993）出版了一本关于关系型数据库形式方面的德语教材。

# 4 关系查询语言

在上一章中，查询是通过形式化查询语言来完成的。关系代数和关系演算构成了所有关系型数据库系统都可以使用的查询语言 SQL 的理论基础。

和理论的模型相比，实际的查询语言做了一些简化，可以减轻用户的负担并且提高处理的效率。

SQL 等查询语言[1]通常都是声明性的。用户只需指定他们想要得到哪些数据，而不用指定数据的得出过程是怎样的。求值过程所需的、通常非常复杂的过程由数据库系统的查询优化器[2]完成。它还有另外一个优点，那就是我们在书的开头提到的物理数据独立性可以在很大程度上得到保证。

此外，数据库系统不是实现实际数学意义上的关系，而是实现表的关系，而表中可能包含重复的条目。因此，在本章中我们也会经常使用行和列的概念，而不是元组和属性的概念。

查询语言除了可以操作表之外，还可以定义数据的完整性约束、分配访问权限以及管理事务。后面几章会讲到这些内容。

## 4.1 关系查询语言的历史

在 20 世纪 70 年代初引入关系模型之后，IBM 开发了一个名为“System R”的 DBMS 原型。System R 提供的查询语言叫作“SEQUEL”（Structured English Query Language，结构化英语查询语言），后来改称 SQL（Structured Query Language，结构化查询语言）。

---

〔1〕“查询语言”一词一直都习惯这么叫，但这个表述有一定的误导性，因为查询语言通常也包括数据定义和数据操作的命令。

〔2〕查询优化器是负责生成 SQL 语句有效执行计划的 SQL Server 数据库引擎组件。具体地说，查询优化器是 SQL Server 针对用户的请求进行内部优化，生成（或重用）执行计划并传输给存储引擎来操作数据，最终返回结果给用户的组件。它是关系型 DBMS 的核心之一，决定对特定的查询使用哪些索引、哪些关联算法，从而使其高效运行。

80 年代初，IBM 在这个原型的基础上开发出商用系统 SQL/DS。此后，有大量其他的关系型 DBMS 进入市场。当时市场上具有领军地位的例如有 IBM 的 DB2，Oracle 公司的 Oracle 和微软的 SQL server。

随着关系型数据库系统越来越受欢迎，对查询语言进行标准化的需求就凸显了出来。1986 年，美国国家标准学会（American National Standards Institute，ANSI）[1]首次颁布了 SQL 正式国际标准。1989 年又对标准作了第一次修订。1992 年又对标准作了大幅度的扩充，公布了 SQL-92，也叫作“SQL 2”。90 年代末又作了一次扩充，发布了 SQL-99，也叫作“SQL 3”。不过当时并不是所有的数据库制造商都完整地执行了这项标准。后来又出了一版 SQL-2003，特别确定了 SQL 使用 XML 的方式。

本书中所有例子均是依照 IBM 的 DB2，Oracle 公司的 Oracle 和微软的 SQL server 这三个市场上最通用的产品来讲解的，它们都符合 SQL-92 标准。

## 4.2 数据类型

关系型数据库主要提供三种基本的数据类型作为属性的值域，它们是：数值类型、字符串类型和日期类型 date。每种数据类型也曾经出现过很多不同的变体。我们在这里只介绍最重要的、ANSI 规定的数据类型。

字符串要么是 character（*n*）（固定长度的字符串），要么是 char varying（*n*）（可变长度的字符串）。character（*n*）数据类型保存的长度总是 *n*，数量不足的字符用空格填充。两种数据类型名称中的 character 都可以缩写成 char，char varying 也可以写成 varchar。

最常见的一种数值类型是 numeric（*p*，*s*）（定点数）。其中（*p*，*s*）可以给出也可

---

〔1〕美国国家标准学会成立于 1918 年。当时，美国的许多企业和专业技术团体，已开始了标准化工作，但因彼此间没有协调，存在不少矛盾和问题。为了进一步提高效率，数百个科技学会、协会组织和团体，均认为有必要成立一个专门的标准化机构，并制订统一的通用标准。1918 年，美国材料试验协会（ASTM）、美国机械工程师协会（ASME）、美国矿业与冶金工程师协会（ASMME）、美国土木工程师协会（ASCE）、美国电气工程师协会（AIEE）等组织，共同成立了美国工程标准委员会（AESC）。1928 年，美国工程标准委员会改组为美国标准协会（ASA）。1966 年 8 月，又改组为美利坚合众国标准学会（USASI）。1969 年 10 月 6 日改成现名：美国国家标准学会（ANSI）。

以不给出。*p* 代表这个数有 *p* 位数字，*s* 代表小数点后有 *s* 位。没有小数点的数字也称作 integer 或 int（整型数）。在给定的精度内，numeric 是精确的。另外还有一种数据类型 float（浮点数），代表的是近似的数字范围。

当今，很多商用的关系型数据库系统产品中还有一种叫 blob 或 raw 的数据类型，用于（非常）大的二进制数据（binary large object，二进制大对象）。这一类的数据类型可用于储存数据库系统无法解释的外部应用程序系统（例如 CAD 系统）中的数据。

最近，关系型数据库系统也开始支持 XML 格式的数据，因此引进了 xml 数据类型，这样 xml 类型的属性就可用一个 XML 文档作为它的值。

## 4.3 模式定义

有了数据类型的知识，我们现在就可以定义数据库的第一批表了。如第 3 章已经介绍过的，数据库表的定义叫作“数据库的模式”。这些定义自动储存在“数据字典”里。数据字典用于描述数据库的状态，它包含元数据。它是可以通过普通 SQL 查询命令进行查询的普通表的集合。不过用户通常不能更改它。

通过 create table 命令可以创建新的表：

```
create table Professors
  （PersNr integer not null，
  Name varchar（10） not null，
  Rank character（2））；
```

表的名称后面的括号里会列出各项属性及其数据类型，每种属性用逗号隔开。类型规范后面还可以加上 not null“不为空”的限制条件。不为空的条件强制要求所有输入该表内的元组在这个位置上必须有一个确定值。比如在上面的示例中，就无法输入没有姓名或没有工号的教授。not null 是一个完整性约束条件，至少所有主键属性都必须规定不为空。第 5 章还会详细介绍完整性约束。5.5 节列出了我们举例所用的大学数据库的完整模式定义。

为了简单起见，我们选择了 integer 作为工号 PersNr 的取值范围。因此用户必须给员工分配唯一的工号。市面上的数据库系统也为此提供了支持。例如 Oracle 系统里有 sequence 数字生成器，它可以生成一组连续的唯一标识符。

## 4.4 模式更改

如果我们后来又想把教授的办公室号码存进数据库，就可以添加这个属性：

```
alter table Professors
  add（Room integer）；
```

名字属性不能超过 10 个字符的限制显然不太合理，长度限制在 30 个字符会更好：

```
alter table Professors
  modify（Name varchar（30））；
```

这个修改不影响原始定义里的非空约束 not null。因此，仍然不可能存储没有名字的教授。

在标准的 SQL–92 中，alter 命令与此不同，它们应该写成：

```
alter table Professors
  add column Room integer；
alter table Professors
  alter column Name varchar（30）；
```

另外还可以使用 drop column 删除特定的列。不过 Oracle V7 里尚未提供这种用法，不需要的表可以通过在 drop table 后面加上表的名称删除。

## 4.5 基本数据操作：插入元组

要将数据填加到刚刚创建的表，需要使用插入元组的命令。

```
insert into Professors
values（2136，'Curie'，'C4'，36）；
```

属性的值按照定义的顺序在括号中给出，和正常的元组表示形式一致。insert 插入命令还有许多不同的可能性，不过在此之前我们需要先了解 SQL 查询语句是什么样子的。

## 4.6 简单的 SQL 查询

作为演示，假设我们要找出范例数据库中所有C4等级教授的工号和姓名。在SQL中，这个查询由三部分构成：

**select** PersNr，Name
**from** Professors
**where** Rank = 'C4';

首先，select 子句确定了结果中要输出哪些列（即属性）。例子中我们要查找的是相应教授的工号和姓名。其次，from 子句指定了计算查询结果所需的表。在我们的例子中该查询只需要一个表，就是 Professors。最后，我们还可以指定每个输出的行都需要满足的一个标准（选择谓词）。那么根据 3.3.5 节，这个查询的结果就如下所示：

| PersNr | Name |
|---|---|
| 2125 | Socrates |
| 2126 | Russell |
| 2136 | Curie |
| 2137 | Kant |

SQL 的优势在于，它非常接近自然语言的命令形式。理解 SQL 的查询语句，基本上懂英语即可。上面的查询命令从英语翻译过来就是：“查找职称等级等于 C4 的教授的工号和姓名。”

在上面的查询示例中，教授的工号和姓名是以任意顺序随机输出的。不过，也可以明确指定要排序的属性并设置顺序。可能的顺序有 asc（ascending，升序）和 desc（descending，降序）。如果未指定，则默认 asc。作为示范，我们进行以下查询：“查找所有教授的工号、姓名和职称等级；按等级降序排列，按姓名升序排列。”

| PersNr | Name | Rank |
|---|---|---|
| 2136 | Curie | C4 |
| 2137 | Kant | C4 |
| 2126 | Russell | C4 |
| 2125 | Socrates | C4 |
| 2134 | Augustine | C3 |
| 2127 | Kopernik | C3 |
| 2133 | Popper | C3 |

```
select PersNr，Name，Rank
from Professors
order by Rank desc，Name asc；
```

在上述例子中，等级是主要的排序标准，结果按照等级降序排列。姓名是次要标准，在等级降序排列的基础上，再按照姓名升序排列。

出于效率的原因，系统不可能自动消除表中的重复项，因此想要去重，就需要用到关键词 distinct。例如假设我们要查询教授们有哪些不同的等级，就可以进行下述查询：

```
select distinct Rank
from Professors；
```

| Rank |
|---|
| C3 |
| C4 |

## 4.7 多关系查询

到此为止，我们的查询示例都是基于单个关系的。但是如果我们要查询名称为“Maieutics”（苏格拉底反诘法）的这门课由谁来上时，就需要将教授 Professor 和课程 Lectures 的表相互关联起来：

```
select Name，Titel
from Professors，Lectures
where PersNr = Given_by and Titel = 'Maieutics'；
```

该查询可以翻译如下：“从教授和课程的组合中选择姓名和名称，其中 Given_by（由……来教）和 PersNr（工号）的值相等，并且课程的名称为‘Maieutics’。”

这个查询的处理过程可以想象为三步：

1. 首先会对涉及的表进行笛卡儿积运算；

2. 然后检查此积的每一行是否满足 where 子句中的条件，并选出匹配的行；

3. 最后对于步骤 2 结果中的每个元组，输出 select 子句中指定的属性。

图 4-1 画出了这个过程。需要强调的是，这里列出的步骤只是为了理解 SQL 查询的语义。DBMS 实际的计算过程通常会高效得多，并且是由查询优化器所决定的（见第 8 章）。

| Professor | | | |
|---|---|---|---|
| PersNr | Name | Rank | Room |
| 2125 | Socrates | C4 | 226 |
| 2126 | Russell | C4 | 232 |
| … | … | … | … |
| 2137 | Kant | C4 | 7 |

| Lectures | | | |
|---|---|---|---|
| LectureNr | Title | WH | Given_by |
| 5001 | Fundamentals | 4 | 2137 |
| 5041 | Ethics | 4 | 2125 |
| … | … | … | … |
| 5049 | Maieutics | 2 | 2125 |
| … | … | … | … |
| 4630 | The 3 Critiques | 4 | 2137 |

↘笛卡儿积（×）↙

| PersNr | Name | Rank | Room | LectureNr | Title | WH | Given_by |
|---|---|---|---|---|---|---|---|
| 2125 | Socrates | C4 | 226 | 5001 | Fundamentals | 4 | 2137 |
| 2125 | Socrates | C4 | 226 | 5041 | Ethics | 4 | 2125 |
| … | … | … | … | … | … | … | … |
| 2125 | Socrates | C4 | 226 | 5049 | Maieutics | 2 | 2125 |
| … | … | … | … | … | … | … | … |
| 2126 | Russell | C4 | 232 | 5001 | Fundamentals | 4 | 2137 |
| 2126 | Russell | C4 | 232 | 5041 | Ethics | 4 | 2125 |
| … | … | … | … | … | … | … | … |
| 2137 | Kant | C4 | 7 | 4630 | The 3 Critiques | 4 | 2137 |

↓选择（$\sigma$）

| PersNr | Name | Rank | Room | LectureNr | Title | WH | Given_by |
|---|---|---|---|---|---|---|---|
| 2125 | Socrates | C4 | 226 | 5049 | Maieutics | 2 | 2125 |

↓投影（Π）

| Name | Title |
|---|---|
| Socrates | Maieutics |

图 4–1 多关系查询的执行过程

与上述查询等价的关系代数表达式如下所示：

$$\Pi_{\text{Name, Title}}\left(\sigma_{\text{PersNr = Given\_by} \wedge \text{Title = 'Maieutics'}}(\text{Professor} \times \text{Lectures})\right)$$

通常 SQL 查询的形式如下：

**select** $A_1$，…，$A_n$
**from** $R_1$，…，$R_k$
**where** $P$；

from 子句的结果就是需要访问的关系的笛卡儿积 $R_1\times\cdots\times R_k$。where 子句对应关系代数中的选择运算。也可以不写 where 子句，这样的话默认谓词条件就是“true”(为真)，从而笛卡儿积中的每一个元组都会包含在结果当中。最后 select 子句指定需要输出的属性 $A_1$，…，$A_n$。注意：不要将 SQL 中的 select 子句与关系代数中的选择相混淆。相反，它应该与投影相对应。如果需要输出所有的属性，则可以将属性名称简单地缩写成“*”。因此对于一般情况有：

$$\Pi_{A_1,\ \ldots,\ A_n}(\sigma_P(R_1\times\cdots\times R_k))$$

现在，关系代数中的不同连接类型也可以直接在 SQL 中表示出来了。[1] 进行自然连接时，表是基于具有相同属性名称的列中的相同的值连接在一起的。因此就必须要有一种将属性名称与关系关联起来的方法，才能避免歧义。例如，如果你想知道哪些学生学过哪些课程，就需要用到下面的连接条件：

```
select Name, Titel
from Students, attend, Lectures
where Students.StudNr = attend.StudNr and
    attend.LectureNr = Lectures.LectureNr;
```

第二种可能性是利用关系的元组变量。这在上面这个例子中还不是必要的，但是在后面的例子中，如果要在一个查询中多次使用同一个关系，那么元组变量的作用就显现出来了。

```
select s.Name, l.Titel
from Students s, attend a, Lectures l
where s.StudNr = a.StudNr and
    a.LectureNr = l.LectureNr;
```

从这个查询中可以很清楚地看到 SQL 和元组关系演算之间的关联（3.5 节）。二者都是将变量同某个关系的元组绑定起来的。

[1] 从 SQL-92 开始就可以在 from 子句中指定连接类型，如 join 或 outer join。虽然很多 SQL 程序员都“否认”有这种可能性，但我们后面在 4.15 节还是会讨论。

## 4.8 聚集函数和分组聚集

聚集函数对元组集合执行操作，将一组值压缩成单个值。聚集函数包括用于计算一组数字平均值的 avg，确定最大和最小元素的 max 和 min，以及求和的 sum。另外还有 count 用来计算表中行的数量。

所有学生的平均学期数就可以通过如下方法确定：

```
select avg（Semester）
from Students；
```

在使用 group by 命令分组时，聚集函数特别有用。假设我们要算出每个教授每星期的课时数，那么就可以用以下语句：

```
select Given_by，sum（WH）
from Lectures
group by Given_by；
```

这里会将表中 Given_by 属性取值相同的所有行汇总在一起，并对产生的每个分组进行每周课时 WH 的求和运算。需要注意，这里只会计算至少有一门课程的教授的每周课时总数。习题 4-8 会讨论涵盖所有教授的情况。

如果我们只想计算那些课时数很长的教授的每周课时总数，那么就可以利用 having 命令对由 group by 命令得出的分组再设置一个附加条件。下面这个查询会首先将所有课程根据 Given_by 分组，然后在每一组中计算课程每周课时的平均数：

```
select Given_by，sum（WH）
from Lectures
group by Given_by
        having avg（WH）>= 3；
```

为了更清楚地说明 where 和 having 的区别，我们再扩展一下这个查询，增加一个 where 条件。假设我们只需要考虑 C4 等级的教授，并且需要在结果中输出他们的姓名，那么相应的查询就应该写成：

```
select Given_by，Name，sum（WH）
from Lectures，Professors
where Given_by = PersNr and Rank = 'C4'
group by Given_by，Name
        having avg（WH）>= 3；
```

该查询的一种可能的处理过程我们展示在图 4-2 中。首先，会从暂时的关系 Lectures × Professor 中选出满足 where 条件的元组。然后会进行分组，将在分组属性上具有相同取值的元组分到一起。下一步检查每个分组是否满足 having 条件。在上述例子中这一步需要计算每一组的每周课时的平均值。最后一步会从满足条件的分组中得出每周课时总数的结果。因为在输出的结果中，每个分组只会以一个单一元组的形式呈现，所以在 select 子句中只能出现聚集函数或者 group by 子句中的分组属性。出于这个原因，上述示例中属性 Name 必须包含在 group by 子句中。

## 4.9 嵌套查询[1]

在 SQL 中，可以用多种方式连接和嵌套 select 语句。这中间要区分结果最多包含一个元组的查询和可能包含任意数量元组的查询。如果某子查询仅返回一个带有一个属性的元组，那么就可以在需要标量值的地方使用该子查询。尤其是在 select 子句和比较子句 where 中，可能出现这种情况。[2] 比如说，以下查询可以查找所有成绩等于平均分的考试：

```
select *
from test
where Grade = ( select avg ( Grade )
                from test ) ;
```

如前所述，select 子句中的 * 符号表示要输出 from 子句中所列出的关系的所有属性。SQL 语法规定，无论将子查询放在哪里，都必须用括号括起来。

我们还是用 4.8 节的例子，假设我们要确定教授的工作负荷：

```
select PersNr, Name, ( select sum ( WH ) as Workload
                       from Lectures
                       where Given_by = PersNr )
from Professors;
```

[1] 指在一个外层查询中包含有另一个内层查询。其中外层查询称为“主查询”，内层查询称为“子查询”。SQL 允许多层嵌套，由内而外地进行分析，子查询的结果作为主查询的查询条件。子查询中一般不使用 order by 子句，因为只能对最终查询结果进行排序。

[2] 对多位数图元的操作是 SQL-92 的扩展，还没有在所有产品中实现。select 子句中的子查询也是扩展，但不是所有产品中都可以使用。

| Lectures × Professor | | | | | | | |
|---|---|---|---|---|---|---|---|
| LectureNr | Title | WH | Given_by | PersNr | Name | Rank | Room |
| 5001 | Fundamentals | 4 | 2137 | 2125 | Socrates | C4 | 226 |
| 5041 | Ethics | 4 | 2125 | 2125 | Socrates | C4 | 226 |
| … | … | … | … | … | … | … | … |
| 4630 | The 3 critiques | 4 | 2137 | 2137 | Kant | C4 | 7 |

⇓ **where 条件**

| LectureNr | Title | WH | Given_by | PersNr | Name | Rank | Room |
|---|---|---|---|---|---|---|---|
| 5001 | Fundamentals | 4 | 2137 | 2137 | Kant | C4 | 7 |
| 5041 | Ethics | 4 | 2125 | 2125 | Sokrates | C4 | 226 |
| 5043 | Epistemology | 3 | 2126 | 2126 | Russell | C4 | 232 |
| 5049 | Maieutics | 2 | 2125 | 2125 | Socrates | C4 | 226 |
| 4052 | Logic | 4 | 2125 | 2125 | Socrates | C4 | 226 |
| 5052 | Philosophy of Science | 3 | 2126 | 2126 | Russell | C4 | 232 |
| 5216 | Bioethics | 2 | 2126 | 2126 | Russell | C4 | 232 |
| 4630 | The 3 Critiques | 4 | 2137 | 2137 | Kant | C4 | 7 |

⇓ **分组**

| LectureNr | Title | WH | Given_by | PersNr | Name | Rank | Room |
|---|---|---|---|---|---|---|---|
| 5041 | Ethics | 4 | 2125 | 2125 | Socrates | C4 | 226 |
| 5049 | Maieutics | 2 | 2125 | 2125 | Socrates | C4 | 226 |
| 4052 | Logic | 4 | 2125 | 2125 | Socrates | C4 | 226 |
| 5043 | Epistemology | 3 | 2126 | 2126 | Russell | C4 | 232 |
| 5052 | Philosophy of science | 3 | 2126 | 2126 | Russell | C4 | 232 |
| 5216 | Bioethics | 2 | 2126 | 2126 | Russell | C4 | 232 |
| 5001 | Fundamentals | 4 | 2137 | 2137 | Kant | C4 | 7 |
| 4630 | The 3 Critiques | 4 | 2137 | 2137 | Kant | C4 | 7 |

⇓ **having 条件**

| LectureNr | Title | WH | Given_by | PersNr | Name | Rank | Room |
|---|---|---|---|---|---|---|---|
| 5041 | Ethics | 4 | 2125 | 2125 | Socrates | C4 | 226 |
| 5049 | Maieutics | 2 | 2125 | 2125 | Socrates | C4 | 226 |
| 4052 | Logic | 4 | 2125 | 2125 | Socrates | C4 | 226 |
| 5001 | Fundamentals | 4 | 2137 | 2137 | Kant | C4 | 7 |
| 4630 | The 3 critiques | 4 | 2137 | 2137 | Kant | C4 | 7 |

⇓ **聚集（sum）和投影**

| Given_by | Name | **sum（WH）** |
|---|---|---|
| 2125 | Socrates | 10 |
| 2137 | Kant | 8 |

图 4–2　一个带 **group by** 查询的执行过程

有意思的是，以上两个查询有一点不同。在第一个例子中，子查询只用“它自己的”属性。而在第二个例子中，子查询引用了外部查询中的元组中的属性 PersNr（工号），其子查询和外部查询是相关联的。

不相关的子查询只需要进行一次计算，在对外部查询进行计算时子查询的结果是保持恒定的。而相关的子查询通常对外部查询的每一个元组都需要重新进行计算（也即：当子查询出现在 where 子句中时，需要检查每一个元组是否符合 where 条件；而当子查询出现在 select 子句中时，需要对输出的每一个元组进行计算）。在这方面，SQL 规定了一个“嵌套循环”（nested_loops）的语义，对于外部查询的每一个元组都需要进行子查询计算。而子查询中又可以再包括子查询（也即可能出现任意深度的嵌套）。

为了说明相关和不相关子查询之间的区别，我们来书写几个查询示例。为此，我们假设 Students，Assistants 和 Professor 这几个关系还包含出生日期属性 date_of_birth，且数据类型为 date。以下查询会找出所有比最年轻的教授年纪大的学生：

```
select s.*
from Students s
where exists
        ( select p.*
        from Professors p
        where p.Birthday > s.Birthday );
```

如果子查询返回至少一个结果元组，exists 运算符将返回 true 值，否则返回 false 值（见 4.12 节）。上面这个相关子查询也很容易改写成等价的不相关子查询。我们可以利用聚集函数 max 确定最年轻的教授的出生日期：

```
select s.*
from Students s
where s.Birthday <
        ( select max ( p.Birthday )
        from Professors p );
```

DBMS 的查询计算组件对这个不相关子查询只会计算一次（希望如此！），然后在外部查询中使用子查询得出这一个值，因此第二种写法显然效率更高。理想的状况是，数据库系统的查询优化器可以自动得出用户输入的查询的最便捷的计算方法。不过现有的查询优化器还远不能达到这一要求，因此数据库使用者只能完全依赖人工手动改写来提高应用的性能。

将相关子查询转换为不相关子查询并非总是那么容易。有时你可以像下面这个例子一样，通过引入一个连接对关联子查询实现所谓的“去嵌套”：

```
select a.*
from Assistants a
where exists
      ( select p.*
      from Professors p
      where a.Boss = p.PersNr and p.Birthday > a.Birthday ) ;
```

在这个例子中，我们查询的是为比自己年轻的教授工作的助理。由于有附加谓词 a.Boss = p.PersNr，所以前面对于子查询“去相关”的方法在这里并不适用。但是，这个嵌套查询可以转换为等效的非嵌套连接查询：

```
select a.*
from Assistants a, Professors p
where a.Boss = p.PersNr and p.Birthday > a.Birthday;
```

我们留给读者自己去推导对 where 子句中的相关子查询进行“去嵌套”的通用转换规则。

利用 exists 运算符既可以将可能返回多个元组的子查询结果映射到一个原子值（真或假）上，也可以将子查询返回的元组“用作”集合。这样，子查询可以用作集合操作的参数或出现在查询的 from 部分的关系列表中。在下面的例子中，我们在 from 子句使用一个嵌套子查询，以便能够以模块化方式构建更复杂的查询。子查询对 Students 和 attend 这两个关系进行连接，并根据学号和姓名分组。子查询的结果是一个三元的临时关系，我们将它命名为 tmp，它包含属性学号 StudNr，姓名 Name 和课程数量 LectureAmount。最后一个属性是由子查询中的 count 聚集得出的。需注意，现在可以在外部查询中使用 where 子句中的 LectureAmount 属性。如果不这样嵌套的话，要想把结果仅限于“勤奋”的学生就只能用 having 子句来表示了。

```
select tmp.StudNr, tmp.Name, tmp.LectureAmount
from ( select s.StudNr, s.Name, count ( * ) as LectureAmount
       from Students s, attend a
       where s.StudNr = a.StudNr
       group by s.StudNr, s.Name ) tmp
where tmp.LectureAmount > 2;
```

在我们的大学数据库实例中这个查询结果如下：

| StudNr | Name | LectureAmount |
|---|---|---|
| 28106 | Carnap | 4 |
| 29120 | Theophrastos | 3 |

下面这个查询在决策支持应用程序中经常以类似形式出现。假设我们要确定学每门课的学生所占的百分比（类似于确定市场份额）：

```
select a.LectureNr，a.LectureStud，t.TotalStud，
       a.LectureStud/t.TotalStud as MarketShare
from（select LectureNr，count（*）as LectureStud
       from attend
       group by LectureNr）a，
      （select count（*）as TotalStud
       from Students）t；
```

在更“自然”的表述中，人们可能会通过 select 子句中的嵌套查询确定学生总数 TotalStud 的值。但是在上面的表述中，我们有意没有在 select 子句中使用嵌套查询，因为有些系统还不支持这样的操作。

在我们的大学数据库中这个查询结果如下：

| LectureNr | LectureStud | TotalStud | MarketShare |
|---|---|---|---|
| 4052 | 1 | 8 | 0.125 |
| 5001 | 4 | 8 | 0.5 |
| 5022 | 2 | 8 | 0.25 |
| … | … | … | … |

不过，有些“死板的”数据库系统会返回“截断过的”或四舍五入的整数，而不是以小数来表示市场份额，因为除法的两个参数（每门课人数 LectureStud 和学生总人数 TotalStud）的数据类型都是 integer（整数型）。为了达到我们想要的精确度，就必须把两个操作数中的至少一个变成小数形式 decimal。这在 SQL 中可以用 cast 子句来完成。

```
cast（a.LectureStud as decimal（8，2））/t.TotalStud
```

还有一种稍微要转点弯，但是更简短的书写方式，就是先将 LectureStud 乘以 1.00，转换成小数：

```
cast（a.LectureStud * 1.00）/t.TotalStud
```

## 4.10 SQL 查询的模块化

诚然，上面这个确定每门课程的“市场份额”的查询阅读起来比较复杂，因为在外部 from 子句中嵌套了两个 select from where 查询。事实上，这个过程定义了两个中间结果，一个是属性为 LectureNr 和 LectureStud 的关系 *h*，另一个是属性为 TotalStud 的关系 *t*。幸运的是，在 SQL 中可以将这些中间结果从原本的查询中“提取出来”，将查询模块化。这可以使用 with 构造来完成，就像下面的查询一样：

```
with a as（
        select LectureNr，count（*）as LectureStud
        from attend
        group by LectureNr），
t as（select count（*）as TotalStud from Students）

select a.LectureNr，a.LectureStud，t.TotalStud，
        cast（a.LectureStud as decimal（8，2））/t.TotalStud as MarketShare
from a，t
```

with 子句中定义了两个临时视图，分别为 *h* 和 *t*。这两个临时视图只存在于查询处理的过程当中。大家也可以把 *h* 和 *t* 理解为“普通的”关系，它们所包含的数据就是各自的查询所得到的相应结果。

## 4.11 集合运算符

集合论中的传统运算并集、交集和差集在 SQL 中对应 union，intersect 和 expect[1]。这些运算很有用处，例如可以查询大学所有员工的姓名，即所有教授和所有助理的姓名：

```
（select Name
 from Assistants）
union
```

〔1〕except 在 Oracle 中叫作 minus。

```
( select Name
  from Professor ) ;
```

因为查询的结果应该是一个有意义的表，所以各个部分查询结果的数据类型必须保持一致。例如，不能将一个字符串表和一个数字表合并起来。在我们的例子中，每一部分返回的都是只有一列的表，且数据类型为字符串。

union 操作会自动去重，但是也可以通过使用 union all 来“关闭”这个功能。

连接词 in 是用来测试成员资格的。假如我们想找出有哪些教授不教课，就可以用 not in 来测试有哪些教授的工号没有包含在 Lectures 关系中的 Given_by 属性里：

```
select Name
from Professor
where PersNr not in ( select Given_by
                      from Lectures ) ;
```

在许多情况下，带有 in 的嵌套查询可以用带有连接的非嵌套查询进行替换（习题 4.2）。

in 等价于“量化条件 = any”。量化条件由一个比较运算符（=, <, >, …）和 any 或 all 构成。[1]

any 测试的是，子查询的结果中是否至少有一个元素和运算符左边的参数满足比较条件。all 检查是否子查询的所有结果都满足比较条件。例如，可以用如下方法找出学期数最大的学生：

```
select Name
from Students
where Semester >= all ( select Semester
                        from Students ) ;
```

当然，在子查询中用 max 聚集函数的书写方法会更方便。那么应该怎样书写呢？为什么说这种书写方法更高效？

注意：all 不能和全称量词（∀）相混淆。SQL 中是没有全称量词（∀）的。all 只是将一个值与一个集合作比较。比如你就无法用 all 去查询“学过所有 4 课时课程的学生”。

---

〔1〕或者也可以用 any，some。

## 4.12 SQL 中的量化查询

存在量词（∃）在 SQL 中可以通过 exists 来实现。前面已经提到，exists 用来测试子查询得出的集是否为空。如果集合为空，则 exists 返回 false；如果集合不为空，则返回 true。当然，not exists 的结果就是相反的。

要查询没有开设课程的教授，就可以用 not exists 书写如下：

```
select Name
from Professor
where not exists ( select *
                   from Lectures
                   where Given_by = PersNr );
```

上面已经说过，SQL 中没有专门的全称量词，所以在查询中要表达全称量化时也必须用存在量词来表达。下面我们用 3.5.2 节的例子来说明这一点：

$$\{ s|s \in \text{Students} \wedge \forall l \in \text{Lectures} ( l.\text{WH} = 4 \Rightarrow$$
$$\exists a \in \text{attend} ( a.\text{LectureNr} = l.\text{LectureNr} \wedge a.\text{StudNr} = s.\text{StudNr} ) ) \}$$

在这个元组关系演算公式中，查找的是学过所有 4 课时课程的学生。虽然 SQL 是以元组关系演算为基础的，但是只有根据以下等价关系将全称量词（∀）和蕴含算子（⇒）消除掉之后，这个公式在 SQL 中才能实现：

$$\forall t \in R ( P ( t ) ) = \neg ( \exists t \in R ( \neg P ( t ) ) )$$

$$R \Rightarrow T = \neg R \vee T$$

一步一步进行换算就会得到如下公式：

$$\{ s|s \in \text{Students} \wedge \neg ( \exists l \in \text{Lectures} \neg ( \neg ( l.\text{WH} = 4 ) \vee$$
$$\exists a \in \text{attend} ( a.\text{LectureNr} = l.\text{LectureNr} \wedge a.\text{StudNr} = s.\text{StudNr} ) ) ) \}$$

根据德摩根定律，又可以把否定拉到括号里面：

$$\{ s|s \in \text{Students} \wedge \neg ( \exists l \in \text{Lectures} ( l.\text{WH} = 4 \wedge$$
$$\neg ( \exists a \in \text{attend} ( a.\text{LectureNr} = l.\text{LectureNr} \wedge a.\text{StudNr} = s.\text{StudNr} ) ) ) ) \}$$

这个公式就可以很容易转换成 SQL 语法中的嵌套查询了：

```
select s.*
from Students s
where not exists
```

```
(select l.*
 from Lectures l
 where l.WH = 4 and not exists
(select a.*
 from attend a
 where a.LectureNr = l.LectureNr and a.StudNr = s.StudNr));
```

市面上许多数据库系统都很难有效地处理这种深度嵌套的查询。因此，很多时候在SQL中通过计算元组的数量来表达全称量化会有效得多。我们来看一个比较简单的例子，假设我们想找出学过所有课程的学生（的学号）：

```
select a.StudNr
from attend a
group by a.StudNr
  having count(*) = (select count(*) from Lectures);
```

在这个查询中，会计算每个学生学过多少门课，并且检查这个数字是否和Lectures关系中储存的元组的数量一致。要保证这个表达的正确性，就要求attend关系中所有LectureNr的值都有效。也即，attend关系中的每一个LectureNr值都必须对应Lectures关系中同样编号的一门课程。换言之，就是必须保证参照完整性。参照完整性是关系模型的完整约束之一，属于数据完整性的一种，其余还有：实体完整性、用户自定义完整性（见第5章）。另外，attend关系中也不能有重复。请读者在习题4-5中找到一种书写方法，即使在违反参照完整性的情况下，也能提供正确的查询结果。习题4-6要求读者利用count聚集将“查找学过所有4课时课程的学生”这个复杂的查询简化。

## 4.13 空值

在SQL中，每个数据类型中都有一个称为“空值”null的特殊值。例如，当某个属性的具体取值未知时，就会储存空值。比如说，当某门课的授课老师没有确定的时候，就可以在Lectures关系中相应元组的Given_by属性上填上空值null。

即使底层关系不包含空值，在查询的处理过程中，操作也可能会产生空值。3.4.8节和4.15节中的外连接就是这样一个例子。将聚集函数（如max）应用于空的表也会得出空值。

当关系表中本来就存在空值时，查询的结果经常会出人意料。我们以下面这个查询

为例:

```
select count (*)
from Students
where Semester < 13 or Semester >= 13
```

如果有学生的学期 Semester 属性是空值，那么这些学生就不会被算进来。原因是在处理空值时会遵循下面这些规则:

1. 在运算表达式中，空值具有传播性，即如果一个操作数为 null，则结果也为 null。例如就有 null+1 的计算结果为 null，null * 0 的结果也为 null。

2. SQL 依据的是三值逻辑[1]。也即在 SQL 中不仅有 true 和 false，还有第三个逻辑值 unknown。在比较运算中，如果至少有一个参数是空值，运算结果就是 unknown。例如当某个元组的 PersNr 为空值时，谓词 ( PersNr = … ) 结果始终都是 unknown。

3. 逻辑表达式根据下面的规则进行计算:

| **not** | |
|---|---|
| true | false |
| unknown | unknown |
| false | true |

| **and** | true | unknown | false |
|---|---|---|---|
| true | true | unknown | false |
| unknown | unknown | unknown | false |
| false | false | false | false |

| **or** | true | unknown | false |
|---|---|---|---|
| true | true | true | true |
| unknown | true | unknown | unknown |
| false | true | unknown | false |

这些计算规则相当直观，比如 unknown or true 的结果是 true，不管左边的参数是什么，因为右边的值都为 true，所以或运算的结果总是 true。类似地，unknown and false 结果自动为 false，因为无论左边的参数是什么，都不可能使与运算的结果为真。

4. 在 where 结构中，只有使 where 条件为真的元组会被传递到下一步。那些导致 where 子句结果为 unknown 的元组不会被纳入查询结果当中。

[1] 一种非古典逻辑。古典逻辑是二值逻辑，每个命题都取真假两值之一为值，任一命题或者是真的，或者是假的。但一个命题可以不是二值的，可以有三值、四值、五值等。最早的多值逻辑系统是 20 世纪 20 年代初由波兰逻辑学家卢卡西维茨和美国逻辑学家 E. L. 波斯特各自独立提出的。此后，多值逻辑的理论迅速发展，70 年代后多值逻辑被运用于计算机科学和人工智能方面。卢卡西维茨提出的是一个三值逻辑系统，他认为，对于“明年 12 月 21 日正午我在华沙”这样的命题，在说出它时，它既不真也不假，而是可能。于是，一个命题可以有三个值：真、假和中间值。在这个系统中，二值逻辑的矛盾律和排中律不再成立。

5. 在分组时，null 会被当作一个独立的值，单独分为一组。

我们再来看一下例子。对于学期属性为空值的学生，或运算的两个项“Semester < 13”和“Semester > =13”都会得出 unknown。根据上面的逻辑运算表格，unknown or unknown 结果为 unknown。因此相应的元组就不会被纳入查询结果当中，因为只有查询谓词计算结果为 true 的元组才会被纳入结果集中。

这个例子表明，我们应该尽可能地避免空值（例如，通过适当的完整性约束或规范化，接下来的两章会谈到），或者在书写查询时考虑空值的情况。如果一个运算表达式可能得出空值，就通过 is null 或 is not null 条件来检查结果。逻辑表达式可以通过 is unknown 或 is not unknown 来测试。[1]

## 4.14 特殊语言结构

在 where 部分还可以使用其他几种条件。我们这里讲其中的两种。

第一种是 between，它其实相当于一种缩写。很多时候人们只想测试某个值是否属于特定的取值范围，例如学期数是否在 1 和 4 之间。对于这种情况来说，下面两种书写方式是等价的：

```
select *
from Students
where Semester >= 1 and Semester <= 4;

select *
from Students
where Semester between 1 and 4;
```

当取值范围是少数几个离散的数字时，也可以直接写出来：

```
select *
from Students
where Semester in （1，2，3，4）;
```

另外一个非常有用的条件是 like，它是用来测试字符串的相似性的。如果字符串的内容不完全确定，未知的部分可以用“%”和“_”来占位。“%”代表任意多个未知字符，“_”

〔1〕不过这在 SQL-92 中还不是所有情况都可以使用。

代表一个未知字符。例如要查找 Theophrastos 同学的学号，但是不确定他名字的拼写中是否有字母 h，就可以在不确定的地方用“%”代替：

```
select *
from Students
where Name like 'T%eophrastos';
```

下一个例子，假设我们要查找至少学过一门伦理学 Ethics 课程的学生：

```
select distinct s.Name
from Lectures l, attend a, Students s
where s.StudNr = a.StudNr and a.LectureNr = l.LectureNr and
    l.Titel like '%thics%';
```

这里我们有意没有给出 Ethics 中的字母 E，因为它在合成词中可能会小写（例如生物伦理学 Bioethics）。[1]

在 SQL-92 中可以用 case 结构对属性值进行“解码”。我们来举一个简单的例子。假设我们想将考试 test 这个关系中以数字形式储存的考试分数转换为相应的谓词等级[2]：

```
select StudNr, (case when Grade < 1.5 then 'vedy good'
                     when Grade < 2.5 then 'good'
                     when Grade < 3.5 then 'satisfactory'
                     when Grade <= 4.0 then 'sufficient'
                     else 'failed' end)
from test;
```

需要注意，各个选项（when 子句）是根据先后顺序依次测试的。哪个条件先得出 true 值，结果即返回哪个值。

## 4.15 SQL-92 中的连接

在 SQL-92 中可以直接添加连接运算符。在 from 部分可以使用以下连接运算符：

cross join：笛卡儿积

natural join：自然连接

[1] 教材原文为德文，德文中名词首字母要大写，代码改成英语后不存在此问题。——译者注

[2] 德国学校的分数体系为 1—6 分制，1 分最好，6 分最差，4 分以上为不及格。——译者注

join 或 inner join：theta 连接

left，right 或 full outer join：外连接

这样一来，下面这样的查询

```
select *
from R1, R2
where R1.A = R2.B;
```

就可以用连接运算符进行书写：

```
select *
from R1 join R2 on R1.A = R2.B;
```

在 join 后面用 on 明确指出连接条件。

针对后面两种连接类型，我们再分别来看一个例子。外连接我们已经在 3.4.8 节中讲关系代数的运算符时谈到了。根据它具体是左外连接，右外连接还是全外连接，运算结果中会包括左关系、右关系或两边关系中那些不满足连接条件的行。在图 4-3 中我们以 Professor，test 和 Students 这三个关系为例来说明。

```
select p.PersNr, p.Name, t.PersNr, t.Grade, t.StudNr, s.StudNr, s.Name
from Professors p left outer join
    (test t left outer join Students s on t.StudNr = s.StudNr)
    on p.PersNr = t.PersNr;
```

| p.PersNr | p.Name | t.PersNr | t.Grade | t.StudNr | s.StudNr | s.Name |
|---|---|---|---|---|---|---|
| 2126 | Russell | 2126 | 1 | 28106 | 28106 | Carnap |
| 2125 | Socrates | 2125 | 2 | 25403 | 25403 | Jonas |
| 2137 | Kant | 2137 | 2 | 27550 | 27550 | Schopenhauer |
| 2136 | Curie | – | – | – | – | – |
| … | … | … | … | … | … | … |

```
select p.PersNr, p.Name, t.PersNr, t.Grade, t.StudNr, s.StudNr, s.Name
from Professors p right outer join
    (test t right outer join Students s on t.StudNr = s.StudNr)
    on p.PersNr = t.PersNr;
```

| p.PersNr | p.Name | t.PersNr | t.Grade | t.StudNr | s.StudNr | s.Name |
|---|---|---|---|---|---|---|
| 2126 | Russell | 2126 | 1 | 28106 | 28106 | Carnap |
| 2125 | Socrates | 2125 | 2 | 25403 | 25403 | Jonas |
| 2137 | Kant | 2137 | 2 | 27550 | 27550 | Schopenhauer |
| – | – | – | – | – | 26120 | Fichte |
| … | … | … | … | … | … | … |

```
select p.PersNr，p.Name，t.PersNr，t.Grade，t.StudNr，s.StudNr，s.Name
from Professors p full outer join
    （test t full outer join Students s on t.StudNr = s.StudNr）
    on p.PersNr = t.PersNr；
```

| p.PersNr | p.Name | t.PersNr | t.Grade | t.StudNr | s.StudNr | s.Name |
|---|---|---|---|---|---|---|
| 2126 | Russell | 2126 | 1 | 28106 | 28106 | Carnap |
| 2125 | Socrates | 2125 | 2 | 25403 | 25403 | Jonas |
| 2137 | Kant | 2137 | 2 | 27550 | 27550 | Schopenhauer |
| – | – | – | – | – | 26120 | Fichte |
| … | … | … | … | … | … | … |
| 2136 | Curie | – | – | – | – | – |
| … | … | … | … | … | … | … |

图 4-3　SQL-92 中的外连接

## 4.16　递归

在 3.3.5 节的范例数据库中，我们利用 require 这个递归关系确定了一些课程需要以上述某些特定的前序课程为前提。这个关系可以用图 4-4 表示出来。

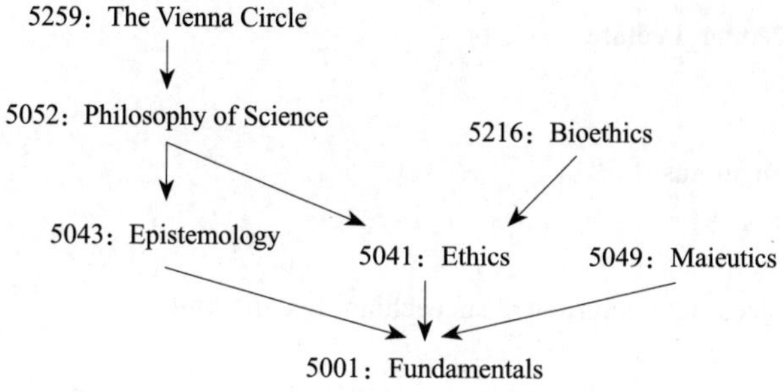


图 4-4　递归关系图示

现在假设我们想知道，要想学懂“The Vienna Circle（维也纳学派）”这门课，需要先上哪些前序课程，那么就可以先用以下查询：

```
select Predecessor
from require，Lectures
where Successor = LectureNr and
```

```
    Titel = 'The Vienna Circle';
```

这样得到的结果是“The Vienna Circle（维也纳学派）”这门课的直接前序课程，在我们的例子里只有“Philosophy of Science（科学哲学）”这一门课。为了搞清楚直接前序课程又需要以哪些前序课程为前提，就需要用以下查询：

```
select Predecessor
from require
where Successor in ( select Predecessor
                     from require, Lectures
                     where Successor = LectureNr and
                           Titel = 'The Vienna Circle' );
```

或者也可以不用嵌套查询，而是用元组变量来书写查询：

```
select r1.preceding_Lecture
from require r1, require r2, Lectures l
where r1.succeeding_Lecture = r2.preceding_Lecture and
      r2.succeeding_Lecture = l.LectureNr and
      l.Title = 'The Vienna Circle';
```

但是，找到了一级间接前序课程还没有完，还要继续查找间接前序课程的前序课程，直到没有前序课程了为止。这时候，才算是找到了在上“The Vienna Circle（维也纳学派）”这门课之前需要完成的所有课程。*n* 级间接前序课程的构成如下：

```
select r1.preceding_Lecture
from require r1,
        ⋮
     require rn_minus_1,
     require rn,
     Lectures l
where r1.succeeding_Lecture = r2.succeeding_Lecture and
        ⋮
     rn_minus_1.succeeding_Lecture = rn.succeeding_Lecture and
     rn.succeeding_Lecture = l.LectureNr and
     l.Title = 'The Vienna Circle';
```

这很不方便，可惜在标准的 SQL 中没有别的办法。SQL 不能计算“传递闭包”（transitive closure）。带有两个同类型属性 $A$ 和 $B$ 的关系 $R$ 的“传递闭包”的定义是：

$$\begin{aligned}\text{trans}_{A,B}(R)=\{(a,b)\mid\exists k\in N(\exists\tau_1,\cdots,\tau_k\in R(&\\ &\tau_1.A=\tau_2.B\wedge\\ &\tau_2.A=\tau_3.B\wedge\\ &\vdots\\ &\tau_{k-1}.A=\tau_k.B\wedge\\ &\tau_1.A=a\wedge\\ &\tau_k.B=b))\}\end{aligned}$$

因此，它包含了 $R$ 中任意长度 $k$ 的路径指向的所有的元组（$a$, $b$）。我们示例中的“传递闭包”如图 4-5 所示。

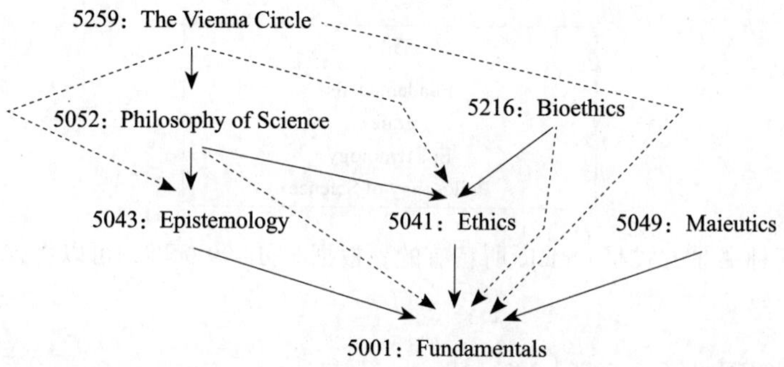


图 4-5　递归关系的“传递闭包”

因此，SQL 并不是“图灵完备”[1]的（Turing complete）。由于所有关系代数表达式都可以转换为 SQL，而且关系代数和关系演算的表达能力是等价的，所以关系代数和关系演算这两种形式查询语言也不具备图灵完备性。

而 Oracle 可以遍历层次关系。它提供 connect by 命令[2]，用以指定父对象与子对象的连接。下面这个查询可以找到“The Vienna Circle（维也纳学派）”这门课的所有前序课程。

[1] 计算机术语，源于引入图灵机概念的数学家艾伦 · 图灵，通常指“具有无限存储能力的通用物理机器或编程语言”。艾伦 · 图灵（1912—1954），英国计算机科学家、数学家、逻辑学家、密码分析学家和理论生物学家，被视为“计算机科学与人工智能之父”。

[2] 在 SQL-92 中是没有这个命令的。在 SQL-99 中引入了另外一种方法来进行递归查询，我们后面会讨论到。

```
select Title
from Lectures
where LectureNr in（select preceding_Lecture
                    from require
                    connect by succeeding_Lecture = prior preceding_Lecture
                    start with succeeding_Lecture =（select LectureNr
                    from Lectures
                    where Title = 'The Vienna Circle'））;
```

start with 确定了查询的起点，在我们的例子中也就是“The Vienna Circle”这门课的课程编号。connect by 条件规定了父节点的前序课程和子节点的后续课程要保持一致。父节点的属性通过 prior 标记了出来。这样查询的结果是：

| Title |
|---|
| Fundamentals |
| Ethics |
| Epistemology |
| Philosophy of Science |

上面这种书写方式是 Oracle 所特有的。根据 SQL-99 标准，可以将查询书写成下面这样：

```
with recursive trans_cour（prec，succ）
as（select preceding_Lecture，succeeding_Lecture from require
    union all
    select t.prec，r.succeeding_Lecture
    from trans_cour t，require r
    where t.succ = r.preceding_Lecture）
select Title from Lectures where LectureNr in
    （select cour from trans_cour where succ in
      （select LectureNr from Lectures where Title = 'The Vienna Circle'））
```

with 子句定义了一个临时的（递归的）视图 trans_cour，这个视图只是在查询处理的过程中暂时存在。trans_cour 可以理解为一个“普通”的关系，它包含的数据就是相应的查询产生的结果。这个视图是递归的，因为 trans_cour 出现在视图的 SQL 定义中，也即这个视图的定义也定义了关系 require 的传递闭包[1]，后面的查询就会使用这个传递闭包。

〔1〕在集合 $X$ 上的二元关系 $R$ 的传递闭包是包含 $R$ 的 $X$ 上的最小的传递关系。例如，如果 $X$ 是（生或死）人的集合而 $R$ 是关系“为父子”，则 $R$ 的传递闭包是关系“$x$ 是 $y$ 的祖先”。

对于初步了解逻辑编程的读者来说，可以用 Prolog 或者 Datalog 规则的形式来理解 trans_cour 视图的定义（参考第 15 章）。

```
trans_cour(p, s):-require(p, s).
trans_cour(p, s):-trans_cour(p, d), require(d, s).
```

这里我们假设 require 关系的实际形式是 require（5001，5041）和 require（5041，5052）。那么上面的第一条规则就是说，require 关系中所有的直接前序课程和后续课程构成的对都包含在 trans_cour 视图中。第二条规则在这个基础上做了扩展，即根据 trans_cour，*p* 是 *d* 的一个前序课程，而根据 require，*d* 是 *s* 的一个直接前序课程，那么 *p* 就是 *s* 的前序课程。例如，根据第一条规则就有 trans_cour（5001，5041），然后因为有 trans_cour（5001，5041）和 require（5041，5052），根据第二条规则就可以推导出 trans_cour（5001，5052）。这个推导过程是将参数做了如下替换：$p \leftarrow 5001$，$d \leftarrow 5041$，$s \leftarrow 5052$。推导过程如图 4-6 所示。第 15 章对此有更详细的讲解。

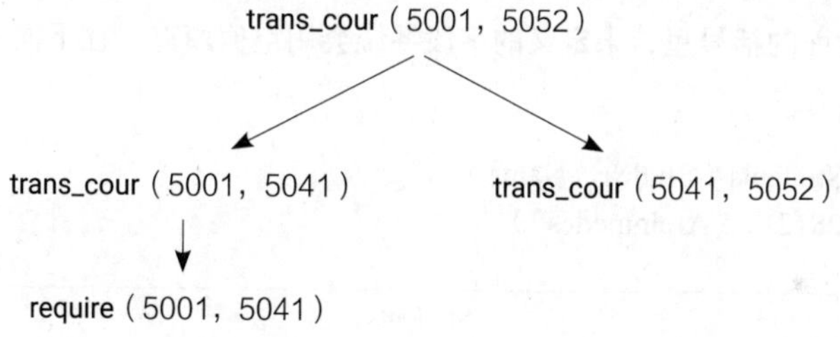


图 4-6 trans_cour 视图中某个元组的推导过程

定义 trans_cour 的两条规则可以在 SQL 视图的定义中找到。不过 SQL 视图的定义里的语法更加啰唆复杂，将这两条规则当作了 union all 的两个参数。

在 SQL 3，也就是 SQL-99 标准中，有类似 DB2 形式的递归。虽然可以递归查询[1]，但是如果只考虑没有用户定义函数的核心语言的话，SQL 仍然不是“图灵完备”的。因为它只涉及一种较为经常发生的特殊情况。请注意，因为可以进行这些递归查询，所以 SQL 的表达能力是超过了关系代数和关系运算的。

〔1〕计算机术语，不是最常见的查询方式。域名服务器将代替提出请求的客户机（下级 DNS 服务器）进行域名查询，若域名服务器不能直接回答，则域名服务器会在域各树中的各分支的上下做递归查询，最后把查询结果返回给客户机。在域名服务器查询期间，客户机将完全处于等待状态。

## 4.17 数据库的修改

在 4.3 节中我们已经介绍了一个命令，可以对数据进行修改，它就是 insert 命令。除了可以直接插入常量值之外，还可以通过一个查询来生成元组。例如假设“苏格拉底”Socrates 认为，所有的学生都应该上他的逻辑学 Logic 课程，那么他就可以通过下面这个 SQL 命令来实现（至少可以在数据库中实现）：

```
insert into attend
  select StudNr, LectureNr
  from Students, Lectures
  where Title = 'Logic';
```

在插入元组时，如果有些数据未知，也可以只给出一部分属性的取值，所需的属性写在表的名称后面的括号里，未定义的字段系统会用空值填充。在下面的例子中，空值用连字符表示出来。

```
insert into Students ( StudNr, Name )
  values ( 28121, 'Archimedes' );
```

| Students | | |
|---|---|---|
| StudNr | Name | Semester |
| … | … | … |
| 29120 | Theophrastos | 2 |
| 29555 | Feuerbach | 2 |
| 28121 | Archimedes | – |

delete 命令用于对数据进行删除，它可以通过指定一个条件从元组中选择要删除的数据。例如“学习年限超过 13 个学期的学生”可以通过以下命令进行删除：

```
delete from Students
  where Semester > 13;
```

使用 update 命令可以更改现有的行。例如，在新学期开始时就需要增加学生的学期数：

```
update Students
  set Semester = Semester + 1;
```

当然，这里也可以用 where 条件对需要更改的元组作进一步限定。

还有一点很重要，大家要知道SQL中所有的修改操作都是分为两步执行的。第一步，先确定需要修改的数据有哪些，然后第二步再对这些数据进行操作。在insert命令中，首先会根据select查询的结果创建一个临时的表，然后这个表会被一次性完整地插入到目标表中。在delete命令中，首先会将所有需要删除的元组标记出来，然后一次性全部删除。update命令中的set子句是在一个临时的表中对原始表中的值执行操作，然后才会用修改后的元组覆盖原始表。

如果没有这种两步的处理过程的话，那么修改操作的结果就可能会受到元组处理顺序的影响。这显然是和SQL这种陈述式语言面向集合的语义相违背的。例如，我们希望require（前提）关系只储存基础课程[1]的直接依赖项，那么就可以利用以下命令将所有其他的元组删除：

```
delete from require
  where preceding_Lecture in（select succeeding_Lecture
                               from require）;
```

如果不先在第一步中标注结果，那么操作的结果就会受到关系表中元组顺序的影响。如果根据3.3.5节中元组的顺序进行处理，那么结果中就会错误地保留最后一个元组（5052，5259），因为在此之前所有以5052作为后续课程的元组都已经被删除了。

## 4.18 视图

视图是使数据库系统适应不同用户群需求的一个重要概念。我们在第2章已经在概念层面介绍过视图了。第2章我们提到，视图是对某个特定用户群感兴趣的数据集的描述。不仅要确定用户想要看到哪些数据，而且规定用户不能看到哪些数据也是非常重要的。在第12章我们会介绍数据保护机制，使用户可以访问或无法访问某些数据。而这个过程通常需要通过视图来完善。视图可以从整个模型中节选出一部分，以虚拟关系的形式展现出来。这里“虚拟”的意思是说，不创建新的表格，而是在每次使用时重新计算。例如考试test这个关系的一个视图就可能是限制不让所有用户都能查看考试成绩。这个限制可以这样实现：

[1] 基础课程指那些在require中没有前序课程的课程。

```
create view test_view as
  select StudNr, LectureNr, PersNr
  from test;
```

如果在查询中使用 test_view 视图，数据库系统就会自动计算上面的表达式。

也可以通过浓缩或聚集数据来实现匿名化。下面的“考官严厉程度”examiner_severity 视图就是这样一个例子：

```
create view examiner_severity ( Name, severity_ Grade ) as (
  select prof.Name, avg ( te.Grade )
  from Professor prof join test te on
       prof.PersNr = te.PersNr
  group by prof.Name, prof.PersNr
       having count ( * ) >= 50 )
```

这里所定义的视图，计算出了教授们迄今为止在所有考试中给出的成绩的平均分。通过 having 子句的命令，我们把那些考试人次少于 50 的教授给排除出去了。这样的话，即使某门考试的考官此前还没有主持过考试，或者只主持过很少的考试，也仍然可以保证考试的匿名性。为什么呢?

视图另外一种可能的用途是简化查询命令。这时可以将视图用作一种“宏”[1]。以下视图将学生和为他们授课的教授关联起来：

```
create view stud_ prof ( s_Name, Semester, Title, p_Name ) as
  select s.Name, s.Semester, l.Title, p.Name
  from Students s, attend a, Lectures l, Professor p
  where s.StudNr = a.StudNr and a.LectureNr = l.LectureNr and
        l.Given_by = p.PersNr;
```

由于列的名称不是唯一明确的，所以必须重新命名，用 s_Name 代表学生的姓名，p_Name 代表教授的姓名。列的新名称在视图名称后面的括号中给出。如果结果中某一列的值是需要在查询中计算才能得到的，那么也需要这样进行命名。以这种方式定义视图后就可以在查询中“正常”使用了。

想要搞清楚 Socrates 的学生上了多少个学期，用下面这个简单的查询即可：

```
select distinct Semester
```

〔1〕能组织到一起作为独立的命令使用的一系列 word 命令，它能使日常工作变得更容易。

```
from stud_ prof
where p_Name = 'Socrates';
```

从这个查询中可以很好地看到，视图的概念可以简化某些用户群对数据库的使用过程。

## 4.19 用视图对概化进行建模

在概化建模时，视图可以起到实现包含和继承的作用。概化层次中下层类型的对象（元组）应该自动属于其上层类型，并且继承上层类型的属性。这里可以把上层类型或下层类型定义为视图。图 4-7 列出了将教授 Professor 和助理 Assistants 概化为员工 Staff 的两种方案。

（a）下层类型作为视图

```
create table Staff
    (StaffNr    integer not null,
     Name       varchar (30) not null);
create table Prof_data
    (StaffNr    integer not null,
     Rank       character (2),
     Room       integer);
create table Assi_data
    (StaffNr    integer not null,
     Area       varchar (30),
     Boss       integer);
create view Professor as
     select *
     from Staff s, Prof_data d
     where s.StaffNr = d.StaffNr;
create view Assistants as
     select *
     from Staff s, Assi_data d
     where s.StaffNr = d.StaffNr;
```

（b）上层类型作为视图

```
create table Professor
    (StaffNr    integer not null,
     Name       varchar (30) not null),
     Rank       character2.,
     Room       integer);
create table Assistants
    (StaffNr    integer not null,
     Name       varchar (30) not null,
     Area       varchar (30),
     Boss       integer);
create table Other_employee
    (StaffNr    integer not null,
     Name       varchar (30) not null);
create view Staff as
    (select StaffNr, Name
     from Professor )
     union
    (select StaffNr, Name
     from Assistants )
     union
    (select *
     from Other_employee );
```

图 4-7 概化建模的可能方案

图 4–7 中左边（a）是将下层类型 Professor 和 Assistants 作为一个视图。具有 StaffNr 和 Name 两个属性的 Staff 关系是实际存在于数据库中的。在这个基础上又额外形成了 Prof_data 和 Assi_data 两个关系。在 Prof_data 中，还补充了教授的职称等级 Rank 和办公室 Room 这两个属性。类似地，Assi_data 里也加上了助理的专业领域 Area 以及他们的老板 Boss 这两个属性。然而，这两个关系并不属于用户界面的一部分。用户能看到的基本关系是 Staff，然后 Professor 和 Assistants 两个视图以连接（join）的形式出现，将通用数据和特殊数据连接起来，你在操作的时候还是可以直接使用 Professor 和 Assistants。

这种建模方式更方便访问 Staff 类型下的信息，但是不利于访问 Professor 和 Assistants 的信息。Staff 的信息是直接可用的，而 Professor 和 Assistants 的信息通常需要在查询命令中通过一种相对复杂的连接方式来连接。另外下一节会提到，在视图需要更改时，也会出现一些额外的问题。

图 4–7 中右边的方案（b）是用相反的方式实现概化过程的。Professor 和 Assistants 关系是实际存在于数据库中的。除此之外还存在一个基本关系 Other_employee，这样就可以储存既不是教授也不是助理的员工。上层类型 Staff 被定义为视图，它把 Professor、Assistants 和 Other_employee 这些关系都综合到了一起，这样就更有利于访问下层类型的信息。习题 4–23 用一个具体的例子帮助大家理解两种建模方式的优缺点。读者尤其要意识到更改数据的问题，下一节我们会讲到，视图通常是不能更改的。

最后，上述例子还展示了如何使用视图来保证逻辑数据独立性。在图 4–8 中我们

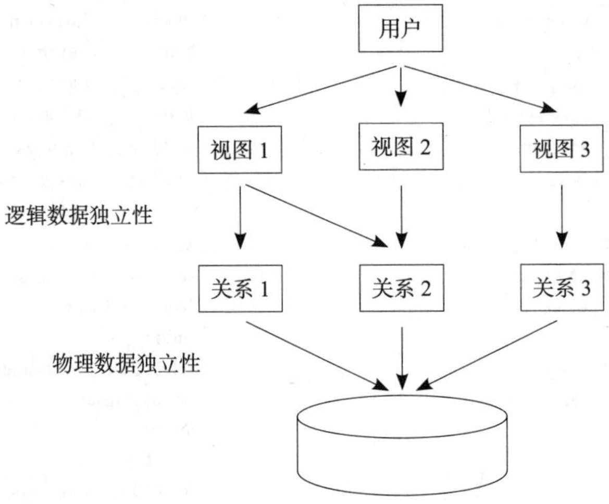


图 4–8 用于保证数据独立性的视图

把这个过程再次整理了出来。逻辑数据独立性可以在一定范围内保护数据库模式不被更改。无论是将上层类型还是下层类型定义为视图，都可以为用户提供一个统一的界面。

## 4.20 可更新视图的特点

视图有一个固有问题，就是它们不总是可以更改的（可更新的）。下面这个例子可以很清楚地说明这一点：

```
create view how_severe_as_examiner（StaffNr，Average_ Grade）as
  select StaffNr，avg（Grade）
  from test
  group by StaffNr;
```

这个视图无法更改，因为它所包含的平均分 Average_ Grade 这一属性是计算出来的，而修改操作不能反向传递回原始的基础关系考试 test。以下操作将会被 DBMS “拒绝”。

```
update how_ severe_as_examiner
  set Average_ Grade = 1.0
  where StaffNr =（select StaffNr
                   from Professor
                   where Name = 'Socrates'）;
```

假设我们定义了一个视图，以避免课程 Lectures 和教授 Professor 的显式连接。而现在我们要插入一门新的课程：

```
create view Lecture_view as
  select Title，WH，Name
  from Lectures，Professor
  where Given_by = StaffNr;

insert into Lecture_view
  values（'Nihilismus'，2，'Nobody'）;
```

执行这个命令会失败，因为这里无法进行更改。要把上面的元组插入进去，那么 DBMS 必须能够将输入的值对应到原始关系当中去。而这并不总是可行的，因为视图已经投影出了原始关系的键。通常来说，只有当满足以下条件时，视图才可以进行更改：

1. 视图中不包含聚集函数，也不包含 distinct，group by 和 having 指令；

2. select 列表只包含唯一的列名以及基础关系的一个键；

3. 它仅用到一个可更改的表（基础关系或视图）。

从原则上说，在 SQL 里可以更改的视图是理论上可以更改的视图的一个子集。也即，有些视图定义理论上是可行的，可以明确地传递到基础关系上进行更改，但是 SQL 实际上并不支持这些更改。图 4-9 画出了这其中的关系。

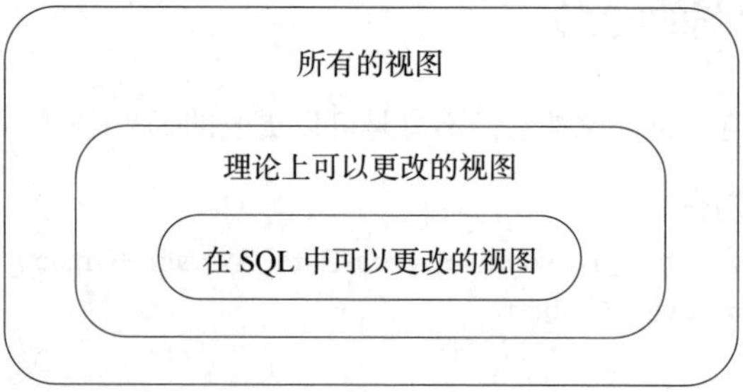


图 4-9 视图的可更改性

## 4.21 在宿主语言中嵌入 SQL

为了创建用户友好型的环境，或者为了实现“图灵完备性”，许多应用都要求将 SQL 嵌入某个宿主语言（Embedded SQL，嵌入式 SQL）当中。例如我们可以利用预编译器将 SQL 嵌入到 C 语言当中。SQL 语句在源代码中使用前缀 exec sql 进行标记，并由预编译器转换为相应的代码。交际变量使 C 程序和 DBMS 之间可以作数据交换。以下代码给出了根据输入的学号将学生开除学籍的例子。

```
# include <stdio.h>
/* declare communication variables */
exec sql begin declare section;
   varchar user_ passwd [30];
   int exStud_id;
exec sql end declare section;
exec sql include SQLCA;
main ( )
{
        /* user identification and authentication */
        printf ( "Name/password: " ) ;
```

```
        scanf ( "%s",  user_ passwd.arr ) ;
        user_ passwd.len = strlen ( user_passwd.arr ) ;

        exec sql whenever sqlerror goto error;
        exec sql connect: user_passwd;
        while ( 1 ) {
            printf ( " Students_id  ( 0 to finish ) : " ) ;
            scanf ( "%d",  &exStud_id ) ; /* read in the StudNr */
            if ( !exStud_id ) break; /* if 0 is entered, exit loop */
            exec sql delete from Students
            where Stud_id = : exStud_id;
        }
        exec sql commit work release;
        exit ( 0 ) ;
    error:
        exec sql whenever sqlerror continue;
        exec sql rollback work release;
        printf ( "Error occurred!\n" ) ;
        exit ( -1 ) ;
    }
```

首先"SQLCA.h"文件会被插入进去。这个文件中包含了状态变量的定义，它可以用来查询 DBMS 运行时的错误和状态信息（SQL 通信区）。

主程序的前四行定义了通信变量，无论是在 C 程序中还是在 SQL 语句中都可以使用这些变量。为了在 SQL 语句中将这些变量和数据库对象区分开来，必须用"："标记它们。

预编译器提供的 whenever 结构可控制 SQLCA 的自动检查，并对错误状态进行处理。当出现指定的错误状态时（这里指 sqlerror），预编译器就会执行特定操作。在我们的例子中，它会跳转到"error"标签，或者也可以调用函数（do 函数），中止程序（stop），或者干脆忽略错误继续进行（continue）。为了避免无休止的报错循环，在发生错误时首先要采取的措施就是关闭错误通知。

通过 connect 命令，输入数据库标识符可以与数据库建立连接。在我们的例子中，标识符是程序开始运行后由用户输入的。

我们的示例程序的主体部分会不断查询学生的学号，并把相应学号的学生删除，直到用户输入空值。

最后几行代码是为了确保事务正常结束，并且退出数据库系统。更多内容参见第9章。[1]

## 4.22 应用程序中的查询请求

在应用程序中使用select命令时，要区分两种不同类型的查询请求：最多返回一个元组的查询和可以返回多个元组（即关系）的查询。第一种查询请求只需要指定将元组的属性复制到那些通信变量中即可。如果把avgsem当作通信变量，计算学生的平均学期数就是这样的一个例子：

```
exec sql select avg（Semester）
into：avgsem
from Students；
```

第二种情况，即当返回的结果是元组的集合时，就复杂一些了。传统的编程语言没有用于管理集合的内置选项。这里就会用到所谓的“游标”[2]（cursor）的概念。有了这个概念，就可以对集合中的元组一个接一个地进行迭代处理。而游标指向的元组就是当前正在处理的元组。

如图4-10所示，嵌入式SQL中游标的使用分为四个步骤。第一步要声明游标，确定相关查询：

```
exec sql declare c4 profs cursor for
  select Name，Room
  from Professor
  where Rank ='C4'；
```

第二步打开游标，这时候游标会默认定位在结果集的第一个元组上。

```
exec sql open c4 profs；
```

〔1〕如果一个程序没有明确地将提交（commit）和回滚（rollback）指令拆分开，那么它就会被视为一个事务，并在终止时自动执行回滚。回滚操作会将数据库恢复到程序执行前的原始状态。release操作会释放所有的锁，并从数据库中注销退出。

〔2〕游标（cursor）是处理数据的一种方法，为了查看或者处理结果集中的数据，游标提供了在结果集中一次一行或者多行向前或向后浏览数据的能力。把游标当作指针，它可以指定结果中的任何位置，然后允许用户对指定位置的数据进行处理。

第三步将数据逐步传输到应用程序中。当数据传输完成时，状态变量会显示相应的变化。

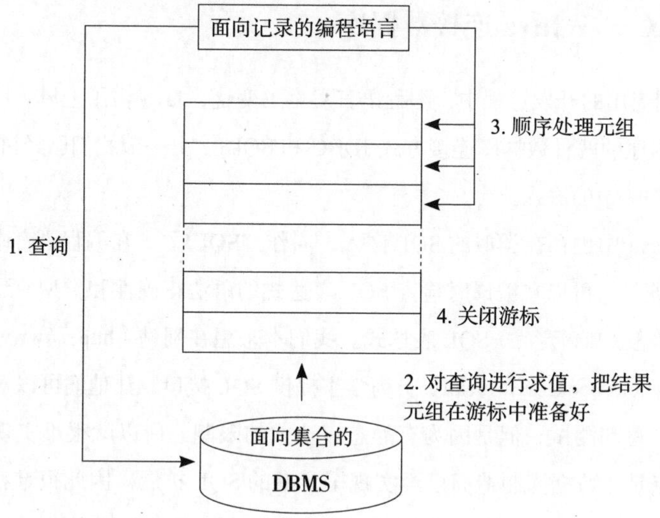


图 4-10　游标接口图示说明

**exec sql fetch** c4profs **into**：pName，：pRoom；

在最后一步中，游标关闭。再次使用游标必须在关闭后再次打开。

**exec sql close** c4profs；

在编程语言中嵌入 SQL 有各种弊端。前面已经提到，大多数传统的编程语言都没有内置的集合处理选项。它们只能迭代地处理数据记录（one record at a time，一次处理一条），而 SQL 是面向集合的。这个矛盾被称为"阻抗不匹配"（Impedance Mismatch）[1]。游标是一种人为的概念，让传统的编程语言可以接近面向元组的工作方式。在复杂的应用中，由于反复打开和关闭游标以及缓存已获取的结果，通常会产生一些"损失"。这种情况在 SQL-92 中有所改善，因为 SQL-92 对游标控制做了改进。不过，面向记录和面向集合的处理模式之间的区别仍然存在。

[1] 阻抗不匹配，指的是输入阻抗与输出阻抗不匹配，这里是指 DBMS 的数据模型与编程语言所采用的数据模型有差异。

## 4.23 JDBC——Java 连接数据库

在互联网应用的开发过程中，编程语言发生了变化，Java 占了上风。所以下面我们将介绍 Java 程序的两种数据库连接方式 JDBC 和 SQLJ。上一节我们已经讲了 SQL 在编程语言 C 和 C++ 中的嵌入。

现在在 Java 中也存在类似的 SQL 嵌入，叫作“SQLJ”。在编程语言中“真正”嵌入 SQL 的好处是，可以在编译时检查 SQL 表达式的语法正确性和类型一致性，而缺点是只能使用静态（即固定的）SQL 表达式。我们本来想在网站（http：//www_db.in.tum.de/research/publications/books/DBMSeinf）上为学生提供 SQL 接口，让他们可以对任意的 SQL 表达式进行书写和测试，但是因为有静态表达式的限制，所以就很难实现。嵌入 SQL 的另一个缺点是，数据库制造商已经实现了专有的 SQL 扩展，因此很难将带有嵌入式 SQL 表达式的程序从一个数据库移植到另一个数据库。另外，使用嵌入式 SQL 访问几个（异构）数据库系统也很难实现。

为了满足高度动态的数据库访问，人们最开始为 C 和 C++ 开发了标准化接口 ODBC（Open Database Connectivity，开放数据库互连）。在 Java 编程语言取得成功之后，这个接口又专门为 Java 程序做了调整，叫作“JDBC”（Java Database Connectivity，Java 数据库连接）。这个接口有时也被称为“CLI”（Call-Level Interface，调用级接口）。SQL 语句作为（动态生成的）文本字符串被传输到数据库系统。如果在使用 JDBC 时仅使用标准化的 SQL 结构，即避免各个数据库制造商的专用 SQL 扩展，那么就可以很容易实现程序的移植。也即，这样的应用程序可以在不同的数据库系统上运行，也可以从一个 Java 程序中访问几个不同的（异构）数据库，而不存在任何问题。图 4-11 说明了这一点，编程接口是标准化的，而驱动程序是针对每个数据库系统专门实现的。

### 4.23.1 与数据库建立连接

想要在 Java 程序与数据库之间通信，必须先在二者之间建立连接。JDBC 接口定义在 Java 包 java.sql 中，必须导入该包。这个 Java 包中还包括一个所谓的“驱动管理器”（Driver Manager），它用于管理 JDBC 驱动。必须加载必要的 JDBC 驱动程序，这样驱动管理器才可以用它们来建立 Java 程序和数据库之间的连接。加载驱动程序可以通过 Java 表达式 Class.forName 来完成。作为示例，我们会先使用一个 Oracle 数据库的驱动程序，后面在 SQLJ 中再使用一个 DB2 数据库驱动程序，它们的加载过程如下：

```
Class.forName("oracle.jdbc.driver.OracleDriver");
// ...
Class.forName("COM.ibm.db2.jdbc.app.DB2Driver");
```

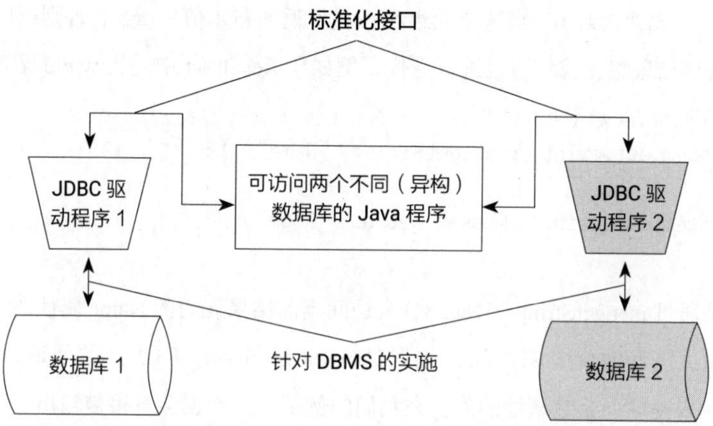


图 4-11　通过 JDBC 访问多个数据库

然后就可以创建连接（即一个 Connection 类型的对象）。通过 getConnection 操作将数据库的地址（以 URL 的形式）传递给驱动管理器，然后驱动管理器就会完成创建连接的工作。如果数据库需要用户身份认证（即用户名和密码），那么你也可以把这些信息一并输入驱动管理器。调用命令如下所示：

```
Connection conn=DriverManager.getConnection(DB_URL, Name, passwd);
```

在我们的本地网络中，与我们的 Oracle 数据库系统的连接将被建立，如下所示：

```
Connection conn = DriverManager.getConnection(
        "jdbc: oracle: oci8: @lsintern_db", "kemper", "meinPassw");
```

为了能够向数据库发送 SQL 表达式，还需要先生成一个语句对象。这可以通过 createStatement 操作来完成，创建的类型是 Connection：

```
Statement sql_stmt = conn.createStatement();
```

现在可以通过 executeQuery 执行查询，executeUpdate 执行更改操作。假设我们想要弄清楚大学里 C4 等级的教授有哪些，如下所示：

```
ResultSet rset = sql_stmt.executeQuery(
        "select Name, Room from Professor where Rank = 'C4'");
```

这个程序片段还包含另一个概念，即 ResultSet。ResultSet 和嵌入式 SQL 中游标的概念类似，它提供一个迭代器接口，用于访问 SQL 查询结果元组的集合。在 ResultSet 类的接口中我们只使用一个操作，即 next。这个操作切换到下一个结果元组（在首次调用时指向第一个结果元组），当这个元组存在它就返回布尔值[1] true，否则返回 false。[2]

为了处理结果集，我们可以进行迭代，例如在 ResultSet 中进行 while 循环：

```
while(rset.next()) {
    System.out.print(rset.getString("Name"));
    // ...
    System.out.println(reset.getInt("Room"));
}
```

这里是通过 rset.getString("Name") 来访问当前结果元组的 Name 属性的字符串的。你也可以通过属性的位置来访问，也就是 reset.getString（1）。类似地，可用 getInt ("Room") 来提取办公室属性的值。在我们的例子中，数据会直接被输出，当然这里也可以对数据作各种处理，只需要将它们复制到相应的 Java 对象或变量中即可。

在我们的示例中，属性名称和类型是通过 select 子句给出的。有时候，尤其是动态生成查询时，例如由用户以交互方式输入查询命令时，属性名称和类型信息不是（静态）已知的。因此，人们也可以从 ResultSet 中请求有关结果元组结构的元数据。这些信息以 ResultSetMetaData-Object 的形式呈现：

```
ResultSetMetaData rsm=rset.getMetaData();
```

属性的数量用 rsm.getColumnCount 来检索，第 $i$ 个属性的名称和类型可以分别利用 rsm.getColumnName（i）和 rsm.getColumnType（i）来获取。如果结果是字符串，人们通常还需要知道字符串的长度，这可以通过 rsm.getColumnDisplaySize(i)操作来获取。有了这些元数据，就可以创建非常灵活的 Web 界面，通过这些界面用户可以执行任何 SQL 查询（见习题 19-1）。

---

〔1〕在逻辑中，真值或逻辑值是指示一个陈述在什么程度上是真的，在计算机编程上多称作“布尔值”。

〔2〕如果 SQL 查询返回一个空的结果，那么 next 在第一次调用时即返回 false，当然也就不可能访问结果元组了。

在结果集处理结束时，应该关闭语句。在使用完应用程序时也应该“正确”关闭与数据库之间的连接：

```
sql_stmt.close();
conn.close();
```

## 4.23.2 结果集的程序示例

上面我们在讲解 JDBC 时，为了内容清晰，省略掉了异常处理的部分。但是异常处理是 Java 中强制需要的。在与数据库进行一切互动时，都必须捕获异常（Exceptions）。这在 Java 中是通过执行适当的 try{...} catch（...）{...} 操作来完成的：

```
try
  {
      // Database interactions
  }
catch(...)
  {
      // Exception handling
  }
```

在下面的示例中大家可以看到一个完整的（但非常小的）Java 程序，它首先输出学生的平均学期数，然后输出 C4 等级的教授的有关信息。在计算平均学期数的过程中可以看出，在 JDBC 中单元素的查询结果也是通过 ResultSet 接口传输的。

```
import java.sql.*;  import java.io.*;

public class ResultSetExample {
  public static void main(String[]argv){
    Statement sql_stmt=null;
    Connection conn=null;
    try {
      Class.forName("oracle.jdbc.driver.OracleDriver");
      conn = DriverManager.getConnection("jdbc: oracle: oci8: @lsintern-
                                         db","nobody","Password");
   sql_stmt = conn.createStatement();
}
catch(Exception e){
  System.err.println("The following error occurred: "+ e);
  System.exit(-1);
}
try {
```

```
    ResultSet rset = sql_stmt.executeQuery(
      "select avg(Semester) from Student");
    rset.next(); // actually you should still test if result empty
    System.out.println("Average age: "+ rset.getDouble(1));
    rset.close();
  }
  catch(SQLException se){
    System.out.println("Error: "+ se);
  }
  try {
    ResultSet rset = sql_stmt.executeQuery(
      "select Name, Room from Professor where Rank = 'C4' ");
    System.out.println("C4-Professor: ");
    while(rset.next())
    {
  System.out.println(rset.getString("Name") + " " +
                rset.getInt("Room"));
    }
  rset.close();
  }
  catch(SQLException se) {
    System.out.println("Error: " + se);
  }
  try {
    sql_stmt.close();
    conn.close();
  }
  catch (SQLException e) {
    System.out.println("Error when closing the DB connection: " + e);
      }
    }
  }
```

### 4.23.3 SQL 表达式的预编译

每次向数据库系统传输 SQL 语句都需要对查询语句或更改操作进行完整的编译和优化。这很容易导致性能瓶颈。因此为了提高性能，JDBC 中对于频繁重复使用的 SQL 语句也可以只编译一次，这就需要用到预备语句 PreparedStatement。

```
PreparedStatement sql_exmatriculate =
  conn.prepareStatement("delete from Student where StudNr =? ");
```

这里的问号是一个占位符，用来代替一个后面再给出的实际值。也可能出现多个不同的参数都用问号代替的情况。参数值的替换过程是根据问号在 SQL 表达式中的相对位置进行的，它们都会被连续编号。在我们的例子中，替换（setInt）和执行（executeUpdate）的过程如下所示：

```
int StudNr read in by user;
  // read in StudNr to be deleted
sql_exmatriculate.setInt (1, StudNr read in by user);
int rows = sql_exmatriculate.executeUpdate ();
if (rows == 1) System.out.println ("Student deleted.");
  else System.out.println ("no Student with this StudNr.");
```

当同一查询或更新需要执行多次，只是参数不同时，就可以使用这些预备语句。在开除学生学籍的例子中，删除操作是根据用户给出的学号依次循环执行的。

## 4.24 SQLJ：在 Java 中嵌入 SQL

在 4.21 节中我们已经介绍了 SQL 在编程语言 C 和 C++ 中的嵌入。类似地，SQL 也可以嵌入到 Java 当中。许多不同的数据库制造商对此做了标准化，形成了 SQLJ。SQLJ 是在 JDBC 的基础上实现的。那么，可能有人就要问了，究竟为什么要用 SQLJ，而不直接使用 JDBC 呢？其实两种数据库连接方式各有优缺点。JDBC 非常灵活，可以将动态生成的 SQL 语句传输到数据库系统中。它的优点是灵活性强，但是它缺少类型检查。也即，语法错误也只有在程序运行的时候才会被识别，而且需要相应的拦截。相比之下，SQLJ 允许在 Java 程序中“真正”嵌入 SQL 语句，在编译阶段就会对 SQL 语句的类型一致性进行检查，因此也可以在编译阶段就优化 SQL 查询。而在 JDBC 连接中，只有通过预备语句 PreparedStatement 才能实现。

我们想以一个简短的程序为例来介绍 SQLJ：找出“玛土撒拉”Methuselah[1]（超期的学生，即学期数大于 13），并把他们从数据库中删除。这项数据库查询可能会返回

[1] 据《希伯来圣经》记载，玛土撒拉是亚当的第 7 代子孙，是最长寿的人，据说他在世上活了 969 年。这里指读了很多个学期还没有毕业的学生。——译者注

一组结果元组，它们可以通过一个迭代器来进行处理。为此，需要提前定义迭代器：

```
#sql iterator StudentItr (String Name, int Semester);
```

前缀#是用来向SQLJ程序的编译器指示数据库命令的。有了这个指示之后就可以创建任意数量的StudentItr迭代器。用

```
StudentItr Methuselah;
```

就可以声明一个迭代器，它会在后面的查询中从DBMS中“拾取”数据：

```
#sql Methuselah = { select s.Name, s.Semester
        from Student s
       where s.Semester > 13 };
```

结果集中的迭代与JDBC的迭代类似，通过next方法调用：

```
while (Methuselah.next()) {
   System.out.println(Methuselah.Name() + ": " +
                       Methuselah.Semester()); }
```

最后，通过close调用来关闭迭代器。

以下是包括连接设置在内的完整程序，它是基于JDBC连接的。这个程序是为了DB2的安装而编写的，运用于其他数据库系统时需要做相应的调整，还需要其他的JDBC驱动程序和数据库地址。

```
import java.io.*;
import java.sql.*;
import sqlj.runtime.*;
import sqlj.runtime.ref.*;

#sql iterator StudentItr(String Name, int Semester);

public class SQLJExmp {
  public static void main(String[] argv) {
    try {
      Class.forName("COM.ibm.db2.jdbc.app.DB2Driver");
      Connection con =DriverManager.getConnection("jdbc: db2: uni");
      con.setAutoCommit(false);
      DefaultContext ctx =new DefaultContext(con);
      DefaultContext.setDefaultContext(ctx);

      StudentItr Methuselah;

      #sql Methuselah ={ select s.Name, s.Semester
                         from Student s
```

```
                   where s.Semester > 13 };
      while (Methuselah.next()) {
        System.out.println(Methuselah.Name() + ": "+
                           Methuselah.Semester());
      }

      Methuselah.close();

      #sql { delete from Student
             where Semester > 13 };

      #sql { commit };

    }
    catch (SQLException e) {
      System.out.println("DB connection error: " + e);
    }
    catch (Exception e) {
      System.err.println("The following error occurred: " + e);
      System.exit(-1);
    }
  }
}
```

在这个例子中，我们还执行了将 Methuselah（超期学生）从数据库中删除的操作。数据操作命令可以直接发送到数据库系统。如果你也像例子中这样关闭了 AutoCommit 自动提交功能，那就不要忘记书写明确的 commit 命令。

## 4.25 示例查询（Query by Example）[1]

除了 SQL 之外，一些数据库系统也提供用户友好的查询语言 Query by Example

〔1〕CBIR 中最常用的查询方式，不足之处是用户对示例图像的理解可能和检索系统对图像的理解有所不同，为了尽量避免这种情况对检索结果的影响，有时还需要添加附加属性。CBIR 技术是指根据图像内容特征以及特征组合，从图像库中直接找到含有特定内容的图像的技术。图像的内容特征包括图像的外观特征（颜色特征、纹理特征、形状特征、空间位置关系特征等）和语义特征。

（QBE）。它是 20 世纪 70 年代初由 IBM 开发的，后来成为了 DB2 的一部分。QBE 的不寻常之处在于，它是直接使用表的模式来书写查询的。SQL 是基于面向元组的关系演算，而 QBE 是基于关系域的演算（见 3.5.5 节），也即变量是和属性的域（取值范围）挂钩的。

假设我们需要找出所有每周课时超过 3 个课时的课程，就有如下关系表：

| Lectures | LectureNr | Title | WH | Given_by |
|---|---|---|---|---|
| | | **p.**_t | >3 | |

表的列可以包含条件和命令。在每周课时 WH 这一列，所有结果行的取值都应该大于 3。给变量 _*t* 分配了课程的标题属性。为了区分变量和字符串，QBE 中的变量都标有一个下画线标记。条目 p. 是一个打印命令（print），这个命令用于输出每种情况下的 _*t* 变量。

如前所述，QBE 和域演算类似。上述查询在域演算中的表达式如下：

$$\{[t] \mid \exists\ c,\ s,\ r\ ([v,\ t,\ w,\ r] \in \text{Lectures} \land w > 3)\}$$

在输入多个样本行时，它们之间用逻辑上的“或”连接。如果想要找出学过课程 5041 或课程 5049 的学生，那么：

| attend | StudNr | LectureNr |
|---|---|---|
| | **p.**_x | 5041 |
| | **p.**_y | 5049 |

如果想要找出两门课都学过的学生，则需要用唯一的域变量：

| attend | StudNr | LectureNr |
|---|---|---|
| | **p.**_x | 5041 |
| | **p.**_x | 5049 |

多个表的连接可以通过将一个变量绑定到几个列来表示。例如要创建课程 Lectures 和教授 Professor 的连接，就需要在 Given_by 和 PersNr 下都输入变量 _*x*。下面的查询可以找出教“Maieutics”（苏格拉底反诘法）这门课的教授的名字：

| Lectures | LectureNr | Title | WH | Given_by |
|---|---|---|---|---|
| | | Maieutics | | _x |

| Professor | PersNr | Name | Rank | Room |
|---|---|---|---|---|
| | _x | **p.**_n | | |

在我们的示例数据库中，查询的结果就是一个名字“Socrates”。

在表的某一列直接输入的条件只能影响该列的内容，所以无法通过这种方法对表的两个列做比较。因此，对于更复杂的查询，人们会使用一个所谓的条件框（Condition Box），在条件框中可以任意地输入各种条件。例如，一名学生要作为指导者辅导另外一位学生，必须要满足学期数比后者大的条件：

| Students | StudNr | Name | Semester |
|---|---|---|---|
| | | _s | _a |
| | | _t | _b |

| conditions |
|---|
| _a > _b |

| tutoring | potential tutor | tutored |
|---|---|---|
| **p.** | _s | _t |

tutoring 表是一个临时的关系，仅仅是为了输出结果而创建的。如果像上面这样将命令写在表的名称下面，那么就会对所有的列执行操作。

和 SQL 一样，QBE 中也有分组（g.）和聚集函数（sum.，avg.，min.，…）。但是和 SQL 不同的是，QBE 总是默认去重。如果不需要去重，可以通过 all. 命令来关闭这一功能。通常在使用 sum. 和 avg. 时需要关闭去重功能。如果要查询上较长课时课程的那些教授的每周总课时数，也可以借助条件框来完成：

| Lectures | LectureNr | Title | WH | Given_by |
|---|---|---|---|---|
| | | | **p.sum.all.**_x | **p.g.** |

| conditions |
|---|
| **avg.all.**_x > 2 |

和 SQL 一样，QBE 中也有三个命令用于更改数据库。i. 对应 insert 命令，u. 对应 update 命令，d. 对应 delete 命令。要输入新元组时，需要在表名下填入 i. 命令，并将数据写入相应的列。要进行更新修改时，须和查询一样，将条件填入需要修改的元组。更改操作的写法是 u. 后面跟公式。要删除元组时，也可以在列上放置条件。和 SQL 中的 delete 命令不同，QBE 中不仅可以通过在表名下填入 d. 删除一条完整的行，还可以删除个别的属性。只需要在属性名下面填入 d.，结果中的属性就会被改为空值。QBE 还可

以在多个表中进行删除。例如要删除 Socrates 的所有课程，以及 attend 关系中这些课程所有元组的信息，就可以通过将一个变量绑定到多个表来完成：

| Professor | PersNr | Name | Rank | Room |
|---|---|---|---|---|
| **d.** | _x | Socrates | | |

| Lectures | LectureNr | Title | WH | Given_by |
|---|---|---|---|---|
| **d.** | _y | | | _x |

| attend | LectureNr | StudNr |
|---|---|---|
| **d.** | _y | |

在 SQL 中，可以将这种删除数据的形式指定为一个完整性条件，下一章会讲到。

## 4.26 习题

4-1 请将习题 3-4 中的查询转换成 SQL 语句。

4-2 将带有 in 的嵌套查询转换成一个等效的非嵌套查询，需要满足什么条件？请分别举出一个可以转换的例子和一个不能转换的例子。

4-3 当参数为数字时，带有 all 的查询可以转换为不使用 all 的等效查询。请为三种比较操作 >= all，=all 和 <= all 分别举出一个例子，并转换成不用 all 的形式。

4-4 使用 any 查找讲课的教授。并为这一查询写出至少两种其他的书写方式。

4-5 找出学过所有课程的学生。但是和文中已经给出的书写方法不同，你的查询必须要在违反参照完整性的条件下也能得出正确的结果。如果 attend 这个关系中包含重复项，还需要额外做什么？

请给出两种写法：

（1）使用嵌套的 not exists 子查询。

（2）使用聚集函数 count。

4-6 请给出和文中不同的查询书写方法，找出学过所有 4 课时的课程的学生。有没有可能还是使用聚集函数 count，而完全不使用存在量词 exists？答案是肯定的，那么要怎么做呢？

4-7 使用聚集函数，找出学期数最大的学生。

4-8 计算各个教授的每周总课时数。那些没有开设课程的教授也需要考虑。

4-9 找出在考试中得分没有超过 3.0 的学生的姓名。

4-10 利用 SQL 查询语句，找出每个学生的考试科目。结果中需要输出学生的姓名以及他参加考试的课程的每周课时。

4-11 找出那些名字中包含教授名字的学生。提示：在 SQL 中，运算符“||”可以连接两个字符串。

4-12 假设从现在开始，所有学生必须学完 Socrates 教授的全部课程。请为执行该操作拟定一条 SQL 命令。

4-13 计算教授在学生当中的知名度。假设学生只能通过课程或考试才能认识教授。

4-14 计算各门课程的挂科率，即挂科的考生占参加这门课程考试的考生的比例。计算各位教授的挂科率。

4-15 计算考试 test 这个关系的中位数。（这个查询的 SQL 表述并不简单，Celko 在他于 1995 年出版的书中也讨论过这一问题。）

4-16 思考在哪些查询中需要用到高级连接运算，举几个例子。

4-17 计算所有学生的加权平均分。各项考试的权重基于两个标准：每周课时长的课程应该比课时短的课程占有更高的权重；给出成绩平均分非常好的考官，他的考试权重应降低，给出的平均成绩比较差的考官，他的考试权重应增加。提示：在进行复杂的查询时，最好的方法是利用视图将复杂的查询模块化，拆分成多个简单的部分。

4-18 假设在教授 Professor 关系中储存了他们的出生日期，现在校长需要一份在未来 45 天内过生日的教授的名单，你将如何利用 SQL 接口实现相应的查询呢？是否可以用标准命令来完成？如果一位教授出生于闰年的 2 月 29 日，你的查询还有效吗？

4-19 根据习题 3-3 中介绍的关系型选举信息系统模式，用 SQL 语言编写以下查询：

（1）2005 年，基社盟在巴伐利亚州是否可以获得所有的直接议席[1]？

---

[1] 基社盟为德国政党。在德国的选举制度中，每个选民投出两票。第一票选候选人，第二票选政党。在每个选区获得第一票数量最多的候选人可以直接进入议会，即获得直接议席。

（2）计算每个政党在多少个联邦州“取得胜利”，即它们在多少个联邦州获得了多数的选票（第二票）。

4-20　项目工作：22.3 节介绍了 TPC-H/R-Benchmark 基准程序。这个基准程序的数据库模式模拟了一个（虚构的）贸易公司。基准程序主要由 22 条企业经济学中的“决策支持”查询组成。请将基准程序中通过自然语言描述出来的查询用 SQL 语言书写出来。

4-21　在出现空值时，查询经常会返回令人意外的结果。下面的查询是要找出不属于 Socrates 的助理的专业领域的课程：

```
select * from Lectures
where Title not in
  ( select Area from Assistants
  where Boss = 2125 )
```

```
select * from Lectures
where Title not exists
  ( select * from Assistants
  where Boss = 2125 and
        Area = Title )
```

如果 Socrates 的助理中只有一个人还没有决定自己的专业领域（也就是专业领域为空值），这时候两个查询就会返回不同的结果。为什么呢？请解释这个过程中发生了什么。

4-22　使用 SQL-92 中的 case 结构，尽可能简短地编写以下查询：计算出每名考官给出的考试成绩中，优秀（分数低于 2.0）、中等（分数在 2.0 到 3.0 之间）、刚及格以及不及格的数量。可以在 select 子句中使用多个 case 结构，并和 sum 聚合操作结合起来。

4-23　讨论图 4-7 中（a）和（b）所示的概化的两种关系模型的优缺点。根据两种模型，修改 3.3.5 节中的具体实例。

4-24　虽然 Oracle 中有 connect by 命令，但 Oracle 并不是“图灵完备”的。请以字词的形式指定一个不能用 Oracle 的 SQL 语言书写的查询，并说明理由。

4-25　编写一个嵌入式 SQL 程序，将一门指定课程的所有前序课程从数据库中删除。不要使用 connect by 命令。提示：使用一个临时关系。

4-26　在 JDBC 和 SQLJ 中实现上述方案。

4-27　对一个人工生成的大学数据库进行 SQLJ 和 JDBC 的性能比较分析。指出对于哪种类型的应用程序，SQLJ 的表现更好。

4-28　如果你可以访问两个不同的数据库，请编写一个 JDBC 示例程序，将这两个异质数据库中的信息连接起来。

4-29　用 QBE 编写习题 4-10 的查询。

4-30　用 QBE 找出某门课程的二级前序课程。

4-31　找出对于学过的每门课程都参加了考试的学生。制定两个不同的 SQL 查询，一个使用 not exists，一个使用 count。如果有学生参加了他没有学过的课程的考试，你的两个查询会得出相同的结果吗？

4-32　调查一下，是否学过课程的学生考试成绩更好，计算没有学过课程的学生的平均分，和学过课程的学生的平均分。

4-33　假设在大学里有这样一个关系：

StudentGF：{[MatrNr：integer，Name：varchar（20），Semester：integer，Gender：char，FacName：varchar（20）]}

用 SQL 确定各个院系的女性比例。再给出一种用 case 结构书写的方案。

4-34　假设大学中还有下面这个教授关系：

ProfessorF：{[PersNr：integer，Name：varchar（20），Rank：char2.，Room：int，FacName：varchar（20）]}

请用关系代数和 SQL 找出学过他所在的院系所有课程的学生。

## 4.27　文献注解

Sequel 是 Chamberlin 和 Boyce 于 1974 年设计的，1976 年 Astrahan 等人也描述过它，它也是 SQL 的前身。ANSI（1986）和 ANSI（1992）制定了 SQL 的标准（分别为 SQL-86 和 SQL-92）。不过，相比直接去看 SQL 标准，我们还是更推荐使用教科书学习。市面上有很多关于 SQL 标准的教材，例如 Date（1997）为 SQL-86 编写的教材，Melton 和 Simon（1993）为 SQL-92 编写的教材都是不错的选择。Dürr 和 Radermacher（1990）也对 SQL 作了详细的介绍。Celko（1995）讨论了使用 SQL-92 过程中容易产生的误区，并给出了许多实用的技巧。美国国家标准与技术研究院的网络服务器（1997）包含一个测试套件，可以用来测试数据库系统是否符合 SQL2 标准。

现在 SQL-99 标准也出来了，它有时也被称为 SQL 3。Kulkarni（1994）和 Melton（1994）对它作了总结和介绍。Pistor（1993）在 *Informatik Spektrum* 的一期杂志中对 SQL 3 作了描述。Mattos 和 DeMichiel（1994）讨论了 SQL 3 的设计选择问题。Melton 和 Simon（2001）的书中给出了 SQL-99 的完整语法。我们将在第 14 章中讨论 SQL-99 的对象关系扩展问题。

QBE 是由 Zloof（1975）在美国国家计算机会议上提出的。Scharnofske，Lipeck 和

Gertz（1997）提出了 QBE 的正交扩展，以便能够清晰地制定子查询。

SQL 曾经有一个竞争对手——QUEL，它是在 INGRES 项目中设计出来的（Stonebraker 等，1976）。虽然许多数据库研究人员认为 QUEL 在概念上比 SQL 更“清晰”，但是 QUEL 最终没有能够在市场上取得成功，很快就被 SQL 取代了。

Ceri 和 Gottlob（1985）描述了将 SQL 翻译成关系代数的过程。Claussen 等人（1997）研究了带有全量子的查询。Claussen 等人（2000）研究了带有逻辑“或”关系的查询。Gottlob，Paolini 和 Zicari（1988）以及 Scholl，Laasch 和 Tresch（1991）研究了在何种情况下，在视图上进行的更改操作可以一致地传输到数据库中。Neuhold 和 Schrefl（1988）讨论了视图的动态生成问题。

Moos 和 Daues（1997）重点讨论了 IBM 的 DB2 数据库系统的查询制定。

Hamilton，Cattell 和 Fisher（1997）对 JDBC 作了非常详细的介绍。Saake 和 Sattler（2000）对 Java 和数据库相关的整个复杂问题都作了描述，不过没有涉及通过 Java 接口和数据库建立网络连接的问题，这一点我们会在第 19 章讨论。Melton 和 Eisenberg（2000）对 SQL 与 Java 的交互作了非常全面的介绍。

# 5　数据完整性和时态数据[1]

DBMS 的任务不仅是帮助储存和处理大量的数据，它还需要保证数据的一致性。这一章我们会讨论所谓的语义完整性条件，即那些可以从建模的“迷你世界”的属性中推导出来的条件。当系统发生错误时，在多用户访问的情况下如何保持数据一致性，以及如何防止未经授权的操作，将在后面的章节中讲解。不过第 6 章将讲到的关系设计理论中的依赖条件也可以理解为语义完整性条件。

完整性约束的集中自动检查是当下讨论比较多的一个话题，市面上的关系型 DBMS 也是近些年才开始包含这一功能的。SQL-89，也就是 SQL-92 的前身，采取了第一批针对这一问题的标准化措施。集中自动的完整性检查机制，其好处显而易见。当我们增加或更改一致性要求时，只需要以声明的形式告知 DBMS 一次即可，而不需要每一次都手动将其内置到所有的应用程序中，这样可以减少出错风险和维护成本。另外，诸如加快大规模数据输入等的很多检查措施通常都很复杂，在集中自动解决方案中可以将这些措施短时间内集中关闭，而这在“手动”解决方案中就非常麻烦。

我们需要区分静态和动态的完整性约束。数据库的每个状态都必须满足静态约束。例如，教授的职称等级只可能是 C2、C3 或 C4。而动态的约束条件约束的是状态的改变过程。例如教授只能升级，而不能降级，因此教授的等级不能从 C4 改到 C3。

前面我们已经了解了数据完整性的一些隐性要求：

1. 键的定义规定了，不允许存在两个元组在所有键属性上都拥有一样的取值。

2. 概念建模过程中规定了关系的映射基数。例如一名教授可以开设多门课程，但是一门课程不能由多名教授授课。在将概念建模转化成关系模型时，这种“一对多”的关系也被固定了下来，课程 Lectures 包含一个属性 Given_by，它指向教授 Professors 的主键。这样一来，一门课程就不可能有多名教授进行授课。

3. 概化关系中，下级类型的每个实体都包含在上级类型当中。

4. 每个属性都有一个明确定义的域。例如，我们可以规定学生的学号 StudNr 最多

[1] 表示某个时间点的状态的数据 。如 2009 年 7 月 1 日檀香山的总降雨量。

由 5 位数字组成。不过，关系型数据库中的类型概念是非常简单的。例如，可以比较员工的工号和课程的编号，因为它们都是同类型的数据，尽管这种比较没有任何意义。

## 5.1 参照完整性

键属性的值可以在一个关系中唯一地识别一个元组。如果一个关系的键被用作另一个关系的属性，则被称为“外键”或“外码”。课程 Lectures 关系中的 Given_by 属性就是这样的一个外键。Given_by 的每个值都指向教授 Professors 关系中的一条数据记录。

假设 $R$ 和 $S$ 是模式分别为 $\mathcal{R}$ 和 $\mathcal{S}$ 的两个关系，$k$ 是 $R$ 的主键，如果对于所有元组 $s \in S$ 都满足下列条件，则 $\alpha \subset S$ 是一个外键：

1. $s.\alpha$ 中要么全部都是空值，要么全部都不是空值。

2. 如果 $s.\alpha$ 中没有空值，则存在元组 $r \in R$，其中 $s.\alpha = r.k$。

满足以上条件则称作“具备参照完整性”。

因此，外键（这里为 $\alpha$）包含的属性数量与外键所指关系的主键（这里为 $k$）相同。各个属性在两个关系中也具有相同的含义，尽管为了避免冲突或方便记忆，属性的名称常常会被更改。例如，在助理 Assistants 关系中，老板 Boss 属性取值是教授的工号 PersNr。这里就不能使用属性原本的名称，因为助理本身也有一个工号 PersNr 属性。相反在学 attend 这个关系中，外键和参考关系的主键的名称是一致的，StudNr 指向学生，而 LectureNr 指向课程。

如果不检查参照完整性，就很容易造成数据不一致的情况，例如

```
insert into Lectures
   values（5100，'Nihilism'，40，007）；
```

上例表明，“Nihilism（虚无主义）”这门课是由工号为 007 的教授开设，但工号为 007 的教授并不存在。这种对未定义对象的引用被称为“悬挂引用”（Dangling Reference）。在概念建模中，参照完整性还没有什么作用，因为我们默认一个关系会将其相关实体连接起来。

## 5.2 确保参照完整性

每次修改数据库时，都应该确保不要无意嵌入“悬挂引用”。如果 $R$ 和 $S$ 分别是两个关系，$r$ 和 $s$ 是元组，$k$ 是 $R$ 的主键，$\alpha$ 是 $S$ 中指向 $R$ 的外键，那么必须满足如下条件：

$$\Pi_{\alpha}(S) \subseteq \Pi_{k}(R)$$

允许的更改包括：

1. 在 $S$ 中插入 $s$，且 $s.\alpha \in \Pi_k(R)$，也即外键 $\alpha$ 指向 $R$ 中的一个现有元组。

2. 将一个属性值 $w = s.\alpha$ 改为 $w'$，且 $w' \in \Pi_k(R)$。（同 1）

3. 当 $\sigma_{\alpha=r.k}(S) = \varnothing$ 时，对 $R$ 中的 $r.k$ 进行更改，也即不存在对 $r$ 的引用。

4. 当 $\sigma_{\alpha=r.k}(S) = \varnothing$ 时，删除 $R$ 中的 $r$。（同 3）

若不满足以上条件，则必须撤销更改操作（至少要在事务结束时撤销，参见第 9 章）。

## 5.3 SQL 中的参照完整性

为了保证参照完整性，对于三个键的概念都有一个描述选项：

1. 键（候选键）用 unique 标识。

2. 主键用 primary key 标记，主键的属性被自动指定为非空 not null，因此每个属性必须有一个取值。

3. 外键称作 foreign key，外键也可以是不确定的，也即如果没有明确规定不为空 not null，则可以为空 null。unique foreign key 是一对一的关系模型。如果要对一个元组进行修改或插入操作，那么它所包含的外键必须按照 5.2 节的规定来定义。

此外，还可以定义更改链接或引用数据的行为。[1] 这里有三种可能。为了说明这三种情况，我们像上一节一样，假定有两个抽象的关系 $R$ 和 $S$。$k$ 是 $R$ 的主键，$\alpha$ 是 $S$ 中的外键。简单起见，假设主键只包含一个 integer 类型的属性。在 SQL 中，相应的表

[1] 键条件通常是通过在属性上创建一个索引结构来强制执行的。索引结构将在第 7 章介绍。通过索引结构可以有效地确定一个键值是否存在，并且不能再次插入（unique）或者被引用（作为外键）。

的定义形式如下：

```
create table R
    ( k integer primary key ,
    … ) ;

create table S
    ( … ,
    α integer references R ) ;
```

在这种情况下，除了键关系之外没有其他信息，因此不能删除或修改 $R$ 中仍然被 $S$ 引用的元组。图 5–1 中所示类型的修改操作会被拒绝。

图 5–1 也展示了第二种可能性。如果在定义外键时设置 cascade（级联），那么对主键的更改会传递下去。图 5–1（a）展示的是更新 update 的案例。如果表 $R$ 中的值 $k_1$ 被改为 $k'_1$，那么级联会导致表 $S$ 中发生同样的改变。这样一来，即使在进行更改操作之后，$S$ 中的外键仍然引用的是 $R$ 中的同一个元组。类似地，图 5–1（b）展示了删除操作的情况。用户通过 delete 命令删除了 $R$ 中的 $k_1$，因为有参照完整性条件，所以 $S$ 中相应的元组也一并被删除了。

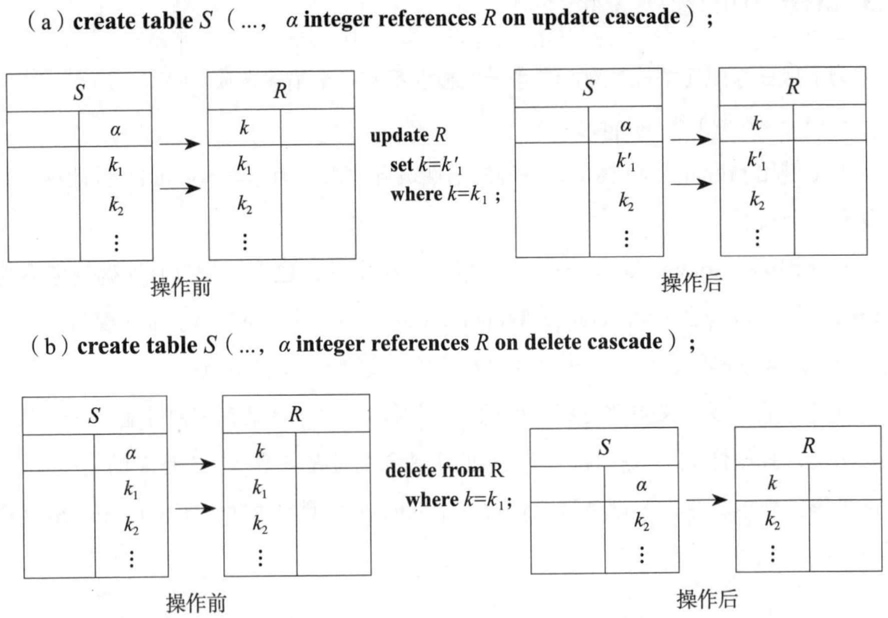


图 5–1　通过级联实现参照完整性

使用级联删除要慎重。在大学的例子中，外键 Given_by 引用的是 Professors 关系中的元组，假设我们犯了一个错误，对这个外键做了 on delete cascade 设置，然后我们对 attend 关系中的 LectureNr 进行级联删除。从图 5-2 中可以看到，单次的删除操作会引发一系列的数据删除。图中的线条代表元组之间的关系，这里用相应的名称表示。在执行 delete 命令，将名为“Socrates”的元组从 Professors 关系中删除之后，整个方框内的数据都会丢失。

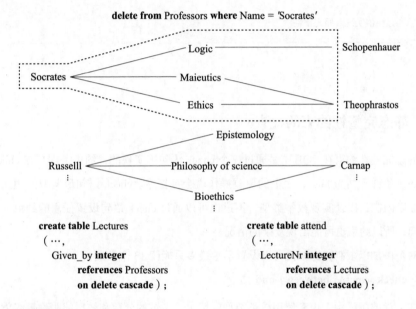

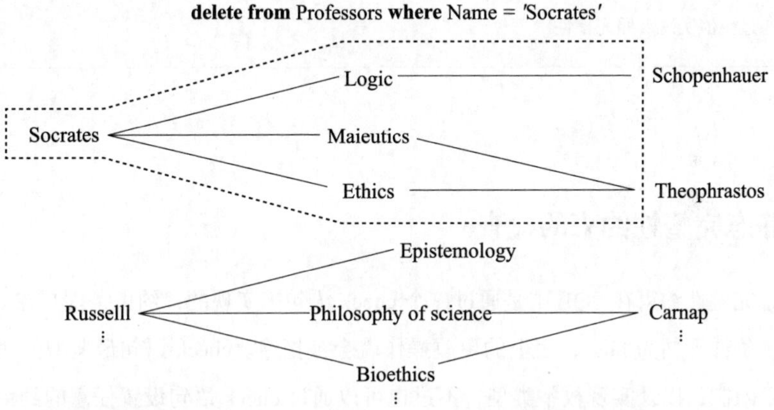


```
create table Lectures
  (…,
   Given_by integer
        references Professors
        on delete cascade);

create table attend
  (…,
   LectureNr integer
        references Lectures
        on delete cascade);
```

图 5-2 级联删除操作

第三种可能性是把外键设置为一个空值。这种情况如图 5-3 所示。如果外键 $\alpha$ 被定义为 on update set null，那么在执行 update 操作后，先前引用 $k_1$ 的地方会被设置为空值。on delete set null 的工作方式也与之类似。

（a）**create table** $S$（...，$\alpha$ **integer references** $R$ **on update null**）；

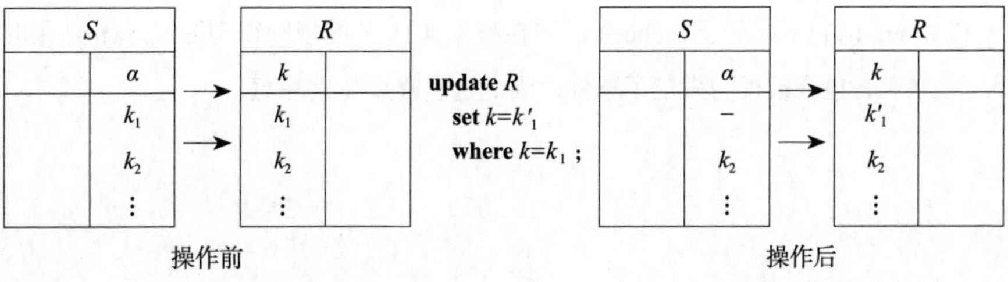

（b）**create table** $S$（...，$\alpha$ **integer references** $R$ **on delete set null**）；

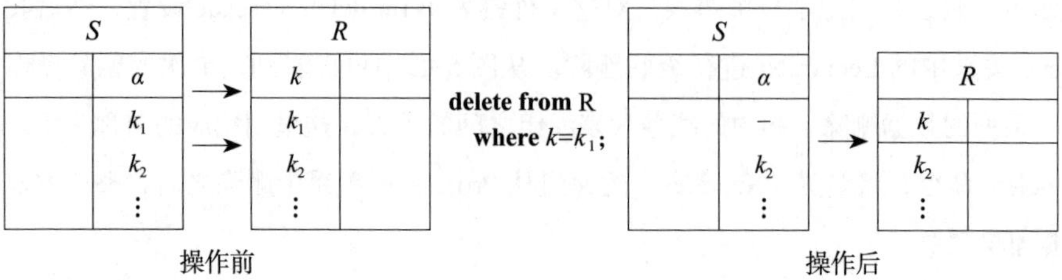


图 5–3 通过空值实现参照完整性

## 5.4 静态完整性约束的检查

静态完整性约束在 SQL 中是通过一个 check 语句来实现的，约束条件写在 check 后面。如果条件评估为 false，表上的更改操作就会被拒绝。check 语句最典型的用途是对范围加以限制，以及实现枚举类型。不过也可以通过 check 语句设置任意的约束，包括子查询，所以约束也可能出现复杂的情况。

对范围加以限制，比如说可以设置学生最多只能读 13 个学期：

…**check** semester **between** 1 **and** 13 …

在大学的例子中，也有使用枚举类型的情况，考试的分数和教授的职称等级就属于此类。教授的职称等级只可能是三种不同的取值：

…**check** Rank **in**（'C2'，'C3'，'C4'）…

根据前面给出的参照完整性需要满足的条件，当外键包含多个属性 $S_1$，$S_2$，…时，这个属性要么全部为空值，要么需要被完整地定义。这可以通过下列 check 语句检查：

…**check**（（$S_1$ **is null and** $S_2$ **is null and** …）**or**
（$S_1$ **is not null and** $S_2$ **is not null and** …））

和 where 语句不同的是，check 语句在根据 4.13 节的规则得到 unknown 结果时（例如由于空值），也会被视为满足了条件，因此这里需要特别注意。

## 5.5 大学数据库模式中的完整性约束

以下代码是在大学数据库模式中添加了静态完整性约束条件。完整性条件在表的定义中给出。如果约束只适用于一个属性，那么它可以直接放在属性的定义之后。例如，因为学号 StudNr 是主键中唯一的属性，所以可以直接在属性类型后面写上 primary key。同样地，外键属性 Given_by 也可以通过指定被引用的属性而直接设置。

```
create table Students
    ( StudNr          integer primary key,
    Name              varchar ( 30 ) not null,
    semester          integer check ( semester between 1 and 13 ) ) ;

create table Professors
    ( PersNr          integer primary key,
    Name              varchar ( 30 ) not null,
    Rank              character ( 2 ) check ( Rank in ( 'C2', 'C3', 'C4' ) ),
    Room              integer unique ) ;

create table Assistants
    ( PersNr          integer primary key,
    Name              varchar ( 30 ) not null,
    Area              varchar ( 30 ) ,
    Boss              integer,
    foreign key       ( Boss ) references Professors on delete set null ) ;

create table Lectures
    ( LectureNr       integer primary key,
    Title             varchar ( 30 ) ,
    WH                integer,
    Given_by          integer references Professors on delete set null ) ;

create table attend
    ( StudNr          integer references Students on delete cascade,
    LectureNr         integer references Lectures on delete cascade,
    primary key       ( StudNr, LectureNr ) ) ;

create table require
    ( preceding_Lecture      integer references Lectures on delete cascade,
    succeeding_Lecture       integer references Lectures on delete cascade,
```

```
    primary key        (preceding_Lecture, succeeding_Lecture));
create table test
    (StudNr            integer references Students on delete cascade,
    LectureNr          integer references Lectures,
    PersNr             integer references Professors on delete set null,
    Grade              numeric (2, 1) check (Grade between 0.7 and 5.0),
    primary key        (StudNr, LectureNr));
```

或者，完整性约束条件也可以添加到属性定义的下面。当键由多个属性组成时，就必须这么做。由于大学模式没有复合外键，为了演示，我们将 Boss 的外键属性单独列了出来。

如果没有额外说明，那么只要还有一个外键指向某个元组，这个元组就不能被删除。比如，只要助理 Assistants 表中还有相应的元组，那么与之对应的教授 Professors 元组就不能被删除。

如果一名教授被删除，那么 set null 条件就会确保这名教授的助理的 Boss 属性被设置为 underknown。如果在考试 test 关系表中有某门课程的记录，那么就不能在课程 Lectures 表中删除这门课程。相反，如果从 Students 表中删除某些学生，那么考试 test 和学 attend 中所有相关的条目都会被删除。

## 5.6 复杂的完整性约束

根据 SQL 标准，也可能有更复杂的，涉及多个关系的完整性约束。从某种意义上说，foreign key 算是这种约束条件了，因为它涉及两个关系。下面我们讲一种更常见的情况，以考试 test 关系为例，制定一个涉及多个关系的完整性约束。

```
create table test
    (StudNr        integer references Students on delete cascade,
    LectureNr      integer references Lectures,
    PersNr         integer references Professors on delete set null,
    Grade          numeric (2, 1) check (Grade between 0.7 and 5.0),
    primary key (StudNr, LectureNr));
    constraint PreviousAttend
        check (exists (select *
                       from attend a
                       where a.LectureNr = test.LectureNr and
```

a.StudNr = test.StudNr ) )

PreviousAttend[1]这一完整性约束可以保证学生只能参加他们听过的课程的考试。每一次进行更改或插入操作时，都会触发完整性约束的检查，只有当 check 检查返回 true 值时，操作才会被执行。在我们的例子中，只有在 attend 关系表中能找到相应的元组时，才会返回 true 值，操作才会被执行。

PreviousAttend 这一完整性约束也可以被表述为外键特征：

…**foreign key**（StudNr，LectureNr）**references** attend …

我们还可以限制考官的资格，保证教授只能就自己开设的课程安排考试。建议读者自己练习一下这种情况应该如何表述。此外，我们还希望大家自己梳理一下，哪些完整性约束可以被表述为 foreign key 条件，哪些不行，以及它们之间有何差异（考虑到后面要进行更改操作时的情况）。

不幸的是，目前商业数据库系统几乎都不支持这种涉及多个关系的完整性约束子句。这可能是由于这些约束条件的检查十分耗时，因此人们不得不使用触发器（trigger），下一节我们就来讲它。

## 5.7 触发器

最普遍的保证数据一致性的机制就是触发器。可惜 SQL-92 中还没有触发器，直到 SQL-99 的新标准才把触发器纳入进去，因此不同的数据库系统中触发器可能有不同的语法。第一个例子的表示方法是基于 Oracle 的。触发器是一个用户定义的储存过程，当某个条件得到满足时，数据库系统会自发启动该过程。它不仅可以用于对数据进行检查，也可以用来进行计算。例如，有些触发器可以使统计信息保持最新状态，有些触发器可以用来计算派生列的值。

例如，下面的触发器是为了防止教授被降级。

**create trigger** noDegrading
**before update on** Professors

---

〔1〕通常来说，我们可以像例子中那样，给完整性约束条件命名。这样做的好处是：如果后来发现这个约束条件过于严格或效率低下，则可以将它删除。

```
for each row
when ( old.Rank is not null )
begin
    if :old.Rank = 'C3' and :new.Rank = 'C2' then
        :new.Rank : = 'C3';
    end if;
    if :old.Rank = 'C4' then
        :new.Rank : = 'C4';
    end if;
    if :new.Rank is null then
        :new.Rank : = :old.Rang;
    end if;
end
```

这个触发器由四个部分组成：

1. create trigger 命令，加上后面紧跟的名称；

2. 触发器的定义，在上述例子中是在对表 Professors 的某一行（for each row）执行更改操作之前（before update on）；

3. 一个约束性条件（when）；

4. 一个用 Oracle 专有语法写成的过程定义。

在过程定义中，old 指的是改变前的元组（原始状态），new 则包含了操作所做的更改。

在第二个例子中，IBM 数据库系统 DB2 的触发器语法与 SQL-99 标准相似。在 DB2 的语法中上述触发器可以表述如下：

```
create trigger noDegrading
no cascade
before update of Rank on Professors
referencing old as oldState
            new as newState
for each row
mode DB2SQL
when ( oldState.Rank is not null )
set newState.Rank = case
        when newState.Rank is null then oldState.Rank
        when newState.Rank < 'C2' then oldState.Rank
        when newState.Rank > 'C4' then oldState.Rank
        when newState.Rank < oldState.Rank then oldState.Rank
        else newState.Rank
        end;
```

关键字 no cascade 排除了触发器的多次“触发”，before 强制触发器在操作前执行，即为前触发器（before trigger）。但是触发器也可以被指定为后触发器（after trigger），即在操作后再触发。触发触发器的事件可能是更新一个属性（就像我们例子中的情况）、插入一个新的元组（insert）或删除一个元组（delete）。触发器总是指向一个关系，这个关系在 on 子句中给出。修改触发器（update trigger）可以给元组的新旧状态分配一个变量名（在例子中即 newState 和 oldState）。当然，插入触发器（insert trigger）只指向新的元组，删除触发器（delete trigger）只指向旧的元组。上述例子中，我们定义了一个行级触发器（row-level trigger），每一个元组被更改时它都会触发一次。你还可以定义语句级触发器（statement-level trigger），这种触发器在整个 SQL 表达式的执行过程中只触发一次。执行触发器的条件是在 when 子句中指定的。when 子句后面是一个 SQL 表达式，在我们的例子中它是一个给集合赋值的表达式（set），它的赋值是使用 case 表达式指定的。[1]

在上面的（非常简单的）例子中，我们用触发器来保持一个关系的数据一致性。其实，触发器可以应用在很多方面，例如将有关某些事件的信息通知给用户或其他系统。例如，触发器可以对库存不足的产品自动予以续购。这种应用程序也被称为“主动数据库”[2]，因为部分应用程序逻辑已经以触发器的形式包含在数据库系统中了。然而，在实施此类系统时，应该仔细考虑你想把哪些功能作为触发器放在“后台”运行。许多触发器相互激活，很快就会变得混乱，因此也很容易出错。

## 5.8 时态数据

现在的 SQL 标准也支持时态数据，也即，有明确的数据模型概念来捕捉数据的时间性行为。这里人们对两种功能予以区分：

1. 首先，自动地对数据库关系进行版本管理，这样所有的更改都会自动记录为版本；

〔1〕例子中的这个 case 表达式有点“过激”，因为它也能捕捉到一些无效赋值（如 C0 或 C5）。实际上，这些情况已经通过 check 条件被排除掉了（见 5.5 节）。为了完整起见，我们在触发器中也会将这些违背数据一致性的操作拦截下来。

〔2〕指在没有用户干预的情况下，能够主动地对系统内部或外部所产生的事件做出反应的数据库。

2. 其次，SQL 也支持捕获应用程序的特定有效期限。

### 5.8.1 基于系统版本的时态数据

在这种情况下，元组的每一次变化都将创建一个新版本。这种数据库也被称为“仅附加数据库”（Append-only database-system），因为更新不是在原始元组中“原地”进行的，而是在一个新生成的元组中进行的。因此，当发生更改时，当前有效的元组被自动“降级”为旧版本，在更改发生的那一刻，即事务时间（transaction time），旧版本便失效了。因此人们也经常把版本控制称为“事务时间版本控制”（transaction time versioning）。

例如，我们想记录各联邦州关于学费的政策变化，看它们是否具有连续性，那么我们就可以定义以下关系：

```
create table Tuitionfees
    ( state varchar ( 30 ) not null,
    amount integer not null,
    beginning date not null generated always as row start,
    end date not null generated always as row end,
    period for system_time ( beginning, end ),
    primary key ( state )
  ) with system versioning;
```

每次更改这个关系中的元组时，便会产生一个新版本。例如，2007 年 4 月 1 日，巴伐利亚州州长施托伊贝尔在巴伐利亚州引入学费制度，2013 年 10 月 1 日，泽霍夫又废除了这一规定。一个元组的有效期由一个半开区间来表示，它在起始时间（包括）到结束时间（不包括）之间有效。而当前有效的元组有一个虚构的有效期结束时间（在尽可能遥远的未来），例如在公元 9999 年。系统版本管理下的关系表如下所示：

| Tuitionfees 学费 | | | |
|---|---|---|---|
| state 联邦州 | amount 金额 | beginning 起始时间 | end 结束时间 |
| Thüringen 图林根州 | 0 | 1990.10.03 | 9999.12.31 |
| Bayern 巴伐利亚州 | 0 | 1990.10.03 | 2007.04.01 |
| Bayern 巴伐利亚州 | 500 | 2007.04.01 | 2013.10.01 |
| Bayern 巴伐利亚州 | 0 | 2013.10.01 | 9999.12.31 |
| … | … | … | … |

在模式定义中，state 联邦州被当作主键。表中有三个巴伐利亚州的元组，这似乎不太常见。但是这里需要注意，每个联邦州在任何一个时间点都只有一个有效的元组，所

以，键的定义是正确的。

“正常的”SQL 查询总是只引用关系中当前有效的元组。因此下列查询的结果为 0:

```
select amount
from Tuitionfees
where state = 'Bayern'
```

巴伐利亚州的学生在 2011 年夏季学期缴纳的学费就可以通过以下查询得出：

```
select amount
from Tuitionfees
where state = 'Bayern' and system_time as of date ('2011.04.01')
```

也可以使用 system_time between … and …子句，访问在特定时间段内有效的元组。

### 5.8.2 基于应用时间的时态数据

在有些应用程序中，人们希望能明确地管理有效时间区间，甚至可能会对以前的设置进行追溯更改，因此也称作“基于应用时间（application time 或 valid time）的时态数据”。在我们的大学数据库中，我们以 TutorForLecture 关系为例，也即安排助理在特定时间段内担任某门课程的助教：

```
create table TutorForLecture
  ( AssiPers_id integer not null references Assistants,
    TutoredLectureNr integer not null references Lectures,
    from date not null,
    to date not null,
    period for PeriodOfTime (from, to),
    primary key (AssiPers_id, PeriodOfTime without overlaps)
  );
```

这个关系的一个实例如下：

| TutorForLecture | | | |
|---|---|---|---|
| AssiPers_id | TutoredLectureNr | from | to |
| 3002 | 5049 | 2012.10.01 | 2013.04.01 |
| 3002 | 4052 | 2013.04.01 | 2013.10.01 |
| 3003 | 5049 | 2012.04.01 | 2013.10.01 |
| … | … | … | … |

这里工号为 3002 的助理（Plato）在 2012—2013 年度冬季学期担任编号 5049 “Maieutics（苏格拉底反诘法）”这门课的助教。因为这门课很受欢迎，因此在 2012 年

夏季学期、2012—2013 年度冬季学期和 2013 年夏季学期，Plato 的同事 Aristotle（工号 3003）也担任这门课程的助教。而 Plato 在 2013 年夏季学期则转为辅导编号为 4052 的课程“Logic（逻辑学）”。

这个关系的主键由助理的工号 AssiPers_id 和辅导时间段 PeriodOfTime 构成。根据时间段不能重叠的规定( without overlaps ),每名助理在每个时间段最多只能辅导一门课程。

如果我们想予以更改，让 Aristotle 在 2012—2013 年度冬季学期辅导编号为 5041 的“Ethics（伦理学）”课程，而不是“Maieutics（苏格拉底反诘法）”，那么可以通过下列更新指令来实现：

```
update TutorForLecture for portion of PeriodOfTime
    from date ('2012.10.01') to date ('2013.04.01')
  set LectureNr = 5041
where AssiPers_id = 3003
```

这样一来，TutorForLecture 课程助教关系表就会新增两个元组，因为之前 Aristotle 担任助教的信息在三个学期是合在一起的，而现在三个学期要分别拆开：

| TutorForLecture | | | |
|---|---|---|---|
| AssiPers_id | TutoredLectureNr | from | to |
| 3002 | 5049 | 2012.10.01 | 2013.04.01 |
| 3002 | 4052 | 2013.04.01 | 2013.10.01 |
| 3003 | 5049 | 2012.04.01 | 2012.10.01 |
| 3003 | 5041 | 2012.10.01 | 2013.04.01 |
| 3003 | 5049 | 2013.04.01 | 2013.10.01 |
| … | … | … | … |

相反，也可能出现另一种情况，即在执行更新或插入操作后，连续的时间区间被合并到了一起。这个过程在英语中被称为 coalescing。

SQL 查询时态数据可以使用以下谓词：contains， precedes， succeeds， immediately precedes/succeeds， overlaps。

如果在一个关系中既使用系统时间版本，又使用应用程序特定的时间间隔，那么这种情况叫作“双时态数据”（Bitemporal Data）。

## 5.9 习题

5-1 以大学数据库为例，说明哪些完整性约束在 ER 建模（图 2-7）中就已经包含了，哪些是后来在 5.5 节中才定义的。

5-2 根据 5.5 节的模式，说明下列操作对于 3.3.5 节中的实例有何影响。

（1）**delete from** Lectures **where** Title = 'Ethics';

（2）**insert into** test **values**（24002，5001，2138，2.0）;

（3）**insert into** test **values**（28106，5001，2127，4.3）;

（4）**drop table** Students。

5-3 你会用级联删除实现哪个建模概念?

5-4 请写出 create table 命令，以及完整性约束，来实现习题 3-1 中获得的关系模型。

5-5 请写出 create table 命令，来实现习题 3-3 中获得的选举信息系统的关系模型。

5-6 由于大多数关系型数据库系统不支持概化，因此人们可能会想到根据 Smith 和 Smith（1977）提出的，利用冗余来对员工和教授之间的继承层次关系进行建模：

| Staff | | | |
|---|---|---|---|
| PersNr | Name | Salary | Type |
| 2125 | Socrates | 90000 | Professors |
| 3002 | Plato | 50000 | Assistants |
| 1001 | Maier | 13000 | – |
| … | … | … | … |

| Professors | | | | |
|---|---|---|---|---|
| PersNr | Name | Salary | Rank | Room |
| 2125 | Socrates | 90000 | C4 | 226 |
| … | … | … | … | … |

| Assistants | | | | |
|---|---|---|---|---|
| PersNr | Name | Salary | Area | Boss |
| 3002 | Plato | 50000 | Theory of Forms | 2125 |
| … | … | … | | … |

在这里，教授既被储存在 Professors 关系中，也被储存在 Staff 关系中。而 Staff 关系的属性也重复储存在 Professors 关系中，形成了冗余。

现在的任务是控制这种冗余。你是否能编写一些触发器，在我们更新数据时，把更新传递到相应的关系中？例如当我们在 Professors 关系中更改 Socrates 的工资时，将这种改变（通过触发器）自动地传递到 Staff 关系中。同样地，我们在 Staff 关系中对 Socrates 的工资所做的更改也必须传递到 Professors 关系中。

请注意确保你编写的触发器在任务完成后会终止！

根据本书作者的了解，由于触发器功能的限制，在 Oracle 中无法实现上述触发器。如果你有办法做到，请告诉我们。在 DB2 中，是可以实现这些触发器的。你知道该怎么做吗？

5-7 触发器也经常被用来保持复制数据的一致性。我们以关系 Lectures 为例，它的其中一个属性是 AttendNumber。这个属性的值可以通过触发器，并根据 attend 关系进行更新。请自行选择一个数据库系统，实现触发器。

## 5.10 文献注解

Date（1981）描述了关系型数据库系统中参照完整性的重要性。Melton 和 Simon （1993） 描述了 SQL 2 中的完整性约束。Bobrowski（1992）解释了 Oracle 的触发器概念。

关于动态完整性约束，我们这里只介绍了触发器。其实还有另外一种形式化的描述方法，即 Lipeck 和 Saake（1987）所讨论的时间逻辑。May 和 Ludäscher（2002）也是使用基于逻辑的形式来描述参照完整性操作的。Türker 和 Gertz（2001）对于在 SQL-99 中建模语义完整性规则做了扩展。

Casanova 和 Tucherman（1988）讨论了如何使用监控器（monitor）来监控参照完整性。

触发器概念其实是所谓“主动数据库”的前身。这个领域的项目有：SAMOS（Gatziu，Geppert 和 Dittrich，1991）和 REACH（Buchmann 等，1995）。Gertz 和 Lipeck（1996）对于使用触发器来保证动态完整性做了研究。Behrend、Manthey 和 Pieper（2001）研究了 SQL 3（或 SQL-99）的扩展完整性条件，遗憾的是这些目前还没有包含在商业数据库产品中。

SQL 从 SQL-2011 标准开始支持时态数据库。但是我们在本章中介绍的概念尚未被所有商用数据库系统全面实施。Petkovic（2013）对各个数据库中的这一功能作了很好的概述，并指出 IBM 公司的数据库系统 DB2 在这方面是最为先进的。另一篇关于时态数据建模概念的英文论文出自 Kulkarni 和 Michels（2012）。Böhlen 等人（2009）也对 SQL 对于时态数据的支持情况作了梳理和介绍。这篇文章的作者还包括 R. Snodgrass，他在时态数据的研究领域颇有影响。

Finis 等人（2013）开发了一种方法，对主存数据库中的分层数据结构予以有效的版本管理，这种方法被应用于 SAP 的主存数据库系统 HANA 等。Kaufmann 等人（2013）也针对 SAP 的 HANA 系统开发了所谓的“时间线索引”（Timeline-index），通过“时间线索引”可以根据事务时间检索数据的演变。

# 6 关系型数据库设计理论

在前几章中，我们已经讨论了数据库应用程序的设计方法。其中，我们已经了解了“自上而下”的设计步骤，即首先创建设计任务书，然后是概念性的实体关系设计，最后是关系模型。

在这一章中，我们将学习在形式化方法的基础上，如何对前面创建出来的关系模型进行概念上的微调。这种细节设计的基础是函数依赖（functional dependency，缩写为 FD）[1]，它是对前面已经介绍过的键的概念的一种概化。另外，我们还会讨论多值依赖[2]，而多值依赖本身也是函数依赖的一种概化。

我们会基于这些依赖来定义关系模型的范式。范式用于评估一个关系模型的“好坏”，如果一个关系模型不满足这些范式，则可以通过应用适当的规范化算法将其分解成几个满足相应范式的模式。

## 6.1 函数依赖

本章中的讨论（主要）涉及的是一个抽象的关系型数据库模式，它由 $n$ 个关系模型 $\mathcal{R}_1$，…，$\mathcal{R}_n$ 组成，其中包括可能（未指定）的表达式 $R_1$，…，$R_n$，以及一个有表达式 $R$ 的 $\mathcal{R}$ 模式。

一个函数依赖代表了数据库模式可能的有效特征的条件。函数依赖表示如下：

$$\alpha \rightarrow \beta$$

这里，希腊字母 $\alpha$ 和 $\beta$ 分别代表属性集。我们首先考虑在关系模型中定义函数依赖

[1] 设 $R(U)$ 是属性集 $U$ 上的一个关系模型，$X$ 和 $Y$ 是 $U$ 的子集。对于 $R(U)$ 的任意两个可能的关系 $r_1$、$r_2$，若 $r_1.x = r_2.x$，则 $r_1.y = r_2.y$，或者若 $r_1.y \neq r_2.y$，则 $r_1.x \neq r_2.x$，那么，称 $X$ 决定 $Y$，或者 $Y$ 依赖 $X$。

[2] 设 $R(U)$ 是属性集 $U$ 上的一个关系模型。$X$，$Y$，$Z$ 是 $U$ 的子集，并且 $Z = U-X-Y$。关系模型 $R(U)$ 中多值依赖 $X \rightarrow Y$ 成立，当且仅当对 $R(U)$ 的任一关系 $r$，给定的一对（$x$，$z$）值有一组 $Y$ 的值，这组值仅仅决定于 $x$ 值而与 $z$ 值无关。

$\alpha \to \beta$ 的情况，即 $\alpha$ 和 $\beta$ 是 $R$ 的子集。因此，这里只允许有特征 $R$，针对该特征以下成立：对于所有具有 $r.\alpha = t.\alpha$ 的变量集 $r$，$t \in R$ 来说，$r.\beta = t.\beta$ 也必须成立。这里 $r.\alpha = t.\alpha$ 是 $\forall A \in \alpha : r.A = t.A$ 的缩写形式。换言之，函数依赖 $\alpha \to \beta$ 表示，如果两个变量集在 $\alpha$ 中的所有属性的值相等，那么它们的 $\beta$ 值（即 $\beta$ 的属性值）也必须相等。然后可以说，$\alpha$ 值在函数上（即明确地）决定了 $\beta$ 值。或者，换言之，$\beta$ 值在函数上依赖于 $\alpha$ 值。我们也把 $\alpha$ 称为 $\beta$ 的行列式。

我们用一个抽象的例子来解释这个非常重要的（对关系型数据库设计理论来说是核心的）函数依赖的概念。为此，我们考虑包括模式 $\mathcal{R} = \{A, B, C, D\}$ 和函数依赖 $\{A\} \to \{B\}$ 的关系 $R$。

| | R | | | |
|---|---|---|---|---|
| | $A$ | $B$ | $C$ | $D$ |
| $t$ | $a_4$ | $b_2$ | $c_4$ | $d_3$ |
| $p$ | $a_1$ | $b_1$ | $c_1$ | $d_1$ |
| $q$ | $a_1$ | $b_1$ | $c_1$ | $d_2$ |
| $r$ | $a_2$ | $b_2$ | $c_3$ | $d_2$ |
| $s$ | $a_3$ | $b_2$ | $c_4$ | $d_3$ |

这种关系满足函数依赖 FD$\{A\} \to \{B\}$，因为只有两个具有相同 $A$ 属性值的变量集 $p$ 和 $q$，即 $p.A = q.A = a_1$，对于这两个变量集 $p$ 和 $q$，其属性 $B$ 的值（即 $p.B = q.B = b_1$）也是相同的。

此外，所示表达式 $R$ 满足函数依赖 $\{A\} \to \{C\}$，读者可以通过类似的方式予以理解。在关系 $R$ 中也满足函数依赖 $\{C, D\} \to \{B\}$：因为只有 $s$ 和 $t$ 这两个变量集的 $C$ 和 $D$ 值相等，并且 $s$ 和 $t$ 也有相同的 $B$ 值，所以，$\{C, D\} \to \{B\}$ 成立。

另一方面，在关系 $R$ 中，没有满足函数依赖 $\{B\} \to \{C\}$。对此需要考虑两个变量集 $r$ 和 $s$，其中 $r.B = s.B$。但很明显，这两个变量集有不同的 $C$ 值，即 $r.C = c_3 \neq c_4 = s.C$。

这里需要再次强调，函数依赖代表了一种语义上的一致性条件，它产生于相应的应用语义，而不是当前关系的随机表达。换言之：函数依赖表示在任何（有效的）数据库状态下都必须随时满足的一致性条件。

### 6.1.1 符号惯例

在数据库文献中，不太“正式”的符号“$CD \to A$”或“$C, D \to A$”已经成为常见的符号，取代了正式的精确符号 $\{C, D\} \to \{A\}$。此外，如果 $\alpha$ 代表一个属性集，$A$ 代表这个属性集的一个属性，那么 $\alpha - A$ 就代表 $\alpha - \{A\}$。将两个属性集 $\alpha$ 和 $\beta$ 的联合简单表示为 $\alpha\beta$。把一个属性集的抽象属性，如 $\{A, B, C\}$ 表示为 $ABC$。

### 6.1.2 满足函数依赖

函数依赖 $\alpha \to \beta$ 的另一个特征是：如果对 $\alpha$ 的每一个可能的 $c$ 值来说，在 $R$ 中满足函数依赖 $\alpha \to \beta$，

$$\Pi_{\beta}(\sigma_{\alpha=c}(R))$$

则最多包含一个元素。上面是一个有点非正式但比较直观的表述：我们所说的 $\alpha$ 的一个值 $c$ 是指一个变量集 $[c_1, \cdots, c_i] \in \mathrm{dom}(A_1) \times \cdots \times \mathrm{dom}(A_i)$，如果 $\alpha = \{A_1, \cdots, A_i\}$ 成立。此外，表达式 $\sigma_{\alpha=c}(R)$ 代表了

$$\sigma_{A_1=c_1}(\cdots(\sigma_{A_i=c_i}(R))\cdots)$$

上面讨论的函数依赖的特征提供了一个简单的算法，以确定一个给定的关系 $R$ 是否满足函数依赖 $\alpha \to \beta$：

1. 输入：一个关系 $R$ 和一个函数依赖 $\alpha \to \beta$。
2. 输出：如果在 $R$ 中满足 $\alpha \to \beta$，则为“是”；否则为“否”。
3. 满足（$R$，$\alpha \to \beta$）。

   – 按 $\alpha$ 值对 $R$ 进行分类。

   – 如果所有由 $\alpha$ 值相等的变量集组成的所有元组也有相等的 $\beta$ 值，输出为“是”；否则，输出为“否”。

这个算法的运行时间当然是由分类决定的。因此，该算法遵循复杂性 $O(n \log n)$。

读者可以将其应用于上面给出的关系 $R$，以（再次）证明，例如满足函数依赖 $\{C, D\} \to \{B\}$。

我们将始终自动满足每一个关系的表达称为“平凡（trivial）的函数依赖”。可以证明，仅有

$$\alpha \to \beta，其中\ \beta \subseteq \alpha$$

这种类型的函数依赖是“平凡的”（见习题 6–5）。

## 6.2 键

如前所述，函数依赖是对键词的概括。下面是更详细的说明。

在关系 $\mathcal{R}$ 中，$\alpha \subseteq \mathcal{R}$ 是一个超键，如果以下成立

$$\alpha \to \mathcal{R}$$

也即，$\alpha$ 决定了关系 $\mathcal{R}$ 中的所有其他属性值，在这种情况下，我们称 $\alpha$ 为“超键”，因为这里没有说 $\alpha$ 是否包含最小的属性集。例如，它是由关系模型的集合论定义自动得出的（集合不包含重复）：

$$\mathcal{R} \to \mathcal{R}$$

所以，一个关系的所有属性的集合形成了一个超键。

我们需要用“全函数依赖”的概念来区分关系键和超键。若 $\beta$ 在函数上完全依赖于 $\alpha$（符号为 $\alpha \dot{\to} \beta$），则以下两个条件都成立：

1. $\alpha \to \beta$，即 $\beta$ 在函数上依赖于 $\alpha$；

2. 不能再“缩小” $\alpha$，即 $\forall A \in \alpha$：$\alpha - \{A\} \not\to \beta$，在“不破坏”函数依赖的情况下，不能再从 $\alpha$ 中删除任何属性。

如果 $\alpha \dot{\to} \mathcal{R}$ 成立，则将 $\alpha$ 称为“$\mathcal{R}$ 的候选键”。通常，将候选键中的一个选择为所谓的“主键”。

这种选择是必要的，因为在关系模型中，是通过外键实现不同关系变量集之间的引用的。应该注意确保同一关系键总是用于外键，因此指定一个候选键为主键是绝对必要的。

在确定候选键的一个例子中，我们考虑以下关系：

| 城市 | | | |
|---|---|---|---|
| 名称 | 联邦州 | 电话区号 | 居民人数 |
| 法兰克福 | 黑森州 | 069 | 650 000 |
| 法兰克福 | 勃兰登堡州 | 0335 | 84000 |
| 慕尼黑 | 巴伐利亚州 | 089 | 1 200 000 |
| 帕绍 | 巴伐利亚州 | 0851 | 50 000 |
| … | … | … | … |

我们假设明确指定了联邦州内的居住地。“城市”关系的候选键是：

{ 名称，联邦州 }

{ 名称，电话区号 }

请注意，两个（较小的）城市可以有相同的电话区号，因此电话区号本身并不构成一个关系键。这在大城市关系中会有所不同，在这些城市关系中，只会存储拥有专属电话区号的大城市。

## 6.3 确定函数依赖

数据库设计者的任务就是要从应用语义中确定函数依赖。以下面的关系模型[1]为例：

教授地址：{[ 工号，姓名，职称等级，办公室，地点，街道，邮编，电话区号，联邦州，居民人数，州政府 ] }

这里我们假设“地点”是教授明确的主要居住地。“州政府”是一个“起主导作用的”的政党，即设立州政府总理的政党，因此，“州政府”在函数上依赖“联邦州”。此外，我们作了一些简化的假设：在各联邦州内（与之前一样），地点的名称是明确的，邮编（PLZ）在一条街道内不会改变，城市和街道不跨越联邦州界。

因此，在数据库设计中，可以确定以下函数依赖：

1.{ 工号 } → { 工号，姓名，职称等级，办公室，地点，街道，邮编，电话区号，联邦州，居民人数，州政府 }；

2.{ 地点，联邦州 } → { 居民人数，电话区号 }；

3.{ 邮编 } → { 联邦州，地点，居民人数 }；

4.{ 地点，联邦州，街道 } → { 邮编 }；

5.{ 联邦州 } → { 州政府 }；

6.{ 办公室 } → { 工号 }。

以上所列的第一个函数依赖说明“工号”是“教授地址”关系的一个候选键。在第四个函数依赖中，我们作了简化假设，即在同一个地点的同一条街道上，邮编不会发生变化。

[1] 这里使用该模式只是为了演示函数依赖。它绝不代表一个适合的关系模型设计，我们在后面还会讲到。

从这里给定的函数依赖集合中，我们可以得出进一步的函数依赖，并且每个有效的关系表达也始终满足这些依赖性。对此的举例为：

{办公室}→{工号，姓名，职称等级，办公室，地点，街道，邮编，电话区号，联邦州，居民人数，州政府}

{邮编}→{州政府}

这两个进一步的函数依赖是可以从给定的函数依赖中推导出来的。一般来说，对于给定函数依赖的集合 $F$，由它推导出来的所有函数依赖的集合 $F^+$ 称为“集合 $F$ 的闭包”（closure）。我们可以通过推导规则（也称为“推理规则”）来确定一个函数依赖集合的闭包。对于完整闭包的推导，下面列出的三个阿姆斯特朗公理（Armstrong axioms）可作为推理规则。

根据我们的惯例，$\alpha$、$\beta$、$\gamma$ 和 $\delta$ 表示 $\mathcal{R}$ 的属性子集。

1. 自反性（自反律）：如果 $\beta$ 是 $\alpha$ 的一个子集（$\beta \subseteq \alpha$），那么 $\alpha \to \beta$ 总是成立的。特别是，$\alpha \to \alpha$ 总是成立的。

2. 扩展性（增广律）：如果 $\alpha \to \beta$ 成立，那么 $\alpha\gamma \to \beta\gamma$ 也成立。其中，$\alpha\gamma$ 代表 $\alpha \cup \gamma$，$\beta\gamma$ 代表 $\beta \cup \gamma$。

3. 传递性（传递律）：如果 $\alpha \to \beta$ 和 $\beta \to \gamma$ 成立，那么 $\alpha \to \gamma$ 也成立。

阿姆斯特朗公理是正确（sound）和完备的。公理的正确性意味着，通过阿姆斯特朗公理，只可以从函数依赖的集合 $F$ 推导出满足每个关系表达（满足 FD）的其他函数依赖；公理的完备性指的是，可以由 $F$ 推导出所有逻辑上隐含的函数依赖，因此，可以通过阿姆斯特朗公理来完全确定 $F^+$。

虽然阿姆斯特朗公理是完备的，但对于推导过程来说，再增加三个公理会很方便：

1. 统一规则：如果 $\alpha \to \beta$ 和 $\alpha \to \gamma$ 成立，那么 $\alpha \to \beta\gamma$ 也成立。

2. 分解规则：如果 $\alpha \to \beta\gamma$ 成立，那么 $\alpha \to \beta$ 和 $\alpha \to \gamma$ 也成立。

3. 伪传递性规则：如果 $\alpha \to \beta$ 和 $\gamma\beta \to \delta$，那么 $\alpha\gamma \to \delta$ 也成立。

我们将用这六个公理来证明，在我们的示例模式中，函数依赖{邮编}→{州政府}是成立的。对此，我们首先用分解规则来推导出{邮编}→{联邦州}。其次，应用传递性规则，可以从给定的函数依赖{联邦州}→{州政府}中得出函数依赖{邮编}→{州政府}。

读者可以自行推断，“办公室”是一个候选键，即：{办公室}→sch（教授）成立。

通常情况下，人们对函数依赖集合的整个闭包不感兴趣，而只对根据函数依赖集合

$F$，由 $\alpha$ 在函数上所决定的属性集合 $\alpha^+$ 感兴趣。可以通过以下算法得出这个集合 $\alpha^+$：

输入：一个函数依赖集合 $F$ 和一个属性集合 $\alpha$

输出：完整的属性集合 $\alpha^+$，其中 $\alpha \to \alpha^+$ 成立

AttrHülle（F，$\alpha$）

```
Erg := α;
while ( Changes to Erg ) do
    foreach FD β → γ in F do
        if β ⊆ Erg then Erg : = Erg ∪ γ;
Output α⁺ = Erg;
```

通过这个算法 AttrHülle，现在可以非常容易地确定属性集 $k$ 是否构成函数依赖 $F$ 的关系 $R$ 的超键：使用 AttrHülle（$F$，$k$）来确定 $k^+$ 即可，只有当 $k^+ = \mathcal{R}$ 时，$k$ 才是 $R$ 的一个超键。

一般来说，有许多不同的函数依赖的等效集合。如果两个集合 $F$ 和 $G$ 的闭包相同，即：$F^+ = G^+$，则表示函数依赖的两个集合 $F$ 和 $G$ 等效（符号 $F \equiv G$）。这个等效的定义在字面意思上是显而易见的，因为两个集合 $F$ 和 $G$ 的闭包相同，这意味着从 $F$ 和 $G$ 可以推导出相同的函数依赖。

因此，对于一个给定的函数依赖集合 $F$，有一个唯一的闭包 $F^+$。然而，这个集合 $F^+$ 通常包含许多依赖关系，所以对 $F^+$ 的处理是非常混乱的。在数据库修改时的一致性检查方面，大量多余的函数依赖集合会造成特别不利的影响。请注意，在修改操作之后，必须检查函数依赖是否符合规定。因此，在设计过程中和检查函数依赖时，我们感兴趣的是尽可能小的仍然等效的函数依赖集合。对于一个给定的函数依赖集合 $F$，如果满足以下三个特征，则 $F_c$ 被称为“正则覆盖”（canonical cover）：

1. $F_c \equiv F$，即：$F_c^+ = F^+$。

2. 在 $F_c$ 中，不存在包含多余属性的函数依赖 $\alpha \to \beta$。就是说，以下情况必须成立：

（1）$\forall A \in \alpha$：$(F_c - (\alpha \to \beta) \cup ((\alpha - A) \to \beta)) \not\equiv F_c$

（2）$\forall B \in \beta$：$(F_c - (\alpha \to \beta) \cup (\alpha \to (\beta - B))) \not\equiv F_c$

3. $F_c$ 中每个函数依赖的左侧都是唯一的。这可以通过统一规则由 $\alpha \to \beta$ 和 $\alpha \to \gamma$ 函数依赖推导得出，因此这两个函数依赖被 $\alpha \to \beta\gamma$ 取代。

对于给定的函数依赖集合 $F$，可以确定一个正则覆盖，如下所示：

1. 对每一个函数依赖 $\alpha \to \beta \in F$ 进行左侧还原，即检查所有的 $A \in \alpha$，$A$ 是否多余，即 $\beta \subseteq$ AttrHülle（$F$，$\alpha - A$）是否成立。如果成立，则用（$\alpha - A$）$\to \beta$ 代替 $\alpha \to \beta$。

2. 对每一个（剩余的）函数依赖 $\alpha \to \beta$ 进行右侧还原，即检查所有的 $B \in \beta$，$B \in$ AttrHülle（$F-$（$\alpha \to \beta$）$\cup$（$\alpha \to$ （$\beta-B$）），$\alpha$）是否成立。在这种情况下，$B$ 在右侧是多余的，可以去掉，即 $\alpha \to \beta$ 被 $\alpha \to$（$\beta-B$）取代。

3. 删除形式为 $\alpha \to \varnothing$ 的可能在第二步中产生的函数依赖。

4. 通过统一规则对 $\alpha \to \beta_1$，…，$\alpha \to \beta_n$ 形式的函数依赖进行总结，剩余 $\alpha \to$（$\beta_1 \cup \cdots \cup \beta_n$）。

下面让我们研究一个非常小的示例来推导正则覆盖。集合 $F$ 具有以下形式：

$$F = \{A \to B,\ B \to C,\ AB \to C\}$$

在步骤 1 中，$AB \to C$ 被 $A \to C$ 所取代，因为 $B$ 在左侧是多余的（$C$ 已经通过前两个函数依赖在函数上依赖于 $A$）。在第二步中（右侧还原），$A \to C$ 被 $A \to \varnothing$ 取代，因为 $C$ 在右侧是多余的。由此得出 $C \in$ AttrHülle（$\{A \to B, B \to C, A \to \varnothing\}$，$\{A\}$）成立。在第三步中，只删除了 $A \to \varnothing$，剩下 $F_c = \{A \to B,\ B \to C\}$。当然，在第四步中不需要再继续删除了。

## 6.4 “不好”的关系模型

在设计上“不好”的关系模型会导致所谓的“异常”，我们将在下面用一个直观的例子来说明。对此让我们研究“教授课程”（ProfLect）这一关系，在这个关系中，建模了教授及其讲授的课程：

| 教授课程 | | | | | | |
|---|---|---|---|---|---|---|
| 工号 | 姓名 | 职称等级 | 房间编号 | 课程编号 | 课程名称 | 每周课时 |
| 2125 | 苏格拉底 | C4 | 226 | 5041 | 伦理学 | 4 |
| 2125 | 苏格拉底 | C4 | 226 | 5049 | 苏格拉底反诘法 | 2 |
| 2125 | 苏格拉底 | C4 | 226 | 4052 | 逻辑学 | 4 |
| … | … | … | … | … | … | … |
| 2132 | 波普尔 | C3 | 52 | 5259 | 维也纳学派 | 2 |
| 2137 | 康德 | C4 | 7 | 4630 | 三大批判 | 4 |

这是一个“糟糕”的设计，正如我们在 3.3 节已经指出的那样。此外，这种设计也导致了“异常”（这里要讨论的内容）。我们区分了三种类型的异常情况，并在下面的小节中讨论。

### 6.4.1 更新异常

如果一个教授，例如“苏格拉底”，从一个办公室挪到另一个办公室，则必须在数据库中进行相应的更新。然而，由于“不好”的模式，这一信息多次出现，即它是冗余的信息。因此，很容易发生一些条目被忽略的情况。即使我们可以通过适当的程序来确保始终同时修改所有多余的条目，但目前的“教授课程”设计仍然有两个严重的缺点：

1. 由于需要存储冗余的信息，对内存的要求增加；

2. 在修改时，性能会有损失，因为必须修改多个条目。

### 6.4.2 插入异常

在这个“不好”的设计中，两种实体型的信息（来自实际的应用环境）混合在一起。因此，当输入只属于一个实体型的信息时就会出现问题。

例如，如果输入新上任的、尚未授课的教授的数据，就只能通过将属性课程编号、课程名称和每周课时设置为空值来实现。

如果想输入一门尚未指派讲师的课程，也会出现类似问题。

### 6.4.3 删除异常

如果有关两个混合实体型中的一个的信息被删除，则另一个实体型的数据可能同时会在无意中丢失。例如，删除课程“维也纳学派”。由于这是“波普尔”的唯一课程，删除课程变量集同时导致了关于“波普尔”教授的信息丢失。只有当课程中的相应属性被设置为空值时，才能避免这种情况。另外，类似做法对那些讲授多个课程的教授来说是没有必要的。例如，可以删除课程“苏格拉底反诘法”而不会丢失“苏格拉底”的信息。

## 6.5 关系的分解

上一章所述的“异常”是由于“不匹配”的信息被捆绑在一个关系中。为了修改这样一个不完善的设计，需要应用所谓的“规范化”来分解关系模型。换言之，一个关系模型 $\mathcal{R}$ 被分解为关系模型 $\mathcal{R}_1$，…，$\mathcal{R}_n$。其中，模式 $\mathcal{R}_1$，…，$\mathcal{R}_n$ 分别只包含一个 $\mathcal{R}$ 属性子集，即 $\mathcal{R}_i \subseteq \mathcal{R}$，其中 $1 \leqslant i \leqslant n$。

对于这种关系模型的分解，有两个非常基本的正确标准：

1. 无损：必须可以从新的关系模型 $\mathcal{R}_1$，…，$\mathcal{R}_n$ 的表达式 $R_1$，…，$R_n$ 中重构 $\mathcal{R}$ 的原始关系表达式 $R$ 中所包含的信息。

2. 保持依赖性：适用于 $\mathcal{R}$ 的函数依赖必须可以转移到 $\mathcal{R}_1$，…，$\mathcal{R}_n$ 之中。

我们将在以下几个小节中详细讨论这两个标准。

### 6.5.1 无损

这里，我们只需要把 $\mathcal{R}$ 分解成两个关系模型 $\mathcal{R}_1$ 和 $\mathcal{R}_2$。[1] 如果它们保留了 $\mathcal{R}$ 的所有属性，则这就是一个有效的分解，即以下必须成立：

$$\mathcal{R} = \mathcal{R}_1 \cup \mathcal{R}_2$$

对于 $\mathcal{R}$ 的一个表达式 $R$，我们现在定义了 $\mathcal{R}_1$ 的表达式 $R_1$ 和 $\mathcal{R}_2$ 的表达式 $R_2$，如下：

$$R_1 := \Pi_{\mathcal{R}_1}(R)$$

$$R_2 := \Pi_{\mathcal{R}_2}(R)$$

如果对 $\mathcal{R}$ 的每一个可能的（有效的）表达式 $R$ 来说，$R$ 分解为 $R_1$ 和 $R_2$ 是无损的，则以下成立

$$R = R_1 \bowtie R_2$$

因此，必须要求可以通过两个关系 $R_1$ 和 $R_2$ 的自然连接来重构 $R$ 所包含的信息。

让我们首先观察一个例子，在这个例子中，分解导致了信息的损失。“喝啤酒者”这一关系有以下形式：

| 喝啤酒者 | | |
|---|---|---|
| 小酒馆 | 客人 | 啤酒 |
| 科沃斯基 | 肯珀 | 比尔森啤酒 |
| 科沃斯基 | 艾克勒 | 小麦啤酒 |
| 因斯泰格 | 肯珀 | 小麦啤酒 |

〔1〕理由见 6-13 习题。

在这一关系中，是通过各自的名称来明确识别小酒馆、客人和啤酒类型的。这一关系包含客人在相应的小酒馆喝哪种类型啤酒的信息。同一客人喝的啤酒类型可能因酒馆（或啤酒供应商）的不同而不同，例如，肯珀在科沃斯基总是喝比尔森啤酒，但在因斯泰格总是喝小麦啤酒。

可以对“喝啤酒者”做如下分解：

光顾：{［小酒馆，客人］}

喝：{［客人，啤酒］}

这种分解并不是无损的！当形成“光顾“和“喝”的关系表达式时，已经可以在上述表达式中看出：

$$光顾 := \Pi_{小酒馆,\ 客人}（喝啤酒者）$$

$$喝 := \Pi_{客人,\ 啤酒}（喝啤酒者）$$

投影的结果是图 6-1 中间所示的“光顾”和“喝”的关系表达式。遗憾的是，两个关系“光顾”和“喝”的自然连接并没有产生“喝啤酒者”的输出关系，即：

$$喝啤酒者 \neq （光顾 \bowtie 喝）$$

关系（光顾 $\bowtie$ 喝）包含变量集［科沃斯基，肯珀，小麦啤酒］和［因斯泰格，肯珀，比尔森啤酒］，而这些变量集并不包含在原始关系“喝啤酒者”中。由于分解的原因，啤酒类型和客人相对于所光顾的小酒馆的关联已经丢失。这也显示在图 6-1 中，“光顾 $\bowtie$ 喝”关系中的某些条目在原始关系中是不存在的，说明信息丢失了。额外的变量集代表了信息丢失，这似乎很奇怪，但实际上是这样的，因为分类会丢失。

## 6.5.2 无损分解的标准

正如前面的例子所显示的那样，对于数据库设计者来说，并不总是首先观察计划的分解是否无损。因此，基于函数依赖的无损分解的形式化特征是有用的和必要的。

如果至少可以得出以下一种函数依赖，那么有函数依赖 $F_R$ 的 $\mathcal{R}$ 分解为 $\mathcal{R}_1$ 和 $\mathcal{R}_2$ 是无损的：

$$(\mathcal{R}_1 \cap \mathcal{R}_2) \rightarrow \mathcal{R}_1 \in F_R^+$$

$$(\mathcal{R}_1 \cap \mathcal{R}_2) \rightarrow \mathcal{R}_2 \in F_R^+$$

换言之，设 $\mathcal{R} = \alpha \cup \beta \cup \gamma$，$\mathcal{R}_1 = \alpha \cup \beta$，$\mathcal{R}_2 = \alpha \cup \gamma$，有成对不相交的属性集 $\alpha$、$\beta$ 和 $\gamma$，那么两个条件中至少有一个必须成立：

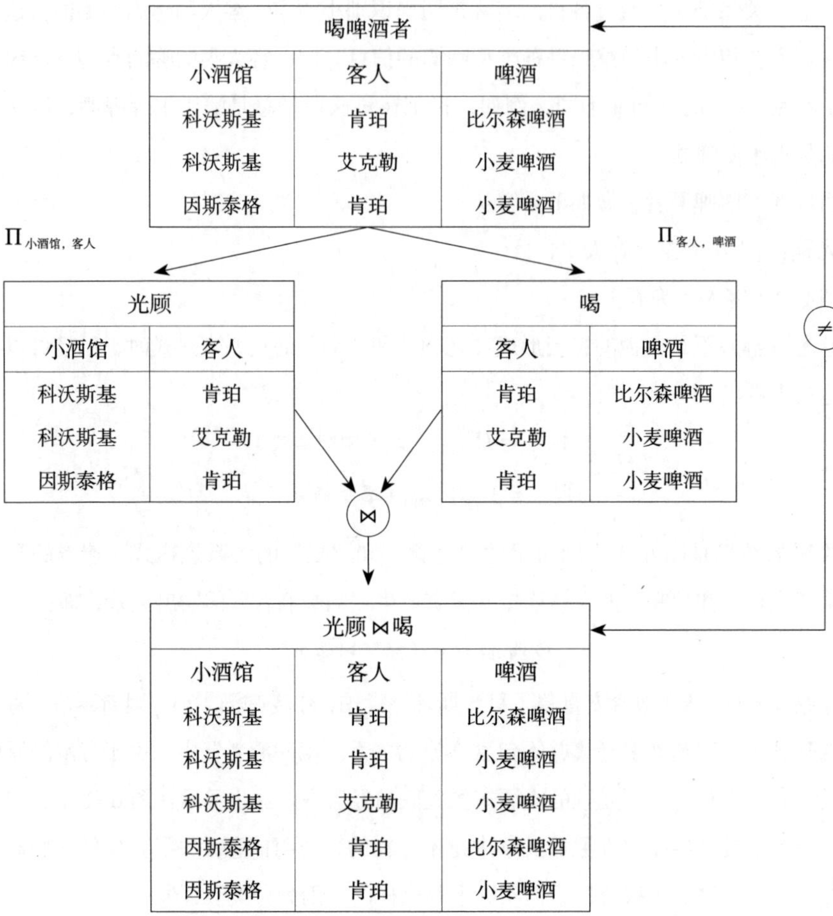


图 6–1 “喝啤酒者”关系分解示意图

$$\beta \subseteq \text{AttrHülle}(F_R,\ \alpha) \text{ 或}$$
$$\gamma \subseteq \text{AttrHülle}(F_R,\ \alpha)$$

我们将在后面讨论所谓的“多值依赖性”时看到（见 6.10 节），这是无损的一个充分条件，但不是必要条件。这意味着，如果满足这个条件，则可以确定不会发生信息丢失。但也有一些无损分解不满足这个条件，即这个条件太“强”了。“喝啤酒者”的例子是一个有损分解，违反了这个条件。只有一个非无效的函数依赖是成立的：

{ 小酒馆，客人 } → { 啤酒 }

而两个可能的无损函数依赖都不成立：

{ 客人 } → { 啤酒 }

{ 客人 } → { 小酒馆 }

当然，我们还想提供一个无损分解的说明性示例。观察图 6–2 所示的“父母”这一关系：［父亲，母亲，孩子］，分解为“父亲”：［父亲，孩子］和“母亲”：［母亲，孩子］。在这个例子中，我们假设可以通过他们的名字清晰地识别。

| 父母 | | |
|---|---|---|
| 父亲 | 母亲 | 孩子 |
| 约翰 | 玛莎 | 埃尔丝 |
| 约翰 | 玛丽 | 特奥 |
| 海因茨 | 玛莎 | 克里奥 |

$\Pi_{\text{父亲，孩子}}$　　　　$\Pi_{\text{母亲，孩子}}$

| 父亲 | | 母亲 | |
|---|---|---|---|
| 父亲 | 孩子 | 母亲 | 孩子 |
| 约翰 | 埃尔丝 | 玛莎 | 埃尔丝 |
| 约翰 | 特奥 | 玛丽 | 特奥 |
| 海因茨 | 克里奥 | 玛莎 | 克里奥 |

图 6–2　“父母”关系的无损分解

这种分解是无损的，因为下面两种函数依赖

{ 孩子 } → { 母亲 }

{ 孩子 } → { 父亲 }

都成立。

然而，这种分解也不是特别有意义，因为它没有减少任何异常情况——“父母”这一关系已经对应于一个“有意义的”设计了。

## 6.5.3 保持依赖性

保持依赖性是指将具有相关函数依赖 $F_{\mathcal{R}}$ 的 $\mathcal{R}$ 分解为关系模型 $\mathcal{R}_1$，…，$\mathcal{R}_n$，即可以在 $\mathcal{R}_i$ 本地完成所有函数依赖的验证，而不需要连接。如前所述，$F_{\mathcal{R}}$ 中的函数依赖代表一致性条件，这些条件在每个当前的 $\mathcal{R}$ 表达式中都必须成立。这意味着，当修改数据库时，必须再次检查是否符合函数依赖关系。如果我们现在将 $\mathcal{R}$ 分解为 $\mathcal{R}_1$，…，

$\mathcal{R}_n$，则不再有表达式 $R$，而只有 $R_1$，…，$R_n$。理论上，我们可以在每种情况下重新计算 $R$ 为 $R_1 \bowtie \cdots \bowtie R_n$，然后再在 $R$ 的基础上检查依赖性，但这是非常耗时的。因此，保持依赖性要求可以在 $F_{\mathcal{R}}$ 中检查本地 $\mathcal{R}_i$ 的所有依赖关系（$1 \leqslant i \leqslant n$）。为此，为每个 $\mathcal{R}_i$ 确定了 $F_{\mathcal{R}}^+$ 中依赖性的限制 $F_{\mathcal{R}_i}$，即 $F_{\mathcal{R}_i}$ 包含来自 $F_{\mathcal{R}}$ 闭包的依赖性，其属性都包含在 $\mathcal{R}_i$ 中。在保持依赖性中，有以下要求：

$$F_{\mathcal{R}} \equiv (F_{\mathcal{R}_1} \cup \cdots \cup F_{\mathcal{R}_n}) \text{ 或 } F_{\mathcal{R}}^+ = (F_{\mathcal{R}_1} \cup \cdots \cup F_{\mathcal{R}_n})^+$$

根据这个条件，通常将一个保持依赖性的分解称为“闭包分解”。

我们在此给出了一个无损但不保持依赖性的分解的例子，见图 6-3。“邮编目录”关系代表一个邮编目录（根据五位数系统）：

邮编目录：{［街道，城市，联邦州，邮编］}

| 邮编目录 | | | |
|---|---|---|---|
| **城市** | **联邦州** | **街道** | **邮编** |
| 法兰克福 | 黑森州 | 歌德大街 | 60313 |
| 法兰克福 | 黑森州 | 加尔根大街 | 60437 |
| 法兰克福 | 勃兰登堡州 | 歌德大街 | 15234 |

$\Pi_{\text{邮编，街道}}$　　　　$\Pi_{\text{城市，联邦州，邮编}}$

| 街道 | |
|---|---|
| **邮编** | **街道** |
| 15234 | 歌德大街 |
| 60313 | 歌德大街 |
| 60437 | 加尔根大街 |
| 15235 | 歌德大街 |

| 地点 | | |
|---|---|---|
| 城市 | 联邦州 | **邮编** |
| 法兰克福 | 黑森州 | 60313 |
| 法兰克福 | 黑森州 | 60437 |
| 法兰克福 | 勃兰登堡州 | 15234 |
| 法兰克福 | 勃兰登堡州 | 15235 |

图 6-3　“邮编目录”关系的分解

为了简化，我们假设：

1. 可以通过城市和联邦州清楚地识别地点；
2. 在同一个街道内，邮编不会改变；
3. 邮编地区不跨越城市边界，城市不跨越州界。

那么，以下的函数依赖适用：

{ 邮编 } → { 城市，联邦州 }

{ 街道，城市，联邦州 } → { 邮编 }

因此，将“邮编目录”分解为：

街道：{ [ 邮编，街道 ] }

地点：{ [ 邮编，城市，联邦州 ] }

这种分解是无损的，因为“邮编”是唯一的共同属性，而且 { 邮编 } → { 城市，联邦州 } 是有效的。然而，函数依赖 { 街道，城市，联邦州 } → { 邮编 } 现在不能分配给“街道”或“地点”这两个关系中的任何一个，因此，将邮编目录分解为“街道”和“地点”是无损的，但不保持依赖性。

下面让我们来说明一下这种不保持依赖性的分解的不利影响。图 6–3 显示了一个示例表达式的分解情况。各个关系键被标为粗体。在最初的“邮编目录”关系中，确保一个变量集（城市，联邦州，街道）只能有一个条目，即一个唯一的邮编。这源于函数上的依赖性：

{ 城市，联邦州，街道 } → { 邮编 }

这个决定“邮编目录”的关系键的依赖性在分解过程中丢失了，因此“街道”关系中只剩下平凡的依赖性。

这样，“街道”的关系键由所有属性的集合组成。现在，我们可以（在分解之后）很容易地将图 6–3 所示的变量集 [ 15235，歌德大街 ] 插入“街道”，将 [ 法兰克福，勃兰登堡州，15235 ] 插入“地点”中。这样，勃兰登堡州法兰克福的歌德大街多了一个邮编。“街道”和“地点”的关系在局部是一致的，然而，这两个插入的组合违反了“邮编目录”关系的全局函数依赖。只有在连接了“街道”和“地点”的关系之后才能发现违反一致性条件 { 街道，城市，联邦州 } → { 邮编 } 的情况。

这个例子应该能够说明，在所有的分解中都要注意保持依赖性。

## 6.6 第一范式

我们所使用的关系模型定义，自动满足第一范式（First Normal Form）。第一范式要求所有属性都有原子值范围（域）。因此，复合的、集合值的，甚至关系属性的域都是不允许的。

下面是一个带有集合值属性的关系的举例：

| 父母 | | |
|---|---|---|
| 父亲 | 母亲 | 孩子 |
| 约翰 | 玛莎 | {埃尔丝，露西娅} |
| 约翰 | 玛丽 | {特奥，约瑟夫} |
| 海因茨 | 玛莎 | {克里奥} |

在“父母”这一关系中，通过名字来清楚地识别人。属性“孩子”是集合值，其中集合包含有相同父母的孩子的名字。这种关系不属于第一范式。通过“展开”，我们可以得到一个第一范式的有效模式。

| 父母 | | |
|---|---|---|
| 父亲 | 母亲 | 孩子 |
| 约翰 | 玛莎 | 埃尔丝 |
| 约翰 | 玛莎 | 露西娅 |
| 约翰 | 玛丽 | 西奥 |
| 约翰 | 玛丽 | 约瑟夫 |
| 海因茨 | 玛莎 | 克里奥 |

其中，第一范式要求不能再继续分解属性值。

在数据库领域的最新发展中，刚刚放弃了遵循第一范式。因此，这种模型通常被称为“NF2 模型”（非第一范式模型）或“嵌套关系模型”。

在这些扩展的关系模型中，不仅有如上所示的集合值属性，甚至可能还有关系属性，即嵌套关系。让我们通过下面的例子看一下嵌套关系，在这个关系中，除了名字之外，我们还存储了孩子的年龄：

<table>
<tr><th colspan="4">父母</th></tr>
<tr><th rowspan="2">父亲</th><th rowspan="2">母亲</th><th colspan="2">孩子</th></tr>
<tr><th>名字</th><th>年龄</th></tr>
<tr><td rowspan="2">约翰</td><td rowspan="2">玛莎</td><td>埃尔丝</td><td>5</td></tr>
<tr><td>露西娅</td><td>3</td></tr>
<tr><td rowspan="2">约翰</td><td rowspan="2">玛丽</td><td>西奥</td><td>3</td></tr>
<tr><td>约瑟夫</td><td>1</td></tr>
<tr><td>海因茨</td><td>玛莎</td><td>克里奥</td><td>9</td></tr>
</table>

这里，在关系“父母”的第一个变量集中，关系“孩子”被嵌套了两个变量集［埃

尔丝，5］和［露西娅，3］。

在本章的进一步讨论中，我们总是默认假设第一种范式。

## 6.7 第二范式

直观地说，如果一个关系模型中塑造了不止一个概念的信息，那么该关系模型就违反了第二范式（2NF）。因此，正如 Kent（1983）所述，关系的每个非关系键属性都应表达为关于识别该概念的关系键的一个事实（即整个关系键，而且只是关系键）。

正式表达：如果每个非关系键属性 $A \in \mathcal{R}$ 完全依赖于关系的每个候选键，那么具有相关函数依赖 $F$ 的关系 $\mathcal{R}$ 就处于第二范式中。

设 $k_1, \cdots, k_i$ 是 $\mathcal{R}$ 的候选键[1]，包括所选择的主键，该主键也必须是一个候选键。设 $A \in \mathcal{R} - (k_1 \cup \cdots \cup k_i)$，这样的属性 $A$ 也被称为“非主属性”，与被称为“主属性”的关系键属性相反。所以，对于所有的 $k_j$（$1 \leqslant j \leqslant i$），以下条件必须满足：

$$k_j \dot{\rightarrow} A \in F^+$$

也即，$FD_{k_j} \rightarrow A$ 必须成立，而且这个函数依赖是左侧还原的。

让我们看一下违反这一条件的例子。设如下的“学生报名课程”关系：

| 学生报名课程 | | | |
|---|---|---|---|
| **学号** | **课程编号** | **姓名** | **学期** |
| 26120 | 5001 | 费希特 | 10 |
| 27550 | 5001 | 叔本华 | 6 |
| 27550 | 4052 | 叔本华 | 6 |
| 28106 | 5041 | 卡纳普 | 3 |
| 28106 | 5052 | 卡纳普 | 3 |
| 28106 | 5216 | 卡纳普 | 3 |
| 28106 | 5259 | 卡纳普 | 3 |
| … | … | … | … |

读者会注意到，这种关系正好对应于我们大学数据库示例中“学”和“学生”关

〔1〕请注意，候选键（与超键不同）必须是最小的。

系的连接。

“学生报名课程”关系有关系键{学号，课程编号}。除了这个关系键所带来的函数依赖外，还有以下函数依赖：

{学号}→{姓名}和{学号}→{学期}

这就违反了第二种范式，如图 6-4 所示。

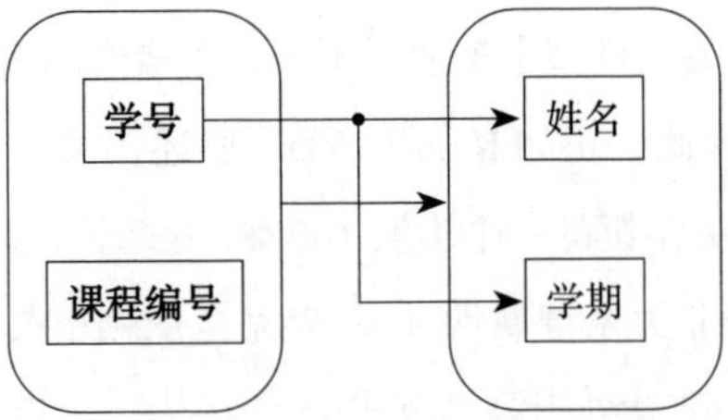


图 6-4 “学生报名课程”关系的函数依赖示意图

上面显示的这个示例表达式（再次）说明了严重的异常现象：

1. 插入异常：对于那些（还）没有学过的学生该怎么办？

2. 更新异常：例如，如果“卡纳普”进入第四学期，则必须确保改变所有四个变量集。

3. 删除异常：如果“费希特”取消了他唯一的课程会怎样？

这些问题的解决方案是很明显的。将该关系分解成几个满足第二范式的部分关系。在我们的案例中，将“学生报名课程”分解为以下两种关系：

学：{[学号，课程编号]}

学生：{[学号，姓名，学期]}

这两种关系都符合第二范式。此外，它们都是一种无损的分解。

我们在此不详细讨论将一个给定的关系 $\mathcal{R}$ 分成几个符合 2NF 要求的部分关系 $\mathcal{R}_1$，…，$\mathcal{R}_n$ 的分解算法。在实践中，应该始终以“更清晰的”第三范式为目标。

## 6.8 第三范式

根据 Kent（1983）所述，当一个非关系键属性代表一个不构成关系键的属性集时，就很直观地违反了第三范式（3NF）。因此，违反范式可能导致同一事实被多次存储。

如果对于每一个以 $\alpha \rightarrow B$ 为形式的函数依赖（其中，$\alpha \subseteq \mathcal{R}$，$B \in \mathcal{R}$），以下三个条件中至少有一个成立，那么这个关系模型 $\mathcal{R}$ 就是第三范式：

1. $B \in \alpha$，也即，函数依赖是“平凡”的；

2. 属性 $B$ 包含在 $\mathcal{R}$ 的候选键中，即 $B$ 是“主属性”（prim）；

3. $\alpha$ 是 $\mathcal{R}$ 的超键。

作为不在第三范式中的关系示例，让我们再看一下 6–3 节中已经介绍过的“教授地址”这一关系：

教授地址：{[ 工号，姓名，职称等级，办公室，地点，街道，邮编，电话区号，联邦州，居民人数，州政府 ] }

我们已经作了以下部分简化的假设：地点是教授唯一的主要居住地；州政府是一个“起主导作用的”政党，即设立州政府总理的政党，因此，“州政府”在函数上依赖“联邦州”；此外，我们还假设联邦州内的地点（如前所述）是唯一的名称；邮编在一条街道内不会改变；城市和街道不跨越联邦州州界。

图 6–5 显示了这些假设所产生的函数依赖。可以看出，{ 工号 } 和 { 办公室 } 分别是“教授地址”的候选键。很明显，“教授地址”关系不是第三范式，因为，函数依赖 { 地点，联邦州 } → { 电话区号 } 违反了 3NF 的标准。

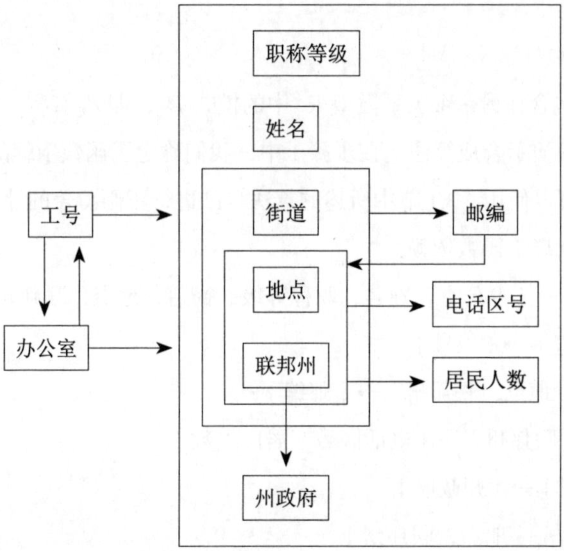


图 6–5 “教授地址”关系的函数依赖的示意图

我们现在讨论所谓的“合成算法”，通过该算法把一个给定的具有函数依赖关系 $F$ 的关系模型 $\mathcal{R}$ 分解为 $\mathcal{R}_1$，…，$\mathcal{R}_n$，并满足以下所有三个标准：

1. $\mathcal{R}_1$，…，$\mathcal{R}_n$ 是 $\mathcal{R}$ 的无损分解；

2. 分解具有保持依赖性；

3. 所有的 $\mathcal{R}_i$（$1 \leqslant i \leqslant n$）都是第三范式。

合成算法根据函数依赖计算出的分解结果如下：

1. 确定 $F$ 的正则覆盖 $F_c$。重复：

（1）函数依赖的左侧还原；

（2）函数依赖的右侧还原；

（3）删除形式为 $\alpha \rightarrow \varnothing$ 的函数依赖；

（4）合并有相等左侧的函数依赖。

2. 对于每个函数依赖 $\alpha \rightarrow \beta \in F_c$：

（1）创建一个关系模型 $\mathcal{R}_\alpha := \alpha \cup \beta$；

（2）将 $\mathcal{R}_\alpha$ 分配给函数依赖 $F_\alpha := \{\alpha' \rightarrow \beta' \in F_c \mid \alpha' \cup \beta' \subseteq \mathcal{R}_\alpha\}$。

3. 如果在步骤 2 中生成的 $\mathcal{R}_\alpha$ 包含关于 $F_c$ 的 $\mathcal{R}$ 的候选键，则结束；否则，选择一个候选键 $k \subseteq \mathcal{R}$，并定义以下附加模式：

（1）$\mathcal{R}_k := k$

（2）$F_k := \varnothing$

4. 删除那些包含在另一个关系模型 $\mathcal{R}_{\alpha}$ 中的模式 $\mathcal{R}_\alpha$，即 $R_\alpha \subseteq R_{\alpha'}$。让我们在示例关系“教授地址”中演示合成算法。在步骤 1 中，我们确定了函数依赖的正则覆盖，在此不再推导。读者可以使用 6.3.1 节中所述的算法自己进行正则覆盖的计算。

正则覆盖包含以下函数依赖：

$fd_1$：{ 工号 } → { 办公室，姓名，职称等级，街道，地点，联邦州 }

$fd_2$：{ 办公室 } → { 工号 }

$fd_3$：{ 街道，地点，联邦州 } → { 邮编 }

$fd_4$：{ 地点，联邦州 } → { 电话区号，居民人数 }

$fd_5$：{ 联邦州 } → { 州政府 }

$fd_6$：{ 邮编 } → { 地点，联邦州 }

在合成算法的第 2 步中，连续处理这六个函数依赖 $fd_1$，…，$fd_6$。从 $fd_1$ 我们推导出“教授”关系模型；教授：{［工号，姓名，职称等级，办公室，街道，地点，联邦州 }，

以及函数依赖 $fd_1$ 和 $fd_2$。函数依赖 $fd_2$ 不提供新的关系，因为这个函数依赖的所有属性都已经包含在“教授”关系中。因此，在这里我们已经到了合成算法的第 4 步。

通过函数依赖 $fd_3$ 得出“邮编目录”关系：{[地点，联邦州，街道，邮编]}，以及分配的函数依赖 $fd_3$ 和 $fd_6$。函数依赖 $fd_4$ 提供关系“城市目录”：{地点，联邦州，电话区号，居民人数}，以及只有一个分配的函数依赖，即 $fd_4$ 本身。

函数依赖 $fd_5$ 提供关系“政府”：{联邦州，州政府}，以及只有一个分配的 $fd_5$。

最后一个函数依赖，即 $fd_6$，没有提供任何新的内容，因为函数依赖中出现的所有属性已经包含在关系“邮编目录”中了。

在合成算法的第 3 步中，对于我们的举例来说，没有生产任何新的内容，因为一个候选键（即办公室或工号）已经包含在其中一个关系中，即“教授”。但是，在一般情况下，必须遵守第 3 步，因为否则不能始终确保“无损”（另见习题 6-8）！在这个例子中，我们已经提前做了算法的第 4 步，所以到这里就结束了。

## 6.9 Boyce-Codd 范式

鲍依斯-科得范式（Boyce-Codd Normal Form，BCNF）[1] 又进了一步。Boyce-Codd 范式的目的是：不多次存储信息单元（事实），而只是精确地存储一次。如果以下两个条件中至少有一个对每个函数依赖 $\alpha \rightarrow \beta$ 都成立，那么有函数依赖 $F$ 的关系模型 $R$ 就是 Boyce-Codd 范式：

1. $\beta \subseteq \alpha$，即依赖关系是平凡的；

2. $\alpha$ 是 $\mathcal{R}$ 的超键。

一个不满足 Boyce-Codd 范式更严格条件的 3NF 关系的例子是“城市”：

城市：{[地点，联邦州，州政府总理，居民人数]}

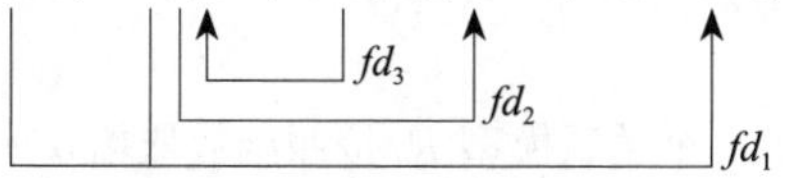


[1] 设关系模型 $\mathcal{R} \in$ 1NF，如果对于 $\mathcal{R}$ 的每个函数依赖 $X \rightarrow Y$，且 $Y$ 不属于 $X$，则 $X$ 必含有超键，那么 $R \in$ BCNF。若满足 BCNF 条件，则有：所有“非主属性”对每一个候选键都是完全函数依赖；所有的“主属性”对每一个不包含它的候选键，也是完全函数依赖；没有任何属性完全函数依赖于非候选键的任何一组属性。

上面画出的三个函数依赖 $fd_1$、$fd_2$ 和 $fd_3$ 意味着有两个候选键：

$k_1$ = { 地点，联邦州 }

$k_2$ = { 地点，州政府总理 }

由此可见，“城市”是第三范式，因为 $fd_2$ 和 $fd_3$ 的右侧都是主属性（包含在候选键中），而 $fd_1$ 的左侧是一个候选键。但“城市”不是 Boyce-Codd 范式，因为 $fd_2$ 和 $fd_3$ 的左侧不是超键。违反 Boyce-Codd 范式的后果是，关于“谁管辖哪个联邦州”的信息被多次存储。

原则上，我们可以将每个带有分配的函数依赖 $F$ 的关系模型 $\mathcal{R}$ 分解为 $\mathcal{R}_1$，…，$\mathcal{R}_n$，使以下成立：

1. 分解是“无损”的；

2. $\mathcal{R}_i$（$1 \leqslant i \leqslant n$）都属于 Boyce-Codd 范式。

遗憾的是，我们不能始终找到一个同时具有保持依赖性的 Boyce-Codd 范式分解。这些情况在实践中是很罕见的。

根据分解算法可将关系模型 $\mathcal{R}$ 分解为属于 Boyce-Codd 范式的部分关系模型，该算法连续生成了分解的集合 $Z = \{\mathcal{R}_1, \cdots, \mathcal{R}_n\}$。

从 $Z = \{\mathcal{R}\}$ 开始，只要仍有一个不在 Boyce-Codd 范式中的关系模型 $\mathcal{R}_i \in Z$，就作如下处理：

1. 找到一个适用于 $\mathcal{R}_i$ 的非无效函数依赖（$\alpha \rightarrow \beta$），其中 $\alpha \cap \beta = \phi$，$\alpha \not\rightarrow \mathcal{R}_i$。这里应该选择函数依赖，使 $\beta$ 包含所有对 $\alpha$ 有函数依赖的属性 $B \in (\mathcal{R}_i - \alpha)$，从而使分解算法尽快地终止。

2. 将 $\mathcal{R}_i$ 分解为 $\mathcal{R}_{i_1} := \alpha \cup \beta$ 和 $\mathcal{R}_{i_2} := \mathcal{R}_i - \beta$。

3. 从 $Z$ 中删除 $\mathcal{R}_i$，插入 $\mathcal{R}_{i_1}$ 和 $\mathcal{R}_{i_2}$，即

$$-Z := (Z - \{\mathcal{R}_i\}) \cup \{\mathcal{R}_{i_1}\} \cup \{\mathcal{R}_{i_2}\}$$

一旦这个算法完成，$Z$ 就是包含 Boyce-Codd 范式关系的集合，它代表 $R$ 的“无损”分解。

下图抽象地说明了一个关系模型 $\mathcal{R}_i$ 按照函数依赖 $\alpha \rightarrow \beta$ 分解为 $\mathcal{R}_{i_1}$ 和 $\mathcal{R}_{i_2}$：

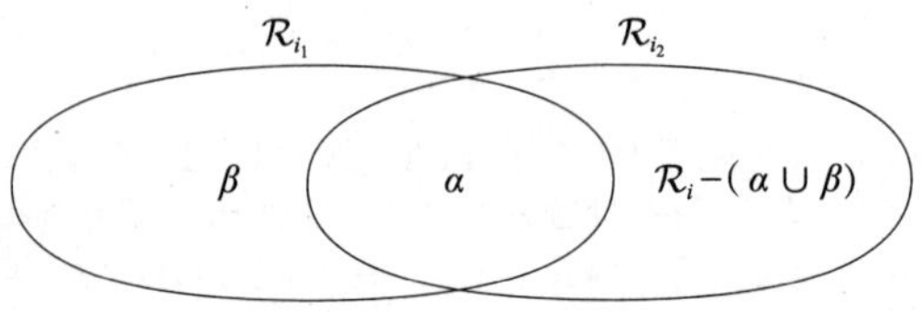

以关系“城市”举例，根据函数依赖{联邦州}→{州政府总理}，分解结果如下：

$\underbrace{\text{政府}}_{\mathcal{R}_{i_1}}$ ：{［联邦州，州政府总理］}

$\underbrace{\text{城市}'}_{\mathcal{R}_{i_2}}$ ：{［地点，联邦州，居民人数］}

这两个关系现在都属于 Boyce-Codd 范式，所以算法终止。在这个例子中，也没有因分解而丢失任何依赖关系。这是因为 $fd_1$ 可以被分配给关系“城市”，$fd_2$ 和 $fd_3$ 可以分配给关系“政府”。

以下是 Boyce-Codd 范式分解的一个例子，即关系“邮编目录”，其中依赖关系丢失：

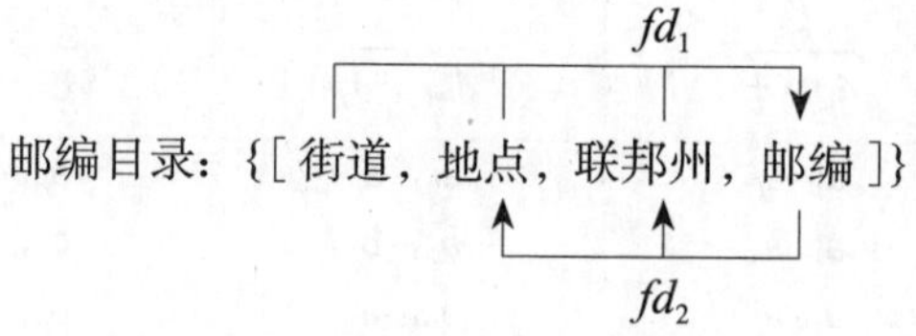


函数依赖 $fd_2$ 违反了 Boyce-Codd 范式，因为根据 $fd_2$，分解“邮编目录”关系，得出以下两个关系：

1. 街道：{［街道，邮编］}

2. 地点：{［地点，联邦州，邮编］}

正如 6.5.3 节详细解释的那样，这种分解丢失了依赖性 $fd_1$。

必须避免这种情况。因此，在 Boyce-Codd 范式分解会导致依赖性丢失的情况下，人们对第三范式“不太”满意。因此，只剩下“邮编目录”这一关系了。

## 6.10 多值依赖

多值依赖（multivalued dependencies）是函数依赖的概括，即每个函数依赖也是一个多值依赖，但反之则不是。

设 $\alpha$ 和 $\beta$ 是 $\mathcal{R}$ 的两个不相交的子集，且 $\gamma = \mathcal{R} - (\alpha \cup \beta)$。$\beta$ 是在多值方面依赖于 $\alpha$（符号 $\alpha \rightarrow\rightarrow \beta$）的条件是，在每一个有效的表达式 $R$ 中，对于每一对具有 $t_1.\alpha = t_2.\alpha$ 的变量集 $t_1$ 和 $t_2$，都存在另外两个具有以下特征的变量集 $t_3$ 和 $t_4$：

$$t_1.\alpha = t_2.\alpha = t_3.\alpha = t_4.\alpha$$

$$t_3.\beta = t_1.\beta$$

$$t_3.\gamma = t_2.\gamma$$

$$t_4.\beta = t_2.\beta$$

$$t_4.\gamma = t_1.\gamma$$

换言之：对于具有相同 $\alpha$ 值的两个变量集，$\beta$ 值可以互换，得出的变量集也必须在关系中成立。因此，多值依赖也被称为“变量集生成依赖”。如果违反了多值依赖，关系表达可以通过插入额外的变量集转化为有效状态。而函数依赖则不是这样的，为什么？

以下图表形象化了多值依赖 $\alpha \rightarrow\rightarrow \beta$ 的定义：

| | R | | |
|---|---|---|---|
| | $\overbrace{A_1 \cdots A_i}^{\alpha}$ | $\overbrace{A_{i+1} \cdots A_j}^{\beta}$ | $\overbrace{A_{j+1} \cdots A_n}^{\gamma}$ |
| $t_1$ | $a_1 \cdots a_i$ | $a_{i+1} \cdots a_j$ | $a_{j+1} \cdots a_n$ |
| $t_2$ | $a_1 \cdots a_i$ | $b_{i+1} \cdots b_j$ | $b_{j+1} \cdots b_n$ |
| $t_3$ | $a_1 \cdots a_i$ | $a_{i+1} \cdots a_j$ | $b_{j+1} \cdots b_n$ |
| $t_4$ | $a_1 \cdots a_i$ | $b_{i+1} \cdots b_j$ | $a_{j+1} \cdots a_n$ |

对于 $\alpha$、$\beta$ 和 $\gamma$ 分别只由一个属性 $A$、$B$ 和 $C$ 组成的特殊情况，多值依赖 $\alpha \rightarrow\rightarrow \beta$ 也可以理解为：按 $A$ 属性对关系加以排序。如果 $\{b_1, \cdots, b_i\}$ 和 $\{c_1, \cdots, c_j\}$ 分别是给定 $A$ 属性 $\alpha$ 的 $B$ 值和 $C$ 值，那么这个关系必须包含以下（$i*j$）三元变量集：

$$\{a\} \times \{b_1, \cdots, b_i\} \times \{c_1, \cdots, c_j\}$$

一个具体的例子可以清楚地说明多值依赖。让我们观察一下“技能”这一关系，在这个例子中，我们对助理的自然语言和编程语言的“技能”进行建模：

| 技能 | | |
|---|---|---|
| 工号 | 自然语言 | 编程语言 |
| 3002 | 希腊语 | C |
| 3002 | 拉丁语 | Pascal |
| 3002 | 希腊语 | Pascal |
| 3002 | 拉丁语 | C |
| 3005 | 德语 | Ada |

在这一关系中，多值依赖｛工号｝$\rightarrow\rightarrow$｛自然语言｝和｛工号｝$\rightarrow\rightarrow$｛编程语言｝

成立，读者可以自行验证。

显然，这并不是一个非常令人满意的方案。对此，请观察以下数字。对于懂得 5 种编程语言和 4 种自然语言的助理来说，必须分别插入 20 个变量集。这种冗余是两种独立的内容（即编程语言的技能和自然语言的技能）储存在同一个关系中导致的。

幸运的是，这一关系可以分解，从而避免冗余的出现：

| 自然语言 | | 编程语言 | |
|---|---|---|---|
| 工号 | 自然语言 | 工号 | 编程语言 |
| 3002 | 希腊语 | 3002 | C |
| 3002 | 拉丁语 | 3002 | Pascal |
| 3005 | 德语 | 3005 | Ada |

上述分解是关系“技能”的无损分解，即：

$$能力 = \underbrace{\Pi_{工号，自然语言}(技能)}_{自然语言} \bowtie \underbrace{\Pi_{工号，编程语言}(技能)}_{编程语言}$$

幸运的是，这种分解是无损的，这并非偶然。通常，一个有集合 $D$ 的分配函数和多值依赖的关系模型 $\mathcal{R}$ 可以无损分解为两个关系模型 $\mathcal{R}_1$ 和 $\mathcal{R}_2$ 的前提是：$\mathcal{R} = \mathcal{R}_1 \cup \mathcal{R}_2$ 成立，并且这两个多值依赖 $\mathcal{R}_1 \cap \mathcal{R}_2 \rightarrow\rightarrow \mathcal{R}_1$ 和 $\mathcal{R}_1 \cap \mathcal{R}_2 \rightarrow\rightarrow \mathcal{R}_2$ 中至少有一个成立。

在我们的实例分解中，两个多值依赖都成立。通常，如果在一个关系模型 $\mathcal{R}$ 中，多值依赖 $\alpha \rightarrow\rightarrow \beta$ 成立，那么 $\alpha \rightarrow\rightarrow \gamma$ 对于 $\gamma = \mathcal{R} - \alpha - \beta$ 也始终成立。

我们现在想介绍一组推导规则，通过这组规则，我们可以为给定的函数和多值依赖集合 $D$ 确定闭包 $D^+$。其中，设 $\alpha$、$\beta$、$\gamma$ 和 $\delta$ 是关系模型 $\mathcal{R}$ 的属性子集。

1. 自反性：如果满足 $\beta \subseteq \alpha$，则 $\alpha \rightarrow \beta$ 成立。
2. 扩展性：如果 $\alpha \rightarrow \beta$，那么 $\gamma\alpha \rightarrow \gamma\beta$ 成立。
3. 传递性：如果 $\alpha \rightarrow \beta$，$\beta \rightarrow \gamma$。那么 $\alpha \rightarrow \gamma$ 成立。
4. 互补性：如果 $\alpha \rightarrow\rightarrow \beta$，那么 $\alpha \rightarrow\rightarrow \mathcal{R} - \beta - \alpha$ 成立。
5. 多值扩展性：如果 $\alpha \rightarrow\rightarrow \beta$，$\delta \subseteq \gamma$，那么 $\gamma\alpha \rightarrow\rightarrow \delta\beta$ 成立。
6. 多值传递性：如果 $\alpha \rightarrow\rightarrow \beta$，$\beta \rightarrow\rightarrow \gamma$，那么 $\alpha \rightarrow\rightarrow \gamma - \beta$ 成立。
7. 概括：如果 $\alpha \rightarrow \beta$，那么 $\alpha \rightarrow\rightarrow \beta$ 成立。
8. 合并：如果 $\alpha \rightarrow\rightarrow \beta$ 和 $\gamma \subseteq \beta$。如果存在一个 $\delta \subseteq \mathcal{R}$，则 $\delta \cap \beta = \varnothing$，且 $\delta \rightarrow \gamma$，$\alpha \rightarrow \gamma$ 成立。

在 Maier[1]（1983）专门研究关系型数据库理论的书中，我们可以证明这些规则是正确的和完备的。前三条规则只是确定函数依赖的闭包所需的阿姆斯特朗公理，其闭包包含在 $D^+$ 中。

还有另外三条有效的推导规则：

1. 多值联合：如果 $\alpha \rightarrow\rightarrow \beta$，$\alpha \rightarrow\rightarrow \gamma$，那么 $\alpha \rightarrow\rightarrow \gamma\beta$ 成立。

2. 交集：如果 $\alpha \rightarrow\rightarrow \beta$，$\alpha \rightarrow\rightarrow \gamma$，那么 $\alpha \rightarrow\rightarrow \beta \cap \gamma$ 成立。

3. 差分：如果 $\alpha \rightarrow\rightarrow \beta$，$\alpha \rightarrow\rightarrow \gamma$，那么 $\alpha \rightarrow\rightarrow \beta - \gamma$ 和 $\alpha \rightarrow\rightarrow \gamma - \beta$ 成立。

可以从上面给出的其他规则中得出这三条规则，见习题 6-14。因此，这些规则是正确的，但对于完备性来说不必要。

## 6.11 第四范式

第四范式（4NF）是 Boyce-Codd 范式的扩展，也是第二和第三范式的扩展。第四范式中的关系排除了由多值依赖关系引起的冗余。第四范式中的关系不包含两个独立的多值事实，如 6.10 节中“技能”这一关系中的情况。

为了能够定义第四范式，我们必须首先弄清楚什么是“平凡的多值依赖”。如果 $\mathcal{R}$ 的每一个可能的表达式 $R$ 都满足这个多值依赖，那么与 $\mathcal{R} \supseteq \alpha \cup \beta$ 相关的多值依赖 $\alpha \rightarrow\rightarrow \beta$ 就是平凡的。可以证明（见习题 6.11），如果 $\beta \subseteq \alpha$ 或 $\beta = \mathcal{R} - \alpha$ 成立，则 $\alpha \rightarrow\rightarrow \beta$ 是“平凡的”。

读者可能记得，只有在第一个条件下，函数依赖才是“平凡的”。

如果对每一个多值依赖 $\alpha \rightarrow\rightarrow \beta \in D^+$ 来说，以下条件之一成立，那么具有分配的函数和多值依赖集合 $D$ 的关系 $\mathcal{R}$ 是第四范式（4NF）：

1. 多值依赖是“平凡的”；

2. $\alpha$ 是 $\mathcal{R}$ 的一个超键。

很明显，第四范式关系也自然而然满足 Boyce-Codd 范式，由此得出，任何函数依

[1] 维克托·迈尔（Viktor Maier）被誉为“大数据时代的预言家”，现任牛津大学网络学院互联网研究所治理与监管专业教授，主要研究领域为数据科学、信息安全、信息政策与战略。

赖 $\alpha \to \beta$ 也是多值依赖 $\alpha \to\!\!\to \beta$。

将有多值依赖 $D$ 的给定关系模型 $\mathcal{R}$ 分解为关系模型 $\mathcal{R}_1$，…，$\mathcal{R}_n$ 的分解算法（对 $R$ 和所有的第四范式来说都是无损的），与 Boyce-Codd 范式分解类似：

从集合 $Z := \{R\}$ 开始，只要存在一个不在第四范式中的关系 $\mathcal{R}_i \in Z$，就作如下处理：

1. 找到一个对 $\mathcal{R}_i$ 有效的非平凡多值依赖 $\alpha \to\!\!\to \beta$，其中 $\alpha \cap \beta = \phi$，$\alpha \not\to R_i$。

2. 将 $\mathcal{R}_i$ 分解为 $\mathcal{R}_{i_1} := \alpha \cup \beta$ 和 $\mathcal{R}_{i_2} := \mathcal{R}_i - \beta$。

3. 从 $Z$ 中删除 $\mathcal{R}_i$，插入 $\mathcal{R}_{i_1}$ 和 $\mathcal{R}_{i_2}$，即

$$Z := (Z - \{\mathcal{R}_i\}) \cup \{\mathcal{R}_{i_1}\} \cup \{R_{i_2}\}$$

一旦这个算法终止，$Z$ 就包含无损分解 $\mathcal{R}$ 的第四范式关系模型集合。

下面显示的是示例关系“助理′”的扩展流程：

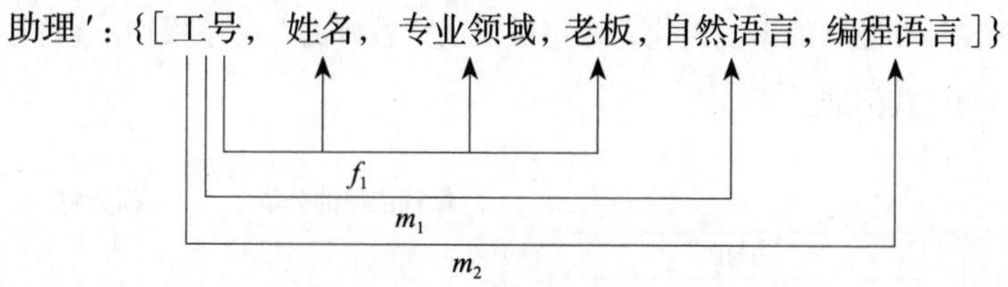


在这种关系中，依赖关系 $f_1$、$m_1$ 和 $m_2$ 成立，第一个是函数依赖，其他两个是多值依赖。

当然，“助理′”不在第四范式中，该关系甚至也不在第二范式中（为什么？）。第一个“非第四范式”的依赖关系是 $f_1$，请注意也可以将 $f_1$ 视为多值依赖。因此，第一步是将其分解为：

1. 助理：{[工号，姓名，专业领域，老板]}

2. 技能：{[工号，自然语言，编程语言]}

在这两个关系中，“助理”现在满足第四范式特征，但由于多值依赖 $m_1$ 和 $m_2$，“技能”不满足第四范式特征。因此，“技能”继续分解为：

1. 自然语言{[工号，自然语言]}

2. 编程语言：{[工号，编程语言]}

这两个关系都在第四范式中，所以现在终止算法。

通过“助理”“自然语言”和“编程语言”，我们实现了将“助理 ”无损地分解为三个第四范式关系。与 Boyce-Codd 范式类似，这种关系始终可以无损地分解为第四

范式关系。但是我们不能始终保证这种分解也保留原始关系中适用的函数依赖，这是每一个第四范式关系也满足 Boyce-Codd 范式标准的逻辑结果。

## 6.12 概要

一般来说，从图 6-6 中所示的范式之间的关系可以看出，右侧的图形范围旨在说明在哪些范式中，相应的分解算法可以保证无损性和保持依赖性：

1. 对于所有的分解算法来说，在所有的范式中都保证了无损性；

2. 只能到第三范式的分解保证保持依赖性。

然而，本章介绍的正式设计理论只能被理解为对执行概念性设计的微调。在任何情况下，都不应该以在规范化过程中“修复”为由，“马虎地”进行概念设计。只有通过认真的概念设计和随后的系统转化，才可能形成“较好的”关系模型，它们大多可满足这里所介绍的范式标准。

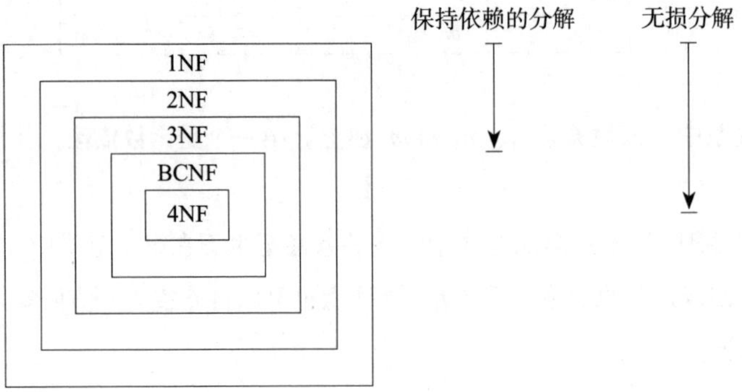


图 6-6 不同范式之间的关系

## 6.13 习题

6-1 请证明阿姆斯特朗公理的正确性。

6-2 请阐述阿姆斯特朗公理是“最小的”，即三条公理中没有一条可以从其他两条中推导出来。

6-3　请阐述从（在习题 6-1 中证明是正确的）阿姆斯特朗公理中推导出的三条推理规则（统一规则、分解规则和伪传递性规则）在函数依赖方面的正确性。

6-4　设 $F$ 是关系模型 $\mathcal{R}$ 的函数依赖集合之一，$G$ 是 $\mathcal{R}$ 所有可能的函数依赖的集合。将 $F^-$ 定义为 $G - F^+$，并称之为 $F$ 的“外部”（exterior）。因此，$F^-$ 包含不能从 $F$ 导出的函数依赖。

假设来自 $\mathcal{R}$ 的属性域是无限的（例如 integer），请针对每一个有关联的函数依赖集合 $F$，阐述存在一个关系表达式 $R$，它满足每个函数依赖 $f \in F$，但不满足函数依赖 $f' \in F^-$。以这种方式构造的关系被称为“阿姆斯特朗关系”，它以其“发明者”的名字命名（Armstrong，1974）。

请用一个（足够大的）例子来图示说明你的方法。

6-5　请阐述类型为 $\alpha \rightarrow \beta$（其中，$\beta \subseteq \alpha$）的函数依赖是“平凡的”。并阐述只有这种类型的函数依赖是平凡的。

6-6　函数依赖集合 $F$ 的正则覆盖 $F_c$ 是明确的吗？请阐述你的答案。

6-7　请观察一个抽象的关系模型 $\mathcal{R} = \{A, B, C, D, E, F\}$，其中函数依赖为：

$$A \rightarrow BC$$

$$C \rightarrow DA$$

$$E \rightarrow ABC$$

$$F \rightarrow CD$$

$$CD \rightarrow BEF$$

（1）请确定其正则覆盖。

（2）请计算 $A$ 的属性闭包。

（3）请确定所有的候选键。

6-8　请通过合成算法将以下关系模型[1]转化为第三范式：助理老板硕士生：{［工号，姓名，专业领域，老板工号，老板姓名，学号，学生姓名，学期，学生居住地］}。

〔1〕学号，学生姓名，学期，学生居住地是由助理负责的学生的数据；老板工号和老板姓名是雇用助理的教授的数据。

请逐步进行，即：

（1）确定适用的函数依赖；

（2）确定候选键；

（3）确定函数依赖的正则覆盖；

（4）使用合成算法。

请记录方法的每一步，以便可以表明方法的条理性。

6-9 请观察一个具有节点集 $V$ 和边集 $E$ 的有向图 $G=(V, E)$。设节点集 $V$ 分为 $n$ 类 $C_1$，…，$C_n$，且以下条件成立：

（1）$V=C_1 \cup \cdots \cup C_n$。

（2）针对所有的 $1 \leqslant i \neq j \leqslant n$，$C_i \cap C_j=\varnothing$ 成立。也即，这些类别是成对不相交的。

此外，假设只允许有 $v \in C_i$ 和 $v' \in C_i+1$（$1 \leqslant i \leqslant n-1$）类型（$v$，$v'$）的边。假设至少有一条边从每个节点开始，每个节点至少被一条边“击中”，图 $G$ 可以表示为 $n$ 位数的关系，如下所示：

| G | | | |
|---|---|---|---|
| $C_1$ | $C_2$ | … | $C_n$ |
| … | … | … | … |

在这种关系中，所有可能的路径都从节点 $v_1 \in C_1$ 开始，并以一个节点 $v_n \in C_n$ 为终点。

请问，该关系是哪种范式？在这个关系中有哪种多值依赖？请将该模式转化为第四范式。

6-10 将一个关系模型 $\mathcal{R}$ 分解为两个子模型 $\mathcal{R}_1$ 和 $\mathcal{R}_2$，如果 $\mathcal{R}_1 \cap \mathcal{R}_2 \rightarrow \mathcal{R}_1$ 或 $\mathcal{R}_1 \cap \mathcal{R}_2 \rightarrow \mathcal{R}_2$ 成立，那么 $\mathcal{R}_1$ 和 $\mathcal{R}_2$ 是“无损的”，请证明这一点。

6-11 如果 $\mathcal{R}$ 的每个可能的表达式 $R$ 都满足多值依赖，那么与 $\mathcal{R} \supseteq \alpha \cup \beta$ 相关的多值依赖 $\alpha \rightarrow\rightarrow \beta$ 被称为“平凡的”。确切地说，如果 $\beta \subseteq \alpha$ 或 $\alpha \cup \beta=\mathcal{R}$ 成立，那么 $\alpha \rightarrow\rightarrow \beta$ 是“平凡的”，请证明。注意，只有在第一个条件下，函数依赖才是“平凡的”。

6-12 将一个关系模型 $\mathcal{R}$ 分解为两个子模型 $\mathcal{R}_1$ 和 $\mathcal{R}_2$，如果 $\mathcal{R}_1 \cap \mathcal{R}_2 \rightarrow\rightarrow \mathcal{R}_1$ 或 $\mathcal{R}_1 \cap \mathcal{R}_2 \rightarrow\rightarrow \mathcal{R}_2$ 成立，那么 $\mathcal{R}_1$ 和 $\mathcal{R}_2$ 是“无损的”，请证明这一点。

6-13 请证明如果 $\mathcal{R}$“无损”地分解为两个子模型 $\mathcal{R}_1$ 和 $\mathcal{R}_2'$，$\mathcal{R}_2'$“无损”地分解为两个子模型 $\mathcal{R}_2$ 和 $\mathcal{R}_3'$……，则关系模型 $\mathcal{R}$ 分解为 $n$ 个子模型 $\mathcal{R}_1$，…，$\mathcal{R}_n$ 是“无损”的。

6-14 请阐述多值依赖的三个额外推导规则的正确性：

多值联合：如果 $\alpha \twoheadrightarrow \beta$，$\alpha \twoheadrightarrow \gamma$，那么 $\alpha \twoheadrightarrow \gamma\beta$。

交集：如果 $\alpha \twoheadrightarrow \beta$，$\alpha \twoheadrightarrow \gamma$，那么 $\alpha \twoheadrightarrow \beta \cap \gamma$ 成立。

差分：如果 $\alpha \twoheadrightarrow \beta$，$\alpha \twoheadrightarrow \gamma$，那么 $\alpha \twoheadrightarrow \beta - \gamma$ 和 $\alpha \twoheadrightarrow \gamma - \beta$ 成立。

因为可以从其他规则中得出这三条规则，所以它们对于完备性来说是没有必要的。

6-15 存在有一个非空关系 $\mathcal{R}$ 可以“无损”分解为 $\mathcal{R}_1$、$\mathcal{R}_2$、$\mathcal{R}_3$，而完全不满足关系表达中的任何非平凡的多值依赖。

（1）请说明为什么这与习题 6-12 中证明的定理不矛盾。

（2）请举例说明这种关系及其分解为三个子关系的情况。

6-16 请观察以下关系：

所有教授（ProfessorsAll）：{[ 工号，姓名，职称等级，办公室，课程编号，课程日期，教师，助理工号，助理姓名，硕士生学号 ]}

（1）这种关系模型当然不符合我们的质量要求。

①该模型在哪个范式中？

②请确定函数依赖。

③请确定候选键。

请确定多值依赖。

（2）请把这个关系代入第三范式中。

（3）得到的第三范式模型是否满足“更明确”的 Boyce-Codd 范式？如果否，则将其转化为 Boyce-Codd 范式。

（4）请将原模型转为第四范式。

（5）请将之前得出的 Boyce-Codd 范式模型代入第四范式，并将结果与由原始模型生成的第四范式模型比较。

6-17 已知关系模型：家庭：{ [ 爷爷，奶奶，父亲，母亲，孩子 ] }。

为简单起见，我们假设可以通过他们的名字明确识别每个人。对于变量集 [ 特奥，玛莎，赫伯特，玛丽，埃尔丝 ]，我们假设特奥和玛莎是赫伯特或玛丽的父母，总是作为一对祖父母来存储，但不清楚他们是父系还是母系的祖父母。我们进一步假设，一个孩子的父母双方和祖父母双方（即母系和父系）总是已知的。

（1）请确定所有的函数依赖和多值依赖。

（2）请遵守互补性。

（3）请确定“家庭”这一关系的候选键。

（4）请针对该模式做第四范式分解。

6-18 在6.7节中进行的对“学生报名课程”关系的分解是“无损的”，这一点可以很容易看出。此外，它也具有保持依赖性。最初的函数依赖键不能再被分配给任何关系，为什么会这样呢？提示：保持依赖性是通过闭包来确定的。

6-19 根据Thalheim（2013）的说法，上面提出的合成算法会产生不必要的大量关系。作为例子，这里观察模型 $\{A, B, C\}$ 与函数依赖 $A \to B$，$B \to C$，$C \to A$。通过基本的合成算法将从中生成三个模型，即 $\{A, B\}$，$\{B, C\}$ 和 $\{A, C\}$。然而，通过准确的分析会发现，最初的模型也已经被标准化。为什么？

为了解决这个问题，我们不仅可以在合成算法中结合具有相同左侧的函数依赖，还可以结合等价类的函数依赖，然后只为其创建一个模型。也即，如果两个函数依赖 $X_1 \to Y_1$ 和 $X_2 \to Y_2$ 的左侧是等价的，即 $X_1 \to X_2$ 和 $X_2 \to X_1$，那么这两个函数依赖在一个等价类中。

请阐述这个改进的合成算法的正确性，并构建有意义的、实际的例子，在这些例子中，通过改进的算法减少了关系的数量。

## 6.14 文献注解

关系设计理论可以追溯到Codd（1970）的早期论文，他是关系模型的发明人，并描述了第一、第二和第三范式。Boyce-Codd范式也是由Codd（1972a）在“随后”提出的。

第四范式基于多值依赖关系，由Fagin（1977）定义。

以第三范式合成关系模型的算法是由Biskup，Dayal和Bernatein（1979）提出的。

关于关系设计理论的更详细的论文可以参考Maier（1983），Abitboul、Hull和Vianu（1995），Kandzia和Klein（1993）的数据库理论书。Thalheim（1991）的书完全致力于基于依赖关系的关系设计理论。

Kent（1983）在一个极具描述性的层面上处理了关系设计理论，我们将这篇短文作为概述推荐给所有的读者。

嵌套关系型数据模型是在20世纪80年代开发的（Schek等，1986）。在德国还开发了两个基于2NF模型的著名原型。Dadom等人（1986）在海德堡的IBM科研中心实现了AIM，Schek等人（1990）在达姆施塔特大学实现了DASDBS。

# 7 数据的物理组织

在概念和逻辑设计中，人们会分析需要哪些数据，以及它们是如何相互关联的。数据的有效组织和对背景存储的访问是由物理设计决定的。为了确定一个合理且适合于应用程序和数据库系统的物理设计，至少有必要从根本上了解数据存储的方法以及不同设计策略对系统性能的影响。

本章首先介绍计算机系统的各种存储介质[1]的特点以及与这些存储介质的关系映射，其次介绍索引结构和所谓的“对象聚集”，以便读者了解支持应用程序的某些行为模式。因为物理设计的决定性因素是访问时间、维护所需的工作和数据所需的空间，所以在本章最后，将简要讨论如何识别和支持与这些因素有关的应用行为的重要特征。

## 7.1 存储介质

存储介质通常有三个层次：主存储器、外部存储器和存档器。在许多数据库系统中，这三种存储介质都是同时使用的，但用途不同。

主存储器是计算机的主要存储器。主存储器的特点是：非常昂贵，速度非常快，而且与所需的数据量相比，通常非常小；主存储器的颗粒非常精细；可以直接访问任何地址；必须在主存储器中进行对数据的所有操作。然而，主存储器一般不受系统故障的影响。因此，它在数据库系统中承担了缓冲功能。

一个典型的外部存储器是硬盘。对外部存储器中数据的访问比对主存储器中数据的访问慢了大约 99%。但外部存储器能够提供更多的空间，相对主存储器来说具有防故障功能，而且更便宜。硬盘也可以直接访问，但颗粒更大。硬盘最小的访问单位是一个扇

---

[1] 存储介质是指存储数据的载体。比如软盘、光盘、DVD、硬盘、闪存、U 盘、CF 卡、SD 卡、MMC 卡、SM 卡、记忆棒（Memory Stick）、xD 卡等。流行的存储介质是基于闪存（Nand flash）的，比如 U 盘、CF 卡、SD 卡、SDHC 卡、MMC 卡、SM 卡、记忆棒、xD 卡等。

区。在数据库系统中，“页面”（也简称“页”）通常被用作最小的单位。一个页面将位于一个轨道上的几个区块组合在一起。图 7-1 显示了硬盘的典型结构。在较大的硬盘中，几个盘片通常层叠在一个轴上，如侧视图所示。这些盘片的读 / 写磁头同步移动，即它们都位于叠加的磁道上。叠加的轨道被称为“柱面”。

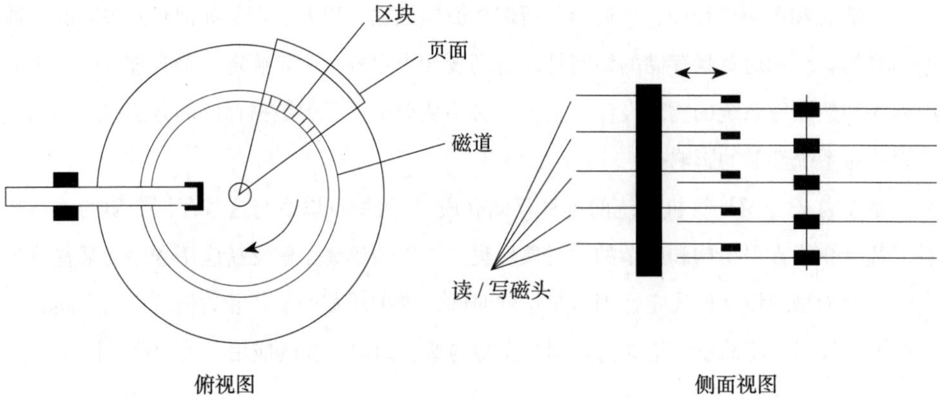


图 7-1　硬盘的结构示意图

如果想要访问一个特定的扇区，需要进行三项操作。首先，读 / 写头必须放在相应的磁道上，对此所需的时间被称为“寻道时间”[1]（Seek Time）。然后等待，直到盘片的旋转导致所寻找的区块移过磁头。预期的延迟被称为“等待时间”。因此，当磁头已经在匹配的磁道上，并且磁道内的区块被依次读取时，访问速度最快。最后，读取扇区上的数据，所需时间被称为“读取时间”。其中时间最长的通常是寻道时间。除了纯粹的机械工作过程外，还有相当数量的程序用于传输、解码和管理从硬盘读入的数据。

磁带经常被用作存档器。现在，硬盘的容量常常达到或超过磁带的容量，但磁带材料的价格却仅为每兆字节几欧分。磁带只能按顺序读和写，所以不能直接比较访问时间。在数据库使用中，存档器对记录操作很重要，正是因为它具有防故障性（见第 10 章）。

〔1〕这里的寻道时间主要是指平均寻道时间，其数值越小，则性能越好。

## 7.2 存储层次结构

图 7-2 说明了存储层次结构。三角形的几何形状是特意选择的，以表示从下到上递减的存储容量。虽然现代处理器只有几十个（到几百个）容量为 8 字节的寄存器，但存档器的存储空间实际上是无限的。该图还显示了各种存储介质的典型访问时间。在一个时钟周期内就可以访问寄存器，因此其访问时间小于 1 纳秒。在内存层次结构的下一级是处理器缓存，其中有几个层次：L1 级的容量是几百 KB；而在 L2 级中，其容量已经是 MB 级了。

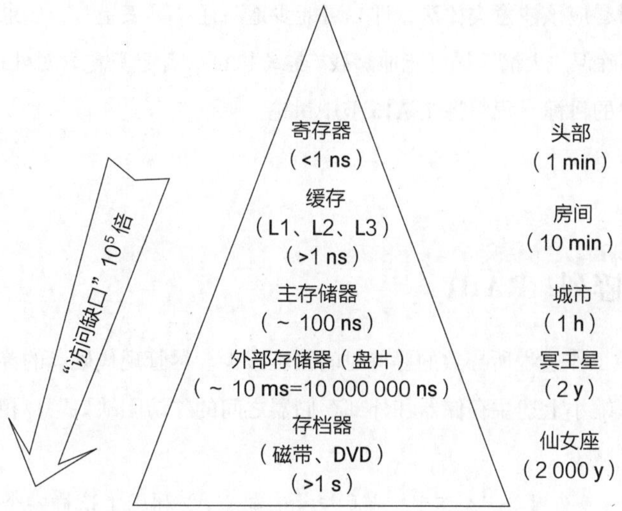


图 7-2 存储层次结构的示意图

L1 级缓存和部分 L2 级缓存集成于处理器中，其工作频率与处理器时钟（processor clock）的频率一致，而 L3 级缓存的时钟频率为几百兆赫兹。在较新的数据库架构中，如列存储（Column-Stores）和主存储器数据库系统，正在努力优化数据处理，以便更好地利用缓存。例如，可以通过优化的存储结构来实现，该结构旨在存储物理上相邻的数据，在相邻的时间访问 / 处理这些数据。由此增加了缓存的位置性，从而使所谓的“缓存命中”更频繁，使缓存失误更少。在数据库服务器中，通常有一个容量为数 GB 的主存储器，以避免将频繁访问的页面交换到外部存储器。这对数据库系统的有效运行是绝对必要的，因为主存储器的访问时间在几百纳秒之内，而外部存储器的访问时间可以达到 10 毫秒。因此，相对差异是 $10^5$ 倍，这里将其称为“访问缺口”。Gray 和 Graefe（1997）提出了所谓的“5 分钟规则”，根据这一规则，每隔 5 分钟访问一次的页面都应该留在主存储器中。与基于盘片的外部存储器相比，存档器的速度更慢，体积更大。

Graefe 还提供了图 7-2 中右侧所示的类比法，这有助于说明访问时间的相对差异。如果将寄存器与存储在“头部”的数据联系起来，那么缓存数据就对应着位于同一“房间”的此类对象。而主存储器的驻留数据则相当于位于同一个“城市”中，可以在 1 个小时内访问。通过比较同一“城市”的数据对象和搭乘火箭飞行 2 年访问冥王星上的数据对象，可以清楚地看到主存储器和外部存储器之间巨大的相对“访问缺口”。存档器上对应的是位于仙女座星系的数据，只有在飞行时间达到 2 000 年后才能获得。在设计数据处理算法时，应该注意类比法，即尽可能少地飞往“冥王星”，如果必须飞往“冥王星”，那么要确保“火箭”尽可能地满载（链式 I/O），并且只包含对处理有用的数据。后者是对象聚集的目标，我们将在 7.15 节中讨论。

## 7.3 存储器阵列：RAID

硬盘的机械工作过程所导致的等待时间很难减少。尽管现代硬盘的旋转和传输速度很高，但仍无法缩小上述主存储器和外部存储器之间的“访问缺口”；相反，这种缺口正在增加而不是减少。

RAID 技术（廉价磁盘冗余阵列，也称“磁盘阵列”）利用了这样一个事实，即不是操作单一的（相对大）驱动器，而是平行操作几个（相对小和便宜的）驱动器。廉价的驱动器通过相应的 RAID 控制器，像一个具有许多独立读 / 写头的单一逻辑（虚拟）驱动器一样对外界透明地工作。

RAID 最多有 8 个级别：RAID 0 至 RAID 6，以及 RAID 0+1（或 RAID 10）。更高的 RAID 级别不一定意味着性能的提高，更多情况下，这些级别只是共存并优化了不同的访问程序文件。

在 RAID 0 中，逻辑驱动器的数据量通过逐块旋转分配到物理驱动器中。例如，如果存在两个驱动器，则驱动器 1 接收逻辑驱动器的数据块 *A*、*C*、……，驱动器 2 接收数据块 *B*，*D*，……，如图 7-3（b）所示。这个过程被称为“数据拆分”（Striping）。

数据块的大小被称为“数据拆分颗粒”或“拆分颗粒”，盘片的数量被称为“拆分宽度”（Stripingbreite）。

如果控制器要求有一定数量的连续数据块，则首先它可以在驱动器之间分配这个请求，其次驱动器可以并行地处理这些数据块，最后，控制器“收集”结果，并将其重新组合成一个逻辑单元（例如 *A*、*B*、*C*、*D*、……）。对于较大数量的请求数据，处理速度几乎与现有驱动器的数量成线性比例。

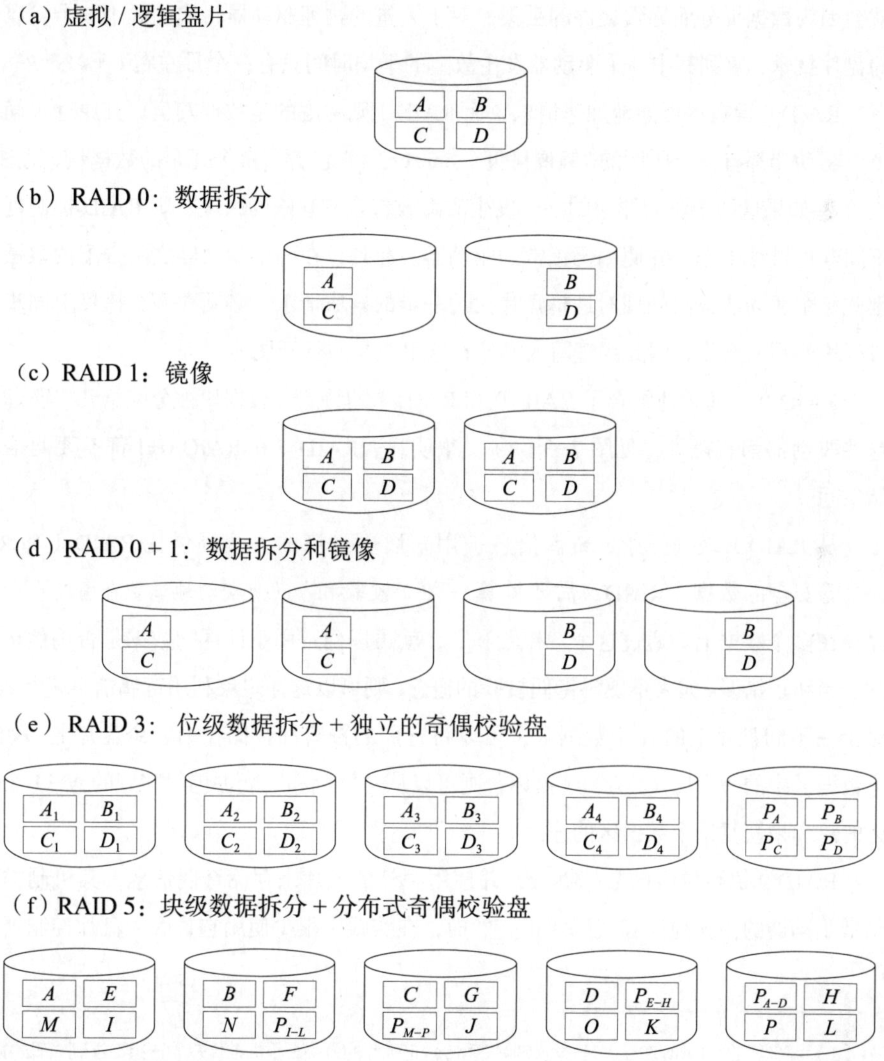


图 7–3 不同 RAID 级别的图示

单个区块的随机读取并没有得到有效的加速，因为我们当然不能利用区块的单个请求中的并行性。但是，当许多随机放置的区块收到不同进程的并行请求时，就会发生负载平衡问题。处理请求时产生的队列被分配到各个硬盘上，因此队列处理时间比无RAID 时的情况要短。

请注意，RAID 0 是非常容易出错的。这是因为：组建 RAID 0 级别的物理盘片的数量相应较多，一个文件被分配给所有的物理驱动器，如果这些驱动器中有一个出现故障，就会因为数据拆分而导致文件的丢失。对于大量的物理驱动器，比如说 100 个，以今天的盘片技术，直到其中一个驱动器发生故障的平均时间只有一个月左右（见习题 7–1）。

RAID 0 旨在尽可能地加速请求，而 RAID 1 则考虑的是数据安全。其原理很简单：每个驱动器都有一个所谓的“镜像拷贝”（mirror），它包含了整个冗余的数据量，见图 7–3（c）。如果这两个驱动器中的一个发生故障或包含有缺陷的区块，则 RAID 控制器可以不间断地继续工作，并使用仍正常的驱动器。此外，在两个驱动器之间分配读取操作，因此每个驱动器只需处理对逻辑盘片大约一半的读取请求。必须在两个拷贝上同步进行对区块的写入操作，因此物理写入操作在这里也是并行开展的。

RAID 0+1 简单地结合了 RAID 0 和 RAID 1 的特点。数据块被分配给几个驱动器，这些驱动器都有拷贝，见图 7–3（d）。很明显，RAID 1 和 RAID 0+1 都需要两倍的存储空间。

从 RAID 2 级别开始，奇偶信息被用来以更经济的方式提供比 RAID 1 和 RAID 0+1 更安全的数据。RAID 2 需要计算一种“校验和”（更确切地说是奇偶校验〔1〕）并保存在多个数据上。通过这个“校验和”，就可以确定用于计算的数据是否仍然正确，并适当纠正错误。如果不熟悉奇偶校验的概念，则可以这样想象利用奇偶信息进行纠错：对于在不同盘片上的 $N$ 个数据区，可以将它们的校验和存储在另一个盘片上。如果 $N$ 个数据区中的一个（或其盘片）损坏，则可以从“校验和”减去仍然完好的 $N-1$ 个数据区的总和来恢复这个数据区的值。

RAID 2 执行位级的数据拆分，并使用额外的盘片来存储奇偶信息，其机制类似于磁带驱动器的错误检测和代码纠正。然而，在实践中很少使用它，因为盘片控制器已经

〔1〕奇偶校验（Parity Test）是一种校验代码传输正确性的方法，根据被传输的一组二进制代码的数位中“1”的个数是奇数或偶数来进行校验。采用奇数的称为“奇校验”，反之，称为“偶校验”。采用何种校验是事先规定好的。通常专门设置一个奇偶校验位，用它使这组代码中“1”的个数为奇数或偶数。若用奇校验，则当接收端收到这组代码时，要校验“1”的个数是否为奇数，从而确定传输代码的正确性。

内置了错误检测机制。

RAID 3 和 RAID 4 使用一个单一的、专用的硬盘来保存奇偶信息。该奇偶信息仅在其中一个数据盘（或其中的一个存储区域）有缺陷时用于纠错。

图 7–3（e）中显示了有四个用于“数据拆分”的数据盘和一个奇偶校验盘的配置基本方案。

在 RAID 3 中，数据逐位或逐个字节地分配到数据盘上。在我们的图示中，该方法显示了四个数据盘的情况。其中，数据块的第一个位（或字节）分配到第一个盘片，第二个数据块分配到第二个盘片，以此类推。第五个位又置于第一盘片上。如果我们把数据块 A 的位表示为 $A[1]$，$A[2]$，$A[3]$，…，则数据 Stripe $A1$ 包含位 $A[1]$，$A[5]$，$A[9]$，$A[13]$，…。因此，一般情况下，在四个盘片中，位 $A[i]$ 置于盘片 $i \bmod 4$ 上。右边所示的奇偶校验盘包含奇偶信息，它是由相应的 Stripe 逐位计算出来的，如下所示：

$$A[1] \oplus A[2] \oplus A[3] \oplus A[4],\ A[5] \oplus A[6] \oplus A[7] \oplus A[8],\ \cdots$$

其中 ⊕ 表示“异或”（exclusive OR）[1]。因此，无论奇数位（奇偶校验值 = 1）还是偶数位（奇偶校验值 = 0）被设置在四个数据盘的相应四位中，它都存储在奇偶校验盘片的一个位上。在 $N$ 个通过奇偶校验盘进行备份的数据盘中，与（不安全的）无 RAID 存储相比，存储需求增加了 $1/N$。

在 RAID 3 中，一个读取请求必须访问所有的数据盘来重建一个逻辑数据块，奇偶校验盘只在发生错误时才被读取。写入请求则同时需要数据盘和奇偶校验盘来重新计算奇偶信息。

RAID 4 将数据以块的形式重新分配给盘片，因此可以比 RAID 3 更有效地处理较小的读取请求。这是以写入请求为代价的：必须读取数据块原来的内容和奇偶校验块，然后写入数据块的新内容和修正后的奇偶信息。一个特别的缺点是，每个写入操作必须访问一个奇偶校验盘。

RAID 5 的工作原理与 RAID 4 类似，但前者将奇偶信息分配在所有驱动器上，见图 7–3（f）。在 RAID 4 中，读取操作不能使用所有的驱动器，因为其中一个是用于奇偶

---

〔1〕“异或”（xor）是一种逻辑运算。异或的数学符号为“⊕”，计算机符号为“xor”。其运算法则为：$a \oplus b = (\neg a \wedge b) \vee (a \wedge \neg b)$。如果 $a$、$b$ 两个值不相同，则异或结果为 1；如果 $a$、$b$ 两个值相同，异或结果为 0。异或也叫“半加运算”，其运算法则相当于不带进位的二进制加法。在二进制下，1 表示真，0 表示假，则异或的运算法则为：$0 \oplus 0=0$，$1 \oplus 0=1$，$0 \oplus 1=1$，$1 \oplus 1=0$（同为 0，异为 1）。这些法则与加法是相同的，只是不带进位，所以异或常被视作不进位加法。

校验的，而写入操作总是使用（唯一的）奇偶校验盘，通过改变后的分配方式有效地消除了这个由奇偶校验盘引起的瓶颈。然而，写入操作的“开销”（Overhead）仍然是不可忽视的，因为写入一个数据块需要重新计算相关的奇偶校验块。这需要读取数据块和奇偶校验块的原有状态，从原来和新状态的数据块以及原来的奇偶校验块中计算出新的奇偶校验块（如何计算？），然后写入数据库和奇偶校验块的新状态。

RAID 6 对 RAID 5 的纠错能力有所改进，我们在此不作赘述。需要注意的是，RAID 3 和 RAID 5 最多只能纠正一个用于奇偶校验日期的数据中的错误。

当然，对于一个给定的应用来说，首选哪一个 RAID 级别，取决于应用程序（例如，与写入操作相比，读取操作的比例）和待实现的防故障设计。

今天，商业上可用的 RAID 系统通常有灵活的配置，可为相应的应用领域提供最佳的 RAID 级别。在发生故障的情况下，即如果磁盘阵列中的一个盘片发生故障，则这些系统可以自动激活一个预先安装的替代盘片（所谓的“热备盘”hot spare），并重建故障盘片的数据，然后将其写入该替代盘片中。

即使没有使用 RAID 系统，许多数据库系统也支持将记录（变量集）数据拆分到不同的盘片上。在一些系统中，可以根据语义标准（即根据某些属性的值）来控制记录的置放，以实现所使用盘片的更好的负载平衡。

尽管 RAID 系统具有容错性，但我们强烈提醒读者不要忽视对数据库状态的系统性归档和记录，以便进行故障修复，详见第 10 章所述。请注意，大多数 RAID 级别一次只能允许出现单个盘片的故障。然而，在通常情况下，RAID 系统中的所有盘片都在同一个空间里，所以它们有可能同时受到外部影响（火灾、水灾等）。因此，使用 RAID 系统只能起到增加恢复数据库所需平均时间的作用。RAID 系统不会放弃数据库恢复的归档和记录！

## 7.4 数据库缓冲区[1]

上一节提到，必须在主存储器内的数据上进行所有操作，因此，不可能直接在外部

〔1〕数据库缓冲区是用户前端用来存储、操作数据的对象。在每一个数据窗口对象中有 4 个二维表作为数据库缓冲区，用来存储查询到的数据。

存储器的页面上操作，在处理之前需要将数据读入所谓的“数据库缓冲区”中。

在主存储器中保留页面的时间比请求它们的操作时间长是非常有意义的。在大多数情况下，观察应用程序行为中的位置性——连续访问多次同样的数据，如果此时主存储器中的数据仍然可用，就不需要再从外部存储器中加载。如果考虑到“访问缺口”，即上面提到的主存储器和外部存储器访问之间的差异倍数约为 $10^5$，那么运行时间就会有较大的改进。

然而，由于主存储器不仅速度快得多，而且比外部存储器小得多，所以一个页面不可能永远保持在缓冲区。在某些时候，必须从缓冲区中删除旧页面，以便为新页面腾出空间。通常，数据库缓冲区包含固定数量的缓冲区框架，即一个页面大小的存储区域。当这些缓冲区框架都填满时，将替换一个页面。如果它被修改过，可能会写回外部存储器。选择的待替换页面取决于替换策略。

理想的情况是，应该尽可能地删除一个不需要的页面。在本书中，我们没有更详细地讨论替换策略。

图 7-4 展示了数据库缓冲区和外部存储器之间的互动。请注意，并不是总能实现在外部存储器区块上直接先后写入“逻辑上相邻”的数据库页面。这可以通过无序的页面来表示。

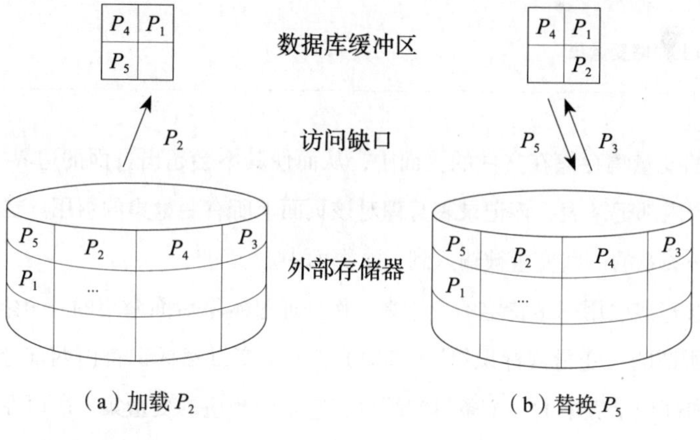


图 7-4 DBMS 中的缓冲区管理

在图 7-4（a）中，$P_2$ 页面被读入数据库缓冲区中的自由框架。读取 $P_2$ 后，可以不通过外部存储器访问位于 $P_1$、$P_2$、$P_4$ 和 $P_5$ 页面的数据，非常方便。如果要读取位于 $P_3$ 页面的数据，则必须释放缓冲区的一个页面。对此请参考图 7-4（b），在这里，$P_5$ 已被移除，以便为 $P_3$ 腾出空间。如果在缓冲区中改变了 $P_5$ 页面，则必须将其写回外部存储器中，否则可以简单地将其覆盖。

## 7.5 将关系映射到外部存储器

为了将关系适当地映射到外部存储器并支持访问，必须注意存储介质的特征。

相关的图示如图 7–5：对于每个关系，外部存储器的几个页面被合并成一个文件。

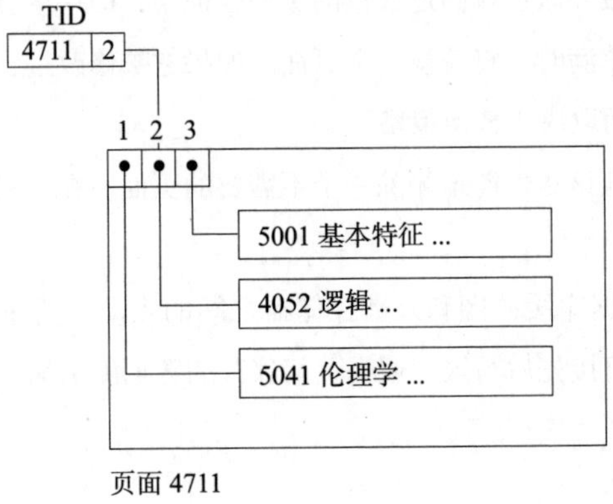


图 7–5　在页面上存储变量集

关系中的变量集存储在文件的页面中，从而使其不会超出页面的边界。[1] 每个页面都包含一个内部记录表，该记录表管理对该页面上所有变量集的引用。在图 7–5 中，“课程”这一关系的一些变量被输入到一个页面中。

为了能够直接引用一个特定的变量集，例如通过本章后面介绍的一个索引结构，我们使用一个所谓的“变量集标识符”（TID）。一个变量集标识符由两部分组成：一个页面编号和内部记录表中的一个条目的编号，它指向相应的变量集。所以在图 7–5 所示的变量集标识符（4711，2）指的是属于“逻辑”课程的变量集。

当页面需要进行内部重组时，这种额外的间接性很有用。让我们假设“逻辑”课程

〔1〕除了速度上的损失外，跨越页面边界的分散储存也会导致寻址、多用户同步和错误处理方面的问题。

的变量集增加，而且页面上仍有足够的空间，那么就可以像图 7-6 那样简单地移动它而不改变相关的变量集标识符。因此，所有的引用也适用于这个变量集。

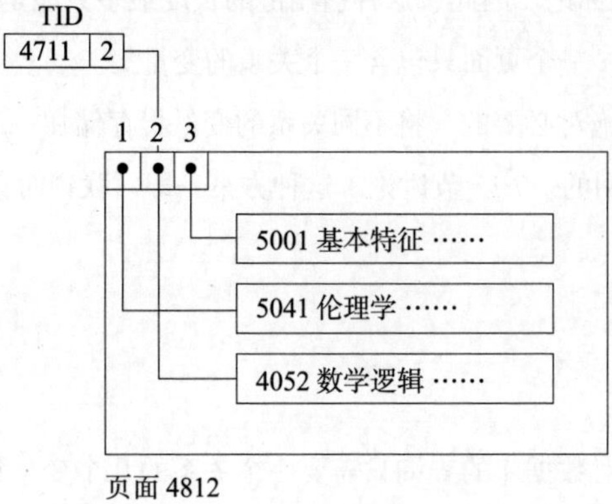


图 7-6　在一个页面内移动变量集

图 7-7 显示了变量集继续增加而页面上没有足够空间的情况：必须将其转移到另一个页面。为了保持引用的不变性，要在变量集原来的位置留下一个可以找到它的标记。

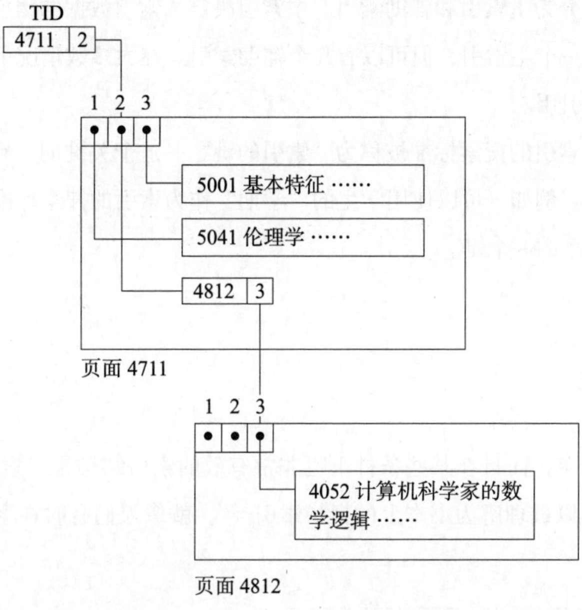


图 7-7　从另一个页面上移动一个变量集

当然，这需要在读取有变量集标识符（4711，2）的变量集时额外访问页面，这在上个例子中是没有必要的。如果这个变量集再次从页面 4812 移出，就不会插入其他占位符，但会改变首页 4711 的标记。因此，这种引用链的长度最多只能是两个。

在我们的例子中，一个页面只包含一个关系的变量集。

然而，这并不是绝对必要的。将不同关系的变量集存储在一起，以改进应用程序的定位，或许是非常有用的。7.15 节讨论了这种方案，即“联锁对象聚集”。

## 7.6 索引结构

在许多情况下，对数据库的查询只需要一个关系的几个变量集。然而，如果记录存储在文件中而没有任何额外的信息，则必须搜索整个文件，以找到符合某种标准的变量集。使用外部存储器的直接访问方案可能会更有意义。下面讨论的索引结构通过为一个给定的搜索标准指定文件中的匹配数据记录来达到这一目的。

但是，改进访问并不是凭空而来的：像所有其他信息一样，也必须维护索引，并需要一定的空间。在本章的最后，我们将研究何时创建索引是有利的。

此外，索引分为主索引和辅助索引。主索引决定了索引数据的物理排列。因此，每个文件可能只有一个主索引，但可以有几个辅助索引。在大多数情况下，一个关系的主键也被主索引所引用。

通常，用于索引的搜索标准被称为“索引的键”。这个关键词与到目前为止介绍的键没有任何关系。例如，可以使用学生的“学期”作为索引的搜索标准，尽管“学期”不是“学生”关系的一个键。

## 7.7 ISAM

一个非常简单，而且在某些条件下也非常有效的索引结构是“索引顺序访问法”（ISAM）。它可以被理解为书本上的拇指索引[1]，就像人们有时在字典或百科全书中

---

〔1〕拇指索引是指在精装词典（或平装书册）的翻口处通过冲孔并粘上字母（或直接印上字母）的工艺，以帮助读者快速查询的一种索引方式。

所看到的那样。当查询一个词时，人们首先通过拇指索引选择一个可能有待搜索词的区域，如果该词存在，然后在这里搜索。

图 7–8 显示了 ISAM 的结构。索引和记录 $D_i$ 都是根据键 $S_j$ 来存储的。因此，一个记录 $D_i$ 由键 $S_i$ 和进一步的信息（属性）组成，但是，我们在下文中将忽略这些信息。

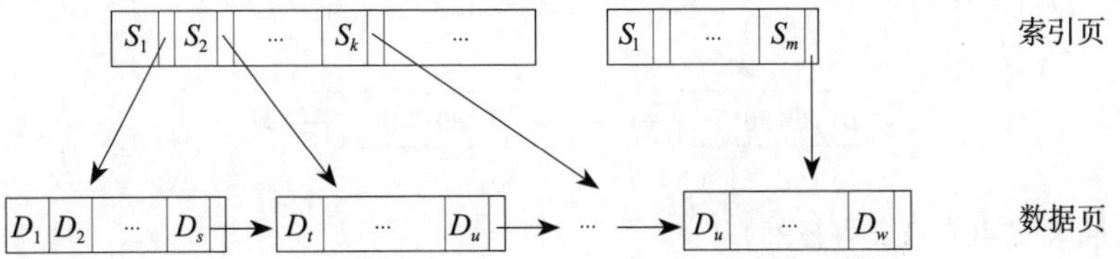


图 7–8　ISAM 的结构示意图

索引位于外部存储器上按顺序先后存储的页面上。

在索引的一个页面内，键和引用是交替存储的。键 $S_i$ 和 $S_{i+1}$ 之间的引用指向那些键值大于 $S_i$ 且小于或等于 $S_{i+1}$ 的记录的页面。为了简单起见，假定 $S_1$ 的索引键值范围的类型为 $-\infty$，并且搜索键中没有副本。

1. 搜索一个键：在索引中，可以使用二进制搜索，通过按顺序排列页面来找到一个特定的键值或区间。如果找到了该值的位置，就可以追踪到数据页的相应引用。从这个数据页开始，根据排序的关系，可以读取所有其他的数据页，直到找到不再符合指定搜索标准的记录。

2. 插入一个键：遗憾的是，结构和搜索的简单性在维护中表现出负面效果。如果待插入的记录根据搜索键属于填充的数据页，则插入记录时可能要花费大量精力。首先，尝试与相邻页达到平衡，即把一条记录位移到有自由空间的相邻页，并对索引条目加以修正。如果不可能实现平衡，在最坏的情况下，必须创建一个新的数据页，并将整个索引从这个位置向右移。

图 7–9 显示了在一个例子中插入记录时的三种可能情况（正常插入、平衡、创建新的数据页）[1]。

[1] 在创建新的数据页时，将数据平均分配到溢出页和新页上可能是有用的，在后面的 B 树中将讨论这一点。

3. 删除一个键：可以从一个数据页中删除键，直到数据页为空。必须从索引中删除一个空的数据页，而且可能必须再次移动索引。与插入类似，如果填充正常，也可以先尝试与相邻页达到平衡。

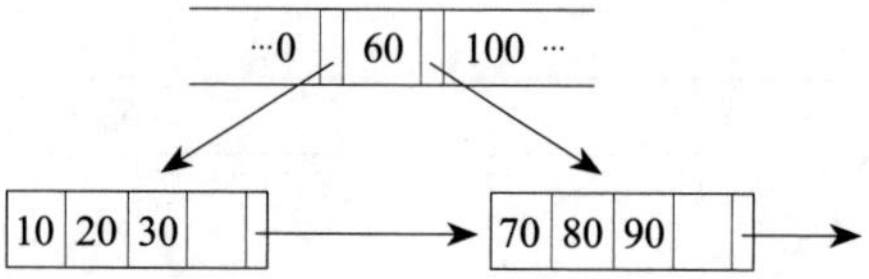


a）插入“40”（正常插入）

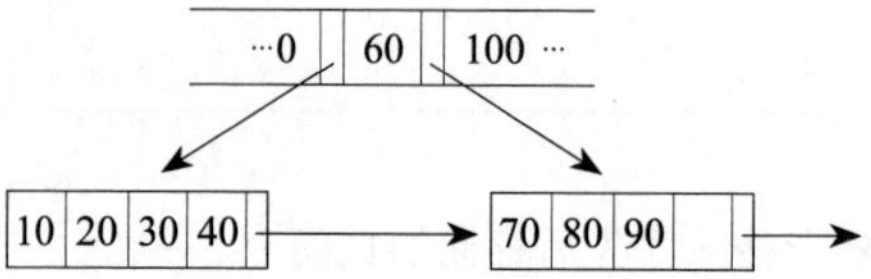


b）导入“25”（平衡）

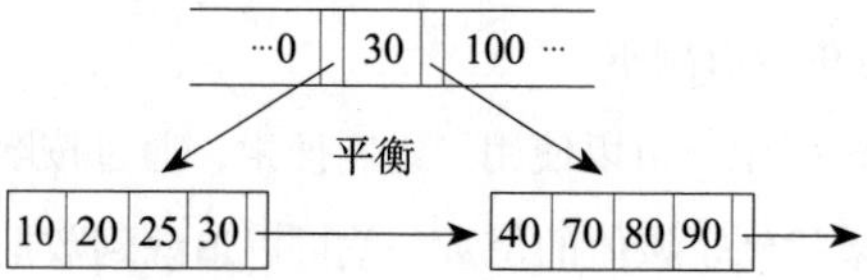


c）插入“26”（创建新的数据页）

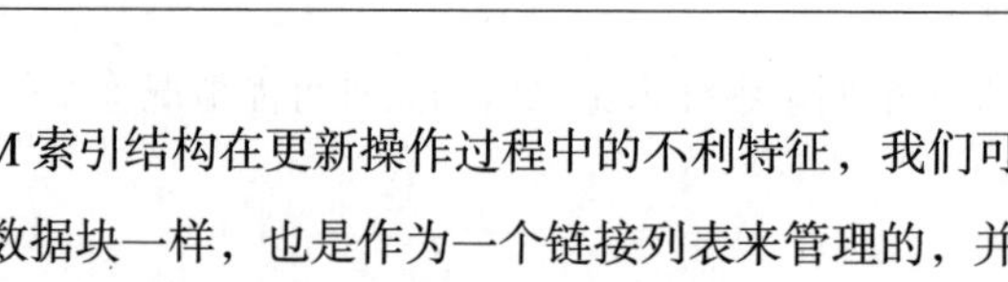

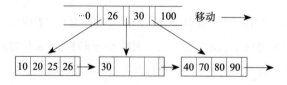


图 7–9 插入记录时的三种可能情况

为了改善 ISAM 索引结构在更新操作过程中的不利特征，我们可以引入另一种间接方式，使得索引和数据块一样，也是作为一个链接列表来管理的，并且创建出一个索引块的指针数组。这样，位移的必要性不大，也不需要考虑。通过第二种间接方式，索引结构变得类似于一棵树。因此，ISAM 可以被看作下面所讨论的 B 树的前身。

## 7.8 B 树

普通的“二叉树”设计为主存储器的搜索结构，但它不适合作为外部存储器的存储结构，因为它不能被有效地映射到页。因此，人们使用多路径树（B 树）进行外部存储，其节点大小与页面容量相匹配。

“树上”的一个节点对应于外部存储器的一个页面。

B 树及其变种在搜索过程中对负载和页面访问数量都有固定的限制。只有在跟踪边界时才需要切换页面。因此，搜索过程中的最大页面浏览量受到树的高度限制。图 7-10 显示了 B 树的结构。由于平衡，从“根”到树上“叶”的每条路径都是等长的。

为简单起见，在这种表示法中，我们假设一个页面对应于“树”的一个节点，最多可以容纳四个条目。在实践中，页面的容量要高好几个数量级。一个条目由键 $S_i$ 和包含这个键的记录 $D_i$ 组成。在辅助索引中，输入的不是记录，而是记录的 TID（即引用）。对于每个条目 $S_i$，都有一个指向节点的引用 $V_{i-1}$，其对应节点包含较小的键值，此外，还有一个对应于节点并有较大键值的引用 $V_i$。图 7-10 中放大的节点包含两个条目，其余两个条目是空的。

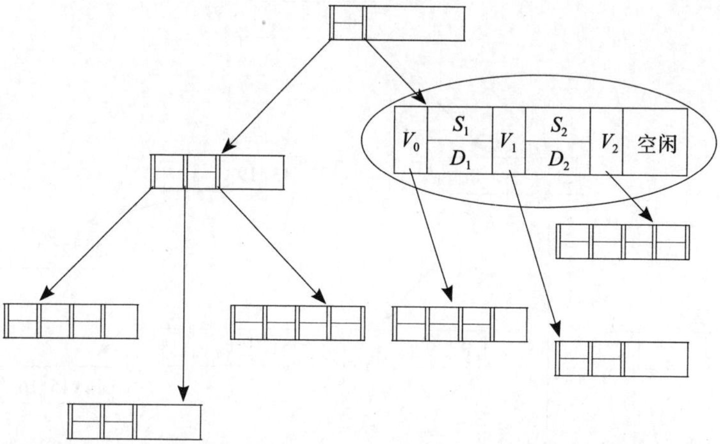


图 7-10　B 树的结构

因此，$k$ 等级的 B 树具有以下特征：

1. 从“根”到“叶”的每条路径都有相同的长度。

2. 除了“根”之外，每个节点都有至少 $k$ 和最多 $2k$ 个条目。“根”部有 1 ~ 2 个条目。条目在所有节点中都保持排序。

3. 所有有 $n$ 个条目的节点，除了“叶”，都有 $n+1$ 个子节点。

4. 设 $S_1$，…，$S_n$ 是一个有 $n+1$ 个子节点的键，$V_0$，$V_1$，…，$V_n$ 是这些子节点的引用，则以下成立：

（1）$V_0$ 指向键值小于 $S_1$ 的子树。

（2）$V_i$（$i=1$，…，$n-1$）指向子树，其键位于 $S_i$ 和 $S_{i+1}$ 之间。

（3）$V_n$ 指向键值大于 $S_n$ 的子树。

（4）在叶子节点中，没有定义指针。

在上述定义中，为了简单起见，我们假设密钥的唯一性（另见习题 7-6）。

为了使每个节点的最小占用量 $k$ 个条目符合所要求的特征，可能必须在删除过程中合并占用量不足的节点。同样，如果要在最大占用量为 $2k$ 个条目的情况下插入另一个条目，则可能要拆分一个节点。在某些情况下，也可以调整相邻的节点。

我们用图 7-11 中的简化例子来说明插入一个键的过程。在这个 2 级 B 树中，需

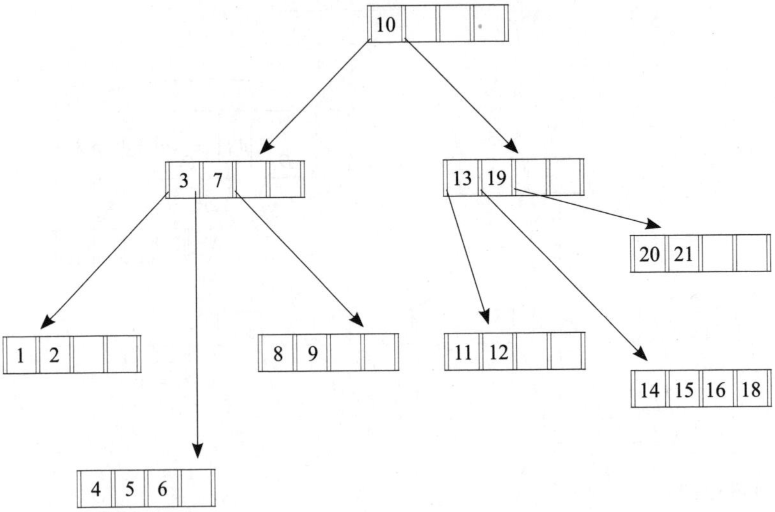


图 7-11　示例属性图（$k=2$）

要插入数字 17，即带有键 17 的记录，这里没有详细地显示出来。首先，通过树的降级来寻找插入点，这里是在数字 16 和 18 之间。但是，在相应的节点中没有足够的空间，因此必须拆分。对此，中间的条目，即数字 16 被推上父节点。然后，以前在 16 左右两边的数字各自形成一个独立的节点，如图 7-12 所示。这两个新节点满足了所需的最低占用量。在某些情况下，拆分的过程可以继续到根部。在根部也被完全占用的情况下，必须创建一个新的根节点，并将根的原始条目分给两个新的子节点。这样，这棵"树"又长高了一个层次。我们以算法的形式再次描述这个插入过程：

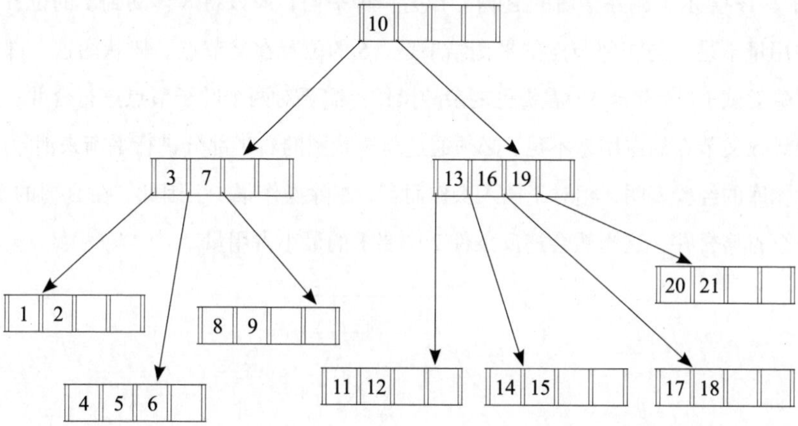


图 7-12 插入一个"17"

1. 对键进行搜索；在插入点结束（失败）。

2. 插入键。

3. 如果该节点被过度填充，则将其拆分：

（1）创建一个新节点，并用大于中间条目键值的过度填充节点的条目填充。

（2）在过度填充节点的父节点中插入中间条目。

（3）将父节点中的新条目右边的引用连接到新节点上。

4. 父节点现在是否过度填充？

（1）如果是根，则创建一个新的根。

（2）对父节点重复步骤 3。

删除一个键时的操作取决于一个条目是要从叶子节点还是从内部节点中删除：在一个叶子节点中，可以简单地删除一个条目；在一个内部节点中，必须保留与该节点的子节点的连接,所以要搜索第二大(或第二小)的键并置放在原来键的位置。在这两种情况下，一个叶子节点的占用量可能会较小，在第二种情况下，它是第二大（第二小）的键的原始位置。为了确保该树状图不违反定义中的条件 2，需要通过它的一个“邻居”平衡该节点，或者与它合并。平衡使两个节点的内容均匀分布。只有在两个节点的占用量都最小的情况下，才能进行合并。在这种情况下，一个节点除了其内容外，还包含来自父节点的相应的键。反过来，这又会导致父节点的占用量不足，并继续向上进行合并或平衡过程。

图 7–13 显示了删除 7 后的 B 树。作为一种平衡，应该将 8 移动到 7 的位置，这将导致占用量不足。与相邻节点的平衡结果是：6 的位置在父节点。树状图这一部分的另一次删除尝试（例如删除 5）需要更复杂的操作：需要对两个叶子节点进行合并；此外，这还会导致父节点的占用量不足，必须通过与树状图的右半部分进行平衡来消除。然而，实际数据库的经验表明，相对于插入操作而言，删除操作很少。因此，在 B 树的操作中，通常完全省略合并，这当然会违反条件 2 中要求的最小占用量。

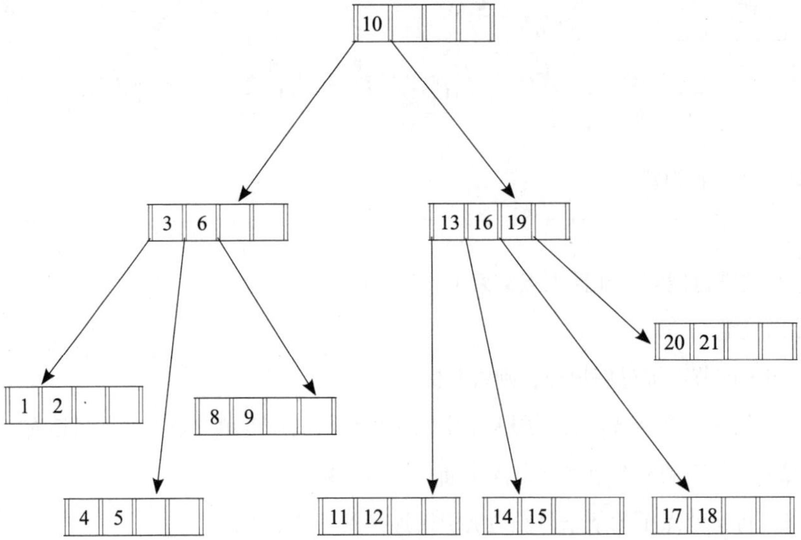


图 7–13 删除“7”

需要再次强调的是，例子中所述的数量级是不现实的。真正的 B 树有 100 个左右的分支，当然，这取决于记录的大小和页面的容量。因此，举例来说，大约 4 次页面访问（相当于 B 树的高度）就足以实现在 $10^7$ 个条目中找到一条记录。

## 7.9 $B^+$ 树

由于每个节点占用外部存储器的一个页面，B 树的高度与用于寻找日期的页面访问次数直接相关。因此，对于 B 树来说，较高的分支级是可取的，“树”的分支越多，它就越复杂。B 树的分支级取决于记录存储在节点中时的大小。在 $B^+$ 树[1]中，通过只在“叶”中存储数据来降低高度。

因此，它也被称为“空心树”。其内部节点只包含作为路标（road map）的参考键 $R_i$。因此，必须始终完全在“叶”上进行对记录 $D_i$ 的搜索。$B^+$ 树的结构示意图见图 7–14。

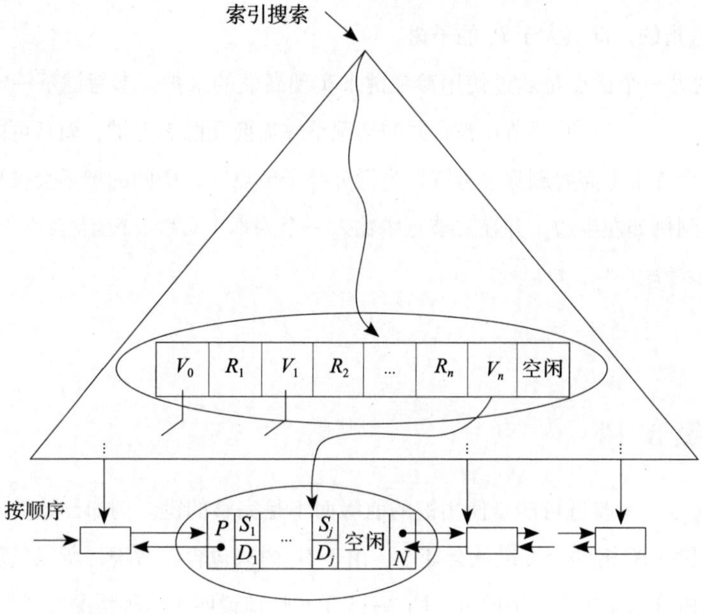


图 7–14 $B^+$ 树的结构示意图

〔1〕这里的术语并不完全明确，在许多情况下也使用 B* 树的名称。最初由 Knuth（1973）定义的 B* 树是 B 树的一个变种，它是通过再分配来保证最小节点占用量为 2/3 的。本节介绍的树状图不是由 Knuth 命名的，但我们遵循 Knuth（1979）所提出的一个建议并称其为“$B^+$ 树”。

为了进一步有效地按顺序处理记录，叶子节点分别与前一个（$P$）和后一个（$N$）叶子节点的指针以期望的搜索顺序相连。

因此，（$k$，$k^*$）类型的 $B^+$ 树具有以下特征：

1. 从“根”到“叶”的每条路径都有相同的长度。

2. 每个节点（除了“根”和“叶”）至少有 $k$ 个，最多有 $2k$ 个条目。“叶”至少有 $k^*$ 个和最多 $2k^*$ 个条目。“根”或者有最多 $2k$ 个条目，或者是一个有最多 $2k^*$ 个条目的“叶”。

3. 每个有 $n$ 个条目的节点，除了“叶”，都有 $n+1$ 个子节点。

4. 设 $R_1$，…，$R_n$ 是具有 $n+1$ 个子节点的内部节点（也就是“根”）的参考键，$V_0$，$V_1$，…，$V_n$ 是这些子节点的引用，那么：

（1）$V_0$ 指的是键值小于或等于 $R_1$ 的子树。

（2）$V_i$（$i=1$，…，$n-1$）指的是子树，其键位于 $R_i$ 和 $R_{i+1}$（包括 $R_{i+1}$）之间。

（3）$V_n$ 指的是键值大于 $R_n$ 的子树。

$B^+$ 树的另一个优点是通过使用参考键来实现高效的维护。参考键不一定要对应真实的键。因此，只有在叶子节点被合并的情况下才需要删除参考键，而且可能在由此产生的进一步合并中也需要删除参考键。当拆分叶子节点时，中间的键不会被移到父节点上，而是移到例如左半边，并在父节点中输入一个副本（或另一个能使两个“叶”的记录产生差异的参考键，见下文）。

## 7.10 前缀 $B^+$ 树

$B^+$ 树的另一种改进可能是使用键的前缀而不是完整的键。例如，如果使用较长的字符串作为键，$B^+$ 树的分支级就会变小。由于 $B^+$ 树只包含参考键，所以只需要找到一些键，将子树分到左边和右边即可。图 7-15 示意性地说明了这种情况。

通常情况下，“哥白尼”应该是为作出分支决定而输入的参考键。但是，输入任何其他可能的最短的键 $R$ 更节省空间，它具有以下特征：

$$\text{哥白尼（Koperuik）} \leqslant R < \text{波普尔（Popper）}$$

例如，一个“M”。然而，该方法对于相邻的键可能会出错，例如，如果搜索一个 $R$，其中：

$$\text{系统程序（Systemprogramm）} \leqslant R < \text{系统程序员（Systemprogrammer）}$$

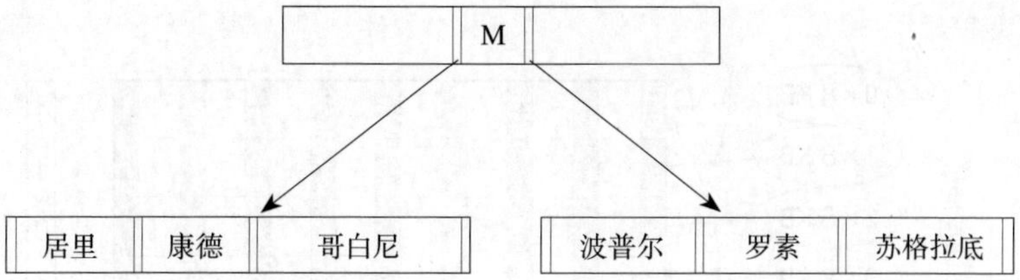


图 7-15 前缀 $B^+$ 树的示意图

## 7.11 B 树的外部存储器结构

为了简单起见，我们将在此讨论 B 树的结构。对 $B^+$ 树的异质节点结构的设计留给读者作为练习。

B 树设计为外部存储器的索引结构。因此，B 树的节点对应于在外部存储器和位于主存储器的系统缓冲区之间来回传输的页面，这些页面的典型大小在 8 KB 范围内。然后通过指向后续节点的指针的大小（通常为 4 B）以及索引搜索键的大小和指向变量集标识符（TID）的指针的大小来计算分支级（在前面的讨论中称为 $k$ 或 $2k$），这些指针的大小至少是 8 B 。我们让读者来计算常见搜索键［int、long、char（20）等］的分支级。文件中这些节点 / 页面的存储结构如图 7-16 所示。

因此，该文件被划分为各个大小为 8 KB 的区块 / 页面。这些区块对应于 B 树中的节点。灰色字段代表对子节点的引用 / 指向，而白色字段包含搜索键和有该搜索键的记录的 TID。由于也允许存在“空运行”的 B 树的节点 / 页面，所以以位向量的形式进行空闲存储器管理是必要的。一个“0”条目表示一个空闲块，可用于节点的下一次溢出。因此，把对子节点的引用存储为区块编号。在图 7-16 中，只显示了对区块 3 和区块 0 的两个引用。因此，它们在文件中的初始位置计算为节点 / 模块大小的倍数，如左边的注释所示。除了所示的结构外，还必须知道根节点的存储位置，以便在“树”上进行导航。因为 B 树在高度增长过程中总是得到一个新的“根”，所以 B 树不在“0”的位置，必须在外部存储器中持续和永久地更新它的位置。

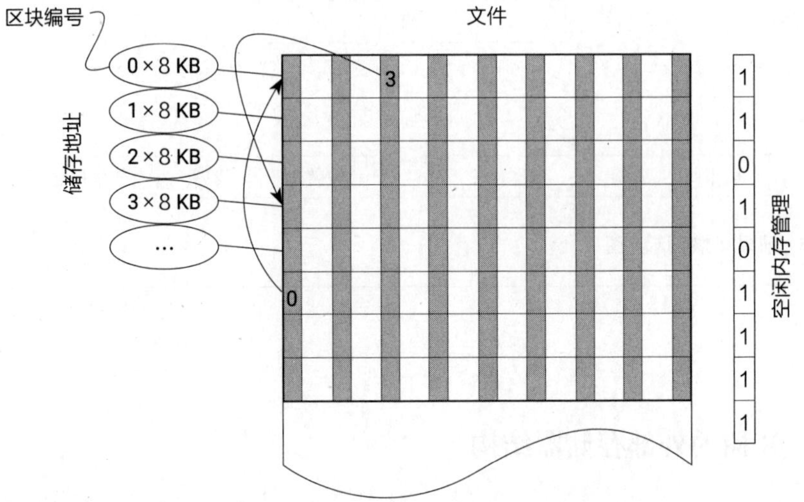


图 7-16　B 树的外部存储器结构

图 7-17 说明了外部存储器和系统缓冲区之间的相互作用。索引的大部分节点（或多或少）位于系统缓冲区中。根据经验，几乎所有 B 树的内部节点都应该位于系统缓冲区中，对外部存储器的访问只应用于叶子节点的存储。只有这样，数据库系统才能有效地工作，因为访问外部存储器中的一个节点比访问位于系统缓冲区中的一个节点要多花 $10^5$ 倍的时间。

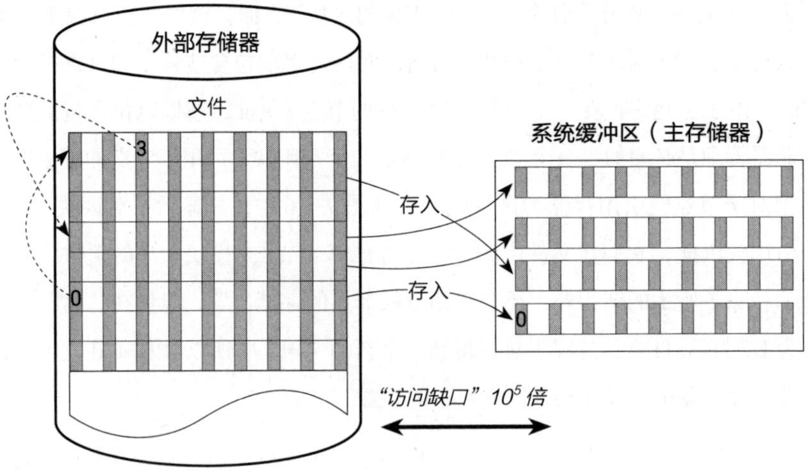


图 7-17　B 树在外部存储器和系统缓冲区之间的相互作用

因此，当从一个节点跨越到另一个节点时，首先使用相应的页表来确定该节点（即该页）是否位于系统缓冲区中：如果是，则确定位于什么位置；如果该节点不在系统缓冲区中，则必须将其储存起来，为此必须先将另一个节点移位。访问一个尚未在系统缓冲区中的节点会导致一个所谓的“页面故障”，这是由于访问外部存储器的等待时间有相当大的延迟。因此，有必要为系统缓冲区提供足够的空间，也即，应为数据库服务器配置高主存储器容量。

## 7.12 散列

所有物理设计努力的最终目标是真正从外部存储器中只读取那些绝对必需的页面。

使用散列（Hashing）[1] 方法可以平均通过一到两次的页面访问来找到一个给定的日期。树状图需要 $\log_k(n)$ 级页面访问，其中 $k$ 是分支的平均级数，$n$ 是输入的记录的数量。[2]

在散列中，一个所谓的“哈希函数”被用来将键映射到一个“桶”（bucket，也称“哈希桶”）中，该“桶”将保存与该键相关的日期。通常，存储器中没有足够的空间容纳整个键值范围。因此，可能会出现几个记录被存储在同一个地方的情况。在这种情况下，要么开启“碰撞处理”（这里不作进一步解释），要么使用所谓的开放散列，这将在下面进一步解释。

在更正式的术语中，哈希函数（也称“键转换”）$h$ 是一个映射：

$$h: S \rightarrow B$$

其中 $S$ 是一个任意大的密钥集，$B$ 是 $n$ 个哈希桶的编号，即一个区间 $[0 \cdots n]$。通常情况下，键可能集中的元素数量远远大于可用哈希桶的数量（$|S| \gg |B|$），因此 $h$ 在

---

〔1〕若结构中存在和关键字 $K$ 相等的记录，则必定在 $f(K)$ 的存储位置上。由此，无须比较便可直接取得所查记录。这个对应关系 $f$ 称为“哈希函数”，按这个关系事先建立的表为“散列表”。所有哈希函数都有如下一个基本特性：如果两个散列值是不相同的（根据同一函数），那么这两个散列值的原始输入也是不相同的。这个特性是哈希函数具有确定性的结果。但是，哈希函数的输入和输出不是一一对应的，如果两个散列值相同，两个输入值很可能是相同的，但这不是绝对的（可能出现“哈希碰撞”）。例如，输入一些数据并计算出散列值，然后部分改变输入值，一个具有强混淆特性的哈希函数会产生一个完全不同的散列值。

〔2〕这些数字通常是由缓冲效应相对化得到的。

一般情况下不能是单射的。但是，应该将 $S$ 的元素均匀地分布在 $B$ 上，因为桶的碰撞处理或溢出会导致额外的工作。如果对两个键 $S_1$ 和 $S_2$ 来说，$h(S_1) = h(S_2)$ 为“真”，那么 $S_1$ 和 $S_2$ 就被称为“同义词”。

假设我们要经常通过学生的学号搜索学生的数据。因此，将它们输入一个散列表中，为其保留了 3 个页面，每个页面可以容纳 2 个条目。散列表的模通常用作哈希函数。因此，对于一个由 3 个页面组成的存储区域，可以使用以下哈希函数：

$$h(x) = x \bmod 3$$

这种同余法是最常见的哈希函数类型。事实证明，为了保证良好的散列，最好选择一个质数来计算取余。

图 7-18 显示了输入“色诺克拉底”［$h(24002) = 2$］、“约纳斯”［$h(25403) = 2$］和“叔本华”［$h(27550) = 1$］后的散列表。实线表示页面边界。

| | |
|---|---|
| 0 | |
| | |
| 1 | （27550，'叔本华'，6） |
| | |
| 2 | （24002，'色诺克拉底'，18） |
| | （25403，'约纳斯'，12） |

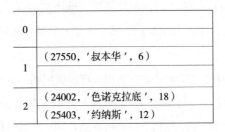

图 7-18　由 3 页面组成的散列表

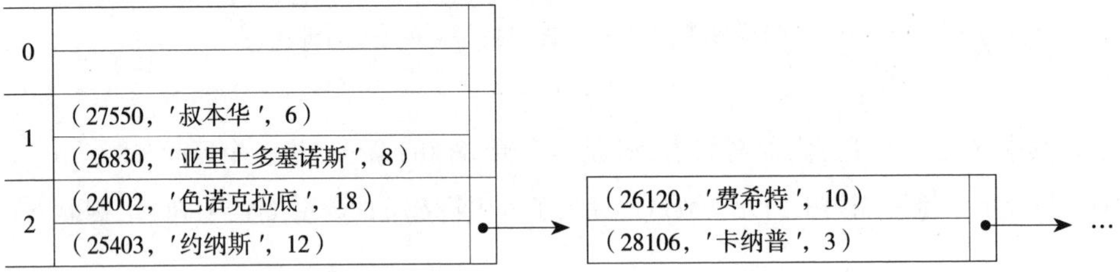


图 7-19　溢出哈希桶的碰撞处理

如果人们试图在这个表格中输入“费希特”［$h(26120) = 2$］，就会出现溢出，因为第 2 页已经被“色诺克拉底”和“约纳斯”占用。通过开放散列，现在页面中存储了一个指向另一个哈希桶的指针。这个哈希桶是一个固定大小的溢出区（在我们的例子中是 1 页），它包含了相关存储空间的额外候选者。溢出的哈希桶反过来可以溢出并包含对更多桶的引用（见图 7–19）。可以看到，我们的哈希函数 $h(x)$ 选择得并不好。有太多的学号被映射到位置 2。

刚才介绍的散列方法对于真正的数据库来说过于静态：一旦创建散列表，就不能有效地扩大。如果预计有许多插入操作，就只有两个不太理想的选择：要么从一开始就为散列表预留了大量的空间，使空间被浪费掉；要么随着时间的推移产生越来越长的溢出链，而这些溢出链只能通过改变哈希函数和费时的重组散列表来消除。

## 7.13 可扩充散列

可扩充散列提供了一种改进。为此，要修改哈希函数 $h$，使其不再一定映射到一个实际存在的哈希桶的索引，而是映射到一个更大的范围。以二进制形式表示 $h(x)$ 的计算结果，只考虑这个二进制表示的前缀，该前缀指的是实际使用的哈希桶。

图 7–20 为可扩充散列的示意图。哈希函数结果的二进制表示法分为两部分：$h(x) = dp$。$d$ 表示桶在目录中的位置，$p$ 是键的当前未使用部分。在所示的情况中，目录（directory）中拥有 $2^2$ 个条目，因此 $d$ 需要两个位。$d$ 的大小被称为“全局深度” $t$ 。

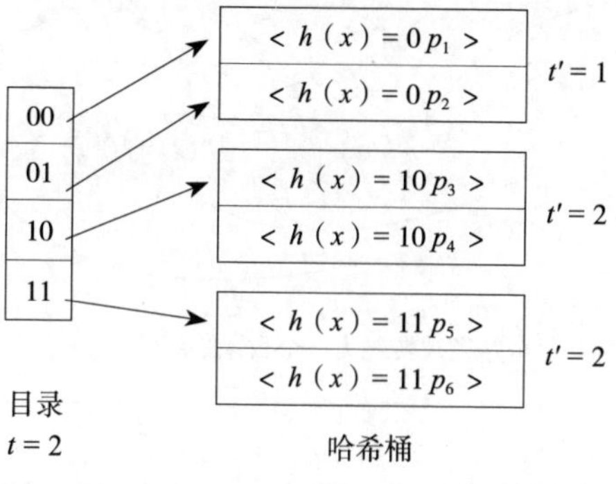


图 7–20 可扩充散列的示意图

从概念上讲，我们也可以把可扩充散列目录看作“分布着”散列代码的二进制决策树。参考图 7–21 中的左侧。对于一个给定的散列码 $h(x)$，逐位向下位移，直到找到哈希桶的指针（更准确地说，是哈希桶所在页的页号）。

如果该记录存在的话，会储存在这个哈希桶所在的页中。当哈希桶溢出时，必须设立（至少）一个其他的决策层，如决策树中与前缀 0 相比，显示前缀 10 和 11。

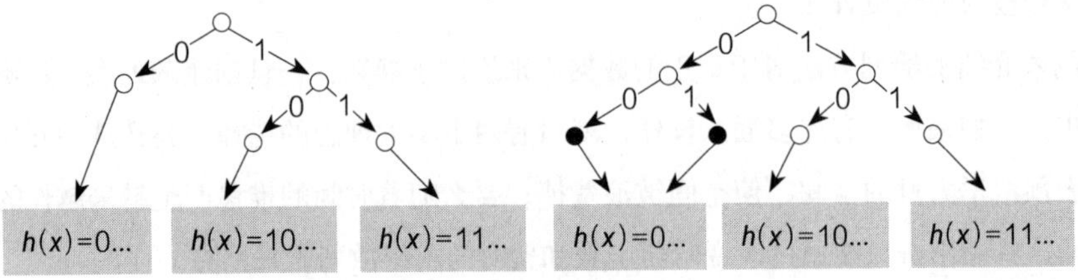


图 7-21　决策树的目录（左）和带有“假节点”的完整决策树（右）

在图的右侧，显示了如何通过插入“假节点”将不平衡的决策树转化为完整、平衡的决策树。这种转换构成了图 7-22 所示决策树的外部存储器优化目录的基础。即使决策树的高度很大，它也不适合作为一个可以在外部存储器中有效管理的目录结构。将平衡决策树中的每条路径作为指针数组中的一个索引，可以得到针对外部存储器的优化目录数组。所以从在“最左”路径“000”处开始，在“最右”路径“111”处停止转换。在可扩充散列的算法中，决策树现在不再有用，它事实上只作为一种思想模型。

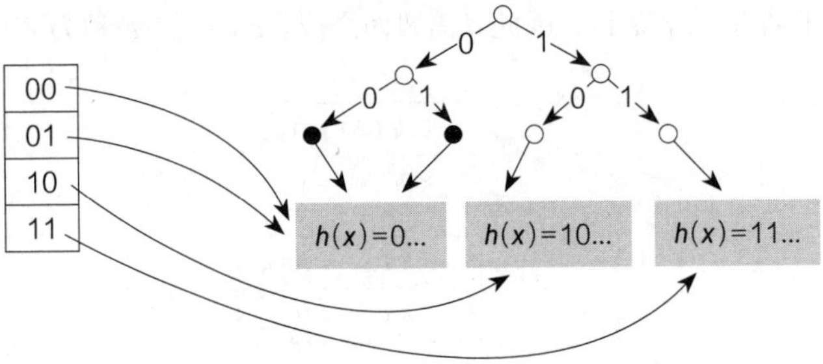


图 7-22　决策树通过“物化”每个路径被转化为一个目录数组

如果在右侧，即在最坏的可能情况下（为什么？）哈希桶溢出，我们必须将决策树和目录扩展一个层次，参考图 7-23。

现在目录（即想象的决策树）的全局深度是 3。一个哈希桶的本地深度 $t'$ 表示这个哈希桶实际使用了多少位的键。因此，如果在一个哈希桶被拆分后，本地深度大于全局深度，目录就会翻倍。现在，右边的两个哈希桶的本地深度 $t'=3$，与全局深度 $t=3$ 相同。最左边的哈希桶的本地深度为 $t'=1$，左边的第二个哈希桶的本地深度为 $t'=2$。

如果一个新的记录必须输入到一个已经满了的哈希桶里，则需要将其拆分。这需要根据之前未使用的部分 $p$ 的另一个位来完成拆分。如果全局深度不足以输入新哈希桶的引用，则必须将目录增加一倍。可以想象，特别是当把哈希函数应用于非键时，更多的记录被映射到相同的（完整的）散列值上，而不是映射到一个哈希桶中的空间。在这种情况下，我们必须将可扩充散列与溢出处理技术结合起来，如图 7-19 所示。

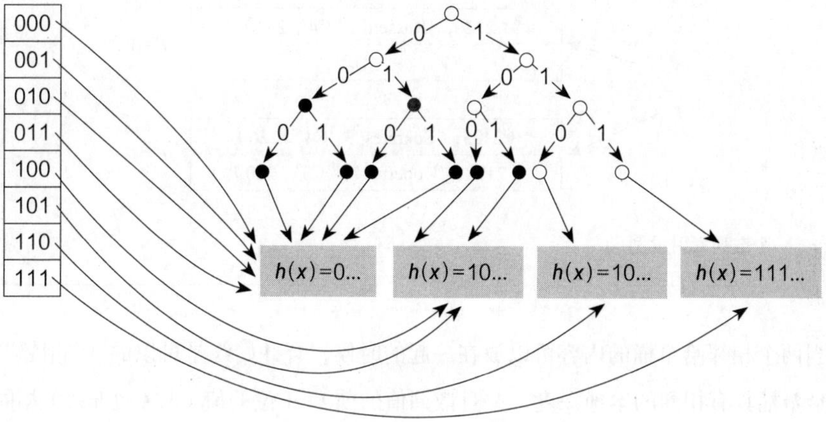


图 7-23　高度为 3 的决策树导致一个有 $2^3 = 8$ 个条目的目录

图 7-24 显示了 “教授” 关系的工号属性的散列索引[1]，已经输入“苏格拉底”（Sokrates）、“罗素”（Russell）和“哥白尼”（Kopernik）。工号的反转二进制用作哈希函数。然而，在现实应用中，为了更好地进行散列，应该使用同余法等方法。为了确定方向，在索引上方列出了一个有工号散列值的表格。现在，应该插入“笛卡儿”（Descartes）。

如果删除数据，则可能会再次合并哈希桶，甚至将目录减半。

“笛卡儿”的工号是 2129，属于已经被“苏格拉底”和“哥白尼”完全占用的哈希桶。全局深度与这个哈希桶的本地深度一致，所以目录必须加倍（图 7-25）。通过增加散列值的标准部分，现在可以对“笛卡儿”进行分类。

如果在散列值的相关部分增加一个新位后，还是不能拆分目标哈希桶，则必须再次将目录翻倍。

[1] 散列可用于索引结构的创建。散列索引，即把搜索码及其相应的指针组织成散列文件结构。散列索引是一种辅助索引，不需要作为聚集索引结构来使用。

| | h（x） | |
|---|---|---|
| x | d | p |
| 2125 | 1 | 01100100001 |
| 2126 | 0 | 11100100001 |
| 2127 | 1 | 11100100001 |

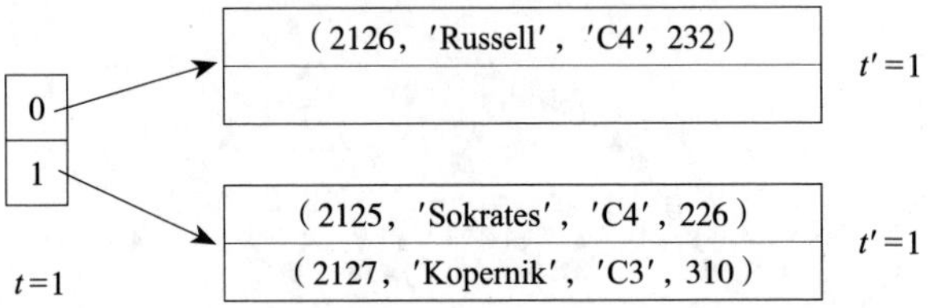


图 7–24 一个散列索引示例

当两个相邻哈希桶的内容可以放在一起的时候，合并始终是可以的。“相邻”是指如果哈希桶具有相同的本地深度，并且散列值的前 $t'-1$ 位的值（从左边开始）相同。在图 7–25 中，底部的两个哈希桶是相邻的。它们都有本地深度 $t'=2$，散列值的 $d$ 部分是二进制 10 和 11。如果它们总共有 2 个条目，则可以再次合并。然后本地深度将减少 1。上层哈希桶没有“邻居”。

| | h（x） | |
|---|---|---|
| x | d | p |
| 2125 | 10 | 1100100001 |
| 2126 | 01 | 1100100001 |
| 2127 | 11 | 1100100001 |
| 2129 | 10 | 0010100001 |

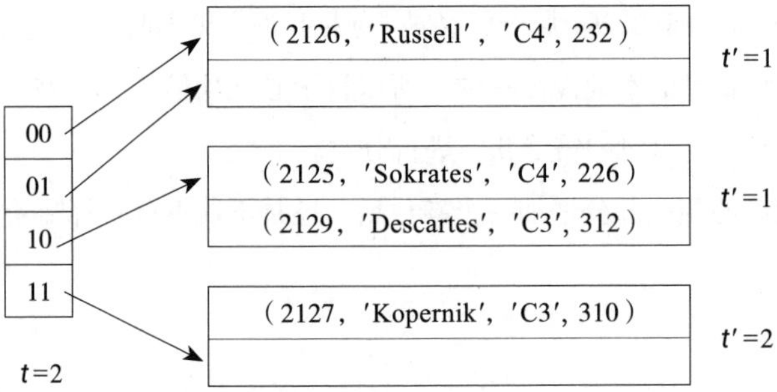


图 7–25 插入条目（2129，'Descartes'，C3，312）

如果所有的本地深度都真正小于全局深度 $t$，那么目录始终可以减半。减半会使全局深度减少 1。

## 7.14 多维索引结构

在许多查询中，有的选择谓词涉及关系的几个属性，例如，对那些收入不错的年轻员工（那些年龄在 22 岁至 25 岁之间，工资在 8 万元至 12 万元之间的人，也就是刚刚硕士毕业的数据库专家）的查询。如果一个人在年龄和工资这两个属性上都有 $B^+$ 树，则就会有几种可能的评估策略。一种可能的策略是：先找到根据年龄限定的变量集（更准确地说，是他们的 TID），再找到根据工资限定的 TID，然后计算这两个集合的平均值，最后根据 TID“从盘片上取出”相应的数据。

多维索引结构旨在通过在创建索引时同时考虑几个维度（属性），并使这种操作更加有效。

我们在这里只介绍 R 树，可以说它是树状结构多维指数的“鼻祖”。图 7–26 显示了 R 树变化的三个阶段。让我们来看看第一阶段，即图中左上方所示。其中分为内部节点（以方形显示）和圆形叶子节点，圆形叶子节点包含实际记录或对记录的引用（TID）。内部节点的一个条目由两部分组成：一个 $n$ 维区域（或称为 $n$ 维盒子）和对一个继承者（内部节点或叶子节点）的引用。$n$ 维盒子是限定继承节点的所有盒子或数据点中最小的盒子。在下文中，我们将其限制在两个维度上，但应该记住，R 树也可以应用于更多维度。

二维盒子显示在图 7–26 的右边，当然这里为了更加直观，只存储了图中的左边部分。我们最初有 4 个记录，对应于数据空间中的 4 个点。因此，就年龄维度而言，限制的二维盒子的扩展值为［18，60］，在工资维度方面是［60 k，120 k］。

当插入“斯毕迪”记录时，由于我们假设容量为 4，所以会出现表溢出的情况。因此，必须进行平衡。当然，有许多不同的方法可在 2 个节点之间拆分 5 个数据元素，而现在没有像 $B^+$ 树那样的全序关系，在 $B^+$ 树中，是在“中间”进行拆分的。对于 R 树来说，通常拆分为较小的盒子，而且重叠的部分很少（如果有）。然而，我们不要希望总是能找到最佳拆分，因为这需要尝试所有可能的拆分，这在现实的节点容量（例如 100 个）中是不可能的。因此，必须采用适当的启发式方法。图 7–27 显示了 5 个数据元素的两种可能的分区。右边的分区显然更糟，因为它的结果是得到更大的盒子。直观地讲，我

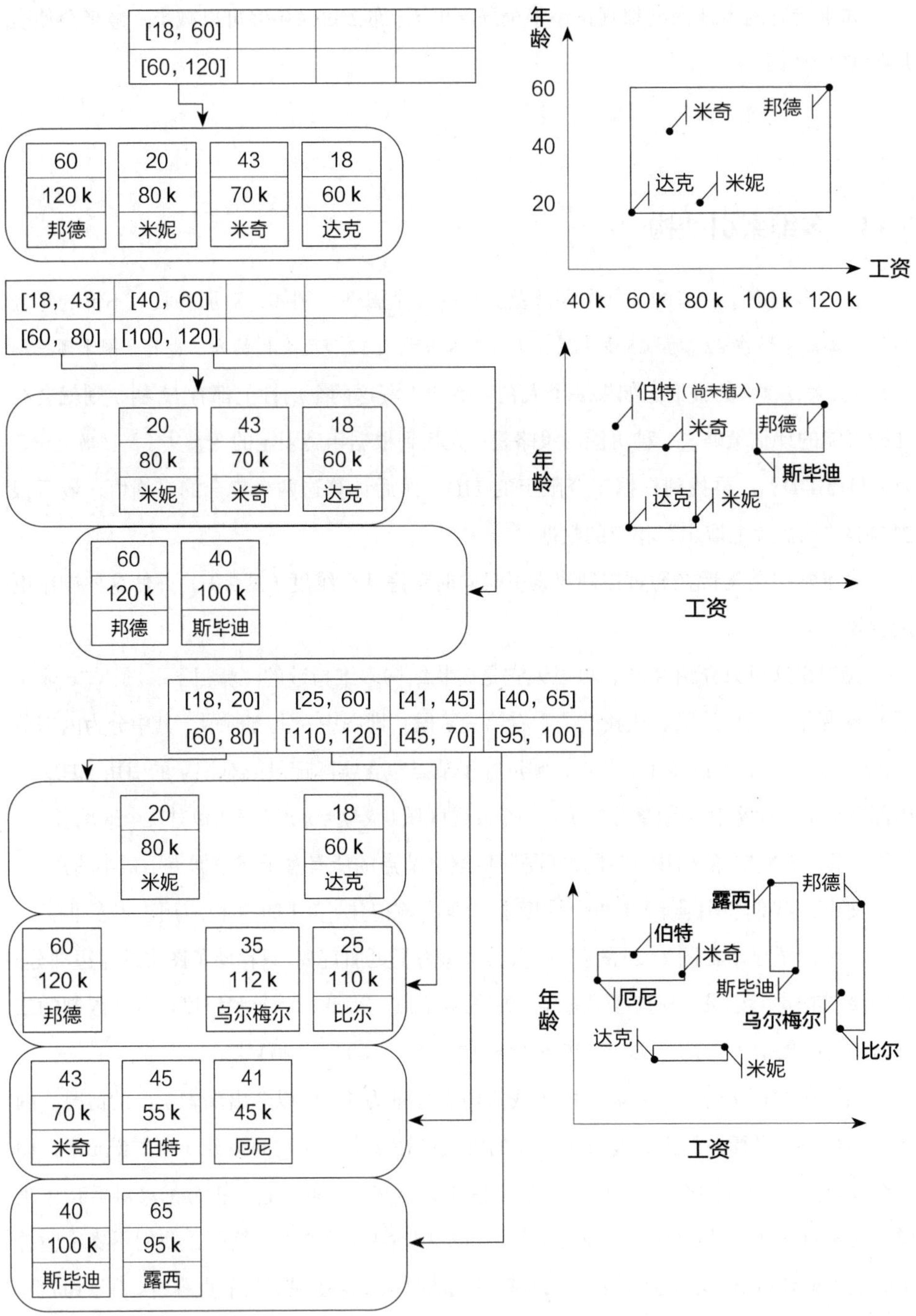


图 7-26 不同阶段的 R 树

们可以想象，更大的盒子会降低索引的精度，而查询（见下文）会花费更多的时间。

图 7–26 的中间部分采用了两种拆分中更好的一种。斯毕迪和邦德共用一个盒子，达克、米妮和米奇则在另一个盒子里。根据右边所示的数据空间中的两个盒子，R 树的根现在有两个条目。

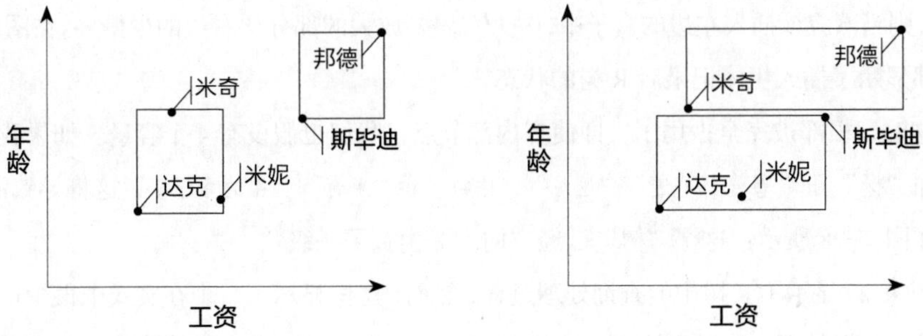


图 7–27　数据元素分区的好坏之分

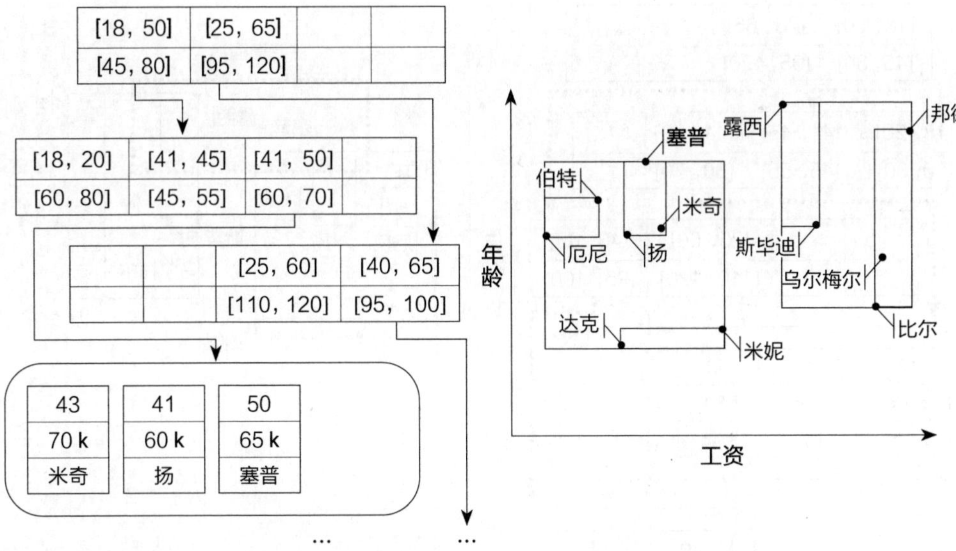


图 7–28　R 树的下一个阶段：“向上”生长

插入一个新记录时，是从根部往下递归地位移。在每个内部节点可以有几种可能性:

1. 记录“落入”一个盒子中；

2. 记录“落入”几个盒子中（因为盒子可以重叠）；

3. 记录不“落入”任何盒子中。

在第一种情况下，我们采用盒子“向下”的相关路径。在第二种情况下，可以选择任何一个盒子并进一步“向下”位移。在第三种情况下，我们选择最不需要放大的盒子来容纳记录。例如，如果我们想插入年龄 = 45，工资 = 55 k 的新记录“伯特”（见图 7–26，右中），则当然应该插入左边的盒子中，因为它需要放大的部分比右边的少得多。在图 7–26 的底部显示了插入粗体记录后 R 树的状态。

这时，根部被完全占用了，即使有内部节点，我们也假设有 4 个容量。如果我们现在添加“扬”和“塞普”（进入“厄尼”“伯特”和“米奇”所在的盒子），这将导致溢出。结果如图 7–28 所示：这棵“树”已经“向上”生长了一级。

图 7–29 显示了 R 树中的查询处理过程，然而，这里显示了一个在实践中很少（希望）出现的“坏”情况。在范围查询中，给出了一个查询窗口，它本身就代表一个盒子。在我们的例子中，给出了一个年龄维度为［47，67］，工资维度为［55 k，105 k］的盒子。

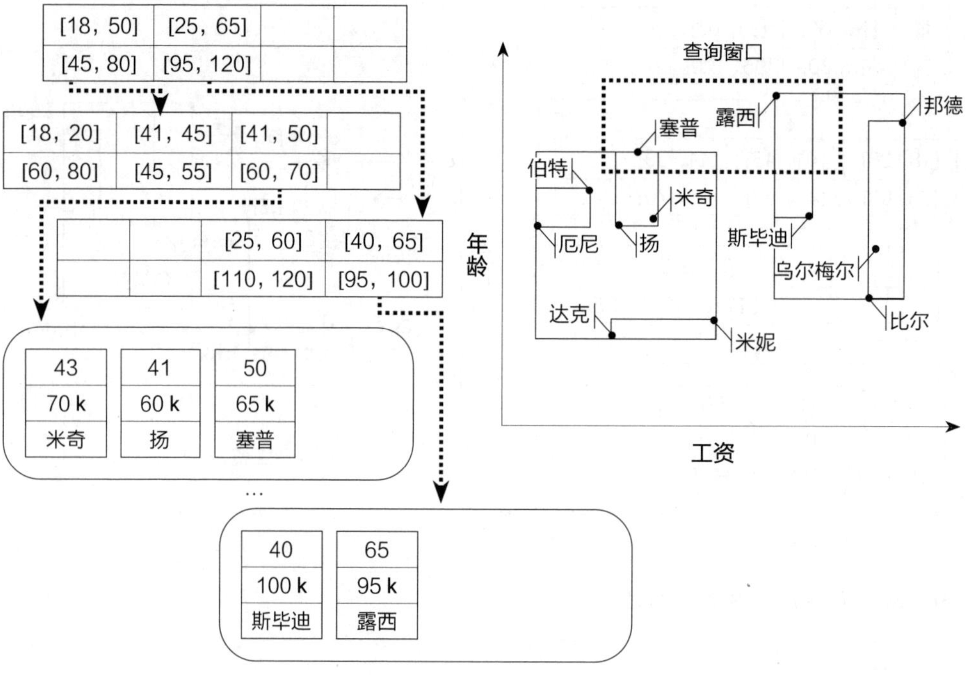


图 7–29　R 树中的查询评估

我们从根部开始，沿着盒子与查询窗口重叠的每条路径向下移动。现在我们不得不放弃 $B^+$ 树的良好特性，即始终只从一个路径向下移动。在图中左侧标出了这些路径，如请求窗口中的加粗的虚线。一旦到达底部，则必须在记录中搜索，以检查它们是否真的在查询窗口中。在我们的示例中，只有“塞普”和“露西”，其他记录在与查询窗口重叠的盒子里，但它们本身不在查询窗口里。

当然，也可以用 R 树来评估点查询，甚至更容易实现。举个例子，我们想确定那些 65 岁、收入 10 万元的人。“平凡的”查询窗口（一个数据点）只与根的右侧盒子重叠，所以我们采取这种方式。从那里，我们继续沿着右侧的路径走到包含“斯毕迪”和“露西”的叶子节点。只有在这里，才发现没有符合条件的数据元素。如果要找一个 65 岁的人，工资是 9 万元，那么在根节点就可以结束寻找，因为这是不存在的。然而，通常即使是点查询，也必须在 R 树中跨过几条路径，因为内部节点的盒子可能重叠（与我们的“良好”例子不同）。

## 7.15 逻辑上相关记录的聚集

另一个加速访问的重要手段是“聚集”（Clustering）。对逻辑上相关的记录进行聚集，可以确保经常需要聚在一起的数据在外部存储器上的位置相互靠近（最好是在同一侧）。

图 7–30 描述了在处理以下查询形式的语句时的外部存储器和用作缓冲区的主存储器：

```
select *
from R
where A = x ;
```

在上述情况中，包含属性 $A$ 中的 $x$ 值的三个变量集分布在外部存储器的三个不同页面上。因此，假设在索引的帮助下可以直接找到变量集，那么将变量集转移到主存储器中就需要三次页面访问。此外，在主存储器中还浪费了用于加载的三个页面和三个缓冲区框架。而如果将变量集聚集存储在同一个页面上，那么只需要一个页面访问来加载所有需要的变量集。显然，这种方式可以大大减少工作量。

以额外的间接性为代价，可以使索引结构与聚集兼容。在 7.8 节中已经提到，在辅助索引中，只输入记录的引用。在图 7–31 中，再次说明了 $B^+$ 树的这种情况，即在主索引中，记录直接被输入到叶子节点里。虽然主索引决定了聚集，即记录在页面上的排列，但在辅助索引中还需要一个额外的间接方式来获取数据记录。因此，在辅助索引中，通常不可能在数据页中利用聚集效应，但有可能在索引的节点中使用。

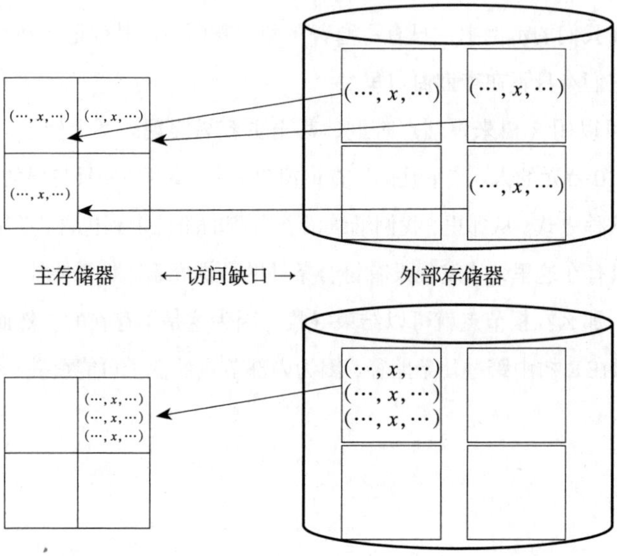


图 7-30 读取非聚集和聚集的变量集

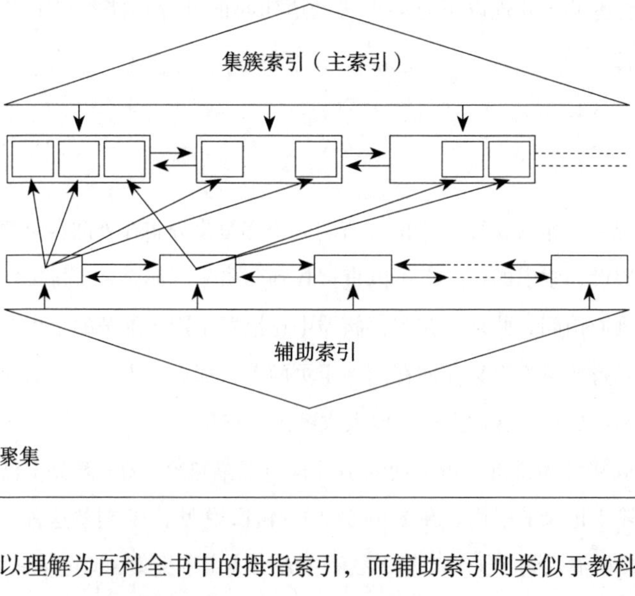


图 7-31 索引和聚集

主索引可以理解为百科全书中的拇指索引，而辅助索引则类似于教科书中的主题索引[1]（如这里）。

辅助索引的一个键可以有几个参考，这些参考可能引用不同的页面。

然而，在使用 TID 方案时（见 7.5 节）会出现一个问题：当拆分一个叶子节点时，大约一半的记录被移到一个新节点。根据 TID 方案，必须为所有这些记录在原节点中创建一个“转发”。这通常是不能容忍的，因为访问这些移动的变量集会由于间接性而大大增加时间。有几个解决方案是切实可行的。我们也可以在集群主索引中只存储 TID 而不是记录，但是这样一来，相邻的 TID（通常）就会引用同一个数据页。如果插入一个新变量集，则“查询”首先被索引到相邻的 TID 所指向的数据页，以便在可能的情况下将新变量置放在那里。另一种方法是，只有当（几乎）所有的数据记录都可用时，才创建聚集主索引。然而，要做到这一点，必须将变量集重新加载到数据库中，只有在建立了主索引树之后，才会分配 TID。只有在这时，才会用 TID 引用来建立辅助索引。未来增加的（少数）新变量集将在叶子节点所在的页面中有足够空间，不会导致节点拆分。如果还是发生了太多的拆分，就必须定期通过重新置放记录和重新创建索引来重组数据库。许多 DBMS 产品都有专门的“实用程序”（Utilities），可以有效地进行这种重组，因此可在短时间内停止运行数据库系统。

聚集的另一个方法是关系的“物化”。可以想象一下需要经常上相关讲师课程的场景。如图 7-32 所示，可以通过将讲师与他们的课程以准联锁的方式存储起来。例如，通过这种方式，可以在一个页面访问中读到“罗素”的数据及其所有课程。

| 页面 $P_i$ | | |
|---|---|---|
| 2125 苏格拉底 | C4 | 226 |
| 5041 伦理学 | 4 | 2125 |
| 5049 苏格拉底反诘法 | 2 | 2125 |
| 4052 逻辑学 | 4 | 2125 |
| 2126 罗素 | C4 | 232 |
| 5043 认识论 | 3 | 2126 |
| 5052 科学哲学 | 3 | 2126 |
| 5216 生物伦理学 | 2 | 2126 |
| | ⋮ | |

| 页面 $P_j$ | | |
|---|---|---|
| 2133 波普 | C3 | 52 |
| 5259 维也纳学派 | 2 | 2133 |
| 2134 奥古斯丁 | C3 | 309 |
| 5022 信仰和知识 | 2 | 2134 |
| 2137 康德 | C4 | 7 |
| 5001 基础理论 | 4 | 2137 |
| 4630 三大批判 | 4 | 2137 |
| | ⋮ | |

图 7-32　联锁对象聚集

〔1〕主题索引也称“主题途径”。这是按照文献的主题内容查找文献的途径，使用的检索语言是“主题语言”，使用的检索系统是“主题索引”“关键词索引”“叙词索引”等。

## 7.16 支持一种应用特征

$B^+$ 树和散列都是当今大多数 DBMS 所提供的标准技术。虽然 $B^+$ 树应用于需要“在所有情况下”都有良好表现的地方，但散列索引在某些应用领域可以提供速度上的优势，更确切地说，在所谓的“点查询”中。

让我们假设正在搜索一个非常具体的表的变量集，例如，“教授”表中的一个工号。相应的精确匹配查询的形式是：

```
select Name
from Professors
where PersNr = 2136;
```

如果在属性“工号”上创建了一个 $B^+$ 树，那么可以通过从树的根部“向下”来找到所需的变量集。对于散列索引，必须首先读取目录，然后是匹配的哈希桶。因此，散列索引通常需要较少的时间。[1]

如果选择其他的查询形式，则 $B^+$ 树的表现明显更好。例如，一个所谓的“范围查询”测试的是一个属性是否在某个范围内。在我们的例子中，假设关系“教授”有一个属性“工资”，有如下形式的查询：

```
select Name
from Professors
where Salary >= 90 000 and Salary <= 100 000;
```

如果有一个关于工资的 $B^+$ 树索引，那么就会按照属性“工资”排序它的叶子节点。树的“下降”是为了寻找第一个匹配哈希值（这里是 90 000），然后可以进行顺序处理，直至找到一个属性值大于 100 000 的变量集。

另一方面，哈希函数在不影响哈希桶的相同利用率的情况下通常不能保留变量集的顺序。因此，必须对 90 000 至 100 000 范围内的每个值单独搜索匹配的变量集。

---

〔1〕我们假设有 100 万个变量集存储在关系 $R$ 中。节点占用量为 3/4，页面 $p$ 大小为 1 024 B，参考 $v$ 和参考键（$r$）的大小为 4 B，我们可以用 $\log_{0.75\cdot[1+(p-v)/(v+r)]}(1\,000\,000)=4$ 来估算树的高度。其中，$[1+(p-v)/(v+r)]$ 是一个节点的最大分支级。此外，还需要叶子节点的侧面访问。相比之下，如果可以直接找到目录中的正确位置，则散列索引只需要两次页面访问。然而，这一估计并没有考虑到 DBMS 使用了一个缓冲区。如果经常访问 B 树，则根部和第一级部分一般仍缓冲在主存储器中。

然而，特别是在范围查询的情况下，使用非集群的辅助索引时也需要注意。访问记录会产生随机 I/O，即记录分散在盘片上，这可能会产生非常长的盘片访问时间。这里，对所有数据记录的顺序搜索往往更有效，因为其产生的寻道时间短（关键词：链式 I/O）。查询优化器的任务是根据这种谓词的选择性评估来生成最佳评估计划（即索引使用或顺序搜索）的，见第 8 章。

一般来说，决定索引结构的一个重要因素是读取操作与写入操作的比例。虽然索引加快了读取操作，但写入操作往往需要更多地访问外部存储器。对此的一个很好的例子是 ISAM 索引结构，其比例有很大的不同，因此，ISAM 索引主要用于静态数据。

## 7.17 SQL 中的物理数据组织

特别在物理数据组织方面，目前可用的数据库系统之间的差别很大。即使在 SQL-92 中，也没有采取任何措施来规范至少一部分物理设计的方案，比如根据属性创建或删除索引。然而，大多数据库系统基本采纳了以下的句法（以关系“学生”的属性“学期”上的索引为例）：

**create index** SemesterInd **on** Students（Semester）；

也可以通过名称 SemesterInd 删除该索引：

**drop index** SemesterInd；

## 7.18 习题

7-1 我们假设今天的磁盘存储器平均工作 10 万小时而不出错，直到发生错误（其故障前平均时间 MTBF 为 10 万小时）。计算由 100 个这样的盘片组成的 RAID 0 阵列的 MTBF。请注意，在 RAID 0 中，一个盘片的损坏总是会导致数据丢失，因此 MTBF 对应于“数据丢失前的平均时间”（MTDL）。在其他 RAID 级别中是什么样的？我们假设修复（或更换）一个损坏的盘片需要 24 小时。请计算由 9 个盘片（包括奇偶校验盘）组成的 RAID 3 或 RAID 5 系统的 MTDL。

7-2 请画出一个将记录插入有 ISAM 索引的文件中的算法，尽可能避免移动页面。

7-3 在最初的空 B 树中，$k = 2$，按升序插入 1 到 20 的数字。你注意到了什么？

7-4 请以算法的形式描述 B 树中的删除过程，类似于 7.8 节中对插入过程的描述。

7-5 请修改 B 树的插入和删除算法，从而可以保证节点空间的最小占用量为 2/3。提示：在删除时，请观察删除所在节点的左右“邻居”；拆分时，应同时考虑两个节点。

7-6 在 Helman（1994）所提出的 B 树中，假定键是无重复的。一个简单的扩展是在副本中保留对外部“迷你索引”的引用，而不是 TID。请想出合理的数据结构和算法。

7-7 请说明在 $B^+$ 树中插入和删除键的算法。

7-8 请针对 B 和 $B^+$ 树给出并说明一个公式，这个公式用于确定给定 $k$、$k^*$ 和 $n$（输入的 TID 数量）时树的高度的上限和下限。

7-9 在给定页面 $p$ 和键 $s$ 的情况下，请确定 $B^+$ 树的 $k$ 和 $k^*$。树内引用（$V_i$, $P$, $N$）的大小为 $v$，TID 的大小为 $d$。请计算 $p = 4\ 096$，$s = 4$，$v = 6$ 和 $d = 8$ 情况下的 $k$ 和 $k^*$。

7-10 在散列中，模函数前面通常有一个卷积。例如，对于数字来说，这可以是横加数；对于字符串来说，可以是字母值的总和。将 3.3.5 节中的“学生”插入一个大小为 4 的有溢出哈希桶的散列表中，在计算散列值时也要前置一个横加数函数。现在“学生”的分布是否更加均匀？

7-11 已知一个全局深度为 $t$ 的可扩充散列表。有多少个引用从目录指向本地深度为 $t'$ 的哈希桶？

7-12 如果“哥白尼”的工号是 2121，在可扩充散列的例子中会发生什么？

7-13 为什么会倒过来使用二进制表示法？

7-14 为了直观地理解，可以用一个二进制前缀树来说明可扩充散列表的地址目录。

7-15 请描述可扩充散列表的搜索、插入和删除操作的算法。

7-16 请设计一种使用可扩充散列机制的方法，以直接找到一个哈希桶内的记录。提示：例如，散列碰撞处理的另一种方法是简单地使用下一个空闲空间。

7-17 请为 R 空间中的叶子节点的分区设计一个启发式方法。一个能使盒子尺寸最小化的最佳方法的复杂度是多少？

7-18 请插入第三个维度，例如性别，并重建 7.14 节中的 R 树示例。请用图说明 R 树结构的各个阶段。

7-19 Helman、Neumann 和 Moerkotte（2003）开发了一种可扩充散列的自适应方法，它可以平衡数据分布中的偏差，而不会出现目录重复。在标准方法中，即使只是偶尔发生溢出，也必须复制整个目录。在新方法中，在出现明显偏差（偏斜）的情况下，只为溢出区域再分配一个（即部分重复的）散列表。请用伪代码来设计这个方法，并用例子来直观地说明这种自适应方法。

7-20 请实现一个电话信息服务，它既支持前向搜索（为一个给定的名字找到电话号码），又支持后向搜索（为一个给定的电话号码找到名字）。假设电话信息中有 100 亿个条目，这应该涵盖了世界上所有的电话号码。对于前向搜索，请用 B 树作为索引结构，这样也可以支持范围查询。例如，可以在从“迈尔”到“迈耶”的范围内搜索未知的拼法。请问，所得出的 B 树的高度是多少，占用了多少存储量？我们假设节点大小为 8 KB，如 7.11 节所述。

对于后向查询，范围搜索是不相关的，因为只需要支持点查询即可。因此，我们决定使用可扩充散列作为索引结构。如果哈希桶的大小是 8 KB，目录会有多大？是否有可能在目前市场上的手机中预装这个有 100 亿个条目的电话信息，这样就可以在本地进行正向和反向搜索？这样做的好处是，每个来电的名字都会自动显示，而不仅仅是电话号码。

## 7.19 文献注解

我们可以在 RAID 技术的发明者 Chen 等人（1994）的概述文件中找到与 RAID 相关的详细信息。Weikum 和 Zabback（1993a）解决了在磁盘阵列中分配数据的问题，以实现最均匀的工作负荷，从而实现磁盘访问的高度并行性。在后续的文章中，Weikum 和 Zabback（1993b）处理了容错问题，其中也涉及故障概率。目前关于 RAID 系统的产品信息可以在硬件供应商的网页上找到，如 Sum Microsytenms（1997）。Berchtold 等人（1997）讨论过为了优化多媒体数据库中相似性搜索查询的并行评估而进行的数据拆分。Scheuer，Weikum 和 Zabback（1998）处理了数据在盘片上的映射，以实现负载平衡。Seeger（1996）讨论过从盘片访问页面集合的优化问题。

Shasha 和 Bonnet（2002）写了一本专门论述物理数据组织问题的书，其中提出过使用各种技术的经验法则，并在场景中作为例子来使用。Rozen 和 Shasha（1991）讨论了自动化物理设计。Weikum 等人（1994）研究了在阻断和缓冲区策略背景下的自动调整。Scholl 和 Schek（1992）描述了 COCOON 项目，其中一个核心问题是物理数据组织的优化。

Effelsberg 和 Härder（1984）已经非常系统地研究过可能的缓冲区管理策略。Küspert，Dadam 和 Günauer（1987）为海德堡 IBM 科学中心研发的 AIM 数据库系统开发了一个缓冲区管理软件。O' Neil E.，O' Neil P. 和 Weikum（1993）设计了 LRU/k 页面替换方法，该方法对数据库缓冲区特别有用，它是基于最后的 *k* 个引用来替换页面的。Josohnson 和 Shasha（1994）提出了一个关于 LRU/2 方法的近似法的高效实现。

在索引结构领域有非常多样化的文献。B 树是在 20 世纪 70 年代初由 Bayer 和 McCreight（1972）引入的。在 Knuth（1973）的《计算机编程艺术》第 3 卷中，他提出了一些 B 树的方案，还研究了各种哈希函数。Comer（1979）在《计算机调查》的一篇评论文章中描述了"无处不在"的 B 树。尽管 B 树已经"老了"，但在其实现过程中仍然发现了新的优化方法，例如，将"树"分布在几个硬盘上。Seeger 和 Larson（1991），Bercken、Seeger 和 Widmayer（1997）以及 Bercken 和 Seeger（2001）处理了索引结构的桶加载。与此相对，Gärtuer 等人（2001）开发了一种优化删除索引条目的技术。Seeger 和 Dieker（2003）以及 Ottmann 和 Widmayer（2002）撰写了最新的关于数据结构的德语作品。Lockemann 和 Schmindt（1987）出版了一本关于数据库系统实施技术的德语书《数据库手册》。更新的是 Härder 和 Rahm（2001）关于数据库实施技术的书。Knuth（1973）详细讨论了主存储器的散列方法。动态散列方法出现的时间还不长。这里所述的可扩充散列是由 Fagin 等人（1979）介绍的。Larson（1988）描述了两种不需要管理目录的动态散列方法。Ahn（1993）提出了一个较新的方法。Neubert、Görlitz 和 Benn（2001）研究了基于内容的索引，其中包括"聚集"类似对象。

特别是在地理信息系统中，有必要对多维数据进行索引处理。Günther 和 Schek（1991）出版了一本关于实现所谓"空间数据库"的高级数据结构的文集。最常用的多维索引结构有 Nievergelt、Hiuterberger 和 Sevcik（1984）的网格文件，Robinson（1981）的 K-D-B 树，我们已经讨论过的 Guttmam（1984）的 R 树，Henrich、Six 和 Widmayer（1989）的 LSD′ 树，最近还有 Beckmann 等人（1990）的 R* 树——这是对 R 树的重大改进，最后还有 Seeger 和 Kriegel（1990）描述的"伙伴树"。Hinrichs（1985）设计了网格文件的实施技术。Gaede 和 Günther（1998）做了全面调查。Ramsak 等人（2000）描述了 UB 树，即所谓的"通用 B 树"。这是一个基于"正常" $B^+$ 树的多维索引结构，通过所谓的"空间填充曲线"，多维记录被"投影"到一个维度上。Markl、Zirkel 和 Bayer（1999）解释了一种用这种多维索引结构进行排序的算法。

Kailing 等人（2006）为评估范围查询扩展了定制索引结构。Assen 等人（2008）提出的 TS 树可以对时间序列进行索引。Augsten，Böhlen 和 Gamper（2006）开发了一种用于分级数据的索引方法。

专家们已经为第 13 章和第 14 章中讨论的面向对象和对象关系型数据库所提供的扩展功能设计了定制的索引结构。这里的关键词是“多级索引”（Kilger 和 Moerkotte，1994）、“路径索引”（Kemper 和 Moerkotte，1992）和“函数物化”（Kemper 和 Moerkotte，1994）。Kemper 和 Moerkotte（1995）以及 Bertino（1993）为此作了概述。为了赋予对象的位置独立性，在面向对象数据库中有一个类似于 TID 的方案（Eickler、Gerlhof 和 Kossmann，1995）。Kemper 和 Kossmann（1994）描述了可以灵活管理页面和对象的缓冲区策略。Gerlhof 等人（1993）研究了对象库中聚集方法的有效性。

# 8 查询处理

我们在第 4 章中已经提到，查询通常是声明式的，是在数据库的逻辑模式上编写的。这也有利于数据独立性，因为用户的查询不依赖数据库的物理模式（也就是储存结构）。但是在查询过程中，必须跨越逻辑层面与物理层面之间的界限，找到一种合适的实现方法。图 8-1 画出了实现这一目标的途径。

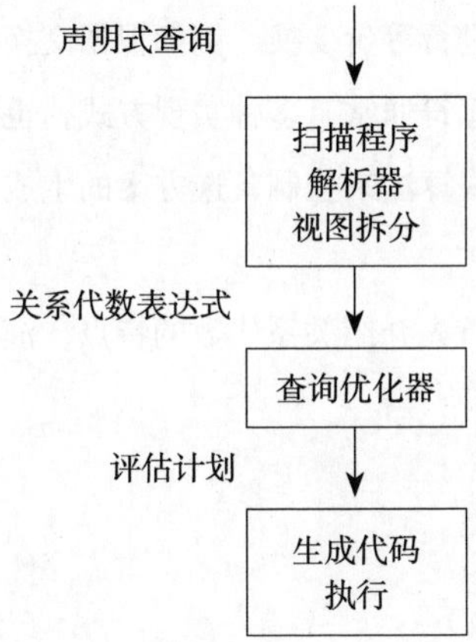


图 8-1　查询处理的流程

首先，对查询进行句法和语义分析，并将其转换为等价的关系代数表达式。在这个步骤中出现的视图也会被替换成定义这些视图的查询。

其次，随着关系代数表达式的输入，查询优化就开始了。对于给定的代数表达式，查询优化器会搜索一个有效的实现方式，即所谓的“查询评估计划”（query evaluation Plan，QEP）。最后，这个评估计划可以被编译，或者在交互式查询[1]的情况下直接以解释性的方式启动。

[1] 交互式查询：提供易使用的交互式查询语言，如 SQL.DBMS 负责执行查询命令，并将查询结果显示在屏幕上。

实现算子的算法也可以看作物理代数的算子。就像关系运算符一样，一个实现过程会通过“消耗”一个或多个输入源来生成一个或多个输出。

人们会使用所谓的“查询优化器”，因为对于一个给定的声明式查询，可能存在很多不同的评估策略，它们的执行时间相差很大。不幸的是，我们没有有效的办法能够找出哪个策略是最快速的。我们必须依赖一种“试错程序”（try and error），或多或少有针对性地生成备选方案，并借助代价模型估算这些方案的执行时间（或成本）。代价模型是在模式信息的基础上工作的，模式信息包括所使用算法的消耗以及关系、索引结构和属性值分布的统计数据。

生成备选方案的方式有两种，分别称为“逻辑优化”和“物理优化”[1]。一方面，我们可以对关系代数表达式进行等价变换，例如根据交换律调换连接运算的参数位置。另一方面，逻辑代数中的运算符通常有多种实现方式，也即在翻译成物理代数时可能有多种形式。二者都使用启发式算法来控制备选方案的生成。启发式算法代表了合理应用某些转换规则的经验值。

本章分为两部分。我们首先介绍关系代数的特点，演示启发式算法的应用，然后介绍实现技术和成本控制措施。

## 8.1 逻辑优化

优化是从一个所谓的“代数范式”出发，在第4章我们已经介绍过相关内容，图8-2可以帮助大家回忆一下。一般形式的SQL查询（select from where）被转换为带有基本关系的笛卡儿积的代数表达式，后面是“选择”和“投影”。

在本章中，我们经常使用树状图来表示代数表达式，以便更直观地说明操作过程。树状图的叶子由基本关系构成，内部节点由关系代数的运算符构成。通过这种方式，我们可以清楚看到数据的“流动”过程。

我们用一个简单的例子来说明代数优化的含义。在SQL中，可以通过以下查询来确定Popper教授开设的课程：

〔1〕通过选择高效合理的存取路径和底层操作算法来提高查询效率。

**select** Title
**from** Professors，Lectures
**where** Name = 'Popper' **and** PersNr = Given_by；

根据第 4 章所讲的内容，这个查询可以翻译为以下代数表达式：

$$\Pi_{\text{Title}}(\sigma_{\text{Name}='\text{Popper}' \wedge \text{PersNr}=\text{Given\_by}}(\text{Professors} \times \text{Lectures}))$$

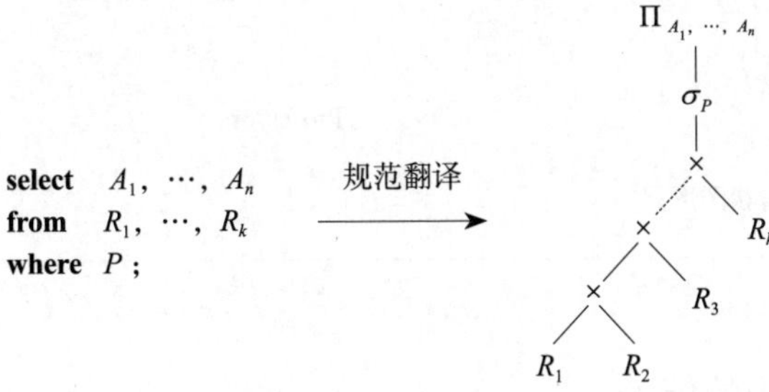


图 8-2　SQL 查询的规范翻译示例

思考一下，计算这个表达式需要哪些步骤。笛卡儿积将所有的“教授”和“课程”联系了起来，7 名教授、10 门课程就会总共产生 7 × 10 = 70 个元组。然后再从这 70 个元组中，选出符合条件的元组。而在我们的例子中，满足条件的元组只有 1 个。

显然，这样工作量太大了。一个简单的改进方法是，首先找到“正确的教授”，然后再进行笛卡儿积的运算：

$$\Pi_{\text{Title}}(\sigma_{\text{PersNr}=\text{Given\_by}}(\sigma_{\text{Name}='\text{Popper}'}(\text{Professors}) \times \text{Lectures}))$$

这样一来，就可以先搜索 7 位教授，然后将教授和 10 门课程对应起来，总共通过 7 + 10 = 17 个步骤就可以确定查询结果。这其实就是查询优化中的第一个重要思路：将选择运算进行分解，并将它们移动到表达式内部。

然后，我们还可以将选择运算 $\sigma_{\text{PersNr}=\text{Given\_by}}$ 和笛卡儿乘积运算合并为一个连接运算 $\bowtie_{\text{PersNr}=\text{Given\_by}}$，以对查询计算过程作进一步的优化。图 8-3 以树状图的形式画出了上述表达式。

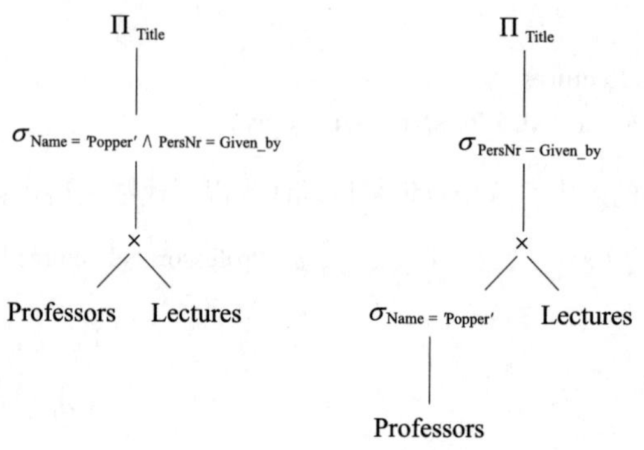


图 8-3 代数表达式的树状图形式

## 8.1.1 关系代数中的等价

在系统地讨论关系表达式的转换之前，我们先介绍一下在转换中可能用到的等价规则。假设 $R$, $R_1$, $R_2$, … 是关系，可以是基本关系或派生关系（即中间结果），$p$, $q$, $p_1$, $p_2$, … 是条件，$l_1$, $l_2$, …是属性集，attr 是对条件中包含的属性集的映射（例如 attr（Name = 'Popper'）= {Name}）。和前面一样，我们还是用 $\mathcal{R}$ 来表示模型（即属性的集合），而用 $R$ 来表示关系的当前表达式。于是就有：

1. 连接运算、交运算、并运算和笛卡儿积运算满足交换律，因此：

$$R_1 \bowtie R_2 = R_2 \bowtie R_1$$

$$R_1 \cap R_2 = R_2 \cap R_1$$

$$R_1 \cup R_2 = R_2 \cup R_1$$

$$R_1 \times R_2 = R_2 \times R_1$$

2. 选择运算的位置可以互换：

$$\sigma_p(\sigma_q(R)) = \sigma_q(\sigma_p(R))$$

3. 连接运算、交运算、并运算和笛卡儿积运算满足结合律。因此：

$$R_1 \bowtie (R_2 \bowtie R_3) = (R_1 \bowtie R_2) \bowtie R_3$$

$$R_1 \cap (R_2 \cap R_3) = (R_1 \cap R_2) \cap R_3$$

$$R_1 \cup (R_2 \cup R_3) = (R_1 \cup R_2) \cup R_3$$

$$R_1 \times (R_2 \times R_3) = (R_1 \times R_2) \times R_3$$

4. 合取运算可以分解为单个选择运算的序列，选择运算的序列也可以合成一个合取运算：

$$\sigma_{p_1 \wedge p_2 \wedge \ldots \wedge p_n}(R) = \sigma_{p_1}(\sigma_{p_2}(\ldots(\sigma_{p_n}(R))\ldots))$$

5. 嵌套的投影运算可以被消除。一系列投影运算中只有最后一个是必需的，其余的可以省略。

$$\Pi_{l_1}\left(\Pi_{l_2}\left(\ldots\left(\Pi_{l_n}(R)\right)\ldots\right)\right) = \Pi_{l_1}(R)$$

要使这种嵌套有意义，必须满足以下条件：

$$l_1 \subseteq l_2 \subseteq \ldots \subseteq l_n \subseteq \mathcal{R} = \mathbf{sch}(R)$$

6. 只要投影不会从选择条件中删除任何属性，就可以将选择运算提到投影运算外面，也即：

如果 attr（$p$）⊆ $l$，那么 $\Pi_l\left(\sigma_p(R)\right) = \sigma_p\left(\Pi_l(R)\right)$

7. 当选择条件中的所有属性只涉及参与连接运算(或笛卡儿积运算)的表达式之一时，满足分配律。例如当条件 $p$ 只包含 $\mathcal{R}_l$ 中的属性，那么就有：

$$\sigma_p(R_1 \bowtie R_2) = \sigma_p(R_1) \bowtie R_2$$

$$\sigma_p(R_1 \times R_2) = \sigma_p(R_1) \times R_2$$

8. 投影运算也可以进行类似转换。不过这里需要注意，连接属性必须保留到连接当中：

$$\Pi_l(R_1 \bowtie_p R_2) = \Pi_l\left(\Pi_{l_1}(R_1) \bowtie_p \Pi_{l_2}(R_2)\right)$$

当 $l_1 = \{A \mid A \in \mathcal{R}_1 \cap l\} \cup \{A \mid A \in \mathcal{R}_1 \cap \mathrm{attr}(p)\}$

以及 $l_2 = \{A \mid A \in \mathcal{R}_2 \cap l\} \cup \{A \mid A \in \mathcal{R}_2 \cap \mathrm{attr}(p)\}$

9. 选择运算对集合运算（并、交和差运算）满足分配律，即：

$$\sigma_p(R \cup S) = \sigma_p(R) \cup \sigma_p(S)$$

$$\sigma_p(R \cap S) = \sigma_p(R) \cap \sigma_p(S)$$

$$\sigma_p(R - S) = \sigma_p(R) - \sigma_p(S)$$

10. 投影运算对并运算满足分配律。假设有 sch（$R_1$）= sch（$R_2$），那么就有：

$$\Pi_l(R_1 \cup R_2) = \Pi_l(R_1) \cup \Pi_l(R_2)$$

但是投影运算对交运算和差运算不满足分配律（习题 8-1）。

11. 如果选择条件是一个连接条件，也即它是将一个参数关系的属性与另一个参数关系的属性做比较的话，那么选择运算和笛卡儿积运算可以合并成一个连接运算。例如对于等值连接（equijoins）来说，有：

$$\sigma_{R_1.A_1=R_2.A_2}(R_1 \times R_2) = R_1 \bowtie_{R_1.A_1=R_2.A_2} R_2$$

12. 也可以对条件进行转换。例如可以借助德摩根定律将析取与合取相互转换，以便应用规则 4：

$$\neg(p_1 \vee p_2) = \neg p_1 \wedge \neg p_2$$
$$\neg(p_1 \wedge p_2) = \neg p_1 \vee \neg p_2$$

另外，还可以利用这条规则，把否定运算“从外面移到里面”。

### 8.1.2 转换规则的应用

现在，我们想借助一个较为复杂的例子来介绍查询优化的一种典型方法。其基本思路是：让每个运算输出的结果都尽可能地少。尤其是在主储存器容量不够，需要把运算结果暂时储存在外部存储器中时，就更有必要这样做。

我们需要优化的查询内容是：学过 Socrates 教授课程的学生目前都处在第几学期？图 8-4 列出了这个查询的 SQL 表达式，右侧树状图画出了对应的关系代数表达式。在树状图中，为了节省空间，我们缩写了关系的名称。

```
select distinct s.semester
from    Students s, attend a,
        Lectures l, Professors p
where   p.Name = 'Socrates' and
        l.Given_by = p.PersNr and
        l.LectureNr = a.LectureNr and
        a.StudNr = s.StudNr;
```

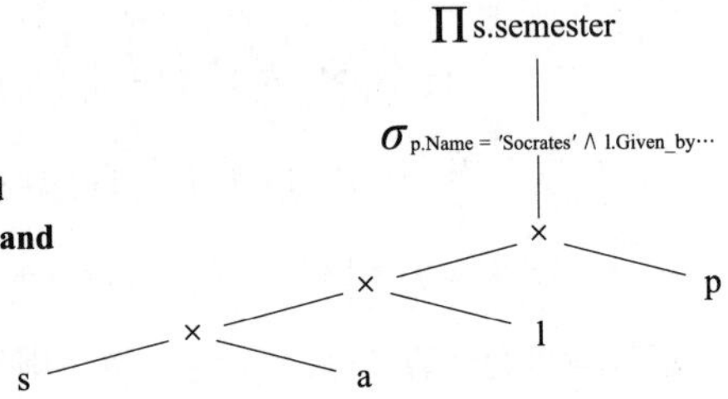

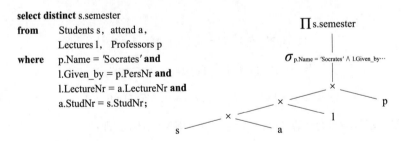

图 8-4 初始查询及其规范翻译

首先，把选择连接词“拆开”（规则 4），这样就得到了四个选择运算。并且它们在表达式中的位置都可以单独移动（规则 2，6，7，9）。最好尽早使用选择运算，因为这样可以将很大一部分后面不需要的元组给排除出去。在图 8-5 中，我们先直接选出“正确的教授”元组，即姓名为 Socrates 的元组，这样的话在后面进行笛卡儿积运算时就只需要对一名教授，而不是所有教授进行运算。另外，在第一次需要同时用到 StudNr 和 LectureNr 这两个属性之前，就分别对 StudNr 和 LectureNr 进行等式比较。

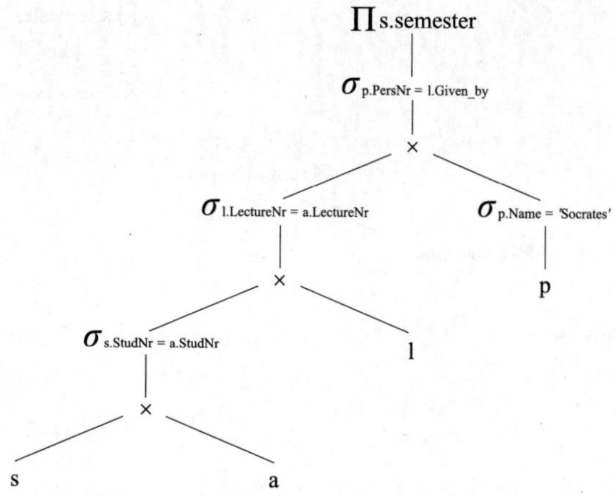


图 8-5 选择运算的拆分和移动

在第 3 章中我们已经讲过，在连接运算和笛卡儿积运算中，我们会优先选择连接运算，因为笛卡儿积运算会导致中间结果的数据量非常庞大。因此，在碰到笛卡儿积运算时，应该尽可能地转换成连接运算（规则 11）。如图 8-6 所示，在我们的例子中，所有的笛卡儿积运算都可以转换成连接运算。

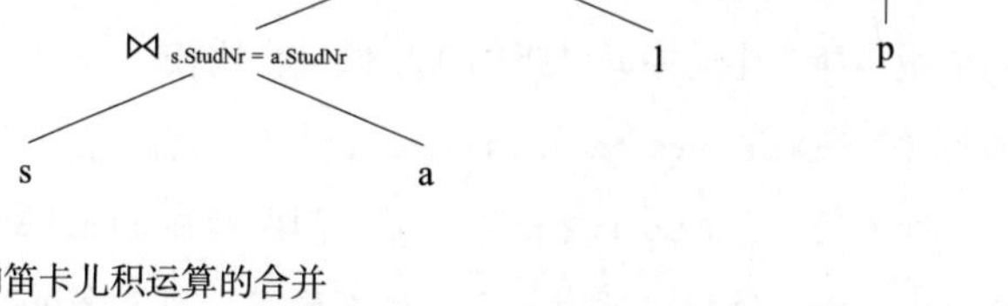

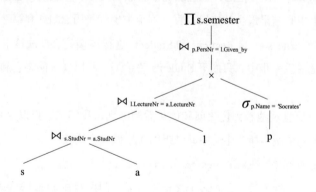


图 8-6 选择运算和笛卡儿积运算的合并

现在需要确定连接运算的顺序。我们可以借助交换律和结合律改变连接运算的顺序。这一步比较复杂，而且也没有有效的方法可以确保每一次都能找到中间结果最少的顺序。在我们的例子中，明确知道的是只有一名教授名叫 Socrates，并且他只开设了三门课程。因此我们首先应该将教授 Professors 和课程 Lectures 进行连接。这个过程如图 8-7 所示。

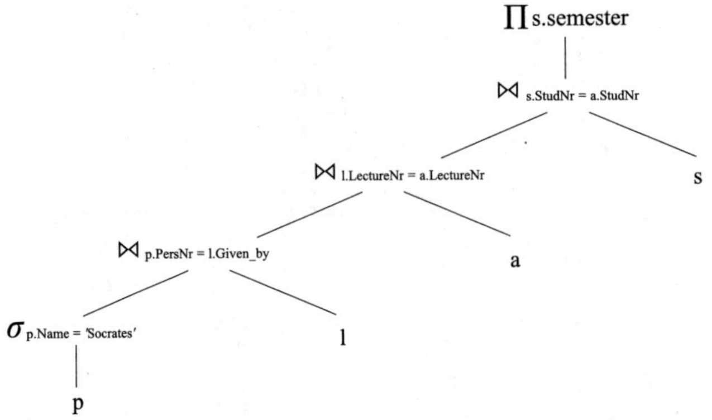


图 8-7　确定连接的顺序

我们可以用启发式的方法，像这样确定完整的连接顺序：借助所谓的“选择率”，可以估计出连接运算相对于笛卡儿积运算的基数。这一点我们在 8.3.1 节中还会介绍。利用这种方法就可以估算出每个连接运算的结果大小。然后我们会对产生中间结果最小的两个关系先进行连接。在我们的例子中，Lectures ⋈ attend 和 Students ⋈ attend 都将产生 13 个元组。但是前面已经提到，Socrates 教授只开设了三门课程。因此，第一步，我们会先将 Socrates 教授和他的课程连接起来。然后第二步，我们再连接第一步产生的结果，找出产生中间结果最少的连接运算。例子中也就是用 attend 和第一步产生的结果进行连接，因为 Professors ⋈ Lectures 和 Students 进行连接就又变成笛卡儿积运算了。第三步，也就是最后一步中，只剩下 Students 关系了，所以就只能将它和第二步产生的结果进行连接。

为了让大家更直观地看到优化前和优化后的区别，我们在这里以 3.3.5 节的数据库为例，将新、旧两个版本所产生的中间结果的大小做一个比较。

在优化后的查询中，在对 Professors 和 Lectures 进行连接后，会产生 3 个元组（Ethics 伦理学，Maieutics 苏格拉底反诘法和 Logic 逻辑学）。这 3 门课程在 attend 关系中有 4 个条目。然后将这个结果再和 Students 连接，这时不会产生新元组，只是会将现有元组“补充”进学生的信息里。因此这些连接运算产生的中间结果的总数为 3+4+4=11。

图 8-6 中优化前的查询是先将 Students 和 attend 这两个关系连接起来。在我们的示例数据库中，这个运算的结果会产生 13 个元组。然后和 Lectures 进行连接不会产生新元组。最后一个连接运算只会将学 Socrates 课程的学生作为结果传递下去，因此结果包含 4 个元组。这样产生的中间结果的总数为 13 + 13 + 4 = 30。

查询优化的最后一项措施是移动或插入投影运算（规则 5，6，8，10），不过这项措施应该谨慎使用。移动或插入投影运算可以减少中间结果的产生，有两方面的原因。一方面，投影可能产生重复，而重复的元组可以被消除掉。当然，如果投影仍然包含一个键，则不会出现这种效果。另一方面，每个元组的大小也会缩小，这样中间结果在外部存储时需要的页面也会更少，所需的储存空间小，后续处理的工作量消耗也会小一些，这在属性数量庞大时有很重要的用处。

如图 8-8 所示，在我们的例子中，通过插入一个投影可以消除一个元组，许多在后续处理中不必要的属性可以被删除。中间结果包含 Professors，Lectures 和 attend 关系的所有属性，但只有 StudNr 属性是我们所需要的。不过，我们后面会讲到，去重的过程是需要一定成本的。对于我们这个例子来说，可能这么做并不太划算。在决定是否使用这一措施时，可用以下标准作为参考：如果要投影的属性的值域和元组的数量相比较小（例如 Students 关系中的学期 semester 属性），或者通过投影可以消除非常大的属性（例如学生的 Bitmap 格式照片），那么投影就是划算的。

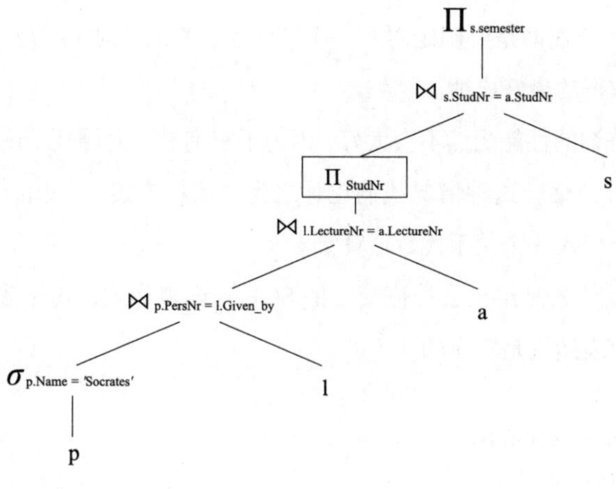


图 8-8 插入和移动投影

总结一下上面使用到的方法，可以得出下列基于范式的启发式优化算法：

1. 拆解选择运算；
2. 将选择运算尽可能地移到树状图的下端；
3. 将选择运算和笛卡儿积运算合并成连接运算；
4. 确定连接的顺序，使中间结果尽可能小；

5. 根据情况选择是否插入投影；

6. 将投影尽可能地移到树状图的下端。

### 8.1.3 通过解除嵌套优化查询

我们在 4.9 节已经分析过嵌套子查询。我们还讨论了如何解除嵌套以达到优化查询的目的。不过当时介绍的是手动的方法。在这一节里我们想让大家知道，在现代 DBMS 中是可以自动去掉嵌套的。

假设下面的查询，是要查找所有学生取得最好成绩的考试：

$Q_1$：

```
select s.Name, t.LectureNr
from studenten s, test t
where s.StudNr = t.StudNr and t.Grade = (
        select min (t2.Grade )
        from test t2
        where s.StudNr = t2.StudNr )
```

从概念上讲，子查询是要确定对每一个“学生 / 考试”对（*s*, *t*）来说，*t* 这门考试是否是这名学生取得的最好成绩。

这个相关子查询的性能当然不会太好，因为子查询是嵌套循环（nested loop）的形式，每次都要重新计算评估。这种情况我们也称之为“依赖连接”（dependent join），为此我们现在需要额外引入一个关系代数运算符 ⧑ 。

不过，首先我们还是给出去掉嵌套后的 SQL 查询表达式，这个表达式和后面要自动生成的逻辑代数表达式是对应的。

$Q_1'$:

```
select s.Name, t.LectureNr
from Students s, test t,
        ( select t2.StudNr as ID, min ( t2.Grade ) as best
          from test t2
          group by t2.StudNr ) m
where s.StudNr = t.StudNr and m.ID = s.StudNr and t.Grade = m.best
```

这里子查询不再依赖于外层元组变量 *s*，因此该查询可以通过“普通的”连接运算来求值。对于 SQL 数据库系统的性能来说，对这种查询自动去除嵌套是最基本的。我们可以利用关系代数的等价规则进行逻辑优化，去掉嵌套子查询。

带有相关子查询的查询首先被翻译成带有依赖连接的代数表达式，这样就可以对外部查询的每个元组进行子查询的求值。这个依赖连接的定义如下：

$$T_1 \rtimes\!\!\ltimes_P T_2 ：\ = \{t_1 \circ t_2 | t_1 \in T_1 \wedge t_2 \in T_2(t_1) \wedge p(t_1 \circ t_2)\}$$

这里，等式右边对等式左边的每个元组分别进行求值。我们把表达式 $T$ 产生的属性记为 $\mathcal{A}(T)$，表达式 $T$ 的自由变量记为 $\mathcal{F}(T)$。那么在对依赖连接进行求值时就必须满足 $\mathcal{F}(T_2) \subseteq \mathcal{A}(T_1)$，也即 $T_2$ 所需要的所有属性必须是由 $T_1$ 产生的。

依赖连接的定义可以类似地扩展到其他连接运算符，也即半连接（⋉）、反半连接（▷）和外连接（⟕、⟗）的依赖连接（⧔、▶、⧓）都有相应定义，使右侧表达式依赖于左侧表达式，对左侧表达式生成的每个元组单独进行求值。

除了连接之外，我们还会用到前面已经讨论过的分组运算符：

$$\Gamma_{A;a:f}(e) :\ = \{x \circ (a : f(y)) | x \in \Pi_A(e) \wedge y = \{z | z \in e \wedge \forall a \in A : x.a = z.a\}\}$$

它根据属性（或属性集）$A$ 对输入的数据 $e$ 进行分组，并且对一个或多个聚合函数（这里用 $f$ 表示）进行计算，并给结果分配新的属性 $a$。

此外，我们使用映射函数，给输入的数据 $e$ 中的元组分配一个新计算出的属性 $a$：

$$\chi_{a:f}(e) := \{x \circ (a : f(x)) | x \in e\}$$

在下文中，有时需要测试属性集是否相等。为此，我们使用以下符号：

$$t_1 =_A t_2 := \forall_{a \in A} : t_1.a = t_2.a$$

如前所述，相关子查询最初被转换为依赖连接：

$$T_1 \rtimes\!\!\ltimes_P T_2$$

由于这个依赖连接的语义包含“嵌套循环”，因此会导致运行时间非常长。所以，在逻辑优化的过程中，应该尽可能用“正常的”连接运算符来把它替换掉。下面描述的两种方法可以实现这个目的。首先，我们尝试进行简单的去嵌套，如果相关子查询只是出于句法的原因而制定的，那么这个方法就会有用；如果情况“复杂”，就需要用到通用的去嵌套技术了。

### 简单去嵌套

下面是一个简单的相关子查询的例子，这样书写查询仅仅是为了简化语法：

$Q_2$:

**select** s.*

**from** Students s
**where** exists ( **select** * **from** test t
**where** s.StudNr = t.StudNr )

这个查询可以查找出那些“活跃的”学生，也即至少完成一门考试的学生。

首先，这个查询会被翻译成下列的代数表达式：

$$(\text{Students s}) \ltimes (\sigma_{\text{s.StudNr = t.StudNr}}(\text{test t}))$$

很显然，这个表达式可以等价地翻译成下列带有正则半连接的形式：

$$(\text{Students s}) \ltimes_{\text{s.StudNr = t.StudNr}} (\text{test t})$$

然后，在简单的去嵌套过程中，我们会将所有的从属谓词尽可能地向上移动，尽量让它们越过连接、选择、分组等，直到所有需要的属性都能从输入中获得为止。如果能做到这一点，那么就可以像我们的例子一样，把依赖连接转化为普通连接。这样转换之后，可以再把一些谓词向下移动，以便在较早的步骤中就对数据加以筛选和过滤。

### 通用去嵌套

上面介绍的移动谓词的方法可以解决许多相关子查询的问题，所以大家也总是会先试试看它能不能解决问题。如果解决不了，那么就需要一个更通用的方法，来对依赖连接进行转换。我们以 $Q_1$ 查询为例来介绍这个方法，图 8-9 是将 $Q_1$ 翻译成代数表达式的初始形式。为了优化这个查询，我们根据以下等价规则拆分依赖连接：

$$T_1 \bowtie_p T_2 \equiv T_1 \bowtie_{p \wedge T_1 =_{\mathcal{A}(D)} D} (D \bowtie T_2)$$

其中 $D$：$\Pi_{\mathcal{F}(T_2) \cap \mathcal{A}(T_1)}(T_1)$ 。

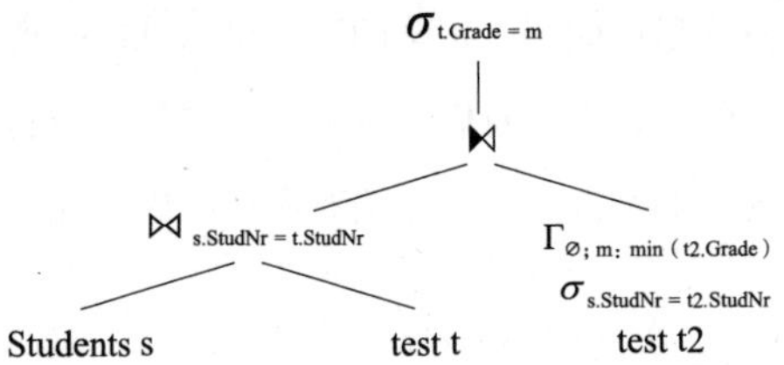


图 8-9　原始查询 $Q_1$

将这个转换应用到我们的例子中，如图 8-10 所示。乍一看，用两个连接（一个依赖连接和一个常规连接）替换掉一个依赖连接似乎意义不大。但是请注意，现在依赖连接不再需要对左边参数的重复部分进行计算。当然，我们必须去重，而不是像在 SQL 中一样保留重复的投影。也即，数据库会计算所有可能的变量所绑定的域 $D$，并将它“横向”传递给依赖连接，因此现在依赖连接中每个不同的组合都只会进行一次求值。在数据库中重复运算很多的情况下，这个做法能节省很多工作量和内存消耗。

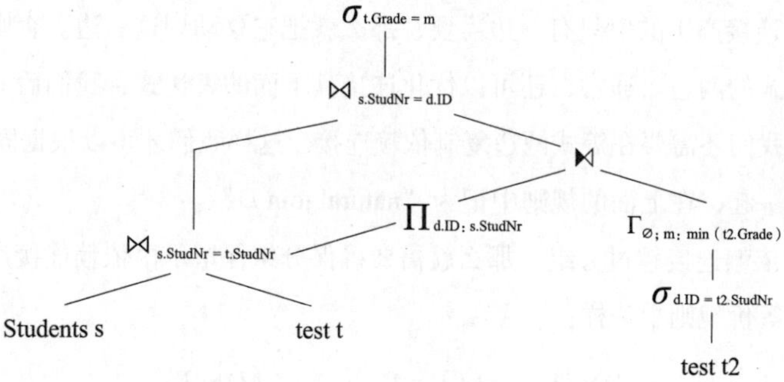


图 8-10 将无重复的域横向移动到依赖连接

在我们的例子中，现在对每名学生只需要计算一次最好成绩即可，而不是对每一个“学生 / 考试”对都计算一次。

还有更重要的一点是，现在依赖连接只需要计算真实的（无重复的）$D$，这也使得我们可以对依赖连接做进一步的转换。因此，在下面的转换规则中，我们总是默认运算符左边的 $D$ 是无重复的。

我们最终要把依赖连接尽可能地移到下面，直到等式右边不再依赖于左边。然后我们就可以像下面这样，完全去除依赖连接了：

$$\text{如果 } \mathcal{F}(T) \cap \mathcal{A}(D) = \varnothing\text{，则 } D \ltimes T \equiv D \bowtie T$$

现在虽然还是要计算一个连接，但是不再需要计算依赖连接了。很多时候最后这个连接也可以去除，就像我们例子一样。

在介绍了优化的起点和目标之后，我们在这里给出几条转换规则，利用它们可以逐步达到优化目标。

依赖连接很容易移到选择运算的里面：

$$D \ltimes \sigma_p\ (T_2) \equiv \sigma_p\ (D \ltimes T_2)$$

这个转换看起来有点反其道而行之，因为我们通常是想把选择运算移到下面。事实上，我们可以在去掉嵌套之后再把选择运算移到下面去。我们首先对依赖连接进行转换，把它们往下移，直到它们能够被完全消除或被常规的连接所取代。用常规连接替换依赖连接，可以使用以下规则：

$$D \bowtie (T_1 \bowtie_p T_2) \equiv \begin{cases} (D \bowtie T_1) \bowtie_p T_2 & : \mathcal{F}(T_2) \cap \mathcal{A}(D) = \varnothing \\ T_1 \bowtie_p (D \bowtie T_2) & : \mathcal{F}(T_1) \cap \mathcal{A}(D) = \varnothing \\ (D \bowtie T_1) \bowtie_{p \wedge \text{natural join } D} (D \bowtie T_2) & : \text{在其他情况下} \end{cases}$$

如果依赖连接产生的值只有一边需要，那么就把它移动到这一边。否则，就需要复制它，放在等式的两边。通常，还可以优化连接其下面的表达式，我们后面在示例中会看到。注意，我们还需要在等式两边复制依赖连接，这样我们才可以根据同样的 $D$ 属性值把值合并到一起，在上面的规则中记为"natural join $D$"。

如果想让依赖连接越过分组，那么就需要确保分组保留了由依赖连接产生的所有属性，像下面的等价规则中一样：

$$D \bowtie \left(\Gamma_{A;\ a:f}(T)\right) \equiv \Gamma_{A \cup \mathcal{A}(D);\ a:f}(D \bowtie T)$$

同样，这条规则也需要 $D$ 是一个无重复的集合。

和分组一样，投影也可以类似地处理：

$$D \bowtie \left(\Pi_A(T)\right) \equiv \Pi_{A \cup \mathcal{A}(D)}(D \bowtie T)$$

剩下的集合运算符可以通过以下等价规则来处理：

$$D \bowtie (T_1 \cup T_2) \equiv (D \bowtie T_1) \cup (D \bowtie T_2)$$
$$D \bowtie (T_1 \cap T)_2 \equiv (D \bowtie T_1) \cap (D \bowtie T_2)$$
$$D \bowtie (T_1 \setminus T_2) \equiv (D \bowtie T_1) \setminus (D \bowtie T_2)$$

我们在图 8-11，图 8-12，图 8-13 中画出了示例的查询优化步骤，最终完全去除了依赖连接。优化后的树状图和手动优化的结果 $Q_1'$ 是对应的。

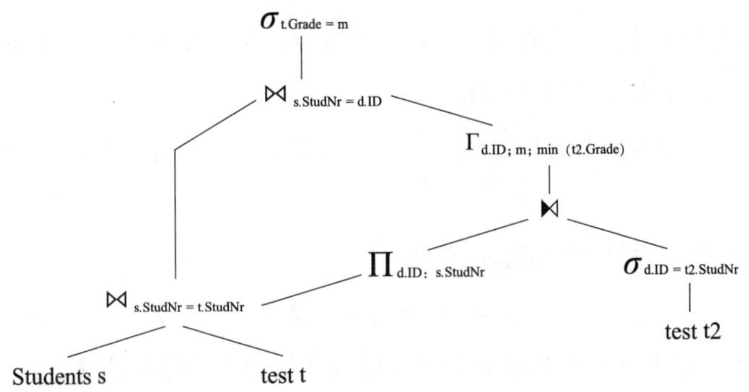


图 8-11　调换分组的位置 / 和依赖连接进行聚集

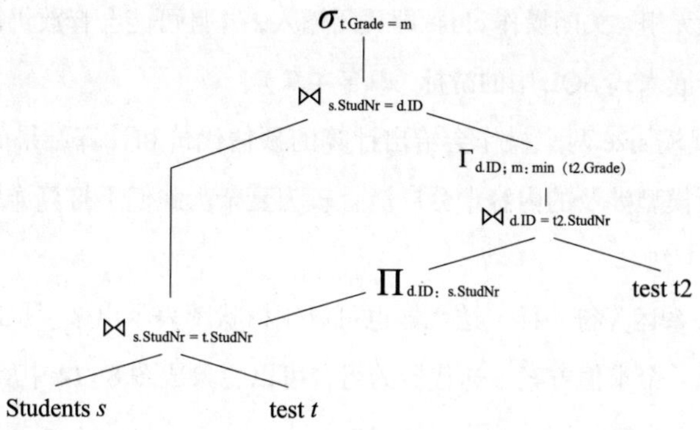


图 8-12 消除依赖连接

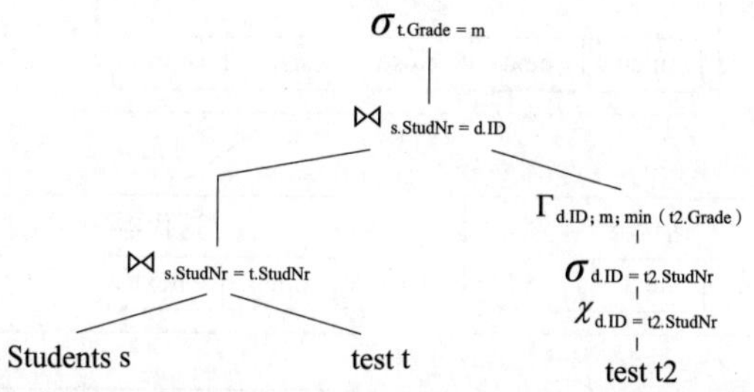


图 8-13 可选：解除等式两边的依赖关系。“横向”移动的域 d.ID 是 t2 中学号 StudNr 值的一个子集，因此可以消去。这样连接就转换成一个（其实并不必要的）选择了

## 8.2 物理优化

我们要区分逻辑代数运算符和物理代数运算符，物理代数运算符是逻辑运算符的实现形式。因此，一个逻辑运算符可能有多个物理运算符。

前面我们只讨论了逻辑层面。这一节我们将利用数据库的物理结构，例如索引和关系的排序，来选择逻辑运算符的实现形式。

对于以模块化的方式组装规划求值过程，一个比较好的解决方案就是利用所谓的“迭代器”。迭代器是一种抽象的数据类型，可作为 open，next，close，cost 和 size 等操作的接口。

打开操作 open 是一种构造函数，打开输入并可能执行初始化。接口操作 next 返回

计算结果的下一个元组。关闭操作 close 即关闭输入，并且可能会释放仍被占用的资源。这三个功能类似于嵌入式 SQL 中的游标（见第 4 章）。

代价 cost 和规模 size 两个操作会给出计算的预估代价和计算结果的规模等相关的信息。不过，代价模型涉及的内容十分广泛且较为复杂。我们不打算详尽地介绍它，只在 8.3 节介绍几种方法。

和查询中的关系运算符一样，迭代器也可以用树状图表示出来。也即，多个迭代器组合在一起，构成一个求值方案。迭代器的组合可以想象成图 8-14 中所示结构。

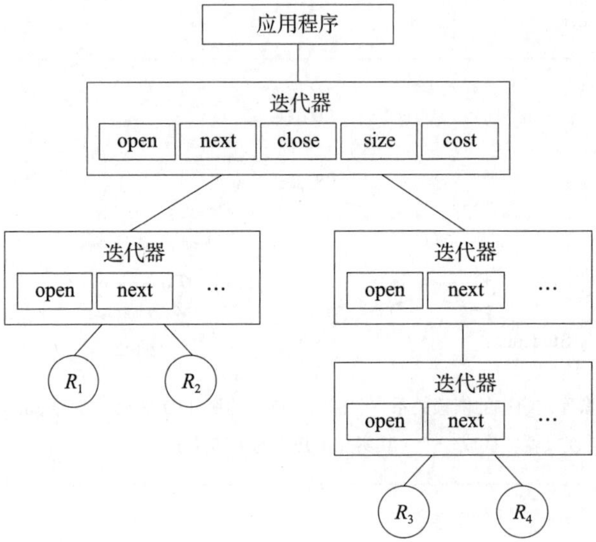


图 8-14　求值方案图示

应用程序（如果是交互式请求，则是用户界面）打开根迭代器，并借助 next 命令不断地请求结果，直到没有结果为止。根迭代器需要连接到它的子迭代器的输出，并进行计算，得到结果元组。因此它也会调用子迭代器中的 open，next 和 close。这个过程一直继续下去，直至到达数据库基本关系的叶子。

迭代器不仅结构灵巧，而且它还有一个好处，就是不需要储存中间结果。我们以一个只有选择和投影的查询为例。如果我们只用存储过程（procedure），而每个存储过程都需要完整地计算一个代数运算符，那么通常每一部分的结构都需要被暂时储存起来。在逐步式的实现过程中，结果是一点一点递送的，这也被称为“流水线技术”

（Pipelining）[1]。而迭代器理念的一个缺点是，不同迭代器的实现比存储过程的实现要复杂。

为了方便讨论各种迭代器的作用方式，我们将迭代器分为以下五组：[2]

1. 选择；

2. 二元赋值运算（Matching）；

3. 分组和去重；

4. 投影合并；

5. 缓存。

通常来说，有三种基本方法，可以实施前三组的运算符。第一种是"暴力破解法"（Brute Force）[3]，也就是依次把所有的可能性都试一遍。第二种方法是利用元组的顺序和排序。第三种方法是利用索引结构，直接访问特定的元组。

### 8.2.1 选择的实现

以下给出了利用"暴力破解法"，通过访问索引结构（B树或哈希表）实现选择的过程。每一次调用 next 时，都会返回一个满足条件的元组，直到输入源耗尽。在利用索引结构的变体中，在打开迭代器时就同时会额外查找第一个匹配的元组。在 $B^+$ 树结构中，这是通过在树内"下降"到叶子来完成的。然后每一次调用 next 时，就可以依次搜索叶子，直到条件不再适用。

1. 没有索引支持：

**iterator** Select$_p$

　　**open**

　　　　Open input

　　**next**

---

〔1〕流水线技术是指在程序执行时多条指令重叠进行操作的一种准并行处理实现技术。流水线是 Intel 首次在 486 芯片中使用的。在 CPU 中由 5~6 个不同功能的电路单元组成一条指令处理流水线，然后将一条指令分成 5~6 步，再由这些电路单元分别执行，这样就能实现在一个 CPU 时钟周期内完成一条指令，提高 CPU 的运算速度。

〔2〕关系代数中的更名操作为的是能够唯一识别各个属性。在物理优化中，不需要用到更名操作，因为这些模型的信息通常都由内部标识符来处理。

〔3〕暴力破解法，是指攻击者使用账号或密码字典，以穷举法猜解出用户账号或口令，是广泛使用的攻击手法。理论上利用这种方法可以破解任何一种密码，问题只在于如何缩短试错的时间。

```
        Fetch next tuple until one satisfies condition p，  otherwise
          you are done
        Return this tuple
    close
        Close input
```

2. 有索引支持：

```
iterator IndexSelect_p
    open
        Look up in the index the first place where a tuple satisfies the condition
    next
        Return next tuple if it still satisfies condition p
    close
        Close input
```

### 8.2.2 二元赋值运算的实现

连接运算、差运算和交运算可以用非常类似的方式实现，所以我们把它们都归为二元赋值运算这一组。连接运算是比较两个元组的属性，而差运算和交运算是比较两个完整的元组。在这一节中我们只介绍等值连接（Equijoin）（另见习题 8-6）。

#### 简单的连接算法

最简单的方法是使用两个相互嵌套的循环。它们会将一个集合的每个元组同另一个集合的每个元组做比较。若以简化形式表示正常的存储过程，则连接 $R \bowtie_{R.A=S.B} S$ 可以表述成如下这样：

```
for each r ∈ R
    for each s ∈ S
        if r.A = s.B then
            res：= res ∪（r × s）
iterator NestedLoop_p
    open
        Open left input
    next
        Right input closed?
          − open it
        Request tuples on the right until condition p is met
        Should the right input in the meantime be exhausted
```

- close right input
- Request next tuple of the left input
- Restart next

Return the composite of current left and current right tuple

**close**

Close both input sources

这里，结果 res 会连续被满足连接条件的（$r$，$s$）的组合填充。

以上迭代器的表述已经比较复杂了，因为在每次调用 next 函数时只传递一个元组。但实际上这个伪代码已经被大大简化了。在实际的实现过程中，还要考虑元组在后台内存页面上的分布和系统缓冲区管理的问题。

### 精细的连接算法

关系的元组是储存在页面上的，在处理时也必须逐页从后台内存加载到主存储器。

如果主储存器中有 $m$ 个页面可用于计算连接，那么精细的连接算法就会为内循环保留 $k$ 个页面，为外循环保留 $m-k$ 个页面。外层关系，我们称之为 $R$，会被读取进 $m-k$ 个页面中，每次读取的内容为一份，逐份读取。对于其中的每一份，内层关系 $S$ 都必须完整地逐份地被读取进 $k$ 个页面中。关系 $R$ 在 $m-k$ 个页面上的所有元组，都会和 $k$ 个页面上 $S$ 的所有元组进行比较。

如果内层关系以"之"字形过程运行，即向前和倒退交替进行，那么每次运行过程可以节省一份读取 $k$ 页面的时间，如图 8-15 所示。我们在 8.3.3 节中会看到，最理想的情况是 $k = 1$，并且使用较小的关系作为外部参数（这里是 $R$）。

通常，嵌套循环求值因为需要二次级的耗费，所以是很昂贵的。但是它的优点是非常简单，并且不需要重大修改就可以对其他的连接形式（theta 连接，半连接）进行计算。

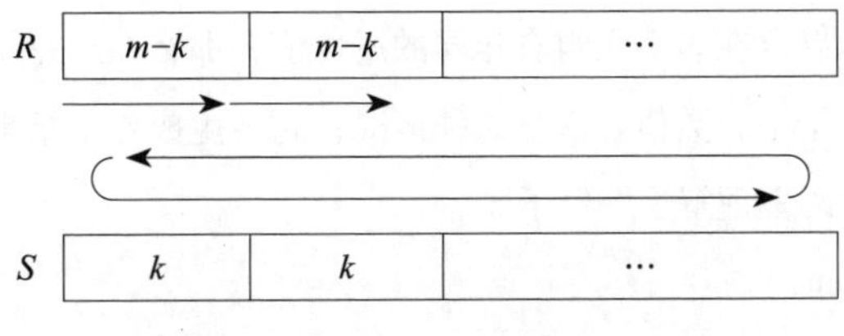


图 8-15　页面导向的嵌套循环连接图示

### 对排序的利用

如果两个输入都已根据要连接的属性进行了排序，那么就可以选择一种更有效的方法，即所谓的“合并连接”（Merge-Join）。这时，数据库会从上到下“平行”处理两个关系。对于关系中的每个位置而言，均已知后面的元组在连接属性上不会有比它更小的取值。如果当前元组的潜在（等值）连接伙伴已经较大，则不再需要考虑当前元组。

在图 8-16 中，要计算 $R \bowtie_{R.A=S.B} S$。当输入（这里是 $R$ 和 $S$）被打开时，指针会被定位在 $R$ 和 $S$ 的第一个元组上，这里我们记作 $z_r$ 和 $z_s$。我们从输入中最小的属性值开始，例子中是 0。另一个输入的连接属性值最小的是 5。因此根据排序，我们可以知道，值为 0 的元组没有连接伙伴，于是我们就会将 $z_r$ 向前推进到 7。现在 5 成了输入的最小值，于是我们需要将 $z_s$ 向前移动。两步之后，$z_s$ 也到达了 7，找到了连接伙伴。连接被执行，并且继续在 $R$ 中搜索潜在的连接伙伴。$R$ 中还有另一个元组属性值也为 7，因此可以执行第二次连接。这个过程一直持续到遍历完两个表。

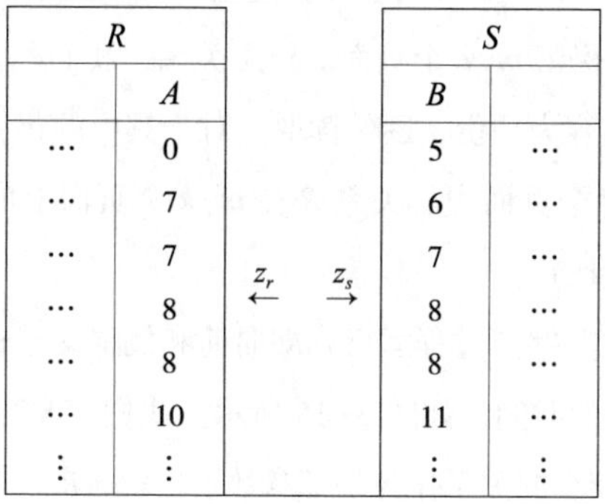


图 8-16　合并连接的执行示例

不过，还有一点需要注意。在运行过程中，一旦找到第一个连接伙伴，就必须标记它。在两个表中，如果存在多个元组有相同的属性值，那么在运行结束后一侧的指针必须重置到标记处。例子中，数值 8 就是这种情况，它会生成 4 个结果元组。读者可以借助以下的迭代器伪代码来理解这个例子。

**iterator** MergeJoin$_p$

**open**

Open both inputs

Set act on left input

Mark right input

**next**

As long as condition $p$ is not met

- Set act on input with the smallest adjacent value in the join attribute
- Call **next** on act on
- Mark other input

Return composite of the current tuples of the left and right input

Move other input forward

Is condition no longer met or other input exhausted?

- Call **next** on act on
- Value of join attribute changed in act?
  - No，then reset other input to marked position
  - Otherwise mark other input

**close**

Close both input sources

平均而言，如果给定排序的话，可以认为这种算法的代价是线性的。当然，在最坏的情况下，如果连接退化为笛卡儿积，代价也可能呈二次函数相关。当 $\Pi_A(R)=\{c\}=\Pi_B(S)$ ，也即关系 $R$ 的属性 $A$ 和关系 $S$ 的属性 $B$ 都只出现相同的值即 $c$ 时，代价就是二次函数相关的。

如果排序没有事先给定，那么当然就需要先进行排序，以便能够应用合并连接。这种变体通常被称为“排序合并连接”（Sort/Merge-Join）。

### 对索引结构的利用

另一种方法是在其中一个连接属性上使用索引，如图 8-17 所示。我们在关系 $S$ 的属性 $B$ 上创建了一个索引。因此，对于 $R$ 中的每个元组，我们只需要在 $B$ 的索引中查找匹配的元组。这里也同样需要注意，在某些情况下可能有多个元组被填入索引中的同一个属性值。

对于 $B^+$ 树来说，在索引中查找连接属性值就相当于把树“降到”该值首次出现时所在的叶子的位置。具有连接属性值的其他元组可以在 $B^+$ 树中通过“向右”搜索叶子节点来找到，必要时还需要跟踪到与其他叶子节点的连接。以下给出了利用索引结构实现连接的迭代器：

**iterator** $\text{IndexJoin}_p$

**open**

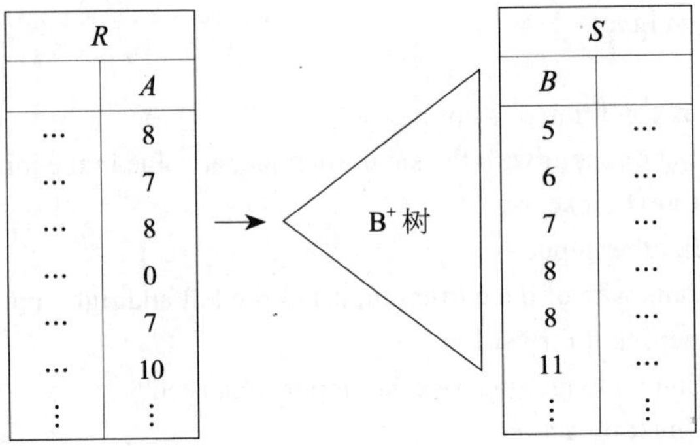


图 8-17　索引连接图示

If index on join attribute of the right input is available
Open left input
Get first tuple from left input
Look up join attribute value in index
**next**
Form join if index returns a（further）tuple for this attribute value
Otherwise move left input forward and look up join attribute value in index
**close**
Close input

### 哈希连接

上面介绍的简单索引连接有几个缺点：

1. 有时，连接的输入是其他计算的中间结果，因此不具备索引结构。

2. 为计算查询创建临时哈希表或 B 树，通常只有在主内存中有空间容纳索引结构的情况下才有价值。

3. 在作为索引结构的哈希表较大时，我们默认不存在集群（见第 7 章），所以每次查找都需要至少一次页面访问。因此，只有在非索引关系很小的情况下，在普通索引连接中使用哈希表才有意义。

哈希连接（Hash-Join）的思想是对输入的数据进行分区，使得可以使用主内存哈希表。我们可以借助图 8-18 来说明分区的作用。在嵌套循环连接中，参数关系 *R* 的每个元素必须与关系 *S* 的每个元素做比较，这种方式对应图中全部为阴影的区域（左图）。当采用分区的方法时，参数关系的元组会事先被分组，只需要考虑对角线上的小方块阴影即可（右图）。分区的方法如图 8-19 所示。

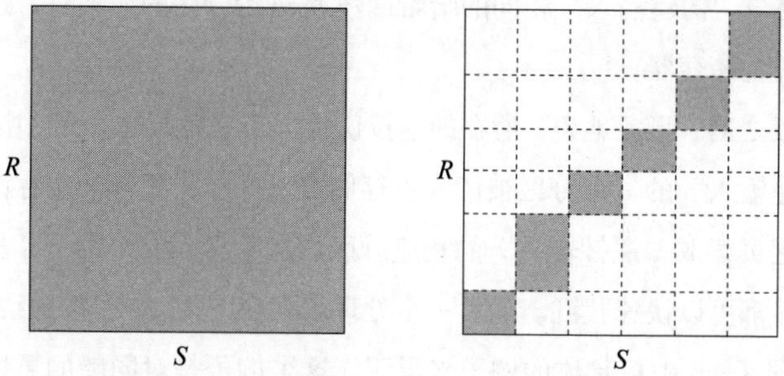


图 8-18 分区的效果［Mishra 和 Eich（1992）］

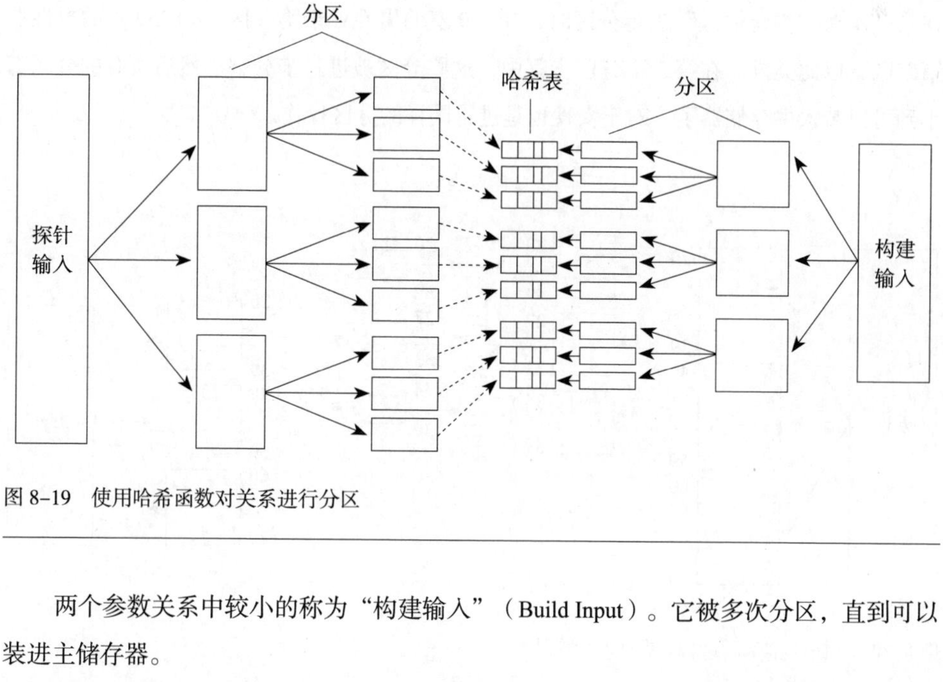


图 8-19 使用哈希函数对关系进行分区

两个参数关系中较小的称为“构建输入”（Build Input）。它被多次分区，直到可以装进主储存器。

如果有 $m$ 个主存储器页面可用于分区进程，那么其中 $m-1$ 个页面保留给输出，1 个页面保留给输入。选择哈希函数 $h_i$，使它们将输入的数据映射到 $m-1$ 个输出页面。每次读取 1 个页面，并通过哈希函数 $h_i$ 将它分到剩余的 $m-1$ 个页面。如果其中 1 个输出页面溢出，它将被写入相应的分区。最后，所有剩余的页面都被写到它们各自的分区里。因此，在每个步骤中，每个分区都递归地创建了 $m-1$ 个更小的分区。图中显示的是 $m-1=3$ 的情况。

接下来处理较大的参数关系，也就是所谓的“探针输入 / 样本输入”（Probe Input）。它是用与“构建输入”相同的哈希函数 $h_i$ 进行分区的。不过，这里所产生的分区不一定要装进主储存器。

在分区阶段之后，形象地说，潜在的连接伙伴位于“对面的”分区中。从现在开始，每次都有“构建输入”的一个分区被读入主存储器，并作为正常的主存散列表存储在那里。现在可以逐页读取“探针输入”的相应分区。在哈希表的帮助下，主存储器中所有的潜在连接伙伴都可以快速找到。最后一个处理步骤在图 8–20 中以虚线箭头表示。

我们再用图 8–20 中更具体的例子来说明。这个例子是对同龄的男性和女性进行连接。女性的关系表要大一些，因此用它来作为“样本输入”。为了清楚起见，我们选择了根据年龄排序的哈希函数——在实践中，这样做当然是没有意义的（见习题 8–4）。那么，在第一次对“构建输入”进行分区时，20~39 岁的男性处于第一区，40~59 岁的男性在第二区，以此类推。在第二个分区步骤中，这些分区被进一步分解。然后所有的分区都小到可以装入主存储器了。对于女性也是进行同样的分区操作。

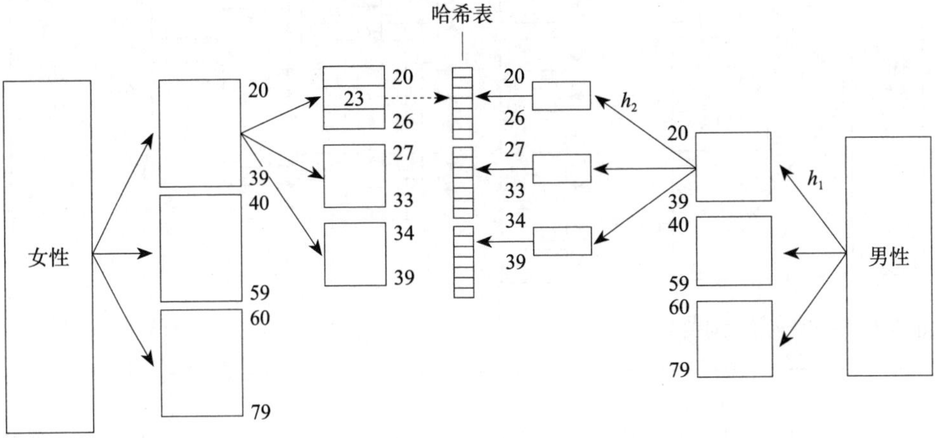


图 8–20 女性 $\bowtie_{\text{女性.年龄}=\text{男性.年龄}}$ 男性的计算过程

现在，有 20~26 岁男性的分区可以被加载到主存储器中，以便分发到哈希表中。另一边，20~26 岁女性的分区会被查找一遍，搜索相应的连接伙伴，而且这些伙伴必须在主存储器中。

请注意，哈希连接迭代器（我们在此不作详细说明）在打开的过程中就已经“完成了大部分的工作”。在初始化期间（调用 open），整个分区工作和“构建输入”第一个分区的哈希表创建工作就已经完成了。此后迭代器才可以连续地（通过调用 next）给出结果元组。

### 8.2.3 分组和去重

分组和去重也是相互关联的。它们之间的关系类似于连接和差集或交集之间的关系。在分组过程中，在某个特定属性上具有相同取值的元组被归纳到一起；而在去重的过程中，在所有属性上都完全一致的元组被归纳到一起。

这里，我们还是可以使用上一节提到的三种方法（所以这里我们也不再给出迭代器的内容）。和嵌套循环连接类似，“暴力破解法”是简单地把一个嵌套循环中的每个元组同其他每一个元组相互比较。如果输入的数据本身提供了排序，那么就只需要从头到尾检索一次，去除所有重复的内容或分组处理。或者，也可以使用现有的二级索引。例如，如果使用的是 $B^+$ 树，那么在树的叶子上输入的元组或指向元组的指针按给定的顺序排列。通常情况下，如果没有给定排序，那么在去重时可用类似哈希连接的方式进行分区或排序。

### 8.2.4 投影和合并的实现

投影和合并的实现非常简单，因此我们这里只简短介绍一下这个过程。

因为物理代数的投影运算符不去重（为此有一个专门的运算符），所以它只需要将输入的每个元组多余的数据删掉，只保留我们所需要的相应属性，并传递到输出即可。

在合并时，只是将左边和右边输入的所有元组依次输出，因此在物理代数中合并时也不会自动去重。

### 8.2.5 缓存

使用迭代器完全有可能使得中途不需要把任何一个元组放在后台内存中。那些元组只需要单独被交到上面。当然，这并不总是最有效的一条路径。例如，当嵌套循环连接的内循环又是由一个嵌套循环连接构成的，那么对于外部参数的每一个元组都需要与内部连接并重新计算。在这种情况下，添加一个缓存操作符就会有效得多，我们把这个缓存操作符称作“Bucket”。

Bucket 操作符把输入的所有元组暂时储存在后台内存上，就像一个“收集池”一样。在后面的运行过程中可以再提取这些数据。

另一个可能的应用是消除（或分解）公共子表达式。如果一个表达式在查询中多次出现，那么最好是只进行求值并且将结果暂时储存起来。那么，求值规划就会成为一个图表，如图 8-21 所示。

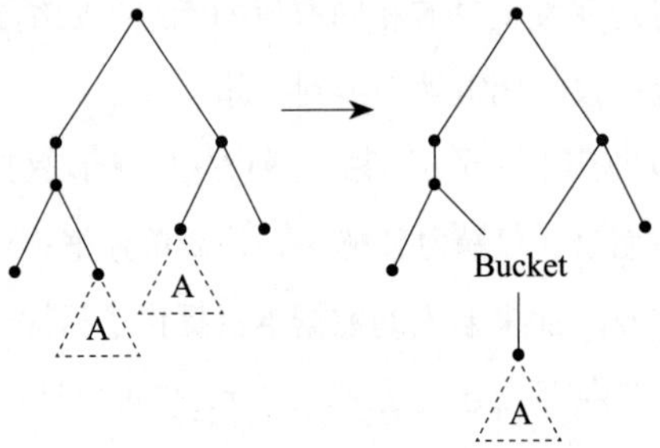


图 8-21　去除公共子表达式

Bucket 操作符还可以细化为 Sort，Hash 和 BTree。它们也可以进行缓冲，但是会先对输入进行处理。使用 Sort 操作符时，输入的数据被排序。使用 Hash 操作符时，会以输入为内容创建哈希表。使用 BTree 操作符时，会以输入为内容创建 B 树。这样就可以把有效的排序和索引算法运用到中间结果上。

## 8.2.6　中间结果的排序

这里介绍一个简单版本的常用“归并排序”（Mergesort，也称为“合并排序”）。排序时面临的问题还是在于，关系所需的空间一般都要比主存储器的容量大得多。因此，只能将它们分成部分，一部分一部分地处理。“快速排序”（Quicksort）等方法在这里并不适用。

“归并排序”的主要思想是：先将关系划分为排好序的部分，即“运行”（run）；然后，两个或多个排序的“运行”可以合并成更大的“运行”，类似于“合并连接”；这个过程一直重复下去，直到只剩下一个“运行”。

最开始的、第 0 级的运行是由主内存排序形成的，可以借助“快速排序”实现。这时，数据库会逐段读入关系，进行排序，并将排序后的数据写回一个临时关系中。

然后开始混合过程。如果主内存中有 $m$ 个页面可用，那么就会合并 $m-1$ 个运行（和“合并连接”类似）。空余的 1 个页面需要留给输出。

设 $b_R$ 为关系 $R$ 所占的页数。我们以图 8-22 中 $m = 5$，$b_R = 30$ 的情况为例。在初次排序后产生了 6 个第 0 级的“运行”，每个长度为 $m$。每次合并最多可以读取 $m-1 = 4$ 个页面，并把它们合并到剩余的第 5 个页面当中。也即，必须先合并 6 个第 0 级“运行”中的 3 个，最后才能将剩余的 3 个第 0 级“运行”和 1 个第 1 级“运行”全部合并起来。在中间阶段，应该根据需要尽可能少地合并“运行”，因为每一次合并过程就意味着数据在硬盘之间要“往返”一次。这里最佳算法是比较容易设计出来的，可以保证 I / O 过程的数量最小（见习题 8-8）。

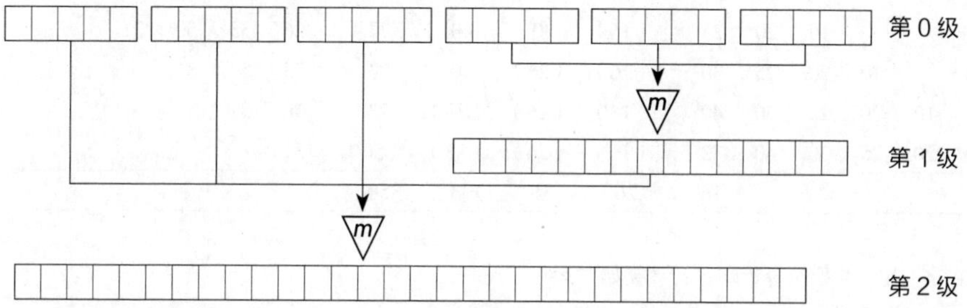


图 8-22 简单的归并排序演示

图 8-23 中画出了一次单一的合并过程。主储存器 M 上每次储存每个“运行”的 1 个页面以及 1 个输出页面。临值中的最小值，这里是 1，会写进输出页面。如果输出页面满了，它就会被更新。如果输入页面中有一个是空的，它将从相应的“运行”中填充。

为了减少运行次数，最初的“运行”应该尽可能地长。可以通过所谓的“替换选择策略”（Replacement Selection）来实现优化。

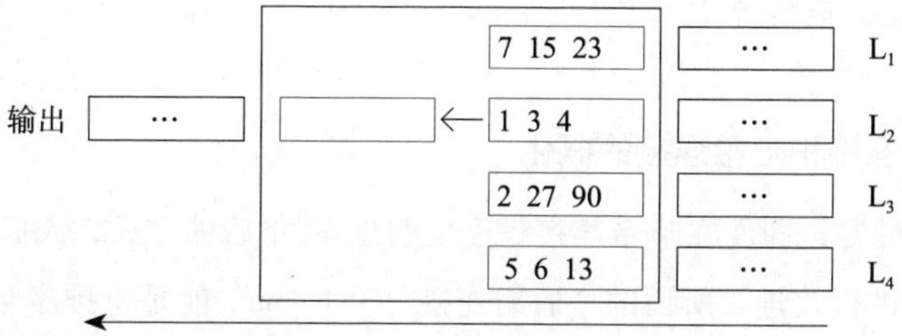


图 8-23 合并过程演示

在创建第 0 级“运行”时，数据不会直接并完整地写回，而只是零碎地写回。每一次有空间空余出来时，它就会被输入中的新元素填充。如果这些元素比已经写回的数据要大，那它们就可以在这次“运行”中被使用。否则的话，它们会被“锁定”，在下一次“运行”中才能使用。当只剩下“锁定”的条目时，“运行”结束。有了这样一个程序，初始“运行”的长度平均可以增加一倍。图 8-24 中给出了一个例子，括号内的数字表示“锁定”的元素。

| 输出 | 存储器 | 输入 |
|---|---|---|
| | 10 20 30 40 | 25 73 16 26 33 50 31 |
| 10 | 20 25 30 40 | 73 16 26 33 50 31 |
| 10 20 | 25 30 40 73 | 16 26 33 50 31 |
| 10 20 25 | (16) 30 40 73 | 26 33 50 31 |
| 10 20 25 30 | (16) (26) 40 73 | 33 50 31 |
| 10 20 25 30 40 | (16) (26) (33) 73 | 50 31 |
| 10 20 25 30 40 73 | (16) (26) (33) (50) | 31 |
| | 16 26 31 33 50 | |

图 8-24　用“替换选择策略”计算初始“运行”

在第一步中，储存器被数字 10，20，30 和 40 占据。最小的数字被输出，替换成输入中的下一个数字——25。25 比 10 大，因此可以在这次“运行”中使用。同样地，第二步输出 20，然后从输入中读取 73 并写入存储器。输入中的下一个值 16，比目前最小的元素 25 小，因此不能在这次“运行”中被使用。接着再“运行”三步之后，存储器中的所有值都会被“锁定”，这时必须开始一次新的“运行”。

对于“排序迭代器”（Sort-Iterator），我们留给读者去思考。和“哈希连接迭代器”类似，“排序迭代器”也必须在初始化（open）时完成大部分工作，只有最后的合并阶段是通过调用 next 连续请求完成的。

### 排序合并连接和哈希连接的概化

令人惊讶的是，即使在哈希连接程序发明近 40 年后的今天，人们仍在对实现连接运算的算法进行改进。所谓的“通用连接”（G-Join）就是将排序合并连接（Sort/Merge-Join）和哈希连接（用于确定连接伙伴的临时哈希索引）的基本思想结合起来。我们用 $R \bowtie S$ 的例子来进行说明。它首先会进行“运行”排序，最好是采用“替换选择策略”

的方式：

1. 如果 *R* 没有根据连接属性进行排序，那么将 *R* 排序为主存储器大小的“运行”。

2. 同样地，如果 *S* 没有根据连接属性给定排序，将 *S* 排序为主存储器大小的运行。

由此产生的状态显示在图 8-25 的外缘。每个元组由其连接属性值和其余数据表示。我们假设 *R* 是两个关系中较小的那个（否则，*R* 和 *S* 的位置将被调换）。因此，*R* 由两次“运行”组成，以下记为 *R*1 和 *R*2，而 *S* 由三个“运行”组成，记为 *S*1、*S*2、*S*3。然而，和排序合并连接不同的是，我们这里不进行完整的排序。通用连接在 *R* 和 *S* 的“运行”中同步“徘徊”，如图 8-26 所示。每一次，在尚未处理的关系 *S* 的页面中，初始元素最小的页面会被处理。可能与当前活跃的 *S* 运行页重叠的 *R* 运行页必须全部加载到主存缓冲区。如果 *R* 运行页中的元素小于 *S* 运行页中的最小元素，即肯定不再与当前活跃的 *S* 运行页相重叠，那么这些 *R* 运行页可以从主存缓冲区移出。这是通过相应的控制结构来实现的，该结构由 4 个排序表组成（其实现为优先级队列 priority queues），以便继续进行连接运算。A 表包含缓冲 *R* 运行的最大连接键；B 表包含 *R* 运行最旧缓冲页面的最大连接键；C 表包含下一个要处理的 *S* 运行的最小的连接键；D 表包含下一个要处理的 *S* 运行的最大元素。请读者自己根据这些控制结构来设计后续的连接运算和 *R* 页的缓冲清理过程。我们可以假设，每个 *R* 运行在缓冲区内必须有 2 到 3 个页面（但这不是上限，为什么呢？）。与图 8-25 相比，我们可以优化算法，使缓冲区内只需要有 *S* 运行的一个页面，即不是每个 *S* 运行的一个页面。为此，每个 *S* 页最后还应该额外包含下一个运行页面的最小键，或者我们使用最后处理过的页面中的最大值作为 C 表的值。如图 8-25 所示，通用连接不会像排序合并连接那样提供完整的排序结果。但是其结果是“准排序的”，因此在大多数情况下，可以随后添加一个替换选择排序，从而得到完整的排序。

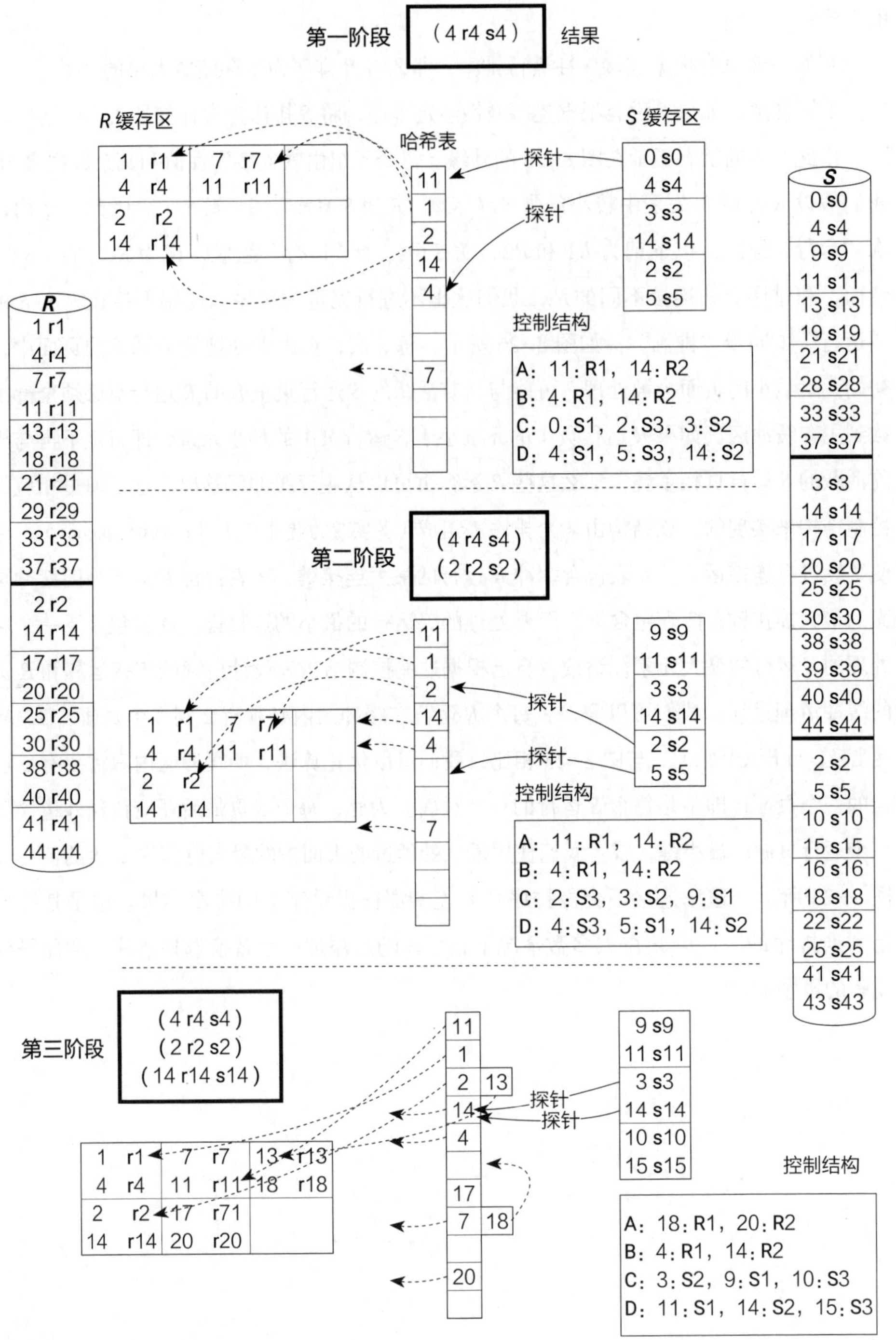


图 8-25　通用连接的前三个阶段

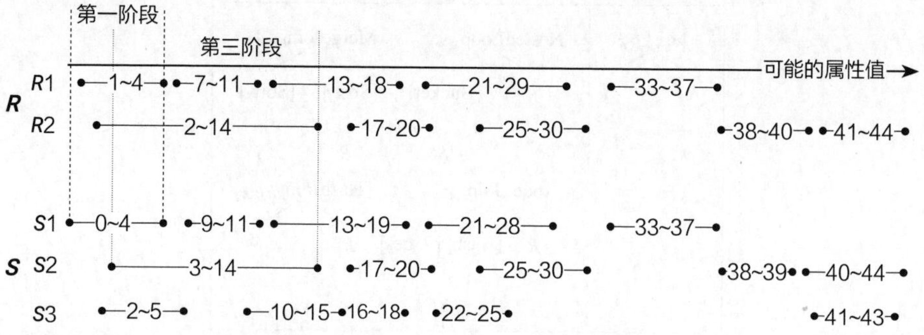


图 8-26　通用连接中对排序运行的处理

## 8.2.7　逻辑代数的翻译

在本节中，我们将逻辑代数的各个运算符翻译为物理代数的等效表示。在这个过程中，我们会利用数据的物理特征。物理特征可以是“输入在主存储器中”或“属性 *A* 按升序排序”等。在运算的过程中，这些特征可以被保留、被引入或被破坏。例如，索引连接和嵌套循环连接就会在外层关系的属性中保留排序，但在内部关系的属性中不保留排序。而排序操作符则会引入一个新排序。

图 8-27 列出了关系运算符一些可能的实现方式。其中，参数 *R* 和 *S* 不一定表示储存的关系，它们可以是任何其他子树。例如，如果连接运算属性上有排序可用，那么连接就可以通过合并连接来实现。而排序可能需要通过插入一个排序操作符来创建。如果有必要，投影后可以去重。如果所使用的去重的方法是以数据的某些物理特征为前提的，那么就可以通过在去重前使用相应的操作符来为数据创建相应的特征。图中方括号内列出的就是“可能的做法”。方括号内的操作如果没有必要，也可以省略。

对于图 8-7 中的查询，一种可能的求值方案如图 8-28 所示。假设模式的所有主键上都有哈希表形式的主索引，并且关系 Lectures 的 Given_by 属性上还有一个二级索引（$B^+$ 树）。对于我们的数据库实例来说，图中的求值方案显然不是最优方案，因为对于如此小的数据量而言，使用索引结构是不划算的。但是这个例子可以让大家看到，在现实的（大型）数据库中，一个好的求值方案可能是什么样子的。

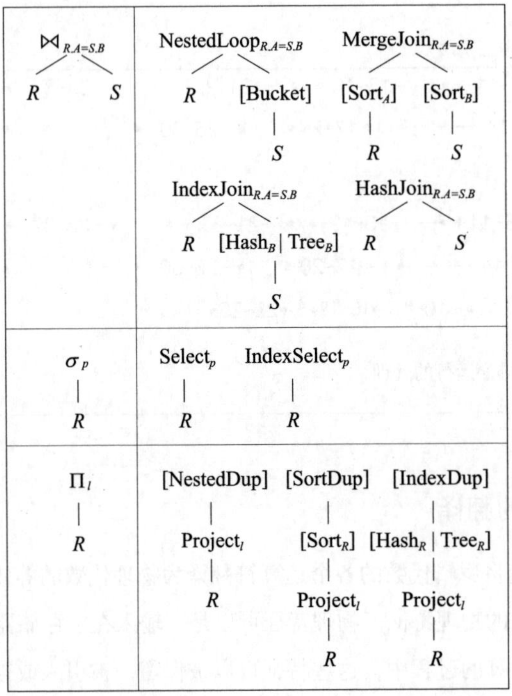


图 8-27 一些关系运算符的可能实现方式

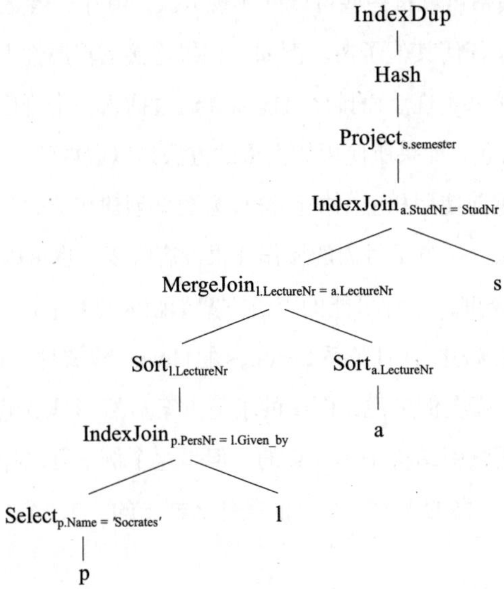


图 8-28 一个求值方案

首先，因为没有教授姓名的索引，所以用一个简单的 select 来替换选择操作；因为 Given_by 属性上有二级索引，所以可以使用索引连接，这样就不需要完全读取 Lectures 关系的数据（关系的数据量通常很大）。

第二个连接，我们选择用合并连接进行处理。为此，必须根据连接属性对两个输入进行排序。创建临时索引结构也是一个办法。不过前面我们已经看到，通常只有在主内存上有空余空间给临时索引结构使用时，创建临时索引结构才有意义（因此对于 Hash 和 Tree 来说，应该选择使用主内存的方法）。应该注意的是，LectureNr 只是 attend 关系的主键的一部分，因此在一般情况下不能使用主索引。

在下一个连接中，我们可以利用 Students 关系的主索引。剩下唯一要做的就是对属性"学期" semester 进行投影。由于投影本身并不能去重，所以后面还需要进行一次去重。去重所使用的操作符在图中被命名为"IndexDup"。对我们的例子来说，这样做可能确实是最有效的做法，因为"学期"的值域比较小，所以这样做的话在输出时只需要计算很少的元组（参考 8.1.2 节）。因此得到的哈希表很小，可以保存在主存储器中。输入只需要按顺序读取一次即可。

## 8.3 代价模型

启发式优化技术是为了在大多数情况下能够在较短的运行时间内提供优良的结果，即提供尽可能最佳的查询评估计划。不幸的是，这样的启发式方法有时会产生相当糟糕的求值方案。为了排除这种情况，需要用一种代价模型来比较不同的求值方案，以选出最佳的求值方案。

代价模型提供函数，用于估算物理代数的运算符所需的运行时间。它需要很多不同的参数，我们在本章的开头已经提到过，包括有关索引、聚类、基数和属性值分布等的信息（见图 8-29）。我们在开头就已经说过，我们只会对运算符的几个变体加以详细的描述和评估。不过在这之前还有一些准备工作要做。在估算代价时，很多时候都需要知道有多少元组符合条件，因此我们先来看看这个问题。

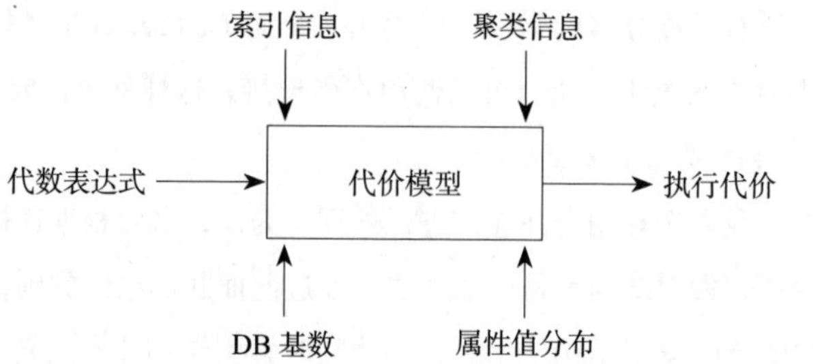


图 8-29　代价模型的运作方式

## 8.3.1　选择率

合格元组的比例被称为“选择率”，记为 *sel* 。对于选择和连接运算，它的定义如下：

1. 在带有条件 *p* 的选择运算中：$sel_p := \frac{|\sigma_p(R)|}{|R|}$；

2. 在 *R* 和 *S* 的连接运算中：$sel_{RS} := \frac{|R \bowtie S|}{|R \times S|} = \frac{|R \bowtie S|}{|R| \cdot |S|}$。

因此，选择运算的选择率就是满足选择条件 *p* 的元组的比例；而连接运算的选择率则是相对于笛卡儿积的映射基数给出的。

现在我们需要想办法估算选择率，以便知道中间结果（$|\sigma_p(R)|$ 或 $|R \bowtie S|$）的大小。简单的估算方法例如有：

1. $\sigma_{R.A=c}$ 这个运算，也就是将 R 的所有元组的属性 *A* 同常量 *c* 做比较，如果 *A* 是键的话，那么它的选择率是 $1/|R|$（每 $|R|$ 个元组中有一个满足要求）。

2. 如果 *R.A* 的值是平均分布的，那么运算 $\sigma_{R.A=c}$ 的选择率是 $1/i$。其中 *i* 是不同属性值的数量（每 *i* 个元组中有一个满足要求）。

3. 对于等价连接 $R \bowtie_{R.A=S.B} S$ 来说，如果属性 *A* 包含键属性，那么结果的大小可以用 $|S|$ 来估计。*S* 中的每个元组最多只会找到一个连接伙伴（取决于是否遵守参照完整性），因为 *B* 可能是 *R* 的一个外键。在这种情况下，选择率 $sel_{RS} = 1 / |R|$ 。

但是上面列出的只是一些特殊情况。一般来说，人们必须依靠更复杂的方法来估算选择率，因为通常属性值不是平均分布的，而且连接属性也不包含键属性。在文献中关于选择率的估算有三类方法，借助这些方法可以测试特定数值范围内的元组有多少：

1. 参数化分布；

2. 直方图[1]；

3. 随机抽样。

第一种方法是为现有的属性值分布确定一个函数参数，使其尽可能地接近数值分布的情况。它的简化形式展示在图 8-30（a）中。图中画出了两个具有不同参数的正态分布以及实际的数值分布情况。可以看出，两个正态分布在某些区域都不能很好地模拟实际的分布情况。

这种方法对选择率的估算是很简单的，函数会告诉我们限定范围内元组的数量。在数据库更新（updates）时，可以调整参数，使函数的曲线更接近实际的分布曲线。

然而，实际的数值分布常常不能很好地用参数化的函数来模拟。尤其是在多维查询中（例如涉及多个属性的选择运算），函数模拟非常困难。文献中提出了很多比图 8-30（a）中更灵活、更复杂的分布情况。另外，参数的确定也应该有更合理、更高效的方法。这里就可以用到抽样的方法。

在直方图方法中，我们会把相关属性的取值范围划分为多个数值区间，并计算落在某个区间内的数值的数量，如图 8-30（b）所示，这样就可以很灵活地模拟出数值分布的情况。

如图所示，正态直方图将数值的范围划分为等距的几块。这样做的缺点是，很多区间内的数值很少，因此对于频繁出现的数值的估算就会不准确。为此，有人提出了所谓的"等深直方图"，将数值范围划分为多个区间，使每个区间都有相同数量的数值。这样，数值较少出现的区间就会很宽，数值经常出现的区间就会很窄。利用这种方法可以更加接近数值的实际分布情况。这个方法的缺点是管理成本较高，因为当数据库发生变化时，需要对等深直方图进行相应的更改。

抽样方法的特点是非常简便。我们只需从一个关系中随机抽取一些元组，然后用这些元组的分布来代表整个关系的分布。不过，读取元组需要访问后台内存，而这是十分"昂贵的"。因此需要注意，抽样所花的时间不应该超过对任一查询进行处理所需的时间。因此，一个好的抽样程序也必须具有良好的适应性，能够适应不同情况。

---

[1] 直方图（Histogram），又称"质量分布图"，是一种统计报告图，由一系列高度不等的纵向条纹或线段表示数据分布的情况。一般用横轴表示数据类型，纵轴表示分布情况。

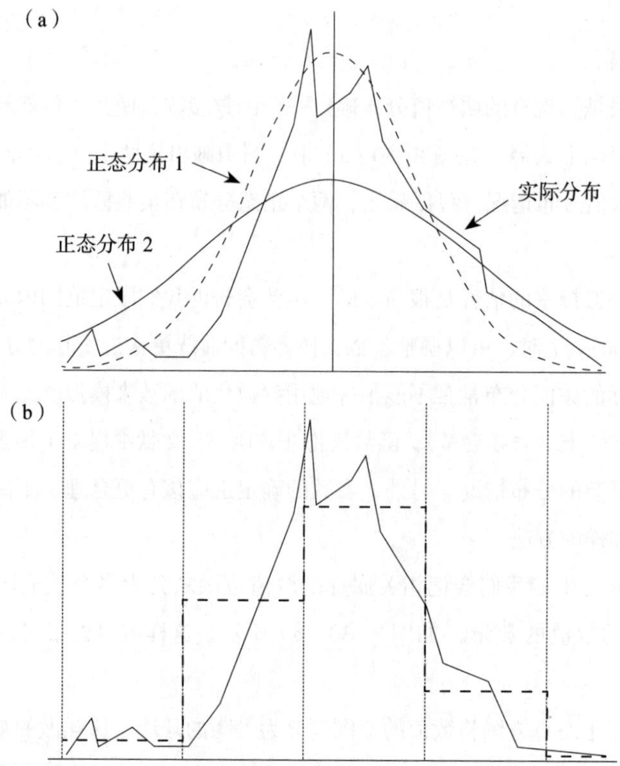


图 8-30　选择率估算图示：（a）参数化分布；（b）直方图

## 8.3.2　选择运算的代价估算

我们假设后台内存访问占主导地位，以至于 CPU 开销可以忽略不计。那么问题就变成：一个选择运算会导致多少次后台内存访问。

在使用 select 运算符的情况下，这个问题很容易回答。如果输入是储存在外部存储器上的关系，那么就需要读取属于该关系的所有块；如果输入是由其他迭代器产生的，那么就可以简单地根据选择条件“过滤”数据，这时不会产生多的后台内存访问。

对于有索引支持的选择运算来说，必须考虑到索引访问的代价。通常的简化估算方法是，认为一个 $B^+$ 树的节点“下降”会产生两次后台内存访问。我们默认 $B^+$ 树的高度 $h = 3$ 或 $h = 4$ 时，使用 $B^+$ 树是合理的。如果频繁访问，那么 $B^+$ 树的根以及第二层中至少有一部分会在数据库缓冲区。

我们来看 $\sigma_{A\theta c}$（$R$）这个运算，其中 $A$ 是属性，$c$ 是常量，$\theta$ 是比较算子。关系 $R$ 有一个聚簇索引，其形式为属性 $A$ 上的 $B^+$ 树，也即关系 $R$ 是按 $A$ 排序储存的。那么在进行选择运算时，会在 $B^+$ 树中查找 $c$ 值。从 $c$ 值的位置开始按顺序搜索 $R$（运行的方向取决于比较算子），直到该条件不再适用。如果关系在后台内存中占用 $b_R$ 块，并且为了在索引中查找 $c$ 值需要 $t$ 次访问，那么总的代价约为：

$$t + [\, sel_{A\theta c} \cdot b_R \,]$$

哈希表如果无目录，如线性散列，我们通常认为会产生一次后台内存访问。如果使用可扩充散列，则必须预期两次访问；因为目录通常非常大，不能默认当前正在寻找的部分在缓冲区内。

因为哈希表通常不保留规则，所以我们认为每一个符合选择谓词的值都必须单独查找。如果访问哈希表导致 $h$ 个页面故障，并且需要查找 $d$ 个不同的值，则总代价为 $h \cdot d$。这里为了简单起见，我们假设所有具有相同值的元组都在同一个容器中。

### 8.3.3　连接运算的代价估算

我们来看嵌套循环连接。假设 $b_R$ 和 $b_S$ 分别为 $R$ 和 $S$ 占用的页面数量。$k$ 个页面保留给内循环，$m-k$ 个页面保留给外循环。关系 $R$ 被遍历一次，产生 $b_R$ 次的页面访问。内循环运行 $b_R/(m-k)$ 次，每运行一次都会产生 $b_S-k$ 次访问，因为它是呈“之”字形前进的，前一次运行的最后 $k$ 页可以被重复使用。只有第一次运行必须完整访问 $b_S$ 个页面。因此总的代价为：

$$b_R + k + [\, b_R / (m-k) \,] \cdot (b_S - k)$$

对于现实中的缓冲区和关系的大小来说，当 $R$ 是两个关系中较小的一个，且内循环只使用 1 页的缓冲区（$k=1$）时，上述表达式会取得最小值（习题 8-7）。

### 8.3.4　排序的代价估算

开始时，输入关系的 $b_R$ 个页面被写入排好序的第 0 级“运行”，每个运行有 $m$ 页。这样的“运行”有 $i = b_R / m$ 个。在替换选择策略中，我们可以认为每个第 0 级“运行”平均有 $2m$ 个页面，而不是 $m$ 个。

在合并时，每一级同时有 $m-1$ 个“运行”，因此总共需要 $l = \log_{m-1}(i)$ 个阶段。

在最坏的情况下，每个阶段都会读取和写入关系的所有元组。在不考虑优化的情况下，总代价为：

$$2 \cdot l \cdot b_R$$

## 8.4 数据库查询的“调优”

对于时间要求严格的查询，数据库应用程序的开发人员通常都需要对查询本身及其优化器产生的求值方案作分析：响应时间过长到底是由于数据库物理设计的错误造成的（例如缺少索引，数据对象集中），还是求值方案不合适所导致的。

首先，数据库用户应该知道，许多 DBMS 产品都提供不同的优化级别以便选择。优化级别决定了优化器要花多少时间去寻找一个好的（尽可能最优的）方案。为了提高优化过程的效率，有可能只使用启发式规则（移动选择运算的位置，适时使用索引等）而不进行代价计算。然而现今，所有的 DBMS 产品都有一个基于代价的优化器。它会生成许多查询方案，并根据代价模型从中选出代价最低的方案。不过，只有在数据库中有相应的统计数据的情况下，优化器的代价模型才能正常工作。而这些统计数据通常既不是自动生成的，也不会在数据库发生更改时自动更新，因为这会使数据库的更改操作负担过重。数据库管理员必须明确地触发统计数据的生成。例如，在 Oracle 7 中，这是通过以下命令来完成的：

**analyze table** Professors **compute statistics for table**；

不幸的是，调整数据库系统的语言并没有标准化。例如，在 DB2 中收集统计数据的命令形式如下：

**runstats on table** …

这样一来，就需要分析所有的数据库结构（关系和索引）。必须注意定期重复此分析，因为只有当统计数据是最新的，基于代价的优化器才能正常工作。从分析得到的统计数据储存在所谓的“数据字典”这一特殊关系中，模型信息也是在这里进行管理的。授权用户可以访问这些数据，并对它们加以评估。

如果在创建或“刷新”统计数据后，一些请求的响应时间仍不令人满意，那么在大多数情况下，可以让数据库系统显示它所生成的查询求值方案。为此需要用到 explain plan 命令，不幸的是，这个命令在各系统中使用的语法也不统一。在 Oracle 7 中，可以使用以下命令让数据库显示优化器所生成的查询方案：

**explain plan for**
 **select distinct** s.semester
 **from** Students s，attend a，Lectures l，Professors p
 **where** p.Name = 'Socrates' **and** l.Given_by = p.PersNr **and**
 l.LectureNr = a.LectureNr **and** a.StudNr = s.StudNr；

更准确地说，查询方案被存储在一个特殊关系 plan_table 中，也可以使用 SQL 查询让它显示出来。例如，我们的数据库生成了以下方案：

```
SELECT STATEMENT    Cost = 37710
  SORT UNIQUE
    HASH JOIN
      TABLE ACCESS FULL STUDENT
      HASH JOIN
        HASH JOIN
          TABLE ACCESS BY ROWID PROFESSOR
            INDEX RANGE SCAN PROFNAMEINDEX
          TABLE ACCESS FULL Lectures
        TABLE ACCESS FULL HEAR
```

代价评估结果是 37 710 个单位（不用管一个单位是什么）。方案对应于图 8-31 中的树状图。最里面的操作最先计算。现在，很多数据库产品也有图形用户界面，可将这种查询计算方案以树状形式显示出来。

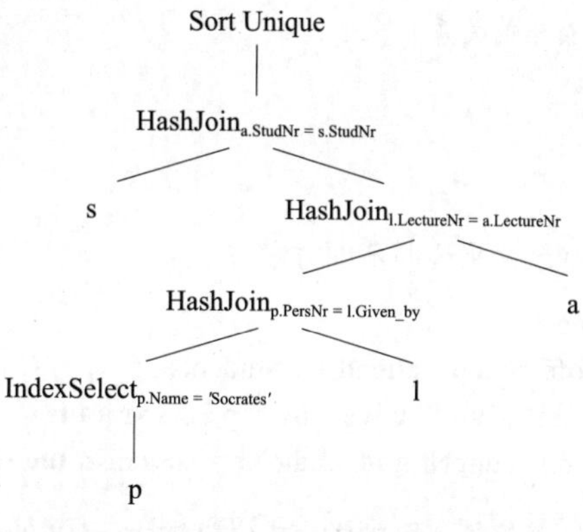


图 8-31 查询方案的树状图

如果你在分析查询方案时发现，优化器选择了一个次优方案（例如由于错误地估算了选择率），那么可以使用一些 DBMS 产品提供的所谓“提示”功能，“给优化器指出正确的方向”，以得到更好的查询方案。不过，有时也需要改写查询，才能实现良好的响应时间。例如深度嵌套的（相关）子查询就需要改写，我们在 4.12 节的全称量化查询的例子中已经说明了这一点。

## 8.5 基于代价的优化器

在前面的讨论中，我们是通过启发式方法（例如“移动选择运算的位置”）来获得良好的查询方案的。但是这样生成的方案通常不是最优的。因此，现在的商业数据库系统使用基于代价的优化器，在整个搜索空间中搜索最佳求值方案。

下面，我们将专注讨论连接顺序的优化，因为这是优化过程中最重要的一项任务。

### 8.5.1 连接优化的搜索空间

优化连接顺序的搜索空间包括所有的查询求值方案（表示为操作者树），其中被连接的关系作为叶子节点，其内部节点对应连接运算。由于连接运算满足交换律和结合律，得出的搜索空间的基数会非常大，因此，在过去，一些数据库系统只考虑搜索空间的部分区域，即所谓的“左深树”部分。这些树的特点是，每个连接的右参数都是一个基本关系（而不是经中间计算得出的关系）。

#### “左深树”方案

我们想通过以下查询示例来说明不同方案：

```
select distinct s.Name
from Lectures l, Professors p, attend a, Students s
where p.Name = 'Socrates' and l.Given_by = p.PersNr and
      l.LectureNr = a.LectureNr and a.StudNr = s.StudNr and s.semester > 13;
```

这个查询是要找出“苏格拉底”的学生中学期数大于 13 的人的名字。图 8−32 左侧显示了一个“左深右浅”的查询方案。我们还标出了典型的（大型）大学的基数。

一般来说，这种“左深树”方案的特点是，它会将 *n* 个需要连接的关系如下放入括号中：

$$((\cdots(R_{i_1} \bowtie R_{i_2}) \bowtie \cdots) \bowtie R_{i_n})$$

显然，这样将 $n$ 个关系连接起来有 $n$！种可能性。然而，连接也可能会“退化”为笛卡儿积，因为要结合的关系没有连接谓词。在我们的例子中，如果我们先计算 Lectures × Students 这个连接 / 笛卡儿积就会是这种情况。

“左深右浅”方案的优点是，它能够很好地支持数据从一个连接运算流向下一个连接运算。例如，如果所有的连接都被实现为嵌套循环连接，那么就可以完全不使用中间存储，因为元组可以从左边直接“流到”连接运算中。

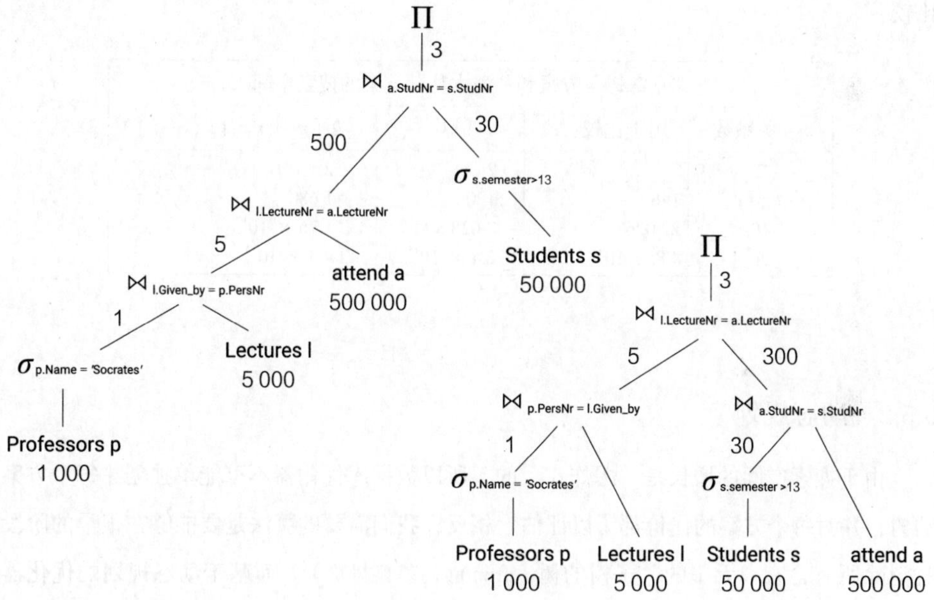


图 8-32　连接运算的“左深树”方案和“灌木丛”方案

#### “灌木丛”方案 / 密集型方案

图 8-32 的右侧显示了一个灌木状的（bushy）查询方案。使用这类方案时，人们可以最大限度灵活地选择最有利的连接顺序。我们在图中也给出了两种方案中间结果的估计基数，它是根据一个有 1 000 名教授，50 000 名学生，每名教授开设 5 门课程，每名学生学 10 门课程的大学模型计算出来的。对于本小节的查询来说，“灌木丛”方案效

果可能只是稍微好一点。但也有一些情况，“灌木丛”方案要远远优于最好的“左深树”方案（见习题 8-14）。“灌木丛”方案的搜索空间明显大于“左深树”的搜索空间。对于 $n$ 个需要连接的关系，有

$$\begin{bmatrix} 2(n-1) \\ n-1 \end{bmatrix}(n-1)! = [2(n-1)]!/(n-1)!$$

个不同的“灌木丛”方案（见习题 8-3）。

下表将“左深树”方案（$n!$）和“灌木丛”方案的搜索空间和指数函数做了比较。可以看到，当超过 10 个关系时，基数会“爆炸”。这里列出指数函数 $e^n$ 只是为了便于比较。

| “左深树”方案和“灌木丛”方案的搜索空间 | | | |
|---|---|---|---|
| $n$：关系数 | 用于比较：$e^n$ | $n!$ | $[2(n-1)]!/(n-1)!$ |
| 2 | 7 | 2 | 2 |
| 5 | 146 | 120 | 1 680 |
| 10 | 22 026 | 3 628 800 | $1.76 \times 10^{10}$ |
| 20 | $4.85 \times 10^9$ | $2.4 \times 10^{18}$ | $4.3 \times 10^{27}$ |

## 8.5.2 动态规划

由于搜索空间的增长是“爆炸式”的，所以数据库优化器不可能单独创建每个方案的树，并对每个方案的代价都予以评估。相反，我们需要的算法是要能够在很早的阶段就消除所有含有“无望的”子树的树（pruning，修剪树枝）。而基于动态规划的优化器就能够实现这种“修剪”。这其实是一种经典的优化算法，1979 年就已经被纳入 IBM 的关系型数据库系统 System R 中。动态规划，Dynamic Programming，缩写为 DP。如果需要优化的问题不能作为一个整体来解决，并且可以分割成较小的子问题，那么就可以应用动态规划来解决。这时不需要搜索整个搜索空间，也就是不需要搜索一棵又一棵的树，而是对“较小的”问题提出最优解决方案，然后将这些较小问题的最优解决方案组合成“较大问题”的最优解决方案。而这些较小问题又是由更小的问题组成的。在动态规划中，人们是从“尽可能小”的问题着手，然后解决“稍大一点”的问题，以此类推，直到最初的问题得到解决。但是这些子问题的解决方案并不是每次都要重新计算的，而是存储在一个合适的数据结构（表或数组）中。

应用动态规划的算法原则的前提是所谓的“贝尔曼最优标准”。[1] Bellman（1957）是动态规划的发明者。“贝尔曼最优标准”要求最优解本身是由最优局部解组成的。我们用一个问题的优化来说明这一点。假设我们要确定关系的集合 $S=\{R_1, \cdots, R_m\}$ 的最佳连接顺序。图 8–33 直观地体现了“贝尔曼最优标准”的特点。假设我们知道（不管是从哪知道的），顶层的最佳解决方案是执行这样一个连接：它左边的参数来自关系 $S-O$ 的组合，右边的参数来自关系 $O$ 的组合。“贝尔曼最优标准”要求子问题本身——当它们被独立看待时——就代表着最佳解决方案。也即，连接方案左边的云对应连接 $S-O$ 中包含的关系的最佳方案树，右边同然。

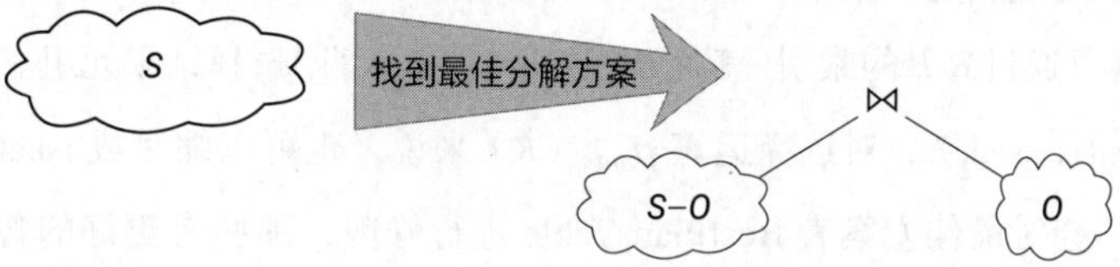


图 8–33　将优化问题分解为子问题

在经典的动态规划中，上述将问题分解为子问题的过程不是“自上而下”进行的，而是“自下而上”进行的。为此，我们需要创建一个表（数组），在如下的算法伪代码中被称为“BestPlansTable”，它存储了已经处理的子问题的解决方案。

```
Function DynProg
input A query q about relations R_1, ⋯, R_n // relations to be joined
output A query evaluation plan for q // Evaluation tree
    for i = 1 to n do {
        BestPlansTable ( {R_i} ) = AccessPlans ( R_i )
        trimmePlans ( BestPlansTable ( {R_i} ) ) // Pruning
    }
    for i = 2 to n do { // form i-element partial solutions
        for all S ⊆ {R_1, ⋯, R_n} so that |S| = i do {
            BestPlansTable ( S ) = ∅
            for all O ⊂ S do{ // probiere alle mgl. Joins zwischen Teilmengen
                BestPlansTable ( S ) = BestPlansTable ( S ) ∪
                    joinPlans ( BestPlansTable ( O ), BestPlansTable ( S− O ) )
```

[1] 1952 年，贝尔曼（Bellman）提出，作为整个动态规划问题的最优策略，它具有如下性质：不论初始状态和决策如何，对前面的决策所造成的状态来说，其后的各个决策必定构成最优策略。

```
10:             trimmePlans ( BestPlansTable ( S ) )
11:           }
12:         }
13:     }
14:     trimmePlans ( BestPlansTable ( {R1, ···, Rn} ) )
15:     return BestPlansTable ( {R
```

该算法从查询中出现的各个基本关系的表开始，确定访问这些关系（所需）元组的最佳方法，这在 DynProg 算法的步骤 1~2 中完成。如果在 $R.A$ 上存在一个关系 $R$ 的聚簇索引，那么除了正常的扫描访问之外，还可以使用索引扫描（Index-Scan）。这种所谓的 $\text{iscan}_A$（$R$）的优点是，结果会按照 $R.A$ 排序给出。如果查询 $q$ 中有一个基于 $R.B$ 的选择，那么可以通过 $R.B$ 的索引（哪怕它不是一个聚簇索引）选择结果元组。这被称为“索引搜索”（Index-Seek），对选择运算 $\sigma_{B\Phi c}$（$R$）来说，也可以缩写成 $\text{iseek}_{B\Phi c}$（$R$）。在步骤 3 中，会对最佳方案表 BestPlansTable 进行修剪，那些有更好的替代方案的都会被修剪掉。

在步骤 5~9 中，先前计算的部分解决方案被合并为较大的部分解决方案。joinPlans 例程生成可能的连接方案，为了简便起见，我们在这里只区分连接和笛卡儿积（当没有连接谓词时）。在实践中，这里也可以尝试使用物理执行算法（如哈希连接和合并连接等）。由于基于子集的迭代器会尝试部分解决方案相互组合的所有可能，所以这是一个提供通用的“灌木丛”方案的优化器，当然它也包含“左深树”方案。中途，借助 trimmePlans 例程对表进行“修剪”，以便在早期阶段消除次优的部分解决方案。与“纯”动态规划不同的是，在查询优化中，最佳方案表的每一行都会有多个备选方案存“活下来”。这是因为代价较高的方案可能具有其他的“有用属性”（interesting properties），它们在后期可能可以抵消掉一些代价。这些属性主要是中间结果的排序，它们在后面的合并连接或聚集中可能会很有帮助。一旦外循环（步骤 5）终止，顶行中所有关系 $\{R_1, \cdots, R_n\}$ 至少有一个解决方案。步骤 14 在“修剪”过程中会选出代价最小的方案。这里不需要再考虑“有用属性”了。这是为什么呢?

我们以一个查询为例，在图 8-34 中列出了部分解决方案在最佳方案表中的储存情况。该表基于一个简单查询，即找出在基础学习阶段（即大学的前四个学期）就已经在学专题课程（专题课程的每周课时数为 2）的学生：

```
select distinct s.Name
from Lectures l, attend a, Students s
where l.LectureNr = a.LectureNr and a.StudNr = s.StudNr and
```

s.semester < 5 **and** l.WH = 2；

| BestPlansTable | |
|---|---|
| Index（S） | alternative plans |
| s，a，l | scan（s）⋈（scan（a）$\text{iseek}_{WH=2}$（l）） |
| a，l | scan（a）⋈ $\text{iseek}_{WH=2}$（l），… |
| s，l | scan（a）× $\text{iseek}_{WH=2}$（l），… |
| s，a | scan（s）⋈ scan（a），~~$\text{iscan}_{LectureNr}$（a）⋈ $\text{iscan}_{StudNr}$（s）~~ |
| Lectures l | scan（l），$\text{iseek}_{WH=2}$（l），$\text{iscan}_{LectureNr}$（l） |
| attend a | scan（a），~~$\text{iseek}_{StudNr}$（a）~~，$\text{iscan}_{LectureNr}$（a） |
| Students s | scan（s），~~$\text{iseek}_{semester<5}$（s）~~，$\text{iscan}_{StudNr}$（s） |

图 8-34 示例查询的最佳方案表

访问学生 Students 关系的方案可以完整地扫描，也可以根据基于学号 StudNr 的集簇索引进行访问，它会顺序返回元组。另一个访问选项利用了属性 semester 的二级索引。这个方案不太方便，因为“学期”数较小的学生的数量非常大，这个谓词的选择率很低，所以这个方案就会被“修剪”掉，在表中用删除线标出。

另外两个基本关系，“学”attend 和“课程”Lectures 的访问方案也类似。只不过对于 Lectures 关系来说，如果只有少数课程满足 WH = 2，那么使用“索引搜索”是比较明智的。在算法的下一阶段，将处理三个基础关系的二元素子集，分别选择最佳的访问方案，进行连接或笛卡儿积运算（在没有合适的连接谓词的情况下才会选择笛卡儿积）。最后，尝试用二元部分解决方案和另一个基本关系来生成三元的整体解决方案。

## 8.6 习题

8-1 请证明或推翻下列等式：

（1）$\sigma_{p1 \wedge p2 \wedge \cdots \wedge pn}(R) = \sigma_{p1}(\sigma_{p2}(\cdots(\sigma_{pn}(R))\cdots))$

（2）$\sigma_p(R_1 \bowtie R_2) = \sigma_p(R_1) \bowtie R_2$（如果 $p$ 只包含 $R_1$ 中的属性）

（3）$\Pi_l(R_1 \cap R_2) = \Pi_l(R_1) \cap \Pi_l(R_2)$

（4）$\Pi_l(R_1 \cup R_2) = \Pi_l(R_1) \cup \Pi_l(R_2)$

（5）$\Pi_l(R_1 - R_2) = \Pi_l(R_1) - \Pi_l(R_2)$

8-2 请思考，如何在代数优化中使用半连接。使用半连接对投影有怎样的影响？

请为半连接设计一个有效的求值算法。

8-3 我们在 8.1.2 节介绍了一种非常简单的确定代数表达式中连接顺序的方法。但是当时我们只考虑了连接的顺序，没有讨论总体的安排。在这种方法中，一个连接的右参数不可能是由另一个连接产生的。这种方案也被称为“左深树”。但是，当然“灌木丛”方案数量更多。图 8-35 显示了一个包含抽象关系 $R_1$、$R_2$、$R_3$ 和 $R_4$ 的例子。

(1)对于给定的带有 $n$ 个关系的、只包含连接运算的代数表达式，请确定可能的“左深树”和“灌木丛”的方案数量。

(2)从中间结果的大小来看，请说明“灌木丛”方案如何能更有效。在寻找一个有效的方案时，考虑到可选方案的数量，选择“灌木丛”是否有意义?

8-4 在哈希连接中，为什么总是用较大的那个关系作为“探针输入”? 对于图 8-20 中的例子而言，为什么在实际实现的过程中让哈希函数根据年龄排序不是一个好办法?

8-5 如果连接属性的取值范围是已知的，那么可以创建一个位向量，为关系中出现的每个值设置一个标记。请描述一种算法，可使用这种算法来改进哈希连接。

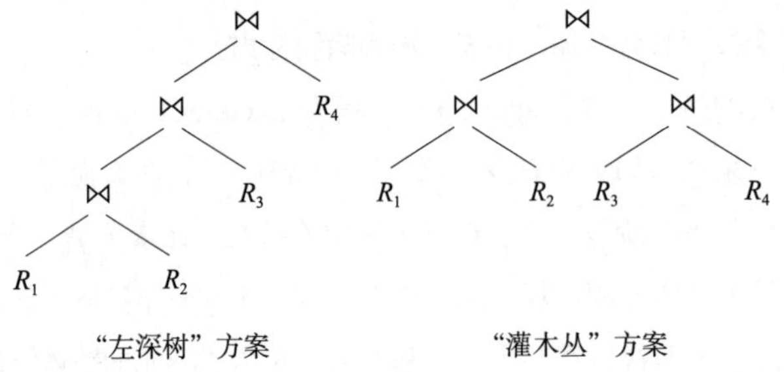


图 8-35 两种类型的计算方案

8-6 这一章我们只介绍了等值连接的方法。等值连接是指那些进行相等性测试的连接。请改写连接的实现，使它们对于比较运算符 <, > 和 = 也能适用。这在所有的组合中都可行吗?

8-7 请解释，为什么当 $k = 1$，且 $R$ 是两个关系中较小的那个时，嵌套循环连接的代价公式取值最小。顺便提一下，Stohner 和 Kalinski（1998）已经证实，这个说法只在系统缓冲区和关系为现实大小时适用。

8-8 图 8-22 中显示了一个多阶段的混合过程。一般来说，在中间阶段应该尽可能少地混合数据。请设计一个选择算法，引入“模拟运行”（Dummy Run），并每次都先处理最小的“运行”。

8-9 请给出替换选择策略的实现伪代码。在伪代码中指定排序迭代器。

8-10 请为除法运算找到一种实现方法。一个简单的方法是对除数和被除数进行适当排序，然后遍历除数。另一种方法是为除数和商创建一个哈希表。

8-11 请讨论，完整性约束对于查询计算有什么用处。请将上面实现的除法运算符一起纳入考虑。

8-12 请对执行哈希连接进行代价估算，估算所需的页面访问数量（用输入关系的页数 $b_R$ 和 $b_S$，以及主存储器中预留页面数 $m$ 表示）。

8-13 请对图 8-6 和图 8-7 中的表达式进行代价估算。假设选择由 Select 运算符实现，连接由嵌套循环连接实现，并使用以下参数：

（1）关系大小：

$|p| = 800$

$|s| = 38\,000$

$|l| = 2\,000$

$|a| = 60\,000$

（2）平均元组大小：

$p$：50 Bytes

$s$：50 Bytes

$l$：100 Bytes

$a$：16 Bytes

（3）选择率：

$s$ 和 $a$ 的连接：$sel_{sa} = 2.6 \times 10^{-5}$

$a$ 和 $l$ 的连接：$sel_{al} = 5 \times 10^{-4}$

$l$ 和 $p$ 的连接：$sel_{lp} = 1.25 \times 10^{-3}$

$p$ 上的选择：$sel_{p} = 1.25 \times 10^{-3}$

（4）页面大小：

1 024 Bytes。

（5）主储存器：

20 页。

8-14 请借助查询“找出所有从柏林到纽约转机一次的航班”，说明“灌木丛”

方案可能明显优于“左深树”方案。

8-15 请证明去嵌套相关子查询的转换规则的正确性。

8-16 请将去嵌套技术运用在你自己书写的带有相关子查询的 SQL 查询中。

## 8.7 文献注解

查询优化仍然是数据库研究中一个非常“热门”的话题，但遗憾的是，还没有最新的文章对这方面的研究成果加以综述。Jarke 和 Koch（1984）在 *Computing Survey* 上发表的文章是这个领域的经典之作。Freytag， Maier 和 Vossen 的文集（1994）对查询优化的高级技术作了概述。Mitschang（1995）写过一本关于查询优化的书，重点讨论了对象关系系统。Lockemann 和 Dittrich（2002）曾出版了一本关于数据库架构的教科书。Graefe（1993）对查询的计算作了非常详细的介绍。迭代器的概念也是取自这篇文章。Mishra 和 Eich（1992）讨论了连接的计算方法。Shapiro（1986）介绍了很多不同的哈希连接处理方法。

最早的查询优化技术出现在 INGRES 优化器中，Wong 和 Youssefi（1976）对它们作了介绍。INGRES 优化器是基于分解查询图的。Selinger 等人（1979）发表了一篇关于 System R 优化器的开创性论文，其中利用了关系的物理属性来选择有利的连接运算。查询优化是以动态规划为基础，评估所有备选方案。在此基础上，Kossmann 和 Stocker(2000）开发了一种启发式的方法，称为“迭代动态规划”（Iterative Dynamic Programming，IDP），这种方法可用于复杂的查询。Moerkotte 和 Neumann（2008）开发了在动态规划中枚举查询备选方案的优化策略。

本章中介绍的相关子查询的逻辑优化是由 Neumann 和 Kemper（2015）提出的。他们首次提出了能够有效去除所有类型的相关子查询嵌套的方法。该方法也被整合到了 Kemper 和 Neumann（2011）在慕尼黑工大设计的 HyPer 数据库系统。

人们经常使用基于规则的系统，以便能够在一个统一的框架内使用多种启发式方法。例如 Freytag（1987），Lohman（1988），Becker 和 Güting（1992）以及 Lehnert（1988）都对此作了说明。Haas 等人（1990）对 Starburst 的基于规则的优化器作了描述。Grust 等人（1997）在他们的 CROQUE 项目中所遵循的是在单体计算的基础上优化查询。Grust 和 Scholl（1999）对这种基于函数式编程的方法作了详细的描述。

Kemper， Moerkotte 和 Peithner（1993）以及 Graefe 和 DeWitt（1987）发表了关于

通用优化器架构的报告。Kemper，Moerkotte 和 Peithner（1993）使用了一种“黑板方法”，即使在时间有限的情况下也能进行灵活而有效的优化。Volcano 是以 Graefe 和 DeWitt（1987）所描述的优化器生成器为前身发展出来的，Graefe 和 McKenna（1993）对它作了介绍。

在这一章中，有几个重要的问题我们没有介绍。Swami （1989）对确定连接顺序的方法作了梳理。其中有意思的方法包括所谓的“模拟退火算法”[1]（Simulated Annealing）（Ioannidis 和 Wong，1987），KBZ 算法（Krishnamurthy， Boral 和 Zaniolo，1986）（它可以有效地解决该问题的一个子类）以及 KBZ 算法的通用化算法（Swami 和 Iyer，1993）。Steinbrunn， Moerkotte 和 Kemper（1997）对确定（好的）连接顺序的不同启发式方法作了比较评估。Ibaraki 和 Kameda （1984）证明了连接顺序的确定问题是“非确定性多项式难题”（NP–hard）。Cluet 和 Moerkotte（1995）以及 Scheufele 和 Moerkotte（1997）对带有连接和笛卡儿积操作符的查询计算方案作了更广泛的复杂性分析。如 Kemper 等人（1994）和 Steinbrunn 等人（1995）所述，带有析取的查询可以使用所谓的“旁路技术”（Bypass）优化。Zhou 等人（2007）研究了利用类似子查询来优化的可能性。

Bercken， Schneider 和 Seeger （2000）开发了一种用于计算连接的通用算法。Bercken 等人（2001）将其扩展成了一个更为全面的 Java 算法库。Becker， Hinrichs 和 Finke（1993）开发了一种带有多维索引结构 GridFile 的连接运算方法。Güting 等人（2000）设计了一种在所谓的“移动对象”（高度动态数据）上处理查询的方法。“通用连接”是 Graefe（2011）发明的。数据分布不平衡可能会导致哈希连接分区的大小不同，这种情况下“通用连接”的表现更加稳健。另一种与此（不太）相关的连接技术是 Dittrich 等人（2002）提出的渐进式合并连接（progressive Merge–Join）。这种技术的重点是在早期阶段就会计算出第一批结果。

Helmer 和 Moerkotte（1997）开发了专门的连接方法，连接谓词基于集合比较的情况。特别是在面向对象和所谓的“对象关系型数据模型”中，这种情况经常发生，因为这些数据模型允许属性的取值为集合。Augsten 等人（2014）开发了高效的计算“相似性连接”（similarity joins）的技术。Claussen 等人（1997）处理了带有全称量化的查询的优

〔1〕模拟退火算法来源于固体退火原理，是一种基于概率的算法。固体退火原理：将固体加温至充分高，再让其徐徐冷却；加温时，固体内部粒子随温升变为无序状，内能增大；而徐徐冷却时，粒子渐趋有序，在每个温度都达到平衡态；最后在常温时达到基态，内能减为最小。

化问题。Carey 和 Kossmann（1997）介绍了在数据库用户只需要前 *n* 个结果元组时的查询优化技术。Waas，Ciaccia 和 Bartolini（2001）开发了一种用于查找类似数据对象的互动技术。Kraft 等人（2003）开发了基于“查询重写”（Query Rewriting）的复杂 SQL 表达式的优化技术。

Christodoulakis（1983）给出了一种使用分布函数进行选择率估算的方法。Lynch（1988）提出了一种让用户能够选择的估算方法，他还考虑到了非数字键。Muralikrishna 和 DeWitt（1988）改进了标准直方图，引入了多维等深直方图。Poosala 等人（1996）介绍了如何用直方图来估计范围查询的结果的基数。这个方法是 IBM 在开发 DB2 时构思出来的。DB2 是目前为数不多的利用直方图精确地进行选择率估算的 DBMS 产品之一。许多其他产品只是简单地假设属性值分布均匀，这当然会导致一些估计方面的错误，甚至可能会导致数据库选择“糟糕的”计算方案。Lipton，Naughton 和 Schneider（1990）对适应性的抽样方法作了介绍。

# 9 事务管理

“事务”（transaction）的概念常常被认为是数据库研究对计算机科学其他领域的最大贡献之一，对操作系统和编程语言都很有启发性。事务是指数据库的多个操作“捆绑”组成的合集，构成单一的逻辑工作单元。在多用户系统中，每个事务的执行都是独立的，不应受到其他事务的影响。

在这一章中，我们将讨论事务的特性以及从事务中派生出来的实现要求。我们会看到，事务的实现需要满足两个基本的要求：

1. 恢复（recovery），即纠正已经发生的、往往是不可避免的错误；

2. 同步（synchronisation），即对数据库上同时进行的多个事务同步处理。

下一章我们将讨论容错和恢复的实施策略。然后第 11 章我们将介绍多用户同步的相关概念。

## 9.1 事务的概念

从数据库用户的角度来看，事务是应用程序中的一个工作单元，它执行一个特定功能。当然，在 DBMS 的层面上，是没有工作单元这样的抽象概念的，一个事务代表了一连串的数据处理命令（读取、修改、插入、删除），它们将数据库从一个一致状态变成另一个（不一定不同的）一致状态。其中最重要的一点是，这一连串的命令（在逻辑上）是不可中断的，即以原子方式执行。

我们想用一个经典的事务例子来解释这些抽象概念。我们来看一个银行应用中的典型事务：从 $A$ 账户向 $B$ 账户转账 50 欧元。这项事务由多个基本的操作组成：

1. 将 $A$ 账户的余额读入变量 $a$：read（$A$，$a$）；

2. 将账户余额减少 50 欧元：$a := a-50$；

3. 将新账户余额写入数据库：write（$A$，$a$）；

4. 将 $B$ 账户的余额读入变量 $b$：read（$B$，$b$）；

5. 将账户余额增加 50 欧元：$b := b+50$；

6. 将新账户余额写入数据库：write（$B$，$b$）。

应该很容易理解，这个事务中的一连串命令必须以原子方式执行，即不能中断。否则就可能出现这种情况：执行步骤 3 后系统“崩溃”（例如停电了），$A$ 账户被减少了 50 欧元，而 $B$ 账户的余额却没有增加。这显然是不行的。因此一项事务的所有命令要么全部执行，要么全部不执行。如果事务可以不受控制地中断，就可能会由于其他平行事务的运行而导致严重的数据不一致性。我们始终都要保持数据的一致性，这意味着一个事务要从数据库的一致状态开始，事务执行后数据库也仍要保持一致状态。就我们的例子而言，可以想象存在以下的一致性条件：每名客户的所有账户余额之和不得超过透支额度 $D$。在我们上述的例子中，账户 $A$ 和账户 $B$ 这两个账户可能属于同一个客户。那么在执行步骤 3 之后，就可能不符合一致性条件了。但是，只要在事务完全结束之前能重新保证一致性，那么这些情况就完全允许发生。

如果 $A$、$B$ 两个账户分别属于两个不同的客户，那么 $A$ 账户减少 50 欧元之后就可能超过了透支额度，从而违反了一致性条件。在这种情况下，整个事务必须“暂停”，因为银行当然不希望维持 $A$ 的账户余额的同时，增加 $B$ 账户的余额。

## 9.2 事务管理的要求

为了提高系统的吞吐量，事务管理必须能够处理多个——而且通常是大量——同时进行（并发）的事务。那么当然就需要同步，否则不受控制的并行事务就可能会导致数据库不一致。

此外，数据库对各个公司来说通常都具有巨大的价值。因此，必须保护数据库免受各种软件错误和硬件错误的影响。而这些容错性处理必须以事务为导向：对于已经完成的事务，即使发生错误，也必须保证事务生效；而尚未完成的事务，必须全面修改（重置）。

## 9.3 事务的操作

如前所述，事务是由一连串基本的操作构成的。数据库系统除了需要进行基本的读取 read 和写入 write 操作之外，还有一些用于控制事务处理的操作也是必需的：

**begin of transaction（BOT）** 该命令标志着事务命令序列的开始。

**commit** 该命令标志着事务的终止，数据库的所有更改都通过这个命令提交，也即，这些更改将永久性地存进数据库。

**abort** 这条命令使事务自行中止。数据库系统必须确保数据库被恢复到事务执行之前的状态。

在传统的事务体系中，只有这三个命令。如果你把事务看作一个原子单元，那么这三个命令也足够了。在较新的数据库应用中（例如工程设计流程中），事务持续的时间很长。因此在这些情况下，就很有必要在中途设置一些备份点，使运行中的事务可以恢复到备份点时的状态。这里就需要用到下面两个命令：

**define savepoint** 通过这个命令可以定义一个备份点，从而可以将（仍在进行中的）事务重置到这个备份点时的状态。DBMS必须“记住”所有在这个时间点之前所作的更改。但是，这些更改还不能最终保存在数据库中，因为事务还未完成，仍然可能通过abort命令被中止，并完全恢复到事务执行前的状态。

**backup transaction** 该命令用于在事务进行过程中，将数据库重置到最后创建的备份点时的状态。有些系统还可以重置到更早的备份点，有些则不行，这取决于数据库系统的功能设置。为了实现这一功能，当然就需要更多的存储容量，以便能够暂时储存多个备份点的数据状态。我们在第10章将讲到，这一功能也可能会导致在撤销已经执行的操作时，需要消耗更多时间。

## 9.4 事务的结束

上面已经提及，事务的结束有两种可能性：

1. 成功完成，通过commit结束；

2. 未完成，通过abort中止。

在第一种情况下，一连串的基本操作由BOT（begin of transaction）命令开始，以commit命令结束：

**BOT**

$op_1$

$op_2$

⋮

$op_n$
**commit**

事务管理关心的主要是与数据库之间的交互，也即，所有局部变量上的操作都不重要。因此，后面（在第 10 章和第 11 章）我们只讨论 read 和 write 命令。

事务未能成功完成可能有两个原因：一是正在运行的事务可能会被用户，也就是事务自身中止。这可以通过 abort 命令明确指令：

**BOT**
$op_1$
$op_2$
⋮
$op_j$
**abort**

从事务管理的角度来看，不用去管中止的原因是什么，事务管理必须确保的是，数据库被“恢复”到执行第一个操作 $op_1$ 之前的状态。这个重置事务的过程也被称作“回滚”（rollback）。

二是事务未能完成是由外部控制的，也即不是“自愿的”：

**BOT**
$op_1$
$op_2$
…
$op_k$
~~~~~~ error

例如，在执行了 $op_k$ 命令之后，发生了某个错误，导致无法进一步处理事务。在这种情况下，必须撤销 $op_1$，⋯，$op_k$ 对数据库所做的改变。错误可能会有很多不同的情况：硬件错误、电源故障、事务程序代码错误或检测到的“死锁”（deadlock）[1] 等，必须由事务管理组件对事务进行重置才能解决。还可能出现一种情况，即一项事务在处理完所有运算符后，因为违反了一致性条件而必须被重置。在事务执行的过程中，可能会出现（部分）一致性条件没有得到遵守的情况（我们在上面的例子中已提及），但是在事务结束时数据库中所定义的所有一致性条件必须得到满足，否则，整个事务必须被重置。

---

〔1〕“死锁”是指两个或两个以上的进程在执行过程中，由于竞争资源或者彼此通信而造成的一种阻塞的现象，若无外力作用，它们都将无法推进下去。此时称“系统处于死锁状态”或“系统产生了死锁”，这些永远在互相等待的进程称为“死锁进程”。
~~~~~~

## 9.5　事务的特性

通过前面的介绍，大家可能对事务的概念已经有了一个直观的理解。事务的特性经常用缩写 ACID 来概括。这四个字母分别代表了四个特性：

**Atomicity，原子性**　这一属性要求将一项事务视为不能再进一步细分的最小单位，事务涉及的所有变化要么全部写入数据库中，要么全部维持原样。这也可以称作“全或无”原则。

**Consistency，一致性**　事务结束后，数据库的状态应该是一致的。否则，事务就会被完全重置（原子性）。在事务处理过程中出现的中间状态可以不一致，但是所产生的最终状态必须满足模型中定义的一致性条件（例如参照完整性）。

**Isolation，隔离性**　这个特性要求并行的（平行、同时执行的）事务不会相互影响。从逻辑上看，每个事务在其执行的整个时间内，都应该像它是数据库系统上唯一活跃的事务时一样。换言之，所有其他平行执行的事务都不能对它产生影响。

**Durability，持久性**　一旦事务成功地完成执行，该事务对数据库所做的所有更新就都会持久地保留在数据库中。事务管理必须确保，即使后来再出现系统故障（硬件或软件故障），事务产生的数据也不会丢失。一旦事务成功地完成执行，完全或部分取消其效果的唯一方法就是执行另一个事务。

事务管理包括两个“大的”部件：多用户同步（并发控制）和恢复系统。恢复系统的任务在于保证事务的原子性和持久性。我们想借助图 9-1 来说明这一点。图中显示了两个事务 $T_1$ 和 $T_2$，它们分别于时间 $t_1$ 和 $t_2$ 开始执行。由于发生故障，系统在 $t_3$ 时崩溃。恢复系统在系统重启后必须确保以下内容：

1. 在 $t_3$ 时间前已经完成的事务 $T_1$ 所做的更新必须存在于数据库中。

2. 在系统崩溃时尚未完成的事务 $T_2$ 所做的更新必须完全从数据库中删除。只有重新启动事务才能执行更新。

多用户同步系统的任务在于：确保并行的事务之间相互隔离。这就需要排除其他事务对某个事务的影响。从逻辑的角度来看，多用户同步是通过“假装”每个事务单独拥有整个数据库来确保一种“单用户”或“单事务”操作。换言之，用户会感觉事务是串行执行的。事务串行执行意味着一个事务在另一个事务执行完之后才执行。

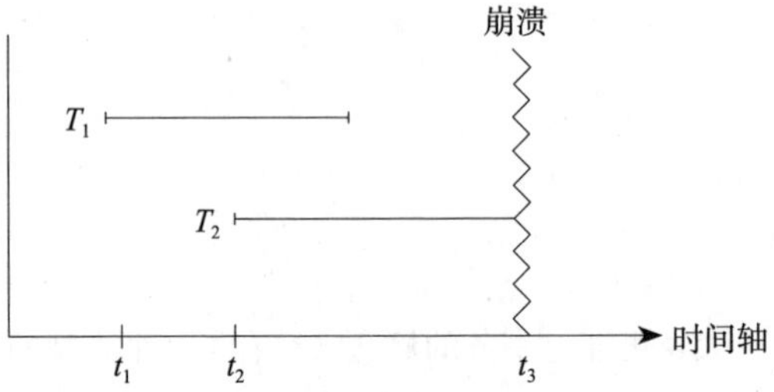


图 9-1 事务开始和结束与系统崩溃之间的关系

## 9.6 SQL 中的事务管理

在 SQL-92，也就是现行的 SQL 标准中，事务是隐式启动的。也即，在 SQL 中没有 begin of transaction 命令，事务是随着第一个语句的执行自行启动的。事务是通过以下命令结束的：

**commit work** 只要没有发现违反一致性的情况或其他问题，那么事务所做出的改变就会写入数据库。关键字 work 不是必需的，也即，也可以直接用 commit 来让事务结束。

**rollback work** 所有的改变都会被重置。和 commit 命令不同，数据库系统必须保证 rollback 命令“成功”执行。

基于 5.5 节所示的大学模式，我们来看下列 SQL 命令序列：

```
insert into Lectures
    values（5275，'NuclearPhysics'，3，2141）；
insert into Professors
    values（2141，'Meitner'，'C4'，205）；
commit work
```

因为 Lectures 关系中的外键 Given_by 有完整性约束，所以 commit work 命令不能直接跟在第一个 insert 命令之后。如果 commit work 命令直接跟在第一个 insert 命令之后，就会违反数据库的参照完整性，因为这时数据库的 Professors 关系中还没有名为 Meitner、工号为 2141 的教授。但是在事务执行过程中，数据库的中间状态完全可能出现不一致的情况，只是在事务结束时必须恢复一致性。

## 9.7 事务的状态改变

图 9–2 显示了事务过程中可能出现的状态，以及状态之间的转换。事务可能处于下列状态之中：

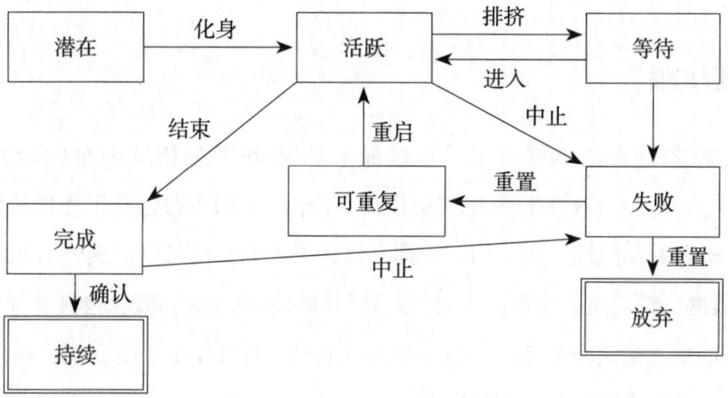


图 9–2　事务的状态转换图

**潜在**　事务被编码，并“等待”进入“活跃”状态，这种转变我们称之为“化身”（incarnate）。

**活跃**　活跃的（即目前正在计算的）事务相互竞争资源（如主储存器和计算机内核），以执行自己的操作。

**等待**　当系统过载时（例如发生内存“抖动”thrashing 时），事务管理器可以将一些活跃的事务压制到“等待”状态。在消除过载后，这些待处理的事务被依次重新启动，也即重新激活。

**完成**　commit 命令会终止一个正在进行的事务。不过，完成执行的事务在写入数据库之前，还需要检查是否违反了一致性条件。

**持续**　在保证一致性的情况下，完成执行的事务所做的更新会持久地写入数据库。这时事务就是“持续”状态，这也是事务处理的两种可能的结束状态之一。

**失败**　事务可能会因为各种各样的事件而失败。比如，用户可以使用 abort 命令中止一个活跃的事务。另外，系统故障也可能会导致活跃或等待中的事务失败。如果在已完成的事务中检测到违反了数据的一致性，也会导致事务失败。

**可重复** 通常失败的事务是可以重复的。这时，需要先将数据库重置到事务执行前的状态，然后重新启动事务。

**放弃** 失败的事务可能是“无望的”。这时就需要放弃事务，将它更新重置，然后进入结束状态。

## 9.8 文献注解

事务的概念其实很早就有了，不过最早是 1976 年在 IBM 旧金山研究实验室由 Eswaran 等人在 System R 项目中正式提出的。Gray（1981）对这些工作作了回顾，并且探讨了事务概念的局限性。用 ACID 一词来描述事务的特性可以追溯到 Härder 和 Reuter（1983）发表的一篇论文。这篇论文对“恢复”（Recovery）这一概念也具有开创性意义。

备份点的概念是嵌套事务的前身，Moss（1985）对其作了系统介绍。沃尔特（1984）利用了这种方法来构建复杂的应用事务。

现在市面上有许多关于事务管理的教科书。Bernstein，Hadzilacos 和 Goodman（1987）的书虽然非常形式化，但是很好理解。Papadimitriou（1986）的书也是针对事务管理形式方面的。Gray 和 Reuter（1993）写过一本关于事务概念实现的很全面的书。Weikum 和 Vossen（2001）的书是所有想要实现安全的多用户信息系统的软件开发者必读之书。Meyer-Wegener（1988），Bernstein 和 Newcomer（1997）讨论了高性能事务系统的实现，特别介绍了事务处理监视器（Transaction Processing Monitors）。Weikum（1988）的书介绍了事务管理的研究和实现方法。Schuldt 等人（2002）的论文广泛地讨论了事务概念的新型应用。

在讲到事务管理的两大基本部件，即多用户同步和恢复系统时，我们还将引用大量的一手文献。

# 10 错误处理

数据库对一个公司来说通常具有无法估量的价值。因此，即使在发生错误的情况下，也要求必须能够恢复数据的一致性。开发 DBMS 的一个主要目标自然是（在很大程度上）排除任何类型的错误。然而，正如任何复杂的系统一样，错误是永远无法完全避免的，即使可以对 DBMS 进行无错误编码，其他组件（如硬件）或外部影响（如操作错误、计算机房失火）等一些不可避免的问题也可能会导致错误。在系统出错后，DBMS 恢复组件的任务是确保系统能重新启动并重建最后一次保持一致的数据库状态。

## 10.1 错误分类

根据已经发生的错误情况，必须使用不同的恢复机制。我们将错误大致分为三类：

1. 在一个尚未提交的事务中出现的本地错误；
2. 主存储器损失造成的错误；
3. 外部存储器损失造成的错误。

### 10.1.1 事务的局部错误

这一类错误虽然会导致相应事务失败，但是不影响系统其他部分的数据库一致性。典型的错误源是：

1. 应用程序中的错误；
2. 用户明确中止事务，例如因为没有达到预期的结果；
3. 系统控制的事务中止，例如，为了消除“死锁”。

人们可以通过撤销仍然活跃的事务对数据库所做的所有改变来纠正这些本地错误或局部错误。这个过程被称为“局部撤销”（local undo）。局部错误发生得相对频繁，因此必须非常迅速而有效地加以纠正。换言之，恢复组件应该能够在几毫秒内纠正一个本地错误（甚至完全不需要锁定系统，影响其他事务）。

## 10.1.2 主存储器损失造成的错误

一个 DBMS 在所谓的“数据库缓冲区”内处理数据。缓冲区是主存储器的一部分，被分片成页框，每个页框正好可以容纳一个页面（参见 7.4 节）。图 10–1 展示了这种情况。所有的数据集（变量集）（在我们的例子中抽象地标记为 $A$、$B$、$C$ 和 $D$）必须映射到永久储存在外部存储器（物化数据库）的页面上。这些页面在这里命名为 $P_A$、$P_B$ 和 $P_C$，其中，页面 $P_A$ 除了包含数据点 $A$ 外，还包含数据点 $D$（通常，页面包含许多数据记录）。当访问一个不在缓冲区内的数据点时，必须储存包含该数据点的页面，并修改缓冲区内的这个页面的副本；然后，通过将缓冲区副本复制到外部存储器，“或早或晚”地将其转移到物化数据库中。在我们的例子中，用 $A'$ 表示对数据点 $A$ 的修改，这一修改已经返回；而对 $C$ 的修改还没有转移到外部存储器中。

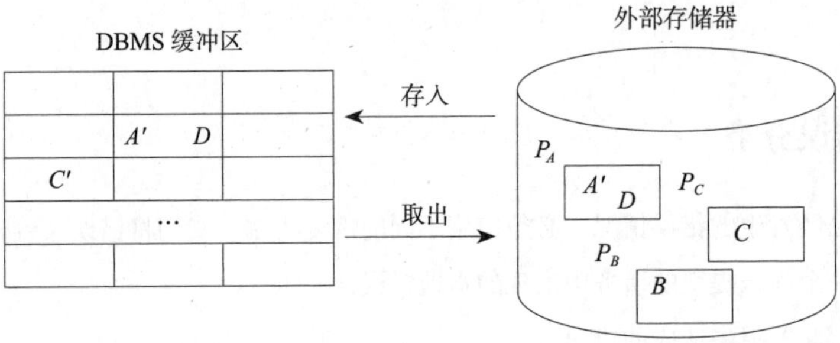


图 10–1 （两级）存储层次的示意图

但问题是，如果发生非常多的错误（如断电），则缓冲区的内容就会丢失。这就破坏了所有只在缓冲区但尚未被存储在外部存储器中的数据变化。事务范式（transaction paradigm）要求：

1. 撤销所有由未完成的事务对物化数据库所做的改变；

2. 由已完成的事务来执行尚未转移到物化数据库的所有变化。

第一个过程被称为（全局）Undo，第二个过程被称为（全局）Redo。

因此，这个错误类别假定物化数据库没有被破坏，但处于事务不一致的状态，只需要通过 Undo 和 Redo 恢复事务一致的状态。

当然，对此需要所谓的“日志文件”（log file）提供额外信息。

这类错误通常间隔数天发生一次，因为它们是由例如电源故障、操作系统代码中的错误、硬件故障等引起的。恢复时间应该在几分钟左右。

### 10.1.3 外部存储器损失造成的错误

例如，在以下情况下会出现外部存储器数据丢失的错误：

1. 磁头碰撞（head crash），它破坏了有物化数据库的磁盘；

2. 火灾 / 地震，毁坏了磁盘；

3. 系统程序中的错误（如磁盘驱动器）导致数据丢失。

虽然平均来看，这些情况很少发生（大约在几个月或几年的时间内发生一次），但必须采取预防措施，以便在发生这种错误后能够将数据库恢复到最近的一致状态。这需要一个物化数据库的归档副本以及一个包含自该数据库归档副本创建以来的所有变化的日志文件（正如我们将在后面详细解释的那样）。当然，归档副本与日志文件应在空间上与磁盘存储器分开，以保证在火灾等情况下不会丢失所有的信息。

## 10.2 存储层次结构

在图 10–1 中，我们画出了由 DBMS 缓冲区和有物化数据库的外部存储器组成的两层存储层次结构。这里，我们将研究事务处理与数据页交换之间的相互作用，这些数据页分别进入缓冲区和返回到外部存储器。

### 10.2.1 更换缓冲区页面

一个事务一般需要几个数据页，这些数据页或者已经（随机地）在缓冲区中，或者必须储存起来。在访问或变更操作的过程中，应将相应的页面固定在缓冲区内。通过设置 FIX 标志，可以防止有关的页面从缓冲区中被移出。如果通过操作更改了这个页面上的数据，则这个页面就会标记为“已修改”（dirty）。在这种情况下，缓冲区中保存的页面状态不再与外部存储器中的相关页面的状态相匹配。操作结束后，删除 FIX 标记。这样，原则上这个页面再次被释放，作为可能的“牺牲块”（victim）进行替换。

简单地说，在数据库缓冲区内有一个“来和去”的页面。对于主动事务，即尚未确定的事务，有两种策略：

1. ¬steal：这种策略排除了对活跃事务所修改的页面进行替换。

2. steal：如果需要存储新页面，则原则上任何没有固定的页面都是可替换的。

在 ¬steal 策略中，永远不可能发生将尚未完成事务的修改转移到物化数据库中的情况。因此，当“回滚”一个（仍然）活跃的事务时，无须担心外部存储器的状态，因为事务在 commit 之前不能在那里留下任何痕迹。steal 的情况则不同：在这种情况下，在返回“回滚”事务的过程中，可能还需要撤销已经插入到物化数据库中的页面，使其回到事务开始前的状态。

### 10.2.2 提交事务的变更

在 force 策略下，由一个已完成的事务所引起的变化（即由其修改的所有页面）在 commit 期间被转移到物化数据库中（通过复制页面）。标记 ¬force 的策略并不强制提交所有变化。因此，一个已完成事务的修改可能会丢失，因为它们只存在于系统缓冲区中，并且只在后期被引入物化数据库中，例如，当必须替换有关的页面时。因此，在 ¬force 缓冲区管理中，需要从一个单独的日志文件中获取其他的日志条目，以便能够实施（Redo）这些尚未转入数据库中的变化。在 force 策略中，这就没有必要了，因为物化数据库总是包含对已完成事务的所有更改。

从表面上看，将 force 和 ¬steal 策略结合起来似乎是很好的选择：把所有已完成事务的变化和活跃事务的“无变化”永久地储存在物化数据库中。然而，有许多观点反对这种系统配置：一是，强制转移所有事务结束前的变化需要非常大的代价。二是，存在许多事务所需要的页面，因此在缓冲区中会停留很长时间。这种所谓的“热点页面”只会被复制到数据库中以传递变化，而不会被替换到缓冲区中。那里，只标明之后未修改的页面（可能只是短时间内的修改）。三是，传播，即复制已完成的 TA（执行更改的事务标识符）修改的页面，必须是原子性的（即“全部或没有”）。四是，系统不能在复制过程中崩溃，否则会造成不一致的数据库状态。为了实现这一目标，需要额外努力。此外，如果事务可以专门处理（锁定）比整个页面更小的对象，则 force 和 ¬steal 的策略就不能结合起来，参见习题 10-1 和下面关于多用户同步的章节。

我们根据 Redo 和 Undo 恢复的要求总结了 force/¬force 和 steal/¬steal 的四种组合：

| | force | ¬force |
|---|---|---|
| ¬steal | • 没有 Redo<br>• 没有 Undo | •Redo<br>• 没有 Undo |
| steal | • 没有 Redo<br>•Undo | •Redo<br>•Undo |

## 10.2.3 插入策略

插入策略是将变化传播到物化数据库的方法。到目前为止，最常见的方法是“就地更新”（update-in-place），可以归类为直接插入策略。在这种策略中，在外部存储器中为每个页面正好分配一个储存位置。如果从 DBMS 缓冲区中移出该页面（并修改），则将它直接复制到这个储存位置，这样，该页面以前的状态就会丢失。图 10-1 中也使用了这一方法。如果在 Undo 的范围内要恢复以前的状态，就需要额外的日志信息。

通过间接插入策略，改变的页面储存在一个单独的位置，只有在系统启动的特定时间，旧状态才会被新状态所取代。最简单的方法是在外部存储器中为每个页面保留两个空闲区块。图 10-2 概述了我们的例子中的情况。两个区块都分配给每个页面，如 $P_A$，有一个全局位 current，表示当前哪个区块是最新的。从而将变化分别写入 $P_A^{current}$、$P_B^{current}$ 和 $P_C^{current}$。如果发生错误，则系统可以非常有效地“切换回” $P_A^{\neg current}$、$P_B^{\neg current}$ 和 $P_C^{\neg current}$ 中仍然可用的状态。这个所谓的“双区块”方法很好地支持了整个缓冲区内容以原子方式传播，因为我们可以首先将所有修改过的页面从缓冲区复制到它们各自当前的双区块中，然后，将当前位设置为互补值。如果在此期间（即在复制过程中）出现“问题”，则仍然可拥有所有页面的原来状态。

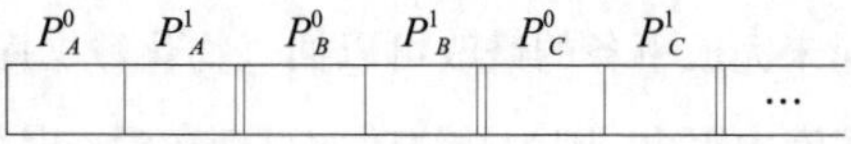


图 10-2 页面 $P_A$、$P_B$ 和 $P_C$ 的双区块设置

双区块方法的主要缺点是对内存的需求增加了一倍。不过，“影子内存”的概念对此提供了一定的补救措施，因为只用倍增实际修改过的页面。但在实践中，它有一些缺点，从而几乎不被采用。

## 10.2.4 恢复组件所依据的系统配置

下面对 DBMS 恢复组件的讨论从最普遍且对于恢复来说最困难（也是消耗最大）的配置开始：

1. steal：可以在任何时候替换，甚至只是传播（即不替换就写回）非固定的页面。

2. ¬ force：修改的页面将持续传播到数据库中，但不一定是在一个事务结束时所有修改的页面。

3. 就地更新：每个页面在外部存储器上都有一个主页位置（区块）。如果要将其从缓冲区中移出，即使在提交改变它的事务之前，都必须将其复制到该区块中。

4. 小锁粒：事务也可以专门锁定和修改比一个完整页面更小的对象。参考我们在图10-1中的例子，一个事务 $T_1$ 可以修改页面 $P_A$ 上的数据点 $A$，一个平行的事务 $T_2$ 可以同时修改页面 $P_A$ 上的数据点 $D$。从恢复组件的角度来看，问题在于，在某一特定时间，数据库缓冲区中的一个页面既可能包含对已完成的事务的修改，也可能包含对尚未完成的事务的修改。

现在让我们来看看上述系统配置中必要的恢复组件，以便在发生故障后恢复数据库的一致性。

## 10.3 变更操作的日志

物化数据库通常不包含数据库最新的一致性状态，甚至不包含一致性状态。因此，需要记录额外信息，这些信息储存在与数据库不同的地方，即所谓的“日志文件”中。我们在上一节中看到，尚未完成事务的修改可以插入物化数据库中。同时，已完成事务的修改也可能从物化数据库中丢失，因为被修改的页面还没有从缓冲区传播到数据库中。

### 10.3.1 日志条目的结构

一个执行事务的每个变更操作需要两个日志信息：

1. Redo 信息规定了如何重做变更；

2. Undo 信息描述了如何撤销变更。

在我们介绍的恢复程序中，除了 Redo 和 Undo 信息外，每个正常的日志条目还包含以下内容：

1. LSN（日志序列号），这是日志条目的唯一标识符。要求以单调的升序分配 LSN，这样就可以确定日志条目的时间顺序。

2. 执行更改的事务标识符 TA。

3. PageID，执行变更操作的页面标识符。如果一个变更涉及一个以上的页面，则必须产生相应数量的日志条目。

4. PrevLSN，指向相应事务的前一个日志条目的指针。出于效率方面的考虑，这个条目是必要的。

### 10.3.2 日志文件的例子

现在我们将在图 10-3 中演示两个并行事务 $T_1$ 和 $T_2$ 的日志条目。BOT 和 commit 操作的日志条目有一个特殊结构，因为它们只包含 LSN、TA 和操作名称。BOT 条目的 PrevLSN 指针设置为 0，因为当然不可能有相关事务的前一个条目。通过 PrevLSN 指针，可以非常有效地遍历一个事务的所有日志条目。

| 步骤 | $T_1$ | $T_2$ | 日志<br>[LSN，TA，PageID，Redo，Undo，PrevLSN] |
|---|---|---|---|
| 1 | **BOT** | | [#1，$T_1$，**BOT**，0] |
| 2 | $r(A, a_1)$ | | |
| 3 | | **BOT** | [#2，$T_2$，**BOT**，0] |
| 4 | | $r(C, c_2)$ | |
| 5 | $a_1: =a_1-50$ | | |
| 6 | $w(A, a_1)$ | | [#3，$T_1$，$P_A$，$A-=50$，$A+=50$，#1] |
| 7 | | $c_2: =c_2+100$ | |
| 8 | | $w(C, c_2)$ | [#4，$T_2$，$P_C$，$C+=100$，$C-=100$，#2] |
| 9 | $r(B, b_1)$ | | |
| 10 | $b_1: =b_1+50$ | | |
| 11 | $w(B, b_1)$ | | [#5，$T_1$，$P_B$，$B+=50$，$B-=50$，#3] |
| 12 | **commit** | | [#6，$T_1$，**commit**，#5] |
| 13 | | $r(A, a_2)$ | |
| 14 | | $a_2: =a_2-100$ | |
| 15 | | $w(A, a_2)$ | [#7，$T_2$，$P_A$，$A-=100$，$A+=100$，#4] |
| 16 | | **commit** | [#8，$T_2$，**commit**，#7 ] |

图 10-3 两个事务交错执行时所创建的日志

例如，LSN # 3 的日志条目指向事务 $T_1$ 和页面 $P_A$。如果必须执行 Redo，则页面 $P_A$ 的数据点 $A$ 要减去 50（用基于 $C$ 语言的符号 $A-=50$ 表示）。如果执行 Undo，则 $A$ 必须增加 50。其前面的日志条目为 LSN #1。

### 10.3.3 逻辑或物理日志

在我们的例子中（见图 10–3），Redo 和 Undo 的信息是按逻辑记录的，也即，在每一种情况下都指定了操作。另一个记录方案是物理日志：为 Undo 保存所谓的“Before 镜像”，为 Redo 保存数据对象的“After 镜像”。关于日志条目 #3，*A* 的原始值（比如 1 000）将保存为 Undo 信息，而新的值（即 950）将保存为 Redo 信息。

在逻辑日志中：

1. “Before 镜像”是通过执行 Undo 代码从“After 镜像”中生成的；
2. “After 镜像”是通过执行 Redo 代码从“Before 镜像”中生成的。

当然，这需要知道（或能够知道）物化数据库中是否包含“Before 镜像”或“After 镜像”。LSN 用于此目的：当创建每个新的日志条目时，将新产生的、唯一的 LSN 写入有关页面的一个保留区域中。请注意，新生成的 LSN 是目前最大的 LSN，因为我们已经要求 LSN 单调性增长。当该页面传播到外部存储器时，该页面当前的 LSN 条目也被复制了，于是，就可以知道某个特定的日志条目的页面是“Before 镜像”还是“After 镜像”了。

如果页面的 LSN 包含一个比日志条目的 LSN 更小的值，则它就是“Before 镜像”。

如果页面的 LSN 大于或等于日志条目的 LSN，那么表示在日志的变更操作方面，“After 镜像”已经传播到了外部存储器。

### 10.3.4 写入日志信息

在执行变更操作之前，必须创建相应的日志条目。在物理日志中，必须在执行变更操作之前将“Before 镜像”写入日志记录，在执行变更操作之后将“After 镜像”写入日志记录。

在逻辑日志中，两种信息（Redo 和 Undo 代码）都可以输入到日志条目中。日志条目暂时储存在主存储器中所谓的“日志缓冲区”。图 10–4 显示了这种结构。因此，在主存储器中，有单独的数据库页面和日志条目的缓冲区。日志缓冲区通常比数据库缓冲区小得多，一旦它满了，就必须把日志文件写到外部存储器中。

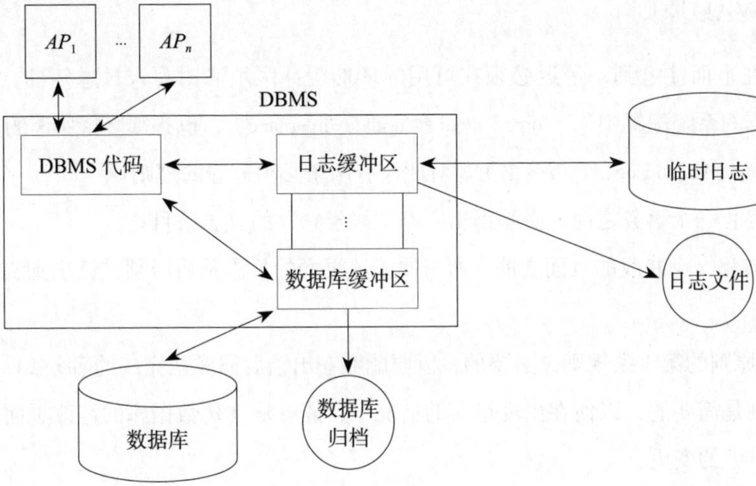


图 10-4 数据库系统的存储层次结构（Härder 和 Reuter，1983）

在现代数据库架构中，日志缓冲区被设计成一个环形缓冲区：在一端，不断地读出来；在另一端，不断地加入新条目，从而产生了均匀的负载。这就避免了间歇性地处理非常大的转移操作，这些转移操作阻碍了事务处理。图 10-5 显示了环形日志缓冲区的结构。

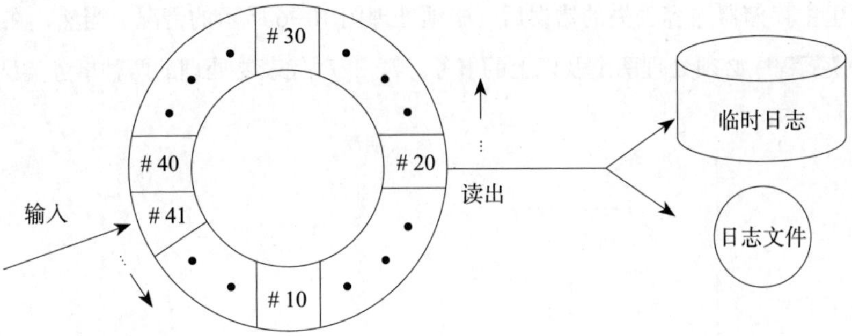


图 10-5 环形日志缓冲区的结构

日志条目两次被读出：一次是临时日志，另一次是日志文件。

临时日志通常位于一个磁盘存储器上，并在线保存。日志文件通常被储存在磁带上，以尽可能保护它不受硬件缺陷的影响。日志文件用于外部存储器的数据丢失后的恢复，详细内容可参考 10.9 节。

### 10.3.5 WAL 原则

我们在上面注意到，最迟必须在可用的环形缓冲区填满时写入日志条目。在恢复组件所依据的系统配置中（¬force、steal 和 update-in-place），也必须坚持所谓的“WAL 原则”（Write Ahead Log，预写日志）。对此，有两条必须遵守的规则：

1. 在终止一个事务之前，必须读出所有“属于它”的日志条目。

2. 在转移一个修改的页面之前，所有属于该页面的日志条目必须被读出到临时日志和日志文件中。

WAL 原则的第 1 条规则是必要的，以便能够在出错后回溯至完成的事务（Redo）。第 2 条规则是需要的，以便在出现错误的情况下，能够从物化数据库的修改页面中删除未完成的事务的变更。

在 WAL 原则下，自然会读出所有的日志条目，直到最后一个必要的条目，也即，不会跳过任何第 1 条和第 2 条规则未确定的日志条目。这对保持环形缓冲区中日志条目的时间顺序至关重要。

## 10.4 出错后重新启动

在发生主存储器内容丢失的错误后，必须处理图 10–6 所示的情况。当然，在一般情况下，恢复程序必须处理两个及以上的事务。$T_1$ 和 $T_2$ 代表要处理的两种事务类型：

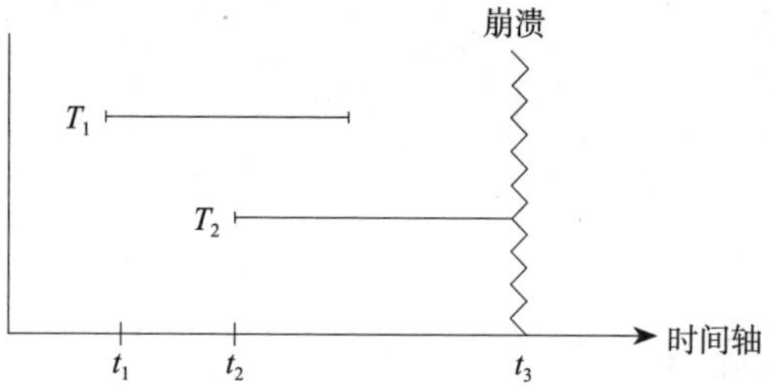


图 10–6 当系统崩溃时，不同事务的开始和结束时间比较

1. 必须在作用方面完全恢复 $T_1$ 事务。这种类型的事务被称为“Winner”。

2. 必须撤销崩溃时仍处于活跃状态的事务，如 $T_2$。我们把这些事务称为“Loser”。

根据我们在这里提出的恢复概念，重新启动分为三个阶段：

**分析** 对临时日志进行从头到尾的分析，以确定 $T_1$ 类型事务的 Winner 集合和 $T_2$ 类型事务的 Loser 集合。

**历史回放** 所有的变更都按照执行的顺序转移到数据库中。

**Loser 的 Undo** 以最初执行的相反顺序撤销 Loser 事务的变更操作。

图 10-7 显示了重新启动的三个阶段，我们将在下面更详细地描述它。

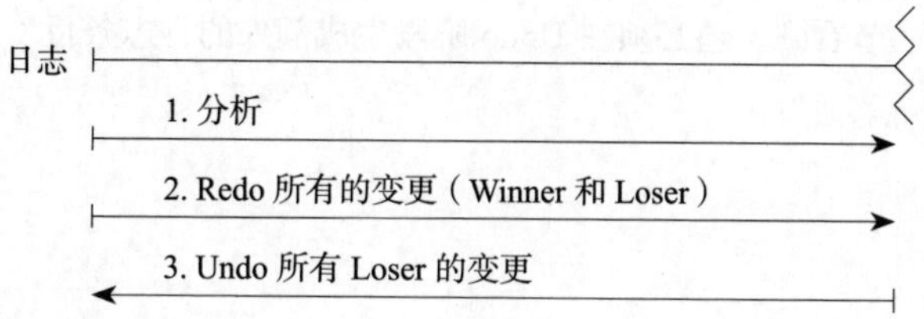


图 10-7 分三个阶段的重新启动

## 10.4.1 对日志的分析

对日志文件的分析非常简单。BOT 条目提供了在相关时间段内开始的所有事务的信息；日志中的 commit 条目表示 Winner 事务；所有在日志文件中找不到 commit 的已开始事务都是 Loser 事务。现在，WAL 原则的第 1 条规则（在终止一个事务之前读出所有的日志条目）的含义再次变得清晰。

## 10.4.2 Redo 阶段

在 Redo 阶段，按顺序（按照日志条目创建的顺序）运行日志文件。针对每个日志条目，将相关页面从物化数据库中提取到数据库缓冲区中（如果它由于以前的 Redo 操作而不在这里），并确定其 LSN。如果页面的 LSN 等于或大于日志条目的 LSN，则不需要做任何事情（记录的变更操作的“After 镜像”已经在页面上了）。否则，如果页面 LSN 小于日志记录 LSN，则必须执行存储在日志记录中的 Redo 操作。此外，在这种情况下（即执行 Redo 操作时），页面的 LSN 必须被刚刚处理的日志记录的 LSN 所取代。这对重启阶段出现错误后的重启很重要（见 10.5 节）。请注意，这里也要执行 Loser 事务的变更，见习题 10-6。

### 10.4.3 Undo 阶段

在 Redo 阶段完成后，Undo 阶段是以相反的方向（从后往前）运行日志文件的。我们跳过所有属于 Winner 事务的日志条目。但是对于 Loser 事务的每个日志条目，都要进行 Undo 操作。与 Redo 不同，在任何情况下都会执行 Undo，无论页面上的 LSN 是大是小。这是必要的，因为记录操作的“After 镜像”总是在页面上：或者在崩溃前写入物化数据库，或者在之前的 Redo 阶段被恢复。

我们将在下一节看到，还必须在 Undo 阶段生成额外的日志条目（所谓的“补偿日志条目”，简称“补偿条目”）。

## 10.5 恢复组件的容错性

在开发恢复组件时，当然也必须确保在重启阶段内发生崩溃时的容错性。换言之：Redo 和 Undo 阶段必须是幂等的，也即，无论（先后）执行多少次，都必须始终提供相同的结果。以下适用于每一个执行（变更）的操作 $a$：

$$\text{undo}(\text{undo}(\cdots(\text{undo}(a))\cdots)) = \text{undo}(a)$$

$$\text{redo}(\text{redo}(\cdots(\text{redo}(a))\cdots)) = \text{redo}(a)$$

在页面中输入 Redo（实际）执行的日志记录的 LSN 可实现 Redo 阶段的幂等。这确保了即使在重启过程中出现崩溃，也不会“意外”地在“After 镜像”上执行 Redo。为什么？见习题 10-7。

为了确保 Undo 阶段的幂等，我们需要引入补偿日志条目（CLR）的概念。对于每一个执行的 Undo 操作，都会创建一个 CLR，就像“正常”的日志条目一样，它也会被分配一个唯一的 LSN。CLR 包含以下信息：

［ LSN，事务 ID，页面 ID，Redo 信息，PrevLSN，UndoNxtLSN ］

CLR 的 Redo 信息与重启的 Undo 阶段所执行的 Undo 操作相对应。然而，当重新启动时，会在 Redo 阶段中执行这个操作。补偿条目不需要 Undo 信息，因为在随后的 Undo 阶段将跳过这些信息（尽管它们被分配给 Loser 事务）。为了确保跳过，CLR 包含字段 UndoNxtLSN。该字段包含与事务相关的、在补偿操作之前的变更操作的 LSN。恢复组件可以从单个事务的日志条目的后向链（PrevLSN）[1]中相对有效地确定这一信息。图 10-8 显示了图 10-3 中的示例是如何执行这种情况的。我们假设崩溃发生在 commit 事务 $T_2$ 之前。图 10-8（a）概述了崩溃后发现的日志文件。它包含了截至 LSN #7 的所有日志记录。[2]图的下部（b）显示了完全重启后的日志文件的状态：已经通过 CLR #7′、#4′和 #2′补偿了 Loser 事务 $T_2$ 的三个条目 #2、#4 和 #7（用单圈标记，而 $T_1$ 的日志条目用双圈标记）。我们使用了（希望是）描述性的符号 #*i*′作为日志记录 #*i* 的补偿条目的 LSN，尽管补偿条目的 LSN 要求必须是连续的。

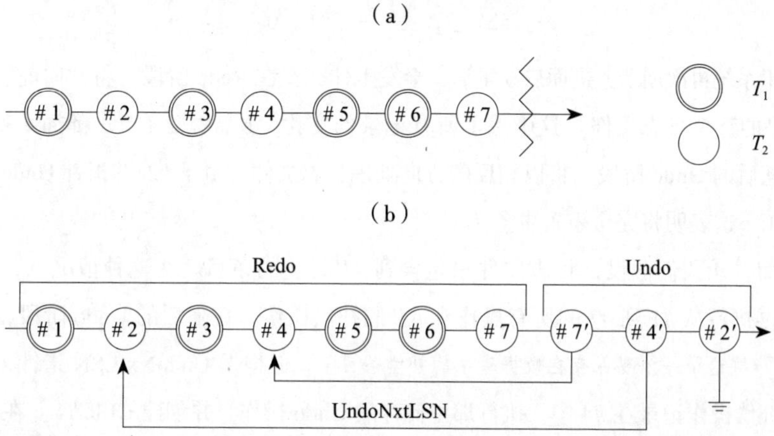


图 10-8　崩溃后重新启动：（a）恢复时发现的日志，（b）由于 Undo 操作而更新的日志文件

所以 LSN #4′的值一定比 #7′大，#7′的值一定比 #7 大。此外，图中还显示了对补偿条目的 UndoNxtLSN 引用。

完成重启后的日志条目（或包括日志环形缓冲区的日志文件）如下所示。带角括号的日志条目是 CLR 条目。其中，最后一个（标识符 #2′）不包含任何页面或 Redo 信息，因为它只涉及事务 $T_2$ 的 BOT。该 CLR 的 UndoNxtLSN 字段的 NULL 条目也表明，

〔1〕后向链语义推理由查询目标驱动，在查询时根据规则集推理出查询结果。后向链语义推理算法比前向链的复杂，并且推理发生在查询时，推理查询比单纯查询所需的时间开销要大不少，这是阻碍后向链语义推理走向实用的最大障碍。现有的后向链语义推理系统大多处于 RDF 存储与查询系统的子功能的地位，推理能力相对较弱。后向链语义推理的推理过程复杂、规则扩展深度大、难以并行化等特点，导致它在大规模语义数据上推理时存在着效率较低和扩展性较差等多种不足和缺陷。

〔2〕如果日志文件只包含截至 LSN #6 的条目，会发生什么？见习题 10-5。

此时已经完全重置了事务 $T_2$，至少对这个 Loser 事务来说，不需要再进行 Undo 操作。

[ #1，$T_1$，**BOT**，0 ]
[ #2，$T_2$，**BOT**，0 ]
[ #3，$T_1$，$P_A$，$A- = 50$，$A+ = 50$，#1 ]
[ #4，$T_2$，$P_C$，$C+ = 100$，$C- =100$，#2 ]
[ #5，$T_1$，$P_B$，$B+ = 50$，$B- = 50$，#3 ]
[ #6，$T_1$，**commit**，#5 ]
[ #7，$T_2$，$P_A$，$A- = 100$，$A+ = 100$，#4 ]
<#7′，$T_2$，$P_A$，$A+ = 100$，#7，#4>
<#4′，$T_2$，$P_C$，$C- = 100$，#7′，#2>
<#2′，$T_2$，–，–，#4′，0>

如果系统再次崩溃，进而启动重启，会发生什么？在 Redo 阶段，将“向前”处理从 #1 到 #2′的整个日志文件。这确保了所有记录的变化（包括补偿条目）都插入到数据库中。在随后的 Undo 阶段，将以相反的方向处理日志文件。由于 #2′的指针 UndoNxtLSN 是 NULL，这表明将完全重置事务 $T_2$。

然而，让我们假设，日志文件只包含到 #7′为止的条目。在这种情况下，在 Redo 阶段将再执行从 #1 到 #7 的所有操作和 #7′的补偿操作。在随后的 Undo 阶段，没有撤销 #7′（毕竟这是一个要保存在数据库中的补偿条目），但根据 UndoNxtLSN 指针，$T_2$ 的下一个待补偿操作记录在 #4 中。执行那里储存的 Undo 操作，并创建 CLR #4′。在 #4 中，有一个 #2 的 PrevLSN 引用，其中，#2 是下一个补偿操作，将其记录为 #2′。最后，就有了图 10-8（b）中描述的状态。

## 10.6 在本地重置一个事务

我们现在可以处理单个事务的隔离重置。对此，必须按照时间上的相反顺序来处理属于这个事务的日志条目。

我们现在假设在一个完整的主存储器（数据库缓冲区和日志缓冲区）中，有确定的待重置事务最近创建的日志记录。主存储器中的每个事务都有一个指向这个最新日志记录的指针。

通过 PrevLSN 条目向后链接日志记录，恢复组件可以非常有效地追溯某个事务的所有日志条目，并通过执行 Undo 信息来重置每个记录的操作。在执行之前，要记录相应的补偿条目（CLR）。将补偿条目的 LSN 输入到相关页面，这样，如果以后需要重新启动，就可以看到补偿条目是否包含在页面中。有了一个大小合理的环形日志缓冲区，我们就可以假设一个活跃事务的大部分日志条目在主存储器中是可用的。因此，恢复组件可以非常有效地进行一个事务的“本地回滚”。

在本地回滚过程中创建的补偿条目与全局 Undo 过程中因重启而创建的补偿条目没有区别，在稍后的 Undo 阶段可能进行的重启中也会跳过在本地回滚过程中所创建的 CLR。因此，必须在这里相应地设置 UndoNxtLSN 指针，如图 10-8（b）所示。

在隔离回滚中，还必须放弃事务所设置的锁（见第 11 章）。但这在重启过程中是没有必要的，因为无论如何，主存储器中管理的锁都会因为崩溃而丢失，也即，不可避免地释放锁。

## 10.7 事务的部分重置

在上一节中，我们看到一些数据库系统允许在一个事务中定义重置点。这样可以在一个被定义的重置点之前实现事务回滚。用我们迄今为止所提出的恢复组件很容易实现这个概念：在本地撤回定义重置点后按时间顺序发生的变更操作，执行 Undo 操作时将相应的补偿条目附加到日志中。参考图 10-9。

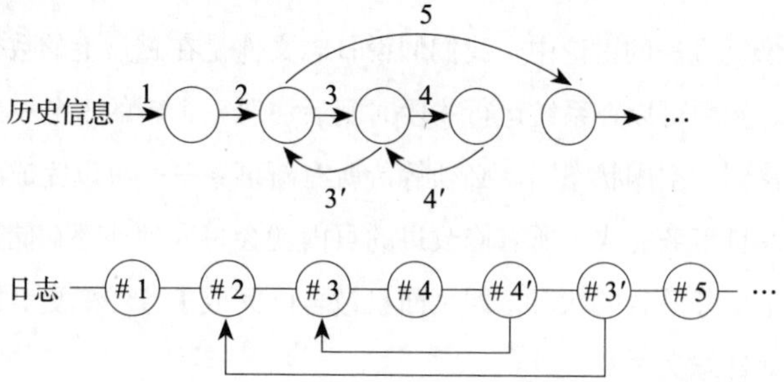


图 10-9 部分重置的事务示例

在这个草图中，首先执行操作 1、2、3 和 4。对此，有相应的日志条目 #1、#2、#3 和 #4。重置最后两个操作，即操作 3 和 4。在 CLR 的 #4′和 #3′中记录补偿条目，当然，LSN #4′必须大于 #4，#3′必须大于 #4′。然后执行操作 5，并在日志中记录 LSN #5。因此，该事务只执行了操作 1、2 和 5，而操作 3 和 4 则被撤销。

## 10.8 备份点

迄今为止所提出的恢复组件有一个主要缺点：随着数据库系统运行时间的增加，系统的重新启动变得越来越繁琐，因为需要处理的日志文件变得越来越多。备份点提供了一个补救措施，可以说它是重新启动的“防火墙”（fire wall）。通过一个备份点标记日志中的一个位置，当重新启动时，不必再去超越这个位置。所有旧日志条目都是不相关的，可以从临时日志中删除。然而，这里需要强调的是，备份点的时间不一定是“截止点”（cut-off），在某些备份点方法中，也必须考虑到较早的日志条目。在任何情况下，“截止点”（即仍然需要的最小 LSN）是在创建备份点时为重新启动而确定的。这里，我们处理三种类型的备份点：

1.（全局）事务一致的备份点；

2. 行动一致的备份点；

3. 模糊（fuzzy）备份点。

### 10.8.1 事务一致的备份点

在前面关于恢复方法的讨论中，我们假设日志文件是在磁盘上的数据库处于事务一致状态时启动的。然后可以在系统运行一段时间后注册一个新的事务一致的备份点。之后数据库系统转移到“空闲状态”。必须等待所有新事务——可以完成的所有仍处在活跃状态的事务。一旦事务完成，所有修改过的页面就会写入到外部存储器中。现在，物化数据库包含一个事务一致的状态，即页面只包含已完成事务的变更。因此，这时可以从头开始重新启动日志文件。

图 10-10 显示了这种方法：延迟事务 $T_3$ 的开始时间（虚线），直到写入备份点 $S_i$。在以后发生崩溃的情况下，只需要写入自备份点 $S_i$ 以来所创建的日志信息。它包含所有条目，以便能够再执行 $T_3$（Redo）和重置 $T_4$（Undo）。$T_1$ 和 $T_2$ 的变化已包含在物化数据库中，不需要考虑恢复。

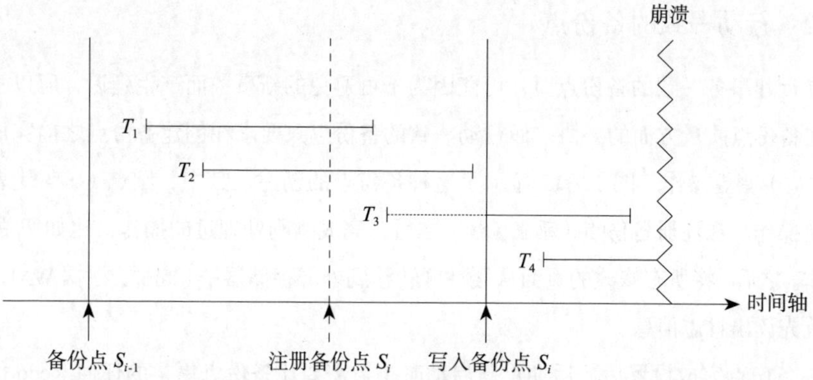


图 10–10 基于事务一致的备份点在系统崩溃时的事务执行

在图 10–11（a）中展示了这类备份点的特点。创建事务一致的备份点是非常耗时的，只有在特殊情况下才可行，例如在周末，或无论如何都要关闭系统时。一方面，我们必须推迟新事务的开始时间；另一方面，必须将整个修改后的缓冲区内容写入到外部存储器中。本地更新（update in palce）时的插入策略，在写入备份点时当然也必须遵循 WAL 原则，从而读出整个环形日志缓冲区（见习题 10–8）。

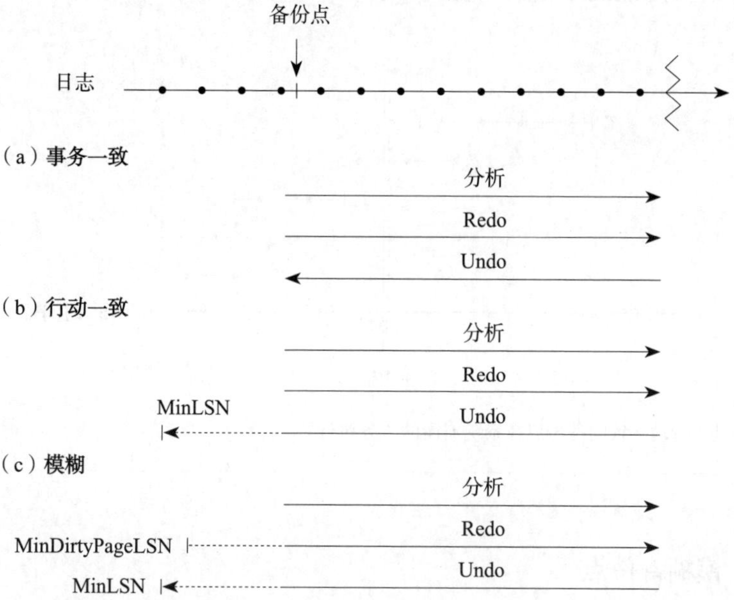


图 10–11 基于三种不同类型的备份点的重新启动

### 10.8.2 行动一致的备份点

在创建事务一致的备份点时，可能因为不可避免的新事务而产生延迟，所以不得不接受在备份点质量方面的妥协。而行动一致的备份点只要求在创建备份点之前完成所有（基本的）变更操作。图 10-12 显示了这种备份点的创建，其中，圆点（·）代表事务的变更操作。在注册备份点（垂直虚线）之后，完成刚刚处理过的操作，比如 $T_4$ 的第二个操作。之后，将所有修改的页面从缓冲区转移到外部存储器中。同样，根据 WAL 原则，必须首先读出日志信息。

在备份点完成设置后，后期重新启动时不再需要比备份点更早的任何 Redo 信息。然而，可能需要比写入备份点的时间更早的 Undo 信息。例如，图 10-12 中的 $T_4$ 就是这种情况，因为 $T_4$ 的前两个变化在任何情况下都会出现在物化数据库中。

当创建一个动作一致的备份点时，可以确定当时所有活跃事务中最小的 LSN。在我们的例子中，这对应于 $T_4$ 的第一个操作的日志条目。我们把这个 LSN 命名为“MinLSN”。此外，至备份点时所有活跃事务的列表也保存在日志文件中。在重新启动的分析阶段需要这个清单，以便能够确定所有的 Loser 事务。为什么？

在重启期间，分析阶段和 Redo 阶段始于备份点。然而，Undo 阶段必须超过备份点，直到日志条目的 MinLSN 位置，见图 10-11（b）。

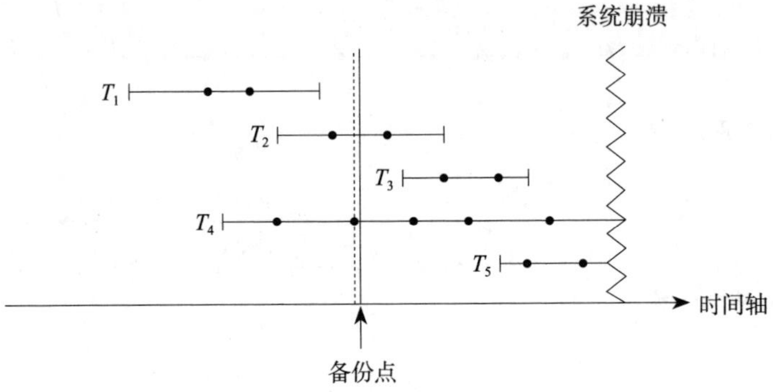


图 10-12　基于行动一致的备份点在系统崩溃的事务执行

### 10.8.3 模糊备份点

创建一个行动一致的备份点需要“一次性”写出数据库缓冲区的整个修改部分和所

有的日志信息。这将导致系统负荷沉重。通常情况下，应该尽量连续写出修改过的页面，因为这样可以使 CPU 和输入 / 输出操作重叠，这避免了处理器闲置等待较慢的外部存储器的情况（最终产生了更大的处理量，以处理的事务数量计）。

模糊备份点的思想是：不写出修改过的页面，而只是在日志条目中写下它的标识符，我们把这称为“脏页”（DirtyPages）。对于 DirtyPages 中的页面，也必须确定最小 LSN（我们称之为 MinDirtyPageLSN），并用它来传播最长时间没有写入外部存储器的页面。这个 LSN 当然不在缓冲区页面中，但可以通过检查外部存储器中的页面来确定。这当然太耗时了，因此必须为缓冲区中的每一页标记最长时间未写出的变更操作的 LSN。在所有这些 LSN 中最小的一个就是 MinDirtyPageLSN。这个 MinDirtyPageLSN 设置了 Redo 阶段的标定点。在从 MinDirtyPageLSN 到备份点的时间跨度内，我们只需要考虑 DirtyPages 的页面。向后的 Undo 阶段的截止点，以上述同样的方式形成了备份点活跃事务的 MinLSN。图 10−11（c）概述了模糊备份点的重启方法。

模糊备份点重启的效率取决于对缓冲区的管理。如果一些“热点页面”永久地留在缓冲区中，而且没有写出它们的变化，那么必须在 Redo 阶段运行从最前到最后的日志条目。因此，连续写出修改过的页面是至关重要的。有些系统会强制写出在连续两个模糊备份点的 DirtyPages 集合中所包含的，并且在这期间还没有写出的页面。

## 10.9 物化数据库数据丢失后的恢复

到目前为止，我们所介绍的恢复机制是基于假设物化数据库和日志文件是完整的。如果这些文件中的一个（甚至两个）遭到破坏，则恢复时需要所谓的“存档副本”，这些副本被复制到某种存储介质（通常是磁带）中。我们在这里假设数据库处于事务一致性状态。日志信息连续写入存档磁带，即每次从环形缓冲区中写出日志条目时，也写入临时日志和日志文件。图 10−4 画出了这些归档过程。

因此，如果物化的数据库或日志文件遭到破坏，可以从“存档副本”中恢复到最新的一致性状态，其条目为数据库存档副本的创建时间。

也可以对数据库的行动一致性状态进行存档。然而，在这种情况下，日志文件也必须包含较早的条目，见习题 10−9。

图 10−13 显示了系统崩溃后两种可能的恢复方案：

1. 在外部存储器完整（包括物化数据库和临时日志）时采取上层（更快的）路径。

2. 在外部存储器内容遭受破坏时，必须选择下层（较慢的）路径。

当然，在日志文件遭受破坏的情况下，也可以选择物化数据库和日志存档作为初始信息。是否也可以将数据库存档和日志文件结合起来用于重新启动？

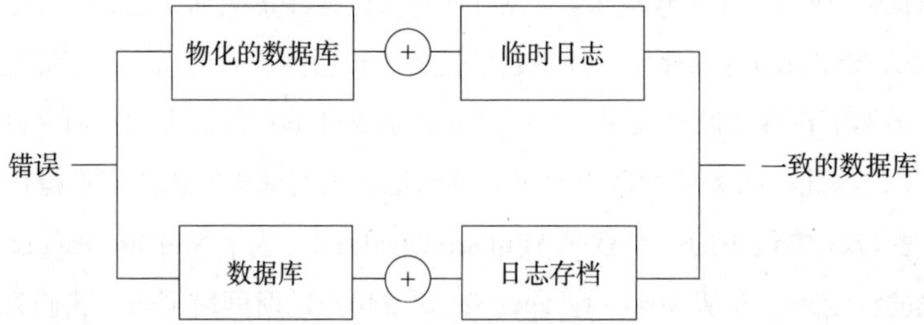


图 10-13　两种恢复方案

## 10.10　习题

10-1　请用一个例子说明，当并行事务同时对一个页面内的数据对象进行更改时，不能将 force 和 ¬steal 策略结合起来。对此，请考虑如图 10-1 所示的页面布局，其中页面 $P_A$ 包含两个数据集 $A$ 和 $D$。请设计有两个事务的交错执行，其中排除了 force 和 ¬steal 的组合。

10-2　图 10-3 显示了两个事务 $T_1$ 和 $T_2$ 的交错执行以及基于逻辑记录的相应日志。如果数据对象 $A$、$B$ 和 $C$ 的初始值为 1 000、2 000 和 3 000，那么物理记录是什么样的？

10-3　在执行重启后，即图 10-8（b）中概述的状态下，有物理记录的日志文件是什么样的？

10-4　10.7 节描述了事务的部分重置。对此，图 10-9 中的示例作了说明。在执行操作 5 之后，如何设计这个事务的完全回滚？完全回滚后的日志是什么样的？

10-5　请观察图 10-8。在（a）中，画出了截至 LSN #7 的日志。如果磁盘上的日志文件只包含至 LSN #6 的条目，会发生什么？请从这个角度说明系统的重新启动。

尽管在图 10.3 中的第 15 步之后才发生崩溃，但临时日志中是否也会缺少条目 #5？这样做会违反什么原则？

10−6 Mohan 等人（1992）证明重启的幂等要求 Redo 所有记录的变化，即包括由 Loser 执行的变化。

提示：请考虑两个事务 $T_L$ 和 $T_W$，其中 $T_L$ 是一个 Loser 事务，$T_W$ 是一个 Winner 事务。$T_L$ 在页面 $P_1$ 修改一个数据点 $A$，然后 $T_W$ 在页面 $P_1$ 修改了另一个数据点 $B$。请讨论外部存储器上页面 $P_1$ 的不同状态：

（1）修改 $A$ 之前的状态；

（2）在对 $A$ 进行修改后但在对 $B$ 进行修改前的状态；

（3）修改 $B$ 后的状态。

针对页面 $P_1$ 的这三种可能的状态，重新启动时会发生什么？请用图形说明你的讨论内容。

10−7 请说明为了实现 Redo 阶段的幂等，有必要记录（而且只有）在相关页面中实际执行的 Redo 操作的 LSN。

如果在 Redo 阶段，完全不在数据页中写入任何 LSN 条目，会发生什么？

如果没有进行 Redo 操作的日志记录的 LSN 条目也转移到数据页，会发生什么？

如果已经写入补偿条目，但在执行 Undo 之前，数据库系统崩溃了，会发生什么？

10−8 当创建一个事务一致性的备份点时，为什么必须写出整个环形日志缓冲区，而在完成备份点后可以用一个“空”的日志文件重新开始？

10−9 如果对数据库的行动一致性状态进行归档，那么日志文件的条目必须写入多久前的时间？在这种情况下，外部存储器丢失数据后，如何恢复最近的数据库一致性状态？

## 10.11 文献注解

第一个开创性的恢复组件是由 Gary 等人（1981）在 IBM 的 R 系统开发中设计的。Härder 和 Reuter（1983）在他们备受瞩目的论文中首次对各个技术作了系统的分类，并对现有系统解决方案作了分类。ACID 这个词就是在这篇论文中提出的；此外，我们对插入和替换策略的分类也是基于这篇论文。Reuter（1980）描述了用于 Undo 恢复的记录方法。Elhardt 和 Bayer（1984）开发了所谓的“数据库缓存”，它可以加快系统故障后数据库系统的重新启动。Reuter（1984）分析了各种恢复策略的性能。这里描述的恢复组件是基于 Mohan 等人（1992）的 ARIES 方法。这种方法在今天的许多商业系统中都可以找到，特别是 IBM 的产品，如 DB2。Franklin 等人（1992 年）以及 Mohan 和 Narang（1994）进一步开发了 ARIES 程序，该程序用于客户端 / 服务器架构。Lomet 和 Weikum（1998）处理了客户端 / 服务器应用程序的恢复问题。Härder 和 Rothermel（1987）将恢复概念扩展到嵌套事务。

# 11 多用户同步

"多程序"（多用户操作）是指同时（并发、并行）执行多个程序。多用户操作通常会使计算机系统的利用率比单用户操作高得多。这是因为程序（特别是数据库应用程序）经常需要等待缓慢的资源（如后台存储器）或交互式用户输入。在单用户系统中，计算机（主要指处理器）在这些等待时间内处于空闲状态；而在多用户操作中，可以在这些等待时间内操作另一个应用程序，直到它自己必须等待某个事务。图 11-1 显示了在执行三个事务（$T_1$、$T_2$ 和 $T_3$）时，以理想化的方式进行多用户操作的优势。

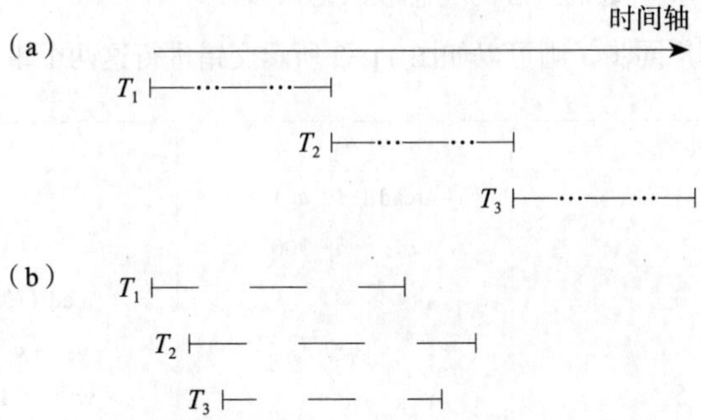


图 11-1 执行三个事务 $T_1$、$T_2$ 和 $T_3$ 的两种模式：（a）单用户模式；（b）（交错）多用户模式（虚线代表等待时间）

可以看出，在执行三个事务时，"交错"（interleaving）使 CPU 的利用率大大提升[1]。

接下来我们将讨论在多用户操作中保持数据库一致性所需的控制方案。对于 ACID 范式，我们在本章中主要关注的是隔离性。隔离性要求意味着数据库必须在每个事务中表现出它好像是唯一的应用程序。

[1] 在我们的理想化表述中，CPU 的利用率是 100%，没有考虑多用户操作所需的额外消耗。

## 11.1 不受控制的多用户操作所带来的错误

让我们看看在不受控制的（和非同步的）多用户操作中可能发生的错误。我们把这些错误分为三类，每一类都用一个小节来说明。

### 11.1.1 丢失更新

我们通过以下两个来自银行部门的事务来说明第一类错误：

1. 事务 $T_1$ 将300欧元从$A$账户转到$B$账户，其中首先从$A$账户借入，然后记入$B$账户。

2. 同时进行的事务 $T_2$ 将 3% 的利息收入记入账户 $A$。

如果没有多用户同步，则可以如图 11-2 所示交错进行这两个事务的流程：

| 步骤 | $T_1$ | $T_2$ |
|---|---|---|
| 1 | read（$A$，$a_1$） | |
| 2 | $a_1$: $= a_1 - 300$ | |
| 3 | | read（$A$，$a_2$） |
| 4 | | $a_2$: $= a_2 \times 1.03$ |
| 5 | | write（$A$，$a_2$） |
| 6 | write（$A$，$a_1$） | |
| 7 | read（$B$，$b_1$） | |
| 8 | $b_1$: $= b_1 + 300$ | |
| 9 | write（$B$，$b_1$） | |

图 11-2 多用户操作的第一类错误的示例

这样执行的结果是，在步骤 5 中记入账户 $A$ 的利息丢失了，因为在步骤 5 中由 $T_2$ 写入的值在步骤 6 中立即被 $T_1$ 再次覆盖。因此，事务 $T_2$ 的更新丢失了。

### 11.1.2 未批准变更的依赖性

第二类错误有时被称为“dirty read”，因为读取的数据点从未在数据库的有效状态（事务一致性）下出现。在图 11-3 中，让我们用示例事务 $T_1$（转账）和 $T_2$（利息贷记）来说明这一点：

| 步骤 | $T_1$ | $T_2$ |
|---|---|---|
| 1 | read（$A$，$a_1$） | |
| 2 | $a_1$：$= a_1 - 300$ | |
| 3 | write（$A$，$a_1$） | |
| 4 | | read（$A$，$a_2$） |
| 5 | | $a_2$ ：$= a_2 \times 1.03$ |
| 6 | | write（$A$，$a_2$） |
| 7 | read（$B$，$b_1$） | |
| 8 | … | |
| 9 | **abort** | |

图 11-3　多用户操作的第二类错误的示例

在这个交错执行中，$T_2$ 在步骤 4 中读取了 $A$ 账户的数值，而 $T_1$ 已经从该账户中扣除了 300 欧元。但在步骤 9 中中止了 $T_1$，所以必须完全重置对 $T_1$ 的更改。然而，遗憾的是，$T_2$ 在步骤 5 中根据 $A$ 的错误值计算出了利息，并在步骤 6 中将其记入账户。这意味着在不一致数据（dirty data）的基础上执行了事务 $T_2$。

### 11.1.3　幻象问题

当在处理事务 $T_2$ 的过程中，另一个事务 $T_1$ 生成了一个 $T_2$ 应该考虑的新数据点时，就会出现第三类错误——幻象问题。我们想用一个具体的例子来说明这一点。对此，让我们观察图 11-4 中的两个事务：

| $T_1$ | $T_2$ |
|---|---|
| | **select sum**（AccountBalance）<br>**from** Accounts |
| **insert into** Konten<br>**values**（$C$，1000，…） | |
| | **select sum**（AccountBalance）<br>**from** Accounts |

图 11-4　多用户操作的第三类错误的示例

这里，$T_2$（在一个事务内）执行了两次 SQL 查询，以确定所有账户余额的总和。问题是 $T_1$ 在此期间插入了一个新账户，即标识符为 $C$ 的账户，账户余额为 1 000，但新账户只在 SQL 查询的第二次“运行”中予以考虑。因此，事务 $T_2$ 计算出两个不同的值，因为在此期间已经插入了“幻象”账户 $C$。

## 11.2 可串行化

在本章的导言中，我们从整个系统的性能方面描述了事务的串行（先后）执行的缺点。

但是，11.1 节中列出的错误在串行执行中不会发生，因为其事务不能相互影响。可串行化[1]的概念结合了串行执行的优势（即隔离）和多用户操作的优势（即增加处理量）。

直观地说，一组事务的可串行化执行对应于受控的并发交错执行，其中控制组件确保并发执行的（可观察的）效果与事务的可能串行化执行相对应。

### 11.2.1 可串行化执行（历史记录）的例子

“历史记录”是指一组同时处理的事务中各个交错的基本操作的时间序列。从多用户同步的角度来看，只有基本的数据库操作 read、write、insert 和 delete 才是相关的，因为对本地变量的处理不受并发性的影响。

让我们来看看第 10 章中的两个示例事务 $T_1$ 和 $T_2$:

1. $T_1$ 从 $A$ 处向 $B$ 处转移一定的金额；

2. $T_2$ 从 $C$ 处向 $A$ 处转移一笔款项。

并行处理可能生成图 11-5 所示的历史记录。由于我们不再考虑对局部变量的处理，也就省略了读写操作中对局部变量的说明，例如用 read（$A$）代替 read（$A$，$a_1$）。

[1] 多个事务的并发执行结果与这些事务按照某个顺序顺次执行的结果相同，是判定事务并发调度正确的标准。

| 步骤 | $T_1$ | $T_2$ |
|---|---|---|
| 1 | **BOT** | |
| 2 | read（$A$） | |
| 3 | | **BOT** |
| 4 | | read（$C$） |
| 5 | write（$A$） | |
| 6 | | write（$C$） |
| 7 | read（$B$） | |
| 8 | write（$B$） | |
| 9 | **commit** | |
| 10 | | read（$A$） |
| 11 | | write（$A$） |
| 12 | | **commit** |

图 11-5　$T_1$ 和 $T_2$ 的串行历史记录

上图所示的 $T_1$ 和 $T_2$ 的交错处理显然与图 11-6 所示的串行处理 $T_1 \mid T_2$ 具有相同的效果。因此，图 11-5 中的历史记录是可串行化的。

| 步骤 | $T_1$ | $T_2$ |
|---|---|---|
| 1 | **BOT** | |
| 2 | read（$A$） | |
| 3 | write（$A$） | |
| 4 | read（$B$） | |
| 5 | write（$B$） | |
| 6 | **commit** | |
| 7 | | **BOT** |
| 8 | | read（$C$） |
| 9 | | write（$C$） |
| 10 | | read（$A$） |
| 11 | | write（$A$） |
| 12 | | **commit** |

图 11-6　在 $T_2$ 之前串行执行 $T_1$，即 $T_1 \mid T_2$

### 11.2.2 不可串行化的历史记录

图 11–7 中所示的两个事务 $T_1$ 和 $T_3$ 的交错是不可串行化的。就数据对象 $A$ 而言，$T_1$ 排在 $T_3$ 之前；但在数据点 $B$ 方面，$T_3$ 在 $T_1$ 之前。因此，该历史记录并不等同于 $T_1$ 和 $T_3$ 的两种可能的串行执行之一，即 $T_1 \mid T_3$ 或 $T_3 \mid T_1$。

| 步骤 | $T_1$ | $T_3$ |
| --- | --- | --- |
| 1 | **BOT** | |
| 2 | read（$A$） | |
| 3 | write（$A$） | |
| 4 | | **BOT** |
| 5 | | read（$A$） |
| 6 | | write（$A$） |
| 7 | | read（$B$） |
| 8 | | write（$B$） |
| 9 | | **commit** |
| 10 | read（$B$） | |
| 11 | write（$B$） | |
| 12 | **commit** | |

图 11–7　不可串行的历史记录

细心的读者这时会问，为什么图 11–7 所示的历史记录会导致不一致性的问题。如果 $T_1$ 和 $T_3$ 实际上都执行了转账，如图 11–8 所示，也不需要担心不一致性的问题。这种交错的执行方式确实等同于串行执行。但是，如果在步骤 4 之前执行步骤 5 和 6，那就会出现“丢失更新”的问题。

但为什么图 11–8 所示的历史记录不是可串行化的？原因是，它只是纯粹地等同于一个串行历史记录，因为特殊的应用语义。然而，从数据库系统的角度来看，这种语义是无法被“识别”的，因为 DBMS 只能“看到”读和写的过程。因此，图 11–7 中的历史记录可以同时属于图 11–8 和图 11–9 中的执行步骤，其中 $T_3$ 对应的是一个利息贷记事务。读者可以验证，该历史记录并不等同于 $T_1 \mid T_3$ 或 $T_3 \mid T_1$ 这两种可能的串行历史记录（在每种串行执行中，银行将不得不多支付 1.50 欧元的利息）。因此，在多用户同步过程中，数据库系统不得对应用事务中的数据对象的处理作出任何假设。必须保证每一种可能的数据库状态和每一种可能的处理方式的一致性。

| 步骤 | $T_1$ | $T_3$ |
| --- | --- | --- |
| 1 | **BOT** | |
| 2 | read（$A$，$a_1$） | |
| 3 | $a_1$：$= a_1 - 50$ | |
| 4 | write（$A$，$a_1$） | |
| 5 | | **BOT** |
| 6 | | read（$A$，$a_2$） |
| 7 | | $a_2$：$= a_2 - 100$ |
| 8 | | write（$A$，$a_2$） |
| 9 | | read（$B$，$b_2$） |
| 10 | | $b_2$：$= b_2 + 100$ |
| 11 | | write（$B$，$b_2$） |
| 12 | | **commit** |
| 13 | read（$B$，$b_1$） | |
| 14 | $b_1$：$= b_1 + 50$ | |
| 15 | write（$B$，$b_1$） | |
| 16 | **commit** | |

图 11-8 两项交错的转账事务

| 步骤 | $T_1$ | $T_3$ |
| --- | --- | --- |
| 1 | **BOT** | |
| 2 | read（$A$，$a_1$） | |
| 3 | $a_1$：$= a_1 - 50$ | |
| 4 | write（$A$，$a_1$） | |
| 5 | | **BOT** |
| 6 | | read（$A$，$a_2$） |
| 7 | | $a_2$：$= a_2 \times 1.03$ |
| 8 | | write（$A$，$a_2$） |
| 9 | | read（$B$，$b_2$） |
| 10 | | $b_2$：$= b_2 \times 1.03$ |
| 11 | | write（$B$，$b_2$） |
| 12 | | **commit** |
| 13 | read（$B$，$b_1$） | |
| 14 | $b_1$：$= b_1 + 50$ | |
| 15 | write（$B$，$b_1$） | |
| 16 | **commit** | |

图 11-9 转账事务（$T_1$）和利息贷记事务（$T_3$）

## 11.3 可串行化理论

### 11.3.1 事务的定义

为了深刻理解基础理论，我们首先需要对“事务”作出正式定义。一个事务 $T_i$ 由以下基本操作组成：

1. 读取数据对象 $A$ 的 $r_i(A)$；

2. 写入数据对象 $A$ 的 $w_i(A)$；

3. 执行 abort 的 $a_i$；

4. 执行 commit 的 $c_i$。

一个事务只能执行 abort 或 commit 这两种操作中的一种。

此外，还必须规定事务操作的顺序。我们通常假设操作有严格的串行顺序，从而可确定一个总的顺序。此外，该理论也可以应用在局部顺序上。然而，在 $T_i$ 操作上定义的部分顺序方面，必须至少满足以下条件：

1. 如果 $T_i$ 执行了 abort，则必须在 $a_i$ 之前执行所有其他的操作 $p_i(A)$，即 $p_i(A) < a_i$。

2. 同样地，如果执行了 commit，那么 $p_i(A) < c_i$。

3. 当 $T_i$ 读取一个数据点 $A$，同时也写入它时，必须设定一个顺序，所以要么 $r_i(A) < w_i(A)$，要么 $w_i(A) < r_i(A)$。

我们现在可以看一下转账事务 $T_1$ 的流程：

$$r_1(A) \to w_1(A) \to r_1(B) \to w_1(B) \to c_1$$

这显示了这些操作的顺序（在这种情况下，它甚至是一个总顺序）。请注意，我们没有明确指定 BOT，在事务的第一个操作之前隐式地假设了一个 BOT。一般不会显式画出由传递性产生的顺序，例如，由 $r_1(A) \to w_1(A)$ 和 $w_1(A) \to r_1(B)$ 产生的顺序 $r_1(A) \to r_1(B)$。

### 11.3.2 历史记录

历史记录（有时也称为“调度”）是多个事务交错执行的流程：每个单独的事务都

由一个数据对象 $A$，$a_i$ 或 $c_i$ 的基本操作 $r_i(A)$ 或 $w_i(A)$ 组成。历史记录规定了不同事务的基本操作的执行顺序。直观地说，这也可以被认为是一个监控组件（即一个“历史记录器”），它记录了处理器以何种顺序执行哪些操作。在单处理器系统中，所有操作都是按顺序执行的，因此可以定义一个总的顺序。也可以想象，有些操作是“真正”并行执行的，因此不能或不希望定义一个顺序。在指定历史记录时，必须至少为所有所谓的冲突操作定义一个顺序。

什么是冲突操作？这是指在不受控制的并发情况下有可能导致不一致性的操作。然而，只有当这些操作访问同一个数据对象，并且至少有一个操作修改了数据点时，才会发生这种情况。

让我们观察两个事务 $T_i$ 和 $T_j$，它们都要访问数据点 $A$。那么就可以进行以下操作：

1. $r_i(A)$ 和 $r_j(A)$：在这种情况下，执行的顺序是不重要的，因为两个 $T_A$ 在每种情况下都读取相同的状态（如果没有对数据点 $A$ 进行任何中间修改，则它们彼此相随）。因此，这两种操作并不互相冲突，所以在历史记录方面，它们之间的顺序不重要。

2. $r_i(A)$ 和 $w_j(A)$：这是一个冲突，因为 $T_i$ 读取的是 $A$ 的旧值或新值。因此，要么必须在 $w_j(A)$ 之前指定 $r_i(A)$，要么在 $r_i(A)$ 之前指定 $w_j(A)$。

3. $w_i(A)$ 和 $r_j(A)$：类似。

4. $w_i(A)$ 和 $w_j(A)$：同样，执行的顺序对数据库的状态至关重要。因为，这里涉及的是冲突操作，必须指定顺序。

从形式上看，一组事务 $\{T_1, \cdots, T_n\}$ 的历史记录 $H$ 是一组具有部分顺序 $<_H$ 的基本操作，因此以下成立：

1. $H = \cup_{i=1}^{n} T_i$；

2. $<_H$ 与所有的 $<_i$ 兼容，即 $<_H \supseteq \cup_{i=1}^{n} < i$；

3. 针对两个冲突操作 $p, q \in H$，或者 $p <_H q$，或者 $q <_H p$ 成立。

图 11-10 显示了三个事务 $T_1$、$T_2$ 和 $T_3$ 的历史记录 $H$，这些是“新”的抽象事务，与本章前面描述的事务不一致。在这个例子中，只给出了部分顺序。例如，没有指定执行 $r_3(B)$ 和 $r_1(A)$ 的顺序，当然，这只允许用于不冲突的操作。

然而，在一般情况下，我们将指定一个总的顺序，如下所示：

$$r_1(A) \rightarrow r_3(B) \rightarrow w_1(A) \rightarrow w_3(A) \rightarrow c_1 \rightarrow w_3(B) \rightarrow \cdots$$

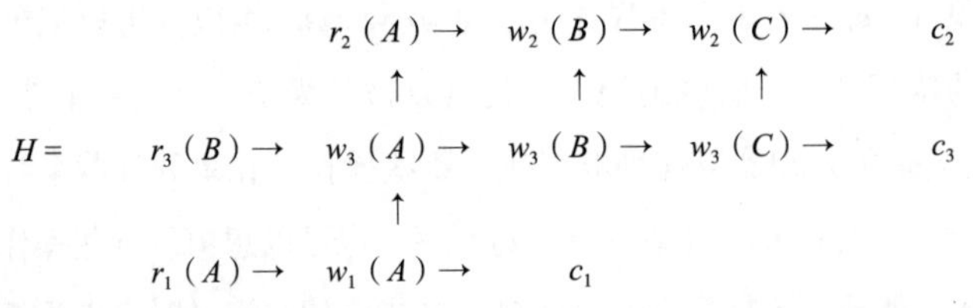


图 11-10 与历史记录 $H$ 相关的可串行化图

### 11.3.3 两个历史记录的等效性

如果两个历史记录 $H$ 和 $H'$ 在相同的事务集上以相同的顺序执行未取消的事务的冲突操作，那么这两个历史记录是等效的（符号 $H \equiv H'$）。更正式的表达是：如果 $p_i$ 和 $q_j$ 是冲突操作，并且 $p_i <_H q_j$ 成立，那么 $p_i <_{H'} q_j$ 也一定成立。

因此，不冲突的操作的顺序与两个历史记录的等效性无关。事务中的操作顺序保持不变，即事务中的两个操作 $v_i$ 和 $w_i$ 在 $H$ 中的执行顺序与 $H'$ 中的相同；因此 $v_i <_H w_i$ 意味着 $v_i <_{H'} w_i$。图 11-5 中所示的两个转账事务的历史记录可用简短的符号表示如下：

$$r_1(A) \to r_2(C) \to w_1(A) \to w_2(C) \to r_1(B) \to w_1(B) \to c_1 \to r_2(A) \to w_2(A) \to c_2$$

由于 $r_2(C)$ 和 $w_1(A)$ 并不冲突，上述调度等同于：

$$r_1(A) \to w_1(A) \to r_2(C) \to w_2(C) \to r_1(B) \to w_1(B) \to c_1 \to r_2(A) \to w_2(A) \to c_2$$

其中，只调换了 $r_2(C)$ 和 $w_1(A)$。此外，$r_1(B)$ 与 $w_2(C)$ 和 $r_2(C)$ 并不冲突，所以通过两次互换，我们得到以下调度：

$$r_1(A) \to w_1(A) \to r_1(B) \to r_2(C) \to w_2(C) \to w_1(B) \to c_1 \to r_2(A) \to w_2(A) \to c_2$$

同样，我们可以通过依次交换 $w_2(C)$ 和 $r_2(C)$ 来移动 $w_1(B)$。最后，我们对 $C_1$ 做同样的处理，得到以下的等效调度：

$$r_1(A) \to w_1(A) \to r_1(B) \to w_1(B) \to c_1 \to r_2(C) \to w_2(C) \to r_2(A) \to w_2(A) \to c_2$$

现在，细心的读者会注意到，通过连续（有目的地）交换不冲突的操作，我们已经从图 11-5 所示的交错调度中生成了图 11-6 的串行调度。由此可见，这两个调度是等效的。

## 11.3.4 可串行化的历史记录

我们在例子中所使用的方法构成了可串行化的基础：如果一个历史记录 $H$ 等同于一个串行的历史记录 $H_s$，则它就是可串行化的。

## 11.3.5 可串行化的标准

我们在上面举例说明了如何通过“有目的地”交换操作，从交错的历史记录中生成一个串行的历史记录（如果可以）。我们现在说明一种方法，用它可以：

1. 有效地决定是否有一个等效的串行历史记录；

2. 必须按何种顺序执行等效的串行历史记录中的事务。

对此，我们针对完成事务 $\{T_1, \cdots, T_n\}$ 的一个给定历史记录 $H$，构建所谓的可串行化图 $SG(H)$。$SG(H)$ 有节点 $T_1, \cdots, T_n$。对于历史记录 $H$ 中的每两个冲突操作 $p_i$，$q_j$，且 $p_i <_H q_j$（即在 $q_j$ 之前执行 $p_i$），我们在图 $SG(H)$ 中插入边 $T_i \rightarrow T_j$（如果该边因其他原因而不存在）。图 11-11 显示了一个有相关可串行化图 $SG(H)$ 的示例历史记录 $H$。例如，图 $SG(H)$ 中的边 $T_2 \rightarrow T_3$ 是由历史记录 $H$ 中 $r_2(A)$ 之后的两个冲突操作 $w_3(A)$ 和 $w_1(A)$ 排序而来。

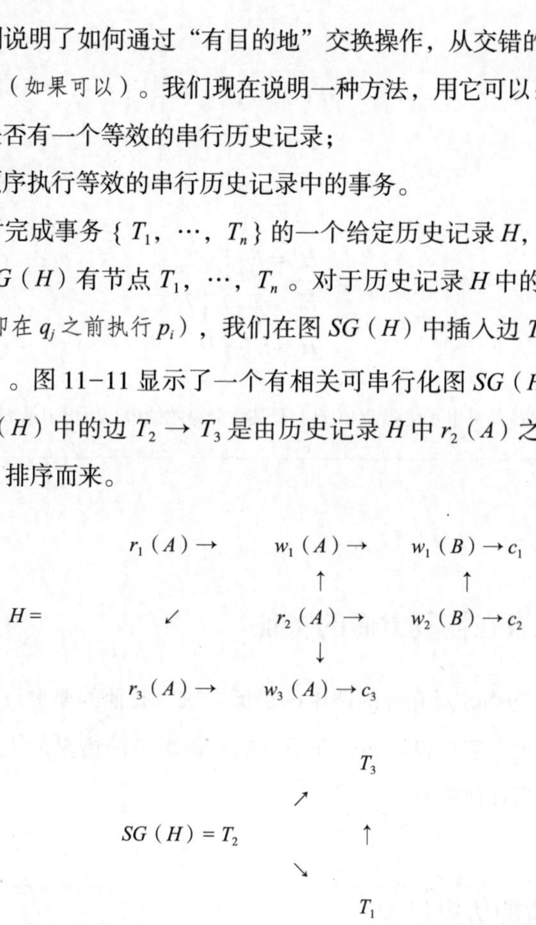


图 11-11 与历史记录 $H$ 相关的可串行化图 $SG(H)$

所谓的可串行化定理指出：当相关的可串行化图 $SG(H)$ 为非循环时，历史记录 $H$ 是可串行化的。

此外，一个可串行化的历史记录 $H$ 等于所有串行历史记录 $H_s$，其中事务的顺序对应于 $SG(H)$ 的拓扑排序。拓扑排序是对可串行化图的事务所做的排序。如果在可串行化图中存在一条从 $T_j$ 到 $T_i$ 的有向路径，则没有事务 $T_i$ 先于事务 $T_j$。图 11-12 中也给出了这样的一个例子，其可串行化图的两种可能的拓扑类型（即 $T_1 \mid T_2 \mid T_3$ 和 $T_1 \mid T_3 \mid T_2$）对应于两个等效的串行历史记录 $H_s^1$ 和 $H_s^2$。

$$H = w_1(A) \rightarrow w_1(B) \rightarrow c_1 \rightarrow r_2(A) \rightarrow r_3(B) \rightarrow w_2(A) \rightarrow c_2 \rightarrow w_3(B) \rightarrow c_3$$

$$SG(H) = T_1 \begin{matrix} \nearrow T_2 \\ \searrow T_3 \end{matrix}$$

$$H_s^1 = T_1 \mid T_2 \mid T_3$$
$$H_s^2 = T_1 \mid T_3 \mid T_2$$
$$H \equiv H_s^1 \equiv H_s^2$$

图 11-12　历史记录 $H$ 的可串行化图 $SG(H)$ 及其两个等效的串行历史记录 $H_s^1$ 和 $H_s^2$

## 11.4　历史记录在恢复方面的特征

可串行化是 DBMS 对允许的调度的最低要求。其他的要求来自恢复组件：事务处理中允许的历史记录应该设计为，在不影响其他事务的情况，任何时候都可以在执行 commit 前本地重置任何事务。

### 11.4.1　可重置的历史记录

关于恢复组件，最低要求是可以在任何时候取消仍处于活跃状态中的事务，而不影响其他已经 commit 的事务。我们把满足这一特征的历史记录称为“可重置的”历史记录。

为了能够确定可重置历史记录的特征，必须首先介绍事务之间的写 / 读依赖关系。在历史记录 $H$ 中，如果以下情况成立，则 $T_i$ 就可以“正确地”从 $T_j$ 中读出：

1. $T_j$ 至少写入一个后面 $T_i$ 读取的数据点 $A$，即：

$$w_j(A) <_H r_i(A)$$

2. 在 $T_i$ 读取之前，（至少）没有重置 $T_j$，因此：

$$a_j \not<_H r_i(A)$$

3. 在 $T_i$ 读取之前，其他事务 $T_k$ 对数据点 $A$ 的所有其他临时写入被重置。也即，如果存在一个 $w_k(A)$，且 $w_j(A) < w_k(A) < r_i(A)$，则一定存在一个 $a_k$，使得 $a_k < r_i(A)$ 成立。

直观地说，这三个条件为，$T_i$ 是在写入 $T_j$ 状态时正好读取数据点 $A$ 的。

如果总是在读事务（这里为 $T_i$）之前执行写入事务（这里为 $T_j$）的 commit，那么这个历史记录表示可重置，即：$c_j <_H c_i$。换言之：只有在所读取的所有事务都完成后才可以执行 commit 一个事务。如果不满足这个条件，就不可能重置写事务，因为读事务已经“提交”了它对 $A$ 的“正式 ”不存在的值的操作，而在执行了 commit 之后，根据 ACID 范式，一个事务就不再是可重置的。

## 11.4.2 无级联重置的历史记录

即使是可重置的历史记录，也会造成以下不希望出现的影响：重置一个事务会引发雪崩式的进一步回滚。图 11-13 中的历史记录说明了这一点。

| 步骤 | $T_1$ | $T_2$ | $T_3$ | $T_4$ | $T_5$ |
|---|---|---|---|---|---|
| 0 | … | | | | |
| 1 | $w_1(A)$ | | | | |
| 2 | | $r_2(A)$ | | | |
| 3 | | $w_2(B)$ | | | |
| 4 | | | $r_3(B)$ | | |
| 5 | | | $w_3(C)$ | | |
| 6 | | | | $r_4(C)$ | |
| 7 | | | | $w_4(D)$ | |
| 8 | | | | | $r_5(D)$ |
| 9 | $a_1$（**abort**） | | | | |

图 11-13 有级联重置的历史记录

事务 $T_1$ 在步骤 1 时写入数据点 $A$，$T_2$ 读取了该数据点。根据 $A$ 的读取值（至少 DBMS 必须假定该值），$T_2$ 在 $B$ 中写入一个新的值，接下来由 $T_3$ 读取。$T_3$ 写入 $C$，由 $T_4$ 读取 $C$。$T_4$ 写入 $D$，由 $T_5$ 读取 $D$。现在，在所有其他事务 $T_2$、$T_3$、$T_4$ 和 $T_5$ 已经依赖于 $T_1$ 写入 $A$ 中的值之后，在步骤 9 中串行化发生事务 $T_1$ 的中止。当然，就要必须重置所有其他事务。在理论上，这不是一个问题，因为可以重置历史记录，但在实践中，这极大地影响了系统的性能。因此，我们感兴趣的是避免这种级联重置的调度。

对于一个历史记录 $H$，如果每当 $T_i$ 从 $T_j$ 中读取一次数据点 $A$ 时，$c_j <_H r_i(A)$ 都成立，那么这个历史记录就避免了级联重置。

换言之，只有在 commit 后才会批准变更。

## 11.4.3 严格的历史记录

在严格的历史记录中，不允许覆盖即使仍在进行的事务中的变更数据。因此，如果顺序 $w_j(A) <_H o_i(A)$ 适用于某个数据点 $A$，且 $o_i = r_i$ 或 $o_i = w_i$，那么 $T_j$ 一定是在这期间通过 commit 或 abort 完成的。因此，要么 $c_j <_H o_i(A)$ 成立，要么 $a_j <_H o_i(A)$ 成立。

## 11.4.4 各类历史记录之间的关系

在图 11-14 所示的各类历史记录之间的关系（包容）中，使用了以下缩写（Bernstein，Hadzilacos 和 Greodman，1987）：

1. SR：可串行化的历史记录（SeRializable）；
2. RC：可重置的历史记录（ReCoverable）；
3. ACA：无级联重置的历史记录（Avoiding Cascading Abort）；
4. ST：严格的历史记录（STrict）。

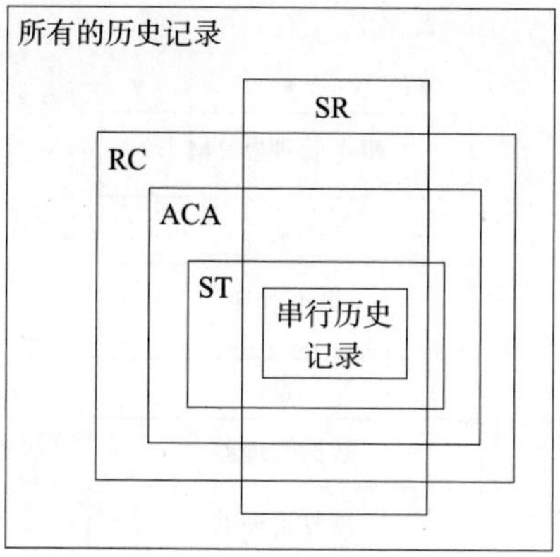


图 11-14　各类历史记录之间的关系

## 11.5　数据库调度程序

关于事务处理，我们可以想象一个有（大大简化的）调度程序的数据库系统结构，如图 11-15 所示。

调度程序的任务是以某个顺序执行操作（即不同事务 $T_1$，…，$T_n$ 的单个操作），从而使产生的历史记录是“合理的”。通过一个“合理的”历史记录，我们将可串行化理解为最低要求，但调度程序甚至还要求能够重置所产生的历史记录，而不需要级联回滚。也即，参考上一节（见图 11-14），调度程序允许的历史记录应该属于 ACA ∩ SR 区域。

我们将了解实现调度程序的几种可能技术。到目前为止，最重要的是基于锁的同步，这使用在几乎所有的商业关系型数据库系统中。

此外，也有基于时间戳的同步，每个数据点都有一个最后修改的事务的时间戳条目。这两种方法（基于锁的同步和基于时间戳的同步）通常被列为“悲观”的方法，因为这里的基本假设是：潜在的冲突实际上导致了一个不可串行化的历史记录（并不总是如此）。

相比之下，也有“乐观”的同步。在这种情况下，调度程序首先执行所有的操作，但应注意每个事务对哪些数据执行了读 / 写操作。只有当事务想要执行 commit 时，才会验证它是否造成了问题，也即是否为一个不可串行化的调度。如果是这种情况，则应重置该事务。

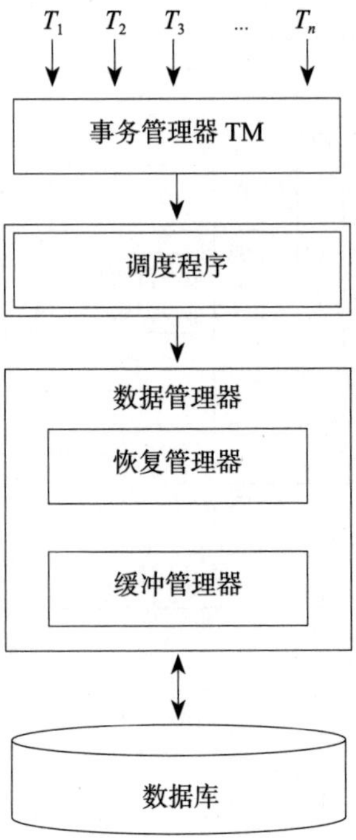


图 11-15 调度程序在数据库系统架构中的位置

## 11.6 基于锁的同步

基于锁的同步确保所产生的历史记录在连续运行时保持可串行化。这是通过限制事务在收到相应的锁之前不能访问数据点来实现的。

### 11.6.1 两种锁定模式

根据不同的操作（read 或 write），我们区分了两种锁定模式：

1. S 锁（shared，read lock，“读锁”）：如果事务 $T_i$ 对数据点 $A$ 有一个 S 锁，则 $T_i$ 可以执行 read（$A$）。几个事务可以同时在同一个对象 $A$ 上拥有一个 S 锁。

2. X 锁（exclusive，write lock，“写锁”）：一个 write（$A$）只能执行对 $A$ 有 X 锁的一个事务。

锁请求与已经存在的锁（通过其他事务，在同一对象上）的兼容性可总结为所谓的“兼容性矩阵”（也称为“兼容矩阵”）：

| | NL | S | X |
|---|---|---|---|
| S | √ | √ | - |
| X | √ | - | - |

其中，第一行为现有的锁［NL（no lock，即“没有锁”）、S 或 X］，第一列为输入锁的要求。例如，如果已经存在一个 S 锁，那么可以再请求一个 S 锁（“√”条目），但不能请求 X 锁（“-”条目）。

## 11.6.2 2PL 协议

如果调度程序遵守以下两阶段锁定（two-phase locking，2PL）协议，则可以通过调度程序确保可串行化。单独的事务，需要满足以下几点：

1. 必须事先适当地锁定每个事务需要使用的对象。

2. 一个事务不会重新请求它已经拥有的锁。

3. 一个事务在请求锁时必须根据兼容性矩阵，注意它所需要对象上的其他事务的锁。如果不能提供锁，就会将事务加入相应的等待队列，直到可以提供锁。

4. 每个事务都要经过两个阶段：

（1）一个“增长阶段”，在这个阶段，它可以请求锁，但不释放锁；

（2）一个“缩减阶段”，在此阶段，它释放其之前获得的锁，但不允许再请求任何锁。

5. 在 EOT（事务结束）时，一个事务必须返回其所有的锁。

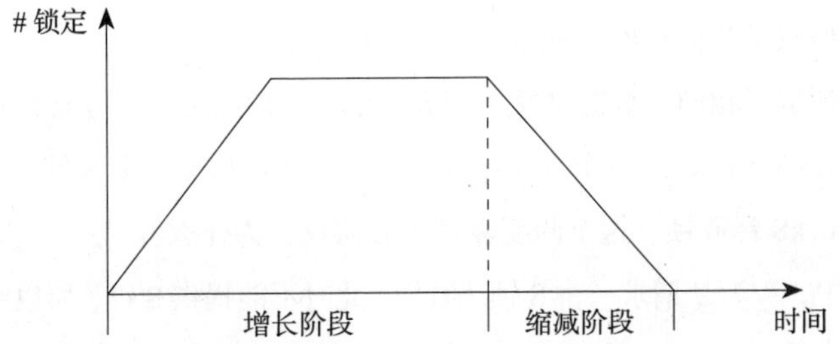


图 11-16 两阶段锁定记录

图 11-16 直观地显示了 2PL 协议的两个阶段（增长和缩减阶段）。在 $y$ 轴上描绘了事务所持有的锁的数量，在第一阶段可能只增加（或停滞）该数量，在第二阶段则只能减少。

图 11-17 显示了两个事务 $T_1$ 和 $T_2$ 的历史记录：

| 步骤 | $T_1$ | $T_2$ | 注释 |
|---|---|---|---|
| 1 | **BOT** | | |
| 2 | **lockX**（$A$） | | |
| 3 | read（$A$） | | |
| 4 | write（$A$） | | |
| 5 | | **BOT** | |
| 6 | | **LockS**（$A$） | $T_2$ 必须等待 |
| 7 | **lockX**（$B$） | | |
| 8 | read（$B$） | | |
| 9 | **unlockX**（$A$） | | 唤醒 $T_2$ |
| 10 | | read（$A$） | |
| 11 | | **LockS**（$B$） | $T_2$ 必须等待 |
| 12 | write（$B$） | | |
| 13 | **unlockX**（$B$） | | 唤醒 $T_2$ |
| 14 | | read（$B$） | |
| 15 | **commit** | | |
| 16 | | **unlockS**（$A$） | |
| 17 | | **unlockS**（$B$） | |
| 18 | | **commit** | |

图 11-17　两个事务的锁请求和根据 2PL 协议的锁释放

1. $T_1$ 先后修改了数据对象 $A$ 和 $B$（例如，转账）；
2. $T_2$ 先后读取了相同的数据对象 $A$ 和 $B$（例如，将两个账户余额相加）。

$T_1$ 通过 lockX 请求了一个 X 锁，$T_2$ 通过 lockS 请求一个 S 锁。它们分别通过 unlockX 和 unlockS 释放锁。这个调度遵守 2PL 协议。为什么？

在步骤 6 中，$T_2$ 为 $A$ 请求一个 S 锁。但是，此时不能提供 S 锁，所以必须让 $T_2$ 等待。只有在步骤 9 中通过 $T_1$ 释放了对 $A$ 的 X 锁后，才能满足锁请求而重新激活 $T_2$。类似的记录也发生在步骤 11，当 $T_2$ 想锁定数据点 $B$ 时。

所示的历史记录当然是可串行化的（所有遵守 2PL 协议的调度都是可串行化的），并且对应于 $T_1$ 在 $T_2$ 之前的串行执行（即 $T_1 | T_2$）。

### 11.6.3　级联重置（雪球效应）

2PL 协议在任何情况下都可保证可串行化，但它有严重的缺陷（以目前提出的形式）：它并没有避免级联回滚。事实上，它甚至允许不可重置的历史记录（见习题 11-4）。让我们再看一下图 11-17 中的调度。例如，如果 $T_1$ 在第 15 步之前发生错误，那么也必须重置 $T_2$，因为 $T_2$ 读取了 $T_1$ 写入的数据（dirty data）。

解决办法是将 2PL 协议确定为所谓的严格 2PL 协议，如下：

1. 保持 2PL 协议的第 1 条至第 5 条要求；

2. 不再有缩减阶段，只在事务结束（EOT）时释放所有的锁。

图 11-18 以图形方式显示了这一严格的要求。在遵照严格 2PL 协议下，事务终止的顺序等同于串行处理顺序（commit 或 serializability）。为什么？

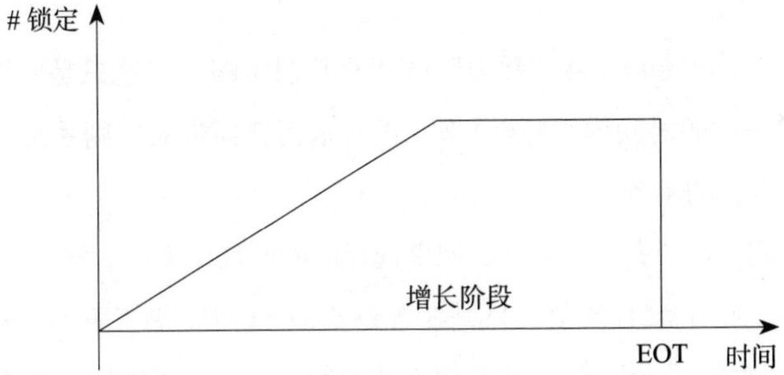


图 11-18　严格 2PL 协议

## 11.7　死锁

遗憾的是，基于锁的同步方法存在着一个严重的、固有的（即不可避免的）问题：死锁（Deadlock）的发生。这种死锁可见如图 11-19 所示的例子。在步骤 9 之后，事务 $T_1$ 和 $T_2$ 的执行都处于死锁状态。因为 $T_1$ 在等待 $T_2$ 释放一个锁，反之，$T_2$ 也在等待 $T_1$

释放一个锁，这彻底阻止了这两个事务。

| 步骤 | $T_1$ | $T_2$ | 注释 |
| --- | --- | --- | --- |
| 1 | **BOT** | | |
| 2 | **lockX**（$A$） | | |
| 3 | | **BOT** | |
| 4 | | **LockS**（$B$） | |
| 5 | | read（$B$） | |
| 6 | read（$A$） | | |
| 7 | write（$A$） | | |
| 8 | **lockX**（$B$） | | $T_1$ 必须等待 $T_2$ |
| 9 | | **LockS**（$A$） | $T_2$ 必须等待 $T_1$ |
| 10 | … | … | ⇒ 死锁 |

图 11-19　死锁的调度

### 11.7.1　识别死锁

识别（潜在的）死锁的一种“暴力”方法是超时策略，但这只是监控事务的执行。如果一个事务在一定的时间内（例如 1 秒）没有取得任何进展，则系统就会假定它是一个死锁，并重置有关的事务。

这种超时策略的缺点是：一方面，如果选择的时间尺度太小，就会取消过多的事务，而这些事务实际上根本没有死锁，只是在等待资源（CPU、锁定等）；另一方面，如果时间尺度选择得太大，实际上现有的死锁等待时间太久，这可能影响系统的利用率。

一种精确的（但也更昂贵的）识别死锁的方法是基于所谓的“等待图”。等待图的节点对应于（目前在系统中活跃的）事务的标识符。等待图的边缘是有方向的。每当一个事务 $T_i$ 在等待另一个事务 $T_j$ 释放锁的时候，将插入边 $T_i \rightarrow T_j$。

当（且仅当）等待图有循环时，就会出现死锁。当然，循环的周期不必限于长度 2（如图 11-19 中的死锁调度），而是可以是任何长度。

图 11-20 中显示了两个这样的循环。在实践中已经证明，到目前为止数据库系统中最大数量的死锁实际上是由长度为 2 的（最小）循环引起的。

死锁是通过重置周期内发生的某个事务来解决的。我们可以根据以下标准来决定，从一个长度为 $n$ 的循环中选择 $n$ 个事务中的哪一个：

1. 最小化重置工作：选择最近的事务，或者是锁最少的事务。

2. 最大限度地利用释放的资源：选择拥有最多锁的事务，以减少再次发生死锁的风险。

3. 避免“饿死”（Starvation）：必须避免反复地重置相同的事务。因此，对于一个事务，必须注意它因为死锁而重置了多少次。如果有必要，给它一个“自由通行证”，即一个不作为未来“牺牲者”的标记。

4. 多次循环：有时一个事务会涉及多个死锁循环，比如图 11-20 中的事务 $T_2$。因此，通过重置这个事务，我们可以同时释放多个（这里是 2 个）死锁。

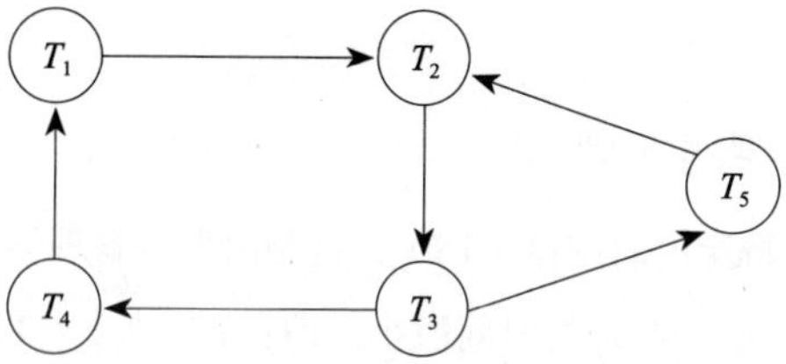


图 11-20　有两个循环的等待图：$T_1 \to T_2 \to T_3 \to T_4 \to T_1$ 和 $T_2 \to T_3 \to T_5 \to T_2$

## 11.7.2　以预称避免死锁

一个非常简单的（但遗憾的是在实践中通常无法实现的）避免死锁的方法是所谓的“预称”（Preclaiming）：在事务开始（BOT）时，只有当所有的锁定要求都被满足时，才会启动事务。

当然，这种预称方法的前提是事务事先“知道”它需要哪些数据对象，这就是关键所在。由于所需数据对象的确切数量取决于事务程序的各自控制流程（请考虑一下“if … then … else …”语句），通常必须锁定实际需要的对象的超集[1]，这就导致了对资源的过度使用，从而限制了并行性。图 11-21 显示了与严格 2PL 协议相结合的预称。

〔1〕如果集合 $S_2$ 中的每一个元素都在集合 $S_1$ 中，且集合 $S_1$ 中可能包含 $S_2$ 中没有的元素，则集合 $S_1$ 就是 $S_2$ 的一个超集。

图 11-21 与严格 2PL 协议相结合的预称

### 11.7.3 通过时间戳避免死锁

每个事务都有一个特定的时间戳（TS），这是由事务管理器单调递增地分配的。因此，较早的事务 $T_a$ 比较近事务 $T_j$ 的时间戳小，即：TS（$T_a$）< TS（$T_j$）。事务不再“无条件”地等待另一个事务释放锁，从而避免了死锁。如果 $T_1$ 请求一个 $T_2$ 首先要释放的锁，则调度程序可以根据两种策略进行处理，这两种策略乍一看很相似，但在效果上却有很大不同[1]：

1. wound-wait：如果 $T_1$ 比 $T_2$ 早，则中止并重置 $T_2$，这样 $T_1$ 就可以继续；否则，$T_1$ 等待 $T_2$ 释放锁。

2. wait-die：如果 $T_1$ 比 $T_2$ 早，则 $T_1$ 等待释放锁；否则，中止并重置 $T_1$。

这两种策略都是从请求锁的事务 $T_1$ 的角度来命名的。这种方法可以保证没有死锁。为什么？（见习题 11-12）

这种避免死锁的方式的缺点是，通常重置了太多的事务而实际并没有发生死锁（见习题 11-13）。

两种策略 wound-wait 和 wait-die 在优先处理较早事务方面显示出巨大的差异。在 wound-wait 中，较早的一个事务会在系统中“顺势而为”；而在 wait-die 中，这个较早的事务因为它的“年龄”越来越大，会在队列中花费越来越多的时间来等待锁的释放。

---

〔1〕即：$T_1$ 请求 X 锁，或 $T_2$ 有一个 X 锁（并且 $T_1$ 请求 X 锁或者 S 锁）。

## 11.8　分层锁粒

到目前为止，我们只考虑了两种锁定模式 S 锁和 X 锁 。此外，我们假设所有的锁是以相同的“粒度”[1]获得的。可能的锁粒有：

1. 数据集：数据集（变量集）通常是数据库系统所提供的最小的锁单元。访问大量数据集的事务必须接受这种锁粒的高锁定成本。

2. 页面：在这种情况下，分配一个锁就隐式地锁定了页面上存储的所有记录。

3. 段：一个段是多个（通常是大量）页面的逻辑单位。如果选择段作为锁定单位，并行性当然会受到极大的限制，因为在一个 X 锁中隐式地锁定了有关段内的所有页面。

4. 数据库：这是一种极端的情况，因为它强制对所有的变更事务予以串行处理。

图 11-22 以图形方式显示了这些锁粒的层次结构。我们之前假设所有事务都在同一层次结构（即同在数据集、页面、段或数据库层次结构上）上请求锁。让我们思考一下，混合锁粒会有什么影响。我们假设事务 $T_1$ 想专门锁定“左”段。那么我们就必须在页面层次上搜索所有锁，以检查其他事务是否有锁定段中所包含的页面。同样，我们必须在数据集层面上搜索所有锁，看看段的某个页面中的某个数据集是否被另一个事务锁定。

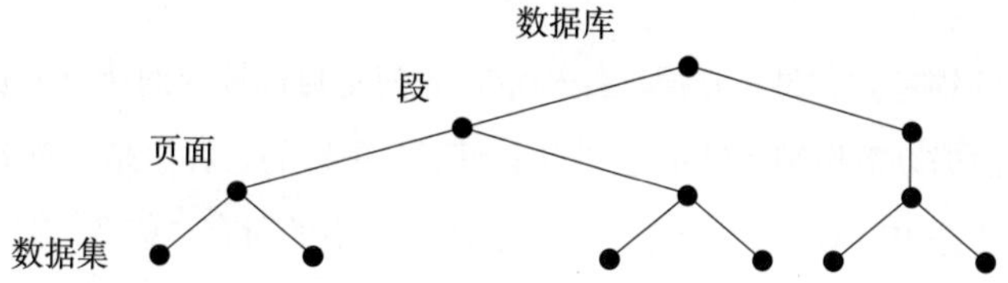


图 11-22　锁粒的层次结构

这种搜索的工作量非常大，以至于禁止使用这种简单的混合锁粒。另一方面，针对所有事务只限制一个锁粒也有很大的缺点：

[1] 粒度是指数据库的数据单位中保存数据的细化或综合程度的级别。细化程度越高，粒度就越小；反之，细化程度越低，粒度就越大。

1. 如果粒度太小，数据访问量大的事务会有很大负担，因为它们必须请求许多锁。

2. 如果粒度过大，系统的并行程度就会受到不必要的限制，因为不必要的隐式锁涉及太多的数据对象，也即，隐式锁锁定了根本不需要的数据对象。

这个问题的解决方案是引入额外的锁定模式，从而使每个事务可以灵活选择特定锁粒。这种方法在英文文献中称为“多粒度锁定”（MGL），因为可以灵活选择锁粒。

除了 S 锁和 X 锁，还有一类被称为“意图锁”的锁定模式，它表明了在更高的锁粒层次结构中向下层次设置锁的意图。因此锁定模式共有以下 5 种：

1. NL：没有锁（no lock）。

2. S：由读取器锁定。

3. X：由记录器锁定。

4. IS（意向分享）：向下层次的读锁（S）。

5. IX（意向排他）：向下层次的写锁（X）。

这些锁定模式之间的兼容性矩阵如下（第一行表示一个事务的当前锁，第一列表示由另一个事务请求的锁）：

| | NL | S | X | IS | IX |
|---|---|---|---|---|---|
| S | √ | √ | – | √ | – |
| X | √ | – | – | – | – |
| IS | √ | √ | – | √ | √ |
| IX | √ | – | – | √ | √ |

数据对象的锁定方式是：在层次结构中首先使得目标锁粒的所有上层节点获得合适的锁。也即，根据以下规则，锁定是“自上而下”进行的，释放是“自下而上”的：

1. 在通过 S 或 IS 锁定一个节点之前，层次结构中的所有“前者”必须被锁定器（即请求锁定的事务）保持在 IX 或 IS 模式中。

2. 在一个节点被 X 或 IX 锁定之前，必须通过锁定器将所有的“前者”保持在 IX 模式中。

3. 锁是“自下而上”释放的，因此，如果有关事务仍锁定该节点的“后者”，则没有节点会释放锁。

当然，如果遵循严格 2PL 协议，那么将只在事务结束时释放锁。让我们用图 11–23 来说明锁定协议。这里的锁用（$T_i$，$M$）表示，其中 $T_i$ 是事务，$M$ 是锁定模式。为此，我们考虑三个事务：

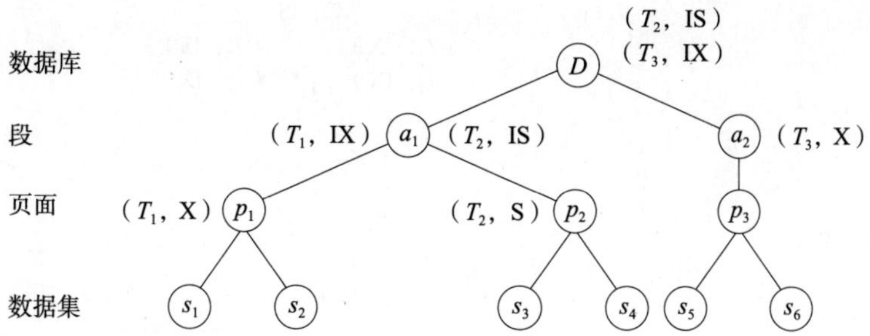


图 11-23　带锁的数据库层次结构

1. $T_1$ 想仅仅锁定页面 $p_1$，必须先在数据库 $D$ 和 $a_1$（$p_1$ 的两个“前者”）上拥有 IX 锁。

2. $T_2$ 想给页面 $p_2$ 分配一个 S 锁，为此 $T_2$ 首先请求在两个前置节点 $D$ 和 $a_1$ 上的 IS 锁或 IX 锁。由于 IS 锁与分配给 $T_1$ 的 IX 锁兼容，可以提供这些锁。

3. $T_3$ 想用 X 锁锁定 $a_2$ 段，并为 $D$ 请求 IX 锁，以便之后在 $a_2$ 上获得 X 锁。然后 $T_3$ 隐式地通过 X 锁锁定了 $a_2$ 下面的所有对象，即数据集 $S_5$ 和 $S_6$ 及其所属页面 $p_3$。

图 11-23 显示了此时的状态（在满足三个事务的所有锁定请求后）。

现在让我们考虑另外两个事务 $T_4$（记录器）和 $T_5$（读取器），在目前状态下不能批准它们的锁请求。

$T_4$ 想仅仅锁定数据集 $s_3$。为此，$T_4$ 首先要为 $D$、$a_1$ 和 $p_2$（按照这个顺序）请求 IX 锁。为 $D$ 和 $a_1$ 请求 IX 锁可以通过，因为它们与那里现有的 IX 和 IS 锁兼容（根据兼容性矩阵）。但是不能在 $p_2$ 上提供 IX 锁，因为 IX 与 S 不兼容。

$T_5$ 想在 $S_5$ 上获得一个 S 锁。为此，$T_5$ 必须获得 $D$、$a_2$ 和 $p_3$ 上的 IS 锁。只有 $D$ 上的 IS 锁与现有的锁兼容，而 $a_2$ 上需要的 IS 锁则与 $T_3$ 设置的 X 锁不兼容。

图 11-24 显示了满足上述锁定要求后的状态，以删除线表示未完成的锁。事务 $T_4$ 和 $T_5$ 被锁，但没有死锁，必须分别等待 $p_2$ 上的锁（$T_2$，S）或者 $a_2$ 上的锁（$T_3$，X）被释放。这样，两个事务 $T_4$ 和 $T_5$ 才能“自上而下”地执行其锁定请求，并依次获得“划掉”的锁。

在 MGL 锁定方法中（尽管本例中没有这种情况）肯定会出现死锁（见习题 11-16）。

从这些例子中应该可以看出，我们必须管理数据库层次结构中某一节点的所有锁。例如，在图 11-23 中，如果 $T_1$ 释放了 $a_1$ 上的 IX 锁，则必须在 $T_2$ 的 IS 模式中保持锁定该节点。因此，在锁请求中，原则上必须检查请求的锁是否与节点上设置的所有锁兼容。此外，这可以通过为每个节点分配一个组模式来加速。为此，需要排列相互兼容的锁。

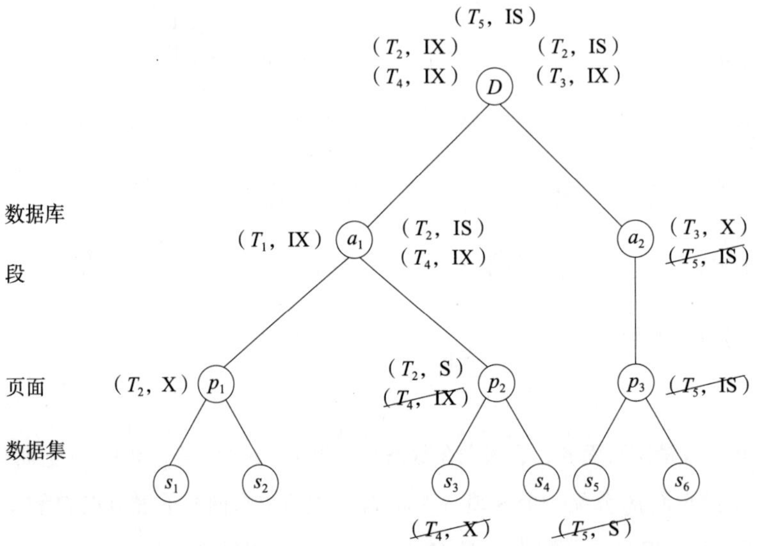


图 11-24 有两个锁定的事务 $T_4$ 和 $T_5$ 的数据库层次结构

以下成立：

$$S > IS$$

$$IX > IS$$

根据兼容性矩阵，不能同时在同一个节点上保持所有其他的锁定模式，因此不需要排序。此外，该组模式代表了节点上的最大（即最严格）的锁，新的锁定请求只需要检查与该组模式的兼容性。

在文献中，已经为 MGL 锁定方法提出了一个额外的锁定模式 SIX：它将一个节点锁定在 S 模式中，同时锁定在 IX 模式中。这种模式对于完全读取层次结构的一个子树（或者至少是大部分）而言，只修改这个子树中的少数数据的事务是有效的。SIX 锁定模式允许并行事务使用 IS 锁定模式，从而使这些事务可以同时读取未被“SIX 事务”修改的数据。关于 MGL 锁定方法在该锁定模式方面的扩展请参考习题 11-17。

综上所述，MGL 锁定方法允许：在低层次的水平上（即在小的粒度上）锁定数据量小的事务，从而提高并行性；拥有大量数据的事务在相应的更高层次上（即更大的粒度上）获得锁，从而减少锁定的处理量。有些系统在获得一定数量的低粒度的锁后，就会自动从小粒度的锁切换至下一个大粒度的锁。这个过程称为“锁升级”。

## 11.9 插入和删除操作中的“幻象问题”

很明显，插入和删除操作也必须包括在多用户同步中。简单的方法如下：

1. 在删除一个对象之前，事务必须为该对象获得一个 X 锁。然而，请注意，如果（通过 commit）成功完成删除事务，将无法执行另一个也想获得该对象的锁的事务。

2. 当插入一个新对象时，插入的事务会获得一个 X 锁。

在这两种情况下，根据严格 2PL 协议，锁必须保持到 TA 的结束。

遗憾的是，同步程序的这种简单扩展并不能保护事务免受所谓的“幻象问题”的影响，参见 11.1.3 节。例如，当在事务处理过程中将新的数据对象插入数据库时，就会出现这个问题。作为一个例子，请考虑以下 SQL 语句：

| $T_1$ | $T_2$ |
|---|---|
| **select count** （ * ） **from** test<br>**where** Grade **between** 1 **and** 2； | |
| | **insert into** test<br>**values**（29555，5001，2137，1）； |
| **select count** （ * ） **from** test<br>**where** Grade between 1 **and** 2； | |

如果只逐个地对变量集分配锁，则 $T_2$ 可以在 $T_1$ 的查询处理过程中交错执行这个插入操作。在 $T_1$ 的第二次查询执行中，确定一个其他的值，因为现在已经成功完成 $T_2$ 的插入操作。这当然是与可串行化相矛盾的！如果 $T_2$ 将一个分数从 3.0 改为 2.0，也可能发生同样的问题，所以“幻象问题”并不限于插入操作。

除了变量集，也可以通过锁定用于获取对象的访问路径来解决这个问题。例如，如果对象是通过索引找到的，则除了变量集锁之外，还必须设置索引范围锁。因此，如果属性 Grade 有一个索引，则将给 $T_1$ 的索引范围［1，2］分配一个 S 锁。当然，在插入和变更操作的过程中，必须更新索引。如果事务 $T_2$ 现在尝试将变量集［29555，5001，2137，1］插入考试 test 中，则会阻止 TA，因为它无法获得索引区所需的 X 锁——$T_1$ 已经有一个 S 锁。但是，仅仅获得这些索引锁是不够的；还必须获得变量集的锁，因为不是所有的访问都是经由有关索引而完成的。

## 11.10 基于时间戳的同步

我们已经在 11.7.3 节中认识了时间戳。时间戳与锁定程序一起使用，是为了避免死锁。现在我们将介绍一个方法，可根据对时间戳的比较，在没有锁的情况下进行同步。

每个事务在开始时都分配了一个时间戳 TS，所以早的事务相对最近的事务有一个（真正的）较小的时间戳。

在这个同步过程中，数据库中的每个数据点 $A$ 都分配了两个标记：

1. readTS（$A$）：这个标记包含最近一次读取数据点 $A$ 的事务的时间戳值。

2. writeTS（$A$）：这个标记包含最近一次写入数据点 $A$ 的事务的时间戳值。

一组事务的同步化方式是，始终创建一个调度，它相当于按时间戳顺序对事务进行串行处理。为了保证这一点，调度程序必须在事务 $T_i$ 对数据点 $A$ 进行读或写操作［即 $r_i$（$A$）或 $w_i$（$A$）］之前，首先将时间戳 TS（$T_i$）与分配给 $A$ 的标记相比较。我们要区分读（read）和写（write）：

1. $T_i$ 想读取 $A$，即 $r_i$（$A$）：

（1）如果 TS（$T_i$）< writeTS（$A$）成立，则就有一个问题：事务 $T_i$ 比已经写入 $A$ 的另一个事务要早。所以必须重置 $T_i$。

（2）否则，如果 TS（$T_i$）≥ writeTS（$A$）成立，则 $T_i$ 可以执行其读操作，并且将 readTS（$A$）标记设置为 max（$TS$（$T_i$），readTS（$A$））。

2. $T_i$ 想写入 $A$，即 $w_i$（$A$）：

（1）如果 TS（$T_i$）< readTS（$A$）成立，则有一个较近的读事务，它应该读取 $T_i$ 将写入 $A$ 的新值。所以必须重置 $T_i$。

（2）如果 TS（$T_i$）< writeTS（$A$）成立，则有一个较近的写事务。也即，$T_i$ 将覆盖一个较新事务的值。当然必须防止这种情况，所以在这种情况下也必须重置 $T_i$。

（3）否则，允许 $T_i$ 写入数据点 $A$，并且将 writeTS（$A$）标记设置为 TS（$T_i$）。

在这种同步方法中，我们必须注意不要读取或覆盖已经改变但尚未确定的数据。（为什么？）这可以通过分配一个“dirty”位来实现，该位在数据对象被提交（committed）之前一直保持设置。只要设置了该位，其他事务的访问就会延迟。

此外，还可以优化写操作的最后一个条件，这样可以减少中止情况，见习题 11-

19。重置事务是以新的（即当前最大的）时间戳重新启动的，这与 11.7.3 节中描述的方法不同！

读者可以验证，这种方法保证了可串行化的调度，并且没有死锁（见习题 11–18）。

这种基于时间戳的同步提供了等同于按时间戳顺序串行处理事务的调度。相比之下，按严格 2PL 协议提供的调度同步等同于按提交（commit）顺序对事务进行串行处理。读者可以自己验证这一点。

## 11.11 乐观的同步

到目前为止我们介绍的同步方法被称为"悲观的"方法，因为它们的出发点是基于多用户冲突的。因此，我们采取了预防措施来防止这些潜在冲突（在某些情况下是以牺牲并行性为代价的，因为"拒绝"了一些可串行化的调度）。

"乐观的同步"假设冲突很少发生，应该简单地执行事务，并在后验阶段（posterior）判断是否发生了多用户冲突。在这种情况下，调度程序在执行过程中扮演观察者（记录者）的角色，并根据（记录的）观察结果，然后判断有关事务的执行是否有冲突。在发生冲突的情况下重置事务，然后完成整个工作。这种"乐观的同步"方法特别适合数据库应用，其大部分的读事务无论如何都不能相互"干扰"。

有许多不同的"乐观的同步"方法。我们在此只介绍一种方法。它将一个事务分为三个阶段：

1. 读阶段：在这个阶段，执行事务的所有操作，也就是变更操作。然而，就数据库而言，事务在这一阶段只作为一个读取器出现，因为所有的读数据都存储在事务的局部变量中，（最初）在这些局部变量上执行所有的写操作。必须确保在事务开始时的有效状态下读取所有数据。如果有必要，必须使用日志恢复在此期间被该事务改变的数据记录。

2. 后验阶段：这一阶段用于判断该事务是否可能与其他事务发生冲突。这是以事务进入后验阶段的顺序，即分配给事务的时间戳来判断的。

3. 写阶段：在这个阶段，将通过验证的事务的修改提交至数据库。

重置验证失败的事务，并且省略其写阶段。由于这些事务在后验阶段之前还没有对数据集作出任何改变，因此没有其他事务会受到失败事务的影响，也就不存在级联重置。

一个事务 $T_j$ 的验证过程如下。必须考虑所有比 $T_j$ 早的事务 $T_a$，即 $TS(T_a) < TS(T_j)$。

如上所述，这些不一定是比 $T_j$ 更早开始的事务，而可能只是在 $T_j$ 之前到达验证阶段的事务。只有在这个时候才会分配时间戳。对于每个这样的事务 $T_a$（对于 $T_j$ 而言），必须至少满足以下两个条件中的一个条件：

1. 在事务 $T_j$ 开始时已经完成 $T_a$，包括写阶段。

2. 由 $T_a$ 写入的数据元素集［称为 WriteSet（$T_a$）］不包含由 $T_j$ 读取的数据元素集［称为 ReadSet（$T_j$）］的任何元素。因此，以下必须成立：

$$\text{WriteSet}(T_a) \cap \text{ReadSet}(T_j) = \varnothing$$

只有当所有的早期事务都至少满足了这两个条件中的一个条件，才能提交 $T_j$ 并进入写阶段。否则，重置 $T_j$。

此外，这种同步方法的正确性还要求验证和写阶段是连续的，这样两个写入过程就不会“互相妨碍”了。换言之，系统应该一次只允许一个事务进入后验证和写阶段。

## 11.12 快照隔离

快照隔离是一种“宽松”的同步方法，不保证可串行化。但它还是被许多系统所采用，因为它在“乐观的同步”过程中导致了较少的事务中止情况。然后，验证不再检查待验证事务的完整 ReadSet，而是只检查其 WriteSet。用上面介绍的符号来表示，即只需确保以下成立：

$$\text{WriteSet}(T_a) \cap \text{WriteSet}(T_j) = \varnothing$$

读者可自行思考“宽松”验证导致不可串行化的历史记录的例子，并因此可能会产生的“不好”后果。

## 11.13 同步和死锁处理方法的分类

在图 11–25 中，我们尝试帮助读者对前面所介绍的同步和死锁处理方法进行（理智的）分类。大的分类是“悲观的”方法和“乐观的”方法，前者利用锁或时间戳进行“预防性”工作，后者只在结束时检查是否“一切顺利”。

死锁处理只有在基于锁的同步方法中才是必要的。对此，可再分为避免和识别方法。

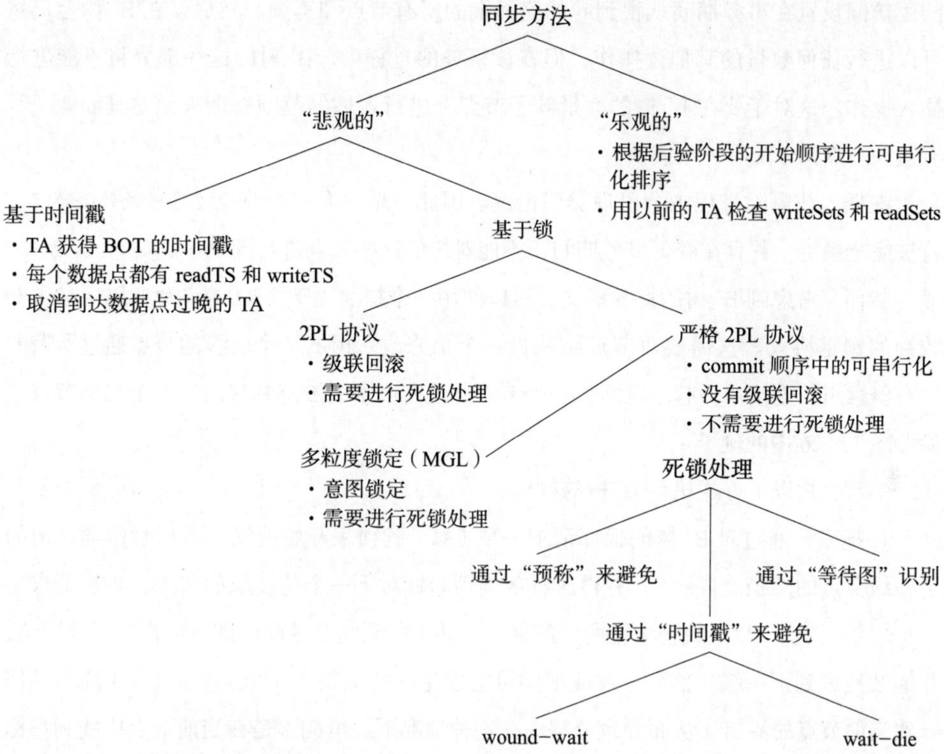


图 11-25 同步和死锁处理方法的分类

## 11.14 索引结构的同步

理论上，以与“正常”数据相同的方式处理索引结构是有可能的。因此，索引的数据记录（例如 $B^+$ 树的节点）将受到与 DBMS 的其他数据记录相同的同步和恢复技术的影响。然而，这个方法对于索引结构来说通常过于复杂：

1. 索引包含多余的信息，即从“正常”数据集中获得的信息。因此，可以使用减弱的，也就是成本较低的恢复技术。

2. 对于多用户同步，2PL 协议（正常数据集最常用的同步方法）太耗时。由于索引条目的特殊重要性，可以设计弱化的同步技术，赋予更宽松的并行性。

这里我们将以 $B^+$ 树为例，讨论基于锁的多用户同步。使用严格 2PL 协议，为 $B^+$ 树的读访问设置在事务期间从根到叶的路径上的所有节点和读锁。然后，在 $B^+$ 树上仍然可以进行任何数量的其他读操作，但在读事务的过程中，$B^+$ 树的这一部分将不能进行插入操作。这对于要在 $B^+$ 树的大量叶子节点上进行评估的范围查询来说尤其如此，所有这些节点都分配有一个读锁。

在插入或删除过程中会出现类似情况。因此，至少有一个节点（可能是几个节点）将被完全锁定，并且在变更事务期间，不能对树的这些节点进行读操作。

然而，考虑到 $B^+$ 树的特殊语义，可以使用一个提前（即在相应事务的 EOT 之前）释放锁的锁定协议。这需要对节点结构做一个小修改：树的一个层级的节点通过所谓的“右侧索引”连接在一起。也即，一个节点通过右侧索引被链到它的下一个兄弟节点。参考图 11-26 中的例子。

然后，按以下方式执行 $B^+$ 树的操作：

1. 搜索。通过对 $B^+$ 树的根部请求一个（短）读锁来开始搜索。然后确定通往树的下一级节点的路径（指针），并再次释放读锁。针对下一个待读取的节点，再次请求一个（短的）读锁，以寻找搜索键所处的区间。如果找到这个区间，则可以再次释放读锁，并继续搜索到下一级。然而，在此期间可能发生的情况是，一个（甚至几个）插入操作导致当前节点的溢出，从而导致分解。在这种情况下，可能不是在当前节点中找到目标区间，而是在某个右侧的兄弟节点中找到。因此，必须首先为直接的右侧兄弟节点请求一个读锁，并且可以释放其他节点的读锁。之后以同样的方式从右侧兄弟节点中继续搜索操作。要么在这里找到目标区间，然后在树上继续下一级搜索，要么必须再次遵照右侧索引。当然，这种情况只有在此期间发生大量的插入而导致节点的反复分解时才会发生。

在叶子层面上也必须设置一个读锁，这里也可能需要在搜索中纳入右侧兄弟节点，因为有一个伴随着页面分解的交错插入过程。

2. 插入。针对插入，首先搜索待插入新数据点的页面（即叶子节点）。在搜索过程中获得的这个叶子节点上的读锁必须转换为排他性的写锁，当然，为此必须等待其他可能的平行读访问的终止。如果页面上有足够的空间，可以输入新的数据点，并放弃写锁。

在出现溢出的情况下，必须执行“页面分解”操作。

3. 页面分解。如果一个插入操作遇到一个完全被占用的页面，就会调用这个操作。因此，这个叶子页面有一个专属的写锁。创建一个新节点，将（大约）整个页面的一半条目转移到这个新节点上。设置两个节点的右侧索引，即原来完整页面的右侧索引设置为新页面，新页面的右侧索引设置为原来完整页面的右侧索引。然后，可以释放原来的在整个节点上的锁，并且在父节点上请求一个写锁，这样就可以插入对新插入页面的引用。[1]

当然，也可能发生这个父节点已经被完全占用的情况。在这种情况下，需要在这个层面上再进行一次页面分解。

4. 删除。可以用与插入相同的方式实现这个操作。为此，首先搜索叶子页面，然后（在获得排他性锁之后）从这个页面上删除条目。

在删除该条目后，可能会出现“下溢”，因此需要合并两个相邻的页面。合并——或者更准确地说，从树状图上删除一个节点——会给这种同步方法带来问题，因为搜索操作有可能会指向一个不再存在的节点。当一个搜索操作被一个删除操作“超越”时，就会发生这种情况：这个删除操作由于“下溢”，正好删除了搜索想要接下来访问的节点。因此，有关文献建议完全放弃对“下溢”的处理；无论如何，通常会通过后续的插入操作再次修正“下溢”。

让我们举例说明图 11-26 中 $B^+$ 树上两个操作（搜索“15”和插入“14”）的交错互动：

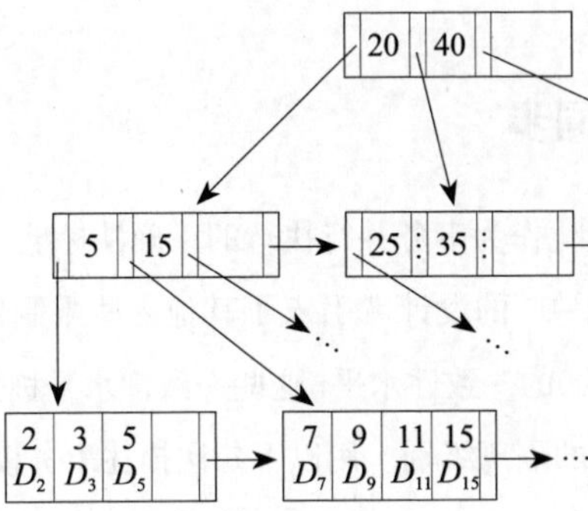


图 11-26　$B^+$ 树，有用于同步的右侧索引

我们假设首先开始搜索操作，并检查根和第二级的左节点。接下来，搜索将访问从右边开始的第二个叶子节点。但是现在我们假设在这一时间点上发生了上下交换，所以

[1] 请注意，如果在“向下导航”过程中受访问的父节点本身在此期间已经被分解，则可能必须通过右侧索引才能找到父节点。

执行插入“14”的操作。在插入操作的过程中，分解从右边开始的第二个叶子节点，并创建图 11-27 中所示的状态。当现在恢复执行搜索“15”的操作时，条目 15 已经不在最初确定的页面上了（右数第 2 页）。因此，必须将搜索扩展到右边的兄弟节点。

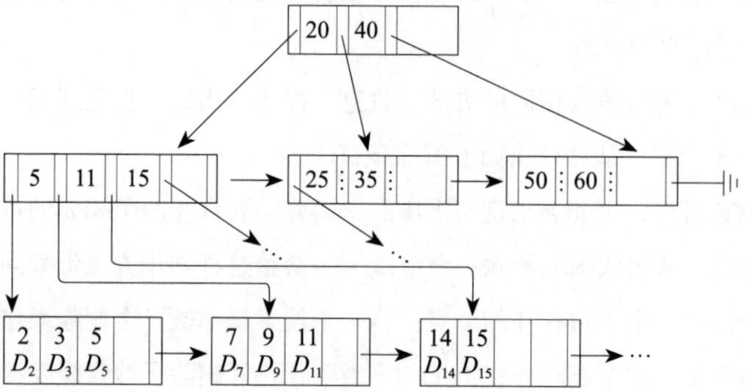


图 11-27　插入“14”后的 B+ 树与右侧索引

## 11.15　SQL-92 中的多用户同步

到目前为止，我们一直将可串行化作为事务并行执行的正确性标准。强制执行可串行化自然会限制并行性。因此，SQL-92 的设计者引入了其他一些限制性较小（但有时不符合逻辑，有可能影响到数据库一致性）的一致性水平。这些一致性水平称为“隔离级别”，因为它们描述了并行执行的事务之间的隔离级别。用以下句法描述事务模式：

**set transaction**
　[ read only, | read write, ]
　[ **isolation level**
　　read uncommitted, |
　　read committed, |
　　repeatable read, |
　　serializable, ]
　[ **diagnostics size** … , ]

竖条“|”表示备选方案，由“［ ］”划定的部分是可选的。当使用 set transaction 指令时，至少要有一个可选的部分；此外，对于从上述规则中得出的语句，必须删除最后的逗号。有下画线的关键词在没有 set transaction 指令的情况下作为默认设置。

例如，通过 read only 可以将一个事务限制为读访问，而 read write 可允许对数据库的一般读和写访问。四个隔离级别的定义如下（在标准中也很模糊）：

1. read uncommitted，这是最弱的一致性水平。它也可以只用于指定 read only 事务。这样的事务可以访问尚未确定的数据。例如，可能有以下调度：

| $T_1$ | $T_2$ |
|---|---|
| | read（$A$） |
| | … |
| | write（$A$） |
| read（$A$） | |
| … | |
| | **rollback** |

这里，事务 $T_1$ 读取了一个数据点为 $A$ 的值，但 $T_2$ 从未确定过该值。我们可以很容易地想象，这样一个 read uncommitted 事务会出现不一致的数据库状态。因此，将这种事务限制为只读访问（read only）是极为必要的。

这种类型的事务一般只对获得数据库的全局概况（browsing）有用。read uncommitted 事务不会妨碍其他事务的并行执行，因为它们本身不需要任何锁。

2. read committed，这些事务只读取固定值。然而，它们可以“看到”数据库对象的不同状态。

| $T_1$ | $T_2$ |
|---|---|
| read（$A$） | |
| | write（$A$） |
| | write（$B$） |
| | **commit** |
| read（$B$） | |
| read（$A$） | |
| … | |

在这种情况下，read committed 事务 $T_1$ 首先读取 $A$ 的值，然后 $T_2$ 改变 $A$ 和 $B$。之后，$T_1$ 读取 $B$ 的值，但这已经违反了可串行性。为什么？更为严重的是，$T_1$ 现在再次读取到的 $A$ 的数值与之前不同。这个问题称为“不可重复读取”（non repeatable read）。

3. repeatable read，这个隔离级别排除了上述“不可重复读取”的问题。然而，仍然可能出现“幻象问题”。可能发生这种情况，例如，如果一个并行的变更事务导致变量集满足一个选择谓词，而之前并不满足“这个谓词”。

4. serializable，该隔离级别要求可串行化。应该清楚的是，较弱的（弱于可串行化）隔离级别可能会导致非常严重的一致性违反情况。

在实际中，一个 DBMS（根据 SQL-92 标准）不必实现所有列出的隔离级别。如果没有所需的隔离级别，则必须使用“更严格”的现有形式。由此可见，至少必须实现可追溯性。数据库用户应该知道，一些商业 DBMS 产品有一个与可串行化不同的，也就是较弱的一致性水平，并设置为默认值。

## 11.16 习题

11-1 请参考图 11-14，设计属于以下类别的历史记录：

$$RC \cap SR,\ ACA \cap SR,\ ST \cap SR$$

11-2 请使用示例事务讨论严格的历史记录在恢复组件方面的优势。为什么非严格的历史记录［例如来自（SR ∩ ACA）−ST 的历史记录］会出现问题？请考虑在恢复处理中对事务进行局部重置。

11-3 请说明存在基于2PL协议的调度程序所不允许的可串行化历史记录。换言之：请说明 SR 类大于 2PL 类（其中，2PL 类是根据 2PL 协议可以生成的所有历史记录的类）。

11-4 请说明（正常的）2PL 协议允许 SR−RC 中的历史记录。换言之，2PL 协议将允许不可重置的历史记录。

11-5 在严格 2PL 协议下，将所有的写锁保留到 EOT 前，但提前释放读锁，这样做是否可行？请说明理由。

11-6 根据严格 2PL 协议，究竟什么时候可以释放锁？请考虑恢复组件。

11-7 请概述锁管理器的实现，即管理模块的实现和锁定，接收锁请求并在必要时允许这些要求，或阻止相应事务。你将如何管理目前允许的锁？

11-8 请（半正式地）证明严格 2PL 协议只允许严格的可串行化历史记录。

11-9 采用等待图识别死锁。这里，当 $T_i$ 在等待 $T_j$ 释放锁时，插入一条边 $T_i \rightarrow T_j$ 会不会发生同一条边被插入多次的情况？会不会发生两条边 $T_i \rightarrow T_j$ 同时存在于等待图中？假设正常的 2PL 协议和严格 2PL 协议，请讨论这项任务。

11-10 请解释等待图（用于识别死锁）和可串行化图（用于确定是否可串行化一个历

史记录）之间的关系。

11-11 当一个事务 $T_1$ 请求 $A$ 的 X 锁，但多个事务有 $A$ 的 S 锁时，你将如何采用时间戳方法来避免死锁？请讨论 wound-wait 和 wait-die 的可能情况。

11-12 请证明时间戳方法可以保证不出现死锁。提示：请使用等待图（当然，因为不需要，所以系统中没有内置等待图）进行论证。

11-13 请说明根据时间戳方法中止不必要事务的调度（尽管永远不会发生死锁）。请演示 wound-wait 和 wait-die 的情况。

11-14 为什么该策略称为“wound-wait”而不是“kill-wait”？请记住，“受伤”的事务可能已经“快完成了”。请注意严格 2PL 协议和恢复组件。

11-15 在“多粒度锁定”中，锁是在数据层次结构中“自上而下”获得的。请说明如果以相反的顺序（即“自下而上”）设置锁，可能出现的错误情况。

11-16 请使用图 11-22、图 11-23、图 11-24 的示例层次结构，说明 MGL 锁定程序可能出现的死锁情况。

11-17 请用另一种锁定模式 SIX 扩展 MGL 锁定程序。这种锁定模式在 S 模式下锁定有关节点（包括所有子节点），并在 X 模式下标记一个（或多个）子节点的预期锁定。

（1）请扩展 11.8 节中的兼容性矩阵，以包括这种锁定模式。

（2）请说明该锁定模式与其他模式互动的例子。

（3）请概述这种模式具有优势的可能事务。

（4）在一个（最高）组模式方面，SIX 与其他锁定模式是如何互动的？

11-18 对于 11.10 节中基于时间戳的同步程序，请验证：

（1）只能生成可串行化的调度。

（2）不可能发生死锁。

11-19 Thomas（1979）发现，可以削弱 11.10 节中基于时间戳同步中的写操作的条件，以防止不必要的事务重置。第二个条件［ $T_i$ 想写入 $A$，即 $w_i(A)$ ］修改如下：

（1）如果 TS（$T_i$）< readTS（$A$）成立，则重置 $T_i$（如之前一样）。

（2）如果 TS（$T_i$）< writeTS（$A$）成立，则只需忽略 $T_i$ 这个操作，但继续处理 $T_i$。

（3）否则，执行写操作并将 write*TS*（$A$）设置为 TS（$T_i$）。

请验证始终可以生成可串行化的调度。

请举例说明经过这种修改后可以实现的调度，但在原来的程序中会拒绝使用。

提示：请考虑所谓的“盲写”（blind writes），即在同一事务中，对一个数据点的写操作之前没有对该数据点进行读取。如果有多个必须按照规定的顺序执行的“盲写”$w_1(A)$，$w_2(A)$，…，$w_i(A)$，则这相当于只执行了最后一个“盲写”，而忽略了 $A$ 上的其他写操作。事实上，只需要最后一个写操作［这里是 $w_i(A)$］必须是一个“盲写”；其他的写操作也可以是“正常”的写操作，并先读取数据点。

11-20　请寻找可以使用“隔离级别”read committed 和 repeatable read 而不影响数据库完整性的查询应用示例。

11-21　请针对“隔离级别”read committed、repeatable read 和 serializable，分别描述 MGL 锁定方法中的锁分配，以用于精确匹配查询和范围查询，其中应尽可能少地限制并行性。

## 11.17　文献注解

可串行化的基本概念是在 IBM 圣何塞研究实验室开发 R 系统期间形成的。在 Eslvaran 等人（1976）的相关文章中，也介绍了 2PL 协议。

Schlageter（1978）很早写了一篇关于数据库系统中进程同步的论文。

Bernstein, Hadzilacos 和 Goodman（1987）写了一本关于多用户同步的非常好（和全面）的书。Papaimitriou（1986）更正式地描述了事务概念。

许多讨论的主题都涉及 SQL-92 标准的不同同步级别。Berenson 等人（1995）尝试比该标准（当然也包括我们在 11.15 节中非常简短的论文）更精确地描述不同级别的特征。

Reed（1983）提出了基于时间戳的同步。

Gray，Lorie 和 Putzolu（1975）首次提出了 MGL 锁定方法。

关于“乐观的”同步方法有很多研究，Härder（1984）分析了不同的方法，Lausen（1983）开发了一种形式化的方法，Prädel，Schlageter 和 Unlad（1986）提出了改善性能的修改方法。然而，还没有在实践中实施这些同步方法。

Pein 和 Reuter（1983）尝试从经验上评估不同同步方法的性能。

Korth（1983）研究了操作的语义（即超越原始数据库操作 read 和 write 的操作）在多大程度上可以用来实现同步。这项工作由 Schuaz 和 Spector（1984）以及 Weikum 和 Liskev（1985）在抽象数据类型的背景下作了扩展。

Weikum（1988）分析了多层事务概念，并总结了这项工作（1991）。

Alenso 等人（1994）提出了多用户同步和恢复的概念性统一。

Klahold 等人（1985）提出了设计应用的事务概念。

Bayer 和 Schkdnick（1977）等人提出了搜索树的同步化概念。本章讨论的 $B^+$ 树的方法基于 Leman 和 Yao（1981）的论文，该论文又是以 Kung 和 Lehman（1980）的二进制搜索树的同步化论文为基础的。

# 12 安全问题

到目前为止，我们只处理了保护数据不被意外损坏的问题（第 5 章，第 9 章至第 11 章）。在下文中，我们将讨论针对敏感或个人数据的故意损害和泄露的保护。保护机制分为三类：

1. 识别和认证。在用户获得对数据库系统的访问之前，通常必须确认自己的身份。例如，可以通过输入用户名来进行识别，通过认证检查用户是否是本人。通常，密码用于这一目的。

2. 授权和访问控制。授权由一组规则组成，这些规则规定了安全主体允许对安全对象的访问类型。安全对象是一个包含信息的被动实体，例如一个变量集或一个属性。安全主体是一个活跃的实体，促使信息的流动。安全主体可以是用户或用户组，也可以是数据库进程或应用程序。

3. 审查。为了验证授权规则的正确性和完整性并及时发现损害，可以对每一个与安全有关的数据库操作进行记录。

如何制定和执行授权规则在很大程度上取决于数据库运营商的保护需求。特别是在安全领域，有广泛的适用政策（policies）。下面的示例说明了不同的保护需求：

1. 某高校的数据库。测试结果存储在数据库中。信息交流发挥着重要作用，对安全性的需求很低。因此，所有数据在默认情况下都是可读的，只有在特殊情况下才需要加强保护。

2. 一个公司的数据库。数据库系统是一个中心资源，必须得到保护，以避免故障。对数据库的破坏或机密数据的泄露往往代表着经济损失。在大多数情况下，可用一个简单的保护机制来授予或拒绝对数据的访问。

3. 一个军事设施中的数据库。其对数据的安全要求差异很大：数据泄露或损害不表现为经济损失；可以接受为保证安全性而导致的性能损失；需要一个多层次的保护概念；此外，不仅要控制信息的获取，也要控制信息流。

为了对安全相关数据提供有效保护，在设计时必须知道数据库系统的弱点。典型的“攻击”类型有：

1. 滥用权限，指数据或程序被盗窃、修改或破坏。

2. 推理和聚合。推理是指通过对非敏感数据的积累和组合来关闭敏感数据。此外，在数据库之外收集的知识也起到一定作用。反之，聚合是指个别数据不敏感，但大量数聚合在一起被利用的情况。

3. 掩蔽，指冒充授权用户的人员未经授权访问数据。

4. 绕过访问控制，指利用操作系统代码或应用程序中的安全漏洞实现访问。

5. 浏览，指有时可以通过查看数据字典或文件目录获得受保护的信息。

6. 特洛伊木马，指一种隐藏在另一个程序中或冒充另一个程序的程序，并将数据传递给未经授权的用户。例如，有可能将其伪装成密码查询，并存储当时输入的密码。

7. 隐藏的通道，指通过非预期的通道获取信息，如直接读取数据库文件，绕过DBMS。

本章介绍了两种基础的安全策略：自主访问控制（Discretionary Access Control，DAC）和强制访问控制（Mandatory Access Control，MAC）。[1] 在 DAC 中，可以指定访问对象的规则；而 MAC 还能调节对象和主体之间的信息流，从而增强安全性。

本章首先讨论基础的 DAC 模型和它在 SQL-92 中的实现。为了便于管理，采用了隐式授权的概念。MAC 模型促使了所谓的“多级数据库”的形成，我们在一个单独的章节中予以讨论。最后，还谈到了一些流行的加密方法，这些方法可用于验证和保护信息通道。

## 12.1 自主访问控制

DAC 的访问规则规定了一个主体 $s$ 对一个对象 $o$ 的可能访问类型 $t$ 。从形式上看，一条规则是一个五变量集（$o$、$s$、$t$、$p$、$f$），其中：

1. $o \in O$，对象的集合（如关系、变量集、属性）；

---

〔1〕“discretionary”一词大致代表“由用户酌情决定”，而“mandatory”则意味着“必须”。自主访问控制能够通过授权机制有效地控制其他用户对敏感数据的存取。但是由于用户对数据的存取权限是“自主”的，用户可以自由地决定将数据的存取权限授予何人、决定是否也将“授权”的权限授予别人。在这种授权机制下，仍可能存在数据的“无意泄露”。强制访问控制是指系统为保证更高程度的安全性，按照 TDI/TCSEC 标准中对安全策略的要求，所采取的强制存取检查手段。它不是用户能直接感知或进行控制的。MAC 适用于那些对数据有严格而固定密级分类的部门，例如军事部门或政府部门。

2. $s \in S$，主体的集合（如用户、流程）；

3. $t \in T$，访问权限的集合（例如，$T$ = { 读、写、删除 }）；

4. $p$ 是一个谓词，定义了 $o$ 上的一种访问窗口（例如，关系“教授”的等级 = 'C4'）；

5. $f$ 是一个布尔值，表示 $s$ 是否可以将权限（$o$，$t$，$p$）传递给另一个主体 $s'$。

从方法上讲，存储这种规则的最简单方法是“访问矩阵”。主体存储在矩阵的行中，对象存储在列中。如果在矩阵中存在相应的访问类型，则允许主体对某一对象的某种访问。然而，根据授权的“粒度”（granularity），“访问矩阵”可能变得非常大。

要么使用视图来执行规则[1]，要么根据访问条件来修改查询。第 4 章中已经讨论了视图。修改用户的查询是以一种非常类似的方式进行的：例如，在 SQL 中，可以注意在 select 语句中只投影到那些用户有访问权限的属性，或者在查询的 where 部分附加访问谓词 $p$。

DAC 是一个简单且非常常见的模型，但它有一些弱点。它假定数据的创建者也是其所有者，创建者对其安全负责。创建者可以自由地传递对数据的访问权。然而，这种情况往往并非如此：在公司里，员工个人创造数据，但它属于公司。尽管如此，员工还要承担起数据安全的责任。习题 12-1 中讨论了 DAC 的另一个问题。

## 12.2 SQL 中的访问控制

SQL-92 标准没有建立认证和审查的标准，只提供了使用 DAC 模型的简单访问控制，有一条授予权限的指令（grant）和一条撤销权限的指令（revoke）。尽管如此，大多数主要的 SQL 供应商（如 Oracle、INGRES 和 Informix 等）已经提供了支持 MAC 模型的数据库版本。

最初，管理访问控制的权限属于数据库管理员（DBA）。数据库管理员在一个特殊的系统标识符下操作，该系统标识符与系统管理员标识符类似，数据库管理员对所有存储的数据都有存取权限。当然，这种特殊的地位也有危险：管理部门实际上应该比所有用户更可信，然而，其理论模型在一定程度上削弱了管理部门的核心作用。

[1] 然而，在这种情况下，会出现由更新带来的问题。

### 12.2.1 识别和认证

正如一开始所述的，身份识别通常是通过一个用户标识符来进行的，而认证则是通过一个密码来实现的。在设置用户标识符时，通常以加密的形式存储密码。在每个会话开始时，要求用户提供他们的名字和相应的密码。然后，会加密这个密码，并与已经存储的密码相比较。如果匹配，则认为用户是经过认证的。[1]

由于操作系统也必须有一个保护机制来保证数据的安全，所以通常完全由操作系统来完成认证；如果用户已经对操作系统的标识符做了认证，则他们也可以在这个标识符下使用 DBMS，而无须进一步认证。例如，在 Oracle 中可以通过以下语句创建这种标识符：

**create user** eickler **identified externally**;

### 12.2.2 授权和访问控制

SQL 通过 grant 指令完成授权。例如，标识符为“eickler”的用户通过以下指令获得对关系“教授”的读取权限：

**grant** select
  **on** Professors
  **to** eickler;

除了 select，SQL 还有标准权限 delete、insert 和 update，这些权限包含执行同名指令的授权以及 references。权限 insert、update 和 references 允许对权限所存在的属性加以限定。如果用户“eickler”对关系“考试”的 Grade 属性没有任何影响，但允许该用户修改“考试”，则可用以下来指令表达这样的授权：

**grant update**（StudNr，LectureNr，PersNr）
  **on** test
  **to** eickler;

references 权限允许用户在指定属性上创建外键。这一点很重要，有两方面的原因：一方面，由于参考完整性，可以防止用户通过他人的外键删除自己关系中的变量集（见

〔1〕然而，对于今天普遍使用的一些密码查询，应该非常谨慎地对待，因为一个潜在的危险源是直接在源程序中转移密码。但出于简单和简洁的原因，我们在示例程序中也使用了这种方法。此外，还应该确保只通过安全（即加密）的通信通道将密码传输给远程服务器。

第 5 章）；另一方面，出于同样的原因，可以通过巧妙的测试发现一个读保护表的键值。让我们以一个关系“代理”Agents 为例，它包含代理的秘密标识符。让我们进一步假设，潜在的攻击者知道这个模式，但对这个关系没有授权。然后他们可以创建下表：

```
create table AgentTest（ID character（4）references Agents）；
```

并插入几行，看看是否存在具有这些标识符的“代理”。

在 grant 指令中附加 with grant option 来授予其他用户权限的权限，使用 revoke 语句来实现撤销权限。正如习题 12-1 中所讨论的，在撤销时，重要的是要检查具有转移权的授权是否真正导致了权限的转移。可以通过两种不同的方式进行这种检查：如果在 revoke 指令中附加了 restrict，并且发生了转移，则数据库系统就会以错误信息终止；如果指定了 cascade，则将会以级联的方式撤销所有由转移产生的权限。假设通过 grant option 完成对“考试”的 update 权的授予，那么可以按以下方式撤销该权限及其衍生的所有权限：

```
Revoke update（StudNr，LectureNr，PersNr）
  on test
  from eickler cascade;
```

### 12.2.3 视图

在 DAC 模式中，可以使一项权限依赖于某个条件。在 SQL 中这可以通过 4.18 节介绍的视图来实现。我们假设第一学期学生的辅导员可以读取他们的数据，但不能读取其他学生的数据。一种可能的实现方法是：

```
create view FirstSemesterStudents as
  select *
  from Students
  where semester = 1;
grant select
  on FirstSemesterStudents
  to tutor;
```

视图也适合聚集数据。采用这种方式，可以不被用户发现需要保护的个人数据，并为用户访问提供概览的汇总数据。作为一个例子，让我们观察以下视图：

```
create view TestSeverity（LectureNr，severity）as
  select LectureNr，avg（Grade）
  from test
```

```
group by LectureNr;
```

然而，对于这样的统计视图，我们必须确保聚集足够数量的数据，例如，用一个having子句来指定聚集变量集的最小数量。否则，用户可以从总值中推断出某些条目的个别值。此外，视图要确保用户不能为了得出个别数值的结论而有目的性地影响聚集。

### 12.2.4 用户组的个人视图

在许多数据库系统中，如Oracle，可以为用户组的成员创建个性化的视图。这有利于数据保护的管理，因为它更容易控制对每个成员的个人数据的访问。例如，在一所大学里，可以为学生群体定义以下视图StudentGradesView：

```
create view StudentGradesView as
    select t. *
    from test t
    where exists ( select s. *
                   from Students s
                   where s.StudNr = t.StudNr  and s.Name = USER )
```

然后可以授予整个用户组对该视图的访问权，例如学生组。

```
grant select on StudentGradesView
  to <StudentsGroup>
```

然而，这个组的成员只允许访问单独分配给他们的数据。在我们的例子中，这是通过在exists子查询中的谓词s.Name = USER实现的。严格来说，在授予数据库用户（USER）访问所有同名学生的考试数据的权限时，为了消除不一致性，我们必须要求学生名字的唯一性，就像要求用户名的唯一性一样。我们把这个问题留给读者，作为一项习题。

### 12.2.5 *k*匿名

在创建统计视图时，必须确保聚集了足够数量的数据记录，以排除去匿名化的可能。例如，在为流行病学研究项目发布医疗数据时，这一点很重要，因为有可能从所谓的匿名数据中得出关于个别疾病病例的结论。如果给出了病人的年龄、性别、职业和居住地（这些都是与流行病学研究相关的典型属性），则通常可以清楚地识别出这些人。

从形式上看，用*k*匿名的概念对排除去匿名化的情况进行建模。假设通过聚合计算的每个数据集至少来自 $k$ 个单独的数据集。对此，在 SQL 中创建视图时可以使用 having 子句。在我们的例子 TestSeverity 中，可以要求在视图中只列出那些至少被检查过 12 次的课程，以排除关于个别学生成绩的结论：

```
create view TestSeverity（LectureNr，severity）as
  select LectureNr，avg（Grade）
  from test
  group by LectureNr
      having count（*）＞11；
```

### 12.2.6 审查

审查是通过用户操作制定记录的方法。其产生的数据被称为“审查跟踪”。定期检查审查顺序可以帮助在早期阶段发现和消除系统中的安全漏洞。例如，应该记录所有访问系统标识符的失败尝试：

```
audit session by system
  whenever not successful；
```

用以下指令来记录关系“教授”的改变：

```
audit insert，delete，update on Professors；
```

然而，在审查时，不应采用“更多的监测 – 更多的安全”的原则。审查需要额外消耗，从而会减缓所有记录的操作。此外，在不受限制的监控下，日志数据的规模迅速增长，几乎不可能在海量数据中找到潜在的影响安全性的操作。

## 12.3 完善授权模式

到目前为止，只处理了显式授权的问题：只有在授权规则中明确允许访问的情况下，才能访问一个对象。如果存在大量的对象，则授权规则会变得非常庞杂，难以维护。

出于这个原因，便出现了所谓的“隐式授权”。为了实现隐式授权，需要按层次结构排列主体、对象和操作。对层次结构中某一层次的授权会导致对其他层次的隐式授权。例如，我们假设有两个用户组——“员工”和“部门主管”。这两个用户组可以分层排列，这样，对“员工”的所有授权也隐式地适用于“部门主管”。此外，来自部门主管组的用户还可以拥有额外的权限。

与允许访问的肯定授权相对应，也可以引入否定授权，这表示禁止访问。否定授权也可以区分为显式授权和隐式授权。用符号 ¬ 表示否定授权。如果规则（$o$，$s$，$t$）允许主体 $s$ 访问对象 $o$ 的 $t$，那么相应的否定授权是（$o$，$s$，$\neg t$）。

最后，还可区分出弱授权和强授权。弱授权可以作为默认设置。例如，一个包含各种其他用户组的用户组 *All*，可以被赋予默认读取某个对象的弱权限。然而，用户组 *All* 中的部分临时工作人员被强烈地禁止读取该对象。如果没有强授权和弱授权的区分，所有的群体在 *All* 中都必须显式地获得权限或禁止。在下文中，用圆括号（…）表示强授权，用方括号［…］表示弱授权。

用扩展的授权选项制定一个检查授权（$o$，$s$，$t$）的简单算法如下：

**if** there is an explicit or implicit strong authorization （o，s，t），
  **then** allow the operation
**if** there is an explicit or implicit strong negative authorization （o，s，¬t），
  **then** prohibit the operation
**otherwise**
  **if** there is an explicit or implicit weak authorization ［o，s，t］，
    **then** allow the operation
  **if** there is an explicit or implicit weak authorization ［o，s，¬t］，
    **then** prohibit the operation

这里假定规则之间不存在冲突。因此，不存在有冲突的强或弱授权。现在让我们来看看隐式授权的规则。

### 12.3.1 基于角色的授权：对主体的隐式授权

为了对主体进行隐式授权，可采用所谓的“角色”和“角色等级制度”，通过基于角色的授权（role-based aceess control，RBAC），为用户分配角色。其中，访问权不再直接授予用户（或在否定授权的情况下禁止），而是分配给这些角色。用户在一个会话中激活任务所需的角色，然后可以执行激活角色所允许的操作。图 12-1 说明了如何为用户分配可以在会话中激活的（通常是几个）角色。然而，对于用户在会话中所激活的角色，其被授予的权限对执行任务应该是绝对必要的，这也称为“最小特权原则”。这是为了避免无意中执行只有更高权限才能执行的操作。在会话中激活一个角色，就隐式地授予了这个角色的所有访问权，如图中的虚线箭头所示。

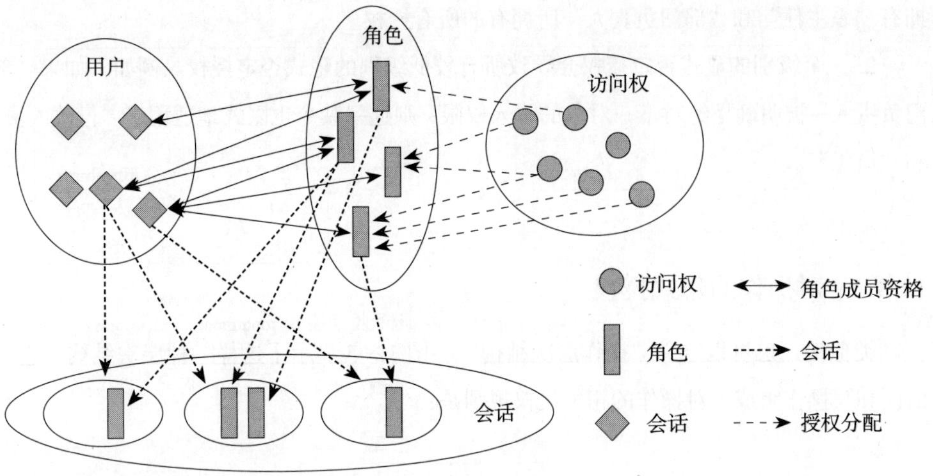


图 12-1 基于角色的授权（RBAC）

一个角色代表了一个用户在系统中的职能，并且也包含了履行该职能所需的权限。可以在所谓的“角色层次结构”中进一步结构化角色。图 12-2 显示了一个可能的“角色层次结构”（假设“校长”既是“行政人员”又是“学术人员”的最高主管）。在“角色层次结构”中，有两个特殊的角色：

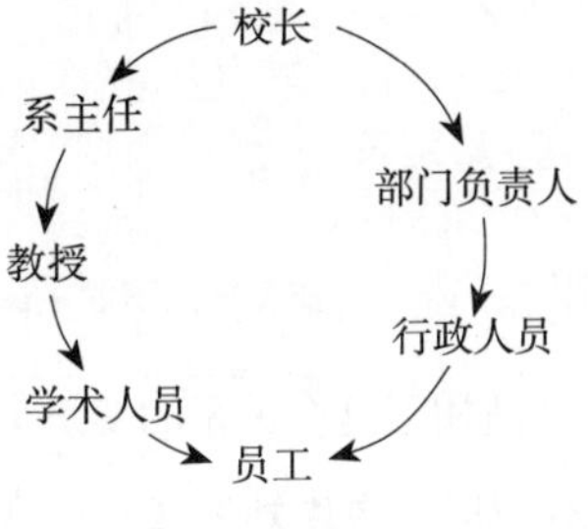


图 12-2 大学中的角色等级

1. 一个具有最大权限的独特角色，例如数据库管理员或公司管理层。

2. 一个明确的基本角色，包括所有的员工。

隐式授权遵守如下两条规则：

1. 在一个层次上的显式肯定授权会导致在所有更高层次上的隐式肯定授权。因此，“系主任”隐式地拥有“教授”的所有显式和隐式访问权限。同样，“校长”也隐式地拥有“系主任”和“部门负责人”所拥有的所有授权。

2. 一个级别的显式否定授权会导致所有较低级别的隐式否定授权。例如，如果“部门负责人”被明确拒绝对某一对象的写入权限，则这一禁令也隐式地适用于“行政人员”和“员工”。

### 12.3.2 对操作的隐式授权

类似地，也可以定义“操作层次结构”。图 12-3 显示了这样一种层次结构，它只由读和写操作组成。对操作的相关授权规则是：

写入
↓
读取

图 12-3 操作层次结构

一个层次的显式肯定授权意味着所有较低层次的隐式肯定授权。因此，写入授权包含读取授权，因为变更操作通常包括读操作。

反之，显式否定授权隐式地适用于所有更高层次。如果连读取授权都没有，那么也就隐式地禁止写入。

### 12.3.3 对对象的隐式授权

对读取关系的授权也隐式地适用于这个关系的变量集，这是有意义的。在通过“粒度层次结构”对对象进行隐式授权时，考虑到了这一规范。

图 12-4 显示了在一个数据库中可能出现的“粒度层次结构”。最大的粒度是整个数据库。

然而，与前两个维度的隐式授权相比，又出现了一个难点：这个维度的规则取决于待执行的操作。根据不同的操作，必须单独确定对其他粒度的影响。

例如，读取或写入关系的显式权限总是包括读取关系模型的隐式权限，否则就不能正确地解释关系。因此，必须向上传递其读取对象定义的权限。

数据库
↓
模型
↓
关系
↓
变量集
↓
属性

图 12-4　粒度层次结构

读取一个对象的显式权限也意味着可以读取所有更小粒度的对象。因此，必须向下传递读取权限。

作为第三种情况，有些操作在粒度层次结构的其他层面上没有影响。例如，定义一个关系就是这样的操作。

### 12.3.4　对类型层次结构的隐式授权

第 2 章中已经介绍过的由概化概念所创造的“类型层次结构”为隐式授权提供了一个额外的维度。其中，引入了实体型之间的 is-a 关系，更普遍的实体型称为“超类型”，更具体的实体型称为“子类型”。研究发现，只能在关系模型中模拟概化。然而，在面向对象的系统中也支持这种概化，我们下一章再详细说明。

作为一个例子，让我们再次考虑将教授和助理概化为员工，如图 12-5 所示。

虚线椭圆形表示继承的属性。请注意，一个子类型的对象自动属于超类型，例如，所有的助理都隐式地属于员工。

让我们假设行政人员和学术人员在这种模式下工作。行政人员有权读取所有员工的姓名；学术人员可以读取所有教授的姓名和职称等级。这两组人员都提出了以下查询：

1. $Q_1$：读取所有员工的姓名。

2. $Q_2$：读取所有教授的姓名和职称等级。

现在数据库系统会有什么行为？当然，在 $Q_1$ 中，行政人员也应该获得所有教授和助理的姓名，因为他们都是员工。而在 $Q_2$ 中，应该隐藏教授的职称等级，因为查询职称等级不属于行政人员的权限范围。

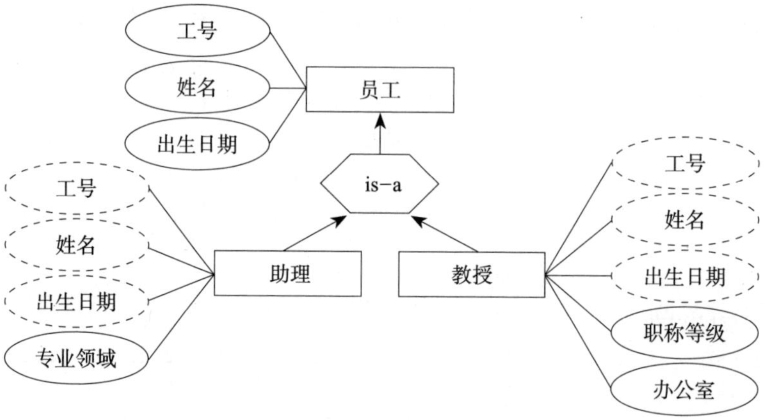


图 12-5　员工对象的类型层次结构

由于学术人员只有访问教授的权限，他们应该只看到 $Q_1$ 查询结果中那些是教授的员工。

因此，可以制定三个基本规则：

1. 对一个对象类型有访问权的用户对其子类型中的继承属性也有类似访问权。
2. 对一个对象类型的访问权也意味着对该类型从超类型继承的所有属性的访问权。
3. 不能从超类型中访问一个定义在子类型中的属性。

## 12.4　强制访问控制

特别是在军事机构中，根据安全相关性对文件进行等级分类管理是很常见的。例如，可能的安全等级有“严格保密”“机密”“秘密”和“非机密”。在 MAC 模式中已采用这种做法。所有的主体和对象都被赋予一个有安全分类的标记。安全等级代表了主体的可信度［用 clear（s）表示，来自英语 clearance］和对象的敏感度［用 class（o）表示，来自英语 classification］。通常情况下，遵守以下访问规则：

1. 一个主体 $s$ 只有在对象具有较低的安全等级，即 class（$o$）≤ clear（$s$）时才可以读取对象 $o$。

2. 要写入一个对象 $o$，主体 $s$ 等级必须满足：clear（$s$）≤ class（$o$）。

第二条规则确保对信息流加以控制，也是为了防止授权用户的滥用。如果没有它，授权用户就可以将一个严格保密的信息公开（所谓的 Write-Down）。

在某些情况下，制定进一步的限制也是有意义的：如果只使用上述两条规则，有可能通过写入操作将低分类的对象划分为高分类，从而显得比实际情况更值得信任。

然而，尽管强制访问控制提供了潜在的更高的安全性，但它确实引起了一些组织方面的问题。例如，具有不同分类的用户可能会发现很难进行合作，因为分类较低的用户无法读取分类较高的用户所修改的数据。此外，针对每个对象都必须进行分类，这在大型数据库中也涉及大量的工作。到目前为止，只有少数方法可以对对象进行自动或半自动的分类。

## 12.5 多层次数据库

理想的情况是，用户不知道他们不能访问哪些数据。这意味着系统不应该明显地拒绝访问非授权数据的尝试。尽管如此，应该向外界展示一个一致性的形象。

让我们将下面的关系“代理人”作为一个例子。这里我们假设可以对每个变量集和每个属性分类（sg =“严格保密”，g =“秘密”）。TC 是一个特殊的属性，表示变量集的分类。KC、NC 和 SC 包含属性标识符、姓名和特长的分类。

| 代理人 | | | | | | |
|---|---|---|---|---|---|---|
| TC | 标识符 | KC | 姓名 | NC | 特长 | SC |
| sg | 007 | g | 詹姆斯·邦德 | g | 暗杀 | sg |
| sg | 008 | sg | 哈利·马塔 | sg | 间谍 | sg |

允许访问“秘密”信息的用户将看到以下的关系：

| 代理人 | | | | | | |
|---|---|---|---|---|---|---|
| TC | 标识符 | KC | 姓名 | NC | 特长 | SC |
| g | 007 | g | 詹姆斯·邦德 | g | — | g |

假设其中一个用户想插入一个键为“008”的新变量集。然而，这通常是不可能的，因为有这个键的变量集已经存在，它只是分类较高。从而可能导致的结果是有一个标识符为“008”的“代理人”。

这个问题的解决方案被称为“多实例化”。在这种情况下，一个具有不同安全分类的变量集可能会出现几次。一个具有多层次分类的数据库称为“多层次数据库”，因为它以不同的分级呈现给用户。因此，在这个例子中，在插入“秘密”用户的操作之后，将同时存在一个“严格保密”和一个“秘密”的“008”的变量集。

让我们再考虑两个必须进行多实例化的情况：由于用户不知道“007”的属性是未知的，或者由于零值的语义不明确而分类较高，所以用户可以尝试改变它。这种变化将导致多实例化：在专业分类之前，会有两个可能“相同的”变量集。

另外，如果分类为“严格保密”的用户想对“秘密”变量集加以修改，则必须保留“秘密”变量集，并引入包含修改内容的其他“秘密”变量集。这种必要性来自 MAC 模型的第二条规则。写入访问必须至少有用户的分类层次，这样信息就不会降级。

当然，在多层次数据库中，由于多实例化的存在，不能采用简单关系模型的正常完整性条件。在考虑扩展的完整性条件之前，应该更详细地定义多层次关系。

多层次关系的模型描述如下：

$$\mathcal{R} = \{A_1, C_1, A_2, C_2, \cdots, A_n, C_n, \text{TC}\}$$

其中，$A_i$ 属性分别与域 dom（$A_i$）= $D_i$ 相关联，$C_i$ 表示属性 $A_i$ 的分类，TC 表示整个变量集的分类。

然后，根据访问类别 $c$，用关系实例 $R_c$ 表示多层次关系。$R_c$ 是一组形式为［$a_1$，$c_1$，$a_2$，$c_2$，…，$a_n$，$c_n$，$tc$］的不同变量集，其中 $tc \geqslant c_i$。如果访问类别大于或等于 $c_i$，则 $a_i$ 是可见的，即来自 $D_i$，否则为空值。

在正常的关系模型中，基本的完整性条件是键的唯一性和引用的完整性。在一个多级关系中，用户定义的键称为“可见键”。假设 $k$ 是多层次关系 $R$ 的可见键，模型 $\mathcal{R}$ 的定义如上，那么需要以下完整性条件：

1. 实体的完整性。如果以下条件对所有实例 $R_c$ 和 $r \in R_c$ 都成立，则 $R$ 满足实体完整性条件：

$A_i \in k \Rightarrow r.A_i \neq \text{Null}$

$A_i, A_j \in k \Rightarrow r.C_i = r.C_j$

$A_i \notin k \Rightarrow r.C_i \geqslant r.C_k$（其中 $C_k$ 是键的访问等级）

换言之：一个键属性不能包含空值。所有的键属性必须有相同的分类，这样就可清楚地确定是否可以访问一个变量集。非键的属性必须至少有键的访问等级，否则一个不可识别的变量集可能有一个属性的值为非空。

2. 空值的完整性。如果以下条件对于 $R$ 的每个实例 $R_c$ 都成立，那么 $R$ 正好满足空值的完整性要求：

$$V_r \in R_c，\ r.A_i = \text{Null} \Rightarrow r.C_i = r.C_k$$

$R_c$ 是无归并的，即没有两个变量集 $r$ 和 $s$ 对于所有属性 $A_i$ 来说以下条件都成立：

$r.A_i = s.A_i$ ，$r.C_i = s.C_i$

$r.A_i \neq \text{Null}$ ，$s.A_i = \text{Null}$

空值始终能获得键的分类。无归并会导致“吞噬”那些已经知道的变量集。图 12–6 说明了这点。假设一个“严格保密”的用户看到了如图 12–6（a）所示的“代理人”，并改变了属性“特长”，他期望得到一个如图 12–6（b）所示的结果；然而，如果没有无归并，就会得出图 12–6（c）所示的结果。

（a）$R_{sg}$

| 代理人 | | | | | | |
|---|---|---|---|---|---|---|
| TC | 标识符 | KC | 姓名 | NC | 特长 | SC |
| g | 007 | g | 詹姆斯·邦德 | g | — | g |

（b）$R_{sg}$ 的变化

| 代理人 | | | | | | |
|---|---|---|---|---|---|---|
| TC | 标识符 | KC | 姓名 | NC | 特长 | SC |
| sg | 007 | g | 詹姆斯·邦德 | g | 暗杀 | sg |

（c）缺少无归并

| 代理人 | | | | | | |
|---|---|---|---|---|---|---|
| TC | 标识符 | KC | 姓名 | NC | 特长 | SC |
| g | 007 | g | 詹姆斯·邦德 | g | — | g |
| sg | 007 | g | 詹姆斯·邦德 | g | 暗杀 | sg |

图 12–6　关系的无归并示例

3. 实体间的完整性。如果以下条件对于 $R$ 的所有实例 $R_c$ 和 $R_{c'}$ 都成立，且 $c' < c$，则 $R$ 满足实例间的完整性要求：

$$R_{c'} = f(R_c，c')$$

过滤函数 $f$ 的工作原理如下：

（1）对于每个 $r \in R_c$，其中 $r.C_k \leqslant c'$，必须存在一个变量集 $s \in R_{c'}$，其中：

$$s.A_i = \begin{cases} r.A_i & \text{如果 } r.C_i \leqslant c' \\ \text{Null} & \text{否则} \end{cases}$$

$$s.C_i = \begin{cases} r.C_i & \text{如果 } r.C_i \leqslant c' \\ r.C_k & \text{否则} \end{cases}$$

（2）$R_{c'}$不包含除此以外的任何变量集。

（3）删除归并的变量集。

这个规则保证了多级关系实例之间的一致性。

4. 多实例的完整性。如果以下函数依赖对所有 $A_i$ 的每个实例 $R_c$ 都成立，那么 $R$ 就满足多实例化的完整性，表示为：$\{k, C_k, C_i\} \rightarrow A_i$。该条件对应于正常关系模型中的键完整性。如果某个变量集的所有属性的键和分类是已知的，那么这个变量集是唯一确定的。

上述规则，可以作为普通关系型数据库系统的"前端"来实现对多层次关系的支持。在这种情况下，前端的多层次关系被分片（片段化）成几个正常的关系，然后可以在用户查询时重新组合起来。

## 12.6 SQL 注入

现在，许多数据库被用作网络应用程序的后端，例如实现电子商务应用。但即使是基于网络的信息系统，学生也可以用它来组织他们的课程和考试，这也是当今大学所采用的标准。这里，网页内容是由数据库动态生成的。为此，服务器程序（例如，实现为 Java Servlet，见第 19 章）通过 JDBC 访问数据库。

为了实现灵活的界面，这些数据库访问包含了需要由用户输入的参数。这些可以是非常不显眼的输入参数，例如一个课程的标题，以搜索课程目录中的相应条目。根据数据库的查询方式，攻击者可能成功操纵这些查询 / 语句。问题是，不能盲目相信用户的输入，而必须要由程序本身（"输入验证"）或其他机制（如准备好的语句或标准化的调用）来处理。

对我们的课程目录示例应用的"SQL 注入"攻击可能是：不仅输入了课程的标题，而且还输入了 SQL 语句。

### 12.6.1 攻击

我们不想在这里给出一个执行“SQL 注入”攻击的指南，而是想用非常简单的例子来说明在原则上是如何构建这种攻击的，以及如何通过防御性编程来保护数据库免受攻击。首先，我们要“打破”一个幼稚的认证机制，该机制要求用户的每个操作都要有密码。

```
select *
from Students s join test t on s.StudNr = t.StudNr
where s.Name = ··· and s.password = ···
```

我们在这里假设关系“学生”也包含一个属性“密码”，学生用它来识别自己的每一个“秘密”查询（例如创建成绩单）。然而，如果可以输入一个额外的SQL指令作为密码，则可以很容易地通过“SQL 注入”来规避这种类型的认证：

```
select *
from Students s join test t on s.StudNr = t.StudNr
where s.Name = 'Schopenhauer' and
        s.password = 'WillAndPerformance' or 'x' = 'x'
```

除了不应该以纯文本形式传输密码（甚至通过 SSL 也不行），以及很容易通过“社会工程”[1]猜到“Schopenhauer”选择的密码之外，这种类型的认证由于与 or 'x' = 'x' 的额外链接而完全没有价值，因为 where 子句的结果始终为真值 true。这里，攻击者不仅收到了“Schopenhauer”的考试数据，而且还“免费”收到了所有学生的所有考试信息。这里，由于缺少相应的验证用户输入的保护机制，SQL 句法可以被用来破坏保密性。类似地，许多机密的信用卡数据被不安全的电子商务供应商“窥视”，最后“谁知道在哪里”。

如果传输到数据库服务器的查询在网络服务器中“组装”成文本，就特别有可能实现这种攻击。特别是通过 JDBC 接口就可以实现：

```
String_Name = ··· //read from the session etc = user input
String_pwd = ··· // similar

String _query =
    “select * ” +
```

〔1〕社会工程（Social Engineering），又可译为“社交工程”，是指一种非纯计算机技术类的入侵。它以社会科学尤其是心理学、语言学为理论基础，利用人性的弱点，采取欺骗、操纵或说服等手段来获得可用于网络或信息系统攻击的特定信息。

```
    "from Students s join test t on s.StudNr = t.StudNr" +
    "where s.Name = '" + _Name + "'and s.password = '" + _pwd + "'; ";

// initialize connection c;
Statement stmt = c.createStatement;
ResultSet rs = stmt.execute(_query); // or similar;
```

但情况可能更糟，因为攻击者也可以通过这种方式操纵或删除数据。心怀不满的（受过 SQL 培训的）学生也可以利用这个网络界面，通过输入字符串 delete from test where 'x' = 'x' 作为“假定”的密码，并删除所有考试数据。

```
select *
from Students s join test t on s.StudNr = t.StudNr
where s.Name = 'Schopenhauer' and
      s.Password = 'IDon'tKnowButWhatever'; delete from test where 'x' = 'x';
```

其中，还额外利用了对用户的过度授权。通过网络界面访问的用户不一定有删除权限。在实践中，即使使用了这种过度授权的用户标识符（出于方便），还是有可能通过恢复组件（数据库存档和 Redo 日志）来修改这种作为报复行为的攻击。从攻击者的角度来看，无论如何，“潜行”的改变数据集会更适合，当然也可以通过这种方法实现。因此，攻击者可以提高自己的分数，这可以很容易地通过一个巧妙构建的假定密码来“注入”攻击：

```
select *
from Students s join test t on s.StudNr = t.StudNr
where s.Name = 'Schopenhauer' and
      s.Password = 'StillWhatever'; update test set Grade = 1 where StudNr = 25403;
```

## 12.6.2 对 SQL 注入攻击的保护

防止此类攻击的黄金法则是永远不要相信用户输入。为了建立一个不受外部攻击的系统，我们必须非常仔细地检查用户的输入（现在有合适的库来做这件事），或者在 SQL 层面上排除有攻击可能的输入，对此可使用预编译查询语句。

### 参数化的预编译语句

通常，不应该相信数据库界面的未知用户的输入。防御性编程可以消除一些问题。JDBC 的一种方法是通过参数化的“预编译语句”来避免在一个（假定的）参数中使用

SQL 代码，用法如下：

```
PreparedStatement stmt = conn.prepareStatement (
   "select * from Lectures l join Professors p on l.Given_by = p.PersNr
    where l.Title = ? and p.Name = ? " ) ;
```

现在，用户的输入不再以文本形式被嵌入到 SQL 语句中，而是与标有“？”的参数绑定。然后，只能通过后续的参数绑定来评估这个查询，这些参数必须由用户提前读入：

```
String to readTitle = "Logic" ;
String to readName = "Sokrates" ;

stmt.setString (1, readTitle) ;
stmt.setString (2, readName) ;
```

只有在这种绑定后，才能对预编译的查询加以评估。

### 输入过滤

应该仔细检查所有的用户输入，特别是 escape 字符。对此，可以把这种输入过滤的因素从程序的其余部分中因子分解出来，以确保只使用经过过滤的输入。

输入过滤也可以用来排除对数据库系统其他用户的“跨站脚本”（Cross-Site-Scripting）攻击。这种攻击包括存储在数据库中的一个用户的输入字符串（例如在关于课程的讨论平台中），其中包含可执行代码（例如 JavaScript），在访问用户的浏览器中执行代码并在那里做相应的攻击。

### 限制性授权通道

许多网络应用程序用过度授权的用户标识符访问数据库。遗憾的是，让网络应用程序以 DBA 权限访问数据库是常见的做法，因为这将不再由数据库，而是由应用程序完成实际的用户认证和授权。尽管如此，一个更具限制性的用户标识符可以消除最严重的危险。例如，授予一个网络应用程序删除表的权限，甚至只是删除变量集（就像我们例子中的 delete from test where 'x' = 'x' 那样）的权限，是没有意义的。因此，Wimmer 等人（2004）建议在网络应用程序的功能中确定一个所谓的“授权通道”，该通道正好包含了（预期）功能性的必要权限。然后，定义一个具有这些权限的数据库用户，之后网络应用程序用它来访问数据库。

## 12.7 密码学

加密方法可用于数据库系统，以验证用户并防止通过隐蔽通道访问数据。正如一开始所述的，利用隐蔽通道的例子是直接访问后台存储的数据库文件或窃听通信线路。

特别是在今天的数据库架构和应用中，通信通道被窃听的危险性非常高。大多数数据库应用都是在分布式环境中运行的，要么是作为客户端/服务器系统，要么是作为“真正的”分布式数据库。在这两种情况下，不合法的窃听危险既存在于LAN（局域网，如以太网）中，也存在于WAN（广域网，如互联网）中，在技术上几乎无法排除这些危险。因此，只有对发送的信息加密才能保证有效的数据保护。

将一个给定的文本用一种加密方法 $v$ 转化为一个加密文本，然后存储或传输这个加密文本。授权用户知道一个相关的解密方法 $e$，可以用来恢复原始文本。

通常情况下，$v$ 和 $e$ 是由一个密钥控制的一般方法。其中，加密的安全性不应基于算法的保密性，而应仅仅基于密钥的保密性（否则也就不可能规定加密方法的标准）。在理想情况下，只有通过详尽地测试所有潜在的密钥，才有可能在不知道真正密钥的情况下“破解”。

最常见的加密方法是DES（数据加密标准）、AES（高级加密标准）和RSA算法（以作者Rivest、Shamir和Adleman命名）。以下两节将简要概述这些方法的思想。

### 12.7.1 数据加密标准

DES方法，是将输入分为64位块，每个块用64位密钥加密。图12-7显示了大概的流程。输入的每一个块首先要经过位的排列组合。然后用48位编码重复加密，由一个所谓的“密钥调度程序”根据给定的密钥进行计算。最后，将反向的原始排列应用于加密的结果。

各种运算符被用于加密过程：

1. P-Box。P-Box是一个排列运算符，它根据一个指定的表对输入字段的位进行排列。

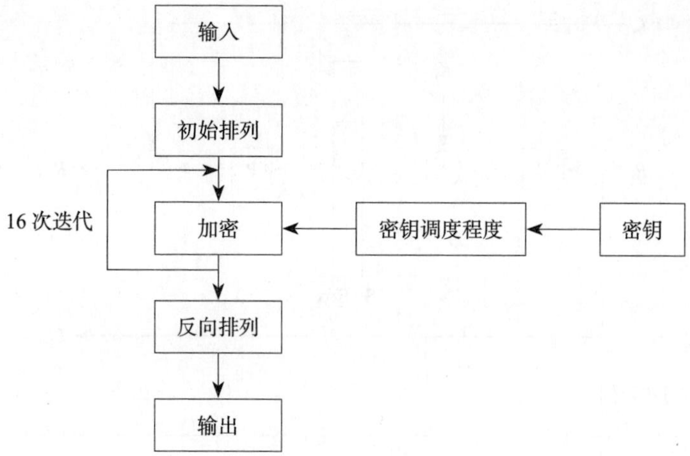


图 12-7 DES 加密算法

2. S-Box。替换框 S-Box 使用一个表将一个输入值替换为一个输出值。它们给算法带来了“非线性”变化，而不像排列那样保持输入的 0 和 1 的位数量保持不变。在 DES 中，一个 S-Box 获得一个 6 位的输入值，以特定的方式在一个表中查询 4 位的输出值。

3. 扩展。扩展运算符将一个 32 位的值通过加倍某些位来扩展为 48 位的值。

4. Modulo-2 加法。在 DES 中使用的加法是将两个输入值逐位相加，不考虑进位（即“0+0=0，0+1=1，1+1=0”）。

图 12-8 中显示了一个单一的加密操作。输入的 64 位块分为各 32 位的两半——$L_i$ 和 $R_i$。扩展 E 从 $R_i$ 中生成一个 48 位的值，并将其与密钥调度程序的输出 $K_i$“相加”（同样是 48 位）。一个 S-Box 使用一个 6 位的输入值。因此，为了处理一个 48 位的输入值，要将 8 个 S-Box 分组。其结果又是一个 32 位的值，在经过 P 的排列和与 $L_i$ 的“相加”后，可以用作新迭代的输入半数 $R_{i+1}$。

可以看到，编码是相当复杂的。解码用同样的算法完成（只是生成的密钥是按相反的顺序应用的）。

注意，只有“三重 DES”方法是安全的，顾名思义，采用三次 DES 方法。

不过，DES 方法正越来越多地被 AES（高级加密标准）所取代。

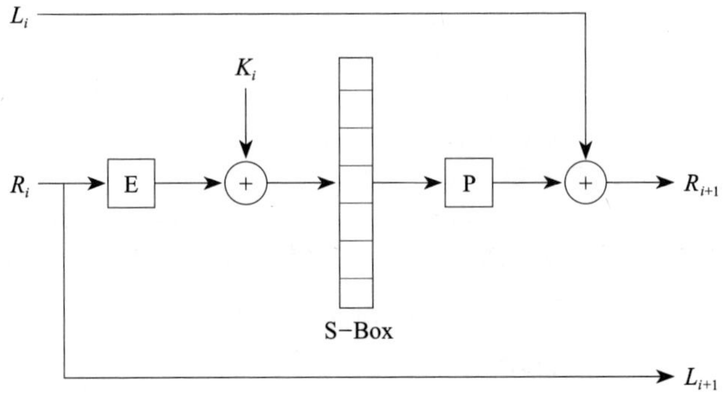


图 12-8 加密过程示例

### 12.7.2 高级加密标准

高级加密标准提供了一种较新的（和更安全的）有效加密文本或信息的方法。它是由 NIST（美国国家标准与技术研究院）在 2001 年指定的标准，是 DES 的直接继承者，但现在已经不再被认为是安全的了。该算法使用 128 位、192 位或 256 位的密钥对 128 位的区块加密。其中，这些区块要经过多次转换。这些区块以 4×4 的状态矩阵的形式表示，即所谓的“状态”。该算法逐轮执行下面概述的转换：

1. 字节替换 SubBytes：通过 S-Box 的方式进行字节替换。

2. 字节替换 ShiftRows：在一个状态内进行行移位。

3. 列混合 MixColumns：在一个状态下与给定矩阵相“混合”。

4. 轮密钥加 AddRoundKey：用圆形密钥进行 XOR 运算。

类似于 DES，SubBytes 表示通过事先计算出的 S-Box 对单个字节逐个交换。ShiftRows 是指在 4×4 的状态下按行移位：第一行不变，第二行向左移动 1 个字节，第三行向左移动 2 个字节，第四行向左移动 3 个字节。MixColumns 在一个状态下通过与一个给定的 4×4 矩阵相“混合”来变换列。这两个变换使“扩散”和“混淆”最大化。它们的作用是使加密分析更加困难，并防止从加密文本推断出原始文本。AddRoundKey 将先前从原始密钥计算出来的一轮密钥与每轮要加密的区块连接起来。图 12-9 说明这个过程。

AES 使用 SubBytes、ShiftRows 和 MixColumns 的反函数进行解密，但简单地逆向执行算法并不能得到理想的结果。

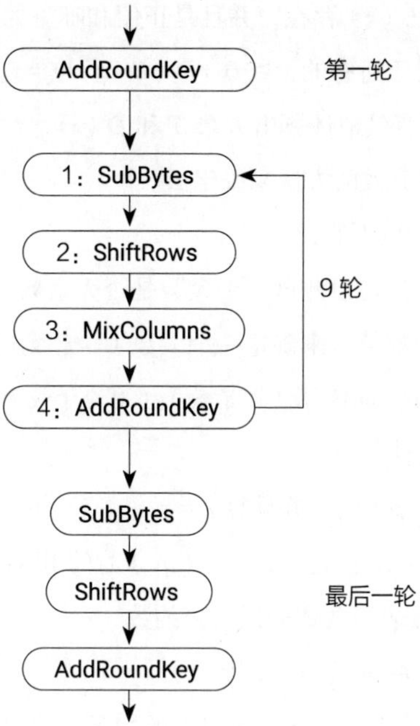


图 12-9 使用 AES 的加密过程

### 12.7.3 公开密钥加密法

在公开密钥密码学中，RSA 被视为一个代表性例子，它使用的是成对的密钥。公开密钥系统的用户公开宣布加密方法和两个密钥中的一个，但对另一个密钥保密。这被称为“非对称密码学方法”（与 DES 等需要共享密钥的对称方法相反）。通过公开密钥，任何人都可以对数据进行加密，但只有知道密钥的人才能解密。

为了便于理解，可以想象扣锁：一个用户把一系列的扣锁交给其他人，只有该用户有密钥。所有其他人现在都可以用这些扣锁锁住东西。但一旦锁被扣上，只有密钥的所有者才能打开它。

采用这种加密类型的目的是，无须事先了解任何秘密信息，就可以进行安全的数据交换。例如，如果用户 *A* 想给用户 *B* 留下一条用 DES 加密的信息，则必须告诉 *B* 密钥（可能是在不安全的通道上）。而在 RSA 中，*A* 只需使用 *B* 的公开密钥，然后只有 *B* 能用私有密钥读取信息。

该方法适用于所谓的“陷阱门函数”。如果满足以下特征，*E* 就是一个陷阱门函数：

1. 对于所有的 $x \geqslant 0$，$E(x)$ 存在，并且是正值和唯一的。

2. 有一个反函数 $D$，对于所有的 $x \geqslant 0$：$D(E(x))=x$。

3. 对于给定的 $x$，可以有效地计算出 $E(x)$ 和 $D(x)$。

4. 对于给定的 $E$，没有有效的方法来确定 $D$。

RSA 方法的安全性基于以下假设：

1. 有一种已知的有效算法可以测试一个大数是否为素数。

2. 目前还没有已知的有效算法来确定一个大数（非素数）的素数因子。

今天，长度在 150~300 位的因子（即素数）（对应于最大 2 000 位的乘积）被认为是足够大的。确定密钥对的算法如下：

1. 随机选择两个大素数 $p$ 和 $q$，并计算 $r = pq$。

2. 随机选择一个大数 $E$，它是 $(p-1)(q-1)$ 的相对素数[1]，所以 $\gcd[E, (p-1)\cdot(q-1)] = 1$。gcd 表示两数的最大公约数。

3. 计算 $d$，使之成立：$de \equiv 1 [\bmod (p-1)(q-1)]$。

图 12-10 说明了在大小为 $(p-1)(q-1)$ 的数环中选择两个数 $e$ 和 $d$ 作为乘法逆元[2]的情况。公开密钥 $E$ 由两部分组成，$E = (e, r)$。对于私有密钥 $D$，则以下成立：$D = (d, r)$。$E$ 和 $D$ 分别取自英文单词 Encrypt 和 Decrypt 的首字母。

现在可以公布 $E = (e, r)$，而 $D = (d, r)$ 用于解密并保持机密。对信息 $B$（为简单起见，假定为小于 $r$ 的数字）的加密 $C = E(B)$ 的计算方法是［其中 $E = (e, r)$］：

$$C = E(B) = B^e \bmod r$$

$D = (d, r)$ 的所有人可以从加密 $C = E(B)$ 中恢复旧的信息，方法是：

$$B = D(E(B)) = C^d \bmod r$$

总而言之，RSA 算法是一个非常优雅的方法。然而，任何加密方法都不能保证百分百安全。特别是 DES 引起了激烈的争论，因为美国国家安全局（NSA）掌握了 DES 开发的基础，但并未公布出来。这引起了人们的怀疑，即国家安全局知道有一种方法可以规避 DES。对 RSA 有利的事实是：尽管算法简单，以前也有许多尝试，但尚未能有效地“破解”RSA。

[1] 例如，可以在这里使用任何大于 $p$ 和 $q$ 的素数。

[2] 若 $ab \equiv 1 (\bmod n)$，则称 $b$ 为 $a$ 在模 $n$ 的乘法逆元，$b$ 可表示为 $a^{-1}$。

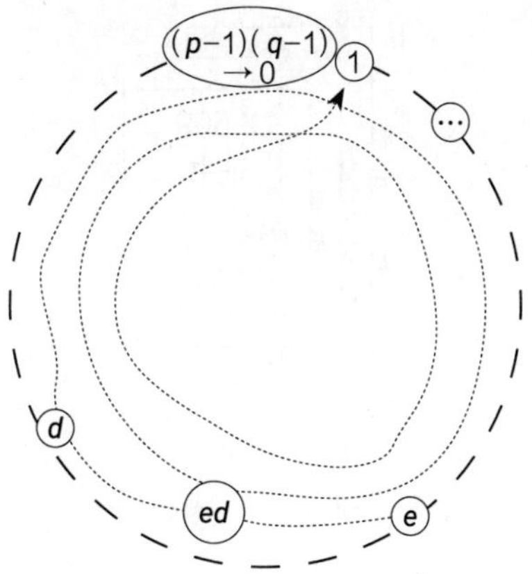


图 12–10 RSA 方法中的密钥选择

### 12.7.4 公开密钥基础设施（PKI）

公开密钥加密是基于为所有客户端分配一个密钥对。这是不可缺少的，特别是对于希望传输机密数据（地址和支付信息）的互联网上的服务器。为了防止滥用，必须由一个值得信赖的组织，即所谓的密钥管理员 SV 或认证机构来分配这种密钥。该组织颁发一个标准化的 X.509 证书，该证书将公开密钥唯一地分配给被认证人 / 组织。图 12–11 显示了我们的示例人物康妮的这个证书。公开密钥 $E_C=(e_C, r_C)$ 对康妮的唯一分配是由密钥管理员的数字签名 $D_{SV}(E_C)$ 来实现的。因此，这个密钥管理员 SV 必须相信康妮在分配公开密钥时已经对自己做了相应的认证（例如，通过出示相应的 ID）。当然，康妮的密钥 $D_C$ 不是证书的一部分，它像名片一样被“分发”出去。

非对称加密技术为实现（分布式）信息系统的各种安全任务提供支持：

1. 数字签名。对于文件的数字签名，通常首先计算可能非常大的文件的“数字指纹”。这是通过一个所谓的“单向哈希函数”来完成的，它将任何大小的输入都映射到一个（小的）值上（“指纹”或信息摘要）。这方面常见的哈希函数是 MD5 和 SHA–1。然后，用签名者的密钥对该“指纹”进行编码，形成数字签名。因此，数字签名文件的创建者不能再质疑其真实性，因为只有他们可以生成相关的数字签名。

因此，如果康妮想对一份合同 $V$ 进行数字签名，首先用哈希函数 $H$ 计算其数字指纹 $H(V)$，并通过她的密钥对该“指纹”进行签名，即：

$$D_C(H(V)) = (H(V))\, d_C \bmod r_C。$$

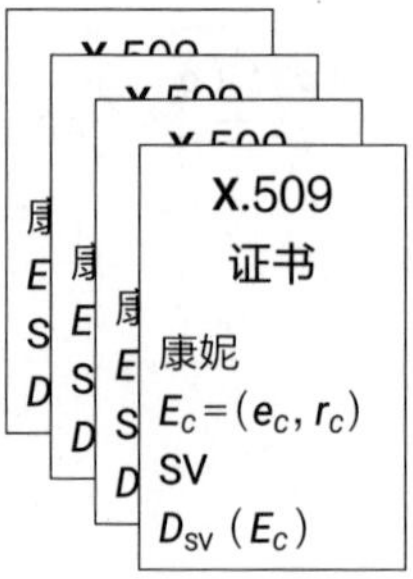


图 12-11　X.509 证书

合同的接收者需要 $V$ 和 $D_C(H(V))$，并要验证解码后的数字签名是否与（现在重新）计算的指纹 $H(V)$ 相符。由此验证了：

$$E_C(D_C(H(V))) \stackrel{!}{=} H(V)$$

今天，通常仍然是用密码进行认证的。而在未来，符合 X.509 标准的证书将越来越多地用于这一目的。通过证书，公共密钥被分配给某个人 / 组织（由认证机构通过其数字签名来确保）。然后由系统（例如 DBMS）向证书持有者传递一个随机生成的数字，并要求用密钥进行编码并返回，从而进行认证。如果使用证书中包含的公开密钥对返回的值进行解码，并与之前随机生成的数字相匹配，就可以确保认证。为什么？

在图 12-12 的上半部分显示了这个过程，其中，客户阿芬斯对康妮的身份进行认证，比如说，他经营着一个电子商务服务器。这种认证程序也称为“挑战 / 响应”，因为客户（这里是阿芬斯）向康妮（即认证的人 / 组织）发送一个挑战 $x$。只有康妮可以通过应用她的密钥 $D_C$ 来确定并返回 $D_C(x) = xd_C \bmod r_C$ 来响应该挑战。挑战者阿芬斯可以通过应用证书中包含的康妮的公开密钥 $E_C$ 来验证 $x$ 是否等于 $E_C(D_C(x))$。

2. 密钥交换。非对称（公开密钥）加密方法的计算相对复杂。基于此，在实际通信中通常使用对称方法，如 DES、Triple-DES 或 AES，因为它们的计算要比例如 RSA 方法有效得多。这些方法需要一个通信参与者都知道的密钥 $K$。秘密的、对称的密钥是随机产生的，并通过公共密钥方法做交换。为此，由一个通信伙伴生成密钥，用另一个通信伙伴的公开密钥加密，从而以防窃听的方式发送给后者。解码后，可以用这个密匙做进一步的数据交换。如果其中一个通信伙伴，在本例中是康妮，有一个 X.509 证书，另一个通信伙伴，即阿芬斯，“记得”这个密钥 $K$ 并将其加密为 $E_C(K)$ 发送给康妮。此后，他们都可以使用对称方法保护所有其他信息。

图 12-12 的下部显示了密钥交换。在互联网上广泛使用的 SSL 协议就是以这种方式运作的。

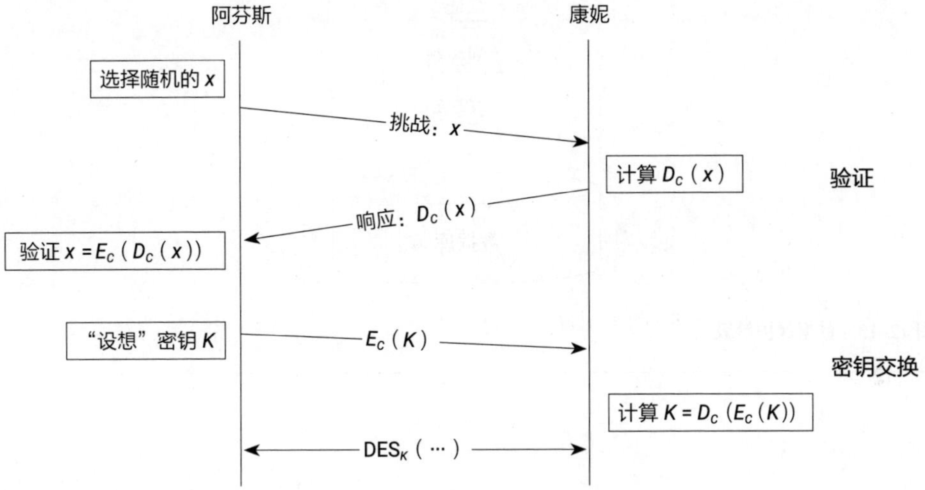


图 12-12 康妮的认证和密钥交换

## 12.8 概述

图 12-13 总结了信息系统中的数据保护等级。在本章中，我们只介绍了技术措施。立法措施决定谁可以存储数据以及存储的方法。例如，《联邦数据保护法》就属于这一类。组织措施涉及信息系统运行的操作，例如，不应该由未经授权的人接触计算机和数据载体。

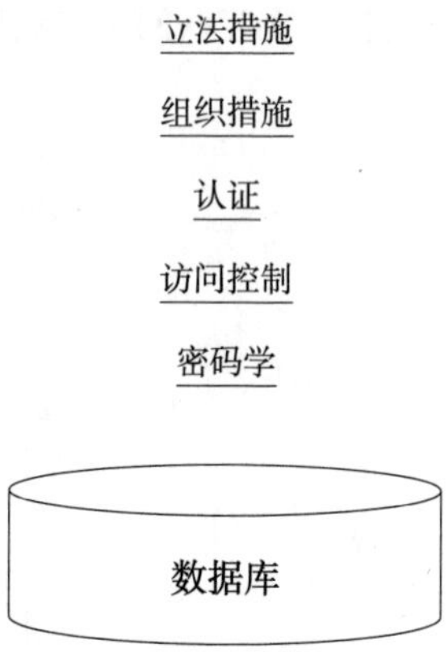


图 12-13　数据保护等级

## 12.9　习题

12-1　请考虑三个用户 $S_1$、$S_2$ 和 $S_3$，其中 $S_1$ 有一项允许传递的权限。请讨论以下两个授权过程：

（1）$S_2$ 从 $S_1$ 手中接过权限，并将其传递给 $S_3$；$S_3$ 从 $S_1$ 手中接过权限；$S_2$ 从 $S_3$ 手中收回权限。

（2）$S_1$ 将其权限传递给 $S_2$ 和 $S_3$；$S_3$ 从 $S_2$ 手中接过权限；$S_2$ 从 $S_3$ 手中接过权限；$S_1$ 从 $S_2$ 和 $S_3$ 手中收回权限。

请给出上述过程中权限分配的算法。

12-2　假设在大学中，向一些院系分配教授。现在要根据院系来分配课程的读写权限，例如，只允许一个用户组可以更改物理系的课程。请以这样一种方式定义一个有视图的模型，即用户组可以进行修改，但不违反关系的第三范式。

12-3　统计数据库是一个包含敏感条目的数据库，不能单独查看，只能通过统计操作来查看。合法的操作是，例如，总和、列的平均数和结果中的变量集数等（sum，avg，count，…）。这方面的一个例子是人口普查数据库。对于这种类型的数据库系统，存在导言中提到的推理问题。

假设你有权限在查询的 select 部分只使用 sum 和 count 操作，此外，拒绝对所有只涉及一个变量集或一个关系的所有变量集的查询。你现在想知道某位教授的工资，你知道他的级别是“C4”，在所有 C4 教授中他的收入最高，请描述一下你的算法。

12-4 在这里提出的 MAC 模型中，不可能实现这样的安全要求：例如一个用户可以访问“秘密”的学生数据，但最多只能访问机密的教授数据。请设计一个考虑到这一点的 MAC 模型的扩展。

12-5 请为一个面向对象数据库设计一个算法，该算法输出一个存在授权的对象的属性集。

12-6 请实施 RSA，关于子问题的有效算法可以参考 Rivest，Shamir 和 Adleman（1978）以及 Knuth（1981）的相关文献。

12-7 你截获了以下用 RSA 加密的信息：13。并且你知道公开密钥：$(e, r) = (3, 15)$。信息是什么？请提供相应的私有密钥的推导。

## 12.10 文献注解

Castano 等人（1995）编写了一本关于数据库安全的综合教科书。Pernul（1994）发表了一篇关于各种安全模型的评论文章。

这里介绍的隐式授权来自 Rabitti，Woelk 和 Kim（1988）以及 Fernamdez，Gudes 和 Song（1994）的文章。在一些 OODBMS 原型中已经研究并实现了面向对象的安全模型，包括 Dittrich，Gotthard 和 Lockmam（1987）描述的 DAMOKLES 和 Rabitti，Woelk 和 Kim（1988）描述的 ORION。

Spalka 和 Cremers（2000）描述了安全数据库中的结构化命名空间模型。

Biskup 和 Brüggmann（1991）在 DORIS 信息系统的背景下提出了一个有趣的以人为本的安全模型，该模型也考虑到了数据保护。

Ferraiolo 等人（2001）对基于角色的授权作了详细描述。Baumgarten，Eckert 和 Görl（2000）以及 Eckert（2013）研究了一般的 IT 安全和移动应用的安全。Wimmer 等人（2004，2005）研究了面向服务的数据库应用架构的授权问题。

Bosuorth（1982）详细描述了 DES。图 12-7 和图 12-8 也源自这本书。在 Rivest，Shamir 和 Adleman（1978）的文章中描述了 RSA 算法。这三位作者（除了从专利授权中获得“大量收入”外）还获得了 ACM 图灵奖，这几乎相当于“计算机科学家的诺贝尔奖”。

# 13 面向对象数据库

关系型数据库系统目前在市场上占主导地位，至少在行政应用领域如此。事实证明，在这些应用领域中，用平面表（关系）对数据做非常简单的结构化处理是非常方便的。然而，在20世纪80年代初，人们发现关系型数据模型（以及关系型数据库系统）在更复杂的应用领域，如工程设计应用、多媒体应用、建筑等方面存在不足，由此开发了新数据模型的两种不同方法。一种通常被称为“进化”的方法扩展了关系型数据模型，从而包括所谓的“复杂对象”。这方面的一个例子是嵌套关系型模型（NF2，见6.6节）。另一种方法（有时被称为“革命性的方法”）是基于数据库环境对编程语言领域的借用，特别是面向对象的编程语言。在面向对象的数据建模中，结构表示与行为（操作）部分被整合在一个对象类型中。因此，结构上和行为上相似的对象被归类在一个共同的对象类型中。此外，可以通过继承机制将对象类型结构化为一般或特殊的层次结构。

本章将说明面向对象的数据建模。我们首先总结分析关系型数据库技术。然后，通过一个确立为事实标准的模型，介绍面向对象的数据建模的基本概念：ODMG-93模型（面向对象数据库管理组）。这里，通过我们大学模型中的一些例子来介绍ODMG-93（2.0版）的“概念”，虽然个别为非正式的表达，但都很直观。此外，还讨论了C++中的交互式和嵌入式查询语言“对象查询语言”（OQL）。

在本章的最后，我们简要地解释了新出现的面向对象的概念建模，并与传统上使用的实体关系模型加以对照。在图示中，我们使用了现在应用相当广泛的布奇(Booch)符号。

## 13.1 对关系型数据库系统的总结分析

在总结分析中，我们（暂时）将大学的例子放在一边，首先看看工程应用领域里一个非常简单的例子——根据“边界表示法”（boundary representation）模型对多面体进行建模，以说明关系型数据模型的缺点。

图13-1（a）中概述了这种类型的几何实体建模的概念方案。

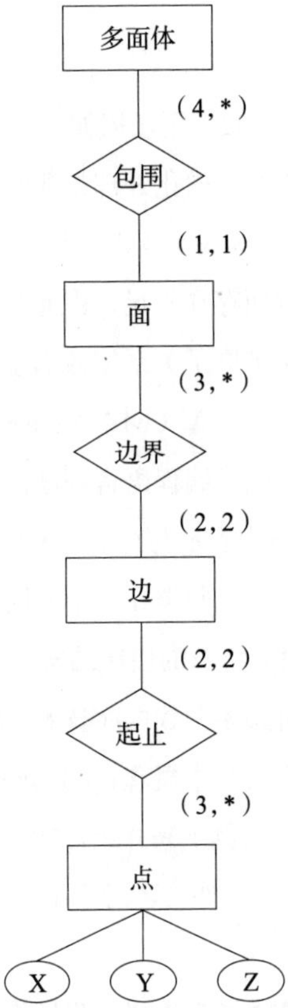


(a)

| 多面体 | | | |
|---|---|---|---|
| 多面体代码 | 重量 | 材料 | … |
| cubo#5 | 27.765 | 铁 | … |
| tetra#7 | 37.765 | 玻璃 | … |
| … | … | … | … |

| 面 | | |
|---|---|---|
| 面代码 | 多面体代码 | 表面 |
| f1 | cubo#5 | … |
| f2 | cubo#5 | … |
| … | … | … |
| f6 | cubo#5 | … |
| f7 | tetra#7 | … |

| 边 | | | | |
|---|---|---|---|---|
| 边代码 | F1 | F2 | P1 | P2 |
| K1 | f1 | f4 | p1 | p4 |
| K2 | f1 | f2 | p2 | p3 |
| … | … | … | … | … |

| 点 | | | |
|---|---|---|---|
| 点代码 | X | Y | Z |
| p1 | 0.0 | 0.0 | 0.0 |
| p2 | 1.0 | 0.0 | 0.0 |
| … | … | … | … |
| p8 | 0.0 | 1.0 | 1.0 |
| … | … | … | … |

(b)

图 13–1 根据“边界表示法”模型对多面体进行建模：（a）实体关系模型；（b）关系模型

一个多面体可描述为面的包围，例如四面体由 4 个面包围。为了简化，我们假设两个多面体没有一个共同的面。面以边为界，每个面至少有 3 个边[1]，每个边正好属于 2 个面。正好由 2 个点来建模边：边的起点和终点。1 个点[2]至少属于 3 个边。

〔1〕在四面体的情况下再次给出这个最小的数字。
〔2〕点始终是指多面体的一个角点。

图 13-1（b）显示了这种概念模型在关系型数据库中的可能实现方式。在转换为关系模型时，对象类型（这里是多面体、面、边和点）被转换为独立的关系。一般来说，我们会以同样的方式处理ER模型的关系类型。然而，在我们的例子中，可以利用基数约束，在代表实体类型的关系中建立“包围”“边界”和“起止”这三个关系。例如，在实体类型“边”中建模两个关系“边界”和“起止”：

1. “边界”关系的属性 $F_1$ 和 $F_2$ 分别是相应边所限定的两个面的外键。

2. “边”关系的属性 $P_1$ 和 $P_2$ 是作为相应边端点的两个点的外键。

此外，由外键“多面体代码”（PolyID）表示面关系中的 1 : $N$“包围”关系，它指的是多面体。

关系型建模有一些缺点，我们将在下文中简要说明：

1. 分片。在关系模型中，一个应用对象通常被分片成许多不同的关系。在我们的例子中，一个几何体被映射为多面体、面、边和点四种关系。当访问一个分片对象时，必须使用连接（Join）操作对其进行结合（费力费时）。

2. 人工键属性。为了能够清楚地识别变量集，必须在一些关系中引入人工键。在我们的例子中，面的关系键是面代码，边的关系键是边代码，点的关系键是点代码。必须由用户在整个关系范围内唯一地生成这些键属性。例如，键值 $f_1$，…，$f_6$，这些都是用于 cubo#5 对象的面，不能再用于其他多面体。

3. 缺失的行为。对象通常有一个特定的应用行为。在我们的例子中，这些行为体现在几何变换“旋转、平移和缩放”，以及其他表示状态的行为，例如确定体积、重量等。在关系模型中没有考虑对象的特定应用行为，只能用 DBMS 之外的应用程序来实现。

4. 外部编程接口。在关系型数据库领域中，由于数据处理语言的能力不足，因此需要进一步的编程接口，大多数情况下是将数据库语言嵌入到现有的编程语言中。

数据库语言以集合为导向，而以记录为导向（“一次一记录”）的编程语言采用不同的处理范式。这导致了繁琐的应用程序设计。例如，我们在这里想把 SQL 嵌入到 C 语言中。这种现象通常被称为“阻抗不匹配”。在关系型数据库领域中已经有了补救的方法［例如，见 Schmidt（1977）开发的 Pascal-R 语言］。

图 13-2 形象地说明了上述复杂应用对象的关系建模问题。如上面所述，DBMS 只管理应用对象的结构信息，而且是以分片的形式管理。分配给对象的操作或行为，如分配给多面体对象的旋转操作，可用于在三维空间进行旋转，并且必须在应用程序中实现，然后在数据库系统之外进行管理。此外，应用程序必须（在实际操作实施

之前）从各种关系中“重新结合”相应的应用程序对象。这个过程在图示中被称为“转换”（这里指的是 $T_A$ 和 $T_B$）。操作完成后，修改后的对象必须被传回数据库。

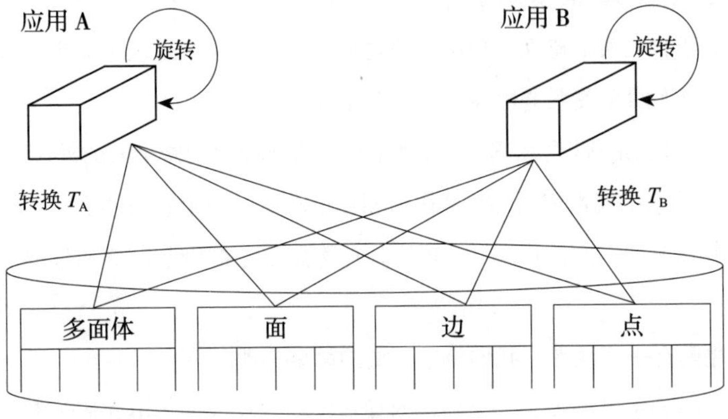


图 13-2 “阻抗不匹配”示意图

由于操作不是由 DBMS 管理的，所以一旦定义了操作，数据库就不支持其重用性（可重用性）。图 13-2 表明，两个应用程序（A 和 B）彼此独立地实现了相同的旋转操作两次。

## 13.2 面向对象的数据建模的优势

在面向对象数据库系统中，避免了所述的与关系型数据建模有关的问题。这主要是通过在统一的对象类型定义中整合行为和结构描述来实现的。特定应用的行为模式，即操作，成为对象库的一个组成部分，由此避免了在数据库和编程语言之间进行繁琐的、通常无效的转换。相反，分配给对象的操作可以直接执行，无须详细了解对象的结构描述。这是通过“信息隐藏”（information hiding）实现的，根据这一原则，在对象类型的界面上提供了一系列的操作，对于这些操作的执行，只需要知道签名（调用结构）。在这种情况下，人们经常提到“对象封装”（encapsulation），因为对象的内部结构（即结构描述）对用户来说是隐藏的，用户只看得到分配给对象类型的操作。

特定应用程序的操作属于数据库模式，即对象类型的定义。因此，面向对象数据库的任何用户都可以应用这些操作。这支持了已实施操作的可重用性。所谓的“阻抗不匹配”被消除了，因为可以直接用对象模型的语言来实现这些操作。这也消除了关系型数据库应用中必要的转换，即首先在应用语言的数据结构中费力地“重新结合”一个被分片的应用对象，以便能够对其实施操作。

面向对象数据库的优势可在图13-3中简单说明,图中显示了一个示例对象(六面体)。在这个示例对象的内部结构周围画的圆环是为了表示对象的封装。用户只需要知道一个操作的调用结构，就能够处理一个对象。对象封装还可以避免没有经验的用户对对象进行不一致的修改，使他们只能调用预先规定的(正确的)修改操作。

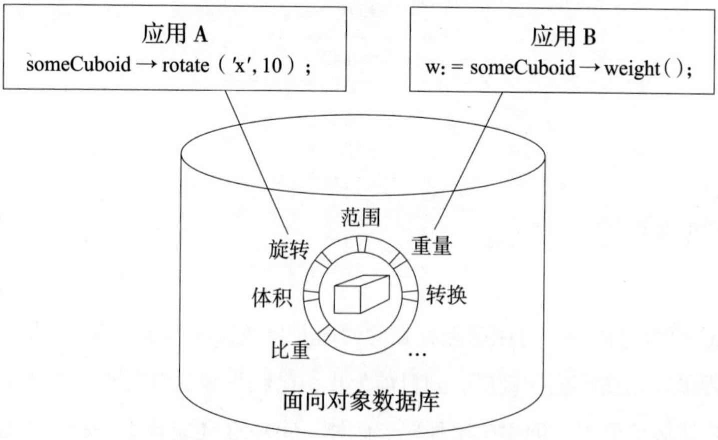


图 13-3　面向对象的数据建模的优势

在关系建模中，需要将应用对象分片成不同的关系，并通过人为插入的键属性(由用户)重新组合，这个问题通过对象标识得到了解决。每个对象都可以通过由系统自动生成的标识进行唯一的引用，进而可以通过对象引用来构建任意复杂的对象结构(所谓的“对象网络”)。

## 13.3　ODMG 标准

面向对象数据库系统是一种相对异质的技术，因此也像关系型数据库领域的 SQL 那样没有建立标准化的对象模型或查询语言。到目前为止，这种多样性严重限制了面向对象数据库应用程序的可移植性。

面向对象数据库管理团队是由几个面向对象数据库产品的制造商组成的，他们致力于实现统一定义的对象模型，以便制定一个（事实上的）标准。其重点是尽可能简单地整合到已有的系统和语言中。在图 13-4 中对此做了说明。

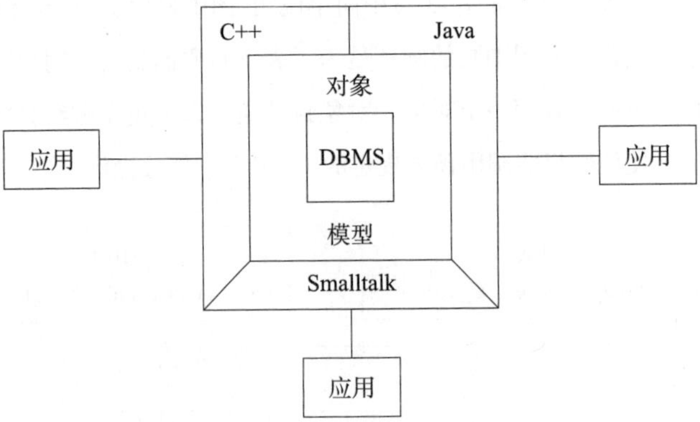


图 13-4 ODMG 对象模型的整合

ODMG 模型包括一个可能已经存在的面向对象数据库系统，并在外部提供了一个与现有编程语言相连的统一接口。到目前为止，已经为编程语言 C++ 和 Smalltalk 提供了接口，这些接口可用于创建应用程序。此外，ODMG 还设计了一种基于 SQL 的声明式查询语言，称为 OQL（对象查询语言）。

## 13.4 对象的属性

在关系模型中，表示实体的唯一方法是变量集。一个变量集由固定数量的原子字词组成。一个字词是一个不可改变的值，比如数字“2”。“原子”意味着该字词不是由更复杂的结构组成的。

相比之下，面向对象的数据模型允许更灵活的结构描述。在面向对象的模型中，一个对象由三个部分组成：

1. 标识：每个对象都有一个全系统唯一的对象标识，在其生命周期内不会改变。

2. 类型：对象的类型决定了对象的结构和行为。单个对象是通过一个所谓的“对象类型的实例化”来创建的。这确保它们拥有对象类型中定义的结构，并“理解”分配给该类型的操作。

3. 价值或状态：一个对象在其生命周期的任何时候都有某个状态（也称为“值”）。一个对象的状态是由其描述性属性的值和与其他对象之间的关系给出的。

为了说明对象的这三个组成部分，参考我们的大学示例。图 13-5 显示了大学数据库中的一些对象。其中，$id_1$ 是标识符，“教授”是结构化对象的类型，姓名为“康德”。一个对象的标识符被用来引用该对象。例如，$id_1$ 用于对象 $id_2$，即将对象“康德”指定为“授课人”，并将对象的值（即状态）输入到相应的框中。其中，它们的值范围不仅可由原子字词组成，而且可以采取任何形式。

在这个例子中，对象“康德”包含集合 reads（由集合构造函数表示 {...}）。

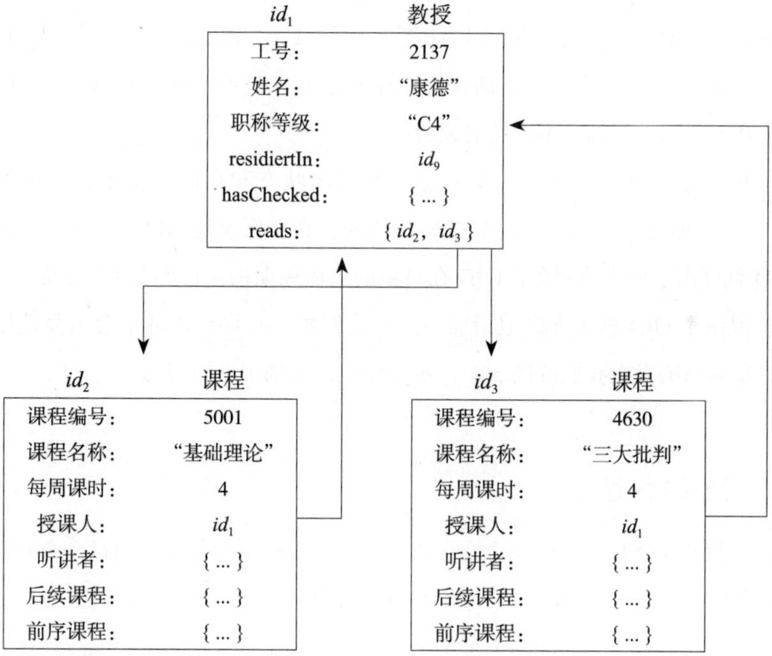


图 13-5　大学模型中的部分对象

## 13.4.1　对象标识

现在让我们更仔细地理解对象标识的概念。在关系模型中，变量集是由键属性的（值）来识别的。为了找到某个课程的授课人，在“教授”关系中搜索工号的值与“授课人”

属性的值相匹配的变量集。因此，这种识别方法在文献中被称为“通过内容识别”。这种方法有几个缺点：

1. 具有相同值的对象不一定是相同的。这一事实源于对实际对象的抽象化，例如，在第三学期很可能有两个叫“彼得·穆勒”的学生。因此，经常插入人工键属性来识别变量集（实体），比如学生的学号或 13.1 节中多面体建模的人工键属性。尽管它们通常没有应用语义，但仍然必须由用户维护。

2. 在对象的生命周期中，不允许改变键，否则对该对象的所有引用都会失效。

3. 在标准的编程语言中，如 Pascal 或 C，指针用来引用对象。因此，一个对象是通过其在内存中的“位置”来识别的。事实证明，这种方法在大多数时候也是不合适的：

（1）一个对象在其生命周期内不能移动。当然，与数据库领域相比，短期的（瞬时的）主内存对象的情况没有那么严重，因为在数据库领域，必须处理所谓的“持久性对象”。

（2）当删除一个对象时，不能保证也删除了对该对象的所有引用。以前的内存区域可能会在无意间被新的、不同的对象所占据。

为了解决这些问题，面向对象数据库使用与状态和存储位置无关的对象标识符（OID）。一旦创建一个新对象，数据库系统就会在全系统范围内生成唯一一个 OID，这个 OID 就可用于引用该对象。OID 在对象的生命周期内保持不变（不变量）。数据库系统还确保每个 OID 总是准确地指向一个特定对象，也即，永远不会重复使用一个被删除的对象的 OID。在我们的图示中，对象标识符被抽象地指定为 $id_1$、$id_2$、…。

### 13.4.2 对象的类型

正如类似的实体被归入同一个实体类型一样，面向对象数据库通过一个共同的对象类型［通常称为“类”（class）］来建模类似的对象。属于一个类型的对象被称为该类型的“实体”。它们有一个共同的类型定义，即统一的结构表达和统一的行为模式。一个类型的所有对象（实体）的集合被称为（类型）“扩展”（extent）。

遗憾的是，其中的术语有些不一致和模糊。在许多出版物中，类和对象类型这两个术语被当作同义词使用。有的作者将类和类型扩展——一个类型的所有对象（实体）的集合——理解为同义词。还有一些作者将类理解为对象类型和它的扩展这两个概念的结合。我们已经了解到关系模型中交织形成的术语也有类似情况：根据上下文，将关系理解为关系模型、其表达式，或两者皆可。

### 13.4.3 对象的值

对象的值(即状态)被输入到图13-5的相应方框中。属性的值范围不仅包括原子字词，还包括更复杂的结构，如列表、集合、变量集，它们可以通过内置的类型构造器生成。在这个例子中，对象“康德”包含集合属性 reads（由集合构造函数表示 {...}），这个集合包含了对“康德”所授课程的引用（OID）——在这里是 $id_2$ 和 $id_3$。

## 13.5 对象类型的定义

对象类型的定义规定了对象由以下部分组成：

1. 实体的结构描述，由属性和与其他对象的关系组成；
2. 实体的行为描述，由一组操作组成；
3. 类型属性，例如，与其他类型的概化 / 特化关系。

对于对象类型的定义，我们在下面使用 ODMG 标准的 ODL 语言。这是一种与实现没有关系的特殊语言。

### 13.5.1 属性

作为一个简单的例子，首先让我们只考虑对象类型“教授”的属性，其定义如下：

```
class Professors {
  attribute long PersNr;
  attribute string Name;
  attribute string Rank;
};
```

属性（就像在关系模型中一样）是通过指定允许的值范围和属性名称来实现的。在这个例子中，我们将其限制在原子值范围内（long 和 string）。然而，在 ODMG 模型中，结构化的值范围对属性来说也是允许的，正如我们将在下一小节看到的对象类型“考试”的属性“考试日期”。

### 13.5.2 关系

让我们通过例子来解释面向对象模型中的关系建模。

#### 1：1关系

让我们首先考虑最简单和限制性最强的关系形式，我们将用下面的例子来演示 residiertIn：

在面向对象的模型中，这种关系在两种对象类型中都是“对称”建模的，即“教授”和“办公室”。

在对象类型“教授”中，这种关系是通过一个叫作“residiertIn”的关系属性来实现的；在对象类型“办公室”中则是通过一个叫作“accommodates”的关系属性来实现的。这两个属性的值都是对各自类型的对象的引用；例如，accommodates 引用的是一个“教授”对象，residiertIn 引用的是一个“办公室”对象。从而得出以下（仍然不完整的）类规范：

```
class Professor {
  attribute long PersNr;
  …
  relationship Rooms residiertIn;
};
class Rooms {
  attribute long RoomNo;
  attribute short size;
  …
  relationship Professor accommodates;
};
```

这样，我们在两个“方向”上都规定了关系，即从“教授”到“办公室”和从“办公室”到“教授”。作为一个非常小的例子中，我们就可以得出图 13-6 所示的对象的状态。这里，具有标识符 $id_1$ 的教授对象引用标识符为 $id_9$ 的“办公室”对象，反之亦然。

然而，遗憾的是，无论是对称性还是 1：1 关系的限制，都不能通过给定的类规范来保证。例如在图 13-7 中的情况：

1. 违反对称性：房间号为 007 的 $id_9$ 房间“据说”（仍然）被“康德”占用。然而，“康德”在这期间还“搬到”了 $id_8$ 房间，这从对象 $id_1$ 的属性 residiertIn 的当前值可以看出。

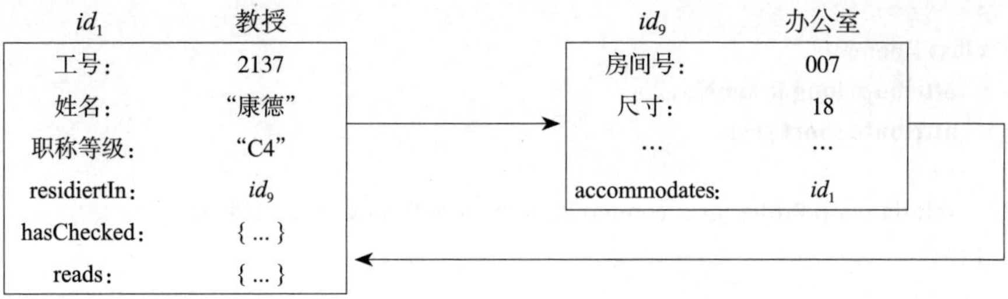


图 13-6 residiertIn / accommodates 关系的示例

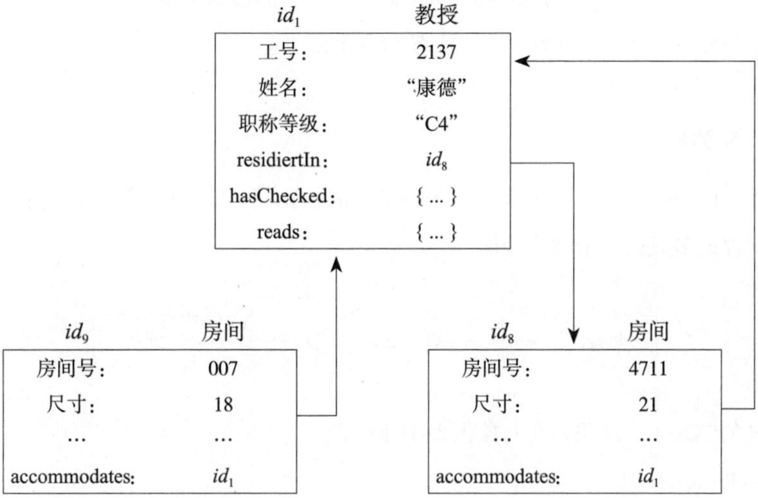


图 13-7 关系 residiertIn / accommodates 的不一致状态

2. 违反了 1∶1 的限制条件：当然，上述这种不一致也违反了关系 1∶1 的限制条件，因为根据 accommodates 属性的值，有两个房间（即 $id_9$ 和 $id_8$）被“康德”占用。

上述类的定义所能保证的唯一一致性是，residiertIn 总是指一个“办公室”对象，而 accommodates 总是指一个“教授”实体。为了系统地排除关系的不一致性，将反向构造整合到 ODMG 对象模型中。从而得出以下正确的类定义：

```
class Professors {
  attribute long PersNr;
  ...
  relationship Rooms residiertIn inverse Rooms :: accommodates;
```

```
};
class Rooms {
   attribute long RoomNo;
   attribute short size;
   ...
   relationship Professor accommodates inverse Professor :: residiertIn;
};
```

例如，在对象类型“教授”中，现在规定关系 residiertIn 与房间的关系 accommodates 是相反的，表示为Rooms:: accommodates。现在，面向对象数据库系统始终保证对所有“教授”和所有“办公室”的以下一致性条件：

$$p = r.accommodates \quad \Leftrightarrow \quad r = p.residiertIn$$

这就排除了图 13-7 中不一致的状态。为什么？

### 1 ：*N* 关系

关系“teach”是 1 ：*N* 关系的一个例子，因为我们（简单地）假设教授上多个课程，但每个课程最多只由一个教授授课。

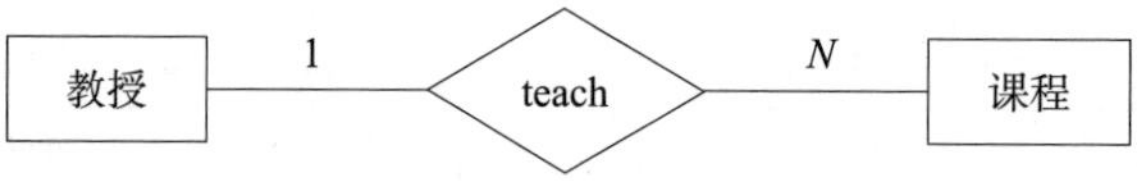


这样的二元 1 ：*N* 关系在对象模型中建模为：

```
class Professors {
   ...
   relationship set <Lectures> teach inverse Lectures :: Given_by ;
};
class Lectures {
   ...
   relationship Professors Given_by inverse Professors :: teach;
   };
```

在这个规范中，集合构造函数set <···>用于将属性teach作为对课程对象的引用集合。因此，教授对象现在包含课程的引用集合。图 13-5 中显示了一个示例表达。名为“康德”的教授上了 $id_2$（“基础理论”）和 $id_3$（“三大批判”）的课程。另一方面，每个课程对象通过属性 Given_by 最多引用一个教授实体。Professors : : teach 和 Lectures : : Given_by 的反向规范保证了这种关系建模的对称性。

请注意，在这里我们也通过教授中的属性 teach 实现了 1 ∶ $N$ 关系，这在关系模型中会导致“异常”，即违反第三范式。为什么这在对象模型中不存在问题?

### $N$ ∶ $M$ 关系

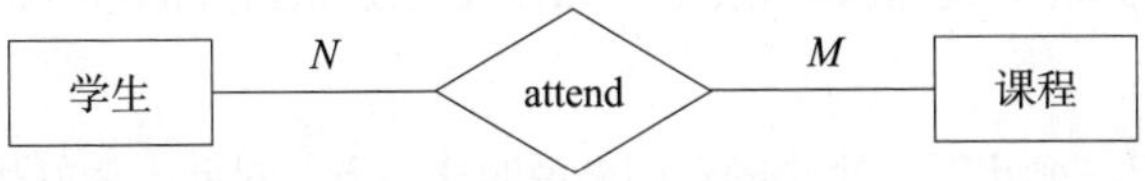


学生和课程之间的关系“attend”是 $N$ ∶ $M$ 关系的一个具体例子。学生们可以学多个课程，一个课程可以有多个听讲者。

在对象模型中所实现的这种关系类型，同样是对称的：

```
class students {
  …
  relationship set <Lectures> attend inverse Lectures :: listener;
};
class Lectures {
  …
  relationship set <students> listeners inverse students :: attend;
};
```

因此，现在这两个关系属性都是集合值；students : : attend 和 Lectures: : listeners。同样，反向规范保证了学生 $s$ 通过属性 listeners 引用课程 $l$，反过来它又通过对象 $s$ 的属性 listeners 被引用。因此，面向对象数据库系统必须为所有学生 $s$ 和所有课程 $l$ 保证以下条件成立：

$$s \in l.\text{listeners} \Leftrightarrow l \in s.\text{attend}$$

### 递归的 $N$ ∶ $M$ 关系

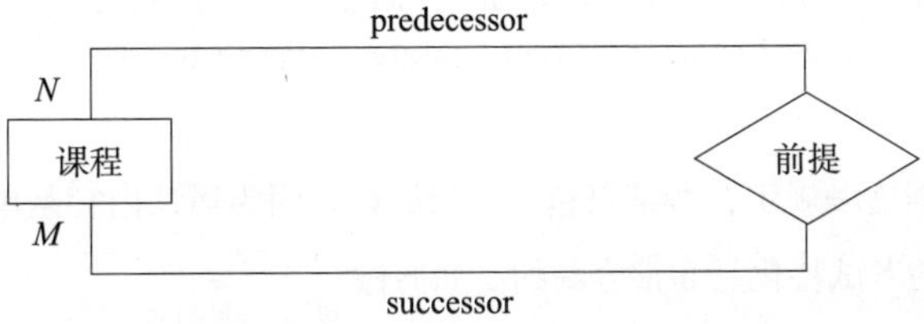


类似地，递归 $N$ ∶ $M$ 关系可以表示为“前提”。

它在对象模型中实现时的唯一区别是，两个关系属性 Predecessor 和 Successor 都包含在同一个对象类型中：

```
class Lectures {
  …
  relationship set <Lectures> Predecessor inverse Lectures :: Successor;
  relationship set <Lectures> Successor inverse Lectures :: Predecessor;
};
```

读者可以自己“画出”一个小的示例来说明这一点。对此，最好用我们第 3 章的关系表达式（3.3.5 节）作为例子。

### 三元关系

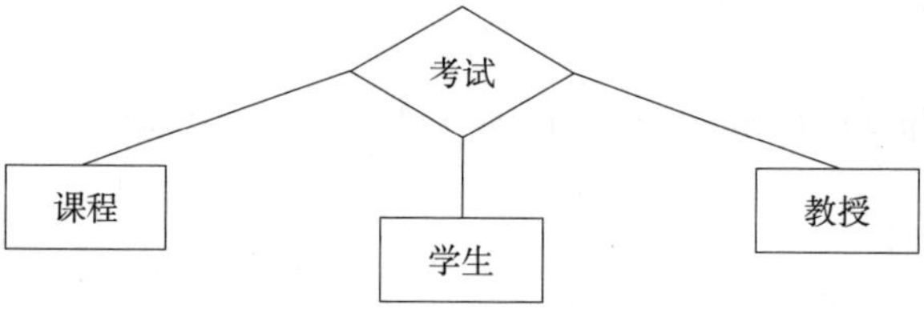


三元关系不能以目前介绍的方式在对象模型中表示。对此，需要一个独立的对象类型来表示这种关系。这个操作方法类似于关系建模，后者也只能通过独立关系来表示某些关系。

作为一个例子，让我们研究关系类型“考试”（exams）。

用独立的对象类型“考试”来表示这种关系，如下所示：

```
class exams {
  attribute struct date
      { short day; short month; short year; } CheckDate;
  attributes float Grade;
  relationship Professors examiners inverse Professors :: hasChecked;
  relationship students examinee inverse students :: wasExamined;
  relationship Lectures content inverse Lectures :: wasTested;
};
```

请注意，根据这一规定，考试只包括一门课程，因为属性内容是单值的。然而，要将涵盖几个课程的考试特化是非常容易的。如何做？

在上述类的定义中，使用了一个变量集构造函数，即 struct {…}，从而可以定义具有命名字段（属性）的记录或变量集结构。我们可以很容易地理解，通过嵌套类型构造函数（set <…>，struct {…}）等，可以实现对象的任意复杂的结构描述（然而，对于日期，在 ODMG 模型中也有一个预先定义的类型“date”）。

在“考试”的类别定义中所包含的反向规范，当然也必须以类似方式（即对称的方式）包含在教授、学生和课程的对象类型中：

```
class Professors {
  attribute long PersNr;
  attribute string Name;
  attribute string Rank;
  relationship Rooms residiertIn inverse Rooms :: accommodates;
  relationship set <Lectures> reads inverse Lectures :: Given_by;
  relationship set <exams> hasChecked inverse exams :: examiner;
};
class Lectures {
  attribute long lecture number;
  attribute string Title;
  attribute short WH;
  relationship Professors Given_by inverse Professors :: reads;
  relationship set <students> listeners inverse students :: attend;
  relationship set <Lectures> Successor inverse Lectures :: Predecessor;
  relationship set <Lectures> Predecessor inverse Lectures :: Successor;
  relationship set <exams> wasTested inverse exams :: content;
};
class students {
  ...
  relationship set <exams> hasTested inverse exams :: test;
};
```

图 13-8 以图解的方式展示了迄今为止在对象模型中介绍的关系建模。这里，箭头的数量表示关系属性在各自方向上的映射基数：

1. 用一个简单的两边箭头 ⟷ 表示 1：1 关系。

2. ⟷→ 箭头代表 1 : $N$ 的关系，其中双箭头指向“$N$ 的方向”。当然，也可以用类似的方式表示 $N$ : 1 的关系。

3. 一个一般的二元 $N$ : $M$ 关系是由 ⟷⟷ 箭头来表示的。

箭头上都标有类的定义中关系属性的名称。

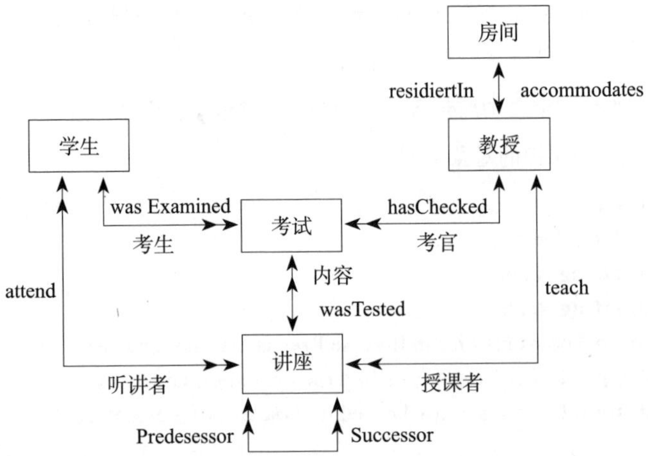


图 13-8 在对象模型中对关系进行建模

### 13.5.3 类型属性：扩展和键

扩展（extent）是指一个对象类型的所有实体的集合[1]。它可以用于“寻找满足某一条件的某一类型的所有对象”这样的查询。ODMG 模型为扩展提供了一种由 DBMS 自动管理的方式。因此，一个类型的新对象在其实例化时被隐式地插入到相应的扩展中，也可以为一个对象类型定义键，以在扩展中保证其唯一性。然而，这些键的定义只用作完整性条件，而不是像关系模型中那样用于引用对象。例如，可以用一个扩展名“所有学生”AllStudents 和“学号”键来定义对象类型“学生”，如下所示：

```
class Students（extent AllStudents key StudNr）{
   attribute long StudNr;
   attribute string Name;
   attributes short semester
   relationship set <Lectures> attend inverse Lectures :: listener;
   relationship set <exams> hasTested inverse exams :: examinee;
};
```

因此，类的定义现在不但确定了类型属性（extent 和 key），其中每个对象类型只存在

〔1〕稍后我们将看到，类型的扩展还包括直接和间接子类型的所有实体。

一次，还确定了针对每个实体（对象）单独存在的实例属性（attribute 和 relationship）。

## 13.6 行为的建模：操作

我们已经强调过，结构和行为描述的整合是面向对象的数据模型相对于关系模型的一个基本优势。对象的行为由分配给对象类型的操作来描述。因此，一个类型的所有对象都有相同的行为模式，该行为模式包括分配给对象类型的操作集合。

对对象状态的访问和操作，即分配给对象类型的操作集合，是通过接口定义的。这一事实被称为“对象封装”或“信息隐藏”。通过这种方式，向“用户”（也就是所谓的“对象的客户”）提供了一个固定的接口朝向“外部世界”，它们可以通过这个接口观察和操作对象。其中，“客户”应该不可能违反对象的一致性，也即，应该以这样的方式定义操作：对象总是被转移到一个一致的状态。当然，这是“对象类型设计者”的工作。

接口操作提供了以下可能性：

1. 创建（实例化）和初始化对象；
2. 查询对象状态中客户感兴趣的部分；
3. 在这些对象上执行合法的和保持一致性的操作；
4. 最后再次销毁这些对象。

操作可以分为三个基本不同的类别：

1. 观察者（Observer）：这些操作（通常也称为“函数”）用于“查询”对象的状态。观察者操作不改变对象的状态以及数据库的状态，也即，它们没有改变对象的函数的副作用。

2. 突变者（Mutator）：这个类别的操作改变对象的状态。[1] 至少有一个突变者操作的对象类型被称为“突变”。没有任何突变者类型的对象是“不可变的”（immutable）。“不可变的”类型通常被称为“字词”或“值”类型。

3. 构造器（Constructor）和解构器（Destructor）。前者用于创建某种对象类型的新对

〔1〕此外，突变者操作当然也可以返回一个结果，从而同时实现观察者的功能。

象，在这种情况下，人们也会说到“实例化”，把新创建的对象称为有关类型的“实体”。解构器用于永久地销毁一个现有对象。

若仔细观察，则可以发现构造器和解构器在语句上的基本区别：构造器应用于一个对象类型，可以说是创建一个新对象；而解构器则应用于现有对象，实际上也可以被称为“突变者”。

我们希望用行为描述来充实我们的面向对象的大学模型。在类定义中，描述了操作的调用结构——被称为“签名”，并确定了以下内容：

1. 操作的名称；

2. 参数的数量和类型；

3. 操作的返回值的类型——如果该操作有返回值，否则为 void；

4. 执行操作时可能触发的异常（exception）。

让我们首先考虑“教授”的类定义：

```
class Professors {
   exception hasn't tested yet { };
   exception alreadyHighestLevel { };
   …
   float asHardAsExaminer ( ) raises ( hasn't tested yet ) ;
   void promoted ( ) raises ( alreadyHighestLevel ) ;
};
```

两个操作（或它们的签名）现在已经被添加到对象类型“教授”中：

1. 观察者操作 asHardAsExaminer 确定相应教授在以前的考试中给予的平均成绩，并将其作为一个 float 值返回。如果他还没有参加任何考试，就会触发一个异常处理，这里称为 hasn' t tested yet。

2. 突变者操作执行单方向的晋升，即从 C2 到 C3 或从 C3 到 C4。可能会出现这样的异常情况：要晋升的教授已经达到最高级别（即 C4），在这种情况下，会触发描述为 alreadyHighestLevel 的异常。

定义操作的对象类型（在这种情况下是教授）被称为“接收者类型”（receiver type），调用操作的对象被称为“接收者对象”。我们将在后面看到，接收者对象的确切类型将在执行继承操作中发挥重要作用。

调用结构根据语言绑定的不同而不同。如果 myFavouriteProf 是对一个教授对象的引用，则在 C++ 绑定中（见 13.12 节）晋升被表示为：

```
myFavouriteProf → promoted ( ) ;
```

在声明式查询语言 OQL 中（见第 13.11 节），可用箭头“→”或一个点来执行一个操作的调用：

```
select p.howHardAsExaminer ( )
from p in AllProfessors
where p.Name = "Curie" ;
```

这段查询，确定了这位名叫“居里”（Curie）的教授作为考官是多么严厉。

## 13.7 继承和子类型化

在第 2 章中，我们已经为实体类型中的共同因素引入了概化或特化的概念。共同因素被收集在一个超类型中，差异则留在子类型中。此外还提到，子类型继承了超类型的所有属性。这个概念在面向对象的系统中起着至关重要的作用，因为在这里不仅结构被继承，而且行为（即操作）也被继承。另一个非常重要的优势是超类型 / 子类型的层次结构的可替代性：可以在需要超类型实体的地方使用（替换）子类型的实体。这大大增加了该模型的灵活性。

### 13.7.1 术语

让我们用图 13-9 中的抽象类型层次结构来解释这两个术语。这里左边显示的是类型层面，右边显示的是实体层面（每个类型只有一个实例对象）。类型 1 是类型 2 的直接超类型；同时，它也是类型 3 的一个（间接）超类型。相反，类型 3 是类型 2 的直接子类型，也是类型 1 的（间接）子类型。一个类型所继承的所有属性（即属性、关系属性和操作）来自它所有直接和间接的超类型。在我们的抽象例子中，类型 3 从类型 2 继承了属性 $B$，从类型 1 继承了属性 $A$，为了保持例子的简单性，我们只给每个类型分配了一个新属性，并完全不考虑操作。在图 13-9 的右侧，我们看到：类型 1 的实体（有对象标识符）$id_1$ 只有属性 $A$；类型 3 的实体 $id_3$ 有三个属性，即 $A$、$B$ 和 $C$。

根据子类型化，对象 $id_3$ 也属于类型 2 和类型 1 的扩展。因此，每一个子类型的实体都隐含着一个超类型的实体。在我们的例子中，对象 $id_3$ 属于类型 3 的扩展，同时也属于类型 2 和类型 1 的扩展。这种联系，通常被称为“包容多态性”，在图 13-10 中显示了抽象类型的扩展层次的示例。

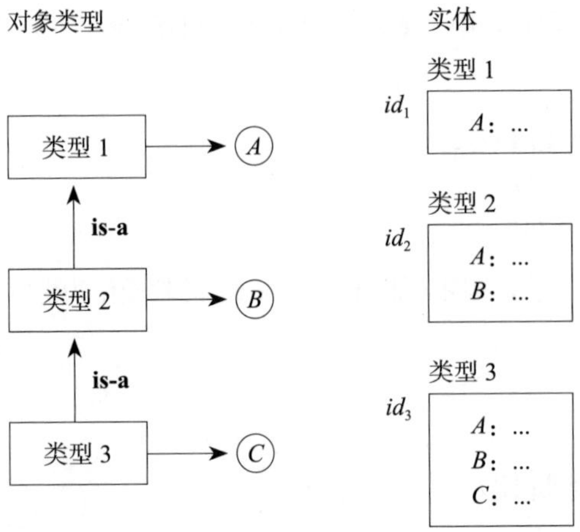


图 13-9 抽象类型层次结构的示意图

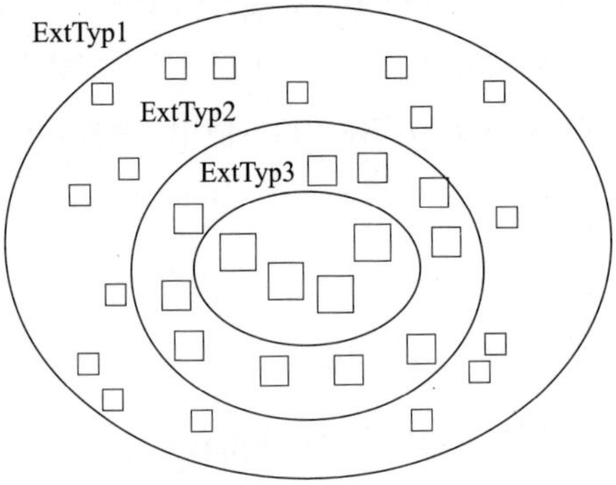


图 13-10 子类型化的示例

这些扩展名为 ExtTyp1， ExtTyp2 和 ExtTyp3。代表对象的方块大小不同是为了说明一个子类型的实体比一个直接超类型的实体有更多属性。正是这种将子类型扩展纳入超类型扩展的做法实现了上面所述的可替代性：可以在实际需要一个超类型的实体的地方使用一个子类型的实体。

在这个抽象的例子中，我们可以看到为什么可替代性“有效”。一个类型 3 实体比类型 2 实体“知道得更多”，因为它有类型 2 实体的所有属性（即 $A$ 和 $B$），另外还有属性 $C$。由于类型 3 实体“知道得更多”，它可以很容易地被用于类型 2 实体所能满足的地方。另一方面，超类型实体不能代替子类型实体，因为它通常“知道得较少”。在我们的例子中，类型 2 的实体缺少属性 $C$，而类型 3 的实体则拥有属性 $C$。

### 13.7.2 单一继承和多重继承

有两种不同类型的继承：

1. 单继承或单一继承（single inheritance）：每个对象类型最多只有一个直接超类型。
2. 多重继承（multiple inheritance）：一个对象类型可以有几个直接超类型。

在这两种情况下，子 / 超类型结构必须是非循环的。为什么？

图 13-9 中的简单类型结构当然是基于单一继承的。但是，一般来说，即使是单一继承，类型结构看起来也会复杂得多：图 13-11 中显示了一个抽象的例子。这种一般的类型结构仍然是基于单一继承的，并且对所有类型都有一个共同的超类型，即图中的 ANY。这样的“超级”超类型出现在许多对象模型中，有时它被表示为 Object（ODMG C++ 整合中的 d_Object）。

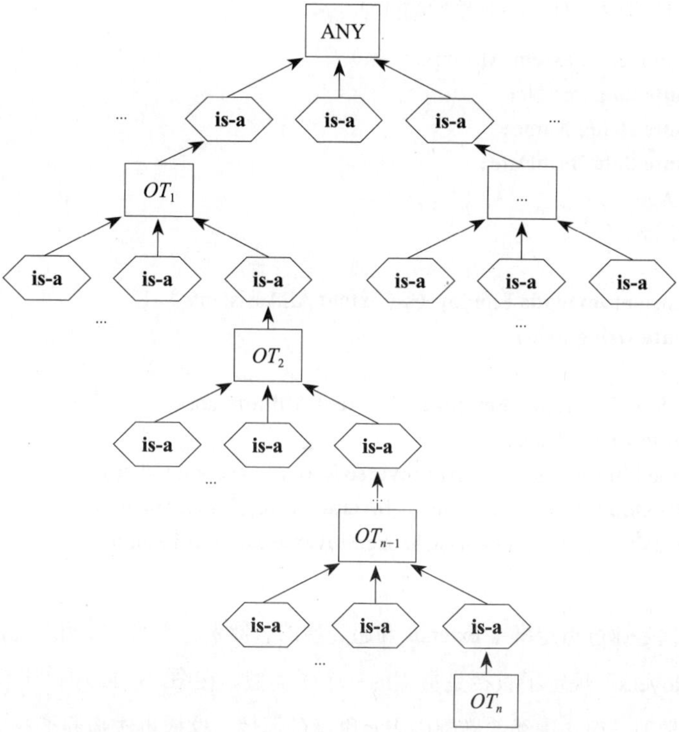


图 13-11 单一继承的抽象类型层次结构

单一继承相比多重继承的一个基本优势是：对于每个类型，都有唯一一条路径通往类型层次结构的根 ANY。让我们观察一般类型方案中的对象类型 $OT_n$，从 $OT_n$ 到根 ANY。有唯一一条路径：

$$OT_n \rightarrow OT_{n-1} \rightarrow \cdots \rightarrow OT_2 \rightarrow OT_1 \rightarrow \text{ANY}$$

类型 $OT_n$ 继承了位于这个路径上的对象的所有属性。因此，在单一继承的情况下，不存在从 $OT_n$ 到类型层次结构根部的其他“路径”，这与在多重继承中是不同的。在 13.10 节中，我们将解释因为失去了继承路径的唯一性，多重继承可能出现的缺点。

## 13.8 类型层次结构的例子

现在我们将对上一节中介绍的抽象概念加以说明。对此，我们将观察大学模型中的一个类型层次结构: 员工被专门分为教授和助理。从而得出了图 13-12 中所示的类型结构。

在 ODL 语言中，对这些对象的描述如下：

```
class Employees ( extent AllEmployees ) {
   attribute long PersNr;
   attribute string Name;
   attribute date BirthDate;
   short Age ( ) ;
   long Salary ( ) ;
};
class Assistants extends Employees ( extent AllAssistants ) {
   attribute string field;
};
class Professors extends Employees ( extent AllProfessors ) {
   attribute string Rank;
   relationship Rooms residiertIn inverse Rooms :: accommodates;
   relationship set <Lectures> reads inverse Lectures :: Given_by;
   relationship set <exams> hasChecked inverse exams :: Examiner;
};
```

子类型化是通过指定键字 extends 和超类型的名称来完成的。举例来说，“Professors extends employees”规定了教授是员工的一个子类型。在图 13-12 中，所有的属性都分配给了对象类型，而在虚线的椭圆中表示继承的属性。这样再次强调了一个子类型（如教授）拥有其超类型（如员工）的所有属性以及一些更具体的属性（如 Rank、residiertIn、 hasChecked 和 reads）。这就是可替代性发挥作用的原因："教授"拥有（一般）"员工"的所有属性以及一些额外属性。一个教授类型的对象 $O_{Prof}$ 具有（直接超类型）员工类型的对象 $O_{Emp}$ 的实际属性超集。鉴于此，在需要员工类型的对象之处，可以用教授类型的对象代替。

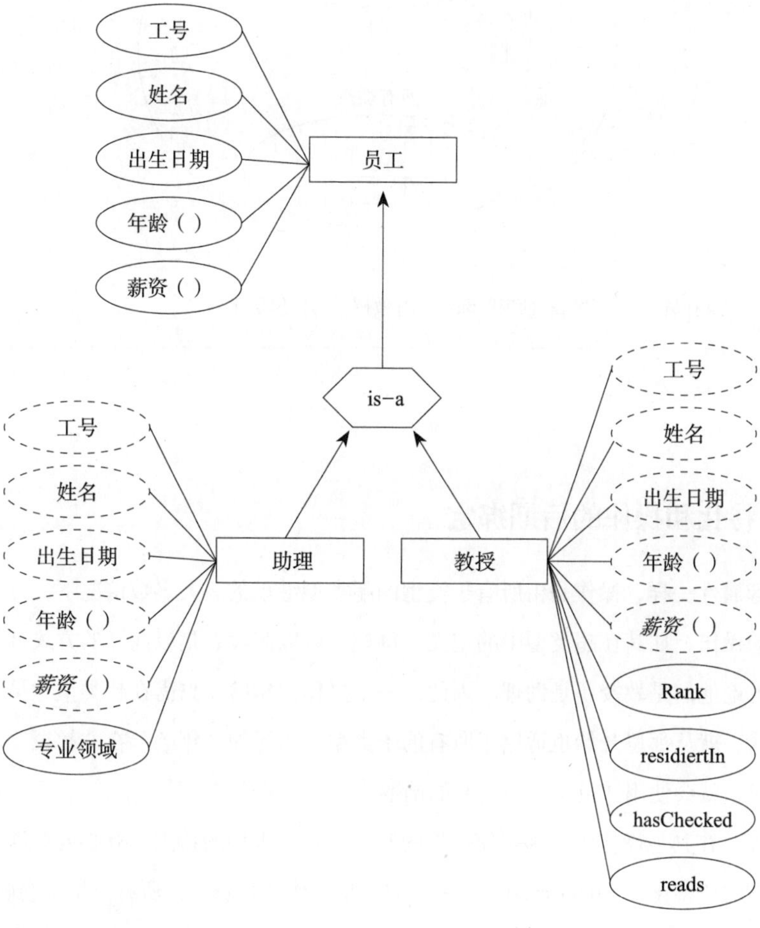


图 13-12 属性的继承

这种子类型实体代替超类型实体的可替代性是对象模型具有表现力和灵活性的主要原因之一。图 13-13 示意性地说明了（由超类型/子类型关系产生的）"所有教授"和"所有助理"的扩展包容在"所有员工"的扩展中。

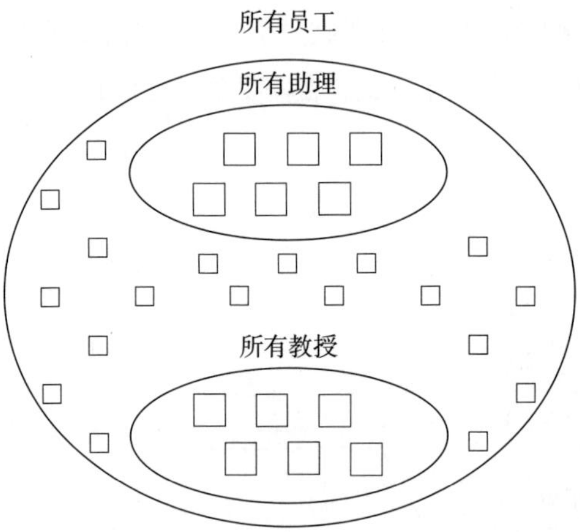


图 13-13 “所有员工”、“所有助理”和“所有教授”的扩展层次

## 13.9 特化和操作的后期绑定

就像属性一样，操作是由所有子类型的超类型继承的。大多数情况下，可以保持这些实现的操作，如其在超类型中的定义。例如，可以假设总是以同样的方式计算员工的年龄，无论他们是教授还是助理。因此，一个操作“年龄”只需在超类型“员工”中被定义一次，就从那里开始也适用于所有的子类型。当操作“年龄”在“教授”的实体中被调用时，就会使用“员工”中定义的函数。

然而，在其他操作中，为了使操作的实现适合子类型的特点，有必要对继承的操作进行所谓的“特化”（refinement）。一个例子是操作“薪资”：所有员工都会收到薪资，但其计算方式不同。因此，对于员工的薪资函数，给出了一个标准的计算规定，必要时可以加以完善。

在我们的例子中，我们假设在大学工作的员工薪资的计算规定如下：

1. 按照以下标准公式支付员工的薪资：

$$2\,000 + (\text{年龄}() - 21) \times 100$$

其中，他们的基本月薪为 2 000 欧元，并在 21 岁以后每多 1 岁有 100 欧元的“经验经津贴”。[1]

2. 助理的基本薪资较高，“经验津贴”也略高，他们的薪资是按照以下公式计算的：

$$2\,500 + (\text{年龄}() - 21) \times 125$$

3. 在我们的例子中，教授是收入最高的，其薪资计算如下：

$$3\,000 + (\text{年龄}() - 21) \times 150$$

如上所述，与从员工那里继承的操作相比，薪资操作在教授和助理的对象类型中是特化的。这在图 13–12 中通过继承的薪资属性的斜体字表示。

运行时系统必须考虑到特化操作的可能性：教授子类型和助理子类型的每个实体也属于员工超类型。图 13–14 显示了只有三个实体的扩展“所有员工”：

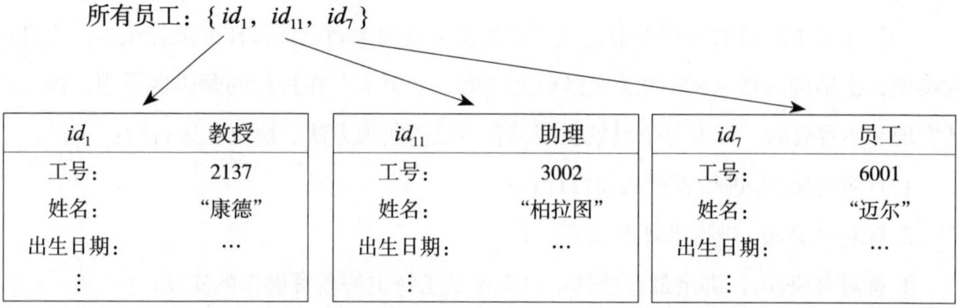


图 13–14 扩展“所有员工”只有三个实体

1. 对象 $id_1$ 是一个直接的教授实体；

2. 对象 $id_{11}$ 是一个直接的助理实体；

3. 对象 $id_7$ 是一个直接的员工实体。

在员工中引入“薪资”操作，并继承所有的子类型，即助理和教授。此外，我们在上面描述过，在子类型中特化了继承的操作。然而，在执行操作时，必须考虑到操作的特化。必须确保最“特化”的版本总是与待执行操作的接收者对象绑定。这可以通过“晚绑定”（late binding）或“动态绑定”特化操作来实现。这意味着，直到程序运行时，才会确定将实际执行操作的哪个特化版本。我们用下面的查询来为图 13–14 中的示例扩

[1] 事实上，在德国，这种公共服务的“经验津贴”是以“年资”来衡量的，即根据公共服务的持续时间来计算“经验津贴”，“年资”小于或等于实际年龄。在习题 13–5 中留给读者一个更实际的薪酬计算练习。

展演示这一点：

```
select sum（a.Salary（））
from a in AllEmployees
```

这个 OQL 查询（将在后面详细讨论对象查询语言 OQL）现在计算扩展“所有员工”中每个对象的薪资，并将所有计算的薪资加起来。但是，从扩展“所有员工”的当前状态来看，对于名字为康德和柏拉图的对象以及名字为迈尔的员工实体来说，可能无法执行相同的“薪资”操作。这必须通过“晚绑定”操作代码来实现。“晚绑定”是如何运作的？应该很明显，不能静态地决定对象具有哪种直接类型。例如，扩展“所有员工”包含三种不同类型的实体，它们都有一个特定的“薪资”操作。因此，必须首先确定对象的直接类型。应注意（为了实现“晚绑定”），每个对象都“知道”它的直接类型。

一旦知道了对象的直接类型，就可以在类型结构中确定该操作的最佳版本。它是抽象类型层次结构的根 ANY 的继承路径上的第一个版本。在我们的薪资例子中，确定最佳实现是不重要的，因为每个对象类型都有自己的实现方法。所以在运行时：

1. 针对对象 $id_1$ 进行教授的薪资计算；

2. 针对对象 $id_{11}$ 进行助理的薪资计算；

3. 针对对象 $id_7$，绑定最普通的，也就是员工特定的薪资操作的实现。

面向对象数据库系统的运行目的就是执行这种“晚绑定”的特化操作。

## 13.10 多重继承

到目前为止，我们的示例应用程序都只限于单一继承。其中，每个对象类型最多只有一个超类型，超类型的属性被继承。在多重继承中，就放弃了这个限制，所以一个对象类型可以继承几个直接超类型的属性。下面让我们用图 13-15（科学家助理 HiWis）中的例子来讨论这个问题。HiWis 对象类型继承了两个直接超类型的属性。

HiWis 继承了：

1. 员工工号和姓名的属性以及薪资和年龄的操作；

2. 学生的属性学号、姓名、学期、学和已考试 。

这种多重继承可以用 OQL 表示为：

```
class HiWis extends students, employees (extent AllHiWis) {
   attribute short WorkingHours;
```

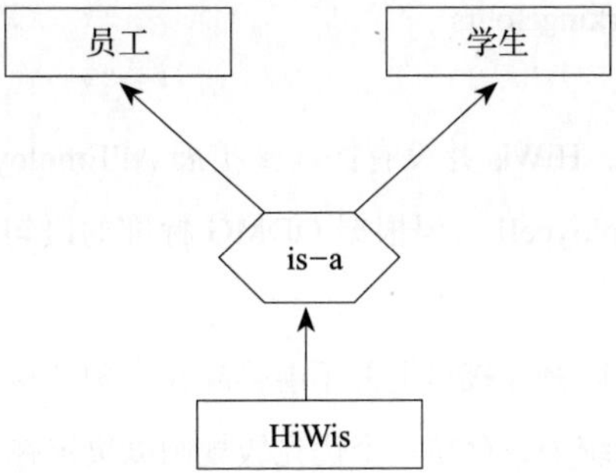


图 13-15 多重继承的一个例子

```
  ...
  };
```

在这个例子中，继承了员工和学生的属性“姓名”。为了避免这种歧义（和其他实施技术问题），在 ODL 的 2.0 版本中引入“接口”（interface）概念，它在 Java 编程语言中也以类似形式存在。定义一个接口是指对所有实现这个接口的类必须拥有的操作进行抽象定义。接口不能有自己的属性或关系（即没有状态），也不能直接被实例化。ODMG 模型中的一个类可以实现多个接口，但最多只能从一个带有扩展的类中导出来。接口中定义的操作（更确切地说是操作签名）是从实现这个接口的类中继承的。

在我们的例子中，只能为员工定义接口。HiWis 类实现了这个接口，并且只继承了类“学生”的状态和方法。一个类所实现的接口列表是在类的定义中和类名之后给出的，在冒号之后是可能的扩展语句。此外，也必须“补充”原员工类的状态中没有被继承但需要的部分。

```
interface EmployeesIF {
  short Age ( ) ;
  long Salary ( ) ;
};
class Employees: EmployeesIF ( extent AllEmployees ) {
  attribute long PersNr;
  attribute string Name;
  attribute date BirthDate;
};
class HiWis extends Students : EmployeesIF ( extent AllHiWis ) {
  attribute long PersNr;
  attribute date BirthDate;
```

```
    attribute short WorkingHours;
};
```

请注意（如上所述），HiWis 并没有插入到扩展 AllEmployees 中。为此，就必须把这个扩展分配给接口 EmployeeIF，但根据 ODMG 标准的语句描述，这是不可能的［见 Cattell 等人（1997）］。

然而，仅将多重继承限制在接口上并不能排除在实现的接口和继承的类中存在同名操作时的冲突。在许多系统中，存在一个优先级规则以决定在这种情况下哪个操作实际被继承。ODMG 模型以一种更简单的方式“解决”了这种情况，它禁止可能出现冲突的推导。

## 13.11 对象查询语言 OQL

ODMG 标准的对象查询语言（OQL）在语句上类似于 SQL。在这里，查询也是在一个 select-from-where 句组中表达的。与 SQL-92 相比，OQL 有一个很大的优势，就是可以更灵活地处理任意结构的对象。此外，在 OQL 中，可以调用分配给类型的操作。

### 13.11.1 简单查询

让我们从所有 C4 教授的名字的简单查询开始：

```
select p.Name
from p in AllProfessors
where p.Rank = “C4” ;
```

这个查询与同等的 SQL 查询几乎完全相同，只是在 from 部分有一点不同。在 SQL 中，变量被绑定到集合；在 OQL 中，变量 *p* 被绑定到扩展 AllProfessors 中。

返回变量集而不是单个对象的查询还要包含变量集构造器 struct。如果也要在上述查询中输出教授的级别，则必须生成一个两位数的变量集：

```
select struct（n：p.Name，r：p.Rank）
from p in AllProfessors
where p.Rank = “C4” ;
```

当然，在这种情况下，所有的级别都是一样的，即 C4。

### 13.11.2 嵌套查询和分区

在 SQL-92 中必须使用分组运算符来表达关系子集的谓词，而在 OQL 中通常没有必要，因为集合处理比较简单。在 SQL 中，分组用来在一个关系中执行分区，而不破坏扁平关系结构。在面向对象的模型中，我们不再需要限制扁平元组。例如，关于以长课时课程为主的讲师的教学负担问题，可以通过以下嵌套查询来确定：

```
select struct（n：p.Name，a：sum（select l.WH from l in p.reads））
from p in AllProfessors
where avg（select l.WH from l in p.reads）> 2；
```

其中，聚合函数 sum 和 avg 用于子查询的结果，这在 SQL 中是不可能实现的。此外，在 OQL 中，变量如 *l* 可以非常灵活地绑定到任何对象集。例如这里，*l* 被绑定到 *p*“讲授课程”的集合，也就是绑定到关系“授课”的集合。

虽然在 OQL 中也存在一个 group by 运算符，但它比 SQL 中的运算符更通用：它可以用来以一种简单的方式执行任意分区。我们在这里只展示一个简单的例子。根据课时长度将课程分为三组：短、中、长课程。AllLectures 是类型 Lectures 的扩展。

```
select *
from l in AllLectures
group by short：l.WH <= 2，medium：l.WH = 3，long：l.WH >= 4；
```

结果由类型的三个变量集组成：

```
struct（short：boolean，medium：boolean，long：boolean，
        partition：bag<struct（l：Lectures）>）
```

在这里，分区是一个集合值的属性，包含了属于相应分区的课程。布尔值表示涉及哪个分区。

### 13.11.3 路径表达

因为引用这一方式，可以直接在对象之间“遍历”（通过解引用相应的对象引用），所以连接表达式在面向对象的查询语言中使用的情况较少。其中，使用了所谓的隐性或函数连接（理解为可以准确地解引用对象引用）。

例如，为了找到学习苏格拉底课程的学生，可以通过一个所谓的“路径表达式”沿着学生、课程和教授之间的关系导航：

```
select s.Name
```

```
from s in AllStudents, l in s.attend
where l.Given_by.Name = "Sokrates";
```

表达式 s.attend 返回 *s* 所绑定的学生的课程集合。对于每一个课程，都会跟踪 Given_by 属性，并检查引用的教授的姓名。这个路径表达式在图 13-16 中以图形方式显示。

图 13-16 “学生”通过课程到“教授”的路径表达

路径表达式可以是任何长度的。然而，在 OQL 中，在形式为 $o.A_1.\cdots.A_{i-1}.A_i.A_{i+1}.\cdots.A_n$ 的路径表达式中不允许有集值的属性 $A_i$。对此，需要一个额外的变量：

$$v_i \textbf{ in } oA_1.\cdots.A_i,\ v_n \textbf{ in } v_i.A_{i+1}.\cdots.A_n$$

其中，变量 $v_i$ 被绑定到集合 $o.A_1.\cdots.A_i$ 的元素上，而 $v_n$ 则绑定到集合 $v_i.A_{i+1}.\cdots.A_n$ 的元素上。

所以在我们的大学例子中，不能直接在条件中写

s.attend.Given_by.Name = “Sokrates”

因为 attend 是集合值。因此，有必要在 from 子句中引入额外的变量 *l*，它被绑定到 s.attend 集合上。

### 13.11.4 创建对象

前面的查询结果完全是字词，即不可改变的值，没有“真实”的对象。为了创建完整的、可改变的、具有标识和使用期（持久性）的对象，不使用变量集构造器 struct，而是简单地使用相同形式的对象构造器，其中对象构造器带有类型的名称。[1] 因此，可以通过以下“查询”来实例化对象类型“课程”。

```
Lectures (lecture number: 5555, Title: " Ethic II", WH: 4, Given_by: (
  select p
```

[1] 不要与当前 OQL 版本中未包含的 C++ 构造函数混淆。

```
from p in AllProfessors
where p.Name = "Sokrates" ) ) ;
```

请注意，这将实例化一个新的课程对象。关系属性 listener 和 wasChecked 在这里没有被明确初始化，而是被设置为可能是特定类型的默认值。

### 13.11.5 操作调用

对于更复杂的查询，能够从对象中调用操作是很有用的。对此我们将使用上面的薪资例子来说明。要把所有年薪超过 10 万欧元的员工都筛选出来。

```
select a.Name
from a in AllEmployees
where a.Salary ( ) > 100000;
```

应该注意的是，扩展 AllEmployees 也包含所有的教授和助理。因此，在查询评估中必须考虑到“晚绑定”，以便使用正确的（即最优化的）薪资函数。

## 13.12 C++ 嵌入

特别是在面向对象的系统中，由于结构和行为建模的整合，尽可能无缝地嵌入到编程语言中是很重要的，因为必须在编程语言中实现分配给对象类型的操作。对此，有三种不同的方法：

1. 设计一种新语言。这可能是最优美的方法，因为可以专门为持久化对象“定制”语言。但这种选择涉及大量的实施工作，用户必须学习一种新的编程语言。

2. 对现有语言的扩展。就实施精力而言，这种方法与第一种方法类似。用户不必学习一种全新的语言，但他必须学会（有时看起来不自然的）基础语言的扩展。

3. 通过类型库实现数据库功能。这是实现持久性的最简单方法，但“摩擦损失”最高。绑定的透明性和编程语言的类型检查经常受这种方法的影响，而且用户经常需要进行额外的“手工作业”（例如明确的转换）。

ODMG 所选择的绑定在很大程度上与最后一种方式相同。其实现情况如图 13-17 所示。

用户创建类声明和应用程序的源代码，在预处理器的帮助下将类声明输入数据库。

此外，头文件是用标准的 C++ 语言创建的，可以用市面上的 C++ 编译器来转换。源代码包含分配给对象类型的操作。

转换后的源代码与运行时的系统绑定。运行时的系统负责完成应用程序中与数据库的通信。

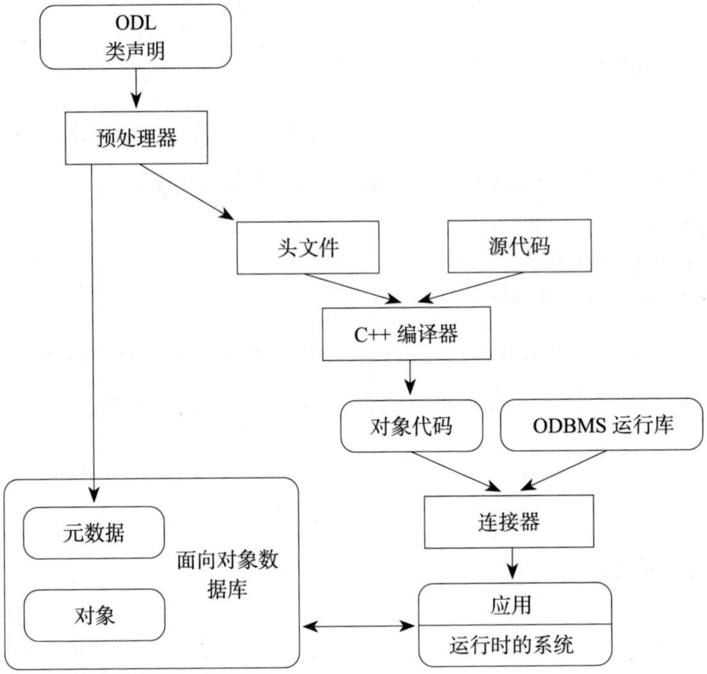


图 13-17　C++ 嵌入（Cattell 等人，1997）

### 13.12.1　对象标识

如前所述，大多数编程语言如 C++，不知道对象标识的概念（至少不是数据库领域所需的形式）。尽管如此，为了使 C++ 中持久性对象之间的关系得到适当的实现，C++ 嵌入提供了 d_Rel_Ref 和 d_Rel_Set 类型的对象。让我们研究 Lectures 和 Profssors 之间的关系的例子：

```
const char _give[] = "give";
const char _Given_by[] = "Given_by";

class Lectures : public d_Object {
```

```
    d_String Title；d_Short WH；
    …
    d_Rel_Ref<Professors，_give> Given_by；
};
class Professors : public Employees {
    d_Long PersNr；
    …
    d_Rel_Set <Lectures，_Given_by> give；
};
```

这里定义了两个 C++ 类：Lectures 是直接从 d_Object 类型推导的；Professors 是通过 Employees（未显示）间接推导的。类型 d_Object 确保不仅可以形成短暂的（即只能在虚拟地址空间中找到），也可以形成持久的 Lectures 和 Profssors 的实体。类型 d_String、d_Short 和 d_Long 是 ODL 类型 string、short 和 long 的 C++ 版本。为了确保平台的独立性，在 C++ 中直接指定的数据类型是不合适的。

在 C++ 中转换这种关系时，就会变得更加复杂：Lectures 类的属性 Given_by 引用了一个 Profssors 类的对象（由 d_Rel_Ref 后面的角括号中的第一个参数来定义）。在 Profssors 中，有一个相应的反向引用 _Given_by（由 d_Rel_Ref 后面的角括号中第二个参数的变量内容来定义）。注意，这里使用的是 d_Rel_Set 类型的属性，因为教授可以讲授多个课程。模板参数所包含的变量（即 _give 或 _Given_by）与属性名称的结构有些奇特，下画线 _ 是对 C++ 中缺少的键词 inverse 的替代。

### 13.12.2 对象的创建和聚集

在 C++ 中，通过运算符 new 进行实例化。然而，一个持久的存储对象仍然需要指定一个位置。既可以将对象存储在指定数据库中的任何位置，也可以将其定位在另一个对象的“附近”。第二种方案是指定对象聚集的一种简单方式。在理想情况下，“附近”是指在同一个页面上，这样两个对象都可以通过页面转移来读取。在下面的例子中，创建一个新的对象 Russel 并放置在 UniDB 数据库的任意一个地方。而对象 Popper 放置在 Russel“附近”。

```
d_Ref <Professors> Russel =
    new（UniDB，"Professors"）Professors（2126，"Russel"，"C4"，…）;
d_Ref <Professors> Popper =
    new（Russel，"Professors"）Professors（2133，"Popper"，"C3"，…）;
```

这里 Russel 和 Popper 是 d_Ref < Professors > 类型的两个变量，它们指的是新的对象。d_Ref 实现了对持久性对象的引用，然而，与 d_Rel_Ref 相反，它没有反向引用。括号中的第二个参数是所创建的对象类型的名称，是一个字符串。

### 13.12.3 嵌入查询

嵌入查询时，扩展编程语言的语言范围确实是更好但更费时的方法。如果查询是程序文本的一部分，则可以在转换时进行静态类型检查和查询优化。

ODMG 标准化组织在查询语言和编程语言之间选择了一种“松散”的耦合。其中，查询在运行时以字符串的形式传递给查询处理，可能还有调用 C++ 程序的附加参数。然后，查询处理会对查询进行解析、类型检查和优化，并对查询进行评估。然后，查询的结果在一个变量中传递给调用程序。这种松散耦合方法的优势在于其相对较少的实现工作量。

作为查询示例，我们要确定某个教授的学生集合。该查询的表达如下：

```
d_Bag <Students> Pupils;
char * profName = … ;
d_OQL_Query request ( "select s
                       from s in l.attend, l in p.give, p in AllProfessors
                       where p.Name = $1" ) ;
request « profName;
d_oql_execute ( request, Pupils ) ;
```

首先，生成一个 d_OQL_Query 类型的对象。这个对象以字符串的形式获得查询，并将其作为构造器参数。在查询中，可以使用查询参数的占位符。在我们的例子中，在 $1 的位置上，插入传递的第一个参数，以寻找教授的姓名，并通过一个在 d_OQL_Query 类中定义的 « 运算符进行转移。然后，可以用函数 d_oql_execute 来执行查询，它在集合变量 Pupils 中返回结果。这个集合变量的类型是 d_Bag，即它是一个所谓的“多集合”，也可以包含副本。

在查询中，我们可以再次评估一个路径表达：它从扩展名 AllProfessors 开始，通过关系属性 give 指向 Lectures，并从那里通过属性 attend 指向被搜索的 Students。图 13-18 说明了这种路径表达。

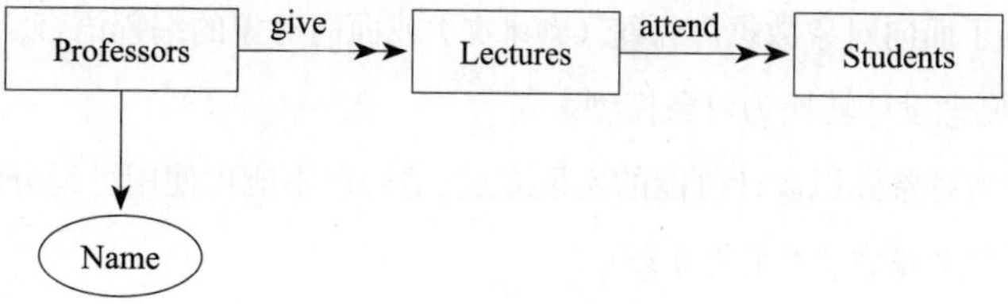


图 13-18 从 Professors 到 Lectures 再到 Students 的路径表达图示

## 13.13 习题

13-1 13.1 节介绍了多面体的边界表示的关系模型。此外，还讨论了实现操作的问题。通过数据库访问的嵌入 SQL 命令，在 C 或 C++ 中实现分配给多面体的操作（旋转、缩放、平移、体积、重量等）。如果你缺少计算机几何领域的基础知识，请参考 Foley 和 Van Dam（1983）的教材。

13-2 如果你能进入一个面向对象数据库系统，请在这个系统中实现多面体的边界表示，并实现旋转、缩放和平移的几何转换。此外，你应该实现一些所谓的观察操作，例如在屏幕上可视化（显示）一个多面体。如果你不能使用面向对象数据库系统，请用 C++（或其他面向对象的编程语言）进行面向对象的建模。

请将面向对象的建模与 13.1 节中概述的并在习题 13-1 中完成的关系表达加以比较。

13-3 请为一所大学的成员设计一个完整的类型层次结构。请讨论多重继承如何产生更好或更差的建模。

13-4 请完成面向对象的大学建模。在你可用的面向对象数据库系统中或在 C++ 中（如果你没有可用的面向对象数据库）实现这个模型。请建立一个小型的示例数据库。

13-5 请在你可用的对象模型中实现员工、助理和教授的对象类型，可以用 C++。请找出在你的大学模型中对这些大学员工有效的薪资计算方法，并加以实施。请通过例子说明“晚绑定”有效。

13-6 请为习题 2-6 中火车信息系统的概念模型“建立”一个面向对象数据库。特别注意，你应该整合用于确定时刻表的操作。

（1）首先，根据本章介绍的布奇符号进行面向对象的数据建模。你也可以使用一个面向对象的设计工具，如 Rational 公司的 Rose 系统。

（2）请基于面向对象数据库系统（如果有）或面向对象的编程语言，如 C++，将你的面向对象的概念设计转换为对象模型。

13-7　请为对象标识设计可能的实现方式。请确保不能再使用已经分配的标识符（也包括在后期删除了的最初被引用的对象）。

## 13.14　文献注解

在计算机科学领域，面向对象的第一个概念出现在编程语言领域。Simula-67（Dahl，Myrhaug 和 Nygard，1970）是一种特别为模拟应用定制的编程语言，包含了大部分被认为是对面向对象至关重要的属性。它被认为是所有后续面向对象的编程语言的先驱。Simula-67 的直接继承者是 Smalltalk-80（Goldberg 和 Robson，1983）、Eiffel（Meyer，1988）、ObjectiveC（Cox，1986）和 C++（Stroustup，2000）等语言。

第一个商业化的面向对象数据库系统是 GemStone（Stroustup，1984），它是由 GemStone Systems Inc. 公司开发的（Copeland 和 Maier，1984），其数据模型基于语言 Smalltalk-80。Poet（1997）是一个在德国开发的面向对象数据库系统。

想要深入了解面向对象数据库的概念，建议参考相关的教材，如 Kemper 和 Moerkotte（1994）的教材。作者在对象模型 GOM 的基础上解释了面向对象数据库的特点，并对关系模型的技术和面向对象的技术做了比较。Kemper 和 Moerkotte（1993）为 *Informatik Spektrum* 杂志撰写了一份关于面向对象数据库开发的简短概述。Unland（1995）也写了一份关于这项技术的概述。在 Bayer，Härder 和 Lockermann（1992）的文集中，可以看到德国在面向对象数据库领域的研究工作概述。Heuer（1997）也讨论了各种面向对象的系统。Matthes（1993）描述了持久化对象系统的实现方案。关于面向对象数据库，Lausen 和 Vossen（1996），Saake，Schmitt 和 Türker（1997），Hohnstein 等人（1996）撰写了综合性的参考书。Geppert（1997）为面向对象数据库准备了一个实例（重点是 $O_2$ 系统）。Braunreuther，Linnema 和 Lipinsk（1997）将面向对象数据库系统用于医学模拟。

由于不同的系统有各种不同的能力，Atkinson 等人（1989）在“声明”中指出，哪些是面向对象数据库系统的最重要的特征。Broy 和 Siedersleken（2002）写了一篇关于面向对象建模问题的文章，并广受好评。

Cattell 等人（1997）描述了 ODMG-93 标准。现在人们普遍认为，“下一代数据库系统”将提供一个强大的面向对象的数据模型，无论是按照这里介绍的 ODMG 标准的“纯”对象模型的形式，还是按照未来的 SQL3 标准的对象关系模型（Pistor, 1993）。

ODMG 标准的对象查询语言来自 $O_2$ Technology 公司的 $O_2$ 系统（Bancihon, Delobe 和 Kanellakis，1992）。其他商业系统在《ACM 通讯》（*Association for Computing Machinery*，1991）的特刊中有所描述，包括基于 C++ 的 ObjectStore。

一些年来，人们一直在努力使面向对象的数据模型系统化，包括 Kifer，Lausen 和 Wu（1995），Hartnann 等人（1992），Gattlob，Kappel 和 Schrefl（1990）始终致力于该领域的工作。

Booch（1994）描述了设计面向对象软件的方法，他所使用的布奇符号也用于 Rational 公司的 Rose 建模系统。在 Rumbaugh 等人（1991）的书中可以找到另一种符号，其中对软件的函数和动态方面也做了比较系统的处理。Dittrich 等人（2003）报告了他们在开发一个主动的面向对象数据库系统方面的经验。

# 14 可扩展的对象关系型数据库

## 14.1 对象关系概述

大多数关系型数据库系统的制造商都在研究关系型数据模型的功能扩展。“对象关系型数据模型”一词正是为这些扩展而创造的，因为面向对象的数据建模的概念被整合到了关系模型中。这些扩展主要涉及以下方面：

1. 大对象（Large Objects，LOBs）。其中涉及的是可以存储非常大的属性值的数据类型，例如多媒体数据。其大小可以达到数千兆字节。尽管大对象实际上是“纯”值，也经常被添加到关系型数据库系统的对象关系概念中。

2. 集合值属性。为了能够给属性中的变量集（对象）分配一个集合值，特意放弃了关系模型的扁平结构。例如，这使得我们可以为学生分配一个集合值的属性 ProgrLanguageKnowledge，该属性包含一组字符串。为了能够以一种有意义的方式处理集合值属性，我们必须在查询语言中进行嵌套（形成集合）和去嵌套（“展平”集合）。

3. 嵌套关系。嵌套关系，比集合值属性更进一步，它允许属性本身是关系。例如我们可以在关系“学生”中创建一个属性“毕业考试”，在这个属性下，可以存储“考试”这一变量集的集合。这种嵌套关系的每个变量集本身由属性组成，如“成绩”和“考官”。

4. 类型声明。对象关系型数据库系统支持特定应用类型的定义，通常称为“用户自定义类型”（UDT）。因此，我们不再受制于（非常有限的）预先定义的 SQL 属性类型。这样，就可以建立复杂的对象结构，因为也可以把用户定义的类型作为属性类型。通常，类型声明可区分为（基于值的）只能作为变量集的一个组成部分（属性）出现的抽象数据类型，以及可以作为关系中的一个独立数据集出现的变量集类型或对象类型（row types）。

5. 引用。属性可以直接引用作为值的变量集 / 对象（相同或其他关系）。因此不再局限于使用外键来实现关系。特别是，一个属性也可以有作为值的一个引用集合，这样，我们也可以在没有单独关系的情况下表示 $N:M$ 关系。例如，学生可以被分配到“学”这个属性中，后者包含一个对关系“课程”中变量集 / 对象的引用集合。

6. 对象标识。引用的前提是假定可以通过一个对象标识唯一地识别对象（变量集），并且不能改变这个对象标识（与关系键不同）。

7. 路径表达。引用属性不可避免地导致需要在查询语言中支持路径表达。

8. 继承。复杂的结构化类型可以继承一个超类型。此外，关系可以定义为超级关系的子关系，因此子关系的所有变量集也隐式地包含在超级关系中。这样实现了概化 / 特化的概念。

9. 操作。在对象关系模型中，还可以为数据分配操作，这在关系模型中是不能实现的。如果这些操作足够简单，则可以直接用 SQL 实现。如果是比较复杂的计算，许多系统为用户提供了一个接口，在外部用程序语言（如 C++ 或 Java）实现操作，然后将其添加到 DBMS 中。

SQL-99 标准化的目的是定义一个标准化的对象关系型数据模型，包括查询语言。该标准化得到了美国国家标准与技术研究院的支持，目前已形成 SQL-99 标准。然而，在商业数据库系统实现这一标准之前，肯定还需要几年时间（实现完整和一致）。尽管如此，许多关系型商业 DBMS 产品已经有了许多对象关系型数据模型的概念，但遗憾的是语句不一致。在本章中，我们将介绍两个具有对象关系概念的市场领先的数据库系统（Oracle 和 IBM 的 DB2）。

## 14.2 大对象

现在，关系型数据库系统已经变得非常高效。在许多应用中，所有的数据都存储在其中，甚至是以前作为文件“与”数据库系统一起存储的数据。这些数据特别包括多媒体数据，如照片、音频数据、视频，甚至要归档的很大的文本。

这种数据，已经被标准化为所谓的“大对象”数据类型，分为多个 LOB 数据类型：

1. CLOB。长文本存储在一个大字符对象中。与相应的 varchar（…）数据类型相比，其优势在于性能的提高，因为数据库系统提供了特殊的程序（所谓的“定位器”）——用于从应用程序访问数据库系统 LOB。

2. BLOB 。在二进制大对象中存储应用程序数据，其中数据库系统不表达这些数据，而只是保存或存档。

3. NCLOB。CLOB 只限于有 1 字节字符数据的文本。对于有特殊字符的文本的存储，例如 Unicode 文本，必须使用所谓的“国家字符集大对象”（NCLOB）。[1]

LOB 属性的（最大）尺寸是以千字节（KB）、兆字节（MB），甚至千兆字节（GB）来说明的。今天的数据库系统支持 2 GB 甚至 4 GB 的 LOB。

因此，在使用 LOB 属性时，可以为大学模型的关系分配额外的信息，而这些信息以前在行政部门只被保存在文件柜或档案文件中。举例来说，让我们研究一下“教授”关系，现在我们向其添加 BLOB 类型的属性“护照照片”和 CLOB 类型的属性“简历”。

```
create table Professors
   ( Pers_id          integer primary key,
     Name             varchar ( 30 ) not null,
     Rank             character ( 2 ) check ( Rank in ( 'C2', 'C3', 'C4' ) ),
     Room             integer unique,
     Passportphoto    BLOB ( 2M ),
     Resume           CLOB ( 75K ) );
```

前面已经提到，数据库系统已经特别优化了 LOB 数据的存储和处理。在一些数据库系统中（例如 IBM 的 DB2），可以忽略记录（不记录）LOB 属性，这样就不会产生这方面的额外工作。此外，LOB 数据也应该并且可以存储在与常用属性不同的区域。这事实上会导致“正常”的数据处理操作（薪资计算、假期计划等）出现不可容忍的缓慢。例如，在 Oracle 中，人们可以明确地指定一个单独的 tablespace 来存储 LOB 属性：

```
LOB ( Resume ) store as
     ( tablespace Resumes
       storage ( initial 50M next 50M ) );
```

这里规定，这个存储区域每次增加 50 MB。

在 DB2 中，可以决定是将 LOB 数据压缩（compact）以节省存储成本，还是不压缩（not compact）以优化访问。

在应用程序中处理 LOB 数据时，不应该立即在数据库系统和应用程序之间传输这些数据对象。这对于客户端 / 服务器应用程序来说尤其如此，因为 LOB 数据元素可能会产生非常大的通信量。为了减少传输成本，可使用所谓的“定位器”，它引用数据库服务器中的 LOB 数据，但并没有“真正”执行对 LOB 数据的操作，而是以逻辑方式存

[1] 在 DB2 中，这种数据类型（与 SQL-99 标准不同）被称为 DBCLOB，Double Byte Character Large Object 的缩写。

储。因此，如果把两个 LOB 串联起来，则作为两个参数的 LOB 仍然在它们的存储位置上，只是在逻辑上表示它们现在是串联的。只有在“别无他法”的情况下，才会实际传输 LOB 数据，例如，在明确分配的情况下。

## 14.3 独特类型：简单的用户定义的数据类型

数据库系统现在支持各种内置数据类型，从简单的类型如整数、小数、日期到多媒体格式。然而，这些预定义的数据类型当然不能涵盖所有特定的应用要求。作为一个具体的例子，让我们研究（考试）成绩的数据类型：到目前为止，我们一直依赖十进制数据类型，尽管定义我们自己的专用成绩类型会更有意义。

对于这种可以一对一地映射到现有数据类型的简单结构化数据类型，SQL-99 提供了定义所谓“独特类型”（distinct types）的方法。这些独特类型是基于数据模型中内置的类型，例如，我们的成绩类型是十进制，而工号类型是整数。通过定义一个独特类型，我们希望排除数据对象（属性值）在语义上被错误使用的可能性。

举例说明，让我们观察“成绩类型”，它表示为十进制（3，2）。在 DB2 中，这种数据类型的定义如下（SQL-99 语句略有不同，因为它省略了 distinct 键词，但需要一个额外的键词 final）：

```
create distinct type GradeType
    as decimal (3, 2)
    with comparisons;
```

这里定义了用三位数的十进制和两个小数位表示 GradeType。此外，允许对两个 GradeType 值进行比较。但是，不允许与不同类型的值进行比较，即使是三位数的十进制。例如，如果关系“学生”有类型为 GradeType 的 PrediplomaGrade 和类型为 decimal（3，2）的 HourlyWage 两个额外的属性，我们仍然不能进行下面的（完全无意义的）查询：

```
select *
from students s
where s.HourlyWage > s.PrediplomaGrade;
```

这里查询未能成功，因为两个不同的数据类型的比较是不允许的。为了将不同的数据类型相互比较，首先必须将它们转换为相同的数据类型，即“强制类型转换”

（casting）。例如，在 DB2 句法中，可以进行以下查询，以确定多付款的学生：[1]

```
select *
from students s
where s.HourlyWage >（9.99−cast（s.PrediplomaGrade as decimal（3，2）））；
```

到目前为止，还没有为 GradeType 分配任何操作，因此，我们还不能从几个单独的分数中确定一个平均分数。幸运的是，我们不需要从头开始实现这个操作，而可以使用存在于 decimal 类型中表示计算平均值的 avg 函数。它在 DB2 句法中使用如下：

```
create function GradeAverage（GradeType returns GradeType
    source avg（decimal（））；
```

我们现在想在关系定义中使用这个 GradeType：

```
create table test（
    StudNr int,
    LectureNr int,
    PersNr int,
    Grade GradeType）；
```

当插入数据（值）时，现在必须明确地将十进制数字转换为 GradeType 值。具体如下：

```
insert into test values（28106，5001，2126，GradeType（1.00））；
…
```

这样，就可以如下确定所有考试的平均成绩：

```
select GradeAverage（Grade）as UniAverage
from test；
```

我们现在要介绍一个更有意义的例子，即从一种数据类型到另一种数据类型的转换。为此，我们考虑了相当现实的情况，即示例中的大学认可在国外取得的考试成绩。然而，外国大学的评分系统往往与德国的评分系统不同。例如，在美国的评分系统中，成绩从 4.0 往下，4.0 是可能取得的最佳成绩。因此，我们应该定义一个“独特类型”的 US_GradeType，以便在这里“不会混淆”：

```
create distinct type US_GradeType
    as decimal（3，2）
    with comparisons；
```

---

〔1〕在 SQL−99 标准中，它的指令是 cast（…to …）。在 DB2 句法中，decimal 更短（s.PrediplomaGrade）。

我们现在可以为待转换的考试成绩创建一个额外的关系，我们称之为 TransferFromAmerica：

```
create table TransferFromAmerica (
    StudNr int,
    LectureNr int,
    university varchar (40),
    US_Grade US_GradeType);
```

同样，在插入时，我们把十进制数字转换成相应的 US_GradeType 值：

```
insert into TransferFromAmerica values
    (28106, 5041, 'Univ. of Southern California', US_GradeType (4.00));
...
```

然而，如果我们现在要计算所有成绩的平均分（既要按照德国体系，也要按照美国体系），则我们需要将美国成绩有效地转换为相应的德国成绩。以下是用 SQL 实现的函数 UStoG_SQL：

```
create function UStoG_SQL (us US_GradeType) returns GradeType
    return (case when decimal (us) < 1.0 then GradeType (5.0)
                 when decimal (us) < 1.5 then GradeType (4.0)
                 when decimal (us) < 2.5 then GradeType (3.0)
                 when decimal (us) < 3.5 then GradeType (2.0)
                 else GradeType (1.0) end);
```

然后我们可以用这个函数来求出所有学生的常规考试和国外考试的平均成绩：

```
select StudNr, GradeAverage (Grade)
from ((select Grade, StudNr from test)
      union
      (select UStoG_SQL (US_Grade) as Grade, StudNr
       from TransferFromAmerica) as AllExams
group by StudNr;
```

其中，两个关系 test 和 TransferFromAmerica 在 from 子句中被结合起来。存储在 TransferFromAmerika 的 US_Grade 事先被转换为 GradeType。然后对该 GradeType 的值进行平均值计算（按学号分组后）。

这种转换在 SQL 中并不总是那么容易实现。如果需要更复杂的转换功能，则宁愿在外部用 C++ 或 Java 等编程语言来实现它们。这在 DB2 中也是可能的。在 DB2 数据库模式中，我们将声明这个操作，称之为 UStoG，如下所示：

```
create function UStoG (double) returns double
```

```
    external Name 'Converter_UStoG'
    language C
    parameter style DB2SQL
    no SQL
    deterministic
    no external action
    fenced;
```

这个声明告知数据库系统：外部函数 UStoG 是通过一个名称为 Converter_UStoG 的外部 C 程序来实现的。参数是根据 DB2SQL 惯例传递的，函数本身不包含对数据库的任何访问（no SQL）。键词 deterministic 表示，以相同的参数值两次调用该函数总是返回相同的结果。如果出于优化多次调用该操作的原因，例如，在待转换的值被前面的连接复制后，则该信息对优化器来说可能很重要。我们将在后面解释其他键词，它们对这里的理解并不重要。

然而，细心的读者会发现，该函数的参数类型和返回类型都被声明为 double。这是 C/C++ 的数据类型，并且仍然接近 SQL 的十进制类型。但是在 DB2 中仍然需要额外的转换函数，以便可以无缝地使用函数 UStoG。下面的两个辅助程序可以做到这一点。

```
create function UStoG_Decimal (decimal(3, 2)) returns decimal(3, 2)
    source UStoG (double);
create function GradeType (US_GradeType) returns GradeType
    source UStoG_Decimal (decimal());
```

在这两个辅助程序中，实现了 SQL 数据类型和 C/C++ 数据类型之间的必要转换。当调取最后一个定义的操作 GradeType 时，首先应用 UStoG_Decimal 程序，而它又是基于 UStoG 的。这里，US_GradeType 类型的参数值首先被转换为十进制，然后被转换为 double。在相反的方向上，一个 double 值被转换为一个十进制的值，最后被转换为一个 GradeType 的值。

现在可以确定学生的平均成绩了，如下所示：

```
select StudNr, GradeAverage (Grade)
from ((select Grade, StudNr from test)
        union
        (select GradeType (US_Grade) as Grade, StudNr
          from TransferFromAmerika)) as AllExams
group by StudNr;
```

在第二个嵌套 select 语句中，通过调用 GradeType（Grade），将 Grade 从 US-

GradeType 转换为（德国学校成绩）的 GradeType。之后，可以对转换后的 test 和 TransferFromAmerica 的类型兼容的变量集进行合并。

## 14.4 表函数

一些系统，如 DB2，有一种优美的方式将外部信息（即数据库系统以外的信息）"引入"数据库系统，以便在查询处理中使用。所谓的"表函数"（table function）就是用于这个目的。这些函数不仅返回一个单一的（标量）值，而且（如其名称所指）返回一个表/关系。因此，一个表函数返回一个元组作为结果。这样一个函数几乎可以像完全普通关系或视图一样用于查询。这些函数也称为"装饰器"（Wrapper），因为它们使外部数据源以数据库系统可访问的不同形式出现。

我们将通过一个说明性的例子来描述这一点。万维网提供了很多信息，大学模型中的教授的传记也是如此。所以我们想实现一个名为 Biograplies 的表函数，它的结果是返回具有以下模式的一个关系：

Biographies（**string**）：{［URL：**varchar**（40），Language：**varchar**（20），
Ranking：**decimal** ］}

这个表函数有一个字符串参数，用它来调用表函数，在这里可以使用教授的姓名作为参数。其结果是一个三位数的关系，其属性是 URL（可以找到传记内容的 URL）、语言（传记的书写语言）和排名值（该数据源的相关性值）。

### 14.4.1 在查询中使用表函数

如果想找到一个按排名值排序的"苏格拉底"的英文传记列表，则可以通过以下 SQL 查询来实现：

```
select bio.URL, bio.Ranking
from table (Biographies ('Sokrates')) as bio
where bio.Language = 'English'
order by bio.Ranking;
```

上面的查询非常容易写出来，因为表函数的参数是一个常数。例如，如果我们想确定所有教授的德语传记，调用该函数就不再那么简单了。为此，表函数必须从另一个关系中"获得"它的调用参数，这个关系必须被列为 from 子句中的第二个相关关系：

```
select prof.Name, bio.URL, bio.Ranking
from Professors as prof, table ( Biographies ( prof.Name ) ) as bio
where bio.Language = 'German'
order by prof.Name, bio.Ranking;
```

这里使用表函数就像执行一个相关的子查询。对于每个指定的“教授”，表函数被调用（一次）以检索该教授在网上的传记。

### 14.4.2 表函数的实现

实现这个表函数 Bioraphies 当然比在 SQL 查询中使用它要困难得多。毕竟，它是作为一个外部程序实现的。在实现时，必须使用 DB2 给出的表函数的接口（API）。该函数必须实现 OPEN，FETCH 和 CLOSE 的调用类型。这个接口对应的是用于查询处理的迭代器接口，见第 8 章。我们在此不详细介绍该函数的实现，例如可以通过查询互联网搜索引擎来实现。在我们的例子中，必须合理地设置排名值 Ranking，并且“以某种方式”限制返回变量集的数量。也即，在某一时刻，该函数必须在 FETCH 调用上发出结束信号，否则，将不会终止使用该函数的结果查询处理计划。

下面我们给出了 DB2 语句中 Bioraphies 函数的 SQL 声明：

```
create function Biographies ( varchar ( 20 ) )
    returns table  ( URL varchar ( 40 ) ,
                             Language varchar ( 20 ) ,
                             Ranking decimal )
    external Name '/usr/…./Wrappers/Biographies'
    language C
    parameter style DB2SQL
    no SQL
    not deterministic
    no external action
    fenced
    no scratchpad
    no final call
    cardinality 20;
```

各条指令具有以下含义：

external Name 指定了待查找功能代码的文件。在 DB2 中，也有一个默认的位置，只要文件的名称与函数相同，就不需要指定该位置。

Language 可以是 C，Java 或 OLE，等等。

no SQL 意味着不从函数实现中访问数据库，但目前这在 DB2 中是不可能的。

not deterministic 意味着即使参数值相同，两个连续的调用也可能产生不同的结果。这当然是可以通过搜索引擎访问的。

no external action 意味着没有页面效果。

fenced 意味着在一个单独的命名空间（即在一个独立于数据库系统的进程中）中执行该函数。为了安全起见，几乎始终应这样做，但这比 not fenced 的效率低。not fenced 的选项应该只用于特别“值得信任”的代码，并且这些代码已经在 fenced 模式下测试了很长时间。在 not fenced 模式下执行的代码在发生错误或恶意操作时，会对数据库系统的一致性产生灾难性影响。

scratchpad 意味着该函数可以记住两次调用之间的中间结果（即状态信息）。

no final call 意味着数据库系统不需要发出处理结束的信号。然而，特别是对于带有 scratchpad 的函数，最后应该进行一次 final call 以释放资源。

cardinality 是对优化器的一个提示，这样它就知道每次调用需要多少个元组。

## 14.5 用户定义的结构化对象类型

为了“公平起见”，让我们首先介绍一下 Oracle 语句中用户自定义的对象类型。为此，我们将使用大学模型的例子，为了便于阅读，其 UML 建模再次显示在图 14-1 中。

让我们从“结构最简单”的对象类型开始，即教授类型。我们最初不对教授和员工的概化 / 特化建模，并在教授类型中定义所有继承的属性（replace 用来覆盖一个可能已经存在的类型）：

创建或替换类型 ProfessorsType 为对象。

```
create or replace type ProfessorsType as object (
    PersNr number,
    Name varchar (20),
    Rank char (2),
    Room number,
    member function GradeAverage return number,
    member function Salary return number
);
```

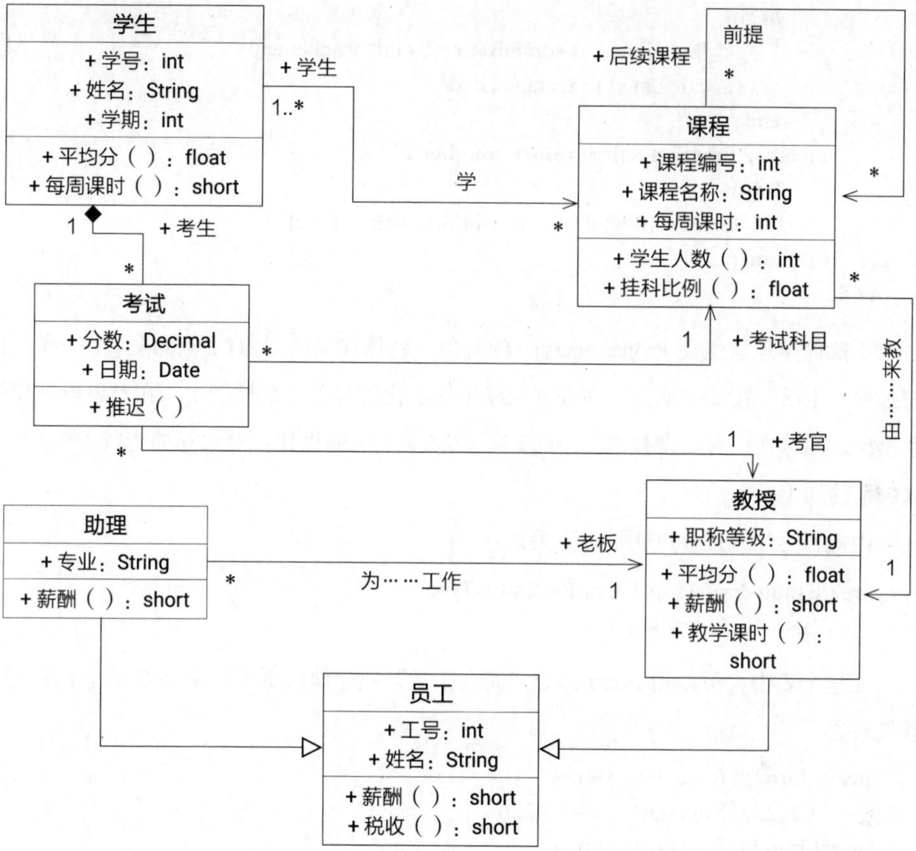


图 14–1 用 UML 建立大学模型

这种对象类型的结构如此简单，因为它几乎不包含任何新概念。除了额外声明的成员函数外，与关系模型相比，没有任何其他重大变化。然而，Oracle 中的对象是自动引用的，也即，可以定义其他对象包含对教授类型对象的引用。我们将在后面用课程类型的例子来说明这一点，其中引用属性 Given_by 是用来指代教授类型的。当然，引用以每个对象所分配到的唯一的对象标识符为前提，该标识符由 Oracle 自动生成。

顾名思义，成员函数与该类型的实体相关。在我们的例子中，实现的方式是，“以某种方式”决定这个教授给予的所有成绩的平均值或其薪资。

在 Oracle 中，用所谓的 type body 可实现操作：

**create or replace type body** ProfessorsType **as**
    **member function** GradeAverage **return number is**

```
        begin
            /* find all exams administered by this teacher and
              calculate the average Grade */
        end;
    member function Salary return number is
        begin
            return 100000.0;    /* Uniform Salary for all */
        end;
end;
```

不能简单地实例化 ProfessorsType 的对象，就像在面向对象的编程语言中一样，它们必须“生活”在某个地方。在 SQL-99 中标准化的对象关系模型中，在对象模型和关系模型之间存在一种“杂技式”（或者说“劈叉式”）的操作：对象存储为行（变量集）或关系的列（属性）。

因此，为“教授”声明了以下关系：

```
create table ProfessorsTab of ProfessorsType
  (PersNr primary key);
```

在这个表中，可以用 insert 命令“完全正常”地存储或者可以说是隐式地实例化了教授对象：

```
insert into ProfessorsTab values
    (2125, 'Sokrates', 'C4', 226);
insert into ProfessorsTab values
    (2126, 'Russell', 'C4', 232);
```

我们现在要定义更复杂的结构化的 LecturesType。其中，正如上文所述，我们要存储一个对授课教授的引用，以表示教授和课程之间 1 : $N$ 关系“授课”。此外，我们还要预设递归的 $N$ : $M$ 关系“前提”，并直接表达在对象类型的前序课程和后续课程之间。这可以通过引用一个集合的前序课程来实现。因此，我们首先要定义一个存储课程引用的集合值属性的类型。我们称这种类型为 LectureRefListType，并将其定义为一种关系，然后进行嵌套：

```
create or replace type LecturesType; /

create or replace type LectureRefListType as table of ref LecturesType;
```

最上面的一行是前向声明，向编译器表明将在以后（或现在）定义 LecturesType。

```
create or replace type LecturesType as object (
    LectureNr number,
```

```
    Title varchar（20），
    WH number,
    Given_by ref ProfessorsType,
    Prerequisites LectureRefListType,
    member function FailureQuote return number,
    member function NumberListeners return int
）；
```

另外，LectureRefListType 也可以被定义为一个可变长度的数组类型：

```
create or replace type LectureRefListType as
    varray（10）of ref LecturesType
```

我们在这里选择了 table 的定义，因为目前 Oracle 可更好地支持这个定义。但是，目前不能改变 varray 对象，只能从头开始创建。

课程也必须“生活”在一个表中：

```
create table LecturesTab of LecturesType
    nested table Prerequisites store as PredecessorTab;
```

在 Oracle 中，嵌套关系 Prerequisites 必须被赋予一个名称，这里是 PredecessorTab。在物理方面，Oracle 将嵌套的条目全部存储在一个关系中，因此，还必须确保属于更高级别的变量集的条目存储在这个单独的关系中（clustering）。

我们现在可以在关系中插入课程。如果我们还想插入对教授的引用，就需要更复杂的插入命令。为了能够插入一个引用，必须首先“定位”要引用的对象。下面用 select from where 查询来执行，我们用它来确定名为“苏格拉底”的教授：

```
insert into LecturesTab
    select 5041，'Ethics'，4，ref（p），LectureRefListType（）
    from ProfessorsTab p
    where Name = 'Sokrates';
```

在上面的插入操作中，我们最初用表达式 LectureRefListType（）给 Prerequisites 属性分配了一个空的嵌套关系。我们以后会在这里插入对前序课程的引用。

同样地，我们现在为名为“生物伦理学”的课程生成一个对象，该课程由“罗素”主讲：

```
insert into LecturesTab
    select 5216，'Bioethics'，2，ref（p），LectureRefListType（）
    from ProfessorsTab p
    where Name = 'Russell';
```

“生物伦理学”是“伦理学”课程的后续课程。因此，我们想在“生物伦理学”的前提条件中插入对“伦理学”的引用。这可以通过以下插入命令来完成：

```
insert into table
    ( select Successor.Prerequisites
      from LecturesTab Successor
      where Successor.Title = 'Bioethics' )
          select ref ( Predecessor )
          from Lectures Predecessor
          where Predecessor.Title = 'Ethics' ;
```

在上面的 select from where 表达式中，首先确定嵌套关系（table），并且在其中插入一个引用。然后，下面的 select from where 查询会生成一个对课程对象（题目为“伦理学”）的引用。根据最上面的 insert into table 命令，这个引用被插入到嵌套关系中。图 14-2 中可以直观地看到这最后一个插入操作的效果，该效果是从“生物伦理学”到“伦理学”的底部箭头。

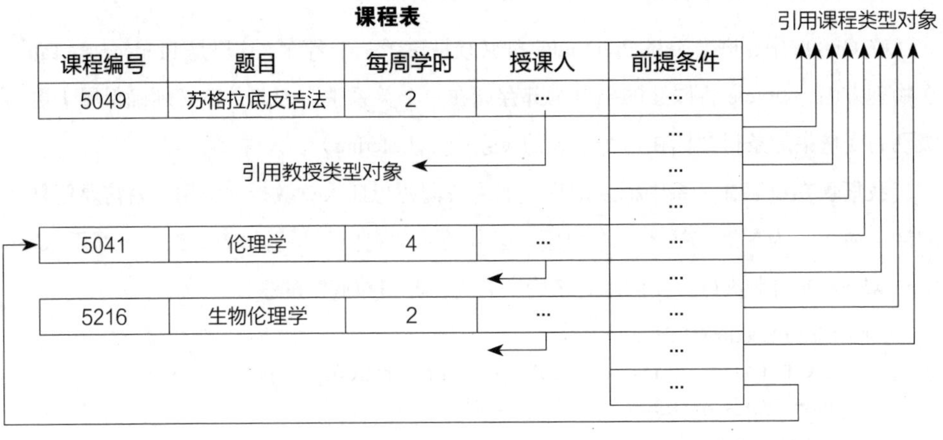


图 14-2 嵌套 PredecessorTab 的关系

## 14.6 嵌套的对象关系

在上面的例子中，我们在一个课程类型对象中嵌套了对另一个 ProfessorsType 对象的引用以及对其他课程类型对象的一个引用集合。现在我们要说明，其他对象也可以“正确”地嵌套在另一个对象中。然而，这种建模只有在实际 1 ：$N$ 聚合（所谓的“组合”）

的情况下才能实现。就实体－联系建模概念而言，当嵌套对象是弱实体，并且其存在依赖于父对象时，对象嵌套是合适的。特别是，排他性因此也必须适用于将嵌套的存储对象分配给被嵌套存储的父对象。否则，将不得不复制嵌套的存储对象，这种冗余将不可避免地导致不一致性。

在我们的大学模型中，学生和考试之间存在着 1 ： *N* 联系。因此，我们首先定义考试类型 ExamsType，它包含对课程类型对象（内容）和 ProfessorsType 对象（考官）的引用。此外，一个考试类型对象包含了基本属性分数和日期。操作 move（）是一个所谓的“突变者”，因为它改变了“日期”。

```
create or replace type ExamsType as object (
    Content ref LecturesType,
    Examiner ref ProfessorsType,
    Grade decimal (3, 2),
    Date date,
    member function move (newAppointment date) return date
);

create or replace type ExamsListType as table of ExamsType;
```

请注意，与 LectureRefListType 相比，ExamsListType 的定义有很大不同（缺少 ref）。作为关系属性的 CompletedExams，ExamsListType 被嵌套在 StudentsType 中：

```
create or replace type StudentsType as object (
    matriculation_number,
    Name varchar (20),
    Semester number,
    attend LectureRefListType,
    CompletedExams ExamListType,
    member function Grade Average return number,
    member function SumWeekHours return number
);
```

下面我们将展示如何在 Oracle 中实现 SumWeekHours 这个操作：

```
create or replace type body StudentsType as
    member function SumWeekHours return number is
        i integer;
    lecture LecturesType;
    Total number: = 0;
    begin
        for i in 1..self.attend.count loop
        UTL_REF.SELECT_OBJECT (attend (i), lecture); /* explicit Deref.*/
```

```
            Total ：= Total + lecture.WH；
        end loop；
        return Total；
    end；
    member function GradeAverage return number is
            …
end；
```

我们还以关系的形式为学生定义了一个“家”。这里，我们现在有两个嵌套关系，即用于存储对已上课程的引用的关系 attend 和用于存储考试类型对象的关系 Completed Exams。在 Oracle 中，这些嵌套关系又被赋予了单独的名称（这里是 OccupancyTab 和 ExamsTab），通过这些名称可以管理它们，如下：

```
create table StudentsTab of StudentsType（StudNr primary key）
    nested table attend store as OccupancyTab
    nested table CompletedExams store as ExamsTab；
```

我们现在可以插入两个学生色诺克拉底（Xenocrates）和西奥弗拉斯特（Theophrastos），最初各自有两个空嵌套关系：

```
insert into StudentsTab values
    （24002，'Xenokrates'，18，LectureRefListType（），ExamsListType（））；

insert into StudentsTab values
    （29120，'Theophrastos'，2，LectureRefListType（），ExamsListType（））；
```

在下面的例子中显示了在嵌套关系列表中插入几个引用的情况：

```
insert into table
    （select s.attend
    from StudentsTab s
    where s.Name = 'Theophrastos'）    /* big fan of Sokrates */
          select ref（l）
          from LecturesTab l
          where l.Given_by.Name = 'Sokrates'；
```

其中，在第一个 select from where 查询中，再次确定了要插入的嵌套关系。在第二个 select from where 查询中，确定了对“苏格拉底”讲授过的所有课程的引用。所有这些引用都插入了来自 Theophrastors 的嵌套关系“学”。请注意，在第二个子查询中，有一个路径表达式 l.Given_by.Name。对 Professors Type 对象的解除引用是隐含在 Oracle 中的，这不符合 SQL-99 标准。相反，该标准提供了 -> 运算符。所以在标准化的语句中，我们可以将路径表达式表述为 l.Given_by->Name。

对成员函数的调用显示在以下查询中：

```
select s.Name, s.SumWeekHours ( )
from StudentsTab s;
```

作为结果，从我们这个数据仍然非常少的数据库中，得到了以下的表：

| Name | s.SumWeekHours ( ) |
|---|---|
| Sokrates | 0 |
| Theophrastos | 10 |

我们现在将展示如何在 Theophrastos 的嵌套关系 CompletedExams 中插入一个考试类型对象：

```
insert into table
  ( select s.CompletedExams
    from StudentsTab s
    where s.Name = 'Theophrastos' )
      values ( ( select ref ( l ) from LecturesTab l
                where l.Title = 'Ethics' ),
               ( select ref ( p ) from ProfessorsTab p
                where p.Name = 'Sokrates' ),
                1.7, SYSDATE ) ;    /* SYSDATE returns today's date */
```

两个内部的 select from where 表达式返回对属性"内容"和"考官"的引用。分数设置为 1.7，日期设置为当前（今天）的值。

"学生表"关系以及嵌套关系"学"和"毕业考试"的状态如图 14-3 所示。箭头表示对其他对象的引用，由于空间的原因，无法显示。

在 Oracle 中，可以使用游标 s 来迭代一个嵌套关系。如下显示：

```
select s.Name, cursor (
    select p.Grade
    from table ( s.CompletedExams ) p )
from StudentsTab s;
```

在输出中，游标的结果分别嵌套到父变量集中：

| Name | Cursor |
|---|---|
| Xenocrates | no rows selected |
| Theophrastos | Grade<br>1.3<br>1.7 |

然而，更优美的方法当然是在 from 子句中将嵌套关系列为“等价”表。这样，对其进行“去嵌套”，每个父变量集被复制的次数与嵌套关系中的变量集一样多（如果嵌套关系中的变量集是空的，就会像“自然连接”/“结合”中一样被完全剔除）：

**select** s.Name，p.Examiner.Name，p.Content.Title，p.Grade
**from** StudentsTab s，**table**（s.CompletedExams）p；

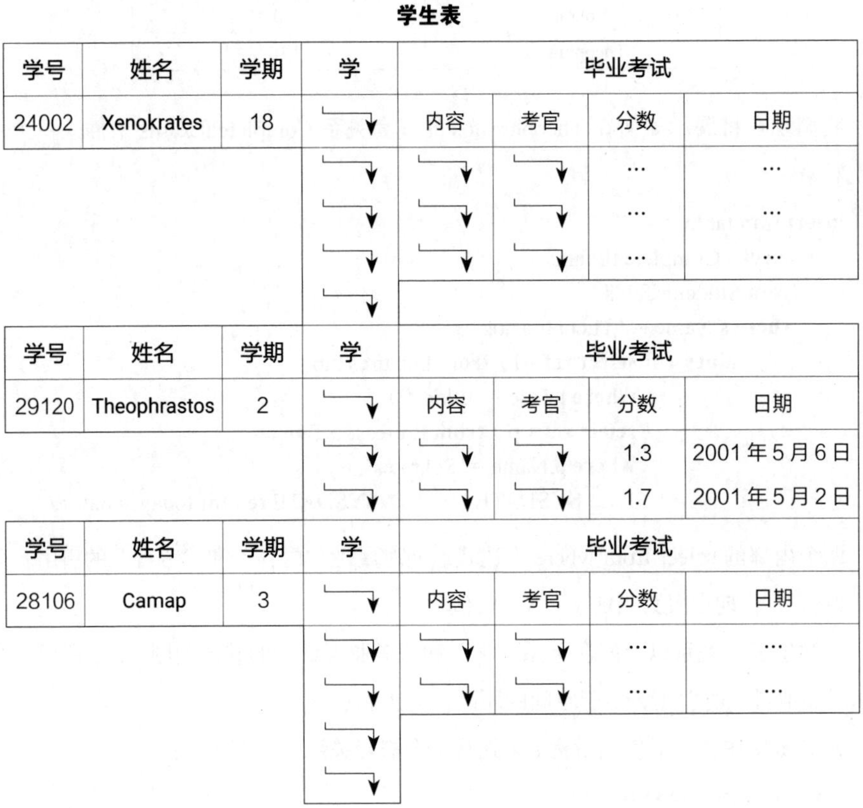
学生表
学号
姓名
学期
学
毕业考试
24002
Xenokrates
18
内容
考官
分数
日期
29120
Theophrastos
2
1.3
2001 年 5 月 6 日
1.7
2001 年 5 月 2 日
28106
Camap
3

图 14–3 学生表的关系

这里，我们还输出了考官的名字和课程的名称，再次以隐含式路径表达式解除引用。查询结果如下所示：

| Name | Examiner.Name | Content.Title | Grade |
|---|---|---|---|
| Theophrastos | Sokrates | Maieutics | 1.3 |
| Theophrastos | Sokrates | Ethics | 1.7 |

## 14.7 SQL 对象类型的继承

SQL-99 标准还定义了对象类型的简单（单一）继承。让我们用 IBM 数据库系统 DB2 的语句来说明这一点，它已经与 SQL-99 的语句非常相似了。对此，我们将以大学模型中的员工、教授和助理的概化 / 特化为例（见图 14-1）。首先，定义超类型 EmployeesType：

```
create type EmployeesType as
    （PersNr int，
    Name varchar（20））
    instantiable
    ref using varchar（13）for bit data
    mode DB2SQL；
```

ref using...子句需要解释：通过 SQL-99 标准可以在“外部”设置对象标识符。因此在所支持的应用系统中，对象在存储到数据库之前就分配了标识符。然而，这时，用户或应用系统的任务是保证这些对象标识符的唯一性。此外，在上述类型定义中指出，员工类型 EmployeesType 是可实例化的，不可实例化的类型对应于 Java 中的抽象类。

现在，我们把教授类型 ProfessorsType 和助理类型 AssistantsType 的对象类型定义为员工类型的子类型，这需要用 under 来表达：

```
create type ProfessorsType under EmployeesType as
    （Rank char（2），
     Room int）
    mode DB2SQL

create type AssistantsType under EmployeesType as
    （Subject varchar（20），
     Boss ref ProfessorsType）
    mode DB2SQL
```

我们现在要给 ProfessorsType 分配一个操作“员工人数”numEmployees，以演示 SQL-99 标准或 DB2 语句。

```
alter type ProfessorsType
    add method numEmployees（）
    returns int
    language SQL
```

```
contains SQL
reads SQL data;
```

在 language 语句中指定在 SQL 中实现。此外，通过 reads SQL data 指定操作实现需要访问数据库（即其他数据库对象）。

我们现在要声明的是，可以存储上面所定义的对象类型的关系。这里也（与类型声明相类似）指出“教授表”和“助理表”是“员工表”的子关系。因此，确保了所有教授和所有助理都隐含在员工表中，正如概化原则所要求的那样。

```
create table EmployeeTab of EmployeesType
    (ref is OID user generated);

create table ProfessorsTab of ProfessorsTyp
    under EmployeesTab
    inherit select privileges;

create table AssistantsTab of AssistantsType
    under EmployeesTab
    inherent select privileges
    (Boss with options scope ProfessorsTab);
```

关系“助手表”的声明包含一个所谓的 scope 子句。这里规定，存储在 Boss 中的引用只能引用关系“教授表”中的对象“ProfessorsType”。请注意，这里的 scope 子句比类型限制更严格，因为对象“ProfessorsType”也可能存储在其他关系中。

我们现在也可以实现操作 numEmployees。这里（故意）以一种有点迂回的方式完成：我们计算“老板”属性所引用的对象“ProfessorsType”与 self 有相同工号的员工数量。在 DB2 中，通过运算符 -> 完成“去引用”，通过双句点 .. 访问对象的属性，如 self ..PersNr。

```
create method numEmployees ()
    for ProfessorsType
    return (select count (*)
        from AssistantsTab
        where Boss -> PersNr = self ..PersNr);
```

我们现在可以把教授和助理插入到他们各自的关系中。作为苏格拉底的 OID，我们选择 soky，它在 ProfessorsType（'soky'）子句中出现。

```
insert into ProfessorsTab (Oid, PersNr, Name, Rank, Room)
    values (ProfessorsType ('soky'), 2125, 'Sokrates', 'C4', 226);
```

由于已经在外部确定了对象的 OID，可以立即使用它们来设置引用。这显示在下一个插入操作中，对柏拉图的“老板”的引用直接设置为 Professors Type（'soky'）。

**insert into** AssistantsTab（Oid，PersNr，Name，Subject，Boss）
  **values**（AssistantsType（'platy'），3002，'Platon'，
  'theory of ideas'，ProfessorsType（'soky'））；

在 Oracle 中，通过相应的子查询来完成这种引用的设置是比较繁琐的（但也许是比较容错的）。

下面的查询表明，概化 / 特化实际上是“有效的”。

**select** t.Name，t.PersNr
**from** EmployeesTab e；

这样我们得到了关于教授以及助理的信息。到目前为止，我们还没有插入任何“正常”员工，否则他们当然也会包含在结果中：

| Name | PersNr |
|---|---|
| Socrates | 2125 |
| Plato | 3002 |

在 DB2 和 SQL−99 中，无参数方法，即那些只有隐含参数 self 的方法，也可以在没有括号的情况下被引用，如以下查询所示：

**select** a.Name，a.Boss−>Name **as** Chief，a.Boss−>numEmployees **as** numDisciples
**from** AssistantsTab a；

从我们数据仍然很少的普通数据库，得出结果如下所示：

| Name | Chief | numDisciples |
|---|---|---|
| Plato | Socrates | 1 |

## 14.8 复杂的属性类型

我们现在要展示的是，也可以作为属性值嵌套的对象。特别是，我们还将在下面的例子中说明可替代性，即在需要超类型对象的地方使用子类型对象的可能性。

作为类型层次结构的例子，我们定义了不同的成绩类型：通用的 GradesObjType 被特化为 US_GradesObjType（美国成绩类型）或 G_GradesObjType（德国成绩类型）。在两

个类型声明中都会增加一个额外属性，分别是 WithHonors 和 Latin。

```
create type GradesObjType as
    ( Country varchar ( 20 ) ,
    NumValue decimal ( 3, 2 ) ;
    StringValue varchar ( 20 ) )
    mode DB2SQL;

create type US_GradesObjType under GradesObjType as
    ( WithHonors char ( 1 ) )
    mode DB2SQL;

create type G_GradesObjType under GradesObjType as
    ( Latin varchar ( 20 ) )
    mode DB2SQL;
```

为了清晰起见，我们在此避免重复使用以前定义的独特类型 GradeType 和 US_GradeType，这对 NumValue 属性非常有用。读者可以对此进行修改（习题 14-4）。

我们现在可以定义一个关系“成绩”Achievemant，其中的属性“分数”Grade 被限制为 GradesObjType 类型。

```
create table Achievemant (
    ParticipantIn varchar ( 20 ) ,
    Lectures varchar ( 20 ) ,
    Grade GradesObjType ) ;
```

下面两条插入命令显示，也可以将特化的 US_GradesObjType 或 G_GradesObjType 类型的对象分配给 Achievemant，正如可替代性所允许的那样。

```
insert into score values ( 'Feuerbach' , 'Java' , US_GradesObjType ( )
    ..Country ( 'USA' )
    ..NumValue ( 4.0 )
    ..StringValue ( 'excellent' )
    ..WithHonors ( 'y' ) ) ;

insert into Achievemant values ( 'Feuerbach' , 'C++' , G_GradesObjTyp ( )
    ..Country ( 'G' )
    ..NumValue ( 1.0 )
    ..StringValue ( 'very good' )
    ..Latin ( 'summa cum laude' ) ) ;
```

在上述插入命令中，首先创建了一个“空”分数对象，然后用双句点符号设置其属性。

我们还可以用相应的参数来定义构造函数。下面我们将对 G_GradesObjType 进行演示：

```
create function G_GradesObjType（ld varchar（20），n DECIMAL（3，2），
                                  s varchar（20），lt varchar（20））
    returns G_GradesObjType
    language SQL
    return G_ GradesObjType（）..Country（ld）
                                        ..NumValue（n）
                                        ..StringValue（s）
                                        ..Latin（lt）；
```

然后，插入操作看起来更优美：

```
insert into Achievement values
  （'Fichte'，'Java'，G_GradesObjType（'G'，3.0，'satisfactory'，'rite'））；
```

当然，在查询中，现在只能访问属性的通用部分，即包含在超类型 GradesObjType 中的属性。如果还想访问专门的属性，比如 WithHonors 或 Latin，那么就需要一个明确的类型查询，这样就可以避免访问一个在相关对象中根本不存在的属性。

```
select ParticipantIn，Lectures，Grade..Country，Grade..NumValue
from Achievement；
```

查询的结果如下：

| ParticipantIn | Lectures | Grade..Country | Grade..NumValue |
|---|---|---|---|
| Fichte | Java | G | 3.0 |
| Feuerbach | Java | USA | 4.0 |
| Feuerbach | C++ | G | 1.0 |

## 14.9 习题

14-1 请用边界表示法确定多面体的对象关系模型（见图 2-25）。

14-2 请实现 14.4 节中介绍的表函数 Biographies。

14-3 请将图 3-8 中的所有数据（包括引用）插入本章所开发的对象关系模型中。

14-4 在复杂属性类型的定义中（14.8 节），为了清晰起见，我们避免重复使用 14.3 节中之前定义的 GradeType 和 US_GradeType 类型，但这些类型对 NumValue 属性非常有用。请修改该实现，包括分数换算。

14−5 请在你所安装的数据库系统中对对象关系型和纯关系型建模的性能进行评估。为此，应实现大学的两个模型，并用相同的人工生成的数据集来“填充”它们。然后在其中运行有代表性的应用程序（查询和变更操作），并评估其性能。

## 14.10 文献注解

多年来一直有研究者在开发一些项目，其目的是将面向对象的概念整合到一个扩展的关系系统中。Linnemann 等人（1988）描述了将 ADT 整合到嵌套关系系统 AIM 中的情况。Haas 等人（1990）描述了 Starburst 项目。Stonebraker，Rowe 和 Hirohama（1990）讨论了 Postgres 的实施情况，它是 INGRES 的后续产品。StoneBraker（1996）撰写的书主要描述了 Illustra 的概念，这是一个商业面向对象关系型数据库系统，现在由 Informix 公司以 Universal Server 的名义发布。从 Oracle 8 开始，较新的 Oracle 版本也包含了基本的对象关系概念。Chamberlin（1998）描述了 DB2 的对象关系建模概念。Melten 和 Simon（2001）非常全面地描述了标准化的关系语言 SQL−99。

Haas 等人（1997）研究了在通过 Wrapper 访问外部数据源时的查询优化。Jaedicke 和 Mistschang（1998）的论文描述了对象关系型数据库中外部操作的并行化。此外，Jaedicke 和 Mistschang（1999）还讨论了数据库的可扩展性。Carey 等人（1997）为面向对象关系型数据库的性能评估制定了一个基准。该基准也是基于一个大学管理的模型，与本章设计的模型类似。Kleiner 和 Lipeck（2001）使用面向对象关系型数据库系统进行地理数据库的网络连接。Deβloch 等人（1998）提出了可扩展的数据库系统 KRISYS。关于组件数据库系统的论文集可以参考 Cittrich 和 Geppert（2001）撰写的书。

Braumandl 等人（2000）描述了一种沿对象引用链的功能连接的优化评估方法。这项工作由 Martens 和 Ralm（2001）在并行化方面作了扩展。

# 15 演绎数据库

演绎数据库系统是关系型数据模型的延伸，具有所谓的“演绎部分”。演绎部分是基于谓词演算的，即第一层逻辑。因此，演绎数据库也可以被看作关系型数据建模与逻辑编程的“结合”。开发演绎数据库技术的目的是，人们可以通过评估演绎规则从存储在数据库的事实中获得进一步的“信息”。

## 15.1 术语

图 15-1 以图示方式说明了一个演绎数据库系统的基本结构。其三个基本组成部分是：

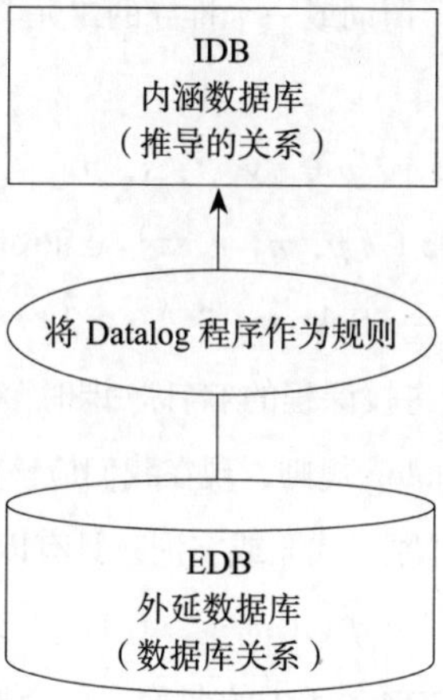


图 15–1　演绎数据库的基本概念

1. 外延数据库（EDB），有时也称为“事实库”。EDB 由关系集（表达式）组成，对应于一个“相当正常”的关系型数据库。

2. 演绎部分，由（推导）规则集组成。该规则集使用的语言被称为 Datalog（来自

Data 一词和逻辑编程语言 Prolog 的名称）。

3. 内涵数据库（IDB），由推导的关系集（特征）组成。IDB 是通过评估 Datalog 程序从 EDB 生成的。

使用 SQL 查询语言的传统关系型数据库，类似于 EDB 和 IDB：

1. 基本关系对应 EDB。

2. 在 SQL 中定义的视图与 IDB 相对应，因为它们都是通过 Creat View 语句派生推导出来的。

但是，演绎数据库的规则语言比 SQL 更具表现力，所以有一些 IDB 关系不能被定义为 SQL 视图。

## 15.2 Datalog

Datalog 程序由以下类型的（有限数量的）规则组成，例如：

sokLV（$T$，$S$）：– lectures（$V$，$T$，$S$，$P$），Professors（$P$，"Sokratrs"，$R$，$Z$），>（$S$，2）。

这条规则 sokLV 定义了一个谓词或一个推导的二元关系，我们用以下关系域计算表达式来表达：

$$\{[t,\ s] \mid \exists\ v,\ p([v,\ t,\ s,\ p] \in \text{Lectures} \wedge$$
$$\exists\ n,\ r,\ z([p,\ n,\ r,\ z] \in \text{Professors} \wedge$$
$$n = \text{“Sokrates“} \wedge s > 2))\}$$

这样，就形成了苏格拉底所讲授课程的“名称 / 课时”对，这些课程的课时数超过了 2。

我们已经直观地解释了 Datalog 规则，现在我们应该用一个正式的定义来“跟进”。规则的基本组成部分是所谓的“原子式”或字词，具有以下结构：

$$q(A_1,\ \cdots,\ A_m).$$

这里 $q$ 是一个基本关系（EDB 关系）的名称，一个推导关系（IDB 关系）的名称或一个内置的谓词（≠、<、≤、>、≥等）。在内置的比较谓词中，经常使用更常见的中缀表示法，即 $X < Y$，而不是 $<(X,\ Y)$。$A_i$（$1 \leq i \leq m$）或者是变量——在 Datalog 中按照 Prolog 惯例以大写字母开头，或者是常量。原子式的例子如下

professors（$S$，“Sokrates”，$R$，$Z$）.

其中，Socrates 是一个常量，$S$、$R$ 和 $Z$ 是变量，谓词 professors 表示 EDB 关系“教授”。由基础关系的（当前）表达式给出这样一个谓词的真值。因此，该谓词对于表达

式中包含的变量集为 true，而对于所有其他可能的变量集为 false。

然后，一个 Datalog 规则有以下抽象形式：

$$p(X_1, \cdots, X_m) :- q_1(A_{11}, \cdots, A_{1m_1}), \cdots, q_n(A_{n1}, \cdots, A_{nm_n})$$

其中：每个 $q_j(\cdots)$是一个原子式，这些 $q_j$ 通常被称为"子目标"（Subgoals）；$X_1$，⋯，$X_m$ 是变量，必须在字符：- 的右边至少出现一次。

规则的左边部分，即 $p(\cdots)$，被称为"头部"（head），由子目标组成的右侧部分被称为"主体"（body）。这种形式的规则也被称为"霍恩子句"。[1]

该规则的含义是：如果 $q_1(\cdots)$ 和 $q_2(\cdots)$ 和……和 $q_n(\cdots)$ 为真，则 $p(\cdots)$ 为真。因此，上面显示的抽象规则也可以写成以下内容（¬ 是否定符号）：

$$p(\cdots) \vee \neg q_1(\cdots) \vee \cdots \vee \neg q_n(\cdots).$$

一个 IDB 谓词 $p$ 通常由多条包括头部 $p(\cdots)$ 的规则定义；一个 EDB 谓词 $q(\cdots)$ 是由存储的 EDB 关系 $Q$ 定义的。因此，EDB 谓词不会出现在规则的左侧，而只是作为定义 IDB 谓词规则右侧的子目标。然而，IDB 谓词很可能是关联建立的，甚至是递归式建立的，因此它们也可能作为子目标出现在规则的右侧。

我们将始终坚持使用以下符号：

1. 谓词以小写字母开头。

2. 相应的关系（无论是 EDB 还是 IDB 关系）都以相同的名称表示，但以大写字母开头。

以下是一个来自我们大学模型数据库的 Datalog 示例程序：

$$\text{relatedLectures}(N_1, N_2) :- \text{require}(V, N_1), \text{require}(V, N_2), N_1 < N_2. \quad (15.1)$$

$$\text{relatedSubjects}(T_1, T_2) :- \text{relatedLectures}(N_1, N_2), \text{lecture}(N_1, T_1, S_1, R_1), \text{lecture}(N_2, T_2, S_2, R_2). \quad (15.2)$$

$$\text{build}(V, N) :- \text{require}(V, N) \quad (15.3)$$

$$\text{build}(V, N) :- \text{build}(V, M), \text{require}(M, N). \quad (15.4)$$

$$\text{related}(N, M) :- \text{build}(N, M). \quad (15.5)$$

$$\text{related}(N, M) :- \text{build}(M, N). \quad (15.6)$$

$$\text{related}(N, M) :- \text{build}(V, N), \text{build}(V, M). \quad (15.7)$$

[1] 以数学家阿尔弗雷德·霍恩的名字命名。

这个 Datalog 程序基于两个 EDB 关系：

1. 前提：{［前序课程，后续课程］}

2. 课程：{［课程编号，课程名称，每周课时，授课人］}

通过 7 个 Datalog 规则定义 4 个 IDB 关系：

1. RelatedLectures：{［$N_1$，$N_2$］}

这一关系定义了相关课程，它包含成对的课程（即课程编号值的对），根据 EDB 关系“前提”，它们有一个共同的直接前序课程。这可能对课程表安排很重要，因为不应该在同一时间行课。规则中的子目标 $N_1 < N_2$ 乍看之下可能令人惊讶：这消除了对称性，因此，只能推导出［5041，5043］这个变量集，而不能推导出对称的变量集［5043，5041］。

2. RelatedSubjects：{［$T_1$，$T_2$］}

这个 IDB 关系定义了相关主题，它包含了相关课程的课程名称对，其中根据规则 15.1 来定义同类课程，作为子目标之一。因此，在规则 15.2 中，推导关系 RelatedLectures 连接的是由 EDB 关系“课程”所形成的两个副本。

3. Bulid：{［$V$，$N$］}

这种推导的 IDB 关系是由两条规则定义的。关系的表达式对应可根据规则 15.3 和规则 15.4 导出的变量集的联合（如后面详细所述）。

应该指出，这是一个递归程序，并且可以非常容易地看到对应于规则 15.4 头部的子目标 build（…）。这个递归谓词所定义的关系 Build 包含 EDB 关系“前提”的递归闭包。

4. Related：{［$N$，$M$］}

对于两个课程 $N$ 和 $M$，如果一个建立在另一个之上（规则 15.5 和 15.6），或者如果它们有一个共同的来源，即一个课程 $V$，它是课程 $N$ 和 $M$ 的基础（规则 15.7），那么这两个课程就是“相关的”，即关系 Related 的定义。

## 15.3 Datalog 程序的属性

### 15.3.1 递归性

所谓的“依赖图”是用来描述 Datalog 程序的递归性的。Datalog 程序中的每个谓词构成一个字符节点，其中可以忽略内置的谓词（如 =，≠，< …）。对于形式的每一个

规则：

$$p(\cdots):-q_1(\cdots),\ \cdots,\ q_n(\cdots).$$

如果还不存在，则插入 $n$ 个指引线

$$q_1 \rightarrow p,\ \cdots,\ q_n \rightarrow p$$

如果依赖图是循环的（至少有一个循环），那么一个 Datalog 程序就是递归的。

对于 15.2 节中的示例程序，在图 15-2 中显示了其依赖图。在这张图上，存在循环：

bulid → bulid

可以看出存在递归性。一般来说，这样的循环可以包括任何数量的节点。然而，只有一个节点的循环在实践中比有几个节点的循环更常出现。

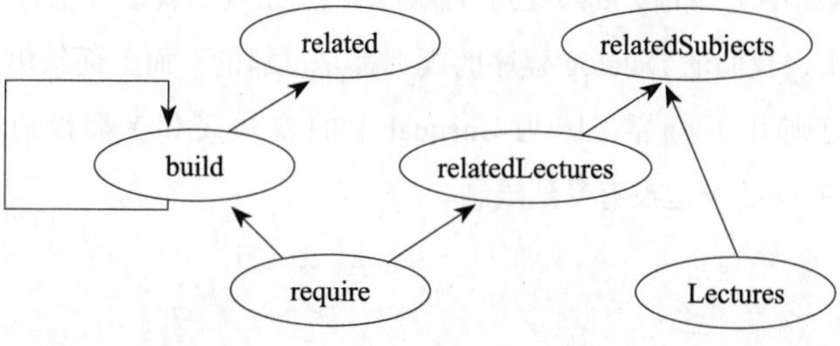


图 15-2 Datalog 示例程序的依赖图

## 15.3.2 Datalog 规则的安全性

类似于关系计算，我们也必须注意 Datalog 规则，可靠的规则所定义的关系是有限的。以下是一个定义无限关系的规则的例子：

$$\text{unequal}(X,\ Y):-X \neq Y.$$

当然，有无限多的数值对是不相等的。通常，只在规则主体的内置谓词中出现的变量会导致问题。同样的问题也发生在那些在规则头部出现但在主体中根本没有出现的变量上，例如：

building（$V$，$N$）：– lectures（$V$，“main features”，$S$，$R$）.

这说明，变量 $V$ 建立在标题为 main features 的课程上，而变量 $N$ 没有受到任何限制，因此提供了一个无限的 IDB 关系 Buliding。

因此，我们必须要求在规则中出现的每个变量都是受限制的。通常的做法是通过在规则主体中出现一个“正常的”谓词来对一个变量进行限制，这相当于一个 IDB 或 EDB 关系。由于所有 IDB 和（所有）EDB 关系都是有限的，因此变量被限制在相应属性值的有限集合中。内置的比较谓词不适合于此，因为它本身代表了无限的关系，所以不能限制变量。

在一个给定的规则中，一个变量 $X$ 如果满足以下任何一条，则它就是受限制的：

1. 该变量在规则主体中至少出现在一个“正常的”谓词中，即不只是出现在内置的比较谓词中；

2. 在规则主体中存在一个形式为 $X = c$ 的谓词，其中有一个常量 $c$；

3. 在规则主体中一个形式为 $X = Y$ 的谓词，并且已经证明 $Y$ 是受限制的。

如果一条规则中所有的变量都受到限制，那么这条规则就是可靠的。

在 15.2 节中，我们的 Datalog 程序的规则都是可靠的。而上面给出的关于 Unequal 和 Buliding 的规则并不可靠，因为 Unequal 中的变量 $X$ 和 $Y$ 都没有受到限制，而 Buliding 规则中的变量 $N$ 也没有受到限制。

## 15.4 非递归 Datalog 程序的评估

### 15.4.1 一个示例程序的评估

下面我们以非递归 Datalog 程序为例，它是 15.2 节中程序的一部分：

$rL(N_1, N_2) :- rq(V, N_1), rq(V, N_2), N_1 < N_2.$

$rS(T_1, T_2) :- rL(N_1, N_2), lE(N_1, T_1, S_1, R_1), lE(N_2, T_2, S_2, R_2).$

其中使用了以下缩写：$rL$ 代表相关课程，$rq$ 代表前提，$rS$ 代表相关主题，$lE$ 代表课程。针对这个程序，我们得到了图 15-3 所示的无循环依赖图。让我们再看一下大学模型数据库的表达。

图 15-4 可视化了 EDB 关系“前提”的表达式。为了说明问题，除了课程编号之外，还在括号中列出了相应的课程名称。名称当然不包在“前提”关系中，但必须通过与“课程”关系的连接（Join）来“获得”，如 $rS$ 规则中表达的一样。

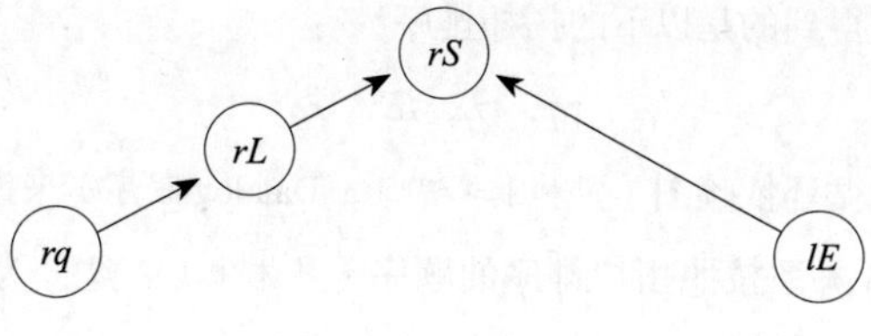


图 15-3 无循环依赖图

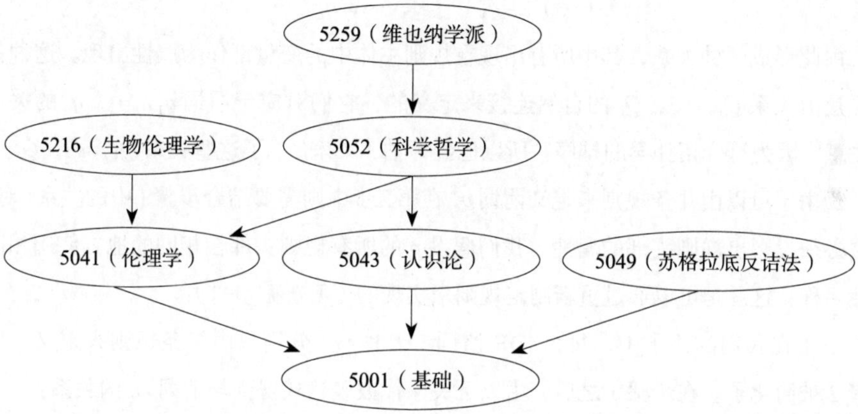


图 15-4 EDB 关系“前提”的示意图

基于 EDB 关系“前提”和“课程”，Datalog 程序将推导出图 15-5 中所示的 IDB 关系相关课程和相关主题。

如何系统地推导这些 IDB 关系？其基本理念是为无循环依赖图找到一个节点的拓扑排序。这样在排序中，如果依赖图中有一条从 $q$ 到 $p$ 的（有向）指引线（即 $q \rightarrow p$），那么节点 $q$ 就会在节点 $p$ 之前。

| 相关课程 RL | |
|---|---|
| $N_1$ | $N_2$ |
| 5041 | 5043 |
| 5043 | 5049 |
| 5041 | 5049 |
| 5052 | 5216 |

| 相关主题 RS | |
|---|---|
| $T_1$ | $T_2$ |
| 伦理学 | 认识论 |
| 认识论 | 苏格拉底反诘法 |
| 伦理学 | 苏格拉底反诘法 |
| 科学哲学 | 生物伦理学 |

图 15-5 推导两个 IDB 关系：相关课程和相关主题

在我们的例子中得到的是以下的拓扑排序[1]：

$$rq,\ rL,\ lE,\ rS$$

这种排序对于无循环依赖图（即对于非递归的 Datalog 程序）来说始终是有效的。

然后，导出 IDB 关系按照拓扑排序的顺序（具体化）。这分为两步完成（与一个谓词 $p$ 有关）：

1. 基于头部为 $p$（…）的每个规则，即

$$p(\cdots) :- q_1(\cdots),\ \cdots,\ q_n(\cdots).$$

由此形成一种关系，其中所有出现在规则主体中的变量都作为属性出现。这种关系主要是由关系 $Q_1$，…，$Q_n$ 的自然连接来定义的，它们对应于谓词 $q_1$，…，$q_n$ 的关系。请注意，因为符合拓扑学的排序，所以已经评估（具体化）了这些关系 $Q_1$，…，$Q_n$。

2. 由于可以由几条规则来定义谓词 $p$，在第 2 步中则需要结合步骤 1 中的关系。对此，首先必须投影出规则头部的属性。我们假设 $p$ 的所有规则头部在相同的地方使用相同的属性名称，这总是可以通过重新制定规则来实现的（见习题 15-1）。

由于在我们的例子中，每个 IDB 谓词（$rL$ 和 $rS$）分别只由一条规则来定义，所以步骤 2 被简化了。在步骤 1 之后，由以下关系代数表达式得到与谓词 $rL$ 的关系：

$$\sigma_{N_1<N_2}(Rq_1(V,\ N_1) \bowtie Rq_2(V,\ N_2))$$

这里的 $Rq_1(V,\ N_1)$ 代表以下表达式，它只执行重命名：

$$Rq_1(V,\ N_1) := (\rho_{V\leftarrow\$_1}(\rho_{N_1\leftarrow\$_2}(\rho_{Rq}(\text{Require}))))$$

在这里，EDB 关系“前提”被重新命名为 $Rq_1$；此外，在 Datalog 中通过 $\$_1$，$\$_2$，…的顺序把属性分别改名为 $V$ 和 $N_1$。

表达式 $Rq_2(V,\ N_2)$ 被类似地定义为 EDB 关系的第二个（独立）副本，称为 $Rq_2$，并将属性重新定义为 $V$ 和 $N_2$。

因此，上述代数表达式所定义的三元关系包含有常量 $v$、$n_1$ 和 $n_2$ 的 $[v,\ n_1,\ n_2]$ 类型的变量集，以下判断对于这些变量集来说是成立的：

1. 变量集 $[v,\ n_1]$ 包含在关系“前提”中；

2. 变量集 $[v,\ n_2]$ 包含在关系“前提”中；

3. $n_1 < n_2$。

[1] 拓扑排序不是唯一的，例如，$rq$，$lE$，$rL$，$rS$ 也是一个有效的拓扑排序。

由此可见，该关系只包含三位数的变量集，对于这些变量集，当变量的相应属性值被替换时，规则（谓词的）右侧得出真值 true。

根据算法的第 2 步，从上面给出的代数表达式中投影出两个属性 $N_1$ 和 $N_2$：

$$RL(N_1, N_2) := \Pi_{N_1, N_2}(\sigma_{N_1<N_2}(Rq_1(V, N_1) \bowtie Rq_2(V, N_2)))$$

如上所述，结合是没有必要的。

以类似方式，GT 这一推导关系的代数表达式如下：

$$RS(T_1, T_2) := \Pi_{T_1, T_2}(RL(N_1, N_2) \bowtie LE_1(N_1, T_1, S_1, R_1) \bowtie LE_2(N_2, T_2, S_2, R_2))$$

### 15.4.2 评估算法

我们在此更详细地介绍一下评估 Datalog 规则的方法。考虑以下抽象规则：

$$p(X_1, \cdots, X_m) :- q_1(A_{11}, \cdots, A_{1m_1}), \cdots, q_n(A_{n_1}, \cdots, A_{nm_n}).$$

该规则有变量 $X_1, \cdots, X_m, \cdots, X_r$，其中，$X_1, \cdots, X_m$ 出现在头部（也出现在主体中，为什么？），其余变量只出现在主体中。我们假设规则的头部只包含成对不同的变量（这总是可以通过转换来实现的，见习题 15-1）。我们已经推导出（具体化）谓词 $q_1, \cdots, q_n$ 的关系，因为它们在拓扑排序中必须排在 $p$ 之前。如果任何一个 $q_j$ 对应于内置的谓词（=，≠，<…），那么这些子目标被转化为选择条件。其他关系 $Q_i$ 的模式如下：

$$Q_i: \{[\$_1, \cdots, \$_{m_i}]\}$$

这样，简单地对关系的 $m_i$ 属性进行编号，这是必要的。因为根据变量的不同，它们在各个子目标中可以被赋予不同的名称。对于子目标：

$$q_i(A_{i1}, \cdots, A_{im_i})$$

形成以下表达式 $E_i$：

$$E_i := \Pi_{V_i}(\sigma_{F_i}(Q_i))$$

这里，$V_i$ 包含了 $q_i(\cdots)$ 中出现的变量或变量所在的位置。选择条件谓词 $F_i$ 是由一组共轭连接的条件组成的：

1. 如果在 $q_i(\cdots, c, \cdots)$ 中，常量 $c$ 出现在第 $j$ 个位置，则插入条件：

$$\$_j = c$$

2. 如果一个变量 $X$ 在 $q_i(\cdots, X, \cdots, X, \cdots)$ 中的 $k$ 和 $l$ 的位置上出现了几次，则为每一个这样的条件对插入：

$$\$_k = \$_l$$

对于一个没有出现在“正常的”谓词中的变量 $Y$，有两种可能性：

1. 对于一个常量 $c$，它只作为谓词出现：

$$Y = c$$

然后，形成一个带有以下变量集的一元关系：

$$Q_Y := \{[c]\}$$

2. 它作为一个谓词出现：

$$X = Y$$

并且 $X$ 出现在一个“正常的”谓词 $q_i(\cdots, X, \cdots)$ 的第 $k$ 个位置上。在这种情况下，设：

$$Q_Y := \rho_{Y \leftarrow \$_k}(\Pi_{\$_k}(Q_i))$$

现在形成代数表达式 $E := E_1 \bowtie \cdots \bowtie E_n$，并最终用 $\sigma_F(E)$ 表示。

其中，$F$ 由规则中出现的比较谓词的共轭连接组成：

$$X \phi Y$$

在替代变量 $X_1, \cdots, X_r$ 的情况下，如此推导出来的关系包含那些满足规则主体的相应变量集 $[v_1, \cdots, v_r]$。最后，我们投影在规则头部的变量：

$$\Pi_{X_1, \cdots, X_m}(\sigma_F(E))$$

如果一个谓词 $p$ 是由几条规则定义的，则我们假定所有这些规则的头部是相同的，即 $p(X_1, \cdots, X_m)$。如之前所述，可以重新命名变量和引入额外的变量，见习题 15-1。在这种情况下，首先为每个规则分别形成所产生的关系。然后，通过结合这些关系，形成由相关谓词所定义的关系。

让我们用例子再次说明这个方法：

$(r_1)$ $nvV(N_1, N_2) :- rL(N_1, N_2)$.

$(r_2)$ $nvV(N_1, N_2) :- rL(M_1, M_2), rq(M_1, N_1), rq(M_2, N_2)$.

这个示例程序建立在谓词 $rL$ 的基础上，并确定具有共同的第一或第二级前序课程的相关课程。对于第一条规则，可以得到以下代数表达式：

$$E_{r_1} := \Pi_{N_1, N_1}(\sigma_{\text{true}}(GV(N_1, N_2)))$$

对于第二条规则，根据上面的算法得到：

$$E_{r_2} := \Pi_{N_1, N_1}(GV(M_1, M_2) \bowtie Rq_1(M_1, N_1) \bowtie Rq_2(M_2, N_2))$$

然后，通过结合 $NvV := E_{r_1} \cup E_{r_2}$ 得出由谓词 $nvV$ 来定义的关系 $NvV$。读者可以在我们的示例数据库上进行这个关系代数表达式的评估。

## 15.5 递归规则的评估

让我们以谓词 build（缩写为 *b*）为例来说明递归规则的评估，它是由两条规则来定义的：

*b*（*V*，*N*）：– *rq*（*V*，*N*）.

*b*（*V*，*N*）：– *b*（*V*，*M*），*rq*（*M*，*N*）.

这里，15.4.2 节中的评估算法不再有效，因为谓词 *b* 是建立在自身之上的（在第二条规则中，*b* 也出现在主体中）。关系 Build（缩写为 *B*）包含 Require 的递归闭包，如图 15–6 所示。

| Build | |
|---|---|
| *V* | *N* |
| 5001 | 5041 |
| 5001 | 5043 |
| 5001 | 5049 |
| 5041 | 5216 |
| 5041 | 5052 |
| 5043 | 5052 |
| 5052 | 5259 |
| 5001 | 5216 |
| 5001 | 5052 |
| 5001 | 5259 |
| 5041 | 5259 |
| 5043 | 5259 |

图 15–6　IDB 关系 Build 的表达

让我们观察关系 Build 中的变量集［5001， 5052］。从这个变量集可以推导出如下结果：

1. *b*（5001，5043）由第一条规则得出，因为 *rq*（5001，5043）成立。

2. *b*（5001，5052）由第二条规则得出，这是，因为：

（1）*b*（5001，5043）在第 1 步之后成立，

（2）根据 EDB 关系“前提”，*rq*（5043，5052）成立。

所以我们看到，为了推导出 *B* 中的变量集，需要在前面的步骤中推导出在 *B* 中的其他变量集。

评估递归 Datalog 规则的基本思路是逐步地确定 IDB 关系。从空的 IDB 关系开始，依次为 IDB 关系生成新的变量集。在推导新变量集时，可以使用在之前步骤中所生成的变量集。一旦不再生成变量集，这个过程就会终止。

从形式上看，这个程序是在给定的 EDB 关系的基础上确定 IDB 关系的“最小固定点”的。为了计算这个固定点，首先用方程来描述一个递归的 Datalog 程序的特征。这些方程的结果与 15.4.2 节中描述的算法类似。

对于我们的示例谓词 *b*（build），可得到以下等式：

$$B(V, N) = Rq(V, N) \cup \Pi_{V, N}(B(V, M) \bowtie Vs(M, N))$$

这里 *B* 代表 IDB 关系 Build，*Rq* 代表 EDB 的关系 Require。

为了确定 *B* 的最小固定点，可以按照以下程序进行：

```
  B: = {};        / * Initializalion to the empty set * /
repeat
  B' : = B;
  B: = Rq (V, N) ;    / * first rule * /
  B: = B ∪ Π V, N (B' (V, M) ⋈ Rq (M, N)) ;    / * second rule * /
until B' = B
output B;
```

对于关系“前提”的表达，这个算法需要四个步骤，直到终止，即直到计算出了固定点，“没有新的变量集”产生：

在第 1 步中，只有来自“前提”的 7 个变量集“转移”到 *B*，因为连接是空的（连接的左侧参数 *B'* 被初始化为空集合 {}）。

在第 2 步中，增加了［5001，5216］，［5001，5052］，［5041，5259］和［5043，5259］这些变量集。

在第 3 步中，只重新生成 1 个变量集［5001，5259］。

在第 4 步中不再有新的变量集加入，所以满足终止条件 *B'* = *B* 。

读者可以详细了解该算法的执行情况。图 15-7 再次总结了对我们的示例数据库的这种迭代评估。

| 步骤 | *B* |
| --- | --- |
| 1 | [5001，5041]，[5001，5043]，<br>[5001，5049]，[5041，5216]，<br>[5041，5052]，[5043，5052]，<br>[5052，5259] |
| 2 | [5001，5041]，[5001，5043]，<br>[5001，5049]，[5041，5216]，<br>[5041，5052]，[5043，5052]，<br>[5052，5259]<br>[5001，5216]，[5001，5052]，<br>[5041，5259]，[5043，5259]， |
| 3 | [5001，5041]，[5001，5043]，<br>[5001，5049]，[5041，5216]，<br>[5041，5052]，[5043，5052]，<br>[5052，5259]<br>[5001，5216]，[5001，5052]，<br>[5041，5259]，[5043，5259]，<br>[5001，5259] |
| 4 | 同第 3 步<br>（没有变化，即算法终止） |

图 15–7 递归规则 build 的（朴素）评估

## 15.6 递归规则的增量（半朴素）评估

上一节中描述的方法在文献中被称为“朴素评估”，因为它在某些情况下可能非常没有效率。原因是在迭代评估的每一步中，除了可能添加的新变量集外，也会再次生成前一步生成的变量集；在最后一个评估步骤中，即在终止之前，再次计算已经在倒数第二步中完全具体化了整个 IDB 关系。

半朴素（增量）评估的关键思想在于观察，对于递归定义的 IDB 关系 *P* 的新变量集 *t* 的生成，某规则“负责”谓词 *p*[1]：

$$p(\cdots) :- q_1(\cdots), \cdots, q_n(\cdots).$$

[1] 一些 *t* 可能以不同的方式生成不同的规则或不同的子目标实例化。我们在这里只考虑一个选定的增量变量集。

然后，在迭代评估程序中，评估一个以下类型的代数表达式：

$$E(Q_1 \bowtie \cdots \bowtie Q_n).$$

其中 $E$ 代表根据该规则所需的投影、选择和重命名。假设 $t$ 是在迭代步骤 $k$ 中首次生成的（朴素评估）。此外，还假设对于 $t$ 的推导，变量集 $t_1 \in Q_1$，…，$t_n \in Q_n$ 是必要的。那么这些变量集中至少有一个（例如 $t_i \in Q_i$）必须是在迭代步骤（$k$−1）中第一次新生成的。我们用 $\Delta Q_i$ 来表示在最后一个迭代步骤中，首次在 IDB 关系 $Q_i$ 中生成的变量集。那么，对于 $t$ 的产生，只需要评估：

$$E(Q_1 \bowtie \cdots \bowtie \Delta Q_i \bowtie \cdots \bowtie Q_n)$$

因此，在这个表达式中，我们使用了在最后一个迭代步骤中新产生的变量集，而不是到此为止生成的整个关系 $Q_i$。

但是，由于我们无法预测这个增量变量集 $t_i$ 来源于哪个子目标 $Q_i$，所以必须分别考虑所有子目标关系的增量变量集。因此，我们必须为每一个这样的规则评估以下表达式的连接：

$$E(\Delta Q_1 \bowtie Q_2 \bowtie \cdots \bowtie Q_n) \cup E(Q_1 \bowtie \Delta Q_2 \bowtie \cdots \bowtie Q_n) \cup \cdots \cup E(Q_1 \bowtie Q_2 \bowtie \cdots \bowtie \Delta Q_n)$$

非常重要的是（见习题 15-3），前一个评估步骤的增量变量集只用于唯一的一个子目标关系。可能的情况是：对于 $t$ 的生成，只有 $t_i$ 是在紧接着的前一个迭代步骤中生成的，而 $t_1$，…，$t_{i-1}$ 和 $t_{i+1}$，…，$t_n$ 已经在（更早的）步骤中生成。这样，就可以确保 $t$ 在任何情况下都通过以下表达式生成：

$$E(\underbrace{Q_1}_{t_1} \bowtie \cdots \bowtie \underbrace{Q_{i-1}}_{t_{i-1}} \bowtie \underbrace{\Delta Q_i}_{t_i} \bowtie \underbrace{Q_{i+1}}_{t_{i+1}} \bowtie \cdots \bowtie \underbrace{Q_n}_{t_n})$$

然而，如果在这个代数表达式中建立了另一个增量变量集（例如 $\Delta Q_n$），那么我们可能会因为 $t$ 的生成而缺少 $t_n$。

让我们看看在图 15-7 步骤 3 中对关系 Build 的朴素评估时所产生的一个示例变量集：

$$t = [5001, 5259]$$

这个变量集是由以下连接形成的：

$$\underbrace{[5001, 5052]}_{t_1 \in B} \bowtie \underbrace{[5052\ \ 5259]}_{t_2 \in B}$$

变量集 $t_1$ 是在步骤 2 中生成的，而变量集 $t_2$ 从一开始就包含在（不变的）EDB 关系 $Rq$ 中。

现在我们将用示例的谓词来演示半朴素评估。该程序如下所示。在这个程序中，出于系统学的考虑，我们特意将那些可以可靠地“优化掉”的命令纳入其中。

1. $B := \{\}$; $\Delta Rq := \{\}$;
2. $\Delta B := Rq(\mathrm{V}, \mathrm{N})$;  /* first rule */
3. $\Delta B := \Delta B \cup \Pi_{V,N}(B(V, M) \bowtie Rq(M, N))$;  /* second rule */
4. $B := \Delta B$;
5. **repeat**
6. $\quad \Delta B' := \Delta B$;
7. $\quad \Delta B := \Delta Rq(V, N)$;  /* first rule, provide ∅ */
8. $\quad \Delta B := \Delta B \cup$  /* second rule */;
9. $\qquad \Pi_{\mathrm{V,N}}(\Delta B'(V, M) \bowtie Rq(M, N)) \cup$
10. $\qquad \Pi_{\mathrm{V,N}}(B(V, M) \bowtie \Delta Rq(M, N))$;
11. $\quad \Delta B := \Delta B - B$;  /* remove “new” tuples that already existed */
12. $\quad B := B \cup \Delta B$;
13. **until** $\Delta B = \varnothing$;

让我们简单地讨论一下这个程序。在第 1 行，关系变量 $B$ 和 $\Delta Rq$ 被初始化为空集。在第 2 行和第 3 行中，通过对谓词 $b$ 的关系代数表达式的一次评估来计算 $B$:

$$\underbrace{Rq(V,N)}_{\text{第一规则}} \cup \underbrace{\Pi_{V,N}(B(V,M)) \bowtie Rq(M,N)}_{\text{第二规则}}$$

这里可以完全省略第 3 行，因为第二规则此时不能产生变量集。请注意，$B$ 已经被初始化为空集，因此这里连接的结果是空集。在第 4 行，$B$ 被初始化为从第 2 行和第 3 行中计算的值。在我们的特殊例子中，可以立即进行赋值，但在一般情况下，其他规则取决于要用初始值进行评估的 $B$。在第 6 行，$\Delta B$ 原来的值保存在 $\Delta B'$ 中，该 $\Delta B'$ 用于这个迭代步骤。在第 7 行中，对 $b$ 的第一规则进行增量评估。然而，由于这一规则只是基于一个单一的 EDB 关系，即 $Rq$，没有由此产生新的变量集。当然，EDB 关系的增量总是空的。所有可以从第一规则衍生出来的变量集都已经在第 2 行生成。在第 8 至 10 行，执行了谓词 $b$ 的第二规则。在第 9 行，$B$ 的增量，即 $\Delta B'$，被插入代数表达式中。在第 10 行，插入了 $Rq$ 的增量变量集，即 $\Delta Rq$。因此，第 10 行的表达式总是产生空集，因为 EDB 关系 $Rq$ 的增量是空的。在第 11 行，从 $\Delta B$ 中删除了在以前的迭代步骤中已经生成的变量集（以不同的方式）。在第 13 行，检查循环的终止标准：如果没有生成新的，则可以终止评估。

在半朴素评估中，依次扩展关系 Build。图 15-8 显示了 $\Delta B$ 的生成步骤。

| 步骤 | ΔB |
|---|---|
| 初始化（第 2 行和第 3 行） | （来自 *Rq* 的 7 个变量集）<br>[ 5001， 5042 ] ]， [ 5001， 5043 ]<br>[ 5043， 5052 ]， [ 5041， 5052 ]<br>[ 5001， 5049 ]， [ 5041， 5216 ]<br>[ 5052， 5259 ] |
| 第 1 次迭代 | （长度为 2 的路径）<br>[ 5001， 5216 ]， [ 5001， 5052 ]<br>[ 5041， 5259 ]， [ 5043， 5259 ] |
| 第 2 次迭代 | （长度为 3 的路径）<br>[ 5001， 5259 ] |
| 第 3 次迭代 | ∅<br>（终止） |

图 15-8 Build 的半朴素评估步骤

## 15.7 自下而上或自上而下的评估

到目前为止描述的 Datalog 程序评估方法也被称为“自下而上的评估”，因为整个外延数据库是从 EDB 关系（即事实基础）开始计算的。这种评估方法也被称为“正向推理”（forward chaining），因为它是从事实（EDB 的变量集）开始，“向前移动”以推导出 IDB 的变量集。这种自下而上的评估的主要优点是：可以利用已知的关系代数的优化和评估技术（参见第 8 章）。

然而，自下而上的评估也有一个严重的缺点。如果只对 IDB 关系的一小部分感兴趣，那么自下而上的评估还是会（而且是不必要地）计算整个内涵数据库，然后提取相应查询感兴趣的那部分 IDB。

在所谓的“自上而下的评估”中避免了这个缺点。这里，从查询目标（goal）开始，“向后移动”到 EDB 的事实，以证明这个目标。我们称其为“反向推理”（backward chaining）。

在这里给出的框架中，我们只能用一个例子来概述自上而下的评估。例子还是基于谓词 build（缩写为 *b*），用 $r_1$ 和 $r_2$ 表示其两条规则。

$$(r_1)\ b(V,\ N) :- rq(V,\ N).$$

$$(r_2)\ b(V,\ N) :- b(V,\ M),\ rq(M,\ N).$$

在此基础上，我们对编号为 5052 的课程的所有直接和间接前序课程感兴趣。读者可以从图 15-4 中注意到，这些是作为直接前序的课程 5041 和 5043，以及作为（唯一）间接前序的课程 5001。该查询在 Datalog 中表达如下：

$$\text{query}(V):-b(V, 5052).$$

所以现在 $b(V, 5052)$ 是要推导的目标，这需要推导 $V$ 的所有可能的绑定来实现。在自上而下的评估中，需要建立一个所谓的“规则 / 目标树”。在这棵树中，目标节点和规则节点交替出现。规则节点用来推导出更高层次的目标节点。针对我们的例子，在图 15-9 中显示了“规则 / 目标树”。

原则上，因为规则 $r_2$ 的递归性，这个“规则 / 目标树”是一棵无限延伸的树。所有头部与目标相匹配的规则都被附加到每个目标节点上，以这种方式创建的节点是“规则节点”。然而，我们通常采用更高级别的目标节点所定义的绑定（例如在这里，最上面的两个规则节点中的变量 $V$ 与常量 5052 的绑定）。在规则主体中新引入的变量（如规则 $r_2$ 中的 $M$）通过附加各自的树形深度（这里是 $M_1$，$M_2$ 等）而变得非常明确。

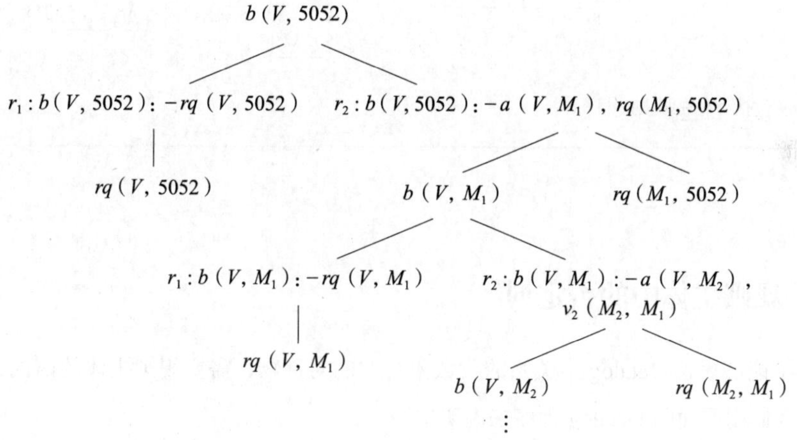


图 15-9　自上而下评估的“规则 / 目标树”

图 15-10 概述了对我们例子中的“规则 / 目标树”的评估。根据 EDB 关系的当前表达式评估对应于 EDB 谓词的目标节点。因此，节点 $rq(V, 5052)$ 所产生的值 5041 和 5043 作为变量 $V$ 的有效赋值。然后，这些常量“侧向传递”，以驱动目标节点 $b(V, M_1)$ 的进一步推导。对于这个目标节点，又有两个规则 $r_1$ 和 $r_2$。变量 $M$ 在这一层被称为 $M_1$。$M_1$ 的赋值被“向下传递”，因此目标节点 $rq(V, M_1)$ 给出的值 5001 是 $V$ 的唯

一有效赋值。

规则 $r_2$ 的进一步推导最终导致了空集，从而表明评估终止。向上传递在评估过程中获得的 $V$ 的赋值，便可以在“规则 / 目标树”的根部与上一级所获得的赋值结合起来，最终得到结果集：{ 5041， 5043， 5001 } 。

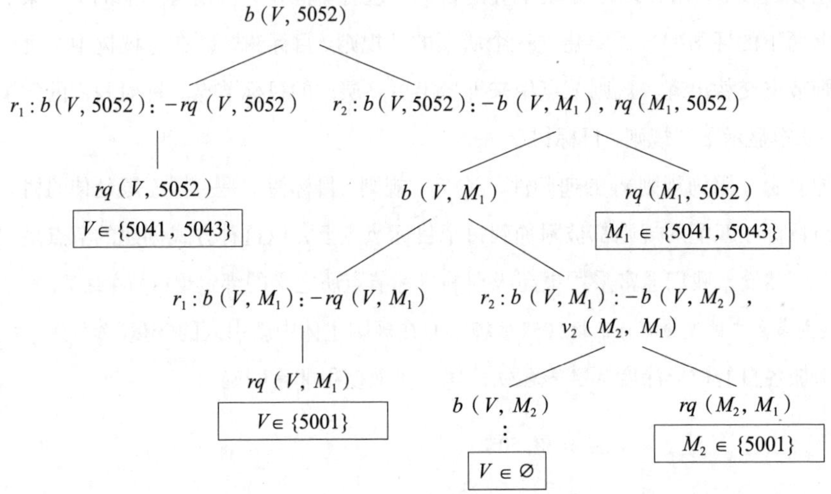


图 15-10　包括评估的规则 / 目标树

## 15.8　规则主体中的否定词

为了能够表达 Datalog 中关系的代数集合差的对称物，需要规则主体的谓词的否定词。让我们用下面的 Datalog 程序来说明这一点：

$$\text{indirectBuild}(V, N) :- \text{build}(V, N), \neg \text{require}(V, N).$$

我们将在下文中使用缩写 $iB$、$b$ 和 $rq$ 。

这条规则表示，如果 $b(V, N)$ 成立，并且 $rq(V, N)$ 不成立，或者 $[V, N]$ 不是 EDB 关系 $Rq$ 中的变量集，则课程 $N$ 间接建立在 $V$ 上。

### 15.8.1　分层的 Datalog 程序

在主体中带有否定谓语的规则，如：

$$r \equiv p(\cdots):-q_1(\cdots), \cdots, \neg q_i(\cdots), \cdots, q_n(\cdots).$$

只有当属于谓词$q_i$的关系$Q_i$在评估规则$r$时已经完全具体化,才能进行有效的评估。也即,在评估如上所示的规则$r$之前,可以通过头部:

$$q_i(\cdots):-\cdots$$

评估所有的规则。然而,这只有在$q_i$不依赖于谓词$p$的情况下才有可能。换言之:依赖关系图不能包含从$p$到$q_i$的路径。如果所有的规则和所有被否定的子目标(主体中的字词)都保证了这点,那么这个 Datalog 程序就被称为"分层的"。在存在否定谓词的情况下,依赖图的结构方式与谓词以非否定形式存在的情况完全相同。对于我们的抽象例子$r$,将指引线$q_i \rightarrow p$输入到依赖图中。

此外,在规则主体中带有否定字词的 Datalog 程序也必须是可靠的,参见 15.3.2 节。这里给出的可靠规则的定义并没有改变。也即,当证明规则中出现的所有变量都是受限制的,则不允许包含否定的字词。这也是很直观的:一个变量在关系中不作为属性值出现的事实,并不导致这个变量被限制在一个有限集合中。为什么?

## 15.8.2 带否定词规则的评估

我们将用以下的示例规则演示有否定主体字词的分层 Datalog 程序:

$$iB(V, N):-b(V, N), \neg rq(V, N).$$

由于这里只有一个 EDB 谓词是否定的,只对 Datalog 程序做了部分分层,在依赖图中根本就没有通向 EDB 谓词的路径。

从这一规则推导出的代数表达式的形式如下:

$$\begin{aligned} iB(V, N) &= \Pi_{V,N}(B(V, N) \bowtie \overline{Rq}(V, N)) \\ &= B(V, N) - Rq(V, N) \end{aligned}$$

这里$\overline{Rq}(V, N)$代表关系$\overline{Rq}(V, N)$的补集。请注意,两个具有相同模式的关系的自然连接[如$B(V, N)$和$\overline{Rq}(V, N)$]对应于这两个关系的交集。因此,与$Rq$的集合差等同于以$\overline{Rq}$为参数的自然连接。因此,现在可以非常简单地在前面具体化的关系$B$的基础上计算 IDB 关系$iB$。在我们的示例表达式中,$iB$包含 5 个变量集[5001,5216]、[5001,5052]、[5041,5259]、[5043,5259]和[5001,5259]。

然而,在某些情况下(如果连接参数不是相同模式的),不能简单地追溯到集合差的评估,因此,必须进行一般连接的评估。但是,这其中有一个严重的问题:一个(有限的)

关系的补集通常是无限的，例如，只有一个单一的属性有无限的值范围。

幸运的是，在评估 Datalog 规则时，人们只对无限关系的有限“部分”感兴趣。

对于一个 $k$ 位已经具体化的 IDB 关系 $Q_i$，形成了评估所需的补集 $\overline{Q_i}$，如下所示。集合 DOM 包含所有 EDB 关系的所有属性值以及 Datalog 程序中出现的所有常量。这样，$\overline{Q_i}$ 的定义如下：

$$\overline{Q_i} := \underbrace{(\text{DOM} \times \cdots \times \text{DOM})}_{k} - Q_i$$

当然，$\overline{Q_i}$ 是有限的，因为 DOM 是有限的。

### 15.8.3 一个稍微复杂的例子

让我们用一个稍微复杂的例子来说明到目前为止所讨论的概念。我们想定义描述“特殊课程”的谓词 specialLecture。如果 $V$ 不再有后续课程，则课程 $V$（更确切地说，是相关的课程编号）满足这个谓词。

$$\text{basics}(V) :- \text{require}(V, N).$$

$$\text{specialLecture}(V) :- \text{lectures}(V, T, S, R), \neg \text{basics}(V).$$

可以通过以下代数表达式评估上述 Datalog 程序：

$$\text{Basics}(V) := \Pi_V(\text{require}(V, N))$$

$$\text{SpecialLecture}(V) := \Pi_V(\text{Lectures}(V, T, S, R) \bowtie \overline{\text{Basics}}(V))$$

这里 $\overline{\text{Basics}}(V)$ 被定义为 DOM− Basics（$V$）。

我们也可以把用于计算 SpecialLecture 的第二个代数表达式表述为一个集合差：

$$\text{SpecialLecture}(V) := \Pi_V(\text{Lectures}(V, T, S, R)) - \text{Basics}(V)$$

## 15.9 Datalog 的表达力

Datalog 语言仅限于非递归程序，但扩展了否定词，有时在文献中被称为 $\text{Datalog}_{\neg\text{non-rec}}$。这种语言 $\text{Datalog}_{\neg\text{non-rec}}$ 具有与关系代数完全相同的表达力，它在表达力上等同于关系变量集和域计算。而带有否定词和递归的 Datalog 自然超越了关系代数的表达力，例如，我们可以在 Datalog 中定义关系“前提”的递归闭包。

我们已经在前面的章节中说明，任何带有否定词的非递归 Datalog 程序都可以通过关系代数表达式进行评估。

1. 在 15.4.2 节中，为没有否定词的非递归 Datalog 程序构建了等效的关系代数表达式；

2. 在 15.8 节中，扩展了这种算法，以便在规则主体中也可以考虑否定的子目标。

但是，请注意，递归的 Datalog 程序不能作为关系代数表达式进行评估。关系代数表达式必须嵌入 15.5 节中的 repeat … until …循环，但循环不是关系代数的一部分。为了证明 $Datalog_{\neg non-rec}$ 和关系代数的等价性，剩下的就是证明可以将任何代数表达式转化为等价的 $Datalog_{\neg non-rec}$ 程序。

我们将在下面举例说明如何在 Datalog 中表达关系代数运算符：

1. 选择。可以在 Datalog 规则中非常简单地制定选择。例如，我们考虑有“长时间”课程的代数表达式：

$$\sigma_{WH>3}(\text{Lectures})$$

这可以在 Datalog 中表示为：

query（*V*，*T*，*S*，*R*）：- lectures（*V*，*T*，*S*，*R*），*S* > 3.

常量也可以直接写入子目标中，例如：

query（*V*，*S*，*R*）：- lectures（*V*，“启发式问答教学法”，*S*，*R*）.

在这个 Datalog 查询中，提取了“启发式问答教学法”课程的数据（LectureNr、WH 和 Giben_by）。

2. 投影。在 Datalog 中，通过省略主体中出现的规则头部变量，投影是非常简单的。查询

query（Name，Rank）：- Professors（PersNr，Name，Rank，Room）.

投影 EDB 关系“教授”到属性“姓名”和“职称等级”。

3. 笛卡儿积和连接。作为连接的例子，让我们考虑下面的代数表达式，其形成了成对的课程名称和教授姓名：

$$\Pi_{\text{Title, Name}}(\text{Lectures} \bowtie_{\text{Given\_by = PersNr}} \text{Professors})$$

等效的 Datalog 表达式如下：

query（*T*，*N*）：- lectures（*V*，*T*，*S*，*R*），Professors（*R*，*N*，*Rg*，*Ra*）.

因此，连接是通过使用相同的变量来完成的，这里是变量 *R*。

笛卡儿积是由使用不同的变量对而形成的，如：

query（$V_1$，$V_2$，$V_3$，$V_4$，$P_1$，$P_2$，$P_3$，$P_4$）：- lectures（$V_1$，$V_2$，$V_3$，$V_4$），Professors（$P_1$，

$P_2$，$P_3$，$P_4$）.

这与以下代数表达式相对应：

$$\text{Professors} \times \text{Lectures}$$

4. 结合。原则上，只能统一具有相同模式的关系。请考虑以下例子：

$$\Pi_{\text{persNr, Name}}(\text{Assistants}) \cup \Pi_{\text{persNr, Name}}(\text{Professors})$$

相等的 Datalog 查询需要两个规则，因为不能用一个规则表达结合：

query（PersNr，Name）：- assistants（PersNr，Name，*F*，*B*）.

query（PersNr，Name）：- professors（PersNr，Name，*Rg*，*Ra*）.

在这两个规则中，“同时”完成了投影。

5. 集合差。为了能够在 Datalog 中表达集合差，需要在规则主体中加上对子目标的否定词。让我们再次考虑“特殊课程”的例子。在关系代数中，将其定义为以下内容：

$$\Pi_{\text{LecturNr}}(\text{Lectures}) - \Pi_{\text{Predecessor}}(\text{Require})$$

Datalog 的表达式结构是，首先在两个独立的规则中形成投影，然后通过否定一个子目标来构建集合差：[1]

lectureNr（*V*）：- lectures（*V*，*T*，*S*，*R*）.

basics（*V*）：- require（*V*，*N*）.

query（*V*）：- lectureNr（*V*），¬ basics（*V*）.

## 15.10 习题

15-1 Ullman（1998）证明通过重新制定规则（称为“调整”），我们总是可以实现一个谓词 *p* 的所有规则的头部具有以下完全相同的形式，并只包含成对不同的变量 $X_1$，…，$X_m$：

$$p(X_1, \cdots, X_m) :- \cdots$$

请用下面的 Datalog 谓语来演示这个程序：

$$p(\text{"Constant"}, X, Y) :- r(X, Y).$$

〔1〕与 15.8.3 节不同的是，我们在这里称谓词为 query（而不是 specialLecture），来以表达它应该是查询的结果。

$$p(X, Y, X) :- r(Y, X).$$

这两个规则将以这样的方式进行转换，即这两个规则都有以下头部：

$$p(U, V, W) :- \cdots$$

请说明转换后的 Datalog 程序与最初给出的程序是等价的。

15-2 请说明，如果最初给出的 Datalog 程序是可靠的，那么根据习题 15-1 中开发的算法，通过"调整"规则创建的 Datalog 程序也是可靠的。

15-3 请考虑以下谓词 build 的替代（等价的）定义：

$$b(V, N) :- rq(V, N).$$

$$b(V, N) :- b(V, M), b(M, N).$$

为此，确定了以下公式：

$$B(V, N) = Rq(V, N) \cup \Pi_{V,N}(B_1(V, M) \bowtie B_2(M, N)))$$

请给出朴素评估的程序。

请考虑以下半朴素评估的不正确程序尝试：

$B := \{\}$; $B_1 := B$; $B_2 := B$; $\Delta Rq := \{\}$;
$\Delta B := Rq(V, N) \cup \Pi_{V,N}(B_1(V, M) \bowtie B_2(M, N))$;
$B := \Delta B$;
**repeat**
  $\Delta B' := \Delta B$;
  $\Delta B_1' := \Delta B'$; $\Delta B_2' := \Delta B'$;
  $\Delta B := \Delta Rq(V, N)$;
  $\Delta B := \Delta B \cup \Pi_{V,N}(\Delta B_1'(V, M) \bowtie \Delta B_2'(M, N))$;
  $\Delta B := \Delta B - B$;
  $B := B \cup \Delta B$;
**until** $\Delta B = \varnothing$

请说明这个程序即使对于我们非常简单的示例关系 *Rq*，也会给出一个不正确的结果。错误在哪里？什么才是正确的半朴素评估程序？

15-4 Ullman（1988）介绍了以下 Datalog 程序：

sibling $(X, Y)$ :- parent $(X, Z)$, parent $(Y, Z)$, $X \neq Y$.

cousin $(X, Y)$ :- parent $(X, Xp)$, parent $(Y, Yp)$, sibling $(Xp, Yp)$.

cousin $(X, Y)$ :- parent $(X, Xp)$, parent $(Y, Yp)$, cousin $(Xp, Yp)$.

related $(X, Y)$ :- sibling $(X, Y)$.

related $(X, Y)$ :- related $(X, Z)$, parent $(Y, Z)$.

related $(X, Y)$ :- related $(Z, Y)$, parent $(X, Z)$.

只有谓词 parent 基于 EDB 关系 Parent，其中存储了“父母 / 孩子”关系。

（1）请构建该方案的依赖图。

（2）请给出关系代数表达式，用于推导非递归定义的谓词 sibling。假设关系 Parent 的表达式如下（第一个部分是“孩子”，第二个部分是“父母”）：

{[$c$, $a$], [$d$, $a$], [$d$, $b$], [$e$, $b$], [$f$, $c$], [$g$, $c$], [$h$, $d$],

[$i$, $d$], [$i$, $e$], [$f$, $e$], [$j$, $f$], [$j$, $h$], [$k$, $g$], [$k$, $i$]}

（3）请给出谓词 cousin 和 related 的朴素评估的算法，并对上面的关系 Parent 做具体的逐步评估。

（4）请对半朴素评估做同样的说明。

15-5 请评估 15.2 节中定义的谓词 related。为此，请给出代数表达式，并说明与我们的示例关系“前提”有关的 IDB 关系 Related 的表达。

15-6 在 15.7 节中，例子中的 Datalog 查询是由“规则 / 目标树”自上而下进行评估的。请说明这个自下而上的评估，并讨论效率问题。

15-7 请说明以下 Datalog 程序，其中 $v$ 是一个 EDB 谓词，$a$ 和 $b$ 是 IDB 谓词：

$$a(X, Y) :- v(X, Y).$$

$$a(X, Y) :- b(X, Y).$$

$$b(X, Y) :- a(X, Z), v(Z, Y).$$

（1）请给出依赖关系图。

（2）请给出用于朴素评估 $A$ 和 $B$ 的程序（分别由 $a$ 和 $b$ 定义的关系）。

（3）请给出半朴素评估的程序。

（4）当 $v$ 代表“前提”时，$a$ 和 $b$ 分别代表什么？

15-8 请定义谓词 $sg(X, Y)$，它代表“同一代”。如果二人的父母中至少有一方属于同一代，则这两个人属于同一代。

（1）请根据习题 15-4，说明 $sg$ 对示例表达式 Parent 的朴素评估。

（2）请说明半朴素评估，即给出评估程序，并说明逐步产生的评估增量。

15-9 下面的 Datalog 程序是否是分层的？

$$p(X, Y) :- q_1(Y, Z), \neg q_2(Z, X), q_3(X, P).$$

$$q_2(Z, X) :- q_4(Z, Y), q_3(Y, X).$$

$$q_4(Z, Y) :- p(Z, X), q_3(X, Y).$$

假设 $p$、$q_1$、$q_2$、$q_3$、$q_4$ 是 IDB 或 EDB 谓词，该程序是否可靠？

15-10 为什么以下谓词 specialLecture 不能定义 15.8.3 节所需的 IDB？

specialLecture′（$V$）：- lectures（$V$, $T_1$, $S_1$, $R_1$），¬require（$V$, $N$），lectures（$N$, $T_2$, $S_2$, $R_2$）.

这里定义的是什么？请说明推导的结果。

15-11 请将 15.2 节中的 Datalog 程序转换成 SQL 中的视图定义。这些查询建立在已知的大学模型中。特别是，请使用定义递归视图的方法。

15-12 请给出以下希腊诸神和英雄谱系的 ChildParents 表达式：

请在 SQL 中制定以下查询：

（1）请确定所有的兄弟姐妹对。为此，请使用习题 15-4 中介绍的谓词 sibling。

| ChildParents | | |
|---|---|---|
| Father | Mother | Child |
| Zeus | Leto | Apollon |
| Zeus | Leto | Artemis |
| Kronos | Rheia | Hades |
| Zeus | Maia | Hades |
| Kois | Phoebe | Leto |
| Atlas | Pleone | Maia |
| Kronos | Rheia | Peseidon |
| Kronos | Rheia | Zeus |

（2）请根据谓词 cousin，确定表兄妹的配对。你可以在 IBM DB2 和 Microsofts SQL Server 中执行你的解决方案。

（3）请根据习题 15-4 的谓词 related，给出所有的亲属关系。你可以在 IBM DB2 和 Microsofts SQL Server 中执行你的解决方案。

（4）请确定 Kronos 的所有后裔。请构建一个查询，使其可以在 IBM DB2 和 SQL Server 中执行，然后构建可以在 Oracle 的 SQL 语言中执行的另一个查询。

## 15.11 文献注解

我们可以在逻辑编程中找到演绎数据库或 Datalog 语言的根。Clocksin 和 Mellish（1994）撰写的书是 Prolog 教材中的经典。Lloyd（1984），Maier 和 Warren（1988）撰写的书是关于逻辑编程的正式论述。Brewka 和 Dix（1997）描述了使用逻辑程序的知识。

Datalog 这个名字是由 David Maier 命名的。

Cremers，Griefehn 和 Hieze（1994）的德语书详细描述了如何处理本章所述主题。在 Gallaire 和 Minker（1978），Gallaire，Minker 和 Nicotas（1981）撰写的书中包含了关于演绎数据库早期研究工作的原创文章。Minker（1988）后来写了一本关于同一主题的教材。Ceir，Gottlob 和 Tamca（1990）写了另一本关于数据库背景下的逻辑编程的英文教材。

有一些（普通）数据库教材比我们在给定的框架内更详细地讲解了演绎数据库：

Ullman（1988）在他的书的第一卷中非常详细地解释了 Datalog 的自下而上的评估 。Ullman（1989）在第二卷讨论了自上而下的评估和两种方法的结合。第二卷还介绍了一些演绎数据库系统（或研究原型），如 NAIL（Morn' s，Ullman 和 Gelder，1986）和 LDL（Taur 和 Zamiolo，1986）。

Abiteboul，Hull 和 Vianu（1995）特别详细地研究了 Datalog 语言的形式问题。

我们现在想再列举几篇来自演绎数据库领域的原创论文。Bamcilhon 和 Ramarkishuan（1986）讨论了评估策略，特别是本章提出的半朴素评估。根据本章的说法，这种方法可以追溯到 Bamcilhon 的一份未发表的内部报告。然而，还有一份 Bayer 公司（1985）的早期（未发表的）内部报告，其中提出了半朴素评估策略。Bayer 等人（1987）和 Bayer，Güntzer 和 Kieβling（1987）进一步描述了该技术。

Ceri，Gottlob 和 Tance（1989）研究了一些关于 Datalog 的问题。Grottolb，Grädel 和 Veith（2002）设计了 Datalog-lite 语言，这是一种“精简的”Datalog，可以非常有效地进行评估。Jarke，Cliddord 和 Vassiliou（1986）为关系型数据库系统提出了一个 Prolog“前端模块”，以实现一个演绎数据库。另一个将 Prolog 与关系型 DBMS 相结合的系统是 EDUCE，它由慕尼黑的 ECRC 公司开发（Bocca，1986）。在 VLDB 杂志的一个特刊中，Ramamohanarao（1994）对目前的发展状况作了概述。在同一期刊中，Kieβling 等人（1994）描述了在实现一个演绎数据库系统过程中的经验，并讨论了这种数据库技术的商业机会。他们在这方面的评估是相当谨慎的，因为他们认为关系型数据库和演绎数据库技术之间的附加值（added value）不会“诱使”用户转变。Bry 和 Seipel（1996）对目前的技术状况作了简要的概述。Freitag，Schütz 和 Specht（1991）描述了 LOLA 系统，该系统是根据 LISP 实现的交叉编译器，并内嵌 SQL 命令。Zukousky 和 Freitg（1996）在这个系统的背景下描述了灵活的评估技术。Wichert 和 Freitag（1997）处理了演绎数据库中的变化操作问题。

Jarke 等人（1995）描述了 ConceptBase，一个面向对象的演绎数据库系统。

限制变量以获得可靠 Datalog 规则的概念的提出者可以追溯到 Zaniolo（1986）。Datalog 程序的分层是由 Chardra 和 Harel（1982）首次处理的。Bry，Decker 和 Manthey（1988），Moerkotte 和 Lockemann（1991）描述了演绎数据库中一致性检查的概念。我们只是略微提到用“规则 / 目标树”进行自上而下的评估，这方面的早期研究者可以追溯到 Ullman（1985）。

Bry（1990）展示了如何将自下而上和自上而下的评估统一起来。Brass 和 Lopeck（1992）研究了自下而上的评估。一种将自下而上评估的优势（利用面向集合的处理）与自上而下评估的优势（更有针对性的、选择性的评估）结合起来的优化技术被称为 Magic Set，它是以规则转换为基础，然后自下而上地对转换后的规则进行评估。转化的目的是规则中自上而下的评估的“目标性”。该技术首次由 Bancilhon 等人（1986）发表。在 Ullman（1989）撰写的书中对自上而下的评估和 Magic Set 优化作了彻底的研究。Brass（1995）分析了自上而下的评估与 Magic Set 评估的比较。之后，Brass（1996）提出了一个改进的 Magic Set 评估。

# 16 分布式数据库

日益发达的全球网络对我们的社会产生了极大的影响。通过互联网获取的全球分布的信息几乎是取之不尽的。现代通信网络使公司的行政部门和业务部门的地理分布更加广泛。这极大地凸显出分布式数据库应用的重要性。在这一章中，我们将研究分布式数据库管理系统（缩写为 VDBMS），通过该系统对分布式数据库进行管理。

为此，我们把一家有分支机构的银行作为地理分布式组织形式的一个例子。其中，各个分支机构当然应该能够自由地处理其当地客户的数据。与此同时，其他分支机构（特别是总行）应该能够获得这些信息，例如，为了检查账户余额。这是一个使用分布式数据库系统的“典型”案例，其（全球）总信息被分配到不同的站点。地方站（有时称为网点）通过一个通信网络相互连接。

## 16.1 术语和界限

根据 Ceri 和 Pelagatti（1984）的说法，分布式数据库由分布在几台计算机上的信息单元的集合组成，这些信息单元通过通信网络相互连接。网络中的每个站点都可以自由地处理本地可用的数据，从而在“现场”执行本地应用程序（而不涉及其他站点）。而且，分布式数据库系统的每个站点还参与了至少一个通过通信网络处理的全局任务。

因此，分布式数据库系统可以说是自主操作的站点之间的合作，这些站点通过通信媒介交换信息，以便能够执行一项全局任务。通信媒介可以是各种各样的连接：

1. LAN：局域网，如以太网、令牌环或 FDDI 网络。

2. WAN：广域网，如互联网。

3. 电话连接，如 ISDN 或简单的调制解调器连接。

在本章中，我们不会更详细地研究基础网络拓扑结构或通信媒介。所以我们假设数据库应用的通信网络是简明易懂的，任何站点都可以与其他任何站点进行通信。

图 16-1 勾画了一个分布式数据库系统，出于图示的原因，只选择了环形的通信网络结构；它也可以是一个地理上广泛分布的通过卫星进行通信的（WAN）网络。

VDBMS 的站点（节点、网点）$S_1$、$S_2$ 和 $S_3$ 在本地自主性地存储和处理数据的能力方面具有同等地位。

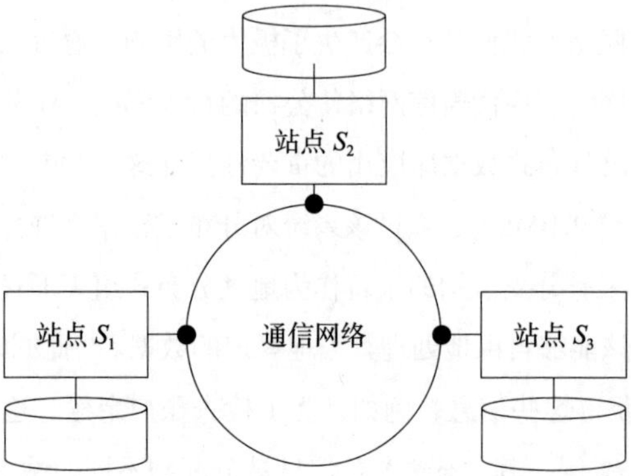


图 16-1　一个分布式数据库系统

与 VDBMS 相比，图 16-2 显示了一个所谓的“客户端 / 服务器”架构。可以说这是一个“退化的”VDBMS，因为只有服务器存储数据。客户端向服务器发送请求，在本地处理服务器所传输的数据，然后在必要时将其发回给服务器。因此，客户端只能在与服务器的互动中进行数据处理操作。

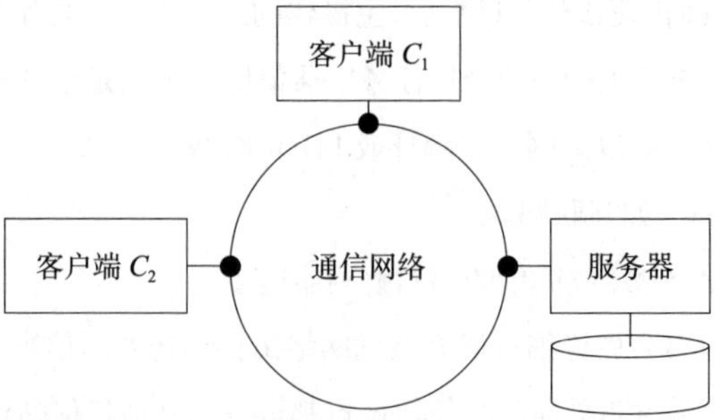


图 16-2　客户端 / 服务器架构

## 16.2　分布式数据库的设计

根据 Ceri 和 Pelagatti（1984）书中的内容，我们用图 16−3 显示了一个分布式数据库系统的结构和设计。在下文中，我们将使用关系模型作为实现模型。因此，全局模式（VDBMS 设计的起点）对应于集中式数据库设计的综合关系实现模式（参见 2.3 节的图 2−2）。

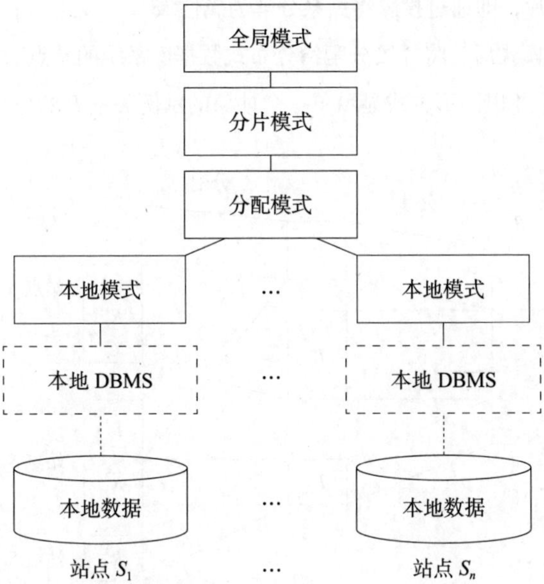


图 16−3　分布式数据库系统的基本结构和设计

VDBMS 设计中的实际新任务与以下两个设计有关：

1. 分片模式；

2. 分配模式（也称“分配方案”）。

在分片模式中，逻辑上相关的信息集（这里是指关系）被（大部分）分解为独立的片段。分解是基于这些片段的访问特征而进行的。这需要对数据库的预期应用有一个全面的了解。然后，具有类似访问模式的数据被组合成一个片段。我们用一个抽象的关系 $R$ 来说明这一点，这个关系有变量集 $r_1$，…，$r_7$ 和应用程序 $A_1$，$A_2$ 和 $A_3$。

如果 $A_1$ 访问变量集 $r_1$、$r_2$、$r_3$，$A_2$ 访问变量集 $r_4$、$r_5$、$r_6$、$r_7$，则应由此得出片段 $R_1 = \{r_1、r_2、r_3\}$ 和 $R_2 = \{r_4、r_5、r_6、r_7\}$。然而，如果 $A_3$ 访问变量集 $r_4$ 和 $r_5$，那么这两个变量集应该“位于”自己的片段（如 $R_3$）中。因此，必须从 $R_2$ 中删除 $r_4$ 和 $r_5$，从而得出以下片段：

1. $R_1 = \{r_1, r_2, r_3\}$，应用 $A_1$；

2. $R_2 = \{r_6, r_7\}$，应用 $A_2$；

3. $R_3 = \{r_4, r_5\}$，应用 $A_2$ 和 $A_3$。

这里，我们已经指出了将关系横向分片成不相交的变量集的做法。在下一节中，我们还将学习纵向分片，即通过投影将关系分解为属性域。

在确定了分片模式后，将片段分配给分布式数据库系统的站点。这个过程通常被称为“分配”。图 16-4 以图形方式显示了一个抽象的示例关系 $R$ 的分片和分配。

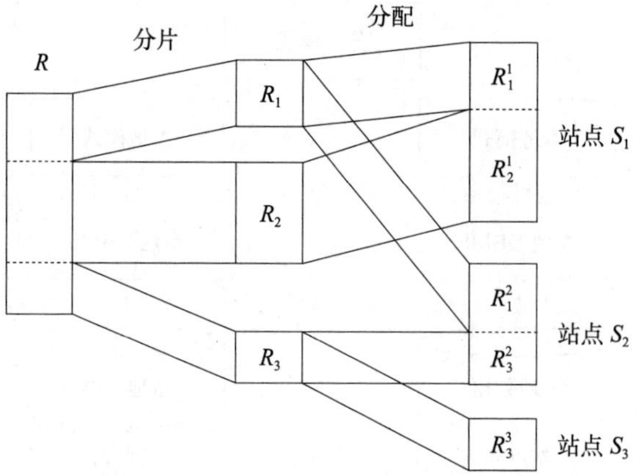


图 16-4　根据 Ceri 和 Pelagatti（1984）的理论，关系 $R$ 的分片和分配

其中，分配分为两种类型：

1. 无冗余分配：在这种情况下，每个片段正好分配给一个站点。这里是将片段以 $N:1$ 的关系分配给站点的。

2. 有复制性的分配：这里是一个 $N:M$ 的分配。一些片段被复制并分配给多个站点。这种情况如图 16-4 所示。

然后，分配给节点 $S_i$ 的片段 $R_j$ 标记为 $R_j^i$。当然，将片段分配给站点也应基于预期的应用。如果一个应用 $A_1$ 大多是在站点 $S_1$ 上执行的，那么如果 $A_1$ 所需的片段位于 $S_1$

上将是有利的。当然，如果在站点 $S_1$ 和站点 $S_2$ 上都经常需要同一个片段，例如 $R_1$，就会发生设计冲突。在无冗余分配的情况下，无法避免先选择其中一个站点，从而不利于其他的站点。此外，有研究者已经开发了成本模型，根据该模型可以确定全局优化分配方案。然而，由于问题的复杂性，实际上只能在"较小"的应用领域确定最佳分配。因此，实践中通常使用启发式程序，从而可以预期一个合理的"较好的"，但通常不是全局最优的分配方案。

在有复制性的分配中，有了更多的自由度，因为现在可以根据需要复制片段。然而，复制只有利于读应用，因为这时必须在所有副本上（或至少在几个副本上，如后面所述）进行修改。

我们将根据图 16-3，在本地模式中对分配给一个站点的片段进行建模。在下文中，我们将始终假设一个同质的结构，即所有站点都使用相同的本地数据模型，甚至相同的数据库系统。[1]

## 16.3 横向和纵向分片

如上所述，有不同方法来分片一个关系：

1. 横向分片：关系被分片成不相交的变量集集合。

2. 纵向分片：组合具有相同访问模式的属性。因此，通过投影在纵向上分片这种关系。

3. 组合分片：将横向和纵向分片用于同一关系。

对分片有三个基本的正确性要求：

1. 可重构性：可以从片段中重构出被分片的关系。

2. 完整性：每个数据都与一个片段相关。

3. 不相交性：这些片段没有重叠，也即，一个数据不会被分配给几个片段。

可重构性与完整性是相辅相成的：必须从片段 $R_1$，…，$R_n$ 中，通过应用关系代数运算符来重构原始关系 $R$。为此，完整性是一个基本的先决条件，根据这个条件，原始关系的每个信息单元（变量集、属性值等）都必须包含在同一个片段中。不相交性要求

---

[1] 只有各个站点使用的硬件和系统软件（操作系统）可以不同，但必须通过 VDBMS"隐藏"起来。

一个信息单元不能冗余地包含在两个（或多个）片段中。我们将在后面看到，在纵向的（而不是横向的）分片中，人们接受了对不相交性的限制，可以进行简单的重构。

我们将用一个与大学模型数据库有关的例子来说明这一部分。为此，我们通过属性院系、薪资和税类来扩展关系“教授”。这一关系如图 16-5 所示。我们假设正在模拟一所只有三个院系（神学、物理学和哲学）的大学。

| 教授 | | | | | | |
|---|---|---|---|---|---|---|
| 工号 | 姓名 | 级别 | 房间 | 院系 | 薪资 | 税类 |
| 2125 | 苏格拉底 | C4 | 226 | 哲学 | 85000 | 1 |
| 2126 | 罗素 | C4 | 232 | 哲学 | 80000 | 3 |
| 2127 | 哥白尼 | C3 | 310 | 物理学 | 65000 | 5 |
| 2133 | 波普 | C3 | 52 | 哲学 | 68000 | 1 |
| 2134 | 奥古斯丁 | C3 | 309 | 神学 | 55000 | 5 |
| 2136 | 居里 | C4 | 36 | 物理学 | 95000 | 3 |
| 2137 | 康德 | C4 | 7 | 哲学 | 98000 | 1 |

图 16-5　由三个属性扩展而得的“教授”关系的示例

### 16.3.1　横向分片

图 16-6 抽象地显示了横向分片的情况。对于分片成不相交的子集，必须指定分解谓词 $p_1$，$p_2$，…。我们首先考虑只指定一个分解谓词 $p_1$ 的情况。

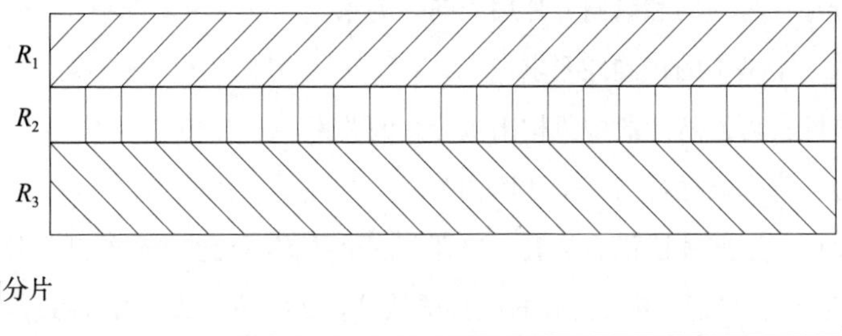


图 16-6　横向分片

从而 $R$ 被分片为：

$$R_1 := \sigma_{p_1}(R)$$

$$R_2 := \sigma_{\neg p_1}(R)$$

在两个谓词 $p_1$ 和 $p_2$ 中，已经有了 4 个分片，即：

$$R_1: = \sigma_{p_1 \wedge p_2}(R)$$

$$R_2: = \sigma_{p_1 \wedge \neg p_2}(R)$$

$$R_3: = \sigma_{\neg p_1 \wedge p_2}(R)$$

$$R_4: = \sigma_{\neg p_1 \wedge \neg p_2}(R)$$

因此，一般来说，$n$ 个分片谓词 $p_1$，…，$p_n$ 将生成总共 $2n$ 个片段。在有 $n$ 个分片谓词的情况下，将用以下 $2n$ 个可能的共轭连接的选择谓词进行横向分片：

$$\bigwedge_{i=1}^{n} p_i^*$$

其中，$p_i^*$ 代表谓词 $p_i$ 或 $p_i$ 的否定词（$\neg p_i$）。当然可能其中一些连接会连续产生 false，所以相关片段总是空的，因此可以省略。

这里概述的方法确保所产生的片段是不相交的和完整的，也即，每个变量集正好分配有一个片段。为什么？

让我们用示例关系“教授”Professors 来说明横向分片。按院系归属 College 对教授进行分组是合理的。因此，对于我们只有三个院系的大学，有以下的分片谓词：

$$p_1 \equiv \text{College} = '\text{Theology}'$$

$$p_2 \equiv \text{College} = '\text{Physics}'$$

$$p_3 \equiv \text{College} = '\text{Philosophy}'$$

我们很容易看到，在 8 个（$= 2^3$）选择中，最多只有 4 个能产生非空的结果，即：[1]

$$\text{TheolProfs}' : = \sigma_{p_1 \wedge \neg p_2 \wedge \neg p_3}(\text{Professors}) = \sigma_{p_1}(\text{Professors})$$

$$\text{PhysiProfs}' : = \sigma_{\neg p_1 \wedge p_2 \wedge \neg p_3}(\text{Professors}) = \sigma_{p_2}(\text{Professors})$$

$$\text{PhiloProfs}' : = \sigma_{\neg p_1 \wedge \neg p_2 \wedge p_3}(\text{Professors}) = \sigma_{p_3}(\text{Professors})$$

$$\text{OtherProfs}' : = \sigma_{\neg p_1 \wedge \neg p_2 \wedge \neg p_3}(\text{Professors})$$

假设院系必须始终是指定的（而不是空的），并且只能从 {Theology、Physics、Philosophy} 中取值，那么第 4 个片段也是空的，因此下面不再考虑。

## 16.3.2 推导出的横向分片

有时，根据某个横向分片的关系来分片一个关系是很有用的。我们将以大学数据库

〔1〕命名时使用了符号 ′，因为我们想在以后再定义另一个片段的“教授”。

中的关系“课程”Lectures 为例来说明这一点。作为横向分片的第一种方法，让我们考虑将其分解为有相同每周课时（WH）的组。因此，我们将有 3 个片段，假设课时数为 2，3，4：

$$2WHLecture:=\sigma_{WH=2}(Lectures)$$

$$3WHLecture:=\sigma_{WH=3}(Lectures)$$

$$4WHLecture:=\sigma_{WH=4}(Lectures)$$

从查询处理的角度来看，这可能是一个非常糟糕的分解。让我们考虑在全局模式中对“教授”和“课程”制定以下查询：

```
select Title，Name
from Lectures，Professors
where Given_By = PersNr;
```

如果根据以上 6 个片段（TheolProfs′, PhysiProfs′, PhiloProfs′, 2WHLecture, 3WH Lecture，4WHLecture）来评估这个查询，就必须连接每个“…Profs′”片段和每个“…Lecture”片段。因此，应执行以下评估计划：

$\Pi_{Title,\ Name}((TheolProfs' \bowtie 2WHLecture) \cup (TheolProfs' \bowtie 3HLecture) \cup \cdots \cup (PhiloProfs' \bowtie 4WHLecture))$

因此，总共有 9 个片段要“连接”在一起，如图 16-7 所示。每条指引线都对应于 2 个片段的（潜在的）非空连接。

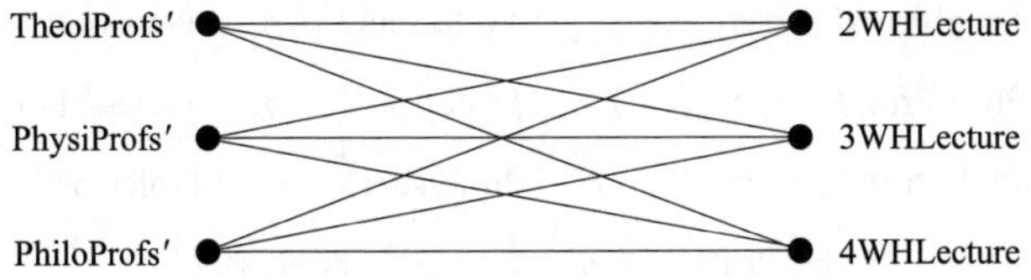


图 16-7 在不适合的横向分片情况下的连接图

为了能够更有效地执行这种连接操作，应该根据教授的院系来分解关系“课程”。然而，院系并不是课程的属性。因此，必须在已经完成的“教授”分片的基础上进行“课程”的分片。因此，人们将其称为“推导出的分片”。

对此，使用了半连接运算符。在我们的例子中，得出以下分片的结果：

$$TheolLecture:=Lectures \ltimes_{Given\_by=PersNr} TheolProfs'$$

$$PhysiLecture:=Lectures \ltimes_{Given\_by=PersNr} PhysiProfs'$$

$$\text{PhiloLecture} := \text{Lectures} \ltimes_{\text{Given\_by} = \text{PersNr}} \text{PhiloProfs}'$$

在这种分片的基础上，我们对示例查询（即课程名称与教授的名字配对）可以更有效地进行评估。现在我们只需要在片段之间执行3个连接。这3个连接方式如图16-8所示。其他6个可能的连接对（如 $\text{PhysiProfs}' \bowtie_{\text{Given\_by} = \text{PersNr}} \text{TheolLecture}$）总是空的。因此，现在我们总共节省了6个（原本共9个）可能的连接运算。评估计划如下：

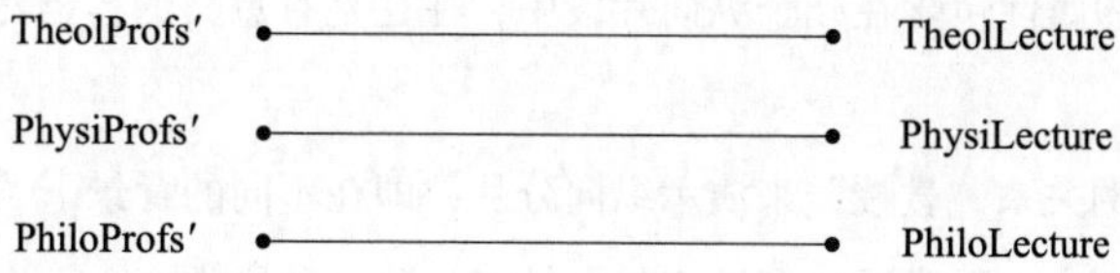


图 16-8　推导片段的简单连接图

$$\Pi_{\text{Title, Name}}((\text{TheolProfs}' \bowtie_p \text{TheolLecture}) \cup (\text{PhysiProfs}' \bowtie_p \text{PhysiLecture}) \cup (\text{PhiloProfs}' \bowtie_p \text{PhiloLecture}))$$

这里，连接谓词 $p$ 是：

$$p \equiv (\text{Given\_by} = \text{PersNr})$$

我们将在16.5节中更详细地讨论查询优化问题。这里应该已经很清楚了，只有在分布式数据库设计中必须考虑预期的查询，这样才能生成有效的评估计划。

### 16.3.3　纵向分片

图16-9画出了纵向分片的情况。纵向分片涉及将具有相似的访问模式的属性组合在一起的情况。然后分片的结果是对这些属性组的投影，原始关系被纵向分片。然而，在随意纵向分片的情况下，可重构性可能无法得到保证。有两种方法来保证可重构性：

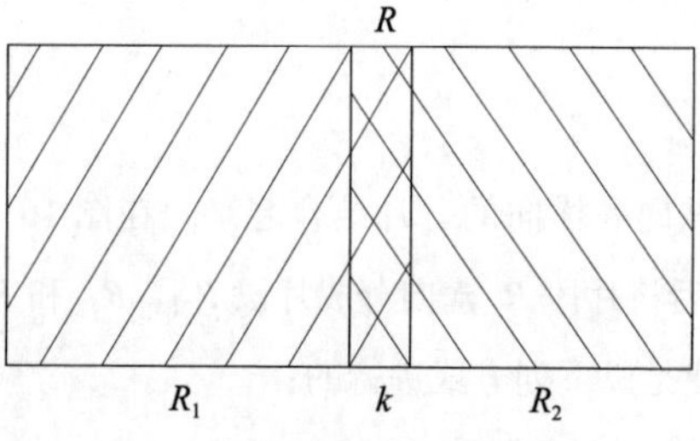


图 16-9　纵向分片示意图

1. 每个（纵向）片段包含原始关系的主键（在图 16-9 中用 $k$ 表示）。然而，在某些方面，这违反了片段的不相交性。

2. 原始关系的每个变量集都分配了一个唯一的代理键“surrogate”（一个人工生成的对象标识符）。这个代理键包含在变量集的每个纵向片段中。

我们将在下面介绍前一种方法，这样纵向片段就会重叠在一起。我们将进一步说明，将这种很少变化的属性包含在几个纵向片段中，往往是有意义的。当然，这也违反了不相交性。

我们想用示例关系“教授”来演示纵向分片，即在不同的背景下“处理”教授：

1. 在行政管理中，通常需要属性工号、姓名、薪资和税类；

2. 在教学和研究方面，可能工号、姓名、职称等级、办公室和院系这些属性更有意义。

因此，我们在此作出以下的纵向分片：

$$\text{ProfAdmin} := \Pi_{\text{PersNr, Name, Salary, Tax class}}(\text{Professors})$$

$$\text{Profs} := \Pi_{\text{PersNr, Name, Rank, Room, College}}(\text{Professors})$$

原有关系 Professors 的重建是可能的，例如通过两个片段中的主键“工号”PersNr 连接如下：

$$\text{Professors} = \text{ProfAdmin} \bowtie_{\text{ProfAdmin.PersNr = Profs.PersNr}} \text{Profs}$$

在上面显示的片段中，“姓名”属性也包含在两个片段中。由于人们相对来说很少改变他们的名字，这种冗余应该不会有太大的问题。请注意，这种冗余是由 VDBMS 控制的，也即，如果其中一个片段改变了“姓名”，则 VDBMS 必须确保在其他片段中的改变（关于这一点，在 16.4 节和 16.10 节中有更多的介绍）。

当然，原则上，纵向分片成两个以上的片段是可能的，只要每个片段包括主键（或代理键）。

### 16.3.4 组合分片

当然，人们可以把纵向和横向的分片结合起来。在图 16-10 中，首先将关系 $R$ 纵向分成片段 $R_1$ 和 $R_2$。然后将片段 $R_2$ 横向分成片段 $R_{21}$、$R_{22}$ 和 $R_{23}$。

因此，关系 $R$ 的重建是以下列方式进行的：

$$R = R_1 \bowtie_p (R_{21} \cup R_{22} \cup R_{23})$$

其中 $p$ 是一个谓词，用于检查两个片段 $R_1$ 和 $R_2$ 的主键是否相等（虽然这在图中没有明确显示，但我们假设 $R_1$ 和 $R_2$ 都包含 $R$ 的主键）。

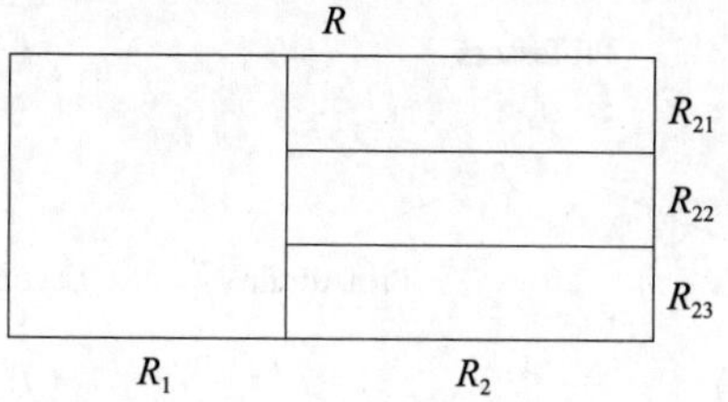


图 16-10 纵向分片后再横向分片（纵向分片的重叠部分未显示）

在图 16-11 中，关系 $R$ 首先被横向分片成片段 $R_1$、$R_2$ 和 $R_3$。然后 $R_3$ 被分解为两个纵向片段 $R_{31}$ 和 $R_{32}$。

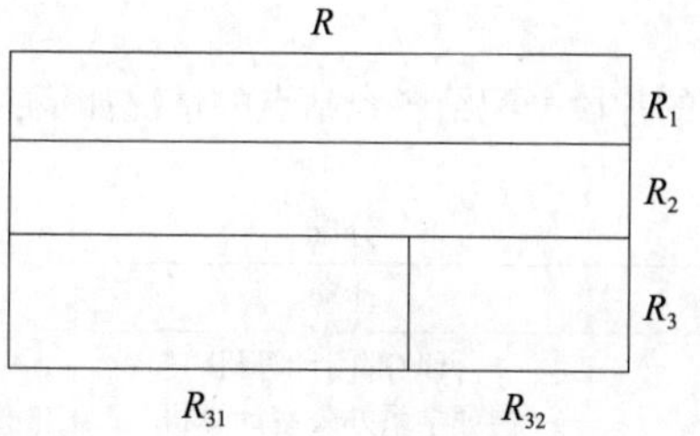


图 16-11 横向分片后再纵向分片

因此，重建如下：

$$R = R_1 \cup R_2 \cup (R_{31} \bowtie_{R_{31}.k = R_{32}.k} R_{32})$$

其中 $k$ 是包含在两个纵向片段中的键。

让我们将组合分片应用于示例关系“教授”。首先，纵向分片为“教授管理”ProfAdmin 和“教授”Profs。

我们没有进一步细分“教授管理”这个片段，因为大学只有一个行政部门，它作为一个整体分配这个片段。然而，根据院系的隶属关系，将纵向片段“教授”横向分片为“物理学教授”PhysiProfs、“神学教授”TheolProfs 和“哲学教授”PhiloProfs。然后，这 3 个片段可以分别被分配到 3 个院系办公室的计算机中，这样就可以在各自的院系中找到“教授”。

前面已经介绍了推导出的横向片段“课程”。现在，便可得到图 16-12 中概述的示例应用的分片。标记为 $v$ 的节点代表纵向分片，标记为 $h$ 的节点代表横向分片。

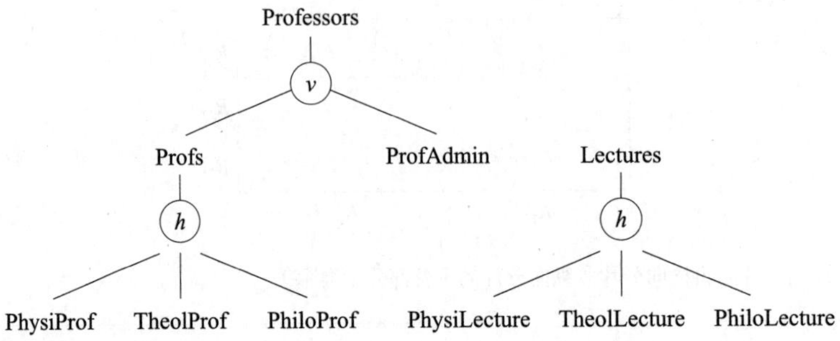


图 16-12　示例应用的分段的属性图

### 16.3.5　分配示例

在这个例子中，产生的片段分配给各个站点的情况如下：

分配

| 站点 | 注释 | 分配的片段 |
| --- | --- | --- |
| $S_{Admin}$ | 行政部门计算机 | { ProfAdmin} |
| $S_{Physi}$ | 物理学系办公室计算机 | {PhysiLecture，PhysiProfs} |
| $S_{Philo}$ | 哲学系办公室计算机 | {PhiloLecture，PhiloProfs} |
| $S_{Theol}$ | 神学系办公室计算机 | {TheolLecture，TheolProfs} |

这里很明显是一个没有复制性的分配，即一个无冗余分配。

## 16.4　分布式数据库的透明性

本节将对分布式数据库中不同级别的透明性作出区分。透明性是指 VDBMS 在访问分布式数据时向客户端展现出的独立性程度。

### 16.4.1　分片透明性

最理想的状态是：客户端使用全局模式，而 VDBMS 的用途是将全局关系上的操作（访问和变更操作）转换为片段上的相应操作。我们已经看到了一个以片段透明为前提的示例查询。

```
select Title，Name
from Lectures，Professors
where Given_by = PersNr;
```

在分片透明的情况下，客户端事实上不需要对关系的分片有任何了解，当然也不需要了解计算机网络内的站点分配。

除了查询之外，一个片段透明的 VDBMS 当然也必须支持变更操作。一个变更可能指的是几个片段，如：

```
updated Professors
  set College = 'Theology'
  where Name = 'Sokrates';
```

除了改变属性值，变量集必须从 PhiloProfs 片段转移到 TheolProfs 片段，在我们的示例分配中需要从 $S_{Philo}$ 计算机转移到 $S_{Theol}$ 计算机。此外，推导出来的“课程”片段也会受到变更的影响。为什么？

### 16.4.2　位置透明性

位置透明性这个较低层次的独立性表示，客户端需要知道片段，但不需要知道片段的“位置”。示例查询如下：

```
select Salary
from ProfAdmin
where Name = 'Sokrates ';
```

因此，客户端现在必须知道，可以在 ProfAdmin 这个片段中找到所需的信息。

然而，在某些情况下，明确重建（部分）原始关系是必要的，例如，行政部门的某人可能想知道 C4 级“神学教授”的总薪资是多少。然而，由于属性“职称等级”不包含在 ProfAdmin 中，所以（在没有分片透明性的情况下）必须制定以下查询：

```
select sum（Salary）
from ProfAdmin，TheolProfs
where ProfAdmin.PersNr = TheolProfs.PersNr and
        Rank = 'C4';
```

在没有分片透明性的情况下，客户端的任务也是在必要时将变量集从一个片段转移到另一个片段。例如，在改变“苏格拉底”所在院系的情况（从哲学系转到神学系）下，客户端执行如下操作：

1. 改变有关变量集中院系的属性值；
2. 在 TheolProfs 中插入“苏格拉底”变量集；
3. 从 PhiloProfs 中删除该变量集；
4. 将“苏格拉底”讲授的课程插入 TheolLecture 中；
5. 从 PhiloLecture 中删除“苏格拉底”讲授的课程。

### 16.4.3 逻辑透明性

相对于位置透明性，在逻辑透明性方面，客户端还需要知道片段所在的计算机。例如，查找 C3 级“神学教授”姓名的查询如下所示：

```
select Name
from TheolProfs at S_Theol
where Rank = 'C3';
```

读者可能会想，这里到底有多大的透明性。本地模式的透明性要求至少所有的计算机使用相同的数据模型和相同的查询语言。

因此，也可以在 $S_{Philo}$ 站点以模拟形式执行上述的查询。如果不同的数据库系统（如 INGRES 和 Oracle）是耦合的，则这种水平的透明性一般不会存在。如果本地数据库系统使用根本不同的数据模型，比如一个站点使用关系型 DBMS Oracle，另一个站点使用网络型 DBMS UDS，则情况就更糟糕了。在这种情况下，人们将其称为“多数据库系统”。这种异质数据库系统的耦合（可以很容易想象）是非常困难的。然而，在“现实”世界中，为了能够将不同（子）组织的信息联系起来，这往往是不可避免的。

## 16.5 VDBMS 中的查询转化和优化

在这一节中，我们首先假设分片透明性，以便客户端可以根据全局关系模型来制定查询。然后，查询转化器的任务是在片段上生成一个查询评估计划。查询优化器的任务是生成一个尽可能有效的评估计划。这通常与将片段分配给计算机网络的各个站点有关。

### 16.5.1 横向分片的查询处理

我们首先研究横向分片时查询转化和评估计划优化。为此，我们在这一节中假设关系 Profs 是全局模式的一个基本关系，尽管 Profs 只是关系“教授”Professors 纵向分片后的一个中间结果（参照图 16-12）。

有人可能对 C4 级教授开设的课程的名称感兴趣。下面的 SQL 查询将根据全局模式确定这一点：

```
select Title
from Lectures，Profs
where Given_by = PersNr and
      Rank = 'C4'；
```

将全局模式的 SQL 查询转换为对片段的等效查询的简单方法分为两步：

1. 通过分片阶段中分解的片段，重新构建查询中出现的所有全局关系。从而产生了一个代数表达式。

2. 将重构表达式与从 SQL 查询的转化中产生的代数查询表达式相结合。

由此产生的代数表达式被称为“查询的典范形式”。对于我们的示例查询，在图 16-13 中显示了这个典型形式的运算符树。

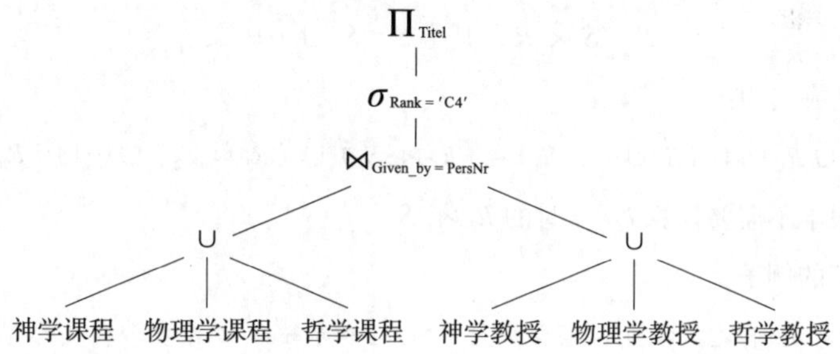


图 16-13 查询的典范形式

因此，首先重构全局关系：

1. 通过统一 3 个横向片段“神学课程”、“物理学课程”和“哲学课程”，重建了“课程”Lectures。

2. 通过联合“神学教授”、“物理学教授”和“哲学教授”，以类似方式重建了“教授”Profs。

其次，实际的查询评估基于这些重构的全局关系。在我们的例子中，是通过连接谓词 Given_by = PersNr 来连接这两个关系的。[1]

再次，选择 Rank = 'C4' 的变量集，最后从这些变量集中投影出属性 Title。

这种运算符树确保了对查询的正确处理，但是，执行却是非常低效的。为了能够通过结合重建“教授”和“课程”的全局关系，在每种情况下至少要通过通信网络传输两个片段，以便能够在第 3 个计算机站点执行结合。

一个更好的方法(因为更有效)是对位于同一站点的片段进行本地的连接运算。毕竟，这也是推导出的关系“课程”横向分片的目的，见 16.3.2 节。为此，查询优化器利用了关系代数的以下属性（此目的的核心，见习题 16–5）：

$$(R_1 \cup R_2) \bowtie_p (S_1 \cup S_2) = (R_1 \bowtie_p S_1) \cup (R_1 \bowtie_p S_2) \cup (R_2 \bowtie_p S_1) \cup (R_2 \bowtie_p S_2)$$

$R$ 的 $n$ 个横向片段 $R_1$，…，$R_n$，和 $S$ 的 $m$ 个片段 $S_1$，…，$S_m$ 的总和是：

$$(R_1 \cup \cdots \cup R_n) \bowtie_p (S_1 \cup \cdots \cup S_m) = \bigcup_{1 \leqslant i \leqslant n} \bigcup_{1 \leqslant j \leqslant m} (R_i \bowtie_p S_j)$$

然而，这并没有取得什么效果，因为现在我们必须对片段进行总共 $n \times m$ 次连接运算。更糟糕的是：为了能够执行这些连接，必须通过“站点”发送这些片段。不过幸运的是，如果连接的一个参数关系是根据另一个参数关系由推导的横向分片创建的，那么许多这样的连接是“不必要的”。因此，如果

$$S_i = S \ltimes_p R_i\text{，其中 } S = S_1 \cup \cdots \cup S_n$$

那么以下总是成立的：

$$(R_1 \cup \cdots \cup R_n) \bowtie_p (S_1 \cup \cdots \cup S_n) = (R_1 \bowtie_p S_1) \cup (R_2 \bowtie_p S_2) \cup \cdots \cup (R_n \bowtie_p S_n)$$

因此，根本不需要计算 $i \neq j$ 时的 $R_i \bowtie_p S_j$。

对于我们的例子：

（神学课程 ∪ 物理学课程 ∪ 哲学课程）⋈...（神学教授 ∪ 物理学教授 ∪ 哲学教授）

连接运算可以限制在图 16–8 所示的 3 个连接中。此外，非常有利的是，这 3 个连接都可以在本地执行，无须传输数据。这正是我们在 16.6 节中进行分配的目标。

此外，还需要根据规则，通过并运算符来“下推”选择和投影：

$$\sigma_p(R_1 \cup R_2) = \sigma_p(R_1) \cup \sigma_p(R_2)$$

---

[1] 严格来说，我们必须在这里先引入笛卡儿积，然后再在此基础上进行选择，这样才符合第 8 章中介绍的将 SQL 查询转化为关系代数的规范。所以我们在这里执行了一个（小的）优化步骤。

$$\prod_L(R_1 \cup R_2) = \prod_L(R_1) \cup \prod_L(R_2)$$

应用这些代数运算规则，现在可以生成图 16–14 所示的评估计划。此外，还需要指出的是，除了最后的重建，其余重建可以在当地的 3 个站点 $S_{Theol}$、$S_{Physi}$ 和 $S_{Philo}$ 进行计划评估。而且可以在这 3 个站点并行执行，并将其本地结果独立地传送给执行最终重建的站点。例如，如果查询是由行政部门的某人发起的，则结果被传送给 $S_{Admin}$ 站点的计算机。

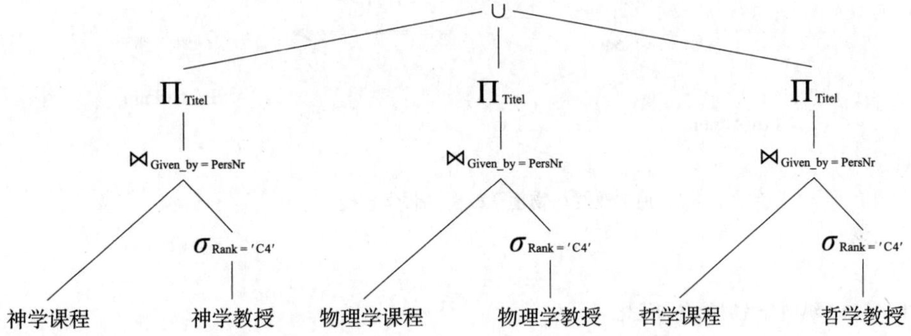


图 16–14　横向分片时查询的最佳形式

### 16.5.2　纵向分片的查询处理

即使在纵向（或组合）分片的情况下，我们也可以这样处理：首先重建查询中出现的全局关系，然后在此基础上评估实际查询。让我们用下面的 SQL 查询来说明这一点：

**select** Name，Salary
**from** Professors
**where** Calary > 80000；

关系“教授”Professors 被纵向分片为“教授管理”ProfAdmin 和“教授”Profs，其中，“教授” Profs 仍然是横向分片的。这就产生了图 16–15（a）所示的典型代数评估计划。

纵向分片时优化查询的主要目标是（通过连接）只连接那些实际需要用于评估查询的纵向片段。在我们的例子中，可以看到纵向片段“教授管理”已经包含所有必要的信息。因此，我们可以用合并和连接来“切断”图 16–15（a）的右侧部分，得到图 16–15（b）所示的优化评估计划。

但是，如果要在查询中从图 16–15（b）的纵向片段（即关系 Profs）投影出一个属性，例如：

**select** Name，Salary，Rank

**from** Professors
**where** Salary > 80000；

那么优化就不会那么容易了，见习题 16-6。

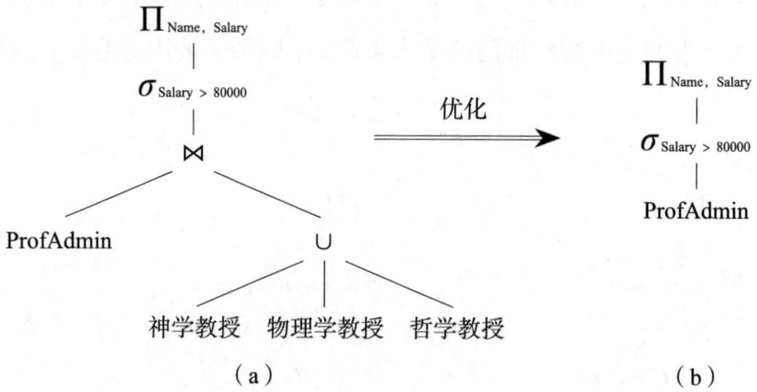


图 16-15 纵向分片时的查询优化

## 16.6 VDBMS 中的连接评估

在分布式数据库系统中，连接运算的评估所起的作用甚至比集中式数据库中的情况更关键。例如，在评估两个关系的连接问题（如图 16-16 中的抽象关系 *R* 和 *S* 所示）时，两个参数关系可能位于 VDBMS 的不同站点上。

| *R* | | |
|---|---|---|
| *A* | *B* | *C* |
| $a_1$ | $b_1$ | $c_1$ |
| $a_2$ | $b_2$ | $c_2$ |
| $a_3$ | $b_3$ | $c_1$ |
| $a_4$ | $b_4$ | $c_2$ |
| $a_5$ | $b_5$ | $c_3$ |
| $a_6$ | $b_6$ | $c_2$ |
| $a_7$ | $b_7$ | $c_6$ |

⋈

| *S* | | |
|---|---|---|
| *C* | *D* | *E* |
| $c_1$ | $d_1$ | $e_1$ |
| $c_3$ | $d_2$ | $e_2$ |
| $c_4$ | $d_3$ | $e_3$ |
| $c_5$ | $d_4$ | $e_4$ |
| $c_7$ | $d_5$ | $e_5$ |
| $c_8$ | $d_6$ | $e_6$ |
| $c_5$ | $d_7$ | $e_7$ |

=

| *R*⋈*S* | | | | |
|---|---|---|---|---|
| *A* | *B* | *C* | *D* | *E* |
| $a_1$ | $b_1$ | $c_1$ | $d_1$ | $e_1$ |
| $a_3$ | $b_3$ | $c_1$ | $d_1$ | $e_1$ |
| $a_5$ | $b_5$ | $c_3$ | $d_2$ | $e_2$ |

图 16-16 两个（抽象的）关系 *R* 和 *S* 的自然连接

我们将在此考虑最普通的情况：

1. 外部的参数关系 $R$ 存储在 $St_R$ 站点上。

2. 内部的参数关系 $S$ 分配给站点 $St_S$。

3. 在第 3 个站点上，比方说 $St_{\text{Result}}$ 需要连接运算的结果。

### 16.6.1　没有过滤器的连接评估

为了执行连接，必须通过通信网络传输（或多或少的）数据集。我们在这里先看一下三种类似的评估方法：

1. 嵌套循环（Nested-Loops）：在这种评估方法中，我们将迭代外部关系 $R$（通过运行变量集 $r$），并通过 $St_S$ 的通信网络请求与每个变量集 $r$ “匹配”的变量集 $s \in S$，其中，$r.C = s.C$。

这一方法通常需要 $2\,|R|$ 信息，来自 $R$ 的每个变量集有一个请求，另一个请求来自 $S$ 的一个匹配的变量集（如果有许多请求，则这个变量集可能是空的）。由于信息量大，这种评估方法可能只是非常“强大”的网络（如局域网）的一种选择。即使如此，通常只有当关系 $S$ 在属性 $C$ 上有一个可以用来确定匹配变量集的索引，并且需要 $St_R$ 上的连接结果时，这种选择才是值得的。否则，更有可能会考虑下一种方法。

2. 转移一个参数关系：在这种情况下，一个参数关系（比如说 $R$）被完全转移到另一个参数关系的站点上。现在仍然可以利用 $S.C$ 上可能存在的索引。

3. 转移两个参数关系：如果采用这种方法，两个参数关系都被转移到站点 $St_{\text{Result}}$ 的计算机中，然后在这里计算结果。当然，任何用于连接运算的索引都会通过转移而丢失，但不会丢失一个（甚至两个）参数关系的排序。在 $St_{\text{Result}}$ 站点上，可以进行合并连接（Merge-Join）（如果存在排序）或哈希连接（Hash-Join）（如果缺少排序）。

### 16.6.2　用半连接过滤器进行连接评估

上述方法的缺点是可能要传输非常大的数据量，即使可能由于非常有选择性的谓词而只提供一个较小的结果——正如我们的例子所示（图 16-16）。这就是为什么在 VDBMS 中经常使用半连接运算符来对待传输的数据集进行过滤。主要的思想是，只转移那些实际上有匹配的“连接伙伴”（Join-Partner）的变量集。此外，我们利用了以下代数关系式（其中 $C$ 是连接属性）：

$$R \bowtie S = R \bowtie (R \rtimes S)$$

$$R \rtimes S = \Pi_C(R) \rtimes S$$

那么，可以用关系 $S$ 的过滤器来评估连接，如图 16-17 所示。

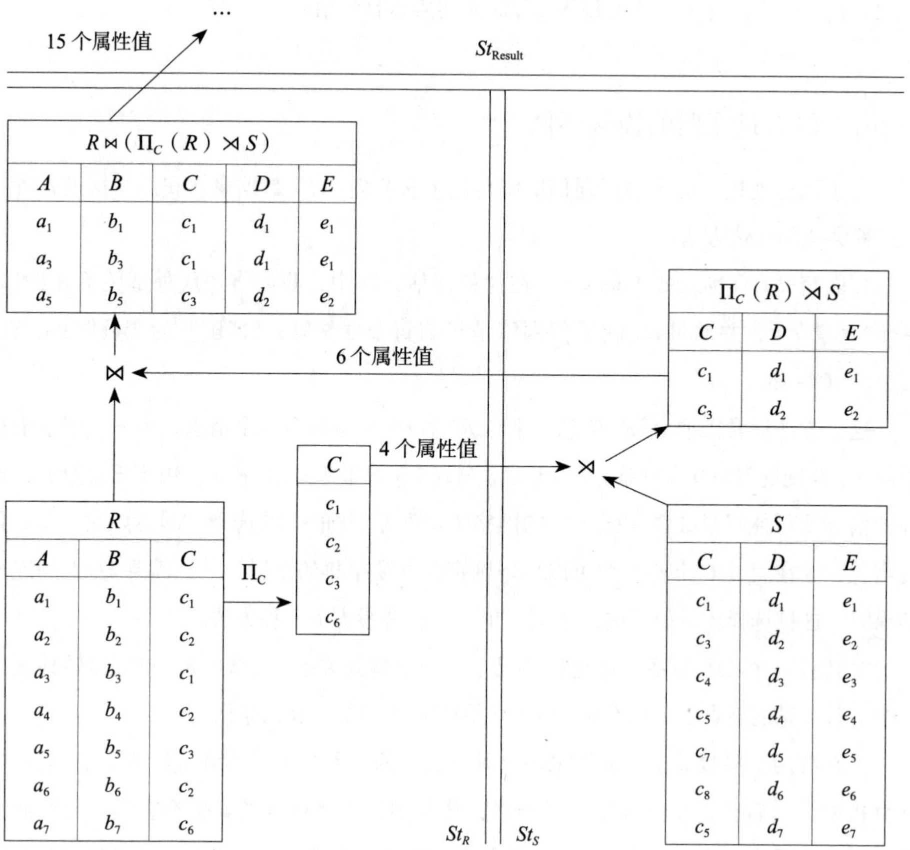


图 16-17　用 $S$ 的半连接过滤器来评估连接 $R \bowtie S$

这里，$R$ 的不同 $C$ 值（即 $\Pi_C(R)$）首先转移到 $St_S$。通过这些值，评估 $St_S$ 上的半连接：

$$R \rtimes S = \Pi_C(R) \rtimes S$$

并将结果转移到 $St_R$。这里，只需要评估已转移半连接的结果变量集的连接。最后，将连接的结果发送给站点 $St_{Result}$。在这个例子中，总共有 25 个属性值（在 3 个消息包中）通过网络传输。

请注意，这种带有过滤器的评估只有在以下情况下才会降低转移成本：

$$\|\Pi_C(R)\| + \|R \rtimes S\| < \|S\|$$

其中 $\|P\|$ 表示一个关系 $P$ 的大小（以字节为单位）。如果上述关系不成立，则最好立即发送整个参数关系。

图 16-18 显示了一个备选的评估计划。在这个计划中，一元关系 $\Pi_C(S)$ 首先转移到 $St_R$，在这里计算半连接 $R \ltimes \Pi_C(S)$ 并将结果发送到 $St_S$，在那里最终执行连接。根据这个计划，在我们的例子中，通过网络总共发送 30 个属性值，读者可以验证一下。

另一个备选方案（不再详细描述）如下所示：

$$(R \ltimes \Pi_C(S)) \bowtie (\Pi_C(R) \rtimes S)$$

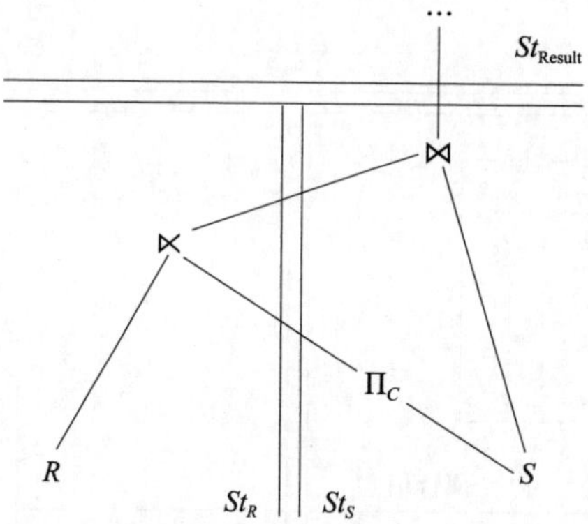


图 16-18 采用半连接过滤器的备选评估计划

这里，两个半连接的中间结果将发送到站点 $St_{Result}$，然后在那里计算最终连接。在我们的例子中，这个计划的转移成本是多少？

### 16.6.3 用位图过滤器进行连接评估

图 16-19 显示了一种基于待转移关系（在我们的例子中是关系 $S$）的位图过滤器的替代评估方法。这种方法牺牲了过滤器的精度，而选择了过滤器的紧凑性，即用比特矢量 $V$ 代替投影 $\Pi_C(R)$。这种位图过滤器通常被称为“布隆过滤器”，因为 Bloom（1970）是这种方法的发明者。当连接属性 $C$ 的值非常多时（如较长的字符串），布隆过滤器是非常有用的。首先，通过对每个单独的属性值 $R.C$ 应用哈希函数 $h$ 来设置位向量 $\boldsymbol{V}$。

然后，将位向量发送到站点 $St_S$ 。通过同样的哈希函数 $h$ 检查每个变量集 $s$ 的值 $s.C$，$V[h(s.C)]$ 是否被设置为 1。在这种情况下，变量集 $s$ 是 $R$ 中（至少）一个变量集的潜在连接伙伴。在我们的例子中，这对前两个变量集也非常有效，这两个变量集对连接运算也是必要的。此外，正确地过滤出了值为 $c_4$ 和 $c_5$ 的变量集，因为它们在 $R$ 中肯定没有连接“伙伴”，否则将会在 $V$ 中设置的“它们的”位。最后两个变量集是问题案例：值 $c_8$ 通过 $h(c_8)$ 被投影到位置 2，而数值 $c_2$ 已被设置在位 $V[2]$。所以这里有一个不会被识别到的 $c_2$ 和 $c_8$ 之间的矛盾。因此，变量集 $[c_8, d_6, e_6]$ 被不必要地转移到 $St_R$ 站点。同样地，变量集 $[c_7, d_5, e_5]$ 也被错误地当作潜在的“连接伙伴”。因此，这两个变量集被称为“误查”（false drops）或“误报”（false positives）。

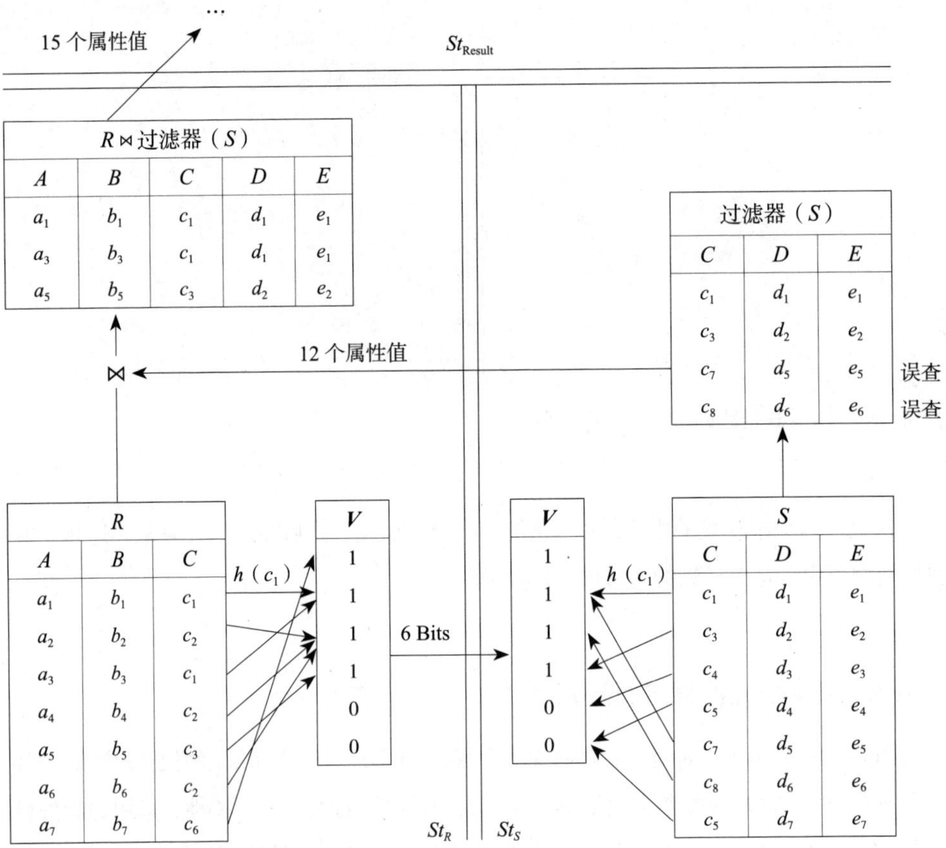


图 16-19 用 $S$ 的布隆 / 位图过滤器来评估连接 $R \bowtie S$

由于显示的原因，我们在这里使用了一个非常短的位向量，在这个例子中出现了相对较多的“误查”。在实践中，一般会使用一个更长的位向量，它的位置数量比 $\Pi_C(R)$ 或 $\Pi_C(S)$ 的（不同的）数值多十倍左右。

对这几个示例的讨论应该使读者了解到，在 VDBMS 中优化查询评估是一个极其困难的事情。问题是，各种各样的参数决定了一个评估计划的代价，包括：

1. 参数关系的基数，连接运算与选择运算的选择性。

2. 数据通信的传输成本，根据通信媒介的不同会有很大差异（在局域网中，这些成本通常比广域网低得多）。

此外，传输成本通常由一部分连接结构（与传输量无关）和传输的变量部分（与数据量有关）组成。

3. VDBMS 的各个站点的负载。这里是为了实现最佳的负载分布。困难在于，通常只有在执行查询时才知道负载的实际状况，而不是在转化时。

因此，必须在代价模型的基础上进行有效的查询优化。如果可以的话，应该根据 VDBMS 的不同预期工作负载制定几个备选方案。

## 16.7 VDBMS 中的事务控制

与集中式 DBMS 不同，VDBMS 中的事务可以扩展到几个计算机站点。一个有说明性的例子是：将 500 欧元从 $S_A$ 站点的账户 $A$ 转到 $S_B$ 的账户 $B$ 的转账事务。由于两个站点（$S_A$ 和 $S_B$）都是本地自主的 DBMS，我们假设它们各自根据第 10 章的示例在本地编写日志条目。该日志在本地用于 Redo 和 Undo：

1. Redo：当一个站点在故障后重新启动时，所有曾经完成的事务变更（无论是在该站点的本地执行还是在多个站点的全局执行）都必须恢复到存储在该站点时的数据状态。

2. Undo：尚未完成的本地和全局事务的变化必须恢复到崩溃站点现有的数据状态。

对于 Redo/Undo 处理，分布式与集中式的情况没有根本的不同，除了在全局事务被中止后，必须在所有执行过该事务的本地站点启动 Undo。然而，全局事务的 EOT（事务结束）处理带来了一个原则性的困难：必须以原子方式终止全局事务，即要么在所有（相关）的本地站点提交（commit），要么中止（abort）。我们用银行转账事务来很好地说明这一点：

1. 要么（在 commit 的情况下）从站点 $S_A$ 的账户 $A$ 中扣除 500 欧元，然后记入站点 $S_B$ 的账户 $B$ 中；

2. 要么把 $A$ 和 $B$ 的账户余额恢复到它们的原始状态（在 abort 的情况下）。

然而，绝不允许在一个本地站点进行 commit，而在另一个本地站点进行 abort 的情况发生。在分布式环境中确保这一点并不容易，因为 VDBMS 的各个站点可能会相互独立地“崩溃”。

为了能够保证 EOT 处理的原子性，人们设计了“两阶段提交协议”（2PC 协议）。由一个所谓的协调员 $K$ 监督 2PC 程序，并确保参与全局事务的 $n$ 个代理（VDBMS 中的站点 $A_1$，…，$A_n$）要么全部确定事务 $T$ 所改变的数据，要么中止 $T$ 所做的所有改变。为简单起见，我们假设协调员 $K$ 代表一个本身没有参与执行 $T$ 的站点，否则，这个站点还是一个代理，但这在原则上不会造成任何问题。

一旦事务 $T$ 的所有操作完成，协调员 $K$ 就会接管 EOT 的处理，并按以下四个步骤执行：

1. $K$ 向所有代理发送一个 PREPARE 消息，以了解代理们是否能够执行 commit。

2. 每个代理 $A_i$ 收到 PREPARE 消息并向 $K$ 发送两个可能的消息之一：

（1）READY，如果 $A_i$ 能够在本地执行 commit。

（2）FAILED，如果 $A_i$ 无法执行 commit，例如因为识别到一个错误或不一致性。

3. 一旦协调员 $K$ 从所有 $n$ 个代理 $A_1$，…，$A_n$ 都收到 READY，则 $K$ 可以向所有代理发送一个 COMMIT 消息，要求它们在本地确定 $T$ 的变化。如果只有一个代理回应 FAILED，或者有一个代理在一定时间内没有回应（超时），则 $K$ 决定事务 $T$ 是不“可挽救”的，并向所有代理发送一个 ABORT 消息。收到该信息后，代理会 abort 对事务的所有更改。

4. 在代理根据步骤 3 中收到的消息完成其本地 EOT 处理后，它们向协调员发送一个 ACK（ACKnowledgment，即确认）消息。

针对四个代理，图 16-20 显示了这里所描述的协调员 $K$ 和代理之间的信息交换。

步骤 1 和 2 代表了 2PC 协议的第一阶段，在这个阶段中，协调员希望获得分布式代理的状态。因此，它用于“决策”。以下步骤 3 和 4 代表 2PC 协议的第二个阶段。协调员已经作出了决定（要么 commit，要么 abort），现在对每个代理实施这一决定。为了能够保证 2PC 协议的容错性，协调员和代理都必须将某些日志条目写入安全的（即防故障性的）日志文件中。

协调员应该在步骤 1 之前就保存好参与事务 $T$ 的代理名单。一个想要向协调员 $K$ 发送 READY 的代理必须首先确保之后（无论发生什么）确实能够为事务 $T$ 执行 commit。

对此，代理必须根据第 10 章中讨论的 WAL 原则，把这个事务的所有日志条目写到日志文件中。此外，必须写入（…，*T*，READY）形式的日志条目，以便可以在崩溃后重建，并向协调员发出关于事务 *T* 的 READY 信号。

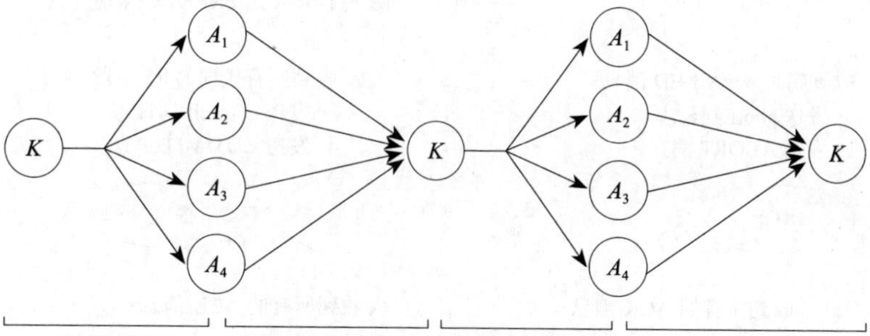


图 16-20 2PC 协议中协调员和代理之间的信息交换

协调员在步骤 3 中将其决定写到安全的日志文件中，然后再把它传达给代理。这也是必要的，以便协调员在系统崩溃后能够重建这一决定。在步骤中，代理写一个 commit 或一个 abort（在撤销 *T* 的所有更改后）到日志文件中。然后，它们可以向协调员发送 ACK。

图 16-21 勾画了 2PC 协议中的状态转换：上面是协调员的转换，下面是一个代理的转换。一方面，站点被贴上了促使过渡的事件的标签；另一方面，在状态转换过程中待执行的最重要的操作，分别用 · 标记。

到目前为止，我们集中讨论了没有系统崩溃或通信错误的 EOT 处理的正常情况。然而，2PC 协议正是为 EOT 处理期间的容错而设计的。因此，我们将在下面详细研究一些错误情况：

1. 协调员崩溃。如果协调员在向任何代理发送 COMMIT 消息之前就崩溃了，则可以通过向代理发送 ABORT 消息来撤销事务。

如果协调员在部分代理告诉它 READY 后崩溃，就会产生问题。这些代理不能再自主（单方面、自主地）中止事务，因为它们必须假设协调员可能已经向其他代理发出了 COMMIT 的信号。另一方面，处于 READY 状态的代理不能执行 commit，因为“崩溃”的协调员可能已经决定执行 abort。只有尚未发出 READY 信号的代理才能自主执行 abort，而不必等待协调员重新启动。此时，其他代理已被锁定了。

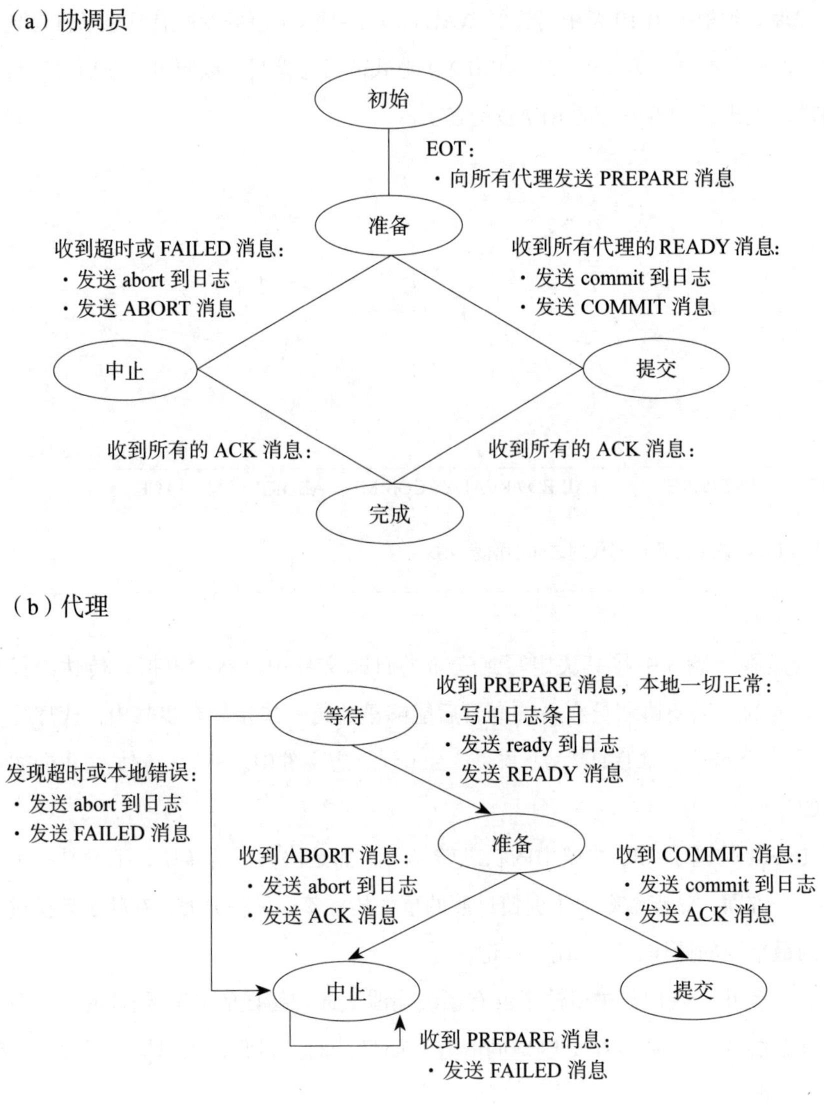


图 16–21　2PC 协议时的状态转换

当协调员崩溃时，锁定代理是 2PC 协议的主要问题之一。锁定一个代理比乍看起来更严重。根据 2PL 协议，被锁定的代理必须至少不释放它所改变的数据对象的 X 锁（为什么？）。就其他全局事务，特别是本地事务而言，这极大地限制了代理的可用性。

为了防止代理被锁定，有研究者甚至设想了一个三阶段提交协议（3PC 协议），但这在实践中可能成本太高，现有的 VDBMS 产品使用的还是 2PC 协议。

2. 代理崩溃。当重新启动时，“崩溃的”代理检查其日志文件。如果没有找到与事务 $T$ 有关的 ready 条目，则可以自主执行 abort（Undo 由 $T$ 引起的变化），并通知协调员不能成功完成该事务（发送 FAILED 消息）。

如果在很长一段时间内，某个代理无法操作，则协调员可以在向任何其他代理发送 COMMIT 消息之前随时中止事务，并向代理发送一条 ABORT 消息。从协调员的角度来看，如果一个代理没有在超时的间隔时间内响应 PREPARE 消息，则将会“崩溃”。

一个“崩溃的”代理在重新启动时发现其日志文件中有一个 ready 条目，但没有 commit 条目，则必须“询问”协调员，事务 $T$ 发生了什么。协调员将告之要么 COMMIT，要么 ABORT。在前一种情况下，代理必须执行事务的 Redo；在后一种情况下，执行 Undo。

如果崩溃的代理在其日志文件中发现一个 commit 条目，则知道必须对该事务进行（本地）Redo，而不需要询问协调员。因此，该事务将被视为重新启动时的“Winner”。

3. 丢失的消息。在分布式环境中，当然会发生消息丢失的情况。如果协调员给某个代理的 PREPARE 消息丢失，则在超时的间隔时间后，协调员将认为相关代理没有操作，并通过向代理发送 ABORT 消息宣布中止事务。如果一个代理向协调员发出的 READY（或 FAILED）消息丢失，也会发生同样的情况。

更有问题的是，处于 READY 状态的代理没有收到来自协调员的信息。在这种情况下，代理不能自主决定，被锁定，直到收到协调员发出的 COMMIT 或 ABORT 消息。为此，代理将向协调员发送相应的“提醒”。

## 16.8　VDBMS 中的多客户端同步

### 16.8.1　可串行化

对于在多个站点上执行的事务来说，在本地每个站点上都串行化是不够的。图 16-22 中的小例子说明了这一点。

其中涉及的是两个平行的在站点 $S_1$ 和 $S_2$ 上运行的事务 $T_1$ 和 $T_2$。从本地来看，即从在同一站点执行的操作来看，事务是可串行化的。在站点 $S_1$，可串行化图是 $T_1 \rightarrow T_2$（即 $T_1$ 在 $T_2$ 之前）；在站点 $S_2$，可串行化图是 $T_2 \rightarrow T_1$。然而，在全局范围内，这两个事务显然是不可串行化的，因为其全局可串行化图的形式为：

$$T_1 \rightleftarrows T_2$$

这是循环的。

我们必须“坚持”多客户端同步中的全局可串行化，因为仅在参与事务的每个站点的本地可串行化是不够的。幸运的是，第 11 章中讨论的同步程序可以很容易地从概念上实现这个目的。

$S_1$

| 步骤 | $T_1$ | $T_2$ |
|---|---|---|
| 1 | $r(A)$ | |
| 2 | | $w(A)$ |

$S_2$

| 步骤 | $T_1$ | $T_2$ |
|---|---|---|
| 3 | | $w(B)$ |
| 4 | $r(B)$ | |

图 16-22　本地可串行化的历史记录

## 16.8.2　VDBMS 中的 2PL 协议

我们在这里只讨论严格两阶段锁定协议，因为它是集中式和分布式数据库系统中最常使用的同步规范。概念上（与 11.6 节的集中式协议相比）完全没有必要更改：直到事务结束，保持所有的锁定，然后“全部打开”。因此，不能在某个站点的处理阶段结束时打开锁定，而是（针对事务使用的所有站点的所有数据）必须全部保持，直到 EOT。

在这种情况下，即使在分布式环境中，2PL 协议也能保证可串行性（见习题 16-12）。

与集中式的 DBMS 相比，VDBMS 的锁定管理更加困难。其中，有两个主要的锁定管理：

1. 在每个站点对驻留在该站点的数据进行本地锁定管理；

2. 对 VDBMS 中的所有数据进行全局锁定管理。

在第一种锁定管理中，全局事务（即使用多个站点上的数据的事务）在访问或修改驻留在站点 $S$ 的数据 $A$ 之前，必须从站点 $S$ 的锁定管理器获得一个适当的锁定。当然，可以在本地决定请求的锁定与现有锁定的兼容性（为什么？）。这种方法有利于本地事务，因为它们只需要与本地的锁定管理器通信。

在全局锁定管理中，所有事务都可以在一个单独的站点请求所有的锁定。这种方法的重大缺点是显而易见的：

1. 中央锁定管理器可能成为 VDBMS 的瓶颈，特别是如果锁定管理器站点崩溃，“那就完全不能用了”。

2. 集中式锁定管理器将损害 VDBMS 站点的本地自治，因为本地事务也必须在这里请求它们的锁定。

由于上述原因，集中式锁定管理在一般情况下是不可接受的，尽管这将大大简化死锁识别（下一节的主题）——人们可以将 11.7 节介绍的方法用于集中式 DBMS，而不会有任何问题。

## 16.9 VDBMS 中的死锁

我们将在此讨论如何识别和避免分布式数据库中的死锁程序。讨论的基础是第 11 章中关于集中式数据库的程序。

### 16.9.1 死锁识别

与集中式 DBMS 相比，在采用分布式锁定管理的 VDBMS 中识别死锁显然更加困难。原因是，仅仅考虑本地（即一个站点中的）事务之间的等待关系是不够的。图 16-23（由图 16-22 改动而来）中的例子清楚地说明了这一点。

$S_1$

| 步骤 | $T_1$ | $T_2$ |
|---|---|---|
| 0 | **BOT** | |
| 1 | **LockS**（$A$） | |
| 2 | $r$（$A$） | |
| 6 | | **lockX**（$A$） |
| | | ~~~ |

$S_2$

| 步骤 | $T_1$ | $T_2$ |
|---|---|---|
| | | **BOT** |
| 3 | | **lockX**($B$) |
| 4 | | $w$（$B$） |
| 5 | | |
| 7 | **LockS**（$B$） | |
| | ~~~ | |

图 16-23　一个“分布式”死锁

为了清楚起见，我们只按顺序列出了执行步骤。但是，请注意，不同事务的执行步骤（特别是在分布式环境中）很可能是“真正”的并行执行。在站点 $S_1$，事务 $T_2$ 在步骤 6 后被阻断（用波浪线表示）并等待 $T_1$ 打开一个锁定；在站点 $S_2$，事务 $T_1$ 在步骤 7 后被阻断，并等待 $T_2$ 打开一个锁定。

因此，我们有一个死锁，因为 $T_2$ 在等待 $T_1$，而 $T_1$ 反过来也在等待 $T_2$。遗憾的是，无法在本地识别到这种死锁。因为站点 $S_1$ 的等待图只有一个指引线 $T_2 \rightarrow T_1$，而站点 $S_2$ 的等待图也只有一个指引线 $T_1 \rightarrow T_2$，所以在本地的等待图中没有循环。

在 VDBMS 中基本上有三种识别死锁的方法：

### 超时

很多 VDBMS 产品使用这种方法，根据这种方法，在一个指定的时间间隔过后，若事务的处理没有进展，就认为发生了死锁。相关的事务被重置并重新启动。正确选择超时间隔是非常重要的：如果等待的时间太长，系统资源就会因为尚未识别到的死锁而闲置；如果等待的时间太短，就会认为是死锁，事务被重置，尽管实际上并没有死锁。

### 集中式死锁识别

各站点将本地存在的等待关系报告给一个中立节点，该节点根据这些关系建立一个全局等待图。对于我们的例子（图 16–23），站点 $S_1$ 将报告等待关系 $T_2 \rightarrow T_1$，站点 $S_2$ 报告等待关系 $T_1 \rightarrow T_2$。

由此产生全局等待图：

$$T_1 \rightleftarrows T_2$$

从中可以识别出由于循环而产生的死锁。

集中式死锁识别的缺点：一方面是涉及的工作量（许多信息）大，另一方面，不存在的死锁（所谓的“幽灵死锁”）也会被错误地识别为死锁。当信息在通信系统中相互重叠时，就会发生这种情况。例如，删除一个等待关系的消息可以被重新进入一个等待关系的消息所取代，这样就会被识别成一个循环，而这个循环在其他的消息输入序列中是永远不会存在的（见习题 16–14）。

### 分布式死锁识别

在这种方法中，各个站点保持本地的等待图。其中，可以“当场”没有任何问题地识别到本地死锁（那些只涉及本地事务的死锁）。

然而，为了能够识别全局死锁，必须扩展该方法。在每个本地等待图中，都有一个外部节点，用来对可能存在的与外部子事务的跨站点等待关系进行建模。每个事务都分配有一个主节点（通常是 TA 开始的节点），从那里它可以在其他站点启动所谓的“外部子事务”。在我们的例子中，$S_1$ 是 $T_1$ 的主节点，$S_2$ 是 $T_2$ 的主节点。

对于外部子事务 $T_i$，如图 16-23 中站点 $S_1$ 的事务 $T_2$ 或站点 $S_2$ 的事务 $T_1$，指引线：

$$\text{外部} \rightarrow T_i$$

始终被引入，因为其他站点可能正在通过 $T_i$ 等待锁定解除。

此外，对于在另一个站点启动子事务的事务 $T_j$ 来说，插入指引线：

$$T_j \rightarrow \text{外部}$$

因为 $T_j$ 可能在其他站点进入等待状态。

参考我们在图 16-23 中的例子，我们将得到等待图：

$$S_1: \boxed{\text{外部} \rightarrow T_2 \rightarrow T_1 \rightarrow \text{外部}}$$

$$S_2: \boxed{\text{外部} \rightarrow T_1 \rightarrow T_2 \rightarrow \text{外部}}$$

一个包括外部节点的循环预示着可能存在死锁，但不一定。为了确定是否存在死锁，各站点之间必须相互交换信息。也即，一个有本地等待图的站点将其信息发送给发起部分事务的站点：

$$\text{外部} \rightarrow T'_1 \rightarrow T'_2 \rightarrow \ldots \rightarrow T'_n \rightarrow \text{外部}$$

在我们的例子中，例如，站点 $S_1$ 将其信息发送到 $S_2$，然后在 $T_1$ 和 $T_2$ 之间识别全局循环（不包括外部节点）。

因此，在收到 $S_1$ 的本地等待信息后，$S_2$ 可以构建以下扩展等待图：

$$S_2: \boxed{\text{外部} \rightleftarrows T_1 \rightleftarrows T_2 \rightleftarrows \text{外部}}$$

其中，$S_2$ 现在可以识别到“真正的”死锁，因为以下循环：

$$T_1 \rightarrow T_2 \rightarrow T_1$$

并不包含外部节点。

根据迄今为止所述的算法，站点 $S_2$ 当然也会将其本地等待信息发送给 $S_1$，因为这里也识别到了与外部节点的循环。然而，这只会导致不必要的大量信息，因为 $S_1$ 出现完全相同的循环，即会识别到：

$$T_2 \rightarrow T_1 \rightarrow T_2$$

为了限制信息量，只有当 $T'_n$ 的事务标识符大于 $T'_1$ 的事务标识符时，也即，如果等待“外部”的事务的标识符大于“外部”等待的事务的标识符时，一个站点将发送其等待信息：

$$外部 \rightarrow T'_1 \rightarrow T'_2 \rightarrow \ldots \rightarrow T'_n \rightarrow 外部$$

我们将在下一节概述如何在 VDBMS 中分配全局唯一的事务标识符。

在习题 16-15 中，我们将说明这种方法也适用于两个站点以上的循环。在这种情况下，从另一个节点收到等待信息并随后通过“外部”识别一个新循环的站点，必须反过来将等待信息发送给等待执行的相应站点。

### 16.9.2 避免死锁

由于在分布式环境中识别死锁的难度，在 VDBMS 中避免死锁比在集中式 DBMS 中更重要。一方面，不基于锁定的同步方法可用于避免死锁：

1. 优化的多客户端同步，在事务的处理（在本地副本上进行）完成后进行验证。已在 11.11 节中介绍了这一方法。

2. 基于时间戳的同步（也在 11.10 节中介绍过）为每个数据分配一个读和一个写的时间戳。这些时间戳用来决定在不（可能）违反可串行化的情况下是否还能执行预定的操作。如果不能执行，则中止（abort）事务。

另一方面，对于基于锁定的同步，可以根据 11.7.3 节中描述的方法来限制事务的锁定：

1. wound-wait：这里，只有较早的事务才会等待较晚的事务。如果一个较晚的事务等待较早的事务，即较早事务请求的锁定与较晚事务的锁定不兼容，则会中止较早的事务。

2. wait-die：在这个过程中，只有较晚的事务才会等待较早的事务，因此，如 wound-wait 一样，在等待图中不会出现循环。如果一个较早事务请求的锁定与较晚事务的锁定不兼容，则会中止较早的事务。

所有这些方法都假定可以在分布式环境中分配全局唯一的时间戳（作为事务标识符）。最常见的方法是使用与唯一站点标识符相关的当地时间：

| 本地时间 | 站点 ID |
|---|---|

重要的是，站点 ID 要记录在最不重要的“位”上，这样在比较不同站点的时间戳时，一

个站点的时间戳就不会总是大于另一个站点的时间戳——使用 站点 ID ｜本地时间 编码就是这种情况。

此外，对于许多算法的有效性来说，必须足够精确地同步本地时钟。例如，一个时钟不能“走慢”，否则，由于与其他站点开始的事务相比时间戳不准确，那里发生的事务看起来像是更早发生的。对于同步和死锁识别算法的正确性来说，只有唯一性是至关重要的，为什么？（见习题 16-16）

## 16.10 复制数据时的同步

当（至少是部分）数据在 VDBMS 中被复制时，会出现一个额外的问题。在这种情况下，例如，一个数据 $A$ 通常有多个位于不同站点的副本 $A_1$，$A_2$，⋯，$A_n$。若只是读取该数据 $A$，就没有问题，任何一个副本都可以。但是，如果数据改变了会怎样？

合理的方法是使变更事务中的所有数据副本都是最新的。因此，如果一个事务 $T$ 将 $A$ 的状态改变为 $A'$，则事务 $T$ 内的所有副本都会改变，即从 $A_1$ 到 $A'_1$，⋯，从 $A_n$ 到 $A'_n$。对此，事务 $T$ 必须获得所有副本的“写锁”。使用严格 2PL 协议，平行读取事务就不会识别到任何复制数据的不一致状态，见习题 16-17。读取事务仍然只需要读取数据的某个副本。因此，这种方法被称为“write-all/read-any”。

这种方法显然有利于读取事务，因为它们只需读取一份数据的副本（最好的情况是在各站点本地的可用副本）。

相比之下，变更事务必须修改所有的副本，因此，在 $n$ 个副本中，至少要访问数据的 $n-1$ 个非本地副本。除了存在预期的变更事务的高运行时间外，还有可用性问题：如果待更改副本 $A_i$ 所在的站点不可用，则必须等待或中止事务。

为了解决这些问题，有人设想了所谓的“法定数共识程序”。这使得读取和变更事务之间的性能得到平衡，即部分开销从变更事务转移到读取事务。在这个过程中，权重（票数）$w_i$ 被单独分配给复制数据 $A$ 的副本 $A_i$。让我们用一个例子来说明这一点：

| 站点（$S_i$） | 副本（$A_i$） | 权重（$w_i$） |
|---|---|---|
| $S_1$ | $A_1$ | 3 |
| $S_2$ | $A_2$ | 1 |
| $S_3$ | $A_3$ | 2 |
| $S_4$ | $A_4$ | 2 |

这里，位于站点 $S_1$ 的副本 $A_1$ 的权重为 $w_1(A)=3$。我们用 $W(A)$ 表示 $A$ 的所有副本的总权重，那么 $W(A)=\sum_{i=1}^{4}w_i(A)=8$ 。此外，还确定了一个所谓的“读取法定数” $Q_r(A)$ 和一个“写入法定数” $Q_w(A)$ ，因此，以下条件成立：

1. $Q_w(A)+Q_w(A)>W(A)$ ；

2. $Q_r(A)+Q_w(A)>W(A)$ 。

一个读取事务用多少 S 锁占位，就必须至少“收集”多少副本，以达到读取法定数 $Q_r$ ；一个写入事务必须至少收集 $Q_w$ 票，即用 X 锁占据相应数量的数据副本。这样，条件 1 就排除了两个（或更多）写入事务在同一时间操作数据 $A$ 的可能；条件 2 排除了在执行写入事务时并行执行读取事务的可能。

在分配权重时可以灵活操作，比如可以给某些站点（那些执行了许多相关事务的站点或那些特别“强大”的站点）的副本分配更多的票数，而不是给那些不太“重要”的站点的副本分配较高的权重。在我们的例子中，站点 $S_1$ 被认为是特别重要的，站点 $S_2$ 对数据 $A$ 来说是最不重要的。

在选择读取和写入的配额时，可以通过收集 S 锁来确定：与写入事务相比，读取事务需要承担多少开销。在我们的例子中，可以设置以下有效的配额：

1. $Q_r(A)=4$ ；

2. $Q_w(A)=5$ 。

这将满足条件 1 和条件 2。因此，一个读取事务可以对 $A_3$ 和 $A_4$，或 $A_2$ 和 $A_1$，或 $A_1$ 和 $A_4$ 等副本进行操作，因为这将提供所需的最少 4 个票数。一个写入事务必须“收集”至少 5 个票数，例如 $A_1$ 和 $A_3$。即使站点 $S_1$ 不可用，一个写入事务仍然可以用副本 $A_2$、$A_3$ 和 $A_4$ 来满足其“写入法定数”的要求。

变化是如何通过副本传播的？毕竟，现在的写入事务不再修改复制数据的所有副本，而只是修改那些为满足“写入法定数”而收集的副本。在传播中需要给副本分配一个版本号。让我们假设图 16-24（a）所示的是初始状态，将该状态标记为版本 #1。所有副本都有相同的价值，即 1 000。现在，当执行一个变更事务时，必须修改一个由例如 $A_1$ 和 $A_3$ 组成的“写入法定数”。我们假设该事务使数据 $A$ 的价值增加 100。因此，执行事务后，副本 $A_1$ 和 $A_3$ 的值为 1 100。此外，每个写入事务必须将复制数据的所有访问副本中最大的读取“版本 #”以增加 1 的方式写入被修改的副本中。

随后的读取事务当然必须收集一个“读取法定数”，这里是 $A_3$ 和 $A_4$。事务将读取所有“读取法定数”的副本，并比较副本中的“版本 # 值”，然后只关注最新的副本。在我们的例子中，$A_3$ 的“版本 # 值”较高，是两者中最新的版本。读取和写入配额的相对权重的限制条件：

$$Q_r(A) + Q_w(A) > W(A)$$

在访问读取事务中始终确保至少有一个来自最后完成的写入事务“写入法定数”的副本。这样可以始终确保一个读取事务在至少一个复制数据副本中发现最新的值。

(a)

| 站点 | 副本 | 权重 | 数值 | 版本 # |
|---|---|---|---|---|
| $S_1$ | $A_1$ | 3 | 1 000 | 1 |
| $S_2$ | $A_2$ | 1 | 1 000 | 1 |
| $S_3$ | $A_3$ | 2 | 1 000 | 1 |
| $S_4$ | $A_4$ | 2 | 1 000 | 1 |

(b)

| 站点 | 副本 | 权重 | 数值 | 版本 # |
|---|---|---|---|---|
| $S_1$ | $A_1$ | 3 | 1 100 | 2 |
| $S_2$ | $A_2$ | 1 | 1 000 | 1 |
| $S_3$ | $A_3$ | 2 | 1 100 | 2 |
| $S_4$ | $A_4$ | 2 | 1 000 | 1 |

图 16-24 分配一个“写入法定数”之前（a）和之后（b）的状态

## 16.11 习题

16-1 请对关系“教授”Profrssors 进行横向分片：在同一院系工作、具有相同职称等级、办公室在同一楼层（可通过房间属性的第一位数字识别）的群体。请给出所有的分片谓词，然后确定哪些始终为 false。

16-2 根据习题 16-1 中所确定的“教授”的横向分片，请“现在”推导出“课程”的横向分片。

16-3 在一个推导出的横向分片中，可能会出现生成的片段不相交的情况。请说明在哪些情况下可以保证不相交性，在哪些情况下是不能保证的。提示：请描述主要的分解关系和从属的分片关系之间的联系。

必须满足哪些条件才能完成推导的分片？请用 16.3.2 节中讨论的例子来解释这个问题，在这个例子中，对关系“课程”Lectures 做了推导分片。

16−4 对于纵向片段 $R_1$，⋯，$R_n$ 中的原始关系 $R$ 的可重构性，只需要片段中包含成对的候选键。请说明为什么所有片段模式的平均值不一定包含一个候选键。因此，以下条件不一定非要成立：

$$R_1 \cap \cdots \cap R_n \supseteq k,$$

其中，$k$ 是 $R$ 中的一个候选键。请对此举例说明，最好是与我们的示例关系“教授”Profrssors 有关。

16−5 请证明在一般情况下以下成立：

$$(R_1 \cup R_2) \bowtie_p (S_1 \cup S_2) = (R_1 \bowtie_p S_1) \cup (R_2 \bowtie_p S_1) \cup (R_1 \bowtie_p S_2) \cup (R_2 \bowtie_p S_2)$$

现在让我们假设以下情况成立：

$$S_1 = (S_1 \cup S_2) \ltimes_p R_1$$

$$S_2 = (S_1 \cup S_2) \ltimes_p R_2$$

请通过这个假设，证明以下成立：

$$(R_1 \cup R_2) \bowtie_p (S_1 \cup S_2) = (R_1 \bowtie_p S_1) \cup (R_2 \bowtie_p S_2)$$

请归纳证明结论。假设 $R_1$，⋯，$R_n$，$S_1$，⋯，$S_n$ 已知。其中，设 $S_i$ 为 $(S_1 \cup \cdots \cup S_n) \ltimes_p R_i$。请证明：

$$(R_1 \cup \cdots \cup R_n) \bowtie_p (S_1 \cup \cdots \cup S_n) = \bigcup_{i=1}^{n} R_i \bowtie_p S_i$$

16−6 请把下面的 SQL 查询转化成范式：

```
select Name, Salary, Rank
from Professors
where Salary > 80000;
```

请通过应用代数转换规则（等价）来优化这个范式的评价计划。

16−7 请以示例关系 $R$: {[$A$, $B$, $C$]} 和 $S$: {[$C$, $D$, $E$]}，证明连接 / 半连接运算符的以下属性：

$$R \bowtie S = R \bowtie (\Pi_C(R) \rtimes S)$$

$$R \bowtie S = (\Pi_C(S) \rtimes R) \bowtie (\Pi_C(R) \rtimes S)$$

16−8 对于基于布隆过滤器的两个关系的连接（见图 16−19），所谓的“false drops”是一个问题，因为它不必要地转移变量集，而这些变量集没有找到任何“连接伙伴”。

请估计统一分布的属性值发生多少次“false drops”。

16-9 2PC 协议的一个严重问题是，当协调员崩溃时，代理会被阻止。让代理相互协商并作出决定，可以实现对该问题的一定补救。请设计这样一种协议，特别是，应涵盖以下情况：

（1）其中一个代理还没有向协调员发送 READY 消息。

（2）其中一个代理收到了 ABORT 消息。

（3）一个代理向协调员报告了一个 FAILED 消息。

（4）所有可达代理都向协调员报告了 READY 消息，但没有一个可达代理收到协调员的决定（COMMIT 或 ABORT 消息）。

在哪些情况下，代理可以作出决定；在哪些情况下，这是不可能的（不能避免代理被锁定）。

16-10 我们在 2PC 协议中描述了一个分层的组织结构（一个协调员和几个下属代理）。它也可以作成图 16-25 所示的线性组织结构。其中，不需要“优秀的”协调员。在第一阶段，代理在收到左边的相应状态报告后，“从左到右”传递自己和左边“邻居”的状态。最后一个代理（这里是代理 $A_4$）作出决定，并把它向左传递。

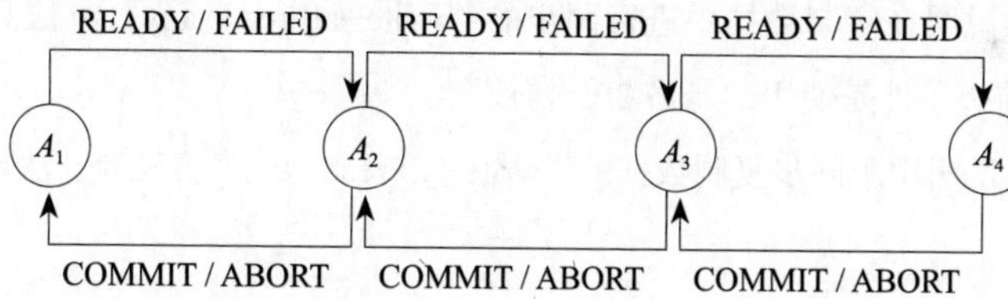


图 16-25 2PC 协议的线性组织形式

请为这种线性排列的代理设计协议，并讨论可能出现的错误情况。

16-11 J. Gray（事务概念的发明人）指出了 2PC 协议和结婚流程之间的类比法。在结婚仪式中，户籍登记员（或牧师）扮演“协调员”的角色，而新娘和新郎是“代理”。请详细描述一下这个类比法。

16-12 请证明 2PL 协议在分布式数据库中也是正确的，也即，只生成可串行化的历史记录。

16-13 请说明在使用 2PL 协议时，为什么不能出现图 16-22 所示的 $T_1$ 和 $T_2$ 的历史记录。

16-14 由于非最新的（即之前的）信息，在集中式死锁识别中，一个所谓的“幽灵死锁”被“识别”出，而全局等待图是由这些信息构建的。通信网络中的消息重复是信息“过期”的一个原因。另一个原因是，地方站点将有关存在和不存在等待关系的消息捆绑在一起，并以“包”的形式发送。

请展示导致“幽灵死锁”被发现的情况。在 2PL 协议中，“幽灵死锁”也会导致一个等待关系 $T_1 \rightarrow T_2$ 吗？提示：请思考事务中止。

16-15 在分布式死锁的识别中，等待信息从一个站点发送到另一个站点。在文中，这个程序是针对跨越 2 个站点的周期而提出的。请说明当延伸到 $n$（$1 \leqslant n \leqslant$ 所有站点的数量）个周期时的程序的情况。直到发现循环时，必须交换的最大消息数量是多少？

16-16 请说明在 VDBMS 中，一个站点的本地时钟走慢时导致的问题。然后，该站点产生的时间戳 本地时间 | 站点 ID 会比同一时间其他站点产生的时间戳小（得多）。

（1）在哪些算法中，这将导致明显的性能损失？

（2）当一个站点的本地时钟走快时，会发生什么？

（3）请设计一个程序，使本地站点能够识别其时钟走慢或走快。是否可以在不交换特别为调谐时钟而产生的消息的情况下实现这一程序？

16-17 请说明在复制数据中进行同步的“write-all/read-any”方法只能生成可串行化的调度，前提条件是使用“严格 2PL 协议”。

16-18 请说明用于同步复制数据的“write-all/read-any”方法是“法定数共识法”的一个特例。

（1）如何分配票数以对 write-all/read-any 进行建模？

（2）必须如何分配配额 $Q_w$ 和 $Q_r$？

16-19 “法定数共识法”的另一个特例是“多数共识协议”。顾名思义，事务必须为读和写操作收集多数的票数。请说明模拟这个“多数共识协议”的“法定数共识程序”的配置。

## 16.12 文献注解

Ceri 和 Pelagatti（1984）撰写的书几乎是一个经典。Özsu 和 Valdurcez（1999），Bell 和 Grimson（1992）撰写的书中也包含了一些较新的研究文章和系统描述。在 Rahm

（1994）的一本德文著作中，除了关于同构 VDBMS 的经典内容外，还包含了关于异构分布式数据库（多数据库系统）和数据库操作并行处理的成果。Dadam（1996）撰写了一本很好的教材，可以用作分布式数据库技术的高级（专题）课程。

Beyer 等人（1984）对分布式数据库技术（当时）的发展状况作了非常好的概述。Lamersdorf（1994）描述了分布式系统中对数据库的访问。Koddmann（2001）写了一篇关于分布式查询评估的最新概述。

Ceri，Nawathe 和 Widerhold（1983）为分布式数据库设计开发了一个模型，该模型特别用于确定一个“较好的”非冗余分配。Chang 和 Cheng（1980）系统地提出了关系的分片。Thomas（1979）描述了数据复制中多客户端同步的方法。Godman 和 Lynch（1994），Herlihy（1986）描述了更多关于“法定数共识程序”的细节（我们只是粗略地处理了这些程序）。Beuter 和 Dadam（1996）对复制控制方法作了概述。Schlageter（1981）研究了分布式数据库的乐观同步方法。Bernstein 和 Grodman（1981）对 VDBMS 中的同步化作了概述。Bernstein，Hadzilaces 和 Grodman（1987）的书中也包含了详细的同步和恢复（2PC 协议和 3PC 协议）的概念。2PC 协议是由 Lampson 和 Sturgis（1976），Gray（1978）提出的。3PC 协议的扩展（其中通常排除了锁定情况）是由 Skeen（1981）提出的。Dadam 和 Schlageter（1980）处理了系统故障后分布式数据库一致状态的恢复。在 VDBMS 的事务管理方面，Gray 和 Reuter（1993）的书也值得推荐，这本书特别研究了实施方面的问题。本章介绍的分布式死锁识别算法是由 Obermarck（1982）提出的。Kuapp（1987）对分布式数据库中的死锁识别作了概述。Krivokapic，Kemper 和 Gudes（1996）开发了一种新的方法。Elmagarmid（1992）撰写的书中包含了几篇关于异构分布式数据库中事务管理的论文。Jablonski，Ruf 和 Wedekind（1990）描述了一个用于技术应用的分布式数据库系统的设计。Franklin，Jonsson 和 Kossmann（1996）讨论了“客户端/服务器”数据库中的查询优化。Haas 等人（1997）讨论了异质数据库中的查询优化。Stocker 等人（2001）描述了如何优化半连接查询。

Tresch（1996），Alonso 等人（1997）描述了通过所谓的“中间件”（Middleware）整合异构数据库系统的方法。Salles 等人（2007）开发了一个所谓的“数据空间系统”，其中的信息是“按需”（on demand）逐渐整合的。Abadi，Madden 和 Lindner（2005）研究了对网络中分布式传感器所产生的数据流的查询处理。Cammert 等人（2008）提出了一个数据流管理系统中查询处理的综合方法。

Eickler，Kemper 和 Kossmann（1997）设计了一个分布式名称服务器，以提供对迁移和复制对象的精确访问。Kemper 等人（1994）开发了一个在分布式环境中运行的自主对象模型。Braumandl 等人（2001）描述了 ObjectGlobe，这是一个广泛分布的系统，用于在互联网上的查询处理。在此基础上，Kemper 和 Wiesner（2001，2005）开发了 HyperQuery 评估技术，该技术用于电子商务应用中分布式数据源的松散整合。Bichler 和 Kalagnanam（2006）研究了操作性采购类网站中在线拍卖的实现。

Kossmann，Franklin 和 Drasch（2000）研究了“客户端 / 服务器”数据库中的缓存。Oppel 和 Meyer-Wegener（2001）讨论了“客户端 / 服务器”和复制系统的设计。

Bayer，Heller 和 Reiser（1980）开发了数据库系统中的并行化和恢复程序。Röhm，Böhm 和 Schek（2001）描述了集群结构中的查询的并行化。

# 17 操作应用：OLTP、数据仓库和数据挖掘

本章涉及数据库系统实际操作应用的一些方面。其中，粗略区分了两类数据库应用：所谓的“在线事务处理”（OLTP）应用，主要处理公司运营的“日常业务”，如接受订单、航班预订等。这些应用是特别“依赖更新”的。另一类是“依赖查询”的决策支持应用，这类应用支持管理层从大量的数据中得出（希望是）正确的结论。

首先，以标准商业软件系统 SAP ERP（以前称为 R/3）为例，我们描述了一个先进的集成数据库应用系统的架构，它主要用于 OLTP。之后，讨论了数据库系统在决策支持应用中的使用。这里，DBMS 作为一个所谓的“数据仓库”，为用户（主要是商业用户）提供 OLAP（在线分析处理）和数据挖掘的接口。

## 17.1 SAP ERP：一个企业管理数据库应用系统

SAP ERP（enterprise resource planning，企业资源计划）系统，是企业管理应用系统中的市场领导者。它整合了一个公司的所有流程，也整合了所有收集到的数据。SAP ERP 以关系型数据库系统为基础，并存储所有的应用和控制数据。因此，关系型数据库系统用于所有操作流程的整合平台。用户可以从一些商业关系型数据库产品中自由选择。

在下文中，我们将集中讨论那些从数据库管理的角度看来特别有趣的特征：架构、数据库连接、数据模型、查询语言等。

### 17.1.1 SAP ERP 的架构

SAP ERP 基于三层的“客户端 / 服务器”架构，如图 17-1 所示：

1. 演示层，为终端用户提供图形化（GUI）对话界面；

2. 应用层，包含企业管理“知识”（即实际的企业管理程序）；

3. 数据管理层，它基于一个外部关系型数据库系统。

通常，可以在不同的计算机上运行这三个层面的应用。例如，在一个大型组织中，

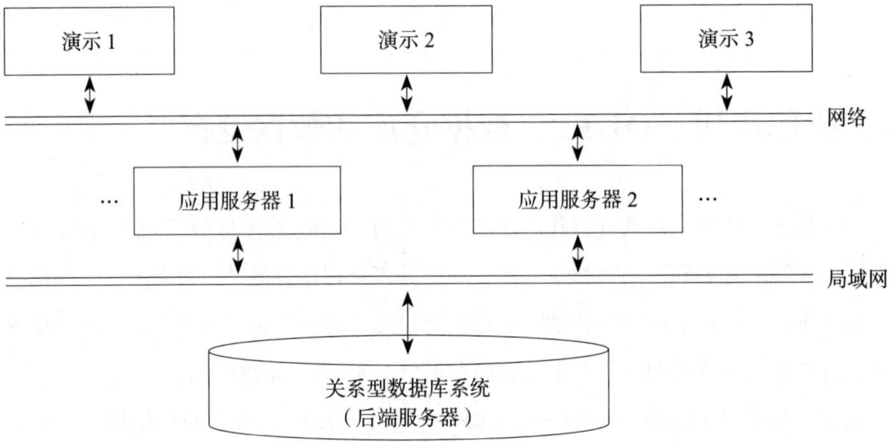


图 17-1 三层的客户端 / 服务器架构

一台非常强大的计算机将用作中央数据库服务器；作为应用服务器的计算机，在中间层表现出强大性能；而工作站计算机（如个人电脑）位于演示层。SAP ERP 系统的灵活性使这些来自不同制造商的计算机可以“运行”不同的操作系统。SAP ERP 系统在市场上取得巨大成功的原因在于：可通过复制应用服务器而实现可扩展性。在大型组织中，多个应用服务器可以并行处理用户订单；所有应用服务器都访问同一个数据库系统，以确保数据整合。

### 17.1.2 SAP ERP 数据模型和模式

SAP ERP 是一个全面的、高度通用的系统，为各种行业和组织形式的公司设计而成。由此产生了一个非常大（参考 ERP 内部“数据字典”规模）的企业数据模型。考虑到整合，ERP 内部的“数据字典”当然也要存储在关系型数据库系统的物理存储器中。一个（大部分是作为标准交付的）SAP 系统配置的关系型数据库模型总共包括约 13 000 个关系，其中许多关系包含非常少的条目。

存储用户数据和控制管理信息的 ERP 表映射到关系型数据库系统中。其中，所谓的“透明表”1 ∶ 1 映射到数据库系统的关系上。因此，透明表也受制于关系型数据库系统的模式管理，并且可以在 SAP ERP 系统外通过数据库系统接口（如交互式 SQL，嵌入式 SQL）简单地读取。此外，写访问一般是没有意义的，因为用户可能会忽略 SAP

ERP 如何表达对其他 ERP 表的修改。

除了“透明表”，还有被“封装”的关系表，其中包括 ERP 系统的所谓“池表”和“聚类表”。在 ERP 系统外既不能读取也不能写入（以有意义的方式）封装关系，因为这需要 ERP 内部的数据字典来表达数据。在“池表”中，几个 SAP 表被映射到关系型 DBMS 的一个关系上，以减少数据库关系的数量；在“聚类表”中，几个（从应用的角度看逻辑上是相关的）数据记录存储在一个数据库关系的变量集中，目的是减少数据库访问的数量。

似乎封装关系是关系型数据库系统在功能和性能不足时的“残余物”。例如，引入“池表”是为了应对关系型数据库系统所规定的不同关系的最大数量。然而，原则上应尝试将应用数据存储在“透明表”中，并在封装关系中只保留 SAP 内部的控制管理数据。封装关系的缺点是让关系型数据库系统“变得愚蠢”，也即，只能在 SAP 系统内实现用封装关系连接“透明表”（但不能用数据库系统的连接方法）。

除了大部分预定义的表之外，SAP 用户还可以选择创建数据库视图。例如，这些视图可以简化数据库查询的制定。与传统的数据库系统一样，可以在 SAP 中创建一个或多个表的视图。当然，这些视图也是通过 SAP 内部的数据字典来管理的。

### 17.1.3 ABAP/4

SAP ERP 系统的应用程序是用 ABAP/4（高级商业应用编程语言）编写的。ABAP/4 是一种所谓的“第四代编程语言”，它起源于报告生成器领域。随着时间的推移，通过程序化概念扩展了的 ABAP/4，能够实现更复杂的企业管理应用。特别是，在 ABAP/4 中实现了所谓的“Dynpros”，它是具有图形化屏幕显示和相关流程逻辑的对话程序。

ABAP/4 是一种解释性语言，因此，用户可以非常容易地将新的应用程序集成到系统中。ABAP/4 应用程序本身是通过集成的 ERP 数据字典来管理的，并且也存储在关系型数据库的物理层面中。

我们在这里只对关系型数据库的接口作一个简单的概述。如图 17-2 所示，ABAP/4 向用户提供了可通过两种不同接口访问数据库的结构：本地 SQL 和开放式 SQL。本地 SQL 接口是通过所谓的 EXEC SQL 命令调用的。这个接口类似于在程序性编程语言中嵌入 SQL 命令，如我们在 4.21 节中所述。本地 SQL 接口使用户能够直接访问关系型数据库，而不需要使用 SAP 内部的数据字典。本地 SQL 接口的优势在于，用户可以利用在查询中所使用的数据库系统的特殊属性和组件（如数据库系统的优化器），通过使用实际的 SAP 数据库接口的方式，避免了额外的工作。然而，使用本地 SQL 接口也会产生相当大的弊端。EXEC SQL 命令可以对特定的数据库系统进行规范，从而导致 ABAP/4 程序不可移植。由于绕过了 SAP 内部的数据字典，本地 SQL 查询不能访问封装的关系。此外，由于在使用本地 SQL 接口时绕过了 SAP 系统，导致查询在某些方面不准确，因此用户在制定查询时可能会错过重要的企业管理关系。

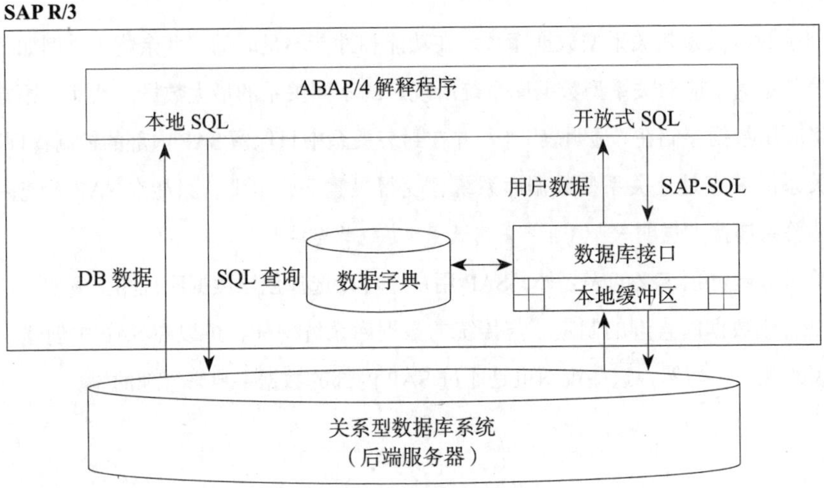


图 17-2　来自 ABAP/4 的数据库接口的结构

可以通过只使用开放式 SQL 接口来实现安全和可移植的 ABAP/4 查询。例如，通过 ABAP/4 提供的两种 SELECT 结构对表和视图进行访问：

```
SELECT <attribute list>
FROM <a table >
WHERE <simple predicate >
…… 处理一个变量集
ENDSELECT.

SELECT SINGLE <attribute list >
FROM <a table >
WHERE <simple predicate >
……处理一个变量集
```

这里用"……"表示对变量集的实际处理。在 SELECT SINGLE 语句中，WHERE

子句中的谓词必须确保表中最多只有一个变量集符合要求。

在上述程序片段中，SELECT 和 SELECT SINGLE 语句分别只应用于一个 SAP 表（或视图）。在 ABAP/4 中，有两种实现连接的方法：

1. 通过嵌套 SELECT…ENDSELECT 或 SELECT SINGLE 循环来实现（如下面的程序片段所示）；

2. 使用 FROM 子句中显式的 JOIN 运算符。

在 SELECT ……ENDSELECT 循环嵌套中，我们将按如下步骤操作：

```
SELECT <attribute list >
FROM <outer table >
WHERE <simple predicate > .
    SELECT <attribute list >
    FROM <inner table >
    WHERE <join predicate > .
    ……处理当前的内部变量集
    ENDSELECT.
……处理当前的外部变量集
    ENDSELECT.
```

这种类型的程序片段评估了两个表的连接，而没有使用数据库系统的连接方法。它相当于一个（索引）嵌套循环连接（Nested-Loops-Join），其中，必须相应地经常“交叉”使用数据库系统和 ABAP/4 应用进程之间的接口。为了优化和减少这种接口的交叉，SAP 数据库接口集成了特殊的技术，特别值得注意的是应用数据的本地缓冲，通过它可以在不访问数据库系统的情况下回答查询。然而，在应用系统中存储数据也有风险：在有多个应用服务器的分布式系统中，不保证缓冲区的一致性，只能对缓冲数据进行异步（定期）调整。

也可以在较新版本的 SAP ERP 中使用显式 JOIN 运算符：

```
SELECT <attribute list >
FROM <table1 > JOIN <table2 > ON <join predicate >
WHERE <selection predicate > .
```

甚至左外连接也是适用的，但其他“外部连接”（Outer-Join）运算符目前还不适用。

使用显式 JOIN 运算符的好处是，将连接评估委托给数据库系统，从而（希望）使 DBMS 的复杂的连接方法发挥作用。

此外，ABAP/4 还提供了一些结构，使应用程序能够临时存储 SAP 表中的一个

SELECT … ENDSELECT 循环的结果，以便用于进一步的处理。例如，可以将嵌套的 SELECT 循环的内部循环变量集实例化。

### 17.1.4 SAP ERP 中的事务

SAP ERP 除了纯粹地读取查询外，当然还必须处理数据，即输入、更改和删除。通常情况下，这些操作是由 SAP 用户通过图形用户界面交互进行的。这就是典型的 OLTP 方式。

在 SAP 术语中，这种事务被称为“逻辑工作单位”（LUW）。然而，LUW 并不是 1 ∶ 1 地映射到数据库事务中的。原因是，数据库系统（至少在过去）是 SAP ERP 系统的一个性能瓶颈。因此，该系统被设计为尽可能不与数据库通信。此外，现代数据库系统提供的许多服务是由 SAP ERP 系统本身“完成”的，例如，用户授权、锁管理和应用服务器中的数据缓冲（Caching）。

逻辑工作单位包括两个阶段：一个是在线阶段，在此期间执行多个对话步骤。在这个阶段，需要设置逻辑锁以确保数据的一致性。然而，正如所述，这些锁是在 SAP 内部管理的。它们也不像 DBMS 那样是基于数据库对象（变量集或页面）的，而是锁定整个逻辑业务对象（business objects）。业务对象的一个例子是采购订单，它当然会映射到数据库中的许多变量集。而对逻辑锁的管理是由 SAP 的队列服务器来完成的（由其中一个应用服务器来管理）。

对 LUW 的修改并不直接写入数据库系统中，而是作为日志记录被收集起来。只有当在线阶段完成后，这些日志记录才会在另一阶段——发布阶段转移到数据库系统中。

图 17-3 说明了这两个阶段。该图还显示，在线阶段积累的锁，只有在发布阶段结束时才会释放。因此，实现了 2PL 协议。

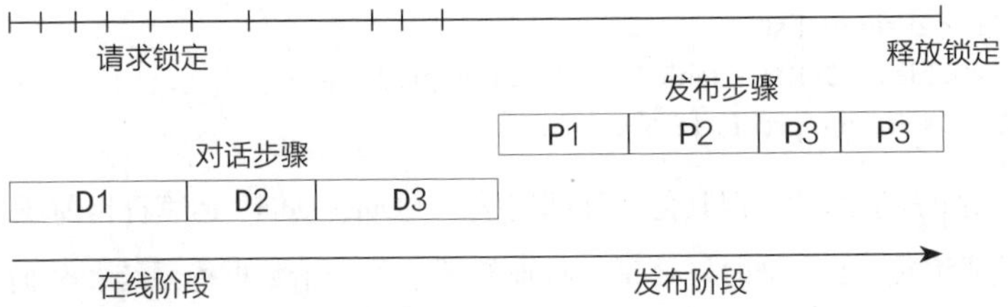


图 17-3 SAP ERP 中的事务处理

## 17.2　数据仓库、决策支持、OLAP

如前所述，我们区分了两类数据库应用：OLTP 和 OLAP。OLTP 包括诸如航班预订系统中的“预订航班”或贸易公司的“订单处理”等应用。OLTP 应用实现了公司的“日常运营业务”。其特点是：只有有限的数据量来处理待执行的事务；以最新、当前有效的数据集状态运行 OLTP 应用。相比之下，OLAP 应用程序处理大量的数据，特别是利用“历史数据”，以得出关于公司发展的结论。例如，在以上两个示例场景（航空公司和贸易公司）中，典型的 OLAP 查询是：

1. 在过去两年中，跨大西洋航班的载客率是如何变化的？

2. 某些产品系列的特殊密集型营销策略对销售数量有什么影响？

因此，OLAP 的评估构成了企业战略规划的基础。它通常是综合决策支持系统或管理信息系统的一个组成部分。

现在人们普遍认为，OLTP 和 OLAP 应用不应该在同一个数据集（即在同一个物理数据库）上运行。这有几个原因：OLTP 数据库在逻辑和物理设计方面（访问数量非常有限的数据的变化事务）做了优化；一个公司的运营数据集通常分布在许多数据库中（通常来自不同的制造商），然而，对于 OLAP 评估来说，这些信息需要以一种综合的、一体化的形式出现；OLAP 查询非常复杂，它的（并行）评估可能会大大损害 OLTP 应用程序的性能。

由于上述原因，所谓的“数据仓库”才得以发展并被实现。人们将其理解为一个专门的数据库系统，其中以合并形式收集了公司决策支持应用程序所需的数据。图 17-4 概述了操作数据库与其 OLTP 应用和数据仓库之间的互动。

数据仓库最初是从操作数据库中加载的，有时也从其他数据源，如文件中加载。例如，一个贸易公司的操作数据库是当地分公司的数据库，其中记录了各个商店的销售数据。在初始化加载中，必须合并和“清理”数据。在许多应用中，当数据被加载到数据仓库中时，就已经通过汇总压缩了数据。例如，一个零售商可能会把一个分公司一天的产品销售量汇总成一个数据记录，而不是把每笔销售作为一条单独的记录列入数据仓库中。数据仓库通常包含反映公司过去几年业务的“历史数据”。当然，需要定期刷新数据仓库的数据集。多久刷新一次（每天、每周、每月）取决于应用程序（或使用数据的管理层）

的特殊要求。然而，应该清楚的是，交互式更改操作在数据仓库应用中仅起着次要的作用，大多是以批处理模式进行刷新的。因此，多用户同步在数据仓库应用中并不像在 OLTP 应用中那样发挥着核心作用。图 17-4 中数据汇总的过程，是提取、转换、加载（extract，transform，load，缩写为 ETL）。

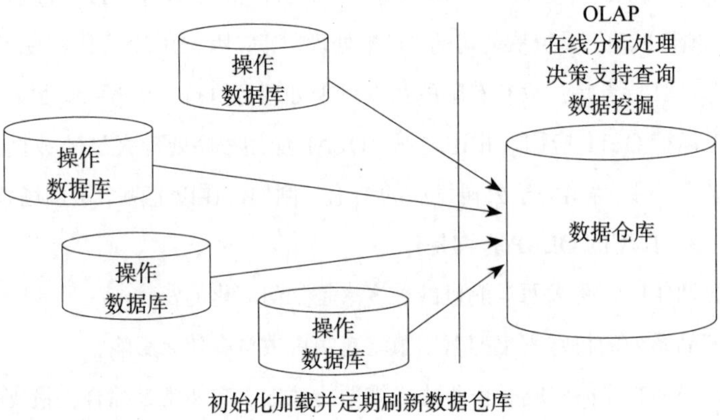


图 17-4　操作数据库和数据仓库之间的相互作用：提取、转换、加载（ETL）

## 17.2.1　数据仓库的数据库设计

所谓的“星形模式”（star schema）已被确立为数据仓库应用的数据库模式。这个模式由一个事实表和几个维度表组成，这些维度表通过外键关系与事实表连接在一起。图 17-5 显示了两个不同应用领域的星形模式：一家是贸易公司，另一家是医疗保险公司。我们在这里只详细研究一下贸易公司的模式；其他模式只是为了说明数据仓库系统在各种应用领域都是可以实现的。

在我们的例子中，销售关系是事实表，其他关系是维度表。在图 17-6 中显示了这个星形模式的关系表。请注意，在现实的应用中，事实表可以包含几百万个变量集，这取决于将数据加载到数据仓库时的压缩程度。另一方面，维度表包含的条目要少得多。以一家贸易公司为例，这家公司有 100 000 种产品，其时间维度包含 1 000 个条目（如果追溯到 3 年前的数据）。读者可以尝试更精确地估计一家大型邮购公司的数据仓库的规模。一般来说，我们可以假设数据仓库的应用程序管理着数百 GB（最多 10 TB）的数据。

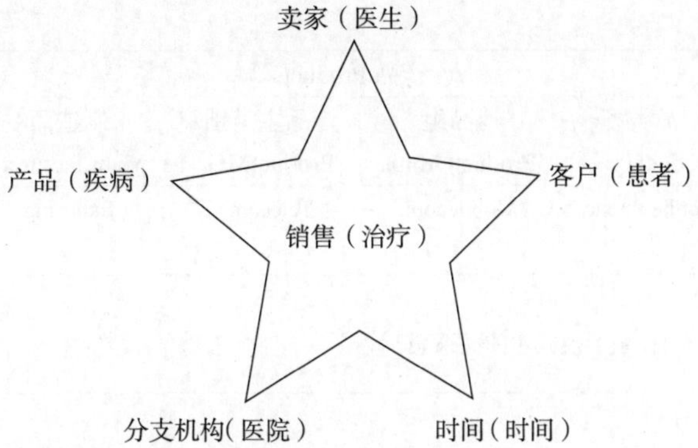


图 17-5 两个实例应用的星形模式：贸易公司和医疗保险公司

| 销售 Sales | | | | | |
|---|---|---|---|---|---|
| 销售日期 SaleDate | 分公司 Branch | 产品 Products | 数量 Number | 客户 Customers | 销售员 Sellers |
| 2010 年 7 月 27 日 | Passau | 1347 | 1 | 4711 | 825 |
| … | … | … | … | … | … |

| 分公司 Branch | | | |
|---|---|---|---|
| 分公司名称 BranchID | 国家 Country | 地区 District | … |
| Passau | D | Bayren | … |
| … | … | … | … |

| 客户 Customers | | | |
|---|---|---|---|
| 客户编号 CustomerNr | 姓名 Name | 年龄 Age | … |
| 4711 | Kemper | 43 | … |
| … | … | … | … |

| 销售员 Sellers | | | | | |
|---|---|---|---|---|---|
| 销售员编号 SellerNr | 姓名 Name | 领域 Teritory | 经理 Managers | 年龄 Age | … |
| 825 | Handyman | Electronic | 119 | 23 | … |
| … | … | … | … | … | … |

| 时间 Time | | | | | | | | |
|---|---|---|---|---|---|---|---|---|
| 日期 Date | 日 Day | 月份 Month | 年度 Year | 季度 Quarter | 日历周 CalendarWeek | 工作日 Weekday | 季节 Season | … |
| … | … | … | … | … | … | … | … | … |
| 2010 年 7 月 27 日 | 27 | July | 2010 | 3 | 30 | Tuesday | Midsummer | … |
| … | … | … | … | … | … | … | … | … |
| 2011 年 12 月 20 日 | 20 | December | 2011 | 4 | 52 | Tuesday | Christmas | … |
| … | … | … | … | … | … | … | … | … |

续表

| 产品 Products | | | | | |
|---|---|---|---|---|---|
| 产品编号 ProductNr | 产品类型 ProductType | 产品组 ProductGroup | 产品主类别 ProductMG | 制造商 Manufacturers | … |
| 1347 | Mobile Phone | Mobilecom | Telecom | Samsung | … |
| … | … | … | … | … | … |

图 17-6 一家贸易公司在星形模式中的关系表

通常，维度表没有规范化。在我们的例子中，产品关系就是这种情况，如函数上的依赖性，产品编号→产品类型，产品类型→产品组，产品组→产品主类别适用。通过这种方式，维度表“产品”包含了产品的层级分类：例如，产品主类别“电信”包括“固网电信”和“移动电信”这两个产品组，而后者又包括“手机”“汽车天线”等产品类型。

另一个例子是时间维度：在我们选择的形式 1 中，可以从键属性“日期”中推导出几乎所有的属性。然而，对时间维度的显式管理是有意义的，因为它大大简化了查询的制定。例如，考虑以下类型的查询：圣诞节期间的销售，（全天营业的）周日的销售，等等。人们可以非常容易地生成时间维度表（提前几年）。

如果我们对维度表进行标准化处理（即分解），将产生一个所谓的“雪花模式”（snow flake schema）。读者可能会想象这个名字的由来。

一些作者（数据仓库领域的知名人士）认为规范化维度表是错误的，因为这将使查询的制定更加困难，也可能降低性能。在决策支持应用中，不符合范式也不是很大的问题，因为很少涉及改变数据。另外，由于维度表相对于事实表（已被规范化）来说比较小，所以冗余所引起的内存需求增加并不大。

## 17.2.2 星形模式中的查询：星形连接

星形模式不可避免地导致了所谓“星形连接”（Star Join），因为维度表通过连接谓词与事实表连接在一起。作为一个例子，让我们考虑以下查询：2011 年圣诞节期间，年轻顾客在巴伐利亚分公司购买了哪些手机（即来自哪个制造商）？

**select sum**（s.Number），p.Manufacturers
**from** Sales s，Branches b，Products p，Time t，Customers c

```
where t.Season = 'Christmas' and t.Year = 2011 and c.Age < 30 and
      p.ProductType = 'Mobile Phone' and b.District = 'Bavaria' and
      s.SaleDate = t.Date and s.Products = p.ProductNr and
      s.Branch = b.BranchID and s.Customers = c.CustomerNr
group by p.Manufacturers;
```

这个示例查询是非常典型的基于星形模式的 OLAP 查询。该查询包含对星形模式相关维度的一些限制：这里是对时间（2011 年圣诞节）、产品（产品类型为手机）、分公司（在巴伐利亚）和客户（30 岁以下）的限制。

此外，这些维度表与事实表“销售”的连接谓词当然必须在 where 子句中列出。几乎所有的 OLAP 查询都会对以这种方式确定的结果变量集进行分组和汇总，因为对于这种类型的查询，人们几乎从来没有对单个销售感兴趣，而是对销售趋势感兴趣。在我们的示例查询中，将手机按制造商分组，并把每个制造商售出的手机数量加起来。这个示例查询通过应用分组和聚集，可以说压缩了事实表的数据。

### 17.2.3 上卷 / 下钻查询

正如上面的查询已经表明的那样，只有通过分组和聚集以压缩的形式呈现结果，才能对存储在数据仓库中的数据进行有意义的解释。在 SQL 查询中，压缩程度是由 group by 子句控制的。如果更多的属性包含在 group by 子句中，则将其称为“下钻”（Dril-Down），因为这导致了更低程度的数据压缩；如果在 group by 子句中包含较少的属性，则将其称为“上卷”（Roll-Up），因为折叠星形模式的一个（或多个）维度，将发生更强的压缩。

让我们用手机销售的例子来演示这一点。在下面的查询中，确定了每个制造商在不同年份的手机销售额：

```
select Manufacturers, Year, sum (Number)
from Sales s, Products p, Time t
where s.Products = p.ProductNr and s.SaleDate = t.Date
      and p.ProductType = 'Mobile Phone'
group by p.Manufacturers, t.Year;
```

这个查询的结果显示在图 17-7（b）中。请注意，例如，变量集 [ 三星， 2009， 2000] 是由最多 2 000 个销售关系的变量集压缩而成的。

(a)

| 按年份分组的手机销售 | |
|---|---|
| 年度 | 数量 |
| 2009 | 4 500 |
| 2010 | 6 500 |
| 2011 | 8 500 |

(b)

| 按制造商和年份分组的手机销售 | | |
|---|---|---|
| 制造商 | 年份 | 数量 |
| 三星 | 2009 | 2 000 |
| 三星 | 2010 | 3 000 |
| 三星 | 2011 | 3 500 |
| 摩托罗拉 | 2009 | 1 000 |
| 摩托罗拉 | 2010 | 1 000 |
| 摩托罗拉 | 2011 | 1 500 |
| 苹果 | 2009 | 500 |
| 苹果 | 2010 | 1 000 |
| 苹果 | 2011 | 1 500 |
| 诺基亚 | 2009 | 1 000 |
| 诺基亚 | 2010 | 1 500 |
| 诺基亚 | 2011 | 2 000 |

(c)

| 按制造商分组的手机销售 | |
|---|---|
| 制造商 | 数量 |
| 三星 | 8 500 |
| 摩托罗拉 | 3 500 |
| 苹果 | 3 000 |
| 诺基亚 | 4 500 |

图 17-7 按不同维度分析手机的销售

若从 group by 子句（和 select 子句）中删除制造商，即沿着 p.Manufacturers 维度上卷，则导致更大程度的压缩（即更少的结果变量集）：

```
select Year, sum ( Number )
from Sales s, Products p, Time t
where s.Products = p.ProductNr and s.SaleDate = t.Date
      and p.ProductType = 'Mobile Phone'
group by t.Year;
```

这个查询结果显示在图 17-7（a）中。

同样，可以沿着时间维度上卷，以获得每个手机制造商的销售数量的整体概况。图 17-7（c）显示了这种查询的结果。

“最终”的压缩方法是完全省略 group by 子句。

```
select sum ( Number )
from Sales s, Products p
where s.Products = p.ProductNr and p.ProductType = 'Mobile Phone';
```

那么这个查询只返回一个值，即我们例子中的 19 500。

这些示例查询应该可以说明，决策支持系统的用户希望以非常灵活的方式高度压缩数据，然后再次更详细地展示数据。我们可以采用类似于电子表格的形式展示这个示例数据，如图 17-8 所示。请注意，在这种表示方法中，图 17-7 的所有查询结果都包含在一个表中（cross tabulation）。这种表示方法也被称为 *n* 维（这里是 2 维）“数据立方体”或 data cube（尽管“长方体”的说法会更准确）。

| 制造商 \ 年份 | 2009 | 2010 | 2011 | Σ |
|---|---|---|---|---|
| 三星 | 2 000 | 3 000 | 3 500 | 8 500 |
| 摩托罗拉 | 1 000 | 1 000 | 1 500 | 3 500 |
| 苹果 | 500 | 1 000 | 1 500 | 3 000 |
| 诺基亚 | 1 000 | 1 500 | 2 000 | 4 500 |
| Σ | 4 500 | 6 500 | 8 500 | 19 500 |

图 17-8 按年份和制造商分组的手机销售

## 17.2.4 灵活的评估方法

图 17-9 示意了如何使用所谓的 slice（切片）和 dice（切块）操作对“数据立方体”进行的灵活分析。slice 操作用来限定感兴趣的“数据立方体”的内容，然后通过 dice 操作对其进行更详细的检查。

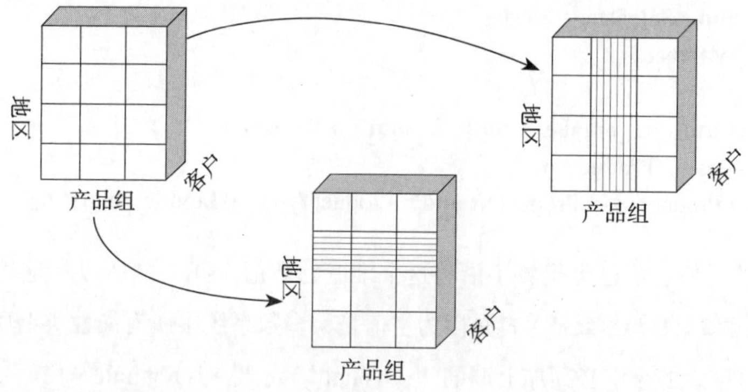


图 17-9 评估策略 slice 和 dice

### 17.2.5 聚集实例化

当然，每次重新计算“数据立方体”中包含的聚集（即销售数量的总和）是非常耗时的。建议对这些经常需要的数据使用聚集实例化，以便能够高效地访问它们，特别是用于计算聚集的数据仓库的基本数据只有相对很少的变化。管理预先计算的聚集的一个建议是，将不同详细程度的聚集存储在类似于表格所表示的关系中（图 17-8）。我们想要得出如图 17-10（a）中的数据，需要创建一个新表。

关系 MobilePhone2DCube 的定义及相应查询如下所示：

```
create table MobilePhone2DCube
    (Manufacturers varchar (20), Year integer, Number integer);

insert into MobilePhone2DCube
  (select p.Manufacturers, t.Year, sum (s.Number)
  from Sales s, Products p, Time t
  where s.Products = p.ProductNr and p.ProductType = 'Mobile Phone'
        and s.SaleDate = t.Date
  group by t.Year, p.Manufacturers)
union
  (select p.Manufacturers, to_number (null), sum (s.Number)
  from Sales s, Products p
  where s.Products = p.ProductNr and p.ProductType = 'Mobile Phone'
  group by p.Manufacturers)
union
  (select null, t.Year, sum (s.Number)
  from Sales s, Products p, Time t
  where s.Products = p.ProductNr and p.ProductType = 'Mobile Phone'
        and s.SaleDate = t.Date
  group by t.Year)
union
  (select null, to_number (null), sum (s.Number)
  from Sales s, Products p
  where s.Products = p.ProductNr and p.ProductType = 'Mobile Phone');
```

查询中的空值表示已经聚集了沿着这个维度的数值。我们之所以在这里采用空值（而不是文献中建议的所有数值），是因为空值是大多数系统中所有属性类型中唯一存在的数值。对这些表的查询必须加上谓词“… is null”或“… is not null”。

可以看到，制定这种查询是非常繁琐的，因为在 $n$（例子中是 2）个维度的情况下，总共需要 $2^n$（例子中是 $2^2=4$）个连接到 union 的子查询。

（a）

| MobilePhone2DCube | | |
|---|---|---|
| 制造商 Manufacturers | 年份 Year | 数量 Number |
| 三星 | 2009 | 2 000 |
| 三星 | 2010 | 3 000 |
| 三星 | 2011 | 3 500 |
| 摩托罗拉 | 2009 | 1 000 |
| 摩托罗拉 | 2010 | 1 000 |
| 摩托罗拉 | 2011 | 1 500 |
| ... | ... | ... |
| 诺基亚 | 2011 | 2 000 |
| **null** | 2009 | 4 500 |
| ... | ... | ... |
| **null** | **null** | 19 500 |

（b）

| MobilePhone3DCube | | | |
|---|---|---|---|
| 制造商 Manufacturers | 年份 Year | 国家 Country | 数量 Number |
| 三星 | 2009 | D | 800 |
| 三星 | 2009 | A | 600 |
| 三星 | 2009 | CH | 600 |
| ... | ... | ... | ... |
| 摩托罗拉 | 2009 | D | 400 |
| ... | ... | ... | ... |
| 苹果 | ... | ... | ... |
| ... | ... | ... | ... |
| **null** | 2009 | D | ... |
| ... | ... | ... | ... |
| **null** | **null** | **null** | 19 500 |

图 17-10　一个关系中的聚集实例化

$2^n$ 这个数字是由于必须为 $n$ 个维度的每个子集形成一个子查询。此外，这样的查询在评估时非常耗时，因为每个聚集都是单独计算的，尽管可以从其他（压缩程度不太大的）聚集中计算出许多聚集。在图 17-8 中可以特别清楚地看到：对最右列进行相加或对最下行进行相加来计算聚集，数值都是 19 500。在我们的查询中（最后一个子查询），是通过 19 500 个单独手机销售的总和来确定聚集的数值的，因此，甚至都没有使用表内的聚集。

### 17.2.6　cube 运算符

为了解决这两个问题（即繁琐的查询表述和低效的评估），最近提出了一个新的 SQL 运算符，即 cube，并且已经在一些商业系统中得到应用。让我们用一个三维的例子来说明这个运算符。在我们的例子中，为了分析这家贸易公司在不同国家（德国、美国、中国）的销售情况，沿着额外的维度 Branch.Country 进行下钻。这种评估将产生一个“真正的”三维立方体，如图 17-11 所示。这个“数据立方体”的实例化关系如图 17-10（b）所示。

如果想用（标准）SQL 生成这种关系的数据，就必须用 union 连接总共 $2^3 = 8$ 个子查询。而 cube 运算符允许只用一个非常简单的表达，如下所示：

```
select p.Manufacturers, t.Year, b.Country, sum (s.Number)
from Sales s, Products p, Time t, Branch b
where s.Products = p.ProductNr and p.ProductType = 'Mobile Phone'
      and s.SaleDate = t.Date and s.Branch = b.BranchID
group by cube (t.Year, p.Manufacturers, b.Country);
```

因此，一方面，cube 运算符[1]允许更容易地制定这种聚集，沿着 group by 子句中所述的所有维度下钻 / 上卷；另一方面，它为 DBMS 提供了一种优化的方法，既可以对聚集进行优化，使更大程度的聚集建立在更小程度的聚集之上，也可以一次性计算出不同的聚集，因此，只需要读取一次（非常大的）销售关系。

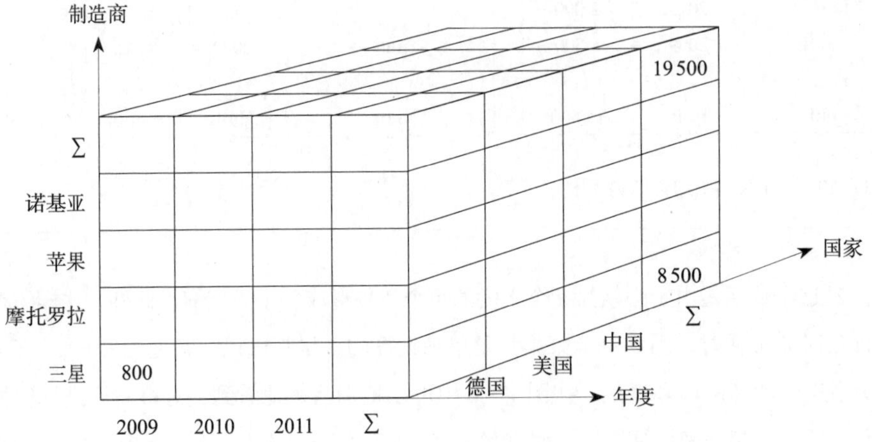


图 17-11 按年份、制造商和国家分组的手机销售的“数据立方体”

## 17.2.7 重新使用聚集实例化

在下面的例子中，我们将展示如何重新使用聚集实例化的结果来更有效地（与直接在事实数据库上计算相比）计算其他查询。

让我们假设已经实例化（即存储）以下查询的结果，并且这个结果仍然有效，即在此期间没有改变数据库。

**insert into** SalesProductBranchYear

[1] 上述语法对应于 SQL-99 标准。但是，有些 DBMS 使用的语法略有不同。

```
(select s.Products，s.Branch，t.Year，sum (s.Number)
 from Sales s，Time t
 where s.SaleDate = t.Date
 group by s.Products，s.Branch，t.Year)；
```

基于上述查询的中间结果进行后续查询，就可以比直接在事实（“销售”关系表）基础上评估结果更有效。

```
select s.Products，s.Branch，sum (s.Number)
from Sales s
group by s.Products，s.Branch
```

这个查询可以如下表述[1]：

```
select s.Products，s.Branches，sum (s.number)
from SalesProductBranchYear s
group by s.Products，s.Branch
```

同样地，可以根据实例化的中间结果 SalesProductBranchYear 评估按产品和年份分组的以下查询。

```
select s.Products，t.Year，sum (s.Number)
from Sales s，Time t
where s.SaleDate = t.Date
group by s.Products，t.Year
```

从形式上看，可以用斜格图（lattice）来表示这种关系，如图 17-12。这里，以节点形式表示分组属性。每个节点对应于一个查询，并根据指定的属性进行分组。如果有一条从 $Z$（这里指中间结果）到 $Q$ 的有向路径，则可以在此基础上评估一个查询 $Q$。其中可以直观地看到，$Q$ 比 $Z$ 对数据做了程度更大的压缩。

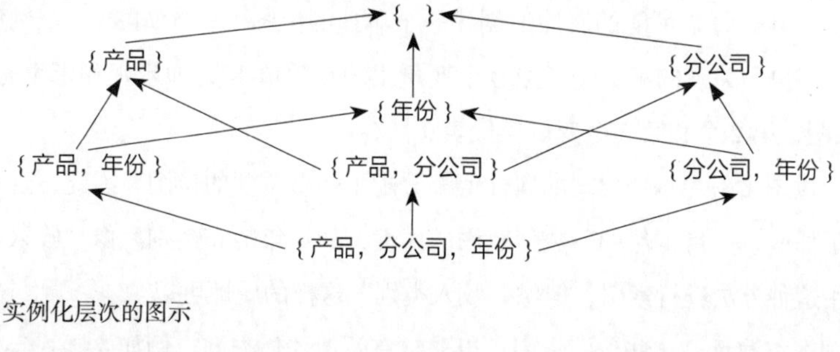


图 17-12 实例化层次的图示

〔1〕然而，为了实现等价，必须确保 Sales.SaleDate 的参考完整性。为什么？

时间维度是决策支持查询中最重要的一项。这里，也可以重复使用中间结果。例如，需要按月和按年统计合计数据，当然也可以按年进行聚集。图 17–13 用斜格图显示出了相关关系。请注意，日历周总是正好属于某一年，但一个日历图可以属于两个不同的月份。因此，没有从日历图到月的路径。

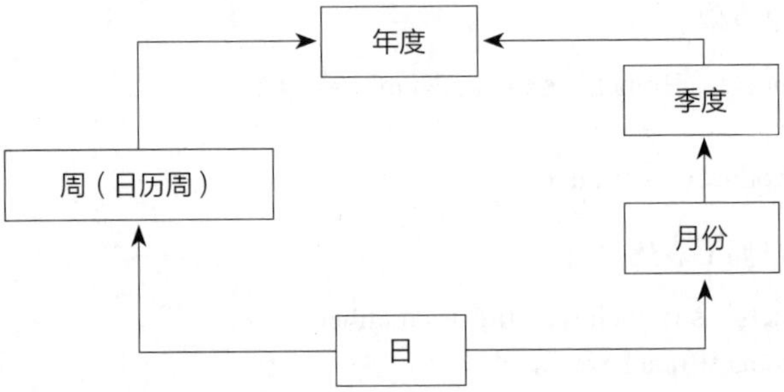


图 17–13 时间层次的图示

### 17.2.8 用于 OLAP 查询的位图索引

在数据仓库中，与 OLTP 应用不同的是，几乎没有对数据集做任何改变：只是定期重新加载新的数据，删除旧的数据。但“真正的”更新几乎不存在。因此，与 OLTP 数据库相比，在数据仓库中可以使用更多的索引支持，因为在这里更新索引结构的成本可以忽略不计。

作为一种特殊性质，在数据仓库中经常使用所谓的“位图索引”。图 17–14 解释了这些索引结构的工作原理。这里，我们已经为“客户”关系的两个属性如年龄和性别建立了索引，并为每个可能的属性值创建一个单独的位图（一个位向量）。例如，位图 *w*18 表示“客户”关系的第 2 个和第 3 个变量集的年龄值 18，即米妮和米奇是 18 岁。位图 $G_w$ 表明，第 2 个和第 5 个变量集代表女性客户。

注意，位图索引为每个出现的属性值都分配了一个单独的位图。因此，这种索引方法只适用于那些“一目了然的”数值范围的属性，如：年龄和性别。像“收入”这样的属性不能用这种方法进行索引，但像“收入类别”这样的属性可以。

我们现在将演示，这些位图索引可以非常有效地评估查询。例如要寻找年轻的女性客户（为了开展一个特别的营销活动）：

**select** c.Name，…

| … | $w_{18}$ | $w_{19}$ |
|---|---|---|
| | **18** | **19** |
| | 0 | 0 |
| … | 1 | 0 |
| | 1 | 0 |
| | 0 | 0 |
| | 0 | 1 |
| | … | … |

| … | 客户 | | | | |
|---|---|---|---|---|---|
| | 客户编号 | 姓名 | 年龄 | 性别 | … |
| | 007 | 邦德 | 43 | m | … |
| … | 4013 | 米妮 | 18 | w | … |
| | 4315 | 米奇 | 18 | m | … |
| | 4711 | 肯珀 | 43 | m | … |
| | 5913 | 特威格 | 19 | w | … |
| | … | … | … | … | … |

| $G_m$ | $G_w$ |
|---|---|
| **m** | **w** |
| 1 | 0 |
| 0 | 1 |
| 1 | 0 |
| 1 | 0 |
| 0 | 1 |
| … | … |

图 17-14　客户关系的位图索引

```
from Customers c
where c.Gender = 'w' and
      c.Age between 18 and 19;
```

将位图按以下位连接方式计算：

$$(w_{18} \vee w_{19}) \wedge G_w$$

图 17-15 说明了这种评估。位图连接显示，第 2 个变量集（米妮）和第 5 个变量集（特威格）满足这个查询。只有现在，我们才真正需要访问数据，以确定 select 子句中指定的属性。

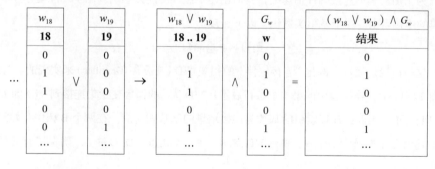

| | $w_{18}$ | | $w_{19}$ | | $w_{18} \vee w_{19}$ | | $G_w$ | | $(w_{18} \vee w_{19}) \wedge G_w$ |
|---|---|---|---|---|---|---|---|---|---|
| | **18** | | **19** | | **18 .. 19** | | **w** | | **结果** |
| | 0 | | 0 | | 0 | | 0 | | 0 |
| … | 1 | ∨ | 0 | → | 1 | ∧ | 1 | = | 1 |
| | 1 | | 0 | | 1 | | 0 | | 0 |
| | 0 | | 0 | | 0 | | 0 | | 0 |
| | 0 | | 1 | | 1 | | 1 | | 1 |
| | … | | … | | … | | … | | … |

图 17-15　用位图索引进行查询评估

## 17.2.9　复杂 OLAP 查询的评估算法

现在我们将描述如何使用位图索引来支持事实表（销售）和维度表（客户、产品、时间和分公司）之间的星形连接——这在 OLAP 查询中经常出现。图 17-16 抽象地显示了这种星形连接。维度表中阴影区的条目代表在谓词评估中“幸存”的变量集。从事实表中，只选择那些与维度表中阴影区相连的变量集。在我们的抽象示例中，选择的是3个阴影区的变量集。

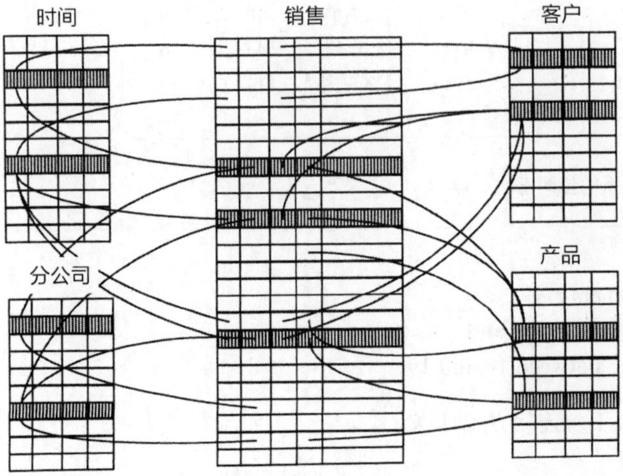


图17-16　事实表与维度表的星形连接的抽象示例

为了加快星形连接的评估速度，我们创建了额外的连接索引。图17-17显示了一个经典的连接索引。这个索引实例化了以下连接：

$$销售 \bowtie_{客户编号} 客户$$

这一连接是通过实例化“连接伙伴”的相关TID（变量集IDentifier）来实现的。例如，在图17-17中，连接索引的第1个条目表示：TID为 $i$ 的销售变量集连接到TID为 $II$ 的客户变量集。因此，连接索引的基数与连接结果的基数相对应。在两个B树中巧妙地实现了冗余存储连接索引（一个使用TID-S键，另一个使用TID-C键），确保了有效的查询处理。

在数据仓库应用中，也可使用位图作为连接索引。对此请参考图17-18。维度表中的每个变量集（示例中的“客户”），都有一个单独的位图索引。这些位图的长度（基数）与事实表相同。为什么？

在对星形连接的评估中，按以下步骤使用位图索引完成连接：

1. 对于每个维度关系，根据选择条件确定符合条件的变量集。对此可以使用位图索引，如图17-19所示。

| 销售 | | |
|---|---|---|
| TID | … | 客户编号 |
| *i* | … | 007 |
| *ii* | … | 4711 |
| *iii* | … | 007 |
| *iv* | … | 007 |
| *v* | … | 4711 |
| *vi* | … | 007 |
| … | … | … |

| 连接索引 | |
|---|---|
| TID-S | TID-S |
| *i* | *II* |
| *ii* | *I* |
| *iii* | *II* |
| *iv* | *II* |
| *v* | *I* |
| *vi* | *II* |
| … | … |

| 客户 | | |
|---|---|---|
| TID | 客户编号 | … |
| *I* | 4711 | … |
| *II* | 007 | … |
| *III* | … | … |
| … | … | … |

图 17-17 经典的连接索引

| 销售 | | |
|---|---|---|
| TID | … | 客户编号 |
| *i* | … | 007 |
| *ii* | … | 4711 |
| *iii* | … | 007 |
| *iv* | … | 007 |
| *v* | … | 4711 |
| *vi* | … | 007 |
| … | … | … |

| $J_I$ | $J_{II}$ | $J_{III}$ |
|---|---|---|
| 0 | 1 | … |
| 1 | 0 | … |
| 0 | 1 | … |
| 0 | 1 | … |
| 1 | 0 | … |
| 0 | 1 | … |
| … | … | … |

| 客户 | | |
|---|---|---|
| TID | 客户编号 | … |
| *I* | 4711 | … |
| *II* | 007 | … |
| *III* | … | … |
| … | … | … |

图 17-18 位图作为连接索引

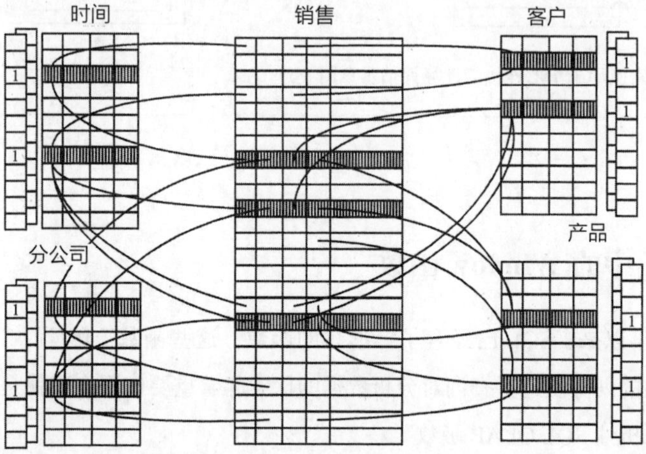


图 17-19 位图索引用于星形连接的计算评估示意图

2. 针对这些选定的维度表变量集与事实表的实际连接运算，使用位图索引。

3. 位图索引由每个维度表的每个变量集的单独位图组成。每一个位图都有与事实表相同的长度。

4. 针对每个维度表，析取连接符合条件的（在阴影区的）变量集的连接位图。

5. 最后，合取连接针对每个维度表计算的位图，以确定所有符合条件的事实表变量集。图 17-20 概述了这一方法。

6. 现在读取事实表，以输出通过位图连接而确定的变量集。

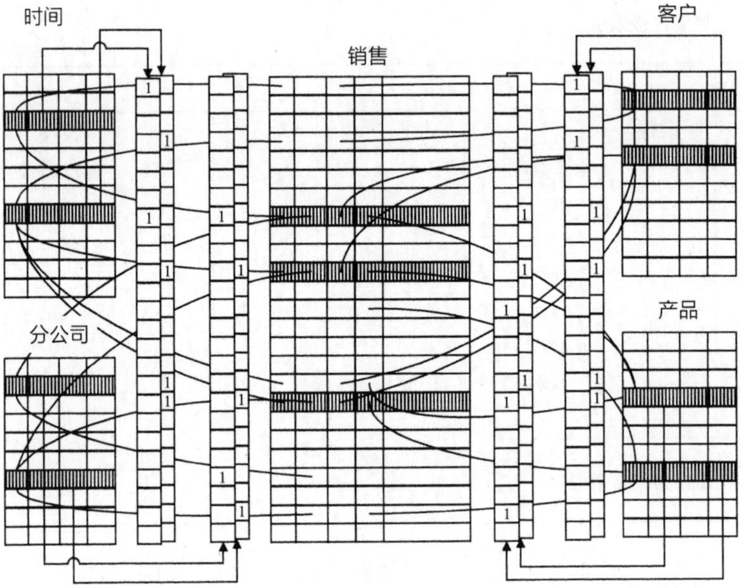


图 17-20　位图索引用于星形连接的计算评估示意图

## 17.3　SQL 中的 Window 函数

自 2011 年以来，SQL 已经有了标准化的函数，这些函数（所谓的“Window”）应用于数据对象的划分。这些查询对分析数据的探索起着重要作用。这就是为什么它们经常被称为“分析性 SQL OLAP 函数”。

Window 函数简化了时间序列分析（time series analysis）、排名、百分数分类、移动平均数、累积总数等查询的制定。

若不使用 Window 函数，则要么更难制定查询，要么甚至必须在实际数据库之外的应用程序中写入。

下面的查询可以从一组作为时间序列（即“测量”关系 Measurements）的测量值中找到特殊的测量值（所谓的“离群值”，该模式应该很容易理解）：

```
select Location，Time，Value，abs（Value -（avg（Value）over w））/（stddev（Value）
over w）
from Measurements
window w as（
    partition by Location
    order by Time
    range between 5 preceding and 5 following）
```

通过减去平均数并除以标准差（standard deviation），查询对每个测量进行规范化：分别根据在同一地点观察的测量值，确定 5 个时间单位的“滑动”Window 函数中的两个聚集。我们在这里只作一个直观的解释，以后再详细解释 Window 函数。

如果没有 Window 函数，则可以用 SQL 制定同样的查询，如下所示：

```
select Location，Time，Value，abs（Value -
   （select avg（Value）
    from Measurements m2
    where m2.Time between m.Time - 5 and m.Time + 5
          and m.Location = m2.Location））
/（select stddev（Value）
   from Measurements m3
   where m3.Time between m.Time - 5 and m.Time + 5
       and m.Location = m3.Location）
  from Measurements m
```

在这个查询中，两个相关的子查询用来计算两个聚集。在大多数数据库系统中，这种复杂的子查询导致了优化问题，所以查询的性能会相对较差。此外，这个例子表明，需要新的物理运算符来实现 Window 函数，因为简单的分组（使用 group by）是不可能的，我们必须为每个测量值确定一个新的 Window 函数。

按以下方式确定一个测量值相对于上一个测量值的变化率：

```
select Time，Value，
    （（Value - lag（Value）over w）/
    （Time - lag（Time）over w））as RateOfChange
from Measurements
window w as（order by Time）
```

其中使用了 lag 函数，它被用来确定按时间排序的 Window 函数内的上一个属性值。可以选择在 lag 函数中再指定两个参数：一个是数字 *i*，它表示取 *i* 位置之前的值（即在 2 的情况下取倒数第二个值），另一个是最初使用（作为比较值）的初始值 *v*。

让我们再举一些 Window 函数的例子，以便读者能够感受到何时以及如何有效地使用它们。

我们想确定有积分的奥运会比赛的奖牌得主（例如十项全能）：

```
select Name, (case RankPlace
                  when 1 then 'Gold'
                  when 2 then 'Silver'
                  else 'Bronze' end)
from (select Name, Rank() over w as RankPlace
      from Results
      window w as (order by Points desc))
where RankPlace <= 3
```

Rank 函数给"同样好"的"候选者"变量集分配相同的值，即所谓的"Peers"（对等体）。如果，Rank 值 1 被分配了两次，则下一个最好的变量集被分配值 3（而不是 2）。

SQL 的关键属性之一是：输出变量集的顺序不是预先确定的（除了明确地按 order by 排序的情况）。这样可以进行许多优化，但是，引用参数变量集的相对顺序的查询（例如，为了排名或参考以前的测量值）是非常难以制定的。这正是 Window 函数发挥作用的地方，因为它提供了对 Window 函数中的变量集的明确显式引用。

在直观地讨论了前面的示例后，我们现在将描述 Window 函数的句法和语义。为了理解语义，有两个基本属性需要了解：首先，Window 函数是在评估查询的大部分其他子句（如 where 子句、group by 子句和 having 子句）之后，但在用 order by 子句进行最终排序和用 distinct 子句去重之前计算得出的。其次，Window 函数只是为每个变量集增加了额外的属性，但并没有过滤变量集或发生其他变化。因此，Window 函数只允许出现在 select 和 order by 子句中，但不允许出现在 where 子句中。

## 分区（Partitioning）

Window 函数的评估是基于三个正交可用的概念：分区、分类和构架。图 17-21 说明了这三个概念的关系。partition by 子句根据一个或多个表达式（通常是属性值）将参数变量集分成独立的组，从而将与某个变量集相关的 Window 函数限制在该分区。与 group by 子句不同的是，Window 函数的变量集不会被缩减（通过聚集）为一个单一的结果变量集，只是被逻辑分区为组。如果省略了 partition by 子句，则当然就会存在一个组。

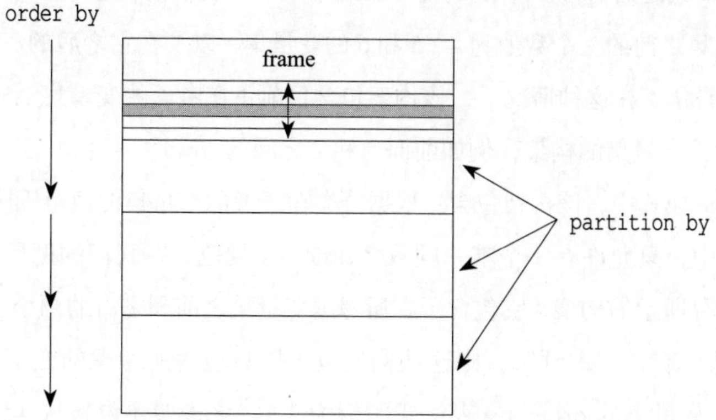


图 17-21 Window 函数的三个概念：分区、分类、构架。一个变量集只能引用同一构架中的其他变量集，而构架只能包含同一分区的变量集

## 分类（Sorting）

在每个分区内，可以用 order by 来创建一个顺序。从语义上讲，order by 子句定义了变量集在组内的排列方式，从而可以进行排名等。请注意，这种分类只与 Window 函数的评估有关，它并不定义结果变量集的顺序。如果不执行分类，则一些 Window 函数的结果（如 row_number）是不确定的。

## 构架（Framing）

除了分区，构架概念还允许对 Window 函数所指向的分区变量集进行限制。这就定义了分区中的哪些其他变量集是在所要考虑的变量集环境中。图 17-22 说明了两种可能的模式：

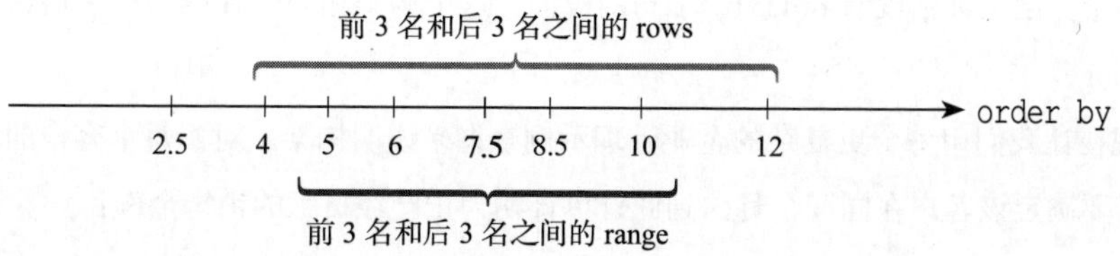


图 17-22 构架的 range 和 rows 模式的比较。每条小竖线代表一个变量集，按 order by 顺序排列

1. 在 rows 模式中，可以指定在当前考虑的构架变量集（在我们的例子中是数值为 7.5 的变量集）之前或之后有多少个变量集开始或结束。在我们的例子中，该构架包含：在所考虑的变量集之前的三个数值为 4、5 和 6 的变量集，以及在它之后的三个数值为 8.5、10 和 12 的变量集。在这种情况下，该构架包含目前正在考虑的变量集 7.5，但是，也可以指定不包含该变量集的构架，例如前面 5 和 2 之间的 rows。

2. 在 range 模式中，该构架包含：根据分类在所考虑变量集的值范围附近的变量集。在 range 模式中，只允许有一个唯一的数字 order by 规范。在我们的例子中，制定了图 17-22 下半部分所示的构架，它包含了在所考虑变量集之前和之后的两个变量集。当然，如果这些区域没有被“占领”，则这些构架也可以只包含所考虑的变量集。在图中，我们所考虑的变量集的 order by 表达式的值为 7.5，该构架还包含从 4.5（7.5 – 3）到 10.5（7.5 + 3）的变量集。因此，该构架包含了值为 5、6、7.5、8.5 和 10 的变量集。

构架边界不一定是常量。在这两种模式下都可以通过表达式来进行动态计算。例如，也可以从当前变量集的属性值中计算出来，并且是各有不同的。然而，许多查询被限制在恒定的构架边界内。

根据 order by 子句，同一分区内具有相同分类值的所有变量集被称为 Peers。Peers 概念只用于一些 Window 函数，而不用于其他函数。例如，所有的 Peers 都有相同的 rank 值，但有不同的 row_number 值。除了以相关变量集的前面和后面作限制规范外，也可以按以下方式指定构架边界：

1. 当前行（current row）：可以用来指定当前的变量集，包括它的 Peers。在 range 模式中，所有的 Peers 也是构架的一部分。

2. 第一行（unbounded preceding）：该构架包含当前变量集之前的分区的所有变量集。

3. 最后一行（unbounded following）：该构架终止于分区的最后一个变量集。

如果没有指定构架，但指定了 order by 子句，那么默认构架包含分区的所有前面的变量集——在第一行和当前行之间的 range。这个默认规范对于计算累计总和很有效，会在整个分区上评估没有 order by 子句的查询，这个构架相当于在第一行和最后一行之间的 range。

现在让我们用一个更复杂的企业管理示例查询来说明构架。对于每个客户的订单，我们需要确定该客户在同一个月内到此订单日期为止已经贡献的销售金额：

```
select CustomerID, OrderDate, sum ( Price ) over
  ( partition by CustomerID,
             extract ( month from OrderDate ) ,
```

```
            extract ( Year from OrderDate )
    order by OrderDate
    range between unbounded preceding and current row )
from Sales;
```

细心的读者会注意到，可以省略range子句，因为如果（像这里一样）强制分类的话，它是默认的。

应该注意的是，这些构架只对某些Window函数产生影响，即所谓的“窗口内导航函数”（first_value，last_value，nth_value）和“重复考虑的聚集函数”（min，max，count，sum，avg）。其他Window函数（row_number，Rank，lead，…）和“重复忽略的聚集函数”则总是在整个分区上进行评估。

正如例子所示，为了简化句法表述，我们可以在一个显式的Window子句中命名分区、分类和构架的某些组合。通过使用这个名称，我们可以在不同的Window子句中重复使用Window规范。这往往也能提高复杂表达式的可读性，如下面的例子所示：

```
select min ( Value ) over w1, max ( Value ) over w1,
       min ( Value ) over w2, max ( Value ) over w2
from Measurements
windows
    w1 as ( order by Time
                range between 5 preceding and 5 following ),
    w2 as ( order by Time
                range between 3 preceding and 3 following )
```

这里，分别用不同的构架子句来定义两个Window函数w1和w2，并且分别在select子句中使用了两次。

### Window表达

SQL-2011为各种分析评估定义了多种多样的Window函数。下面的内容忽略了构架，即是在整个分区上进行评估的：

1. 排名：

rank：当前变量集的等级，有间隙（即相同等级的变量集获得相同的值），随后的变量集则拥有更高的等级值。例如，如果两个变量集的rank值为1，则不会为后一个变量集分配rank值2，而只会分配3。

dense_rank：当前变量集的等级，无间隙。

row_number：当前变量集的行号。

ntile（num）：num 范围内变量集的均匀分布。对于每个变量集，都会返回其在 1 和 num 之间的范围号。

2. 分布：

percent_rank：当前变量集的相对等级。

cume_dist：Peer 组的相对等级。

3. 分区内的导航：

lead（expr，offset，default）：针对位于当前变量集之后的分区 offset 位置的变量集，评估 expr。如果没有这种变量集，则将使用指定的默认值（default）进行计算。

lag（expr，offset，default）：针对处于当前变量集之前的分区 offset 位置的变量集，评估 expr。如果没有这种变量集（由于“越界”），则使用默认值。

以下 Window 函数是在当前构架上评估的，即分区的一个子集：

1. 构架中的导航：

– first_expr（expr），last_expr（expr），nth_expr（expr，nth）：分别在构架的第一个、最后一个和第 *n* 个变量集上评估 expr。

2. 聚集 min，max，sum，avg，…：对当前构架的所有变量集计算聚集。例如，用来计算移动平均数或累积总和。

正如这些函数的参数列表所示，可以用任意的表达式（expr 参数）和其他参数来调用大多数函数，以进行具体的调整。

为了区分句法上正常的聚集函数（通过 group by 子句计算）和同名但语义不同的 Window 函数，Window 函数必须始终有一个后面的 over 子句，以及一个可能是空的 Window 构架规范。在下面的查询中，用 Window 函数计算平均数，而总和则是用“正常”聚集来计算的，这两种情况都有括号：

```
select CustomerID, Year, Month, sum (Price),
       avg (sum (Price)) over (partition by CustomerID)
from Orders
group by CustomerID, Year, Month
```

对于每个客户和月份，该查询使用无 Window 构架的聚集来计算客户订单和客户的月平均销售贡献额之和。读者可以注意到，上述查询等同于下面的表达——它在一个没有 Window 函数的子查询中执行预聚集：

```
select *, avg (PriceSum) over (partition by CustomerID)
from (select CustomerID, Year, Month, sum (Price) PriceSum
```

```
        from Orders
        group by CustomerID, Year, Month ) as r
```

接下来的查询表示，将所有测量值的平均值输出给在特定时间某一地点测量的每个测量值，即整个“测量”关系的平均值——因为没有指定分区。

```
select Location, Time, Value,
        avg ( Value ) over ( )
from Measurements
```

由于聚集了所有的测量值，因此可以很容易地制定出没有 Window 函数的查询：

```
select Location Time, Value,
        ( select avg ( Value ) from Measurements )
from Measurements
```

## 17.4 评估（排名）对象

目前，许多领域的数据量呈现出爆炸性增长的趋势。为了应对这种信息洪流，人们必须在许多应用领域限制数据量。为此，根据自己的喜好对数据对象进行清理，并只返回“最好的”所需结果往往是有帮助的。

### 17.4.1 “前 *k* 位”查询

根据一个将各种单独评估聚集为一个值的评估函数，选择最佳的 *k* 个对象，称为“前 *k* 位”查询。这种查询是根据各种标准（维度）来评估数据对象的。从这些单独的标准中，通过用户定义的评估函数计算出一个值，该值总体上表明对象的“质量”。我们将用一个直观的例子来说明。图 17-23 包含租金指数 RentIndex 和幼儿园 Kindergarten 两个关系表，我们用这两个关系表对慕尼黑整个地区进行二维评估。我们定义有一个孩子的年轻家庭的评估参数是待支付的租金和幼儿园费用的总和，评估标准是：这个总和越小，居住地的评级就越高。

可以用以下简单的 SQL 查询来表示，这里只返回排名第 1 的居住地作为结果：

```
select r.Place, r.Rent + k.Contribution as Costs
from RentIndex r, Kindergarten k
where r.Place = k.Place
order by Costs
```

| 租金指数 RentIndex | |
|---|---|
| 地点 Place | 租金 Rent |
| 加兴 | 800 |
| 伊士曼宁 | 900 |
| 翁特尔弗赫林 | 1 000 |
| 宁芬堡 | 1 500 |
| 博根豪森 | 1 600 |
| 格伦瓦尔德 | 1 700 |

| 幼儿园 Kindergarten | |
|---|---|
| 地点 Place | 费用 Contribution |
| 格伦瓦尔德 | −100[1] |
| 翁特尔弗赫林 | 0 |
| 博根豪森 | 100 |
| 伊士曼宁 | 200 |
| 加兴 | 250 |
| 宁芬堡 | 300 |

| 居住地 Location | |
|---|---|
| 地点 Place | 地区 Zone |
| 格伦瓦尔德 | 慕尼黑 - 南部 |
| 翁特尔弗赫林 | 慕尼黑 - 北部 |
| 伊士曼宁 | 慕尼黑 - 北部 |
| 加兴 | 慕尼黑 - 北部 |
| 博根豪森 | 慕尼黑 - 市区 |
| 宁芬堡 | 慕尼黑 - 市区 |

图 17–23 通过计算一个家庭的每月费用（租金和幼儿园费用）来评估慕尼黑各地区等级

```
fetch First 1 rows only
```

（IBM DB2 特有的）子句“fetch First 1 rows only”表示，在前一个条目之后“切断”其余结果集。因此，我们得到了［翁特尔弗赫林，1000］这个变量集。

我们可以根据任意加权的评估函数来完成对对象的评估（排名），也可以（例如在 IBM DB2 中）明确指定对象的等级。如下所示为一个有七个孩子家庭的居住地排名评估：

```
with CostComparison as（select r.Place，r.Rent，k.Contribution
                        from RentIndex r，Kindergarten k
                        where r.Place = k.Place）

select rk.Place，rk.Rank
from（select c.Place，
          rank（）over（order by c.Rent + 7 * c.Contribution）as Rank
      from CostComparison c）as rk
where rk.Rank < = 3
```

我们得到以下结果：

| 前 3 名的结果 | |
|---|---|
| 地点 Place | 等级 Rank |
| 格伦瓦尔德 | 1 |
| 翁特尔弗赫林 | 1 |
| 博根豪森 | 3 |
| 伊士曼宁 | 3 |

〔1〕注意，格伦瓦尔德的幼儿园费用出现负数，这表示，当地政府给家庭中每个孩子 100 欧元的津贴。

我们可以看到，格伦瓦尔德和翁特尔弗赫林有相同的等级值 1，就像博根豪森和伊士曼宁有相同的等级值 3。因此，我们得到了 4 个结果值，尽管查询只期望得到前 3 个值。

我们也可以对一个关系在几个分区中分别作排名评估，以便由此确定对象在其分区（子组）内的顺序。我们通过对一个居住地的扩展描述来说明这一点。对此，现在再考虑图 17-23 中的另一个关系“居住地” Location。

```
with CostLocationComparison as (
  select r.Place, r.Rent, k.Contribution, l.Zone
  from RentIndex r, Kindergarten k, Location l
  where r.Place = k.Place and k.Place = l.Place )

select c.Place, c.Zone, c.Rent + 3 * c.Contribution as Costs,
       Rank ( ) over ( partition by c.Zone
                       order by c.Rent + 3 * c.Contribution asc ) as ZoneRank
from CostLocationComparison c
order by c.Zone, ZoneRank
```

根据属性 Zone 对 CostLocationComparison 进行关系（虚拟）分区后，作为查询的结果，我们得到以下关系：

| 结果 | | | |
|---|---|---|---|
| 地点 Place | 地区 Zone | 费用 Costs | 地区等级 ZoneRank |
| 博根豪森 | 慕尼黑 - 市区 | 1 900 | 1 |
| 宁芬堡 | 慕尼黑 - 市区 | 2 400 | 2 |
| 翁特尔弗赫林 | 慕尼黑 - 北部 | 1 000 | 1 |
| 伊士曼宁 | 慕尼黑 - 北部 | 1 500 | 2 |
| 加兴 | 慕尼黑 - 北部 | 1 550 | 3 |
| 格伦瓦尔德 | 慕尼黑 - 南部 | 1 400 | 1 |

因此，我们算出了同一地区不同地点的等级。对于有三个孩子的家庭（根据该家庭的情况调整了本调查的评估函数）而言，博根豪森是最佳居住区，而翁特尔弗赫林则是慕尼黑北部最佳居住区。格伦瓦尔德“毫无竞争”地占据了慕尼黑南部的首位。

为了方便计算“前 $k$ 位”的结果变量集，人们已经开发了非常完善的“前 $k$ 位”计算的阈值算法。这个简单的计算方法包括计算所有数据对象的评估函数，根据评估进行分类，最后输出最佳的 $k$ 个对象。阈值算法按从好到坏的顺序“检索”单个评估，避免了对所有对象的完整评估计算。此外，这一算法要求必须能够随机地（即在随机访问 random access 中）读取对某一特定对象的未完成的个别评估。图 17-24 所示的算法是选出“前 1 位”居住地的阈值算法：

1. 读取每个单独评估来源的下一个最佳对象评估。在例子中，从上到下分别读取“租金指数”和“幼儿园”表中的下一个条目。

2. 对于首次读取的每个新对象，根据需要访问其他评估来源，以确定该对象的整体评估。

3. 将以这种方式获得的信息插入分类后的中间结果中。

4. 此外，将评估函数应用于最后依次读取的单个评估，计算出仍可预期的最佳对象评估作为阈值。也将这个阈值插入到排序后的中间结果中。

5. 如果在中间结果中至少有 $k$ 个高于阈值的对象，则算法就会终止，并输出对象。否则，继续该算法的下一个阶段。

上述阈值算法的依据是，既可以按顺序分类（从好到坏），也可以随机访问评估标准的各种数据源。特别是在互联网数据源的情况下，随机访问评估标准往往非常耗时，或者根本不可能，例如，按相关性对网络搜索的结果列表进行分类。对于这类应用场景，人们设计了无随机访问（No Random Access，NRA）算法，它只读取不同的单一评估数据源的顺序分类。图 17-25 说明了用 NRA 算法实现“前 1 位”查询，以确定最佳居住地。

针对每个已经看到（即从至少一个数据源中识别）的对象，该算法计算出这个对象的最佳可能的总体评估。其中，通过将评估函数应用于该对象已知的个别评估，以及该对象尚未出现的数据源中可能的最佳评估，得出其总体评估。最好的、未知的单个评估是指从这个数据源收到的最后一个评估（对另一个对象），因为各个数据源是按照从好到坏排序的。在 NRA 算法的每一个新阶段，对一个对象总体的最佳评估可能的限制范围不断更新。例如，在第一阶段，加兴获得了 700 ↗的最佳值，这是通过加兴的租金值 800 和格伦瓦尔德的幼儿园费用值 −100 得出的结果。箭头↗表示这是一个估计值。如果有对象的评估值与真实值一致，就可以画钩 √ 并不再评估。只要至少有 $k$ 个画钩的值出现在中间结果的上限范围内，算法就会终止，并输出这些值。此外，可以扩展 NRA 算法，不仅计算最佳总评估，还要计算中间结果中每个对象可能的最差总评估，然后就可以在画钩之前输出结果。但是，对此就必须知道所有数据源的个别评估的最差值。我们把这个算法的细节留给读者去设计。

| 租金指数 | |
|---|---|
| 地点 | 租金 |
| 加兴 | 800 |
| 伊士曼宁 | 900 |
| 翁特尔弗赫林 | 1 000 |
| 宁芬堡 | 1 500 |
| 博根豪森 | 1 600 |
| 格伦瓦尔德 | 1 700 |

| 幼儿园 | |
|---|---|
| 地点 | 费用 |
| 格伦瓦尔德 | −100 |
| 翁特尔弗赫林 | 0 |
| 博根豪森 | 100 |
| 伊士曼宁 | 200 |
| 加兴 | 250 |
| 宁芬堡 | 300 |

| 中间结果：第一阶段 | |
|---|---|
| 地点 | 租金 + 费用 |
| 阈值 | 700 |
| 加兴 | 1 050 |
| 格伦瓦尔德 | 1 600 |

| 租金指数 | |
|---|---|
| 地点 | 租金 |
| 加兴 | 800 |
| 伊士曼宁 | 900 |
| 翁特尔弗赫林 | 1 000 |
| 宁芬堡 | 1 500 |
| 博根豪森 | 1 600 |
| 格伦瓦尔德 | 1 700 |

| 幼儿园 | |
|---|---|
| 地点 | 费用 |
| 格伦瓦尔德 | −100 |
| 翁特尔弗赫林 | 0 |
| 博根豪森 | 100 |
| 伊士曼宁 | 200 |
| 加兴 | 250 |
| 宁芬堡 | 300 |

| 中间结果：第二阶段 | |
|---|---|
| 地点 | 租金 + 费用 |
| 阈值 | 900 |
| 翁特尔弗赫林 | 1 000 |
| 加兴 | 1 050 |
| 伊士曼宁 | 1 100 |
| 格伦瓦尔德 | 1 600 |

| 租金指数 | |
|---|---|
| 地点 | 租金 |
| 加兴 | 800 |
| 伊士曼宁 | 900 |
| 翁特尔弗赫林 | 1 000 |
| 宁芬堡 | 1 500 |
| 博根豪森 | 1 600 |
| 格伦瓦尔德 | 1 700 |

| 幼儿园 | |
|---|---|
| 地点 | 费用 |
| 格伦瓦尔德 | −100 |
| 翁特尔弗赫林 | 0 |
| 博根豪森 | 100 |
| 伊士曼宁 | 200 |
| 加兴 | 250 |
| 宁芬堡 | 300 |

| 中间结果：第三阶段 | |
|---|---|
| 地点 | 租金 + 费用 |
| 翁特尔弗赫林 | 1 000 |
| 加兴 | 1 050 |
| 伊士曼宁 | 1 100 |
| 阈值 | 1 100 |
| 格伦瓦尔德 | 1 600 |
| 博根豪森 | 1 700 |

图 17-24　用 NRA 算法计算“前 1 位”查询［翁特尔弗赫林在第四阶段的算法后，被确定为“前 1 位”元组；加兴此时也仍然可以符合条件（为什么？），而将在接下来的第五阶段则不符合条件］

| 租金指数 | |
|---|---|
| 地点 | 租金 |
| 加兴 | 800 |
| 伊士曼宁 | 900 |
| 翁特尔弗赫林 | 1 000 |
| 宁芬堡 | 1 500 |
| 博根豪森 | 1 600 |
| 格伦瓦尔德 | 1 700 |

| 幼儿园 | |
|---|---|
| 地点 | 费用 |
| 格伦瓦尔德 | −100 |
| 翁特尔弗赫林 | 0 |
| 博根豪森 | 100 |
| 伊士曼宁 | 200 |
| 加兴 | 250 |
| 宁芬堡 | 300 |

| 居住地 | |
|---|---|
| 地点 | 成本 |
| 加兴 | 700 ↗ |
| 格伦瓦尔德 | 700 ↗ |

| 租金指数 | |
|---|---|
| 地点 | 租金 |
| 加兴 | 800 |
| 伊士曼宁 | 900 |
| 翁特尔弗赫林 | 1 000 |
| 宁芬堡 | 1 500 |
| 博根豪森 | 1 600 |
| 格伦瓦尔德 | 1 700 |

| 幼儿园 | |
|---|---|
| 地点 | 费用 |
| 格伦瓦尔德 | −100 |
| 翁特尔弗赫林 | 0 |
| 博根豪森 | 100 |
| 伊士曼宁 | 200 |
| 加兴 | 250 |
| 宁芬堡 | 300 |

| 居住地 | |
|---|---|
| 地点 | 成本 |
| 加兴 | 800 ↗ |
| 格伦瓦尔德 | 800 ↗ |
| 翁特尔弗赫林 | 900 ↗ |
| 伊士曼宁 | 900 ↗ |

| 租金指数 | |
|---|---|
| 地点 | 租金 |
| 加兴 | 800 |
| 伊士曼宁 | 900 |
| 翁特尔弗赫林 | 1 000 |
| 宁芬堡 | 1 500 |
| 博根豪森 | 1 600 |
| 格伦瓦尔德 | 1 700 |

| 幼儿园 | |
|---|---|
| 地点 | 费用 |
| 格伦瓦尔德 | −100 |
| 翁特尔弗赫林 | 0 |
| 博根豪森 | 100 |
| 伊士曼宁 | 200 |
| 加兴 | 250 |
| 宁芬堡 | 300 |

| 居住地 | |
|---|---|
| 地点 | 成本 |
| 加兴 | 900 ↗ |
| 格伦瓦尔德 | 900 ↗ |
| 翁特尔弗赫林 | 1 000 √ |
| 伊士曼宁 | 1 000 ↗ |
| 博根豪森 | 1 100 ↗ |

| 租金指数 | |
|---|---|
| 地点 | 租金 |
| 加兴 | 800 |
| 伊士曼宁 | 900 |
| 翁特尔弗赫林 | 1 000 |
| 宁芬堡 | 1 500 |
| 博根豪森 | 1 600 |
| 格伦瓦尔德 | 1 700 |

| 幼儿园 | |
|---|---|
| 地点 | 费用 |
| 格伦瓦尔德 | −100 |
| 翁特尔弗赫林 | 0 |
| 博根豪森 | 100 |
| 伊士曼宁 | 200 |
| 加兴 | 250 |
| 宁芬堡 | 300 |

| 居住地 | |
|---|---|
| 地点 | 成本 |
| 翁特尔弗赫林 | 1 000 √ |
| 加兴 | 1 000 ↗ |
| 伊士曼宁 | 1 100 √ |
| 格伦瓦尔德 | 1 400 ↗ |
| 博根豪森 | 1 600 ↗ |
| 宁芬堡 | 1 700 ↗ |

图 17−25 “前 1 位”查询的阈值算法

### 17.4.2 Skyline 查询

在“前 $k$ 位”查询中，一个对象的不同评估维度（如一个地点的租金和幼儿园费用）被“压缩”为一个值，从而得到一个对象的优先次序。然而，这意味着在单个维度上表现突出的对象可能会被排除在结果之外。以格伦瓦尔德为例，其高租金指数在排名中抵消了对儿童的慷慨支持（除了在对 9 口人家庭进行评估函数加权的情况下）。

Skyline 查询用来确定每个评估中“最值得关注”的对象，即在结果中保留那些在评估标准中没有被任何其他对象支配的对象。如果一个对象在任何单独的评估中都不比另一个对象差，并且在至少一个单独的评估中是确实更好的，那么这个对象就支配了另一个对象。针对最佳居住地的例子，在图 17-26 中的坐标系统中显示了 Skyline 评估。

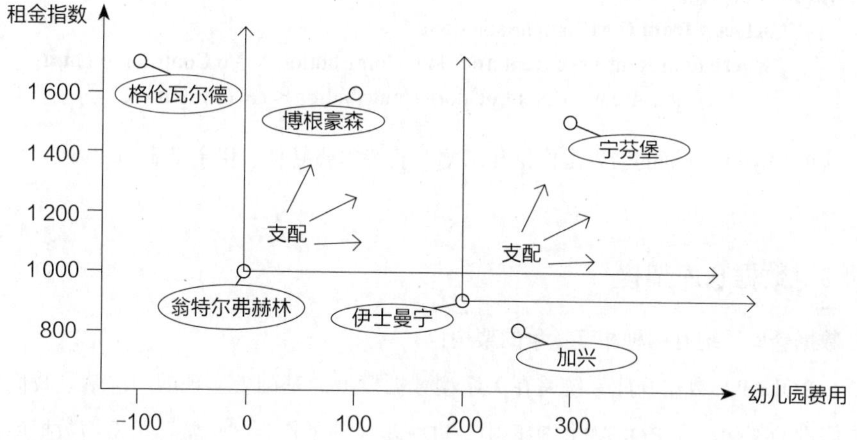


图 17-26 Skyline 评估

在租金和幼儿园费用方面，翁特尔弗赫林都优于博根豪森和宁芬堡。通过从翁特尔弗赫林出发的“支配轴”形象地表明了这点。虽然格伦瓦尔德没有支配任何其他地点，但它本身也没有被任何其他地点支配。原则上，在单独评估（维度）中达到最佳值的对象不可能被支配。

这里，将所有不被任何其他对象支配的对象称为“Skyline”。在其他情况下，这个集合也被称为“帕累托最优值”（Pareto-Optimum）。术语 Skyline 是由 Borzsonyi，Kossmann 和 Stocker（2001）发明的，被用以直观地说明结果集。如果没有其他更高、更近（在观察轴上）的“建筑”，那么“高楼”就被纳入 Skyline 中（即可见）。

在 SQL 中，我们可以为居住地例子确定 Skyline，如下所示：

```
with CostComparison as（select r.Place，r.Rent，k.Contribution
                        from RentIndex r，Kindergarten k
                        where r.Place = k.Place）
select c.Place
from CostComparison c
skyline of c.Rent min，c.Contribution min
```

（遗憾的是）在商业数据库系统中还没有广泛使用 Skyline 运算符，所以必须使用下面这个繁琐的 SQL 表达：

```
select c.Place
from CostComparison c
where not exists
    （select * from CostComparison dom
     where dom.Rent <= c.Rent and dom.Contribution < = c.Contribution and
         （dom.Rent < c.Rent or dom.Contribution < c.Contribution））
```

这个 Skyline 查询的结果是格伦瓦尔德、翁特尔弗赫林、伊士曼宁和加兴。

### 17.4.3 数据仓库架构

数据仓库系统有两种相互竞争的架构：

1. ROLAP：数据仓库系统是在关系型数据模型的基础上实现的。这就是我们在本章中假设的架构。在 ROLAP 的实现中，进一步区分了作为“正常”关系型数据库系统的 front-end 系统和专门为 OLAP 应用而定制的“专用”关系型数据仓库系统。后者的优势在于，它可以支持特殊的优化技术，并以低开销支持多用户同步。

2. MOLAP（多维 OLAP）：MOLAP 系统是指那些不以关系形式存储数据，而是以特殊的多维数据结构存储数据的系统。在最简单的情况下，这些系统是在多维数组的基础上实现的。然而，“稀疏的”（sparse）维度带来了一个特殊的问题——在关系建模中这不是问题，因为在“数据立方体”中，只有被实际占用的条目（变量集）在事实表中才有一个条目。

大多数关系型数据库的制造商为数据仓库应用提供了特殊的扩展功能。也已经有一些公司，如 SAP 公司的商业信息仓库（BW）或 MicroStrategy 公司，对任何关系型数据库都可提供数据仓库应用。

## 17.5 数据挖掘

数据挖掘是指搜索大量的数据以寻找（以前未知的）相关性。数据挖掘在数据库领域是比较新的，但其所使用的技术部分是基于“知识发现”（Knowledge Discovery）领域所开发的方法。数据挖掘的挑战是开发高度可扩展的算法，这些算法也可以应用于非常大的数据库。

此外，评估数据集分为几种方法：对象的分类、寻找关联规则和确定相似对象的聚类。

### 17.5.1 对象的分类

这种方法要解决的问题通常是根据已知的属性值，对对象（如人、股票价格等）的未来“行为”进行预测。这方面的典型例子是保险单的风险评估，例如，汽车责任保险或定期人寿保险。这里，我们试图根据数据对象（即人）的属性值对其进行分类，以便能够作出尽可能准确的预测。例如，对于汽车责任保险的风险评估，我们可以得出结论：35 岁以上驾驶轿跑车的男性属于高风险群体（类型：“中年危机中的无畏者”）；而同一年龄段的男性如果驾驶面包车（货车），则应归入低风险组（类型：“负责任的一家之主”）。我们可以用树状图表示分类，如图 17-27 所示。

| 风险程度 | | | |
|---|---|---|---|
| 年龄 | 性别 | 汽车类型 | 风险 |
| 45 | w | 货车 | 较低 |
| 18 | w | 轿跑车 | 较低 |
| 22 | w | 货车 | 较低 |
| 38 | w | 轿跑车 | 较低 |
| 19 | m | 轿跑车 | 高 |
| 24 | m | 货车 | 高 |
| 40 | m | 轿跑车 | 高 |
| 40 | m | 货车 | 较低 |
| ⋮ | ⋮ | ⋮ | ⋮ |

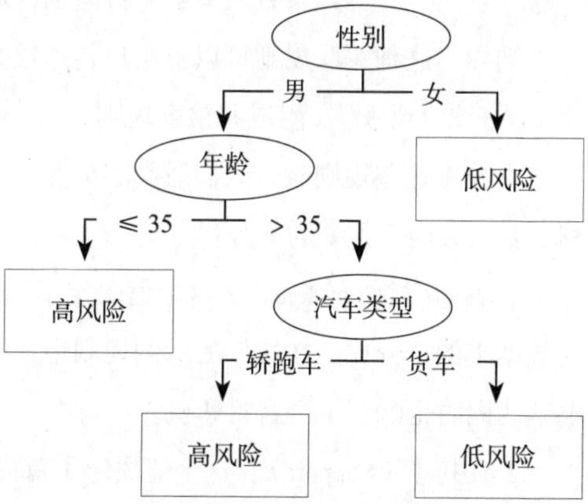


图 17-27　汽车责任保险风险评估的分类模式

在分类规则中，所谓的“预测属性”$V_1$，…，$V_n$ 和“从属属性”（即待预测的属性）$A$ 之间是有区别的。分类规则的抽象形式如下：

$$P_1（V_1）\wedge P_2（V_2）\wedge \cdots \wedge P_n（V_n）\Rightarrow A = c$$

其中，预测属性 $V_i$ 必须满足谓词 $P_i$，以便预测 $A = c$ 成立。根据我们关于男性驾驶员因中年危机而面临风险的例子，得出以下规则：

（年龄 > 35 岁）∧（性别 = m）∧（汽车类型 = 轿跑车）⇒（风险 = 高）

我们通常不会推导出单独的分类规则，而是尝试以“分类 / 决策树”的形式确定整个分类模式，如图 17-27 右侧所示。这个“分类 / 决策树”是为图中左侧所示的数据库生成的。树的每一片叶子都对应着一条分类规则，这条分类规则是从树的根部到该叶子，沿着椭圆形标记的预测属性得出的。在该树状图上也能看到我们之前讨论的规则。

当然，分类法是用一个（希望）有代表性的数据集产生的，然后再进行验证。例如，在类似的情况中，一家保险公司可能参考过去一年的索赔报告。

哪些属性（例子中的性别、年龄和汽车类型）用于分类可以由用户控制，也可以通过“试错”全自动控制。

### 17.5.2　关联规则

在第二类数据挖掘中，人们尝试通过关联规则来表达某些对象行为中的联系。这里，典型的示例应用是对人们的购买行为描述。这些规则有（非正式的）以下结构：

**如果**有人买了一台电脑，**那么**他也买了一台打印机

同样，这种关联规则可以由用户传递给数据挖掘系统进行“探测”，或者由系统自动（或多或少地随机）生成并检查规则。

在检查这些规则时，人们通常不会假设“百分之百”地符合规定。因此，在评估过程中要区分两个重要的参数：

1. 置信度（Confidence）：这个值决定了满足前提条件（左侧），同时也满足规则（右侧）的数据集的百分比。在我们的示例规则中，80% 的置信度表示，有五分之四的人在购买电脑的同时也购买了一台打印机。

2. 支持率（Support）：这个值决定了首先要找到多少条记录来验证该规则的有效性。因此，在 1% 的支持率下，每 100 笔销售中有 1 个同时购买电脑和打印机的记录。

公司管理层利用这样的规则，可以进行有针对性的促销措施。例如，在我们的示例

规则中，这家公司可以推出特价电脑的销售策略，以便从打印机的销售中获取利润。

在美国报道了另一种情况：在评估超市购物时，发现香草冰激凌和巧克力饼干经常出现在同一个购物手推车里。这一发现产生了一种名为“饼干和冰激凌”（香草冰激凌中加入巧克力饼干）的新冰激凌。从“买啤酒就买薯片”的规则中会衍生出哪种新的产品理念，还有待观察。

### 17.5.3 先验算法

上述类型的关联规则是基于所谓的“购物车分析”，也即，将待购买的产品分配给数据库中的购买事务。关于一个电子产品市场的销售事务数据库的例子可以参考图17-28左侧。即使客户保持匿名（现金支付），也会存储分类，例如，在事务ID 222中，同时购买了一台电脑和一台扫描仪。

在这个数据库的基础上，先验算法搜索所谓的“频繁项集”（frequent itemsets）。这是在同一次购买中经常购买（至少有minsupp次）的产品集。请注意，如果想搜索Quelle或Edeka这样的公司的销售数据，则这种算法必须能够应对非常大的数据集，即数以亿计的购买事务的数量级。该算法如下：

1. 适用于所有产品，检查它是否是一个频繁项集，即它是否包含在至少minsupp个购物车中；

2. $k$：= 1；

3. 迭代，只要：

（1）针对每个有$k$个产品的频繁项集$I_k$，生成所有包含$k+1$个产品的产品集$I_{k+1}$，并且$I_k \subset I_{k+1}$；

（2）读取一次所有的购物记录（对数据库进行顺序扫描），并检查那些包含$k+1$个产品的候选者是否至少出现minsupp次；

（3）$k$：$= k+1$。

直到没有发现新的频繁项集。

这种算法基于所谓的“先验属性”：频繁项集的每一个子集也必须是一个频繁项集。因此，在不“忽略”频繁项集的情况下，将前一个迭代步骤中确定的有$k$产品的频繁项集连续扩展一个额外产品即可。

甚至可以更进一步。在通过数据库验证频繁项集候选者之前，我们可以检查$k+1$

元素集候选者的所有实数子集是否已经被验证为频繁项集。如果否，则可以毫无顾虑地排除这个候选者，因为它肯定不能包含在 minsupp 购物车中。为什么？

图 17-28 右侧显示了左侧所示的销售事务数据库的先验算法的中间结果。在第一阶段，所有的单元素产品集形成频繁项集的候选者。在数据库中进行一次线性传递：每当事务中出现一个产品，计数器（即数字属性）就会递增。在我们的例子中，要求支持率为 3/5，这样就只剩下那些至少被销售过 3 次的产品。因此，在第一阶段就“抛弃”了扫描仪。在算法的第二阶段，前一阶段的频繁项集被相应增加了一个产品，由此产生了第二阶段的候选者。但是，我们可以立即删除那些包含在前几个阶段不合格的产品子集的候选者。

| 销售事务 | |
|---|---|
| 事务 ID | 产品 |
| 111 | 打印机 |
| 111 | 纸张 |
| 111 | 电脑 |
| 111 | 打印机墨水 |
| 222 | 电脑 |
| 222 | 扫描仪 |
| 333 | 打印机 |
| 333 | 纸张 |
| 333 | 打印机墨水 |
| 444 | 打印机 |
| 444 | 电脑 |
| 555 | 打印机 |
| 555 | 纸张 |
| 555 | 电脑 |
| 555 | 扫描仪 |
| 555 | 打印机墨水 |

| 中间结果 | |
|---|---|
| 频繁项集候选者 | 数量 |
| {打印机} | 4 |
| {纸张} | 3 |
| {电脑} | 4 |
| {扫描仪} | 2 |
| {打印机墨水} | 3 |
| {打印机，纸张} | 3 |
| {打印机，电脑} | 3 |
| {打印机、扫描仪} | |
| {打印机，打印机墨水} | 3 |
| {纸张，电脑} | 2 |
| {纸张，扫描仪} | |
| {纸张、打印机墨水} | 3 |
| {电脑，扫描仪} | |
| {电脑、打印机墨水} | 2 |
| {扫描仪，打印机墨水} | |
| {打印机，纸张，电脑} | 打印机墨水 |
| {打印机，纸张，打印机墨水} | 3 |
| {打印机，电脑，打印机墨水} | |
| {纸张，电脑，打印机墨水} | |

图 17-28　有销售事务的数据库（左）和执行先验算法的中间结果（右）

因此，我们可以排除所有包含“扫描仪”这一产品的候选者，并以灰底显示这些产品。现在，再次通过事务数据库进行顺序扫描。针对每个事务，我们检查每个候选者是否包括在内。如果是，则计数器（数字）就会递增。例如，对于事务 ID 222，计数器没有递增，因为其中不包含任何候选者。然而，在事务 ID 333 中，有 3 个计数器同时递增，即 { 打印机，纸张 }、{ 打印机，打印机墨水 } 和 { 纸张，打印机墨水 } 的计数器。

例子中，第一阶段剩下 4 个候选者，它们都有 3/5 的支持率。在第二阶段，又淘汰了两个候选者 { 纸张，电脑 } 和 { 电脑，打印机墨水 }。

然后，将用第二阶段的定性频繁项集生成第三阶段的三产品候选者。这一次，只剩下一个候选者，因为其他所有的产品集都被先验地淘汰了，包括一个之前已经被取消资格的子集。再次运行算法后，确定 { 打印机、纸张、打印机墨水 } 这个集合可能符合条件。

算法的第四阶段没有确定出任何其他的频繁项集，所以终止了算法。

### 17.5.4 确定关联规则

在确定了频繁项集之后，关联规则的推导就非常简单了。我们假设在执行先验算法时，已经记住了每个频繁项集 $F$ 的支持率 support（$F$）——该产品子集 $F$ 的出现次数除以总购买次数。然后，我们可以确定关联规则，从而为每个频繁项集 $F$ 生成所有可能的不相交分解 $L$ 和 $R$，其中 $F = L \cup R$。关联规则 $L \Rightarrow R$ 具有如下的置信度：

$$\text{confidence}(L \Rightarrow R) = \text{support}(F) / \text{support}(L)$$

我们应剔除所有置信度低于最小值（minconf）的关联规则候选者。

在我们的例子中，采取频繁项集 { 打印机、纸张、打印机墨水 }，由此我们可以构建关联规则：

{ 打印机 } ⇒ { 纸张，打印机墨水 }

该关联规则的置信度为：

$$\text{置信度} = \frac{\text{支持率}(\{\text{打印机，纸张 ，打印机墨水}\})}{\text{支持率}(\{\text{打印机}\})} = \frac{3/5}{4/5} = \frac{3}{4} = 75\%$$

也即，在购买打印机的客户中，75% 的人还购买了打印机墨水和纸张。因此，可以从中得出一个商业策略：“兜售”特价（比如说 129 欧元）打印机，并将纸张和打印机墨水的价格定得较高（比方说打印机墨水为 69 欧元），从而实现更多的盈利。

请注意，一个规则的置信度是通过增加左侧来提高的（至少它不会减少）。更确切地说，如果研究相同频繁项集 $F = L \cup R = L^+ \cup R^-$（其中 $L \subseteq L^+$，$R^- \subseteq R$）的两个关联规则 $L \Rightarrow R$ 和 $L^+ \Rightarrow R^-$，则以下结论始终成立：

$$\text{confidence}\,(L^+ \Rightarrow R^-) \geqslant \text{confidence}\,(L \Rightarrow R)$$

读者可以将此作为一项练习来证明。让我们用示例来比较规则 { 打印机，纸张 } ⇒ { 打印机墨水 } 与置信度为 $\frac{3}{4}$ 的规则 { 打印机 } ⇒ { 纸张，打印机墨水 }。

对于我们的示例数据库来说，{ 打印机，纸张 } ⇒ { 打印机墨水 } 规则的置信度如下：

$$置信度 = 支持率 \frac{支持率(\{打印机，纸张，打印机墨水\})}{支持率(\{打印机，纸张\})} = \frac{3/5}{3/5} = \frac{3}{3} = 100\%$$

### 17.5.5 聚类的确定

聚类的确定是为了找到在逻辑上相关的对象群体。通常情况下，数据库针对对象进行多维度描述，即对象有多个属性，根据这些属性可以描述对象的特征。例如，根据工资等级、收入等级、年龄、性别、婚姻状况等来描述客户。维度（属性）的数量可能非常大，如果想通过所谓的“高维度特征向量”来描述图片或 CAD 对象，则维度可能达到数百个。在确定聚类时，试图将（可能是数百万个）对象分组，使同一组中的对象非常相似。我们所说的相似是指一组中的对象彼此之间的“距离”很小。例如，我们可以简单地把物体之间的“欧几里得距离”作为度量标准。在通常情况下，人们仍然会进行标准化处理，使特别相关的维度的权重比其他不太相关的维度的权重更高。

遗憾的是，我们在这里不会详细介绍聚类方法，仅以图 17-29 中的例子作简单的说明：根据驾驶员的风险程度和年龄这两个维度来分析汽车驾驶员。我们可以看到，年轻和年长的驾驶员都有两个聚类，即风险程度高和风险程度低的驾驶员。这里需要对基础数据进一步分析，以再次区分这些驾驶员：男性 / 女性，经常驾驶 / 较少驾驶，小城市 / 大城市，等等。

数据挖掘的其中一个任务也就是为了找到那些在“范围内”的对象。这些对象被称为“离群值”，对这类对象的搜索被称为“离群值检测”。例如，图 17-29 中浅色的数据对象就是一个离群值。在这个特殊的例子中，这可能是一个保险欺诈者，因为其风险程度与这个年龄组的其他驾驶员有很大的不同。

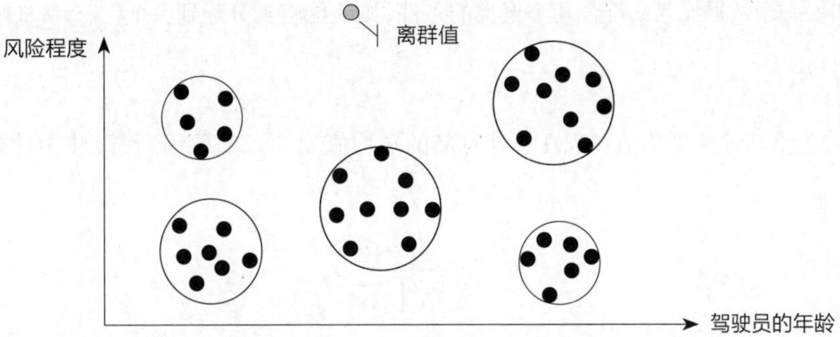


图 17-29 确定“驾驶员”聚类的图示

## k-Means 算法

根据文献中提出的多种聚类算法，我们想在这里简单介绍一下可能是最著名的 k-Means 算法，它将 $d$ 维空间的数据元素分成规定的 $k$ 个聚类。k-Means 算法的目的是将数据点分为 $k$ 个聚类 $S_1$，…，$S_k$，其方式是最小化聚类内各点与聚类平均值的平方距离之和。在数学上，最小化以下的“质量”函数 $Q$，其中 $\mu_i$ 是聚类 $S_i$ 的平均值：

$$Q = \sum_{i=1}^{k} \sum_{x_j \in S_i} \left\| x_j - \mu_i \right\|^2$$

需要寻找的是数据点 $x_1$，$x_2$，…在聚类 $S_1$，…，$S_k$ 上的最佳分布。一般来说，这是一个 NP-hard 问题，对于大量的数据（例如在“大数据”应用中）来说无法得出最佳解决方案。然而，有一些启发式算法是相对有效的，并且在大多数实际应用中也能定性确定较好的聚类。最著名的启发式算法被命名为“Lloyd 算法”——以其发明者的名字命名，其迭代方法如下：

1. 初始化：从数据集中随机选择 $k$ 个平均值 $\mu_1^{(1)}$，…，$\mu_k^{(1)}$。它们构成了第一次迭代群组的初始平均值。

2. 迭代 $t = 1$ 到 $t = T$（或只要聚类仍有变化就继续迭代）：

（1）分配聚类：每个数据对象 $x_j$ 现在分配到与它的平均值 $\mu_i^{(t)}$ 最接近的聚类 $S_i^{(t)}$ 中。也即，在这些分配之后，$1 \leqslant i \leqslant k$ 的每个聚类 $S_i^{(t)}$ 只包含以下适用的数据元素：

$$S_i^{(t)} = \left\{ x_j : \left\| x_j - \mu_i^{(t)\,2} \right\| \leqslant \left\| x_j - \mu_{i'}^{(t)\,2} \right\| \forall\, i' = 1, \cdots, k \right\}$$

如果一个数据元素 $x_j$ 符合几个聚类的条件，则只能将其分配到一个（例如随机选择的）聚类 $S_i^{(t)}$ 中。

（2）重新计算平均值：现在，计算新的平均值 $\mu_i^{(t+1)}$，需要用到第 $t$ 步中计算出的所有聚类：

$$\mu_i^{(t+1)} = \frac{1}{\left|S_i^{(t)}\right|} \sum_{x_j \in S_i^{(t)}} x_j$$

迭代步骤（1）和（2）或者执行规定的 $T$ 次，或者直到聚类中数据元素的分配不再发生变化（实质）。在实践中，这种启发式算法只经过几次（通常少于 10 次）迭代就收敛了。若在选择初始均值时“多费心思”，该算法还可得到改进。

k-Means 算法的缺点是：首先，指定了 $k$ 个聚类数量；其次，启发式算法对离群值或个别错误数据元素存在敏感性。读者通过观察图 17-29 的数据分布很容易看到这个问题。对于 $k = 5$ 的聚类，一个离群值会导致由 k-Means 算法计算出的聚类退化，而不是像图中那样可以隔离出离群值。

我们可以通过其他的启发式算法来弥补上述问题，比如 DBSCAN 算法，它将数据密度考虑在内。DBSCAN 是指基于密度的“有错误的数据元素”（noise）的空间应用聚类：如果数据元素是通过密集的数据点连接的（这些数据点在“其附近”有最少数量的相邻点），则这些数据元素属于一个聚类。由此隔离了离群值和 noise，并且不把它们归入任何聚类。此外，DBSCAN 可以“检测”任何形状的聚类（如弯曲的线状聚类）。

## 17.6 习题

17-1 请计算，如果一个像 Quelle 或 Amazon 这样的贸易公司的数据仓库包含了过去 3 年的订单数据，它有多大？

17-2 对于上面的数据仓库，沿着分组维度（客户编号、产品、月份），“数据立方体”会有多大？实例化所有这些子聚集仍然是现实的吗？

17-3 位图索引通常是非常稀疏的，即它们包含许多“0”和少量的“1”。可以考虑哪些压缩方法来减少内存需求？

17-4 请以图 17-27 所示为例，设计一种算法来自动确定分类树。请采用“自上向下”

方法（top-down），选择一个预测属性和一个将输入集分成两个“有意义的”分区的值。请对输入集进行相应的分区，并递归到分类树上，直到得到其元组具有相同依赖属性的分区。

17-5 请证明：如果针对同一个频繁项集 $F = L \cup R = L^{+} \cup R^{-}$（其中 $L \subseteq L^{+}$，$R^{-} \subseteq R$），给出两个关联规则 $L \Rightarrow R$ 和 $L^{+} \Rightarrow R^{-}$，则以下始终成立：

$$\text{confidence}(L^{+} \Rightarrow R^{-}) \geqslant \text{confidence}(L \Rightarrow R)$$

17-6 请在图 17-28 中展示该例子在先验算法第四阶段的情况。

17-7 请用你喜欢的编程语言执行先验算法，生成一个“相当大”（即大于可用的主存储器）的人工数据库，并检查执行的性能。请尝试通过实现更巧妙的数据结构来管理候选者集，以达到改进效果。

17-8 请设计一个启发式的聚类确定算法。目标是对对象进行聚类，以便只有非常相似的对象在同一个聚类中。也即，应该能够指定一个距离 $d$，使同一聚类中两个对象的距离不超过 $d$。挑战是如何将所有对象的（非常大的）集合映射到尽可能少的聚类中。但试图找到最小的聚类数量是没有希望的。为什么？

17-9 请在 SQL 中实现图 17-6 中所示模式的 3D“数据立方体”的实例化。

17-10 请为一个选举信息系统实现一些 OLAP 查询。

17-11 请说明有两个孩子的年轻家庭在“前 1 位”最佳居住地评估计算中的执行情况。请说明用阈值和 NRA 算法分阶段计算的结果。

17-12 请执行 k-Means 算法，并将其应用于大型（自我生成的或实际的）数据集。请将这个算法也应用于图 17-29 的数据集，其中，第一次 $k = 5$，第二次 $k = 6$，并评估（视觉上）所计算出的聚类的“质量”。

## 17.7 文献注解

我们在这里只能对 SAP ERP 系统作一个非常简单的概述。更多关于 ERP 在不同领域的应用信息可以参考 SAP AG（1997）的网络服务器。Wenzel（1995）的书中介绍了 SAP 系统的应用模块。Will 等人（1996），Buck-Emden 和 Galimow（1996）描述了 ERP 安装的管理。Matzke（1996）详细介绍了 ABAP/4 语言。Appelrath 和 Ritter（1999）描述了通用 SAP 系统的实施和调整。Wächter（1997）描述了 ConTractWorkflow 模型。

Jablonski（1997）对工作流管理系统作了介绍。Bon，Ritter 和 Steiert（2003）讨论了跨组织工作流过程中的数据流。Doppelhammer 等人（1997）分析了 SAP ERP 在决策支持查询方面的表现。Dittrich，Kossmann 和 Kreutz（2005）研究了直接使用（即没有中间件系统）关系型数据库进行 OLAP 查询的基本可能性。Krcmar（2002）的教材从企业管理角度论述了信息管理。

Colliat（1996）比较了 ROLAP 和 MOLAP 的实现。有几本关于数据仓库应用的教材，例如，由 Kimball（1996），Kimball 和 Strehlo（1995），Mattison（1996）出版的专著。Thalhammer 和 Schrefl（2002）提出了一个主动数据仓库的设计。Calvanese（2003）强调了数据集成对数据仓库使用的重要性。Wu 和 Buchmann（1997）对这一领域尚未完成的研究作了概括。Chaudhuri 和 Dayal（1997）编写了一本非常好的数据仓库应用手册。Stöhr，Märtens 和 Rahm（2000）研究了数据仓库应用程序的并行化。Red Brick 公司（1996）提供了一个关系型数据仓库系统。Microstrategy 和 SAP 提供了基于其他公司的关系型 DBMS（Oracle、DB2、SQL Server）的数据仓库解决方案。Jarke，List 和 Köller（2000）处理了数据仓库应用的实施问题。Gray 等人（1996）设计了 cube 运算符。Harinarayan，Rajaraman 和 Ullman（1996）对存储空间有限的“数据立方体”条目（即实例化的聚集）做了有效管理。Moerkotte（1997）提出了所谓的“小型实例化聚合”，并将其作为一种指数结构。Graefe 和 O' Neil（1995）提出了基于星形连接的位图索引的优化技术。Valduriez（1987）在 Härder（1978）的工作基础上，发明了“正常”连接指数。Wu 和 Buchmann（1998）研究了对位图索引进行有效管理的方法。大量的研究论文涉及的是当数据发生变化（如刷新）时，数据仓库中实例化数据的更新。唯一有代表性的例子是 Zhuge 等人（1995）的一篇论文。

Helmer，Westmann 和 Moerkotte（1998）根据 1 : $N$ 关系，开发了一种名为 DiagJoin 的特殊评估技术。Claussen 等人（2000）说明了如何在查询计划中尽可能有效地安排分类和分区操作。为此，研究者开发了所谓的“保序哈希连接”。针对分区的早期应用，Kemper，Kossmann 和 Wiesner（1999）使用位图进行间接分区，这是对 Graefe，Bunker 和 Cooper（1998）提出的哈希 Teams 的一种扩展，并将其应用于 MS SQL 服务器中。Karayannidis 等人（2002）为非常复杂的星形连接查询开发了优化技术。Röhm 等人（2002）优化了数据库服务器聚类中的 OLAP 应用。

Kersten 等人（1997）对数据挖掘作了概述。Keim 和 Kriegel（1996）讨论了使用可视化的方法来发现数据集中满足的关系（规则）。Mansmann 等人（2007）使用可视化数据挖掘来探索“数据立方体”。Böhm 等人（2004）解决了计算相关对象聚类的问题。Böhm 和 Plant（2008）设计了计算分层聚类的方法。Fayyad 和 Uthurusamy（1996）介绍了出现在同一期《ACM 通讯》杂志上的关于数据挖掘的一系列文章。Agrawal，Imielinski 和 Swami（1993）做了在大型数据集中如何“发现”关联规则的工作。这项工作是属于 IBM 的 Quest 项目（较著名的数据挖掘项目之一）的一部分。Rückert，Richter 和 Kramer（2004）开发了确定关联规则的优化方法。k-Means 算法是在 20 世纪中期发明的，最初可以追溯到 S.P.Lloyd。在 Ester 和 Sander（2000）的书中描述了数据库的相关内容。Ester 等人（1996）开发了 DBSCAN 方法。Gan 和 Tao（2015）已经证明，对于高维数据空间，遗憾的是不能实现扩展，但仍然可以有效地实现较好的近似。Maurus 和 Plant（2014）提出了一种优雅的方法，以用于对包含未知值（即 NULL 值）的数据进行数据挖掘，他们也因此获得了 ICDM 大会的“最佳论文奖”。Maxeiner，Küspert 和 Leyman（2001）研究了工作流日志的数据挖掘。Berchtold 等人（2000）研究了“最近邻居”（nearest neighbor）查询的有效评估。Breunig 等人（2001）开发了一种有效的聚类算法。Gerlhof 等人（1993）开发了一个分区启发式方法并作了经验评估。Böhm 等人（2001）对高维数据的相似性连接（其中，连接彼此接近的对象）的评估作了优化。Börzsönyi，Kossmann 和 Stocker（2001）提出了新的关系运算符 skyline，它可以有效确定关于部分分类的最佳对象。Kossmann，Ramsak 和 Rost（2002）发明了一种 Skyline 结果集的增量算法。Papadias 等人（2003）为此开发了优化方案。

Window 函数也经常被称为“分析性”SQL OLAP 函数，并且现在几乎所有的商业 SQL 数据库系统都支持它。Leis 等人（2015）开发了这些函数的有效评估算法。

Fagin，Lotem 和 Naor（2003）设计了对分布式数据源的查询进行排名的算法。Güntzer，Balke 和 Kießling（2000）开发了对一种优化方法，用于评估多维度对象排名查询。

此外，Kießling（2002）还提出了一个基础的偏好理论。Balke 等人（2005）进一步优化了分布式数据源的“前 $k$ 位”算法。Ilyas，Beskales 和 Soliman（2008）概括了“前 $k$ 位”算法。Theobald 等人（2008）开发了半结构化数据的“前 $k$ 位”算法。Beck，Radde 和 Freitag（2007）使用排名法来得出产品推荐。Milchevski，Anand 和 Michel（2015）开发了用于比较“前 $k$ 位”列表的索引技术。Augsten 等人（2010）开发了树形结构数据（如 XML 文档）的近似“前 $k$ 位”匹配算法。

Klein 等人（2006）开发了基于抽样的技术，该技术用于近似查询结果，以避免完整计算的漫长响应时间。在 SIGMOD 会议上，Jermaine 等人（2007）建立的 DBO 数据库系统特别支持近似算法，他们也因此被授予“最佳论文奖”。Antova，Koch 和 Olteanu（2007）开发了模拟不完整和不确定的数据的构架。

Aulbach 等人（2008）开发了在互联网上以“软件即服务”（SaaS）的形式提供数据库应用的技术，对此需要将许多不同的用户和他们的模式扩展合并 / 映射到一个数据库系统上。Brantner 等人（2008）描述了一个所谓的“云数据库系统”，即通过互联网提供数据库服务。Gmach 等人（2008）研究了基于服务质量的管理和数据库基础设施管理的技术。Krompass 等人（2007）重点关注了监测数据仓库系统的查询处理。

# 18 主存数据库

第一个主存数据库系统（主存DBMS，即主存储器数据库系统）已经存在了很长时间（大约从20世纪80年代开始）。这些数据库系统将全部数据保存在主存储器中，也即，它们不会像传统的关系型数据库那样，在主存储器缓冲区和外部存储器之间来回交换页面。只要我们回顾一下存储层次结构（图7-2）以及缓冲区管理（图7-4），就可以理解这些数据进出过程的高运行时间成本。直观地说，我们把一个页面故障比作“冥王星之旅”，因为访问外部存储器比访问在主存储器驻留的数据要多花5个数量级的时间（即多花$10^5$倍的时间）。

## 18.1 硬件发展

到目前为止，主存数据库系统往往是用于特定应用的利基产品。由于硬件方面的技术进步，这种情况已经改变。今天，有一些数据库服务器的主存储器容量超过了1 TB，服务器也拥有多个计算核心（多核），并且已经开发出了用于主存储器有效数据处理的新算法和数据结构（列存储、压缩、缓冲有效索引结构等）。图18-1显示了目前常见的具有1 TB主存储器的数据库服务器的架构。它是一台有32个内核的计算机，分布在4个英特尔至强处理器（CPU）上，每个处理器都有8个内核，每个内核，可以执行2个所谓的“超线程”，因此，它最多可以有64个线程并行工作（对于非常密集的计算操作，只能执行最多32个线程）。这些高度扩展的服务器的特殊之处在于，主存储器不再以相同的带宽集中、统一地分配给所有处理器。从架构图中可以看出，每个处理器都有256 GB的主存储器，它们通过所谓的QPI（快速路径互连）相互连接。因此，每个程序（每个线程）仍然可以直接访问每个主存储器区域，但在延迟和带宽方面的付出不同。因此，运行Core 0到Core 7其中一个内核上的程序，可以比CPU 3更方便地读写CPU 0的内存区域。我们将其称为NUMA（非统一内存访问）架构。每个处理器都有一个24 MB的三级缓存，由8个核心共享，或相互竞争。然后每个核心都有专门的二级和一级缓冲。这台计算机代表了中等价位的服务器。

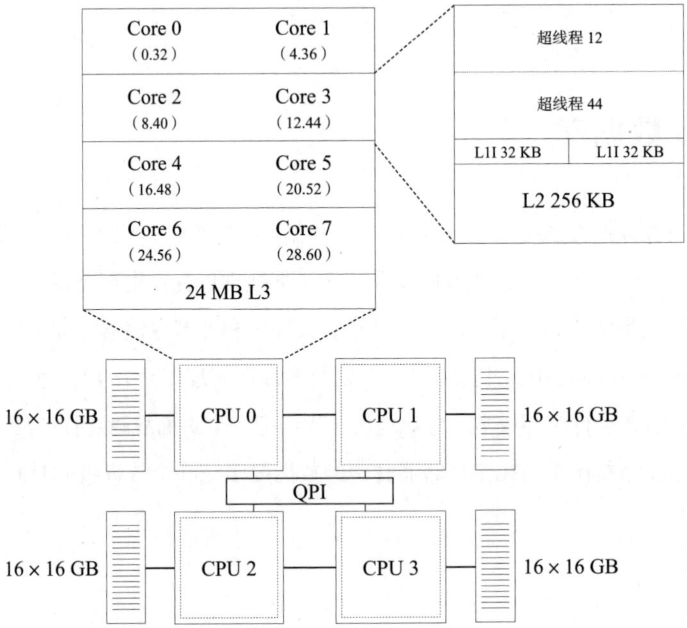


图 18-1 拥有 NUMA 架构的多核计算机的处理器核心

在高价位服务器领域，例如，Oracle/SUN 公司的方案中有 SPARC M5-32 计算机，拥有 32 TB 主存储器和 32 个处理器（每个处理器都有很多内核）。但是，仅 32 TB 的主存储器就需要大约 100 万欧元，因此，这些计算机可能只适合特别大的、需要高性能的和与收益有关的应用（如电子商务、银行、社交网络运营商等）。

这些新的硬件架构在许多方面对开发性能强大的主存数据库系统提出了特殊的挑战：

1. 大规模并行化。今天的计算机不再像过去那样通过更高的时钟频率，而是通过多核并行化而变得更快。数据库系统的算法必须从根本上适应这种新情况。

2. 缓存定位。在过去，主存 I/O 成本主导了所有其他数据处理成本。为了克服这一问题暴露了全新的瓶颈，即访问寄存器 / 缓冲 / 主存储器数据的成本不同。因此，必须调整数据库系统的算法，以尽可能地利用好高速缓冲的位置性。

3. NUMA 调整。在数据处理中必须考虑到本地 / 远程主存储器访问的各种不同成本，因此，处理操作应该放在本地分配内存的核心上，即应该在本地写入中间结果，而不是在远程存储区（只是因为那里的空间更大一些）。

## 18.2 主存数据库的发展

让我们为使用主存数据库再作一次初步的可行性研究。如上所述，现在可以买到相对便宜的服务器，主存储器容量超过 1 TB，价格约为 30 000 欧元。这种服务器有多核处理器，可以真正并行执行多线程。这种“不可思议”的计算能力使得可以直接在数据库服务器上执行今天在应用服务器中执行的许多操作。主存储器的容量足以存储大型公司的事务数据，我们在这里谈论的不是多媒体数据，而是关键业务的订单数据。作为一个例子，让我们观察一个贸易公司的订单数据，如亚马逊。2012 年，亚马逊的营业额约为 600 亿美元。因此，在产品平均价格约为 15 美元的情况下，它需要存储 40 亿个订单数据，每个数据可以用不到 100 B 的空间来存储（参见 22.2 节的 TPC-C 基准方案，该方案对这样一个贸易公司做了模拟数据库）。因此，针对这种关系，需要的存储量仅仅约为 400 GB（与超过 1 TB 的主存容量相比）。这里我们忽略了其他关系（客户、产品等），但我们也没有考虑数据的压缩可能性。此外，对于这样的大公司，可以在一个计算机聚类中配置一个分布式的分区数据库。

服务器的这些技术改进，加上高效数据库在商业上的应用前景，“拉开了”主存数据库领域新公司快速涌现的序幕，如 VoltDB、Clustrix、Akiban、DBshards、NimbusDB、ScaleDB、Lightwolf 和 ElectronDB，这里只是列举了一些比较知名的公司。而且大公司如 SAP（HANA）、微软（Hekaton）和 IBM（ISAO/BLINK）也在这个领域积极投资。

迄今为止，主存数据库系统或者是为 OLTP 应用，或者是为 OLAP 应用而设计的。然而，知名的行业代表，如 SAP 公司的 Plattner（2009）提出了令人信服的论点，即这种数据的平分并没有为所谓的“实时高等智能”（real time business intelligence）提供足够的支持。目前的操作数据库架构规定，主要在 OLTP 数据库系统中管理事务数据，并保持最新的状态，通过提取—转换—加载（ETL）过程，可以定期地将其加载到 OLAP 系统（数据仓库）。然而，由于负载原因，只能定期进行（而难以实现实时更新）。

在以前的系统中，从性能角度来看，不可能直接在 OLTP 系统的事务数据上执行 OLAP 查询。随着具有庞大主存储器容量和多核计算机架构的主存数据库系统的出现，这种情况发生了巨大的变化。这样的数据库系统被称为“混合 OLTP-OLAP 数据库”。

从某种意义上说，它结合了两者的最佳特征，如图 18-2 所示。其事务处理量应该和专用的 OLTP 数据库一样多，而在查询处理方面，专用的 OLAP 引擎，如列存储（见 18.4 节，运用于 MonetDB、Vertica、VectorWise 或 IBM 系统 ISAO/Blink）可谓无所不能。

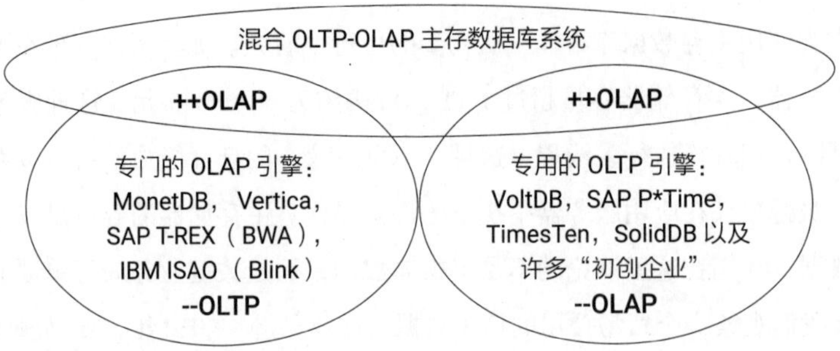


图 18-2 混合 OLAP-OLTP 数据库的目标：两全其美

## 18.3 基于磁盘的数据库系统的性能瓶颈

当在同一个系统上运行 OLTP 和 OLAP 时，必须对这两个工作负载非常不同的应用之间的相互作用有一个清醒的认识。简单地依靠经典的两阶段锁定协议是行不通的：虽然这保证了一致性，但会导致很大的性能问题。在 Harizopoulos 等人（2008）的研究中对其做了证明，我们用图 18-3 来总结一下。

此外，在一个经典的数据库系统中，缓冲区管理、多用户和线程同步以及记录消耗了大部分的性能。因此，还有什么能比在这些方面大幅优化主存数据库系统更明显的呢？

1. 缓冲区管理。缓冲区管理实际上由两部分组成：主存缓冲区中的原始页面管理和这些页面上的数据集管理。页面管理需要一个页面列表，该表指明在缓冲区中是否有数据库页面，如果有，则指明其位置。页面中的记录是通过变量集标识符（TID）的指示来寻址的。我们可以在主存数据库系统中做非常大幅度的优化：只需要简单地依赖操作系统的“超高效”的虚拟内存管理，就能优化用于缓冲区管理的页面列表和页内的数据集管理。

2. 多用户和线程同步。传统上，多用户同步是通过两阶段锁定协议来处理的，该协议基于锁定。此外，也必须通过“锁存器”（即所谓的 Latches）同步并发线程。

在较新的主存数据库系统中，是通过对数据库的分区来限制锁定的成本的，从而减少（非常大的）时间消耗。为了代替锁定单个数据记录，整个分区被专门分配给单个线程。此外，可以大大限制并行程度，即同时活跃的用户事务的数量。在传统的数据库中，为了“掩盖”页面故障，这种并行程度必须设置得很高，在单用户系统中，这将导致DBMS完全“永恒”（约10毫秒）停滞。但这个问题在主存数据库中不会发生，因为没有更多的页面故障，所以可以在调用后作为预设程序（stored procedures）极快地处理事务，甚至可以在几微秒内在现代主存数据库上执行典型的操作事务，如订单的处理。这意味着，即使在顺序（单用户）操作中，每秒也可以处理100 000个事务，这超过（几乎）任何应用程序的要求。相比之下：亚马逊公司在2012年圣诞节业务高峰期的事务频率“只有”每秒几百个订单，每个订单自然会产生几个事务（输入、支付、需求、交付等）。

WAL原则要求在事务完成之前将日志数据写入磁盘。这里，可以通过处理一整组事务来提高处理量。这个过程被称为“组提交”（group commit），因为单个事务的“正式”提交被延迟，以便将其日志记录和其他事务的许多日志一起写入磁盘，或通过网络写入存储服务器。

我们将在下面描述一些最近开发的方法，这些方法旨在突破传统数据库系统的瓶颈。我们的目标是设计一个性能强大的主存数据库系统，它能够同时处理同一数据集上的OLTP事务和OLAP查询，为运营型BI（商业智能）提供有效的支持。

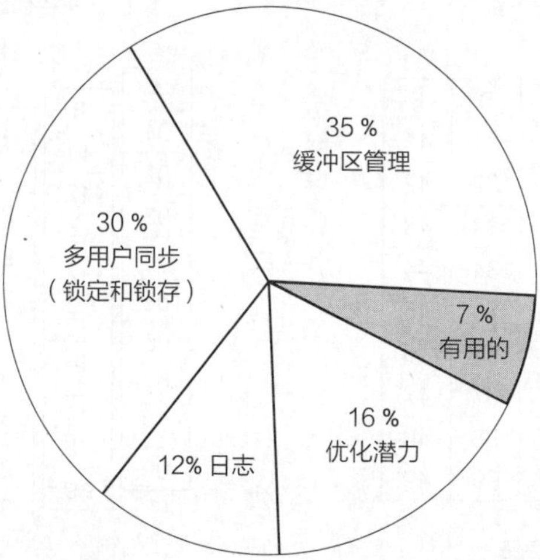


图18-3 经典数据库系统的构建

## 18.4 列存储：基于属性的存储

关系型数据库系统的常见存储结构基于将变量集存储为连续区域。因此，这种架构被称为“行存储”（row-store）。当需要同时访问同一个变量集的多个属性时，这种存储结构具有优势。然而，如果只访问一个关系的个别列（columns），例如对属性 $A$ 的求和：

**select sum**（A）
**from** R

如图 18-4 所示，这是对计算机中宝贵的缓存的一种“浪费”。每次访问一个数据

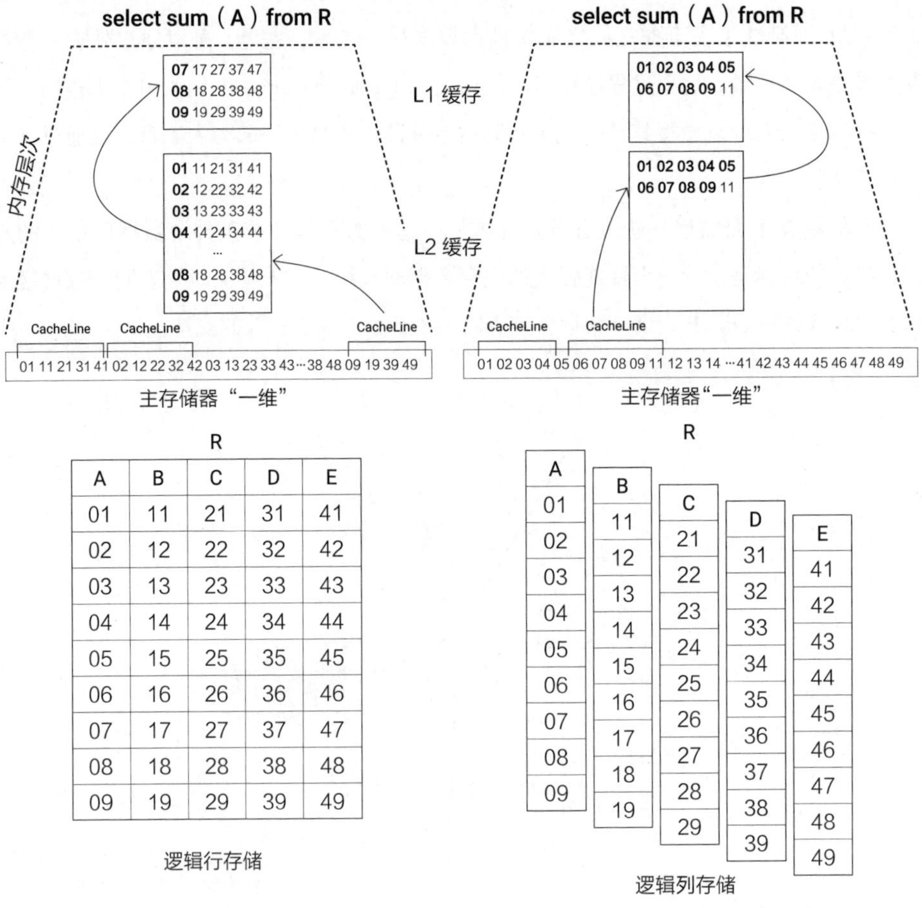


图 18-4　逻辑关系 $R$：{[$A$，$B$，$C$，$D$，$E$]} 在行存储（左）或列存储（右）中缓存的利用情况

元素时（在本例中是 $A$ 的属性值），在主存储器中与之相邻的数据元素也被转移到缓存中。发生这种情况是因为始终需要转移整个缓存行。然而，在行存储结构中，这个缓存行通常只包含一个有用的属性值，图中用黑体数字表示。在右边，列存储结构显示了同样的情况。这里，缓存行包含了许多有用的值，因为属性 $A$ 的值存储在聚类中。在我们理想化的例子中，行存储需要进行 9 次费时的主存储器访问，而列存储只需要进行 2 次缓冲转移即可。与理想化的例子不同，现实中的缓冲线的“宽度”为 64 或 128 字节，当然，缓存也比图形中显示的大得多。

让我们用一个实际的例子（一个“销售”关系）来说明基于列存储的查询评估。从用户的角度来看，“销售”关系仍然是一个变量集，即实际上是一个行集：

| 销售 | | | | |
|---|---|---|---|---|
| 产品 | 客户 | 价格 | 分公司 | … |
| 手机 | 肯珀 | 345 | 施瓦宾 | … |
| 收音机 | 米奇 | 123 | 博根豪森 | … |
| 手机 | 米妮 | 233 | 施瓦宾 | … |
| 冰箱 | 乌尔梅尔 | 240 | 奥格斯堡 | … |
| 投影仪 | 邦德 | 740 | 伦敦 | … |
| 手机 | 露西 | 321 | 博根豪森 | … |

在行存储中，当访问一个变量集时，该变量集的所有属性值都隐式地移动到处理器的 L1 和 L2 缓存中，并占据了这个宝贵的（快速访问的）缓存空间。在列存储中，一列的属性值存储为一个值向量。在我们的示例“销售”关系中，列存储如下所示：

| 产品 | |
|---|---|
| ID | 产品 |
| 0 | 手机 |
| 1 | 收音机 |
| 2 | 手机 |
| 3 | 冰箱 |
| 4 | 投影仪 |
| 5 | 手机 |

| 客户 | |
|---|---|
| ID | 客户 |
| 0 | 肯珀 |
| 1 | 米奇 |
| 2 | 米妮 |
| 3 | 乌尔梅尔 |
| 4 | 邦德 |
| 5 | 露西 |

| 价格 | |
|---|---|
| ID | 价格 |
| 0 | 345 |
| 1 | 123 |
| 2 | 233 |
| 3 | 240 |
| 4 | 740 |
| 5 | 321 |

| 分公司 | |
|---|---|
| ID | 分公司 |
| 0 | 施瓦宾 |
| 1 | 博根豪森 |
| 2 | 施瓦宾 |
| 3 | 奥格斯堡 |
| 4 | 伦敦 |
| 5 | 博根豪森 |

其中，每个属性值都是通过给关系的变量集分配唯一的标识符来单独存储的。通常情况下，向量的索引位置被简单地用作标识符：第 $i$ 个变量集的所有值必须位于其向量中的相应位置 [ $i$ ]。这样，具有相同 ID 值或处于相同索引位置的属性值属于同一个变量集。利用这种存储模式对所有价格的总和的最佳查询如下：

```
select sum ( Price )
from Sales
```

在这个查询的评估中，只需要读取属性“价格”的向量并将其相加。由于所有的价格都是连续存储的，可以实现最好的缓存定位，也即，所需的数据元素已经加载到处理器缓存中的概率大大增加。

即使是更复杂的 SQL 查询，如选中一个属性，并聚集另一个属性，也可以在这个架构中进行有效的优化。让我们考虑以下查询，即将手机的销售收入相加：

```
select sum ( Price )
from Sales
where Product = 'MobilePhone'
```

下面是这个查询的分步处理过程：

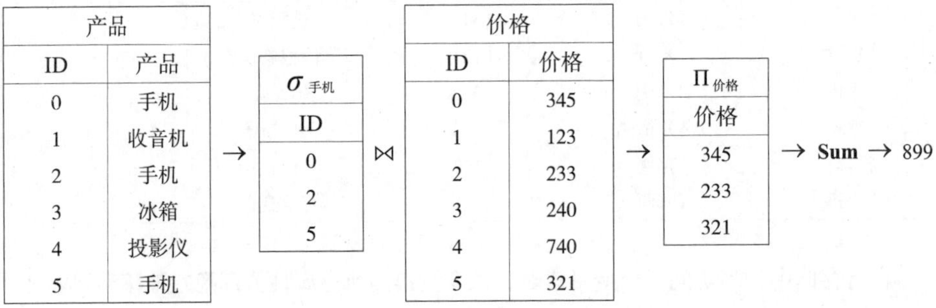


首先，从产品列中确定属于手机销售的 ID 值。通过这个列表，限制“价格”列（即向量）为相关的值，然后将其相加。

客户和分公司这两列与本查询无关，也没有访问，因此没有占用任何宝贵的缓存。

在面向列的数据库系统中，压缩技术也被用来尽可能紧凑地存储值向量。在我们的例子中，字符串值向量“产品”和“分公司”尤其适合这种压缩。下面展示的是基于字典的压缩方法，其中有一个包含出现的字符串的字典，只有这个字典中的 ID 值才会被存储在向量中。如果词语出现的频率很高，这种压缩技术显然是特别有效的。

必须在两个方向上都能有效访问字典：

1. 确定某个词语的代码（ID）；

2. 确定一个给定代码（ID）的词语。

为此，字典冗余地存储在两个索引结构（搜索树或哈希表）中：一个是以代码为搜索键，另一个是以词语为搜索键。

| 产品 | |
|---|---|
| ID | 产品 |
| 0 | 奥格斯堡 |
| 1 | 投影仪 |
| 2 | 博根豪森 |
| 3 | 手机 |
| 4 | 冰箱 |
| 5 | 伦敦 |
| 6 | 收音机 |
| 7 | 施瓦宾 |

| 产品 | |
|---|---|
| ID | 产品 |
| 0 | 3 |
| 1 | 6 |
| 2 | 3 |
| 3 | 4 |
| 4 | 1 |
| 5 | 3 |

| 分公司 | |
|---|---|
| ID | 分公司 |
| 0 | 7 |
| 1 | 2 |
| 2 | 7 |
| 3 | 0 |
| 4 | 5 |
| 5 | 2 |

字典可分为：

1. 全局字典，对几个关系的不同属性值进行编码；

2. 关系专用字典，对关系的所有（相关）属性值进行编码；

3. 特定属性的字典，只对关系中的一列属性值进行编码。

此外，还区分为保序字典和非保序字典。在保序字典中，首先排序属性值，然后分配连续的代码。这样就可以直接对字典编码进行范围查询的评估，因为只需要确定字典中的范围限制，然后就可以用对应确定的编码范围扫描编码列。

然而，对于事务型数据库应用来说，维护一个保序字典通常是比较费时的，因为其中的数据随时都在发生变化，这与数据仓库不同。

## 18.5 主存数据库的数据结构

在 18.3 节中对基于磁盘的 DBMS 为什么“如此之慢”的分析表明，其相当大的消耗是由于访问数据元素的间接性造成的。一方面，这种间接性是通过将数据集放置在数据库系统管理的页面上实现的，而每次访问都是通过变量集标识符进行的，正如我们在 7.5 节中描述的那样。另一方面，在访问可能位于系统缓冲区或外部存储器中的页面时，也存在一个间接性的问题。即使系统缓冲区中的所有页面都可用，间接性也导致了相当多的耗时。因此，不能仅仅通过增加主存储器的大小就把为外部存储器设计的传统数据库系统“升级”为主存数据库系统。

在主存数据库中，将数据集直接映射到虚拟内存管理中的数据结构，消除了这两种间接性。这意味着，在这些数据库系统中获得的性能与在面向机器的编程语言（如 C 或

C++）中直接使用数据结构（如数组或向量）时相同。

让我们用一个非常简单的销售数据库来说明主存数据库的“精简”存储结构。在这个数据库中，有以下关系：

1. 客户 Customers：{[ id：int，name：char（30），discount：double，country：int ]}

2. 国家 Countries：{[ id：int，name：char（30），tax：double ]}

3. 产品 Productes：{[ id：int，name：char（30），price：double ]}

4. 销售 Sales：{[ id：int，customer：int，product：int，date：int，price：double ]}

从用户的角度来看，主存数据库的行为就像“完全正常”的关系型数据库系统，所以可用 SQL create table 的命令创建关系，比如说：

```
create table Customers
（id int, name char（30）, discount double, country int ）
```

许多主存数据库系统使用交叉编译器的方法：在面向机器的编程语言（如 C 或 C++）中，从关系模型的定义中生成数据结构。这些数据结构受制于行存储格式、列存储格式或混合格式，其中关系被纵向分片为或多或少的大片段。

### 18.5.1 行存储格式

在行存储格式中，例如可以通过 C++ 中的 STL 向量实现上述数据库：

```
/// A Customer
struct Customer {unsigned id; char name[30]; double discount; unsigned
country; };
/// A Country
struct Country {unsigned id; char name[30]; control double; };
/// A Product
struct Product {unsigned id; char name[30]; double price; };
/// A Sale
struct Sale {unsigned id; unsigned customer; unsigned product;
             unsigned date; double price; };

/// The Database in row format
vector <Customer> Customers;
vector <Country> Countries;
vector <Product> Products;
vector <Sale> Sales;
```

因此，实际的数据库关系都是由数据记录向量（“结构”）组成的。在我们的例子中，使用了 C++ 的 STL（标准模板库）向量，它本质上等同于适合的数组，因为它会随着数据库的增长自动调整大小。然而，这种调整会导致重组（复制所有记录），从而导致数据库操作的短暂延迟。因此，向量的大小不仅会在一个恒定的范围内增长，而且会按系数（例如 1.3）增长。这使重组消耗保持在一定范围内。我们可以证明，在插入许多数据元素时，仍然有（摊销的）线性消耗（见习题 18−6）。

微软的主存数据库系统 Hekaton 使用了一个哈希表，而不是一个向量，它根据主键（这里是根据 id 属性）插入数据记录。其优点是，可以直接得到主键的索引；缺点是这个哈希表并不像向量那样紧密压缩。因此，在扫描过程中，预计会有较长的运行时间。为什么？

### 18.5.2 列存储格式

在列存储格式中，可以再次借助于 C++ 中的 STL 向量（现在非常多）来实现上述数据库，如下所示：

```
/// Template for fixed-length strings -- without indirection
template <unsigned len> struct Char {char data[len]; };

/// A Customer
struct Customer {unsigned id; Char<30> Name; double discount; unsigned
country; };

///All Customers in column format
struct Customers {
   vector <unsigned> data_id; vector <Char<30>> data_name;
   vector <double> data_discount;  vector <unsigned> data_country;
   void insert(Customer&&customer);
};

/// A Country
struct Country {unsigned id; char name[30]; double tax; };
/// All Countries in column format
struct Countries {
   vector <unsigned> data_id; vector <Char<30>> data_name;
   vector <double> data_tax;
   void insert(Country&& country);
};

/// A Product
```

```
struct Product {unsigned id; char name[30]; double price; };
/// All Products in column format
struct Products {
   vector <unsigned> data_id; vector <Char<30>> data_name;
   vector <double> data_price;
   void insert (Product&& product);
};
/// A Sale
struct Sale {unsigned id; unsigned customer; unsigned product;
              unsigned date; double price; };
/// All Sales in column format
struct Sales {
   vector <unsigned> data_id; vector <unsigned> data_customer;
   vector <unsigned> data_product; vector <unsigned> data_date;
   vector <double> data_price;
   void insert (Sale&& sale);
};
```

我们仅以一个新变量集的分解为例来说明待插入的新变量集的情况：

```
void Sales:: insert (Sale&&sale)
{
   data_id.push_back (sale.id);
   data_customer.push_back (sale.customer);
   data_product.push_back (sale.product);
   data_date.push_back (sale.date);
   data_price.push_back (sale.price)
}
```

在插入一个新变量集时调用操作 Sales:: insert，而用户仍然使用 SQL 作为接口。因此，从用户的角度来看，插入 ID 为 12，以 27.50 的价格将产品 4711 卖给客户 007 的新变量的表达如下：

```
insert into Sales values (12, 007, 4711, 27.50)
```

在处理请求时，必须同步地通过各个向量（扫描）来收集属于同一个变量集（即一行）的属性。例如，如果想计算自 2013 年 1 月 1 日以来取得的营业额，可以用下面这个 SQL 查询来实现：

```
select sum (s.price) from Sales s
where s.date >= 20130101
```

然后，由查询处理器生成的列格式的代码如下：

```
double turnover(Sales&s)
{
    double total = 0.0;
    for(unsigned i = 0; i <s.data_date.size(); i++){
      if(s.data_date[i] >= 20130101){
        total += s.data_price[i];
      }
    }
return total;
}
```

索引变量 *i* 在这里用来从单个向量中提取变量集的相关属性（这里是日期和价格）。我们可以看到，只有当谓词满足日期要求时，才会访问价格。根据聚集，向量 data_price 的大部分内容被跳过。在这里完全查找的是向量 data_date，这称为“全（列）扫描”。这种情况可以通过一个相应的索引来避免（见 18.14 节）。然而，决定这是否具备性能优势是查询优化器的任务。在现代处理器上几乎是以时钟速度对整数向量进行完整扫描的，因此，每秒可以扫描大约 10 亿个条目（“单线程”）。谓词的选择性非常强时，索引才更有成本优势（例如，如果只想计算某一天的营业额）。

### 18.5.3 混合存储模式

在混合存储布局中，人们将关系垂直分片成逻辑上相关的区域。这样的分区应该结合应用中经常一起使用的属性。

```
select date, sum(price)
from Sales
where date >= 20130101
group by date
```

例如，如果经常希望用到上述这类查询，则应该创建一个由日期和价格这两个属性组成的数据记录向量。然后，以单列格式存储“销售”关系的其他属性。

```
/// A Sale
struct Sale {unsigned id; unsigned customer; unsigned product;
            unsigned date; double price; };
struct SalesDatePrice {unsigned date; double price; };
/// All Sales in hybrid Format
struct Sales {
  vector <unsigned> data_id; vector <unsigned> data_customer;
```

```
  vector <unsigned> data_product;
  vector <SalesDatePrice> data_date_price;
  void insert(Sale&&sale);
};
```

然后可以通过扫描向量data_date_price来评估上述查询。生成的SQL查询代码如下:

```
unordered_map <unsigned, double> turnoverPerDate(Sales & sales)
{
    unordered_map <unsigned, double> groupBy;
    for(SalesDatePrice date_price : sales.data_date_price){
      if(date_price.date >= 20130101){
        groupBy [date_price.date] += date_price.price;
    }
  }
  return groupBy;
}
```

在这里，STL 的 unordered_map（无序映射）用作一个（非常）合适的分组哈希表，它可以隐式地调整自己的大小，并自动应用哈希函数和碰撞处理。因此，这个方案是一个基于哈希表的分组。变量 date_price 会遍历包含 SalesDatePrice 类型记录的向量。

这个代码示例应该可以说明，在主存数据库中评估声明性 SQL 查询可以达到（或应该达到）与用面向机器的语言（如 C 或 C++）手动编写的程序相同的性能。

生成查询评估代码是查询译码器的任务，该译码器通过相应的数据字典来确定数据库的结构。即使可以直接从 SQL 查询中推导出这个非常简单的查询评估代码，主存数据库也必须使用基于代价的优化器，该优化器主要用于确定最佳连接顺序。只有从优化的关系代数计划中才能生成代码。

为了简单和可读性，我们在这里展示了使用 C++ 交叉编译器会产生的代码。不过，使用 C++ 有一个严重的缺点，即事后必须再次使用 C++ 编译器，这导致了相对较长的处理时间。这是一个不应忽视的缺点，特别是在交互式查询的情况下。因此，现代主存数据库系统越来越多地生成汇编代码。一种与机器无关的汇编语言，如 LLVM（低级虚拟机）特别适合于此。然后，生成的 LLVM 程序被进一步转化成各自服务器的机器语言，并进行额外的优化（“低水平”）。

## 18.6 数据库中的应用操作：存储过程

现代多核计算机（几乎）取之不尽的计算能力也对数据库应用的架构产生了影响。过去，人们尽可能地在所谓的“应用服务器”中实现应用逻辑。17.1 节中描述的 SAP R/3 架构的三层模型就是一个典型的例子。这种架构旨在尽可能减少数据库服务器的负载。然而，今天的服务器很难只用于纯粹的数据管理任务，因此，现在越来越多的应用逻辑转移到了数据库本身。对此的基本前提是要有一种嵌入式脚本语言，通过它可以定义所谓的“存储过程”（stored procedures）。许多数据库产品为此提供了专有语言（如 Oracle 的 PL-SQL）。这里，我们将展示一个使用 HyPerSkript 语言（由慕尼黑工业大学开发）编写的脚本示例，该脚本可更新数据库中多个订单项目的数据。这个脚本实现了 TPC-C 基准的 newOrder 操作。TPC-C 是事务型数据库系统最重要的标准化基准。包括基础模式在内的基准的详细描述可以参考 22.2 节。

```
create procedure newOrder (w_id integer not null, d_id integer not null,
    c_id integer not null, table positions (line_number integer not null,
    supware integer not null, itemid integer not null, qty integer not
null), datetime timestamp not null) //note the TABLE-Valued parameter above
{
  select w_tax from warehouse w where w.w_id = w_id; //w_tax Value used later
  select c_discount from customer c//c_discount used in orderline insert
     where c_w_id = w_id and c_d_id = d_id and c.c_id = c_id;
  select d_next_o_id as o_id, d_tax from district d // get the next o_id
     where d_w_id = w_id and d.d_id = d_id;
  update district set d_next_o_id = o_id+ 1 // increment the next o_id
     where d_w_id = w_id and district.d_id = d_id;
  select count (*)  as cnt from positions; // how many items are ordered
  select case when count (*) = 0 then 1 else 0 end as all_local
     from positions where supware <> w_id;
  insert into "order " Values  (o_id, d_id, w_id, c_id, datetime, 0, cnt,
all_local);
  insert into neworder Values (o_id, d_id, w_id) ; //insert reference to order
  update stock
  set s_quantity = case when s_quantity> qty then s_quantity-qty
                                              else s_quantity+91-qty end,
    s_remote_cnt = s_remote_cnt + case when supware <> w_id then 1 else 0 end,
```

```
  s_order_cnt = s_order_cnt+case when supware = w_id then 1 else 0 end
 from positions
 where s_w_id = supware and s_i_id = itemid;

 insert into orderline//insert all the order positions
    select o_id, d_id, w_id, line_number, itemid, supware, null, qty,
           qty*i_price*(1.0 + w_tax+d_tax)*(1.0 - c_discount),
           case d_id when 1 then s_dist_01 when 2 then s_dist_02
                     when 3 then s_dist_03 when 4 then s_dist_04
                     when 5 then s_dist_05 when 6 then s_dist_06
                     when 7 then s_dist_07 when 8 then s_dist_08
                     when 9 then s_dist_09 when 10 then s_dist_10 end
    from positions, items, stock
    where itemid = i_id and s_w_id = supware and s_i_id = itemid
 returning count(*) as inserted; // how many were inserted?

 if(inserted<cnt) rollback; // not all ==> invalid item ==> abort
};
```

我们相信，这个脚本大部分是很容易理解的。可以说，该操作构成了一个贸易公司（如亚马逊）销售数据处理的主干：传递百货公司、地区和客户的 ID 等参数。此外，通过一个称为“位置”positions 的关系参数（表）来转移订单项目。最后，还会传递订单的收货日期。如果不能将整个关系作为参数进行传递，则这个操作的签名将非常混乱，因为不得不单独传递所有订单项的所有属性值。

HyPerScript 语言允许制定“正常”的 SQL 查询，并命名其结果供以后使用。例如，在第一个查询中就说明了，将相关百货公司的税率分配给变量 w_tax，以供以后使用。后面在将单个订单项目插入关系 orderline 时使用这个变量 w_tax。

在该脚本中，首先通过 SQL 查询从数据库中确定相关的数值。然后在关系 order 中创建了一个新的条目，在 neworder 中也插入了对它的引用。然后更新关系 stock，以便预订这些新订单。在最后一步，将各个订单项目（正如它们在关系参数 positions 中传递的那样）输入到关系 orderline 中。此外，还计算了包括税收和减去折扣的总价格。最后，通过比较转移的项目和实际插入的变量集的数量，来确定是否能成功插入所有的订单项目。如果数量不一致，则就会通过 rollback 中止整个事务。例如，传递了一个无效的产品号（itemid）——这种情况会发生在该操作来源的 TPC-C 基准中，因为此时 insert 语句中的连接所返回的结果变量集比传递的项目参数要少。为什么？

使用声明式脚本语言有几个优点：

1. 通过声明式 HyPerScripts 可以实现更好的安全分析，这对于直接在数据库服务器上（或者在服务器中）执行的操作是至关重要的。

2. 可以优化嵌入的 SQL 查询，并由“正常”的查询处理器执行，从而进行非常有效的基于代价的查询优化。

3. 声明式语言可以实现非常简洁的（也是清晰的）代码，正如我们完整的 newOrder 脚本所示。而在命令式编程中，同样的功能只有在更长的程序中才能实现。读者可以通过使用自己的或 TPC 组织（tpc.org）的参考实现代码进行比较。

到目前为止，在数据库系统中对查询作了解释性评估。与编译代码相比，效率低下并不特别明显，因为其他代价（如磁盘存储访问的 I/O 等待时间、缓冲区管理等）更加需要优先考虑。由于主存数据库系统已经消除了传统 DBMS 的许多瓶颈，特别是较长的磁盘存取等待时间，因此，优化执行时间也是有意义的。出于这个原因，现代数据库系统也会对查询和存储过程的脚本进行编译，以生成可以在现代处理器上尽快执行的汇编代码。此外已经证明，独立于机器的汇编器 LLVM 可以作为这种查询 / 脚本编译器的中间语言，因为针对机器特定的优化在机器代码生成过程中也会发挥作用。

此外，通过声明式脚本的安全检查后，可以直接在数据库进程中执行编译后的存储过程，而无须在进程间通信和存储器切换上耗时。

## 18.7 混合 OLTP-OLAP 数据库的架构变种

现代处理器强大的主存储器和计算能力，最终将使直接在事务性数据上执行复杂的决策支持查询成为可能。这将消除由数据仓库的 ETL 过程所造成的时间延迟。我们将在此介绍一些架构变种，设计这些架构是为了在同一数据集上实现事务和查询处理而不降低性能。

### 18.7.1 更新暂存

在许多读取优化的数据库系统中，都采用了对变更操作的批处理，这种方式被简单地称为“更新暂存”（update staging）。这些变更操作（更新、插入、删除）被收集在一个所谓的 Delta 区域中，并定期转换到读取优化的主数据库中。为此，会启动一个合并过程，对主数据库进行重组。这样一个延迟的变化过程是典型的压缩列存储数据库系统。新的 SAP 数据库系统（几经更名，现称为 HANA）基于面向列的主存储系统 T-REX（Bining，Hildenbrand 和 Färber，2009）和事务系统 P*Time 的整合，开发者所采用的正是这种架构，如图 18-5 所示。Delta 用作所有 OLTP 操作的覆盖层（Overlay）。因此，当修改主数据库中的一个日期时，就会进入 Delta。由于事务需要最新的事务一致性状态，因此，每次访问一个日期时，我们必须在 Delta 中查看它是否以修改的形式存在。如果是，则必须使用这个日期。在最简单的情况下，人们会使用一个主数据库的无效向量，该向量表明一个对象是否仍然有效或者 Delta 中是否存在最新的状态。这很容易导致扫描时的性能下降，因为每次访问都需要一个代码分支（branch），而且在插入排序集合时也有问题。Héman 等人（2010）开发了一个基于项目的有效指数，称为“位置树”（Positional Tree），将其用于 Delta 覆盖层的管理。这种“位置树”包含了按顺序排列的无效向量的位置。这样可以以最快的访问速度完成两个非无效向量之间的扫描，只有（少数）无效向量需要更复杂的访问方法。

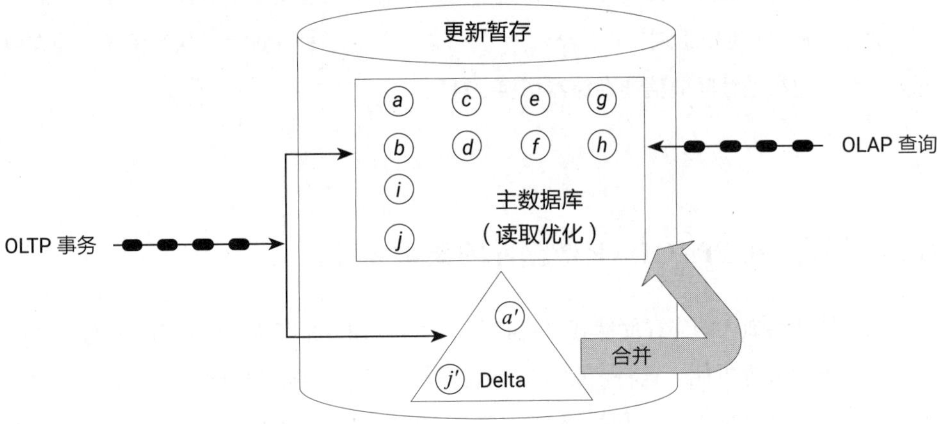


图 18-5　更新暂存：将数据库分片成读取优化的主区域和 Delta 区域

OLAP 查询的情况则不同，出于性能的考虑，可能只想针对主数据库执行这些查询。这与事务是一致的，根据合并过程的周期性，只是稍微“过时”。在主数据库执行 OLAP 查询，不仅消除了扫描操作中费时的 Delta 连接，而且省略了事务和 OLAP 查询之间的同步。正如 Krüger 等人（2010）所分析的，这个架构的瓶颈是复杂的合并程序，不但耗时还会占用大量空间。

这种 Delta 方法也可以被视为一种对象影子法（object shadowing）。（最近）改变的对象 $a'$ 和 $j'$ 的“过时”副本（$a$ 和 $j$）在主数据库中仍可用作影子对象，用于 OLAP 查询的处理。

### 18.7.2 异构工作负载管理

有许多关于优化异构数据库工作负载的论文。虽然这些论文大多是基于经典的内存数据库上，但适当调整其中介绍的技术便可适用于主存数据库。这些技术关注的是在数据库操作（事务和更复杂的查询）之间实现正确的“混合”。其中，大多数程序实质是一种待处理数据库操作的许可策略（admission policy）。这是为了防止各个请求之间相互干扰过大，无论是在请求锁定还是在使用硬件资源（内存、CPU 等）方面。现在，大多数商业数据库系统都有有效的工作负载管理系统（例如负载平衡器、查询巡视器或类似系统）。这些系统还允许对请求进行优先级排序，因此，关键业务应用（如接单）的优先级可以高于数据挖掘查询等。

### 18.7.3 持续的数据仓库更新

在这种方法中，OLTP 数据库的变更事务不断地被传送到数据仓库中。这通常是通过日志数据完成的。无论如何，这些数据必须由 OLTP 数据库写入。因此，该程序也被称为“日志嗅探”（log sniffing）。通过使用日志数据，OLTP 数据库系统的额外工作量被降到了最低。这种方法的一个实际例子是 Oracle（2007）所述的变更数据采集（CDC）系统。

不过，这种方法要求 OLAP 系统在中期内跟上 OLTP 系统的变化速度，只有在短时间内出现负载高峰时，才能通过日志数据来缓冲。然而，由于 OLAP 查询必须与数据集的刷新并行执行，这可能成为整个系统的瓶颈。此外，我们还必须考虑到，数据仓库可能使用不同的模式（例如星形模式），在这种模式上执行更新的效率会更低。不过，数据库仓库只需跟踪 OLTP 系统的变更操作，这就容易多了，而不是读取操作。

### 18.7.4 事务性数据的版本控制

一个非常简单粗略的版本控制方法是“更新暂存”。在这种情况下，自上次合并操作发生改变的数据对象有两个版本：影子副本和最新的副本。

此外，也有一些方法可以实现完整的版本控制，Stonebrake，Rome 和 Hieohama（1990）在 PostgreSQL 中就实现了这种方法。在这里，数据对象永远不会被覆盖（即没有“本地更新”）。一个更新总是导致一个最新的副本（即一个“仅有附加的模型”，append-only-Model）。因此，我们可以通过让查询始终只读取那些比查询的开始时间早的版本来优化查询和事务之间的同步。这意味着可以完全避免为查询处理锁定。不过，锁存器进行线程同步仍然是必要的。

### 18.7.5 批量处理

到目前为止，数据库系统都是处理单个任务。这意味着单个查询的数据需要再次读取和写入。在苏黎世联邦理工学院开发的一个名为 Crescando 的系统中，数据库操作（基本事务变化和简单查询）被缓冲并且作为批量处理，从而获得更高的性能。其基本概念是尽可能不使用索引，而是简单地循环读取（扫描）所有数据。然后，缓冲区中的所有操作都在这个循环周期内处理。首先执行更改操作，然后才是读取操作。这确保了读取操作能得到最新的数据。具体操作方法参考图 18-6。在这样一个扫描周期内无法直接评估复杂的查询。为此，在扫描中相关数据被预过滤，并作为副本传输给查询处理器，正如 Alonso，Koddmann 和 Roscoe（2011）在 SwissBox 系统的架构中所设想的那样。

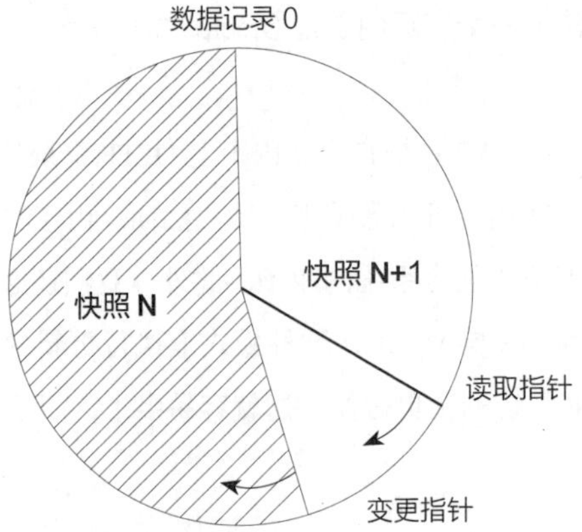


图 18-6 Crescando 系统中的循环扫描处理

Unterbrunner 等人（2009）描述了如何通过查询索引来优化这种循环。从概念上讲，必须在刚刚读取到的数据记录和查询之间建立一个连接。由于不希望对数据进行索引，因此对查询谓词编制索引仍然是一种优化方法。对缓冲查询的循环处理消除了多用户同步的必要性，因为如上所述，这是在读取操作之前进行变更的。我们只需要确保在一个周期内同一数据记录的多个变化是按照规定的（序列化）顺序处理的即可。

### 18.7.6　影子内存的概念

我们已经将“更新暂存”解释为基于对象的影子内存。最初的影子内存概念是由 Lorie（1977）在几十年前首次提出的，它是以页面为基础的。在尚未复制的页面上变更对象会导致相关页面被复制，如图 18-7 所示。

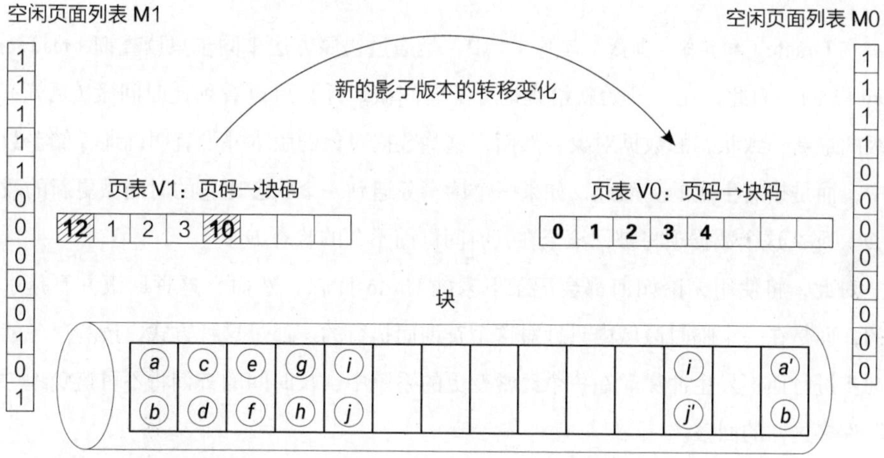


图 18-7　使用时的影子内存

为了将页面分为最新页和影子页，必须使用两个独立的页面列表（简称“页表”）来管理页面。影子页表 V0 在编辑期间保持冻结，并指向在有关周期内没有改变的页面。最新页表 V1 包含最新变化的页面的页 / 块分配。从一个影子版本，定期切换到下一个版本，需要释放空闲页列表 M0、M1 中的旧影子页，并将页表 V1 复制到 V0。

影子内存这一方法最初是为外部存储数据库系统设计的。正如我们在图中所示的那样，因为物理上相邻页面的聚类在复制影子页的过程中丢失了，所以影子内存无法在传统的数据库系统得到应用。

以前，数据记录 $a$，…，$j$ 在物理上是相邻存储的，修改后，有 $i$ 和 $j'$ 以及 $a'$ 和 $b$ 的两个页面都在其他物理区域。所谓的“双块程序”可以通过为每个数据库页面提供两个相邻的物理块来部分地消除这个问题。然而，这使存储量增加了一倍，而且在预取过程中，很容易预加载错误的“双块”。

对于主存数据库系统来说，页面的物理相邻性是不相关的，这也是重新探索影子内存这个概念的意义所在。影子页表可用于实现数据库的一致状态，这使得它可用于复杂的 OLAP 查询处理（与 OLTP 事件脱钩）。我们将在下文中看到，在主存数据库中，借助操作系统/处理器的高效虚拟内存管理，可以完全省去对页表和空闲页面列表的管理，而在最初的方法中，它们必须由软件来管理。

### 18.7.7 快照

在 Oracle（和其他一些数据库系统）中，是通过快照方法来同步只读查询（read-only queries）的。为此，在一开始就给查询分配时间戳，并且可以看到比时间戳（刚好）早一级的最新一致状态的数据对象。然而，这些数据对象的版本并没有明确地存储在数据库中，而是按需生成的。因此，如果一个读事务遇到一个状态比它的时间戳更新的数据项 $D'$，那么这个数据项将被回滚至在其时间戳前不久的状态 $D$。

对此，将使用无论如何都会记录下来的 Undo 日志。然而，这种回滚并不是永久性的，而是在一个临时区域内只针对这个查询而执行的。通过这种方式，读写事务就可以同步进行而不发生冲突。在一个经常变更的系统中，长时间的查询将不可避免地“碰上”许多这样的回滚。

### 18.7.8 降低隔离级别

在 SQL 中，我们可以根据应用调整隔离级别，详见 11.15 节。如果想在同一个数据库上运行混合的异构工作负载，最好是在一个较低的隔离级别上运行复杂的OLAP查询，例如 read committed。这样可以避免多用户冲突，因为 OLTP 事务必须在更高的一致性级别（通常是可串行化的）上执行。但是，请注意，这种隔离/一致性水平的降低只是弃用两阶段锁定协议的锁定，但通过锁定同步并行线程以保持物理内存结构（页、索引节点等）的一致性仍然是必要的。

## 18.8 虚拟内存的快照

我们已经指出，虚拟内存管理可以极大地简化和优化主存数据库中影子内存程序的实现。参考图 18-8，从直观上来看，数据库由一个 OLTP 进程单独控制，并“生活”在其虚拟地址空间中。在数据库方面，则完全不需要页面管理，只需依靠虚拟内存管理。

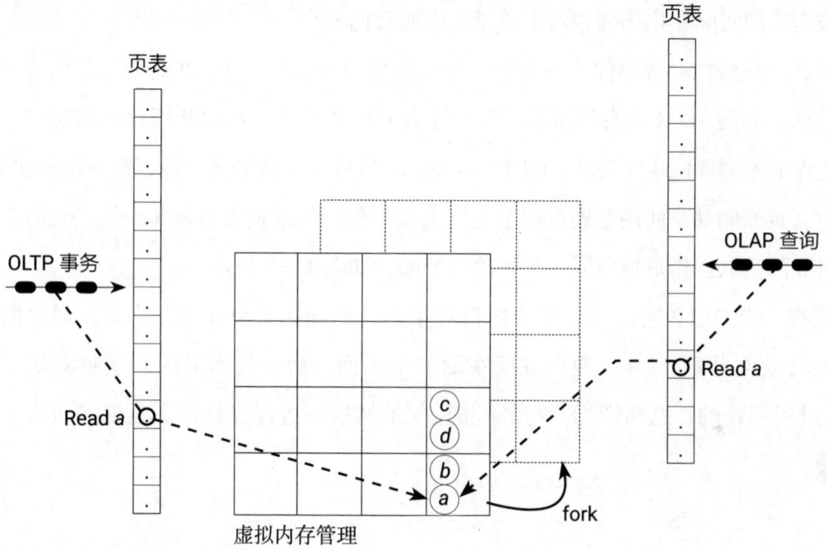


图 18-8 使用 fork 创建一个新的快照

如果想实现基于行的存储模式（行存储），那么只需在数据记录向量中管理数据库关系。在基于列的存储模式（列存储）中，一个 $n$ 元关系被映射为 $n$ 个向量，每个列 / 属性有一个向量。当然，如果达到了容量极限，这些向量必须是可自适应扩展的。然后，虚拟内存管理会自动将这些向量映射到页面上。在一个主存数据库中，假定所有的页面都位于物理主存中。然而，将一个页面临时迁移到交换区，对 DBMS 来说是完全透明的（除了性能有所损失）。

那么，影子内存版本是如何生成的？对此只需使用 Unix 系统的 fork 命令。这将产生一个新的子进程，其虚拟地址空间与父进程（即 OLTP 进程）的内存映像完全一样。然后，这个新分叉的进程用来执行 OLAP 查询。如果在没有活跃事务的时候执行 fork

命令，则分叉的 OLAP 进程会自动获得事务一致的状态；在一个有活跃事务的数据库上，fork 只返回一个与事务操作一致的快照，而这个快照仍然需要用 Undo 日志来清理。

幸运的是，现代操作系统 / 处理器在执行 fork 命令时不会立即复制父进程的虚拟地址空间，而只复制虚拟内存管理的页表；实际的数据页是共享的，只有在发生变化时才会复制。这个过程被称为“写入 / 更新时复制”（copy on write/update）。因此，这个架构有效地模拟了原始的影子内存，即只复制有实际改变的页面。这对数据库系统的使用非常方便，因为大部分的数据无论如何都不再改变，并且这些数据代表了过去进行的事务。数据库的实际变化部分相对于总量来说通常比较小。

因此，虚拟内存快照保持在与分叉时完全相同的状态。OLAP 查询正是在这种状态下执行的，如图 18-8 的右侧所示。这意味着 OLTP 事务与 OLAP 流程查询脱钩，可以独立工作而不需要同步。最初，OLTP 和 OLAP 进程共享数据页，这在图中以虚线显示。对无改变页面的共享使用是通过两个复制页表中相同的地址条目来实现的。也即，最初两者对 *a* 的读取操作是指向同一个物理地址的，如图 18-8 所示。

现在，当 OLTP 进程变更这个数据对象时，例如把对象 *a* 改变为 *a*′，则虚拟内存管理将自动（非常有效地）复制 *a* 所在的这个页面。由于技术原因，复制实际上是为 OLTP 过程创建的，这与图 18-9 所示相反。虽然这一过程也付出了延迟的代价，但对

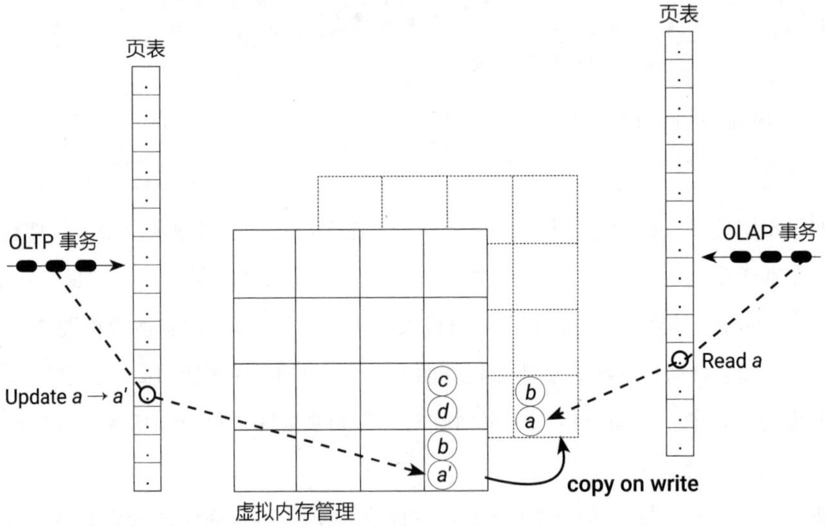


图 18-9　快照的一致性维护：copy on write

于现代处理器而言，这一延迟是极低的。这样的复制操作只需要大约 2 微秒，比传统数据库系统中的页面故障纠正速度快 1 000 多倍。这种效率得益于检测和执行这种复制的强大硬件支持。

与最初的影子内存概念不同，数据库系统软件无须对影子内存进行任何控制。这不仅使软件变得更加简单，而且提高了性能。请注意，我们在图中明确画出的虚拟内存管理，是对最初的影子内存概念中的软件控制的补充，因为所有常见的数据库系统都运行在具有虚拟内存管理的操作系统上。与“自己创建”的软件解决方案不同，操作系统的虚拟内存管理是由处理器，或者更准确地说，是由处理器的内存管理单元提供硬件支持的。如图 18-10 所示，内存管理单元（memory mamagenent unit，MMU）执行了以下任务：

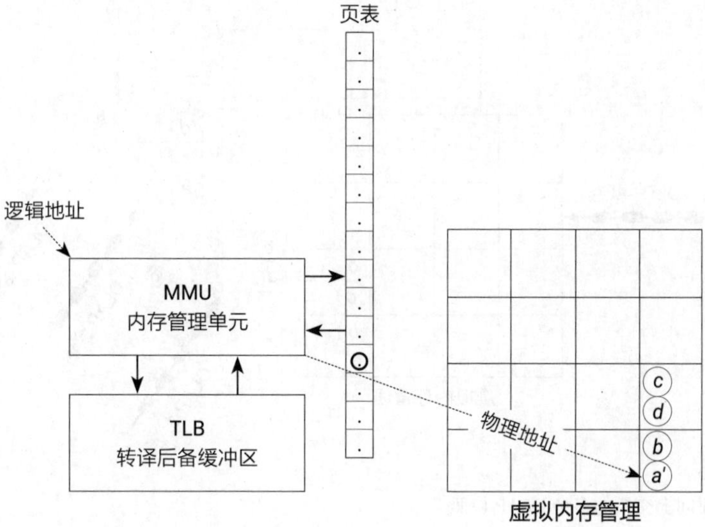


图 18-10　超快的地址转换

1. 它识别到在发生变化时需要进行页面复制。然而，这只适用于自 fork 以来首次更改的页面和共享的页面。

2. MMU 执行从逻辑地址到物理的地址转换。对此，使用了一个所谓的“转译后备缓冲区”（translation look-aside buffer，TLB），最后解析的页表位于其中。这极大地加快了进程，因为数据库系统中的大多数访问都会引用同一个页面（例如扫描）。

3. MMU 使用引用计数器来识别哪些页面可以再次释放，因为没有活跃进程再访问这些页面。

如果 OLAP 进程多次从 OLTP 进程中分解出来，那么被分解出来的进程就特别重要，因为这些进程在重叠的时间上可能是活跃的。图 18-11 中沿时间轴显示，我们看到（与最初的影子内存概念不同）可以生成任意数量的数据库影子副本。示例中，对象 $a$ 处于四种不同的状态：$a$，$a'$，$a''$，$a'''$（从早到晚）。这些 OLAP 快照可以按任何顺序再次终止，而不会发生内存溢出。在时间上交错的 OLAP 进程可以完全独立地执行查询。例如，一个快照可能需要更长的时间，因为一个特别复杂的查询比随后的、更晚的快照查询有更长的运行时间。

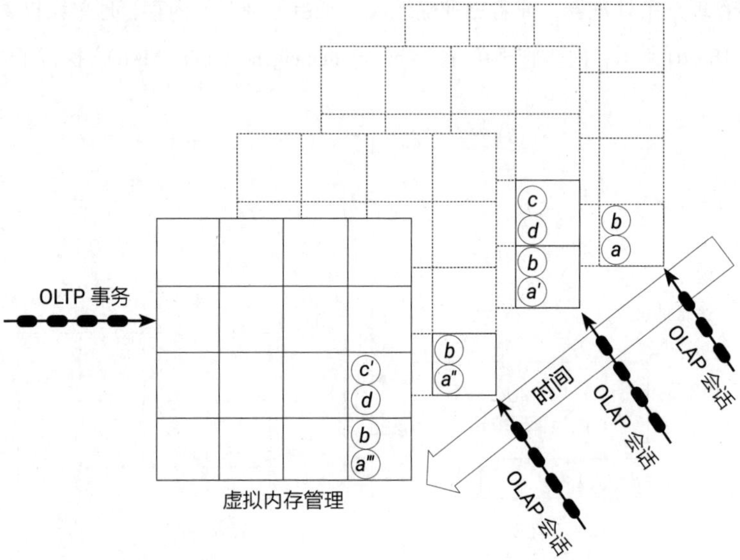


图 18-11 时间上交错的多个 OLAP 快照

## 18.9 数据库压缩

数据库的活跃部分，即所谓的“工作集”（working set），通常只包括总数据的一小部分。让我们观察一个销售数据库，如本章开始时所述的一家在线贸易公司的事务数据库。与实际处理事务有关的数据仅限于最近的销售、产品运输、付款等。而几个月甚至几年前的销售在 OLTP 中没有意义，它们只用于 OLAP，例如作为比较基准。因此，数据库压缩是一个有用的工具，可以将“热”工作集与不活跃的“冷”数据分开。这需要对数据集进行重组，如图 18-12 所示。在（a）中我们可以看到，最近的数据，即“冰山一角”，与暗区的一些旧数据（但仍是“热”数据）构成了分散的工作集数据。

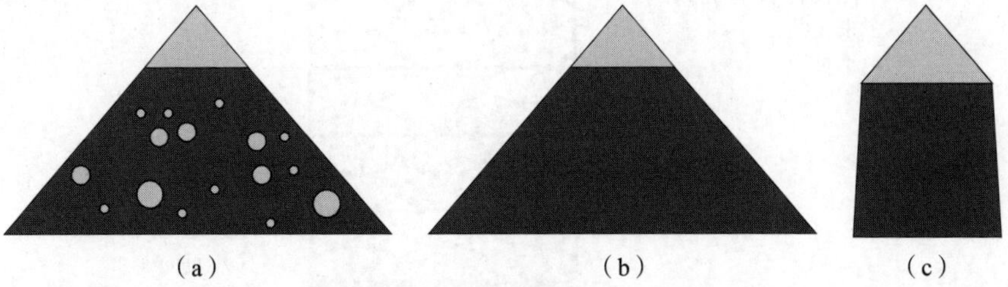

图 18-12 一个数据库的工作集：（a）分散在整个数据库中，（b）将常用对象重新组织到一个区域后，（c）对不常用数据库进行额外压缩后

必须使用监测组件来捕获少数旧的但仍然活跃的数据元素，并通过重组将其转移到活跃的工作集中，如图 18-12（b）所示。然后，可以进一步压缩与事务处理无关的、不常用的、暗区的数据。例如，在此基础上，可以进行前面介绍过的字典压缩。一些主存数据库甚至更进一步，将不常用的（更确切地说，是“冻结的”）数据区域迁移到磁盘存储器或 SSD 存储器中。

图 18-13 更详细地展示了数据的动态重组，其分为以下四个区域：

1. 热区。数据库系统的工作集应该位于此处。因此，热区只应包含仍在使用中的数据。

2. 冷却区。这个区域包含活跃数据和非活跃数据对象。就像热区一样，这些数据是未经压缩的，以确保快速访问。

3. 冷区。这些数据页是在（少数）活跃的数据对象被转移到热区，并由热区的非活跃数据填补空白后从冷却区中出现的。现在，数据已准备好，可以进行压缩了。

4. 冻结区。该区域的数据对象不能再直接（in place）改变。如果在极少数情况下确实发生了变化，则数据对象会被标记为无效，并被复制到热区。数据在这个区域被压缩，从而可以使用字典编码。此外，数据从虚拟内存管理的小页面（如 4 KB）转移到非常大（2 MB 大小）的页面。这样做的好处是，虚拟内存管理的页表每 2 MB 数据量只需要 1 个条目（而不是 500 个条目）。

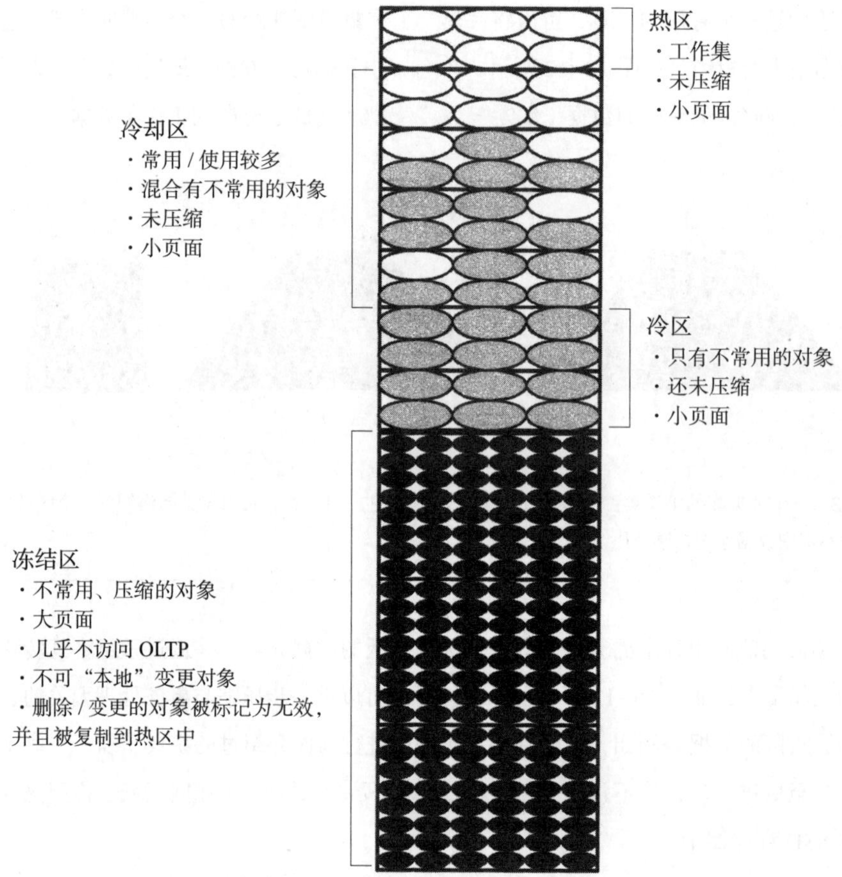
热区
·工作集
·未压缩
·小页面
冷却区
·常用/使用较多
·混合有不常用的对象
·未压缩
·小页面
冷区
·只有不常用的对象
·还未压缩
·小页面
冻结区
·不常用、压缩的对象
·大页面
·几乎不访问 OLTP
·不可“本地”变更对象
·删除/变更的对象被标记为无效，
并且被复制到热区中

图 18-13 数据库的四个区域：热区、冷却区、冷区、冻结区

图 18-14 显示了标识符分别为 1，2，3 的 3 个冻结区数据对象的变更过程。这些数据在一个单独的数据结构（该结构可以设计为一个树形结构）中被标记为失效。在左边的“之前”状态中，标识符为 4，5，17，18，19，22，…，28 的对象已失效，由树图中的 3 个区域代表。在右侧的“之后”状态中，将刚刚失效的对象 1，2，3 分配到区域 [4，5] 中，形成了新的、连续的区域 [1，5]。如图中上面的三角形所示，所有索引都必须更新，并指向热区中被复制的数据对象。这确保了在索引访问过程中只对有效对象进行一致的访问。在“全表扫描”的情况下，必须注意跳过（skip）失效的对象，这表示为右下方的大的水平箭头。这样生成的扫描代码比检查每个对象是否仍然有效要有效得多，特别是当管理数百万或数十亿的对象时，其中很少有对象从冻结区转移到热区。

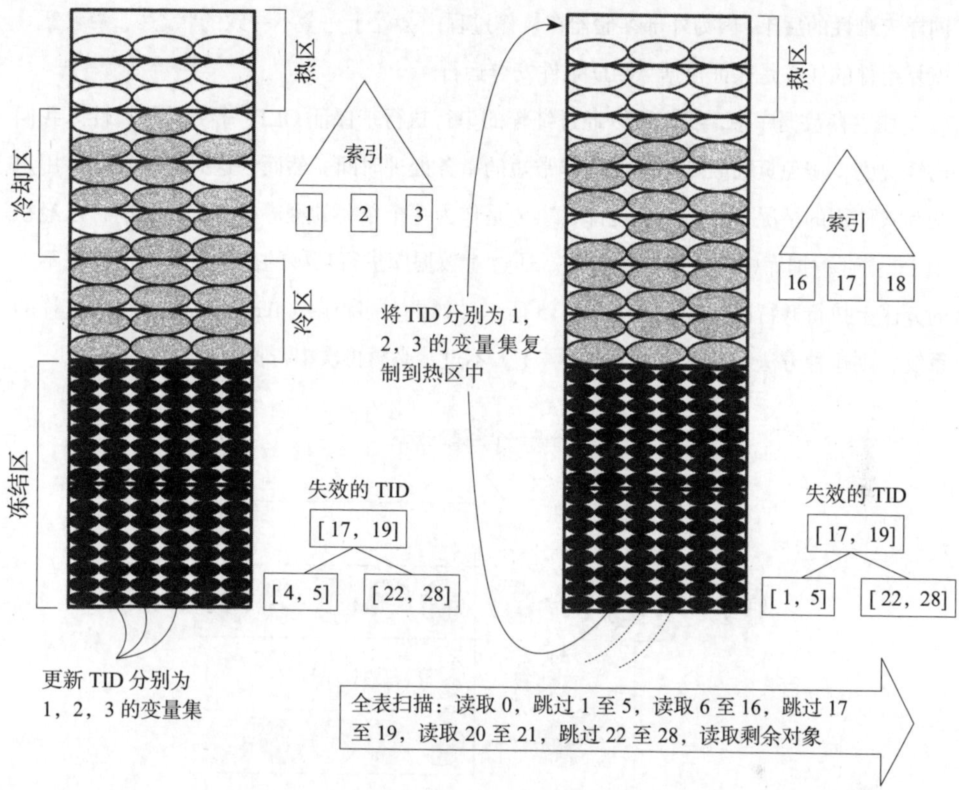


图 18-14 被变更的变量集从冻结区转移到热区

我们甚至可以在压缩方面更进一步，将冻结区的数据转移到外部存储器（如磁盘或闪存）上。显然，只有当事务处理过程可以完全避免顺序搜索（所谓的“全表扫描”）时，冻结区数据的转移才有效。这种扫描将导致所有转移出去的数据被运回主存储器，在最坏的情况下，甚至会取代工作集的数据。因此，对于事务中的每个访问操作（选择），都需要一个合适的索引结构，然后通过索引结构引用工作集中的数据元素。

## 18.10 事务管理

有时，人们对主存数据库系统感到不满，因为整个数据库位于“易失效”的主存储器中。然而，通过仔细观察我们发现，如果不能安全地操作外部存储器 DBMS，将产生同样灾难性的后果，因为外部存储器在操作过程中会处于完全不一致的状态（正确配置）。恢复组件的任务是保证根据 ACID 条件安全运行。

在主存数据库中，我们可以通过纯粹的串行执行来保证 OLTP 事务的隔离性。我们已经提到，避免页面故障可以保证非常短的事务处理时间。然而，这只有在不允许用户交互式使用的情况下才适用，也即，事务是作为一个单一的程序执行的。目前，已经在 OLTP 主存数据库中确立了这种方法。通过对数据库进行巧妙的分区，从而可以在不同的分区上执行并行的事务，如图 18-15 所示。如果在多租用（Tenancy）领域使用这样的系统，则这种方法特别有效（见 21.8 节）。不过，必须再次串行执行跨分区事务。

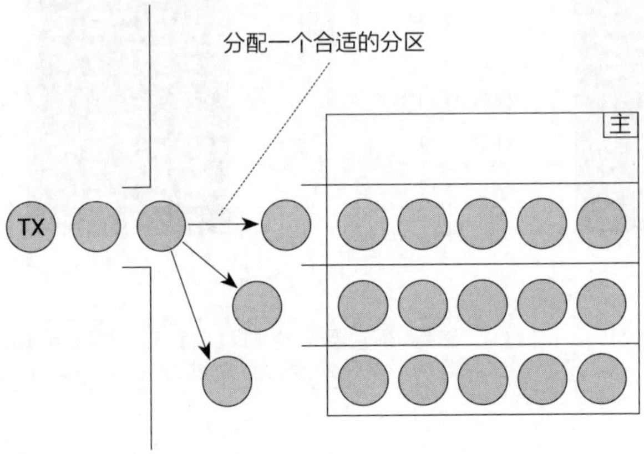


图 18-15　分区上的串行执行概念

在上述的一个 OLAP 快照上可以无障碍地执行查询，并且完全没有同步开销（Overhead）。因此，只要收到一个新的 OLAP 查询，就可以创建一个新的快照。不过，这可能太耗时了，因为 fork 操作是原子式执行的，而且必须复制可能相当大的页表。因此，人们将对这样一个系统进行配置，以便定期（例如每隔几秒钟）创建新的快照。如图 18-11 中弯曲的 OLAP 队列所示，就收到的 OLAP 请求必须等待新快照生成，除非该请求在现有的、但有些“过时”的快照上运行。使用新的快照可以保证从客户的角度来看是最新的状态，因为所有客户可以看到各自的变化（只要在同一时间系统中只有一个查询或事务请求）。因此，即使同样的客户在 OLTP 事务后不久也能提交 OLAP 查询，并且也能保证读写一致性标准。然而，应该强调的是，“OLAP 页面”只适用于复杂的查询，而在“OLTP 页面”执行正常的短程查询（特别是确定订单状态等点查询）。

现在让我们来观察 ACID 范式的原子性和耐久性。原子性要求在事务的生命周期内管理“撤销日志”（Undo-Logs），但不能超过生命周期，因为中止事务的效果不会涉及持久性数据库。因此，在系统崩溃的情况下，持久性数据库中没有“失败者”（Loser）事务。然而，由于磁盘上本身没有永久的数据库，所以也没有“胜利者”（Winner）的事务效果。因此，必须对数据库进行定期备份。这就是 OLAP 快照事务一致性的适用之处：其中一个 OLAP 快照可以用来定期在存储服务器上写入一个一致的数据库备份。当然，应该始终有一个（或多个）备份的副本，为什么？除了需要在系统崩溃时可以再次导入的存档副本外，还需要所有已完成事务的“重做日志”（Redo-Logs）。这就是前面提到的预制事务（存储过程）的概念的用处。这些事务是通过固定参数引用的。因此，只需记录调用参数即可。这些记录组成了所谓的“逻辑日志”，因为它不再需要记录每一个基本的变化操作。出于性能方面的考虑，不写入单独的日志数据记录，而是使用“组提交”程序，以便能够以捆绑方式传输多个日志条目。所有三个恢复组件（Undo 日志、备份和 Redo 日志）的应用如图 18-16 所示。

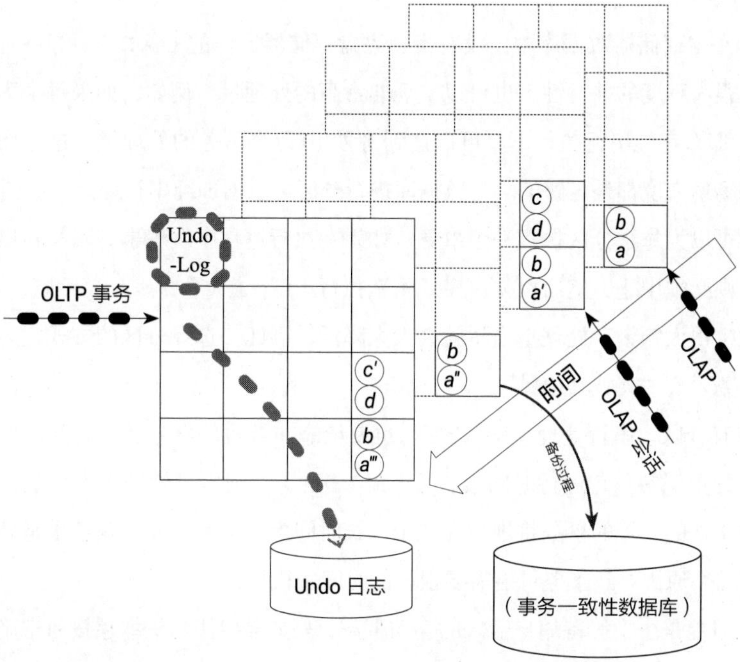


图 18-16 Redo 记录和数据库备份

为了评估这种混合 OLTP–OLAP 数据库系统的性能，Fumke，Kemper 和 Neumam（2011）开发了一个新的基准，参考 22.5 节。

然而，这里应该指出的是，这种主存数据库系统由于其严格的控制结构而非常有效，并且充分地利用了现代处理器的性能。通过 Kemper 和 Neumann（2011）应用他们所设计的 HyPer 主存数据库也对此作了实验证明。

## 18.11 长时间事务

在主存数据库系统中，事务处理时通常较少（或很少）追求并行性，因为并行运行事务的同步化会导致相对较大的工作量，特别是对于基于磁盘的数据库系统中使用的两阶段锁定协议来说。在基于磁盘的系统中，人们几乎别无选择，只能允许高度的并行性，这样就可以通过其他并行运行的事务在等待时间内使用 CPU 来“掩盖”一个因事务引起的页面故障。

由于在主存储器数据库中，没有慢速磁盘存储器这样的（很长的）等待时间，所以即使没有很大程度的并行性，也可以实现非常高的处理量。例如，如果每个事务只需要 10 毫秒，那么在纯串行执行下，可以达到每秒 10 万个事务的处理量，这对几乎所有的实际应用场景来说都是足够的。对数据库进行分区可以增加纯串行处理，如图 18–15 所示。然后可以为每个分区执行一个事务。如果在执行过程中发现事务确实超出了其分区的限制，则必须中止，然后以独占模式重新执行（即在整个数据库上单独执行）。如果这种情况发生得太频繁，处理量当然就会大大降低。因此，选择分区的方式应为：只有极少数的事务才会“突破其边界”。

即使有分区，串行处理（每个分区）也要依靠非常短的事务运行时间。如果有几个事务“行为不正常”，运行时间很长（例如 1 秒钟），则串行处理将不再起作用，因为所有其他正常的、短的事务将堆积在这个“长时间事务”的后面，其结果是处理量急剧下降。有几个原因导致事务可能需要很长的时间来执行：

1. 它可能是一个等待用户输入的互动事务，例如需要用户按绿色按钮来确认的银行事务。

2. 在事务过程中，可以与外部系统进行通信，例如验证输入的信用卡号码。

3. 在事务中，可能包含一个复杂的 SQL 查询——搜索和连接 GB 级以上的数据。

从图 18-17 可以看出，快照机制可以有效地隔离写入事务与长时间运行的查询（即只读取事务）。如上所述，例如通过 fork 命令，可以创建快照，这样它就可以通过“写入时复制”机制保持一致性。在其他系统中，也是通过软件控制来保持一致状态的。为 OLAP 查询分出单独的进程，可以将事务和查询的隔离完全交给处理器，无需显式的软件同步。因此，对于“长时间事务”来说，显然也可以使用这种机制。不过，这并没有那么简单。在这种快照方法中，OLTP 进程占用数据库，快照进程没有办法向 OLTP 数据库引入变化。这种分离毕竟是快照机制的关键设计理念——用来将两个数据集相互隔离。因此，必须首先在快照上（“暂定地”）运行一个“长时间事务”，收集所有的变化，然后在 OLTP 数据集上相应地执行它们。

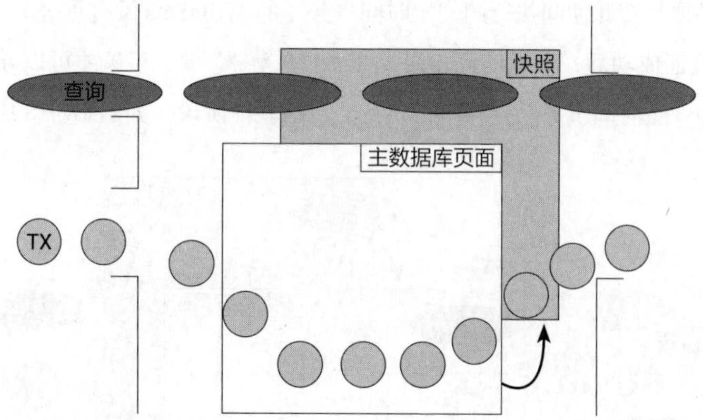


图 18-17　隔离 OLTP 和 OLAP

其优点是，所有的等待时间都发生在快照的暂定执行期间，然后在导入期间可以省略。这意味着一个“长时间事务”事实上被压缩成一个短的导入事务，就像“快动作”中一样。

有几种确认“长时间事务”的方法：首先，我们可以依靠程序员的注释，将事务分为“短时间事务”和“长时间事务”。其次可以对事务代码进行分析，以评估与外部的互动或事务中的复杂查询，并将其作为长运行时间的一个标志。最后，还有一种非常简单（也很有效）的方法，即首先将每个事务都作为一个短事务启动，只有在配额（如 200 毫秒）用完后才中止，并将其归类为“长时间事务”。中止时，作为恢复过程的一部分，必须撤销之前这个事务所做的所有修改。

当然，只记录“长时间事务”在快照上的变化是不够的，因为不能“盲目”地将这些变化带入主数据库中。数据库在快照上的“长时间事务”执行时间内不会“静止”，而是会执行其他短事务。因此，在导入变化之前，须要验证。

如果想确保完全的可串行化，快照上的“长时间事务”的 ReadSet 不能与在此期间主数据库上执行的所有事务的 WriteSets 相重叠。这类似于优化同步的程序（见 11.11 节）。当然，这个检查的前提是，当在快照上执行“长时间事务”时，记录读写了哪些数据对象，以及是在什么状态下发生的；或者记录实际读取的数值，并在以后的验证阶段通过再次读取这些数据对象并将其数值与记录的数值进行比较；或者使用分配给数据对象（或更大的组）的版本号。

如果想更简单一点，可以使用快照隔离，但一致性稍差一些。注意，“长时间事务”的 WriteSet 必须与在此期间执行的“短时间事务”的 WriteSets 没有重叠。

只有在验证成功后，“长时间事务”（在“快动作”模式下）才可以导入其变化并像一个正常的“短时间事务”一样串行执行，包括验证阶段，如图 18-18 所示。

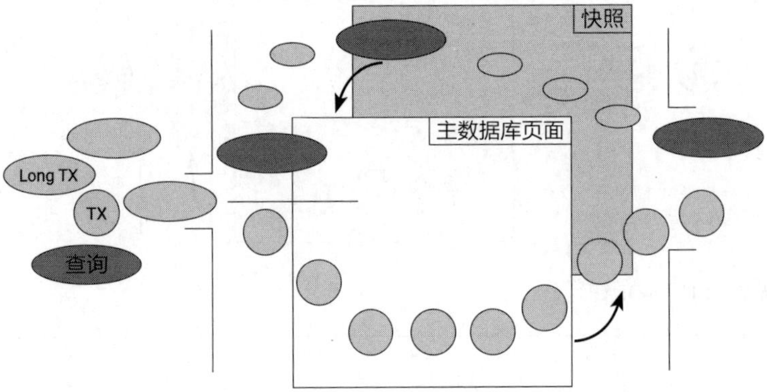


图 18-18　长时间事务的暂定执行

## 18.12　多版本的多用户同步

在上一节中，（由于复杂的 OLAP 查询的较大粒度）在快照上暂时执行了“长时间事务”。我们现在要提出一个替代性的细粒度多版本程序，用于并行事务的同步。到目前为止，我们假设 OLTP 事务都是串行执行的。在连续地执行预先设定的事务的情况下，这也是足够的，因为在主存数据库上执行这些事务只需要几微秒的时间。然而，如果还想支持由应用服务器分散执行的可中断事务，则必须支持多个事务的并行执行。在经典的数据库系统中，两阶段锁定协议用于多用户同步。然而，正如我们在本章开始时讨论的那样，这种协议对于主存数据库来说太“麻烦”了。因此，人们在主存数据库中开发了管理变化数据对象的多版本优化的同步程序。这些程序被称为“多版本并发控制”，简称为 MVCC。

通过 MVCC，只读事务可以始终提供数据对象的版本，因为数据对象在读取事务开始时是有效的。因此，只读事务将永远不会与另一个事务发生冲突。

对主存数据库的有效 MVCC 的要求如下：

1. 应该产生非常低的工作量（在运行时间和内存消耗方面），并且不会给只读取事务带来负担；

2. 应该能够保证完全的可串行化，因为在许多系统中一致性水平较低的快照隔离会导致我们不希望发生的效果；

3. 主存数据库系统的性能主要取决于读取速度（即扫描性能）。因此，不应该破坏列存储的数据向量的物理连接。这只能通过“本地更新”程序来实现。

让我们用图 18-19 来说明 MVCC 程序在并行读取和更改事务的情况下是如何操作的。这是一个管理用户账户的银行应用。为简化起见，可以通过账户所有人来识别账户。在我们的示例应用程序中，只有两种事务类型：两个账户之间的转账（用→表示）和所有账户余额的求和（用 Σ 表示）。由于这是一个“封闭式银行系统”，无论何时执行，账户余额的总和必须始终为 150。

在数据向量中是以“本地”方式改变数据对象的新版本的，而旧版本作为物理的 Before 镜像位于变更事务的 Undo 缓冲器中。对于尚未完成的事务，必须存储这些 Undo 缓冲器，所以版本控制只产生了少量的额外存储成本。读入器必须准确访问其事务开始时的有效版本。这种访问是通过版本向量控制的，该版本向量用作同一日期的不同版本的锚。如果这个向量不为零，则会沿着版本链向其适用范围内与访问事务有关的版本移动。

在任何时候，只有很小一部分数据库会被版本化，因为在“垃圾”收集的过程中旧的、不再需要的版本不断被清理。一旦所有活跃的事务都在以该版本作为时间戳的时间之后开始，该版本就会“过时”。

现在让我们通过例子来解释这个程序。所有新事务都会收到两个时间戳：编号时间戳（TransactionID）和开始时间戳（startTime）。提交时，变更事务会收到第三个时间戳，

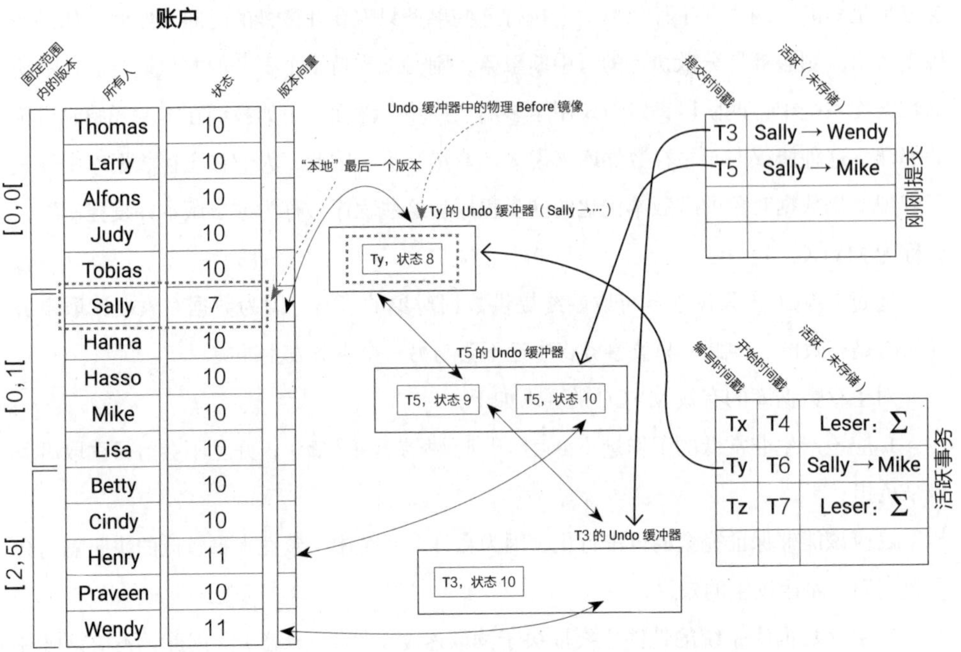


图 18-19 两个事务类型的多版本同步：两个账户之间的转账和所有账户余额的求和

即提交时间戳（commitTime）。编号时间戳都大于所有可能的开始时间戳，这可以通过从 0 开始连续生成开始时间戳和从 $2^{63}$ 开始的编号时间戳来实现。

变更事务在本地执行其变更，不过，它们在 Undo 缓冲器中存储了 Before 镜像版本。这些版本既用于可能需要的 Undo 恢复（R1 恢复），也作为最新的、永久"提交"的版本用于读取访问其他事务。将这个版本导入到一个可能是空的版本链的开始端，这个版本链的锚位于版本向量中。只要变更事务还在运行，就通过编号时间戳标记时间戳，从而使尚未"提交"的版本在数据向量中只对变更事务本身可见。提交时，变更事务再次收到一个新的（第三个）时间戳，即提交时间戳，其创建的 Before 镜像版本被标记为与从现在开始的所有事务无关。提交时间戳与开始时间戳来自同一个计数器。

在我们的具体例子中，第一个变更事务在时间 T3 完成（Sally → Wendy），为 Sally 和 Wendy 的账户余额创建的所有 Before 镜像版本都分配了时间戳 T3。这些时间戳表明，这些版本对在 T3 之前开始的事务（并且仍然处于活跃状态）有效，但对在 T3 之后开始的事务无效。在我们的例子中，一个编号时间戳为 Tx 的读取事务在时间 T4 进入系统。它将在状态 9 中读出 Sally 的重建账户余额，在状态 10 中读出 Henry 的重建账户，在状态 11 中读出 Wendy 的重建账户余额。

另一个变更事务（Sally → Henry）在时间 T5“提交”，并相应地将其 Before 镜像版本标记为有效期“至 T5”。同样，Sally 和 Henry 账户余额的（不久前的）有效版本在事务 T5 的 Undo 缓冲器中。由 Undo 缓冲器重构出来的版本，从其前身版本的时间戳到其现在的时间戳都是有效的。所以 Sally 账户余额版本的时间戳 T5 表示从 T3 到时间戳 T5 都有效。如果一个版本没有前身（可通过 NULL 指针识别），比如 Henry 的账户余额的时间戳为 T5，则假定有效期从虚拟时间 0 开始，直到它自己的时间戳（这里为 T5）。对开始时间戳低于 T5 的事务的读取操作，将采用 Before 镜像 Delta，而开始时间戳大于 T5 的事务将忽略这个 Before 镜像 Delta 并读取账户数据向量中的“本地”版本。

如前所述，尚未“提交”的版本被标记一个时间戳，该时间戳大于所有可能的“真实”时间戳。更准确地说，这个时间戳位于其前身版本，即事务的 Undo 缓冲器中。因此，变更事务的编号时间戳可用于此目的。图中编号时间戳 Ty 的变更事务（Sally → Mike）表示，该临时时间戳分配给 Ty 的 Undo 缓冲器中 Sally 的账户余额版本。因此，除了从 Ty 本身的读取（将看到状态 8）之外，所有事务的读取访问的开始时间都大于 T5。因此，虚线框中的（即未提交）状态 7 只对事务 Ty 本身可见。

### 版本访问

为了访问正确的版本，事务 *T* 首先复制“本地”版本；然后，为了重建对它有效的状态，沿着版本链运行到第一个版本 v。这需要满足以下条件（pred 指向前身，TS 是相关的时间戳）：

$$v.pred = null \lor v.pred.TS = T \lor v.pred.TS < T.startTime$$

第一个条件适用于根本不存在旧版本的情况（因为它从未存在过，或者后来被“垃圾收集器”清理了）；第二个条件允许一个变更事务看到（和覆盖）自己的变更；第三个条件确保事务看到的是在其开始时间戳有效的版本。

这个版本链遍历起止规定期限，并返回正确的版本。这足以确保只读事务的可串行性，因为只读事务置于其开始时间戳上的等效串行执行顺序中。但是对于变更事务，我们需要一个验证阶段来确保可串行化。否则，我们只能保证快照隔离为较弱的一致性水平。从概念上讲，我们必须验证整个变更事务的 ReadSet 在其生命周期内没有变化。

为了对整个数据库进行有效的扫描，还需要保留一个版本项目的概要（图 18-19 的左侧边缘）。这个概要针对例如 1 024 个变量集的固定范围进行管理，并指定这个区间的第一个和最后一个版本位置。

如果该区域不包含用 [0, 0[ 标记的版本，就可以用全速扫描。否则，必须在每种情况下的版本范围内检查是否设置了版本向量，然后必要时重建有效变量集。由于一旦确定不再需要版本，版本向量就会被持续清除，因此，许多区域完全没有版本，可以以最高的扫描性能进行处理。这对有效的 OLAP 应用具有决定性的意义，特别是在主存数据库中。

### 可串行化验证

重置想要覆盖非“提交”版本的事务，可以避免写入冲突。因此，版本向量中的（第一个）指针总是指向具有一致（即已提交）版本的 Undo 缓冲器，除非在无版本的对象中这个指针根本不存在。如果同一个事务对该对象做了多次修改，那么在同一个 Undo 缓冲器中会有一个版本链，其末端是最新“提交”的版本。

可串行化验证必须根据图 18-20 检测以下四种转换，并直到待验证的事务终止：变更、删除、新创建、创建并删除。然而，这些转换只适用于寻找那些属于或本应属于待验证事务 *T* 的 ReadSet 中的对象。为此，待验证事务从计数器中找出一个提交时间戳，该计数器也输出开始时间戳，从而确定了事务进入等效的串行执行顺序中。因此，只有在待验证事务的开始时间戳和提交时间戳之间的其他事务的对象变化是相关的，这些对象是指与事务的读取谓词在空间上重叠的对象，如图 18-20 所示。

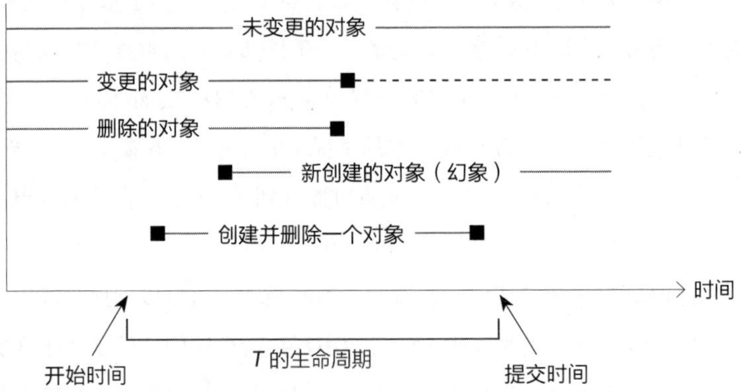


图 18-20 在事务 *T* 的生命周期中的四种转换

在其他方法中，需要在验证阶段重复所有的读取动作（即可能是对一个关系的完整扫描），以发现相关的变化。这里没有必要的是：只能在最近完成事务的 Undo 缓冲器中找到相关的变化。这些对象现在是根据存储的谓词来验证的，即通过这些谓词来执行事务的读取操作。这种方法匹配了一种叫作“精确锁定”（precision locking）的同步技术，但这是一种倒置的方式。如果一个扩展的写操作（图 18-20 中的四个冲突转换之一）与扩展的读操作重叠，则存在一个冲突。然而，我们并不是通过谓词来锁定对象的，而是要注意每个变更事务的访问谓词，并事后验证这些在事务有效期内变更 / 重新创建 / 删除的对象是否位于这个谓词空间之外。

在图 18-21 中，我们假设待验证的事务 $T$ 使用三个谓词 $P_1$、$P_2$ 和 $P_3$ 执行其读访问，这三个谓词跨越了 $T$ 的谓词空间。“最近”（也就是在 $T$ 的生命周期内）被改变的对象仍然位于这段时间内执行事务的 Undo 缓冲器中。为了找到这些在 $T$ 的生命周期内“提交”事务的扩展数据变化，需要管理一个“最近”提交的事务列表（在图 18-19 的右上方）。我们从提交时间戳大于 $T$ 的开始时间戳的最早已完成的事务开始验证，然后沿着列表一直到在 $T$ 的提交时间戳之前完成的“最近”事务。必须按以下方式验证在 Undo 缓冲器中发现的变更：对于每个新创建的对象，要检查它是否与 $T$ 的谓词空间重叠；对于每个删除的对象要也检查；对于变更后的对象，必须同时检查 Before 镜像（来自相应的 Undo 缓冲器）和在数据向量中“就位”的 After 镜像（或者可能已经回到另一个 Undo 缓冲器中。为什么？）。这些待检查的数据对象在图 18-21 右边显示为用 ✗ 标记的数据点。现在，将谓词用于这些数据点。只要不满足谓词，变化的对象就不会与谓词空间重叠，也就没有冲突。图中前三个数据点显示了这一点，每个数据点都打上了“√”。但是，如果

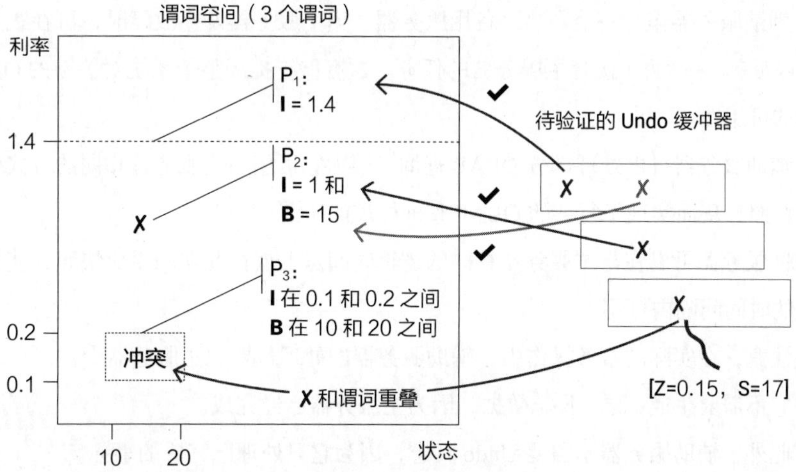


图 18-21 根据事务的谓词空间，验证 Redo 缓冲器中的数据点

满足一个谓词（即评估为 true），就表示发现了一个冲突，必须重置事务 $T$。在图中显示为与谓词 $P_3$ 重叠的最低数据点。

在成功验证后，可以通过在 Redo 日志中放置一个相应的条目来执行其提交事务 $T$（与 Undo 日志不同，Redo 日志必须是持久的，即不只是写入主存储器）。之后，将所有由 $T$ 设置的编号时间戳转换为实际的提交时间戳，以标记版本的有效时间区间。不过，所有这些时间戳的转换都限制在 $T$ 的 Undo 缓冲器局部。在中止的情况下，通常会执行 R1 恢复，这也会从版本链中消除 $T$ 所创建的版本。

清理 Undo 缓冲器（垃圾收集器）的概念是为了能够重新使用不再需要的版本的存储空间而提出的，建议读者将其作为一项练习。唯一的问题是所谓的“僵尸事务”，这些事务永远留在系统中，因为它们已经被用户“遗忘”。

## 18.13 OLAP 的高可用性和横向扩展性

由于主存数据库无论如何都要写一个 Redo 日志，因此很明显，也可以用这个日志来“复制”一个同时运行的辅助服务器。这个过程通常被称为“日志嗅探”，其优点是辅助服务器拥有相同的状态，只比主服务器晚几毫秒。其基本结构如图 18-22 所示。

在一个为 OLAP 查询生成虚拟内存快照的数据库系统中，甚至可以使用辅助服务器两次：

1. 辅助服务器作为一个“热”备用服务器，当主服务器发生故障时，可在很短的时间内（即几分之一秒内）接管主服务器的任务。这有助于提高整个系统对关键的 OLTP 事务处理的可用性。

2. 辅助服务器可以处理部分 OLAP 查询，因为它可用与主服务器相同的方式生成虚拟内存快照，从而实现了复杂的 OLAP 查询处理的所谓扩展性。

辅助服务器可以在与主服务器相同的逻辑时间点上或在此期间生成快照，使新快照在更短的时间间隔内可用。

请注意，在实际的事务操作中，辅助服务器的处理量要比主服务器少：

1. 它不需要生成记录 / 日志数据，因为主服务器已经完成。

2. 此外，辅助服务器不需要 Undo 日志，因为它只处理已完成的事务。

3. 辅助服务器不需要处理 OLTP 中的只读取事务，因为没有为这些事务生成 Redo 日志。

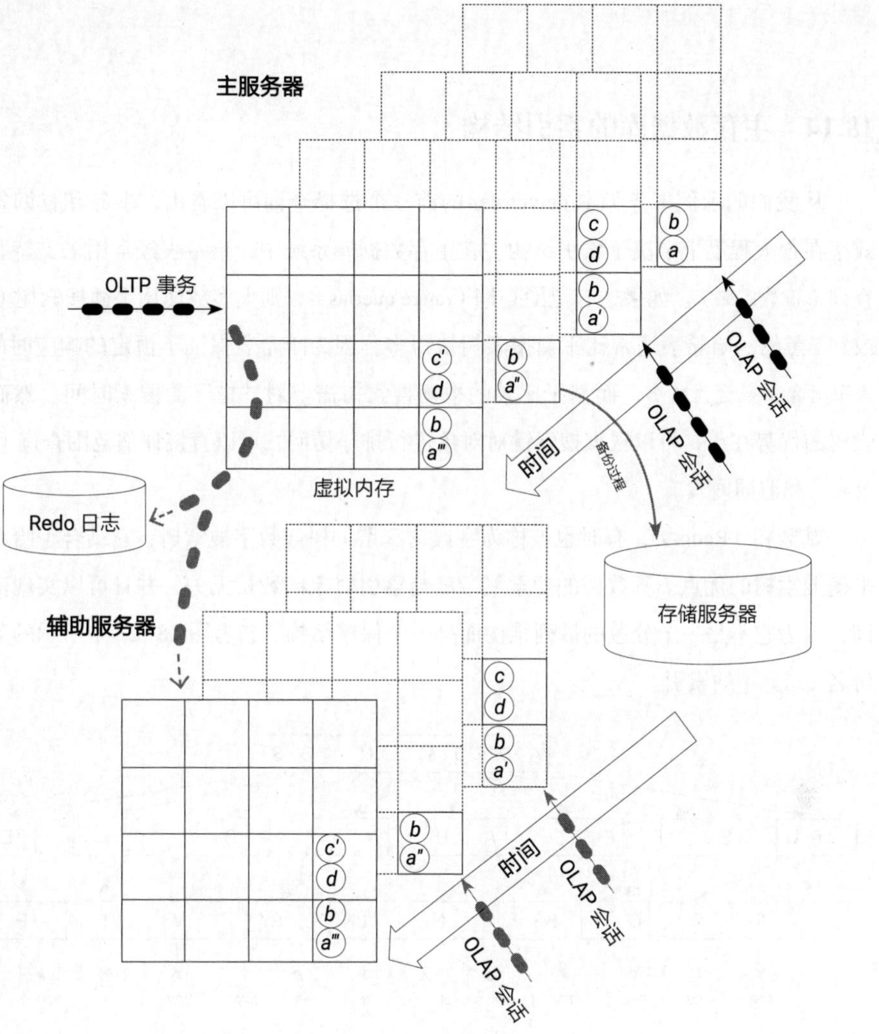


图 18-22 主服务器和辅助服务器：提高 OLAP 查询处理的可用性和横向扩展性

4. 如上所述，辅助服务器无须处理中止的事务，它只跟踪被主服务器标记为成功（提交）的事务。

因此辅助服务器甚至比主服务器有更多的自由容量用于 OLAP 处理。此外，仍然可以根据需要频繁地复制辅助服务器，这也可以为 OLAP 查询提供尽可能多的容量。甚至也可以将备份过程分配给辅助服务器（与图中所示不同），以进一步减轻主服务器的负担，这有利于提高 OLTP 处理性能。

## 18.14 主存数据库的索引结构

从我们的示例事务脚本 newOrder 的前三个选择查询可以看出，事务和查询处理的效率在很大程度上取决于索引结构。在主存数据库系统中，哈希表经常用来支持有效点查询（精确匹配）。如果还有范围查询（range queries），则大多数使用平衡搜索树（AVL）或红 / 黑树。哈希表通常比平衡搜索树快得多，因为哈希表保证了恒定的响应时间（与索引对象的数量无关），而基于比较的平衡搜索树需要对“树”的搜索时间。然而，搜索树的优势在于，可以根据搜索键对对象进行排序访问，可以直接评估范围查询（最小、最大）和谓词搜索。

基数树（Radix），有时也被称为字典树、谓词树或数字搜索树，它结合了哈希表和平衡搜索树的优点。基数树的搜索复杂度与索引对象的数量无关，并且可以实现范围查询，因为它不是一个分散的散列结构而是一个保序结构。参考图 18-23 中所示的英文月份名（缩写）的索引。

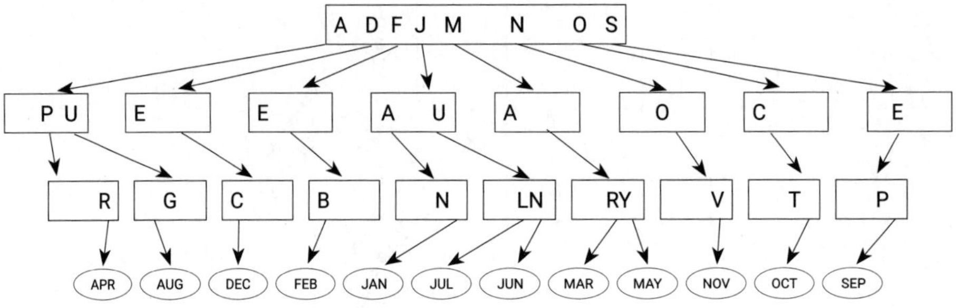


图 18-23 用 Radix 树表示英文月份名称的索引结构

可以看到，索引对象（这里是月份的名称）在基数树的椭圆形叶子中按顺序被引用。如果每一级分支使用一个字母（例如 1 个字节），则基数树的高度只与索引对象的长度成正比。因此，基数树的特殊之处在于，树的高度与索引对象的数量无关。如果在每一级分支使用 1 个字节（即管理最多 256 个指向子节点的指针），则可以用一棵高度为 4 的树来为 32 位整数做索引结构，这样就最多可以有 40 亿个索引对象。

使用一个大小为 $2^8 = 256$ 的数组作为内部节点的结构是有意义的，这样便能够直接处理每个 ASCII 字符。图 18-23 中所有内部节点都有相同的大小，因为每个字符都可以出现在每一层。这带来了基数树的最大问题（到目前为止）：浪费内存。在每一层和每一个内部节点使用相同的结构，几乎不可避免地会导致内存利用率低下。解决这个问题的方法是，从分支水平上自适应地选择节点大小，如图 18-24 所示。

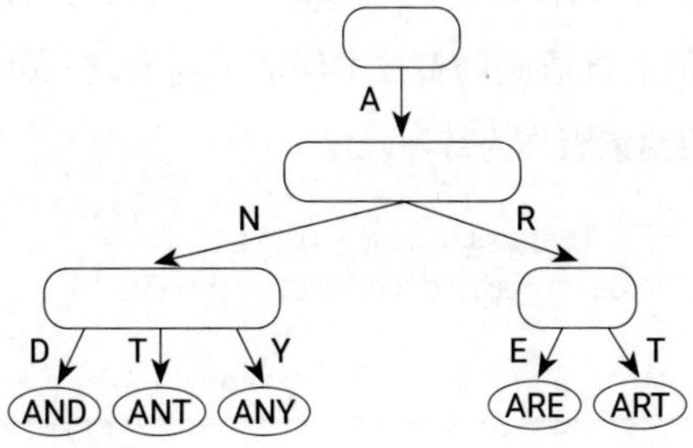


图 18-24 自适应基数树的基本思路

例如，在自适应基数树 ART 中，使用了四种不同的节点类型：

1. Node4：这种节点类型最多可以分支 4 次，在节点中分类管理部分搜索键。

2. Node16：在这些节点中最多可以管理 16 个分类存储的部分搜索键。

3. Node48：对于这种节点类型，使用一个 256 元素的数组（短的 1 字节指针），以将搜索键直接映射到子节点指针所在的 48 个槽中的一个。

4. Node256：在这个最大的节点类型中，简单地使用了一个 256 元素数组的子节点指针。

因此，自适应基数树的一个节点首先被创建为 Node4，并根据需要最多增长到 Node256，或者在此期间“收缩”到一个低分支率的节点类型。这种自适应的节点结构实现了良好的内存利用率，而不影响基数树的高效率。

在图 18-25 所示例子中这些自适应节点处于 32 位整数搜索键 218237439 的索引路径中，该键由四个部分键 13&2&9&255 组成。这条路径从 Node4 类型的根开始，然后遍历其他三种节点类型。当然，纯属巧合的是（或故意设计的例子），这条路径拥有所有四种不同的节点类型。在设计节点类型时，一方面要注意内存效率，另一方面要注意节点内的良好搜索性能。例如，节点类型 Node16 的结构设计为：在有向量指令的现代处理器上，可以在一个指令周期内将所有 16 个字节与搜索键并行比较。

除了节点的自适应性之外，基数树还使用了另外两种优化技术，以确保内存效率。

一是，取消了只通向一片叶子的长搜索关键路径，因为这里没有必要进一步区分（分支）。这样，这些叶子被“拉升”到基数树的内部。只有当插入另一个带有同一个谓词的键时，才会建立另一个内部节点，这样叶子就会进一步“下沉”。二是，在节点内只存储一次一个节点的所有搜索键所共有的谓词。这种优化技术称为“谓词压缩”，也适用于B树。例如，在对URL做索引时，只存储谓词“http：//”一次，并且也不会在基数树中创建任何路径。这两种技术加上自适应调整技术保证了每个键/值对最低的存储需求是52字节，我们把这个问题留给读者作为练习。

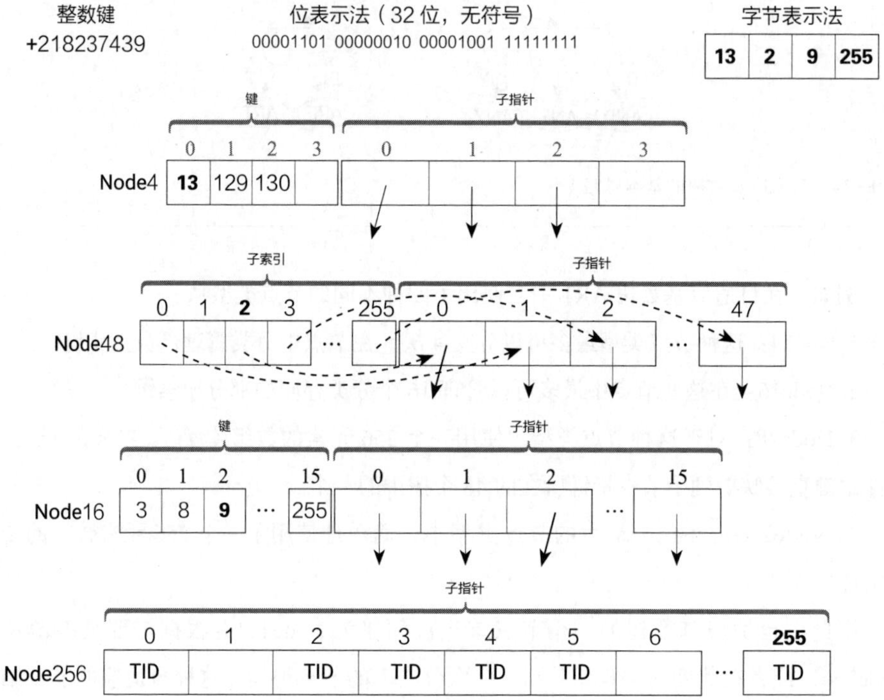


图 18-25 基数树的适应性节点

## 18.15 连接运算

在传统的基于磁盘的数据库系统中，连接运算的处理时间被磁盘I/O成本所支配。因此，该算法的重点是优化连接的基础数据的写入和读取，以及中间结果的磁盘写入和导出。

在基于多核计算机的主存数据库中，成本权重发生了巨大的变化。其优化潜力在于以下几个方面：

1. 缓冲定位。在处理数据时，应该尽可能地利用处理器的缓存。这意味着：一方面，应尽可能按顺序处理数据，因为这样可以充分利用缓冲线；另一方面，硬件预置器已经可以异步地将下一个待处理的数据从主存储器加载到缓冲区中。

2. 多核并行。应以并行方式执行大规模的连接运算，以利用现代计算机的（多个）内核。这种类型的并行被称为“运算符内并行”，与“查询内并行”相比，后者是指并行执行同一查询的不同运算符。最简单的（通常也是最有效的）并行类型是“查询间并行”，即同时执行几个不同的查询。然而，这种“查询间并行”只有在同时有足够多的查询时才是有效的，因为它也不能减少单个（特别复杂或重要）查询的响应时间。

3. 基于 NUMA 的考虑。具有大量主存储器容量的服务器要符合非统一内存访问架构（见 18.1 节）。在连接运算过程中，应注意确保密集型数据的处理，如只在本地内存区域执行分类。也可以在远程 NUMA 的内存区域进行串行访问（扫描），因为硬件预取器能够“隐藏”这些较高的通信成本，在访问之前总是异步地将下一个数据元素转移到本地缓冲区中。

4. 无同步的并行性。未来，服务器将有几十个甚至几百个内核并行。如果想有效地利用这种大规模的并行性，则必须确保在内核上运行的线程能够尽可能地独立工作。如果内置了太多的同步点（例如以共享数据结构上的锁定的形式），则许多计算核心将不可避免地花费大部分时间来等待对方，并行的好处将被浪费掉。

### 18.15.1 大规模并行分类 / 归并连接

图 18–26 显示了大规模并行分类 / 归并连接（MPSM）的基本概念。在这个例子中，我们假设有四个并行计算内核（线程 / 工作器），每个都对两个参数关系 $R$ 和 $S$ 中的一个片段块（Chunk）进行分类。首先，在第 1 阶段，工作器 $W_i$ 对块 $S_i$ 进行分类。然后，在第 2 阶段，工作器 $W_i$ 对块 $R_i$ 进行分类。只有在这个时候，才必须进行同步化，以确保所有工作器都对各自的块进行分类。然后可以开始第 3 阶段，在这个阶段中，所有的工作器以归并连接的形式并行连接运算。我们把参数关系 $R$ 称为“私有输入”，因为它只被在本地内存区域中对其进行分类的线程（工作器）读取。然而，在 MPSM-Join 的

这个基础版本中，必须针对每个分类 $S_1$，…，$S_4$ 依次读取一次私有输入块 $R_i$，并将其与 $S$ 变量集做比较。这意味着在这个基本变种中，尽管是大规模的并行比较，也必须将 $R$ 的每个分类运行与 $S$ 的每个分类运行做比较。

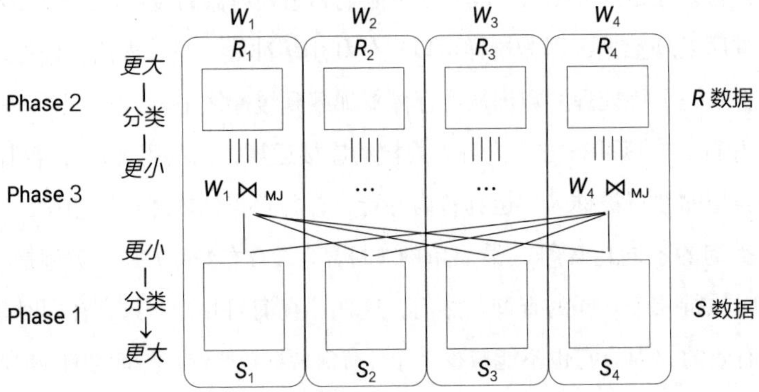


图 18-26　大规模并行分类 / 归并连接的基本概念

为了减少第 3 阶段的归并连接的开销，可以执行范围分区，而不是简单地将私有输入 $R$ 分片成几块，参考图 18-27 中的说明。每个工作器线程都有关系 $R$ 的一个块 $C_i$，根据其连接属性值的大小来划分其变量集。例如，连接属性的最小值（白色）归工作器

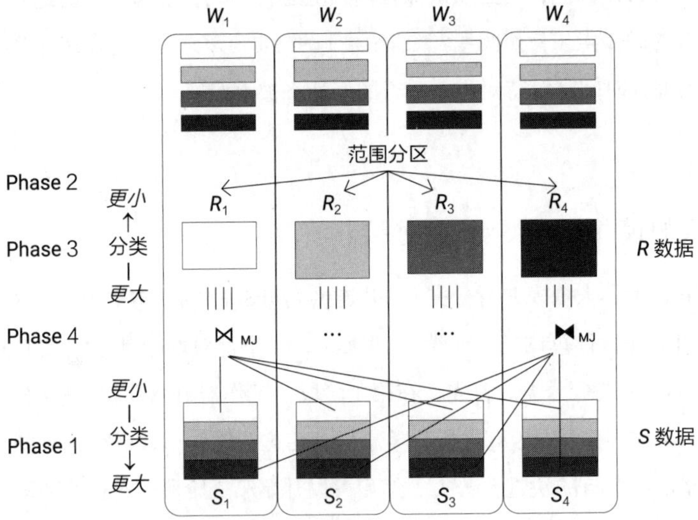


图 18-27　以范围分区优化大规模并行分类 / 归并连接

$W_1$，最大值（黑色）归工作器 $W_4$。在第二阶段完成范围分区之后，再次进行第 3 阶段的并行分类。范围分区确保每个工作器 $W_i$ 只需要比较一部分 $S$ 数据，即那些属于其范围的数据。当然，在 $S_j$ 运行中没有明确地标记这个范围的起始点，因此必须通过有效的跳跃搜索（二进制或插值搜索）来确定。当在刚刚处理的 $S_j$ 运行中达到的数值大于私有输入 $R_i$ 运行中的最后一个连接属性值时，我们就可以很容易地识别出各自范围的结束点。从某种意义上说，$S$ 数据也是按范围分区的，只是整个范围分区在水平方向上横跨所有 $S$ 的运行范围。

在优化算法的第 2 阶段进行范围分区值得特别注意，以免在这里的连接阶段使范围分区的潜在收益无效。此外，必须小心处理（宝贵的）主存储器。因为范围分区可能在大小上有一点不同，所以应该通过适当的预先分析来确定每个范围到底需要多少内存。图 18-28 概述了大规模并行的基数分区：

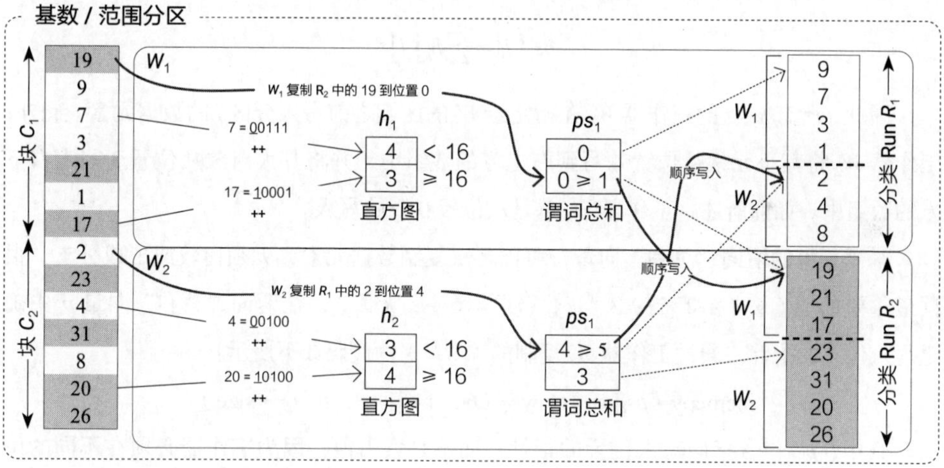


图 18-28 大规模并行的基数 / 范围分区

1. 无须比较的分区：根据最重要的 $n$ 位分成 $2^n$ 个分区，这样分区就不需要（费时的）比较。

2. 无分支程序逻辑：程序分支是非常费时的，特别是在现代处理器上，因为它们会破坏指令的流水线。在基数分区中，由于无须比较，分支也会变得“过时”了。

3. 密集封装的分区：预分析用于在直方图中确定每个分区将有多少数据元素，这样就可以做到精确分配。

4. 无同步并行：尽管许多工作器同时向相同的数组写入，但预分析实现了无同步的并行，这是因为每个数组的固定区域可以分配给每个工作器。

为了清楚起见,图中只显示了由两个工作器并行执行的两个区域,即基数/范围分区。实际在现代多核计算机上，人们会使用相应数量的并行工作器划分出 32 个，甚至 64 个区域。首先，每个工作器 $W_i$ 使用每个连接属性值的第一位作为直方图 $h_i$ 中的索引，以确定其数据元素在其块 $C_i$ 中的分布。一般来说，在 $2^n$ 个范围分区中，会使用最重要的 $n$ 个位。在这个阶段结束时，我们知道工作器 $W_1$ 有 4 个小的（白色）和 3 个大的（黑色）数据元素，工作器 $W_2$ 有 3 个小的和 4 个大的数据元素。因此，这两个区域的大小均为 7，现在可以对其进行分配。直方图现在被汇总成一个谓词“总和”，以显示每个工作器必须在哪个位置写入相应范围的一个数据元素。这确保了可以并行完成数据分配，而不需要在工作器之间进行同步。$i>1$ 的谓词“总和”计算如下（$ps_1$ 在所有位置都是 0，因为第一个线程始终可以写入数组的起点）：

$$ps_i[j]=\sum_{k=1}^{i=1}h_k[j]$$

因此，所有 $k<i$ 的工作器 $W_k$ 在指定给 $W_i$ 的区域之前写入分区 $j$ 的数据元素。此外，工作器 $W_2$ 将其小元素从位置 4 写到右上方的数组中，并将其大对象从位置 3 写入右下方的数组中。如前所述，工作器 $W_0$ 总是从位置 0 开始写入。

基于相应的谓词“总和”向量，可以再次复制数据元素，无须比较或形成分支。根据最重要的位（或者在 $2^n$ 个分区 / 工作器中最重要的 $n$ 位），在谓词“总和”向量 $p_i$ 中确定写入位置的指针。通过工作器 $W_i$ 复制的（高级）伪代码如下所示：

memcpy（$ps_i$[ sp [ $t$.key » （64−$n$）]] ++，$t$，$t\rightarrow$ size）

其中，$ps_i$ 包含指向写入位置的指针，而不是索引值，因为工作器必须在不同的位置写入不同的数组。

此外，这个指针会增加一个位置，以便为下一次写入过程更新指针。读者可以为更多的工作器勾画出这种基数分区。

### 18.15.2 并行基数－哈希连接

在分类 / 归并连接中，分类被用来有效地连接“连接伙伴”。即使像 MPSM 方法那样大规模地并行分类，并且只在块 / Run 上进行（不完整的）分类，也是相对费时的。

这就是使用哈希连接的目的所在——通过哈希表来分配“连接伙伴”。因此，其基本思想是非常简单的：其中一个连接参数关系（通常是较小的那个）根据连接属性存储在一个哈希表（更确切地说，是一个哈希映射）中。然后，通过另一个连接参数关系，在哈希表中寻找是否有一个或多个匹配的“连接伙伴”。这个过程称为“探测”（Probing）。

实现并行化的一种方法是先对两个参数关系进行分区。这里可以使用非常有效的基数分区法，即根据位模式分区。

图 18-29 中显示了连接 $S \bowtie_{S.B=T.B} T$ 的基本思路。在该图中，关系 $S$ 和 $T$ 分别被分成两个分区：连接属性值 <16 的变量集分别复制到分区 $S_0$ 和 $T_0$，连接属性值 ≥ 16 的变量集分别复制到分区 $S_1$ 和 $T_1$。使用图 18-28 中概述的基于直方图的有效方法可以完成这种基数分区。分区后，由（本例中）两个工作器并行建立 $T_0$ 和 $T_1$ 两个哈希表，然后确定“连接伙伴”。

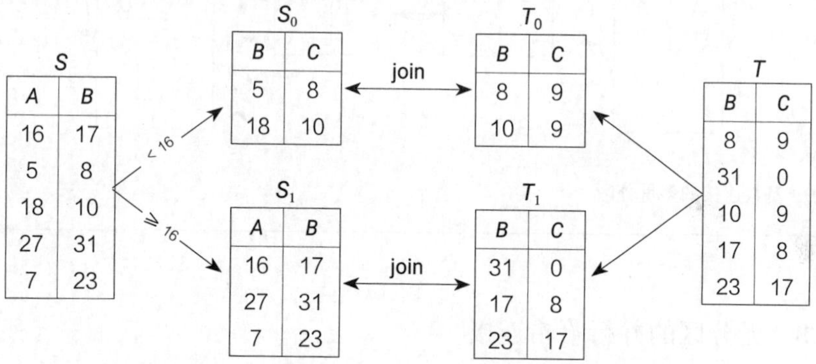


图 18-29 基数连接的基本思路

哈希表在构建和“探测”过程中都具有较低的定位性。对此，最好是不仅要创建与并行工作的工作器数量相同的分区，而且要创建与所得出的哈希表（或多或少）适合进入缓存的分区。注意，不应该立刻就进行这种细粒度的分区，因为这样会同时向太多不同的内存区域写入，这不利于写入过程的定位。否则，就有可能出现这样的风险：“转译后备缓冲区”将不足以使写入区域的逻辑地址有效转换到物理地址。图 18-30 显示了多个分区，每个分区涉及 4 个工作器。我们在这里只展示了两个分区阶段，从而得出 4×4 = 16 个分区。

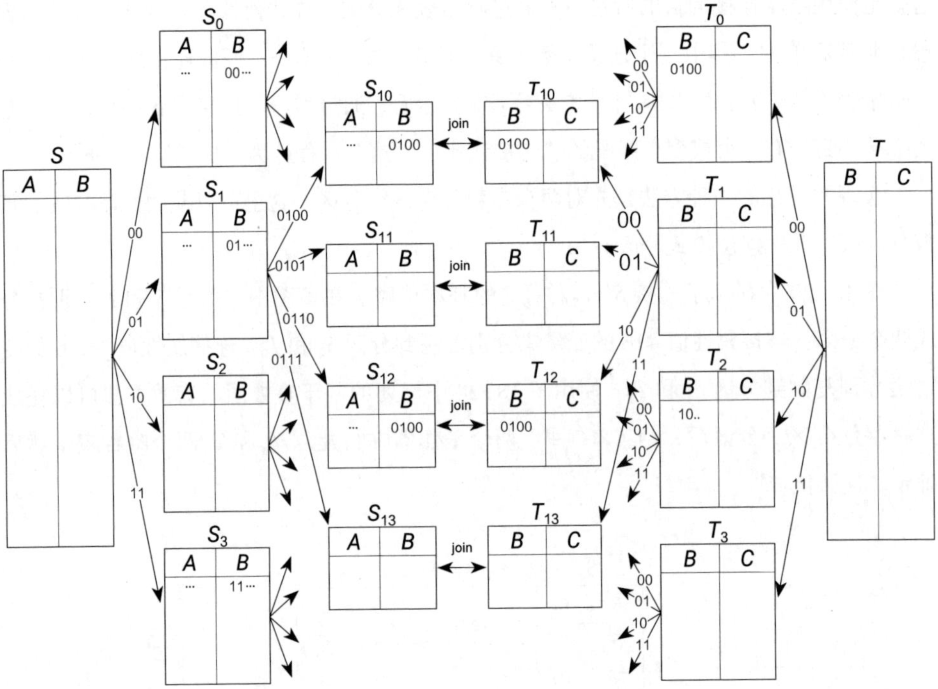


图 18-30 基数连接的多重分区

## 18.15.3 无分区的并行哈希连接

由于分区涉及复制工作，基数 – 哈希连接产生了相对较高的成本，而这一成本通过建立和“探测”哈希表时增加的位置性予以抵消。因为数据必须复制到新的内存区域，所以在任何情况下，都会增加内存需求。

因此，我们也可以看看哈希连接的无分区变体，在这个变体中，只是大量地并行构建全局哈希表。并行工作的工作器自然会争夺使用这个哈希表的各个块，因此必须在短时间内为工作器插入的“哈希桶”设置一个锁。如果可以，这个锁应该直接分配给“哈希桶”，使其位于同一缓存行中。

在建立了哈希表之后，可以以大规模并行的方式进行实际“探测”，无需任何同步，因为访问哈希表是以只读模式访问的。因此，每一个工作器都在处理左边连接参数中的一个（最好是 NUMA 本地的）块。如果“构造输入”（即待插入哈希表的关系）比“探测输入”小得多，并且“探测输入”用于对该哈希表的只读访问，则这种连接方法显然特别有效。

这种有全局哈希表的简单主存储器连接也最适合利用“流水线”（Pipelining）模式。让我们考虑下面的三方连接：

$$R \bowtie_A S \bowtie_B T$$

假设 $R$ 是三个连接参数关系中较大的一个。然后可以分别为 $S$ 和 $T$ 并行建立全局哈希表：根据 $S.A$ 建立 $S$ 的哈希表，根据 $T.B$ 建立 $T$ 的哈希表。在建立了这两个哈希表之后，我们可以（同样是并行地）用关系 $R$ 的变量集先后“探测”这两个哈希表，这就是“流水线”。该算法如图 18-31 所示。$S$ 和 $T$ 的两个哈希表形成一个所谓的“哈希组”，因为它们是在一次运行中使用的。也即，对于 $R$ 中的每一个变量集，在 $HT$（$S$）中寻找可能存在的“连接伙伴”，并利用在那里找到的 $B$ 值，在哈希表 $HT$（$T$）中寻找 $T$ 中的连接伙伴。这个程序的优点是，不必复制较大的关系 $R$（即可以保持原位），并且可能也不必实例化较大的中间结果 $R \bowtie_A S$。

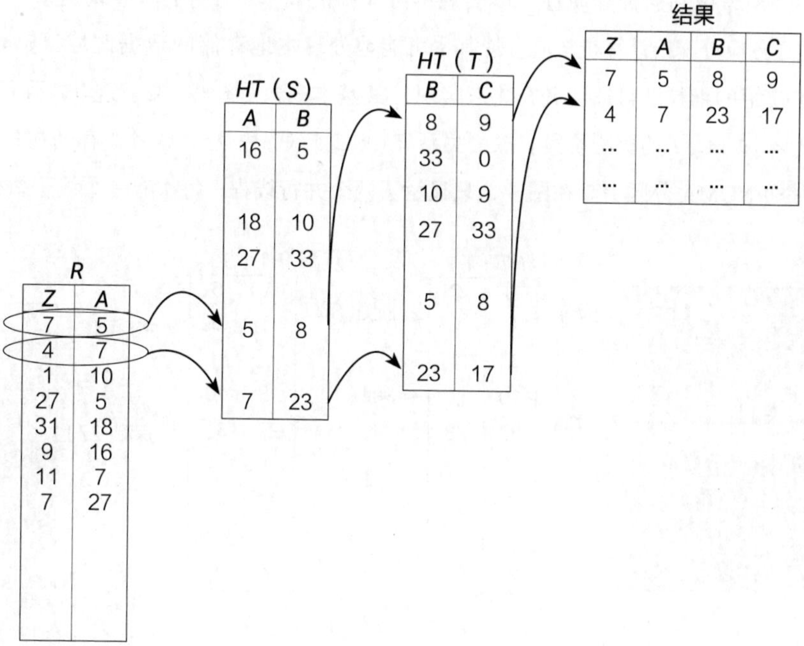


图 18-31 连接哈希组

因此，这种连接对内存的要求大大低于基数连接。读者可以用自己构建的基数连接计划来说明这一点。这种哈希连接方法的缺点是没有实现缓冲定位。这一缺点必须由更高（未来会越来越高）的多核并行化来弥补。

## 18.16 查询处理的细粒度自适应并行化

今天，计算机性能的进步主要是通过增加多核并行化来实现的，而几乎没有通过串行处理的性能提高来实现的。普通的商业级数据库服务器可以处理多达 120 个并行线程。这给查询处理，即所谓的“查询引擎”的设计带来了巨大的挑战。

正如我们在本章开始时讨论的那样，几兆字节的大主存容量是以牺牲内存访问的同质性为代价的。虽然内存划分为 NUMA 区域，所有处理器都可以透明地访问这些区域，但性能不同。访问“远程”NUMA 分区的速度明显比访问“本地”NUMA 分区慢。对此，现代多核计算机实际上本身就是一个分布式计算和存储单元的“网络”。在数据处理中必须考虑到这种异质性，以实现尽可能高的效率。在并行“查询引擎”中，各个处理任务应分配给计算机核心，使其尽可能地处理本地存储的数据区域。这可以通过现在介绍的细粒度自适应并行化来实现，其基本概念见图 18-32。这里显示了三关系连接 $R \bowtie_A S \bowtie_B T$ 的探测阶段。探测关系 $R$（即三个关系中最大的一个）存储在几个（这里是两个）NUMA 分区中。在图中，只显示了两个并行线程，每次有一个线程执行处理

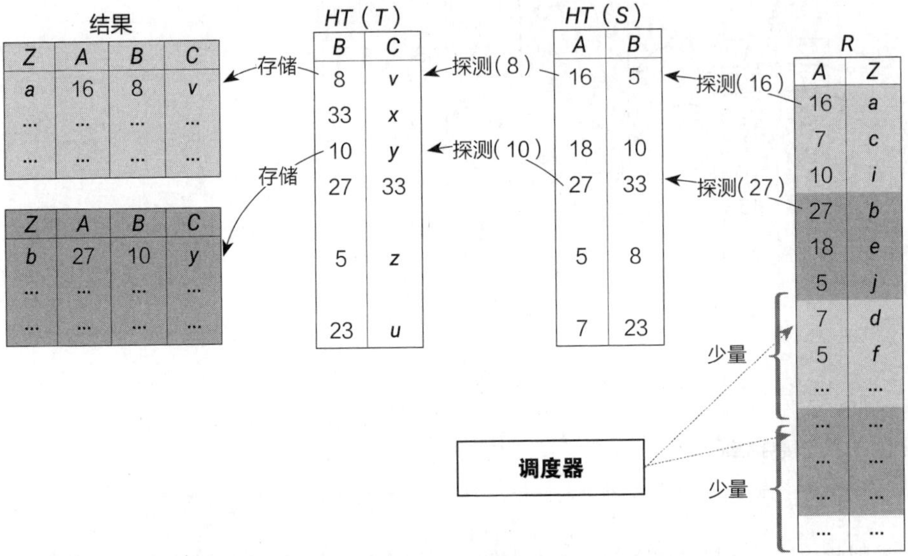


图 18-32 细粒度自适应并行化的概念：以 $R \bowtie_A S \bowtie_B T$ 为例，待处理的数据分配给部分（少量）线程

流水线“探测→探测→存储”。调度器将关系 $R$ 的小部分（少量）分配给每个线程。一个“部分”由大约 100 000 个变量集组成，这样就抵消了管理成本。而调度器确保将线程分配到位于其本地 NUMA 分区的进一步处理的部分。

中间结果再次存储在 NUMA 本地内存分区，以便后续处理步骤可以重新分配给那些在 NUMA 本地工作的线程。此外，通过分配部分任务，调度器可以将线程分配给在此期间添加的其他查询（只要它们完成了自己部分的处理）。因此，调度器形成了一个有效的、可能也是基于优先级的调度构建的核心。

当然，只有当大量的线程（通常与计算机内核一样多，如 120 个）能够并行工作时，才能有效利用多核计算机所拥有的巨大计算能力。分段式的任务分配确保了所有线程在大致相同的时间内完成工作，线程之间的距离永远不会超过一个“数据部分”的处理时间，因为一个空闲的线程会被调度器分配一个新的“数据部分”。因此，“较快的”线程将永远不必因为其他“较慢的”线程要完成一个更复杂的查询而等待很长时间。这提供了有效的负载平衡，确保所有计算机核心得到充分利用。为了确保 NUMA 的位置性，我们必须将线程与计算机核心牢牢绑定；只有这样，调度器才能保证对线程和内存分配的控制。当然，这也要求我们永远不要实例化比计算核心更多的线程。

调度器在运行时工作，因此，一个查询的并行化程度是在执行时动态确定的，而不是在编译时确定的。这对于动态应对负载变化（例如新的高优先级查询）是至关重要的。任务的“分段式”分配允许调度器在任何时候（严格地说，在处理这部分任务之后）向一个线程提供另一个查询的任务。通过这种方式，可以实现优先级受控的查询管理（工作负荷管理）。

现在让我们更详细地讨论将一个有点复杂的查询划分为“流水线”的例子，其每条流水线都对应着由调度器分配的任务：

$$\sigma\cdots(R)\ \bowtie_{A}\sigma\cdots(S)\ \bowtie_{B}\sigma\cdots(T)$$

这就产生了图 18-33 左侧所示的三条流水线。因此，一个复杂的代数查询计划在流水线中断处被分割。假设 $R$ 是三个关系中最大的一个，即使经过过滤，优化器也会选择 $R$ 作为哈希连接的探测参数关系。另外两个关系 $S$ 和 $T$，将作为哈希连接的构建参数关系。如上一节所述，在探测阶段对关系 $S$ 和 $T$ 的两个哈希表进行流水作业，可以在非分区哈希连接中形成一个哈希组。

图 18-33（a）的代数查询计划的操作方式如下：

1. 扫描、过滤（$\sigma$）和构建基础关系 $T$ 的哈希表 $HT(T)$；

2. 扫描、过滤（$\sigma$）和构建基础关系 $S$ 的哈希表 $HT(S)$；

3. 扫描和过滤 $R$，搜索（探测）$S$ 的哈希表 $HT(S)$，然后搜索（探测）$T$ 的哈希表 $HT(T)$，并存储结果变量集。

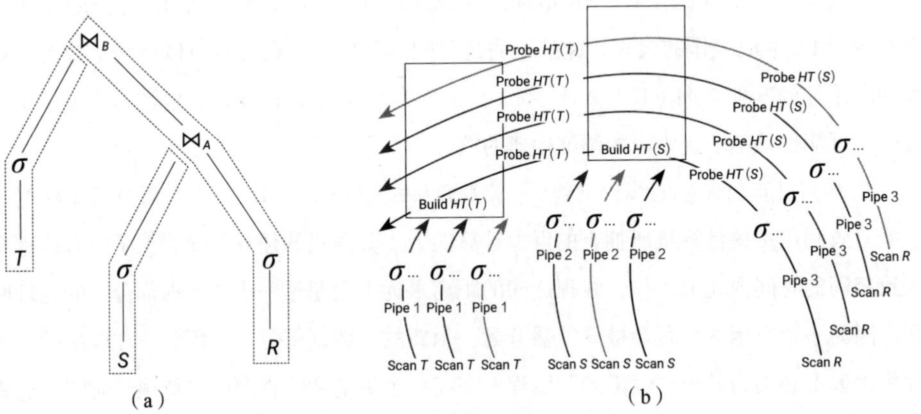


图 18-33　三条流水线并行化处理查询计划：（a）代数查询计划的三条流水线；（b）每条流水线做 3 倍或 4 倍并行处理

现代的主存数据库系统将这种查询计划直接编译成汇编代码（或者以 C 或 C++ 的“交叉编译器”的形式），而不是以解释方式处理它们。在编译过程中，统一地处理完整的流水线，如代数查询计划中的外边缘所示。从而将省去与迭代器模型中 next 调用相关的背景变化——这些背景变化迫使中间结果的实例化。而在统一流水线处理中消除了这种开销。

三条流水线的动态并行化如图 18-33（b）所示。过滤以及对基础关系 $S$ 和 $T$ 的哈希表的构建各并行了三次，如向上的箭头所示。请注意，这两条由哈希表构建的流水线（即流水线 Pipe 1 和流水线 Pipe 2）甚至可以“自己”再次并行地执行。然而，调度器必须等到两个哈希表完全构建完成后再分配探测流水线任务（流水线 Pipe 3）。在图中，以探测流水线为例，显示了 4 倍的并行化处理过程。同样，应该强调的是，任务的部分分解使调度器能够在任何时候（即在处理查询的过程中）改变并行化的程度。这样可以以优先级控制的方式转移资源，并确保所有计算资源得到充分利用，而不是闲置。线程的中间结果被分配到 NUMA 本地内存区域。

## 18.17 习题

18-1 请在 Linux 平台上用 C 或 C++ 实现一个基准程序，证明由 fork 创建的快照的性能。对此，请定义一个小型的销售数据库，其中包括关系“客户”“国家”“产品”和“销售”。请使用 18.5 节中声明的结构作为指导，可以根据定义的结构简单地将一个关系声明为一个向量。请插入更多的示例变量集，然后模拟相应的订单，并将包括价格计算的订购产品插入到“订单”关系中。请用 fork 命令实现这个定期处理订单的父进程，在子进程中运行一个 OLAP 查询，并确定“前 10 位”客户。

不要担心，通过 STL 库的功能，可以在不到 200 行的 C++ 代码中实现这个小基准程序。

18-2 请以列存储格式创建第二个基准程序。同样，你可以使用 18.5 节的 C++ 数据结构作为指导。请评估 OLTP 事务（插入新的销售）以及 OLAP 查询（“前 10 位”客户）的性能，并比较行存储与列存储。在列存储中，事务处理量应略有下降，而复杂查询的评估速度应更快。

18-3 请实现另一个基于磁盘存储的传统关系型数据库系统的基准程序，这个数据库系统能在处理 OLAP 查询的同时处理事务订单。请将你基于主存储器数据库实现的程序与这个传统的 DBMS 解决方案进行比较（这项工作是值得的）。你应该会有一种很好的成就感。

18-4 18.5.3 节展示了混合存储模式的 SQL 查询的 C++ 代码。请为列存储格式和行存储格式编写相应的 C++ 代码。

18-5 图 18-28 解释了以直方图形式进行预分析的大规模并行的基数分区方法。请实现这个算法，并将其性能与基于比较的“幼稚”实现进行比较，其中由所有的工作器竞争性地写入分区数组。

18-6 许多主存数据库系统使用向量（例如来自 C++ 的 STL），它们基本上等同于便捷的数组，因为它们会随着数据库的增长自动调整大小。然而，这种调整会引起重组（复制所有记录），导致短时间的延迟。

因此，向量的大小不仅会在一个恒定的范围内增长，而且会有一个增长系数（例如到 1.3 倍）。这使重组工作量限定在一定范围内。请证明，在插入 $N$ 个数据元素时，仍然有（摊销的）线性工作量。

18-7 请讨论自适应基数树与平衡二进制搜索树（如 AVL 树或红/黑树）相比的优点和缺点。你也可以使用 ART 结构的原型实现来进行性能分析（例如，在 C++ STL 中可以找到平衡二进制搜索树）。

18-8 请证明 ART 在按分类顺序插入搜索键时特别有效，也即，在对二进制搜索树来说是最坏的情况下（没有平衡）。

18-9 通过 fork 命令调用分叉子进程的快照机制是基于子进程（即快照）收到新的页表这一事实。因此，生成一个新快照的运行时间与待复制的页表的大小成正比。请通过实验确定，在不同的数据库规模下这需要多长时间。使用容量为 2 MB 的“巨大页”，可以大大降低页表的大小。请通过分析和实验来说明其差异。在使用“写入时复制”机制来保持快照一致性方面，“巨大的”页面与“正常”页面相比，有什么缺点？

## 18.18 文献注解

主存数据库系统已经存在了很长时间。最早的代表是 TimesTen，它最初是由惠普实验室开发的，然后由一家独立的公司继续开发，其间由 Oracle 公司接管。SAP 公司则从 Cha 和 Song（2004）那里收购了 P*Time 系统，IBM 收购了 SolidDB。在 Harizopoulos 等人（2008 年）的 H-Store 项目中，人们对优化事务型主存数据库系统的最新工作给予了很大关注，该项目后来以 VoltDB 的名义实现了商业化。Kallman 等人（2008）对 H-Store 系统作了项目演示。在这个领域有许多初创企业，如 Clustrix、Akiban、DBshards、NimbusDB、ScaleDB、Lightwolf 和 ElectronDB。

在 OLAP 领域，MonetDB 系统首次使用了主存储器中的列存储技术，该技术由 Boncz，Kersten 和 Manegold（2008）开发，并由 Boncz，Manegold 和 Kersten（2009）作了回顾性描述。在这一经验的基础上，Peter Boncz 及其同事开发了 VectorWise 系统。虽然 VectorWise 是一个后台存储系统，但它遵循了这里描述的许多优化方法。Raducanu，Boncz 和 Zukowski（2013）介绍了 VectorWise 的最新优化技术。

在 MonetDB 的同一时间，SAP 开发了 OLAP 系统 TREX，它具有类似的面向列的数据结构，如 Binnig，Hildenbrand 和 Färber（2009），Legler，Lehner 和 Ross（2006）所述。后来它被重新命名为 TREX，现在命名为 SAP HANA。Färber 等人（2011）对

SAP HANA 作了概述。Jaecksch，Lehner 和 Faerber（2010）描述了该系统在运营计划领域中的应用。Binnig，Hildenbrand 和 Färber（2009）为 SAP HANA 开发了一个保序字典。

Stonebraker 等人（2005）建立了 C-Store 数据库系统，其数据以面向列的方式被映射到外部存储器上。该数据库系统后来在商业上取得进一步发展，称为 Vertica，并由惠普公司接管。

IBM 公司在开发 BLINK/ISAO 系统时采用了一种不同的方法——预先计算连接。Raman 等人（2008）描述了之后的压缩技术如何将存储量减少到主存储器的大小。Hrle 和 Draese（2011）描述了由此产生的商业产品 ISAO。Barber 等人（2013）以 BLU 的名义宣布将列存储模式更深入地整合到 IBM 数据库系统 DB2 中。

微软 SQL Server 数据库系统中也有与 MonetDB 和 SAP HANA 类似的列存储扩展，这一扩展由 Larson 等人（2013）在 SIGMOD 2013 会议上介绍过。

微软还开发了 Hekaton，并将其运用在 SQL Server 中。它是 Larson，Hanson 和 Price（2012）所描述的 OLTP 加速器。Hekaton 的事务管理是基于多版本的方法，它用比影子内存方法更细的颗粒来维护快照。Larson 等人（2011）已经介绍过这种方法。

Plattner（2009）强调了混合 OLTP-OLAP 数据库系统对运营决策查询的支持。Plattner（2011）还描述了 SanssouciDB，目前正在 Plattner 的 HPI 与 SAP 合作开发。Grund 等人（2010）描述了该架构中使用的“更新暂存”技术。Plattner 和 Zeier（2012）专门写了一本关于主存数据库的书，这本书在很大程度上基于 SAP HANA 的架构。Plattner（2013）在此基础上开发了一个关于主存数据库的在线课程。

本章介绍的许多实现技术已经在慕尼黑工业大学开发的主存数据库系统 HyPer（Kemper 和 Neumann，2011）中得到实验验证。

Mühe，Kemper 和 Neumann（2011）研究了各种快照方法。Kemper 和 Neumann（2011）根据主存数据库系统 HyPer，对虚拟内存快照的性能作了实验证明。

Mühe，Kemper 和 Neumann（2013）提出了在操作数据库的快照上试探性执行“长时间事务”的概念。

Neumann（2011）为现代硬件开发了有效的编译技术。

Leis，Kemper 和 Neumann（2013）开发了 ART 指数结构。Kim 等人（2010）描述了一种被称为 FAST 的缓冲优化的搜索树结构。但是，它是不可改变的，因此，只适用于纯静态的数据集。

Kim，Kemper 和 Neumann（2012）开发了将数据库重组为“热区”和“冷区”的主存数据库的压缩技术。Levandoski，Larson 和 Stoica（2013）在微软 Hekaton 项目中采纳了这些想法，Stoica 和 Ailamaki（2013）在 VoltDB 中甚至将数据库的“冻结区”移出了主存储器。然而，这只适用于 OLTP 应用；对于基于扫描的 OLAP 应用，必须始终不断地将数据库的交换部分转移到主存储器中。

Grund 等人（2012）描述了 HYRISE，这是一个具有混合存储模式的主存数据库系统，其关系是垂直分片的，这样就可以在缓存定位和与应用相关的属性值的聚类之间取得平衡。Pirk 等人（2013）也通过实验研究了 HyPer 数据库系统可以实现的性能提升。

Mühe，Kemper 和 Neumann（2012）展示了使用主存数据库系统实现多租用（Tenancy）的情况。Mühlbauer 等人（2013）展示了一个主存数据库系统的扩展——用于事务数据的 OLAP 应用。其中，使用了多个辅助服务器，并通过引入主服务器的日志来保持最新状态。这种通过主服务器的日志进行更新的方法也被称为“日志嗅探”：通过快照可以在辅助服务器上评估 OLAP 查询，同时日志条目也被并行带入数据库中。

Albutiu，Kemper 和 Neumann（2012）设计了针对多核 NUMA 架构优化的大规模并行分类 / 归并连接。

Brunel 等人（2015）提出了一个 SQL 语言扩展模块，以支持 SAP HANA 以及 HyPer 数据库系统中的分层数据，其高效实现基于 Finis 等人（2015）提出的特殊索引结构。

本章介绍的多用户多版本同步是由 Neumann，Mühlbauer 和 Kemper（2015）提出的。Leis，Kemper 和 Neumann（2014）研究了“事务性内存”对数据库事务同步的新型硬件支持，并获得了 2014 年 ICDE 大会的“最佳论文奖”。

基数连接是由 Manegold，Boncz 和 Kersten（2000）发明的，但在当时，它只用于优化缓存定位。Kim 等人（2009）对多核计算的基数连接做了并行化设计。Blanas，Li 和 Patel（2011）研究了并行哈希连接——只在一个全局哈希表中实现所有线程。Balkesen 等人（2013）对不同的并行哈希连接方法作了全面评估。Lang 等人（2013）为 NUMA 架构下的全局哈希表连接设计了特别有效的数据结构。Leis 等人（2014）提出了将查询处理流水线部分分配给计算线程的细粒度并行化方法，并在 HyPer 中实现。

Boncz（2012）出版的《数据工程公报》专刊涵盖了各个支持列存储的数据库扩展，包括 HYRISE、HANA、HyPer、VectorWise、MonetDB 和 MS SQL Server 的列存储扩展。Larson（2013）发表了另一份关于主存数据库的专刊，其中包含了对 TimesTen、SolidDB、Hekaton、VoltDB、Calvin 以及 HANA 和 HyPer 的描述。

# 19 互联网数据库连接

近年来，互联网的使用呈爆炸式增长，特别是万维网已发展为最主要的应用（所谓的“杀手级应用”）。据预测，在不久的将来，在互联网上将进行几乎一半的“企业对企业”（B2B）的电子商务交易。同样，互联网在“企业对消费者”（B2C）的电子商务中也将变得更加重要。

在本章中，我们将介绍各种基于 Java 的数据库连接互联网的技术。这些网络数据库连接基于 Java/SQL 接口的 JDBC，对此我们已经在第 4 章中介绍过了。首先，我们在本章中简要介绍最重要的互联网标准 HTML 和 HTTP。然后我们描述当今最常见的基于 Java Servlet 或 Java Server Pages（JSP）的数据库连接架构，它使用 JDBC 访问数据库。最后我们讨论“可扩展标记语言”XML，它作为一种新的数据交换格式在互联网上迅速传播。从数据库的角度来看，对 XML 数据进行声明式查询表述的方法特别有趣。

## 19.1 HTML 和 HTTP 基础

### 19.1.1 HTML——万维网的超文本语言

HTML（超文本标记语言），顾名思义，是一种结构化或包含所谓“超链接”（即对其他文档的引用）的文本的格式化语言。

以下显示了一个示例 HTML 页面（没有超链接），其中包括我们假设的大学模型中的部分课程目录。

```
<HTML>
  <HEAD><Title>Entire Lecture directory</Title></HEAD>

  <BODY>
    <H1>The Professors of the University</H1>
    <UL>
      <LI> Prof.Augustinus
           <UL><LI> 5022: Faith and Knowledge (with 2 WH) </UL>
      <LI> Prof.Curie
```

```
    <LI> Prof.Kant
         <UL> <LI> 5001:  Principles (with 4 WH)
              <LI> 4630:  The 3 Critiques (with 4 WH) </UL>
    …
   </UL>
  </BODY>
</HTML>
```

任何不熟悉 HTML 的人都可以在图 19-10 中看到“商业上通用”的网络浏览器如何显示这个 HTML 页面。HTML 文档以文档标题定义的前缀开始。语句括号，称为“标签”（Tag），例如 <TITLE>…</TITLE>。通常，这些标签成对出现，如开始（<TITLE>）和结束标签（</TITLE>）。但是，与 XML 不同的是，一些标签在 HTML 中没有显式关闭，例如 <LI>，它用于标记列表项（list item）。在众多的 HTML 标记中，例子中只使用了几个。

H1 用来标记最上层的标题（header），UL 用来标记一个没有编号的列表（unnumbered list）。上述 HTML 文档的层次结构如图 19-1 所示。

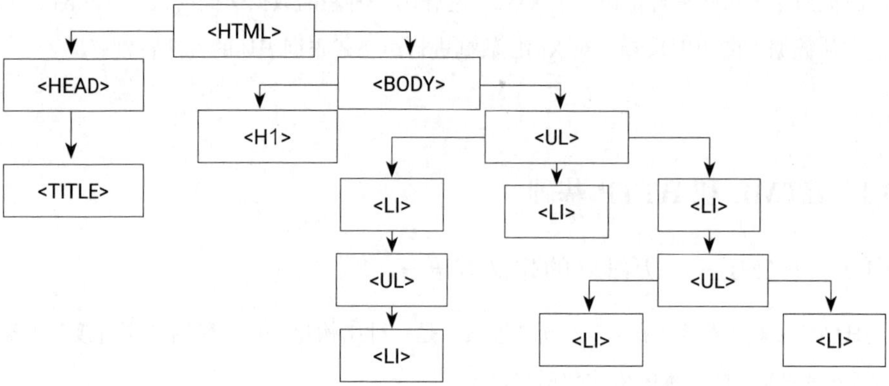


图 19-1 HTML 文件的层次结构

## 19.1.2 为网络文件寻址

文档，如 HTML 页面，在万维网中是通过 URL（统一资源定位器）来识别的。用数据库的术语来说，这些 URL 对应物理对象标识符，因为它们编码了文件的物理存储位置。URL 如下所示：

```
http://www-db.in.tum.de
                /research/publications/Books/DBMSeinf/index.shtml
```

URL[1]由三部分组成：

1. 第一部分是前缀（这里是 http），它指定了通信协议。

2. 第二部分指定了计算机，这里是 www-db.in.tum.de。也可以直接指定计算机的 IP 地址，而不是域名。如果指定了一个域名，则它将通过对域名服务器（DNS）的请求转换为相应的 IP 地址。

此外，还可以指定一个端口号，相应的网络服务器会在这个端口下等待请求。默认情况端口号为 80。

3. 第三部分指定了相关文件在计算机内的位置。在我们的例子中，HTML 文档 index.shtml 位于 research/publice tions/bppks/DBMSeinf 目录中。

这种寻址方式的缺点是，URL 不太适合文件的移动。如果一个文件从原来的存储位置（子目录）移到另一个存储位置，甚至只是改变名称，则原来的 URL 就会无效。尝试通过原始 URL 访问文件将导致一个所谓的“busted link”错误，并在 HTTP 协议中出现错误代码“404”（未找到）。

为了缓解这个经常发生的无效 URL 的问题，人们采用了所谓的 URN（统一资源名称），它与逻辑对象标识符相对应。这些 URN 标识符与资源的物理存储位置无关。对此，需要通过 URN 命名服务（URS）来管理相应的转换表。图 19-2 说明了这一程序。

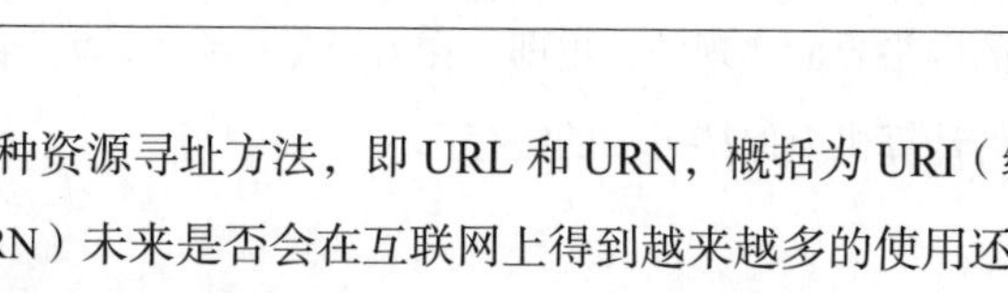

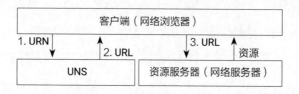


图 19-2 使用 URN 命名服务（UNS）进行 URN/URL 转换

互联网上这两种资源寻址方法，即 URL 和 URN，概括为 URI（统一资源标识符）。逻辑标识符（即 URN）未来是否会在互联网上得到越来越多的使用还有待观察，但这无疑是朝着参考完整性的方向迈出的一步。

当然，对其他 HTML 文档的引用，即所谓的“超链接”，也可以嵌入到 HTML 文档中（除了文本之外）。这样的超链接如下所示：

[1] 这个 URL 的“背后”是一个 HTML 文件，这个文件包含了关于这本教材的其他信息和教学材料。

...<A HREF = "http: //www.oldenbourg.de/index.html"> supply source </A>

在这种情况下，网络浏览器会特别强调 supply source 这个词（例如通过下画线）。如果点击这个词，浏览器就会向网络服务器 www.oldenbourg.de 请求相应的 index.html 页面，然后显示它。

### 19.1.3 万维网的客户端 / 服务器构架

万维网是一个典型的客户端 / 服务器架构，由作为客户端的网络浏览器（如微软 IE 浏览器或火狐）和网络服务器组成。客户端根据 URL 向服务器请求文件，服务器传输对应的资源，这个过程也被称为“拉动机制”（pull），因为客户端必须“拉动”相关的文档。图 19–3 以 UML 顺序图的形式说明了这个架构。

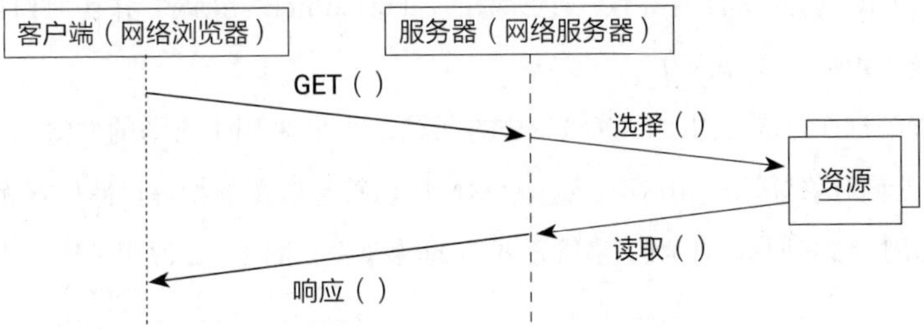


图 19–3 万维网的客户端 / 服务器构架

相比之下，最近还开发了所谓的“推送机制”（push），客户可以订阅某些文件，然后相关资源会定期自动传送到客户端。但是请注意，这些推送应用大多是通过正常的基于“拉动机制”的网络界面实现的，也即，在后台（对用户来说是看不见的）定期请求文件，并在客户端的计算机上保持可用的缓存。

### 19.1.4 HTTP——超文本传输协议

HTTP 协议是一个基于互联网协议 TCP / IP（传输控制协议 / 互联网协议）的客户端 / 服务器应用协议。网络服务器“监听”（listen）一个特定的端口（通常是 80 端口），以服务来自 HTTP 客户端的请求。通常情况下，这样的客户端是一个网络浏览器。

在 HTTP 协议中，有两个主要命令用于网络浏览器和网络服务器之间的通信：GET

和 POST。当点击一个超链接时，浏览器通常会产生一个 GET 请求，将对应的文件的地址（即 URL 的最后一部分）传输给 URL 中指定的网络服务器。然后，网络服务器把指定的文件传送给浏览器。

此外，在 GET 请求中，如用户所要求的参数也可以传输到网络服务器中。这些参数被“附加”到 URL 上，用问号“？”分开。如果传输多个参数 / 值对，则必须用“&”号隔开。当在浏览器中请求这些参数时，通常是在一个叫作 FORM 的 HTML 表格中交互式地发送请求的。

```
<FORM ACTION = "http: //www.db.fmi.uni-passau.de/servlets-buch/VrlVrz"
METHOD = "GET ">

Please enter the Name of a female Professor or a male Professor: <BR>

<INPUT TYPE=TEXT Name = " Professor_Name " ></INPUT><BR>
<INPUT TYPE=SUBMIT Value = " Start Query" ></INPUT></FORM>
```

如果在浏览器上输入“Curie”，然后用鼠标点击选择“Start Query”，则网络浏览器会从这个表格中生成例如以下的参数化 URL：

```
http: //www.db.fmi.uni-passau.de/Servletss-buch/VrlVrz? Professor_Name =
Curie
```

在这类表格中，可以同时查询多个参数，然后在 URL 中先后添加这些参数（彼此之间用一个“&”符号分开）。URL 中不允许有空格，如果在字符串参数值中出现空格，则编码为 +。这种 URL 的参数部分通常被称为“查询字符串”。

对于从浏览器到网络服务器的大量数据的传输，HTTP 协议中有一个 POST 命令。这条命令也可以用来发送参数，如“Professor_Name = Curie”。这意味着，从用户的角度来看，在表格中指定 GET 还是 POST 作为动作几乎是不相关的。但是，在 POST 命令中，“无形”地传输了参数，而这些参数并不是 URL 的一部分。出于数据保护的原因，有时这也是可取的，但是，这些 URL 不能作为“书签”（bookmarks）或其他 HTML 页面的超链接使用。

### 19.1.5 HTTPS

从数据保护的角度来看，HTTPS 协议很重要。它的工作方式与 HTTP 完全相同，只是其通信是通过所谓的“安全套接层”（SSL）进行的。这意味着待传输的数据是加密的，即防窃听的形式。

## 19.2 通过 Servlet 连接网络数据库

今天，几乎每一个大型网站都是作为一个数据库应用而构建的，如在线书店、航班预订系统，还有信息服务，如报纸档案和课程目录。图 19−4 显示了今天通常用来连接关系型数据库和互联网的架构。在这种多级客户端 / 服务器架构中，客户通过网络浏览器与网络服务器进行通信，网络服务器可以将静态 HTML 页面直接存储为“文件”(files)。动态内容(产品目录、客户数据、订单等)存储在数据库中，并根据需要读出、插入或变更。关系型数据库通过在服务器端执行的程序连接到网络服务器。今天经常用于这一目的的接口是所谓的 Java Servlet，它可以通过一个参数化的 URL 来调用。这个 Servlet URL 和必要的参数可以静态地包含在 HTML 页面中，或者由客户端输入参数。在这种情况下，参数化的 URL 是由客户端网络浏览器“组装”的。Java Servlet 通常通过 JDBC 接口访问数据库，我们在 4.23 节中介绍过这个接口。

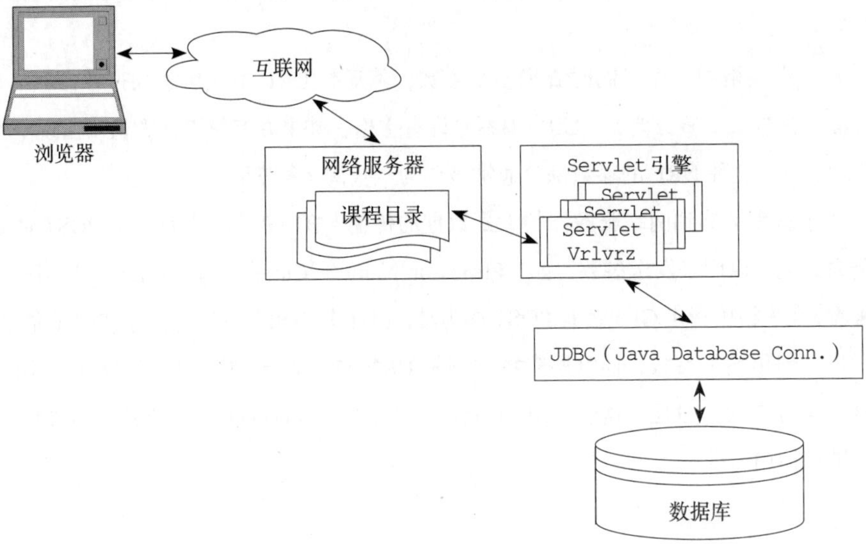


图 19−4 通过 Servlet 连接数据库

通常在 Web 服务器之外有一个单独进程执行 Servlet(取决于配置)，即所谓的“Servlet 引擎”或“Servlet 容器”。为了对非常多的用户实现这种架构的可扩展性，

Servlet 引擎在多个独立的线程（所谓的“轻量级进程”）中处理请求（即 Servlet 方法），这样就可以并行地服务于多个网络客户。

可以以这种方式扩展的软件系统（通常与网络服务器相结合）也被称为“应用服务器”（application server）。

在下面这个示例应用中，我们想为大学模型构建一个非常简单的网络信息系统。从一个 HTML 页面（在我们的例子中为 LecturesDirectory.html）中，调用表格中名为 VrlVrz 的 Java Servlet。用户可以索取必要的参数，例如，请求一个教授的姓名。然后 Servlet 将从数据库中读取该教授所讲授的课程，并将其作为一个 HTML 响应页面返回。

以下显示了 Servlet VrlVrz 的完整 Java 代码[1]：

```
import javax.Servlet.*;      import javax.Servlet.http.*;
import java.io.*;      import java.sql.*;      import java.text.*;

public class VrlVrz extends HttpServlet {
  public void doGet(HttpServletRequest request,
                    HttpServletResponse response)
    throws ServletException, IOException {
    Connection conn = null;
    PreparedStatement stmt = null;
    ResultSet rs = null;
    response.setContentType("text/html");
    PrintWriter out = response.getWriter();
    try {
      Class.forName("oracle.jdbc.driver.OracleDriver");
      conn = DriverManager.getConnection("jdbc: oracle: oci8: @lsintern-
                                db", "nobody", "Password");
      stmt = conn.prepareStatement(
                    "select l.LectureNr, l.Titel, l.WH"+
                    "from Lectures l, Professors p"+
                    "where l.Given_by = p.PersNr and p.Name = ?");
```

// 检查安全性：排除 SQL 注入！（见 12.6 节）

```
      stmt.setString(1, request.getParameter("Professor_Name"));
      rs = stmt.executeQuery(); out.println("<HTML>");
```

〔1〕在这一节中，我们给出了完整的但是比较小的示例程序，以便读者可以把它作为模板用于自己的程序。对（粗略的）架构感兴趣的读者不需要看这些程序的任何细节，我们在这里没有位置来说明所有的细节。专门介绍各个界面的图书可参考本章末的文献注解。

```
        out.println("<HEAD> <Title> Lectures by Prof."+
             request.getParameter("Professor_Name")+"</Title></HEAD>");
        out.println("<BODY>");
        out.println("<H1> Lectures by Prof."+
            request.getParameter("Professor_Name")+": </H1>");
        out.println("<UL>");
        while(rs.next())
          out.println("<LI>"+ rs.getInt("LectureNr")+":
                    "+ rs.getString("Titel") +
                    "(mit"+ rs.getInt("WH")+"WH)");
          out.println("</UL>"); out.println("</Body> </HTML>");
      }
      catch(ClassNotFoundException e){
      out.println("Database driver not found: "+ t.getMessage());
      }
      catch(SQLException e){
        out.println("SQLException: "+ t.getMessage());
      }
      finally{
        try {
          if(conn!= null)conn.close();
        } catch(SQLException ignore){}
      }
    }
  }
```

这个 Servlet 代表了可以想象到的最简单的数据库接口，但这个例子足以让我们从中推导出更复杂的应用。我们假设是通过 GET 协议发出的请求，因此，Servlet 实现了 doGet 方法。该代码分为三个主要部分：

1. 使用 JDBC 建立数据库连接；

2. 评估请求；

3. 生成 HTML 页面，并将其发送给浏览器。

在客户端通过一个表格接口确定制定请求所需的参数 Professor_Name（见下文）。它通过一个所谓的 HttpServletRequest 对象传递给 Servlet。更确切地说，这个对象包含所有传递给 Servlet 的参数。在本例中是通过参数名称来确定参数的：

request.getParameter（"Professor_Name"）；

在我们的例子中，这个参数既用于生成请求，也用于设计 HTML 页面。生成的 HTML 文档通过一个 PrintWriter 对象传递给 HttpServletResponse 对象，该对象负责将文档传输给网络客户端，即请求的浏览器。

以下代码表示，通过 HTML 页面 LecturesDirectory.html 调用 Java Servlet：

```
<HTML>
  <HEAD>
    <Title> Lecture directory via Servlet</Title>
  </HEAD>

  <BODY>
    <CENTER>
    <FORM ACTION ="http: //www.db.fmi.uni-passau.de/Servletss-buch/VrlVrz"
          METHOD ="GET"
    Please enter the Name of a Professor: <BR>
    <INPUT TYPE=TEXT Name ="Professor_Name"></INPUT><BR>
    <INPUT TYPE=SUBMIT Value ="Start Query"></INPUT>
    </FORM>
    </CENTER>
  </BODY>
</HTML>
```

在这个页面中，正如已经解释的那样，首先请求参数 Professor_Name，然后形成参数化的 URL，并作为 GET 请求转发给网络服务器。

参数输入页面 LecturesDirectory.html 在浏览器中的显示如图 19–5 所示。（由于版权问题，本章所用截图为德文原版。）

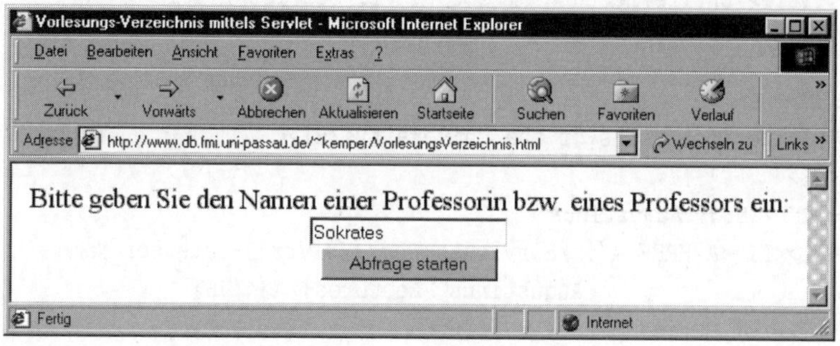


图 19–5 浏览器中的显示：参数输入页面

这里输入了姓名“Sokrates”，点击“Start Query”发送这一输入后，Servlet 生成了图 19–6 所示的页面。更确切地说，是由服务器端的 Servlet 生成浏览器显示所依据的 HTML 代码，并由客户端浏览器显示的。

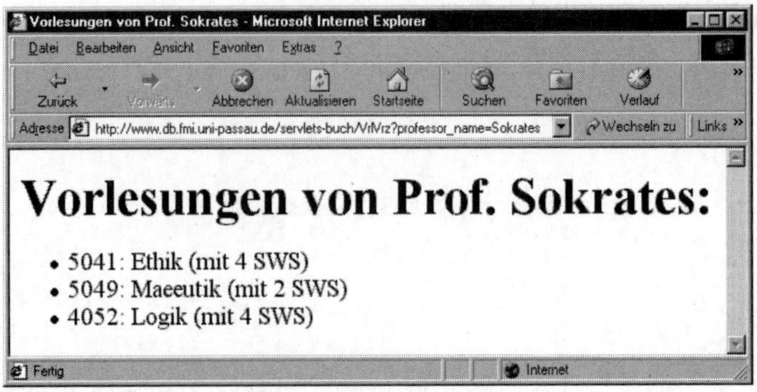


图 19-6 浏览器中的显示：由 Serlet VrlVrz 生成的响应页面

当使用 HTTP GET 请求时，参数 Professor_Name 的值“Sokrates”作为 URL 的一部分，从网络浏览器传递给 Servlet：

```
VrlVrz? Professor_Name = Sokrates
```

参数作为 URL 的一部分的好处是，可以同样对待这些动态生成的 HTML 页面的引用和静态 HTML 页面的引用。例如，可以将它们保存在书签中，或者可以将这些参数化的 URL 作为超链接包含在其他 HTML 页面中。我们用以下代码举例：

```
<HTML>
  <HEAD>
    <Title> Entire Lecture directory via Servlet</Title>
  </HEAD>

  <BODY>
    <H1>The Professors of the University</H1>
    <UL>
      <LI> Prof.Augustinus
    <UL><LI><A HREF = "../Servletss-Book/VrlVrz? Professor_Name =
                      Augustinus">Lectures</A></UL>
    <LI>Prof.Curie
    <UL><LI><A HREF = "../Servletss-Book/VrlVrz? Professor_Name = Curie">
                      Lectures</A></UL>
    ...
    <LI>Prof.Sokrates
    <UL><LI><A HREF = "../Servletss-Book/VrlVrz? Professor_Name = Sokrates"
                      >Lectures</A></UL>
    </UL>
```

```
  </BODY>
</HTML>
```

在这里我们创建了一个大学模型里所有教授的列表，对于每个教授，我们都给出了连接到 Servlet 的参数化 URL，它们可以用来显示课程列表。图 19-7 左边显示了教授列表；右边显示了课程列表，当点击 Sokrates 名字下的超链接时，就会显示这个列表。

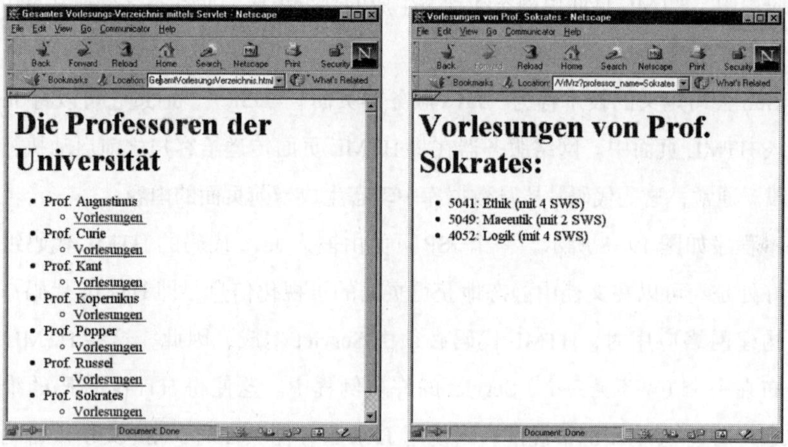


图 19-7 浏览器中显示的页面

如果想使用 POST 命令，而不是 GET 命令，这也是非常容易的。在参数输入页面，只需将 GET 命令替换为 POST 即可：

```
<FORM ACTION ="http: //www.db.fmi.uni-passau.de/Servletss -buch/VrlVrz"
      METHOD ="POST">
  Please enter the Name of a Professor: <BR>
  <INPUT TYPE = TEXT Name ="Professor_Name"> </INPUT> <BR>
  <INPUT TYPE = SUBMIT Value ="Start Query"> </INPUT>
</FORM>
```

当然，Servlet 也必须实现 doPost 方法。一种方法是让 Servlet 以同样的方式实现 doGet 和 doPost，那么我们可以简单地在 VrlVrz 类中添加以下的方法：

```
public void  doPost (HttpServletRequest request,
                     HttpServletResponse response)
    throws ServletException, IOException {
        doGet (request, response);
}
```

## 19.3 Java 服务器页面 / 活动服务器页面

到目前为止上述架构的一个严重缺点是，必须完全由 Java Servlet 生成 HTML 页面。在许多应用中，HTML 页面由静态和动态生成的部分组成，而动态部分通常是由各种不同的软件组件生成的。

由 Sun 公司定义的技术称为“Java 服务器页面”（JSP），通过它可以将 Java 代码片段嵌入 HTML 页面中。网络服务器在将 HTML 页面传送给客户之前启动执行了这些代码片段。通常，这些代码片段从数据库中动态生成当前页面的内容。

基本程序如图 19-8 所示。一个 JSP 页面由嵌入 Java 代码的 HTML 代码组成。这样做的好处是：可以在文档中静态地获得页面的可视化信息，即 HTML 代码；在使用 Servlet 构建网络应用时，HTML 代码必须由 Servlet 生成。因此，这些 HTML 代码有时会分布在一个（甚至是几个）Servlet 的许多例程中。这使得 HTML 代码的维护变得非常困难，而且 Servlet 也很混乱。当使用 Java 服务器页面时，JSP 文档被自动转换成 Servlet，然后在每次访问 JSP 页面时执行。当然，这个转换过程是在每次改变 JSP 页面时进行的。

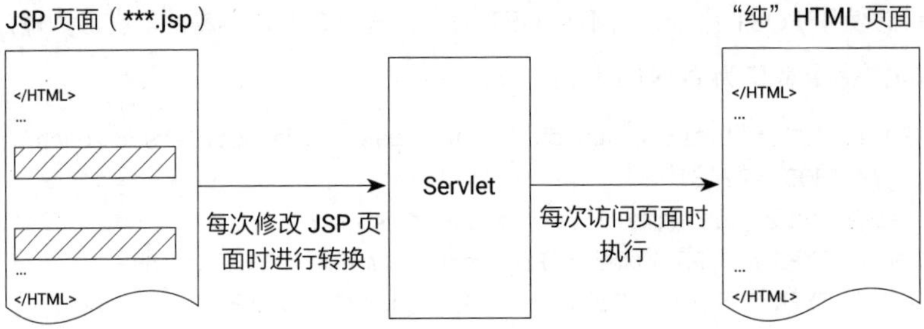


图 19-8 转换和执行一个 JSP

图 19-9 显示了生成有数据库内容的 HTML 页面的方法：这个 JSP 由静态 HTML 部分和三个嵌入的动态执行代码片段组成；在服务器上以 Servlet 的形式执行这些代码片段（在转换 JSP 页面时生成），并将数据库中的当前内容插入到 HTML 页面中。这些代码片段既可以完全嵌入 JSP/HTML 页面，也可以作为一个组件（所谓的 Jave-Bean）从

外部集成。组件架构的优势在于清晰性和可重用性。

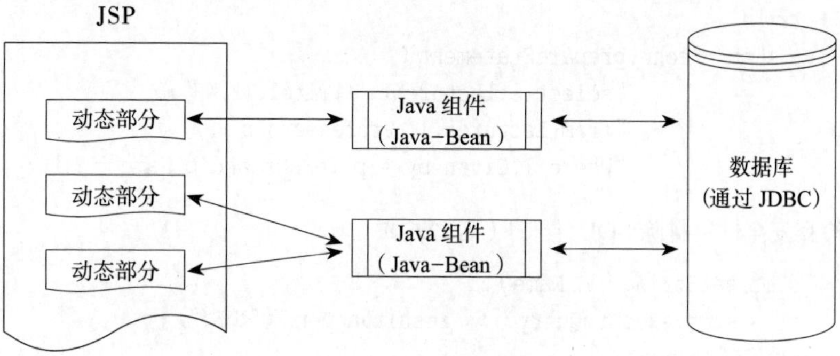


图 19-9 有动态内容生成的 JSP

微软通过“活动服务器页面”（Active Server Pages，ASP）或 ASP.NET 实现了用动态组件生成网页的类似技术。不过，在下面的例子中，我们将使用 JSP，以避免因句法上的细微差别而使讨论过于复杂。读者可以把这些小例子“重建”成 ASP。

### 19.3.1 有 Java 代码的 JSP/HTML 页面

在其最简单的形式中，HTML 页面包含生成动态内容所需的所有 Java 代码。然而，这对于较大的代码片段来说是非常混乱的。

作为一个应用示例，我们想生成一个完整的课程目录：列出大学的所有教授，并通过数据库确定课程列表，然后输出。以下显示了这个完整的 Java 服务器页面的代码：

```
<%@ page import ="java.sql.*"% >
<%! Connection conn = null; Statement stmt = null;
    ResultSet rs = null; String conn_error = null; %>
<% try {
     Class.forName("oracle.jdbc.driver.OracleDriver");
     conn = DriverManager.getConnection("jdbc: oracle: oci8: @lsintern-
                                        db", "nobody", "Password");
   } catch(Exception e){
     conn_error = t.toString();
  } %>
<%! String generateLectureList(String Name){
     StringBuffer result = new StringBuffer();
```

```
      if (conn == null)
        return ("Problems with the Database: "+ conn_error + "</br>");
      try {
        stmt = conn.prepareStatement(
                    "select l.LectureNr, l.Titel, l.WH"+
                    "from Lectures l, Professors p"+
                    "where l.Given_by = p.PersNr and p.Name = ? ");

  // 检查安全性：排除 SQL 注入！（见 12.6 节）

      stmt.setString(1, Name);
      rs = stmt.executeQuery(); result.append("<UL>");
      while(rs.next())
        result.append("<LI>"+ rs.getInt("LectureNr") +
                      ":"+ rs.getString("Titel")+
                      "(with"+ rs.getInt("WH")+"WH)");
        result.append("</UL>");
      }
      catch(SQLException e){
        result = new StringBuffer("When Querying for"+ Name +
                    "an error occurred: "+ t.getMessage() + "</br>");  }
      return result.toString();
    }
  %>
  <HTML>
    <HEAD> <Title>
          Entire Lecture directory via Java Server Page
    </Title> </HEAD>
    <BODY> <H1> The Professors of the University </H1>
    <UL> <LI> Prof.Augustinus <%= generateLectureList("Augustinus")%>
        <LI> Prof.Curie <%= generateLectureList("Curie")%>
        <LI> Prof.Kant <%= generateLectureList("Kant")%>
        <LI> Prof.Kopernikus <%= generateLectureList("Kopernikus")%>
        <LI> Prof.Popper <%= generateLectureList("Popper")%>
        <LI> Prof.Russel <% = generateLectureList("Russel")%>
        <LI> Prof.Sokrates <% = generateLectureList("Sokrates")%></UL>
    </BODY> </HTML>
  <% try {if(conn!= null) conn.close(); } catch(SQLException ign){}%>
```

Java 代码通过 <%…%> 形式的特殊标签与周围的 HTML 代码分开。我们在例子中使用了 5 个不同的标签：

1. <%@page Attributes of the directive%>：使用 page 指令，可以通过不同的属性来

控制 JSP 页面的转换过程。其中包括 import 属性，它用于导入转换 JSP 页面中的 Java 代码所需的 Java 包。在我们的例子中，导入了 JDBC 功能包 java.sql.*。通过指令，还可以包含统一的页面格式（Header 等），或者指定一个特殊的页面，在出现错误时（即如果生成的 Servlet 在处理一个请求时“崩溃”）输出。

2. <%!Declaration%>："声明”是由一个带感叹号的标签引入的。例如可以定义一个 JavaOperation，然后在页面中使用（多次）。在我们的例子中，声明了字符串函数 generateLectureList，后来又调用了几次。

3. <%=expression %>：等号右侧表达式的文本输出应该被替换成标签。这是一个简化的惯例，相当于 <% out.print（expression）%>。如果表达式的值是一个类的实例，则会隐式地调用与每个 Java 类相关的 toString 方法。

4. <%Java-Code-Fragment%>：这个最简单的标签（没有后面的！或 =）包含了 Java 代码。如上所示，也可以通过写到隐含的可用对象 out 来输出这个 Java 代码，然后将输出插入到 HTML 文档。

5. <%- -Comment- -%>：这是用来限定注释的。该注释不包括在最终交付给客户（网络浏览器）的生成式 HTML 文档中。这样的 HTML 注释如“<!- -Comment- ->”将直接写入 JSP 页面或由 Java 代码生成。

遗憾的是，到目前为止所述的将完整的代码集成到 JSP 页面的方法有两个非常严重的缺点：

1. 比较混乱：如果代码必须执行更复杂的动作，例如在我们的例子中通过 JDBC 进行数据库连接，则它很快就会变得非常混乱。

2. 不可重复使用：只能在这个页面中使用 JSP 页面中所包含的代码，然而，还有许多其他的 HTML/JSP 页面。这里的代码段 generateLectureList 对于数据库查询是很有用的，例如，教授们的主页上也应该合理地包含最新的课程列表。

### 19.3.2 有 Java-Bean 调用的 HTML 页面

在 JSP 页面之外定义的 Java 组件解决了上面指出的两个问题（混乱和不可重复使用），这些组件称为“Java-Bean”。为了保证基本的可重复使用性，在实现时必须遵守一些约定。在我们的例子中，广义上的 Java 组件 / 类只有一个无参数的构造函数。

以下代码使用了 Java-Bean 组件 LecturesBean 来确定相应课程列表的 JSP 页面。

```
<%@ page import ="jspdemo.LecturesBean"%>

<jsp: useBean id = "mybean"class = "jspdemo.LecturesBean"
                               scope = "application"/>
...
<% =mybean.generateLectureList ("Augustinus") %>
<%@ page import = "jspdemo.LecturesBean"%>

<jsp: useBean id = "mybean"class = "jspdemo.LecturesBean"
                               scope = "application"/>
<HTML>
  <HEAD>
     <Title>Entire Lecture directory via Java Server Page</Title>
  </HEAD>
  <BODY>
     <H1>The Professors of the University</H1>
     <UL>
       <LI> Prof.Augustinus
            <% = mybean.generateLectureList ("Augustinus") %>
       <LI> Prof.Curie
            <% = mybean.generateLectureList ("Curie") %>
       <LI> Prof.Kant
            <% = mybean.generateLectureList ("Kant") %>
       <LI> Prof.Kopernikus
            <%= mybean.generateLectureList ("Kopernikus") %>
       <LI> Prof.Popper
            <% = mybean.generateLectureList ("Popper") %>
       <LI> Prof.Russel
            <%= mybean.generateLectureList ("Russel") %>
       <LI> Prof.Sokrates
            <% = mybean.generateLectureList ("Sokrates") %>
     </UL>
  </BODY>
</HTML>
```

这个页面现在看起来几乎像一个“正常”的 HTML 页面，除了前面几行特殊结构：

通过页面指令，Java-Bean 组件 LecturesBean 的代码包含在内。在第二行中隐式地实例化了这个组件，并将其命名为 mybean。之后，便可以调用该组件的操作，如函数 generate-LectureList。句法 <% …% > 将该方法调用括起来。< % = …% > 中附加的“=”字符表示方法调用的结果将作为一个字符串在这里插入 JSP 页面中。

### 19.3.3 Java-Bean 组件 LecturesBean

上面所使用的 Java-Bean 的实现如下所示。该代码与 19.2.1 节中所示的 Java Servlet 的实现非常相似。

现在可以在浏览器中看到由 JSP（19.3.2 节）生成的完整的课程目录，如图 19-10 所示，我们可以再次清楚地看到生成 HTML 页面的过程：

图 19-10 在浏览器中显示的完整的课程目录

1. JSP 页面转换成 Servlet;

```
package jspdemo; import java.sql.*;

public class LecturesBean {
  Connection conn = null;
  String conn_error = null;
  public LecturesBean ( ) {
  try {
    Class.forName (""oracle.jdbc.driver.OracleDriver") ;
    conn = DriverManager.getConnection (
              "jdbc: oracle: oci8: @lsintern-db", "nobody", "Password") ;
}
catch (Exception e) {
  conn_error = t.toString ( ) ;  }
```

```
}

public String generateLectureList(String Name){
  Statement stmt = null;
  ResultSet rs = null;
  if(conn == null)
    return("Problems with the Database: "+ conn_error + "</br>");
StringBuffer result = new StringBuffer();
try {
  stmt = conn.prepareStatement(
                "select l.LectureNr, l.Titel, l.WH"+
                "from Lectures l, Professors p"+
                "where v.Given_by = p.PersNr and p.Name = ? ");
// 检查安全性：排除 SQL 注入！（见 12.6 节）
    stmt.setString(1, Name);
    rs = stmt.executeQuery();
    result.append("<UL>");
    while(rs.next())
      result.append("<LI>"+ rs.getInt("Lecture_number") +
                  ":  "+ rs.getString("Titel") +
                  "(with "+ rs.getInt("WH")+"WH)");
    result.append("</UL>");
  }
  catch(SQLException e){
    result = new StringBuffer("When Querying for "+ Name +
                "an error occurred: "+ t.getMessage()+"</br>");  }
    return result.toString();
  }
  public void finalize(){
    try {
      if (conn! = null)conn.close();
    }catch(SQLException ignore){}
  }
}
```

2. 浏览器要求访问 JSP；

3. 网络服务器执行从 JSP 页面生成的 Servlet；

4. 在执行过程中，消除 JSP 页面的代码片段，然后插入执行过程中生成的结果；

5. 最后，创建一个“纯”HTML 页面并发送给客户端；

6. 浏览器显示 HTML 页面。

### 19.3.4 “苏格拉底”的主页

图 19-11 展示了 Java-Bean 组件 LecturesBean 的可重复使用性。

```
<%@ page import ="jspdemo.LecturesBean" %>
<jsp: useBean id = "prg"class = 'jspdemo.LecturesBean"scope = "application"/>
<HTML>
    <HEAD> <Title>Sokrates' Home - Page mit JSP</Title> </HEAD>
    <BODY>
        <H1><IMG ALIGN = TOP ALT = "picture"SRC = "Sokrates.gif"> Prof. Sokrates</H1>
        <H1> Lectures </H1>
            <% = prg.generateLectureList ("Sokrates") %>
        </BODY>
</HTML>
```

这里，“苏格拉底”教授用 JSP/HTML 建立了他的主页。为了确保列出的课程保持最新状态，他用 Java-Bean 从数据库中动态地读取这些信息。浏览器显示的主页如图 19-11 所示。当然，“奥古斯丁”教授和“居里”教授也可以使用这个 Java-Bean 为他们的主页“提供”最新的课程数据。还可以为这个 Java-Bean 组件添加一个额外的方法 getAverageGrade，这样教授们也可以在他们的主页上显示考试平均成绩的最新数值，或者一个平均成绩表（见习题 19-6）。

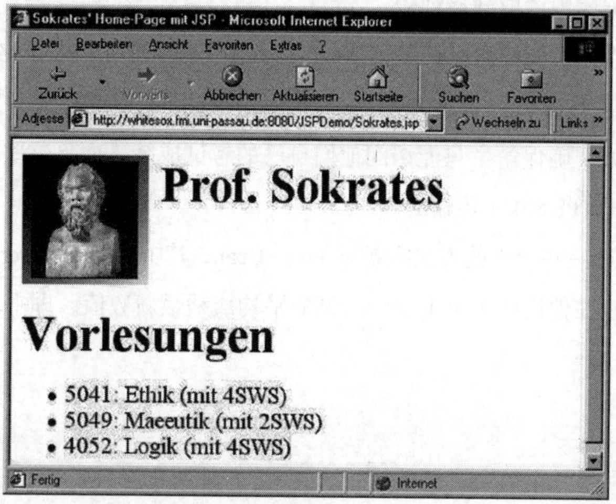


图 19-11 重复使用 LecturesBean 创建“苏格拉底”教授的主页

## 19.4 通过 Java Applet 连接数据库

Java Applet 是在网络客户端上执行的 Java 程序。这是移动代码，从网络服务器传输到客户端计算机并在那里执行。出于安全原因，实际上只可能在严格控制的内部网络中从 Java Applet 访问数据库。

## 19.5 习题

19-1 请重建 http：//www-db.in.tum.de/research/publications/Books/DBMSeinf 上的网络界面，通过该网络界面，用户可以在给定的数据库（比如本书中所述的大学模型数据库）上制定任意的 SQL 查询。

19-2 Servlet VrlVrz 为“苏格拉底”教授和“居里”教授分别生成的 HTML 文档是什么样子的?

19-3 在我们高度简化的 Servlet 和 JSP 例子中，教授列表静态地被输入到网页中。当然，在考虑新增员工或解雇 / 退休问题时，这并不是特别有用。请对示例进行修改，使其也可以从数据库中读取教授列表。

19-4 请开发一个 Servlet，不以 HTML 格式而是以合适的 XML 格式输出课程。

19-5 项目工作：请为我校开发一个全面的网络信息系统。在开发中要特别注意安全和隐私。例如，确保学生只能访问他们自己的考试成绩，而且这些信息是以防窃听的方式（即通过 HTTPS/SSL）传输的。

19-6 请通过一些额外的方法来扩展 Java-Bean，其中包括 getAverageGrade 方法，这样教授们也可以在他们的主页上显示考试的平均成绩最新数值，即平均成绩表。

## 19.6 文献注解

若想要了解互联网连接数据库，推荐阅读 Peterson，Davie 和 Clark（2000）撰写的书，或 Wilde（1999）撰写的德语书。Benn 和 Gringer（1998），Meyer，Klettke 和 Heuer（2000）

描述了将数据库连接到互联网的各种架构，其中所介绍的通过服务器端执行的 Java Servlet 或 JSP 的架构符合目前的技术水平。Hunter 和 Crawford（1998）对 Java Servlet 的编程作了非常全面的处理。Turau（2000）描述了 JSP 的细节。Tomcat（http：//jakarta.apache.org/ tomcat）是一个免费提供 Java Servlet 和 JSP 的应用服务器。JSP 在架构和功能上与微软的 ASP 非常相似。Eberhart 和 Fischer（2000）讨论了实现电子商务应用的 Java 构件。Boll 等人（1999）设计了电子市场的数据库支持组件。Kemper 和 Wiesner（2001）提出了所谓的 HyperQueries，它可以作为松散耦合的虚拟企业（市场）的整合工具。Bichler，Segev 和 Zhao（1998）研究了基于组件的电子商务架构。Braumandl 等人（2001）为互联网数据源实现了一个名为 ObjectGlobe 的分布式查询处理系统。Keidl 等人（2001）描述了 ObjectGlobe 系统的元数据管理。Keidl 等人（1999）研究了安全方面的问题。

Faulstich 和 Spiliopoulou（2000）描述了使用 Wrapper 对出版数据库进行网络连接。Faensen 等人（2001）描述了一种数字图书馆的通知机制。König-Ries（2000）开发了一个用于半自动数据整合的工具。Kounev 和 Buchmann（2002）研究了基于 Java 的数据库与网络连接的优化问题。

Aberer，Cudré-Mauroux 和 Hauswirth（2003）做了关于语义网的工作，其目的是通过有意义的元数据发现网上的重要信息。Sure，Staab 和 Studer（2002）已经为此开发了基于本体论的方法。Borghoff 等人（2001）描述了网络社区的信息管理方法。Lehel，Matthes 和 Riedel（2004）描述了一种在网络信息库中面向数据内容融合的算法。Melnik，Rahm 和 Bernstein（2003）开发的 Rondo 系统用于实现密集型元数据的应用。Westermann 和 Klas（2006），Kosch 和 Döller（2005）研究了使用数据库系统进行 MPEG 数据管理的情况。

# 20 XML 数据建模和 Web 服务

## 20.1 XML 数据建模

XML 是网络的“新”语言，由万维网联盟（W3C）设计并标准化。今天，XML 被特别视为分布式应用程序之间的标准化数据交换格式。它也被称为“有线格式”（wire format）。

在介绍 XML 之前，让我们简要回顾一下另外两个数据模型的基本属性。关系型数据模型在模式和数据方面存在非常严格的区分。其中，根据模式非常精确地定义了存储数据的结构。因此，只有结构化数据，即以相同方式频繁出现的数据对象，才能有意义地存储在关系型数据库系统中。

相比之下，HTML 是一种纯格式化语言，其中的标签（例如 <TITLE> 或 <LI>）都是通过格式化的表达来解释的。但是，这些标签没有语义上的含义，因此只有在掌握必要的上下文信息的情况下，才能将以下两个列表识别为教授列表或课程列表。

```
<UL> <LI> Curie </LI>
     <LI> Sokrates </LI> </UL>

<UL> <LI> Maieutics </LI>
     <LI> Bioethics </LI> </UL>
```

因此，HTML 文档没有指定模式，而是可以根据需要使用预定义的标签。

XML 所扮演的角色介于这两个极端之间。因此，XML 也被称为“半结构化数据模型”。这里指的是，它在大多数情况下具有固定结构的数据，但同时也包含不受这种静态模式约束的元素。

与 HTML 不同的是，XML 表示元素使用的是上下文或应用的标签，而不是格式化/结构。上述示例的 XML 表达如下：

```
<Professors> <Professor>Curie</Professor>
             <Professor>Sokrates</Professor>
</Professors>

<Lectures><Lecture>Maieutics </Lecture>
```

```
        <Lecture>Bioethics</Lecture>
</Lectures>
```

XML 语言有一个非常简单的结构。一个 XML 文档由三部分组成：

1. 一个可选的序言（主要应指定基础的 XML 版本）；

2. 一个可选的模式（所谓的“文档类型定义”，DTD，或较新的 XML 模式）；

3. 一个单一的根元素，它可以包含任何数量和任何嵌套深度的子元素。一个元素总是被一个开始和结束标签所包围，例如标签对 <Lecture> 和 </Lecture>。

元素是XML文档中信息的原子单位。一个元素有一个名称，由开始或结束标记表示。一个元素可以有一个或多个属性，这些属性被列在元素开始标签中。一个元素的实际内容由一个有序的（子）元素、注释或字符串的列表组成。让我们用一个非常简单的例子来说明：

```
<? xml version = "1.0"encoding = 'ISO-8859-1'?>
<!-- the line above is the Prologue, this line is a comment -->

<!-- Schema as DTD -->
<!DOCTYPE Book [
     <!ELEMENT Book (Title, Author*, Publisher)>
     <!ATTLIST Book Year CDATA #REQUIRED>
     <!ELEMENT Title (#PCDATA)>
     <!ELEMENT Author (#PCDATA)>
     <!ELEMENT Publisher (#PCDATA)>
]>

<!-- root element-->
<Book Year = "2006">
     <Title>Database Systems: An Introduction</Title>
     <Author>Alfons Kemper</Author>
     <Author>Andre Eickler</Author>
     <Publisher>Oldenbourg Publisher</Publisher>
</Book>
```

如图 20-1 所示，一个 XML 文档可以设想成一棵树。其特殊之处在于，属性（此处显示为阴影）与子元素是有区别的。此外，子元素（相对于属性的子元素，见下文）的顺序是相关的。

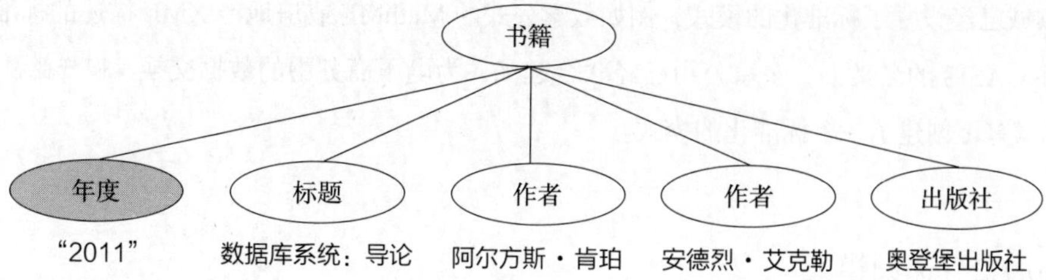


图 20-1 XML 文档的树状图

## 20.1.1 模式或无模式

一个 XML 文档可以有模式，也可以没有。如果为一个文件指定了一个模式，则必须符合这个模式。如果一个没有模式的 XML 文档满足了句法要求（只有一个根元素，成对的括号等），那么它就被称为“格式良好”（well-formed）。

如果一个有模式的 XML 文档满足了模式中规定的要求，则将其称为“有效”。在我们的图书例子中，模式（即 DOCTYPE）与数据包含在同一个文档中。一般来说，模式也可以包含在一个单独的文件中。这里与实际情况相符，因为标准化模式的目标是符合多用户的要求。根据给定的模式，为了使 XML 文档“有效”，必须满足以下条件：这本书必须有一个属性 Year，因为这个属性被指定为 REQUIRED。可选属性为 IMPLIED。此外，一本书必须至少有一个子元素 Title，它被指定为一个字符串（可解析字符数据，PCDATA）。作者人数在零和任何数字之间是可变的，用星号来表示。如果想规定至少有一个子元素“作者”，则可以使用加号。这个例子表明，同名的子元素可以出现不止一次，而根元素只可以出现一次。对于“作者”来说，指定元素的顺序是相关的。另一方面，不考虑属性的顺序。

在实际的数据建模中，通常很难区分子元素和属性。这里也没有明确的规则，最多是个人偏好。简单地说，一个可以指代整个元素的属性最好被模拟成一个属性，而子元素用于描述该元素的其他方面。不过，在我们的例子中，属性“年”也可以很好地被建模为一个子元素 <Year>2006</Year>（在修改了模式定义之后）。

作为互联网数据交换模型，XML 模式的重要性就变得特别明显。只有为多样化的应用定义标准化的 XML 模式时，才能合理地发挥其作用。这样，应用数据可以根据这种特定的应用模式进行建模和交换，而不必在每种情况下都对数据进行转换。某些应用领域已经设立了标准化的模式，例如数学公式的 MathML 或房地产 XML 描述的标准化。在 OASIS 的名义下，多家公司已经联合起来，为电子商务中的数据交换（即产品描述或订单等）创建了一个标准化的模式。

### 20.1.2 递归模式

与对象关系或面向对象数据库不同，XML 结构（即元素）可以嵌套到任何深度，而不局限于一个固定的最大嵌套深度。让我们用著名的组件例子来说明：一个组件可以由任何数量的其他组件组成，而这些组件本身可以由其他组件组装起来，以此类推，直至不能进一步分解的原子组件。下面的 XML 文档和相关的 DTD 显示了这样一个基于组件层次结构的例子：

```
<?xml version ="1.0"encoding ='ISO-8859-1'?>

<!-- Scheme as DTD -->
<!DOCTYPE Component [
   <!ELEMENT Component (Description, Component*)>
   <!ATTLIST Component Price CDATA #REQUIRED>
   <!ELEMENT Description  (#PCDATA)>
]>

<!--Root element-->
<Component Price ="350000">
   <Description>Maybach 620 Sedan</description>
   <Component Price ="50000">
      <Description>V12-Biturbo Engine with 620 HP</Description>
      <Component Price ="2000">
         <Description>camshaft</Description>
      </Component>
   </Component>
   <Component Price ="7000">
      <Description>Champagne fridge</Description>
   </Component>
</Component>
```

DTD 的递归性可以从组件元素的定义中看出，因为组件元素本身是由任意数量的（用 * 表示）组件子元素组成的。

### 20.1.3 采用 XML 格式的大学模型

我们现在用 XML 来对“熟悉”的大学建模。该 XML 文档如下所示。[1]

```
<? xml version ="1.0"encoding ='ISO-8859-1'? >

<University UnivName = "Virtual University of Great Thinkers">
  <UniManagement>
      <Rector>Prof.Sokrates</Rector>
      <Chancellor>Dr.Erhard</Chancellor>
  </UniManagement>
  <Faculties>
      <Faculty>
        <FacName>Theology</FacName>
        <Professor PersNr = "P2134">
            <Name>Augustine</Name>
            <Rank>C3</Rank>
            <Room>309</Room>
            <Lectures>
                <Lecture LectureNr = "V5022">
                  <Title>Faith and Knowledge</Title>
                  <WH>2</WH>
                </Lecture>
              </Lectures>
            </Professor>
      </Faculty>

      <Faculty>
        <FacName>Physics</FacName>
        <Professor PersNr = "P2136">
          <Name>Curie</Name>
          <Rank>C4</Rank>
          <Room>36</Room>
      </Professor>
      <Professor PersNr = "P2127">
          <Name>Kopernikus</Name>
          <Rank>C3</Rank>
```

[1] 哲学系：教授“苏格拉底”和他的课程“伦理学”“苏格拉底反诘法”和“逻辑学”；“罗素”和他的课程“认识论”“科学哲学”和“生物伦理学”。“波普尔”和他的课程“维也纳学派”以及“康德”和他的课程“基础理论”和“三大批判”可由读者补充。在后面的查询中，将以“大学”的完整 XML 文档作为基础。

```
        <Room>310</Room>
      </Professor>
      </Faculty>

      <Faculty>
        <FacName>Philosophy</FacName>
        ...
        ...
      </Faculty>
    </Faculties>
  </University>
```

我们可以再次将这个 XML 文档中包含的信息可视化为一个树状图结构（图 20-2）。属性标记有阴影和下画线。在我们的例子中，教授的工号和课程的课程编号被建模为属性。我们还特意没有为这个 XML 文档指定 DTD，因为我们想用下面这个例子来展现 XML 的语言表现力。

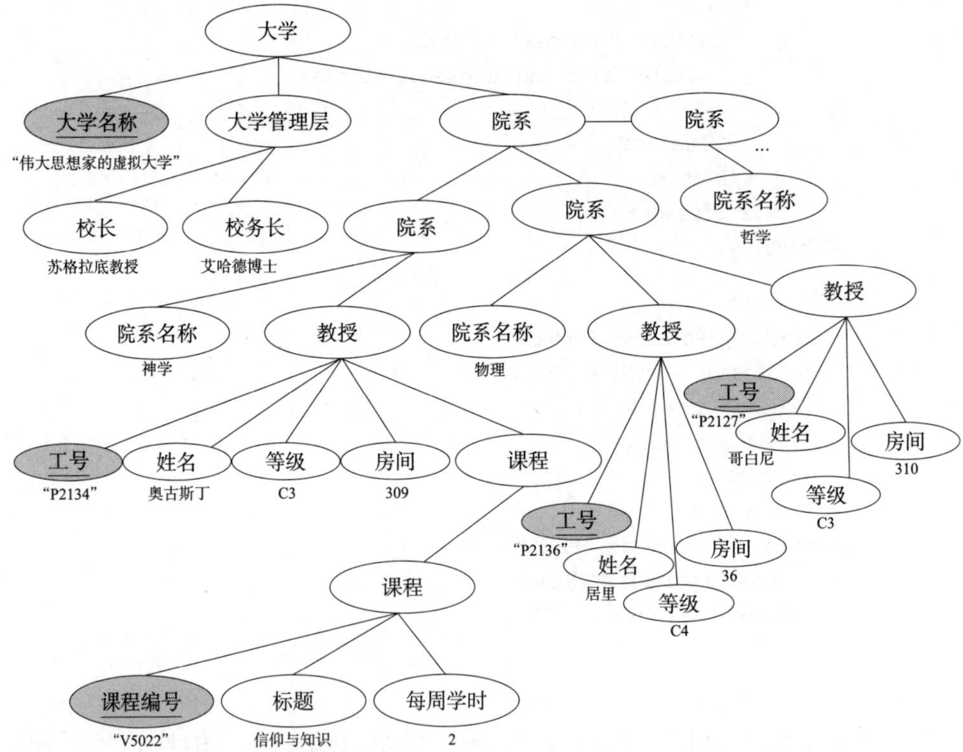


图 20-2　用树状图表示的 XML 文档结构

### 20.1.4 XML 命名空间

当使用 XML 进行数据建模时，针对属性和元素名称使用了特定的词汇表。为了交换数据，所有通信伙伴必须使用相同的词汇，这是由 DTD 或 XML 模式定义的（见下文）。此外，在同一个 XML 文档中可能使用不同的词汇表。以大学建模为例，除了大学相关词汇外，还可能使用我们在第 20.1 节中介绍的文献词汇来表示课程的文献推荐。

例如，如果使用“标题”这个元素，则应该清楚地知道这表示书名，而不是指教授们的学术头衔或课程的标题。这在 XML 中可以通过命名空间（Namespace）来调节。命名空间是由全球唯一的 URI 来识别的，所有通信伙伴都必须遵守这一惯例。在 XML 文档中，要么指定一个默认的命名空间，要么通过缩写将元素和属性明确地分配给一个命名空间。可以像下面的 XML 片段这样指定默认命名空间：

```
...
<University xmlns ="http: //www - db.in.tum.de/University"
        UnivName ="Virtual University of Great Thinkers">
    <UniManagement>
...
```

这个默认的命名空间适用于它所声明的元素和所有子元素。如果想在默认命名空间之外使用其他词汇，则可以通过明确指定各自的命名空间来实现：

```
...
<University xmlns ="http: //www - db.in.tum.de/University"
        xmlns: lit ="http: //www - db.in.tum.de/literature"
        UnivName ="Virtual University of Great Thinkers">
    <UniManagement>
...
            <Lecture>
                <Title> Information Systems </Title>
                ...
                <lit: Book lit: Year = "2006">
                  <lit: Title>Database Systems: An Introduction</lit: Title>
                  <lit: Author>Alfons Kemper</lit: Author>
                  <lit: Author>Andre Eickler</lit: Athor>
                  <lit: Publisher>Oldenbourg Publisher</lit: Publisher>
                </lit: Book>
            </Lecture>
...
```

在这里，限定词 lit 用来将元素和属性名称分配给 http: //www-db.in.tum.de/

Literatur-Vokabular，而不是分配给默认词汇 http：//www-db.in.tum.de/University。所以我们在这个示例片段中有两个不同的“标题”元素。当然，也可以完全不使用默认命名空间，而对所有元素和属性名称进行限定，例如 uni：Title 或 lit：Title。

### 20.1.5 XML 模式：一种模式定义语言

到目前为止，XML 文档的结构一直是通过所谓的 DTD 来描述的，然而，它的表达能力非常有限。例如，不能指定更复杂的完整性条件，数据类型也非常有限（基本上只有字符串，即 PCDATA）。DTD 的另一个缺点是，它本身不是一个有效的 XML 文档。

为了克服这些问题，W3C 的一个工作小组构思了更具表现力的数据定义语言 XML 模式。以下为采用 XML 模式描述“伟大思想家的 Virtual Uni”的文档。

XML 模式定义中的每个元素都有与 XML 模式命名空间相关联的前缀 xsd，如下所示：

```
<xsd: schema xmlns: xsd ="...">
```

在这个命名空间中定义了 XML 模式结构。命名空间前缀（根据惯例，这里是 xsd）用于“全局”唯一地命名这些模式定义标签，如 <xsd：attribute> 或 <xsd：element>。我们“选择”了 XML 模式来定义命名空间的词汇——http：//www-db.in.tum.de/University，用 targetNamespace 属性来表达它。

首先，定义了顶层元素“大学”University。对于它的定义，我们使用一个命名的类型——UniInfoType。这个类型被定义为复合类型，由名为 UniManagement 和 Faculties 的两个元素序列和一个字符串属性 UnivName 组成。UniManagement 元素本身也是一个复合类型，但我们在这里没有给它命名，而是在局部定义了其名称。它有一个非常简单的结构，由两个字符串元素的序列组成，名为“校长”Rector 和“校务长”Chancellor。

其次，用“院系类型”FacultyType 来定义各个院系，“院系类型”也是一个由两个元素组成的复合类型。其中一个元素“院系名称”FacName 定义为一个字符串；另一个元素“教授”Professor 本身也是复杂结构。“教授”这个元素也定义有两个属性 minOccurs 和 maxOccurs，这指定了元素的多重性，所以在我们的例子中，一个院系可以有任意数量的教授（也可以完全没有教授，以建立新的院系）。如果没有指定这两个属性，则 minOccurs =“1”和 maxOccurs =“1”总是隐式地适用，即该元素必须正好出现一次。对于子元素 Lectures，我们只把 minOccurs 定义为 0，这表示可选性。也即，可以缺少这个元素，但不能出现超过一次。

在复杂类型“课程信息”LecturesInfo 的定义中，我们使用了两种新的类型：ID 和 IDREFS。将属性“课程编号”LectureNr 定义为 ID，它规定了该值在 XML 文档中必须是唯一的。因此，任何其他的 ID 属性都不能取相同的值（甚至在另一个元素中也不行，比如“教授”的工号）。这与关系模型不同，在关系模型中，只在一个关系中保证键属性的唯一性。IDREF 或 IDREFS 可用于引用相应的元素。下一节将介绍一个说明性的例子。

```
<?xml version = ″1.0″encoding = ' ISO-8859-1' ?>
<xsd: schema xmlns: xsd = ″http: //www.w3.org/2001/XMLSchema″
        targetNamespace = ″http: //www-db.in.tum.de/University″>

<xsd: element Name = ″University″ type = ″UniInfoTyp″/>

  <xsd: complexType Name = ″UniInfoTyp″ >
    <xsd: sequence>
      <xsd: element Name = ″UniManagement″ >
        <xsd: complexType>
          <xsd: sequence>
            <xsd: element Name = ″ Rector ″ type = ″ xsd: string″ />
            <xsd: element Name = ″Chancellor″type =″xsd: string″ />
        </xsd: sequence>
    </xsd: complexType>
</xsd: element>
<xsd: element Name = ″Faculties″ >
  <xsd: complexType>
    <xsd: sequence>
      <xsd: element Name = ″Faculty″ minOccurs = ″0″ maxOccurs = ″unbounded″
            type = ″FacultiesType″/>
    </xsd: sequence>
  </xsd: complexType>
  </xsd: element>
  </xsd: sequence>
  <xsd: attribute Name = ″UnivName″type = ″xsd: string″/>
</xsd: complexType>

<xsd: complexType Name = ″FacultiesType″> <xsd: sequence>
  <xsd: element Name = ″FacName ″type =″xsd: string″/>
  <xsd: element Name = ″Professor″ minOccurs = ″0″ maxOccurs = ″unbounded″>
    <xsd: complexType>
```

```
        <xsd: sequence>
          <xsd: element Name = "Name"type = "xsd: string"/>
          <xsd: element Name = "Rank"type = "xsd: string"/>
          <xsd: element Name = "Room"type = "xsd: integer"/>
          <xsd: element Name = "Lectures"minOccurs = "0"type = "LectureInfo"/>
        </xsd: sequence>
        <xsd: attribute Name = "PersNr" type = "xsd: ID"/>
      </xsd: complexType>
    </xsd: element>
  </xsd: sequence>        </xsd: complexType>

  <xsd: complexType Name = "LectureInfo">        <xsd: sequence>
      <xsd: element Name = "Lecture"minOccurs = "1" maxOccurs = "unbounded">
        <xsd: complexType>
          <xsd: sequence>
              <xsd: attribute Name = "LectureNr"type = "xsd: ID"/>
              <xsd: attribute Name = "Requirements"type ="xsd: IDREFS"/>
          </xsd: complexType>
      </xsd: element>
  </xsd: sequence>        </xsd: complexType>
  </xsd: schema>
```

## 20.1.6 XML 数据中的引用

到目前为止，我们集中讨论了 XML 数据的纯层次（树）结构，采用这种结构可以很好地以线性化的形式（即在文件或通信数据流中）描述许多应用数据。用数据库的术语来说，可以很好地对层次结构为 1∶*N*，当然也包括 1∶1 的关系建模。让我们再次用大学模型来说明这一点，它主要包含了图 20-3 中所示的 1∶*N* 的关系。

图 20-3　大学模型中的 1∶*N* 关系

在“现实世界”中，除了纯层次结构外，当然也有所谓的“共享子对象”。这是指有一个以上的父对象的对象。一个非常明显的例子是生物学上的父母 / 子女关系，其 ER 图如图 20-4 中所示。

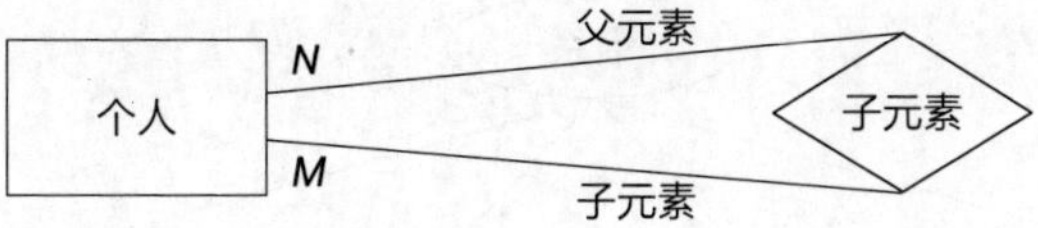


图 20-4　父母 / 子女模型中的 $N:M$ 关系

若一个子元素有两个父元素，则它在一个 XML 文档中不能明确地从属于一个父元素。对此，我们必须引入“引用”（reference）的概念（就像在面向对象和对象关系型数据模型中那样），以便以有意义的方式对这种关系进行建模。以下显示了如何在 XML 中表达四个人的关系：

```
<!DOCTYPE Familytree [
   <!ELEMENT Familytree (person*)>
   <!ELEMENT person(Name)>
   <!ELEMENT Name(#PCDATA)>
            <!ATTLIST PersonID ID#REQUIRED
                              Mother IDREF #IMPLIED
                              Father IDREF #IMPLIED
                              Children IDREFS #IMPLIED> ]>
<Familytree>
   <PersonID ="a"Children ="c ab">
           <Name>Adam</Name> </Person>
   <PersonID ="e"Children ="c ab">
           <Name>Eve</Name> </Person>
   <PersonID ="c" Mother ="e"Father ="a">
           <Name>Cain</Name> </Person>
   <PersonID ="ab" Mother ="e" Father ="a">
           <Name>Abel</Name> </Person>
</Family tree>
```

由此产生的网络结构如图 20-5 所示。由较粗的实线连接层次树结构中“从属”的对象（属性和子元素），用虚线表示引用（“交叉”引用）。XML 要求 ID 属性在整个文档中具有唯一的值。IDREF 属性或元素可使用这些值进行引用。遗憾的是，不能类型化 XML 中的引用，也即，我们不能指定一个父属性的 IDREF 值必须对应于一个人的 ID 值。所以父属性也可以指代一个不对应于人的元素。IDREFS 类型的属性与 IDREF 属性类似，只是它包含一个引用列表。

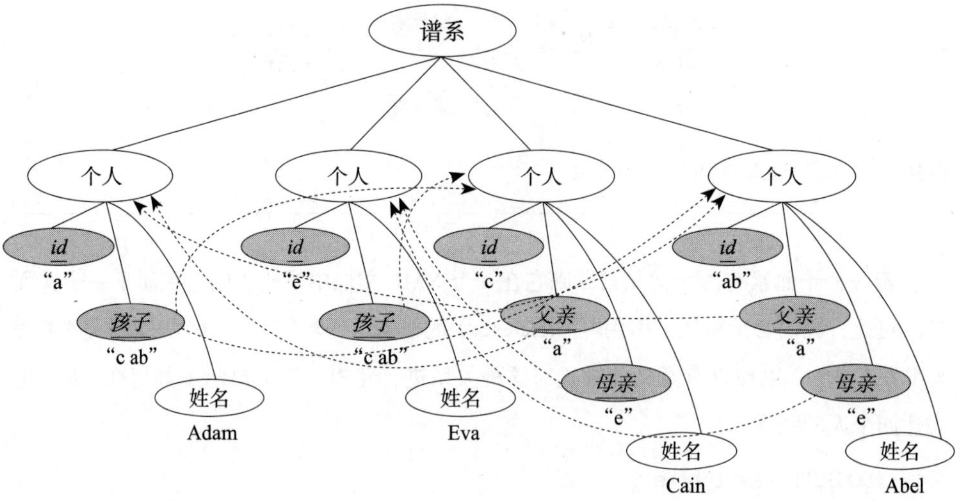


图 20-5　有引用的 XML 文档的示意图

## 20.2　XQuery：一种 XML 查询语言

如果必须在更大的范围内处理 XML 数据，就不可避免地要有一种表达力强的、声明式的 XML 查询语言。几年来，在这种查询语言的标准化方面有各种竞争者，其中所谓的 XQuery 查询语言已被确立为通用标准。

### 20.2.1　路径表达

与面向对象和对象关系的查询语言类似，路径表达可以用来遍历 XML 文档。针对路径表达，万维网联盟标准化语言 XPath 已经存在了很长时间，并且它也可用于 XML 样式表等。XQuery 使用 XPath 句法作为一种制定路径表达的“子语言”。

XPath 的核心概念是所谓的“定位路径”，它由连续的定位步骤组成，彼此之间用“/”符号分隔。定位步骤从一个参考节点开始，选择一个节点集。然后，这个集合中的每一个节点都可以作为较长的定位路径中下一个定位步骤的参考节点。最后，在最后一个定位步骤中整合以这种方式选择的所有节点集，并形成整个定位路径的结果。此外，XPath 还要求按文档顺序输出限定的结果节点。

每个定位步骤由最多三个部分组成：轴（axis）、节点测试（nodetest）和谓词（predicate）。从句法上讲，一个本地的定位步骤如下所示：

*Axis*::*nodetest* [*predicate*]

定位步骤中的轴面向 XML 文档的树形结构，并表示树状图内的方向。一个轴可以有一个或几个，甚至没有节点的结果。在 XPath 中，对轴作了以下区分，每个轴都是相对于一个参考节点进行评估的：

1. self：这里指的是参考节点。

2. attribute：包括参考节点的所有属性（如果它有属性的话）。

3. child：沿着这个轴线确定的所有直接子元素。

4. descendant：包括所有直接和间接的子元素，即孩子和他们的孩子，等等。

5. descendant-or-self：同上，只是这里也包括参考节点。

6. parent：通过这个轴来确定参考节点的父节点。

7. ancestor：包括从参考节点到 XML 树根这一路径上的所有节点。

8. ancestor-or-self：同上，只是参考节点也包括在内。

9. following-sibling：它是 self 的父节点的子节点，按文档顺序排列。

10. preceding-sibling：它是 self 的父节点前面的子节点，按文档顺序排列。

11. following：所有节点按文档顺序列在参考节点之后。然而，参考节点的“后代”（descendant）并不属于它。

12. preceding：在文档中出现在参考节点之前的所有节点，但不包括“祖先”的节点（ancestor）。

图 20-6 显示了这些轴相对于标记为 self 的节点的结果。建议读者为这个树状图结构创建一个相应的 XML 文档，并理解轴的评估。

此外，轴还可分为前向轴（如子元素、descendant 和 following）和后向轴（如 ancestor，preceding 和 parent）。

节点测试限于一个轴，只有在目标节点满足该测试的情况下才会导向该轴。节点测试是一个名称测试，也即，只考虑指定名称的元素或属性。使用谓词可以描述一个更复杂的条件。因此，为了通过轴到达符合条件的目标节点，除了节点测试之外，还必须满足某个谓词。

让我们用一个例子来说明这一点：

```
doc("Uni.xml")/child::University[self::*/attribute::UnivName =
                    "Virtual University of Great Thinkers"]
```

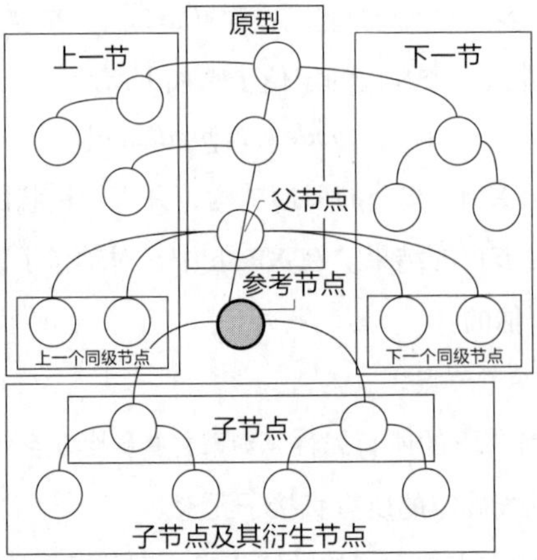


图 20-6 XPath 路径表达示意图

这个路径的初始节点（即参考节点）是文件 Uni.xml，XPath 为其创建了一个虚拟文件节点，其条件是名为 University 的子元素（如果有一个以上，则名为多个子元素）要满足方括号内指定的谓词。此外，本地化定位步骤 self::* 有一个节点测试，这个测试当然总是满足的。你可以指定 University 而不是 *。

下面的路径表达可以用来确定大学模型中的院系名称：

```
doc("Uni.xml")/child::University/child::Faculties/
                          child::Faculty/child::FacName
```

在这种情况下，定位步骤没有谓词。这个路径表达由四个定位步骤组成，其评估结果返回三个 FacName 元素的序列：

```
<FacName>Theology</FacName>
<FacName>Physics</FacName>
<FacName>Philosophy</FacName>
```

这里需要再次指出的是，结果元素完全按照这个顺序输出，因为这与文档本身的顺序相对应。更简单的路径是：

```
doc("Uni.xml")/descendant-or-self::FacName
```

然而，在我们的例子中，这两条路径只能得到相同的结果。通常，它们是不等价的，因为第一个 XPath 路径只返回从根节点通过子元素 University、Faculties 和 Faculty 到达的 FacName 元素，而第二个 XPath 表达式会返回整个 Uni.xml 文档中的所有 FacName 元素（不管层级如何）。

访问一个属性的例子如下：

```
doc("Uni.xml")/child::University/attribute::UnivName
```

因此，我们得到结果：

```
UnivName ="Virtual University of Great Thinkers"
```

在下面的例子中，所用的谓词是用来确定神学系的所有课程名称的：

```
doc("Uni.xml")/child::University/child::Faculties/
        child::Faculty [self::*/child::FacName ="Theology"]/
                descendant-or-self::Lecture/child::Title
```

也可以省略谓词中的第一个定位步骤 “self：：*/”，因为在谓词中，总是隐式地开始相对于当前节点 self 的评估，除非指定一个绝对路径，见下文。一个定位路径中可以出现几个谓词。在定位步骤中，谓词也可以“相连”（and）或“分离”（or）。如果我们想把重点放在哲学系 C4 教授的课程上，则表达式如下：

```
doc("Uni.xml")/child::University/child::Faculties/
      child::Faculty [child::FacName = "Philosophy"] /
          child::Professor [child::Rank = "C4"]/child::Lectures/
              child::Lecture/child::Title
```

作为结果，我们得到了以下“课程名称”元素的序列：

```
<Title>Ethics</Title><Title>Maieutics</Title><Title>Logic</Title>
<Title>Epistemology</Title><Title>TheoryofScience</Title>
<Title>Bioethics</Title><Title>Principles</Title><Title>The3Critiques</
Title>
```

谓词也可以用于检查某个元素或属性是否存在。对此，谓词本身可以包含一个任意长度的定位路径。下面的例子确定了所有开设有课程的院系的名称：

```
doc("Uni.xml")/child::University/child::Faculties/
        child::Faculty/child::FacName [parent::Faculty/]
                      child::Professor/child::Lectures]
```

在我们的大学中，有两个院系满足要求：

```
<FacName>Theology</FacName><FacName>Philosophy</FacName>
```

通常，谓词中的路径是通过相对于定位路径已经“到达”的节点来指定的。此外，也可以指定一个从文件节点开始的绝对的本地化路径。对此使用前置符号“//”。注意，必须仔细观察该表达式的语义。例如，如果在“大学”的某个节点有任何课程，则这个本地化路径的结果就是所有的院系。

```
doc("Uni.xml")/child::University/child::Faculties/
        child::Faculty [/descendant::Lectures]/child::FacName
```

这里指的路径是：

```
doc("Uni.xml")/child::University/child::Faculties/
        child::Faculty [descendant::Lectures]/child::FacName
```

反过来又确定了开设课程的（两个）院系。

此外，也可以通过函数来指定元素的相对位置，特别是函数 position 和 last：

```
doc("Uni.xml")/child::University/child::Faculties/
                        child::Faculty [position() = 2]
```

输出第二个院系：

```
<Faculty>
   <FacName>Physics</FacName>
   <Professor PersNr = "P2136">
      <Name>Curie</Name>
      <Rank>C4</Rank>
      <Room>36</Room>
   </Professor>
   <Professor PersNr = "P2127">
      <Name>Copernicus</Name>
      <Rank>C3</Rank>
      <Room>310</Room>
   </Professor>
</Faculty>
```

最后一个例子说明的是以下路径表达的简略句法。我们想确定是在哪个院系开设课程 Maieutics 的。

```
doc("Uni.xml")/child::University/child::Faculties/
     child::Faculty [child::Professor/child::Lectures/
          child::Lecture/child::Title ="Maieutics"]/child::FacName
```

因此，我们得到：

```
<FacName> Philosophy </FacName>
```

### 20.2.2 简化的 XPath 句法

在前面的例子中，我们看到了详细的 XPath 句法的繁琐和复杂性，现在我们将介绍通常更易懂的缩写句法。XPath 路径表达式中最重要的缩写是以下内容：

. 点是用来表示当前的参考节点。

.. 双点用来表示当前参考节点的父节点。这类似于 Unix 文件系统中的导航。

/ 它指定了根节点。如果该字符出现在一个路径表达式中（“在中间”），则它将作为该路径各个步骤之间的分隔符。若它用来指定子元素，则是指当前节点的直接下级元素。注意在 …/ ElemName 的路径表达式中，只有名为 ElemName 的子元素被选中。抽象地讲，在 ElemName1/ElemName2/ElemName3 这一路径中，选择的是名为 ElemName3 的子元素，它是 ElemName2 的子元素，而 ElemName2 又必须是 ElemName1 的子元素。

@ 该运算符用于指定当前节点的属性。因此，在句法上，严格区分为属性和元素，尽管将一个问题建模为属性还是元素的设计决定往往非常不明确。

// 这表示当前节点的所有“后代”，包括参考节点本身，因此，这个运算符对应于以下完整形式：

```
descendant-or-self::node()
```

我们也可以指定一个节点测试，例如…//ElemName，以确定只有名为 ElemName 的“后代”（descendant）中的元素。

[n] 如果谓词只由一个数值 $n$ 组成，则它用来选择第 $n$ 个元素。请注意，在 XML 文档中，与关系中的变量集不同，元素的顺序是相关的。

## 20.2.3　缩略句法的路径表达式示例

下面的例子以缩略句法的形式确定了物理学系的课程：

```
doc("Uni.xml")/University/Faculties/
                    Faculty [FacName ="Physics"] //Lecture
```

对于 20.1.3 节中的示例 XML 文档 Uni.xml，对第 2 个院系的引用会有相同的结果：

```
doc("Uni.xml")/University/Faculties/
                    Faculty [position()=2] //Lecture
```

甚至更短：

```
doc("Uni.xml")/University/Faculties/Faculty [2] //Lecture
```

请注意，在上面的两个路径表达式中，// 运算符用来确定名为“课程”（包括所有嵌套深度）的物理学系的所有继承元素。通过 IDREF 对象引用的元素不属于继承者，而只属于那些“真正”嵌套的元素。如果没有 // 这个运算符，则这个路径表达式为：

```
doc("Uni.xml")/University/Faculties/Faculty [FakName ="Physics"]/
                                Professor/Lectures/Lecture
```

但是，请注意，这两种表达方式通常是不等效的，它们只是对我们的示例文件给出了相同的结果而已。此外，应该意识到，若指定完整的路径（即没有 // 运算符），通常可以更合理地进行评估。

### 20.2.4 XQuery 的查询句法

当然，上述路径表达式只是 XML 查询语言的基础。从本质上讲，它们用来绑定变量，然后将条件放在查询中，并利用这些条件构建一个结果。在 XQuery 中，查询形式为所谓的“for…let…where…order by…return…”表达式。我们将其称为“多姿多彩”的 FLWOR（发音为 flower）表达式。FLWOR 表达式可以嵌套到任何深度。在 for 子句中，依次绑定变量，类似于 SQL 中的 from 子句。对于在 for 子句中绑定的每一个变量，在 let 子句中也会进行一次变量绑定，如果有必要，let 子句中的变量会绑定到集合上。在 where 子句中，可以对绑定的变量设置条件。通过 order by 字句，可以指定一个排序。当然，只有在当前的变量绑定满足 where 子句时，才会对 return 子句进行评估。

作为第一个例子，让我们确定一个完整的大学课程目录：

```
<LectureCatalogue>
   {for $l in doc("Uni.xml")//Lecture
    return
         $l}
</LectureCatalogue>
```

请注意，XML 片段本身也是有效的 XQuery 表达式。因此，必须用大括号 {…} 清楚地表示待评估的 XQuery 表达式（如果它们在一个封闭的 XML 片段中）。否则，就要像普通文本一样处理和输出。

查询的结果嵌套在代表根元素的两个指定标签内[1]：

```
<LectureCatalogue>
```

[1] 尽管篇幅较长，我们还是给出了完整的结果。因为随后的查询也与这些课程有关，而在 20.1.3 节中只是部分地描述了这些课程。

```
    <Lecture LectureNr = "5022">
        <Titel>Faith and Knowledge</Titel>
        <WH>2</WH>
    </Lecture>
    <Lecture Predecessor = "5001"LectureNr = "5041">
        <Titel>Ethik</Titel>
        <WH>4</WH>
    </Lecture>
    <Lecture Predecessor = "5001" LectureNr = "5049">
        <Titel>Maieutics</Titel>
        <WH>2</WH>
    </Lecture>
    <Lecture LectureNr = "4052">
        <Titel>Logic</Titel>
        <WH>4</WH>
    </Lecture>
    <Lecture Predecessor = "5001" LectureNr = "5043">
        <Titel>Epistemology</Titel>
        <WH>3</WH>
    </Lecture>
    <Lecture Predecessor = "5043 5041"LectureNr = "5052">
        <Titel>Theory of Science</Titel>
        <WH>3</WH>
    </Lecture>
    <Lecture Predecessor = "5041"LectureNr = "5216">
        <Titel>Bioethics</Titel>
        <WH>2</WH>
    </Lecture>
    <Lecture Predecessor = "5052"LectureNr = "5259">
        <Titel>The Vienna Circle</Titel>
        <WH>2</WH>
    </Lecture>
    <Lecture LectureNr = "5001">
        <Titel>Principles</Titel>
        <WH>4</WH>
    </Lecture>
    <Lecture LectureNr = "4630">
        <Titel>The 3 Criticisms</Titel>
        <WH>4</WH>
    </Lecture>
</LectureCatalogue>
```

这个例子显示 let 和 where 子句是可选的。在 XQuery 中用 $ 前缀表示变量。当然，在表述谓词方面也可以自由选择：可以将其放在路径表达式中，也可以放在 where 子句中。如下面的例子所示：

```
<LectureCatalogue>
   {for $l in doc("Uni.xml")//Lecture [WH = 4]
    return
       $l}
</LectureCatalogue>
```

一个由明确 where 子句来指定谓词的等效表达式如下：

```
<LectureCatalogue>
   {for $l in doc("Uni.xml")//Lecture
    where $l/WH = 4
   return
       $l}
</LectureCatalogue>
```

## 20.2.5 嵌套查询

接下来，我们展示查询的嵌套。为此，我们将构建一个课程目录，其中的课程是按院系来分组的：

```
<LectureCatalogueByFaculty>
   {for $f in doc("Uni.xml")/University/Faculties/Faculty
    return
     <Faculty>
        <FacultyName>}$f/FakName/text()}</FacultyName>
        {for $l in $f/Professor/Lectures/Lecture
         return $l}
     </Faculty>}
<Lecture CatalogueByFaculty>
```

在这个例子中，嵌套了第二个 for…return…查询。这是一个相关的子查询，因为它提到了外部绑定的变量 $f$。

## 20.2.6 XQuery 中的连接

作为一个 XQuery 连接的例子，让我们确定作为“课程”Maieutics 的“前序课程”

的“课程名称”：

```
<Maieutics Predecessor>
    {for $m in doc("Uni.xml")//Lecture [Title ="Maieutics"],
        $l in doc("Uni.xml")//Lecture
     where contains($m/@Predecessor, $l/@LectureNr)
     sreturn $l/Title}
</Maieutics Predecessor>
```

在这个查询中，contains 函数用来检查 $l 的 LectureNr 是否包含在 Maieutics 课程的 IDREFS 属性中。作为这种所谓的“自我连接”的结果，同一 XML 文档中的相同元素相互关联在一起，我们得到：

```
<MaieuticsPredecessor>
    <Title>Principles</Title>
</MaieuticsRequirements>
```

在查询语言中，当然可以制定跨越文件边界的连接。作为一个例子，让我们来确定“教授”的父节点元素：

```
<Professor Family Tree>
   {for $p in doc("Uni.xml")//Professor,
        $k in doc("FamilyTree.xml")//Person,
        $km in oc("FamilyTree.xml")//Person,
        $kv in doc("FamilyTree.xml")//Person
   where $p/Name = $k/Name and $km/@id = $k/@mother and
         $kv/@id = $k/@father
   return
     <ProfMotherFather>
       <ProfName>}$p/Name/text()}</ProfName>
       <MotherName>}$km/Name/text()}</MotherName>
       <FatherName>}$kv/Name/text()}</FatherName>
     </ProfMotherFather>}
<Professor Family tree>
```

在这个查询中，为了简单起见，我们假设通过姓名可能会找到相同的人。根据 FamilyTree.xml 中的数据，这个查询当然会针对某些“教授”返回多个（可能的）父母对，而对其他“教授”则完全没有。请注意，这个查询实现了“自然连接”，因此，根本就没有列出在 FamilyTree.xml 中没有找到完整条目的“教授”。作为一项练习，我们建议读者重新转换这个查询，以便计算出左外连接。

### 20.2.7 在路径表达式中加入谓词

连接谓词也可以直接在 for 子句的路径表达式中添加。作为一个例子，我们想从 XML 文档 FamilyTree.xml 中确定“特别危险”的人，即一个名为“该隐”（Cain）的兄弟。这个查询的表述如下：

```
<EndangeredPersons>
   {for $p in doc("FamilyTree.xml")//Person [Name = "Cain"],
        $g in doc("FamilyTree.xml")//Person [
                              @father = $p/@father and @mother = $p/@mother]
   return $g/Name}
</EndangeredPersons>
```

通过这个查询，我们在浏览 XML 文档 / 树状图的层次结构时，直接指定了以下选择谓词：

```
for $p in doc("FamilyTree.xml")/Person [Name = "Cain"]
```

在该行中，规定变量 *p* 只与那些姓名元素为“Cain”的“人员”元素绑定。同样地，连接条件（$p 和 $g 应该有相同的“父母”）在路径表达式中被直接指定为谓词。

作为这个查询的结果，20.1.6 节中的 XML 文档为我们确定了两个元素（以令人惊讶的方式？）：

```
<EndangeredPersons>
   <Name>Cain</Name>
   <Name>Abel</Name>
<EndangeredPersons>
```

### 20.2.8 let 结构

for 和 let 字句都是用来绑定变量的。从一个非常小的例子中可以看出二者基本的区别：

```
for $x in(1, 2)return<number>{$x}</number>
```

作为结果返回：

```
<number>1</number><number>2</number>
```

另一句是：

```
let $x: =(1, 2)return <number>{$x}</number>
```

返回结果：

```
<number>12</number>
```

在下面的查询中，我们首次展示了一个完整的 FLWOR 结构。正如上面的例子所述，let 子句与 for 子句的不同之处在于，前者只绑定一个变量一次。如果在 let 子句的表达式中“返回”了一个对象集，那么变量就被绑定到这个对象集上。而在 for 子句中，相应的变量连续地被绑定到结果集的元素上，并隐式地将该结果集去除嵌套。让我们用一个“更大”的例子再次说明其差别。在这个例子中，我们想输出所有讲授一次以上课程的教授的名字，以及他们的教学工作量——也就是他们课程的每周课时数之和。

```
<Professors>
   {for $p in doc("Uni.xml")//Professor
    let $l: = $p/Lectures/Lecture
    where count($l)>1
    order by sum($l/WH)
    return
    <Professor>
        {$p/Name}
        <Teaching Load>{sum($l/WH)}</Teaching Load>
    </Professor>
   }
</Professors>
```

在外层 for 子句中，变量 *p* 被连续地绑定到文档 Uni.xml 中的所有“教授”上。在 let 子句中，变量 *l* 被绑定到“教授” *p* 的所有“课程”元素的集合上。针对变量 *p* 的每次绑定，在外层的 for 字句中都要进行一次这种绑定。where 子句中的条件以及 order by 子句和结果元素“教学工作量”TeachingLoad 的生成都是基于对绑定在 *l* 上的集合的聚集：一次是 count，一次是 sum。结果如下所示：

```
<Professors>
   <Professor>
      <Name>Russel</Name>
      <TeachingLoad>8.0</TeachingLoad>
   </Professor>
   <Professor>
      <Name>Kant</Name>
      <TeachingLoad>8.0</TeachingLoad>
   </Professor>
   <Professor>
      <Name>Sokrates</Name>
      <TeachingLoad>10.0</TeachingLoad>
   </Professor>
</Professors>
```

请注意，这里用 let 子句来对课程按教授分组。在 SQL 中，应该使用 group by 子句来处理这个问题。上述查询中的 where 子句指的是整个组，因此在 SQL 中必须表述为 having 子句。

## 20.2.9 FLWOR 表达式中的解引用

遗憾的是，在编写本版时，几乎没有任何 XQuery 实现可以自动解除对 IDREF 或 IDREFS 属性的引用，而这在对象关系型数据库系统中是可以做到的。因此，必须通过相应的基于价值的（复杂）连接来解除引用。

通过 FLWOR 表达式的嵌套，我们可以确定一个绑定对象的引用子元素。例如：如果还想输出每个课程的前序课程，就把外层变量 $p$ 与课程元素绑定，并用内层迭代 $s$ 遍历作为课程 $p$ 的前序课程而存储的课程元素。

根据 20.1.5 节中的 XML 模式，将这些前序课程建模为 IDREFS 属性。

如果只想迭代两级，即只输出每个课程嵌套的直接前序课程，这样查询的表述就很简单：

```
<LectureTree>
{for $p in doc("Uni.xml")//Lecture
return
   <Lecture Title = "{$p/Title/text()}">
      {for $s in doc("Uni.xml")//Lecture
         where contains($p/@Predecessor, $s/@LectureNr)
         return <Lecture Title = "{$s/Title/text()}"></Lecture>}
   </Lecture> }
</LectureTree>
```

所得结果如下所示[1]：

```
<LectureTree>
   <Lecture Title ="Faith and Knowledge"/>
   <Lecture Title ="Ethics">
      <Lecture Title ="Principles"/>
   </Lecture>
   <Lecture Title ="Maieutics">
```

〔1〕在这个例子中，还出现了一个缩写的 XML 句法。空元素（即那些没有子元素或文本的元素）如 < Lecture Title = “Logic” > </Lecture>，可以缩写为 < Lecture Title = “Logic” />。

```
        <Lecture Title ="Principles"/>
    </Lecture>
    <Lecture Title ="Logic"/>
    <Lecture Title ="Epistemology">
        <Lecture Title ="Principles"/>
    </Lecture>
    <Lecture Title ="Science Theory">
        <Lecture Title ="Ethics"/>
        <Lecture Title ="Epistemology"/>
    </Lecture>
    <Lecture Title ="Bioethics">
        <Lecture Title ="Ethics"/>
    </Lecture>
    <Lecture Title ="The Vienna Circle">
        <Lecture Title ="Theory of Science"/>
    </Lecture>
    <Lecture Title ="Principles"/>
    <Lecture Title ="The 3 Critiques"/>
</LectureTree>
```

XQuery 语言标准提供了 id 函数用于自动解除引用，使用方法如下所示：

```
<LectureTree>
{for $p in doc("Uni.xml")//Lecture
return
    <Lecture Title ="{$p/Title/text()}">
        {for $s in id($p/@requirements)
            return <Lecture Title ="{$s/Title/text()}"></Lecture> }
    </Lecture>}
</LectureTree>
```

id 函数可以同样应用于 IDREF 或 IDREFS 属性，并返回一个引用元素的序列（在 IDREF 属性的情况下，是一个 1 位数的序列）。

id 的逆函数为 idref，它返回引用 ID 值的属性节点。

### 20.2.10 If…then…else 结构

在 XQuery 中，也可以使用 if…then…else 句法实现分支。我们将用一个例子来说明这一点，在这个例子中，如果教授至少讲授两次课程，则就把他们归为“教学教授”，如果不讲授课程，就归为“研究教授”：

```
<ProfessorsList>
{for $p in doc("Uni.xml")//Professor
return(if($p/Lectures/Lecture[2])then
                <teaching Professor>
                    {$p/Name/text()}
                 </teaching Professor>
              else
                 <Research Professor>
                    {$p/Name/text()}
                 </Research Professor> )}
</ProfessorsList>
```

这里，分支的谓词被“隐藏”在检查是否存在第二个课程的 XPath 路径中。读者可以通过 let 分组和随后的课程计数（count），把这个谓词表述得更易读一些。以下为“教授列表”的结果：

```
<ProfessorsList>
     <ResearchProfessor>Augustinus</ResearchProfessor>
     <ResearchProfessor>Curie</ResearchProfessor>
     <ResearchProfessor>Kopernikus</ResearchProfessor>
     <TeachingProfessor>Sokrates</TeachingProfessor>
     <TeachingProfessor>Russel</TeachingProfessor>
     <ResearchProfessor>Popper</ResearchProfessor>
     <TeachingProfessor>Kant</TeachingProfessor>
</ProfessorsList>
```

### 20.2.11 递归查询

在 XQuery 中很容易制定递归结构的查询，因为通过轴 descendant 或 descendant-or-self 或 //（取决于是否想包括 self）很容易确定一个元素的子元素的传递闭包。我们使用 20.1.2 节中的组件层次结构来说明这一点。例如，我们想为“迈巴赫”确定各组件价格的总和，并将其与销售价格联系起来：

```
for $m in doc("Components.xml")/Compinent
                        [Description ="Maybach 620 Sedan"]
let $parts: = $m/descendant: : component
return
   <cost>
     <salesPrice>{$m/@price}</salesPrice>
     <PriceOfParts>{sum($parts/@Price)}</PriceOfParts>
  </Cost>
```

我们得到以下结果（我们的组件层次结构并不完整，所以不可能真的从中推断出利润率）：

```
<Cost>
   <salesPrice Price ="350000"/>
   <PriceOfParts>59000.0</PriceOfParts>
</Cost>
```

在查询本身中建立递归结构是比较困难的。作为一个例子，我们想建立一个课程树状图，以便嵌套每个课程的所有前序课程（predecessor）。其结果如以下的 DTD 所示：

```
<!DOCTYPE LectureTree [
    <!ELEMENT LectureTree (Lecture*)>
    <!ELEMENT Lecture (Lecture*)>
    <!ATTLIST Lecture
         Titel CDATA #REQUIRED>
]>
```

在不可预测嵌套深度的情况下，我们通过一个名为 aLevel 的递归函数来模拟递归性。针对一个给定的课程，这个函数首先确定直接前序课程，然后递归地确定下一级前序课程的下一级：

```
declare function local: aLevel ($p as element()) as element()
{
   <Lecture Title ="} $p/Title/text()}">
      {
      for $s in doc("Uni.xml")//Lecture
      where contains($p/@Predecessor, $s/@LectureNr)
      return local: aLevel($s)
      }
   </Lecture>
};

<Lecture Tree>
  {
   for $p in doc("Uni.xml")//Lecture
   return local: aLevel($p)
  }
</LectureTree>
```

结果如下所示：

```
<LectureTree>
   <Lecture Title ="Faith and Knowledge"/>
   <Lecture Title ="Ethics">
      <Lecture Title ="Principles"/>
```

```
    </Lecture>
    <Lecture Title ="Maieutics">
       <Lecture Title ="Principles"/>
    </Lecture>
    <Lecture Title ="Logic"/>
    <Lecture Title ="Epistemology">
       <Lecture Title ="Principles"/>
    </Lecture>
    <Lecture Title ="Science Theory">
       <Lecture Title ="Ethics">
          <Lecture Title ="Principles"/>
       </Lecture>
       <Lecture Title ="Epistemology">
          <Lecture Title ="Principles"/>
       </Lecture>
    </Lecture>
    <Lecture Title ="The Vienna Circle">
       <Lecture Title ="Science Theory">
          <Lecture Title ="Ethics">
             <Lecture Title ="Principles"/>
          </Lecture>
          <Lecture Title ="Epistemology">
             <Lecture Title ="Principles"/>
          </Lecture>
       </Lecture>
    </Lecture>
    <Lecture Title = "Principles"/>
    <Lecture Title ="Bioethics">
       <Lecture Title ="Ethics">
          <Lecture Title ="Principles"/>
       </Lecture>
    </Lecture>
    <Lecture Title ="The 3 Critiques"/>
</LectureTree>
```

## 20.3 关系型数据库和 XML 的相互作用

关系型数据库系统目前是（并且在可预见的未来也是）管理持久性数据的主流和最成熟的技术。因此，很明显，XML 功能应该与关系型数据库技术结合起来。其中，区分为两个目标，如图 20–7 所示：

1. 在关系型 DBMS 中存储 XML 文档；

2. 将关系型数据转换为 XML 文档。

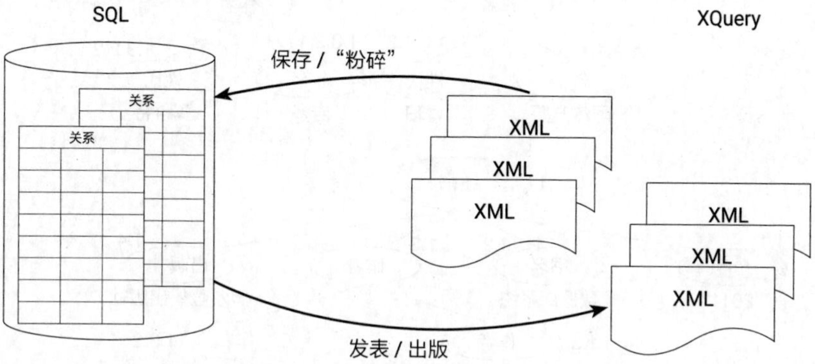


图 20–7 关系型数据库和 XML 的相互作用

在关系型数据库中存储 XML 文档时，可以简单地将这些文档存储为二进制大对象（BLOB）或字符大对象（CLOB）。不过，这有一个明显的缺点，即这些对象只能作为一个整体转移到数据库，并且只能作为一个整体被再次查询。因此，既不能对其进行修改，也不能对其进行合理的查询评估。这意味着关系型数据库系统只作为这些文件的永久存储档案，这在某些情况下是非常合理的，例如，在（以数字方式签署的）合同存档中。

但是，在这一节中，我们要处理的是 XML 文档的关系存储，从而可以有效地对 XPath 和 XQuery 表达式进行查询评估。为此，XML 被分解为其组成部分（属性、元素、注释等），并存储在关系中。这种将 XML 文档分解成更小组件的做法称为“粉碎”（shreddern）。

在 XML 文档中发布关系型数据时，采取的是相反的方法：（嵌套的）XML 文档是由不同关系的逻辑相关的变量集生成的。这种 XML 文档的生成对于跨组织边界的数据交换往往是必要的，因为 XML 正日益成为商业应用的标准化数据交换格式。

下面的讨论主要基于两个结构非常简单的 XML 文档，它们描述了两本数据库教材，在图 20–8 中显示了二者的树状图结构。

在这个树状图表示法中，我们对 XML 文档中的节点（即元素和属性）的采用了一层级编号方法。例如，让我们看一下这个 XML 文档中属性值为“肯珀”的元素“姓氏”。

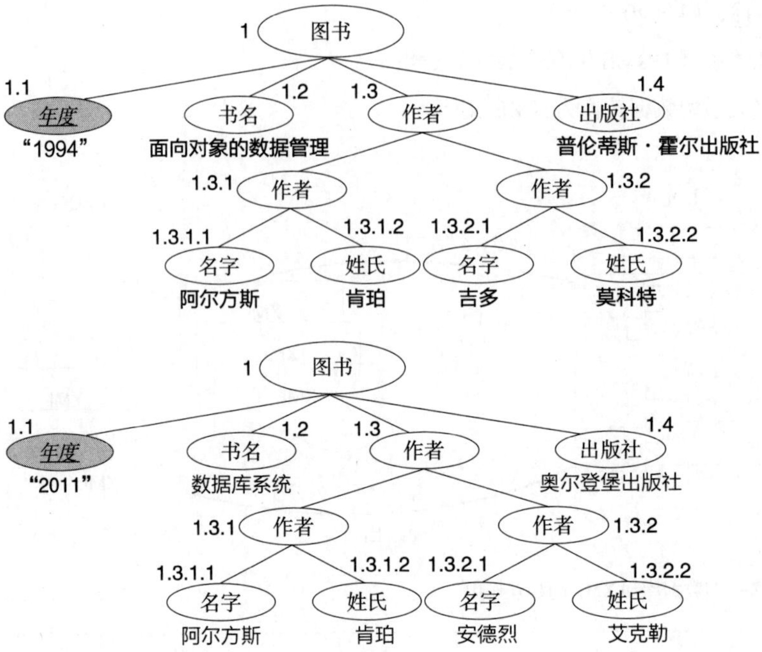


图 20-8 XML 文档的树状图，带有编号节点

这个元素的编号是 1.3.1.2，因为它是根（编号为 1）的第三个子要素的第一个子要素的第二个子要素。这种编号方法类似于论文或图书的层次，其中的章和节都是以同样的方式进行编号的。在下文中，我们将把节点的唯一标识符称为它的 ORD 路径，其中 ORD 代表序号（ordinal number）。请注意，XML 文档发生变更时，这里所述的节点编号并不是始终不变的。

例如，如果在肯珀和艾克勒之间插入另一位作者，那么就必须改变艾克勒的子树的编号。在习题 20-7 中，读者可以修改这个编号模式，以便在插入操作后可以保留现有的标识符。

我们现在可以描述 XML 文档的关系表示法了，在这种表示法中，层次结构（即嵌套）被"粉碎"了，每个节点（属性或元素）被存储为一个单独的变量集。图 20-9 所示的 InfoTab 关系包含每个 XML 节点的以下信息：

1. 文档编号（DocID）：XML 文档的标识符，因为我们想在这一个关系中存储多个（甚至所有）的 XML 文档。

2. ORD 路径（ORDPath）：节点在其文件中的分层标识符。

| InfoTab | | | | | | |
|---|---|---|---|---|---|---|
| DocID | ORDPath | Tag | NodeType | Value | Path | invPath |
| 4711 | 1 | 图书 | 元素 | — | #Book | #Book |
| 4711 | 1.1 | 年度 | 属性 | 2006 | #Book#@Year | #@Year#Book |
| 4711 | 1.2 | 书名 | 元素 | 数据库… | #Book#Title | #Title#Book |
| 4711 | 1.3 | 作者 | 元素 | — | #Book#Authors | #Authors#Book |
| 4711 | 1.3.1 | 作者 | 元素 | — | #Book#Authors#Author | #Author#Authors#Book |
| 4711 | 1.3.1.1 | 名字 | 元素 | 阿尔方斯 | #Book#Authors#Author#FirstName | #FirstName#Author#Authors#Book |
| 4711 | 1.3.1.2 | 姓氏 | 元素 | 肯珀 | #Book#Authors#Author#SurName | #SurName#Author#Authors#Book |
| 4711 | 1.3.2 | 作者 | 元素 | — | #Book#Authors#Author | #Author#Authors#Book |
| 4711 | 1.3.2.1 | 名字 | 元素 | 安德烈 | #Book#Authors#Author#FirstName | #FirstName#Author#Authors#Book |
| 4711 | 1.3.2.2 | 姓氏 | 元素 | 艾克勒 | #Book#Authors#Author#SurName | #SurName#Author#Authors#Book |
| 4711 | 1.4 | 出版社 | 元素 | 奥尔登堡… | #Book#publisher | #Publisher#Book |
| 5813 | 1 | 图书 | 元素 | — | #Book | #Book |
| 5813 | 1.1 | 年度 | 属性 | 1994 | #Book#@Year | #@Year#Book |
| 5813 | 1.2 | 书名 | 元素 | 对象… | #Book#Title | #Title#Book |
| 5813 | 1.3 | 作者 | 元素 | — | #Book#Authors | #Authors#Book |
| 5813 | 1.3.1 | 作者 | 元素 | — | #Book#Authors#Author | #Author#Authors#Book |
| 5813 | 1.3.1.1 | 名字 | 元素 | 阿尔方斯 | #Book#Authors#Author#FirstName | #FirstName#Author#Authors#Book |
| 5813 | 1.3.1.2 | 姓氏 | 元素 | 肯珀 | #Book#Authors#Author#SurName | #SurName#Author#Authors#Book |
| 5813 | 1.3.2 | 作者 | 元素 | — | #Book#Authors#Author | #Author#Authors#Book |
| 5813 | 1.3.2.1 | 名字 | 元素 | 吉多 | #Book#Authors#Author#FirstName | #FirstName#Author#Authors#Book |
| 5813 | 1.3.2.2 | 姓氏 | 元素 | 莫科特 | #Book#Authors#Author#SurName | #SurName#Author#Authors#Book |
| 5813 | 1.4 | 出版社 | 元素 | 普伦蒂斯·霍尔 | #Book#Publisher | #Publisher#Book |
| 8769 | 1 | 大学 | 元素 | — | #University | #University |
| 8769 | 1.1 | 大学名称 | 属性 | 虚拟大学… | #University#@UnivName | #@UnivName#University |
| 8769 | 1.2 | 大学管理层 | 元素 | — | #University#UniManagement | #UniManagement#University |
| 8769 | 1.2.1 | 校长 | 元素 | 苏格拉底教授 | #University#UniManagement#Rector | #Rector#UniManagement#University |
| 8769 | 1.2.2 | 校务长 | 元素 | 艾哈德博士 | #University#UniManagement#Chancellor | #Chancellor#UniManagement#University |
| 8769 | 1.3 | 院系 | 元素 | — | #University#Faculties | #Faculties#University |
| … | … | … | … | … | … | … |

图 20-9　图书模型和大学模型的 InfoTab

3. 标签（Tag）：节点的标签，这里不区分元素名和属性名。

4. 节点类型（NodeType）：这里区分为 XML 属性和元素。

5. 数值（Value）：如果该节点是 XML 树状图的一个叶子，则它的值就存储在这里。

6. 路径（Path）：这里指定了 XML 树状图中节点的唯一路径。单个元素或属性名称通过特殊的分隔符 # 分开。

7. 反转路径（invPath）：这里的反转路径是以相反的方向再次指定的，即从节点到根。在实际中，我们可以不使用路径，而只存储倒置的路径 invPath。为什么？

使用关系型查询处理器，可以在 SQL 查询中有效地评估存储关系的 XML 文档。不过，为了方便用户，查询不是直接用 SQL 语言进行的，而是用 XPath 或 XQuery，即标准化的 XML 查询语言，它们更适合 XML 文档的表述。因此，InfoTab 中的关系表达以及将 XPath/XQuery 查询转换为等效的 SQL 查询是在“幕后”自动完成的。

在第一个查询中，我们想获得所有作者的姓氏，可用如下 XPath 表达式：

```
/Book/Authors/Author/SurName/text()
```

在关系表达中，我们可以通过以下 SQL 查询从关系 InfoTab 中提取这些信息：

```
select n.Value
from InfoTab n
where n.Path = '#Book#Authors#Author#SurName'
```

当评估这种类型的查询时，肯定会提高关系 InfoTab 的属性 Path 上的索引性能。必须注意，关系 InfoTab 的大小可能会变得“巨大”，因为它包含所有的 XML 文档（在我们的例子中，不仅有图书，还有大学文档、家谱等）。

InfoTab 设计的“天才”之处在于“路径”属性，它表示从每个元素（或属性）到 XML 文档的根元素的唯一路径。早期曾有人提议将这种面向边界的 XML 文档映射到关系结构中，而不加入路径属性。在这种情况下，SQL 表述中需要一个（大）数量的自连接（Self-Join），它与 XPath 查询中的指定路径的长度成正比。我们可以用示例路径表达式 /Book/Authors/Author/SurName 来说明这一点，它不使用路径属性的 SQL 表达如下：

```
select n.Value
from InfoTab b, InfoTab an, InfoTab a, InfoTab n
where b.Tag = 'Book' and an.Tag = 'Authors' and
      a.Tag = 'Author' and n.Tag = 'SurName' and
      b.NodeType = 'Element' and an.NodeType = 'Element' and
      a.NodeType = 'Element' and n.NodeType = 'Element' and
      PARENT(an.ORDPath) = b.ORDPath and an.DOCid = b.DOCid and
      PARENT(a.ORDPath) = an.ORDPath and a.DOCid = an.DOCid and
```

```
PARENT(n.ORDPath) = a.ORDPath and n.DOCid = a.DOCid
```

在这个查询中，我们使用了一个特殊的函数 PARENT，它用于确定一个 ORD 路径标识符的父元素标识符。在例子中，这可以简单地通过去除标识符的最后一个元素来实现，例如，PARENT（1.3.1）的评估会得出 ORD 路径值为 1.3。

接下来，我们要确定数据库系统中作者的姓氏。在 XPath 句法中，其路径表达式如下：

```
/Book[Title ='Database Systems']/Authors/Author/SurName/text()
```

现在，相应的 SQL 查询要复杂得多，因为它包含几个连接，将部分路径连接在一起：

```
select n.Value
from InfoTab b, InfoTab t, InfoTab n
where b.Path = '#Book' and
      t.Path = '#Book#Title' and
      n.Path = '#Book#Authors#Author#SurName' and
      t.Value = 'Database Systems' and
      PARENT(t.ORDPath) = b.ORDPath and t.DOCid = b.DOCid and
      PREFIX(b.ORDPath, n.ORDPath) and b.DOCid = n.DOCid
```

这里，除了 PARENT 函数，我们还使用了布尔的前缀函数 PREFIX 函数，它可以确定第一个参数是否是第二个参数的前缀。然后根据 ORD 路径标识符，可以确定第一个参数是否是 XML 树状图结构中第二个参数的“祖先”。

如果我们想确定所有作者的姓氏（无论是图书作者、期刊作者，还是类似的作者），则可以在 XPath 中通过 descendant-or-self 轴（缩写为 //）来表达，如下：

```
//Author/SurName/text()
```

利用对存储在 InfoTab 表达中的路径的模式识别，SQL 的实现出乎意料地简单和有效：

```
select n.Value
from InfoTab n
where n.Path like '%#Author#SurName'
```

在对字符串属性 Path 的模式识别中，这个 XPath 轴的递归被“隐藏”在相应的 SQL 表达中。%字符代表任意长度的字符串，因此它对应于一个“作者”元素可嵌套到任意深度。

在这一点上，我们应该解释一下为什么要在 InfoTab 表的属性 invPath 中存储反转路径。毕竟，B 树索引不能很好地支持上述 SQL 查询的选择谓词 where n.Path like'% #Author #SurName'，因为我们必须要搜索所有可能的前缀。因此，利用反转路径，即通过先姓氏、后作者的路径来实现搜索要好得多。以下是利用 invPath 属性实现的 SQL 查询：

```
select n.Value
from InfoTab n
where n.invPath like '#SurName#Author#%'
```

当然，在实践中，只需存储“反转路径”，并相应地转换所有的查询即可。我们把这个问题留给读者，作为一个练习。

递归路径当然也可以出现在谓词中。如果我们想确定与“肯珀”有关系（例如，作为作者、出版人或专家等）的图书的标题，那么可以用下面的 XPath 表达式：

```
/Book [.//SurName = 'Kemper']/Title/text ( )
```

从这个 XPath 表达式中，可以自动生成基于 InfoTab 关系的 SQL 查询：

```
select t.Value
from InfoTab b, InfoTab n, InfoTab t
where b.Path = '#Book' and
t.Path = '#Book#Title' and
n.Path like '%#SurName' and
n.Value = 'Kemper' and
PARENT (t.ORDPath) = b.ORDPath and t.DOCid = b.DOCid and
PREFIX (b.ORDPath, n.ORDPath) and b.DOCid = n.DOCid
```

在这个查询中，我们应该再次将前缀 n.Path like'%#SurName'转变为 n.invPath like '#SurName#%'，这样才可以有效地使用 B 树索引。

### 20.3.1 根据前序和后序等级的 XML 表示法

在迄今为止所展示的 XML 文档的关系表达中，元素的父/子关系是用层次标识符（我们所用关系模型示例中的 ORD 路径）来模拟的。另一种方法是使用元素 / 属性在 XML 文档的树状图中的相对位置来表示嵌套结构。这可以通过确定元素的前序等级和后序等级来实现。重复一下：前序等级直观地对应于元素在树状图的深度搜索过程中首先被访问的顺序。因此，元素的前序顺序与文档顺序完全对应，并且可以使用树状图的前序序列，从树状图结构中恢复“正常”的顺序文档结构。后序序列对应于深度搜索范围内元素的最后一次访问序列，即“处理”相应节点的所有子元素的时间。

我们使用图 20-10 中的示例文档来说明 XML 树状图在前序和后序坐标系中的结构。在括号中显示了相应的前序和后序等级，例如（3，2）为“书名”元素，其值为“数据库系统……”。

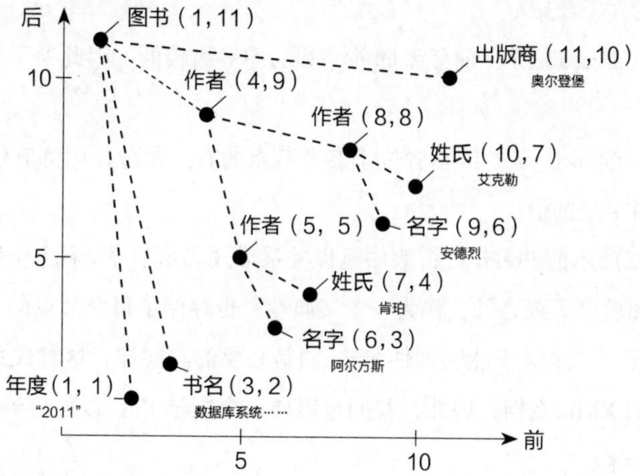


图 20-10 XML 文档的前序和后序等级

一个元素在前序和后序坐标系统中的相对位置可以用来评估 XPath 表达式的最重要的轴：

1. 后代（descendant）：一个元素的后代有一个较高的前序等级和一个较低的后序等级。它们位于参考节点的右下象限。图 20-11 中是以坐标为（4，9）的“作者”元素为参考节点的。

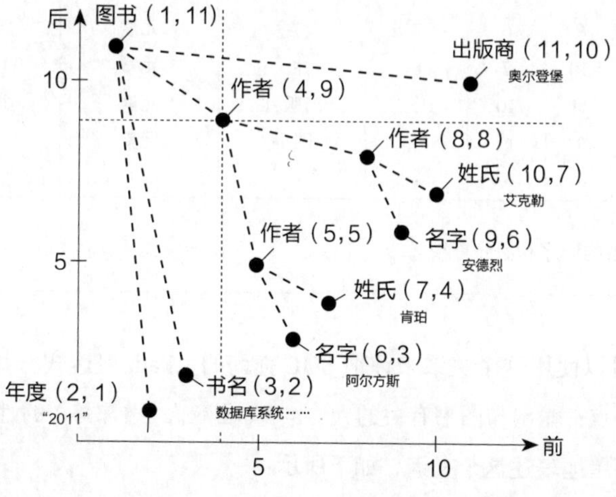


图 20-11 XML 文档的前序和后序等级［以坐标为（4，9）的“作者”元素为参考节点］

2. 祖先（ancestor）：一个元素的祖先具有较低的前序等级和较高的后序等级，因此位于参考节点的左上象限。

3. 前任者（preceding）：前任者的前序和后序等级较低，因此处于参考节点的左下象限。

4. 继承者（following）：继承者位于参考节点的右上象限，因为它们必须在前序和后序等级中都有更高的值。

在图 20–12 所示的 PrePostTab 表中是以关系形式表示前序 / 后序坐标中所包含的信息。除了前序和后序等级之外，作为一个父属性，也存储了每个节点的父元素的前序等级。在某些情况下，这对于能够评估 child 轴是必要的。同样，这种关系模型适用于可存储任何类型的 XML 文档，因此，我们也需要一个文档 ID，以便能够将不同 XML 文档的节点区分开来。

| PrePostTab | | | | | | |
|---|---|---|---|---|---|---|
| Doc ID | Pre | Post | Parent | Tag | NodeType | Value |
| 4711 | 1 | 11 | — | 图书 | 元素 | — |
| 4711 | 2 | 1 | 1 | 年度 | 属性 | 2006 |
| 4711 | 3 | 2 | 1 | 标题 | 元素 | 数据库… |
| 4711 | 4 | 9 | 1 | 作者 | 元素 | — |
| 4711 | 5 | 5 | 4 | 作者 | 元素 | — |
| 4711 | 6 | 3 | 5 | 名字 | 元素 | 阿尔方斯 |
| 4711 | 7 | 4 | 5 | 姓氏 | 元素 | 肯珀 |
| 4711 | 8 | 8 | 4 | 作者 | 元素 | — |
| 4711 | 9 | 6 | 8 | 名字 | 元素 | 安德烈 |
| 4711 | 10 | 7 | 8 | 姓氏 | 元素 | 艾克勒 |
| 4711 | 11 | 10 | 1 | 出版社 | 元素 | 奥尔登堡 |
| 5813 | 1 | 11 | — | 图书 | 元素 | — |
| … | … | … | … | … | … | … |

图 20–12　作为关系的前序和后序等级

我们现在可以使用这个关系来评估 SQL 查询的 XPath 表达式。我们将通过一个小例子来说明这一点：输出与图书有关的人（作者、出版人、专家等）的姓氏。在 XPath 中，我们可以非常简单地表述这个查询，如下所示：

```
/Book//SurName/text()
```

等效的、自动生成的 SQL 评估计划（基于 PrePostTab 表）显示如下：

```
select n.Value
from PrePostTab b, PrePostTab n
where b.DocID = n.DocID and
      n.Tag = 'SurName' and b.Tag = 'Book' and
      n.Pre > b.Pre and n.Post < b.Post
```

最后两个条件 *n*.Pre > *b*.Pre 和 *n*.Post < *b*.Post 将目标元素 *n* 限制在元素 *b* 的右下象限内，即是 *b* 的后代。

此外，我们仍然需要将这些后代限制在那些标签等于 SurName 的范围内。当然，我们还需要限制两个变量 *b* 和 *n* 代表的节点位于同一 XML 文档中，也就是要有相同的 DocID 值。

这种存储方法是通过由前序和后序坐标限制的自我连接来完成沿轴（如父 / 子关系）导航的。下面的例子说明了这一点，这里我们要搜索图书作者的姓氏：

```
/Book//Author/SurName/text()
```

在 PrePostTab 上的等效评估计划如下所示：

```
select n.Value
from PrePostTab b, PrePostTab a, PrePostTab n
where b.DocID = a.DocID and a.DocID = n.DocID and
      n.Tag = 'SurName' and a.Tag = 'Author' and b.Tag = 'Book' and
      a.Pre > b.Pre and a.Post < b.Post and
      n.Pre > a.Pre and n.Post < a.Post and n.Parent = a.Pre
```

在这两种情况下，即在选择元素 *n* 以及 *a* 时，都要求它们各自位于后代象限内，因为子元素也是后代。但是，在评估 child 轴时，这个限制是多余的，只是为了提高效率（如果有这些属性的索引）。

### 20.3.2 新的数据类型 xml

在市场上占主导地位的数据库供应商，也把对存储和查询 XML 文档的支持整合到关系型数据库系统中。其内部正是采用我们上一节所述的“粉碎”技术来有效地评估查询的。

针对 XML 文档的管理，关系型数据库有属性类型 xml，因此可以为 XML 文档分配这个属性。我们想在关系“图书”中说明这一点，其中我们使用 ISBN 号码作为关系键。

```
create table Books (isbn varchar (20) primary key,
                    description xml)
```

这里，已经定义了一个 xml 类型的属性“描述” Description。因此，这个属性占据了一个完整的 XML 文档，如下面两个插入操作所示[1]：

```
insert into Books Values ('3486273922',
'<Book Year ="2006">
        <Title>Database Systems: An Introduction</Title>
        <Authors>
                <Author>
                     <FirstName>Alfons</FirstName>
                     <SurName>Kemper</SurName>
             </Author>
             <Author>
                       <FirstName>Andre</FirstName>
                       <SurName>Eickler</SurName>
             </Author>
        </Authors>
        <Publisher> Oldenbourg Publisher</Publisher>
</Book>' )

insert into Books Values ('0136292399',
'<Book Year ="1994">
  <Title>Object-oriented Data Management</Title>
  <Authors>
    <Author>
      <FirstName>Alfons</FirstName>
      <SurName>Kemper</SurName>
    </Author>
    <Author>
      <FirstName>Guido</FirstName>
      <last Name>Moerkotte</last Name>
    </Author>
  </Authors>
  </publisher>Prentice Hall</publisher>
</Book>' )
```

然而，不应该错误地认为这些插入的 XML 文档是作为一个整体存储在关系“图书”

〔1〕这些例子是用 Microsoft SQL Server 2005 创建的。DB2 和 Oracle 也提供了类似功能。

的属性中。相反，这些文件在“幕后”被分解（“粉碎”），并存储在我们在上一节所述的结构中（图 20-9）。只有通过这种对 XML 文档的细粒度分解，才有可能使用关系型数据库系统的复杂的 SQL 功能，查询处理才能变得简单。

关系型数据库系统允许使用嵌入在 SQL 中的类似 XQuery 的句法来查询这些 xml 属性。在下面的例子中，我们想确定 2006 年出版的图书的作者：

```
select Description.Query('for $b in Book [@Year ="2006"]
                          return $b/Authors') as xml
from Books
```

作为结果，我们得到了以下的 XML 片段：

```
<Authors>
  <Author>
    <FirstName>Alfons</FirstName>
    <SurName>Kemper</SurName>
</Author>
<Author>
    <FirstName>Andre</FirstName>
    <SurName>Eickler</SurName>
  </Author>
</Authors>
```

在下文中，我们还将制定关系 Unis 的示例查询，除了大学的名称之外，还存储了它的 XML 描述。除了无模式的、格式良好的 XML 内容外，还可以根据给定的 XML 模式来验证存储在关系中的 XML 文档。为此，在数据定义中指定了对相应模式的引用。此外，还可以要求 XML 内容对应于只有一个根元素（DOCUMENT）或者可以由几个顶层元素（CONTENT）组成的格式良好的文件。

```
create table Unis(
        Name varchar(30)primary key,
        Description xml(document mycol)
)
```

如 20.1.5 节中定义大学模型的 XML 模式必须存储在模式集合 mycol 中：

```
create xml schema collection mycol as
   '<xsd: schema xmlns: xsd ="http: //www.w3.org/2001/XMLSchema">
      <xsd: element Name ="University">
      ...
      </xsd: element>
   </xsd: schema>'
```

可以用额外的 XML 模式扩展该集合：

```
alter xml schema collection mycol add
   '<xsd: schema>…</xsd: schema>'
```

在下面的查询例子中，我们假设图 20-2 中建模的 Virtual Uni 存储在这个关系 Unis 中。然后，我们可以确定“积极的”（即讲课的）教授，如下所示：

```
select Name, Description.Query('for $d in //Professor
                                 where $d/Lectures/Lecture
                                 return $d/Name') as xml
from Unis
where Name = 'Virtual Uni'
```

作为结果，返回由大学名称和 XML 片段（更确切地说，是 XML 元素的序列）组成的以下变量集：

```
Name                | xml
============================================
Virtual University | <Name>Augustinus</Name>
                     <Name>Sokrates</Name>
                     <Name>Russell</Name>
                     <Name>Popper</Name>
                     <Name>Kant</Name>
```

请注意，上述查询的 where 子句只要求存在子元素 Lectures，而在 Lectures 下面则要求存在子元素 Lecture。当然，我们也可以对这个子元素 Lecture 提出条件，例如，它应该有一个 4 WH 的限制：

```
select Name, Description.Query('for $d in //Professor
                                 where $d/Lectures/Lecture [WH = 4]
                                 return $d/Name') as xml
from Unis
where Name = 'Virtual Uni'
```

现在，输出的是至少开设一门 4 课时课程的“教授”：

```
Name                | xml
==========================================
Virtual University | <Name>Sokrates</Name>
<Name>Kant</Name>
```

也可以在 SQL 查询扩展句法的 where 子句中使用 XQuery 查询。在这种情况下，exist 函数通常会决定转移的 XQuery 查询是返回空（返回值 0）还是非空（返回值 1）的结果。我们首先确定 2006 年出版的图书的 ISBN 编码：

```
select isbn from Books
where description.exist ('/Book[@Year ="2006"]') = 1
```

到目前为止我们只插入了 1994 年和 2006 年的两本图书，所以只返回了一个 ISBN：

```
isbn
=========
3486273922
```

作为结果，以前的查询经常返回有嵌入式 XML 片段的变量集。然而，嵌入的 XML 片段使得对结果的进一步处理变得困难。因此，我们常常希望将 XML 片段转化为“正常”的属性值。这可以借助 Value 函数来实现。我们现在用它来输出所有图书的第一作者以及 ISBN 和出版年份：

```
select isbn,
     description.Value ('(/Book/@Year) [1]', 'varchar (20) ') as Year,
     description.Value ('(/Book/Authors/Author/SurName) [1]',
                                          'varchar (20) ') as FirstAuthor
from Books
```

现在这个查询的输出对应于一个具有 ISBN、年度和第一作者三个属性的正常关系：

```
isbn          Year          FirstAuthor
==================================================
3486273922    2006          Kemper
0136292399    1994          Kemper
```

### 20.3.3 对 XML 文档的修改

在编写本书时，XQuery 还没有一个标准化的句法可用于修改 XML 文档。当然，这并不能阻止数据库制造商设计专有句法并将其整合到系统中。例如，在 Microsoft SQL Server 2005 中，就可以在关系存储的 XML 文档中插入新的子元素。

```
updated Books
set Description.modify ('insert <First Name> Heinrich </First Name>
                         as First into (/Book/Authors/Author) [1]')
where isbn = '3486273922'
```

这里，在第一个位置（First），赋予了“第一作者”（在位置 1）一个新的名字“Heinrich”。通过以下查询，我们可以说明这种更新操作的效果。

```
select isbn, Description from Books
where isbn = '3486273922'
```

作为结果，我们现在得到了以下 XML 文档：

```
<Book Year ="2006">
    <Title>Database Systems: An Introduction</Title>
    <Authors>
      <Author>
        <First Name>Heinrich</First Name>
        <First Name>Alfons</First Name>
        <SurName>Kemper</SurName>
      </Author>
      <Author>
        <First Name>Andre</FirstName>
        <SurName>Eickler</SurName>
      </Author>
    </Authors>
    <Publisher> Oldenbourg Publisher</Publisher>
</Book>
```

如果现在想再次删除这个名字，则下面的更新操作就太“激进”了，因为它删除了这本书所有作者的所有名字：

```
updated Books
set description.modify ('delete/Book/Authors/Author/FirstName [1]')
where isbn = '3486273922'

<Book Year ="2006">
  <Title>Database Systems: An Introduction</Title>
  <Authors>
    <Author>
      <FirstName>Alfons</FirstName>
      <SurName>Kemper</SurName>
    </Autor>
    <Autor>
      <NachName>Kemper</NachName>
    </Autor>
  </Autoren>
  <Verlag>Oldenbourg Verlag</Verlag>
</Buch>
```

在正确的表述中，我们必须将这种删除操作限制在第一作者的第一个名字上，如下所示：

```
updated Books
set description.modify ('delete/Book/Authors/Author[1]/FirstName[1]')
```

```
where isbn = '3486273922'
```

也可以替换数值，如下面的例子所示：

```
update Unis set Description.modify('
  replace Value of(//Lecture[@Lecture_number ="V5022"]/WH)[1]with 4')
```

这里是将编号为 5022 的课程的每周学时数（WH）设定为 4。在逻辑上，对第一个位置（即 [1]）的限制是没有必要的。此外，我们必须“说服”数据库系统，使这个变更操作只涉及一个元素，为了只改变其值与原子类型相对应的元素，必须从相关的模式定义中推导出原子类型。

### 20.3.4 将关系型数据发布为 XML 文档

在图 20-7 中，除了在关系型数据库中存储 XML 数据外，将 XML 格式发布为关系型数据也是一项重要功能。有几个应用场景可以使用该功能：

1. 长期归档：由于法律和其他原因，有时必须在很长的时间间隔内归档数据库内容。当然，这应该以非专用技术的格式进行归档，以便数据在未来保持可读性。对此，可应用 XML 格式的数据文本表达。

2. 数据交换：XML 是互联网的数据交换格式，有时也称为“线格式”（wire format）。因此，异构的、分布式的应用程序在未来将通过 XML 文档的交换进行通信，这也是网络服务标准所规定的（见 20.4 节）。

对于简单的、通用的关系型数据转换，Microsoft SQL Server 提供了 for xml 子句，它可用于转换我们大学数据库中的教授列表：

```
select*
from Professors
for xml auto
```

其中，把每个变量集转变成了一个有“教授”标签的单独元素，其中把属性值建模为 XML 元素的属性。

```
<Professors PersNr ="2125"Name ="Sokrates"Rank ="C4"Room ="226"/>
<Professors PersNr ="2126"Name ="Russel"Rank ="C4"Room ="232"/>
<Professors PersNr ="2127"Name =" Kopernikus"Rank ="C3"Room ="310"/>
<Professors PersNr ="2133"Name ="Popper"Rank ="C3"Room ="52"/>
<Professors PersNr ="2134"Name =" Augustinus"Rank ="C3"Room ="309"/>
<Professors PersNr ="2136"Name ="Curie"Rank ="C4"Room ="36"/>
```

```
<Professors PersNr="2137"Name ="Kant"Rank ="C4" Room ="7"/>
```

for xml raw 子句将变量集转换为名为 row 的 XML 元素，如下所示：

```
select *
from Professors
for xml raw
```

```
<row PersNr ="2125"Name ="Sokrates"Rank ="C4"Room ="226"/>
<row PersNr ="2126"Name ="Russel"Rank ="C4"Room ="232"/>
<row PersNr ="2127"Name ="Kopernikus"Rank ="C3"Room ="310"/>
<row PersNr ="2133"Name ="Popper"Rank ="C3"Room ="52"/>
<row PersNr ="2134"Name ="Augustinus"Rank ="C3"Room ="309"/>
<row PersNr ="2136"Name ="Curie"Rank ="C4"Room ="36"/>
<row PersNr ="2137"Name ="Kant"Rank ="C4"Room ="7"/>
```

为了创建嵌套的 XML 文档，也可以嵌套 for xml 查询语句块。下面，我们要为教授们分配他们的课程（如果有课程）。

```
select Name, Rank,
      (select Title, WH
       from Lectures
       where Given_by = PersNr
       for xml auto, type)
from Professors
for xml auto, type
```

因此，这个查询的结果由“教授”元素组成，教授所讲授的课程作为子元素嵌套：

```
<Professors Name ="Sokrates"Rank ="C4">
   <Lectures Title ="Logic"WH ="4"/>
   <Lectures Title ="Ethics"WH ="4"/>
   <Lectures Title ="Maieutics"WH ="2"/>
</Professors>
<Professor Name ="Russel"Rank ="C4">
   <Lectures Title ="Epistemology"WH ="3"/>
   <Lectures Title ="Science Theory"WH ="3"/>
   <Lectures Title ="Bioethics"WH ="2"/>
</Professors>
<Professors Name ="Kopernikus"Rank ="C3"/>
   <Professors Name ="Popper"Rank ="C3">
   <Lectures Title ="The Vienna Circle"WH ="2"/>
</Professors>
<Professors Name ="Augustinus"Rank ="C3">
```

```
    <Lectures Title ="Faith and Knowledge"WH ="2"/>
</Professors>
<Professors Name ="Curie"Rank ="C4"/>
<Professors Name ="Kant"Rank ="C4">
    <Lectures Title ="The 3 Critiques"WH ="4"/>
    <Lectures Title ="Principles"WH ="4"/>
</Professors>
```

以类似方式，我们也可以汇总课时数，并将其值作为一个嵌套元素添加到教授元素“数学表现”TeschingPerformance 中：

```
select Name, Rank,
     (select sum(WH) as total
     from Lectures as TeachingPerformance
     where Given_by = PersNr
     for xml auto, type)
from Professors
for xml auto, type
```

未开课的教授有一个空的子元素 TeachingPerformance，例如以下输出中的 Kopernikus 和 Curie。

```
<Professors Name ="Sokrates"Rank ="C4">
    <TeachingPerformance Total ="10"/>
</Professors>
<Professor Name ="Russel"Rank ="C4">
    <TeachingPerformance Total ="8"/>
</Professors>
<Professors Name ="Kopernikus"Rank ="C3">
    <TeachingPerformance />
</Professors>
<Professors Name ="Popper"Rank ="C3">
    <TeachingPerformance Total ="2"/>
</Professors>
<Professors Name ="Augustinus"Rank ="C3">
    <TeachingPerformance Total ="2"/>
</Professors>
<Professors Name ="Curie"Rank ="C4">
    <TeachingPerformance/>
</Professors>
<Professors Name ="Kant"Rank ="C4">
    <TeachingPerformance Total ="8"/>
</Professors>
```

到目前为止使用的句法是微软专有的。在 SQL/XML 标准化规范中，人们使用明确的 XML 元素构造器，但遗憾的是，不是所有的制造商都实现了这一标准化。“教授”及其“教学表现”（现在作为一个没有属性的原子子元素）的查询如下：

```
select XMLELEMENT(
          Name"Professors",
          XMLATTRIBUTES(p.Name, p.Rank),
          XMLELEMENT(
             Name"TeachingPerformance",
              (select sum(v.WH)
               from Lectures v
               where v.Given_by = p.PersNr )
        )
     )
from Professors p
```

结果如下所示：

```
<Professors Name ="Sokrates"Rank ="C4">
   <TeachingPerformance>10</TeachingPerformance>
</Professors>
<Professor Name ="Russel"Rank ="C4">
   <TeachingPerformance>8</TeachingPerformance>
</Professors>
<Professors Name ="Kopernikus"Rank ="C3">
   <TeachingPerformance></TeachingPerformance>
</Professors>
<Professors Name ="Popper"Rank ="C3">
   <TeachingPerformance>2</TeachingPerformance>
</Professors>
<Professors Name ="Augustinus"Rank ="C3">
   <TeachingPerformance>2</TeachingPerformance>
</Professors>
<Professors Name ="Curie"Rank ="C4">
   <TeachingPerformance></TeachingPerformance>
</Professors>
<Professors Name ="Kant"Rank ="C4">
   <TeachingPerformance>8</TeachingPerformance>
</Professors>
```

在标准的 SQL/XML 语言中，提供了一个聚集函数 XMLAGG，以生成组内不同的属性值，作为组元素的独立的 XML 子元素。因此，如果我们想为教授输出相应的“课程”，则可以通过“教授”与“课程”的连接，并按 PersNr 和 Name 的分组来实现，其输出为子元素。

```
select XMLELEMENT(Name "Professor",
                  XMLATTRIBUTES(p.Name),
                  XMLAGG(XMLELEMENT(Name "Title", l.Title))
from Professors p, Lectures l
where p.PersNr = l.Given_by
group by p.PersNr, p.Name;
```

这个 XML 发布的结果如下（只显示一个摘录）：

```
<Professor Name ="Sokrates">
   <Title>Ethics</Title> <Title>Maieutics</Title><Title>L…
<Professor Name ="Russel">
   <Title>Epistemology</Title><Title>Bioethics</Title…
<Professor Name ="Popper">
   <Title>The Vienna Circle</Title></Professor>
<Professor Name ="Augustinus">
   <Title>Faith and Knowledge</Title></Professor>
<Professor Name ="Kant">
   <Title>Principles</Title><Title>The 3 Criques</Title><…
```

### 20.3.5 案例研究：IBM DB2 V9 对 XML 的支持

在这一节中，我们把数据库系统 DB2 第 9 版（以前叫 Viper）作为一个案例研究。这是一个关系型 SQL 数据库系统，通过它可以使 XML 数据和 XQuery 等值“共存”。图 20-13 说明了两种不同的数据模型和查询语言的共存情况。

像其他大型关系型数据库系统一样，DB2 可以实现在同一个系统中管理关系型和 XML 数据。然而，XML 文档仍然“活”在（至少在逻辑上）关系列中。因此，XML 文档被分配到一个关系中，作为 XML 类型的属性值。在物理层面上，这 XML 文档还是分开存储的，如图所示。

DB2 为 XML 功能内置了特别优化的存储和索引结构。DB2 的特殊性在于它还可以实现 SQL 和 XQuery 两种查询语言共存。XQuery-affine 用户（即“在空闲时间玩滑雪板的年轻人”）不仅可以用 XQuery 处理 XML 数据，还可以通过在 XQuery 中嵌入 SQL 片段来处理关系型数据。同样，SQL-affine 用户（即“在业余时间滑雪的老年人”）可以通过在 SQL 中嵌入 XQuery 片段将 XML 数据转移到关系型数据库的环境中处理。然而，仍然存在着对“（老年）滑雪者”的略微优先考虑：SQL 是默认的；如果想使用 XQuery，则必须通过前置的关键字 xQuery 来告知查询转换器。

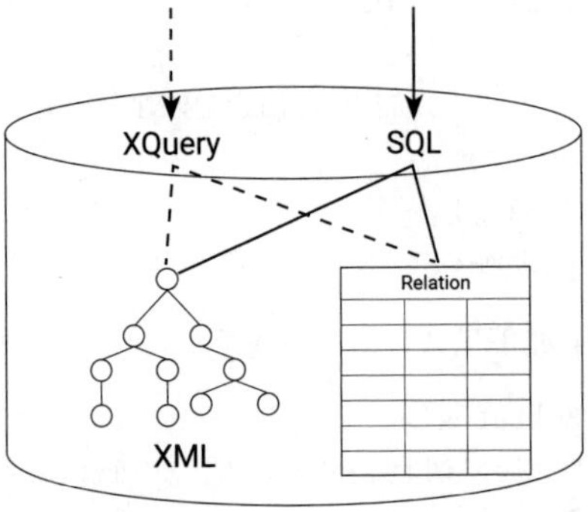


图 20-13 在 IBM DB2 中，XML 数据和关系型数据，XQuery 和 SQL 的共存

首先作为 SQL-affiner 用户，我们要输出 Virtual Uni 的物理学教授：

```
select xmlQuery ('
   for $f in $d//Faculties/Faculty
   let $l: = $f//Lecture
   where count ($l) > 1
   return <PhysicsProfessors>
             {$f//Professor}
         </physics Professors>'
passing and DESCRIPTION as "d")
from Unis u
where u.Name = 'Virtual Uni'
```

XQuery 查询以字符串形式传递给 DB2 的内置函数 xmlQuery，它具体应用于 passing 子句中传递的 XML 文档。本例中它是一个 XML 文档，被存储在关系 UNIS 中名称为 Virtual Uni 的变量集的属性 DESCRIPTION 中。这个文档以名称 d 的形式传递，然后在 XQuery 查询中以 $d 的形式引用。

我们接下来要从 SQL 中检查相关的 XML 文档中是否存在某个子元素。作为例子，我们希望查询有一位叫“苏格拉底”教授的大学：

```
select u.Name
from UNIS u
where xmlexists ('$d//Professor [Name ="Sokrates"]'
                  passing u.DESCRIPTION as "d")
```

## 本地 XQuery

对于“滑雪者”来说，DB2 提供了直接用 XQuery 制定查询的方法。这必须通过前缀 xQuery 向查询处理器说明。例如，输出关系 UNIS 的所有大学的 XML 文档[1]：

```
xQuery db2-fn: xmlcolumn ('UNIS.DESCRIPTION')
```

当然，可以从这些 XML 文档的根部开始制定任意复杂的 XQuery 查询。让我们假设想输出所有教授的名字：

```
xQuery
<Professors>
   {for $p in db2-fn: xmlcolumn ('UNIS.DESCRIPTION') //Professor
   return $p/Name}
</Professors>
```

因此，在根元素“教授”Professors 下，我们得到了一个在关系 UNIS 的 DESCRIPTIONS 中出现的所有“教授”Professor 元素的名字序列。

## XML 数据的关系性视图

为了使 SQL 用户（即“滑雪者”）的操作更便捷，我们可以定义视图，从而可以使 XML 数据部分地作为关系型数据访问。我们将通过以下视图 UniProfsLectures 来说明这一点，在该视图中，每所大学的教授都与他们的第一门课（如果有）相关联：

```
create view UniProfsLectures (Name, ProfName, Title) as
   select u.Name, t.Name, t.Title
   from UNIS u,
   xmltable ('$d//Professor' passing u.DESCRIPTION as "d"
      columns Name varchar (20) Path 'Name',
              Title varchar (20) Path 'Lectures/Lecture[1]/Title')
   as t;
```

作为结果，得到一个以下类型的视图：

[1] 这里我们明确指出，XQuery 与 SQL 不同，是有大小写区别的。DB2 通常用大写字母来管理模式，不管你如何定义它。因此，在 XQuery 中，命名关系 UNIS 和属性 DESCRIPTION 是至关重要的。

| UniProfsLectures | | |
|---|---|---|
| Name | ProfName | Title |
| Virtual Uni | 奥古斯丁 | 信仰和知识 |
| Virtual Uni | 居里 | |
| Virtual Uni | 哥白尼 | |
| Virtual Uni | 苏格拉底 | 职业道德 |
| Virtual Uni | 罗素 | 认识论 |
| Virtual Uni | 波普 | 维也纳学派 |
| Virtual Uni | 康德 | 基础理论 |

如果想提供这个视图中所有课程的信息，包括授课的教授，则必须从一个以“课程”元素为终点的路径开始，然后沿着 parent 轴（缩写为 ..）返回到“教授”元素：

```
create view UniLecture(Name, ProfName, Title) as
   select u.Name, t.Name, t.Title
   from UNIS u,
   xmltable('$d//Professor/Lectures/Lecture'
                            passing u.DESCRIPTION as "d"
      columns Name varchar(20) Path './../../Name',
            Title varchar(20) Path 'Title') as t;
```

作为结果，现在得到一个包含所有课程的视图，但有些教授因为没有授课而被遗漏。请读者自己去实现包含所有课程和所有教授的视图。

| UniProfsLectures | | |
|---|---|---|
| Name | ProfName | Title |
| Virtual Uni | 奥古斯丁 | 信仰和知识 |
| Virtual Uni | 苏格拉底 | 职业道德 |
| Virtual Uni | 苏格拉底 | 苏格拉底反诘法 |
| Virtual Uni | 苏格拉底 | 逻辑学 |
| Virtual Uni | 罗素 | 认识论 |
| Virtual Uni | 罗素 | 科学哲学 |
| Virtual Uni | 罗素 | 生物伦理学 |
| Virtual Uni | 波普 | 维也纳学派 |
| Virtual Uni | 康德 | 基础理论 |
| Virtual Uni | 康德 | 三大批判 |

### XML 和关系型数据之间的连接

关系型和 XML 数据元素也可以使用谓词来连接。我们在下面的查询中说明了这一点。该查询是要从 XML 文档中输出“教授”的数据，条件是至少有一次考试的分数（根据关系“考试”和“教授”）好于 3 分（即小于 3 分）。

```
select xmlQuery('for $p in $d//Professor
                 where $p/Name = $profN
                return $p' passing u.DESCRIPTION as "d",
                                   prof.Name as "profN")
from UNIS u, Professors prof, examine ex
where prof.PersNr = ex.PersNr and ex.Grade<3.0;
```

连接谓词是 $p/Name = $profN，其中 profN 是来自关系“教授”的字符串值（通过 passing 子句传递给 XQuery 查询），同时也传递了来自 DESCRIPTION 的 XML 文档。因此，我们有了一个在 passing 子句中传递多个不同对象的示例。

### XML 元素的索引

对于经常出现在谓词中的路径表达式，应该创建一个路径索引。在 DB2 中如下所示：

```
create index myProfNameIndex on UNIS(DESCRIPTION)
      generate key using xmlpattern
         '/University/Faculties/Faculty/Professor/Name'
      as sql varchar(20)
```

然后，将这个索引用于下面的查询：

```
select u.Name
from UNIS u
where xmlexists('$d/University/Faculties/Faculty/
                        Professor [Name ="Sokrates"]'
        passing and DESCRIPTION as "d")
```

然而，应该谨慎使用等效的 descendant 或 self 轴，因为 DB2 在这种情况下不使用路径索引。如果有疑问，请查看查询评估计划，以确保创建的路径索引有效。

## 20.4 网络服务

近年来，互联网已发展成为提供服务的平台。作为特定应用的接口，这些服务经常用于实现与数据库系统的“互动”，可以通过互联网被其他应用调用。到目前为止，互联网上的服务大多使用 HTML 页面和 HTML 表格的组合作为界面，因为它们被设计为在浏览器中显示并与人类用户“互动”（见第19章）。然而，出于提高效率的原因，许多公司现在希望以自动化的方式使用服务，即不需要人为的“互动”，并通过互联网快速和方便地提供自己的服务。而表格不适合这一目的，因为必须为每项服务制定单独的、特定的表格。这一方面使我们难以提供服务，另一方面也使我们难以自动使用这些服务并从显示的HTML页面中得到确定结果或错误信息。为了确定HTML页面感兴趣的信息，必须使用复杂的所谓“屏幕抓取”（screen scraping）技术。但这些针对HTML页面设计的技术并不完美，必须反复调整。为了实现全自动的服务使用和服务结构（互操作性），目前越来越多地使用一种新技术：以XML作为数据交换格式的网络服务。

到目前为止，还没有统一定义“网络服务”这个概念。不过，在普通的语言应用中，网络服务是指通过网络向用户提供服务，并使用XML作为数据交换格式。网络服务与网络上的经典服务不同，它不是为人类使用而设计的，而是为了自动使用。网络服务的另一个目标是互操作性，也即，能够以标准化的方式使用网络服务，并且还能实现交互，而无须考虑操作系统、开发服务的编程语言和网络服务引擎（据此对在网络中提供网络服务的应用程序命名）的差异。

网络服务的重要应用领域包括应用集成、电子数据交换、电子商业应用和B2B集成。此外，需要标准来确保服务的互操作性。目前有几个基于XML的不同标准：

1. SOAP（IBM、微软等公司的“简单对象访问协议”）；

2. UDDI（惠普、IBM、英特尔、微软、SAP、Software AG、Sun等公司的“通用描述、发现和集成”）；

3. WSDL（Ariba、IBM和微软的“网络服务描述语言”）；

4. BPEL4WS（“网络服务业务流程执行语言”）是WSFL（IBM的“网络服务流程语言”）和XLANG（微软）两种语言的统一；

5. WS-Inspection（IBM和微软的“网络服务检查语言”）。

在这个（简短的）章节中，我们将以SOAP、UDDI和WSDL为基础，对网络服务进行示例性的解释。因为这些标准已经非常普遍，而且上述大多数网络服务解决方案也是基于这些标准或者至少支持这些协议的。互操作性的基础是基于XML的通信协议SOAP，各种应用通过它可以以标准化（即统一）的方式与服务通信。当然，仅仅提供服务是不够的，还必须使潜在用户能够找到这些服务。到目前为止，搜索引擎或网络目录已经将互联网上的信息编入索引，从而使用者可以发现它们。在网络服务的世界里，这些任务是由WS-Inspection和UDDI等完成的。如果找到了服务，仍然需要知道该服务需要哪些输入数据以及如何提供结果，这可以借助 WSDL 等来完成这种服务描述。

### 20.4.1 创建和使用网络服务的概况

图 20-14 显示使网络服务可用和使用它的所有必要操作。我们将在后面用一个例子来解释这些步骤的细节。服务提供者必须在 UDDI 目录服务中注册其服务（图中为网络服务 A 和网络服务 B），以提供有关其服务以及如何使用这些服务的信息。在 WSDL 文档中描述了如何与服务进行通信，这些文档不是存储在 UDDI 目录中的，而是存储在互联网的“某个地方”。如果一个客户想使用一项服务，则应从 UDDI 目录中选择适合其用途的服务。在选择了一项服务（图中的网络服务 B）之后，加载相关的 WSDL 文档并用于生成网络服务的代理。这两个步骤已经可以实现自动化，许多生产商都有相应的开发工具。生成的代理通过 SOAP 消息与实际的网络服务进行通信，并通过互联网以 XML 文档的形式传输服务的输入数据以及输出数据。现在，对刚刚列出的步骤作更详细的描述（一方面从服务提供者的角度，另一方面从客户的角度）。

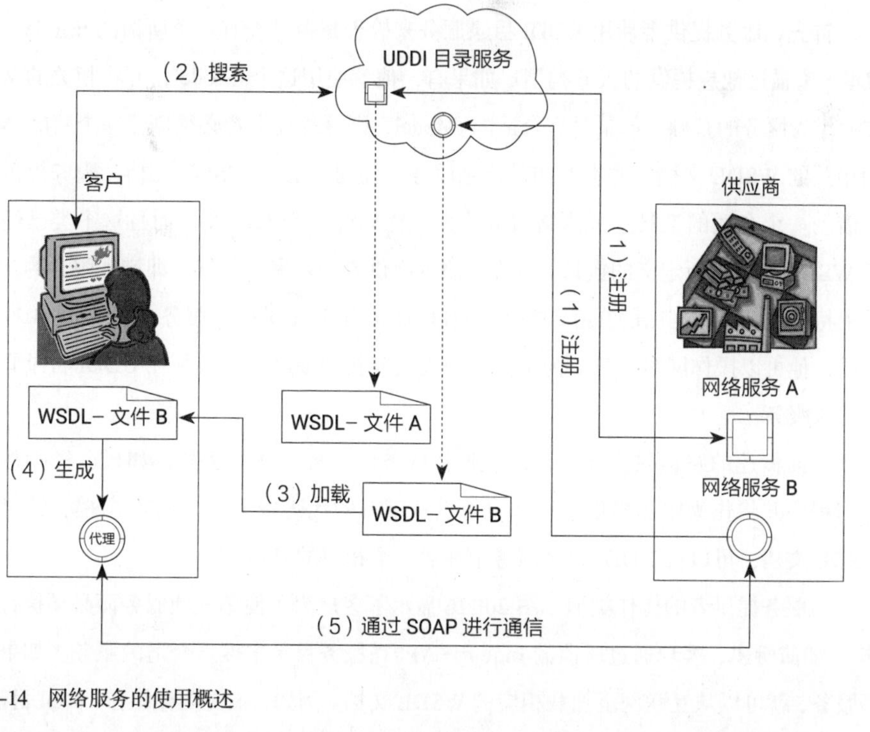


图 20-14 网络服务的使用概述

图 20-15 显示了一个服务提供者为提供服务而必须采取的操作。

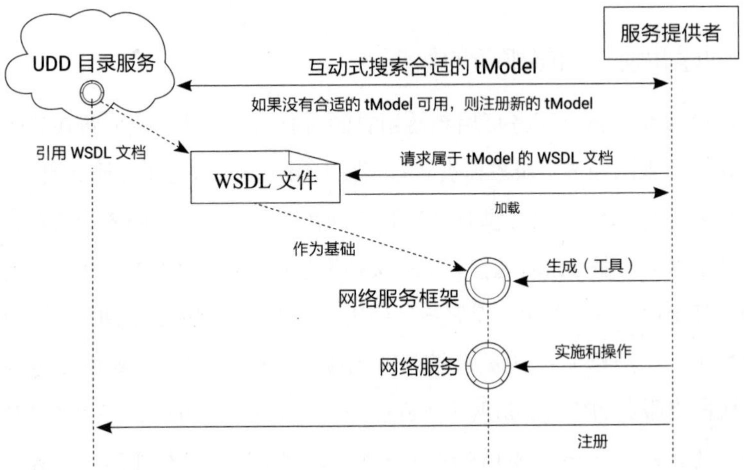


图 20-15　创建网络服务的操作

首先，服务提供者使用 UDDI 目录服务来检查是否已经有一个所谓的 tModel（技术模型）来描述他想提供的服务类型。如果有，他就使用这个 tModel，并将相关的 WSDL 文档作为服务的基础。如果没有合适的 tModel，则服务提供者必须创建一个新的 tModel 和相关的 WSDL 文档，并在 UDDI 目录服务中注册。通过 WSDL 文档，服务提供者可以借助一个合适的工具生成网络服务构架，比如说一个 Java 类，而且这个类已经满足了 WSDL 文档中所定义的接口。现在，服务提供者必须完善构架，即实现服务的功能。其中特别包括与数据库的交互，这可以通过 JDBC 用 Java 编码的服务来实现（见 4.23 节）。之后，他可以操作网络服务。为了使其他人也能找到该服务，必须在 UDDI 目录服务中注册该服务。

上面概述的路径只描述了在网上提供服务的一种方式。例如，如果已经存在一个应用程序并将作为服务提供，那么也可以从现有的代码中生成 WSDL 文档。针对这个 WSDL 文档，可以在 UDDI 目录服务中注册一个相应的 tModel。

与服务提供者的操作类似，图 20-16 显示了客户为了使用一项服务而必须执行的操作。 如前所述，客户通过所谓的 Inquiry-API 在服务目录中搜索合适的服务。如果找到了服务，就可以从互联网上加载相应的 WSDL 文档。例如，该文档存储在 UDDI 目录中。WSDL 文档指定了所选服务的信息格式。UDDI 目录或 WSDL

文档指定了可以在互联网上实现服务的 URL。使用合适的工具，可以从 WSDL 文档中的信息生成与网络服务交互的代理。例如，可以使用一个 Java 类的方法，该方法可传递调用服务所需的所有参数。然后，代理负责将这些参数以正确的格式打包成 SOAP 消息发送给网络服务。此外，代理负责处理调用的结果，并将其转换为一个 Java 对象等。通过这种方式，代理“隐藏”了正在使用网络服务的事实，因此，开发人员几乎意识不到与本地方法调用有任何区别。在下文中，我们将以大学管理部门的一项服务为例，描述所提到的各种标准。

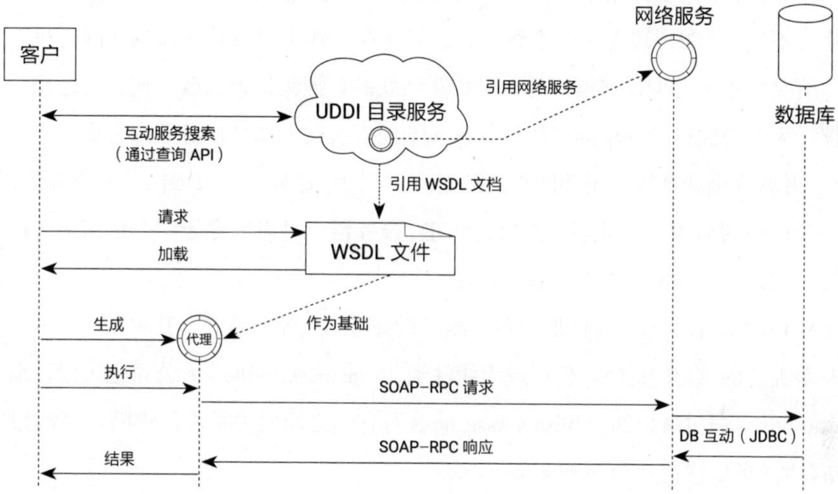


图 20-16 网络服务组件的相互作用

## 20.4.2 查找服务

为了能够使用服务，必须找到关于所提供的服务的信息。服务信息的目录服务可以实现这一目的。UDDI 协议旨在为这种服务元数据建立一个全局目录。目前，已经有 300 多家公司加入这一协议，包括惠普、IBM、微软、SAP 和 Software AG 等行业巨头。UDDI 目录服务的一项任务是通过统一的发布接口（UDDI Publishing API），将服务元数据以统一的数据结构（UDDI 模式）存储在互联网上的“中央”和可公开访问的位置（UDDI 服务器）。另一项任务是通过标准化的查询语言（UDDI Inquiry API）支持元数据的查询。这些标准化接口都是基于 XML 的，即客户提交包含注册或查询请求的 XML 文档，并再次接收 XML 文档作为响应。服务提供者也可以在其 Web 服务器上存储相应的文件

（WS-Inspection 文档），以标准化的形式提供其服务的元数据（作为在全局 UDDI 目录中存储的替代方式或补充）。当检查网络服务器时，例如通过搜索引擎检查时，可以评估这些包含对供应商可用服务信息的引用文件，并提供给用户使用。

因此，虽然 UDDI 目录服务是一个全局目录——“谁提供了哪些网络服务”，但 WS-Inspection 提供了一种结构化的方式来引用供应商的服务信息。

UDDI 协议的目标是为网络服务的目录服务定义一个标准。从概念上看，UDDI 定义了一个分布式数据库系统，用于存储基于现有标准和协议的服务元数据。为此，UDDI 定义了一个系统的基本属性，如全球统一的数据模式、查询语言、授权概念和复制策略。不过，UDDI 缺少一个事务概念，但这在实践中没有什么影响。因为只在相对较少的情况下才会由少数被授权的人对相互独立的数据集进行修改，而普通公众只有阅读授权。为了保证目录的全局可用性，许多本地安装的 UDDI 服务器组合成一个“全球网络”，并将在全球范围内定期同步其数据。这个网络被称为“UDDI 云”。在用户看来，它是一个单一的 UDDI 服务器。当然，UDDI 服务器也可以独立于“全球网络”运行本地安装，例如，只在内网中提供服务信息。

图 20-17 显示了 UDDI 注册的基本组件的概念性 UML 模式，其中每个组件都被存储为一个独立的 XML 文档。公司或组织注册为 businessEntity。大公司也可以注册几个 businessEntity，通过所谓的 publisherAssertions 对它们之间的关系进行建模。一家公司（一个商业实体）可以注册几个 businessServices。

这些 businessServices 专门分配给 businessEntity。通过 bindingTemplates，这些服务可以通过指定服务的 URL 分配给具体提供的服务。tModel 也可以分配给 bindingTemplate，该 tModel 指向在函数上描述所提供服务的 WSDL 文档。

### 20.4.3 网络服务示例

本节使用一个简单的例子来说明如何创建访问数据库系统的网络服务并在网上发布。原则上，有两种方法可以创建网络服务。一是，一个应用程序可能已经存在，从而为其创建缺少的网络界面。二是，也可以选择相反的方式：根据接口的描述生成源代码。针对这两种方法，都有软件工具可以（半）自动进行相应的转换（从源代码到 WSDL，从 WSDL 到代码构架）。在下文中，我们使用了第二种方法，即从给定的 WSDL 声明中创建相应的网络服务。如果要重新创建服务并且不能使用现有的源代码，那么特别推荐这种方法。通过这种方式，设计和实现是分开的，就像我们熟悉的软件设计一样。

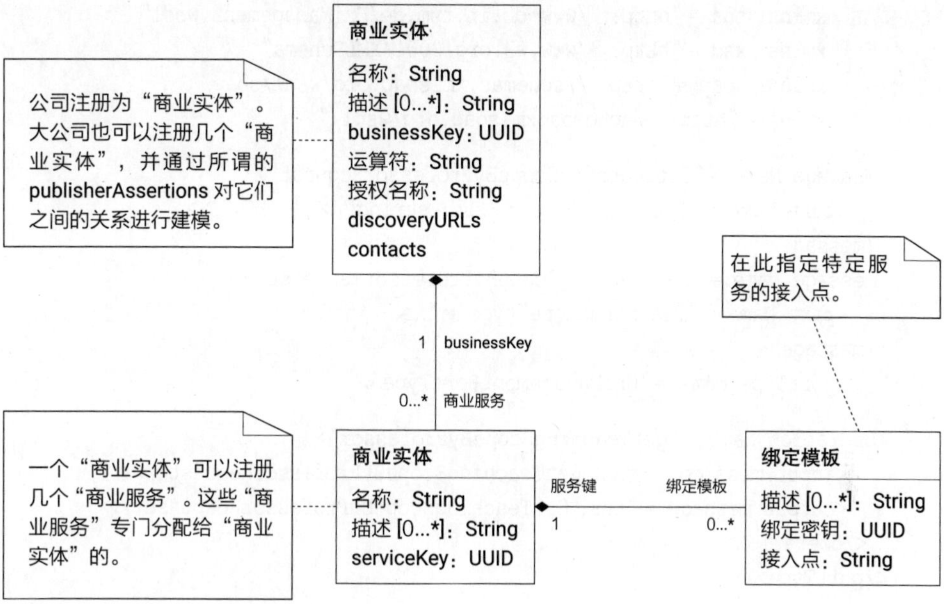


图 20–17 UDDI 组件之间的关系

下面的示例网络服务基于我们的关系型大学数据库。目的是确定教授们各自的教学工作量——每周课时数之和。在数据库中，一个名为 ProfName 的相应查询如下所示：

```
select sum（l.WH）as TeachingScope
from Lectures l，Professors p
where l.Given_by = p.PersNr and p.Name = "ProfName"
```

我们的目标是将这个查询嵌入到一个网络服务中，并为使用服务的用户提供一个简单的、与 SQL 无关的接口。然后可以通过其他应用程序调用这个服务，并且可以在完全不同的地方通过互联网实现。例如，可以在州工资管理局实现这种网络服务的客户应用，教授的工资便可以根据“成绩”和“教学范围”来确定。

### 20.4.4 网络服务接口的定义

以下 WSDL 文档定义了服务的接口：

```
<?xml version ="1.0"?>
<definitions Name ="UniManagement"
     targetNamespace ="http://www-db.in.tum.de/UniManagement.wsdl"
```

```
      xmlns: tns ="http: //www-db.in.tum.de/UniManagement.wsdl"
      xmlns: xsd ="http: //www.w3.org/2001/XMLSchema"
      xmlns: soap ="http: //schemas.xmlsoap.org/wsdl/soap/"
      xmlns ="http: //schemas.xmlsoap.org/wsdl/">

  <message Name ="GetTeachingScopeByProfessorRequest">
     <part Name ="ProfName"type ="xsd: string"/>
  </message>
  <message Name ="GetTeachingScopeByProfessorResponse">
     <part Name ="TeachingScope"type ="xsd: int"/>
  </message>
     <portType Name ="UniManagementPortType">

  <operation Name ="getTeachingScopeByProfessor">
     <input message ="tns: GetTeachingScopeByProfessorRequest"/>
     <output message ="tns: GetTeachingScopeByProfessorResponse"/>
    </operation>
  </portType>

  <binding Name ="UniManagementSOAPBinding"type ="tns:UniManagementPortType">
      <soap: binding style ="rpc"
                     transport ="http: //schemas.xmlsoap.org/soap/http"/>

  <operation Name ="getTeachingScopeByProfessor">
     <soap: operation soapAction =""/>
     <input>
       <soap: body use ="encoded" Namespace ="UniManagement"
          encodingStyle ="http: //schemas.xmlsoap.org/soap/encoding/"/>
     </input>
     <output>
        <soap: body use ="encoded"Namespace ="UniManagement"
           encodingStyle ="http: //schemas.xmlsoap.org/soap/encoding/"/>
       </output>
    </operation>
  </binding>

  <service Name ="UniManagementService">
     <port Name ="UniManagement"binding ="tns: UniManagementSOAPBinding">
       <soap: address location=
          "http: //www-db.in.tum.de/axis/services/UniManagement"/>
       </port>
    </service>

  </definitions>
```

从这个文档内容我们可以看到，它由以下部分组成：

1. 一个由消息和端口类型组成的抽象接口部分；

2. 一个包含绑定、端口和服务元素的具体实现部分。

为了确定“教学范围”（TeachingScope），在服务调用过程中，教授的名字作为一个字符串传递，返回的结果是一个整数。WSDL 把服务理解为一组通过交换消息（messages）进行通信的（抽象）端点。一个消息又代表了对所交换数据的抽象描述。因此，消息 GetTeachingScopeByProfessorRequest 有一个类型为 xsd：string 的部分元素 ProfName，GetTeachingScopeByProfessorResponse 有一个类型为 xsd：int 的部分元素 TeachingScope。这样，消息定义使用了 XML 模式定义中的原始数据类型。此外，经常会出现需要使用基本类型无法涵盖的更复杂的数据作为参数的情况。为此，可以使用通过 XML 模式在 WSDL 文档的 types 部分中定义的额外的特定应用类型。如果将消息与函数相比较，则消息的组成部分与函数参数相对应。信息的类型描述只能抽象地反映其内容，只有通过绑定（见下文）才能确定信息的实际数据传输格式。

portTypes 规定了支持的操作及其输入和输出的消息格式。客户端应用程序可以接这些格式用来调用操作。例子中的 portType 部分，定义了一个操作 getTeaching ScopeByProfessor，它由作为输入消息的 GetTeachingScopeByProfessorRequest 和作为响应的 GetTeachingScopeByProfessorResponse 组成。因此，它是一个请求 / 响应操作，因为在返回响应之前，首先需要一个消息。此外，也可以定义需要相反流程的操作，即端点首先发送一个消息，然后接收一个响应（请求 / 响应）。也可以描述只有一个通信方向的操作（单向，如果端点收到一个消息；通知，如果发送一个消息）。原则上，一个 portType 可以组合任何数量的操作。到目前为止介绍的 WSDL 文档的元素与具体的通信协议、消息格式和网络地址无关，因此将其称为“抽象”。只有“绑定”（binding）才会为 portType 指定网络协议和数据格式。例如，为 UniManagement 端口类型定义的协议是 HTTP。不过，也可以使用“邮件协议”（SMTP）或“文件传输协议”（FTP）来交换信息。为绑定分配一个固定的网络地址是通过端口（port）实现的，而服务（service）本身是由一组端口组成的。综上所述，这里介绍的 UniManagement 网络服务只有一个端口。在这个端口下，只提供了一个操作（getTeachingScopeByProfessor）。与该操作的互动包括两个消息，即一个调用，其参数（或 part）是“教授”的名字；另一个是相应消息，它的内容是整数类型的“教学范围”。

图 20-18 再次以图形方式概括了例子中的 WSDL 文档的结构。

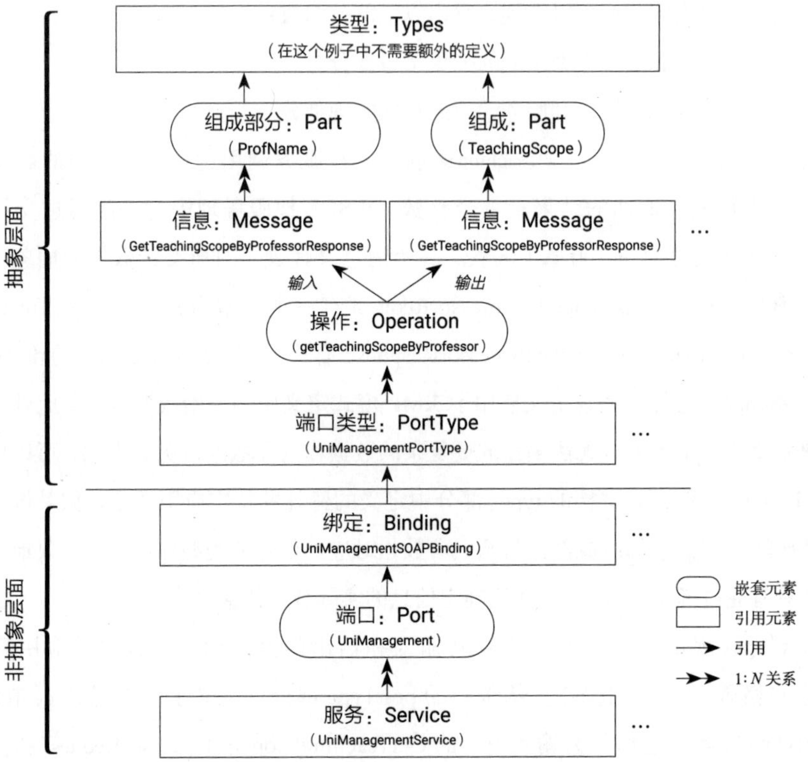


图 20–18 WSDL 文档的结构设计

下面，我们将更详细地介绍用以交换的信息以及网络服务的实现和该网络服务的客户端的实现。我们的示例基于 Java 实现。当然，也可以用其他有很大不同的编程语言来实现。毕竟，基于 XML 的网络服务接口正是为了“掩盖”服务和客户之间的异质性。

### 20.4.5 与网络服务互动的消息格式

当使用开发工具来实现 Web 服务或 Web 服务客户端时，通信程序会从 WSDL 描述中自动生成。尽管如此，还是让我们更详细地观察一下（在幕后进行的）基于 SOAP 的数据通信。

一个 SOAP 消息的结构如下所示：

```
<soap: Envelope soap: encodingStyle =
                    "http: //schemas.xmlsoap.org/soap/encoding/">
```

```
    <soap: Header>
        <!--The header is optional -->
    </soap: Header>
    <soap: Body>
        <!-- Serialized object data -->
    </soap: Body>
</soap: Envelope>
```

Envelope 元素是消息的根元素，除了 Body 元素外，还可以包含一个可选的 Header 元素。encodingStyle 属性可以用来指定在发送消息中的对象之前如何将对象序列化为 XML。也可以在其他元素中使用这个属性，但只适用于信息的相应部分。例子中指定的并且必须指定的 encodingStyle 对应于 SOAP 的标准序列化（即规范中指定的序列化）。此外，在 Envelope 元素中定义 SOAP 命名空间缩写为 soap。SOAP 消息的 Header 提供了一个通用机制，用于以分散的方式扩展 SOAP，而不必事先与其他通信伙伴协调这些扩展。SOAP 定义了一些属性，通过这些属性可以指定接收者应该如何处理 Header 的扩展，以及是否必须以约束性的方式理解这些扩展。这种扩展的例子有授权、计费或事务管理等。另一个例子是网络服务安全语言，它用安全的相关信息丰富了 SOAP 消息。不过，Header 元素的方法超出了本 SOAP 介绍的范围。

为了简单起见，我们例子中的 SOAP 消息不包含 Header 元素。SOAP 消息的 Body 元素为发送方和接收方之间交换数据提供了一种简单的方式。Body 元素的典型用途是保存用于服务调用或错误通知的序列化数据。SOAP 本身规定了只有一个元素可以出现在 Body 元素中：Fault 元素。该元素用于传递错误情况，并包含其他子元素，但其描述超出了导言的范围。数据的标准序列化基于一个简单的类型系统，它是对编程语言、数据库和半结构化数据模型的常见类型系统的概括。类型既可以是一个简单的（标量）类型，如字符串或整数，或者是一个复合类型，如地址。SOAP 主要确定了如何映射数组和引用，以及数据对象的完整图形如何被映射成 XML，反之亦然。此外，从编程语言的类型系统到作为标准序列化基础的类型系统的映射关系未作规定，因此必须确定那些超出标准序列化的类型。

对于我们的示例服务，SOAP 查询如下所示：

```
<soap: Envelope
    xmlns: soap ="http: //schemas.xmlsoap.org/soap/envelope/"
    xmlns: xsd ="http: //www.w3.org/2001/XMLSchema"
    xmlns: xsi ="http: //www.w3.org/2001/XMLSchema-instance"
    soap: encodingStyle ="http: //schemas.xmlsoap.org/soap/encoding/">
```

```
    <soap: Body>
      <ns1: getTeachingScopeByProfessor
        xmlns: ns1 ="http: : /www-db.in.tum.de/UniManagement.wsdl">
          <ProfName xsi: type ="xsd: string">Sokrates</ProfName>
      </ns1: getTeachingScopeByProfessor>
    </soap: Body>
</soap: Envelope>
```

网络服务返回的结果的格式如下：

```
<soap: Envelope
    xmlns: soap ="http: //schemas.xmlsoap.org/soap/envelope/"
    xmlns: xsd ="http: //www.w3.org/2001/XMLSchema"
    xmlns: xsi ="http: //www.w3.org/2001/XMLSchema-instance"
    soap: encodingStyle ="http: //schemas.xmlsoap.org/soap/encoding/">

    <soap: Body>
            <ns1: getTeachingScopeByProfessorResponse
                xmlns: ns1 ="http: : /www-db.in.tum.de/UniManagement.
wsdl">
                  <TeachingScope xsi: type ="xsd: int">10</TeachingScope>
            </ns1: getTeachingScopeByProfessorResponse>
        </soap: Body>
</soap: Envelope>
```

对于这个非常简单的网络服务来说，SOAP 消息格式似乎非常冗长：仅仅向网络服务发送了一个（小的）字符串（这里是“Sokrates”）并接收到一个数字作为结果（这里是 10）。然而，在实际应用中，网络服务和客户端之间会交换更复杂和更大的信息，例如，一个订单和一个有交货日期的收货确认信息。

### 20.4.6 网络服务的执行

20.4.4 节中的 WSDL 文档定义了 SOAP 消息通信的 Web 服务接口。服务提供者的任务是根据服务描述提供网络服务，即执行。 图 20-15 显示了相关的必要步骤。由于与网络服务的通信是通过 SOAP 完成的，所以其实现不限于特定的编程语言。

如果给出了 WSDL 描述，就有软件工具能够自动生成一个程序框架。例如，可以通过这种方式为 WSDL 定义中的服务、绑定和端口元素生成 Java 接口和类。然后，程序员的任务只是实现实际的核心功能，它通常是已经预先设定好构架的单一方法。在最简单的情况下，例如为了确定一位“教授”的“教学范围”，必须建立与数据库的

JDBC 连接，执行 SQL 查询，并返回确定的每周课时总数。这样一个实现的核心（特别是不能自动生成的部分）如下所示：

```
public class UniManagementSOAPBindingImpl
    implements UniManagement.UniManagementPortType {
    public int getTeachingScopeByProfessor(java.lang.String profName)
        throws java.rmi.RemoteException {
            return InquireDB.getTeachingScopeByProfessor(profName); }}

import java.sql.*;
class InquireDB {
    public static int getTeachingScopeByProfessor(String profName){
        int TeachingScope = 0; ;
        try {            //connect to Database:
            Class.forName("oracle.jdbc.driver.OracleDriver");
            Connection conn =    DriverManager.getConnection(
              "jdbc:oracle:thin:@devilray:1522:lsintern", "WSUSER", "Password");
            Statement stmt = conn.createStatement();
            //Check profName: Exclude SQL injection!
            ResultSet rset = stmt.executeQuery(
              "select sum(l.WH) as TeachingScope"
            + "from Lectures l, Professors p"
            + "where l.Given_by = p.PersNr and p.Name = '" +profName+"'");
            rset.next(); ;
            TeachingScope =java.lang.Integer.parseInt (rset.getString("
            TeachingScope")); // disconnect
            rset.close(); stmt.close(); conn.close();
        } catch(Exception e){}
        return TeachingScope; }}
```

这项服务是通过 Apache 的开发工具 axis 实现的。之后，该程序必须作为网络服务安装在网络服务器上，即“部署”。这样，该服务才得以执行，并可供客户端使用，而客户端本身又可能是一个网络服务。不过，该服务还没有在 UDDI 服务中注册。虽然这不是强制性的，但通常会提高对该服务的认知水平。这样就可以为 WSDL 文档生成相应的 tModel，并在 UDDI 目录服务中注册，其中，tModel 用来创建类别和参考技术信息。

### 20.4.7 调用网络服务

在服务提供者完成 UDDI 目录注册服务之后，用户便可以在所谓的查询 API 的帮助下访问该目录服务，并查询相关 WSDL 文档的位置。它指定了可以实现网络服务的

URL 和消息交换方式。

执行网络服务的客户端类似于有合适的软件支持创建服务的方式，可以使用合适的软件工具从 WSDL 描述中生成用于与服务交互的代理。例如，可以创建一个有合适方法的 Java 类，将“教授”的名字作为字符串传递给该方法，并将“教学范围”作为结果返回。通过这种方式[1]，我们可以隐约看出这是一个网络服务调用，因为代理接管了将请求转化为 SOAP 消息的工作，并从 SOAP 响应消息中提取结果。图 20-16 以示意图的方式显示了这一过程。

此外，如前所述，用于确定“教学范围”的 SQL 查询通过 JDBC 被发送到数据库中。我们用 Java 编写的网络服务的客户端源代码如下所示：

```
package UniManagement;
import java.net.URL;

public-class client {
   public static void main(String[]args) throws Exception }
     UniManagementService ums = new UniManagementServiceLocator();
     UniManagementPortType um = ums.getUniManagement(new URL
        ("http: //www-db.in.tum.de/axis/services/UniManagement"));
     System.out.println("Teaching scope of Professor "+
       "Sokrates"+": "+
        uv.getTeachingScopeByProfessor("Sokrates")); //service invocation
   }
}
```

我们再次通过 Apache 的开发工具 axis 实现了这个客户端。与网络服务的所有通信（创建/解压 SOAP 消息，通过 HTTP 发送/接收消息）都包含在 UniManagement 包中，并由 axis 从 WSDL 文档中自动生成。

“细心”的读者可以从以下 Java 代码中看到如何实现通信（通常是在幕后实现的）：

```
import java.io.*;  import java.net.*;

public class ClientUniManagement {
   private static final int BUFF_SIZE = 100;

   public static void main(String[]argv) throws Exception {
      String request =
```

[1] 创建网络服务的编程环境，例如，我们使用的基于 Java 的 Apache Axis（http://ws.apache.org/axis）或微软的 .Net 构架。

```
"<?xml version ='1.0'encoding ='UTF-8'?> "+ "
    "<soap: Envelope "+
      "xmlns: soap ='http: //schemas.xmlsoap.org/soap/envelope/'"+ "
      "xmlns: xsd ='http: //www.w3.org/2001/XMLSchema'"+
      "xmlns: xsi ='http: //www.w3.org/2001/XMLSchema-instance' "+
      "soap: encodingStyle = "+
              "'http: //schemas.xmlsoap.org/soap/encoding/'> "+
    "<soap: Body>"+
      "<nsl: getTeachingScopeByProfessor"+
         "xmlns: nsl ='http:: /www-db.in.tum.de/"+
              "UniManagement.wsdl'>"+
            "<ProfName xsi: type ='xsd: string'>Sokrates</
ProfName>"+
            "</nsl: getTeachingScopeByProfessor>"+
      "</soap: Body>"+
    "</soap: Envelope>";

URL url = new URL (
    "http: //www - db.in.tum.de/axis/services/UniManagement") ;
HttpURLConnection conn =(HttpURLConnection)url.openConnection ( );

conn.setDoOutput (true) ; conn.setUseCaches (false) ;
conn.setRequestProperty ("Accept", "text/xml") ;
conn.setRequestProperty ("Connection", "keep-alive") ;
conn.setRequestProperty ("Content-Type", "text/xml") ;
conn.setRequestProperty (
    "Content-length",
    Integer.toString (request.length ( ) ) ) ;
conn.setRequestProperty ("SOAPAction", "\"\"") ;

OutputStream out = conn.getOutputStream ( ) ;
out.write (request.getBytes ( ) ) ; out.flush ( ) ;

StringBuffer response = new StringBuffer (BUFF_SIZE) ;
InputStreamReader in =
    new InputStreamReader (conn.getInputStream ( ) , "UTF-8") ;
char buff[ ] = new char[BUFF_SIZE]; int n;
while ( (n = in.read (buff, 0, BUFF_SIZE 1) ) > 0) }
    response.append (buff, 0, n) ;
}
out.close ( ) ; in.close ( ) ;

System.out.println (response.toString ( ) ) ;
} }
```

在这个程序中，通信是“手工编织”的，也即，首先将 SOAP 文档定义成一个名为 request 的字符串。然后，这个 SOAP 文档通过 HTTP 连接被传送到网络服务的 URL 地址。网络服务的响应文件被接收并输出。它与我们在 20.4.5 节中展示的 SOAP 文档完全对应。本示例中的 Java 客户端应该可以在任何 Java 系统上执行（有互联网连接）。（请尝试一下——即使只是出于“欣赏”自动生成这些繁琐通信文件的开发工具的目的。）

## 20.5 习题

20-1 请完善描述大学模型的 XML 文档，即添加关于哲学系的信息。

20-2 请为管理图书、期刊、会议记录等不同文件的图书馆创建 XML 模式。

20-3 请为我们的家谱的例子创建 XML 模式。

20-4 请为描述大学模型的 XML 文档指定 DTD（而不是 XML 模式）。

20-5 XML DTD 允许通过 ID 和 IDREF（S）对 XML 数据之间的关系进行建模。XML 模式通过 key 和 keyref 提供了一个更加灵活的机制，从而使关系表达式不再需要引入额外的人工键（ID）。

请为习题 3-3 中模拟的选举信息系统创建一个 XML 模式，请使用 key 和 keyref 的定义来表达关系。

请为一个假设的表达式创建 XML 文档，并根据之前创建的模式验证这个文档。

20-6 在图 20-7 中，相对于标记为 self 的节点绘制了 XPath 轴的结果。请为这个树状图结构创建一个相应的 XML 文档，以便执行轴的评估。请为此使用一个 XPath 或 XQuery 处理器（互联网上有一些是免费提供的）。

20-7 请注意，当 XML 文档变更时，图 20-9 中的 XML 文档的节点分层编号并不固定。例如，如果在肯珀和艾克勒之间增加了另一个作者，则必须修改艾克勒的编号。在这个习题中，读者可能希望修改这个编号模式，以便在插入操作后可以保留原有的标识符。提示：请思考这两种方法。

（1）在两个子节点之间留有例如 10 个数字的空间；

（2）首先只分配奇数，用偶数来表示中间插入了一个或多个子节点。

请讨论这两种方法各自的优点和缺点，并为查询评估所需的 father 函数编码。

20-8 Grust（2002），Grust、Van Keulen 和 Teubner（2003）发现，可以通过元素

的前序和后序等级来很好地描述四个最重要的轴的 descendant， ancestor， preceding 和 following。为此，需要确定 XML 文档中每个元素的前序和后序等级，并将它们输入一个二维坐标系中。然后，可以用四个矩形（左上、左下、右上和右下）的形式来描述每个引用元素的四个轴。请用图 20-6 中的 XML 树状图的例子来说明这一点。

20-9 请在 XQuery 中制定第 4 章中用 SQL 表达的查询。为此，请完成大学模型的 XML 文档（包括一个用于学生考试和课程报名的额外 XML 文档）。

20-10 请完成 UniManagement 网络服务，以便：

（1）学生可以报名参加课程；

（2）查询他们（仅自己）的成绩；

（3）获得有指定教授姓名的课程名单；

（4）用信用卡支付他们的学费。

其中，请特别讨论一下安全问题（认证、授权和数据保护）。

20-11 请根据大学管理部门的示例表达，确定至少有 $x$ 门课程的院系。请只用 XPath 和 XQuery 各制定一次查询。在 XPath 中，还可以制定查询，以确定那些正好有 $x$ 门课程的院系。$x$ 可以用来表示任何数字，例如 $x = 5$，以确定至少（或正好）提供 5 门课程的院系。

## 20.6 文献注解

XML“属于”万维网联盟（W3C），由 Bray 等人（2000）定义。W3C 也标准化了 XML 模式语言，并由 Fallside（2001）作了阐述。Abiteboul，Buneman 和 Suciu（1999）处理了所谓的“半结构化数据”的数据模型，其中包括 XML 模型。Maneth 等人（2005）研究了 XML 文档的类型检查。Klettke 和 Meyer（2002），Schöning（2002）撰写了关于 XML 数据库的书，其内容相当全面。Conrad，Scheffner 和 Freytag（2000）使用 UML 做了 XML 数据的概念设计。Zeller，Herbst 和 Kemper（2003）应用 SAP 的 XML 格式对企业管理数据归档做了研究。Süß，Zukowski 和 Freitag（2001）使用 XML 来创建虚拟教学材料。

Deutsch 等人（1999）研究了 XML 数据的声明式查询语言。本书中使用的 XQuery 语言是由 Boag 等人（2003）设计的。XQuery 语言是 Chamberlin，Robie 和 Florescu（2000）

所设计的Quilt语言的直接继承者。顾名思义，这种查询语言Quilt结合了其他几个概念。Chamberlin等人（2003）制作了一个XQuery示例集（使用案例）。XQuery使用Clark和DeRose（1999）定义的XPath语言的路径表达句法。Lehner和Schöning（2004）对XQuery/XPath查询语言作了非常详细的论述。

Gottlob，Koch和Pichler（2003）以及Gottlob、Koch和Pichler（2005）研究了XPath路径表达式的有效评估。此外，Gottlob等人（2005）还研究了一般情况下如何评估XPath表达式的复杂性。XPath也被用来定义XML样式表中的转换，这些转换都是用来格式化XML文档的。XSL是由Adler等人（2000）为万维网联盟创建的。Moerkotte（2002）描述了如何在XML数据生成过程中支持XSL处理步骤。

Kanne和Moerkotte（2000），Fiebig等人（2002）为XML数据开发了一个数据存储器（Natix），它可以自适应地（即根据应用程序的访问和更新特征）“分解”文件。很明显，在高度分散的存储中（如在关系型数据库中常见），XML文档的合并需要很长的时间，而XML数据的查询处理和增量修改却因此得到了优化。Brantner等人（2005），Kanne，Brantner和Moerkotte（2005）描述了在Natix上的XPath查询评估。Kanne和Moerkotte（2006）优化了大型XML文档的内存映射。Software AG公司开发了一个由Schöning（2001）提出的名为Tamino的XML数据库系统。

Florescu，Kossmann和Manolescu（2000），Manolescu，Florescu和Kossmann（2001）已经解决了XML和关系型数据的综合查询评估。Marron和Lausen（2001）描述了目录列表的XML查询处理。Bauer，Ramsak和Bayer（2003）开发了一种基于多维索引结构的XML数据索引。Fiebig和Moerkotte（2000）也为XML开发了一个索引结构。

我们用Fankhauser，Groh和Overhage（2002）在弗劳恩霍夫IPSI研究所开发的XQuery查询处理器测试了本书中的XQuery例子。

目前，一个特别活跃的研究领域是对XML数据流的查询评估。Florescu等人（2004）和Florescu等人（2003）已经为XQuery开发了一个基于流水线的查询处理器。Koch等人（2004）为数据流查询设计了一个基于模式的优化。Kuntschke等人（2005），Stegmaier和Kuntschke（2004）的StreamGlobe项目通过重新使用其他类似订阅的数据流，实现了对XML数据流订阅查询的分布式处理。Koch和Scherzinger（2003）已经实现了一个用于XML数据流查询处理的属性句法。这些句法在含义上基于Ludäscher，Mukhopadhyay和Papakonstantinou（2002）的换能器论文。

关系型数据库与XML的相互作用是一个令人兴奋的话题，它特别受到关系型产品制造商的关注。Florescu和Kossmann（1999）调查并评估了XML文档与关系型数据库的不同映射。Lehner和Irmert（2003）描述了一种用于存储的XML文档的优化“分解”。本章介绍的XML文档的关系存储是基于Yoshikawa等人（2001），Amagasa，Yoshikawa和Uemura（2003）的XRel研究项目的概念。这些概念在很大程度被关系型数据库产品的“大”制造商（微软、IBM和Oracle）所接受。Grust（2002），Grust，van Keulen和Teubner（2003）发现，可以很好地使用元素的前序和后序等级来描述四个主要的XPath轴的descendant，ancestor，preceding和following。Boncz等人（2005）的探路者项目在此基础上实现了“关系型技术”上的一个完整的XML/XQuery数据库系统。Grust，Rittinger和Teubner（2007）研究了用于XQuery处理的传统关系型数据库系统的效率。

Shanmugasundaram等人（2000）和Rys（2001）研究了从关系型数据库生成XML数据的问题。

XML数据通常以压缩的形式存储。Liefke和Suciu（2000）的XMill系统是这方面的一个著名的解决方案。Koch，Buneman和Grohe（2003）开发了一种直接在压缩的XML数据上评估路径的方法。

Böttcher和Steinmetz（2005）描述了一个对XML文档进行访问控制的概念。

Braumandl等人（2001）的ObjectGlobe系统为互联网上的查询处理提供了一个分布式的、可扩展的、基于XML的基础结构。Braumandl，Kemper和Kossmann（2003）研究了这种情况下的服务质量（QoS）。

Kossmann和Leymann（2004）对网络服务技术作了概述。Rahm和Vossen（2003）撰写的书涉及数据库与网络的连接。其中有一章由Keidl等人（2002）撰写，详细论述了网络服务。Leymann（2003）对网络服务标准作了概述。

许多大型软件公司现在提供相应的产品，或正在开发自己的网络服务解决方案。这里最知名的代表当然是BEA WebLogic、HP网络服务平台、IBM WebSphere、Microsoft.NET、my SAP.com、SAP的Netweaver以及SUN One。Zimmermann，Tomlinson和Peuser（2003）撰写了一本关于网络服务的综合性图书。另一本关于网络服务架构的书是由Alonso等人（2004）撰写的。Bussler，Fensel和Maedche（2002）将语义网技术应用于网络服务的寻找。Seltzsam等人（2005）使用数据库领域中已知的语义缓冲来优化SOAP协议层面的网络服务请求。Florescu，Grünhagen和Kossmann（2002）开发的XL语言使得在XQuery扩展中实现网络服务成为可能，这样，通过SOAP交换的XML

数据甚至不需要转化为各自编程语言中的对象。

Keidl 等人（2002）开发了 ServiceGlobe 系统，它为移动网络服务提供了一个平台。在这个项目中，Keidl，Seltzsam 和 Kemper（2003）还特别处理了负载平衡问题。在 AutoGlobe 项目中，Gmach 等人（2005）和 Seltzsam 等人（2006）为面向服务的数据库应用提出了更广泛的自动管理概念，这些概念后来被应用于 SAP Netweaver 项目。Ardaiz 等人（2002）也研究了自动资源分配。Keidl 等人（2003）为 ServiceGlobe 平台开发了一种个性化网络服务的语言，并由 Keidl 和 Kemper（2004）继续开发了一个参考架构。

Saracca，Chamberlin 和 Ahuja（2006）的“红皮书”对 IBM DB2 数据库系统的 XML 功能性作了很好的描述。

# 21 大数据

术语“大数据”指的是针对越来越多的数据以有意义的方式进行分析而带来的挑战。这些数据具有以下特点：

1. 大容量：由于越来越多地使用传感器，产生的数据量也越来越大，因此需要对其进行管理和分析。

2. 高速度：数据产生的速度越来越快，因此，分析必须跟上这些“传入”数据的速度。

3. 多样性：数据的来源多种多样，格式也各有不同，需要予以整合。

在本章中，将讨论大数据分析领域的一些较新的技术和发展方向。一方面，介绍了在语义网中扩展使用数据库技术，在信息检索中实现搜索引擎以及评估数据流的方法。另一方面，介绍了为提高可扩展性的系统开发，包括基于 MapReduce 数据处理模型的大规模数据并发处理、对等信息系统和 NoSQL 数据库系统，以及云数据库应用的多租户优化。

## 21.1 语义网的数据库

近年来，基于网络的数据和资源的数量已进入爆炸式增长（至少是指数式增长）阶段。为了在这些信息中找到有意义和相关的资源，需要采用自动化技术。这些技术包括搜索引擎，它可以自动分析网站并使用信息检索技术对其分类。为了能够对网络资源在语义上作出更丰富的描述，RDF 模型被开发出来，成为语义网的基础之一。

### 21.1.1 RDF：资源描述框架

资源描述框架（Resource Descrition Framework，RDF）是一种非常简单的基于 XML 的语言，它用于描述信息。它最初的用途是对互联网上的资源予以注释，使其更容易被找到，RDF 也被称为“元数据模型”。在 RDF 中，URI 用来识别待描述的实体，而且它又是对 URL 的一种概括。与 URL 不同，URI 的“背后”不一定要有网页，它的唯一用途是识别一个实体。一个 RDF 数据库由以下形式的三元组组成：

（主语，谓语，宾语）

其中，三元组对应于 URI，只有宾语也可以是一个“字面量”（Literal，例如：一个字符串或一个数字）。不过，用这种方法可以创建非常复杂的数据库，因此最好将其可视化为图结构，即图数据库。主语和宾语表示为节点，谓语表示为从主语到宾语的标记边。在图 21-1 中显示了一个示例 RDF 图数据库。

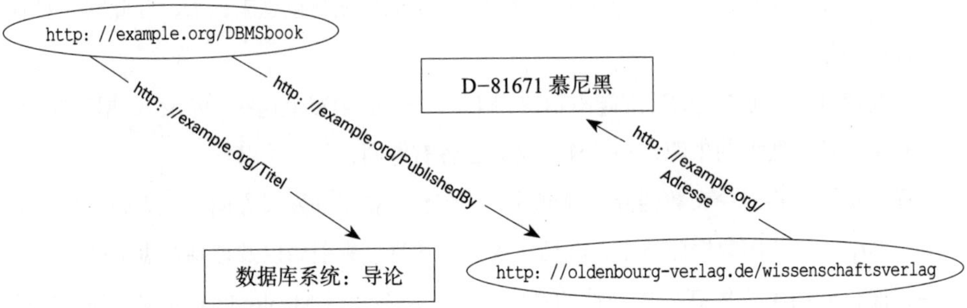


图 21-1　RDF 图数据库示例

该图共有 3 个三元组（每条边都可转换成 1 个三元组），可以解释为：

1. 标识符为（http: //example.org/DBMSbook）的书的出版商（http: //example.org/PublishedBy）是（http: //oldenbourg-verlag.de/wissenschaftsverlag）。

2. 出版商（http: //oldenbourg-verlag.de/wissenschaftsverlag）地址（http: //example.org/Adresse）的 Literal 是“D-81671 慕尼黑”。

3. 图书（http: //example.org/DBMSbook）标题（http: //example.org/Titel）的 Literal 是“数据库系统：导论”。

因此，很明显，三元组的第一个元素代表一个声明式语句的主语，第二个元素代表谓语，第三个元素代表宾语。

文本 RDF 三元组有几种略有不同的表示法，如 N3、N-Triples 或 Turtle 等。在我们的例子中，使用 Turtle 符号的示例数据库如下所示：

```
<http: //example.org/DBMSbook>  <http: //example.org/PublishedBy>
                        <http: //oldenbourg-verlag.de/wissenschaftsverlag>.
<http: //oldenbourg-verlag.de/wissenschaftsverlag>
                        <http: //example.org/Adresse>"D-81671 Munich".
```

```
<http: //example.org/DBMSbook> <http: //example.org/Titel>
                    "Database Systems:  An Introduction".
```

可以看到，每个三元组都以一个点号结束，用角括号标记 URI，用双引号标记 Literal。

我们可以通过前缀声明来剔除命名空间，从而使文本表示法变得更加紧凑：

```
@prefix ex: <http: //example.org>.
@prefix ol: <http: //oldenbourg-verlag.de>.

ex: DBMSbook ex: publishedBy ol: sciencePublisher.
ol: sciencePublisher ex: address "D-81671 Munich".
ex: DBMSbook ex: Title "Database Systems: An Introduction".
```

我们可以通过将具有相同主语的三元组合并为一个聚类来概括表示：

```
ex: DBMSbook ex: publishedBy at ol: sciencePublisher;
             ex: Title "Database Systems: An Introduction".
ol: sciencePublisher ex: address "D-81671 Munich".
```

请注意，现在用分号来表示接受了前一个主语。我们还可以通过形成主语和谓语相等的聚类来进一步压缩集合值关系，例如：

```
ex: DBMSbook ex: AuthorByName "Kemper",
                              "Eickler".
```

在这些聚类中，用逗号来划分属于同一主语和谓语的不同宾语。

也可以在 RDF 中插入无名节点来“绑定”对象。例如，在指定作者的名字和姓氏时，为了能够明确地将名字分配给姓氏，这样做是必要的：

```
@prefix ex: <http: //example.org>.
@prefix xsd: <http: //www.w3.org/2001/XMLSchema#>.

ex: DBMSbook ex: author _: k.
_: k ex: SurName "Kemper" ^^xsd: string.
_: k ex: FirstName "Alfons" ^^xsd: string.

ex: DBMSbook ex: author _: e.
_: e ex: SurName "Eickler" ^^xsd: string.
_: e ex: FirstName "Andre" ^^xsd: string.
```

下画线用来标识无名节点，冒号后面是节点的临时标识符。在这个例子中，我们把 Literal 写为 xsd：string。其他预设的数据类型有 xsd：integer，xsd：dateTime 和 xsd：boolean。图 21-2 显示了有无节点的 RDF 图数据库。

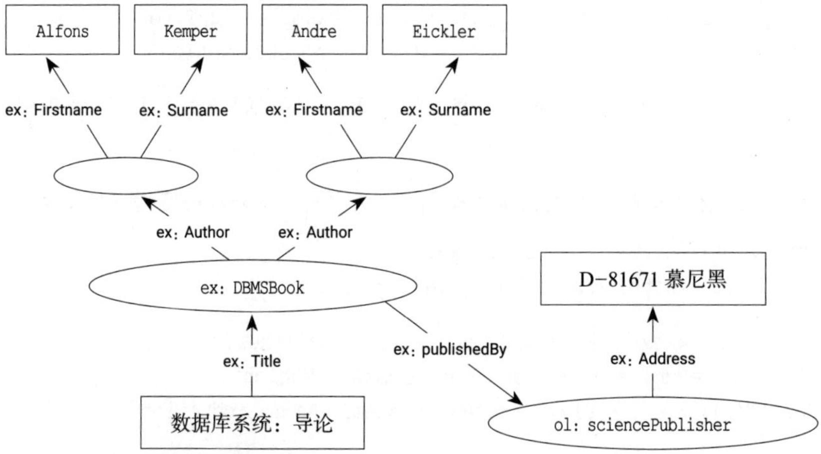


图 21-2 有无名节点的 RDF 图数据库

## 21.1.2 SPARQL：RDF 查询语言

SPARQL 是 SPARQL 协议和 RDF 查询语言的缩写。该查询语言在很大程度上是基于“逐例查询”（Query by Example）和关系域计算。SPARQL 查询的一般形式如下所示：

```
SELECT ?variable1 ?variable2 … ?variableN
WHERE { Sample1.Sample2.… SampleM.}
```

该模式本身对应于可能出现 Literal、URI 或变量的三元组。我们根据图 21-2 写出以下示例查询。

在第一个查询中，我们想确定奥尔登堡出版社的作者的姓氏：

```
PREFIX ex: <http: //www.example.org>

SELECT ?AuthorsOfOldenbourgPublisher WHERE
{  ?book ex: author?a.
   ?a ex: SurName ?AuthorsOfOldenbourgPublisher.
   ?book ex: publishedBy<http: //oldenbourg-verlag.de/wissenschaftsverlag>.
}
```

这个查询由三个模式组成，每个模式都由“.”来分开。前两个模式是通过相同命名的变量 ?a 来连接的。针对这个变量只能使用（替换）相同的值（一次作为宾语，一次作为主语）。因此，上述查询是通过这些相同名称的变量隐式地实现的，就像在关系域计算或“逐例查询”中一样。

可能的值是RDF图的两个无名节点。同样，变量?book用来在查询的第一个和第三个模式之间形成一个隐式连接。SPARQL语义要求（就像SQL一样）获得副本。如果一个作者在奥尔登堡出版社出版了多本书，则他的姓氏必须在结果中出现相应次数。通过子句distinct可以完全消除副本，或者通过子句reduced，评估系统可以部分或完全忽略副本，以达到优化的目的。

在下一个查询中，一个“字面常量”Literal用来输出“肯珀”所出版图书的书名。

```
PREFIX ex: <http: //www.example.org>

SELECT ?KempersBooksTitle WHERE
{    ?KempersBooks ex: Author ?k.
     ?k ex: SurName Kemper".
     ?KempersBooks ex: Title ?KempersBooksTitle.
}
```

UNION子句可以用来制定一个析取句，以便输出所有由“肯珀”或“艾克勒”所著图书的书名。

```
PREFIX ex: <http: //www.example.org>

SELECT ?KempersOrEicklersBooksTitle WHERE
{ {       ?KempersBooks ex: Author?k.
      ?k ex: SurName "Kemper".
      ?KempersBooks ex: Title ?KempersOrEicklersBooksTitle.
  } UNION
  {   ?EicklersBooks ex: Author ?k.
      ?k ex: SurName "Eickler".
      ?EicklersBooks ex: Title ?KempersOrEicklersBooksTitle.
} }
```

用OPTIONAL子句可以在SPARQL中制定“类似”外部连接的语句。在这个查询中，输出了作者为“肯珀”的图书书名，如果有ISBN，还可以输出每相关图书的ISBN（但不是必需的）。如果没有这个OPTIONAL子句，则只会输出有ISBN的。

```
PREFIX ex: <http: //www.example.org>

SELECT ?KempersBooksTitle ?KempersBooksISBN WHERE
{      ?KempersBooks ex: Author ?k.
       ?k ex: SurName "Kemper".
       ?KempersBooks ex: Title ?KempersBooksTitle.
       OPTIONAL {  ?KempersBooks ex: hatISBN ?KempersBooksISBN }
}
```

FILTER 子句可以用来“重新创建”关系代数中的选择运算。在以下查询中，只列出了那些由“肯珀”撰写的、版本数超过 7 个的书。

```
PREFIX ex: <http: //www.example.org>

SELECT ?KempersBooksTitel ?editionNo.WHERE
{    ?KempersBooks ex: Author ?k.
     ?k ex: SurName "Kemper".
     ?KempersBooks ex: Title ?KempersBooksTitle.
     ?KempersBooks ex: Edition ?editionNo.
     FILTER （?editionNo.>7 ）
}
```

在 SPARQL 中可以通过计算成功绑定一个给定模式的次数来制定 COUNT 聚类。下面的查询将输出每个出版商的图书品种数量：

```
PREFIX ex:  <http: //www.example.org>

SELECT COUNT ? publisher WHERE
{
       ?book ex:  publishedBy ?publisher.
}
```

对于不太熟悉 SQL 的读者来说，这个查询需要适应一下，因为实际上需要对书籍进行计数。该 SPARQL 语句的目的是计算每个“? book ex：relocatedBy? publisher.”模式出现的次数。

### 21.1.3 实现一个 RDF 数据库

很明显，（理论上）互联网上有数十亿的资源需要用 RDF 来描述。这就是为什么现 RDF/SPARQL 需要极高的可扩展性（“互联网规模”），而这不能通过简单地使用关系型数据库系统来实现。Neumann 和 Weikum（2008）已经实现了目前最有效的 RDF 数据库系统 RDF−3X（RDF triple express），它基于“数据字典”对条目进行压缩。对图 21−2 中的示例图数据库编码如下所示：

| Dictionary | |
|---|---|
| Literal/URI | Code |
| <http：//www.example.org/DBMSbook> | 0 |
| Databasesystem：An introduction | 1 |
| <http：//www.example.org/Title> | 2 |
| <http：//www.example.org/relocatedBy> | 3 |
| <http：//oldenbourg-verlag.de/scientific publisher> | 4 |
| <http：//www.example.org/address> | 5 |
| D-81671，Munich | 6 |
| <http：//www.example.org/author> | 7 |
| <dummy1> | 8 |
| <dummy2> | 9 |
| <http：//www.example.org/FirstName> | 10 |
| <http：//www.example.org/SurName> | 11 |
| Alfons | 12 |
| Kemper | 13 |
| Andre | 14 |
| Eickler | 15 |

基于这种编码，RDF 三元组可表示为由 3 个数组成的整数变量集。为了对 SPARQL 查询进行特别有效的评估，需要将非常多（事实上是所有）的索引组合创建为 $B^+$ 树。如图 21-3 所示：每个三元组（s，p，o）被存储了 6 次副本，不过是按主 / 谓 / 宾不同的顺序排列的，即（p，s，o）、（s，p，o）、（p，o，s）、（o，s，p）、（s，o，p）和（o，p，s）。此外，还有所谓的聚类索引，它代表了相应模式的出现次数。例如，条目（s，o，7）意味着主语 s 与宾语 o 存在 7 次关系（与任何一个谓语都有关系）。对树状图的叶子上进行前缀压缩，可以（极大地）减少存储量。例如，在 SPO 树状图的第 2 个条目中，省略了主语（代码为 0），因为它与第 1 个条目相同。在第 4 个条目中，甚至连主语和谓语的标识符都可以省略，因为两者都与第 3 个条目相同。此外，不仅省略了相同的前缀，而且只存储了与前一个三元组 Code 相比的差异，而不是各自的（通常很长的）Code。因此，SPO 树状图中的最后一个存储条目为（-，1，1），因为它的第一个元素与前一个三元组相同，而第二和第三元素与前一个三元组的差异分别为 1。这种压缩是非常有效的，因为叶子节点中的三元组是连续排序的，总是与前面的三元组只有很小的差异。作为这种差异压缩的锚，每个叶子页面上只存储一个完整的三元组，即第 1 个三元组。这种 Dictionary、前缀和差异压缩的组合，意味着 RDF-3X 的存储量通常比文本形式的 Turtle 表示法的存储量还要小（尽管冗余对于查询评估非常有价值）。

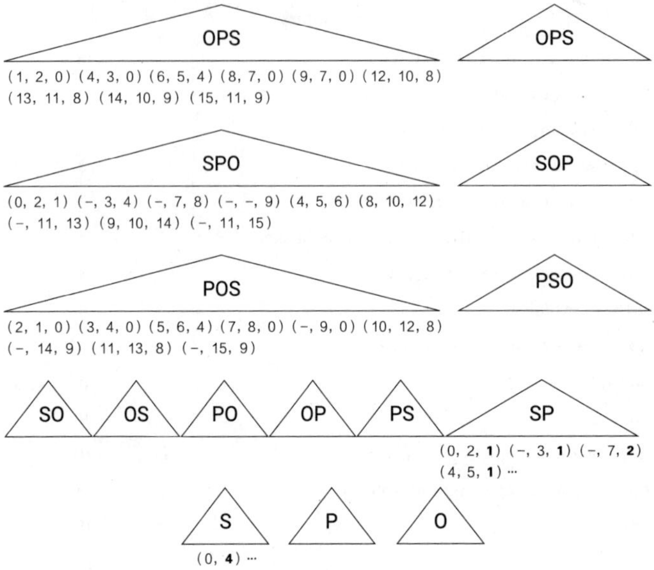


图 21-3　RDF-3X 系统的内存结构：所有指数组合为 $B^{+}$ 树

这种存储结构的查询评估是非常“需要连接”的。我们以确定奥尔登堡出版社的作者姓氏的简单例子来说明这一点：

```
PREFIX ex:  <http: //www.example.org>
SELECT REDUCED ? authorsofOldenbourgPublisher WHERE
{ ?book ex: author ?a.
  ?a ex: SurName ?AuthorsofOldenbourgPublisher.
  ?book ex: publishedBy <http: //oldenbourg-verlag.de/wissenschaftsverlag>.
}
```

首先，在 Dictionary 中查找查询中的所有“字面常量”Literal，并以其 Code 替换。结果，查询变为如下所示：

```
SELECT REDUCED ?AuthorsOfOldenbourgPublisher WHERE
{    ?book 7 ?a.
     ?a 11 ?AuthorsOfOldenbourgPublisher.
     ?book 3 4.
}
```

根据每个索引访问的预估选择性，我们将从（许多可能的）索引扫描中的某一个开始。例如，在我们的示例中，会使用索引 OPS 来寻找由奥尔登堡出版社出版的书，这种扫描对应于具有最多“字面常量”的第 3 个查询模式。在这个小例子中，从? book 的结果（即它们的 Dictionary 代码）来看，我们将通过与索引 PSO 的半连接来确定？a（即它们的作者）。聚类索引扫描过滤出“P=7”（在字典中作者谓语分配了 Code7）的主语（即作者）。以 S 类别的形式传递 $\sigma_{P=7}$（PSO）的结果，这样就可以执行合并连接，在我们的例子中，它传递的 Code 是 8 和 9。从这些作者中，可以反过来通过聚类索引 PSO 来确定主语 Surname（Code11）。这个连接是通过“哈希连接”来实现的，因为合并连接的分类并不一致。这最终产生了集合 {13，15}。在最后一步，将在 Dictionary 中查找这些集合 Code，以确定其数值，在本例中是“肯珀”和“艾克勒”。我们可以在这个查询中使用半连接，因为在查询中，关键字 REDUCED 表明我们不一定要“夹带”副本。如果没有这种简化，则将不得不使用常规的连接，并精确地计算所产生的结果副本，例如，由同一作者的多本书所产生的结果副本。图 21-4 中显示了上述查询计划的运算树状图：

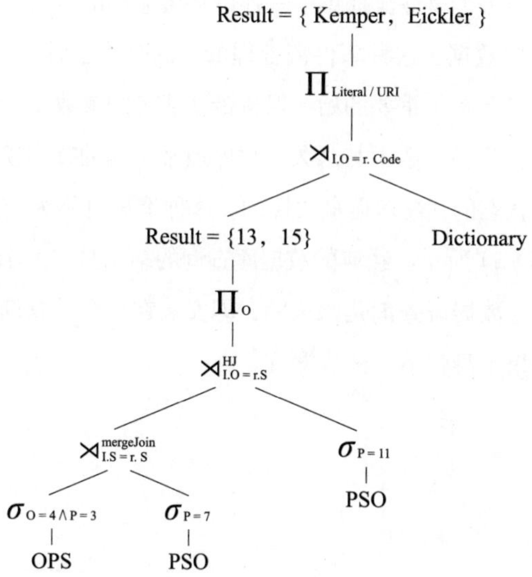


图 21-4 用于确定奥尔登堡出版社的作者姓名的 SPARQL 查询运算树状图

## 21.2 数据流

到目前为止，在这本数据库书中，我们处理的是数据的永久存储问题。同时，越来越多的各种类型的传感器被应用于不同环境下，并不断生成大量的数据。这类传感器有：

1. RFID 阅读器，读取附近（“经过”）的 RFID 标签（射频识别器）。这些传感器发出由 ReaderID、EPCCode（电子产品 Code）、TimeStamp 组成的三元组信息，其中 EPCCode 是唯一的商品标识。

2. 确定气候数据的环境传感器。

3. 股票行情表根据最近的交易情况发出最新的股票价格。

4. 摄像机和其他传感器提供有关移动物体的连续信息，如汽车、人等。

5. 几乎所有的人都通过移动电话提供有关他们运动模式的连续数据。有些人通过 GPS 数据使相关公司更容易建立精确的运动模式。

应该明确的是（在个人数据方面也是如此），这种大量的传感器数据不能或不应该永久地储存在数据库中。更多情况下，这些传感器数据是作为所谓“事件数据”的不稳定数据流而产生和评估的。“复杂事件处理”（Complex Event Processing，CEP）一词是指对事件流的实时处理。每个事件流提供了一连串特定应用的时间性数据，根据应用环境过滤、关联和汇总这些数据。这种事件流处理的目的是为各种控制机制（公司管理、交通控制中心、灾害管理等）提供重要的始终保持最新状态的参数。

数据流元素的不稳定性导致了与永久数据库通常不同的查询模型。在数据流中，可以说数据是处于变化状态的，查询是永久性的。这种情况也称为“连续查询”（continuous queries）。如图 21-5（a）所示，经典的数据库查询的结果是“一个”结果；相比之下，如图 21-5（b）所示，数据流查询是永久的，即安装在一个“查询库”中，并不断进行评估。这种查询的结果本身就是一种数据流。

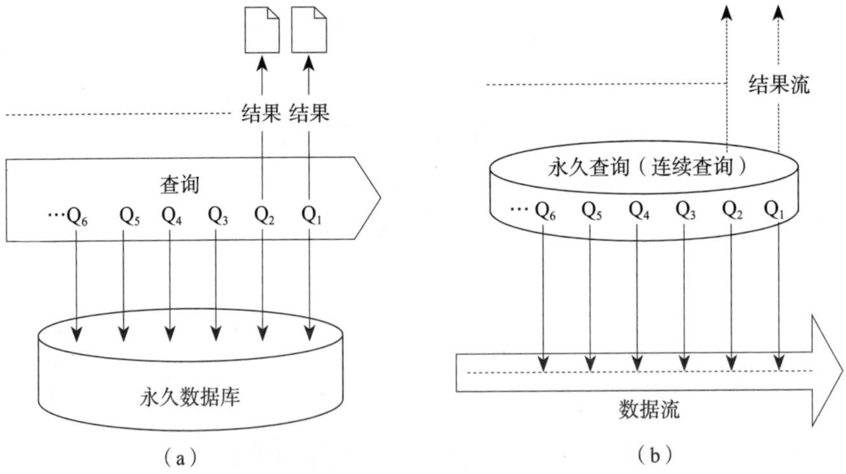


图 21-5 （a）永久数据库的经典查询处理；（b）在数据流上评估的连续查询

下面的例子是基于一个混合的数据库 / 数据流模式，它是一个在线拍卖系统（如 eBay）的模型，包含以下 6 个关系：

1. 3 个用大写字母标记的永久数据库关系 ITEM、CATEGORY 和 PERSON，分别代表产品、类别和注册用户（包括买家和卖家）。

2. 不稳定数据流也是以关系建模的，包含 3 个关系的变量集：公开拍卖（OpenAction）、竞标（Bid）和非公开拍卖（ClosedAuction）。

如下所示：

```
create stream OpenAuction（itemID int，sellerID int，
                          startPrice real，time timestamp）
source establishConnection（'port4711'，'converter'）
ordered by time;
```

在图 21-6 中以图形显示了该模式。数据流系统可以“订阅”一个外部生成的数据流，基于规则和基于 SQL 的方法都可用来开发 CEP 应用程序。在大学的研究项目中产生了一个名为“连续查询语言”（CQL）—— SQL“方言”。从本质上讲，它是由时间结构扩展的 SQL。与基于规则的系统相比，SQL 应用程序除了具有标准化的用户界面外，还具有性能上的优势，这些优势来自对所述 DBMS 技术的调整，如逻辑和物理查询优化。

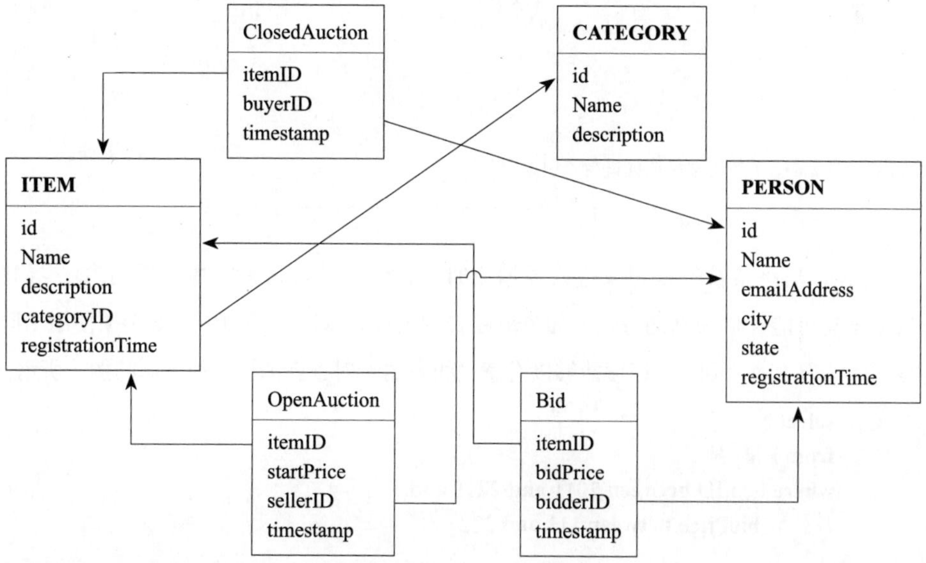


图 21-6　在线拍卖系统的数据库 / 数据流混合模式

现在让我们考虑一个简单的投影查询，其转换了数据流元素：

**select** itemID，DollarToEuro（bidPrice）， bidderID
**from** Bid

这里，通过一个用户自定义的函数 DollarToEuro，将竞标价格从美元转换为欧元。

简单的选择对应于所谓的“订阅查询”——提取数据流的某些元素。下面的例子，选择了某些特别感兴趣的项目的竞标：

$Q_1$：**select** *
**from** Bid
**where** itemID = 4711 **or** itemID = 007 **or** itemID = 2011 **or** ⋯

在实践中，数据流管理系统有许多（可能是数十万）这样的订阅查询需要评估。为了优化，可以在数据流系统中对这种持久性查询进行索引编码（与在数据库系统中对数据进行索引编码相反）。更确切地说，对 where 子句的选择谓词进行索引编码。在我们的例子中，可以通过一个哈希表或一个 B 树来完成，其中存储了相关的项目 ID：

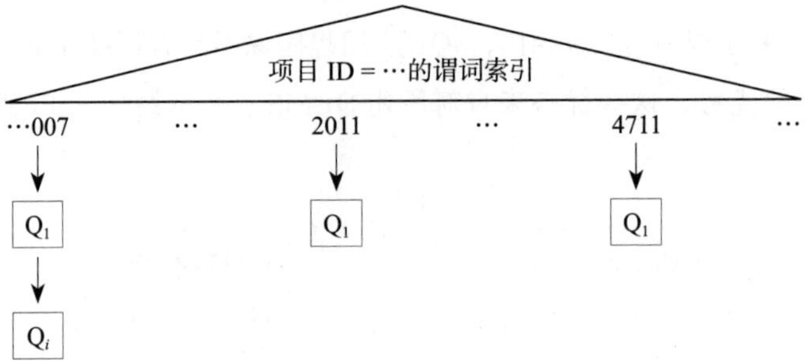


图 21-7　对 where 子句的选择谓词进行索引编码

现在，当一条新数据记录进入数据流时，我们要通过该索引中的项目 ID，寻找 where 子句可能评估为真的查询。如果范围查询出现在 where 子句中，就必须使用不同的索引结构（例如 R 树），以便能够以有意义的方式映射查询谓词，如下面的例子所示：

$Q_2$：**select** *
**from** Bid
**where** itemID **between** 2011 **and** 2211 **and**
bidPrice **between** 111 **and** 222

一个多维索引结构，例如 R 树，可以很好地管理这种共轭连接的范围区间谓词。我们的示例查询 $Q_2$ 和其他两个查询 $Q_j$ 和 $Q_k$ 的数据空间如图 21-8 所示：

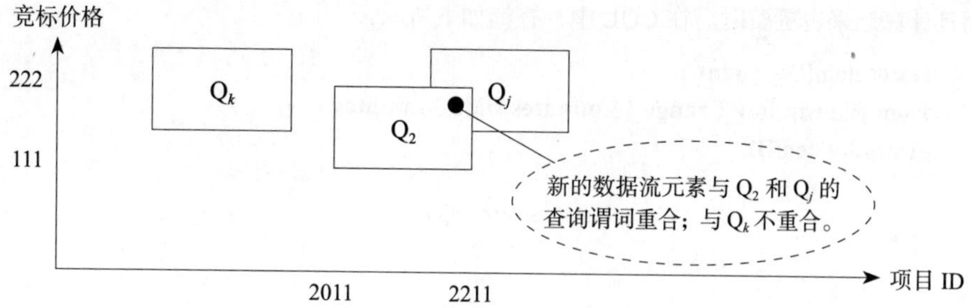


图 21-8　$Q_2$、$Q_j$ 和 $Q_k$ 查询的数据空间

下一个查询要复杂得多，因为开始使用数据流 OpenAuction 和 ClosedAuction 之间的连接（Join）。原则上，潜在的无限数据流之间的连接是不可能的，因为"始终"有新的"连接伙伴"加入。不过，可以利用这样一个情况，即用户只对参与数据流中的两个事件（即两个"连接伙伴"）在时间上接近的结果感兴趣。开发者可以通过使用所谓的"滑动时间窗口"（通过 window 子句实现）来规范这一属性。在下面的示例查询中，将该时间窗口附加到 from 子句的 OpenAuction 数据流中。现在的查询内容是"短期拍卖"（ShortAuctions），即那些在 5 小时内完成的拍卖。

以下查询，缓冲了 5 小时的 OpenAuction 数据记录（使用 window 子句），并使用 2 个数据集的连接来搜索匹配的 ClosedAuction 数据记录：

```
select o.*
from OpenAuction o window（range 5 hours），
     ClosedAuction c
where o.itemID = c.itemID
```

在（扩展的）关系代数中的评估如图 21-9 所示。新的代数运算符 $\omega$ 用于时间窗口管理。在这种情况下，ClosedAuction 对象将被立即处理（并再次被消除）；而 OpenAuction 对象会在窗口缓冲器中保留 5 小时，之后才可以消除。

我们请读者来制定一个类似查询的习题，以识别潜在的"滞销品"——在拍卖开始后 5 小时内没有人出价（竞拍）的商品。

下一个查询是一个集合查询，它与连接中的情况类似，在 15 分钟的"滑动时间窗口"中计算集合，并且应该每分钟输出一个结果。该查询制定与 SQL 中的情况一样，但用 SLIDE 结构丰富了查询内容，所以实际上每 3 分钟才输出一次结果。如果没有这个限制，则每次集合发生变化（即新事件发生时）都会产生一个新的结果，这会生成大量的结果，而且计算起来也更费时。在 CQL 中，查询如下所示：

**select** itemID，**count**（*）
**from** Bid **window**（**range** 15 **minutes slide** 3 **minutes**）
**group by** itemID

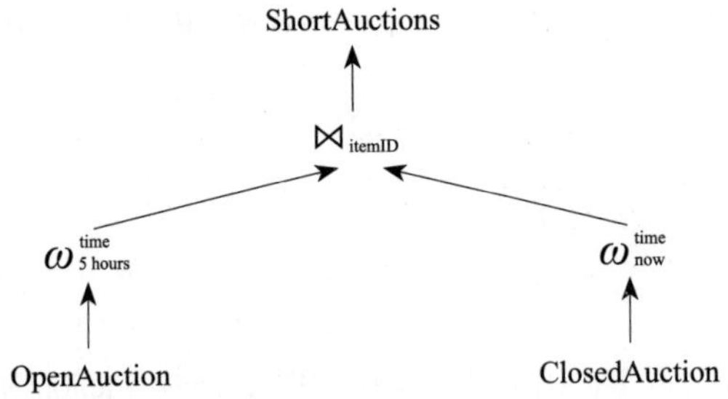


图 21-9 “短期拍卖”查询的评估计划

图 21-10 显示了这个基于“滑动时间窗口”的查询的评估（只针对 itemID 为 111 这一项目）。对于每个项目 ID，每 3 分钟就会产生一个新的值，显示这个项目 ID 在过去 15 分钟内出现的次数。作为一种优化，数据流管理可以将 15 分钟的窗口分成 3 分钟的窗口，并汇集每个窗口最后 5 分钟的数据，如下所示：

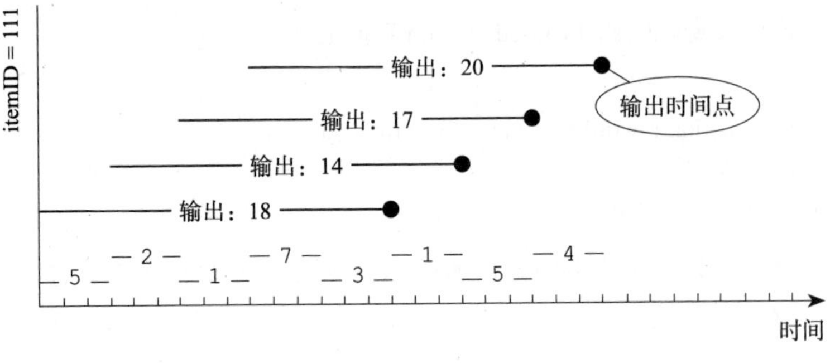


图 21-10 基于“滑动时间窗口”的查询的评估

一般来说，我们必须保留部分聚类，其数量是窗口范围（window range）和滑动区间（slide）的最大公约数。这意味着，显示的评估模式也适用于修改后的窗口（range 9 minutes slide 3 minutes）；但如果每 2 分钟推进一次窗口，即 window（range 15 minutes slide 2 minutes），则不适用。

我们把在过去 10 分钟内获得最高出价的情况识别为最有价值的拍卖对象。这个查询可以用一个 window 子句来表达，如下所示：

```
select itemID, bidPrice
from Bid b1 window ( range 10 minutes )
whereb1.bidPrice = ( select max ( b2.bidPrice )
                     from Bid b2 window ( range 10 minutes ) )
```

“热门拍卖品”的特点是，在一个时间间隔内出现大量的出价，例如在 10 分钟内。下面的查询确定了那些获得最多出价的拍卖品（很可能不止一个）。

```
select itemID
from ( select b1.itemID as itemID, count ( * ) = as number
       from Bid b1 window ( range 10 minutes )
       group by b1.itemID )
where count > = all ( select count ( * )
                      from Bid b2 window ( range 10 minutes )
                      group by b2.itemID )
```

图 21-11 中显示了一个优化的评估计划。该评估计划利用了子查询中的查询窗口与上一级子查询的窗口相匹配的事实，这一点可以重复使用。此外，可以消除查询计划中的灰色部分。作为“顶层”运算符，反半连接 ▷ 用来消除“冷门拍卖品”。

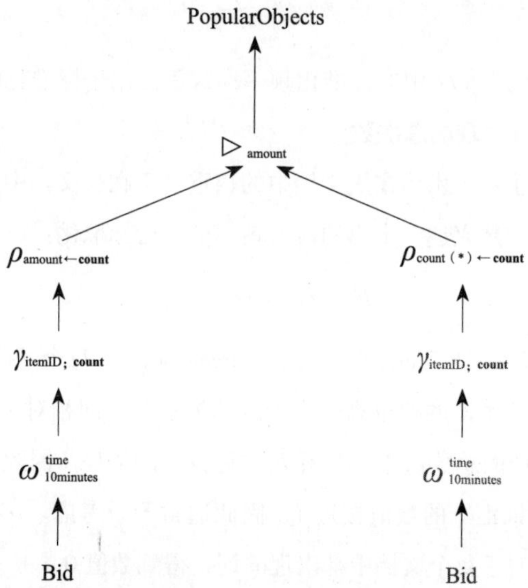


图 21-11 “热门拍卖品”查询的评估计划

## 21.3 信息检索和搜索引擎

我们已经了解到 RDF 是语义网的基础，它可以用来对资源（例如网页）进行语义描述。然而，整个网络由非常多（数十亿）的网页或文件组成，要对它们进行形式上的描述，甚至对它们进行注释都是不可能的。因此，需要应用完全自动的技术，以通过搜索引擎来检索网络文件。为此，可以特别使用信息检索技术。其主要目标是确定与给定的搜索查询最相关的文件，但是鉴于无数可能的网络文件，这不是一项容易的任务。

### 21.3.1 TF-IDF：基于“术语频率”的文档排名

信息检索技术的一个重要基础是对文件进行全自动分析，包括出现的重要术语及其出现的频率。当然，不应该考虑所有的词及其不同形式。更多情况下，应使用一个可控的词汇（称为 $V$，vocabulary 的缩写），并将所有出现的词汇转化为其基本形式。

所谓的“术语频率”（$TF$）由以下标准化公式确定：

$$TF_{ij} = f_{ij} \Big/ \sum_{i=1\ldots|V|} f_{ij}$$

$TF_{ij}$ 表示术语 $i$ 在文档 $D_j$ 中的标准化频率。这里，用于标准化的除数对应于文档中“感兴趣”的术语 $|V|$ 出现的总次数。

这种标准化确保了一个术语在短文档中的权重高于在长文档中的权重。另外，也可以使用本文档中 $V$ 的“感兴趣”术语的最大频率来进行标准化：

$$TF_{ij} = f_{ij} \,/\, \max_{i=1\cdots|V|} f_{ij}$$

通过 $IDF_i$（“逆文档频率” inverse document frequency），每个术语被定义了一个权重。其中规定，很少出现的术语的权重高于“笼统的词汇”，即相对于至少出现一次 $i$ 的文档的数量 $n_i$，通过文档的总数量 $N$ 得出相对“稀少”的结果。因此，很少出现的词有更高的价值。“笼统的词汇”的数值接近 1，因此通常不予考虑。$IDF_i$ 是由数值 $N / n_i$ 取对数得到的，因此，对于每个文档中都出现的词，得到数值 0。

$$IDF_i = \log(N / n_i)$$

对于由多个搜索词组成的查询 $Q$ 方面的文档相关性排名，我们可以使用以下公式：

$$\mathrm{rel}\left(D_j, Q\right) = \sum_{i \in Q} TF_{ij} * IDF_i$$

示例文档如下：

| $D_1$ | $D_2$ | $D_3$ |
|---|---|---|
| 比赛结束后，另一场比赛即将开始。 | 我们设计的是随机比赛。 | 球是圆的，而且一场比赛持续90分钟。 |

我们对（感兴趣的）词汇计算出以下 $TF_{ij}$ 和 $IDF_i$ 值：

$TF_{ij}$

| 词汇 $i$ | $D_1$ | $D_2$ | $D_3$ |
|---|---|---|---|
| 1：球 | 0 | 0 | 1/3 |
| 2：分钟 | 0 | 0 | 1/3 |
| 3：比赛 | 2/2 | 1/2 | 1/3 |
| 4：随机 | 0 | 1/2 | 0 |

$IDF_i$

| 词汇 $i$ | $N$ | $n_i$ | $N/n_i$ | log（$N/n_i$） |
|---|---|---|---|---|
| 1：球 | 3 | 1 | 3 | 0.477 121 255 |
| 2：分钟 | 3 | 1 | 3 | 0.477 121 255 |
| 3：比赛 | 3 | 3 | 1 | 0 |
| 4：随机 | 3 | 1 | 3 | 0.477 121 255 |

针对查询 $Q \equiv$ 球 ∧ 比赛，我们确定文档 $D_3$ 的相关性为：

$$\mathrm{rel}(D_3, Q) = 1/3 \times 0.477\,121\,255 + 1/3 \times 0 = 0.1590\,404\,182$$

针对所有其他文档，与该查询的相关性为 0。

针对查询 $Q' \equiv$ 球 ∧ 比赛 ∧ 随机，$D_2$ 的相关值最高，即：

$$\mathrm{rel}(D_2, Q') = 0 \times 0.477\,121\,255 + 1/2 \times 0 + 1/2 \times 0.477\,121\,255 = 0.238\,560\,627\,4$$

## 21.3.2　倒排索引

为了确定包含某个搜索词的相关页面，需要将所谓的“倒排表”用作索引。实质上，针对每个搜索词都存储有一个包含该词的页面列表。此外，还可以保存每个词在各自页面中出现的频率和位置。这对网页的排名很有帮助，因为如果搜索词经常出现在靠前的位置，则一些搜索引擎就会把网页的相关性等级评定得更高。

| 关键词 | → | 文档 | | |
|---|---|---|---|---|
| 球 | → | （$D_3$，1） | | |
| 分钟 | → | （$D_3$，1） | | |
| 比赛 | → | （$D_1$，2） | （$D_2$，1） | （$D_3$，1） |
| 随机 | → | （$D_2$，1） | | |

### 21.3.3 网页排名

PageRank 算法是由谷歌的创始人之一拉里·佩奇在斯坦福大学发明的。这一算法由斯坦福大学注册专利，并独家授权给谷歌。作为回报，该大学获得了价值约 3 亿欧元的股份（对于一个基于相当直观的关键想法的发明来说，这并不坏）。在 PageRank 算法中，一个网页的相关性与链入的网页的相关性（这里变为递归）成正比，与这些网页的链出数量成反比。例如网页 $A$ 是通过网页 $B_1$，…，$B_n$ 被链接的，则 $A$ 的相关性表示为（$|B_i|$ 表示网页 $B_i$ 的链出总数）：

$$r(A)=\frac{\alpha}{N}+(1-\alpha)\left(\frac{r(B_1)}{|B_1|}+\cdots+\frac{r(B_n)}{|B_n|}\right)$$

在这里，（整个）网络被理解为一个有向图，其中网页对应于节点，超链接对应于有向边。在上述公式中，$d=(1-\alpha)$ 通常被称为“阻尼系数”，其目的是清理非“完美”的网络图。如果没有这个阻尼系数，则完全不包含任何超链接的网页会导致计算问题。让我们先用图 21–12 的示例来说明 $\alpha=0$ 的理想化公式。这里以下公式适用：

$$r(A)=r(C)/1$$

$$r(B)=r(A)/2$$

$$r(C)=r(A)/2+r(B)/1$$

如果我们现在把“1”作为所有边的总权重，则可以很容易地看到，图中所示的 $A=0.4$、$B=0.2$ 和 $C=0.4$ 的加权代表了一种解决方案。

这种加权可以解释为一种概率分布，它表明互联网上的浏览者以多大概率长时间随机浏览网页并随机“穿越”（点击）相应页面的超链接。读者可以计算在实践中现实的阻尼系数 $d=1-0.1$（即 $\alpha=1/10$）和并不现实的阻尼系数 $d=1-0.5$（即 $\alpha=1/2$）时的三个页面的权重。

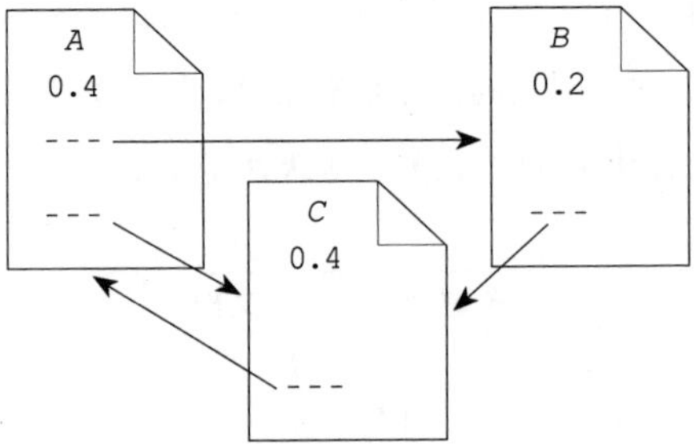


图 21–12 PageRank 算法的关键思想

互联网由数十亿个联网的网页组成，必须实现对这些权重的精确计算。为此，需要建立了一个矩阵模型，它包括一个初始的 $N$ 维向量 $\boldsymbol{p}_0$——表示随机浏览者的开端，以及一个 $N\times N$ 矩阵 $\boldsymbol{M}_{ij}$——表示从网页 $j$ 到网页 $i$ 的概率。$N$ 是索引的网页的数量，其 URL 通过 Dictionary 编码映射为整数标识符（在我们的例子中，将网页 $A$ 编码为“1”，网页 $B$ 为“2”，网页 $C$ 为“3”）。矩阵 $\boldsymbol{M}$ 的构建方法如下：

$$\boldsymbol{M}_{ij}=\begin{cases}1/\left|P_j\right| & （若 P_j 由链向 P_i） \\ 0 & （否则）\end{cases}$$

请读者来说明矩阵 $\boldsymbol{M}$ 和邻接矩阵 $\boldsymbol{A}$ 之间的联系。向量 $\boldsymbol{p}_0$ 可以被初始化为 $1/N$。

在我们的例子中，将得到：

$$\boldsymbol{M}=\begin{pmatrix}0 & 0 & 1\\ 1/2 & 0 & 0\\ 1/2 & 1 & 0\end{pmatrix}\quad \boldsymbol{p}_0=\begin{pmatrix}1/3\\ 1/3\\ 1/3\end{pmatrix}$$

然后，迭代地计算向量：

$$\boldsymbol{p}_1=\boldsymbol{M}\cdot\boldsymbol{p}_0，\boldsymbol{p}_2=\boldsymbol{M}\cdot\boldsymbol{p}_1=\boldsymbol{M}\cdot(\boldsymbol{M}\cdot\boldsymbol{p}_0)=\boldsymbol{M}^2\cdot\boldsymbol{p}_0，\cdots，\boldsymbol{p}_i=\boldsymbol{M}_i\cdot\boldsymbol{p}_0$$

对于 $\boldsymbol{p}_1$，在我们的小示例网络中得到：

$$\boldsymbol{p}_1=\boldsymbol{M}\boldsymbol{p}_0=\begin{pmatrix}0 & 0 & 1\\ 1/2 & 0 & 0\\ 1/2 & 1 & 0\end{pmatrix}\cdot\begin{pmatrix}1/3\\ 1/3\\ 1/3\end{pmatrix}=\begin{pmatrix}1/3\\ 1/6\\ 1/2\end{pmatrix}$$

直观地看，这可以理解为，当乘以矩阵 $\boldsymbol{M}$ 的某一行 $i$ 时，则是确定浏览者从分配给列的 $N$ 个边之一移动到 $i$ 的概率。例如，$M$ 的第 3 行表示：若随机浏览者在“1”（即页面 $A$）时，跳转到“3”（即页面 $C$）的概率为 1/2; 若在“2”（即页面 $B$）时，跳转到“3”（即页面 $C$）的概率为 1；若在“3”（即页面 $C$）时，则不会发生跳转（因为这一页中没有递归超链接）。此外，根据代表当前“位置”的向量 $\boldsymbol{p}_0$，浏览者只有 33.3% 的概率可能在页面 $A$ 或 $B$，因此，他有累计 50% 的概率最终链接到页面 $C$。

经过 7 次迭代，得到了图 21−12 中示例的非常好的近似精确值：

$$\boldsymbol{p}_7=\boldsymbol{M}^7\cdot\boldsymbol{p}_0=\begin{pmatrix}20/48\\ 9/48\\ 19/48\end{pmatrix}$$

最后，在这个迭代计算方法收敛后（基于所有网页的 PageRank 向量），由此计算出

矩阵 $\boldsymbol{M}$ 的特征向量：

$$\boldsymbol{p}_{\infty} = \lim_{n\to\infty} \boldsymbol{M}^{n} \boldsymbol{p}_{0}$$

读者可以进一步计算我们的例子。此外，读者可以在计算中加入阻尼系数，根据这个系数，相应地计算初始分布向量 $\boldsymbol{p}_0$ 以及矩阵 $\boldsymbol{M}$。在这种情况下，我们将在每次迭代中纠正性地将矩阵乘以（$1-\alpha$），并在每轮之后将迭代得到的向量 $\boldsymbol{p}_i$ 再次与数值为 $\alpha/N$ 的向量相加：

$$\boldsymbol{p}_i = \left(\left(1-\alpha\right) \cdot \boldsymbol{M}\right) \cdot \boldsymbol{p}_{i-1} + \begin{pmatrix} \frac{\alpha}{N} \\ \vdots \\ \frac{\alpha}{N} \end{pmatrix}$$

通过添加向量（其值可以说是从阻尼矩阵“偷取”的），我们可以模拟随机浏览者在下一步不会选择任何可用的超链接，而是随机地跳到 $N$ 个页面中的任何一个。在 $\alpha = 0.15$ 的情况下，图 21-13 显示了单个页面的 PageRank 值，即作为随机浏览者进入相应页面上的百分比值。

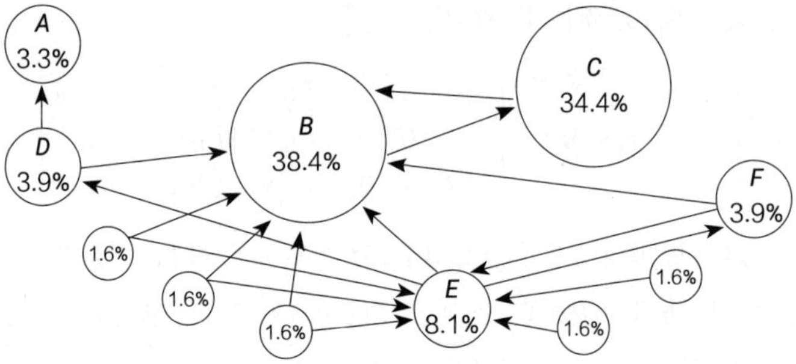


图 21-13　一个阻尼系数为 85% 的示例页面的 PageRank 值

阻尼系数 $d = 1-\alpha = 0.85$ 可确保随机浏览者也可以在 $A$、$B$ 或 $C$ 以外的页面上。也即，浏览者以 $\alpha$ 的概率（即 15%），不遵循刚刚访问的页面中指定的任何超链接，而是随机跳转到其他任何页面。如果没有这种阻尼系数，则一旦到达页面 $A$ 就无法离开它；如果没有阻尼系数，PageRank 的权重将只分布在页面 $A$、$B$、$C$ 上。

这个小的示例不应该掩盖这样一个事实，即在实践中，我们要处理的是描述数十亿网页的矩阵。然而，网络的邻接矩阵是稀疏的，可以很好地分片和并行化处理 PageRank

的计算。这正是谷歌数据中心大规模并行化的基础，它联网了数十万台“日常计算机”以执行此类任务。谷歌为此开发了 MapReduce 编程范式，我们将在后面讨论这个问题。

### 21.3.4 HITS 算法

与 PageRank 算法类似，“枢纽”（Hubs）和“权威”（Authorities）的概念提供了一个基于网页相互联系的自动相关性评估的概念，可以用来推导出搜索查询的排名方法。它是由 Kleinberg（1999 年）提出的，称为“基于超链接的主题搜索”（HITS），被认为是谷歌所使用的 PageRank 算法的先驱。

在这种 HITS 算法中，从概念上区分为枢纽（节点）和权威（有内容的网页）。此外，该算法考虑所有网页的两种角色，即枢纽和权威。一个枢纽越有价值，它所引用的有价值的权威越多。从递归方面来看，一个权威越有价值，就有越多的高质量枢纽引用它。与 PageRank 算法一样，HITS 将网络视为一个图，如图 21-14 中的例子所示。将超链接结构建模为邻接矩阵 $\boldsymbol{A}$，在这种方法中，邻接矩阵只设置为 0（从 $i$ 到 $j$ 没有超链接）或 1（从 $i$ 到 $j$ 至少有 1 个超链接）。该算法计算两个向量 $\boldsymbol{h}$ 和 $\boldsymbol{a}$：$\boldsymbol{h}_i$ 代表枢纽值，$\boldsymbol{a}_i$ 代表网页 $i$ 的权威值。例如，可以再次以 $1/N$ 初始化这些向量。

那么，页面 $i$ 的枢纽值 $\boldsymbol{h}_i$ 定义如下：

$$\boldsymbol{h}_i = \delta \sum_{j=1\cdots N} \boldsymbol{A}_{ij}\boldsymbol{a}_j$$

$\boldsymbol{h}_i$ 对应于 $i$ 所引用的页面权威值的总和。

一个页面 $i$ 的权威值计算如下：

$$\boldsymbol{a}_i = \lambda \sum_{k=1\cdots N} \boldsymbol{A}_{ik}^T\boldsymbol{h}_k$$

这里 $\boldsymbol{A}^T$ 是转置的邻接矩阵（即 $\boldsymbol{A}_{ij}^T = \boldsymbol{A}_{ji}$），所以一个页面的权威值为引用 $i$ 的页面枢纽值之和。系数 $\delta$ 和 $\lambda$ 用于将迭代计算的数值标准化，例如将它们限制在 0 和 1 之间。对此，也可以使用 $\delta = 1/\max(\boldsymbol{h}_i)$ 和 $\lambda = 1/\max(\boldsymbol{a}_i)$ 等。

枢纽和权威向量可以根据以下公式通过迭代矩阵乘法计算得出，确定矩阵 $\boldsymbol{AA}^T$ 和 $\boldsymbol{A}^T\boldsymbol{A}$ 的特征向量如 PageRank 算法中一样：

$$\boldsymbol{h} = \delta\lambda\boldsymbol{AA}^T\boldsymbol{h}$$

$$\boldsymbol{a} = \delta\lambda\boldsymbol{A}^T\boldsymbol{A}\boldsymbol{a}$$

同样，矩阵是非常稀疏的，将相对较少的现有边缘存储在一个关系 A 中（而不是包含许多 0 的矩阵中）可能是合适的，如图 21-14 左侧的示例。

A

| from | to |
|---|---|
| $x_1$ | $y_1$ |
| $x_1$ | $y_2$ |
| $x_2$ | $y_3$ |
| $x_2$ | $y_4$ |
| $x_1$ | $y$ |
| $x_2$ | $y$ |
| ... | ... |

Aut

| Page | Value |
|---|---|
| $x_1$ | ... |
| $x_2$ | ... |
| $y_1$ | 1/2 |
| $y_2$ | 1/4 |
| $y_3$ | 1/4 |
| $y_4$ | 1/2 |
| $y$ | 1/4 |
| ... | ... |

Aut 2（insert）

| Page | Value |
|---|---|
| $x_1$ | ... |
| $x_2$ | ... |
| $y_1$ | 1 |
| $y_2$ | 1 |
| $y_3$ | 1 |
| $y_4$ | 1 |
| $y$ | 2 |
| ... | ... |

Aut 2（update）

| Page | Value |
|---|---|
| $x_1$ | ... |
| $x_2$ | ... |
| $y_1$ | 1/2 |
| $y_2$ | 1/2 |
| $y_3$ | 1/2 |
| $y_4$ | 1/2 |
| $y$ | 1 |
| ... | ... |

图 21-14　权威值的关系计算

Aut 初始化来自过去对权威值的计算（在网络结构改变之前）。然后根据 HITS 算法分 3 步计算权威值：

1. 通过 $q$ 所引用的所有页面 $r$ 的权威值的总和，计算每个页面 $q$ 的枢纽值；

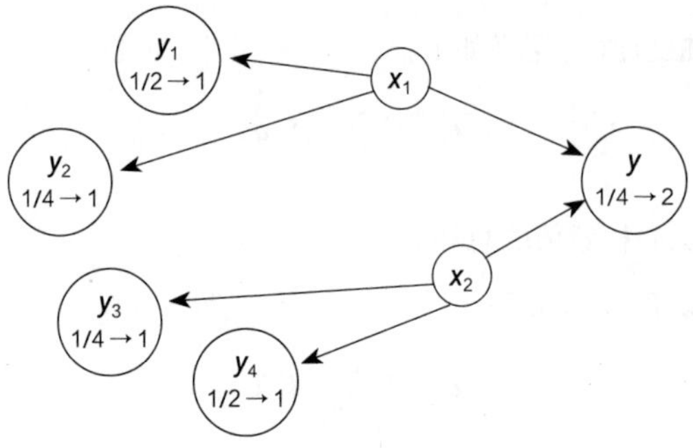


图 21-15　权威值计算图

2. 对引用 $p$ 的页面 $q$ 的枢纽值进行加总，计算出页面 $p$ 的权威值；

3. 用 $\lambda = 1/\max$ 来标准化得到的权威值，其中 max 是刚刚重新计算的所有权威值的最大值。这种标准化是必要的，以防止数值无限地增加。

前两个步骤可以在 SQL 中合并为一个查询，正如 Afrati 和 Ullman（2010）所述：

**insert into** Aut2（
　**select** a1.to，**sum**（Aut.Value）

```
from Aut, A a1, A a2
where Aut.Page = a2.to and a1.from = a2.from
group by a1.to)
```

针对每个页面，第一个查询是对相同枢纽所引用的页面的权威值予以加总。因为在我们的例子中（见图 21-15），$y$ 被两个枢纽 $x_1$ 和 $x_2$ 引用，$y$ 的权威值增长得更快（在这个迭代中为 2），而其他页面 $y_i$ 的权威值（分别都加 1）只被一个枢纽所引用。

因此在这个 SQL 查询中，省略了枢纽值的显式计算。不过，在收敛之后，可以从计算出的权威值中确定枢纽值。

在关系 Aut2 的更新查询中做了以下标准化：

```
update Aut2
  set Value = Value / (select max (Value) from Aut2)
```

反复迭代执行这个查询序列，当然，必须调换 Aut 和 Aut2 的角色。由于关系 Aut 表示数十亿的网页，并且还有更多的都包含在关系 A 中的超链接，所以应该很清楚，中央数据库系统对这种评估是不堪重负的。下面我们将展示 MapReduce 并行化模型如何支持这种“互联网规模”的应用。

## 21.4 图挖掘

在本章中，我们已经介绍了图数据库的两个主题：RDF 是一个用于有向图的特殊图数据模型，其节点分别承担主语和宾语的角色，其（有向）边代表谓语；作为图算法，PageRank 和 HITS 用于评估网页的相关性。在本节中，我们将进一步讨论挖掘一般图数据库的方法。图数据结构的重要性不言而喻：它既出现在社交网络中（例如，当想到“朋友”关系时），也出现在（物理）网络连接的形式中，如互联网上的路由器，或道路网络。这些图既可以是无向的，也可以是有向的。在分析这些图数据结构时，人们通常旨在确定最重要的节点（例如社交媒体中特别有影响力的行动者）或子图。在物理资源中，例如互联网的路由器网络，图形分析可用于识别特别负荷或敏感的子结构。

### 21.4.1 图形表示

我们首先要看一下图数据库中的图形是如何表示的。为此，我们以图 21-16 中的有向图为例，注释其（有向）边（这里一般使用标签 A、B、C、…）。

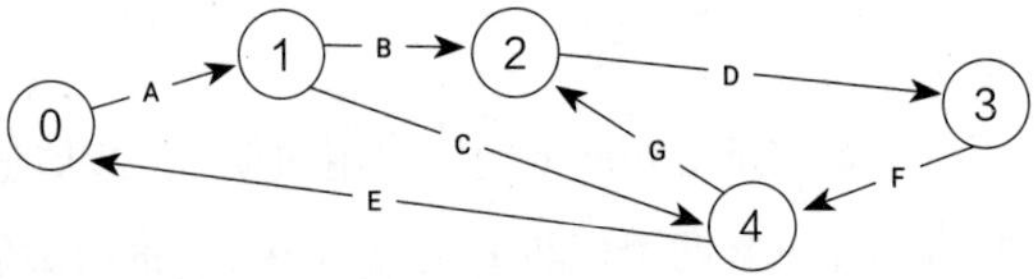


图 21-16　一个有边标签的有向图

属于这个图的邻接矩阵 ***A*** 如下所示：

$$\boldsymbol{A}=\begin{pmatrix} 0 & \mathrm{A} & 0 & 0 & 0 \\ 0 & 0 & \mathrm{B} & 0 & \mathrm{C} \\ 0 & 0 & 0 & \mathrm{D} & 0 \\ 0 & 0 & 0 & 0 & \mathrm{F} \\ \mathrm{E} & 0 & \mathrm{G} & 0 & 0 \end{pmatrix}$$

在处理非常密集的图（即有很多边的图）时，这样的邻接矩阵是一种有意义的表示，因为这样就可以使用有效矩阵代数进行图挖掘。然而，可以想象得到的是，这个矩阵会增长到“无穷大”，或者更准确地说，存储成本与节点数量的平方成正比。以非常大的图数据库为例，如社交网络 Facebook 会有几十亿个节点，但边相对较少，因为大多数人并不直接认识对方。

图 21-17 中所示的邻接列表显示了一种方法——将存储成本限制在实际存在的边的数量上。

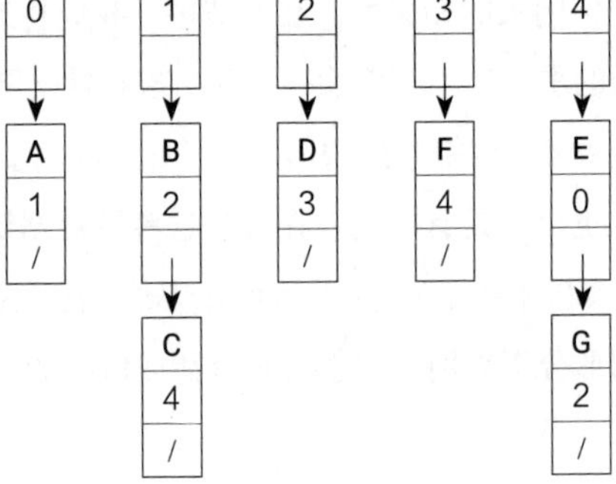


图 21-17　图数据可表示为一个邻接列表

这里，内存消耗与节点的数量（图中最上面一行的对象）加上实际存在的边的数量（图中最下面的对象）成正比。

如图 21-18 所示，为了在邻接列表结构内的主内存中有效导航，最好完整展开邻接列表对象。

邻接矩阵也可以直接压缩，以控制内存成本，而不是用邻接列表来表示。在实践中，邻接矩阵的大部分值都是 0，所以可以很好地被压缩。因此，在许多图数据库分析中，对这种稀疏矩阵使用了一种数字学中已知的压缩算法，称为“压缩稀疏行”（CSR）或“压缩行存储”（CRS）。

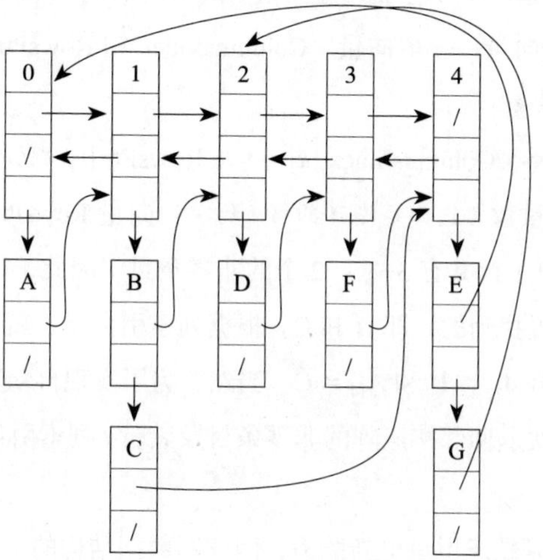


图 21-18　完整展开的邻接列表结构

存在于邻接矩阵中的非零值逐行存储在一个值向量中：

$$\text{Value} = \begin{cases} \text{A} & \text{B} & \text{C} & \text{D} & \text{F} & \text{E} & \text{G} \\ (0,1) & (1,2) & (1,4) & (2,3) & (3,4) & (4,0) & (4,2) \end{cases}$$

我们还在下面指出了每个值在邻接矩阵 $\boldsymbol{A}$ 中的索引位置（$i$, $j$），但并没有存储这些索引位置。取代它的是，有两个额外的向量：ColumnsIndex 和 RowsPtr。向量 ColumnsIndex 包含每个值的“列索引”。在我们的例子中，它的形式如下所示：

$$\text{ColumnsIndex} = \begin{pmatrix} 1 & 2 & 4 & 3 & 4 & 0 & 2 \\ (0) & (1 & ) & (2) & (3) & (4 & ) \end{pmatrix}$$

在存储值的下面，我们还注释了这些列索引所在的“行索引”。同样，这些行索引也没有存储，而是在单独的 RowsPtr 向量中表示。这个向量代表了一个所谓的“前缀总和”。也即，第 $i$ 个值表示第 0 到 $i-1$ 行总共有多少个值。在我们的例子中，得出了以下向量：

$$\text{RowsPtr} = \begin{pmatrix} 0 & 1 & 3 & 4 & 5 & 7 \\ (<0) & (0..0) & (0..1) & (0..2) & (0..3) & (0..4) \end{pmatrix}$$

因此，这个向量所包含的前缀总和比原始邻接矩阵 $\boldsymbol{A}$ 的行数要多一个。这样，RowsPtr 中的最后一个值对应于存储在值向量中的值的数量。RowsPtr 的初始值始终为 0。

通过 CSR 的三个向量——值向量、ColumnsIndex 和 RowsPtr ——重建的原始邻接矩阵是基于以下等价关系：

$$\boldsymbol{A}_{ij} = \text{Value}\,[k] \iff \text{ColumnsIndex}\,[k] = j \wedge \text{RowsPtr}\,[i] \leqslant k < \text{RowsPtr}\,[i+1]$$

然后按如下过程重建（比如矩阵 $\boldsymbol{A}$ 的第 1 行）：向量 RowsPtr 的第 1 和第 2 位的条目 1 和 3，分别表示第 1 行共有 3−1 = 2 个的非零条目。因此，这些邻接矩阵的值是在值向量的 1 和 2 的位置找到的，即 B 和 C。根据列索引向量，就可以确定它们属于第 2 列和第 4 列，从而得出 $\boldsymbol{A}_{12}$ = B 和 $\boldsymbol{A}_{14}$ = C。当然，为了实现自动重建，我们要建立一个相应的迭代器，它依次返回邻接矩阵的非零条目及其行 / 列索引位置。建议读者将此作为一项习题。

CSR 的严重缺点是缺乏增量更新能力，因此图数据结构的（最小）变化会导致 CSR 结构的更新成本非常高（通常是重新计算）。这是人们为通过压缩实现 CSR 表示的密集内存结构所必须“付出”的代价。

## 21.4.2 中心性量度

对于大型网络的挖掘，一个特别重要的概念是所谓的单个节点或子结构的“中心性”。这种技术最初是在社会科学中发展起来的。然而，它也可以应用于物理资源网络结构。下面我们将介绍几种中心性指数。所有这些指数都可以应用于无向图和有向图。

## 21.4.3 度中心性（Degree Centrality）

节点的度中心性，要根据它与其他节点的连接数（程度）来评估。一个节点（行动者）

与其他节点的连接越多，它就越有影响力。

对于一个有 $|V|$ 个节点和 $|E|$ 条边的图 $G=(V, E)$ 来说，每个节点的程度值为：

$$C_D(V) = \text{degree}(v)$$

在有向边中，“出度中心性”（out-degree centrality）和“入度中心性”（in-degree centrality）都很重要。例如，在社交网络中，它们可用来衡量一个人的“受欢迎程度”（in-degree）或“社交能力”（out-degree）。如果以邻接矩阵的形式表示图，则可以在一次运行中进行所有节点值 $C_D(v)$ 的计算，即采用二次复杂度 $O(|V|^2)$。建议读者将该算法的构思作为一项练习题。

中心性方法也可以应用于整个图，以便能够评估社交网络的子图。为此，将度中心性规定为 0 和 1 之间的量度。作为被赋值 1 的有 $n$ 个节点的最中心图，有一个“中心”节点和 $n-1$ 个“外部”节点的星形图适用，这些“外部”节点只与“中心”节点相连。而“非中心”图是所谓的 Clique（完整图），其中每个节点都与所有其他节点相连。

图 $G=(V, E)$ 的度中心性是通过计算最中心的节点（标记为 $v^*$）与所有其他节点的度量差之和来确定的：

$$C_D(G)=\sum_{i=1}^{|V|}\left[C_D(v^*)-C_D(v_i)\right]$$

当然，这个值（对于非常大的不规则图来说）的大小是不受限制的，但是，它可以很容易地被标准化为 0 到 1 之间的值，方法是除以具有 $|V|$ 个节点的星形图的度中心性值。事实上，星形图 $G^*$ 有一个中心节点，它与所有其他 $|V|-1$ 个节点的量度不同，其数值为 $|V|-2$。所以差异的总和是：

$$C_D(G^*)=\sum_{i=1}^{|V|}\left[C_D(v^*)-C_D(v_i)\right]=(|V|-2)(|V|-1)$$

因此，由以下公式得出基本图 $G$ 的标准化值：

$$C'_D(G)=C_D(G)/\left[(|V|-2)(|V|-1)\right]$$

读者可以验证一下，星形图的标准化度中心性值确实为 1，而 Clique 的标准化值计算为 0。

### 21.4.4 紧密中心性（Closeness Centrality）

以下公式用来计算代表节点 $v$ 与图中所有其他节点的紧密程度（或者说“距离”）的量度：

$$C(v)=\frac{1}{\sum_{y\in V}d(y,v)}$$

这里，$d(y,v)$ 是 $y$ 和 $v$ 之间的距离，即两个节点之间最短路径的长度。

如果图由几个连接元素组成，就可能会有相距无限远的节点。对此，以下公式更适用：

$$H(v)=\sum_{v\neq y\in V}1/d(y,v)$$

这里，我们把 $1/\infty$ 定义为 0。

与更远的节点相比，一些研究者建议将两个节点的相对接近性（趋近方向）权重提高。对此使用以下公式：

$$D(v)=\sum_{v\neq y\in V}\frac{1}{2^{d(y,v)}}$$

### 21.4.5 中介中心性（Betweenness Centrality）

这种中心性量度优先考虑那些在连接（其他）节点对方面具有高度重要性的节点。这意味着，如果许多节点对的最短路径都通过某个节点，那么它就有很高的“中介中心性”（或称“间性中心性”）。

因此，对于图 $G=(V,E)$ 中的一个节点 $v$，这个值的确定方法如下：

1. 对于每一个节点对（$s$，$t$），计算它们在图中的最短路径；

2. 确定从 $s$ 到 $t$ 的最短路径的数量为 $\sigma_{st}$；

3. 对于每一个节点对（$s$，$t$），确定通过所观察的节点 $v$ 的最短路径的数量，并把这个值表示为 $\sigma_{st}(v)$。

因此，以下这个紧凑的公式可确定其中介中心性 $C_B(v)$：

$$C_B(v)=\sum_{s\neq v\neq t\in V}\left[\sigma_{st}(v)/\sigma_{st}\right]$$

星形图中的“中心”节点是中介中心性的最高值，因为所有的最短路径都经过这个节点。因此，在无定向图中（除非我们把无定向路径计算两次），在有 $n$ 个节点的情况下，这个节点的 $C_B$（$v$）值为：

$$[(n-1)(n-2)]/2$$

基于这种考虑，我们可以标准化中心性值，使其始终处于 0 和 1 之间。

因此，标准化值 $C_B^*(v)$ 是相对于具有相同数量节点的星形图中的“中心节”点计算得出的：

$$C_B^*(v)=C_B(v)/\left[(n-1)(n-2)/2\right]=\frac{\sum_{s\neq v\neq t\in V}\left[\sigma_{st}(v)/\sigma_{st}\right]}{\left[(n-1)(n-2)\right]/2}$$

## 21.5 MapReduce：大规模数据并发处理

MapReduce 由谷歌的 Deam 和 Ghemawat（2004）提出，它是在拥有数千台计算机的超大型计算机集群上进行大规模数据并发处理的编程模型。从概念上讲，这个模型并不是新的，而是基于函数式编程中已知的 map 和 reduce 函数。这种模式的好处来自其基础设施，它能有效地管理和分配物理资源（计算机和内存），将程序员从这些任务中解放出来。我们将用经典的词频统计例子来说明 MapReduce 程序的基本结构（见图 21-19）。其中，文件首先加载到映射器中，在那里被分解成标记（术语），并为每个已知的术语形成所谓的“键 – 值对”（Key，Value）。键由术语组成，值为该术语在映射器上出现的次数。映射器根据一个哈希函数将“键 – 值对”写入分区中。这类似于哈希连接中的分区阶段。由于图示的原因，这里选择了一个范围分区，然而在实践中，会使用一个基于哈希函数的非保序的分区。这也将尽可能地补偿不平衡的单词分布。以这种方式获得的分区将分配给还原器。与图中所示不同，映射器首先将分区写入文件（通常是在分布式文件系统中实现的，如谷歌的 BigTable 或雅虎的 Hadoop 文件系统——HDFS）。这样做是出于容错的考虑——可以只补偿这一个崩溃节点。在我们的例子中，还原器负责确定其分区中术语的全局出现次数。在第二阶段，可以继续选择出现频率最高的前 $k$ 个词。读者可以把它设计成一个单独的、后续的 MapReduce 阶段。

现在让我们来看看如何使用 MapReduce 框架来实现经典的连接。对此，我们观察连接：

$$R \bowtie S \bowtie T$$

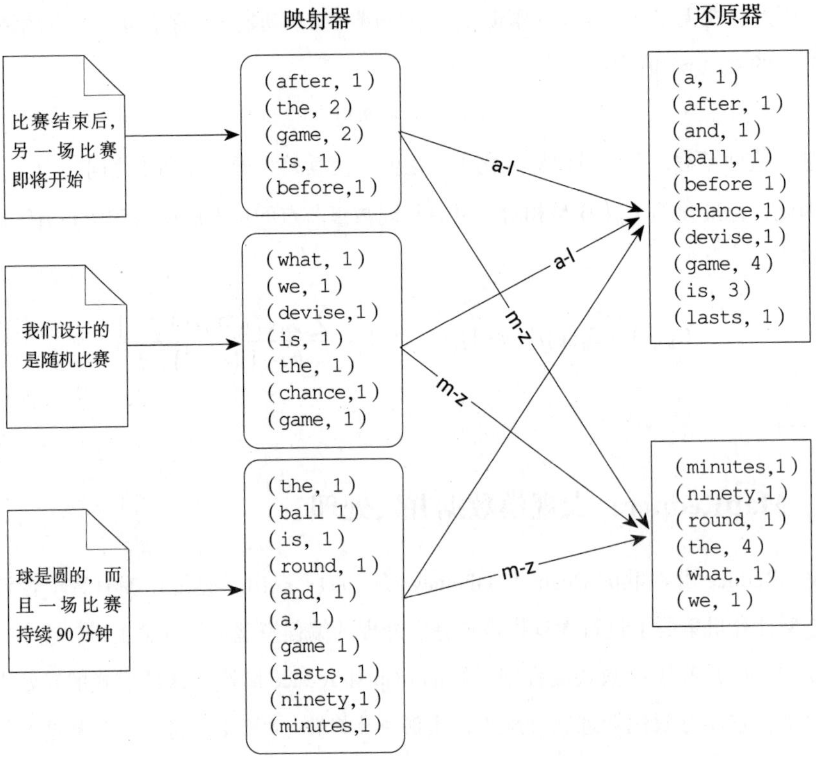


图 21-19 经典的 MapReduce 例子：词频统计

模型如下（和一个小的示例扩展）：

*R*

| *A* | *B* |
|---|---|
| 5 | 4 |
| … | … |

*S*

| *B* | *C* |
|---|---|
| 4 | 7 |
| … | … |

*T*

| *C* | *D* |
|---|---|
| 7 | 8 |
| … | … |

$R \bowtie S \bowtie T$

| *A* | *B* | *C* | *D* |
|---|---|---|---|
| 5 | 4 | 7 | 8 |
| … | … | … | … |

如图 21-20 所示，该连接“经典地”（如果将 MapReduce 认为是经典的）转化为两阶段的 MapReduce/MapReduce 工作流程。首先，在映射流程中对 *R* 和 *S* 进行分区，还原器执行 $R \bowtie_B S$ 的连接。第一个连接的结果（记为 *RS*）用于下一个映射阶段的输入，关系 *T* 也是如此。在最后的 Reduce 阶段，计算并存储 *RS* 与 *T* 的连接。这里没有显示中间和最后的存储。与经典的查询处理器不同，MapReduce 模型并不注重流水线，而是注重通过中间存储来实现容错。尽管如此，如果通过相同的属性评估两个连接，那么可以在单 MapReduce 阶段评估这个连接，这就是所谓的“星形连接”：

$$R: \{[A, B]\} \bowtie_B S: \{[B, C]\} \bowtie_B T: \{[D, B]\}$$

在这种情况下，可以在映射阶段分别按照 $h(R.B)$ 、$h(S.B)$ 和 $h(T.B)$ 对所有三个关系进行分区，并将其分配给还原器，然后在还原阶段可以立即对这三个分区进行三向连接运算。

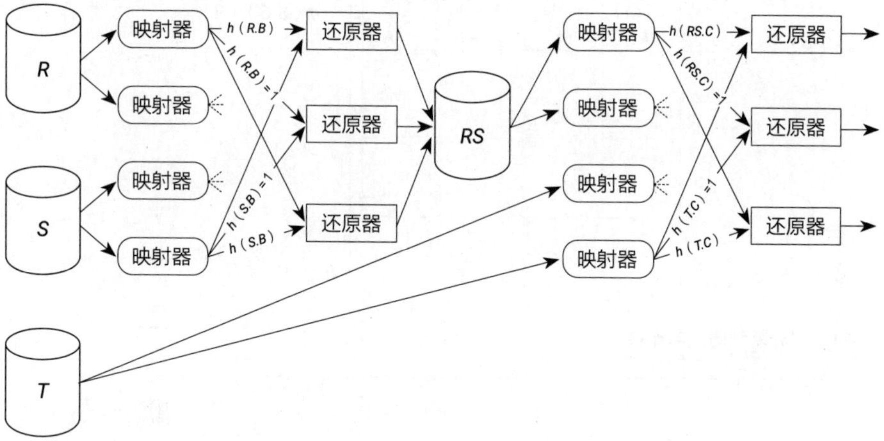


图 21-20 两阶段 MapReduce 的三向连接

Afrati 和 Ullman（2010）有一个聪明的想法，在链式连接中也可以实现单阶段计算。让我们再考虑一下 $R \bowtie_B S \bowtie_C T$ 这个连接，如它在原来的连接例子中一样。为此，还原器实际上被安排在一个 $n \times n$ 坐标系中。分区情况如图 21-21 所示。分区函数 $h(R.B)$ 将数据集映射到还原器矩阵的 0，…，$(n-1)$ 行。我们假设一个哈希函数 $h(x) = x \bmod 4$。这意味着每个 $R$ 数据集被复制了 $n$ 次。$T$ 的映射器通过 $h(T.C)$ 将数据集映射到列 0，…，$(n-1)$。因此，这些 $T$ 数据集也被复制了 $n$ 次。只有 $S$ 的数据集通过 $h(S.B)$ 和 $h(S.C)$ 被“精确地”映射到一个唯一的还原器，即没有复制到坐标 $[h(S.B), h(S.C)]$ 处的还原器。如果 $R$ 和 $T$ 与 $S$ 相比较小，则这个方法当然很好，因为它省去了额外的 MapReduce 步骤。通过使用两个不同的哈希函数，我们可以很容易地将这个方法应用于 $n \times m$ 还原器矩阵：$h$ 用于将 $B$ 值映射到 $n$ 行，$g$ 用于将 $C$ 值映射到 $m$ 列。

现在有几种脚本语言可以用来规范更复杂（即多级）的 MapReduce 工作流程。

这些脚本被自动编译成各个 MapReduce 阶段，并进行部分优化。其中一种语言是 Pig Latin，它由 Apache 软件基金会（http://pig.apache.org/）开发，是雅虎发起的 Hadoop 项目的一部分。我们可以用 Pig Latin 实现上面根据 HITS 算法计算网页权威值的 SQL

例子，如下：

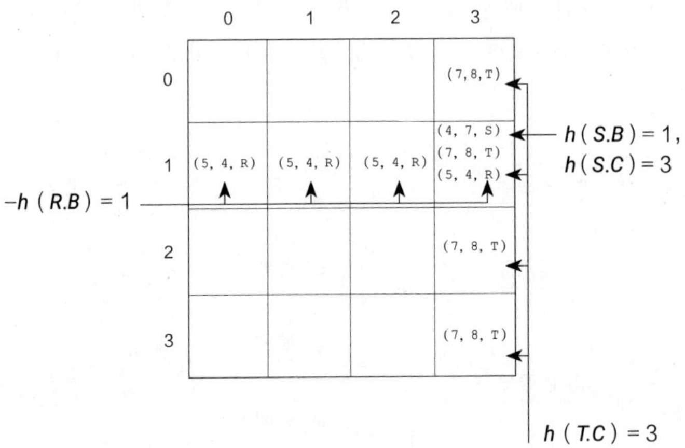


图 21-21　部分复制的三向连接

```
a1 = LOAD 'A' AS (a1from, a1to);
a2 = LOAD 'A' AS (a2from, a2to);
aut = LOAD 'Aut' AS (page, Value);
j1 = JOIN a2 BY a2to, aut BY side;
j2 = JOIN a1 BY a1from, j1 BY a2from;
g1 = GROUP j2 BY a1to;
aut2 = FOREACH g1 GENERATE group AS page, SUM(j2.Value) AS Value;
g2 = GROUP aut2 ALL;
max = FOREACH g2 GENERATE MAX(aut2.Value) AS max;
c = CROSS aut2, max;
aut2Up = FOREACH c GENERATE page, Value/max;
STORE aut2Up INTO 'Aut2';
```

在这个示例脚本中，首先使用 LOAD 命令加载相关数据，并对属性进行相应的命名。仔细观察会发现，在这个脚本中，数据集 *a*1 的加载时间早于必要的时间。此外，脚本中指定的连接顺序经过了手动优化，因为两个最大的参数 *a*1 和 *a*2 不是先连接的，而是先用 aut 连接 *a*2（显然 *A* 中表示的超链接比 Aut 中表示的网页多）。当 Pig Latin 可执行计划（称为 Pig）时，实际上应该自动进行这种优化（留给读者去尝试）。我们假设分别评估三向连接中的两个连接，即转化为类似于图 21-20 所示的 MapReduce 序列。根据属性 *a*1to 完成对三向连接的中间结果 *j*2 的分组，并加总每组的 *j*2.Value。脚本的这一部分与经典的词频统计例子有很大的相似性，是以同样的方式评估 MapReduce 序列。为了计算最大权威值，做了伪分组。使用交叉乘积和除法实现将权威值标准化为 1/max（有点麻烦）。这个示例脚本中没有使用选择，但在 Pig Latin 中可以使用 FILTER。

目前有许多项目在研究如何有效地优化这种复杂的 MapReduce 查询计划。图 21–22 概述了对上述脚本的评估，其目的是尽可能减少这种 MapReduce 阶段。这里使用了上面介绍的部分冗余分区的方法，即在一个阶段内进行三向连接。然后，连接还原器，也对其数据做了部分聚类（关键词：“早期聚类”）处理。在下游的还原器中进行权威值的完全求和，这些还原器依次确定其数据范围的局部最大值，并将其转发给确定全局最大值的还原器。然后将其返回（与图中所示不同，因为信息流应该总是从左到右）到相同的还原器，还原器也可以执行除法运算。但是目前，在从给定的脚本中自动生成这种优化之前，可能仍有很长的（研究）路要走。此外，对于在数十亿个网页上计算基于 HITS 的搜索索引来说，手动优化评估计划应该很快就会得到回报。

然后反复执行上述程序，直到计算值收敛。在考虑复杂的机制（许多连续的 MapReduce 阶段）时，应该记住，数十亿的数据记录是在许多（成千上万）的计算机上处理的。因此，重点不在于快速响应查询，而在于对海量数据的可扩展评估。

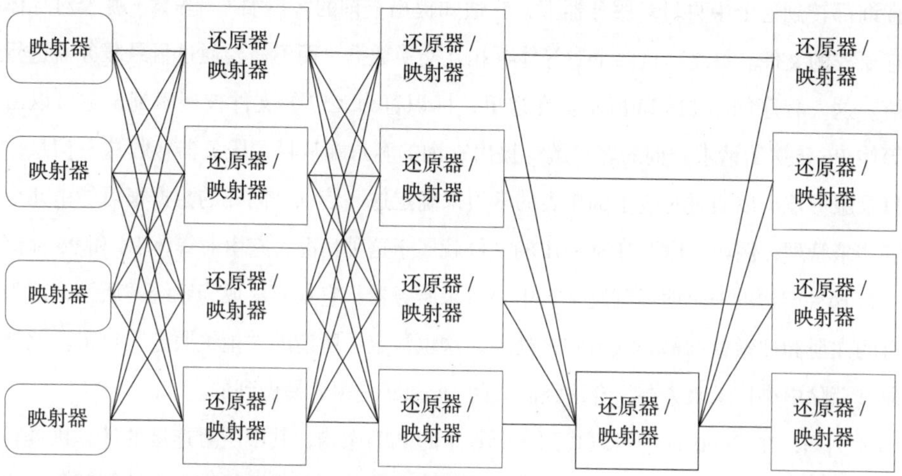


图 21–22　HITS 算法的优化 MapReduce 执行

## 21.6 对等信息系统

海量联网的计算机基本处于闲置状态（idle），这促进了“点对点系统”（简称“P2P系统”）的发展。在第一批应用中，如 Seti@Home，它利用所连接的计算机的未使用计算资源来探测来自地外生物的无线电信号（迄今为止没有成功）。总共有数百万用户（或他们的电脑）参与了这项任务，平均约有 25 万台电脑同时运行。服务器给这些计算机分配了待分析的无线电数据集。这个应用实际上仍然基于客户端 / 服务器架构模型。

### 21.6.1 用于数据交换的 P2P 系统（文件共享）

对于互联网上数字化多媒体数据的爆炸性增长，可理解的是，未使用的计算机资源也应该用于数据管理。最早的 P2P 文件共享系统（file sharing）之一是 Napster，它在参与的计算机（对等体）之间实现了 MP3 文件的分散管理和交换。所连接的计算机（对等体）向中央目录服务器注册其可用数据，该服务器在索引中管理这些元数据。所有搜索查询都转到这个中央目录服务器上，它通知提出查询的客户端（对等体）哪个对等体有它要找的文件。最终，这两个对等体再相互交换数据，而不需要通过目录服务器进行通信。这一程序如图 21-23 所示。在这里，标识符为 K57 的文件被搜索到，它可以由对等体 P6 传送给请求查询的客户端。提出查询的客户端从目录服务器接收这一信息，而目录服务器可以通过对应于倒排表的索引来确定这一信息。同样的数据很可能由几个对等体来管理，例如，标识符为 K61 的文件就属于这种情况，它由对等体 P4 和 P6 存储。

这种架构的一个明显问题来自中央目录服务器：它很容易成为系统的瓶颈，因为所有的注册和搜索查询都必须由它来处理。这也注定了所谓的“拒绝服务”攻击。此外，通过消除中央目录服务器，合法强制关闭 Napster 是很容易做到的。

例如，在 Gnutella 中可以找到一个真正的 P2P 架构，其中所有连接的计算机具有相同的功能。这些计算机形成一个完全分散的网络，其中不再有任何中央控制部分。这使得网络在个别组件发生故障（或被迫关闭）的情况下也很稳定，因为剩下的对等体可以继续工作。在 Gnutella 中，缺少一个“无所不知”的中央目录服务器，但通过“无目的转发”一个对等体自己无法响应的查询解决了这个问题。因此，当一个对等体收到一个

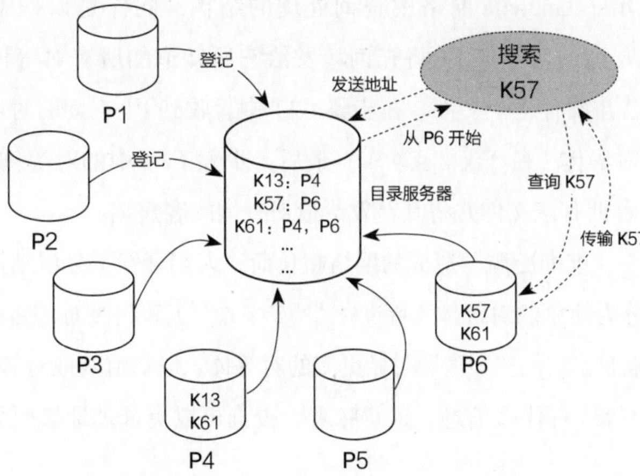


图 21-23 有中央目录服务器的 Napster 架构

请求时，无论是直接来自用户还是来自其他对等体，它首先检查自己是否拥有所查询的信息（例如一个文件）。如果有，则它将这个信息对象发送给查询的发起者。否则，它将该查询转发给它所知道的所有其他对等体。当然，在这里必须实施相应的控制机制，例如简单地基于超时（“生存时间”），以避免循环转发查询。查询的“无目的转发”也称为“查询泛滥”，因为可以说网络被“淹没”了。一方面，这导致了单个查询的高响应时间；另一方面，消息量非常大，这很容易导致整个 P2P 网络的过载。

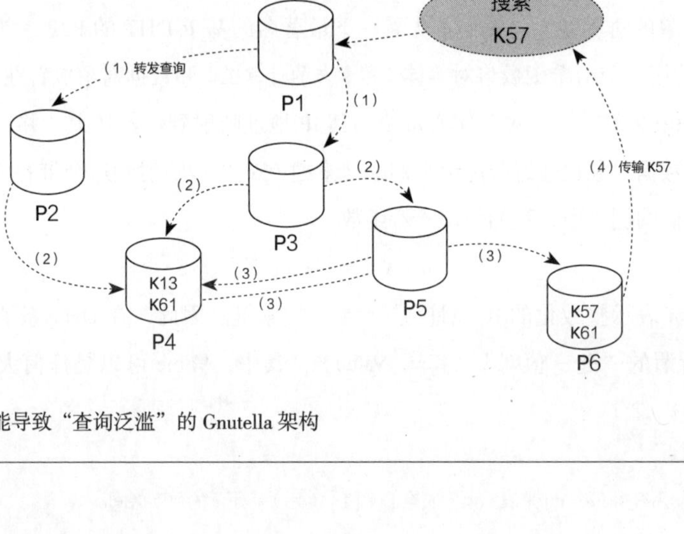


图 21-24 可能导致“查询泛滥”的 Gnutella 架构

图 21−24 显示了 Gnutella 网络中查询处理的结构，同样是以搜索标识符为 K57 的文件为例。被查询的对等体 P1 将查询转发给它所知道的所有对等体（这里是 P2 和 P3），因为它自己并没有这个文件。在步骤（2）中，收到 P1 查询的对等体再将查询转发给各自知道的对等体（同样没有成功）。最后，步骤（3）中的对等体 P5 将查询转发给对等体 P6，后者拥有该文件并将其转发给最初查询的客户端。

为了减少由于“查询泛滥”造成的网络超负荷，人们开发了分层结构的 P2P 网络，所有对等体被区分为简单的对等体（所谓的“叶子节点”）和超级对等体或枢纽对等体。枢纽对等体的特点是，它们“知道”明显更多的对等体，也知道其他对等体，还知道（至少是大约）其他对等体有什么信息。这意味着，查询可以更合理地被引导到相关的对等体上。

## 21.6.2 分布式哈希表（DHT）

在迄今为止所介绍的 P2P 网络中，可以看到两种极端的设计方案：

1. 中央控制：一个目录服务器“知道”根据其索引将搜索查询传递给哪个对等体。然而，目录服务器代表一个中央控制组件，它可能成为 P2P 系统的一个瓶颈。

2. 分散控制：拥有同样强大的对等体的完全去中心化的 P2P 系统，需要在被查询“淹没”的网络中进行精心的查询处理。

分布式哈希表（Distributed Hash Tables，DHT）结合了这两个系统的优点：它们以分散的方式组织起来，所有对等体都有相同的功能，查询以有针对性的方式被引导到拥有必要数据对象的对等体上。我们首先看一下最著名的基于 DHT 的 P2P 系统，它被称为 Chord。它使用一个哈希函数将对等体（即参与的计算机）和数据对象放置在一个数环上，即在区间 $[0 \cdots 2^n]$ [1] 上。对等体通常使用其 IP 地址映射到该数环上，并在那里占据相应的位置；数据对象也通过分配给它们的搜索键（key）被映射到这个带有哈希函数的数环上。在我们的例子中，我们使用哈希函数

$$h(X) = X \bmod 2^n$$

这里，$X$ 表示整数化的 IP 地址或（数字）搜索键。因此，在 DHT 系统中管理的数据对应于所谓的“键 − 值对”（Key，Value），其中，Value 可以是任何大小的，例如

[1] 我们使用符号 $[a \cdots e]$ 来表示大于或等于 $a$ 和（实际）小于 $e$ 的数字区间。

一个 MP3 音乐文件；而 Key 又可以通过哈希函数（如通常用于生成数字指纹的 MD5 或 SHA1 哈希函数）从该 Value 中计算出来。

图 21–25 显示了一个大小为 [0···64] 的数环，我们将介绍其计算机和数据的映射方法。

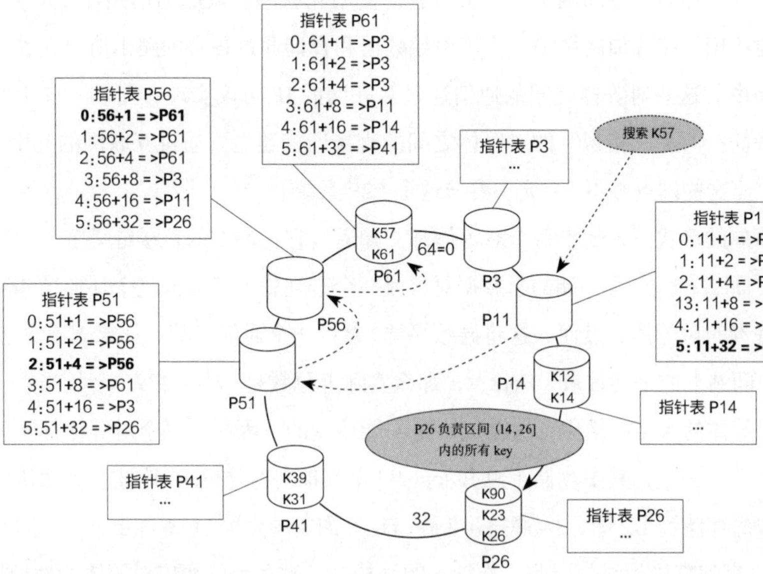


图 21–25 Chord 系统的架构

在映射状态下，这个 P2P 系统由 8 台计算机组成，因此数环相对“稀少”。但是，这在实践中也是有意义的，因为必须考虑参与的对等体数量的动态增长和缩减。因此，在选择数环时，或者更准确地说，区间 [ 0···$2^n$ ] 的指数为 $n$ 时，应使参与的对等体总是明显少于最大值 $2^n$，从而使得在根据对等体的 IP 地址将其映射到数环上时，“碰撞”的可能性大大降低（尽管如此，也必须为此采取控制机制）。每个对等体负责数据对象，即（Key，Value）对，其键值通过哈希函数映射到其前一个对等体和自身之间的范围中。在我们的图中，对等体 P26 管理的搜索键映射范围为 15 到 26（即映射到区间 [15···26]）。其中特别包括 K23 和 K26，但也包括 K90，因为 90 mod 64 的结果是数字 26。

Chord 实现了所谓的“一致性散列”（consistent hashing）。在一致性分布的哈希表管理中要求，当一个对等体发生故障（或以受控方式注销）时，只需要重新组织有限的数据元素。

更确切地说，在有 | $P$ | 个对等体和 | $D$ | 个数据元素的情况下，需要重组的数据项的数量应该平均限制在 | $D$ | / | $P$ | 的范围内。在 Chord 网络中显然满足这种要求，因为故障对等体的数据元素被分配给环中紧随其后的对等体，而所有其他的数据元素保持原位（即在其对等体位置上）。

P2P 系统也称为“叠加网络”，虽然它们使用互联网协议的通信路径（路由），但只是间接地使用。在叠加网络中，协议引导数据和查询通过各自的路由协议在参与的对等体之间路由。这些对等体之间的通信通过互联网的 IP 协议实现。图 21-25 中的虚线表示覆盖特征：两个“相识”的对等体之间的直接通信还是要通过互联网的几个 / 许多站点实现，而这些站点并不（一定）参与这个 P2P 系统。

在最简单的形式下，如果每个对等体都“知道”它在环上的直接继承者，则存储它的 IP 地址。那么，一个待存储的新数据对象或一个查询就可以沿着这个环形结构路由，直到到达负责的对等体。然而，这将导致平均 | $P$ | / 2 个通信步骤。如果 $H$ 代表互联网路由中的中间站点的平均数量（Hops），那么实际上总数是 | $P$ | / 2 * $H$ 。[1] 当然，在拥有数千个对等体的大型网络中，这种成本是不能接受的。因此，每个对等体都管理着一个所谓的“指针表”，其中存储了总共 log| $P$ | 个其他对等体的 IP 地址。更确切地说，每个对等体都存储了 1/2 圈、1/4 圈、1/8 圈、1/16 圈（在远离它的数环上）……的对等体的 IP 地址，直到直接相邻。因此，指针表的结构为：数环上的相应对等体的地址按 $1 = 2^0$，$2 = 2^1$，$4 = 2^2$，$8 = 2^3$，…，$2^n/2 = 2^{n-1}$ 递增。负责各自数值的对等体的 IP 地址存储在指针表中，相同的对等体可以负责指针表中的几个条目，正如我们在对等体 P11 的指针表中看到的那样，例如，P14 和 P26 各负责两个条目。

然后，查询路由通过这些指针表来完成。我们在搜索键为 K57（指向对等体 P11）的数据对象时演示了这一点。P11 在其指针表中寻找刚好小于或完全等于搜索键的条目。因此，在对等体 $P_i$ 处，搜索适用的最大 $k$：环上的 $h(i + 2^k)$ 正好在 $h$（Key）之前或与之相等。

然后，继续搜索与 $P_i$ 指针表中位置 $k$ 对应的对等体。在我们的例子中，位置 5 的粗体条目包含了负责键值为 11+32 = 43 的对等体。然后将搜索委托给对等体 P51，用虚线箭头表示。这个对等体反过来查看自己的指针表，并确定位置 2 的条目与搜索键 51+4 = 55 对应的最佳的引导地址（在任何情况下都不能委托给位于搜索键之外的对等体。

〔1〕Chord 网络中的相邻对等体在物理上不相邻。

为什么？）。因此，P51 将搜索工作继续委托给 P56，P56 在其指针表的 0 位置（数值为 56+1=57）上寻找下一个对等体。对等体 P61 是这个搜索查询的目标计算机，可以传输 Key 为 K57 的数据对象。通过这些指针表，可以在 $O(\log|P|)$ 个中间站点中引导搜索，见习题 21–7。

当一个新的对等体 P 进入 Chord 时，它会告诉任何一个（它已知的）对等体。

新对等体在环中的位置可以通过对 P 的 IP 号码应用哈希函数 $h$ 来确定。我们假设得出的结果是 $k$，这样对等体就会获得标识符 P$k$。然后在对等体 P$j$ 的帮助下将新的对等体 P$k$ 置放在环中，P$j$ 是 P$k$ 在环中最接近的前一个对等体。特别是，对等体 P$j$ 可以将其指针表提供给新的对等体，因为新的对等体也可以使用一些条目。有哪些？请想象一下同一目标对等体的多个条目（见习题 21–9）。从 P$j$ 的继承者那里，新的对等体 P$k$ 分配到环中 $j$+1 和 $k$ 之间的数据对象。此外，必须初始化 P$k$ 的指针表，而且以前引用过 P$j$ 的其他对等体的指针表现在可能必须改为 P$k$ 。读者可以在习题 21–9 中通过算法勾勒出这个方法。

### 21.6.3 多维的 P2P 数据空间

CAN（内容可寻址网络）是一种 P2P 网络结构，其中对等体管理多维的“超矩形”。在三维情况下，这些是立方体；而在二维情况下，如图 21–26，它们是直角坐标系中的（实际）矩形。键在 CAN 中被映射到这个 $n$ 维坐标系上，从而使它们对应于坐标系中的一个点。对于一维的键，要进行相应的分割。在我们的例子中，两个维度中的所有键都位于 0 到 8 的范围内。每个对等体负责一个矩形区域，除非其相邻的对等体发生故障（暂时的）并且必须接管其矩形区域。在我们的例子中，由两个边界点（左下角和右上角）明确定义了矩形。左下角的对等体 P [（0, 0），（4, 4）] 主要负责键值为 K（1, 1）的数据对象，因为这个键值在其矩形范围内。当添加一个新的对等体时，它首先被映射到现有的一个矩形中。这可以是随机的方式，例如，由新的对等体在坐标系中“分割”一个随机点。这将自动为大型区域（不一定是密集的区域）分配额外的对等体。然后，新的对等体委托其“认识”的任何对等体找到负责该分块区域的对等体。这就像普通的搜索查询一样，以切块的数据点作为参数（见下文）。此外，也可以基于负载分配新的对等体，因此，负载较大的对等体（它们具有更密集的矩形）优先“获得”新对等体，但这需要一个额外的（中央）控制组件。不管新对等体匹配的是哪个旧对等体，新旧对等体都会将矩形区域平分，重新分配数据元素，然后各自负责原矩形区域的一半。

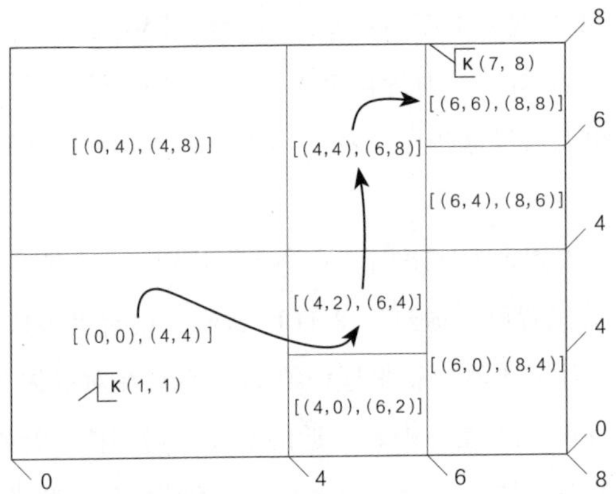


图 21-26 二维 CAN 结构示意图

每个对等体管理其直接邻居，这些对等体与它共享一条边（在 $n$ 维的情况下是 $n-1$ 维的超平面）。查询路由是由一个对等体将请求转发给它的一个更接近（在坐标系中）待寻找矩形的邻居。这近似于初始节点和目标节点之间的一条路线，如图所示，从左下方的对等体 P [（0，0），（4，4）]（负责两轴上 0 到 4 范围内的所有数据）到右上方的对等体 P [（6，6），（8，8）] 的路由过程（负责两轴上 6 到 8 的数据点）。例如，查询键值 K（7，8）将启动这个路由过程。请读者评估每个对等体的平均邻居数和路由 Hop 数（见习题 21-10）。

## 21.7 NoSQL 和 Key/Value 数据库系统

网络的信息量越来越大，这促使新的数据库系统在功能上不如关系型数据库系统强大，但有更好的可扩展性。毫不奇怪，这些发展是由（现在的）大型互联网公司发起的，如谷歌（BigTable，MegaStore）、雅虎（Hadoop 文件系统，HBase，PNUTS），亚马逊（Dynamo，S3，SimpleDb）和 Facebook（Cassandra）。另一个用于网络应用的高度可扩展的文件存储系统是 MongoDB。这些系统需要在几个方面扩展：

1. 数据量：这些公司所管理的数据量是“天文数字”。例如，想想 Facebook 的所有用户资料，它现在有近 10 亿用户，或者谷歌为其用户管理（和分析）的累积数据（电子邮件、文件、缓冲网页、搜索查询）。

2. 可靠性（可用性）：对许多用户来说，如此重要的服务必须保证非常高的可靠性和可用性。这需要通过复制来控制冗余。

3. 地理分布：现在用户分布在世界各地，所以必须以全球分布的方式安装数据库系统。这是在访问个人数据时确保低延迟时间的唯一方法。

在分布式系统领域，以下非正式的“才智”（现在称为“CAP 定理”）是由布鲁尔（2000）在一次特邀演讲中首次提出的。在一个分布式信息系统中，只能实现三个目标中的两个：

（1）一致性（Consistency）：所有节点在同一时间看到相同的数据。

（2）可靠性 / 可用性（Availability）：节点故障并不影响可用的节点（有数据的副本）继续工作。

（3）分区容错性（Partition Tolerance）：即使信息因网络分区而丢失，分布式系统也能继续运行。

请注意，到目前为止，本章所讨论的分布式关系型数据库系统在很大程度上是为一致性而“修剪”的。这正是采用“两阶段提交协议”的分布式事务管理和一致的复制管理（例如采用法定数共识程序）的目的所在。这些程序在同步数据传递方面是高消耗的，而同步数据传递对于分布式节点的同步化是必要的。

新出现的所谓 NoSQL 数据库系统大多基于键 / 值存储模型。对此，我们已经知道这一模型是 P2P 网络中使用的分布式哈希表（DHT）的基础：为存储对象 $V$ 分配一个唯一的搜索键 $K$，通过它可以再次访问对象（Value）。这使得这些系统的查询界面非常简单：

1. insert（$k$，$v$）：将新对象 $v$ 保存在键 $k$ 中。

2. lookup（$k$）：读取键 $k$ 的相关数据值。

3. delete（$k$）：删除键 $k$ 的相应对象。

因此，这些都是所谓的“点式访问”，即有针对性地搜索一个“对象”。所有其他的访问方法都可以分解为这些基本的、特别有效的操作。这些系统是否会很快建立起标准化的接口（类似于关系型数据库系统的 SQL 标准化），还有待观察。

通常，NoSQL 系统“故意”不支持像 SQL 这样功能强大的查询语言。这就是 NoSQL 这个名字的由来，有时也将其解释为“Not Only SQL”。对于更复杂的数据分析，应从 NoSQL 数据系统中导出数据。然后，这种复杂的数据分析可以在 Hadoop 等 MapReduce 基础设施中并行执行。从而可以再次扩展更复杂的数据处理，即“网络规模”，见 21.5 节。

这些系统的可扩展性一方面来自不允许复杂查询的稀疏界面，另一方面则来自分区方法。键/值存储模型允许使用分布式哈希表，该表在节点数量上是可扩展的。这意味着不会扩展单个数据库服务器，但会根据需要增加新的节点（扩展）。因此，这样的数据库系统可以扩展到数千甚至数十万个节点。通过在几台（少数）计算机上复制每个键/值对来确保可靠性。不过这些副本通常不是通过“两阶段提交协议”保持一致性，而是通过消耗较小的异步信息传输更新到最新状态。这意味着随后的读操作可能会返回一个过期的副本。根据严格的ACID条件，这是不允许的。为了保证一致性，这些系统（只）发布了所谓的“最终一致性”；根据这种一致性，在某些时候，所有的副本都接受相同的状态（如果不允许有新变化）。这种所谓的“弱一致性条件”（与关系型数据库的严格但费时的ACID一致性保证相反）以前更多地应用于分布式系统领域而不是数据库领域。这种一致性模式有几种变体：“读写一致性”（read-your-writes）的要求一个进程看到自己的数据变化，即使其他进程可能仍在访问旧的副本；“单调读一致性”（monotonic reads）规定，一个进程不会在较早的状态下再次看到已经读取的相同数据。

## 21.8 多租户、云计算和软件即服务

云计算是通过互联网提供的计算和数据服务，可分为以下几类：

1. 基础设施即服务（IaaS）：向客户提供了事实上的虚拟机，任何软件都可以安装于其中。因此，客户也可以将现有的应用程序移植到这样的虚拟机上。特别是，也可以安装“正常”的数据库系统。亚马逊网络服务是IaaS的一个典型例子，但它也通过SimpleDB和S3系统提供NoSQL数据库功能。

2. 平台即服务（PaaS）：包括谷歌AppEngine和微软Azure系统，它们为网络应用的新开发提供丰富的界面。对此，还有特别的数据存储系统，即谷歌的App Engine Datastore或微软的Azure Table Storage。

3. 软件即服务（SaaS）：提供复杂的、特定应用的功能。商业环境中最著名的例子是SalesForce的客户关系管理系统和SAP的综合商业应用系统Business-ByDesign。这种软件不再安装在用户处，而是由运营商以“托管模式”提供，用户通过网络界面访问。

赞成使用云计算的论据是什么？这主要基于成本论证。所谓的“规模经济”在成本分析中当然起着重要的作用，根据这种分析，云数据中心的许多用户比专用数据中心的单个用户能更高效地获得服务。对于自营（内部）的数据中心，必须按照峰值负荷来设

计其容量。相反，在云计算中，只需考虑资源的实际使用（CPU、内存和通信量）情况。在高峰期，要比正常运行时付出更多（只是短暂的）成本。此外，可以肯定的是，这些资源可以非常迅速地适应不断增长和缩小的需求。云计算的这一基本特征被称为"弹性"，它在一定程度上还保证了个人用户需求的无限可扩展性。

"软件即服务"的云计算，是通过在同一平台上整合许多用户来达到降低成本的目的的。从数据库的角度来看，区分为图 21–27 中所示的三种变体：

1. 在共享机器的情况下，服务商将其划分为不同的虚拟机，以便让每个用户获得服务保障（所谓的"服务水平协议"）。

2. 在共享数据库系统的情况下，可以利用协同效应，使某些与流程和缓冲区管理以及基础管理有关的固定成本只发生一次。然而，每个用户（租户）的数据仍然是严格分开的，因此在元数据和索引结构方面必然付出大量的努力。

3. 今天的数据库系统本身并不是为多租户使用而设计的，它的最佳整合是通过共享表的方式实现的，在这种方式下，不同用户的数据"生活"在同一个模式中。

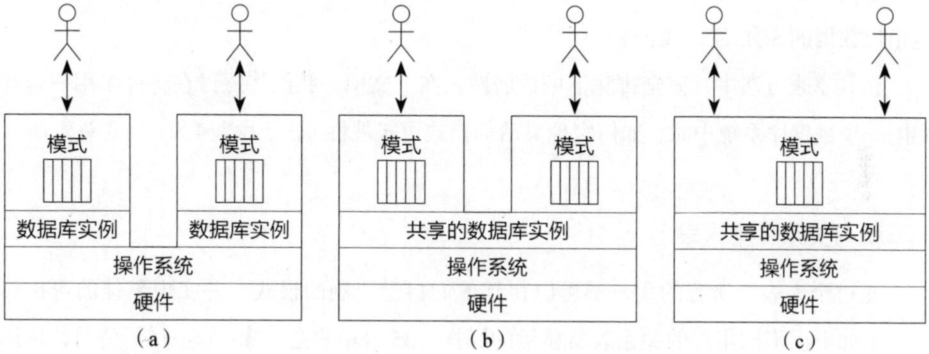


图 21–27 不同的多租户数据库架构：(a) 共享机器；(b) 共享数据库系统；(c) 共享关系

### 共享表

这种架构通过在每个关系中的主键上增加一个额外的租户属性，可以对不同的用户进行最佳整合。下面显示的是一个"账户"（Account）关系，它被用来共同管理不同租户的客户数据。在这个例子中，Acme 和 Gump 是租户 17 的客户。粗体字表示主键，并由 Aid 和 Tenant 属性组成。

| Account | | | |
|---|---|---|---|
| **Tenant** | **Aid** | Name | … |
| 17 | 1 | Acme | … |
| 17 | 2 | Gump | … |
| 35 | 1 | Ball | … |
| 42 | 1 | Big | … |

应用软件必须确保根据发送查询的用户，对每个查询予以相应的转化：

| Tenant | | | |
|---|---|---|---|
| 35 → | **select** * | → | **select** * |
| | **from** Account | | **from** Account |
| | **where** Name **like** ’B%’ | | → **where** Name **like** ’B%’ |
| | | | **and** Tenant = 35 |

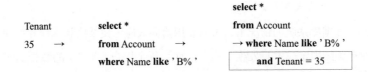

上述示例表示：应用程序收到了来自租户 35 的查询，并且由于（通过预处理器的）转换，只输出了这个租户的限定数据，在此例中，是变量集 [35，1，Ball，…]。当然，应考虑到数据保护问题，以避免任何数据“被窥视”。特别是，必须确保排除窥视，其他租户数据的 SQL 注入攻击。

在共享表方法中，完全排除了可扩展性。在下文中，我们将探讨在将许多用户合并到同一个数据库系统中时，如何实现灵活的模式可扩展性（出于成本考虑，这是必要的）。

## 私有关系（个人表）

通过个人表，所有的用户都可以得到他们自己定制的模式，并实现最佳的可扩展性，正如下面不同用户的关系表所显示的那样。35 号租户是一家“08−15”公司，可用通用的账户模式；租户 17 是一家医院的经营者，因此对其每家医院的床位数（Beds）进行了建模；租户 42 是管理汽车行业的批发商，该批发商自己也有数量不少的经销商（Dealers）。

这种方法的缺点是元数据量大，因为必须为所有（甚至最小的）租户管理单独的模式、索引、授权等。

| Account 17 | | | |
|---|---|---|---|
| **Aid** | Name | Hospital | Beds |
| 1 | Acme | St.Marry | 135 |
| 2 | Gump | State | 1 042 |

| Account 35 | |
|---|---|
| **Aid** | Name |
| 1 | Ball |

| Account 42 | | |
|---|---|---|
| **Aid** | Name | Dealers |
| 1 | Ball | 65 |

### 扩展关系（扩展表）

在这种方法中，需要对通用模式进行因子分解，并存储扩展，以实现扩展关系中的特殊需求。

| Account_Ext | | | |
|---|---|---|---|
| **Tenant** | Row | **Aid** | Name |
| 17 | 0 | 1 | Acme |
| 17 | 1 | 2 | Gump |
| 35 | 0 | 1 | Ball |
| 42 | 0 | 1 | Big |

| Healthcare_Account | | | |
|---|---|---|---|
| **Tenant** | **Row** | Hospital | Beds |
| 17 | 0 | St.Marry | 135 |
| 17 | 1 | State | 1 042 |

| Automotive_Account | | |
|---|---|---|
| **Tenant** | **Row** | Dealers |
| 42 | 0 | 65 |

然后，应用系统的任务是管理这些租户的特定扩展关系的模式，并以某种方式转换查询，使这些扩展关系对其他用户隐藏起来。用户自己只能看到一个私有关系及其扩展。

在关系型数据库系统中，视图方案可用于此目的；在对象关系型数据库系统中，当然也可以通过继承层次结构来支持可扩展性。

### 统一模式（通用表）

统一模式可以通过一个简单的（“蛮力”）模式联合来实现，方法是将所有扩展关系的所有属性整合到一个所谓的“通用关系”中。缺点是必须管理大量的 NULL 值，一方面要花费空间，另一方面使查询更加复杂。但是，通用表省去了扩展关系所需的连接。

| Universal | | | | | | | |
|---|---|---|---|---|---|---|---|
| Tenant | Table | Col1 | Col2 | Col3 | Col4 | Col5 | Col6 |
| 17 | 0 | 1 | Acme | St.Marry | 135 | – | – |
| 17 | 0 | 2 | Gump | State | 1 042 | – | – |
| 35 | 1 | 1 | Ball | – | – | – | – |
| 42 | 2 | 1 | Big | 65 | – | – | – |

这里，租户 ID 和关系标识符（表）成为键的一部分，它也包含关系特定的键。对于模式的非通用部分——类型差异也必须包含在其中，例如第 3 列（Col3）中不同类型的值。

### 分解：Pivot 关系

为了避免 NULL 值，我们也可以“欺骗”关系模型的严格标准化，在关系系统中

事实上模拟一个键 / 值存储。然后，对应于表格中右列的值是一个单一的属性值，键由租户及其关系标识符和这个租户特定的虚拟关系中的代用键（行号和列号）组成。如果不想把所有的值都编码为同一种数据类型，例如字符串，则需要为每个支持的 SQL 数据类型建立一个单独的关系，如上图中的整数和字符串所示。

| Pivot_int | | | | |
|---|---|---|---|---|
| **Tenant** | **Table** | **Col** | **Row** | Int |
| 17 | 0 | 0 | 0 | 1 |
| 17 | 0 | 3 | 0 | 135 |
| 17 | 0 | 0 | 1 | 2 |
| 17 | 0 | 3 | 1 | 1 042 |
| 35 | 1 | 0 | 0 | 1 |
| 42 | 2 | 0 | 0 | 1 |
| 42 | 2 | 2 | 0 | 65 |

| Pivot_int | | | | |
|---|---|---|---|---|
| **Tenant** | **Table** | **Col** | **Row** | Str |
| 17 | 0 | 1 | 0 | Acme |
| 17 | 0 | 2 | 0 | St.Marry |
| 17 | 0 | 1 | 1 | Gump |
| 17 | 0 | 2 | 1 | State |
| 35 | 1 | 1 | 0 | Ball |
| 42 | 2 | 1 | 0 | Big |

### 逻辑上相关数值的聚集：Chunk 表

通过 Pivot 关系，虚拟的租户特定关系被分解成最小的数值，因此在恢复时需要相应的大量连接。可以通过更粗略地分解为所谓的“块”（Chunk）来减少这一缺点，即经常一起使用的属性归为一组。下面显示了一个示例分解：

| Account_Ext | | | |
|---|---|---|---|
| Tenant | Row | Aid | Name |
| 17 | 0 | 1 | Acme |
| 17 | 1 | 2 | Gump |
| 35 | 0 | 1 | Ball |
| 42 | 0 | 1 | Big |

| Account_Ext | | | | | |
|---|---|---|---|---|---|
| Tenant | Table | Chunk | Row | Int1 | Str1 |
| 17 | 0 | 0 | 0 | 135 | St.Marry |
| 17 | 0 | 0 | 1 | 1 042 | State |
| 42 | 2 | 0 | 0 | 65 | – |

### 键 / 值存储

Pivot 表模拟了关系模型中的键 / 值存储。然而，在云计算中，NoSQL 或键 / 值存储是相当普遍的，可用于灵活的数据存储，如下所示：

| HBase 的键 / 值存储 | | |
|---|---|---|
| Row Key | Account | Contact |
| 17Act1 | [Name：*Acme*，hospital：*St.Mary*，Bedss：*135*] | |
| 17Act2 | [Name：*Gump*，hospital：*State*，Bedss：*1042*] | [···] |
| 17Ctc1 | | [···] |
| 17Ctc2 | | |
| 35Act1 | [Name：*Ball*] | |
| 35Ctc1 | | [···] |
| 42Act1 | [Name：*Big*，Dealerss：*65* ] | |

这个例子基于雅虎的 HBase 系统，其功能在 Apache 软件基金会的支持下得到进一步发展。除了账户数据外，也储存了联系（Contact）数据，以演示相关数据的聚集（在这种情况下，数据来自同一租户）。

### 基于 XML 的模式

支持 XML 的关系型数据库系统，可使用灵活的（即非标准化或低标准化）XML 扩展列，如下所示：

| Account | | | |
|---|---|---|---|
| **Tenant** | **Aid** | Name | Ext_XML |
| 17 | 1 | Acme | <ext><br><hospital>St.Mary</hospital><br><Bedss>135</Bedss><br></ext> |
| 17 | 2 | Gump | <ext><br><hospital>State</hospital><br><Bedss>1042</Bedss><br></ext> |
| 35 | 1 | Ball | |
| 42 | 1 | Big | <ext><br><Dealerss>65</Dealerss><br></ext> |

在共享数据库系统上整合多客户（租户）时，上述架构中的模式管理和查询预转换仍需在应用系统中实现。将这种多租户功能更深入地嵌入在数据库系统的核心中，可以实现更好的支持，这是许多制造商目前正在努力的方向。除了模式的可扩展性和发展，数据的保护和可扩展性当然也是重点。

## 21.9 习题

21-1 请在电脑上安装一个 SPARQL 数据库系统（例如 RDF-3X），并加载一个 RDF 数据库，例如从维基百科上提取的知识库 YAGO（http://www.mpi-inf.mpg.de/yago-naga/yago/）。请对这个知识库进行 SPARQL 查询，例如：

（1）谁的配偶（谓语：isMarriedTo）在 1977 年 8 月 16 日死亡（谓语：diedOnDate）？

（2）一位化学教授的哪位配偶来自哪个国家？

（3）谁因数据库方面的研究工作而获得“图灵奖”？

（4）哪位出生在汉堡的科学家获得了诺贝尔奖？

（5）史蒂文·斯皮尔伯格与谁结婚了？

（6）亚当·桑德勒出演过哪些电影？

（7）硅谷的哪些公司是在 2004 年成立的？

21-2 请考虑以下三元组：

```
id1 hasTitle "Sweeney Todd"
id1 producedInYear 2007
id1 directedBy "Tim Burton"
id1 hasCasting id2
id2 RoleName "Sweeney Todd"
id2 Actor id11
id1 hasCasting id3
id3 RoleName "Mrs.Lovett"
id3 Actor id12
id11 hasName "Johnny Depp"
id12 hasName "Helena Bonham Carter"
```

请按照给定的顺序将这些三元组输入 RDF-3X 中。请说明所产生的 Dictionary 和 SPO 指数的压缩表。

请考虑以下 SPARQL 查询：

```
select ?n where {
   ?p <hasName> ?n.  ?s <Actor> ?p.
   ?s <RoleName> "Sweeney Todd"
```

（1）这个查询是怎么计算的？

（2）请说明 RDF-3X 系统对该查询的评估计划。请将你所确定的合理的计划与系统实际产生的计划加以比较。

21-3 请在你的计算机上安装 Hadoop（http://hadoop.apache.org）（如果可以，在计算机集群上安装）。请使用 MapReduce 设计并实现一个大规模的并行排序程序（提示：请使用 radix 分区，并在最初将数据分布在还原器上）。

21-4 请在 Java 中为 Hadoop 实现词频统计，从而可以确定每个单词的出现频率。例如，对于“disk is tape，tape is dead”的统计，结果是：

```
disk 1
is 2
tape 2
dead 1
```

请以大于 1 的并行度执行字数统计，并与纯顺序执行的性能做比较。请描述一下你的观察。

21-5 请在 Hadoop MapReduce 中用 Java 实现两个关系 $R$ 和 $S$ 的连接 $R \bowtie_{R.K = S.FK} S$。除了连接属性外，这两个表各有一个 Payload 属性。所有属性都是 64 位整数。请以大于 1 的并行度执行程序，并将其性能与纯顺序执行做比较。

21-6 请完成图 21-25 中 Chord 网络对等体的指针表。

21-7 请证明在叠加网络中，可以使用指针表进行搜索，最大步数为数环大小（或站点数量）的对数。

21-8 在实践中，搜索平均只需要习题 21-7 中估计的一半 Hop。为什么？

21-9 请概述向 Chord 网络添加一个新对等体的程序。作为一个例子，请考虑在图 21-25 的示例网络中增加一个对等体 P33。

21-10 请确定每个对等体的平均邻居数和 $n$ 维 CAN 网络的路由 Hop 数。

21-11 请比较 HITS 算法和 PageRank 算法。在什么时候有不同的评估标准？

21-12 请实现 PageRank 算法，最好是以 MapReduce 程序的形式并行实现。

21-13 请计算以下网页网络的 PageRank 和 HITS 值：

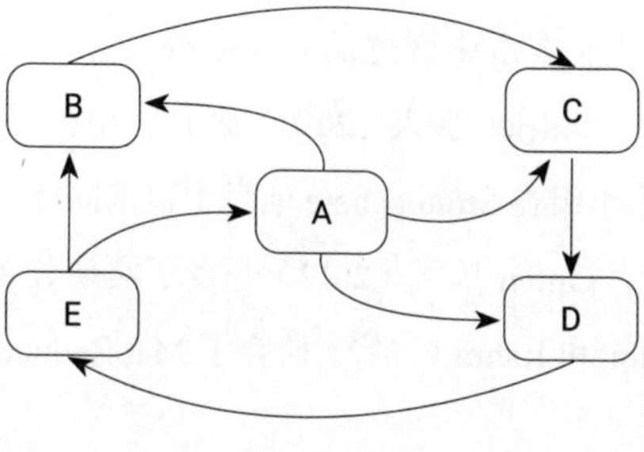

21-14 请计算以下三个文本的 TF-IDF 值：

"在足球比赛中，一场比赛持续 90 分钟，最后德国人赢了。"

"在足球中，圆形（球）必须进入方形（球门）。"

"从来没有一个球门像现在这样有价值。"

对于查询"足球"∧"球门"，根据相关性值进行排序的结果是什么？

## 21.10 文献注解

Hitzler 等人（2008）撰写的书很好地介绍了语义网基础知识，特别是涵盖了 RDF 和 SPARQL。最具扩展性和有效性的 RDF/SPARQL 数据库系统是由 Neumann 和 Weikum（2008）开发的。它的基础是将所有的三元组组合（SPO、SOP、OPS、OSP 等）具体化为独立的 B 树索引，这样，在查询处理过程中，主要评估聚类索引扫描和合并连接。通过预压缩，存储量大大减少，尽管有大量的冗余，但数据库消耗的空间通常比原始数据（文本形式）少。Neumann 和 Moerkotte（2011）开发了 SPARQL 查询的选择性估计技术，以生成有效的计划。Schätzle 等人（2011）展示了如何使用交叉编译器将 SPARQL 映射到 Pig Latin 中，然后利用 Hadoop 的大规模并行 MapReduce 基础设施。

Brandes 和 Erlebach（2005）在其书中讨论了图数据库的不同挖掘方法。Brandes（2008）开发了计算"中介中心性"的有效算法。Then 等人（2014）通过并行化广度优先搜索，为多核计算机优化了图数据库挖掘的计算方法。Günnemann 等人（2014）将聚类方法用于图数据库挖掘。Stonebraker 等人（2010）对 MapReduce 和关系型数据库做了重要的对比，当然，数据库赢了。Abouzeid 等人（2009）将 Hadoop 数据库作为 MapReduce 和关系型数据库的混合体来构建，在一个系统中结合了两者的优点。Markl（2015）介绍了柏林大学开发的 Apache Flink（前身为 Stratosphere）系统，该系统将数据库技术与类似 MapReduce 的并行评估概念相结合。Zaharia 等人（2010）在加州大学伯克利分校开发的 Spark 系统采用了类似方法。本章中详述的 MapReduce 中 HITS 评估的优化是由 Afrati 和 Ullman（2010）提出的。Dittrich 等人（2010）研究了用数据库技术优化 Hadoop 评估计划。柏林 / 波茨坦数据库小组在 Stratosphere 项目中追求同样的目标，Battré 等人（2010）描述了该项目最初的概念。Gufler 等人（2012）开发了实现分布式 MapReduce 评估的负载平衡的方法。Kolb、Thor 和 Rahm（2012）研究了 MapReduce 中负载平衡的副本识别。

最著名的数据流管理系统之一是 PIPES，Krämer 和 Seeger（2009）对其语义作了详细的阐述。此后，PIPES 系统以 RTM 的名义实现了商业化，成为 SoftwareAG 的子公司和马尔堡大学的衍生产品，见 Seeger（2010）的描述。Diao 等人（2003）提出了在发布/订阅或数据流系统中索引查询的概念。Dittrich，Fischer 和 Kossmann（2005）的 AGILE 也对查询谓词做了索引，以便将新收到的数据元素分配给相应的查询。Teubner，Müller 和 Alonso（2010）展示了 FPGA 硬件如何以一种非常有效的方式支持数据流查询。Franke 和 Gertz（2009）描述了传感器网络的数据挖掘技术。

Schenkel 和 Theobald（2009），Weikum 和 Theobald（2010）处理了从网络中自动提取知识的问题。其中，使用了来自数据库和信息检索领域的跨学科技术。Suchanek 和 Weikum（2013）从互联网数据源（特别是维基百科）中提取了 RDF 知识库 YAGO，这个过程被称为“知识收获”（knowledge harvesting）。

Stoica 等人（2001）设计了 Chord，它可能是最著名的基于 DHT 的 P2P 系统。Chord 有一个缺点，就是路由通常要经过物理上遥远的站点。Rowstron 和 Druschel（2001）扩展了这种环形的 P2P 架构，每个对等体在邻接列表中管理一组物理邻接对等体的 IP 地址，并在第一轮路由步骤中查阅这些地址。从而实现了在名为 Pastry 的网络中优化路由，因为从一个对等体到邻近对等体在互联网上的路径变得非常短。不过，对等体之间的 Hop 数保持不变（即与 P2P 网络的规模成对数关系）。Ratnasamy 等人（2001）发明了 P2P 叠加网络的多维 CAN 结构。Balakrishnan 等人（2003）对 P2P 信息系统作了很好的概述。在 Rahm，Saake 和 Sattler（2015）的书中，除了经典的分布式数据库外，还涵盖了分布式平台，如 MapReduce 和用于大数据应用中的 NoSQL 数据库。

P2P 网络最初是在网络行业中发展起来的，然后进入了数据库开发领域。数据库研究人员自然也要研究树形结构的 P2P 网络。Jagadish、Ooi 和 Vu（2005）设计的科学社区信息系统，其中的 Baton 被特别认为是这方面的开创性工作。Aberer 等人（2003）开发了另一种自己组织的 P2P 网络结构，称为 P-Grid。Bender 等人（2005）使用 P2P 网络来实现分布式网络搜索服务 Minerva。Nejdl 等人（2003）研究了互联网上的 P2P 数据管理（作为以前占主导地位的客户端/服务器架构的可扩展替代方案）。Buchmann 和 Böhm（2004）讨论了 P2P 网络中的“搭便车”（free riding）问题。Balke 等人（2005）开发了 P2P 信息系统中的“前 *k* 位”搜索技术。Scholl 等人（2009）开发了 HiSbase，一个基于 DHT 的对等系统，作为科学界（特别是天体物理学领域）高度分布式信息系统的基础设施。Karnstedt 等人（2007）开发了一个所谓的云数据库系统，该系统将关系型数据分解成

键 / 值对，然后分布到 P2P 系统中。这种映射普遍适用于任意的关系模型。

最终一致性概念是由 Vogels（2009）“带入”数据库领域的，他领导了亚马逊的云计算平台的开发。Brantner 等人（2008）为亚马逊的键 / 值存储 S3 开发了一个事务模型，使其可用于事务应用。Kraska 等人（2009）提出了一种策略，可根据保持一致性对应用程序的重要程度，在“弱一致性”和“严格一致性”之间自适应切换。

本章中介绍的多租户架构是由 Aulbach 等人（2008，2009）开发的。之后，Aulbach 等人（2011）对多租户 DBMS 的模式和数据进化作了概念化说明。Seibold，Kemper 和 Jacobs（2011）提出了一个多租户数据库的服务水平保证程序。

这里介绍的许多主题也可以在 Abiteboul 等人（2011）的专著《网络数据管理》中找到。

# 22 性能评估

## 22.1 数据库系统基准概述

有一些(或多或少)标准化的数据库系统基准,可以用来评估不同数据库产品的性能,包括它们所使用的硬件和操作系统软件。我们将在这里介绍两个最重要的关系型数据库系统的基准（TPC-C 和 TPC-H/R）以及最著名的面向对象数据库系统的基准（OO7）。在本章的最后，我们将介绍用于电子商务应用的新的 TPC-W 基准。

## 22.2 TPC-C 基准

TPC-C 基准以零售公司的订单处理为模型。数据库系统的这一应用领域称为在线事务处理（OLTP）。OLTP 应用的特点是事务时间相对较短，通常只访问有限的数据量。

基准所依据的数据库模型如图 22-1 中 ER 图所示。该关系模型由以下 9 个关系组成:

1. Warehouse（仓库）：$W$（$\geqslant 1$）个仓库，每个仓库有一个变量集。

2. District（地区）：每个仓库有 10 个地区，主要由相应的仓库供应客户（如果有订购的货物）。

3. Customer（客户）：每个地区有 3 000 个客户。

4. Order（订单）：在初始配置中，每个客户都已经下了 1 个订单。然后在基准运行过程中增加新订单，并不断处理待定（pending）订单。

5. New-Order（新订单）：新订单被输入到此关系中，直到订单交付为止。更确切地说，这个关系的变量集代表对订单中尚未被处理的条目的引用。

6. Order-Line（订单行）：每个订单行平均包括 10 个（在 5 到 15 个订单之间变化）订单项目。

7. Stock(库存):该关系建模了每个仓库的产品供应情况。库存包含所有(仓库,产品)数据对，即总共有 $W \times 100\,000$ 变量集。一个订单项目包含在一个仓库的库存（存货）中，由关系“可用”available 对其建模。

8. Item（产品）：这个关系包含零售公司提供的100 000种产品中每一种产品的变量集。关系Item在数据库的规模中具有特殊的位置，即使仓库的数量（$W$）增加，它的大小也不会改变。

9. History（历史）：该关系包含了单个客户的订单历史数据。

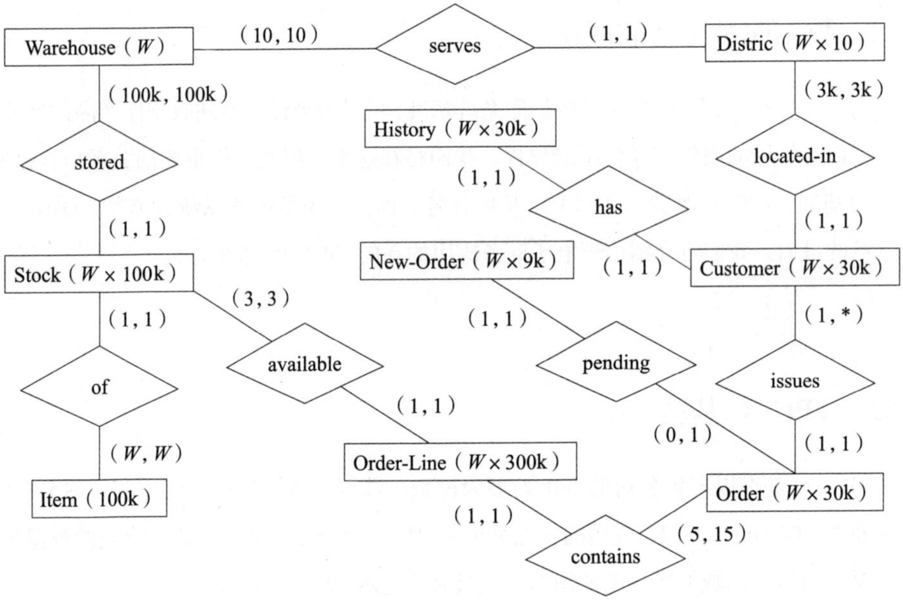


图22-1　TPC-C数据库的ER图

TPC-C基准由5种事务（更精确的事务类型）组成，其中许多事务当然是在数据库中并行执行的。

1. New-Order（新订单）：在这个事务中，包括5到15个订单项目的一个完整新订单被输入数据库中。对于每一个订单项目，都会在Stock关系中检查相应产品的可用性（供应情况）。

2. Payment（付款）：预定客户的付款。此外，在District和Warehouse关系中也会更新销售统计数据。

3. Order-Status（订单状态）：这是一个只读事务，用于检查某一特定客户的最后一笔订单的状态。

4. Delivery（交付）：在这个事务中，以批处理模式（即没有用户互动）处理“新订单”关系中的10个订单，并从“新订单”关系中删除已处理的订单。

5. Stock-Level（库存水平）：这是一个读取事务，用于检查最近订购产品的库存水平。TPC-C基准允许将这种读取大量变量集的事务分片成较小的数据库事务，以减少多用户同步的开销。

这些事务是通过（模拟的）终端接口产生的。根据规定，每个仓库正好有10个终端。因此，如果想在相应的高维度硬件/软件配置上展示高性能，就必须增加仓库的数量，这样就会自动地（见图22-1中的基数说明）扩大其他关系的规模（除了关系Item之外，它始终保持为10万个变量集）。

新订单事务是TPC-C基准的“骨干”。系统的性能以每分钟处理的新订单事务数量来表示，当然，每个新订单也必须同时执行一定数量的其他4种事务。此外，该基准要求90%的前4种事务的响应时间必须少于5秒。在90%的情况下，必须在20秒内处理完毕Stock-Level事务。

TPC-C基准有两个性能标准：

1. tpmC：每分钟新订单事务的处理量。

2. 价格/性能比：简称“性价比”。其中，总的系统价格是指硬件、软件和5年内的软件维护费用，性能则与每分钟处理量（tpmC）有关。性能指标表示为每笔事务$x$美元。

在今天的硬件和软件配置中，可能出现以下情况：

1. 每分钟处理300 000笔事务，系统价格仅约为113 000美元（即每笔事务的性价比约为0.4美元）；

2. 每分钟处理30 000 000笔事务，系统价格约为3 000万美元（即每笔事务的性价比约为1美元）。

请注意，在这两种配置中，硬件成本在系统价格中占主导地位；数据库软件通常只占系统价格的一小部分（通常低于10%）。

这两种DBMS的配置代表了两个极端：对于小规模的配置来说，具有有利的性价比；而高配置是以相应的高价格获得高性能的。读者可以从TPC组织的网站上获得更多的基准结果及具体细节，见本章末文献注解。

## 22.3 TPC-H 和 TPC-R 基准

就像 TPC-C 基准一样，TPC-H 和 TPC-R 基准也是基于一个（假设的）贸易公司。这两个基准以前是以一个名为 TPC-D 的基准而为人熟知的。TPC H/R 基准基于相同的方案，甚至相同的查询。它们都是基于公司的销售数据和所谓的“决策支持查询”模型的。这些查询的特点是，为了确定结果，往往需要处理海量的数据。因此，决策支持应用中的查询通常是相当复杂的，当然还需要予以优化和评估。

然而，事实证明，在这些基准中存在各种不同的应用场景。因此，在基准中考虑了两种不同的数据库配置：

1. 在 TPC-H 基准中，我们假设了所谓的“临时查询”，这样的查询对数据库设计者来说并不是事先就知道的。

2. 在 TPC-R 基准中，我们考虑之前已知的查询，而不是它们的实际参数化（限制销售期，选择某些产品组或销售区域，等等）。由于假定已知待执行的查询，因此可以采用特定的查询优化技术，包括视图的具体化等。

TPC-H/R 数据库的关系模型如图 22-2 所示。

它总共由 8 个关系组成。箭头标记出这些关系之间的外键。关系的主键用粗体表示。一个关系的属性总是带有从关系名称派生出来（缩写）的前缀：例如，关系 PARTSUPP 有属性 PS_PARTKEY， PS_SUPPKEY，…，这确保了所有属性在整个数据库中都有唯一的名称。该模型基本上是很清楚的。一个“订单”（ORDER）平均有 4 个“订单项目”（LINEITEM）。对于每一个“订单项目”，都会说明涉及哪种产品以及该产品来自哪个供应商。

关系 PARTSUPP 对每个“产品”和“供应商”的交货条件（价格和可用数量）进行了建模，因此，可以从不同的“供应商”（以不同的条件）处购买同一产品。LINEITEM 中的 EXTENDED_PRICE 是由 L_QUANTITY × P _RETAILPRICE 计算出来的。

RETURNFLAG 的值为 A（接受）、R（返回）或 N（新）。LINESTATUS 字段有 2 个值 F（完成）或 O（未完成）。如果只处理了部分订单项目，ORDER 的 ORDERSTATUS 可以取第 3 个值 P（进行中）。SHIPDATE 是发送货物的日期，RECEIPTDATE 是客户收到货物的日期，COMMITDATE 字段存储的是目标交付日期。因此，如果交付太晚，则 RECEIPTDATE 会超过 COMMITDATE 这个日期。

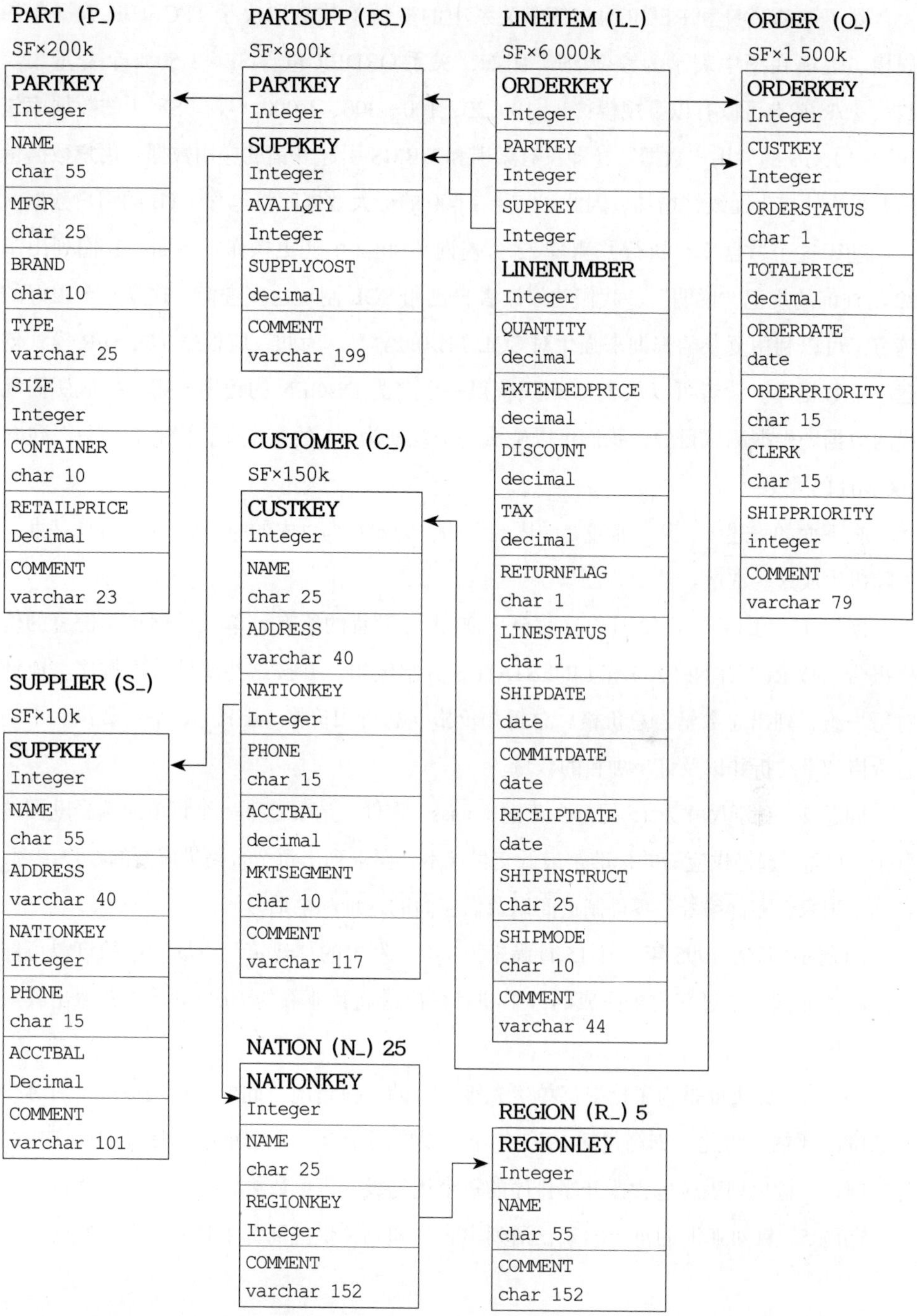


图 22-2 TPC-H/R 的关系模型及其外键

除了 NATION 和 REGION，各个关系中的变量集数量取决于 TPC-H/R 数据库的规模。规模在图中表示为参数 SF。例如，关系 ORDER 包含 SF × 1 500k 个变量集。TPC-H/R 基准可以有以下规模：1、10、30、100、300、1 000。规模 SF=1 的数据库包含大约 1 GB 的“用户数据”，即没有索引和 DBMS 引起开销的应用数据。用户数据量随着规模的扩大而线性增加，因此，SF = 1 000 的最大数据库将包含 1 TB 的用户数据。

基于这个数据库，执行并测量 22 个查询[1] 和 2 个变更操作。下面，我们列出了 22 项查询的规范“说明”。我们建议读者自己用 SQL 制定这些查询，这是一个很好的练习，可以利用复杂的查询来强化对 SQL 知识的学习。为此，应根据 TPC H/R 模式创建一个数据库。读者可以从 TPC 组织获得一个名为 DBGEN 的程序，用它生成所需规模的数据。根据测试目的，我们可以生成一个规模为 0.1 的数据库，因此它“只”包含 100 MB 的数据。

在下面的表述中，某些常量是“固定”的，例如查询 1 中的 90 天。对于常规基准，将随机生成这些常量。

问题 1　为 1998 年 12 月 1 日前至少 90 天内发货的所有订单项目创建一份总的价格报告。按 RETURNFLAG 和 LINESTATUS 分组输出，并按这些属性升序排序。应针对每一组，列出总数量、总价格、总折扣价格、总折扣价格（含税）、平均数量、平均总价格和平均折扣以及订单项目的数量。

问题 2　对于尺寸为 15 的每个黄铜（brass）零件，请确定下一个订单应选择欧洲的哪个供应商。选择供应商的标准是最低交付成本。要求列出每个合格供应商的账户余额、名称、国家、零件编号、零件制造商以及供应商的地址和电话号码。

问题 3　计算 1995 年 3 月 15 日尚未（完全）发出的“建筑”市场领域的订单可能产生的营业额。通过交付未完成的订单项目得出最高营业额的 10 个订单，并输出其供货优先权。

问题 4　此查询是为了检查订单优先级系统的工作情况。此外，它还提供了对客户满意度的评估。为此，查询包括 1993 年第三季度至少有一个在承诺交货日期后交付的订单项目。输出列表应包含按升序排序的每个优先级的订单数量。

问题 5　针对亚洲的每个国家，请列出客户和相关供应商都来自同一个国家的订单

[1] 在 TPC-D 的基准中，只有 17 个查询。当基准拆分为 TPC-H 和 TPC-R 时，查询数量增加到 18~22 个。

项目所带来的收入。这些结果可用于确定是否值得在某一地区建立当地的销售中心。其中，只考虑 1994 年以来的订单。

问题 6 计算一下，如果 1994 年发货的订单取消“数量少于 24 件，优惠 5%~7%”的折扣政策，收入会增加多少。

问题 7 为了支持新的供应合同的谈判，要确定法国和德国之间的货物运输价值。对此，分别计算 1995 年和 1996 年的订单项目的折扣收入，其中供应商来自一个国家，而客户来自另一个国家（即 4 个结果变量集）。

问题 8 需要计算 1995 年和 1996 年（以订货日期为准），巴西的零件“标准抛光锡”在美洲地区的市场份额。巴西的市场份额定义为由巴西供应商在美洲提供的这一特定类型的产品所产生的总销售份额。

问题 9 计算某条产品线产生的利润，按供应商国家和订单年份划分。待调查的产品系列包括所有名称中含有子字符串“绿色”的部件。

问题 10 查找在 1993 年第四季度因退货（投诉，RETURNFLAG='R'）而造成最大销售损失的 20 位顾客。其中，只考虑在本季度订购的产品。分别列出客户的编号和姓名、该客户产生的销售额、账户余额、国家，以及客户的地址和电话号码。

问题 11 通过检查德国供应商的库存，找出哪些零件在德国所有可用零件的总价值中占有重要份额（至少 0.1%）。列出库存的零件编号和价值，按降序排列。

问题 12 该查询用于确定使用更便宜的交货方式是否会对重要订单产生负面影响，其仅表现为多个产品在承诺日期当日才送到客户手中。这包括“MAIL”和“SHIP”两种交付类型，查询根据“高”（HIGH，URGENT）和“低”（所有其他）的优先级将客户在 1994 年期间实际收到的所有订单项目分开（RECEIPTDATE 超过 COMMITDATE 的订单，尽管该订单项目最晚在预定交付日期前一天发货）。

问题 13 计算第 88 号店员（CLERK）由于退货（RETURNFLAG = 'R'）而造成的销售额损失，按年份划分。

问题 14 确定 1995 年 9 月对电视广告等营销活动的市场反应。为此，必须计算广告产品（类型中的子字符串“PROMO”）产生的月收入在总销售额中的百分比。其中，只考虑实际交付的产品。

问题 15 确定 1996 年第一季度的最佳供应商。它是本季度在总营业额中贡献最大的供应商。应说明供应商的编号、名称、地址、电话号码以及该供应商的营业额。

问题 16 查找有多少家供应商能够提供尺寸为 49、14、23、45、19、3、36 或 9 的非 45 类型和非“中等抛光”（MEDIUM POLISHED）类型的零件。此外，对于这些供应商，可以不标记任何投诉，这可以通过对子字符串“Better Business Bureau”和“Complaints”的注释来表示。按规模、种类和类型统计供应商的数量，并按升序和降序计数器对输出排序。

问题 17　针对“LG BOX”容器中的第 23 类（品牌），计算如果不再接受数量较少的订单（低于该零件平均数量的 20%），将导致的平均年收入损失。

问题 18　在包含至少 312 个单位的订单项目中，确定前 100 个订单［根据总价格（totalprice）］的买主（客户）。

问题 19　确定三种特定类型（品牌）产品实现的总营业额（考虑折扣）。此外，只考虑通过“空运交付”（shipmode）和“亲自交付”（shipinstruct）的订单项目，并且包含一定数量（quantity）的产品。这个查询是数据挖掘系统生成的一个典型查询。

问题 20　这个查询是要确定特价商品：人们发现，某些零件（用“森林绿”颜色为标志）的库存量超过了加拿大年度（1994 年）销售额的一半。

问题 21　该查询用于确定沙特阿拉伯的违约供应商。在一个涉及多个供应商的延迟订单中，找到在这个国家的供应商，其中他们是唯一拥有“f”状态（linestatus）的供应商。

问题 22　寻找潜在的可重新“恢复”的客户。从某些国家或地区（通过客户电话号码的前两个数字标记），找出在过去 7 年中没有下过订单但仍然拥有高于平均水平的订单账户（acctbal）的客户数量。

由 L_EXTENDEDPRICE ×（1－L_DISCOUNT）计算 LINEITEM 的营业额。由营业额减去购买价格计算出 LINEITEM 的利润：L_EXTENDEDPRICE ×（1－L_DISCOUNT）－ L_QUANTITY × PS_SUPPLY COST。

除了以上查询之外，还有 2 个变更操作：

UF1　这个更新功能可将新的销售信息添加到数据库中。它将额外的数据记录加载到 ORDER 和 LINEITEM 表中，这些记录是以前用 DBGEN 程序创建的。必须在关系 ORDER 中插入总共 SF × 1 500 k 个新变量集，针对每个新订单，添加数量为 1 到 7 随机选择的 LINEITEM 变量集。

UF2　这个函数将删除 ORDER 和 LINEITEM 表中的相应数据记录，以删除过时的或多余的信息。总共从 ORDER 中删除 SF × 1 500 k 个变量集，并且从 LINEITEM 中删除属于这些被删除订单的所有记录。

以下参数用于评估数据库配置的性能：

1. 系统价格，同样包括硬件、软件和 5 年内的软件维护成本。

2. TPC-H/R 性能指标 QppH/R@Size，以每小时依次执行的查询和变更的数量为单位。Size 参数是数据库的大小。根据查询和更新运行时间的反几何平均值确定性能值，这样，不太复杂的查询就不会被基准中非常复杂的查询所主导。考虑到不同大小的数据库，这个平均值将以数据库的规模系数作加权处理。

3. 吞吐量 QthH/R@Size，即当以并行流处理查询时，每小时处理的查询数。同样，将这个值根据规模系数予以加权。

4. 性价比指标，QphH/R@Size 是由 QppH/R@Size 和 QthD@Size 的几何平均值计算出来的。

5. 以每小时每个查询的美元金额表示性价比。

对于一个 10 TB 大小的数据库，TPC-H 基准临时查询的最佳公布数据是每小时查询次数值为 QphH@10000 GB = 10 000 000，系统价格约为 170 万美元。从而得出性价比约为 0.17 美元。这种（令人难以置信的）性能是由德国制造的数据库系统 Exasol 实现的。

对于 100 TB 的数据库，在 TPC-H 基准中，Exasol 数据库系统甚至可以达到每小时 1 100 万次查询的数值，系统价格约为 422 万美元。请注意，这些数字并不是说每小时可以处理 1 100 万个或 1 000 万个查询，因为这些数值是加权（乘以）了规模系数（这里分别是 10 万和 1 万）的，以便比较不同数据库规模的性能。

如果你“只有”300 GB 的数据需要管理，那么一台带有 Vectorwise 数据库系统的多核数据库服务器（10 万美元）也是足够的。其性能 QphH@300 GB 约为 400 000，换算之后是每小时 1 000 次查询，因为 QphH 值是通过数据库大小加权得出的。

对于 TPC-R 基准（现已宣布弃用），数字甚至更佳。对于 1 TB 级的数据库，在系统价格仅为 15 万美元的情况下，实现了每小时超过 4 000 次的查询值（QphR@1000）。这种（在当时）35 美元的有利的性价比得益于存储和索引结构特别适应已知的查询。这在 TPC-H 基准中是不允许的。

## 22.4 面向对象数据库的 OO7 基准

OO7 基准是基于工程应用（如 CAD、CAM）中出现的对象层次结构建模的。一个复合对象（composite part）由一个文本文件和一个对象网络组成，而这个对象网络可包含 20 个（在更大的数据库配置中为 200 个）基本组件（原子部分）。图 22-3 用网格表示这个对象网络。每个组件与 3 个组合部件之间有双向关系，因此，这些组合部件又可以是几个组件的一部分（共享子对象）。组件又以层次结构连接到复杂部件。这个层次结构的入口是一个模块。到目前为止，基准中只生成了有一个模块的数据库。这为未来的扩展提供了各种规模方案，特别是将多用户同步纳入分析中。

在图 22-3 中所概述的这种数据库结构上，已经定义了一些遍历和变更操作，这些操作可以用来分析面向对象的数据库系统的性能。对这些操作的更多介绍可参考关于 OO7 基准的文献，这些文献也公布了一些商业系统的性能系数。

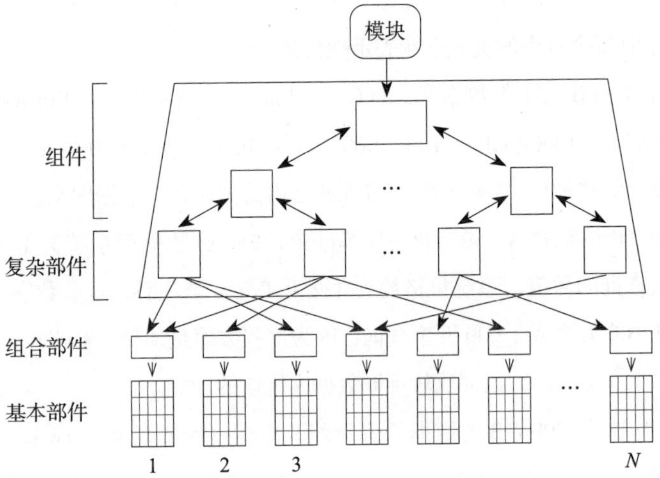


图 22-3 OO7 基准的结构

## 22.5 混合 OLTP-OLAP 基准：CH-BenCHmark

目前，将企业管理信息系统分为 OLTP 系统和数据仓库系统的二分法有些问题，原因有几个：

1. 成本（Total Cost of Ownership）：对于两个数据集严重重叠的系统，其投资、维护和能源消耗方面的成本很高。

2. 易错性：尤其是“提取—转换—加载”（ETL）过程极其复杂，非常容易出错。

3. “过时”的数据：由于只能定期执行 ETL 过程（例如在晚上），数据仓库中的数据必然是“过时”的。因此关键业务的决策是基于这些“过时”的数据作出的。

最近，人们提出了对所谓“实时商业智能系统”的要求：在当前事务一致性的数据上评估 BI 查询。此外，根据“信息在指尖”（Information at your fingertips）这一要求，即使是复杂的 OLAP 查询也必须在决策者的“耐心时间”（几秒钟）内得到评估。

这些要求将由新型的混合 OLTP-OLAP 数据库系统实现，该系统大多基于主内存数据库系统。为了能够对系统加以比较评估，两个 TPC 基准 TPC-C 和 TPC-H 合并为一个所谓的“CH-BenCHmark 基准”，新的基准使性能比较成为可能。TPC-C 模式构成了数据模型的核心，并以 TPC-H 基准的地理信息和供应商建模来完善其内容。图 22-4 中显示了该基准的 ER 图，还列出了各个关系之间的基数。就像在 TPC-C 基准中一样，可以通过增加仓库数量来扩大数据库的规模。

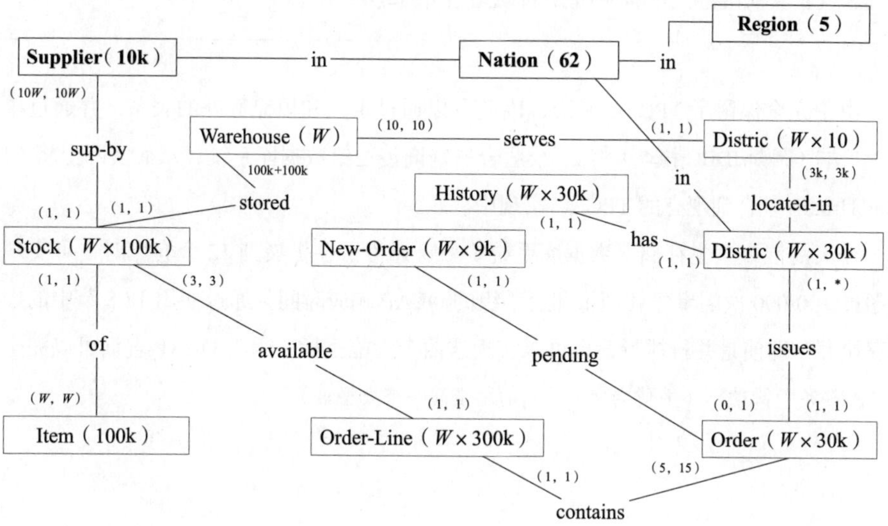


图 22-4 CH-BenCHmark 基准的 ER 图

针对性能评估，我们设计了一个由 TPC-C 基准和 TPC-H 基准的 22 个查询组成的混合工作负载，参考图 22-5。根据规范生成了 TPC-C 基准的 5 种事务类型：大约 44% 的事务对应于“新订单”（NewOrder），每个“订单行”（OrderLine）平均有 10 个订单。对于每个订单，在某一时刻会生成一个“支付”（Payment）事务；“交付”（Delivery）事务只占 OLTP 工作负载的 4% 左右，因为在这个事务中一次处理 10 个订单；另外 2 个事务——订单状态（OrderStatus）和库存水平（StockLevel）是只读事务。

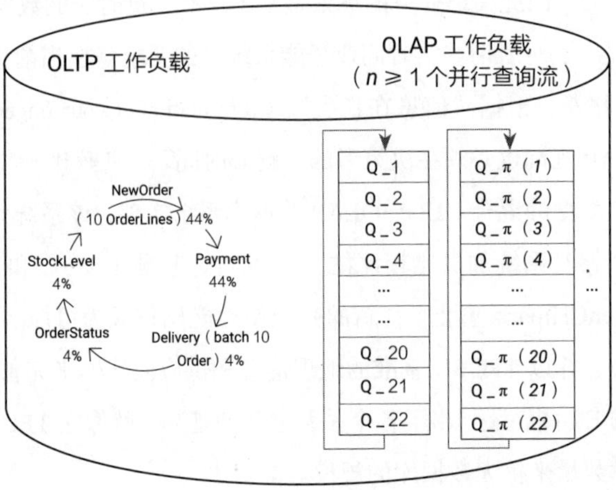


图 22-5 CH-BenCHmark 中的混合 OLTP 和 OLAP 工作负载

由于完全保留了 TPC-C 基准，因此可以通过定义和填充额外的关系，并通过单独的客户端（例如 JDBC 接口）将 22 个适合的查询传送给数据库系统，从而实际上将 CH-BenCHmark 整合到现有的 TPC-C 实现中。

今天的混合型主存储器数据库系统（见第 18 章）在扩展到 12 个仓库时，可实现每秒超过 100 000 次的事务处理量和亚秒级的 OLAP 响应时间。通过使用 18.8 节中的虚拟内存快照，即使是并行执行，也可以实现这两个性能指标，因为 OLAP 查询可以完全与 OLTP 事务脱钩执行（即使它们“看到的”是同一个数据集）。

## 22.6 TPC-W 基准测试

TPC-W 基准模拟了一家电子商务公司。具体来说，它建模了一个在线书店。该数据库包含客户的信息，其中包括他们的地址信息、订单、产品信息（即图书，称为 Items）和事务（这是指在电子支付过程中发生的商业交易）。基础数据库模型如图 22-6 所示。

该数据库可以扩展为不同的规模，其中产品数量可以“静态地”变化。适用的数据库规模对应有 1 000、10 000、100 000 和 1 000 000 个产品。客户、订单和事务的数量是动态的，取决于模拟浏览器发起的处理订单的数量。

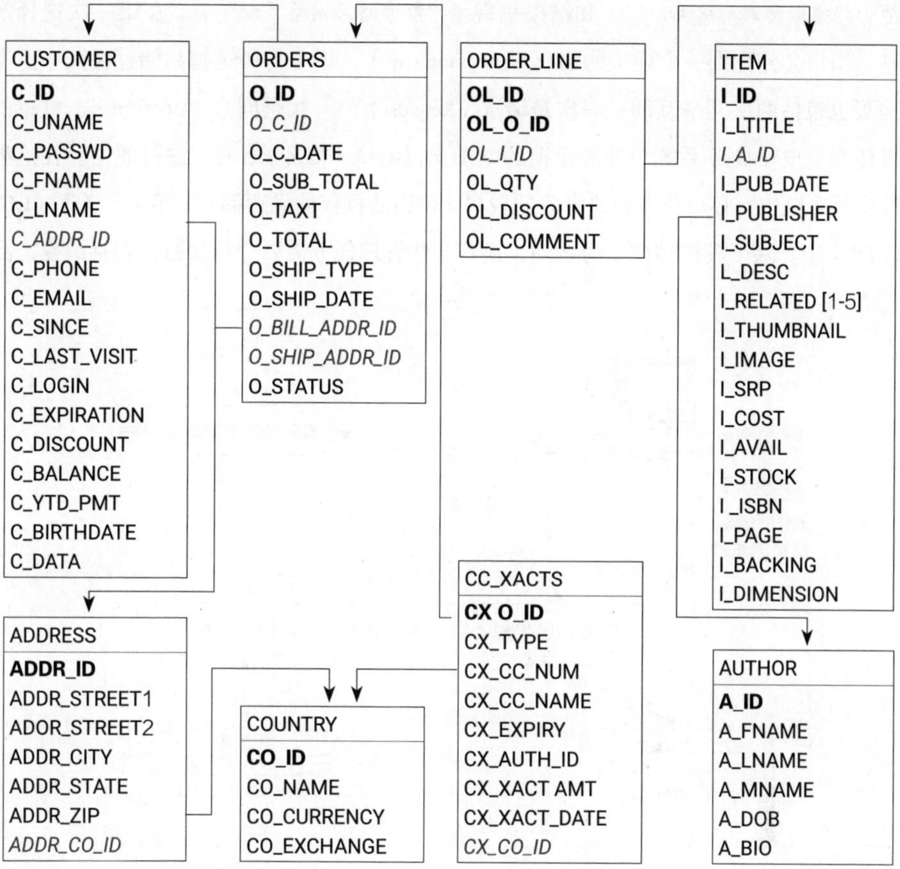


图 22-6 TPC-W 基准的模型

这个基准，不仅可评估“裸体”数据库系统和必要硬件的性能，而且还可评估网络服务器、应用服务器和数据库系统之间的互动。从最初的经验报告中可以看出，该数据库系统（至少在目前的发展阶段）还没有出现性能瓶颈。

TPC−W 基准的测试环境如图 22−7 所示。“负载”是由所谓的模拟网络浏览器产生的，它模拟了客户在访问网上书店时的行为。“互动”包含 14 种所谓的网络互动类型。每个用户首先看到的是相同的静态入口页面，其中有超链接到不同产品类别的新版图书和畅销图书的页面（属性 I_SUBJECT）。对这一入口页面的请求称为“首页网络互动”。在访问畅销书或新书页面时，必须从数据库中动态生成信息。例如，可以使用我们在第 19 章中介绍的 Servlet 或 JSP 连接数据库。用户可以有针对性地搜索图书，其中区分为规范（“搜索请求网络互动”）和结果呈现（“搜索结果网络互动”）。在第一次选择产品时，用户会分配到一个虚拟购物车（shopping cart），用于将所选物品储存在其中。实际购买也包括两次网络互动：一次是请求（Request），一次是同意（Confirm）。订单的处理还需要电子商务系统与外部模拟的电子支付系统（信用卡公司）进行通信。在这种外部支付系统中，必须获得相关事务的授权。传递的授权信息存储在“事务”关系（CC_XACTS）中。除了模拟客户行为之外，还有一些管理任务需要并行执行，包括改变产品信息。

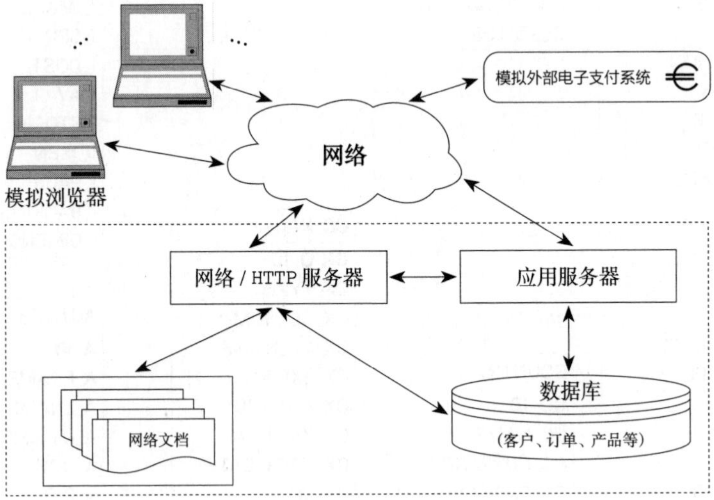


图 22-7　TPC-W 基准的测试环境

基准规范要求必须通过安全通信渠道进行安全的网络互动（如处理付款或注册新客户）。为此，其规定使用 SSL（安全套接层）通信。

为了做到尽可能符合现实要求，模拟用户当然是以不同的频率和一定的时间间隔（考虑时间）进行网络互动的。最常见的情况是生成对主页的访问，少数情况下执行订单处理过程，有关待处理订单的状态或管理任务（对产品描述的修改）的查询更少发生。

整个系统（测试系统，SUT）的性能是由以下参数确定的：

1. 从用户的角度来看，响应时间当然是一个决定性的参数——正如许多读者可以从他们自己在“全球等待”（World Wide Wait）的痛苦经历中感受到响应时间的重要性。用户请求的响应时间是指发送请求和收到确认信息之间的时间间隔。

2. 从系统管理员的角度来看，处理量，即单位时间的网络互动数量，是一个重要的性能参数。

3. 与其他 TPC 基准一样，系统价格也是重要的参数，它将影响系统的性价比。

TPC–W 基准现在也被认为是过时的，只提供到 2002 年的基准结果。在数据库规模达到 1 万个产品以及在当时系统价格约为 70 万美元的情况下，每秒可实现约 2.1 万次网络互动。对于扩大到 10 万个产品的数据库，需要价值约 120 万美元的系统来实现每秒 1 万次的网络互动。

## 22.7 新的 TPC 基准

TPC 组织不断努力使其基准适应最新的技术，特别是适应不断变化的应用特征。因此，旧的、既定的基准正一步步被新的基准所取代。在本节中，我们将概述这些最新的基准，不过，目前只有较少的性能数据或根本没有性能数据可用。

### 22.7.1 TPC–E：新的 OLTP 基准

TPC–E 基准模拟的是一个在股票市场上执行订单的金融经纪人。这些订单的启动方式是：

1. 由客户直接下达或“触发”买入 / 卖出订单；

2. 由市场间接地生成卖出 / 买入订单。

图 22–8 大致描述了 TPC–E 数据库系统的模型。公司发行的有价证券（securities）是重点，由客户通过经纪人在账户（account）中管理。图中用（min，max）标记法详细地注明了这些关系之间的映射基数。客户分为三类，取决于他们管理了多少证券账户。与 TPC–C 基准的 9 个关系相比，TPC–E 基准映射了 33 个关系，其中，9 个用于客户建模，9 个用于经纪人建模，11 个用于市场建模，此外还有 4 个共享的通用维度表（如邮编和税率）。

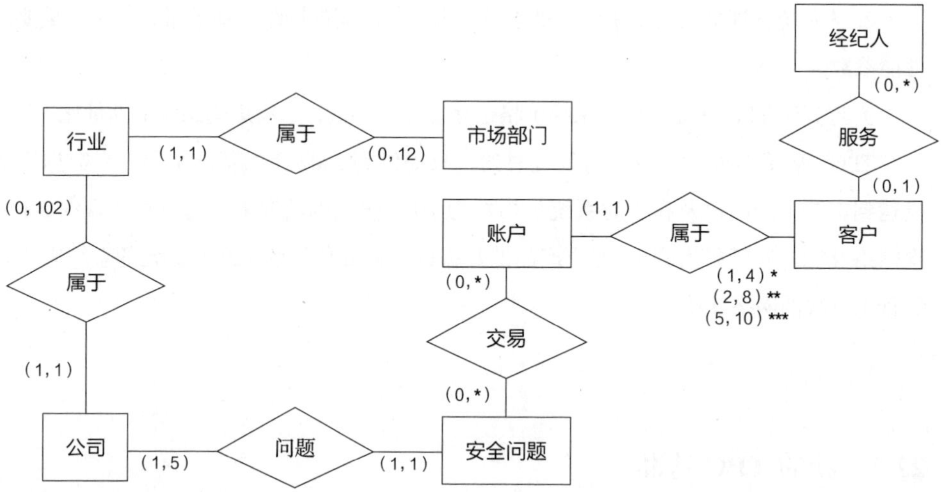


图 22-8 TPC-E 基准的模型

由系统执行的交易请求（trade requests）的“组合”如图 22-9 所示：

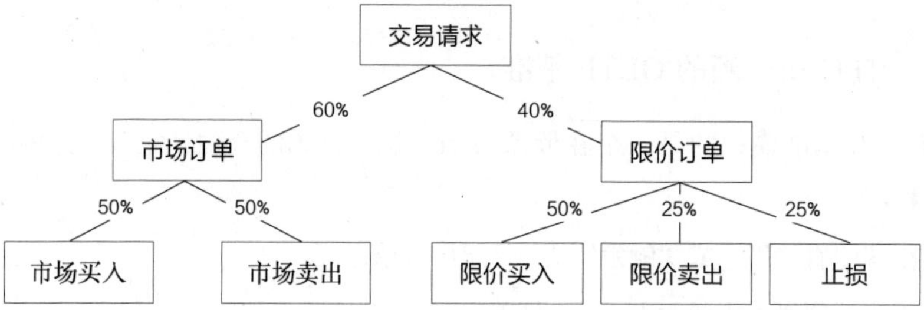


图 22-9 交易请求的构成

这些事务构成了基准的骨干，此外，还有各种状态查询插入其中。TPC-E 规范是：每笔事务 2~3 秒的响应时间，在 90% 的调用中必须满足该要求。

测试系统实现为一个多层结构，它由数据库系统、应用服务器和客户端模拟器（Driver）组成。参考图 22-10。

## 22.7.2 TPC-App：新的网络服务基准

TPC-App 基准评估了一个应用服务器的基础设施，包含了与模拟客户端的网络服务互动。该基准模拟了“企业对企业”（B2B）电子商务场景中的事务应用程序，产生了一个连续的系统负载，缩写为“24×7”（每天24小时，每周7天）。该基准旨在测试商业上可用的数据库系统与常用应用服务器的互动。这些标准化的应用程序可以在Java技术或微软的.NET平台上实现。其数据库模型基于已经推出的TPC-W基准的概念数据模型。

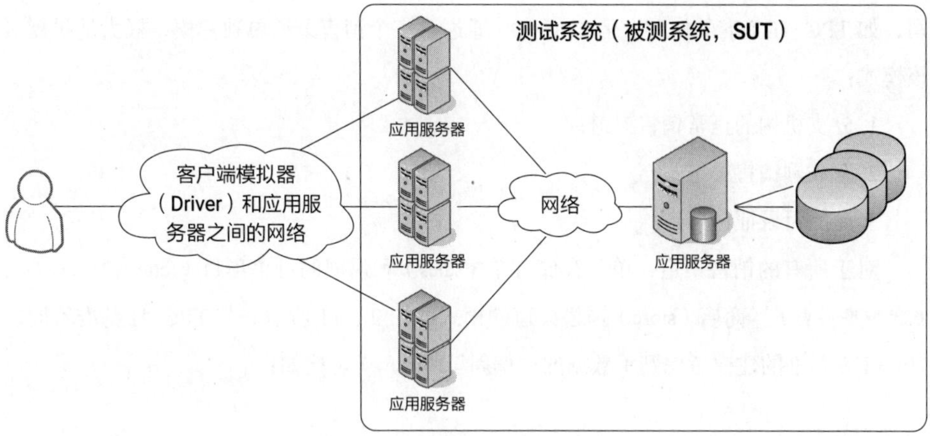


图22-10　TPC-E基准的测试系统

该基准的特点总结如下：

1. 多个并行的应用会话，每个会话为客户捆绑多个事务性服务；

2. 商业上可用的应用平台（即“现成的”，非内部开发）；

3. 使用XML文档和SOAP进行消息交换；

4. 使用关系型数据库系统作为后端（尽管有SOAP通信，但没有XML数据库系统）；

5. “企业对企业”的应用逻辑；

6. 根据ACID范式的事务完整性；

7. 可靠和永久的信息管理（消息传递）；

8. 动态的网络服务互动，并动态生成响应（responses）；

9. 同时执行多种事务类型，涵盖B2B电子商务的全部范围（浏览目录、下订单、状态查询等）；

10. 具有不同大小和属性数量的多种关系的数据库模式。

与其他基准类似，TCP-App基准也是通过与成本的比较来计算其性能的。为此，要测量每个应用服务器的每秒网络服务交互量（SIPS）。然后将其汇总为总的 SIPS，从而计算出性价比，即每次 SIPS 花费多少美元。

### 22.7.3 TPC-DS：新的决策支持基准

TPC-DS 基准旨在补充既定的 TPC-H 基准。TPC-DS 基准的模型基于一个贸易公司，如 TPC-H 基准的模型。但 TPC-DS 通过对三个销售渠道单独建模，极大地扩展了该模式：

1. 分支机构的正常销售渠道；
2. 互联网销售渠道；
3. 商品目录征订渠道。

对于所有的销售渠道，单独存储订单（sales）和退回的订单项目（returns）（这些关系代表事实表）。商店（store）销售渠道的模式如图 22-11 所示。与 TPC-H 基准不同，TPC-DS 基准的建模考虑到了数据的“偏斜”（skew）。比如：

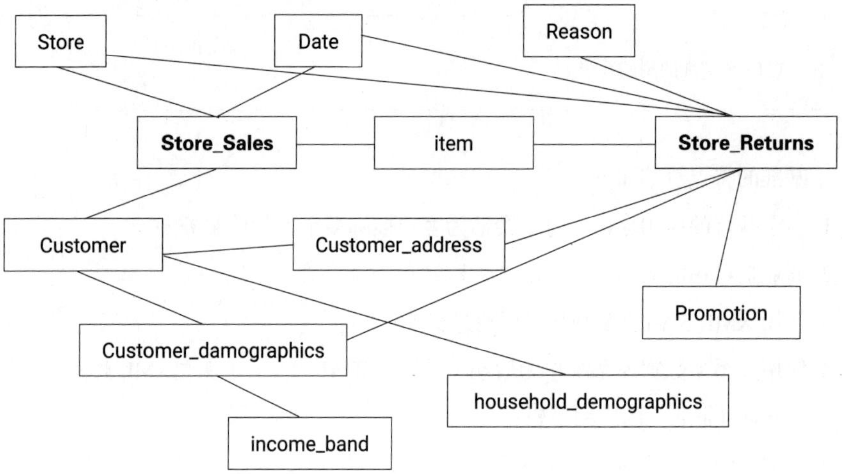


图 22-11 TPC-DS 基准的部分建模示例

1. 58% 的销售额是在圣诞节前的 11 月和 12 月完成的，另外 28% 的销售额是在 8 月、9 月和 10 月完成的，一年中其他时间的销售额总共只有 14%；

2. 有 3 个颜色组的产品在受欢迎程度上有很大不同（占比分别为 8%，24% 和 68%）。

与 TPC−H 基准的 22 种查询类型相比，TPC−DS 基准每个（模拟）客户端有 99 种不同的查询。此外，在 TPC−DS 基准中还可测量数据库的加载和增量刷新（refresh）时间。

## 22.8 习题

22−1 S 项目工作：请实现 TPC−W 基准所规定的网络应用（一个在线书店）。可以从 TPC 组织（www.tpc.org）获得生成器，为产品数据库（ITEM、AUTHOR 等）生成数据。注意，应该使用 JSP 将页面布局与应用逻辑分开。

对此，请使用一个应用服务器（如 Tomcat）、Java Servlet 和 JSP（或者，也可以使用 ASP）。

22−2 SQL 练习：请实现 TPC−H/R 基准的所有 22 个查询。你可以从 TPC 组织免费获得一个数据生成器，用它可以为 TPC−H/R 模式生成一个不同规模的人工数据库。请“调整”你所创建的数据库系统（创建索引、聚类、指定 SQL−Hints 等），以加快 22 个查询的执行速度。

也请进行更新操作，这样你就能看到多个索引所带来的缺点。

## 22.9 文献注解

在 Gray（1993）撰写的书中描述了数据库系统的基准。特别是，它包含了对 TPC−C 基准的完整描述。

关于 TPC 基准可以参考事务处理委员会的网站（http：//www.tpc.org），它包含了对 TPC−C 基准 [TPC（1992）]、TPC−H 基准 [TPC（1995）] 以及最新基准（TPC−W、TPC−E 和 TPC−DS 基准）的描述。在那里，你可以找到 TPC−C、TPC−H 和 TPC−W 基准的完整规范以及各种硬件 / 数据库系统配置的性能测试结果。在选择 DBMS 配置时，这些结果可以很好地作为参考（即使人工基准通常不符合实际应用）。Funke、Kemper 和 Neumann（2011）为混合 OLTP−OLAP 数据库系统开发了新的基准 CHBenCHmark，并在几个数据库系统上做了示范性的评估。Kemper 和 Neumann（2011）在 HyPer 数据库系统中所实现的虚拟内存快照的新型架构，在这种比较中非常适用。Doppelhammer 等人（1997）根据 TPC-H/R 基准研究了 SAP R/3 数据库应用系统的决策支持查询的性能。SAP 公司也设计了自己的基准，其最著名的是 SD（销售和分销）基准。可以在 SAP 网络服务器（http：//www.sap.de）上找到结果。

OO7 基准是由 Carey，DeWitt 和 Naughton（1993）设计的。它基于 Cattell 和 Skeen（1992）设计的一个更简单的所谓 OO1 基准。Hohenstein，Pleßer 和 Heller（1997）对三个面向对象数据库做了比较研究。同时， Carey 等人（1997）为对象关系型数据库系统制定的所谓的“BUCKY 基准”。

# 参考文献


Abadi, D. J., S. Madden und W. Lindner (2005). *REED: Robust, Efficient Fltering and Event Detection in Sensor Networks*. In: *Proc. of the Conf. on Very Large Data Bases (VLDB)*, S. 769–780.

Aberer, K., P. Cudré-Mauroux, A. Datta, Z. Despotovic, M. Hauswirth, M. Punceva und R. Schmidt (2003). *P-Grid: a self-organizing structured P2P system* SIGMOD Record, 32(3):29–33.

Aberer, K., P. Cudré-Mauroux und M. Hauswirth (2003). *The chatty web: emergent semantics through gossiping.* In: *Proceedings of the International World Wide Web Conference (WWW)*, Budapest, Ungarn, S. 197–206.

Abiteboul, S., P. Buneman und D. Suciu (1999). *Data On The Web, From Relations to Semistructured Data and XML.* Morgan Kaufmann Publishers, San Mateo, CA, USA.

Abiteboul, S. und R. Hull (1987). *IFO: A Formal Semantic Database Model.* ACM Trans. on Database Systems, 12(4):525–565.

Abiteboul, S., R. Hull und V. Vianu (1995). *Foundations of Databases.* Addison-Wesley, Reading, MA, USA.

Abiteboul, S., I. Manolescu, P. Rigaux, M.-C. Rousset und P. Senellart (2011). *Web Data Management.* Cambridge University Press.

Abouzeid, A., K. Bajda-Pawlikowski, D. J. Abadi, A. Rasin und A. Silberschatz (2009). *HadoopDB: An Architectural Hybrid of MapReduce and DBMS Technologies for Analytical Workloads. Proc. of the Conf. on Very Large Data Bases (VLDB)*, 2(1):922–933.

Adler, S. et al. (2000). *Extensible Stylesheet Language (XSL).* W3C Candidate Recommendation. 21. November 2000. `http://www.w3.org/TR/xsl`.

Afrati, F. N. und J. D. Ullman (2010). *Optimizing joins in a map-reduce environment.* In: *International Conference on Extending Database Technology (EDBT)*, S. 99–110.

Agrawal, R., T. Imielinski und A. Swami (1993). *Mining Association Rules between Sets of Items in Large Databases.* In: *Proc. of the ACM SIGMOD Conf. on Management of Data*, S. 207–216, Washington, DC, USA.

Ahn, I. (1993). *Filtered Hashing*. In: *Proc. of the Intl. Conf. on Foundations of Data Organization and Algorithms (FODO)*, Bd. 730 d. Reihe *Lecture Notes in Computer Science (LNCS)*, S.

85–100, Chicago, IL. Springer-Verlag.

Albutiu, M.-C., A. Kemper und T. Neumann (2012). *Massively Parallel Sort-Merge Joins in Main Memory Multi-Core Database Systems*. PVLDB, 5(10):1064–1075.

Alonso, G., F. Casati, H. Kuno und V. Machiraju (2004). *Web Services: Concepts, Architectures and Applications*. Springer Verlag, Berlin.

Alonso, G., C. Hagen, H.-J. Schek und M. Tresch (1997). *Distributed Processing over Standalone Systems and Applications*. In: *Proc. of the Conf. on Very Large Data Bases (VLDB)*, S. 575–579, Athens, Greece.

Alonso, G., D. Kossmann und T. Roscoe (2011). *SwissBox: An Architecture for Data Processing Appliances*. In: *Conference on Innovative Data Systems Research (CIDR)*.

Alonso, G., R. Vingralek, D. Agrawal, Y. Breitbart, A. E. Abbadi, H. J. Schek und G. Weikum (1994). *A Unified Approach to Concurrency Control and Transaction Recovery*. In: *Proc. of the Intl. Conf. on Extending Database Technology (EDBT)*, Bd. 779 d. Reihe *Lecture Notes in Computer Science (LNCS)*, S. 123–130, Cambridge, United Kingdom. Springer-Verlag.

Amagasa, T., M. Yoshikawa und S. Uemura (2003). *QRS: A Robust Numbering Scheme for XML Documents*. In: *Proc. IEEE Conf. on Data Engineering*, S. 705–707.

ANSI (1986). *Database Language SQL*. Document ANSI X3.135. Also available as: International Standards Organization Document ISO/TC 97/SC 21/WG 3N 117.

ANSI (1992). *Database Language SQL*. Document ANSI X3.135-1992. Also available as: International Standards Organization Document ISO/IEC 9075:1992.

Antova, L., C. Koch und D. Olteanu (2007). *From complete to incomplete information and back*. In: *Proc. of the ACM SIGMOD Conf. on Management of Data*, S. 713–724.

Appelrath, H.-J. und J. Ritter (1999). *R/3-Einführung. Methoden* und *Werkzeuge (SAP Kompetent)*. Springer-Verlag, New York, Berlin, etc.

Ardaiz, O., F. Freitag, L. Navarro, T. Eymann und M. Reinicke (2002). *CatNet: Catallactic Mechanisms for Service Control and Resource Allocation in Large-Scale Application-Layer Networks*. In:*2nd IEEE International Symposium on Cluster Computing and the Grid (CCGrid 2002), 22-24 May 2002, Berlin*, S. 442–443.

Armstrong, W. W. (1974). *Dependency Structures of Data Base Relationships*. In: *Proc. IFIP Congress*, S. 580–583, Amsterdam. North-Holland Publishing Company.

Artale, A. und E. Franconi (1999). Temporal ER Modeling with Description Logics. In *Proc.*

*Intl. Confon Conceptual Modeling-ER '99*, Paris, France, November, S. 81–95.

Assent, I., R. Krieger, F. Afschari und T. Seidl (2008). *The TS-tree: efficient time series search and retrieval*. In: *International Conference on Extending Database Technology*, S. 252–263.

ASSOCIATION FOR COMPUTING MACHINERY (1991). *Special Issue on OODBMS*. Communications of ACM, Vol 34, No 10.

Astrahan, M. M., M. W. Blasgen, D. D. Chamberlin, K. P. Eswaran, J. Gray, P. P. Griffiths, W. F. King, R. A. Lorie, P. R. McJones, J. W. Mehl, G. R. Putzolu, I. L.Traiger, B. W. Wade und V. Watson (1976). *System R: A Relational Approach to Data*. ACM Trans. on Database Systems, 1(2):97–137.

Atkinson, M., F. Bancilhon, D. J. DeWitt, K. R. Dittrich, D. Maier und S. Zdonik (1989). *The Object-Oriented Database System Manifesto*. In: *Proc. of the Conf. on Deductive and Object-Oriented Databases (DOOD)*, S. 40–57, Kyoto, Japan.

Augsten, N., D. Barbosa, M. H. Böhlen und T. Palpanas (2010). *TASM: Top-k Apprarimate Subtree Matching*. In: *Proceedings of the International Conference on Data Engineering (ICDE)*, S. 353–364.

Augsten, N., M. H. Böhlen und J. Gamper (2006). *An Incrementally Maintainable Index for Approrimate Lookups in Hierarchical Data*. In: *Proc. of the Conf. on Very Large Data Bases (VLDB)*, S. 247–258.

Augsten, N., A. Miraglia, T. Neumann und A. Kemper (2014). *On-the-fly token similarity joins in relational databases*. In: *Proc. of the ACM SIGMOD Conf. on Management of Data*, S. 1495–1506.

Aulbach, S., T. Grust, D. Jacobs, A. Kemper und J. Rittinger (2008). *Multi-tenant databases for softwareas a service: schema-mapping techniques*. In: *Proc. of the ACM SIGMOD Conf. on Managementof Data*, S. 1195–1206.

Aulbach, S., D. Jacobs, A. Kemper und M. Seibold (2009). *A comparison of flexible schemas for software as a service*. In: *Proc. of the ACM SIGMOD Conf. on Management of Data*.

Aulbach, S., M. Seibold, D. Jacobs und A. Kemper (2011). *Ertesibility and Data Sharing in Evolving Multi-Tenancy Dtabases*. In: *Proceedings of the International Conference on Data Engineering (ICDE)*.

Balakrishnan, H., M. F. Kaashoek, D. R. Karger, R. Morris und I. Stoica (2003). *Looking up data in P2P systems*. Commun. ACM, 46(2):43–48.

Balke, W.-T., W. Nejdl, W. Siberski und U.Thaden (2005). *Progressive Distributed Top k Retrieval in Peer-to-Peer Networks*. In: *Proc. IEEE Conf. on Data Engineering*, S. 174–185.

Balkesen, C., J.Teubner, G. Alonso und M.T.Özsu (2013). *Main-Memory Hash Joins on Multi-Core CPUs: Tuning to the underlying Hardware*. In: *Proceedings of the International Conference on Data Engineering (ICDE)*.

Bancilhon, F., C. Delobel und P. Kanellakis (1992). *Building an Object-Oriented Database System - The Story of O2*. Morgan-Kaufmann Publishers, San Mateo, CA, USA.

Bancilhon, F., D. Maier, Y. Sagiv und J. D. Ullman (1986). *Magic sets and other strange ways to implement logic programs*. In: *Proc. ACM SIGMOD/SIGACT Conf. on Princ.of Database Syst. (PODS)*, S. 1–15.

Bancilhon, F. und R. Ramakrishnan (1986). *An amateur's introduction to recursive query-processing strategies*. In: *Proc. of the ACM SIGMOD Conf. on Management of Data*, S. 16–52, Washington, USA.

Barber, R., S. Lightstone, G. Lohman, I. Pandis, V. Raman, B. Schiefer und R. Sidle (2013). *DB2 BLU: So Much More than Just a Column Store*. In: *Proc. Conf. on Very Large Databases (VLDB)*.

Batini, C., S. Ceri und S. B. Navathe (1992). *Conceptual Database Design: An Entity-Relationship Approach*. Benjamin/Cummings, Redwood City, CA, USA.

Batory, D. S. und A. P. Buchmann (1984). *Molecular Objects, Abstract Data Tyrpes, and Data Models: A Framework*. In: *Proc. of the Conf. on Very Large Data Bases (VLDB)*, S. 172–184, Singapore, Singapore.

Battré, D., S. Ewen, F. Hueske, O. Kao, V. Markl und D. Warneke (2010). *Nephele/PACTs: a programming model and execution framework for web-scale analytical processing*. In: *ACM Symposium on Cloud Computing*, S. 119–130.

Bauer, M. G., F. Ramsak und R. Bayer (2003). *Multidimensional Mapping and Indexing of XML*. In: *Tagungsband der Tagung Datenbanksysteme für Business, Technologie und Web (BTW)*, Leipzig, S. 305–323.

Baumgarten, U., C. Eckert und H. Görl (2000). *Trust and confidence in open systems: does security harmonize with mobility?*. In: *Proceedings of the ACM SIGOPS European Workshop, Kolding, Denmark, September 17-20, 2000*, S. 133–138.

Bayer, R. (1985). *Query evaluation and recursion in deductive database systems*. Unpublished Memorandum, Technische Universität München.

Bayer, R. (1994). *Plädoyer für eine Nationale Informations-Infrastruktur*. Informatik-Spektrum der GI, 17(5):302–308.

Bayer, R., K. Elhardt, W. Kießling und D. Killar (1984). *Verteilte Datenbanksysteme: Eine Übersicht über den heutigen Entwicklungsstand*. Informatik-Spektrum der GI, 7(1):1–19.

Bayer, R., U. Güntzer und W. Kießling (1987). *On the Evaluation of Recursion in (Deductive) Database Systems by Efficient Differential Firpoint Iteration*. In: *Proc. IEEE Conf. on Data Engineering*, S. 120–129, Los Angeles, CA, USA.

Bayer, R., U. Güntzer, W. Kießling, W. Strauß und J. K.Obermaier (1987). *Deduktions-und Datenbankunterstützung für Expertensysteme*. In: *Proc. GI-Fachtagung, Datenbanksysteme in Büro, Technik und Wissenschaft (BTW)*, Informatik Fachberichte Nr. 136, S. 1–16, Darmstadt. Springer-Verlag.

Bayer, R., T. Härder und P. C. Lockemann, Hrsg. (1992). *Objektbanken für Erperten*. Reihe *Informatik aktuell*. Springer-Verlag, New York, Berlin, etc.

Bayer, R., H. Heller und A. Reiser (1980). *Parallelism and Recovery in Database Systems*. ACM Trans. Database Syst., 5(2):139–156.

Bayer, R. und E. M. McCreight (1972). *Organization and Maintenance of Large Ordered Indices*. Acta Informatica, 1(3):173–189.

Bayer, R. und M. Schkolnick (1977). *Concurrency of Operations on B-trees*. Acta Informatica, 9(1):1–21.

Beck, M., S. Radde und B. Freitag (2007). *Ranking von Produktempfehlungen mit präferenz-annotiertem SQL*. In: *Datenbanksysteme in Business, Technologie und Web, Fachtagung des GI-Fachbereichs Datenbanken und Informationssysteme*, S. 82–95.

Becker, L. und R. H. Güting (1992). *Rule-Based Optimization and Query Processing in an Extensible Geometric Database System*. ACM Trans. on Database Systems, 17(2):247–303.

Becker, L., K. Hinrichs und U. Finke (1993). *A New Algorithm for Computing Joins with Grid Files*. In: *Proc. IEEE Conf. on Data Engineering*, S. 190–197, Vienna, Austria.

Beckmann, N., H.-P. Kriegel, R. Schneider und B. Seeger (1990). *The R*-Tree: An Efficient and Robust Access Method for Points and Rectangles*. In: *Proc. of the ACM SIGMOD Conf. on Management of Data*, S. 322–331, Atlantic City, USA.

Behrend, A., R. Manthey und B. Pieper (2001). *An Amateur's Introduction to Constraints and Integrity Checking in SQL3*. In: *Proc. GI Konferenz Datenban-ken für Büro, Technik und Wis-*

*senschaft (BTW)*, Informatik Aktuell, S. 405–423, Oldenburg. Springer.

Bell, D. und J. Grimson (1992). *Distributed Database Systems*. Addison-Wesley, Reading, MA, USA.

Bellman, B. (1975). *Dynamic Programming*. Princeton University Press, 1957.

Bender, M., S. Michel, G. Weikum und C. Zimmer (2005). *The MINERVA Project: Database Selection in the Contert of P2P Search*. In: *Tagungsband der Tagung Datenbanksysteme für Business, Technologie und Web (BTW)*, S. 125–144.

Benn, W. und I. Gringer (1998). *Zugriff auf Datenbanken über das World Wide Web*. Informatik Spektrum, 21:1–8.

Berchtold, S., C. Böhm, B. Braunmüller, D. A. Keim und H.-P. Kriegel (1997). *Fast Parallel Similarity Search in Multimedia Databases*. In: *Proc. of the ACM SIGMOD Conf. on Management of Data*, S. 1–12, Tucson, AZ, USA.

Berchtold, S., D. Keim, H.-P. Kriegel und T. Seidl (2000). Indexing the Solution Space: *A New Technique for Nearest Neighbor Search in High-Dimensional Space*. IEEE Trans. Knowledge and Data Engineering, 12(1).

Bercken, J. v. d., B. Blohsfeld, J.-P. Dittrich, J. Krämer, T. Schafer, M. Schneider und B. Seeger (2001). *XXL-A Library Approach to Supporting Efficient Implementations of Advanced Database Queries*. In: *Proc. of the Conf. on Very Large Data Bases (VLDB)*, Rome, Italy.

Bercken, J. v. d., M. Schneider und B. Seeger (2000). *Plug & Join: An easy-to-use Generic Algorithm for Eficiently Processing Equi and Non-Equi Joins*. In: *Proc. of the Intl. Conf. on Extending Database Technology (EDBT)*, S. 495–509, Konstanz. Springer.

Bercken, J. v. d. und B. Seeger (2001). *An Evaluation of Generic Bulk Loading Techniques*. In: *Proc. of the Conf. on Very Large Data Bases (VLDB)*, Rome, Italy.

Bercken, J. v. d., B. Seeger und P. Widmayer (1997). *A Generic Approach to Bulk Loading Multidimensional Index Structures*. In: *Proc. of the Conf. on Very Large Data Bases (VLDB)*, S. 406–415, Athens, Greece.

Berenson, H., P. A. Bernstein, J. Gray, J. Melton, E.O'Neil und P.O'Neil (1995). *A Critique of ANSI SQL Isolation Levels*. In: *Proc. of the ACM SIGMOD Conf. on Management of Data*, S. 1–10, San Jose, CA, USA.

Bernstein, P. A. und N. Goodman (1981). *Concurrency Control in Distributed Database Systems*. ACM Computing Surveys, 13(2):185–221.

Bernstein, P. A., V. Hadzilacos und N. Goodman (1987). *Concurrency Control and Recovery in Database Systems*. Addison-Wesley, Reading, MA, USA.

Bernstein, P. A. und E. Newcomer (1997). *Principles of Transaction Processing*. Morgan-Kaufmann Publishers, San Mateo, CA, USA.

Bertino, E. (1993). *A Survey of Indexing Techniques for Object-Oriented Database Management Systems*. In: Freytag, J. C., D. Maier und G. Vossen, Hrsg.: *Query Processing for Advanced Database Systems*, S. 383–418. Morgan-Kaufmann Publishers, San Mateo, CA, USA.

Beuter, T. und P. Dadam (1996). *Prinzipien der Replikationskontrolle in verteilten Datenbanksystemen*. Informatik: Forschung und Entwicklung, 11(4):203–212.

Bichler, M. und J. Kalagnanam (2006). *Software Frameworks for Advanced Procurement Auction Markets*. Communications of the ACM (CACM), 49(12):104–108.

Bichler, M., A. Segev und J. L. Zhao (1998). *Component-based E-Commerce: As-sessment of Current Practices and Future Directions*. SIGMOD Record, 27(4):7–14.

Binnig, C., S. Hildenbrand und F. Faerber (2009). *Dictionary-based order-preserving string compression for main memory column stores*. In: *Proc. of the ACM SIGMOD Conf. on Managementof Data*, S. 283–296.

Biskup, J. (1995). *Grundlagen von Informationssystemen*. Vieweg, Braunschweig/Wiesbaden.

Biskup, J. und H. H. Briggemann (1991). *Das datenschutzorientierte Informationssystem DORIS: Stand der Entwicklung und Ausblick*. In: Proc. 2. GI Fachtagung Verläßliche Informationssysteme, IFB 271. Springer-Verlag.

Biskup, J. und B. Convent (1986). *A formal view integration method*. In: *Proc. of the ACM SIGMOD Conf. on Management of Data*, S. 398–407, Washington, USA.

Biskup, J., U. Dayal und P. A. Bernstein (1979). *Synthesizing Independent Database Schemas*. In: *Proc. of the ACM SIGMOD Conf. on Management of Data*, S. 143–152, Boston, USA.

Blanas, S., Y. Li und J. M. Patel (2011). *Design and evaluation of main memory hash join algorithms for multi-core CPUs*. In: *Proc. of the ACM SIGMOD Conf. on Management of Data*, S. 37–48.

Bloom, B. (1975). *Space/Time Trade-Offs in Hash Coding*. Commun. ACM, 13(7):422–426.

Boag, S., D. D. Chamberlin, M. Fernandez, D. Florescu, J. Robieund J. Simeon (2003). *XQuery 1.0: An XML Query Language*. WWW Consortium (W3C). `http://www.w3.org/TR/xquery`.

Bobrowski, S. (1992). *ORACLE7 Server-Concepts Manual*.Oracle Corporation, Redwood

Shores, CA, USA.

Bocca, J. (1986). EDUCE: *A Marriage of Convenience: Prolog and a Relational Database*. In: *Proc. of the Symp.on Logic Programming*, S. 36–45, New York. IEEE.

Böhlen, M. H., J. Gamper, C. S. Jensen und R.T. Snodgrass (2009). *SQL-Based Temporal Query Languages*. In: *Encyclopedia of Database Systems*, S. 2762–2768.Springer US.

Böhm, C., B. Braunmüller, F. Krebs und H.-P. Kriegel (2001). *Epsilon Grid Order: An Algorithm for the Similarity Join on Massive High-Dimensional Data*. In: *Proc. of the ACM SIGMOD Conf. on Management of Data*, S. 379–388, Santa Barbara, CA, USA.

Böhm, C., K. Kailing, P. Kröger und A. Zimek (2004). Computing Clusters of Cor-relation Connected Objects. In: *Proc. of the ACM SIGMOD Conf. on Management of Data*, S. 455–466.

Böhm, C. und C. Plant (2008). *HISSCLU: a hierarchical density-based method for semi-supervised clustering*. In: *International Conference on Extending Database Technology*, S. 440–451.

Boncz, P. A. (2012). *Letter from the Special Issue Editor on Column Stores*. IEEE Data Eng. Bull., 35(1):2.

Boncz, P. A., M. L. Kersten und S. Manegold (2008). *Breaking the memory wall in MonetDB*. Commun. ACM, 51(12):77–85.

Boncz, P. A., S. Manegold und M. L. Kersten (2009). *Database Architecture Evolution: Mammals Flourished long before Dinosaurs became Extinct*. PVLDB, 2(2).

Börzsönyi, S., D. Kossmann und K. Stocker (2001). *The Skyline Operator*. In: *Proc. IEEE Conf. on Data Engineering*, S. 421–432, Heidelberg.

Böttcher, S. und R. Steinmetz (2005). *Adaptive XML Access Control Based on Query Nesting, Modification and Simplification*. In: *Proc. GI Konferenz Datenbanken für Business, Technologie und Web (BTW)*, S. 295–304.

Boll, S., A. Grüner, A. Haaf und W. Klas (1999). *EMP-A Database-Driven Electronic Market Place for Business-to-Business Commerce on the Internet*. Distributed and Parallel Databases, 7(2):149–177.

Bon, M., N. Ritter und H.-P. Steiert (2003). *Modellierung und Abwicklung von Datenflüssen in unternehmensübergreifenden Prozessen*. In: *Proc. GI Konferenz Datenbanken für Business, Technologie und Web (BTW)*, S. 433–442.

Boncz, P., T. Grust., M. Van Keulen, S. Manegold, J. Rittinger und J.Teubner (2005). *Pathfinder: XQuery the Relational Way*. In *Proceedings of the Conference on Very Large Databases*

*(VLDB)*, Trondheim, Norway.

Booch, G. (1991). *Object-Oriented Design with Applications*. Benjamin/Cummings, Redwood City, CA, USA.

Booch, G., J. Rumbaugh und I. Jacobson (1998). *The Unified Modeling Language User Guide*. Addison Wesley, Reading, MA.

Booch, G. (1994). *Object-Oriented Analysis and Design*. Benjamin/Cummings, Redwood City, CA, USA.

Borghoff, U. M., M. Koch, M. S. Lacher, J. H. Schlichter und K. Weisser (2001). *Informationsmanagement und Communities-Überblick und Darstellung zweier Projekte der IMC-Gruppe München*. Informatik Forschung und Entwicklung, 16(2):103–109.

Bosworth, B. (1982). *Codes, Ciphers and Computers*. Hayden Book Company, Inc., Rochelle Park, NJ, USA.

Brandes, Ulrik (2008). *On variants of shortest-path betweenness centrality and their generic computation*. Social Networks, 30(2):136–145.

Brandes, Ulrik und T. Erlebach, Hrsg. (2005). *Network Analysis: Methodological Foundations [outcome of a Dagstuhl seminar, 13-16 April 2004]*, Bd. 3418 d. Reihe *Lecture Notes in Computer Science*. Springer.

Brantner, M., D. Florescu, D. A. Graf, D. Kossmann und T. Kraska (2008). *Building a database on S3*. In: *Proc. of the ACM SIGMOD Conf. on Management of Data*, S. 251–264.

Brantner, M., S. Helmer, C.-C. Kanne und G. Moerkotte (2005). *Full-fledged Algebraic XPath Processing in Natix*. In: *Proc. IEEE Conf. on Data Engineering*, S. 705–716.

Brass, S. (1995). *Magic Sets vs. SLD-Resolution*. In: Eder, J. und L. A. Kalinichenko, Hrsg.: *Advances in Databases and Information Systems (ADBIS'95)*, S. 185–203. Springer.

Brass, S. (1996). SLDMagic—*An Improved Magic Set Technique*. In: Novikov, B. und J. W. Schmidt, Hrsg.: *Advances in Databases and Information Systems—ADBIS'96,* S. 75–83, Moscow. MEPhI Publishing. Also published in: Springer Workshops in Computing (1997).

Brass, S. und U. Lipeck (1992). *Generalized Bottom-Up Query Evaluation*. In: *Proc. of the Intl. Conf. on Extending Database Technology (EDBT)*, Bd.580 d. Reihe *Lecture Notes in Computer Science (LNCS)*, S. 88–103, Vienna, Austria. Springer-Verlag.

Braumandl, R., J. Claussen, A. Kemper und D. Kossmann (2000). *Functional Join Processing*. The VLDB Journal, 8(3-4):156–177. (Special Issue "Best Papers of VLDB 98").

Braumandl, R., M. Keidl, A. Kemper, D. Kossmann, A. Kreutz, S. Seltzsam und K. Stocker (2001). *ObjectGlobe: Ubiquitous Query Processing on the Internet.*The VLDB Journal, 10(3):48–71. (Special Issue on "E-Services").

Braumandl, R., A. Kemper und D. Kossmann (2003). *Quality of Service in an Information Economy*. ACM Transactions on Internet Technology (TOIT), 3(4), S. 291–333, November 2003.

Braunreuther, G., V. Linnemann und H.-G. Lipinski (1997). *Unterstützung von Computersimulationen durch objektorientierte Datenbanksysteme am Beispiel einer Anwendung aus der Medizin*. In: *Proc. GI Konferenz Datenbanken für Büro, Technik und Wissenschaft (BTW)*, S. 202–220, Ulm.

Bray, T., J. Paoli, C. M. Sperberg-McQueen und E. Maler (2000). *Extensible Markup Language (XML) 1.0 (Second Edition)*. W3C Recommendation, 6 October 2000. `http://www.w3.org/TR/2000/REC-xml-20001006`.

Breunig, M. M., H.-P. Kriegel, P. Kröger und J. Sander (2001). *Data Bubbles: Quality Preserving Performance Boosting for Hierarchical Clustering*. In: *Proc. of the ACM SIGMOD Conf. on Management of Data*, S. 79–90, Santa Barbara, CA, USA.

Brewer, E. A. (2000). Towards robust distributed systems (abstract). In: *ACM Symposium on Principles of Distributed Computing (PODC)*, S. 7.

Brewka, G. und J. Dix (1997). *Knowledge Representation with Logic Programs*. In *Proc. Logic Programming and Knowledge Representation, Third International Workshop, LPKR '97, Port Jefferson, New York, USA, October 17, 1997*. LNCS Nr. 1471, S. 1–51, Springer, Heidelberg.

Brodie, M. L. und M. Stonebraker (1995). *Migrating Legacy Systems: The Incremental Strategy - Gateways, Interfaces, and the Incremental Approach*. Morgan-Kaufmann Publishers, San Mateo, CA, USA.

Broy, M. (2003). *Service-Oriented Systems Engineering: Modeling Services and Layered Architectures*. In: *Formal Techniques for Networked and Distributed Systems-FORTE 2003, 23rd IFIP WG 6.1 International Conference, Berlin*, S. 48–61.

Broy, M. und J. Siedersleben (2002). *Objektorientierte Programmierung und Softwareentwicklung - Eine kritische Einschätzung*. Informatik Spektrum, 25(1):3–11.

Brügge, B. und A. H. Dutoit (2004). *Objekt-orientierte Softwaretechnik mit UML, Entwurfsmustern und Java*. Pearson Verlag.

Brunel, R., J. Finis, G. Franz, N. May, A. Kemper, T. Neumann und F. Färber (2015). *Support-*

*ing hierarchical data in SAP HANA. In*: *31st IEEE International Conference on Data Engineering, ICDE 2015, Seoul, South Korea, April 13-17, 2015*, S. 1280–1291. IEEE.

Bry, F. (1990). *Query evaluation in recursive databases: Bottom-up and top-down reconciled.* Data & Knowledge Engineering, 5:289–312.

Bry, F., H. Decker und R. Manthey (1988). *A Uniform Approach to Constraint Satisfaction and Constraint Satisfiability in Deductive Databases*. In: *Proc. of the Intl. Conf. on Extending Database Technology (EDBT)*, Bd. 303 d. Reihe *Lecture Notes in Computer Science (LNCS)*, New York, Berlin, etc. Springer-Verlag.

Bry, F. und D. Seipel (1996). *Deduktive Datenbanken - das aktuelle Schlagwort*. Informatik Spektrum, 19(4):214–215.

Buchmann, E. und K. Böhm (2004). *FairNet-How to Counter Free Riding in Peer-to-Peer Data Structures*. In: *On the Move to Meaningful Internet Systems 2004: CoopIS, DOA, and ODBASE, OTM Confederated International Conferences, Agia Napa, Cyprus, October 25-29, 2004, Proceedings, Part I*, Bd. 3290 d. Reihe *Lecture Notes in Computer Science*. Springer, S. 337–354.

Buchmann, A. P., J. Zimmermann, J. A. Blakeley und D. L. Wells (1995). *Building an Integrated Active OODBMS: Requirements, Architecture, and Design Decisions*. In: *Proc. IEEE Conf. on Data Engineering*, Taipeh, Taiwan.

Buck-Emden, R. und J. Galimow (1996). *Die Client/Server-Technologie des SAP-Systems R/3*. Addison-Wesley, Reading, MA, USA, 3. Auflage.

Bussler, Ch., D. Fensel und A. Maedche (2002). *A Conceptual Architecture for Semantic Web Enabled Web Services*. SIGMOD Record, 31(4):24–29.

Calvanese, D. (2003). Data Integration in Data Warehousing (Keynote Address). CAiSE Workshops 2003 - Decision Systems Engineering, Klagenfurt, S. 281.

Cammert, M., J. Krämer, B. Seeger und S. Vaupel (2008). *A Cost-Based Approach to Adaptive Resource Management in Data Stream Systems*. IEEE Trans. Knowl. Data Eng., 20(2):230–245.

Carey, M. J., D. J. DeWitt und J. F. Naughton (1993). The OO7 Benchmark. In: *Proc. of the ACM SIGMOD Conf. on Management of Data*, S. 12–21, Washington, DC, USA.

Carey, M. J., D. J. DeWitt, J. F. Naughton, M. Asgarian, J. Gehrke und D. Shah (1997). *The BUCKY Object-Relational Benchmark.* In: *Proc. of the ACM SIGMOD Conf. on Management of Data*, S. 135–146, Tucson, AZ, USA.

Carey, M. J. und D. Kossmann (1997). *On Saying "Enough Already!" in SQL*. In: *Proc. of the ACM SIGMOD Conf. on Management of Data*, S. 219–230, Tucson, AZ, USA.

Casanova, M. A. und L.Tucherman (1988). *Enforcing Inclusion Dependencies and Referential Integrity*. In: *Proc. of the Conf. on Very Large Data Bases (VLDB)*, S. 38–49, Los Angeles, USA.

Castano, S., M. G. Fugini, G. Martella und P. Samarati (1995). *Database Security*. ACM Press. Addison-Wesley, Reading, MA, USA.

Cattell, R., D. Barry, D. Bartels, M. Berler, J. Eastman, S. Gamerman, D. Jordan, A. Springer, H. Strickland und D. Wade (1997). *The Object Database Standard: ODMG 2.0*. The Morgan Kaufmann Series in Data Management System. Morgan-Kaufmann Publishers, San Mateo, CA, USA.

Cattell, R. und J. Skeen (1992). *Object Operations Benchmark*. ACM Trans. on Database Systems, 17:1-31.

Celko, J. (1995). *SQL for Smarties: Advanced SQL Programming*. Morgan-Kaufmann Publishers, San Mateo, CA, USA.

Ceri, S. und G. Gottlob (1985). *Translating SQL into relational algebra: Optimization, semantics, and equivalence of SQL queries*. IEEE Trans. Software Eng., 11:324–345.

Ceri, S., G. Gottlob und L.Tanca (1989). *What you always wanted to know about Datalog (and neverdared to ask)*. IEEE Trans. Knowledge and Data Engineering, 1:146–166.

Ceri, S., G. Gottlob und L.Tanca (1990). *Logic Programming and Databases*. Springer-Verlag, New York, Berlin, etc.

Ceri, S., S. B. Navathe und G. Wiederhold (1983). *Distribution Design of Logical Database Schemas*. IEEE Trans. Software Eng., 9(4):487–504.

Ceri, S. und G. Pelagatti (1984). *Distributed Databases-Principles and Systems*. McGraw-Hill, Inc., New York, San Francisco, Washington, D. C.

Cha, S. K. und C. Song (2004). *P*TIME: Highly Scalable OLTP DBMS for Managing Update-Intensive Stream Workload*. In: *Proc. of the Conf. on Very Large Data Bases (VLDB)*.

Chamberlin, D. D. (1998). *A Complete Guide to DB2 Universal Database*. Morgan-Kaufmann Publishers, San Mateo, CA, USA.

Chamberlin, D. D. und R. F. Boyce (1974). *Sequel: A Structured English Query Language*. In: *Proc. ACM SIGMOD Workshop on Data Description, Access and Control*, Ann Arbor, Mich.

Chamberlin, D., P. Fankhauser, D. Florescu, M. Marchiori und J. Robie (2003). *XML Query Use Cases*. W3C Working Draft. `http://www.w3.org/TR/xquery-use-cases/`.

Chamberlin, D. D., J. Robie und D. Florescu (2000). *Quilt: An XML Query Lan-guage for HeterogeneousData Sources*. In: *The World Wide Web and Databases, Third International Workshop WebDB 2000, Dallas, Teras, USA, May 18-19, 2000, Selected Papers*, S. 1–25. Springer.

Chandra, A. K. und D. Harel (1982). *Structure and complerity of relational queries*. Journal Computer and System Sciences, 25(1):99–128.

Chang, S. K. und W. H. Cheng (1980). *A Methodology for Structured Database Decomposition*. IEEE Trans. Software Eng., 6(2):205–218.

Chaudhuri, S. und U. Dayal (1997). *An Overview of Data Warehousing and OLAP Technology*. ACM SIGMOD Record, 26(1):65–74.

Chen, P. M., E. K. Lee, G. A. Gibson, R. H. Katz und D. A. Patterson (1994). *RAID: High-Performance, Reliable Secondary Storage*. ACM Computing Surveys, 26(2):145–185.

Chen, P. P. S. (1976). *The Entity Relationship model: Toward a unified view of data*. ACM Trans. on Database Systems, 1(1):9–36.

Christodoulakis, S. (1983). *Estimating Record Selectivities*. Information Systems, 8(2):105–115.

Clark, J. und S. DeRose (1999). *XML Path Language (XPath)*. W3C Recommendation, 16. November 1999. `http://www.w3.org/TR/xpath`.

Claussen, J., A. Kemper, G. Moerkotte und K. Peithner (1997). *Optimizing Queries with Universal Quantification in Object-Oriented and Object-Relational Databases*. In: *Proc. of the Conf. on Very Large Data Bases (VLDB)*, S. 286–295, Athens, Greece.

Claussen, J., A. Kemper, D. Kossmann und C. Wiesner (2000). *Exploiting Early Sorting and Early Partitioning for Decision Support Query Processing*.The VLDB Journal, 9(3):190–213. (Special Issue "Best Papers of VLDB 99").

Claussen, J., A. Kemper, G. Moerkotte, K. Peithner und M. Steinbrunn (2000). *Optimization and Evaluation of Disjunctive Queries*. IEEE Trans. Knowledge and Data Engineering, 12(2):238–260.

Clocksin, W. F. und C. S. Mellish (1994). *Programming in Prolog*. Springer-Verlag, New York, Berlin, etc., 4. Auflage

Cluet, S. und G. Moerkotte (1995). *On the Complerity of Generating Optimal Left-Deep Pro-*

*cessing Trees with Cross Products*. In: *Proc. of the Intl. Conf. on Database Theory (ICDT)*, S. 54–67.

Codd, E. F. (1970). *A relational model for large shared data banks*. Communications of the ACM, 13(6):377–387.

Codd, E. F. (1972a). *Further Normalization of the Data Base Relational Model*. In: Rustin, R., Hrsg.: *Database Systems*, S. 33–64. Prentice Hall, Englewood Cliffs, NJ, USA.

Codd, E. F. (1972b). *Relational Completeness of Data Base Sublanguages*. In: Rustin, R., Hrsg.: *Database Systems*, S. 65-98. Prentice Hall, Englewood Cliffs, NJ, USA.

Colliat, G. (1996). *OLAP, Relational, and Multidimensional Database Systems*. ACM SIGMOD Record, 25(3):64–69.

Comer, D. (1979). *The ubiquitous B-tree*. ACM Computing Surveys, 11(2):121–137.

Conrad, R., D. Scheffner und J. C. Freytag (2000). *XML Conceptual Modeling Using UML*. In: *International Conference on Conceptual Modeling, Salt Lake City, Utah, USA*, S. 558–571.

Copeland, G. und D. Maier (1984). *Making Smalltalk a Database System*. In: *Proc. of the ACM SIGMOD Conf. on Management of Data*, S. 316–325, Boston, USA.

Cox, B. J. (1986). *Object Oriented Programming: An Evolutionary Approach*. Addison-Wesley, Reading, MA, USA.

Cremers, A. B., U. Griefahn und R. Hinze (1994). *Deduktive Datenbanken - Eine Einführung aus der Sicht der logischen Programmierung*. Verlag Vieweg, Braunschweig/Wiesbaden.

Dadam, P. (1996). *Verteilte Datenbanken und Client/Server-Systeme*. Springer-Verlag, New York, Berlin, etc.

Dadam, P., K. Küspert, F. Andersen, H. Blanken, R. Erbe, J. Günauer, V. Lum, P. Pistor und G. Walch (1986). *A DBMS Prototype to Support Ertended $NF^2$ relations: An integrated View on Flat Tables and Hierarchies*. In: *Proc. of the ACM SIGMOD Conf. on Management of Data*, S. 376–387, Washington, DC.

Dadam, P. und G. Schlageter (1980). *Recovery in Distributed Databases Based on Non-Synchronized Local Checkpoints*. In: *Information Processing 80*, Amsterdam. North-Holland Publishing Company.

Dahl, O. J., B. Myrhaug und K. Nygaard (1970). *Simula 67: Common Base Language*. Publication NS 22, Norsk Regnesentral (Norwegian Computing Center), Oslo, Norway.

Date, C. J. (1981). *Referential Integrity*. In: *Proc. of the Conf. on Very Large Data Bases*

*(VLDB)*, S. 2–12, Cannes, France.

Date, C. J. (1997). *A Guide to the SQL Standard*. Addison-Wesley, Reading, MA, USA, 4. Auflage.

Date, C. J. (2003). *An Introduction to Database Systems*. Addison-Wesley, Reading, MA, USA, 8. Auflage.

Dean, J. und S. Ghemawat (2004). *MapReduce: Simplified Data Processing on Large Clusters*. In: *6th Symposium on Operating System Design and Implementation (OSDI)*, S. 137–150.

Deßloch, S., T. Härder, N. Mattos, B. Mitschang und J.Thomas (1998). *Advanced Data Processing in KRISYS: Modeling Concepts, Implementation Techniques, and Client/Server Issues*. The VLDB Journal, 7(2):79–95.

Deutsch, A., M. Fernandez, D. Florescu, A. Levy, D. Maier und D. Suciu (1999). *Querying XML Data*. IEEE Data Engeneering Bulletin, 22(3):10–18.

Diao, Y., M. Altinel, M. J. Franklin, H. Zhang und P. M. Fischer (2003). *Path sharing and predicate evaluation for high-performance XML filtering*. ACM Trans. Database Syst., 28(4):467–516.

Dittrich, J-P., P. M. Fischer und D. Kossmann (2005). *AGILE: Adaptive Indexing for Contert-Aware Information Filters*. In: *Proc. of the ACM SIGMOD Conf. on Management of Data*, S. 215–226.

Dittrich, J.-P., D. Kossmann und A. Kreutz (2005a). *Bridging the Gap between OLAP and SQL*. In: *Proc. of the Conf. on Very Large Data Bases (VLDB)*, S. 1031–1042, Trondheim, Norwegen.

Dittrich, J.-P., J.-A.Quiané-Ruiz, A. Jindal, Y. Kargin, V. Setty und J. Schad (2010). *Hadoop++: Making a Yellow Elephant Run Like a Cheetah (Without It Even Noticing)*. PVLDB, 3(1):518–529.

Dittrich, J.-P., B. Seeger, D. S.Taylor und P. Widmayer (2002). *Progressive Merge Join: A Generic and Non-blocking Sort-based Join Algorithm*. In: *Proc. of the Conf. on Very Large Data Bases (VLDB)*, S. 299–310.

Dittrich, K. R., H. Fritschi, S. Gatziu, A. Geppert und A. Vaduva (2003). *SAMOS in hindsight: experiences in building an active object-oriented DBMS*. Information Systems, 28(5):369–392.

Dittrich, K. R. und A. Geppert (2001). *Component Database Systems. dPunkt. Verlag und Morgan Kaufmann Publishers, Heidelberg und San Mateo*, CA, USA.

Dittrich, K. R., W. Gotthard und P. C. Lockemann (1987). *DAMOKLES: A Database System for Software Engineering Applications*. In: *Lecture Notes in Computer Science No. 244*, S. 353–371. Springer-Verlag.

Doppelhammer, J., T. Höppler, A. Kemper und D. Kossmann (1997). *Database Performance in the Real World: TPC-D and SAP R/3*. In: *Proc. of the ACM SIGMOD Conf. on Management of Data*, S. 123–134, Tucson, AZ, USA.

Dürr, M. und K. Radermacher (1990). *Einsatz von Datenbanksystemen*. Informationstechnik und Datenverarbeitung. Springer-Verlag, New York, Berlin, etc.

Eberhart, A. und S. Fischer (2000). *Java-Bausteine für E-Commerce Anwendungen. Verteilte Anwendungen mit Serulets, CORBA und XML*. Carl Hanser Verlag.

Eckert, C. (2013). *IT-Sicherheit: Konzepte-Verfahren-Protokolle*. Oldenbourg Verlag.

Eder, J., G. Kappel, A. M. Tjoa und R. Wagner (1987). *BIER - The Behaviour Integrated Entity Realtionship Approach*. In: *Procedings of the Fifth International Conference on Entity-Relationship Approach*, S. 147–166, Dijon, France.

Effelsberg, W. und T. Härder (1984). *Principles of Database Buffer Management*. ACM Trans. on Database Systems, 9(4):560–595.

Eickler, A., C. A. Gerlhof und D. Kossmann (1995). *A Performance Evaluation of OID Mapping Techniques*. In: *Proc. of the Conf. on Very Large Data Bases (VLDB)*, S. 18–29, Zürich, Switzerland.

Eickler, A., A. Kemper und D. Kossmann (1997). *Finding Data in the Neighborhood*. In: *Proc. of the Conf. on Very Large Data Bases (VLDB)*, S. 336–345, Athens, Greece.

Elhardt, K. und R. Bayer (1984). *A Database Cache for High Performance and Fast Restart in Database Systems*. ACM Trans. on Database Systems, 9(4):503–525.

Elmagarmid, A. K., Hrsg. (1992). *Database Transaction Models For Advanced Applications*. The Morgan Kaufmann Series in Data Management Systems. Morgan-Kaufmann Publishers, San Mateo, CA, USA.

Elmasri, E. und S. B. Navathe (2010). *Fundamentals of Database Systems*. Benjamin/Cummings, Redwood City, CA, USA, 6. Auflage.

Ester, M., H. Kriegel, J. Sander und X. Xu (1996). *A Density-Based Algorithm for Discovering Clusters in Large Spatial Databases with Noise*. In: *Proceedings of the Second International Conference on Knowledge Discovery and Data Mining (KDD-96), Portland, Oregon, USA*, S.

226–231.

Ester, M. und J. Sander (2000). *Knowledge Discovery in Databases: Techniken und Anwendungen*. Springer Verlag.

Eswaran, K. P., J. Gray, R. A. Lorie und I. L.Traiger (1976). *On the Notion of Consistency and Predicate Locks in a Relational Database System*. Communications of the ACM, 19(11):624–633.

Faensen, D., L. C. Faulstich, H. Schweppe, A. Hinze und A. Steidinger (2001). *Hermes-A Notification Servic for Digital Libraries*. In: *ACM/IEEE Joint Conference on Digital Libraries*, Roanoke, Virginia, USA.

Färber, F., S. K. Cha, J. Primsch, C. Bornhövd, S. Sigg und W. Lehner (2011). *SAP HANA database: data management for modern business applications*. SIGMOD Record, 40(4):45–51.

Fagin, R. (1977). *Multivalued Dependencies and a New Normal Form for Relational Databases*. ACM Trans. on Database Systems, 2(3):262–278.

Fagin, R., A. Lotem und M. Naor (2003). *Optimal aggregation algorithms for middleware*. J. Comput. Syst. Sci., 66(4):614–656.

Fagin, R., J. Nievergelt, J. Pippenger und H. Strong (1979). *Ertendible Hashing—A Fast Access Method for Dynamic Files*. ACM Trans. on Database Systems, 4(3):315–344.

Fallside, D. C. (2001). *XML Schema Part 0: Primer*. W3C Recommendation, 2 May 2001. `http://www.w3.org/TR/xmlschema-0/`.

Fankhauser, P., T. Groh und S. Overhage (2002). *XQuery by the Book: The IPSI XQuery Demonstrator*. In: *Proc.* of the *International Conference on Extending Database Technology (EDBT)*, S. 742–744.

Faulstich, L. C. und M. Spiliopoulou (2000). *Building HyperView Wrappers for Publisher Web-Sites*. International Journal on Digital Libraries, 3(1):3–18.

Fayyad, U. M. und R. Uthurusamy (1996). *Data Mining and Knowledge Discovery in Databases (Introduction to the Special Section)*. Communications of the ACM, 39(11):24–26.

Fernandez, E. B., E. Gudes und H. Song (1994). *A Model for Evaluation and Administration of Security in Object-Oriented Databases*. IEEE Trans. Knowledge and Data Engineering, 6(2):275–292.

Ferraiolo, D. F., R. S. Sandhu, S. I. Gavrila, D. R. Kuhn und R. Chandramouli (2001). *Proposed NIST standard for role-based access control*. ACM Trans. Inf. Syst. Secur.,

4(3):224–274.

Fiebig, T. und G. Moerkotte (2000). *Evaluating Queries on Structure with eXtended Access Support Relations.* In: *The World Wide Web and Databases, Third International Workshop WebDB 2000, Dallas, Teras, USA, May 18-19, 2000, Selected Papers*, S. 125–136. Springer.

Fiebig, Th., S. Helmer, C.-C. Kanne, G. Moerkotte, J. Neumann, R. Schiele und T. Westmann (2002). *Anatomy of a native XML base management system*. VLDB Journal, 11(4):292–314.

Finis, J., R. Brunel, A. Kemper, T. Neumann, N. May und F. Färber (2015). *Indexing Highly Dynamic Hierarchical Data*. PVLDB, 8(10):986–997.

Finis, J., R. Brunel, A. Kemper, T. Neumann, F. Färber und N. May (2013). *DeltaNI: an efficient labeling scheme for versioned hierarchical data*. In: *Proc. ACM SIGMOD Conference on Management of Data*, S. 905–916.

Foley, J. D. und A. van Dam (1983). *Fundamentals of Interactive Computer Graphics*. Addison-Wesley, Reading, MA, USA.

Florescu, D., A. Grünhagen und D. Kossmann (2002). *XL: An XML Programming Language for Web Service Specification and Composition*. In: *Proceedings of the International World Wide Web Conference (WWW)*, S. 65–76, Honolulu, HI, USA.

Florescu, D., C. Hillery, D. Kossmann, P. Lucas, F. Riccardi, T. Westmann, M. J. Carey und A. Sundararajan (2004). *The BEA streaming XQuery processor*. VLDB Journal, 13(3):294–315.

Florescu, D. und D. Kossmann (1999). *Storing and Querying XML Data Using an RDBMS*. IEEE Data Engeneering Bulletin, 22(3):27–34.

Florescu, D., C. Hillary, D. Kossmann, P. Lucas, F. Riccardi, T. Westmann, M. J. Carey, A. Sundararajan und G. Agrawal (2003). *A Complete and High-performance XQuery Engine for Streaming Data*. In: *Proc. of the Conf. on Very Large Data Bases (VLDB)*, Berlin, S. 997–1008.

Florescu, D., D. Kossmann und I. Manolescu (2000). *Integrating Keyword Search Into XML Query Processing*. In: *Int. World Wide Web Conf.*, S. 119–135, Amsterdam, Netherlands.

Franke, C. und M. Gertz (2009). *ORDEN: outlier region detection and exploration in sensor networks*. In: *Proc. of the ACM SIGMOD Conf. on Management of Data*, S. 1075–1078.

Franklin, M. J., B. Jonsson und D. Kossmann (1996). *Performance Tradeoffs for Client-Server Query Processing*. In: *Proc. of the ACM SIGMOD Conf. on Management of Data*, S. 149–160, Montreal, Canada.

Franklin, M. J., M. J. Zwilling, C. K.Tan, M. J. Carey und D. J. DeWitt (1992). *Crash Recov-*

*ery in Client-Server EXODUS*. In: *Proc. of the ACM SIGMOD Conf. on Management of Data*, S. 165–174, San Diego, USA.

Freitag, B., H. Schütz und G. Specht (1991). *LOLA: A logic language for deductive databases and its implementation*. In: *Proc. of the Second Intl. Symp. For Advanced Applications, (DASFAA)*, Tokyo.

Freytag, J. C. (1987). *A rule-based view of query optimization*. In: *Proc. of the ACM SIGMOD Conf. on Management of Data*, S. 173–180, San Francisco, USA.

Freytag, J. C., D. Maier und G. Vossen, Hrsg. (1994). *Query Processing for Advanced Database Systems*. Morgan-Kaufmann Publishers, San Mateo, CA, USA.

Funke, F., A. Kemper und T. Neumann (2011). *Benchmarking Hybrid OLTP & OLAP Database Systems*. In: *Datenbanksysteme in Business, Technologie und Web (BTW), Fachtagung des GI-Fachbereichs Datenbanken und Informationssysteme*.

Funke, F., A. Kemper und T. Neumann (2012). *Compacting Transactional Data in Hybrid OLTP & OLAP Databases*. PVLDB, 5(11):1424–1435.

Gaede, V. und O. Günther (1998). *Multidimensional Access Methods*. ACM Computing Surveys, 30(2):170–231.

Gartner, A., A. Kemper, D. Kossmann und B. Zeller (2001). *Efficient Bulk Deletes in Relational Databases*. In: *Proc. IEEE Conf. on Data Engineering*, S. 183–194, Heidelberg.

Gallaire, H. und J. Minker, Hrsg. (1978). *Logic and Databases*. Plenum Publishing Co., New York, NY.

Gallaire, H., J. Minker und J.-M. Nicolas, Hrsg. (1981). *Advances in Database Theory*, Bd. I. Plenum Publishing Co., New York, NY.

Gan, J. und Y.Tao (2015). *DBSCAN Revisited: Mis-Claim, Un-Firability, and Approrimation*. In: *Proc. of the ACM SIGMOD Conf. on Management of Data*, S. 519–530.

Gatziu, S., A. Geppert und K. R. Dittrich (1991). *Integrating Active Concepts into an Object-Oriented Database System*. In: *Proc. of the 3. Intl. Workshop on Database Programming Languages*, Nafplion, Greece.

Geppert, A. (1997). *Objektorientierte Datenbanksysteme: Ein Praktikum*. Dpunkt Verlag, Heidelberg.

Gerlhof, C. A., A. Kemper, C. Kilger und G. Moerkotte (1993). *Partition-Based Clustering in Object Bases: From Theory to Practice*. In: *Proc. of the Intl. Conf. on Foundations of Data*

*Organization and Algorithms (FODO)*, Bd. 730 d. *Reihe Lecture Notes in Computer Science (LNCS)*, S. 301–316, Chicago, IL. Springer-Verlag.

Gertz, M. und U. Lipeck (1996). *Deriving Optimized Integrity Monitoring Triggers from Dynamic Integrity Constraints*. Data & Knowledge Engineering, 20(2):163–193.

Gmach, D., S. Krompass, A. Scholz, M. Wimmer und A. Kemper (2008). *Adaptive quality of service management for enterprise services*. ACM Trans. on the WEB, 2(1), Artikel 8.

Gmach, D., S. Seltzsam, M. Wimmer und A. Kemper (2005). *AutoGlobe: Automatische Administration von dienstbasierten Datenbankanwendungen*. In: *Proc. GI Konferenz Datenbanken für Business, Technologie und Web (BTW)*, S. 205–224.

Goldberg, A. und D. Robson (1983). *Smalltalk-80: The Language and its Implementation*. Addison-Wesley, Reading, MA, USA.

Goldman, K. J. und N. Lynch (1994). *Quorum Consensus in Nested Transaction Systems*. ACM Trans. on Database Systems, 19(4):537–585.

Gottlob, G., E. Grädel und H. Veith (2002). *Datalog LITE: a deductive query language with linear time model checking*. ACM Transactions on Computational Logic (TOCL), 3(1):42–79.

Gottlob, G., G. Kappel und M. Schrefl (1990). *Semantics of Object-Oriented Data Models - The Evolving Algebra Approach*. In: *Schmidt, J. W. und A. A. Stogny, Hrsg: First International East/West Database Workshop*, Nr.504 in *Lecture Notes in Computer Science (LNCS)*, S. 144–160, Kiev, Ukraine. Springer-Verlag.

Gottlob, G., C. Koch und R. Pichler (2005). *Efficient algorithms for processing XPath queries*. ACM Trans. Database Syst., 30(2):444–491.

Gottlob, G., C. Koch, R. Pichler und L. Segoufin (2005). *The complerity of XPath query evaluation and XML typing*. J. ACM, 52(2):284–335.

Gottlob, G., C. Koch und R. Pichler (2003). *XPath Processing in a NutshelL*. SIG-MOD Record, 32(1):11–19.

Gottlob, G., P. Paolini und R. Zicari (1988). *Properties and Update Semantics of Consistent Views*. ACM Trans. on Database Systems, 13(4):486–524.

Graefe, G. (1993). *Query Evaluation Techniques for Large Databases*. ACM Computing Surveys, 25(2):73–170.

Graefe, G. (2011). *A generalized join algorithm*. In: *Datenbanksysteme in Business, Technologie und Web (BTW), Fachtagung des GI-Fachbereichs Datenbanken und Informationssysteme*.

Graefe, G., R. Bunker und S. Cooper (1998). *Hash Joins and Hash Teams in Microsoft SQL Server*. In: *Proc. of the Conf. on Very Large Data Bases (VLDB)*, S. 86–97, New York, USA.

Graefe, G. und D. J. DeWitt (1987). *The EXODUS Optimizer Generator*. In: *Proc. of the ACM SIGMOD Conf. on Management of Data*, S. 160–172, San Francisco, USA.

Graefe, G. und W. J. McKenna (1993). *The Volcano Optimize Generator: Ertensibility and Efficient Search*. In: *Proc. IEEE Conf. on Data Engineering*, S. 209–218, Vienna, Austria.

Graefe, G. und P.O'Neil (1995). *Multi-Table Joins Through Bitmapped Join Indices*. ACM SIGMOD Record, 24(3):8–11.

Gray, J. (1978). *Notes on Database Operating Systems*, Bd.60 d. Reihe *Lecture Notes in Computer Science*, Kap. 3.F, S. 393–481. Springer.

Gray, J. (1981). *The Transaction Concept: Virtues and Limitations*. In: *Proc. of the Conf. on Very Large Data Bases (VLDB)*, S. 144–154, Cannes, France.

Gray, J. (1993). *The Benchmark Handbook forDatabase and Transaction Processing Systems*. Morgan-Kaufmann Publishers, San Mateo, CA, USA, 2. Auflage.

Gray, J., A. Bosworth, A. Layman und H. Pirahesh (1996). *Data Cube: A Relational Aggregation Operator Generalizing Group-By, Cross-Tab, and Sub-Total*. In: *Proc. IEEE Conf. on Data Engineering*, S. 152–159, New Orleans, LA, USA.

Gray, J. und G. Graefe (1997). *The Five-Minute Rule Ten Years Later, and Other Computer Storage Rules of Thumb*. SIGMOD Record, 26(4):63–68.

Gray, J., R. A. Lorie und G. R. Putzolu (1975). *Granularity of Locks in a Large Shared Database*. In: *Proc. of the Conf. on Very Large Data Bases (VLDB)*, S. 428–451, Framingham, MA, USA.

Gray, J., P. R. McJones, M. W. Blasgen, B. Lindsay, R. A. Lorie, T. G. Price, G. R. Putzolu und I. L.Traiger (1981). *The Recovery Manager of the System R Database Manager*. ACM Computing Surveys, 13(2):223–242.

Gray, J. und A. Reuter (1993). *Transaction Processing: Concepts and Techniques*. Morgan-Kaufmann Publishers, San Mateo, CA, USA.

Grund, M., J. Krüger, H. Plattner, A. Zeier, P. CudreMauroux und S. Madden (2010). *HYRISE: A Main Memory Hybrid Storage Engine*. Proc. of the Conf. on Very Large Data Bases (VLDB), 4(2).

Grund, M., P. Cudré-Mauroux, J. Krüger, S. Madden und H. Plattner (2012). *An Overview of*

*HYRISE - a Main Memory Hybrid Storage Engine*. IEEE Data Eng. Bull., 35(1):52–57.

Grust, T. (2002). *Accelerating XPath location steps*. In: *Proc. of the ACM SIGMOD Conf. on Management of Data*, S. 109–120, Madison, Wisconsin, USA.

Grust, T., J. Rittinger und J.Teubner (2007). *Why off-the-shelf RDBMSs are better at XPath than you might erpect*. In: *Proc. of the ACM SIGMOD Conf. on Management of Data*, S. 949–958.

Grust, T., M. van Keulen und J.Teubner (2003). *Staircase Join: Teach a Relational DBMS to Watch its (Axis) Steps*. In: *Proc. of the Conf. on Very Large Data Bases (VLDB)*, Berlin, S. 524–535.

Grust, T., J. Kröger, D. Gluche, A. Heuer und M. H. Scholl (1997). *Query Evaluation in CROQUE-Calculus and Algebra Coincide*. In: In *Proc. British National Conference on Databases (BNCOD)*, London, UK.

Grust, T. und M. H. Scholl (1999). *How to Comprehend Queries Functionally*. Journal of intelligent Information Systems (JIIS), 12(2):191–218.

Günnemann, S., I. Färber, B. Boden und T. Seidl (2014). *GAMer: a synthesis of subspace clustering and dense subgraph mining. Knowl. Inf. Syst.*, 40(2):243–278.

Günther, O. und H.-J. Schek, Hrsg. (1991). *Advances in Spatial Databases*. Nr.525 in *Lecture Notes in Computer Science (LNCS)*. Springer-Verlag, New York, Berlin, etc.

Güntzer, U., W.T. Balke und W. Kießling (2000). Optimizing Multi-Feature Queries for Image Databases. In: *Proc. of the Conf. on Very Large Data Bases (VLDB)*, S. 419–428, Cairo, Egypt.

R. H. Güting, M. Böhlen, M. Erwig, C. Jensen, N. Lorentzos, M. Schneider und M. Vazirgianni (2000): *A foundation for representing and quering moving objects*. ACM Trans. Database Systems (TODS), 25(1):1–42.

Güting, R. H. und S. Dieker (2003). *Datenstrukturen und Algorithmen*. Leitfäden und Monographien der Informatik.Teubner, Stuttgart.

Gufler, B., N. Augsten, A. Reiser und A. Kemper (2012). *Load Balancing in MapReduce Based on Scalable Cardinality Estimates*. In: *Proceedings of the International Conference on Data Engineering (ICDE)*, S. 522–533.

Guttman, A. (1984). *A Dymamic Index Structure for Spatial Searching*. In: *Proc. of the ACM SIGMOD Conf. on Management of Data*, S. 47–57, Boston, USA.

Haas, L. M., W. Chang, G. M. Lohman, J. McPherson, P. F. Wilms, G. Lapis, B. Lindsay, H.

Pirahesh, M. J. Carey und E. J. Shekita (1990). *Starburst Mid-Flight: As the Dust Clears*. IEEE Transactions on Knowledge and Data Engineering, 2(1):143–160.

Haas, L. M., D. Kossmann, E. L. Wimmers und J. Yang (1997). *Optimizing Queries Across Diverse Data Sources*. In: *Proc. of the Conf. on Very Large Data Bases (VLDB)*, S. 276–285, Athens, Greece.

Hamilton, G., R. Cattell und M. Fisher (1997). *JDBC Database Access with Java: A Tutorial and Annotated Reference*. Addison Wesley, Reading, MA, USA.

Hammer, M. und D. McLeod (1981). *Database Description with SDM: A Semantic Database Model*. ACM Trans. on Database Systems, 6(3):351–386.

Härder, T. (1978). *Implementing a Generalized Access Path Structure for a Relational Database System*. ACM Trans. on Database Systems, 3(3):285–298.

Härder, T. (1984). *Observations on Optimistic Concurrency Control Schemes. Information Systems*, 9:111–120.

Härder, T. und E. Rahm (2001). *Datenbanksysteme: Konzepte und Techniken der Implementierung*. 2. Auflage. Springer-Verlag, New York, Berlin, etc.

Härder, T. und A. Reuter (1983). *Principles of Transaction-Oriented Database Recovery*. ACM Computing Surveys, 15(4):287–317.

Härder, T. und K. Rothermel (1987). *Concepts for Transaction Recovery in nested transactions*. In: *Proc. of the ACM SIGMOD Conf. on Management of Data*, S. 239–248, San Francisco, USA.

Harinarayan, V., A. Rajaraman und J. D. Ullman (1996). *Implementing Data Cubes Efficiently*. In: *Proc. of the ACM SIGMOD Conf. on Management of Data*, S. 205–216, Montreal, Canada.

Harizopoulos, Stavros, D. J. Abadi, S. Madden und M. Stonebraker (2008). *OLTP through the looking glass, and what we found there*. In: *Proc. of the ACM SIGMOD Conf. on Management of Data*.

Hartel, P., G. Denker, M. Kowsari, M. Krone und H.-D. Ehrich (1997). *Information systems modelling with TROLL formal methods at work*. Information Systems, 22(2):79–99.

Hartmann, T., R. Jungclaus, G. Saake und H-D. Ehrich (1992). *Spezifikation von Objektsystemen*. In: Bayer, Härder und Lockemann (1992), S. 220–242.

Helman, P. (1994). *The Science of Database Management*. R. D. Irwin, Inc.

Helmer, S. und G. Moerkotte (1997). *Evaluation of Main Memory Join Algorithms for Joins with Subset Join Predicates*. In: *Proc. of the Conf. on Very Large Data Bases (VLDB)*, S. 386–395, Athens, Greece.

Helmer, S., T. Neumann und G. Moerkotte (2003). *A Robust Scheme for Multilevel Extendible Hashing*. In: *Computer and Information Sciences - ISCIS 2003*, S. 220–227.

Helmer, S., T. Westmann und G. Moerkotte (1998). *Diag-Join: An Opportunistic Join Algorithm for (1:N)-Relationships*. In: *Proc. of the Conf. on Very Large Data Bases (VLDB)*, S. 98–109, New York, USA.

Héman, S., M. Zukowski, N. J. Nes, L. Sidirourgos und P. A. Boncz (2010). *Positional update handling in column stores*. In: *Proc. of the ACM SIGMOD Conf. on Management of Data*, S. 543–554.

Henrich, A., H.-W. Six und P. Widmayer (1989). *The LSD' Tree: Spatial Access to Multidimensional Point and Non-Point Objects*. In: *Proc. of the Conf. on Very Large Data Bases (VLDB)*, S. 45–53, Amsterdam, Netherlands.

Herlihy, M. P. (1986). *A Quorum-Consensus Replication Method for Abstract Data Types*. ACM Trans. Comp. Syst., 4(1).

Heuer, A. (1997). *Objektorientierte Datenbanken*. 2. Auflage. Addison-Wesley Verlag.

Hinrichs, K. (1985). *The Grid Fle System: Implementation and Case Studies of Application*. Doktorarbeit, ETH Zürich, Switzerland. Nr. 7734.

Hitzler, P., M. Krötzsch, S. Rudolph und Y. Sure (2008). *Semantic Web*. Springer Verlag.

Hohenstein, U. und G. Engels (1992). *QL/EER - Syntar and Semantics of an Entity-Relationship-based Query Language*. Information Systems, 17(3):209–242.

Hohenstein, U., R. Lauffer, K.-D. Schmatz und P. Weikert (1996). *Objektorientierte Datenbanksysteme: ODMG-Standard, Produkte, Systembewertung, Benchmarks, Tuning*. Vieweg, Braunschweig/Wiesbaden.

Hohenstein, U., V. Pleßer und R. Heller (1997). *Eine Evaluierung der Performanz objektorientierter Datenbanksysteme für eine konkrete Applikation*. In: *Proc. GIKonferenz Datenbanken für Büro, Technik und Wissenschaft (BTW)*, Informatik aktuell, S. 221–240, New York, Berlin, etc. Springer-Verlag.

Hrle, N. und O. Draese (2011). *Technical Introduction to the IBM Smart Analytics Optimizer for DB2 for System z*. In: *Datenbanksysteme in Business, Technologie und Web (BTW), Fachtagung des GI-Fachbereichs Datenbanken und Informationssysteme*.

Hull, R. und R. King (1987). *Semantic Database Modeling: Survey, Applications, and Research Issues*. ACM Computing Surveys, 19(3):201–260.

Hunter, J. und W. Crawford (1998). *Java Servlet Programming*. O'Reilly & Asso-ciates, Sebastopol, CA, USA.

Ibaraki, T. und T. Kameda (1984). *Optimal nesting for computing N-relational joins*. ACM Trans. on Database Systems, 9(3):482–502.

Ilyas, H. F., G. Beskales und M. A. Soliman (2008). *A Survey of Top-k Query Processing Techniques in Relational Database Systems*. ACM Computing Surveys, 40(4):11.

Ioannidis, Y. E. und E. Wong (1987). *Query Optimization by Simulated Annealing*. In: *Proc. of the ACM SIGMOD Conf. on Management of Data*, S. 9–22, San Francisco, USA.

Jablonski, S. (1997). *Architektur von Workflow-Management-Systemen*. Informatik Forsch. Entw., 12(2):72–81.

Jablonski, S., T. Ruf und H. Wedekind (1990). *Implementation of a Distributed Data Management System for Technical Applications—A Feasibility Study*. Information Systems, 15(2):247–256.

Jaecksch, B., W. Lehner und F. Faerber (2010). *A plan for OLAP*. In: *International Conference on Extending Database Technology (EDBT)*, S. 681–686.

Jaedicke, M. und B. Mitschang (1998). *On Parallel Processing of Aggregate and Scalar Functions in Object-Relational DBMS*. In: *Proc. of the ACM SIGMOD Conf. on Management of Data*, S. 379–389, Seattle, WA, USA.

Jaedicke, M. und B. Mitschang (1999). *User-Defined Table Operators: Enhancing Ertensibility for ORDBMS*. In: *Proc. of the Conf. on Very Large Data Bases (VLDB)*, S. 494–505, Edinburgh, GB.

Jagadish, H. V., B. C.Ooi und Q. H. Vu (2005). *BATON: A Balanced Tree Structure for Peer-to-Peer Networks*. In: *Proc. of the Conf. on Very Large Data Bases (VLDB)*, S. 661–672.

Jarke, M., J. Clifford und Y. Vassiliou (1986). *An optimizing Prolog front end to a relational query system*. In: *Proc. of the ACM SIGMOD Conf. on Management of Data*, S. 296–306, Washington, USA.

Jarke, M., R. Gallersdörfer, M. A. Jeusfeld und M. Staudt (1995). *ConceptBase - A Deductive Object Base for Meta Data Management*. Journal of Intelligent Information Systems (JIIS), 4(2):167–192.

Jarke, M. und J. Koch (1984). *Query optimization in database systems*. ACM Computing Surveys, 16(2):111–152.

Jarke, M., T. List und J. Köller (2000). *The Challenge of Process Data Warehousing*. In: *Proc. of the Conf. on Very Large Data Bases (VLDB)*, S. 473–483, Cairo, Egypt.

Jermaine, C. M., S. Arumugam, A. Pol und A. Dobra (2007). *Scalable approximate query processing with the DBO engine*. In: *Proc. of the ACM SIGMOD Conf. on Management of Data*, S. 725–736.

Johnson, T. und D. Shasha (1994). *2Q: A Low Overhead High Performance Buffer Management Replacement Algorithm*. In: *Proc. of the Conf. on Very Large Data Bases (VLDB)*, S. 439–450, Santiago, Chile.

Kailing, K., H.-P. Kriegel, M. Pfeifle und S. Schönauer (2006). *Extending metric index structures for efficient range query processing*. Knowl. Inf. Syst., 10(2):211–227.

Kallman, R., H. Kimura, J. Natkins, A. Pavlo, A. Rasin, S. B. Zdonik, E. P. C. Jones, S. Madden, M. Stonebraker, Y. Zhang, J. Hugg und D. J. Abadi (2008). *H-store: a high-performance, distributed main memory transaction processing system*. PVLDB, 1(2):1496–1499.

Kandzia, P. und H.-J. Klein (1993). *Theoretische Grundlagen relationaler Datenbanksysteme*. BI-Wissenschaftsverlag, Mannheim.

Kanne, C.-C., M. Brantner und G. Moerkotte (2005). *Cost-Sensitive Reordering of Navigational Primitives*. In: *Proc. of the ACM SIGMOD Conf. on Management of Data*, S. 742–753.

Kanne, C. C. und G. Moerkotte (2000). *Efficient Storage of XML Data*. In: *Proc. IEEE Conf. on Data Engineering*, S. 198, Seattle, WA, USA.

Kanne, C. C. und G. Moerkotte (2006). *A Linear Time Algorithm for Optimal Tree Sibling Partitioningand Approrimation Algorithms in Natix*. In: *Proc. of the Conf. on Very Large Data Bases (VLDB)*, S. 91–102.

Kappel, G. und M. Schref (1988). *A Behavior-Integrated Entity-Relationship Approach for the Design of Object-Oriented Databases*. In: *Proc. of the Intl. Conf. on Entity-Relationship Approach*, Rome, Italy.

Karayannidis, N., A.Tsois, T. K. Sellis, R. Pieringer, V. Markl, F. Ramsak, R. Fenk, K. Elhardt und R. Bayer (2002). *Processing Star Queries on Hierarchically-Clustered Fact Tables*. In: *Proc. of the Conf. on Very Large Data Bases (VLDB)*, Hong Kong, China, S. 730–741.

Karl, S. und P. C. Lockemann (1988). *Design of Engineering Databases: A Case for More Var-*

*ied Semantic Modelling Concepts*. Information Systems, 13(4):335–357.

Karnstedt, M., K.-U. Sattler, M. Richtarsky, J. Müller, M. Hauswirth, R. Schmidt und R. John (2007). *UniStore: Querying a DHT-based Universal Storage*. In: *Proceedings of the International Conference on Data Engineering (ICDE)*, S. 1503–1504.

Kaufmann, M., A. A. Manjili, P. Vagenas, P. M. Fischer, D. Kossmann, F. Färber und N. May (2013). *Timeline index: a unified data structure for processing queries on temporal data in SAP HANA*. In: *Proc. ACM SIGMOD Conference on Management of Data*, S. 1173–1184.

Keidl, M. und A. Kemper (2004). *Towards context-aware adaptable web services*. In: *Proc. World Wide Web Conference - Alternate Track*, S. 55–65.

Keidl, M., A. Kemper, S. Seltzsam und K. Stocker (2002). *Web Services (Kapitel 10)*. In Rahm und Vossen (2003).

Keidl, M., A. Kreutz, A. Kemper und D. Kossmann (2001). *Verteilte Metadatenverwaltung für die Anfragebearbeitung auf Internet-Datenquellen*. In: *Proc. GI Konferenz Datenbanken für Büro, Technik und Wissenschaf (BTW)*, Informatik aktuell, NewYork, Berlin, etc. Springer-Verlag.

Keidl, M., S. Seltzsam, C. König und A. Kemper (2003). *Kontert-basierte Personalisierung von Web Services*. In: *Tagungsband der Tagung Datenbanksysteme für Business, Technologie und Web (BTW)*, Leipzig, S. 344–363.

Keidl, M., S. Seltzsam und A. Kemper (2003). *Reliable Web Service Execution and Deployment in Dynamic Environments. In Proceedings of the 4th VLDB Workshop on Technologies for E-Services (TES'03)*, S. 104–118, Berlin, Sep.2003. Springer Verlag, LNCS 2819.

Keidl, M, S. Seltzsam, A. Kemper und N. Krivokapié (1999). *Sicherheit in einem Java-basierten verteilten System autonomer Objekte*. In: *Proc. GI Konferenz Datenbanken für Büro, Technik und Wissenschaft (BTW)*, Informatik aktuell, New York, Berlin, etc. Springer-Verlag.

Keidl, M., S. Seltzsam, K. Stocker und A. Kemper (2003). ServiceGlobe: Distributing E-Services across the Internet. In *Proceedings of the International Conference on Very Large Data Bases (VLDB)*, S. 1047–1050, Hong Kong, China, August 2002.

Keim, D. A. und H-P. Kriegel (1996). *Visualization Techniques for Mining Large Databases: A Comparison*. IEEE Trans. Knowledge and Data Engineering, 8(6):923–938.

Kemper, A., C. Kilger und G. Moerkotte (1994). *Function Materialization in Object Bases: Design, Implementation and Assessment*. IEEE Trans. Knowledge and Data Engineering, 6(4):587–608.

Kemper, A. und D. Kossmann (1994). *Dual-Buffering Strategies in Object Bases*. In: *Proc. of the Conf. on Very Large Data Bases (VLDB)*, S. 427–438, Santiago, Chile.

Kemper, A., D. Kossmann und C. Wiesner (1999). *Generalized Hash Teams for Join and Group-by*. In: *Proc. of the Conf. on Very Large Data Bases (VLDB)*, S. 30–41, Edinburgh, GB.

Kemper, A., P. C. Lockemann, G. Moerkotte und H. D. Walter (1994). *Autonomous Objects: A Natural Model for Compler Applications*. Journal of Intelligent Information Systems (JIIS), 3(2):133–150.

Kemper, A. und G. Moerkotte (1992). *Access Support Relations: An Indexing Method for Object Bases*. Information Systems, 17(2):117–146.

Kemper, A. und G. Moerkotte (1993). *Basiskonzepte objektorientierter Datenbanken*. Informatik Spektrum, 16(2):69–80.

Kemper, A. und G. Moerkotte (1994). *Object-Oriented Database Management: Applications in Engineering and Computer Science*. Prentice Hall.

Kemper, A. und G. Moerkotte (1995). *Physical Object Management*. In: Kim, W., Hrsg.: *Modern Database Systems: The Object Model, Interoperability, and Beyond*, S. 175–202. Addison-Wesley, Reading, MA, USA.

Kemper, A., G. Moerkotte und K. Peithner (1993). *A Blackboard Architecture for Query Optimization in Object Bases*. In: *Proc. of the Conf. on Very Large Data Bases (VLDB)*, S. 543–554, Dublin, Ireland.

Kemper, A., G. Moerkotte, K. Peithner und M. Steinbrunn (1994). *Optimizing Disjunctive Queries with Expensive Predicates*. In: *Proc. of the ACM SIGMOD Conf. on Management of Data*, S. 336–347, Minneapolis, MI, USA.

Kemper, A. und T. Neumann (2011). *HyPer: A Hybrid OLTP & OLAP Main Memory Database System Based on Virtual Memory Snapshots*. In: *Proceedings of the International Conference on Data Engineering (ICDE)*.

Kemper, A. und M. Wallrath (1987). *An Analysis of Geometric Modeling in Database Systems*. ACM Computing Surveys, 19(1):47–91.

Kemper, A. und C. Wiesner (2001). *HyperQueries: Dynamic Distributed Query Processing on the Internet*. In: *Proc. of the Conf. on Very Large Data Bases (VLDB)*, S. 551–560, Rome, Italy.

Kemper, A. und C. Wiesner (2005). *Building Scalable Electronic Market Places Using HyperQuery-Based Distributed Query Processing*. World Wide Web, Kluwer Verlag, 8(1):27–60.

Kemper, A. und M. Wimmer (2012). *Übungsbuch Datenbanksysteme*. 3. Auflage. Oldenbourg Verlag.

Kent, W. (1983). *A Simple Guide to Five Normal Forms in Relational Database Theory*. Communications of the ACM, 26(2):120–125.

Kersten, M. L., A. P. J. M. Siebes, M. Holsheimer und F. Kwakkel (1997). *Research and Business Challenges in Data Mining Technology*. In: Dittrich, K. R. und *Proc. GI Konferenz Datenbanken für Büro, Technik und Wissenschaft (BTW)*, Informatik aktuell, S. 1–16, New York, Berlin, etc. Springer-Verlag.

Kießling, W. (2002). *Foundations of Preferences in Database Systems*. In: *Proc. of the Conf. on Very Large Data Bases (VLDB)*, Hong Kong, China, S. 311–322.

Kiekling, W., H. Schmidt, W. Strauß und G. Dünzinger (1994). *DECLARE and SDS: Early Efforts to Commercialize Deductive Database Technology*.The VLDB Journal, 3(2):211–244.

Kifer, M., G. Lausen und J. Wu (1995). *Logic foundations of object-oriented and frame-based languages*. Journal of the ACM, 42(4):741–843.

Kilger, C. und G. Moerkotte (1994). *Indexing Multiple Sets*. In: *Proc. of the Conf. on Very Large Data Bases (VLDB)*, S. 180–191, Santiago, Chile.

Kim, C., J. Chhugani, N. Satish, E. Sedlar, A. D. Nguyen, T. Kaldewey, V. W. Lee, S. A. Brandt und P. Dubey (2010). *FAST: fast architecture sensitive tree search on modern CPUs and GPUs*. In: *Proc. of the ACM SIGMOD Conf. on Management of Data*, S. 339–350.

Kim, C., E. Sedlar, J. Chhugani, T. Kaldewey, A. D. Nguyen, A. D. Blas, V. W. Lee, N. Satish und P. Dubey (2009). Sort vs. *Hash Revisited: Fast Join Implementation on Modern Multi-Core CPUs*. PVLDB, 2(2):1378–1389.

Kimball, R. (1996). *Data Warehouse Toolkit*. John Wiley & Sons, Chichester, UK.

Kimball, R. und K. Strehlo (1995). *Why Decision Support Fails and How To Fir It*. ACM SIGMOD Record, 24(3):92–97.

Klahold, P., G. Schlageter, R. Unland und W. Wilkes (1985). *A Transaction Model Supporting Compler Applications in Integrated Information Systems*. In: *Proc. of the ACM SIGMOD Conf. on Management of Data*, S. 388–401.

Klein, A., R. Gemulla, P. Rösch und W. Lehner (2006). *Derby/S: a DBMS for sample-based query answering*. In: *Proc. of the ACM SIGMOD Conf. on Manage-ment of Data*, 757–759.

Kleinberg, J. M. (1999). *Authoritative Sources in a Hyperlinked Environment*. J. ACM,

46(5):604–632.

Kleiner, C. und U. Lipeck (2001). *Web-Enabling Geographic Data with Object-Relational Databases*. In: *Proc. GI Konferenz Datenbanken für Büro, Technik und Wissenschaft (BTW)*, Informatik Aktuell, S. 127–143, Oldenburg. Springer.

Kleinschmidt, P. und C. Rank (2002). *Relationale Datenbanksysteme: Eine praktische Einfihrung*. 2. Auflage. Springer-Verlag, New York, Berlin, etc.

Klettke, M. und H. Meyer (2002). *XML & Datenbanken. Konzepte, Sprachen und Systeme*. Dpunkt Verlag.

Knapp, E. (1987). *Deadlock Detection in Distributed Databases*. ACM Computing Surveys, 19(4):303–328.

Knuth, D. E. (1973). *The Art of Computer Programming - Sorting and Searching*, Bd. 3. Addison-Wesley, Reading, MA, USA.

Knuth, D. E. (1981). *The Art of Computer Programming/Seminumerical Algorithms*, Bd. 2. Addison-Wesley, Reading, MA, USA, 2. Auflage.

Koch, C., P. Buneman und M. Grohe (2003). *Path Queries on Compressed XML*. In: *Proc. of the Conf. on Very Large Data Bases (VLDB)*, Berlin, S. 141–152.

Koch, C. und S. Scherzinger (2003). *Attribute Grammars for Scalable Query Processing on XML Streams*. In: *Proceedings of the International Conference on Database Programming Languages (DBPL)*, S. 135–146, Potsdam.

Koch, C., S. Scherzinger, N. Schweikardt und B. Stegmaier (2004). *Schema-based Scheduling of Event Processors and Buffer Minimization for Queries on Structured Data Streams*. In: *Proc. of the Conf. on Very Large Data Bases (VLDB)*, S. 228–239.

König-Ries, B. (2000). An Approach to the Semi-Automatic Generation of Mediator Specijfications. In: *Proc. International Conference on Extending Database Technology (EDBT), Konstanz*, Bd. 1777d. *Reihe Lecture Notes in Computer Science*, S. 101–117. Springer.

Kolb, L., A.Thor und E. Rahm (2012). *Load Balancing for MapReduce-based Entity Resolution*. In: *Procedings of the International Conference on Data Engineering (ICDE)*, S. 618–629.

Korth, H. F. (1983). *Locking Primitives in a database system*. Journal of the ACM, 30(1):55–79.

Kosch, H. und M. Döller (2005). *MPEG: Überblick und Integration in Multimedia-Datenbanken*. Datenbank-Spektrum, 15(14):26–35.

Kossmann, D. (2001). *The State of the Art in Distributed Query Processing*. ACM Computing Surveys 32(4):422–469.

Kossmann, D., M. Franklin und G. Drasch (2000). *Cache Investment: Integrating Query Optimization and Dynamic Data Placement*. ACM Trans. on Database Systems, 25(4):517–558.

Kossmann, D. und F. Leymann (2004). *Web Services*. Informatik Spektrum, 27(2):117–128.

Kossmann, D., F. Ramsak und S. Rost (2002). *Shooting Stars in the Sky: An Online Algorithm for Skyline Queries*. In: *Proc. of the Conf. on Very Large Data Bases (VLDB)*, Hong Kong, China, S. 275–286.

Kossmann, D. und K. Stocker (2000). *Iterative Dynamic Programming: A New Class of Query Optimization Algorithms*. ACM Trans. on Database Systems, 25(1):43–82.

Kounev, S. und A. P. Buchmann (2002). *Improving Data Access of J2EE Applications by Exploiting Asynchronous Messaging and Caching Services*. In: *Proc. of the Conf. on Very Large Data Bases (VLDB)*, Hong Kong, China, S. 574–585.

Krämer, J. und B. Seeger (2009). *Semantics and implementation of continuous sliding window queries over data streams*. ACM Trans. Database Syst., 34(1).

Kraft, T., H. Schwarz, R. Rantzau und B. Mitschang (2003). *Coarse-Grained Optimization: Techniques for Rewriting SQL Statement Sequences*. In: *Proc. of the Conf. on Very Large Data Bases (VLDB)*, Berlin, S. 488–499.

Kraska, T., M. Hentschel, G. Alonso und D. Kossmann (2009). *Consistency Rationing in the Cloud: Pay only when it matters*. PVLDB, 2(1):253–264.

Krcmar, H. (2002). *Informationsmanagement*. Springer, Berlin.

Krishnamurthy, R., H. Boral und C. Zaniolo (1986). *Optimization of Nonrecursive Queries*. In: *Proc. of the Conf. on Very Large Data Bases (VLDB)*, S. 128–137, Kyoto, Japan.

Krivokapié, N., A. Kemper und E. Gudes (1999). *Deadlock Detection in Distributed Database Systems: A New Algorithm and a Comparative Performance Analysis*. VLDB Journal 8(2):79–100.

Krompass, S., U. Dayal, H. A. Kuno und A. Kemper (2007). *Dynamic Workload Management for Very Large Data Warehouses: Juggling Feathers and Bowling Balls*. In: *Proc. of the Conf. on Very Large Data Bases (VLDB)*, S. 1105–1115.

Krompass, S., H. A. Kuno, J. L. Wiener, K. Wilkinson, U. Dayal und A. Kemper (2009). *A Testbed for Managing Dynamic Mired Workloads*. PVLDB, 2(2).

Krüger, J., M. Grund, C.Tinnefeld, H. Plattner, A. Zeier und F. Faerber (2010). *Optimizing Write Performance for Read Optimized Databases*. In: *Proc. Database Systems for Advanced Applications (DASFAA) Conf.*

Kulkarni, K. G. (1994). *Object-Oriented Ertensions in SQL3: A Status Report*. In: *Proc. of the ACM SIGMOD Conf. on Management of Data*, S. 478, Minneapolis, MI, USA.

Kulkarni, K. G. und J.-E. Michels (2012). *Temporal features in SQL:2011*. SIGMOD Record, 41(3):34–43.

Kung, H.T. und P. L. Lehman (1980). *Concurrent Manipulation of Binary Search Trees*. ACM Trans. on Database Systems, 5(3):354–382.

Kuntschke, R., B. Stegmaier, A. Kemper und A. Reiser (2005). *StreamGlobe: Processing and Sharing Data Streams in Grid-Based P2P Infrastructures*. In: *Proc. of the Conf. on Very Large Data Bases (VLDB)*, S. 1259–1262.

Küspert, K., P. Dadam und J. Günauer (1987). *Cooperative Buffer Management in the Advanced Information Management Prototype*. In: *Proc. of the Conf. on Very Large Data Bases (VLDB)*, S. 483–492, Brighton, UK.

Lamersdorf, W. (1994). *Datenbanken in verteilten Systemen*. Vieweg Verlag, Braunschweig/ Wiesbaden.

Lampson, B. und H. Sturgis (1976). *Crash Recovery in a Distributed Data Storage System*. Technischer Bericht, Computer Science Laboratory, Xerox, Palo Alto Research Center, Palo Alto, CA, USA.

Lang, H., V. Leis, M.-C. Albutiu, T. Neumann und A. Kemper (2013). *Massively Parallel NUMA-aware Hash Joins*. In: *Proc. VLDB International Workshop on In-Memory Data Management and Analytics (IMDM)*.

Lang, S. M. und P. C. Lockemann (1995). *Datenbankeinsatz*. Springer-Verlag, New YorK. Berlin, etc.

Larson, P-A. (1988). *Dynamic Hash Tables*. Communications of the ACM, 31(4):446–457.

Larson, P-A. (2013). *Letter from the Special Issue Editor on Main-Memory Databases*. IEEE Data Eng. Bull., 36(2):5.

Larson, P. A., S. Blanas, C. Diaconu, C. Freedman, J. M. Patel und M. Zwilling (2011). *High-Performance Concurrency Control Mechanisms for Main-Memory Databases*. PVLDB, 5(4):298–309.

Larson, P.-A., C. Clinciu, C. Fraser, E. N. Hanson, M. Mokhtar, M. Nowakiewicz, V. Papadimos, S. L. Price, S. Rangarajan, R. Rusanu und M. Saubhasik (2013). *Enhancements to SQL server column stores*. In: *Proc. of the ACM SIGMOD Conference on Management of Data*.

Larson, P-A., E. N. Hanson und S. L. Price (2012). *Columnar Storage in SQL Server 2012*. IEEE Data Eng. Bull., 35(1):15–20.

Lausen, G. (1983). *Formal Aspects of Optimistic Concurrency Control in a Multiversion Database System*. Information Systems, 8(4):291–300.

Lausen, G. (2005). *Datenbanken: Grundlagen und XML-Technologien*. Spektrum Akademischer Verlag.

Lausen, G. und G. Vossen (1996). *Objekt-orientierte Datenbanken: Modelle und Sprachen*. R. Oldenbourg Verlag, München.

Legler, T., W. Lehner und A. Ross (2006). *Data Mining with the SAP Netweaver BI Accelerator*. In: *Proc. of the Conf. on Very Large Data Bases (VLDB)*, S. 1059–1068.

Lehel, V., F. Matthes und S. Riedel (2004). *Linkage Flooding: Ein Algorithmus zur dateninhaltsorientierten Fusion in vernetzten Informationsbeständen*. In: *INFORMATIK 2004 - Informatik verbindet, Band 1, Beiträge der 34. Jahrestagung der Gesellschaft für Informatik e. V. (GI), Ulm, 20.-24. September 2004*, S. 346–350.

Lehman, P. L. und S. B. Yao (1981). *Efficient locking for concurrent operations on B-trees*. ACM Trans. on Database Systems, 6(4):650–670.

Lehner, W. und F. Irmert (2003). *XPath-Aware Chunking of XML-Documents*. In: *Tagungsband der Tagung Datenbanksysteme für Business, Technologie und Web (BTW)*, Leipzig, S. 108–126.

Lehnert, K. (1988). *Regelbasierte Beschreibung von Optimierungsverfahren für relationale Datenbankanfragesprachen*. Doktorarbeit, Technische Universität München, 8000 München, Germany.

Lehner, W. und H. Schöning (2004). *XQuery*. dPunkt Verlag.

Leis, V., A. Kemper und T. Neumann (2013). *The Adaptive Radir Tree: ARTful Indering for Main-Memory Databases*. In: *Proceedings of the International Conference on Data Engineering (ICDE)*.

Leis, V. Ktor, P. A. Boncz, A. Kemper und T. Neumann (2014). *Morsel-driven parallelism: a NUMA-aware query evaluation framework for the many-core age*. In: *Proc. of the ACM SIG-*

*MOD Conf. on Management of Data*, S. 743–754.

Leis, V., A. Kemper und T. Neumann (2014). *Exploiting hardware transactional memory in main-memory databases*. In: *IEEE 30th International Conference on Data Engineering, Chicago, ICDE 2014, IL, USA, March 31 - April4, 2014*, S. 580–591. IEEE.

Leis, V., K. Kundhikanjana, A. Kemper und T. Neumann (2015). *Efficient Processing of Window Functions in Analytical SQL Queries*. PVLDB, 8(10):1058–1069.

Levandoski, J., P-A. Larson und R. Stoica (2013). *Identifying Hot and Cold Data in Main-Memory Databases*. In: *Proceedings of the International Conference on Data Engineering (ICDE)*.

Leymann, F. (2003). *Web Services: Distributed Applications Without Limits*. In: *Tagungsband der Tagung Datenbanksysteme für Business, Technologie und Web (BTW)*, Leipzig, S. 2–23.

Liddle, S. W., D. W. Embley und S. N. Woodfield (1993). *Cardinality constraints in semantic data models*. Data & Knowledge Engineering, 11:235–270.

Liefke, H. und D. Suciu (2000). *XMILL: An Efficient Compressor for XML Data*. In: *Proc. of the ACM SIGMOD Conf. on Management of Data*, S. 153–164, Dallas, Texas, USA.

Linnemann, V., K. Küspert, P. Dadam, P. Pistor, R. Erbe, A. Kemper, N. Südkamp, G. Walch und M. Wallrath (1988). *Design and Implementation of an Ertensible Data Base Management System Supporting User Defined Data Types and Functions*. In: *Proc. of the Conf. on Very Large Data Bases (VLDB)*, S. 294–305, Long Beach, Ca.

Lipeck, U. und G. Saake (1987). *Monitoring Dynamic Integrity Constraints Based on Temporal Logic*. Information Systems, 12:255–269.

Lipton, R. J., J. F. Naughton und D. A. Schneider (1990). *Practical Selectivity Estimation through Adaptive Sampling*. In: *Proc. of the ACM SIGMOD Conf. on Management of Data*, S. 1–11, Atlantic City, USA.

Lloyd, J. W. (1984). *Foundations of Logic Programming*. Springer-Verlag, New York, Berlin, etc.

Lockemann, P. C und K. R. Dittrich (2002). *Architektur von Datenbanksystemen*. DPunkt Verlag, Heidelberg.

Lockemann, P. C., G. Krüiger und H. Krumm (1993). *Telekommunikation und Datenhaltung*. Hanser-Verlag, München, Wien.

Lockemann, P. C., G. Moerkotte, A. Neufeld, K. Radermacher und N. Runge (1992). *Daten-*

*bankentwurf mit frei definierbaren Modellierungskonzepten*. In: Bayer, Härder und Lockemann (1992), S. 155–178.

Lockemann, P. C. und J. W. Schmidt, Hrsg. (1987). *Datenbank-Handbuch*. Springer-Verlag, New York, Berlin, etc.

Logic-Works (1997). *ERwin product overview*. `http://www.logicworks.com/`. Logic Works Inc., 1060 Route 206, Princeton, New Jersey 08540, USA.

Lohman, G. M. (1988). *Grammar-like functional rules for representing query optimization alternatives*. In: *Proc. of the ACM SIGMOD Conf. on Management of Data*, S. 18–27, Chicago, IL, USA.

Lomet, D. und G. Weikum (1998). *Eficient Transparent Application Recovery in Client-Server Information Systems*. In: *Proc. of the ACM SIGMOD Conf. on Management of Data*, S. 460–471, Seattle, Wa, USA.

Lorie, R. A. (1977). *Physical Integrity in a Large Segmented Database*. ACM Trans. Database Systems, 2(1).

Ludäscher, B., P. Mukhopadhyay und Y. Papakonstantinou (2002). *A Transducer-Based XML Query Processor*. In: *Proc. of the Conf. on Very Large Data Bases (VLDB)*, Hong Kong, China, S. 227–238.

Lynch, C. A. (1988). *Selectivity Estimation and Query Optimization in Large Databases with Highly Skewed Distributions of Column Values*. In: *Proc. of the Conf. on Very Large Data Bases (VLDB)*, S. 240–251, Los Angeles, USA.

Märtens, H. und E. Rahm (2001). *On Parallel Join Processing in Object-Relational Database Systems*. In: *Proc. GI Konferenz Datenbanken für Büro, Technik und Wissenschaft (BTW)*, Informatik Aktuell, S. 274–283, Oldenburg. Springer.

Maier, D. (1983). *The Theory of Relational Databases*. Computer Science Press, Rockville, MD, USA.

Maier, D. und D. S. Warren (1988). *Computing with Logic - Logic Programming with Prolog*. Benjamin/Cummings, Redwood City, CA, USA.

Manegold, S., P. A. Boncz und M. L. Kersten (2000). *What Happens During a Join? Dissecting CPU and Memory Optimization Effects*. In: *Proc. of the Conf. on Very Large Data Bases (VLDB)*, S. 339–350.

Maneth, S, T. Perst, A. Berlea und H. Seidl (2005). *XML Type Checking with Macro Tree*

*Transducers*. In: *Proc. of the Conf. on Principles of Database Systems (PODS)*.

Manolescu, I., D. Florescu und D. Kossmann (2001). *Answering XML Queries on Heterogeneous Data Sources*. In: *Proc. of the Conf. on Very Large Data Bases (VLDB)*, Rome, Italy.

Mansmann, S., F. Mansmann, M. H. Scholl und D. A. Keim (2007). *Hierarchydriven Visual Exploration of Multidimensional Data Cubes*. In: *Datenbanksysteme in Business, Technologie und Web, Fachtagung des GI-Fachbereichs Datenbanken und Informationssysteme*, S. 96–111.

Markl, V. (2015). *Gesprengte Ketten - Smart Data, deklarative Datenanalyse, Apache Flink*. Informatik Spektrum, 38(1):10–15.

Markl, V., M. Zirkel und R. Bayer (1999). *Processing Operations with Restrictions in RDBMS without Erternal Sorting: The Tetris Algorithm*. In: *Proceedings of the 15th International Conference on Data Engineering, 23-26 March 1999, Sydney, Austrialia*, S. 562–571.

Marron, J. P. und G. Lausen (2001). *On Processing XML in LDAP*. In: *Proc. of the Conf. on Very Large Data Bases (VLDB)*, Rome, Italy.

Matthes, F. (1993). *Persistente Objektsysteme*. Springer-Verlag, New York, Berlin, etc.

Mattison, R. (1996). *Data Warehousing—Strategies, Technologies, and Techniques*. IEEE Computer Society Press, Los Alamitos, CA, USA.

Mattos, N. und L. G. DeMichiel (1994). *Recent Design Trade-Offs in SQL3*. ACM SIGMOD Record, 23(4):84–89.

Matzke, B. (1996). *ABAP/4 - Die Programmiersprache des SAP-Systems R/3*. Addison-Wesley, Reading, MA, USA.

Maurus, S. und C. Plant (2014). *Ternary Matrix Factorization*. In *Proc. 2014 IEEE International Conference on Data Mining, ICDM 2014, Shenzhen, China, December 14-17*, S. 400–409.

Maxeiner, M. K., K. Küspert und F. Leymann (2001). *Data Mining von Workflow-Protokollen zur teilautomatisierten Konstruktion von Prozeßmodellen*. In: *Proc. GI Konferenz Datenbanken für Biro, Technik und Wissenschaft (BTW)*, Informatik Aktuell, S. 75–84, Oldenburg. Springer.

May, W. und B. Ludäscher (2002). *Understanding the global semantics of referential actions using logic rules*. ACM Trans. on Database Systems, 27(4):343–397.

Mayr, H. C., K. R. Dittrich und P. C. Lockemann (1987). *Datenbankentwurf*. In: Lockemann und Schmidt (1987), S. 486–557.

McJones, P. R. (1995). *The 1995 SQL Reunion: People, Projects, and Politics*. `http://www.`

mcjones.org/System_R/SQL_Reunion_95/sqlr95.html.

Melnik, S., E. Rahm und P. Bernstein (2003). *Developing Metadata-Intensive Applications with Rondo*. Journal on Web Semantics, 1(1):47–74.

Melton, J. (1994). *Framework for SQL*. ANSI X3H2-94-079/SOU-003(ISO Working Draft).

Melton, J. und A. Eisenberg (2000). *Understanding SQL and Java Together*. Morgan Kaufmann Publishers, San Mateo, CA, USA.

Melton, J. und A. R. Simon (1993). *Understanding the new SQL: a complete guide*. Morgan-Kaufmann Publishers, San Mateo, CA, USA.

Melton, J. und A. R. Simon (2001). *SQL:1999 - Understanding Relational Language Components*. Morgan-Kaufmann Publishers, San Mateo, CA, USA.

Meyer, B. (1988). *Object-Oriented Software Construction*. International Series in Computer Science. Prentice Hall, Englewood Cliffs, NJ, USA.

Meyer, H., M. Klettke und A. Heuer (2000). *Datenbanken im WWW: Von CGI bis JDBC und XML*. HMD: Praxis der Wirtschaftsinformatik, 214.

Meyer-Wegener, K. (1988). *Transaktionssysteme*. B. G.Teubner Verlag, Stuttgart, Leipzig.

Milchevski, E., A. Anand und S. Michel (2015). *The Sweet Spot between Inverted Indices and Metric-Space Indexing for Top-K-List Similarity Search*. In: *Proceedings of the 18th International Conference on Extending Database Technology, EDBT 2015, Brussels, Belgium, March 23-27, 2015.*, S. 253–264. Open Proceedings.org.

Minker, J. (1988). *Foundations of Deductive Databases and Logic Programming*. Morgan-Kaufmann Publishers, San Mateo, CA, USA.

Mishra, P. und M. H. Eich (1992). *Join Processing in Relational Databases*. ACM Computing Surveys, 24(1):63–113.

Mitschang, B. (1995). *Anfrageverarbeitung in Datenbanksystemen*. Vieweg Verlag, Braunschweig/Wiesbaden.

Moerkotte, G. (1997). *Small Materialized Aggregates: A Light Weight Index Structure for Data Warehousing*. In: *Proc. of the Conf. on Very Large Data Bases (VLDB)*, S. 476–487, Athens, Greece.

Moerkotte, G. (2002). *Incorporating XSL Processing into Database Engines*. In: *Proc. of the Conf. on Very Large Data Bases (VLDB)*, Hong Kong, China, S. 107–118.

Moerkotte, G. und P. C. Lockemann (1991). *Reactive consistency control in deductive databases*. ACM Trans. on Database Systems, 16(4):670–702.

Moerkotte, G. und T. Neumann (2008). *Dynamic programming strikes back*. In: *Proc. of the ACM SIGMOD Conf. on Management of Data*, S. 539–552.

Moerkotte, G., T. Neumann und G. Steidl (2009). *Preventing Bad Plans by Bounding the Impact of Cardinality Estimation Errors*. PVLDB, 2(1):982–993.

Mohan, C., D. Haderle, B. Lindsay, H. Pirahesh und P. M. Schwarz (1992). *ARIES: A Transaction Recovery Method Supporting Fine-Granularity Locking and Partial Rollbacks Using Write-Ahead Logging*. ACM Trans. on Database Systems, 17(1):94–162.

Mohan, C. und I. Narang (1994). *ARIES/CSA: A Method for Database Recovery in Client-Server Architectures*. In: *Proc. of the ACM SIGMOD Conf. on Management of Data*, S. 55–66, Minneapolis, MI, USA.

Moos, A. und G. Daues (1997). *Datenbank-Engineering*. Vieweg-Verlag, Braunschweig/Wiesbaden.

Morris, J., J. D. Ullman und A. V. Gelder (1986). *Design overview of the NAIL!system*. In: *Proc. Third Intl. Conf. on Logic Programming*, S. 554-568, London.

Moss, J. E. B. (1985). *Nested Transactions: An Approach to Reliable Distributed Computing*. MIT Press, Cambridge, MA, USA.

Mühe, H., A. Kemper und T. Neumann (2011). *How to efficiently snapshot transactional data: hardware or software controlled?*. In: *Proceedings of the International Workshop on Data Management on New Hardware, DaMoN*, S. 17–26.

Mühe, H., A. Kemper und T. Neumann (2012). *The mainframe strikes back: elastic multi-tenancy using main memory database systems on a many-core server*. In: *Proc. International Conference on Eatending Database Technolog (EDBT)*, S. 578–581.

Mühe, H., A. Kemper und T. Neumann (2013). *Executing Long-Running Transactions in Synchronization-Free Main Memory Database Systems*. In: *Proc.* of the *Conference on Innovative Data Systems Research (CIDR)*.

Mühlbauer, T., W. Rödiger, A. Reiser, A. Kemper und T. Neumann (2013). *ScyPer: Elastic OLAP Throughput on Transactional Data*. In: *Proc. of the ACM SIGMOD Workshop on Data Analytics in the Cloud 2013 (DanaC 2013)*.

Muller, R. J. (1999). *Database Design for Smarties: Using UML for Data Modeling*. Morgan

Kaufmann Publishers, San Mateo, CA, USA.

Muralikrishna, M. und D. J. DeWitt (1988). *Equi-Depth Histograms For Estimating Selectivity Factors for Multi-Dimensional Queries*. In: *Proc. of the ACM SIGMOD Conf. on Management of Data*, S. 28–36, Chicago, IL, USA.

National Institute of Standards and Technology (1997). *SQL Test Suite*. `http://www.itl.nist.Gov/div897/ctg/sql_form.htm`.

Nejdl, W., M. Wolpers, W. Siberski, C. Schmitz, M. Schlosser, I. Brunkhorst und A. Löser (2003). *Super-peer-based routing and clustering strategies for RDF-based peer-to-peer networks*. In: *Proceedings of the International World Wide Web Conference (WWW)*, Budapest, Ungarn, S. 536–543.

Neubert, R., O. Görlitzund W. Benn (2001). *Towards Content-Related Indexing in Databases*. In: *Proc. GI Konferenz Datenbanken fürBüro, Technik und Wissenschaft (BTW)*, Informatik Aktuell, S. 305–321, Oldenburg. Springer.

Neuhold, E. J. und M. Schrefl (1988). *Dynamic Derivation of Personalized Views*. In: *Proc. of the Conf. on Very Large Data Bases (VLDB)*, S. 183–194, Los Angeles, USA.

Neumann, K. (1996). *Datenbanktechnik für Anwender*. Hanser Verlag, München.

Neumann, T. (2009). *Query simplification: graceful degradation for join-order optimization*. In: *Proc. of the ACM SIGMOD Conf. on Management of Data*, S. 403–414.

Neumann, T. (2011). *Efficiently Compiling Efficient Query Plans for Modern Hardware*. PVLDB, 4(9):539–550.

Neumann, T. und A. Kemper (2015). *Unnesting Arbitrary Queries*. In: *Datenbanksysteme für Business, Technologie und Web (BTW), 4.-6.3.2015 in Hamburg, Germany*. Proceedings, S. 383–402.

Neumann, T. und G. Moerkotte (2011). *Characteristic Sets: Accurate Cardinality Estimation for RDF Queries with Multiple Joins*. In: *Proceedings of the International Conference on Data Engineering (ICDE)*.

Neumann, T., T. Mühlbauer und A. Kemper (2015). *Fast Serializable Multi-Version Concurrency Control for Main-Memory Database Systems*. In: *Proc. of the ACM SIGMOD Conf. on Management of Data*, S. 677–689.

Neumann, T. und G. Weikum (2008). *RDF-3X: a RISC-style engine for RDF*. PVLDB, 1(1):647–659.

Nievergelt, J., H. Hinterberger und K. C. Sevcik (1984). *The Grid File: An Adaptable, Symmetric Multikey File Structure*. ACM Trans. on Database Systems, 9(1):38–71.

Obermarck, R. (1982). *Distributed Deadlock Detection Algorithm*. ACM Trans. on Database Systems, 7(2):187–208.

Oberweis, A. und P. Sander (1996). *Information System Behavior Specification by High-Level Petri Nets*. ACM Transactions on Offcice Information Systems, 14(4):380–420.

Oestereich, B. und S. Bremer (2009). *Analyse und Design mit UML 2.3: Objektorientierte Softwareentwicklung*. Old enbourg Verlag, München.

O'Neil, E., P. O'Neil und G. Weikum (1993). *The LRU-K Page Replacement Algorithm For Database Disk Buffering*. In: *Proc. of the ACM SIGMOD Conf. on Management of Data*, S. 297–306, Washington, DC, USA.

Oppel, A. und K. Meyer-Wegener (2001). *Entwurf von Client/Server und Replikationssystemen*. In: *Proc. GI Konferenz Datenbanken für Biro, Technik und Wissenschaft (BTW)*, Informatik Aktuell, S. 287–304, Oldenburg. Springer.

Oracle (2007). *Change Data Capture*. http://download.oracle.com/docs/cd/B28359_01/server.111/b28313/cdc.htm.

Ottmann, T und P. Widmayer (2002). *Algorithmen und Datenstrukturen*. Spektrum Akademischer Verlag, Mannheim, 4. Auflage.

Özsu, M.T. und P. Valduriez (1999). *Principles of Distributed Database Systems*. Prentice Hall, Englewood Cliffs, NJ, USA.

Page, L. (2001). *Method for Node Ranking in a Linked Database*. US Patent 6285999 B1.

Papadias, D., Y.Tao, G. Fu und B. Seeger (2003). *An Optimal and Progressive Algorithm for Skyline Queries*. In: *Proc. of the ACM SIGMOD Conf. on Management of Data*, S. 467-478, San Diego, CA, USA.

Papadimitriou, C. H. (1986). *The Theory of Database Concurrency Control*. Computer Science Press, Rockville, MD, USA.

Peinl, P. und A. Reuter (1983). *Empirical Comparison of Database Concurrency Control Schemes*. In: *Proc. of the Conf. on Very Large Data Bases (VLDB)*, S. 97–108, Florence, Italy. Pernul, G. (1994).

Pernul, G. (1994). *Database Security*. Advances in Computers, 38:1–72.

Peterson, L., B. Davie und D. Clark (2000). *Computer Networks*. Morgan Kaufmann Publishers, San Mateo, CA, USA.

Petkovic, D. (2013). *Was lange währt, wird endlich gut: Temporale Daten im SQL-Standard.* Datenbank-Spektrum, 13(2):131–138.

Pirk, H., F. Funke, M. Grund, T. Neumann, U. Leser, S. Manegold, A. Kemper und M. Kersten (2013). *Identifying Hot and Cold Data in Main-Memory Databases*. In: *Proceedings of the International Conference on Data Engineering (ICDE)*.

Pirotte, A. (1978). *High Level Data Base Query Languages*. In: Gallaire und Minker (1978), S. 409–436.

Pistor, P. (1993). *Objektorientierung in SQL3*. Informatik Spektrum der GI, 16(2):89–94.

Plattner, H. (2009). *A common database approach for OLTP and OLAP using an inmemory column database*. In: *Proc. of the ACM SIGMOD Conf. on Management of Data*.

Plattner, H. (2011). *SanssouciDB: An In-Memory Database for Processing Enterprise Workloads*. In: *Datenbanksysteme in Business, Technologie und Web (BTW), Fachtagung des GI-Fachbereichs Datenbanken und Informationssysteme.*

Plattner, H. (2013). *A Course in In-Memory Data Management: The Inner Mechanics of In-Memory Databases*. Springer Verlag.

Plattner, H. und A. Zeier (2012). *In-Memory Data Management: Technology and Applications.* Springer Verlag, 2 Auflage.

Poet Software (1997). *POET - die Objektdatenbank für Ihre C++, Java und OLE- Automation-Objekte*. http://www.poet.de/.

Poosala, V., Y. E. Ioannidis, P. J. Haas und E. J. Shekita (1996). *Improved Histograms for Selectivity Estimation of Range Predicates*. In: *Proc. of the ACM SIGMOD Conf. on Management of Data*, S. 294–305, Montreal, Canada.

Powersoft (1997). *PowerDesigner product overview*. http://www.powersoft.com/.

Prädel, U., G. Schlageter und R. Unland (1986). *Redesign of Optimistic Methods: Improving Performance and Applicability*. In: *Proc. IEEE Conf. on Data Engineering*, S. 466–473, New York, USA.

Preuner, G., S. Conrad und M. Schrefl (2001). *View integration of behavior in object-oriented databases.* Data & Knowledge Engineering, 36(2):153–183.

Rabitti, F., D. Woelk und W. Kim (1988). *A Model of Authorization for Object-Oriented and Semantic Databases*. In: *Proc. of the Intl. Conf. on Extending Database Technology (EDBT)*,

Bd. 303 d. Reihe *Lecture Notes in Computer Science (LNCS)*. Springer-Verlag, New York, Berlin, etc.

Raducanu, B., P. Boncz und M. Zukowski (2013). *Micro adaptivity in Vectorwise*. In: *Proc. of the ACM SIGMOD Conference on Management of Data*.

Rahm, E. (1994). *Mehrrechner-Datenbanksysteme*. Addison-Wesley, Reading, MA, USA.

Rahm, E., G. Saake und K.-U. Sattler (2015). *Verteiltes und Paralleles Datenmanagement*. Springer Verlag.

Rahm, E. und G. Vossen, Hrsg. (2003). *Web & Datenbanken. Konzepte, Architekturen, Anwendungen*. Dpunkt Verlag.

Ramamohanarao, K. (1994). *An Introduction to Deductive Database Languages and Systems*. The VLDB Journal, 3(2):107–122.

Raman, V., G. Swart, L.Qiao, F. Reiss, V. Dialani, D. Kossmann, I. Narang und R. Sidle (2008). *Constant-Time Query Processing*. In: *Proceedings of the International Conference on Data Engineering (ICDE)*.

Ramsak, F., V. Markl, R. Fenk, M. Zirkel, K. Elhardt und R. Bayer (2000). *Integrating the UB-Tree into a Database System Kernel*. In: *Proc. of the Conf. on Very Large DataBases (VLDB)*, S. 263–272, Cairo, Egypt.

Rational Software Corporation (1997). *Rational Rose product overview*. `http://www.rational.com/`.2800 San Tomas Expressway, Santa Clara, CA, USA.

Ratnasamy, S., P. Francis, M. Handley, R. M. Karp und S. Shenker (2001). *A scalable content-addressable network*. In: *Proceedings of the ACM SIGCOMM 2001 Conference on Applications, Technologies, Architectures, and Protocols for Computer Communication*, S. 161–172.

Red Brick Inc. (1996). *The Data Warehouse: Enabling Better Decisions Faster*. White Paper. `http://www.redbrick.com/`.

Reed, D. (1983). *Implementing Atomic Actions on Decentralized Data*. ACM Trans. Comp. Syst., 1(1):3–23.

Reuter, A. (1980). *A Fast Transaction-Oriented Logging Scheme for UNDO Recovery*. IEEE Trans. Software Eng., 6:348–356.

Reuter, A. (1984). *Performance Analysis of Recovery*. ACM Trans. on Database Systems, 9(4):526–559.

Richters, M. und M. Gogolla (2000). *Validating UML Models and OCL Constraints*. In: *3rd*

*Int. Conf. Unified Modeling Language (UML '2000)*. Springer.

Rivest, R. L., A. Shamir und L. M. Adleman (1978). *A Method for Obtaining Digital Signatures and Public-Key Cryptosystems*. Communications of the ACM, 21(2):120–126.

Robinson, J.T. (1981). *The K-D-B-Tree: A Search Structure for Large Multidimensional Dynamic Indexes*. In: *Proc. of the ACM SIGMOD Conf. on Management of Data*, S. 10–18, New York.

Röhm, U., K. Bohm und H.-J. Schek (2001). *Cache-Aware Query Routing in a Cluster of Databases*. In: *Proc. IEEE Conf. on Data Engineering*, S. 641–650, Heidelberg.

Röhm, U., K. Böhm, H.-J. Schek und H. Schuldt (2002). *FAS - A Freshness-Sensitive Coordination Middleware for a Cluster of OLAP Components*. In: *Proc. of the Conf. on Very Large Data Bases (VLDB)*, Hong Kong, China, S. 754–765.

Rowstron, A. I.T. und P. Druschel (2001). *Pastry: Scalable, Decentralized Object Location, and Routing for Large-Scale Peer-to-Peer Systems*. In: *Middleware 2001, IFIP/ACM International Conference on Distributed Systems Platforms*, Heidelberg, S. 329–350.

Rozen, S. und D. Shasha (1991). *A Framework for Automating Physical Database Design*. In: *Proc. of the Conf. on Very Large Data Bases (VLDB)*, S. 401–411.

Rückert, U., L. Richter und S. Kramer (2004). *Quantitative Association Rules Based on Half-Spaces: An Optimization Approach*. In: *Proceedings of the 4th IEEE International Conference on Data Mining (ICDM 2004), 1-4 November 2004, Brighton, UK*, S. 507–510.

Rumbaugh, J., M. Blaha, W. Premerlani, F. Eddy und W. Lorensen (1991). *Object-Oriented Modeling and Design*. Prentice Hall, Englewood Cliffs, NJ, USA.

Rys, M. (2001). *Bringing the Internet to Your Database: Using SQLServer 2000 and XML to Build Loosely-Coupled Systems*. In: *Proc. IEEE Conf. on Data Engineering*, S. 465–472, Heidelberg.

G. Saake, K. U. Sattler und A. Heuer (2013). *Datenbanken - Konzepte und Sprachen*. 5. Auflage. International Thomson Publishing Company, Bonn, Albany.

Saake, G. und K.-U. Sattler (2000). *Java und Datenbanken*. dpunkt.verlag, Heidelberg.

Saake, G., I. Schmitt und C.Türker (1997). *Objektdatenbanken - Konzepte, Sprachen, Architekturen*. International Thomson Publishing, Bonn.

Salles, M., J.-P. Dittrich, S. K. Karakashian, O. R. Girard und L. Blunschi (2007). *iTrails: Pay-as-you-go Information Integration in Dataspaces*. In: *Proc. of the Conf. on Very Large Data*

*Bases (VLDB)*, S. 663–674.

SAP AG (1997). *R/3 System Overview*. `http://www.sap.com/r3/r3\_over.htm.`

Saracca, C. M., D. Chamberlin und R. Ahuja (2006). *DB29: pure XML - Overview and Fast Start*. IBM, ibm.com/redbooks.

Schätzle, A., M. Przyjaciel-Zablocki, T. Hornung und G. Lausen (2011). *PigSPARQL: Ubersetzung von SPARQL nach Pig Latin*. In: *Datenbanksysteme in Business, Technologie und Web (BTW), Fachtagung des GI-Fachbereichs Datenbanken und Informationssysteme*.

Scharnofske, A., U. Lipeck und M. Gertz (1997). *SubQuery-By-Erample: Eine orthogonale Erweiterung von QBE*. In: Dittrich, K. R. und *Proc. GI Konferenz Datenbanken für Büro, Technik und Wissenschaft (BTW)*, Informatik aktuell, S. 133–151, New York, Berlin, etc. Springer-Verlag.

Schek, H-J., H.-B. Paul, M. H. Scholl und G. Weikum (1990). *The DASDBS Project: Objectives, experiences, and Future Prospects*. IEEE Transactions on Knowledge and Data Engineering, 2(1):25–43.

Schek, H.-J. und M. H. Scholl (1986). *The Relational Model with Relation-Valued Attributes*. Information Systems, 11(2):137–147.

Schenkel, R. und M.Theobald (2009). *Integrated DB&IR Semi-Structured Tert Retrieval*. In: *Encyclopedia of Database Systems*, S. 1543–1546.

Scheuermann, P., G. Weikum und P. Zabback (1998). *Data Partitioning and Load Balancing in Parallel Disk Systems*.The VLDB Journal, 7(1):48–66.

Scheufele, W. und G. Moerkotte (1997). *On the Complerity of Generating Optimal Plans with Cross Products*. In: *Proc. ACM SIGMOD/SIGACT Conf. on Princ. Of Database Syst. (PODS)*, S. 238–248, Tucson, AZ, USA.

Schlageter, G. (1978). *Process Synchronization in Database Systems*. ACM Trans. on Database Systems, 3(3):248–271.

Schlageter, G. (1981). *Optimistic methods for concurrency control in Distributed Database Systems*. In: *Proc. of the Conf. on Very Large Data Bases (VLDB)*, S. 125–130, Cannes, France.

Schlageter, G. und W. Stucky (1983). *Datenbanksysteme: Konzepte und Modelle*. Teubner Studienbuch Informatik.

Schmidt, J. W. (1977). *Some High Level Language Constructs for Data of Type Relation*. ACM Trans. Database Systems, 2(3):248–261.

Schöning, H. (2001). *Tamino - A DBMS designed for XML*. In: *Proc. IEEE Conf. on Data Engineering*, S. 149–154, Heidelberg.

Schöning, H. (2002). *XML und Datenbanken. Konzepte und Systeme*. Carl Hanser Verlag.

Scholl, T., B. Bauer, J. Miller, B. Gufler, A. Reiser und A. Kemper (2009). *Workload-Aware Data Partitioning in Community-Driven Data Grids*. In: *International Conference on Extending Database Technology*, St. Petersburg.

Scholl, M. H., C. Laasch und M.Tresch (1991). *Updatable Views in Object-Oriented Databases*. In: *Proc. of the Conf. on Deductive and Object-Oriented Databases (DOOD)*, S. 189–207. Springer-Verlag.

Scholl, M. H. und H.-J. Schek (1992). *Survey of the COCOON Project*. In: Bayer, Härder und Lockemann (1992), S. 243–254.

Schuldt, H., G. Alonso, C. Beeri und H.-J. Schek (2002). *Atomicity and isolation for transactional processes*. ACM Trans. on Database Systems, 27(1):63–116.

Schwarz, P. M. und A. Z. Spector (1984). *Synchronizing Shared Abstract Types*. ACM Trans. Computer Systems, 2(3):223–250.

Seeger, B. (1996). *An Analysis of Schedules for Performing Multi-Page Requests*. Information Systems, 21(5):387–407.

Seeger, B. (2010). *Compler Event Processing: Auswertung von Datenströmen*. iX. `http://www.heise.de/ix/artikel/Kontinuierliche-Kontrolle-905334.html`.

Seeger, B. und H. P. Kriegel (1990). *The Buddy Tree: An Efficient and Robust Access Method for Spatial Data Base Systems*. In: *Proc. of the Conf. on Very Large Data Bases (VLDB)*, S. 590–601, Brisbane, Australia.

Seeger, B. und P.-A. Larson (1991). *Multi-Disk B-trees*. In: *Proc. of the ACM SIGMOD Conf. on Management of Data*, S. 436–446, Denver, USA.

Seibold, M., A. Kemper und D. Jacobs (2011). *Strict SLAs for Operational Business Intelligence*. In: *IEEE International Conference on Cloud Computing, IEEE CLOUD*, S. 25-32.

Selinger, P. G., M. M. Astrahan, D. D. Chamberlin, R. A. Lorie und T. G. Price (1979). *Access Path Selection in a Relational Database Management System*. In: *Proc. of the ACM SIGMOD Conf. on Management of Data*, S. 23–34, Boston, USA.

Seltzsam, S., D. Gmach, S. Krompass, und A. Kemper (2006). *AutoGlobe: An Automatic Administration Concept for Service-Oriented Database Applications*. In: *Proc. IEEE Conf. on*

*Data Engineering*, Atlanta, USA.

Seltzsam, S., R. Holzhauser, und A. Kemper (2005). *Semantic Caching for Web Services*. In: *Service-Oriented Computing-ICSOC 2005: Third International Conference, Amsterdam, NL, Dezember, 2005. Lecture Notes in Computer Science, Vo-lume 3826/2005, Springer-Verlag.*

Shanmugasundaram, J., E. J. Shekita, R. Barr, M. J. Carey, B. G. Lindsay, H. Pi-rahesh und B. Reinwald (2000). *Efficiently Publishing Relational Data as XML Documents*. In: *Proc. of the Conf. on Very Large Data Bases (VLDB)*, S. 65–76.

Shapiro, L. D. (1986). *Join Processing in Database Systems with Large Main Memories*. ACM Trans. on Database Systems, 11(9):239–264.

Shasha, D. und P. Bonnet (2002). *Database Tuning: Principles, Erperiments, and Trouble-shooting Techniques*. Morgan Kaufmann, USA.

Silberschatz, A., H. F. Korth und S. Sudarshan (2010). *Database System Concepts*. Mc-Graw-Hill, Inc., New York, San Francisco, Washington, D. C., 6 Auflage.

Skeen, D. (1981). *Non-blocking Commit Protocols*. In: *Proc. of the ACM SIGMOD Conf. on Management of Data*, S. 133–142, Ann Arbor, USA.

Smith, J. M. und D. C. P. Smith (1977). *Database Abstractions: Aggregation and Generaliza-tion*. ACM Trans. on Database Systems, 2(2):105–133.

Spalka, A. und A. B. Cremers (2000). *Structured Name-Spaces in Secure Databases*. Journal of Computer Security, 8(1).

Stegmaier, B. und R. Kuntschke (2004). *StreamGlobe: Adaptive Anfragebearbeitung und Op-timierung auf Datenströmen*. In: *INFORMATIK 2004-Informatik verbindet, Band 1, Beiträge der 34. Jahrestagung der Gesellschaft für Informatik e. V. (GI), Ulm, 20.-24. September 2004*, S. 367–372.

Steinbrunn, M., G. Moerkotte und A. Kemper (1997). *Heuristic and Randomized Optimization for the Join Ordering Problem*. VLDB Journal 6(3):191–208.

Steinbrunn, M., K. Peithner, G. Moerkotte und A. Kemper (1995). *Bypassing Joins in Disjunc-tive Queries*. In: *Proc. of the Conf. on Very Large Data Bases (VLDB)*, S. 228–238, Zürich, Switzerland.

Stocker, K., D. Kossmann, R. Braumandl und A. Kemper (2001). *Integrating Semijoin Reduc-ers into State-of-the-Art Query Processors*. In: *Proc. IEEE Conf. on Data Engineering*, S. 575–584, Heidelberg.

Stöhr, T., H. Martens und E. Rahm (2000). *Multi-Dimensional Database Allocation for Parallel Data Warehouses*. In: *Proc. of the Conf. on Very Large Data Bases (VLDB)*, S. 273–284.

Stohner, J. und J. Kalinski (1998). *Anmerkungen zum verfeinerten Join-Algorithmus*. Persönliche Mitteilung, Arbeitspapier, Univ. Bonn.

Stoica, I., R. Morris, D. R. Karger, M. F. Kaashoek und H. Balakrishnan (2001). *Chord: A scalable peer-to-peer lookup service for internet applications*. In: *Procedings of the ACM SIGCOMM 2001 Conference on Applications, Technologies, Architectures, and Protocols for Computer Communication*, S. 149–160.

Stoica, R. und A. Ailamaki (2013). *Enabling Efficient OS Paging for Main-Memory OLTP Databases*. In: *Procedings of the Ninth International Workshop on Data Management on New Hardware, DaMoN*.

Stonebraker, M., Hrsg. (1985). *The INGRES Papers: Anatomy of a Relational Database System*. Addison-Wesley, Reading, MA, USA.

Stonebraker, M. (1996). *Object-Relational DBMSs: The Nert Great Wave*. Morgan-Kaufmann Publishers, San Mateo, CA, USA.

Stonebraker, M, D. J. Abadi, A. Batkin, X. Chen, M. Cherniack, M. Ferreira, E. Lau, A. Lin, S. Madden, E. J. O'Neil, P. E. O'Neil, A. Rasin, N.Tran und S. B. Zdonik (2005). *C-Store: A Column-oriented DBMS*. In: *Proc. of the Conf. on Very Large Data Bases (VLDB)*, S. 553–564.

Stonebraker, M., D. J. Abadi, D. J. DeWitt, S. Madden, E. Paulson, A. Pavlo und A. Rasin (2010). *MapReduce and parallel DBMSs: friends or foes?*. Commun. ACM, 53(1):64–71.

Stonebraker, M., l. A. Rowe und M. Hirohama (1990). *The Implementation of POSTGRES*. IEEE Trans. on Knowledge and Data Engineering, 2(1):125–142.

Stonebraker, M., E. Wong, P. Kreps und G. Held (1976). *The Design and Implementation of INGRES*. ACM Trans. on Database Systems, 1(3):189–222.

Stroustrup, B. (2000). *The C++Programming Language*. Addison-Wesley, 3. Aufl.

Stumptner, M. und M. Schrefl (2000). *Behavior Consistent Inheritance in UML*. In: *ER 2000, 19th International Conference on Conceptual Modeling*, S. 527–542, Salt Lake City, Utah, USA. Springer.

Suchanek, F. M. und G. Weikum (2013). *Knowledge harvesting in the big-data era*. In: *Proc. of the ACM SIGMOD Conf. on Management of Data*, S. 933–938.

Süß, C., U. Zukowski und B. Freitag (2001). *Data Modeling and Relational Storage of XML-*

*based Teachware*. In: *Tagungsband der GI Jahrestagung*, S. 378–387, Wien.

Sun Microsystems (1997). *The Sun RSM Array 2000 Architecture: Technical White Paper*. Mountain View, CA94043-1100, USA. `http://www.sun.com/`.

Sure, Y., S. Staab und R. Studer (2002). *Methodology for Development and Employment of Ontology Based Knowledge Management Applications*. SIGMOD Record, 31(4):18–23.

Swami, A. (1989). *Optimization of Large Join Queries: Combining Heuristics and Combinational Techniques*. In: *Proc. of the ACM SIGMOD Conf. on Management of Data*, S. 367–376, Portland, OR, USA.

Swami, A. und B. Iyer (1993). *A Polynomial Time Algorithm for Optimizing Join Queries*. In: *Proc. IEEE Conf. on Data Engineering*, S. 345–354, Vienna, Austria.

Teorey, T. J. (1994). *Database Modeling and Design: The Fundamental Principles*. Data Management Systems. Morgan-Kaufmann Publishers, San Mateo, CA, USA. 2. Auflage.

Teorey, T. J., D. Yang und J. P. Fry (1986). *A Logical Design Methodology for Relational Databases Using the Ertended Entity-Relationship Model*. ACM Computing Surveys, 18(2):197–222.

Teubner, J., R. Miiller und G. Alonso (2010). *FPGA acceleration for the frequent item problem*. In: *Proceedings of the International Conference on Data Engineering (ICDE)*, S. 669–680.

Thalhammer, T. und M. Schrefl (2002). *Realizing Active Data Warehouses With Off-the-shelf Database Technology*. Software - Practice and Experience, 32(12):1193–1222.

Thalheim, B. (1991). *Dependencies in Relational Databases*. B. G.Teubner Verlagsgesellschaft, Stuttgart, Leipzig. Band 126.

Thalheim, B. (2000). *Entity-Relationship Modeling*. Springer-Verlag, Heidelberg.

Thalheim, B. (2013) *Persönliche Kommunikation iber die Relationen-Normalisierung*.

Then, M., M. Kaufmann, F. Chirigati, T. Hoang-Vu, K. Pham, A. Kemper, T. Neumann und H.T. Vo (2014). *TheMore the Merrier: Efficient Multi-Source Graph Traversal*. PVLDB, 8(4):449–460.

Theobald, M., H. Bast, D. Majumdar, R. Schenkel und G. Weikum (2008). *TopX: efficient and versatile top-X query processing for semistructured data*. VLDB J., 17(1):81–115.

Thomas, R. H. (1979). *A Majority Consensus Approach to Concurrency Control for Multiple Copy Data Bases*. ACM Trans. on Database Systems, 4(2):180–209.

Tjoa, A. M. und L. Berger (1993). *Transformation of Requirements Specifications Erpressed in Natural Language into an EER Model*. In: *Proc. of the Intl. Conf. on Entity-Relationship Approach*, Arlington, TX, USA.

TPC, Transaction Processing Performance Council (1992). *TPC Benchmark C*. Standard Specification, Transaction Processing Performance Council (TPC). `http://www.tpc.org/`.

TPC, Transaction Processing Performance Council (1995). *TPC Benchmark D (Decision Support)*. Standard Specification 1.0, Transaction Processing Performance Council (TPC). `http://www.tpc.org/`.

Tresch, M. (1996). *Middleware: Schlisseltechnologie zur Entwicklung verteilter Informationssysteme*. Informatik Spektrum, 19(5):249–256.

Tsur, S. und C. Zaniolo (1986). *LDL: A Logic-Based Data Language*. In: *Proc. of the Conf. on Very Large Data Bases (VLDB)*, S. 33–41, Kyoto, Japan.

Türker, C. und M. Gertz (2001). *Semantic integrity support in SQL:1999 and commercial (object-) relational database managemen systems*. VDLB Journal, 10(4):241–269.

Turau, V. (2000). *Java Server Pages: Dynamische Generierung von Web-Dokumenten*. dpunkt. verlag, Heidelberg.

Ullman, J. D. (1985). *Implementation of logical query languages for databases*. ACM Trans. on Database Systems, 10(3):289–321.

Ullman, J. D. (1988) *Principles of Data and Knowledge-Base Systems*, Bd. I. Computer Science Press, Woodland Hills, CA.

Ullman, J. D. (1989). *Principles of Data and Knowledge Bases*, Bd. II. Computer Science Press, Woodland Hills, CA.

Unland, R. (1995). *Objektorientierte Datenbanken: Konzepte und Modelle*. Internat. Thomson Publ., Bonn.

Unterbrunner, P., G. Giannikis, G. Alonso, D. Fauser und D. Kossmann (2009). *Predictable Performance for Unpredictable Workloads*. PVLDB, 2(1).

Valduriez, P. (1987). *Join ndices*. ACM Trans. on Database Systems, 12(2):218–246.

Vogels, W. (2009). *Eventually consistent*. Commun. ACM, 52(1):40–44.

Vossen, G. (2008). *Datenmodelle, Datenbanksprachen und Datenbank-Management-Systeme*. Oldenbourg Verlag, München, 5. Auflage.

Waas, F., P. Ciaccia und I. Bartolini (2001). *FeedbackBypass: A new approach to interactive similarity query processing*. In: *Proc. of the Conf. on Very Large Data Bases (VLDB)*, Rome, Italy.

Wachter, H. (1997). *Fehlertolerantes Workflow Management*. Kovac-Verlag, Ham-burg.

Walter, B. (1984). *Nested Transactions with Multiple Commit Points: An Approach to the Structuring of Advanced Database Applications*. In: *Proc. of the Conf. on Very Large Data Bases (VLDB)*, S. 161–171, Singapore, Singapore.

Weihl, W. E. und B. Liskov (1985). *Implementation of Resilient, Atomic Data Types*. ACM Trans. Programming Languages and Systems, 7(2):244–269.

Weikum, G. (1988). *Transaktionen in Datenbanksystemen*. Addison-Wesley, Reading, MA, USA.

Weikum, G. (1991). *Principles and realization strategies of multilevel transaction management*. ACM Trans. on Database Systems, 16:132–180.

Weikum, G., C. Hasse, A. Mönkeberg und P. Zabback (1994). *The COMFORT Automatic Tuning Project*. Information Systems, 19(5):381–432.

Weikum, G. und M.Theobald (2010). *From information to knowledge: harvesting entities and relationships from web sources*. In: *Symposium on Principles of Database Systems (PODS)*, S. 65–76.

Weikum, G. und G. Vossen (2001). *Fundamentals of Transaction Information Systems: Theory, Algorithms, and Practice of Concurrency Control and Recovery*. Morgan Kaufmann Publishers, San Mateo, CA, USA.

Weikum, G. und P. Zabback (1993a). *I/O-Parallelität und Fehlertoleranz in Disk-Arrays, Teil 1: I/O-Parallelität.*. Informatik-Spektrum der GI, 16(3):133–142.

Weikum, G. und P. Zabback (1993b). *I/O-Parallelität und Fehlertoleranz in Disk-Arrays, Teil 2: Fehlertoleranz.*. Informatik-Spektrum der GI, 16(4):206–214.

Wenzel, P. (1995). *Betriebswirtschaftliche Anwendungen des integrierten Systems SAP R/3*. vieweg Verlag, Braunschweig/Wiesbaden.

Westermann, U. und W. Klas (2006). *PTDOM: a schema-aware XML database system for MPEG-7 media descriptions*. Softw., Pract. Exper., 36(8):785–834.

Wichert, C.-A. und B. Freitag (1997). *Capturing Database Dynamics by Deferred Updates*. In: *Proc. Intl. Conference on Logic Programming*, Leuven, Belgien.

Wikipedia-PageRank (2010). *PageRank*. http://en.wikipedia.org/wiki/PageRank.

Wilde, E. (1999). *World Wide Web: Technische Grundlagen*. Springer-Verlag.

Will, L., C. Hienger, F. Straßenburg und R. Himmer (1996). *R/3-Administration*. Addison-Wesley, Reading, MA, USA.

Wilson, M. (2003). *The Difference Between God and Larry Ellison: God Doesn't Think He's Larry Ellison. Inside Oracle Corporation*. Collins Verlag.

Wimmer, M., D. Eberhardt, P. Ehrnlechner und A. Kemper (2004). *Reliable and Adaptable Security Engineering for Database-Web Services*. In: *Web Engineering - 4th International Conference, ICWE 2004*, S. 502–515.

Wimmer, M., P. Ehrnlechner, A. Fischer und A. Kemper (2005). *Flexible Autorisierung in Datenbank-basierten Web Service-Föderationen - Unterstiützung von starkb und schwach gekoppelten Kollaborationsnetzwerken auf Web Service-Technologie*. Informatik-Forschung und Entwicklung, 20(3):167–181.

Wong, E. und K. Youssefi (1976). *Decomposition—A Strategy for Query Processing*. ACM Trans. on Database Systems, 1(3):223–241.

Wu, M.-C. und A. P. Buchmann (1997). *Research Issues in Data Warehousing*. In: Dittrich, K. R. und *Proc. GI Konferenz Datenbanken für Büro, Technik und Wissenschaft (BTW)*, Informatik aktuell, S. 61–82, Springer-Verlag.

Wu, M.-C. und A. Buchmann (1998). *Encoded Bitmap Indexing for Data Warehouses*. In: *Proc. IEEE Conf. on Data Engineering*, S. 220–230, Orlando, FL, USA.

Yoshikawa, M., T. Amagasa, T. Shimura und S. uemura (2001). *XRel: a path-based approach to storage and retrieval of XML documents using relational databases*. ACM Trans. Internet Techn., 1(1):110–141.

Zaharia, M., M. Chowdhury, M. J. Franklin, S. Shenker und I. Stoica (2010). *Spark: Cluster Computing with Working Sets*. In: Nahum, Erich M. und D.Xu, Hrsg.: *2nd USENIX Workshop on Hot Topics in Cloud Computing, HotCloud'10, Boston, MA, USA, June 22, 2010*. USENIX Association.

Zaniolo, C. (1986). *Safety and compilation of nonrecursive Horn clauses*. In: *Proc. First Intl. Conf. on Erpert Database Systems*, S. 167–178. Benjamin/Cummings.

Zeller, B., A. Herbst und A. Kemper (2003). *XML-Archivierung betriebswirtschaftlicher Datenbank-Objekte*. In: *Tagungsband der Tagung Datenbanksystemefür Business, Technologie und Web (BTW)*, Leipzig, S. 127–146.

Zhou, J., P.-A. Larson, J. C. Freytag und W. Lehner (2007). *Efficient erploitation of bsimilar suberpressions for query processing*. In: *Proc. of the ACM SIGMOD Conf. on Management of Data*, S. 533–544.

Zhuge, Y., H. Garcia-Molina, J. Hammer und J. Widom (1995). *View Maintenance in a Warehousing Environment*. In: *Proc. of the ACM SIGMOD Conf. on Management of Data*, S. 316–327, San Jose, CA, USA.

Zimmermann, O., M.Tomlinson und S. Peuser (2003). *Perspectives on Web Services. Applying SOAP, WSDL, and UDDI to Real-World Projects*. Springer, Berlin.

Zloof, M. M. (1975). *Query-By-Erample*. In: *Proc. of the National Computer Conference*, S. 431–437, Arlington, VA. AFIPS Press.

Zukowsky, U. und B. Freitag (1996). *Adding Fleribility to Query Evaluation for Modularly Stratified Databases*. In: Proc. of the Joint International Conference and Symposium on Logic Programming, S. 304–318, Bonn.